航天科技图书出版基金资助出版

WILEY

3D 集成手册

——3D 集成电路技术与应用

Handbook of 3D Integration

Technology and Applications of 3D Integrated Circuits

[美] 菲利普·加罗 (Philip Garrou)
[美] 克里斯多夫·鲍尔 (Christopher Bower) 主编
[德] 彼得·兰姆 (Peter Ramm)
赵元富 姚全斌 白 丁 等 译

中国宇航出版社
·北 京·

著作权合同登记号：图字 01 - 2017 - 4422 号

图书在版编目(CIP)数据

3D 集成手册：3D 集成电路技术与应用 /（美）菲利普·加罗（Philip Garrou），（美）克里斯多夫·鲍尔（Christopher Bower），（德）彼得·兰姆（Peter Ramm）著；赵元富等译. -- 北京：中国宇航出版社，2017.5

书名原文：Handbook of 3D Integration：Technology and Applications of 3D Integrated Circuits

ISBN 978 - 7 - 5159 - 1300 - 1

Ⅰ.①3… Ⅱ.①菲… ②克… ③彼… ④赵… Ⅲ.①集成电路工艺—手册 Ⅳ.①TN405 - 62

中国版本图书馆 CIP 数据核字(2017)第 081711 号

责任编辑　侯丽平
责任校对　祝延萍　　**封面设计**　宇星文化

出版发行　中国宇航出版社

社　址　北京市阜成路 8 号　**邮　编**　100830
(010)60286808　(010)68768548
网　址　www.caphbook.com
发行部　(010)60286888　(010)68371900
(010)60286887　(010)60286804(传真)
零售店　读者服务部
(010)68371105
承　印　北京画中画印刷有限公司

版　次　2017 年 5 月第 1 版
2017 年 5 月第 1 次印刷
规　格　787 × 1092
开　本　1/16
印　张　47
字　数　1144 千字
书　号　ISBN 978 - 7 - 5159 - 1300 - 1
定　价　198.00 元

航天科技图书出版基金简介

航天科技图书出版基金是由中国航天科技集团公司于2007年设立的，旨在鼓励航天科技人员著书立说，不断积累和传承航天科技知识，为航天事业提供知识储备和技术支持，繁荣航天科技图书出版工作，促进航天事业又好又快地发展。基金资助项目由航天科技图书出版基金评审委员会审定，由中国宇航出版社出版。

申请出版基金资助的项目包括航天基础理论著作，航天工程技术著作，航天科技工具书，航天型号管理经验与管理思想集萃，世界航天各学科前沿技术发展译著以及有代表性的科研生产、经营管理译著，向社会公众普及航天知识、宣传航天文化的优秀读物等。出版基金每年评审1～2次，资助20～30项。

欢迎广大作者积极申请航天科技图书出版基金。可以登录中国宇航出版社网站，点击“出版基金”专栏查询详情并下载基金申请表；也可以通过电话、信函索取申报指南和基金申请表。

网址：http：//www.caphbook.com

电话：(010) 68767205，68768904

《3D 集成手册》翻译工作人员名单

主　译　赵元富　姚全斌　白　丁

译　者　练滨浩　曹玉生　冯小成　林鹏荣　李应选
黄颖卓　贺晋春　木瑞强　胡培峰　吕晓瑞
姜学明　谢晓辰　文惠东　卢　峰　李冬梅
荆林晓　井立鹏　王德敬　刘建松　吴　鹏
唐　超　谢　东　邓智杰　樊　帆

序 言

许多读者看到《3D集成手册》的书名，无疑会期望这本包含两卷的书可以涵盖所有类型的3D器件和封装。尽管未采用半导体通孔（TSVs）技术的叠层封装和叠层芯片亦属于3D结构，但是我们主张将此类结构最终归为“3D封装”。本书主要关注“3D集成”技术和应用，我们将“3D集成”理解为在IC层之间通过垂直电互连对减薄和键合后硅集成电路的垂直集成。本书讨论的垂直互连大部分采用了硅通孔（TSVs）。

编者认识到“3D集成”这一名词没有明确定义。为什么不称之为《3D集成电路手册》、《3D硅集成手册》或者《垂直系统集成手册》？每一个命名都会各有利弊，但我们认为“3D集成”这一简单的术语已经为大多数研究人员所接受，采用新的术语未必可行。

本书旨在及时、客观地向工程师和科学家们提供该领域的全貌。虽然我们已经进行了较为详尽的描述，但仍然有一些技术方面未能涵盖。本书没有涵盖单片集成电路向3D集成电路的发展历程和异质材料的3D集成。当这些技术发展成熟后，新的版本中或将有所体现。本书分为五个部分：

• 第一部分为TSV工艺技术。这一部分主要包括：TSV深反应离子刻蚀、TSV激光钻孔、TSV侧壁绝缘、铜电镀以及铜和钨的化学气相淀积。

• 第二部分为晶圆减薄和键合技术。主要包括：硅片减薄和划片、晶圆对准与键合工艺技术及设备、聚合物键合和金属间化合物键合。

• 第三部分为全球范围内正在研究的各类集成工艺技术。该部分首先概述了3D集成领域的商业活动。随后，介绍了一些大学、研究所在3D集成方面特有的技术途径，主要包括弗朗霍夫IZM研究所、阿肯色大学、日本ASET联盟、CEA－LETI、MIT林肯实验室、IMEC、MIT和RPI。结尾部分介绍了3D集成技术的主创公司，包括Tezzaron，Ziptronix和Zycube。

• 第四部分为3D集成的设计、性能以及热管理，主要包括北卡罗来纳州立大学、弗朗霍夫IIS、林肯实验室和明尼苏达大学的3D集成设计技术。同时还介绍了Intel的3D电路测试技术和IBM的3D集成电路热管理技术。

• 第五部分为3D技术的具体应用。这部分分章论述了3D微处理器、3D存储器、传感器阵列、功率器件和无线传感器系统。

我们要感谢本书各章的所有作者，正是各章作者的贡献使得本书的编撰成为可能。我们也感谢作者们为各章节撰写评论，深深地感谢各位在每一章节所投入的时间和精力。同样也十分感谢为能按计划完成本书而给予了很大帮助的 Wiley－VCH 的各位同仁。

我们希望本书可以作为 3D 集成技术从业人员宝贵的知识来源。我们期待在过去几年取得的成果基础上，3D 集成领域下一个十年能取得振奋人心的成果。

2007 年 11 月

菲利普·加罗，RTP，北卡罗来纳州

克里斯多夫·鲍尔，RTP，北卡罗来纳州

彼得·兰姆，德国慕尼黑

贡献者名单

Sitaram Arkalgud
SEMATECH
2706 Montopolis Boulevard
Austin, TX 78741
USA

Brian Aull
Massachusetts Institute of Technology
Lincoln Laboratory
244 Wood Street
Lexington, MA 02420 - 9108
USA

Rozalia Beica
Semitool, Inc.
655 West Reserve Drive
Kalispell, MT 59901
USA

Robert Berger
Massachusetts Institute of Technology
Lincoln Laboratory
244 Wood Street
Lexington, MA 02420 - 9108
USA

Eric Beyne
IMEC
Kapeldreef 75
3001 Leuven
Belgium

Michiel A. Blauw
Eindhoven University of Technology
PO Box 513
5600 MB Eindhoven
The Netherlands

Christopher Bower
Semprius, Inc.
2530 Meridian Parkway
Durham, NC 27713
USA

Thomas Brunschwiler
IBM Zurich Research Laboratory
Advanced Thermal Packaging
Säumerstrasse 4
8803 Riischlikon
Switzerland

Susan Burkett
University of Arkansas
Department of Electrical Engineering
3217 Bell Engineering Center
Fayetteville, AR 72701
USA

James Burns
Massachusetts Institute of Technology
Lincoln Laboratory
244 Wood Street
Lexington, MA 02420 - 9108
USA

Tim S. Cale
Rensselaer Polytechnic Institute
Mailstop CII－6015/CIE
110 8th Street
Troy，NY 12180－3590
USA

S. M. Chang
Industrial Technology Research
Institute of Taiwan
195 Chung Hsing Road
Chutung，Hsinchu
Taiwan 310，ROC

Barbara Charlet
CEA－LETI，MINATEC
Département Integration Hétérogene
Silicium
17，rue des Martyrs
38054 Grenoble Cedex 9
France

Nisha Checka
Massachusetts Institute of Technology
Lincoln Laboratory
244 Wood Street
Lexington，MA 02420－9108
USA

Chang－Lee Chen
Massachusetts Institute of Technology
Lincoln Laboratory
244 Wood Street
Lexington，MA 02420－9108
USA

Chenson Chen
Massachusetts Institute of Technology
Lincoln Laboratory
244 Wood Street
Lexington，MA 02420－9108
USA

Wouter Dekkers
NXP－TSMC Research Center
High Tech Campus 4
Mailbox WAG02
5656 AE Eindhoven
The Netherlands

Marc de Samber
Philips Applied Technologies
High Tech Campus 7
5656 AE Eindhoven
The Netherlands

Léa Di Cioccio
CEA－LETI，MINATEC
Département Integration Hétérogene
Silicium
17，rue des Martyrs
38054 Grenoble Cedex 9
France

R. Ecke
TU Chemnitz
Zentrum for Mikrotechnologien
Reichenhainer Straße 70
09126 Chemnitz
Germany

Günter Elst
Fraunhofer IIS
Design Automation Division
Zeunerstraße 38
01069 Dresden
Germany

Paul Enquist
Ziptronix
800 Perimeter Park, Suite B
Morrisville, NC 27560
USA

Andy Fan
Massachusetts Institute of Technology
Department of Electrical Engineering
77 Massachusetts Avenue
Cambridge, MA 02139
USA

Paul D. Franzon
North Carolina State University
Monteith GRC 443
ECE, Box 7914
Raleigh, NC 27695
USA

Philip Garrou
Microelectronic Consultants of North Carolina
3021 Cornwallis Road
Research Triangle Park, NC 27709 - 2889
USA

Pascale Gouker
Massachusetts Institute of Technology
Lincoln Laboratory
244 Wood Street
Lexington, MA 02420 - 9108
USA

Ronald J. Gutmann
Rensselaer Polytechnic Institute
Mailstop CII - 6015/CIE
110 8th Street
Troy, NY 12180 - 3590
USA

David Henry
CEA - LETI, MINATEC
Département Integration Hétérogene Silicium
17, rue des Martyrs
38054 Grenoble Cedex 9
France

Arne Heittmann
Qimonda AG
Gustav - Heinemann - Ring 212
81739 Munich
Germany

Thomas Herndl
Infineon Technologies
Operngasse 20b/32
1010 Vienna
Austria

David Heyes
NXP Semiconductors
Bramhall Moove Lane
Stockpat, Cheshire SK7 5B
UK

Thierry HILT
CEA - LETI
17, avenue des Martyrs
38054 Grenoble Cedex
France

Adrian Ionescu
Ecole Polytechnique Fédérale de Lausanne
Institute of Microelectronics and Microsystems
Electronics Laboratory
1015 Lausanne
Switzerland

Jean - Pierre Joly
CEA - LITEN, INES
Département des Technologies Solaires
50, avenue du Lac Léman
73377 Le Bourget du Lac
France

Craig Keast
Massachusetts Institute of Technology
Lincoln Laboratory
244 Wood Street
Lexington, MA 02420 - 9108
USA

Ervin (W. M. M.) Kessels
Eindhoven University of Technology
PO Box 513
5600 MB Eindhoven
The Netherlands

Armin Klumpp
Fraunhofer IZM
Hansastraße 27d
80686 Munich
Germany

Jeffrey Knecht
Massachusetts Institute of Technology
Lincoln Laboratory
244 Wood Street
Lexington, MA 02420 - 9108
USA

Werner Kröninger
Infineon Technologies AG
Postfach 10 09 44
93009 Regensburg
Germany

Yann Lamy
NXP - TSMC Research Center
High Tech Campus 4
Mailbox WAG02
5656 AE Eindhoven
The Netherlands

Patrick Leduc
CEA－LETI，MINATEC
Département Integration Hétérogene
Silicium
17，rue des Martyrs
38054 Grenoble Cedex 9
France

Paul Lindner
EV Group
Erich Thallner GmbH
DI Erich Thallner Straße 1
4782 St. Florian/Inn
Austria

W. C. Lo
Industrial Technology Research
Institute of Taiwan
195 Chung Hsing Road
Chutung，Hsinchu
Taiwan 310，ROC

James Jian－Qiang Lu
Rensselaer Polytechnic Institute
Mailstop CII－6015/CIE
110 8th Street
Troy，NY 12180－3590
USA

T. M. Mak
Intel Corporation
2200 Mission College Blvd.，SC 12－604
Sauta Clara，CA 95052－8119
USA

Thorsten Matthias
EV Group
7700 South River Parkway
Tempe，AZ 85284
USA

Bruno Michel
IBM Zurich Research Laboratory
Advanced Thermal Packaging
Säumerstrasse 4
8803 Rüschlikon
Switzerland

Patrick Morrow
Intel Corporation
Mail Stop：RA3－252
5200 N. E. Elam Young Parkway
Hillsboro，OR 97124－6467
USA

Makoto Motoyoshi
ZyCube Co. Ltd.
ZyCube Sendai Lab.
519－1176 Aoba Aramaki，Aoba－ku，
Sendai－shi，Miyagi
985－0845 Japan

Sriram Muthukumar
Intel Corporation
Mail Stop：CH4－109
5000 W Chandler Blvd
Chandler，AZ 85226
USA

Pierre Nicole
THALES systèmes aéoportés
2 Avenue Gay Lussac
78851 Elancourt Cedex
France

Stefan Pargfrieder
EV Group
Erich Thallner GmbH
DI Erich Thallner Straße 1
4782 St. Florian/Inn
Austria

Robert Patti
Tezzaron Semiconductor Corp.
1415 Bond Street
Naperville, IL 60563
USA

Ulrich Ramacher
Infineon Technologies AG
Am Campeon 1 - 12
85579 Neubiberg
Germany

Peter Ramm
Fraunhofer IZM
Hansastraße 27d
80686 Munich
Germany

Rafael Reif
Massachusetts Institute of Technology
Department of Electrical Engineering
77 Massachusetts Avenue
Cambridge, MA 02139
USA

Thomas L. Ritzdorf
Semitool, Inc.
655 West Reserve Drive
Kalispell, MT 59901
USA

Fred Roozeboom
NXP - TSMC Research Center
High Tech Campus 4
Mailbox WAG02
5656 AE Eindhoven
The Netherlands

Mihai Sanduleanu
Philips Applied Technologies
High Technology Campus 7
5656 AE Eindhoven
The Netherlands

Sachin S. Sapatnekar
University of Minnesota
Departmem of Electrical
and Computer Engineering
200 Union Street
Minneapolis, MN 55455
USA

Anton Sauer
Fraunhofer IZM
Hansastraße 27d
80686 Munich
Germany

Leonard Schaper
University of Arkansas
Department of Electrical Engineering
3217 Bell Engineering Center
Fayetteville, AR 72701
USA

Peter Schneider
Fraunhofer IIS
Design Automation Division
Zeunerstraße 38
01069 Dresden
Germany

Stefan E. Schulz
TU Chemnitz
Zentrum für Mikrotechnologien
Reichenhainer Straße 70
09126 Chemnitz
Germany

Charles Sharbano
Semitool, Inc.
655 West Reserve Drive
Kalispell, MT 59901
USA

Herbert Shea
Ecole Polytechnique Fédérale de Lausanne
Institute of Microelectronics and Microsystems
Electronics Laboratory
1015 Lausanne
Switzerland

Antonio Soares
Massachusetts Institute of Technology
Lincoln Laboratory
244 Wood Street
Lexington, MA 02420 - 9108
USA

Vyshnavi Suntharalingam
Massachusetts Institute of Technology
Lincoln Laboratory
244 Wood Street
Lexington, MA 02420 - 9108
USA

Kenji Takahashi
Toshiba Corp.
1 Komukai Toshiba - cho, Saiwai - ku,
Kawasaki - shi, Kanagawa
212 - 8583 Japan

Maaike Taklo
SINTEF ICT
Microsystems and Nanotechnology
Gaustadalléen 23
0373 Oslo
Norway

Chuan Seng Tan
Nanyang Technological University
School of Electrical and Electronic Engineering
50 Nanyang Avenue
Singapore 639798
Singapore

Kazumasa Tanida
Toshiba Corp.
1 Komu Kai Toshibacho, Saiwai - Ku
Kawasaki - shi, Kanagawa
212 - 8583 Japan

Mark E. Tuttle
Micron Technology, Inc.
Mail Stop 1 – 717
8000 S. Federal Way
Boise, ID 83707 – 0006
USA

Brian Tyrrell
Massachusetts Institute of Technology
Lincoln Laboratory
244 Wood Street
Lexington, MA 02420 – 9108
USA

Eric (F.) van den Heuvel
Philips Applied Technologies
High Technology Campus 7
5656 AE Eindhoven
The Netherlands

Emile van der Drift
Delft University of Technology
PO Box 5053
2600 GB Delft
The Netherlands

Richard (M. C. M.) van de Sanden
Eindhoven University of Technology
PO Box 513
5600 MB Eindhoven
The Netherlands

Eric van Grunsven
Philips Applied Technologies
High Tech Campus 7
5656 AE Eindhoven
The Netherlands

Co Van Veen
Philips Applied Technologies
High Technology Campus 7
5656 AE Eindhoven
The Netherlands

Jan F. Verhoeven
Philips Applied Technologies
High Technology Campus 7
5656 AE Eindhoven
The Netherlands

Susan Vitkavage
Lockheed Martin
5600 Sand Lake Road
Orlando, FL 32819
USA

Keith Warner
Massachusetts Institute of Technology
Lincoln Laboratory
244 Wood Street
Lexington, MA 02420 – 9108
USA

Josef Weber
Fraunhofer IZM
Hansastraße 27d
80686 Munich
Germany

Werner Weber
Infineon Technologies AG
Am Campeon 1 – 12
85579 Neubiberg
Germany

Bruce Wheeler
Massachusetts Institute of Technology
Lincoln Laboratory
244 Wood Street
Lexington, MA 02420 - 9108
USA

Robert Wieland
Fraunhofer IZM
Hansastraße 27d
80686 Munich
Germany

Markus Wimplinger
EV Group
7700 South River Parkway
Tempe, AZ 85284
USA

Jürgen M. Wolf
Fraunhofer IZM
Gustav - Meyer - Allee 25
13355 Berlin
Germany

Bernhard Wundede
Fraunhofer IZM
Gustav - Meyer - A1lee 25
13355 Berlin
Germany

Peter Wyatt
Massachusetts Institute of Technology
Lincoln Laboratory
244 Wood Street
Lexington, MA 02420 - 9108
USA

Donna Yost
Massachusetts Institute of Technology
Lincoln Laboratory
244 Wood Street
Lexington, MA 02420 - 9108
USA

目　录

第一篇　硅通孔制作

第二篇　晶圆减薄与键合技术

第三篇　集成过程

第四篇 设计、性能和热管理

第五篇 应 用

第 1 章　3D 集成概述

Philip Garrrou

1.1　引言

晶圆级三维（3D）集成是一种新兴的系统级集成的体系结构。这种结构将多层的平面器件堆叠在一起并通过硅（或其他半导体材料）通孔（TSV）在 Z 方向上进行互连，如图 1－1 所示。

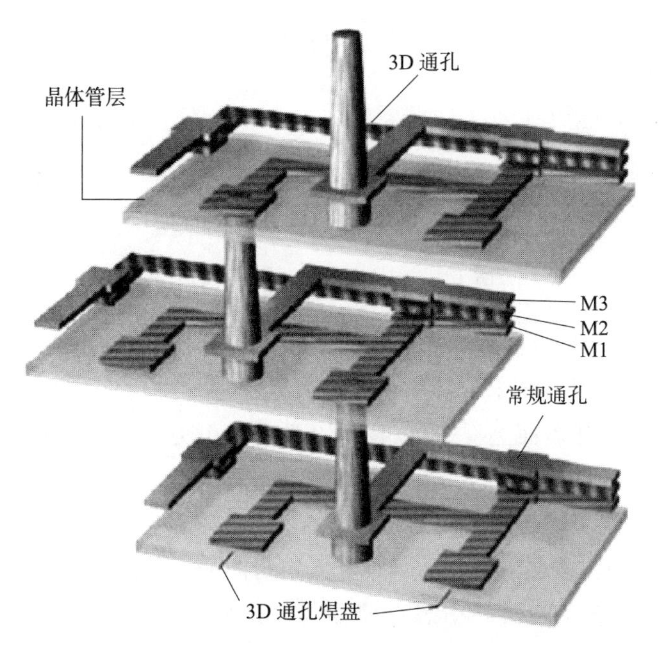

图 1－1　使用硅通孔互连的晶圆级 3D 堆叠
（Alberta 大学电子与计算机工程系 Duncan Elliott 教授许可）

本书在第 2 章将介绍这种新体系结构的技术和市场推动力，第 3 章将介绍几种制造叠层的工艺流程。所有这些都基于以下技术：

1）硅通孔制程——实现了不同硅基体间单独的电连接，TSV 的直径取决于独立层之间的互连程度，因应用领域而异。

2）晶圆减薄——在存储器叠层中一般要求晶圆减薄到 50 μm 以下，CMOS 电路中晶圆需要减薄到 25 μm 以下，而对于 SOI（Silicon－on－Insulator）电路，晶圆需要减薄到 5 μm以下。

3）对准与键合——两种堆叠方式，即芯片到晶圆（D2W，Die to Wafer）及晶圆到晶圆（Wafer to Wafer，W2W），可通过多种技术来实现（见第 3 章）。

这种叠层结构的主要特征是在 Z 轴方向上的互连，其通常被称为“硅通孔”（TSV），也被称为“晶圆通孔”（TWV）或“晶圆贯通互连”（TWI）。

理论上，3D 集成技术在减小芯片尺寸的同时，也缓解了互连延迟的问题。在二维封装结构中，大量较长的互连线被垂直的较短互连线所代替时，可显著增强逻辑电路的性能。例如，在关键路径上的逻辑门通过 Z 方向上的互连可以使其相互之间的位置更近，不同电压及性能要求的电路可以放到不同的层中[1]。

图 1-2 描述了常规的二维互连、片上系统（SOC）和 3D 集成三种方式形成的存储器与逻辑电路的互连结构。

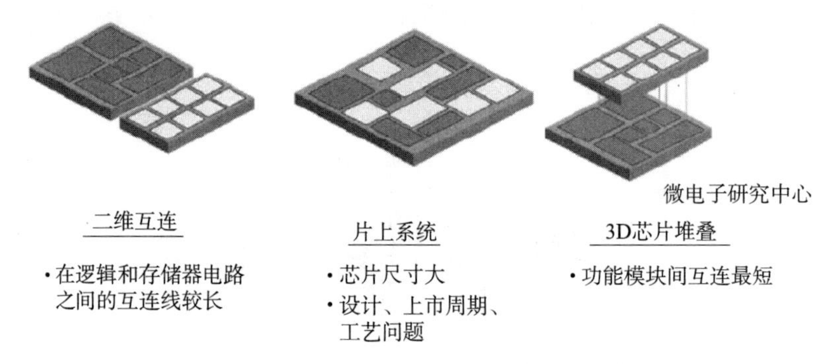

图 1-2　2D、SOC、3D 对比图

SOC（片上系统），是指在单芯片上集成了系统设计的几乎所有功能。这种芯片在设计中往往是混合信号与混合技术，其中包括内置动态存储器（DRAM）、逻辑电路、模拟电路和射频电路等。虽然表面上看 SOC 技术很具有吸引力，但是把不同工艺技术集成到一个芯片上，势必增加芯片的尺寸及互连线的长度，导致信号传输延迟的增加。因为需要通过不同的工艺技术来实现各种不同的功能，材料和工艺的复杂性问题变得至关重要。

在 3D 体系结构中，器件制造是通过具有特定功能的各种晶圆来实现的，例如处理器、数字信号处理器、静态存储器和动态存储器等。这些晶圆经过减薄、对准和垂直互连（D2W 或 W2W），形成一个具有一定功能的器件。因此，3D 集成技术允许不兼容的技术之间进行集成，从而在性能、功能和外形尺寸上具有显著的优势。在某些领域，这一工艺则变成了“异质集成”。如图 1-3 所示，其他还可能叠层在一起的组件包括天线、传感器、电源管理器和能量存储器等。

这项技术需要统一的芯片尺寸和互连结构，在第 3 章中我们将看到互连通孔可以在 IC 厂（前道制程）中来制作，也可以在 IC 制造完成之后在封装厂制作。如果在封装厂制作通孔，必须在芯片单元中或单元之间预留开孔区，尽管通过后芯片 TSV 制作工艺，一些硅的“地盘”被消耗了，但由此以一个较小的芯片面积代价，可以获得高密度的互连。

芯片之间信号传输路径的缩短加快了系统运行的速度，降低了功耗，这样可提高系统的性能。芯片之间互连线的长度与系统的功耗有着直接的关系，互连线的缩短有助于降低

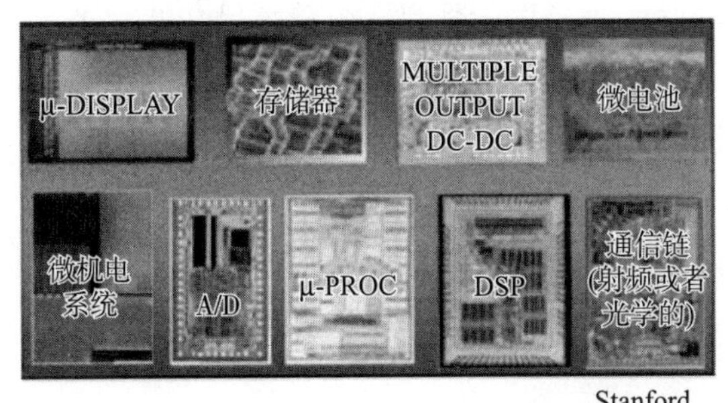

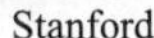

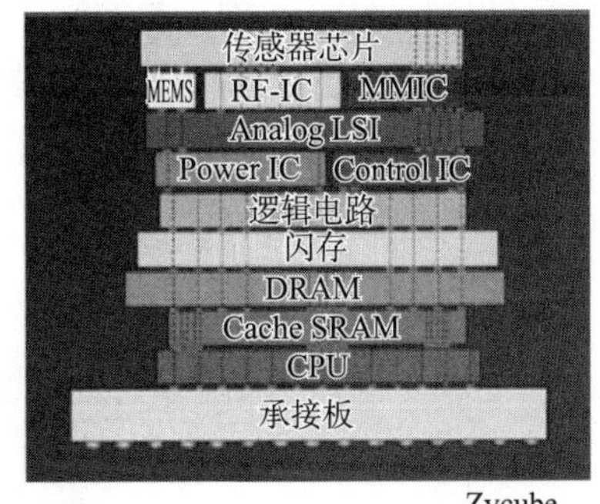

图1-3 "Holy Grail"——异质集成结构
(斯坦福大学和日本Zycube公司许可)

系统的功耗。我们将在后面(第33章)看到,使用叠层芯片的关注点之一就是散热问题,但是TSV的使用减少了互连线的总体长度,这会在一定程度上减少热量的产生。

1.2 晶圆堆叠技术的发展

早在1981年,美国通用电气公司(GE)就开始为美国国家航空航天局(NASA)对半导体晶圆互连技术的可行性进行研究[2]。

1986年到1990年期间,Akasaka[3]与Hayashi[4]在发表的论文中就对3D集成系统的概念及技术实施方案进行了阐述。随后Hayashi[5]提出了分别在不同的晶圆上制作不同的组件,对晶圆进行减薄,制作正面和背面的引出端,并将减薄后的芯片彼此互连。这被称为累积键合电路(CUBIC,Cumulatively Bonded IC),通过自上而下的方式制作了一个有两个有源层的器件并进行了测试。

1.3 3D封装与3D集成

在过去的几年中,芯片堆叠作为一种重要的封装形式得到了迅速发展。在单一的封装体内进行芯片的垂直集成,可以显著提高一个给定封装尺寸内可容纳的芯片数量,节省器件的占用面积;同时,缩短了芯片之间互连线的长度,加快了信号的传输速度;另外还减少了基板上部件的个数,从而简化了基板的组装。

芯片堆叠封装最初应用于闪存(Flash)芯片与SRAM芯片,以及两个Flash芯片的叠层。现在,芯片堆叠已经由存储器扩展到逻辑器件和模拟器件的封装中,也可以包括一些无源元件的表面贴装。另外,芯片叠层封装已经发展到三个或四个芯片的叠层,以及在一个封装体内叠层和非叠层芯片的并排联合。芯片做完凸点后可直接以CSP或BGA封装形式贴装到基板上。芯片通过凸点以CSP或BGA为最终封装形式互连到基板上。

虽然芯片堆叠最初是将较小尺寸芯片叠层到较大尺寸芯片上,这样可以通过引线键合的方式互连,但现在封装厂商已经可以通过在两个堆叠芯片间增加一个垫片(一块硅片)

来实现相同尺寸芯片的堆叠，或者是将一个较大尺寸芯片堆叠到一个较小尺寸芯片上。垫片抬高了上层芯片，以确保底部芯片有足够的空间进行引线键合。标准的引线键合弧高通常为150～175 μm，而芯片堆叠需要将弧高控制在100 μm以下，图1-4所示为3D叠层结构中典型的引线键合示意图。

图1-4 3D封装中引线键合的叠层芯片

通过以上各种方式扩大了堆叠芯片封装的应用范围，从而形成了生产商通常所称的3D封装整体业务。多种3D BGA封装的产品正在大规模生产中，如图1-5所示。

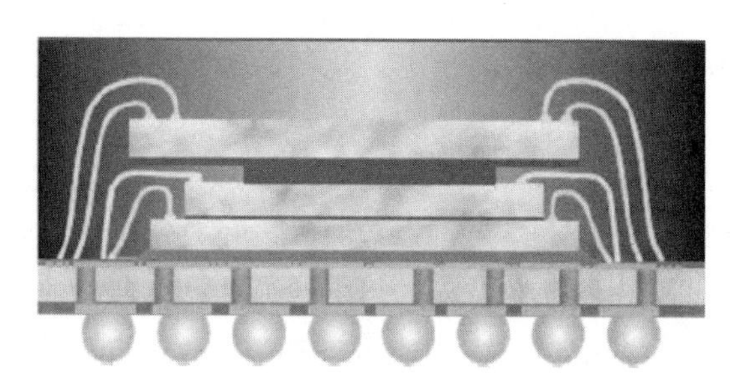

图1-5 3D堆叠芯片的BGA封装

3D芯片堆叠的层数取决于所要求的最终封装体的厚度及叠层封装内每一层的厚度（包括基板、芯片、垫片的厚度以及BGA焊球的直径），典型的焊球直径为0.75 mm（节距1.27 mm）到0.2 mm（节距0.35 mm）。标准的便携式电子产品叠层封装的厚度为1.4 mm。根据客户的需要，目前也可以做到1.2 mm或1.0 mm的厚度，甚至可以做到0.8 mm。在1.4 mm厚度的封装体内一般可以做到3或4层芯片的叠层。

另一种3D封装叫作封装堆叠，也叫PoP（package on packege）。PoP封装增加了每个封装的材料成本和封装高度，但是叠层器件产量的提高使得成本降低。封装堆叠要求封装器件应具有薄、平整、抗高温和耐湿性能，以便承受多次回流和表面贴装（SMT）的再加工。类似Amkor这样的生产商一直在开发堆叠CSP和BGA封装的工艺，如图1-6所示。

目前数码照相机和手机已经采用两层封装叠层（逻辑器件＋存储器）的结构。高密度的DRAM及Flash模块可以达到四层封装叠层，最高可以实现八层封装叠层。

3D封装技术可以实现：

- 可节省重量和体积的薄芯片；

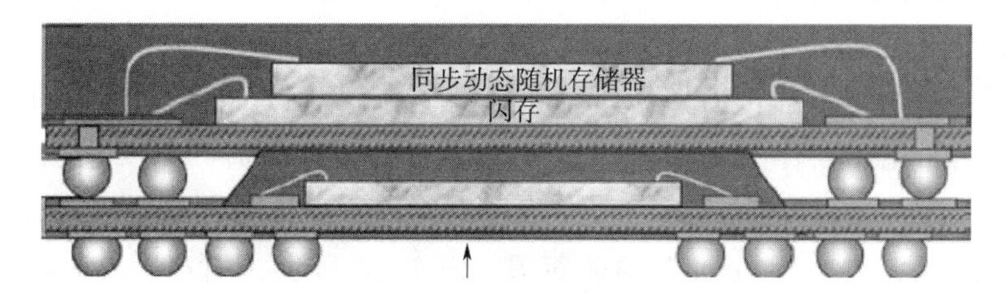

图 1-6 Amkor 公司典型的 PoP 封装

• 可节省 $X-Y$ 空间的叠层芯片（引线键合）。

3D 封装技术不能实现：

• 互连小型化或增强电性能（C 和 L 寄生效应）。

1.4 非 TSV 的 3D 叠层技术

1.4.1 Irvine 传感器

1992 年 Irvine 传感器公司开始堆叠来自 IBM 的伯灵顿封装厂的 Si 存储器。在他们的第一代产品中，I/O 信号线通过 Au 的金属化再布线引出到芯片的一个边缘，然后将晶圆进行划片。芯片堆叠后对堆叠组件进行研磨，暴露出再布线金属，在叠层的侧面进行总线金属沉积实现芯片的互连，将一个陶瓷基板覆于上面实现叠层模块的输入/输出[6-7]。这种技术的局限性表现为：

1）所有的芯片必须是相同尺寸，只能叠层同一种类型的芯片；

2）芯片尺寸的频繁缩减需要更换设备；

3）商用芯片的发展趋势是要尽量缩小划片道，这使得此工艺变得越来越困难。

一种叫“Neo-stack”的新技术突破了上述技术的局限。这种技术采用已知好芯片（KGD），在芯片上使用金丝球焊形成凸点。由很多带凸点的芯片矩阵排列形成一种新的晶圆，称之为“Neo-wafer”。叠层中所有的芯片都采用这种标准的 Neo-die 尺寸，该尺寸略大于叠层中最大芯片的尺寸。这种特性可实现异质芯片的堆叠。在两层芯片之间的空白

图 1-7 Irvine 传感器公司 Neo-stack wafer 概念图

区域添加一层硅的过渡层，以增强两层之间的导热性能。Neo－wafer 在分割成独立的 Neo－die之前需要进行金属化和减薄处理。其他类型的芯片也需要进行类似的工艺处理，形成相同的单元尺寸。这样可以将具有相同尺寸的单元叠层为一体，把所有的信号线从叠层体的两侧引出。在叠层体的上方加一层盖板，盖板的上下表面需要金属化处理并通过通孔互连。叠层的上下两侧进行金属化并进行芯片的互连，将输入/输出信号连接到顶部芯片上。

图 1－7 所示为“Neo－stack”的截面图，图 1－8 所示为闪存 Neo－stack 及其分层结构。

图 1－8　闪存 Neo－stack 及其分层结构

1.4.2　超薄芯片叠层（UTCS）（IMEC，CNRS，U. Barcelona）

校际微电子中心（IMEC）、法国国家科学研究中心（CNRS）和 U. Barcelona 三个研究机构都提出了一种相似的技术[8-10]。这种技术被称为超薄芯片叠层技术（UTCS，Ultra Thin Chip Stacking），其工艺制程如下：首先把芯片减薄到 10 μm，用 BCB 介电层间隔，芯片之间通过金属化通孔完成垂直互连。最终叠层的厚度比普通的单芯片要薄很多。

BCB 作为黏附层和平坦化层，导热性能较差，降低了垂直通路的热传递效率。通过使用铜栅格或完整的金属板移除来自薄芯片的热量，可以显著改进散热问题。

图 1－9 所示为叠层芯片的互连原理，图 1－10 所示为超薄芯片叠层的详细工艺流程。

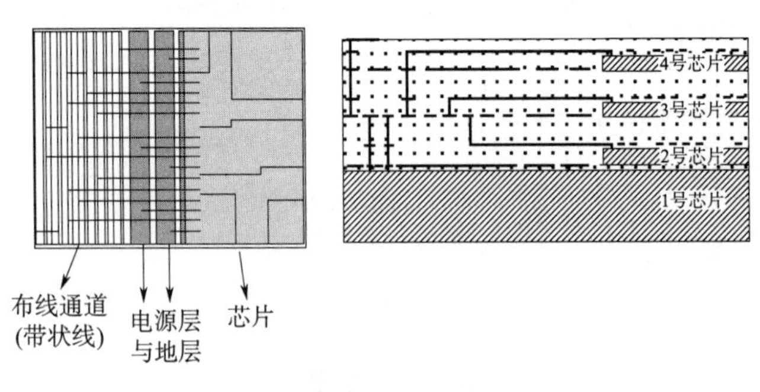

图 1－9　在薄膜介电层内 UTCS 3D 封装的布线结构[8]

1.4.3　富士通公司

在 2002 年夏天，日本富士通公司公布了基于晶圆减薄、芯片叠层及再分布技术的 CS

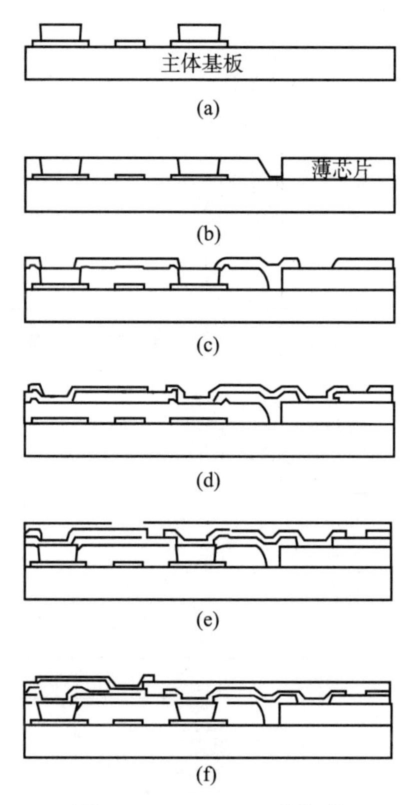

图 1 - 10　UTCS 工艺流程

(a) 在第一层互连基板上制作图形并生长钉头凸点；(b) 薄芯片转移，沉积一层厚的 BCB 介电层，对钉头凸点位置及芯片周边进行开窗；(c) 沉积 BCB 介电层（平坦化），开出接触点，干法蚀刻去除 BCB 残留物；(d) 第二层金属化；(e) 沉积绝缘层并且进行平坦化处理；f) 形成焊盘与互连线金属层[8]

模块[11]。这种技术实现了两层芯片的叠层及芯片间信号线的再分布，图 1 - 11 所示为该公司五层大容量存储器产品叠层示意图，其中四层芯片堆叠到基础存储器芯片上。

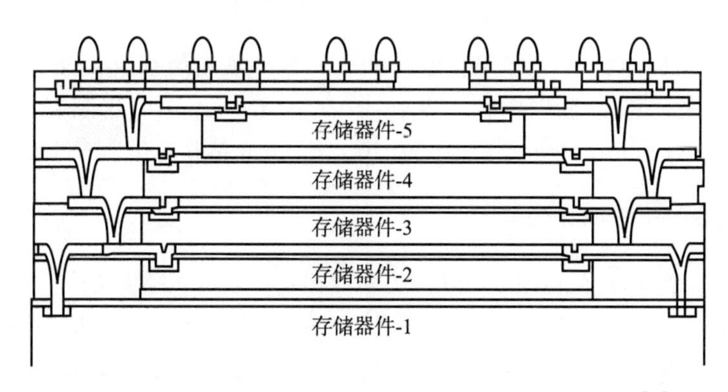

图 1 - 11　富士通公司芯片尺寸级存储模块的堆叠示意图[11]

1.4.4 Fraunhofer/IZM 研究所

德国弗朗霍夫可靠性与微整合技术研究所（Fraunhofer/IZM）有一种相似的封装技术，被称为“Chip in Polymer”，其将超薄芯片埋置到多层布线的 PCB 板中。

参与这项研究的公司及大学有诺基亚（Nokia）、飞利浦（Philips）、AT&S Datacon 及 IMEC 等，该项目由欧洲专项研究基金支持，他们正在致力于研究该项工艺是否适合批量生产[13]，图 1-12 所示为其工艺流程。

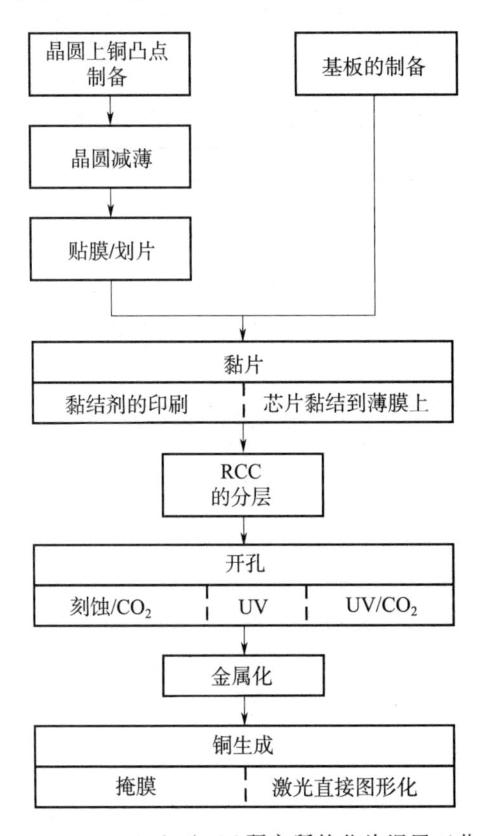

图 1-12　Fraunhofer/IZM 研究所的芯片埋置工艺流程

该种结构包含具有双层的高玻璃化温度（T_g）的环氧玻璃基板（FR4）。芯片黏结到基板表面，然后采用高 T_g 的覆铜树脂（RCC，resin coated copper）连接到多层基板的两侧。RCC 中 Cu 的厚度为 5 μm，介电层的厚度为 70 μm，激光钻孔和化学清洗后进行电镀。

1.4.5 3D Plus 公司与 Leti 公司[14]

图 1-13 所示为 Leti 公司与 3D Plus 公司提出的一种 3D 封装结构，称为“晶圆再造”(Re-built wafer)。在该工艺过程中，不同尺寸的芯片和无源元件被埋置到树脂基体中(有源面向下)。对焊盘进行再分布，减薄埋置基板，器件被分割成相同的尺寸。对各模块进行测试后，利用 3D Plus 公司的侧面互连技术对这些器件进行叠层组装。焊盘再分布技术需要解决两个关键工艺：BCB/Cu 和层压薄膜/Cu 工艺。据报道，BCB/Cu 工艺因减薄

后“基板”的翘曲而变得复杂。

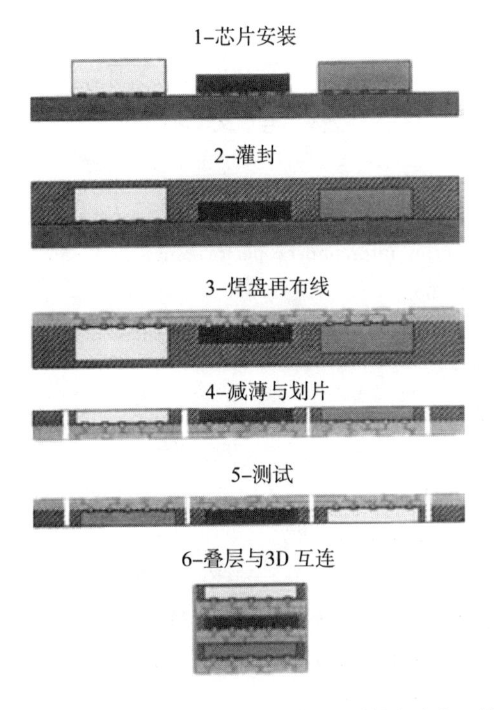

图 1 - 13　Leti 公司与 3D Plus 公司“晶圆再造”技术

1.4.6　东芝公司系统封装模块[15]

东芝公司提出了一种被称为“系统封装模块”（System Block Module）的制作工艺流程，如图 1 - 14 所示[15]。

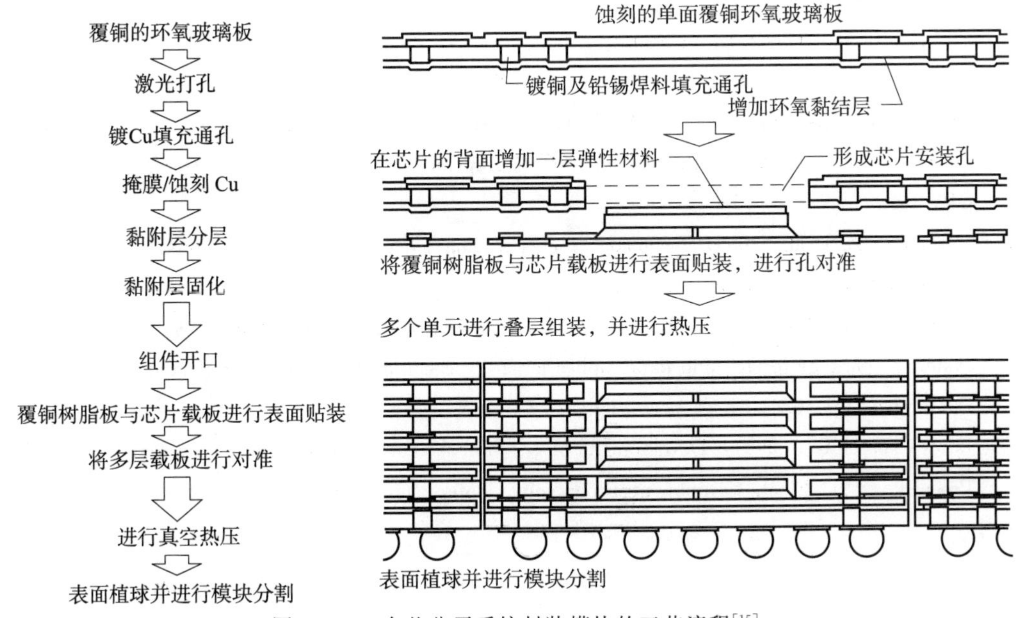

图 1 - 14　东芝公司系统封装模块的工艺流程[15]

参考文献

[1] Banerjee, K., Souri, S., Kapur, P. and Saraswat, K. (2001) 3D ICs: a novel chip design for improving deep sub - micron interconnect performance and subsystems - on - chip integration. Proceedings of IEEE, 89, 602.

[2] Anthony, T. (1981) Forming electrical interconnection through semiconductor wafers. Journal of Applied Physic, 52, 5340.

[3] Akasaka, Y. and Nishimura, T. (1986) Concept and basic technologies for 3D IC structure. IEDM Technical Digest, 488.

[4] Kunio, T., Oyama, K., Hayashi, Y. and Morimote, (1989) M. 3D Ics having 4 stacked active device layers. IEDM Technical Digest, 837.

[5] Takahashi, S., Hayashi, Y., Kunio, T. and Endo, N. (1992) Characteristics of thin film devices for a stacked type MCM. Proceedings IEEE MCMC, 159.

[6] Bertin, C., Perlman, D. and Shanken, S. (1993) Evaluation of a 3 - D memory cube system. IEEE Transactions CHMT, 16, 1006.

[7] Gann, K. (1998) High density packaging of flash memory. Proceedings IEEE Int. Non Volatile Memory Technology Conference, p.96.

[8] Pinal, S. Tassleei, J. Lepinois, F. et al. (2001) Ultra thin chip verticle interconnect technique. Proceedings IMAPS Europe, p.42.

[9] Pinel, S. et al. (2002) Thermal modeling and management in ultrathin chip stack technology. IEEE Transactions CPMT, 25, 244.

[10] European Patent UTCS EP 9920110061.

[11] Fujitsu press release July 15th 2002 at Semicon West.

[12] Reichl, H., Ostermann, A., Weiland, R. And Ramm, P. (2003) The 3rd dimension in microelectronic packaging. Proceedings 14th European Micro & Packaging Conf. Friedrichshafen GR, p.1.

[13] Ostmann, A. et al. (2005) Technology for embedding active die. Proceedings European Microelectronic Packaging Conference, Brugge BE, p.101.

[14] Souriau, J. C, Lignier, O., Charrier, M. and Poupon, G. (2005) Wafer level processing of 3D system in package for RF and data applications. Proceedings Electronic Component and Technology Conference, p.356.

[15] Imoto, T. et al. (2001) Development of 3 - dimensional module package, system module block. Proceedings 51st Elect. Component Technology Conference, Orlando, p.552.

第2章 3D集成的驱动力

Philip Garrrou，Suan Vitkavage，Sitaram Arkalgud

2.1 引言

对于一项即将用于主流的微电子应用领域的技术而言，相较于现有的技术方案，它必须同时在多个方面表现出显著的效益。在半导体产业中，这些驱动力主要包括：

1）更好的电学性能；

2）更低的功耗和噪声；

3）外形尺寸改进；

4）更低的成本；

5）更多的功能。

在这一章中，我们将主要从以上方面论述采用TSV的3D集成技术的优点。

2.2 电性能

半导体工业界一直都是通过缩小门的尺寸来改进门的开关延迟问题，那么3D集成技术是否可以定位为发展模式的转变呢？

近几十年来，半导体制造商一直致力于通过缩小集成电路晶体管的尺寸来提升芯片的性能。结果是电路的运行速度不断提升，集成度不断提高，其技术发展趋势符合摩尔定律。根据摩尔定律，芯片的复杂性（晶体管的数量与性能）每24个月翻一番。半导体芯片的性能由多种因素决定。在器件级，必须考虑门及互连线的延迟，而在芯片及系统级，则必须考虑带宽及系统延迟。

很显然，3D集成技术（见第1章）需要克服传统器件小型化技术所遇到的困难，并且通过32 nm制程工艺维持原有的量产能力。

许多集成电路制造商，如美国国际商用机器（IBM）、东芝、索尼及日本电气公司（NEC）等公司，已经进入了45 nm时代。但对这些生产厂家来说，未来是否开发32 nm及22 nm制程还不是很明确。2007年，东芝公司先进逻辑器件事业部认为“针对于逻辑器件来说，我们现在还说不出发展32 nm工艺制程的重要性”[1]，IBM公司的艾玛（Emma）也给出了相同的结论[2]。

2.2.1 信号传输速度

集成电路信号线传输速度由两个部分决定，即晶体管门的延迟及 RC 延迟。晶体管门延迟指的是单个晶体管开关时间，RC 延迟则指的是晶体管之间的延迟。R 为金属引线的电阻，C 为介质间的电容，可以表示为

$$RC_{延迟} = 2\rho\varepsilon(4L^2/P^2 + L/T^2) \tag{2-1}$$

式中　ρ——金属引线的电阻率；

ε——介质层的介电常数；

L——引线长度；

P——金属引线间距；

T——金属引线的厚度。

在亚微米工艺技术条件下，RC 延迟是影响传输速度的主要影响因素。在通过缩小门的尺寸以及降低工作电压提高器件性能的同时，互连线的性能却随着制程的不断发展而降低了。互连线的横截面积越小，电阻越大；互连线间距越小，线间电容越大，从而导致了整个 RC 延迟的增加。图 2-1 表明，随着半导体制程的发展，门与互连线延迟的结合增加，互连线延迟开始占主导地位[3]。

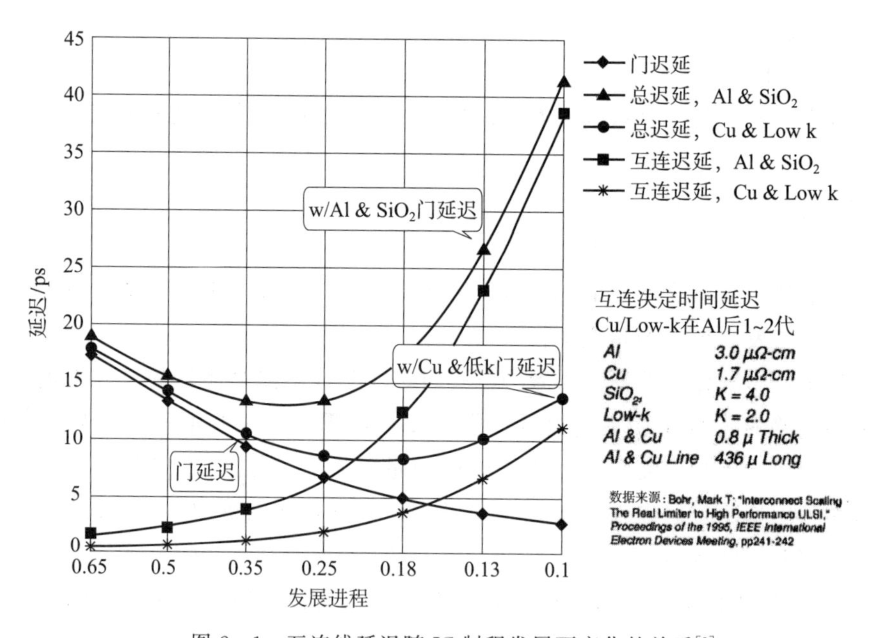

图 2-1　互连线延迟随 IC 制程发展而变化的关系[3]

通过减少 RC 延迟来持续增强器件性能的远景是暗淡的，2001 年电气和电子工程师协会（IEEE）会议上一篇开创性论文对芯片互连技术进行了预测，文中预测芯片互连问题即将“使得半导体制造技术的发展减速或停止”，并且建议 3D 集成电路“应积极开展探索，以缓和互连线的延迟、密度问题，并减小芯片尺寸等”[4]。

随着互连线横截面积的不断缩小，引线的电阻率与电容成为主要问题，即使对于 Cu 引线也存在同样的问题。电阻率的增加是由电子表面散射效应引起的，这种效应取决于互连线温度及铜阻挡层界面品质，如图 2-2 所示。对于未来的工艺进程，导体横截面的尺

寸会越来越小，将会比铜块中电子的平均自由程还要小。

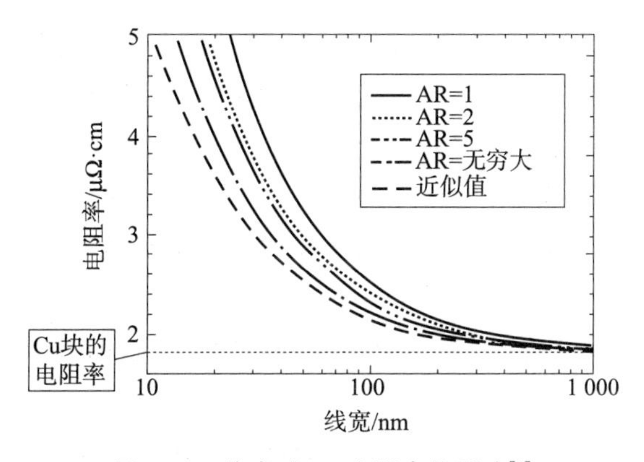

图 2-2　线宽对 Cu 电阻率的影响[5]

同时，起到阻挡铜离子扩散到硅基板上作用的阻挡层的厚度很难测量，并成为互连横截面性能的重要影响因素，会提高有效电阻率。

另外，低 k 介质的集成比最初预想的要难。低 k 介质含有氟、碳并具有多孔性，以实现减小 k_{bulk}数值的目的。结果使介质的机械性能及可靠性大大降低，同时介质更容易被损坏，而且容易吸潮。

如图 2-3 所示，在国际半导体技术发展路线图（ITRS）中对实现低 k 介质的延迟进行了很好的阐述[7]。

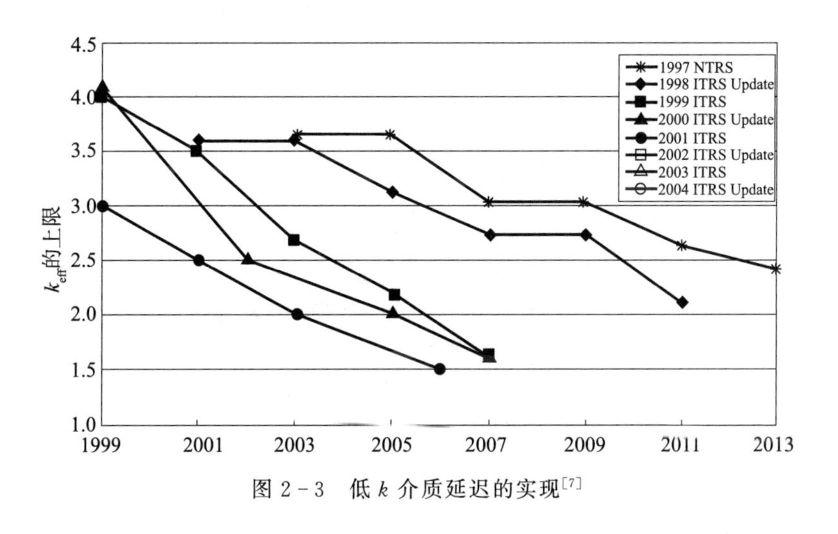

图 2-3　低 k 介质延迟的实现[7]

近些年的许多行业刊物和技术论文，都对低 k 介质集成过程中所产生的问题进行了分析与论述，如热膨胀系数（CTE）及断裂韧性等[8-11]。到了 65 nm 工艺节点，大多数工艺仍在采用普通的 FSG 材料。工业界几乎已经放弃了旋涂有机介质（如 SiLK）的工艺，台积电（TSMC）与台联电（UMC）的生产线上化学气相淀积（CVD）材料（如 Coral 膜与 Black Diamond 膜）则存在着严重的问题，开发低 k 介质造成芯片互连的危机，这使得技术开发变得困难和延迟。

美国半导体制造技术战略联盟（SEMATECH）的代表指出："在 45 nm 工艺节点，标准工艺下的超低 k 介质非常容易破碎，这些问题使得超低 k 介质的性能降低。"同时他还强调："即使解决这些工艺问题存在技术上的可能性，甚至使得互连介质的 k_{eff} 达到 2.5 以下，这样做也不会是经济的。"[13]

综上所述，可以得出以下结论：

1）Cu 是一种低电阻率金属，需要在 Cu 布线的表面覆盖一层高电阻率难熔材料，以解决电迁移问题。

2）为了使介电常数达到 2.5 以下，材料必须具有多孔性，这会使材料变脆，从而带来严重的工艺及封装问题。

3）按比例缩小（scaling）恶化了互连线的性能，从而将会（或者已经）成为制约整个电路性能的瓶颈。

然而工业界还将继续使用 Cu 并结合某些阻挡层和低 k 材料，超过 65 nm 工艺节点后，还没有发现什么材料组合可以抵消按比例缩小带来的影响[14]。

基于这样的结果，业界已经开始关注晶体管缩小的极限尺寸，并且开始寻求超越硅基器件预期极限的解决方案[4]。

业界 k_{eff} 的历史性能与转变为 3D 集成后的影响进行对比分析，如图 2－3 所示。通过转换正态分布曲线预测增加 3D 层在介电常数上的 RC 延迟，从而获得 3D 集成后的对比。图 2－4 所示中每一个连续的点代表堆叠了一个附加层，从曲线中可以看出，当堆叠的层数超过一定数量时，3D 集成中 RC 延迟的改善效果变得不再明显[3]。

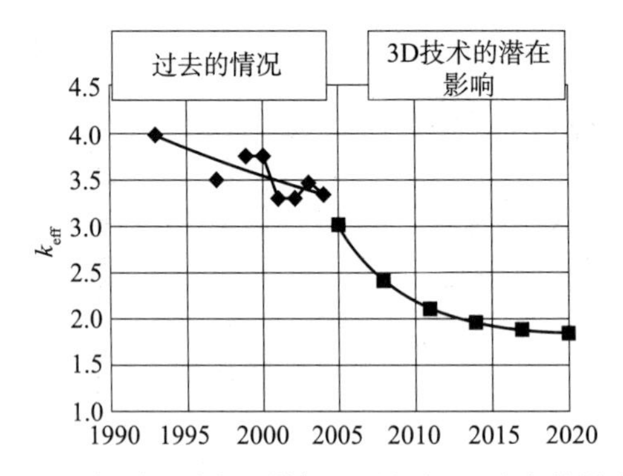

图 2－4　相对于过去，增加 3D 层对 k_{eff} 减小的影响[3]

2.2.2　存储器的延迟

存储器的存储速度比处理器的增长速度缓慢得多，图 2－5 为处理器与存储器性能差异情况的示意图[15]。

存储器的运行速度较慢，导致处理器停止运转，等待存储器读入数据。为了解决慢速的主存储器与快速的处理器之间的矛盾，采用了高速缓存，大多数的设计采用了多级缓

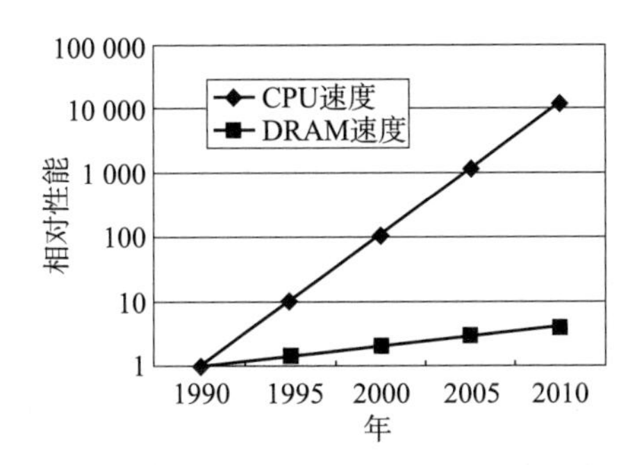

图 2-5　CPU 与 DRAM 速度增长情况对比[15]

存。高速缓存管线需要多级存储器实现主存储器与处理器之间的数据移动，反之亦然，这些管线减少了慢速存储器对处理器性能的影响。

传统的处理器为 2D 结构，处理器与高速缓存处在一个平面上，高速缓存 L0、L1 集成到一个处理器芯片上，然而 L2 高速缓存可以在一个单独的芯片上。在这种情况下，处理器与高速缓存之间的互连线比较长，特别是 L2 高速缓存在一个单独的芯片上时。这样造成了数据从一端传输到另一端时会耗费多个时钟周期。

在最初的 3D 处理器结构设计中，L0 与 L1 高速缓存集成到同级的处理器芯片上，而更高级别的高速缓存被堆叠到处理器晶圆的顶部，例如 L2。因此，L2 高速缓存本身就可以形成多晶圆叠层结构。在后来的 3D 处理器结构设计中，对处理器芯片可以完全重新划分，充分利用 3D 结构的巨大优势。

例如，佐治亚理工学院的帕特斯沃米（Putswammy）与洛（Loh）发表过关于英特尔（Intel）Core 2 处理器模块再划分的文章，很好地说明了 3D 集成技术对存储器延迟的潜在影响，结果如图 2-6 和表 2-1 所示，可以看出，对高速缓存及核心处理器芯片进行再划分对延迟方面的影响是非常显著的。

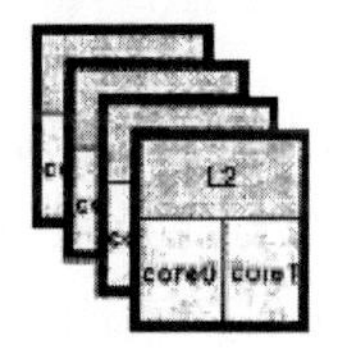

(a)目前的处理器　(b)核心和高速缓存重新分割为四层架构

图 2-6　Intel Core 2 处理器的再划分[16]

表 2-1　Intel Core 2 处理器划分后对延迟的影响[16]

项目	延迟减少/%
调度器	32
算术逻辑单元+旁路	36
重排序缓存器	52
寄存器	53
L1 高速缓存	31
L2 高速缓存	51
寄存器别名表	36

普遍认为，在未来多核微处理器时代，使用 3D 结构可能是解决存储器延迟问题的唯一方法。

2.3　功耗与噪声

3D 集成技术可实现较短的互连线分配，最大限度地影响与之相关的最长路径。由于互连线的缩短，减小了互连线的平均负载电容和电阻，并且减少了较长互连线需要的中继器数量。因为互连线支持的中继器的功耗是器件总有效功率中重要的一部分，在 3D 集成中芯片之间互连线平均长度（与 2D 相比）的缩短将改善系统的功耗。

3D 集成中最长互连线的长度与 2D 封装相比，将减小 $1/\sqrt{L}$ ，其中 L 为 3D 堆叠的层数。总体互连线长度的缩短使得系统能量消耗变化大约为 $\sqrt{L}$ [17]。由于互连线消耗的功耗占芯片功耗的一半，那么互连线的缩短将大大降低芯片的功耗。

2.3.1　噪声

3D 集成系统缩短了互连线，随之负载电容减少，从而开关噪声也减小。较短的互连线可以降低互连线间的寄生电容，并导致信号线间耦合噪声减小。

2.4　外形尺寸

当今市场对存储器产品最主要的需求之一为：成本尽可能低，尺寸尽量小。主要原因是处理器的速度比存储器的速度发展得更迅速，导致微处理器需要大量的高速系统存储器。利用 3D 硅通孔技术实现存储器的堆叠可缓解大容量、小体积高速存储器发展的瓶颈。

存储芯片的尺寸通常是由最佳成品率、存储密度、单元尺寸及芯片效率等多方面因素共同决定的。典型地，大容量、高密度存储器主要采用最强有力的光刻技术，并将依靠下一代光刻技术以缩小至下一个技术节点。当光刻技术不能够提高生产率时，把芯片进行叠层组装将是增加密度、保证生产率的很少的手段之一[1]。这一点最近已经被几种常规存储器所证实。

2.4.1 非易失性存储器技术：闪存

行业专家对 NAND 快闪存储器（NAND Flash）在超过 32 nm 工艺下缩小设计规则并不抱有很大的希望，因为“存储单元如此小，以至于操作很不稳定，并且最大的问题不再是晶体管，而是延迟的增加”[18]。

2006 年，三星（Samsung）宣布开发了一款小外形 16 GB 的高密度存储器。如图2-7所示，其采用 TSV 技术实现了 8 层 2GB NAND 快闪存储器芯片的叠层。据报道，这个叠层模块封装面积及厚度与相同当量的引线键合 MCP 封装相比，分别缩小了 15%与 30%。

三星公司宣布，这项技术在移动电话中具有巨大的市场前景（由于使用空间的限制，该领域对存储器的外形及大的存储需求都有严格的要求），同时利用该项技术可以开发“2010 年以后的下一代计算机系统”[19]。

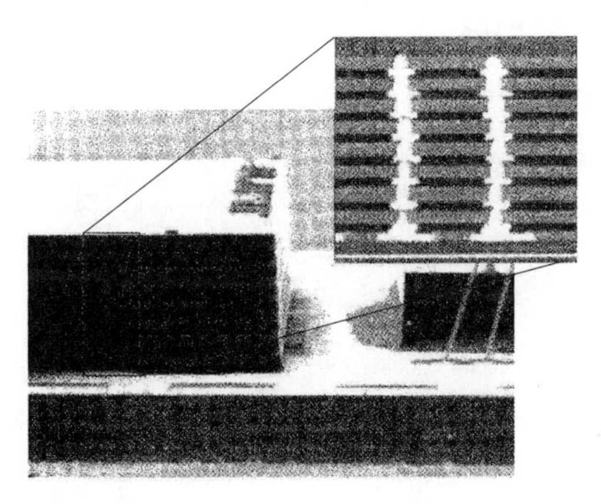

图 2-7　三星公司 16 GB 快闪记忆体产品，采用 TSV 技术实现 8 层芯片叠层[19]

ASE 最近宣布“在 2008—2011 年期间，45 nm 工艺技术成为主流时，将进入利用 TSV 技术的存储器叠层时代”。他们认为存储器叠层技术“将使 SiPs 的厚度达到 1.0～1.2 mm，比当今的封装薄 20%，这项技术可以容许生产更薄的手机”[20]。

2.4.1.1 FLASH 或 DRAM 产品中的“Osmium”技术

2006 年美光（Micron）公司宣布了“Osmium”技术[21]，这项技术可用于连接堆叠减薄后的芯片，并通过周围的芯片焊盘制作 TSV 通孔来实现互连。报道中并没有对工艺进行详细描述，并且是否将在他们的闪存或者动态随机存取存储器（DRAM）产品中应用还不得而知。

2.4.2 易失性存储器技术：静态随机存取存储器（SRAM）与动态随机存取存储器（DRAM）

三星、美光、日本电气（NEC）及 Tezzaron 等公司大力开发 3D 集成技术，他们把目标主要集中在移动电话产品、便携式电子产品（这些产品都需要足够的内存以运行高清的视频），以及其他一些未来的 3D 图形应用。

三星电子公司宣布他们利用 TSV 技术开发了第一代 DRAM 叠层存储器封装产品。原型采用其晶圆级叠层工艺（WSP），形成一个 2 GB 高密度存储器产品，包括 4 个 512 MB DDR2 DRAM。并以此产品为基础，叠层了 4 GB DIMM 产品。三星公司还宣称正在开发“2010 年以后的下一代计算机系统”[22]。

如图 2－8 所示，日本电气公司与冲电气公司（Oki）及存储器制造商尔必达公司（Elpida）联合开发了基于多晶硅 TSV 工艺的 3D 叠层封装技术，他们的目标是实现 DRAM 芯片的叠层[23]。他们预计在 2010 年以后将会采用 32 nm 工艺制程，存储器的封装密度增加 3 倍将会实现。

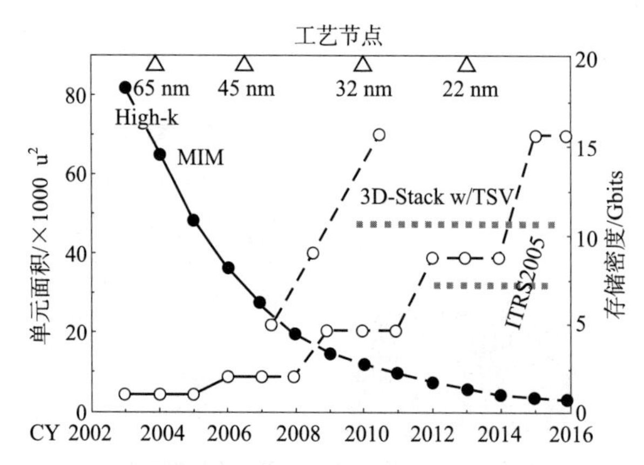

图 2－8　Elpida 采用 TSV 技术实现 3D DRAM 集成技术的发展方向[23]

2.4.3　CMOS 图形传感器

移动电话 CMOS 图形传感器芯片是 3D 叠层/TSV 技术最早的应用方向之一。CMOS 传感器芯片必须是面朝上，通过制作 TSV 直接连接到芯片的背面，获得小型化的封装模块。Tessera、肖特玻璃（Schott Glass）、藤仓（Fujikura）、日本三洋电气（Sanyo）、东芝（Toshiba）及 Zycube 等公司正在开发该种产品的 TSV 封装技术，目标是实现商业化，详细的情况将在第 15 章中进行介绍。

2.5　低成本

任何主流产品是否采用新技术，成本是最主要的驱动力。新技术在初期会应用在一些基于性能提高的领域，如一些专业场合，直到新技术的成本降低到可以接受的价格才被工业界所使用。确定 3D 集成工艺中没有不必要的成本是决定该项技术能够广泛应用的重要因素。

2.6　应用驱动

下面将就 3D 集成技术对不同种类器件的影响进行论述。

2.6.1　微处理器

微处理器的 3D 集成结构包括“逻辑器件＋存储器”的叠层以及“逻辑器件＋逻辑器件”的叠层。很像我们最初看到的高速缓存（通过键合技术叠装到处理器芯片上），以及后来我们所说的处理器芯片再划分技术。

当前微处理器性能发展的最大瓶颈问题之一是 CPU 与主存储器访问时间的差距。为了解决这一瓶颈问题，通常利用高速缓存将处理器连接到主存储器。正是由于这一原因，处理器的面积只占整个芯片尺寸中很小的一个部分。未来的多核处理器需要庞大的带宽以避免延迟问题，而这只能采取 TSV 技术才能得以解决。通过把存储器芯片直接堆叠到大规模多核处理器芯片上面，利用通孔技术实现存储器与处理器的直接连接，Intel 宣布他们可以实现处理器与存储器的传输速率达到 1 TB/s，对于微处理器的应用将在第 15 章和第 34 章中进行进一步的介绍。

2.6.2　存储器

存储器将是 3D 集成技术另一个早期的应用方向，所有的主流存储器制造商都在致力于 3D 集成技术的开发，确定了针对其生产线的恰当的切入点。如前所述，当芯片的工艺制程超过 32 nm 时，现有的技术是否会影响存储器的性能令人担忧。在便携式消费类电子产品中，需要利用 3D 集成技术的各项优势。详细的情况将在第 15 章和第 35 章中进行进一步介绍。

2.6.3　传感器

焦平面图形传感器也将是 3D 集成技术的一个早期应用方向。因为信号的集成、放大与读取模块都可以与图像探测器模块离得非常近，所以有源像素焦平面结构非常适合于 3D 互连。现在的 2D 解决方案还不能满足当前高速图像传感器应用所需要的数据传输速度。通过把串行信号处理转变成每个像素的并行信号处理可以显著改善实时图像，但这一方法目前还不是很成功。这些应用将在第 37 章中进行详细介绍。

2.6.4　现场可编程逻辑门阵列（FPGA）

FPGA 包括许多简单的可编程逻辑单元阵列，这些逻辑单元具有可编程逻辑层级架构。FPGA 在引线延迟方面一直存在问题。3D 集成技术可以通过把可编程的互连单元与逻辑单元分离开，利用叠层技术把这两个模块进行 3D 集成，降低互连线的延迟，从而提高 FPGA 系统的性能。详细情况将在第 15 章中进行进一步介绍。

参考文献

[1] Ooishi, M. (Aprill 2007) Vertical stacking to redefine chip design. Nikkei Electronics Asia., 20.

[2] Emma, P. (July 2007) Technology scaling after Moore' s law. SEMATECH "The 3D Buzz: Making TSVs Real" session, SEMICON West, San Francisco CA.

[3] Vitkavage, S. and Monning, K. (June 2005) 3D interconnects and the IRTS roadmap. Proceedings 3D Architectures for Semiconductor Integration and Packaging Conference, Phoenix AZ.

[4] Davis, J. Venkatesan, R., Kaloyeros, A. et al. (2001) Interconnect limits on gigascale integration (GSI) in the 21st century. Proceedings of IEEE, 89, 305.

[5] Steinhogl, W., Schindler, G., Steinlesberger, G. and Engelhardt, M. (2002) Size - dependent resistivity of metallic wires in the mesoscopic range. Physical Review B, 66, 75414.

[6] Meindl, J. (May/June 2003) Interconnect opportunities for gigascale integration. IEEE Micro, 23, 28.

[7] Braun, A. (1st May 2005) Low - k bursts into the Mainstream… incrementally. Semiconductor International.

[8] Peter, I. (1st Jan 2003) Industry confronts sub - 100nm challenges. Semiconductor International.

[9] Lammers, D. (21st April 2003) Worries Dull SiLK' s Sheen at IBM Micro. EE Times.

[10] Cataldo, and Lammers, D. (March 17th 2003) Altera Pounces as Xilinx becomes latest to abandon low - K. EE Times.

[11] Goldstein, H. (December 2003) SiLK Slips: IBM Follows Industry Trend and Chucks Spin - on Insulator. IEEE Spectrum, 40, 14.

[12] Garrou, P. (June 2005) 3D Integration: A Status Report. Proceedings 3D Architectures for Semiconductor Integration and Packaging, Phoenix AZ.

[13] Pfeifer, K. (October 2004) Sematech Low - k Symposium, San Diego CA.

[14] Chambra, N., Monnig, K., Augar, R. et al. (Feb. 2002) Interconnect challenges and strategic solutions. Future Fab International, 12.

[15] Banerjee, K., Souri, S., Kapur, P. and Saraswat, K. (2001) 3D ICs: A novel chip design for improving interconnect performance and system on chip integration. Proceedings of IEEE, 89, 602.

[16] Puttaswamy, K. and Loh, G. (2007) Thermal herding: microarchitecture techniques for controlling hotspots in high - performance 3D integrated processors. Proceedings IEEE 13th International Symposium, 10, 193.

[17] Joyner, J. and Meindl, J. D. (2002) Opportunities for reduced power dissipation using 3D integ ration. Proceedings IEEE International Interconnect Technology Conference, 148.

[18] Patti, R. (June 2005) FaStack technology: 3D transition to manufacturing. Proceedings 3D Arch itectures for Semiconductor Integration and Packaging, Tempe AZ.

[19] Lee, K. (November 2006) Next generation package technology for higher performance and smaller

systems. 3D Architectures for Semiconductor Integration and Packaging Conference, Burlin game CA.

[20] Tsuda, K. (24th September 2007) D Interconnect Coming in Thin Phones, Semiconductor International.

[21] Davis, J. (3rd August 2006) Micron takes wraps off packaging innovation, Semiconductor International.

[22] Samsung International. (23rd April 2007) Samsung develops new, highly efficient stacking process for DRAM. Semiconductor International.

[23] Ikeda, H. (May/June 2007) 3D stacked DRAM using TSV, Plenary Session Electronics Components and technology Conference, Reno, Nevada.

第 3 章　3D 集成工艺技术概述

Philip Garrrou，Christopher Bower

3.1　3D 集成技术概述

本书主要介绍了 3D 集成工艺的 3 种通用技术：1）TSV 制备技术；2）晶圆减薄技术；3）晶圆或芯片键合技术。本章首先介绍了一些 3D 集成技术的基本概念，然后将按照不同的工艺流程对 3D 集成的不同工艺技术进行详细的描述。

3.1.1　硅通孔技术（TSVs）

根据与 IC 制造工艺过程的相关性，TSVs 技术主要分为两种，具体如下：

1）在 IC 制造工艺过程中进行 TSVs 制备。

a）前道制程（FEOL，Front - end - of - line），在 IC 布线工艺开始之前制作 TSVs。

b）后道制程（BEOL，Back - end - of - line），由 IC 制造厂在金属布线工艺过程中制作 TSVs。

2）在整个 IC 制造工艺完成后进行 TSVs 制备，在本章中也称为后 BEOL TSVs（Post - BEOL TSVs）。

3.1.1.1　FEOL TSVs 技术

一般来说，FEOL 是在首次 IC 布线工艺之前制作 TSV，而 BEOL 是在首次 IC 布线金属化过程中一起制作 TSV 的，把 TSV 制备作为 FEOL 工艺的一个部分是可行的。在 FEOL 的 TSV 工艺中使用的导电材料必须掺杂多晶硅，以便与后续工艺实现热和材料的匹配性。多晶硅的 TSV 技术与多晶硅的深槽刻蚀技术类似[1]，这种 FEOL TSV 工艺的一个主要缺点是多晶硅与金属材料相比具有较高的电阻率。然而，通过技术的开发可使其在许多应用中满足对电阻率的要求，目前很多研究小组正在开发这种工艺技术。CEA Leti（第 19 章）[2]、NEC（第 15 章）[3]和 Zycube（第 26 章）[4]已经对多晶硅的 FEOL TSV 技术进行了介绍。

3.1.1.2　BEOL TSVs 技术

在 BEOL 制程中制备 TSV 的材料可以使用金属钨或铜。一般来说，TSV 的制备发生在 BEOL 制程的初期，这样可以确保 TSV 孔不会占用宝贵的互连布线空间。在第 24 章中介绍了 Tezzaron 的一种钨 BEOL 制程，在第 21 章中将介绍 IMEC 的一种被称为“copper nails”的 BEOL 铜 TSV 工艺。无论是 FEOL 还是 BEOL，在 IC 布线设计中都必须考虑

TSV 的设计。图 3-1 所示为 FEOL 和 BEOL 的 TSV 工艺的流程示意图。

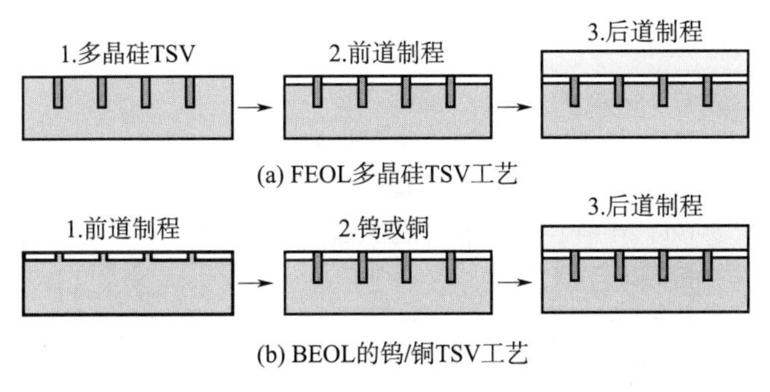

图 3-1 晶圆厂制备 TSVs 的工艺流程

3.1.1.3 后 BEOL TSVs 技术

另一个选择是在完成所有 IC 工艺后再制作 TSV。对于 Post-BEOL TSVs 来说，所选用的集成电路必须是为专门用于 3D 集成工艺而设计的。对于从晶圆正面引入制作的 TSV，在 IC 布线过程中，必须预留通孔区域（禁用区域）。这种方法的主要优点是可以在不具备 TSV 工艺条件的晶圆厂加工芯片，这对于来自不同厂家的异质器件集成非常重要（例如模拟电路、数字电路、射频电路及高电压电路等）。在本章的后面将介绍不同的 Post-BEOL TSVs 工艺方法。

3.1.1.4 前通孔（Vias First）与后通孔（Vias Last）

“前通孔”与“后通孔”是用来描述 TSV 制备工艺相对于晶圆减薄和对准键合发生的前后关系。“前通孔”是指 TSV 制作工艺先于 IC 晶圆键合形成 3D 芯片堆叠，而“后通孔”是指在晶圆减薄并完成 IC 堆叠后制作 TSV。

3.1.1.5 未设计成 3D 集成的 IC 晶圆

当重新设计并不是一个好的选择时，在未经专门的 3D 集成设计的 IC 晶圆上制作 TSV 也是可行的。在第 18 章中日本的 ASET 对该种工艺进行了深入的研究，并认为可以在键合焊盘和划片道之间的间隙中制作 TSV[5]。其中一种方法是可以在周边焊盘上制作 TSV，然而对于焊盘下面存在支撑柱的情况（为了防止易碎的低 k ILD 基芯片进行键合时开裂）有时不能采用此方法。这种方法只适用于在芯片的周边进行 TSV 制备[6]。

3.1.2 晶圆减薄

把晶圆减薄到 100 μm 以下是非常困难的，同时随着晶圆的直径不断增大，其工艺难度也越来越大。目前，大多数 3D IC 工艺的目标是使单个芯片的厚度减薄到 100 μm 以下。正是由于这个原因，为了对晶圆进行减薄和背面工艺制程，经常把晶圆安装到临时的过渡晶圆（handle wafers）［也叫载体晶圆（carrier wafers）］上。IC 晶圆必须以“面朝下”的方式安装在过渡晶圆上。一般情况下，必须以“面向上”的结构键合到 3D

叠层芯片上。另一种晶圆键合方式为把晶圆直接键合到 3D 叠层芯片上。在这种情况下，晶圆必须以“面向下”的结构形式键合到 3D 叠层上，图 3-2 所示为这两种 IC 晶圆减薄方式的示意图。

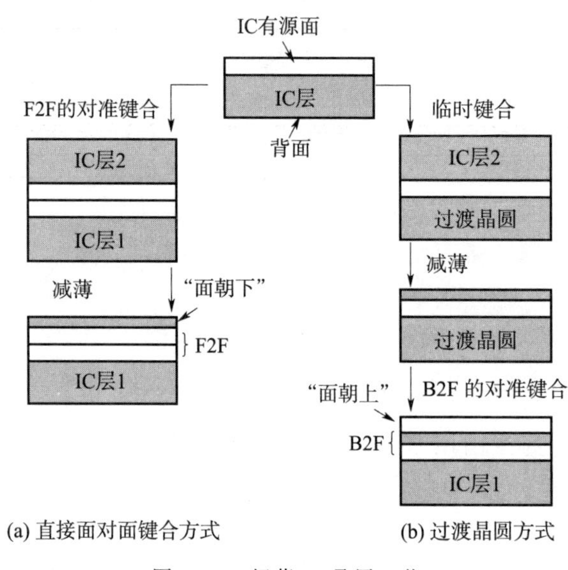

图 3-2　超薄 IC 叠层工艺

3.1.3　晶圆/IC 对准键合

3.1.3.1　晶圆到晶圆（W2W，wafer-to-wafer）与芯片到晶圆（D2W，die-to-wafer）键合

3D IC 的技术主要基于 W2W、D2W 键合及互连技术，一些 D2D 堆叠技术也已经开发完成，但主要应用于样品制作，以节约成本。

对于晶圆叠层来说还存在一些问题，最主要的问题是成品率。对于 W2W 叠层来说，最实际的问题是如何提高单个晶圆的成品率。以存储器为例，晶圆上每个芯片的尺寸都相同，假设要进行两层叠层，每个晶圆的成品率为 90%，那么叠层后的成品率将只能到 81%，这还没考虑叠层工艺对成品率降低的影响。同时，对于存储器晶圆的叠层，另一个潜在的问题是如何实现高效的芯片筛选。

D2W 的键合技术最适合晶圆成品率较低的情况或者是芯片的尺寸不同的情况。组装效率是最关键的问题，因为进行芯片叠层没有晶圆叠层经济。W2W 叠层及 D2W 叠层的问题将在第 12 章中进行进一步的论述。

3.1.3.2　面到面（F2F，Face-to-Face）与背到面（B2F，Back-to-Face）键合

无论在 IC 晶圆上有没有 TSV，F2F 的键合工艺都可以实现，并且通常不需要过渡晶圆。当晶圆键合完成后，如果已经存在 TSV，那个转移的晶圆要减薄到把 TSVs 暴露出来。如果晶圆中还没有 TSVs，先将晶圆减薄，再通过刻蚀技术在晶圆的背面加工出

TSV。由于那个转移的晶圆在叠层中对下一个晶圆的面不是有源面，所以在 3D 叠层中 F2F 键合只能出现在 IC 层 1 和 IC 层 2 之间。

无论晶圆（或芯片）中有没有 TSV，都可实现 B2F 键合，且需要一个过渡晶圆。一旦晶圆的正面与过渡晶圆键合完成后，晶圆就可以以任意方式进行减薄了。如果晶圆中存在 TSV，那么就在晶圆的背面制作焊盘，实现晶圆的键合。如果晶圆上的 TSV 需要在 IC 制造工艺完成后制作，有两种方案可供选择：1）利用刻蚀技术在晶圆的背面制作 TSV，并通过后续的背面工艺制作焊盘来实现键合；2）晶圆可以通过聚合物的黏结来与叠层芯片键合，然后在晶圆的正面制作 TSV，通过聚合物到达下方晶圆的正面。

另一种 B2F 的方法是首先在晶圆正面的禁用区域制作 TSV，接下来把晶圆固定到过渡晶圆上，然后进行减薄、背面工艺和键合。

3.2　工艺流程

这一部分将对目前广泛关注或开发的多种 3D 集成工艺流程进行介绍。在可能的情况下，具体工艺将在其他章节进行详细介绍。

如前所述，3D 集成工艺流程可以分为 3 个主要的工艺技术：1）TSV 制作；2）晶圆减薄；3）晶圆/芯片对准键合。下面我们尝试按照顺序对各个主要的工艺流程进行细分。

（1）TSV 制作

1）在 IC 制作工艺过程中制作 TSV。

a）FEOL TSV；

b）BEOL TSV。

2）在 IC 制作工艺完成后制作 TSV（也称为 Post - BEOL TSV）。

a）键合前（前通孔）；

b）键合后（后通孔）。

（2）晶圆减薄

1）在过渡晶圆上进行减薄；

2）晶圆键合到 3D IC 叠层后对晶圆进行减薄。

（3）晶圆/芯片对准键合

1）金属键合（多种方法，这些方法都可以实现层间的电互连）。

a）直接进行 Cu/Cu 键合、Au/Au 键合等；

b）通过 CuSn 共晶合金或其他共晶合金互连；

c）通过掺杂的 SiO_2 与金属互连。

2）直接键合（如 SiO_2 - SiO_2）。

3）黏结键合。

表 3 - 1 对 3D IC 叠层的制作工艺流程进行了汇总。

表 3-1　3D集成的工艺流程

序号	图号	IC晶圆	工序1	工序2	工序3	示例
A	图 3-4	FEOL TSV（前通孔）	晶圆减薄（过渡晶圆）	面朝上键合（金属键合）		NEC[3]，CEA-LETI[2]
B	图 3-3	FEOL TSV（前通孔）	面朝下键合（金属键合）	晶圆减薄（在3D叠层上）		Ziptronix（第25章）
C	图 3-4	BEOL TSV（前通孔）	晶圆减薄（过渡晶圆））	面朝上键合（金属键合）		IMEC（第21章）
D	图 3-3	BEOL TSV（前通孔）	面朝下键合（金属键合）	晶圆减薄（在3D叠层上）		Tezzaron（第24章）
E	图 3-5	无TSV	在正面制作TSV，（前通孔）	面朝下键合（金属键合）	晶圆减薄	Tezzaron（第24章），（在3D叠层中）
F	图 3-6	无TSV	在正面制作TSV，（前通孔）	晶圆减薄（过渡晶圆）	面朝上键合（金属键合）	Fraunhofer Munich（第16章），Arkansas（第17章）
G	图 3-7	无TSV	面朝下键合（多种方法）	晶圆减薄（在3D叠层上）	从背面做TSV（后通孔）	Intel（第34章），Lincoln Labs（第20章）
H	图 3-8	无TSV	晶圆减薄（过渡晶圆）	面朝上键合（多种方法）	从背面做TSV（后通孔）	RTI（第36章）
I	图 3-9	无TSV	晶圆减薄（过渡晶圆）	从背面做TSV（前通孔）	面朝上键合（金属键合	IMEC（第21章），Zycube（第26章），Sanyo（第15章）

注：1）金属键合方式为Cu-Cu键合、CuSn化合物键合、微凸点键合等方式；
2）多种方法指的是可利用金属、氧化物/氧化物键合或黏结键合。

图3-3是表3-1中方法B和D的制作工艺示意图。这里晶圆上TSVs的制作是由IC制造厂完成的，可以通过多晶硅FEOL的TSV工艺实现，也可以通过BEOL Cu或W的TSV工艺实现。这种工艺的可行性在近期仍将受到限制，特别是对于需要应用分离器件

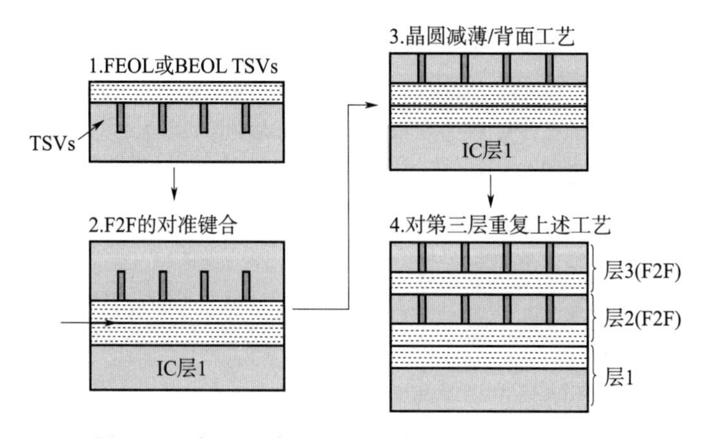

图 3-3　表 3-1 中 B 和 D 两种方法的 3D 工艺流程

叠层技术时。例如，如果一个模块需要在第三层包含模拟IC，在第二层包含数字IC，这就使这两种电路层都要进行TSV制程。这种情况下，这两层要以面朝下的方式键合到3D IC叠层上。第一层和第二层采用F2F的方式进行键合，而其余层通过B2F的形式键合。这种方法需要在键合工艺过程中形成不同芯片之间的电气互连。这里，在键合过程中，可以用“金属键合”的术语作为描述实现电互连各种方法的总称，包括直接金属键合（如Cu-Cu键合）、共晶键合（CuSn）、微凸点键合及混合物键合（包括电介质与金属键合）。尽管图中没有作出说明，键合界面到TSV的电互连是通过在IC的BEOL布线来实现的。在3D IC叠层芯片键合后对IC进行减薄工艺。这种工艺的优点之一是不需要采用过渡晶圆。然而在减薄工艺过程中如果出了问题，3D叠层的多个晶圆将被迫放弃，而采用过渡晶圆的工艺只是损失单个晶圆。这种工艺的其他优点是TSV可作为晶圆减薄的刻蚀终止点，并且暴露的TSV可作为对准标识。这种工艺由Tezzaron开发完成，在第24章中将对其进行详细的介绍。

图3-4为表3-1中方法A和C的工艺流程示意图。这种3D工艺中所采用的晶圆，需要在IC制造厂加工TSV（采用FEOL或BEOL方法）。首先将晶圆临时黏结到一个过渡晶圆上，然后进行减薄，直到露出TSV为止。当被黏结到过渡晶圆上时，需要进行附加的背面工艺，如钝化、再布线金属化层或凸点制备。减薄后的IC以面朝上的方式叠加到3D IC叠层上。在这种情况下，叠层中所有的晶圆都是以B2F方式进行组装的。这种方式可以实现W2W或D2W的键合。这些工艺方法需要采用金属（形成互连）键合的方式。日本电气公司[3]及法国电子与信息技术实验室（CEA-LETI）（详见第19章）正在采用多晶硅FEOL TSV工艺开发这种方法。

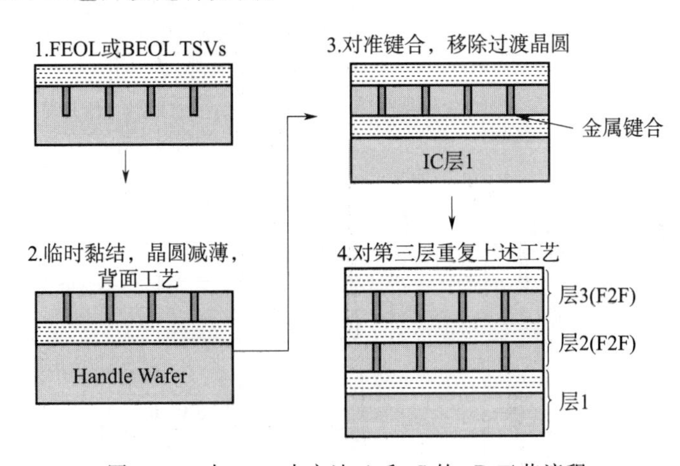

图3-4　表3-1中方法A和C的3D工艺流程

图3-5为表3-1中方法E的工艺流程示意图。这种3D集成技术开始采用没有在IC制造过程中制作TSV的IC晶圆，Post-BEOL TSVs的一个主要优点是初始的晶圆可以采用现有的IC工艺制备（例如，不要求IC工艺能进行FEOL或BEOL TSV）。这种方法是从IC晶圆的正面开始制作TSV，最主要的一个缺点是在晶圆的布线层要预留供应TSV的禁用区域，而且这种工艺比FEOL及BEOL工艺要复杂得多，因为TSV制备工艺必须

刻蚀穿透晶圆表面的厚介质层。工序如下，整个厚晶圆以面朝下的方式键合到3D叠层芯片上，然后对晶圆进行减薄，直至露出背面的TSVs。需要采用金属键合工艺实现晶圆间的互连，第24章将以Tezzaron公司的超级通孔技术作为例子进行详细的描述。

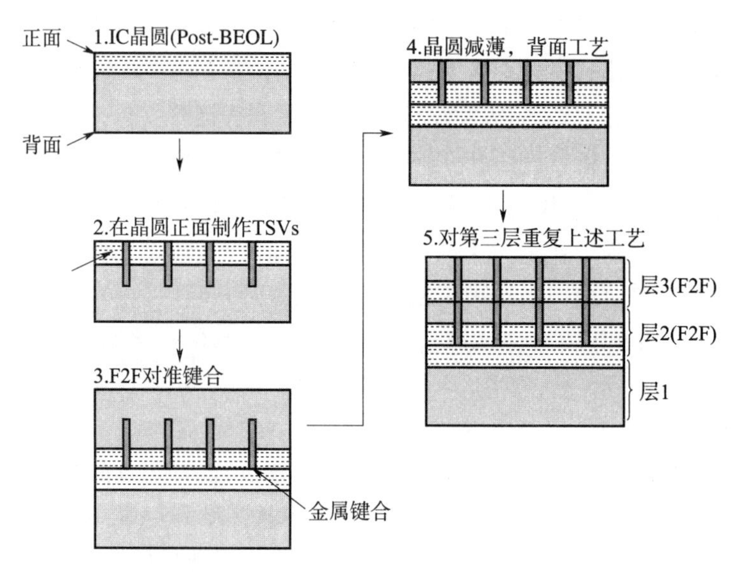

图3-5　表3-1中方法E的3D工艺流程

图3-6为表3-1中方法F的工艺流程示意图。在这种工艺方法中需要在晶圆的正面制作TSV，其与方法E具有相同的缺点。在过渡晶圆上对晶圆进行减薄，并以有源面朝上的方式键合到3D IC叠层芯片上，在这种情况下可以采用金属键合方式。

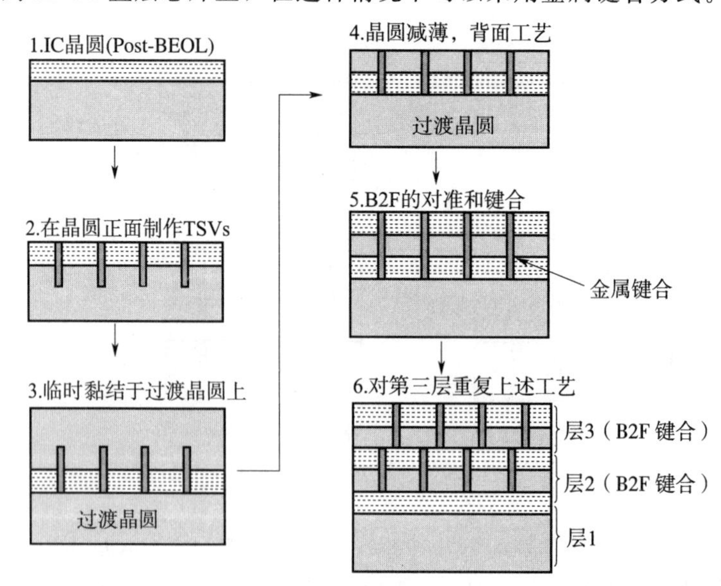

图3-6　表3-1中方法F的3D集成工艺流程

图3-7为表3-1中方法G的工艺流程示意图。在这种工艺中，最初的晶圆是不含有TSV的。首先，IC晶圆以面朝下的方式键合到3D IC叠层上。接下来再进行晶圆减薄，

并在第二层 IC 的背面制作 TSV。TSV 要设计在 IC 布线层的金属焊盘上。在第 34 章中 Intel 的一款 3D 微处理器就是采用的类似工艺。

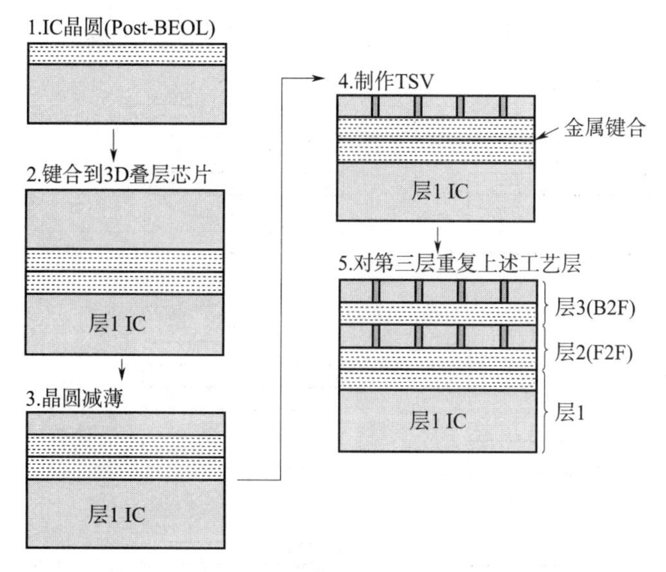

图 3－7　表 3－1 中方法 G 的 3D 集成工艺流程

图 3－8 为表 3－1 中方法 H 的工艺流程示意图。这种方法从不包含 TSVs 的 IC 晶圆生产开始，晶圆被临时黏结于过渡晶圆上进行减薄。减薄的晶圆以面朝上的方式键合到 3D 叠层芯片上，这种方法可以使用任何的键合技术实现晶圆间的互连。Fraunhofer（第 16 章）及 RTI（第 36 章）描述了利用聚合物黏结剂进行热压黏结的工艺。完成晶圆互连后移除过渡晶圆，通过键合层制作 TSV。在这种情况下，TSV 将贯穿 BEOL 层内介质和硅层。在电路设计时，必须在金属布线层预留供应 TSV 的禁用区域。

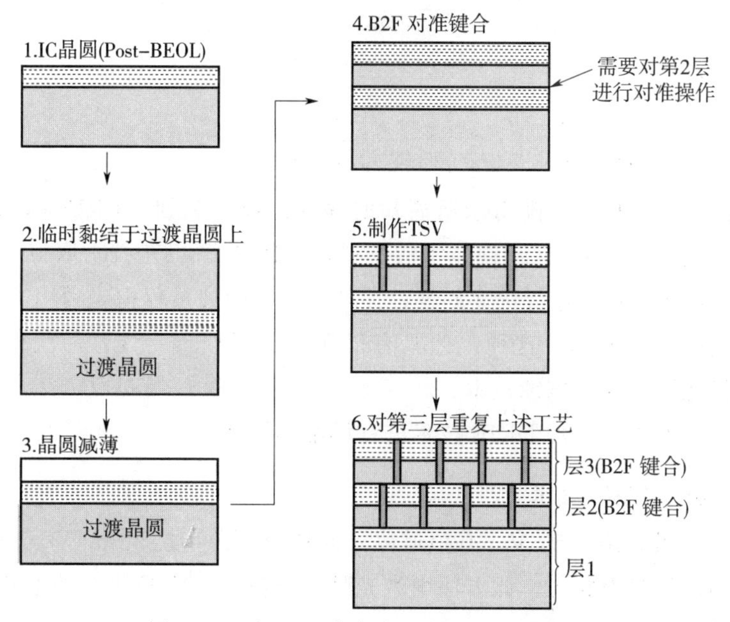

图 3－8　表 3－1 中方法 H 的 3D 工艺流程

图3-9中为表3-1中方法I的工艺流程示意图。在该工艺中，Post-BEOL IC晶圆黏结到一个过渡晶圆上，并且进行减薄。接下来，在不移除过渡晶圆的条件下在晶圆的背面制作TSV，然后将IC通过金属键合的方法键合到3D叠层上。这种背面通孔的制作工艺主要用于CMOS图像传感器（见第15章）。

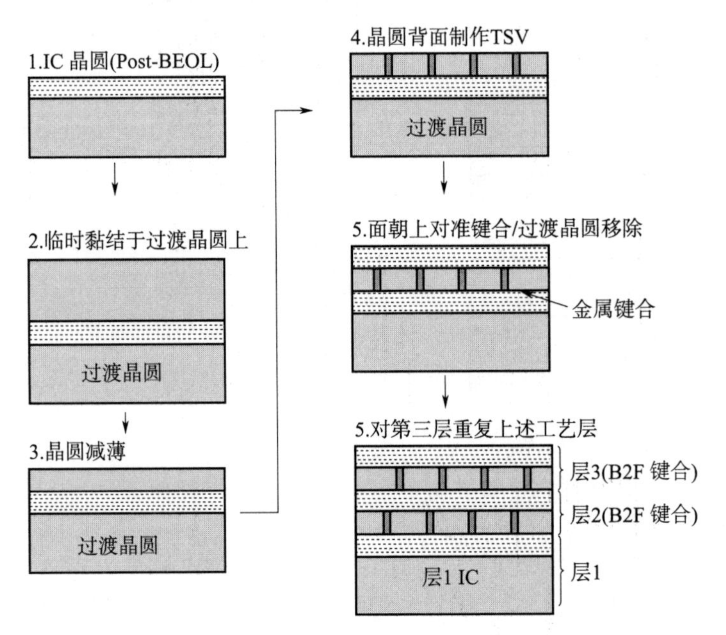

图3-9　表3-1中方法I的3D工艺流程

3.3　3D集成技术

3.3.1　TSV制作

3.3.1.1　用于TSV的深反应离子刻蚀技术（DRIE）

在20世纪90年代中期，随着众所周知的深反应离子刻蚀（DRIE，deep reactive ion etching）技术或博世（Bosch）刻蚀技术的发展，TSV制备工艺技术取得了突破。这种等离子刻蚀技术采用SF_6对硅进行快速刻蚀，在各向异性刻蚀过程中，利用C_4F_8产生的CF_2对通孔的侧壁进行钝化处理。这种工艺具有很强的选择性，而且容易获得非常垂直的侧壁。图3-10描述了Bosch刻蚀技术。

在第4章中将对Bosch的DRIE技术进行详细的阐述。

3.3.1.2　激光制作TSV技术

可以利用紫外激光制作TSV。有报道称，紫外激光的特征尺寸小于2 μm，入射到有源器件上不会引起器件退化[7]。此方法中激光脉冲及扫描速度是非常关键的技术指标，其决定了激光器的加工能力和质量。

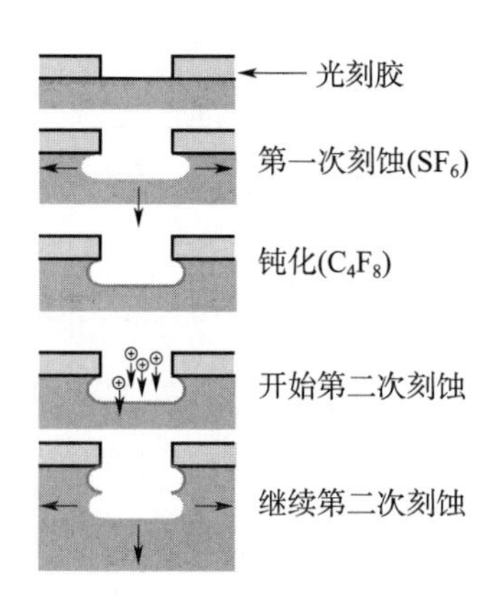

图 3-10　Bosch 刻蚀工艺

如图 3-11 所示，孔的直径为 10 μm，深度为 70 μm，深宽比达到 7∶1。据报道，激光打孔的侧壁锥度可以达到 85°，使其特别适合溅射金属[8]。

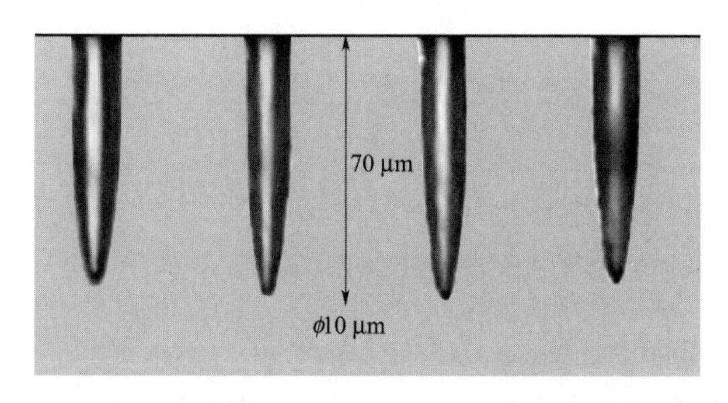

图 3-11　在 Si 上 10 μm×70 μm 的激光孔[8]

激光打孔内壁的表面光洁度与打孔速度有密切的关系。高速打孔容易形成较粗糙的侧壁，图 3-12 为在硅晶圆上不同孔径下，钻孔速度与钻孔深度的对应关系。

10 μm 的孔可能将会满足目前的许多需求。支持采用激光钻孔的研究人员称激光打孔可以将孔的尺寸减小到 1 μm[8]，这会使激光打孔技术成为 3D 通孔制作技术的主流。

第 5 章将对激光打孔进行详细的描述。

孔的填充：孔的填充包括采用有机或无机绝缘物质进行深孔加衬里、沉积扩散/黏结层以及填充导体（Cu、W 或多晶硅）。无论是钨、铜还是多晶硅，孔都需要被完全填充，也就是说，不允许有空洞，否则容易残留化学物质。

3.3.1.3　化学气相沉积（CVD）SiO_2 绝缘层

通常情况下，SiO_2 绝缘层是通过 CVD 实现的。从 20 世纪 80 年代开始，利用正硅酸乙酯（TEOS，tetraethyllorthosilicate）作为硅源进行等离子体化学气相沉积（PECVD）二氧化硅已经被普遍应用[9]。通常采用 TEOS 在 300 ℃的条件下沉积二氧化硅薄膜的保形性比所谓的采用硅烷与氧气的低温化学沉积（LTO）要好得多。因为孔比较浅，不需要较高的保形性要求，所以硅烷基 SiO_2 工艺一般在大马士革工艺中使用。当深宽比较大的孔

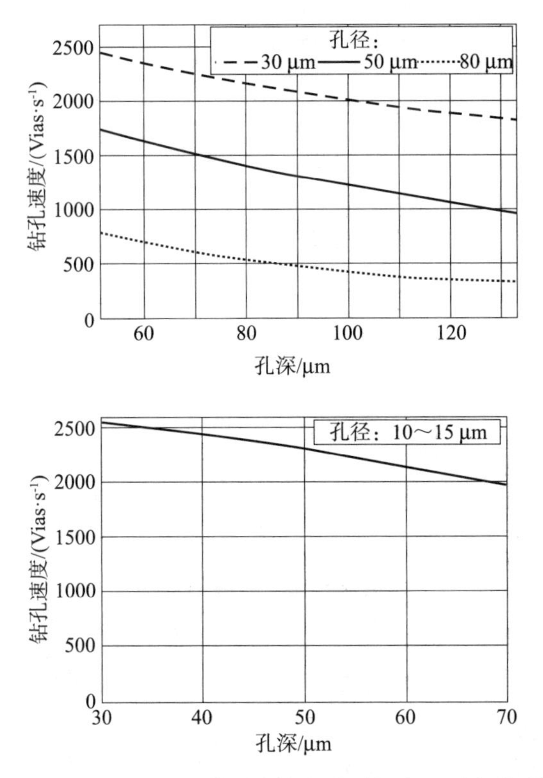

图 3-12 不同孔径下钻孔速度与钻孔深度的对应关系[8]

需要保证填充具有较好的保形性时，需要采用 PECVD TEOS[10]。非等离子体基 TEOS 薄膜需要通过高温热处理提高其致密性。本书第 6 章中将进一步介绍 SiO_2 作为绝缘体的情况。

3.3.1.4 有机绝缘体

尽管薄膜互连工艺中已经使用了许多聚合物材料[11]，但很少有材料可以在沉积工艺中具有保形性。已经有几个团队报道采用聚对二甲苯基材料作为保形性有机绝缘体[12,13]，本书将在第 7 章中对其进行详细阐述。

3.3.1.5 扩散阻挡层/黏附层

使用电镀铜来填充深宽比较大的孔需要一个平坦又连续的种子层，这对防止铜进入到硅中形成的深阱或扩散到铜衬里间的绝缘层中降低绝缘电阻而言是必要的。铜的电迁移问题已在参考文献［14］中进行了详细的论述。

对于铜通孔，沉积 Cu 种子层前一般需要沉积一层 TiN 黏附层/阻挡层。TiN 阻挡层与铜种子层的沉积可通过溅射方式实现。然而，对于深宽比较大（例如大于 4）的孔，采用传统的 PVD 直流磁控溅射技术效果并不令人满意，原因是其台阶覆盖能力差，特别是对于高深宽比的通孔侧壁上的铜。对于扩散层、阻挡层及种子层的详细情况将在第 8 章和第 9 章进行论述。

相比传统的溅射方法，基于离子化金属等离子体（IMP）的 PVD 技术获得的通孔侧壁和底部上的铜种子层，具有更好的保形性。由于沉积原子具有方向性以及利用从通孔底部到侧壁溅射材料的过程中离子的轰击，IMP能提供更好的台阶覆盖，因此阻挡层和种子层具有良好的连续性和保形性[15]。最近，已经有关于IMP溅射用于填充高深宽比的3D通孔的研究[16,17]。

如图3-13所示，采用传统的溅射工艺对一个7.5 μm×60 μm的孔进行沉积保形性Cu种子，沉积深度不到10 μm。然而采用IMP工艺，溅射的结果可实现相同尺寸孔的全部填充。但IMP技术也有工艺局限，它对5.7 μm×52 μm孔的内部还不能实现全部覆盖。

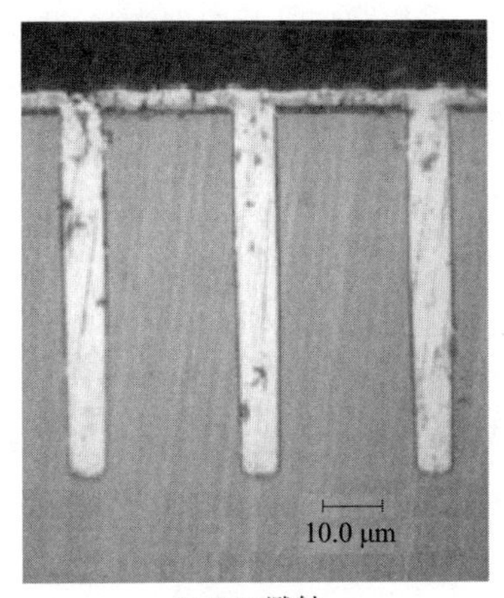

(a) IMP溅射

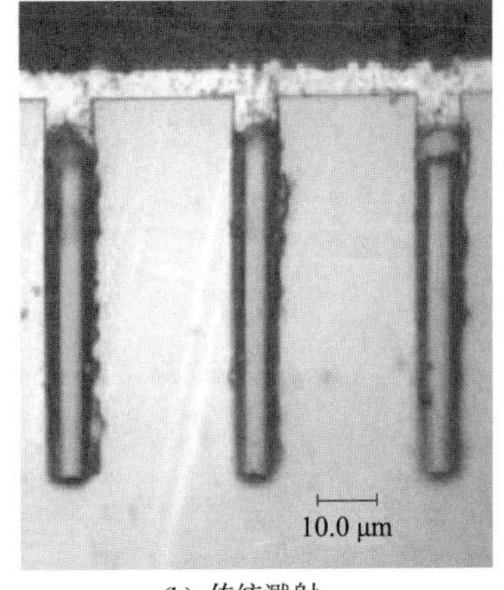

(b) 传统溅射

图3-13 铜种子层沉积后镀铜通孔的横截面示意图（孔的尺寸为7.5 μm×60 μm）[16]

3.3.1.6 金属有机化学气相外延沉积（MOCVD）实现TiN阻挡层

在深孔内涂覆保形TiN层可以通过如四乙基原硅酸盐（TDEAT）这类新型的MOCVD技术来获得[18]。据报道，这种技术的沉积温度在350 ℃左右。然而日本的ASET报道称，如果增加原料流中氨气的浓度，可以低至170 ℃沉积原料流中TiN层，沉积速度达5 nm/min[19]。

3.3.1.7 MOCVD技术制备Cu种子层

另一种方法是用MOCVD Cu技术进行沟槽填充。MOCVD的前体通常选用（hfac）Cu（DMB）。相关文献中研究了在有或没有典乙烷催化剂的情况下，MOCVD前体成分对Cu组织形态和沉积速率的影响[20]。研究者认为碘增强了表面扩散速度，同时增加了Cu晶核的致密性，导致铜的横向生长并形成表面粗糙度较小的薄膜。

3.3.1.8 钨的金属化

钨的金属化通常通过标准的CVD工艺沉积，要求退火温度在450 ℃左右。在第9章将对钨的CVD技术进行更加详细的叙述。

3.1.1.9 铜的金属化

铜的金属化通常是在种子层上通过电镀沉积形成。为了阻止铜柱中产生空洞，对于深宽比大于2的通孔，可以采用反脉冲电镀工艺。在这种工艺中，Cu的沉积不是连续的，而当前是利用短脉冲电流使得化学电镀有足够的时间改变表面的浓度。反脉冲电流可以溶解已沉积较厚区域的铜[21]。

日本ASET（见第18章）和Semitool（见第8章）将对3D集成技术中电镀铜工艺进行详细的介绍。

3.3.2 载体晶圆的临时键合

在采用TSV技术进行3D芯片堆叠工艺中，采用载体晶圆的方法对晶圆进行减薄是一项非常关键的工艺，载体晶圆（或称之为过渡晶圆）的作用如下：

1）在减薄过程起到支撑基板的作用；

2）在3D叠层工艺过程中起到传输的作用。

硅或玻璃基板可用于晶圆承载，临时键合黏结剂的特性必须包括：

1）平整并保护晶圆表面的形貌，2 μm总厚度偏差（TTV，total thickness variation)；

2）具有足够的强度承受研磨和抛光；

3）对抛光的化学液具有抗性，即在芯片背面工艺过程中具有足够的热稳定性，同时对芯片背面工艺环境和化学试剂具有抗腐蚀性；

4）易于剥离；

5）无残留。

3.3.3 减薄工艺

减薄工艺包括两个步骤，首先对晶圆背面进行粗磨或抛光，接下来采取下面一种或几种工艺：等离子干法刻蚀（SF_6）、湿法刻蚀（KOH、TMAH）以及化学机械抛光（CMP）等。

市场上可买到的背面研磨系统使用两步法，包括5 μm/s的粗磨及1 μm/s的精磨，精磨工序必须要去除粗磨工序对晶圆产生的损伤层，降低表面的粗糙度。

背面研磨会对晶圆产生物理损伤，包括划痕、晶体缺陷以及应力。硅的物理损伤程度取决于一些工艺参数，例如磨粒的尺寸、砂轮转速及冷却剂的流速。

正常情况下，磨削工艺会产生至少5～10 μm厚的微裂纹层，下面又有几个微米厚的、会导致电气性能下降的位错层。

这些缺陷和表面粗糙度必须通过等离子干法刻蚀（SF_6）、湿法刻蚀（KOH、TMAH）及化学机械抛光去除。

3.3.3.1 等离子刻蚀

等离子刻蚀技术比磨削加工对硅表面的损伤要小得多，等离子减薄可获得很好的厚度一致性。其缺点是刻蚀速度慢，设备成本高。近来，出现了一种常压气流等离子刻蚀技术(ADP)[22]，ADP在常规大气压下进行刻蚀，反应气体为CF_4，刻蚀速度为20 μm/min，据报道可达到2%的一致性，通过ADP减薄后的晶圆，其表面粗糙度可达到0.3 nm。

3.3.3.2 湿法刻蚀

采用KOH或TMAH的湿法刻蚀技术，由于其刻蚀与晶体取向具有很强的相关性，刻蚀深宽比的极限为0.7左右，因此不适用于深孔刻蚀。由于25%的TMAH溶液在80 ℃条件下对硅晶圆的刻蚀速度约为40 μm/h[26]，刻蚀450 μm需要11 h，限制了其在批量减薄工艺中的使用。因此，需要一种腐蚀性更强的刻蚀液。HF、HNO_3及HOAc混合溶液则是一种在湿法刻蚀工艺通用的混合溶剂。减薄工艺可以通过槽液系统实现批量生产。

SEZ提出了一种湿法化学旋转刻蚀工艺[23]，晶圆正面通过附加层或专用保护盘进行保护，从而允许在不添加额外保护层的条件下进行湿法工艺，这种旋转湿法刻蚀速度通常可达到10 μm/min。

3.3.3.3 化学机械抛光（CMP）

CMP通常采用0.3 μm的二氧化硅浆料，pH值为10。减薄与抛光后要对整个晶圆进行清洗，以去除残留物，清洗液可采用NH_4OH：H_2O_2：H_2O混合液。

在第10章中将对键合与减薄技术进行全面的阐述。

3.3.3.4 减薄对电性能的影响

皮内尔（Pinel）等人已经研究了晶圆减薄对MOSFET晶体管电性能的影响，对于普通低功耗元器件，晶圆减薄工艺对器件的基本功能没有明显的影响[24]。

NEC公司的高桥（Takahashi）发表的文章指出，当减薄后的Si层厚度大于300 nm时，电路的电特性表现是稳定的[25]。

拉姆（Ramm）与其合作者也报道了当打孔区域与晶体管之间的距离达到15 μm时，足以确保叠层及通孔不会对器件的电性能产生负面影响[26]。

3.3.4 对准与键合

3.3.4.1 晶圆对准

EVG公司（奥地利）、Suss Micotech公司（德国）、AML公司（英国）以及Ayumi公司（日本）是最大的晶圆键合设备供应商。第12章将对晶圆的对准与键合技术进行详细的介绍。通常情况下，键合设备要配备对准装置。Suss与EVG的键合设备可适用于不同的晶圆键合技术，它们的系统可对温度（变化斜率，一致性）、气压（真空或工艺气体）以及接触力进行精确的控制。现有的晶圆键合设备对准精度［目前精度最高可达到±（1～2）μm］的不足，同样也限制了3D TSV叠层技术整体互连的能力。

3.3.4.2 晶圆键合的方法

3D集成技术使用的晶圆键合方法包括：

1）二氧化硅（SiO_2）熔融键合技术；

2）金属（Cu）熔融键合技术；

3）金属共晶（Cu/Sn）键合技术；

4）凸点（Pb/Sn、Au、In）键合技术；

5）聚合物黏结剂黏结技术。

图 3－14 所示为部分晶圆键合工艺示意图。

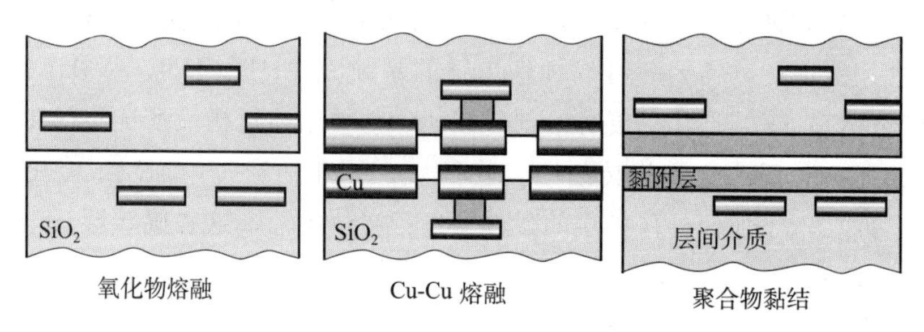

图 3－14　3D 集成工艺中晶圆键合工艺示意图

硅熔融键合技术：硅熔融键合技术是在一定的温度和压力下，将一个高度抛光的硅晶圆和一个施主晶圆键合到一起[27]，这项技术通常应用在 SiO_2 表面上。

晶圆熔融键合需要的条件：

1）表面光滑度（微观的）；

2）平整度（宏观的）；

3）洁净度；

4）表面化学特性。

熔融键合技术最大的缺点是需要进行高温退火形成键合。在相关文献中报道，可以采用等离子工艺把退火温度从1 000 ℃降低到 200～300 ℃[27,28]，也有报道中使用 H_2SO_4/H_2O_2/等离子体进行预清洗[29]。

等离子体改变了晶圆的表面特性，使其具有亲水性特点。硅融熔键合包括 3 个步骤：1）清洗或等离子处理，使其表面具有特定的化学性能和接触角，呈亲水性；2）通过表面反应去除颗粒并键合晶圆；3）在一个标准立式炉中进行高温退火。图 3－15 所示为硅融熔键合工艺中退火温度与键合能之间的关系示意图。

键合空洞是由晶圆表面上的颗粒或凸起引起的，也有可能来自于空气中的颗粒。这些空洞在表面接触后可以观测到，并且在退火过程中不会消失。有广泛的报道称，为实现良好的键合，需要使晶圆的 RMS 粗糙度＜1.0 nm，弯曲度＜4 μm（对于 4 英寸晶圆）。在第 25 章中将对硅融熔键合技术进行更加详细的阐述。

Cu－Cu 键合技术：Cu－Cu 直接键合的条件是首先在 350 ℃或 400 ℃的条件下键合 30 min，然后在氮气气氛中进行温度为 350 ℃、时间为 60 min，或温度为 400 ℃、时间为 30 min 的退火处理，这样可以形成质量良好的键合。与硅键合类似，Cu 的表面质量要求非常高，需要抛光处理[30]。一旦采用了 Cu－Cu 键合技术，必须注意避免由于键合工艺过程中的颗粒或内部气泡而产生的空洞。图 3－16 所示为 Cu－Cu 键合界面的状态，在第 22 章中将对 Cu－Cu 键合技术进行更详细的讨论。

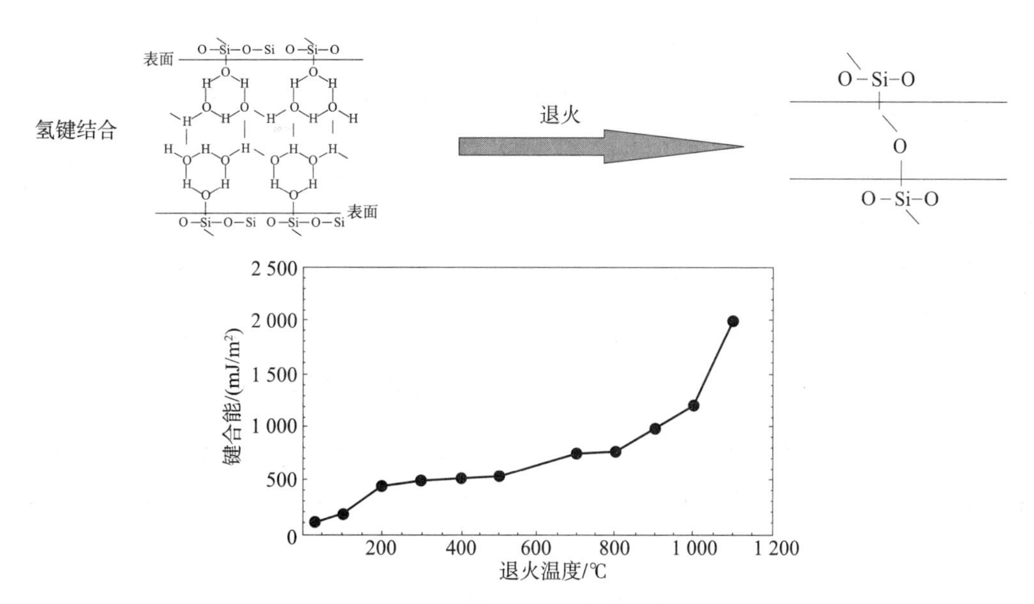

图 3－15　低温 Si－Si 键合的化学反应

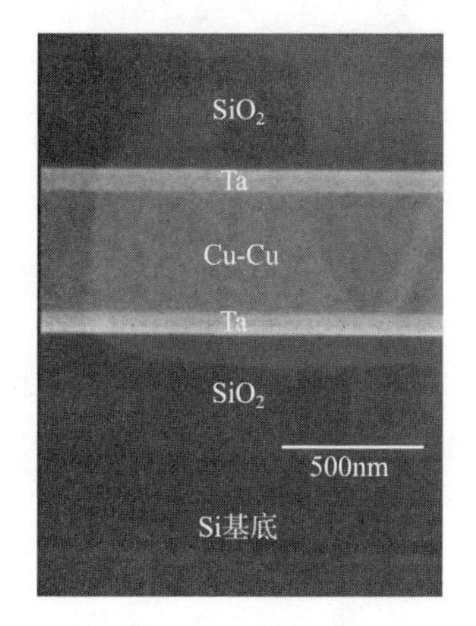

图 3－16　Cu－Cu 键合的界面状态（MIT 资助）

（1）Cu－Sn 共晶键合技术

共晶键合是通过两个晶圆上的 Cu 层与中间的 Sn 层相互作用实现，如图 3－17 所示。当锡熔化时，形成 Cu－Sn 共晶化合物。接触压力为80 N时，在稍高于共晶点的温度区间，Cu－Sn 合金处于固液混合状态。在第 14 章中将对共晶键合技术进行详细的介绍。

（2）聚合物黏结

黏结键合技术是利用聚合物在两晶圆之间沉积一层平坦化材料。这种聚合物材料可以在低温条件下进行固化，从而提供一个低应力的晶圆叠层。如图 3－18 所示为利用苯并环丁烯（BCB）进行粘结键合的示意图。

黏结键合工艺的难点是如何保证对准精度。据报道，由于在晶圆对准过程中施加压力，晶圆会产生剪切应力，因此当采用对准精度为 2～5 μm 的现有对准工具进行键合时，

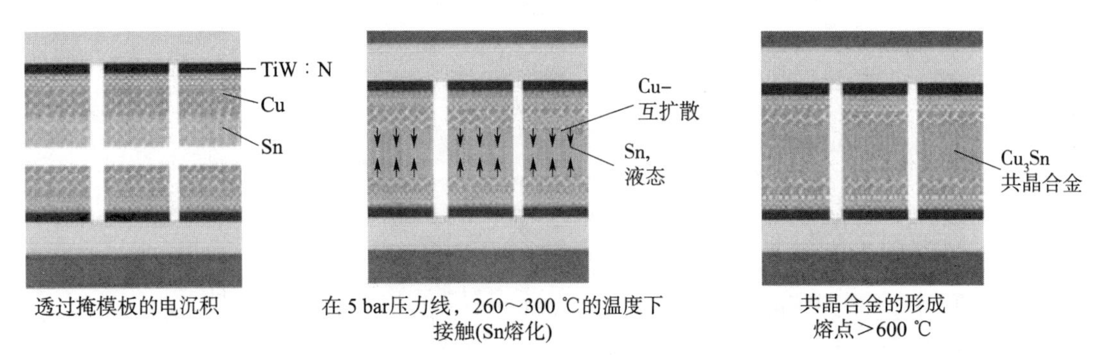

图 3-17　Cu-Sn 共晶键合技术（受 IZM-Munich 资助）

最后对准误差将达到 10～15 μm[31]。为了确保最初的对准精度，在晶圆的周边增加了 8 mm宽，1.2 μm 厚的铝环，防止对晶圆施加压力时产生滑移。第 13 章将对该方法进行详细的叙述。

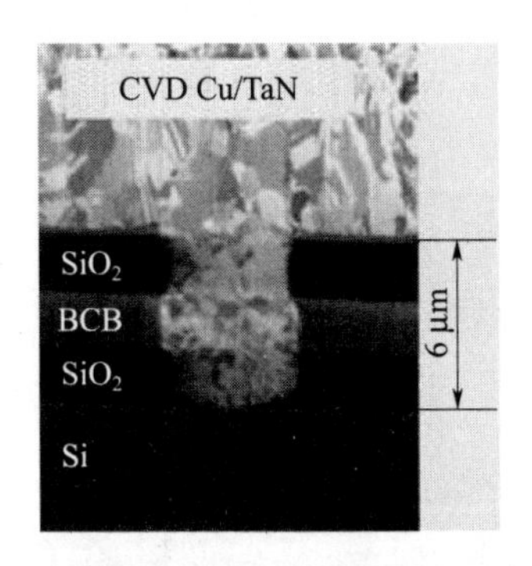

图 3-18　贯穿 BCB 晶圆键合层的铜通孔刻蚀示意图（经 RPI 许可）

参考文献

[1] Roozeboom, F. et al. (2006) Passive and heterogeneous integration towards a Si based system in package concept. Thin Solid films, 504, 391.

[2] Henry, d., Baillin, X., Lapras, V., Vaudaine, M. H. et al. (2007) Via first technology development based on high aspect ratio trenches filled with doped polysilcon. 57th ECTC, Reno, Nevada, p. 830.

[3] Mitsuhashi, T. et al. (2007) Development of 3D processing process technology for stacked memory. MRS Symposium Proceedings, Enabling Technologies for 3D Integration (eds C. Brower, P. Garrou, P. Ramm and K. Takahashi), 970, p. 155.

[4] Koyanagi, M. et al. (2006) 3D integration technology based on wafer bonding with vertical buried interconnect. IEEE Transactions on Electron Devices, 53, 2799.

[5] Takahashi, K., Taguchi, Y., Tomisaka, M. et al. (2004) Process integration of 3D chip stack with vertical interconnection, Proceedings of the 54th Electronic components and Technology Conference (ECTC 2004), Las Vegas, NV, p. 601 - 609.

[6] Garrou, P. (Oct 2006) 3D integration moving forward. Semiconductor International, p. SP 12.

[7] Toftness, R., Boyle, A. and gillen, D. (2005) Laser technology for wafer dicing and microvia drilling for next generation wafers. Proceedings SPIE, 5713, 54.

[8] Rodin, A. (2007) High Throughput Laser Via and Dicing Process. Proceed. Peaks in Packaging, Whitefish MT.

[9] Chin, B. and Van de Ven, E. (1988) Plasma TEOS for interlayer dielectric applications. Solid State Technology, 31, 119.

[10] Cote, D. et al. (1999) Plasma assisted CVD of dielectric thin films for ULSI semiconductor circuits. IBM Journal of Research, 43, p. 5 - 38.

[11] Garrou, P. et al. (1997) Polymers in packaging. in Microelectronics Packaging Handbook (eds tummala, Rymaszewski and Klopfenstin), Chapman & Hall, New York.

[12] Gobert, J. et al. (1997) IC compatible fabrication of through wafer conductive vias. Proceedings SPIE, 3223, 17.

[13] (a) Sabuncuoglu, D., Pham, N., Majeed, B. et al. (2007) Sloped through wafer vias for 3D wafer level packaging, Proceedings of the 57th Electronic components and technology Conference (ECTC, 2007), Reno, NV, p. 643.

(b) Jang, D. M. et al. (2007) Development and Evaluation of 3D SiP with Vertically Interconnected TSV, Proceedings of the 57th Electronic components and Technology Conference (ECTC 2007), Reno, NV, p. 847.

[14] Ogawa, E., Lee, K., Blaschke, V. and Ho, P. (2002) Elecgtromigration reliability issues in dual damascene Cu interconnections. IEEE Transactions on Reliability, 51, 403.

[15] Hashim, I., Pavate, V., Ding, P. et al. IMP Ta/Cu Seed Layer Technology for High Aspect

Ratio Via fill. Proc. SPIE - Int. Soc. Opt, Eng., Volume 3508, Multilevel Interconnect Technology II, (eds M. Graf, D. Patel, and Klopfenstein).

[16] Cho, B. and Lee, W. (2007) Filling of very fine via holes for 3D SiP by using ionized metal plasma sputtering and electroplating. International Conference Electronic Packaging, Tokyo, Japan.

[17] Jang, D. M. et al. (2007) Development and Evaluation of 3D SiP with Vertically Interconnected TSV, ECTC, 847.

[18] Ko, Y., Seo, B., Park, D. et al. (2002) Additive vapor effect on the conformal coverage of a high aspect ratio on the conformal coverage of a high aspect ratio trench using MOCVD copper metallization. Semiconductor Science and technology, 17, 978.

[19] Koide, T. and sekiguchi, A. (2003) Formation of copper feed - through electrodes using CVD. Proceedings MES, 404.

[20] Zhang, M. et al. (1999) Optimization of copper CVD film properties using precursor of Cu (hfac) (tmvs) with variations of additive content. Proceedings IITC, 170.

[21] Kenny, S. and Matejat, K. (Feb. 21 2001) HDI production using pulse plating with insoluble anodes. CircuiTree.

[22] Siniaguine, O. (1998) Atmospheric downstream plasma etching of Si wafers. Proceedings International Elect. Manuf. Tech. Symposium, p. 139.

[23] Hendrix, M., Drews, S. and Hurd, T. (2000) Advances of wet chemical spin processing for wafer thinning and packaging applications. Proceed. International Elect. Manuf. Tech. Symp., p. 229.

[24] Pinel, S., Lepinos, F., Cazarre, A. et al. (2002) Impact of ultra - thinning on DC characteristics of MOSFET devices. European PHYSICAL Journal, 17, 41.

[25] Takahashi, S., Hayashi, Y., Kunio T. and Endo, N. (1992) Characteristics of thin film devices for a stacked - type MCM. IEEE Multi Chip Module Conference, p. 159.

[26] Ramm, P. (Oct 2004) Vertical system integration technologies. Adv. Metals Conference Workshop on 3D Integration of Semiconductor Devices.

[27] Pasquariello, D. (2001) Plasma assisted low temperature semiconductor wafer bonding, Dissertation, Uppsala University, Sweden.

[28] Zucker, O., Langheinrich, W. and Kulozik, M. (1993) Application of oxygen plasma processing to silicon direct bonding. SensorsActuators A, 6, 227.

[29] Kurahashi, T., Onada, M. and Hatton, T. (1991) Sensors utlizing Si wafer direct bonding at low temperature. Proceed. 2nd International Symp Micro Machine and Human Science, Nagoya, p. 173.

[30] Rief, R., tan, C. S., Fan, A. et al. (April 2004) Technology and applications of 3D integration enabled by bonding. 3D Architectures for 3D Semiconductor Integration and Packaging conference, Burlingame CA.

[31] Niklaus, F., Enoksson, P., Kalvesten, E. and Stemme, G. (2003) A method to maintain wafer bonding alignment precision during adhesive wafer bonding. Sensors&Actuators A, 107, 273.

第一篇

硅通孔制作

第4章 硅通孔的深反应离子刻蚀（DRIE）

Fred Roozeboom，Michiel A. Blauw，Yann Lamy，Eric van Grunsven，
Wouter Dekkers，Jan F. Verhoeven，Eric(F.) van den Heuvel，Emile
van der Drift，Erwin（W. M. M.）Kessels，Richard（M. C. M.）
van de Sanden

4.1 引言

4.1.1 实现硅片贯穿互连技术的深反应离子刻蚀

近年来，互补金属氧化物半导体（CMOS，Complementary Metal Oxide Semiconductor）微制造（microfabrication）工艺采用的特征尺寸已经达到了极限，革命性的解决办法是使用新型的栅极叠层材料、纳米器件制造及新的3D设计技术，增加芯片级的运算规模和数据存储量。

最近的3D硅工艺带来了技术革新，其影响可以说丝毫不亚于集成电路大规模生产技术。起初，等离子刻蚀技术仅用于薄膜的图形化，但后来却更广泛地用于深沟道电容和沟道隔离。当前，基于氟基等离子化学的反应离子刻蚀（RIE）技术成为了微机电系统（MEMS）发展的选择。相对于KOH或四甲基氢氧化氨（TMAH）湿法刻蚀技术，这种刻蚀技术和晶向无关，在刻蚀近乎垂直的侧壁时，由于其适中的刻蚀速率及硬掩模的可选择性，因而成为一种切实可行的选择。20世纪90年代中期，深反应离子刻蚀技术由Bosch[1]公司引入，并由几家设备制造商实现了商用化。

基于或者采用微系统技术（MST，Microsystems Technology）或MEMS[2]技术，可以在硅技术领域开发出新的应用。这些应用不仅可以用在微电子领域，而且还可以用在机械、声学、流体、光电子及生物医学等领域。这些新应用（包括执行器和传感器等）被用于不同芯片上，以满足加速计、陀螺仪、微镜投影及喷墨打印等快速增长的市场需求，正在形成的新兴市场包括无线通信[4]、医疗及卫生保健[5]等方面。这些新产品的特点是，首先采用硅DRIE在单个芯片上实现高深宽比的形貌，然后进行硅通孔互连，完成3D芯片堆叠，形成系统级封装（SiP）器件。在2005年出版的国际半导体技术路线图[6]中，这种异质集成技术被公认为先进封装技术中一项完全确定的新兴技术。堆叠芯片封装技术依然是以上路线图的一个分支。目前，用于闪存和图象传感器的包含堆叠芯片的SiP器件已经实现了批量生产[7,8]，散热问题不再是一个限制因素。

4.1.2 DRIE的技术状态与基本原理

目前，现代DRIE设备包括一个连接到扩散腔的感应耦合等离子体（ICP）源。通过

环绕在陶瓷密封筒外围的大功率 RF 线圈，产生离子浓度为 $10^{10} \sim 10^{11}\,cm^{-3}$ 的强等离子体，然后其扩散到一个大的反应腔。衬底位于扩散腔内部，通常被固定在双极静电卡盘上，此卡盘通过背面的氦气流或液氮来冷却。低功率的低频（LF）或射频（RF）给该卡盘提供一个偏置电压，从而使等离子体通过加速到达独立控制的衬底。气体从等离子腔的顶部进入，然后被一台位于扩散腔底部的高电导泵抽走，如图 4 - 1 所示。

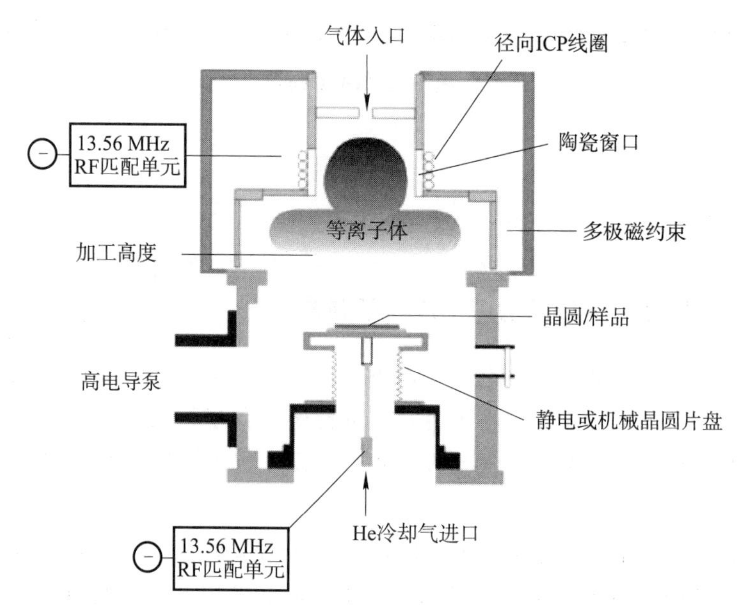

图 4 - 1　去耦 ICP 干法刻蚀设备的基本设计

4.1.3　Bosch 工艺

之前已提到，Bosch 工艺是硅微机械加工的主流工艺，也被称为深反应离子刻蚀、时域多元刻蚀或开关刻蚀工艺。起初，Bosch 工艺是采用在 Ar 环境中将 Si 与 SF_6 或 NF_3 反应生成的 SiF_x 对产品进行刻蚀，并且在 Ar 环境中采用 CHF_3 或 CF_4（以后也用 C_4F_8）产生的碳氟聚合物淀积在刻蚀槽的底部和侧壁来对其进行钝化保护，如图 4 - 2 所示，刻蚀和钝化交替进行[1]。在刻蚀过程中对衬底卡盘施加偏置电压，这样就使等离子体对衬底进行一个定向轰击，从而去除底部的聚合物。

然而，上述刻蚀实际上是各向同性的。如果不被中断，其将主要通过无定向的中性物质（氟基）进行不间断的刻蚀。为了减小每一步的横向刻蚀，刻蚀工艺被迅速中断，以侧壁钝化步骤代之。典型的刻蚀或钝化周期时间为 1～10 s，每次刻蚀深度为 0.1～1 μm。该工艺具有相对较高的刻蚀速率，且对硬的氧化硅与掩膜材料有很高的刻蚀选择比（约 200 : 1），因而可以在硅基上实现深的垂直微结构。这种基本的 Bosch 工艺已经授权给几家设备制造商，许多制造商已经进一步优化了工艺并使用他们自己注册的商标。

根据定义，更加传统的连续刻蚀方法依赖于刻蚀和侧壁钝化同时进行。通常，不同的化学物质（如 C_4F_8）或氧气会被混进 SF_6 中以促进钝化层的形成[9]。形成各向异性形貌的

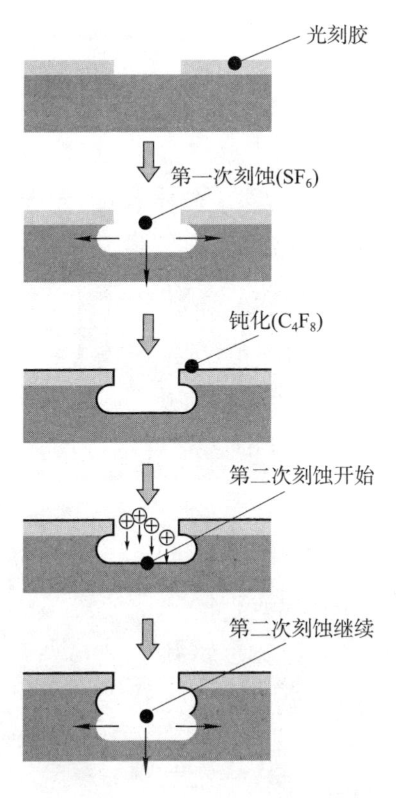

图 4 - 2　Bosch 工艺基本步骤

另一种途径是使晶圆处于低温状态，从而抑制自发的各向同性刻蚀（参见 4.3.3.1）。由于低温工艺对温度的变化比较敏感，因此 Bosch 工艺作为一种室温工艺而更佳。据报道，在较低的温度下，掩膜材料容易产生裂纹。

当然，Bosch 工艺也不是完美的。参考文献［10，11］列出了几个非理想的特性，例如初始掩膜的钻蚀和侧壁的凸凹环纹、与深宽比相关的刻蚀（ARDE）速率、介质界面的沟槽以及侧壁粗糙（鼠啃痕和条纹）。这些形貌如图 4 - 3 所示，并将在 4.3 节进行说明。抑制这些效应的措施将在 4.4 节中进行论述。

4.1.4　通孔制备方法的选择

DRIE 是最流行的贯穿晶圆互连方法，尤其对刻蚀深度为 30～100 μm（或更深）的高密度互连（大于 1 000 mm^2）而言。可供选择的通孔制备技术是激光打孔和化学湿法通孔刻蚀技术。小节距高深宽比的通孔阵列的湿法刻蚀将在下面进行讨论。

4.1.4.1　高深宽比微孔阵列的湿法刻蚀

托伊尼森（Theunissen）最早发表[12]了有关垂直微孔湿法刻蚀技术研究的文章。他研究了轻掺杂 n^- 型硅在 HF 水溶液中的阳极溶解自发形成大孔的现象，并通过由于空间电荷效应导致多孔区空穴的耗尽解释了光电化学刻蚀工艺。莱曼（Lehmann）等人进一步对这种自校准微孔刻蚀机理进行了研究[13,14]。为了形成微孔，他们首先使用热 KOH 溶液对

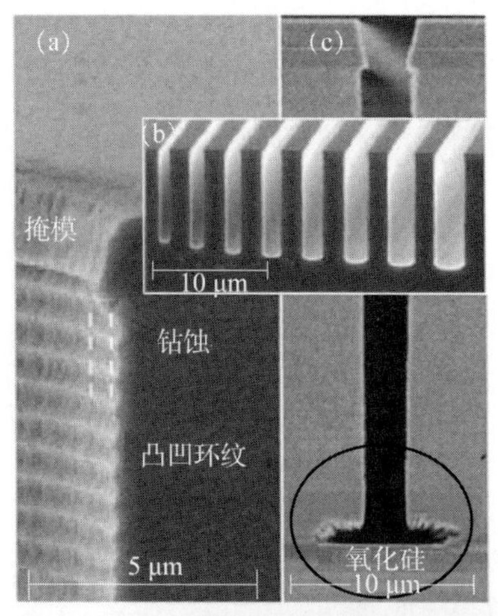

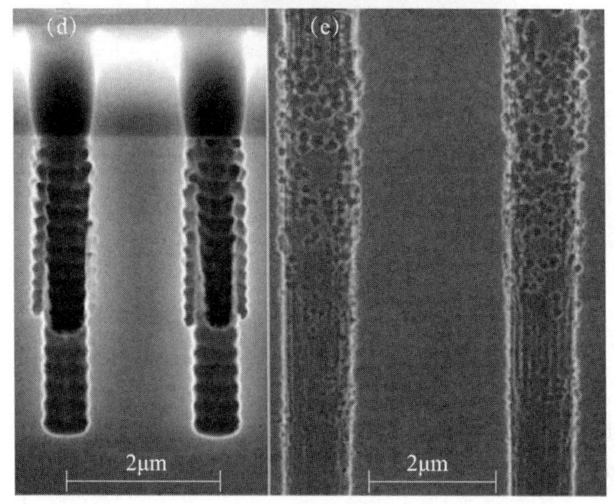

图 4-3　Bosch 工艺的非理想特征

(a) 掩膜的钻蚀和侧壁的凸凹环纹；(b) 与深宽比相关的刻蚀；

(c) 介质界面的沟槽；(d) 条纹；(e) 鼠啃痕

小块 Si (100) 样片进行预刻蚀，沿着 {111} 晶面慢腐蚀，形成了一个规则的微锯齿图形。

各向异性湿法刻蚀是基于在腐蚀凹陷区域的硅会优先于阳极溶解，在此区域，由于空间电荷区电场增强，空穴被更有效地收集，如图 4-4 所示。根据以下溶解反应

$$Si + 2H^+ + 6F^- + 2h^+ \rightarrow [SiF_6]^{2-} + H_2\uparrow \tag{4-1}$$

速率由产生空穴 (h^+) 的数量决定，其通过白光照射晶圆的背面产生，微孔壁由于驱动溶解的少数载流子（空穴）耗尽而钝化。通过适当调节光强，溶液中空穴运动和 F^- 离子的扩散能达到平衡。在这种情况下，电场线指向孔的尖端。空穴的运动轨迹如图 4-4 所示，其表明了空穴（少数载流子）是如何以“电流集聚”的方式通过空间电荷层到达微孔的顶端。在该区域，空穴的数目超过了电子的数目（本征多数载流子）并且找到了到达微孔顶端/末端的路径。它们使得 Si-Si 原子键断开，从而依据上述反应式溶解了底部的硅原子。

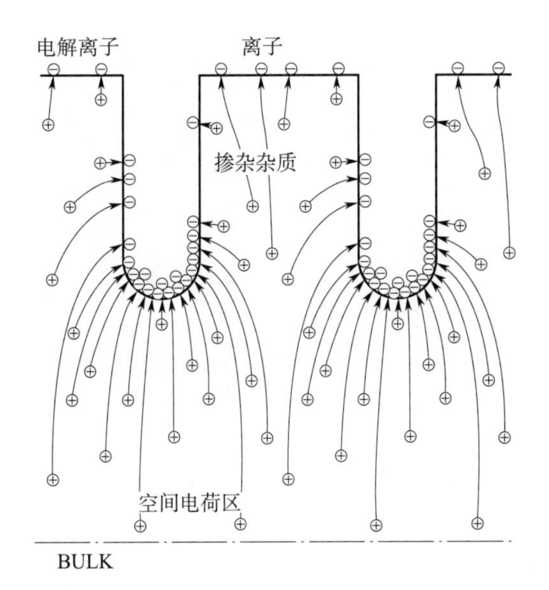

图 4 - 4　在阳极硅溶解过程中微孔周围的空间电荷层电场线分布[13]

在湿法刻蚀实验中[15]，标准的 g 线接触光刻蚀用来提供 Si_3N_4 掩膜板，该掩膜板为具有伪六边形圆孔阵列的轻 n 型掺杂的 150 mm 厚的 Si（100）晶圆，圆孔直径为 1.5 μm、间隔为 3.5 μm。轻 n 型掺杂（掺磷，10 Ωcm），这种圆型是用来通过 KOH 热溶液预刻蚀{111} 晶向微坑时用的。

实验装置如图 4 - 5 所示。晶圆被放置在一个含有 K_2SO_4 电解质溶液的聚丙烯夹具中，从而使得晶圆的背面有一个均匀的阳极接触。这个接触是通过放在电解液中的铂格栅阳极来实现的。夹具放在 HF 水溶液中，晶圆的正面对着铂阴极，一个钨卤素灯的光线穿过腐蚀罐，再通过聚丙烯窗照到晶圆的背面。

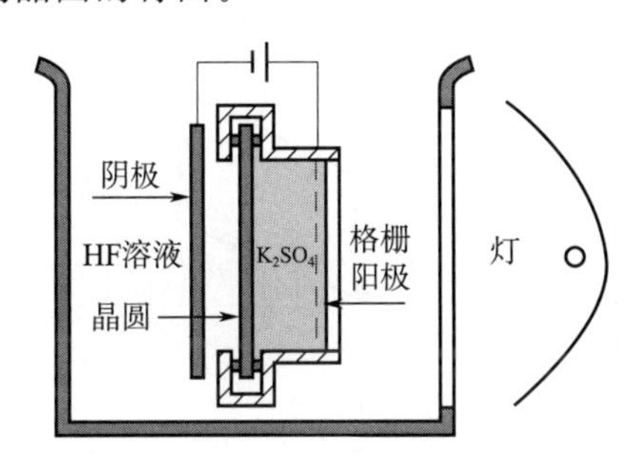

图 4 - 5　光电刻蚀槽[15]

微孔的直径是通过调节阳极电流来进行控制的，而阳极电流是由光强来控制的。实际上，电流的监测和灯的功率调整是联动起来自动完成的。典型的刻蚀条件是 7.5 V 偏置、0.7 A 电流，使用 1.45 M HF/4.62 M 乙醇溶液，其由特氟隆气泵通过恒温槽进行循环。图 4 - 6 给出了典型工艺的结果。结果表明，用这种刻蚀技术可以获得优异的孔深（150 μm）、孔径（～2 μm）一致性。30 ℃时的刻蚀速率一般是 0.6 $\mu m \cdot min^{-1}$，但在较高的光强且较高浓度 HF 溶液的情况下，刻蚀速率可达到 4.0 $\mu m \cdot min^{-1}$。这一研究成果

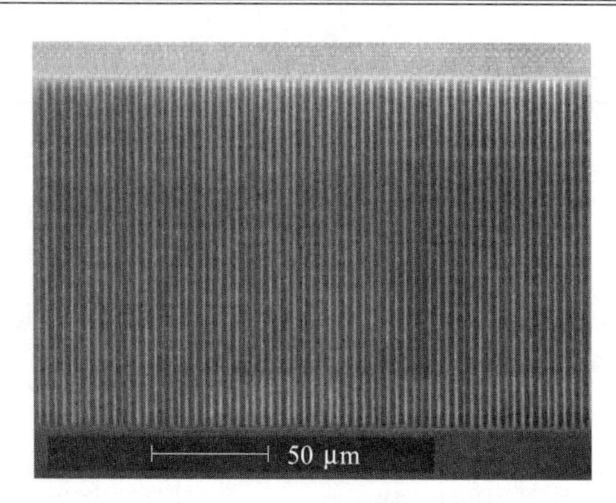

图 4-6 n⁻型硅中湿法刻蚀出的微孔阵列 SEM 图像[15]

已在其他文献中发表过，其中还详细阐述了该工艺的动力学原理[16-17]。

我们可以得到深达 400 μm 的均匀微孔阵列。与 DRIE 工艺一次只能处理一个晶圆相比，湿法刻蚀工艺的优势是其一次可以处理多个晶圆，节约成本。此外，因为在 P 型硅中空穴是多数载流子，所以不用背面光照，湿法刻蚀也可以腐蚀轻掺杂 p 型硅[18]（掺硼，10 Ωcm）。

然而，我们也可以列举出以下几个限制因素：

1）不能湿法刻蚀单个通孔。由于微孔周围形成空间电荷层的物理特性，湿法刻蚀仅限于刻蚀具有一定节距的微孔阵列。外面的微孔会出现填充不良的横向分支。

2）微孔直径和节距（例如空间电荷层）的尺寸被限制并与衬底掺杂水平相关。图 4-7 所示为稳定的直径范围，仅为 0.5～10 μm，相应的衬底掺杂水平是 0.1～40 Ωcm。

对衬底上的功能器件进行版图设计时要考虑这两个物理限制因素。

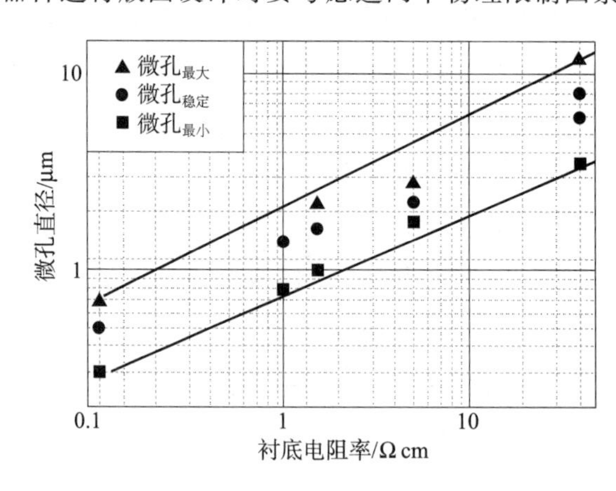

图 4-7 n⁻硅湿法刻蚀中稳定的微孔直径范围与衬底掺杂水平的关系[19]

4.2 DRIE 设备及特征

传统的硅刻蚀由容性耦合等离子体（CCP）反应器来完成。图 4-8 是这种反应器的原理图。然而，现在正趋向于用感应耦合等离子体（ICP）反应器来提高刻蚀速率以及控制形貌。在 ICP 反应器中能获得能量更高、密度更大的离子，同时可以通过位于等离子体源下游区域的一个单独的功率源来独立控制离子的能量。

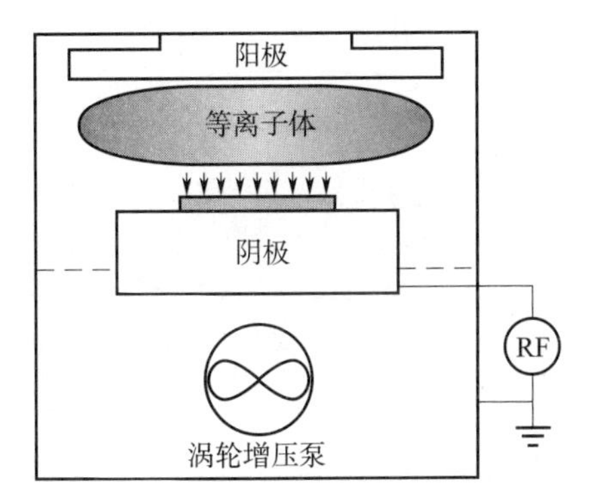

图 4－8　具有单功率源（用于等离体发生和衬底偏置）衬底偏置的 CCP 反应器原理图

4.2.1　高密度等离子体反应器

硅刻蚀技术一直在改进，以满足刻蚀速率更高、选择性更好及各项异性更好的需求。这些目标在高密度等离子（HDP）刻蚀系统中几乎可以完全达到，如 ICP、电子回旋振荡（ECR）等离子体及膨胀热等离子体（ETP）反应器。

由于离子和活性基的密度较高，刻蚀速率比 CCP 系统高几个数量级。结果为了保证活性基的供应与消耗相当，气体流量、功率和泵速也要更高。此外，由于刻蚀产物滞留时间短，因此以气态形式存在的刻蚀产物的浓度低。

如果离子的能量降低，掩膜侵蚀以及等离子的诱导损伤将会大大减少。在 RIE 系统中，较高的偏置电压会产生更高密度的等离子体。然而，在 HDP 刻蚀系统中，等离子密度和离子能量可以通过各自独立的等离子发生和衬底偏置功率源分别进行控制。因此，可以同时获得较高的等离子密度和较低的离子能量。

4.2.1.1　感应耦合等离子体

图 4－9 给出了 ICP 反应器的示意图。将线圈绕在一个陶瓷管上或将一个螺旋线圈绕在陶瓷基板上来产生电感耦合。RF 功率通过一个阻抗匹配网络传送。当 RF 的功率超过一定阈值时，会观察到等离子体的密度快速上升。超过这个阈值后，离子密度在 $10^{10}\,cm^{-3}$ 量级，低于此阈值，由于容性耦合，等离子密度和 RIE 系统相当。

这里介绍的研究大多使用的是阿尔卡特（Alcatel）公司的 MET 反应器和表面技术系统有限公司（STS）的 Multiplex 反应器。这两种 ICP 刻蚀系统通常都使用一个 13.56 MHz 的 1 000 W 量级 RF 源来产生等离子体，以及用一个 13.56 MHz 的 100 W 量级 RF 功率来产生独立的衬底偏置。

通过具有抽速约 1 000 L/s 的涡轮分子泵获得真空环境。晶圆通过装载系统到达反应腔。在全泵速情况下，滞留时间大致是 0.2 s。最常用的气体是 SF_6、C_4F_8、O_2 和 Ar。通过 Baratron 电容式压力表测量反应器压力，并且可以通过蝶阀进行压力调节。正常情况下，总气体流量在 50～500 sccm 的范围内，压力在 0.5～5 Pa 的范围内。对于交替复合刻

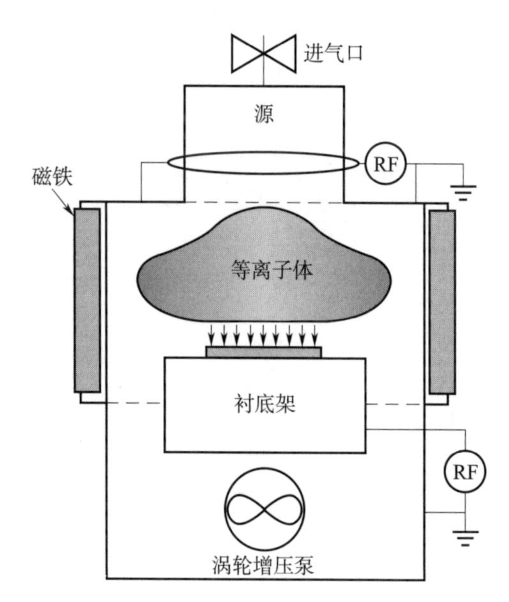

图 4-9　等离子体发生和衬底偏置分别控制的 ICP 反应器原理

蚀工艺的脉冲气体，反应器配置了快速响应质量流量控制器和短的气路，以减少死容积。通过液氮冷却和电阻加热共同作用，衬底架的温度控制在－150～＋25 ℃的范围内，波动小于±1 ℃。低温刻蚀需要低衬底温度，最佳的低温衬底温度约为－125 ℃。在低温刻蚀工艺中，衬底温度的精确控制是非常重要的，因为±5 ℃的温度变化将会导致各向异性的大幅度退化。

4.2.1.2　电子回旋振荡（ECR）等离子体

另一种产生等离子体的方式是基于微波辐射与等离子体的相互作用。仅当电子的平均自由程大到使电子产生足够的能量脱离分子，使得分子发生电离时，才会产生 ECR 等离子体。为了增加功率转换效率，通过天线周围的磁场来禁锢电子。在此磁场（强度为 87.5 mT）中，电子在圆形轨道中做回旋加速运动，这样使其在振荡电磁场中暴露的时间更长。电子在电磁场中做定向运动，导致其谐振能量转移，实际的压力约为 0.1～0.5 Pa。在 ICP 反应器中，由于压力更高，因此活性基流量高一个数量级，这使得 ICP 反应器更适用于高刻蚀速率应用。由于这个原因，ECR 反应器不常用于 DRIE 中。

然而，对于基础的刻蚀研究，因为对离子流和活性基流具有优良的控制性，ECR 类型反应器是非常理想的。与深宽比无关的刻蚀在 4.3.2.3 节讨论。在那项研究中，使用具有 14 个天线的 Alcatel RCE 200 分布式电子回旋加速振荡（DECR）反应器获得了更好的均匀性。图 4-10 所示为这种反应器示意图。

从 2 000 W、2.45 GHz 磁控管中产生的微波功率通过耦合进入到一个分配器里，通过手动旋钮进行调节，使得发射功率基本接近 0。反应腔抽气、晶圆放置控制、气体流量控制、衬底温度控制及衬底偏置控制等都与 ICP 反应器几乎相同。然而，在 DECR 反应器中，低温刻蚀时最佳的衬底温度大约为－95 ℃。一个重要的调整是在环绕晶圆的卡环上

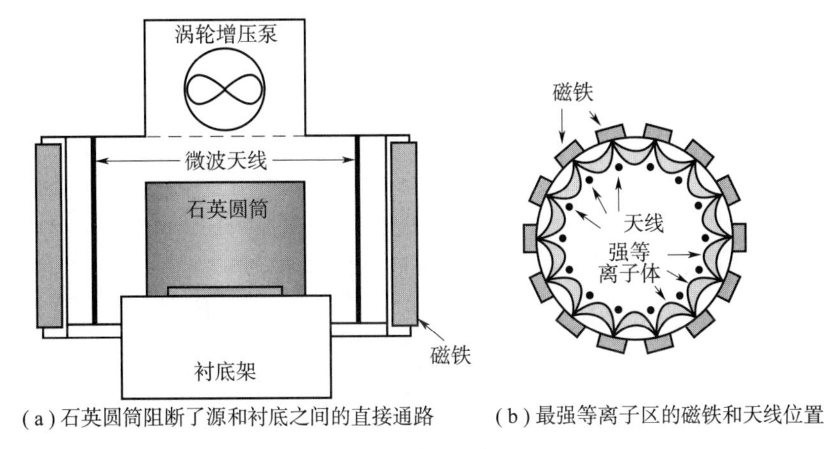

(a) 石英圆筒阻断了源和衬底之间的直接通路　　(b) 最强等离子区的磁铁和天线位置

图 4-10　DECR 等离子体反应器原理

放置了一个 15 cm 高的石英圆筒。起初，此石英圆筒主要是为了减少来自天线及反应器壁产生的沾污。然而，由于源区和晶圆之间的直接通路被阻断，在空间上更加有效地隔离了等离子发生区和衬底偏置区。这样一来，由于电子-离子复合远快于活性基-活性基复合，因此在晶圆上得到了一个极低的离子-活性基流量比。由于石英圆筒的存在，离子流量减少了两个数量级。没有石英圆筒，在 DECR 反应器中的离子流量和在 ICP 反应器中的离子流量相当。

4.2.1.3　膨胀热等离子体

图 4-11 给出了一个由等离子体源和反应腔组成的膨胀热等离子体（ETP，Expanding Thermal Plasma）反应器的原理图。Ar 等离子体由通有直流的壁稳层叠弧光产生。电弧由 3 个阴极和 4 个堆叠在阳极板顶部上的绝缘板组成。一般情况下，流过直径为 4 mm 等离子通道的等离子源电流为 75 A。等离子体源的压力是 36 kPa，离子化程度到达约 5%～10%时，连续的 Ar 流量是50 ml/s[21]。在低于正常大气压的条件下，能量大约为 1 eV 的热等离子体从阳极的喷嘴以超声速的速度进入反应腔。由于反应腔中的压力比常压低 3 个数量级，因此在与喷嘴一定距离内会出现固定的驻激波前沿。用罗茨泵（roots pump）前面的一个阀，将反应器的压力控制在 25～81 Pa 之间。在超声速膨胀后，反应腔中纯 Ar 等离子体产生的电子和离子密度在 $10^{13}\,cm^{-3}$ 的量级。电子的能量降到约 0.3 eV。没有额外的功率耦合到下游区域的膨胀等离子体中[22]。这样，反应腔中的等离子体化学是离子驱动而非电子诱导。

通过具有 8 个对称排列孔的 10 cm 直径的环注入 SF_6、O_2 和 C_4F_8 工艺气体，这些孔距离等离子源喷嘴下方约 5 cm。通过由分子离子和电子的分离重组，电荷从 Ar 离子上转移到被注入进去的工艺气体分子上。这样导致了工艺气体分子的分裂及 Ar 离子和电子的消耗[23]。由于等离子体具有远距离特征，如果等离子源中产生的 Ar 离子数量最多，在反应腔中就可获得最高密度的离子和活性基。等离子源与衬底之间的距离是可变的，作为默认值，最大可以设为 60 cm。反应器配备真空转载系统，允许衬底传输而不破坏反应腔的真

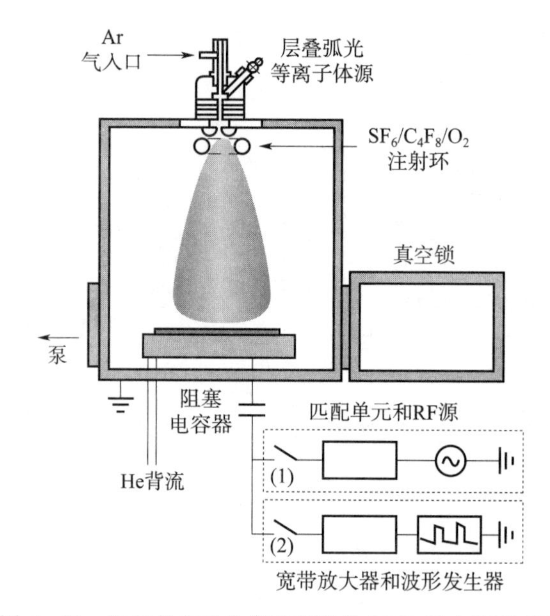

图 4-11　用于各向异性深硅刻蚀的 ETP 反应器原理图

产生具有能量的离子撞击衬底的两种方法是：(1) RF 衬底偏置；(2) 成形形状脉冲偏置[20]

空环境。通过液氮制冷和电加热相结合控制衬底架的温度。通过背面的 He 气流来保证衬底和衬底架之间良好的热接触。

高能离子撞击的产生有两种截然不同的方式。其一是用一个 13.56 MHz 的正弦 RF 衬底偏置源，通过阻抗匹配电路耦合到衬底架上。其二是最先由王（Wang）和温特（Wendt）[24]提出的用一个低频脉冲（一般为 400 KHz）来给衬底施加偏置。该脉冲波形的偏置由一个正电压尖峰和一个缓慢线性下降的负电压构成。其由一个任意波形发生器与一个宽带放大器串联产生，宽带放大器的输出与带有陶瓷电容器的衬底架相连。

原则上，脉冲波形的偏置会导致单能的离子能量的重新分布，而 RF 衬底偏置产生双峰离子能量分布，尤其在高密度等离子体的情况下。因为掩膜材料的刻蚀阈值通常比硅高[25]，所以离子能量控制的改善产生很高的刻蚀选择性。此外，在 ETP 反应器中，RF 衬底偏置会产生一个环绕衬底架的亮辉光，以及得到一个电容耦合等离子体。由于在膨胀热等离子反应中没有衬底偏置，电子能量很低，这样，在反应器区域，电子温度以及电子和离子的密度均得到了增强。在脉冲波形的衬底偏置中，没有出现那样的亮光。这表明，在这种情况下，附加的等离子体是极少的。因为离子能量的散布与电子温度相关，所以离子的方向性比较好。这样，通过脉冲波形偏置就能得到比较好的各向异性。

4.2.2　等离子体化学

在 CMOS 工艺中，为了获得完美的各向异性，常常使用氯基及溴基等离子体。因为室温下氯及溴不会自发地刻蚀硅，所以这种等离子刻蚀横向的刻蚀最小。同样的原因，其刻蚀速率相对较低。然而，所要求的刻蚀深度相对较小，因此刻蚀速率的要求不高。比较而言，在硅的DRIE中刻蚀速率是限制因素。对于这种应用，氟基等离子体能够充分地提供更高的刻蚀速率。

氟原子与硅的反应是自发的放热反应。因此，要在等离子体中添加硅表面钝化物质，阻止横向刻蚀。因为表面的钝化物质阻止了各个方向的刻蚀，所以需用高能离子对衬底表面进行有方向性的溅射，已经开发出了连续和交替复合刻蚀模式来实现深度的各向异性刻蚀。

4.2.2.1 低温和室温等离子体刻蚀

由于氟基分压高，因此不可能通过降低衬底的温度来抑制高密度SF_6等离子体中的横向刻蚀[26]，需要加入O_2来获取各向异性形貌[27]。在−80 ℃以下（该温度可以通过液氮冷却来实现），采用氧气对表面进行钝化尤其有效，因为需要液氮冷却，所以被称为低温刻蚀工艺。当氧气的流速发生10%的变化，即接近总的气体流速变化的1%时，将会导致各向异性的显著退化。SiO_xF_y钝化层由离子轰击去除，因此刻蚀发生在离子流的方向，即所需的垂直方向。在连续工艺、低温和附加氧气的共同作用下，产生了高刻蚀速率和高选择性。由于需要液氮冷却和刻蚀过程中的人为因素（如与晶向刻蚀有关），导致低温刻蚀工艺在工业上不能普及。

在室温下，用碳氟化合物气体替代O_2添加到高密度SF_6等离子体中，会淀积一层薄聚合物。碳氟聚合物钝化层阻止了氟基和硅的自发化学反应。因此，要通过溅射的方式来去除聚合物层，以便在离子碰撞的方向进行刻蚀。刻蚀中已用SF_6与像CHF_3这样的碳氟气体混合气。然而，对于高的刻蚀速率和高程度的各向异性所采用的等离子体状态是相互矛盾的。为了得到高刻蚀速率，氟基的成分应该尽可能高。然而，为了得到高质量的钝化层淀积又需要氟基的成分更低。

4.2.3 等离子体诊断和表面分析

等离子体是复杂的媒介，在给定的反应器中，很难预测其离子及活性基的密度。因此，为了控制离子和活性基的密度，需要对等离子体进行诊断。对离子和活性基的量化测量也使得反应机理的模型化成为可能，一个著名的离子诱导刻蚀模型是离子-中和协同模型[28]。它仅采用离子和活性基两个因素。对于侧壁钝化刻蚀，开发出了包括3个因素（离子、刻蚀基和钝化基）的扩展离子-中和协同模型。它表明在深硅刻蚀中，刻蚀区存在离子受限和活性基受限的区域。离子流量能用朗缪尔探针系统进行测量，活性基密度能用光发射光谱（OES）进行测量，更多的相关背景材料可以在其他地方获得[29]。

刻蚀体的形貌的剖面可以采用SEM来进行横截面检查，为了研究表面的反应机理，可以采用TEM、AFM、椭圆光度法和XPS来对表面进行进一步的分析。

4.2.3.1 朗缪尔探针

朗缪尔探针能测量几个等离子体参数，例如等离子体电势、浮动电势、电子和离子密度及电子温度。由于离子对衬底的碰撞取决于等离子体的电势和离子的密度，因此，这两个参数是最重要的参数。此外，等离子壳层的特性如等离子壳层厚度以及离子输运时间等，可以通过采用朗缪尔定律计算得到。

如果等离子壳层比离子的平均自由程小很多，则其无碰撞，离子角度分布（IAD）狭窄。无碰撞等离子壳层可以获得更好的各向异性，如果离子传输时间比 RF 周期长很多，离子在等离子壳层经受的平均电场和离子能量分布（IED）则狭窄。假定离子能量分布狭窄，则离子能量通常等于离子电势与 DC 偏置电压的差。

4.2.3.2 光发射谱

发射光所特有的颜色是等离子体最显著的特征之一。每个等离子体有一个特定的色谱，类似于等离子体成分的指纹。在光发射谱（OES）技术中，光强作为波长的函数来测量。除 ETP 外，等离子体的电子能量通常是几电子伏。高能量电子分布尾端的电子可以激发产生不同类型的等离子体。激发能取决于等离子体元素的类型，但正常情况下为 6～15 eV。

光强不仅和等离子体元素密度（plasma species density）成正比，也取决于电子密度和电子温度。一种被称为辐射测量学的技术通过 OES 定量测量等离子体元素密度。在等离子体中加入少量惰性气体，作为光能测定气体，不会影响等离子体的化学特性。等离子体元素密度正比于光能测定气体与等离子元素的发射强度比率和光能测定气体的密度[30,31]。

4.2.3.3 椭圆光度法

为了研究反应机理，在工艺中对反应层的厚度进行测量是非常有用的。使用原位椭圆光度法测量可以避免大气元素的污染及挥发性反应产物的蒸发，由于表面很容易粗糙不平，因此在低温刻蚀中反应层厚度的测量是非常复杂的。表面粗糙将表现为测量厚度的增加，这会使很薄的反应层的厚度值变得模糊。

4.2.3.4 X 射线光电子能谱分析

X 射线光电子能谱分析（XPS）是一种定量分析衬底表面化学成分的技术。用 X 射线照射样品，然后探测激发出来的内核电子。特定的光电子能谱类似于化学成分的指纹，其一元素的峰值面积正比于它的含量和光电离的截面。在高分辨率模式下，由于光电子能量偏移小，也能观测到化学键的状态。探测深度受固体中光电子的非弹性平均自由程（约几个纳米量级）限制，所以 XPS 是一种真正的表面分析技术。

4.2.3.5 显微镜

扫描电子显微镜（SEM）是分析样品的主流技术。从与样品表面垂直的晶面切开来得到样品结构的横截面。更详细的样品截面制作参看 4.4.5 节。

也可用表面轮廓仪来快速测量宽结构的刻蚀深。透射电子显微镜（TEM）和原子力显微镜（AFM）用来进行高级的表面分析，但使用频率不高。用 TEM 来获取样品的截面拓扑图和晶体结构，用 AFM 来获取样品结构的表面拓扑图并测定其粗糙度。

4.3 DRIE 工艺

这节讨论 DRIE 工艺中的实际情形和限制因素，包括掩模相关问题、高深宽比形貌和侧壁控制。

4.3.1 掩模问题

这里我们讨论硬掩模的制备与图形化，以及工艺中与通孔侧壁粗糙度相关的掩模特性等重要问题。

这里报道的 DRIE 刻蚀的工艺条件是：设备为 STS Multiplex ICP 刻蚀机、晶圆直径为 150 mm；$SF_6/10\%O_2$用于刻蚀循环，C_4F_8用于钝化循环（参看附录 B 的举例）。设计的光刻掩模开孔直径从 1～100 μm。掩模中开孔面积范围一般为百分之几到百分之四十。

4.3.1.1 掩模制备和图形化

用标准光刻工艺即 g 线接触式光刻或 i 线步进式光刻，刻出有形状的光刻图形，通常是圆形和拉长的圆孔，其截面是跑道形的。正常情况下，选择二氧化硅（约 1 μm 厚热生长的 SiO_2、LPCVD - TEOS 或 PECVD）或光刻胶（PR，约 2～3 μm 厚）做掩膜材料。刻蚀选择比大致为 Si：PR：氧化物－200：2.5：1。注意，掩模材料淀积方法（例如旋转涂覆）要能保证好的厚度均匀性。然而，尽管做了所有的关于硅刻蚀速率均匀性的硬件优化，例如平衡电感线圈的驱动、离子空间划分以及准直仪改善，但从 150 mm 直径晶圆的中间到边缘，光刻胶的侵蚀仍增加了 20%～30%[11]。因此，人们总是用足够厚的掩模来弥补全套工艺中整个晶圆上的掩模消耗，通常使用叠层式掩模（光刻胶和氧化物）。在预刻蚀工艺后，通过保留在二氧化硅掩膜上预刻蚀出开口需要的光刻胶层，很容易实现层叠式掩膜。

4.3.1.2 掩模钻蚀和凸凹环纹

由于刻蚀和钝化过程的脉冲式交替，尤其是较长的刻蚀过程，产生初始掩模的钻蚀和侧壁的浸蚀（扇形环纹），这是 Bosch 工艺的固有特征，如图 4 - 3（a）所示，是用 SF_6刻蚀而造成的。因为 SF_6刻蚀主要是用无方向性的中性元素（活性基）来刻蚀，实际上刻蚀是半各向同性的。

如图 4 - 12 所示为掩膜钻蚀中可能发生的特殊情况。此图描述的情形称为“鼠啃痕”[32]。图中可以看出，在起初看起来较好的刻蚀过程中，刻蚀与（去）钝化的平衡可能被严重扰乱。刻蚀 40～60 min 临界时间后，掩模正下方的聚合物不再均匀地黏附或淀积。可能是由于连续对掩膜层进行刻蚀，使得不同层（受侵蚀的掩膜层和钝化层）之间的应力平衡被扰乱，进而有可能引起断裂。因此，在聚合物层退化之后，活性基会沿着这些裂缝横向扩散并引起各向同性腐蚀。经过大约 80 min 的刻蚀后，在这个薄弱点形成了鼠啃痕。这也是由于聚合物退化引起阴影效应在通孔较低的部分进一步发展成垂直条纹的阶段。如

图4－12（e)所示，使用仅比正常刻蚀速率低10%的刻蚀速率来进行刻蚀，实际上就基本没有鼠啃痕和条纹。

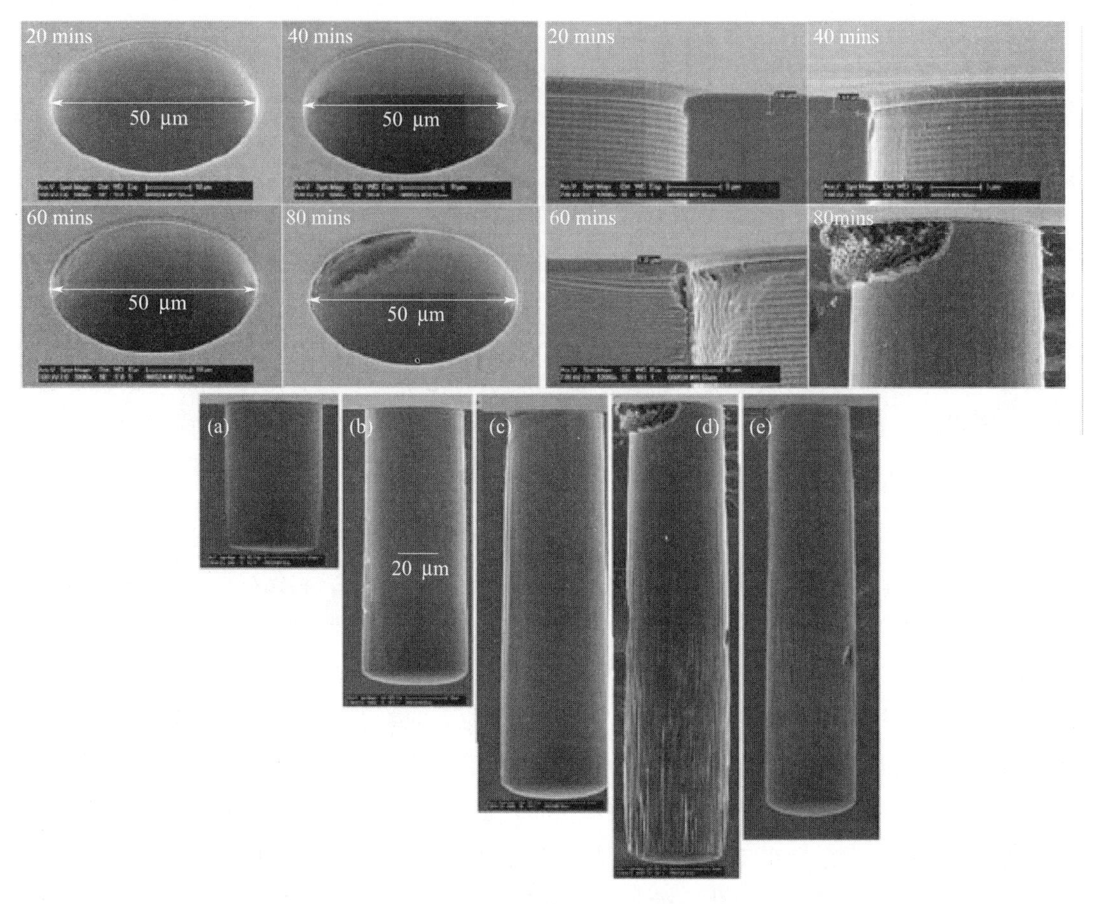

图 4－12　通孔顶部“鼠啃痕”产生的不同阶段

图中所示为直径 50 μm 的通孔用方法 A 进行刻蚀，在（a）20 min、（b）40 min、（c）60 min、（d）80 min 时的发展情况。相应顺序的刻蚀深度是 75、147、206 和 258 μm。对应的逐渐减少的刻蚀速率平均值是 3.7、3.6、3.4 和 3.2 $\mu m \cdot min^{-1}$，（e）表示的是用方法 B 经 80min 刻蚀后深为 232 μm（2.9 $\mu m \cdot min^{-1}$）的通孔，和方法 A 相比侵蚀较少

4.3.1.3　条纹和鼠啃痕

氧化硅掩模图形通常用 $CHF_3/CF_4/Ar$ 等离子体或 HF 缓冲溶液进行预刻蚀，这是控制通孔侧壁光滑度的关键步骤。氧化硅掩模应该完全去除，即在图形预刻蚀后，图形底部应该没有薄氧化物掩膜。同时，预刻蚀后掩模层中孔的坡度应很陡直，应近似超过 80°。图 4－13 和图 4－14 指出如果这些条件未满足会发生的情况。如图 4－13 所示为不完全和正确的预刻蚀氧化掩模层。在接下来刻蚀硅的步骤中，首先将孔内部未完全刻蚀掉的氧化掩膜层狭窄的中间部分贯穿，这样，留下的薄环状氧化掩膜层就成为了初始掩膜层，然后对硅进行窄通道（“道钉”或“条纹”）的初始刻蚀，如图 4－14（a）所示。

接下来，会以相当不规则的方式侵蚀掉最薄的掩模部位，并且一旦有效地去除掩模，新的硅表面就会暴露在离子轰击中。研究表明离子粒子冲击垂直的钝化层以及之后中性粒子对其的横向腐蚀，会形成垂直条纹，如图 4－14（b）所示，图 4－15 演示了整个过程。

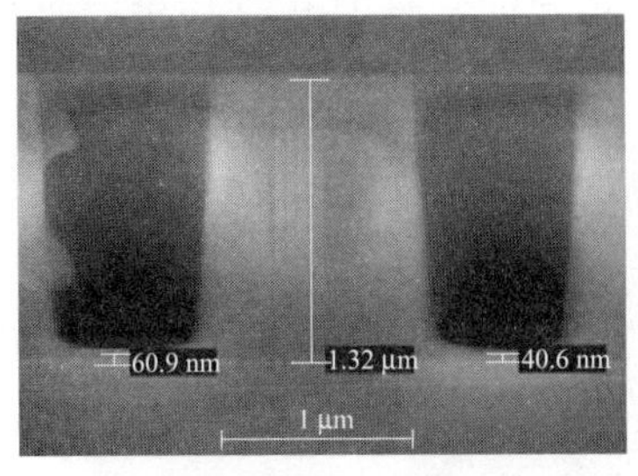

(a) 不完全开孔

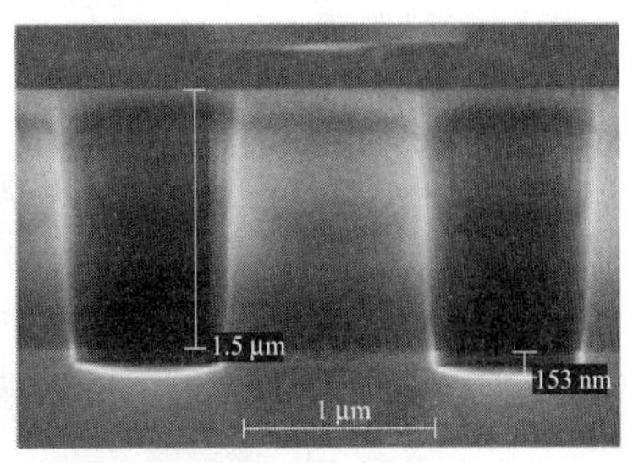

(b) 完全开孔

图 4－13　不同开孔氧化掩膜层刻蚀孔的 SEM 照片

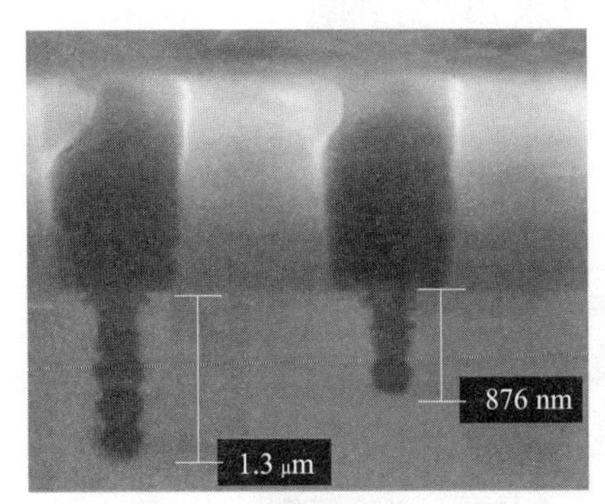

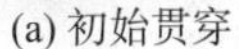

(a) 初始贯穿　(b) 环状氧化掩模底部完全消耗后

图 4－14　通过一个底部孔径 1 μm 的未充分预刻蚀的氧化掩模板“Bosch”刻蚀后的图像

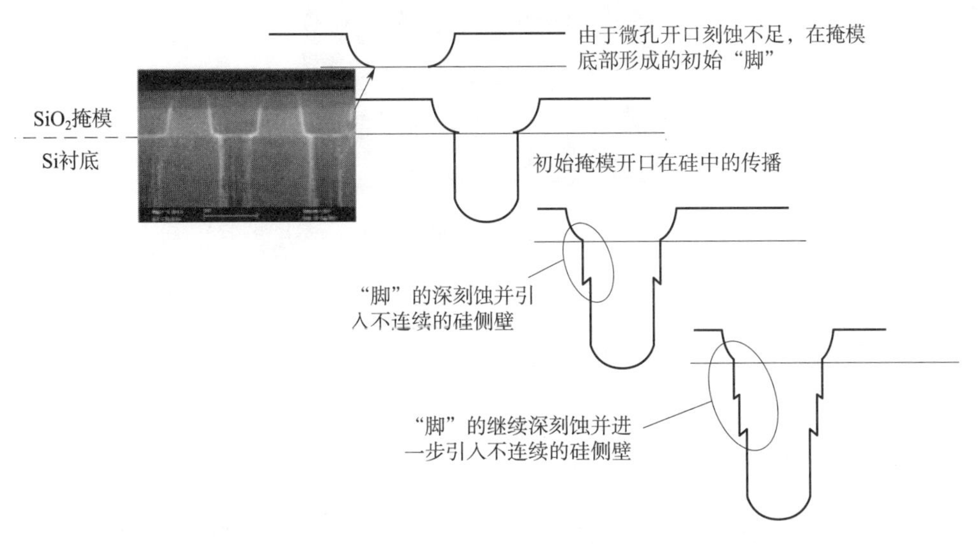

图 4－15　逐渐收缩的残留掩模遮挡形成刻蚀条纹的示意图

如果保护侧壁的特氟隆聚合物太薄或与硅的黏附性太差，中性氟粒子的横向化学腐蚀会产生小坑，如图 4-16 所示，常称为“鼠啃痕”。

尤其是当通孔侧面的凸凹环纹太大时，鼠啃痕也会发生在凸凹环纹正下方的凹面，因为这些地方被凸出的环纹遮蔽，更容易被横向扩散的活性基化学腐蚀（见图 4-17 中的“关键孔”）。

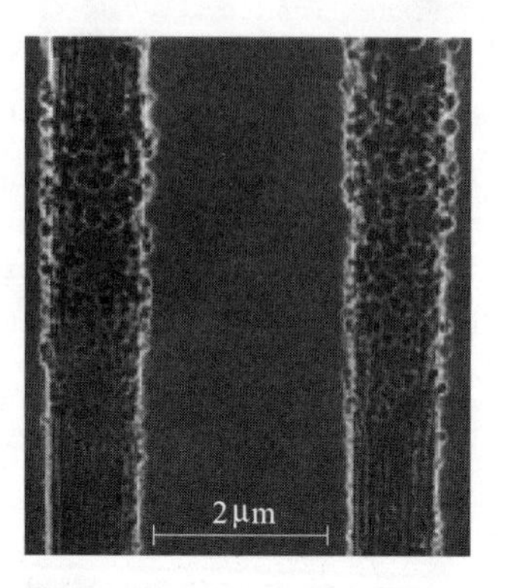

图 4-16　沿通孔侧壁形成的鼠啃痕的 SEM 图像

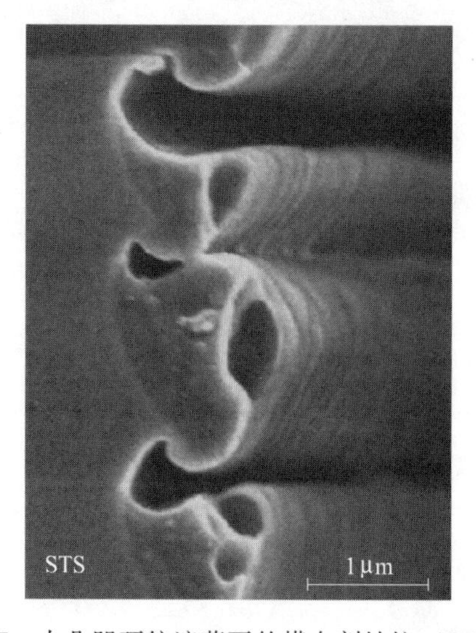

图 4-17　大凸凹环纹遮蔽下的横向刻蚀坑（STS 授权）

在通孔填充工艺中，鼠啃痕会造成一系列问题。如在绝缘层、阻挡层和种子层里形成针孔，其会导致产生漏电流。因此，首先应该使鼠啃痕侧壁平滑。一些平滑技术已在 4.2.2 节描述过。

4.3.2　高深宽比形貌

与深宽比相关的刻蚀（ARDE，刻蚀速率随刻蚀时间的加长而降低）以及相关的 RIE 迟缓（形貌越小刻蚀速率越低）是在大多数刻蚀工艺中出现的正常现象[33]。尤其是在高深宽比条件下，刻蚀速率通常受刻蚀元素进到结构基底的输运限制和反应产物从结构基底出来的输运限制。有几种途径能够减少这些效应，但要以牺牲刻蚀速率、选择性或剖面控制为代价[29]。

4.3.2.1　离子受限和活性基受限模式

如果刻蚀采用离子-中性协同模型进行描述，那么随着离子-活性基流量比的增加，刻蚀从离子受限模式向活性基受限模式进行转移。在离子受限模式中，刻蚀速率与离子流量成正比，并不受活性基流量的影响。在活性基受限模式中，情况恰恰相反。

在高深宽比结构中，因为侧壁碰撞，离子流和活性基流会因深宽比例而降低，某种流量的降低都会影响刻蚀速率。这里可以假定很好地校准了离子流量，而活性基流具有各向同性分布。结果，在高深宽比结构中，离子流量的减小比活性基流量的减少小得多。因此，在活性基受限模式中，与深宽比相关的刻蚀最明显。

4.3.2.2　努森输运

为了阐明 ARDE，需要知道在高深宽比结构中离子和活性基的输运机理。然而，在各向异性硅刻蚀实验中，对于刻蚀速率，很难区分开离子的作用和活性基的作用。围绕这个问题，进行了一个专门的试验，在 SOI 晶圆上制作用于试验的硅线条，其方向与衬底表面平行。硅线条由二氧化硅覆盖，当氟原子从一面到达硅时，排斥离子流，因而能单独研究活性基输运机理。在这个实验中，因为腐蚀在＋25 ℃完成，所以腐蚀是纯化学腐蚀。当硅从内部移走后，在衬底上留下了一个梯形二氧化硅空心管。

图 4－18 表示了刻蚀速率与留下的二氧化硅管的深宽比的函数关系。如果平均自由程大于形貌的尺寸，活性基的侧壁碰撞输运则占主导地位。如果活性基与侧壁的散射是扩散的，则称为努森输运。努森输运模型与这些数据相吻合，显示出很好的相关性[34]。适配参数是初始刻蚀速率和反应概率，氟是 0.47。图中也绘出了刻蚀平坦硅衬底的刻蚀速率(零深宽比)。它表示在此工艺条件下的刻蚀速率，受离子轰击的影响可以忽略，因为它与拟合曲线完全吻合。

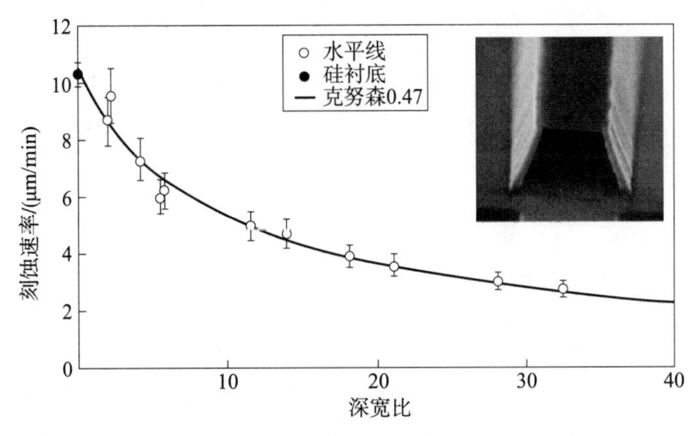

图 4－18　平行于衬底表面的水平硅线条的与深宽比相关的刻蚀速率。为了排斥离子流，这些硅线条由二氧化硅覆盖。此图说明活性基输运受努森输运限制。

注：刻蚀后留在衬底上的梯形二氧化硅盖子顶部宽度约 1 μm[29]

4.3.2.3 深宽比相关刻蚀与深宽比无关刻蚀

在低温刻蚀工艺中，如果降低温度或在氟等离子体中增加氧气，刻蚀速率则降低。连续地垂直刻蚀衬底表面需要用离子碰撞。在ECR反应器中，通过放置在衬底周围的石英圆筒来控制粒子流，石英圆筒阻断了源区和衬底之间的直接通路（如4.2.1.2节所述），有效地产生了一个较远距离的等离子体源。由于活性基的寿命长得多，因此，其密度仅受到轻微的影响。

图4－19所示为高离子流量和通过插入石英圆筒造成的低离子流量两种情况下的刻蚀速率与深宽比的函数关系图表。在高离子流量条件下，虽然刚开始的时候刻蚀速率较高，但是，随着深宽比的增加，刻蚀速率出现了较为明显的下降。对于低离子流量，刻蚀速率通常是一个常数。通过调节离子流量，工艺可以从ARDE向深宽比无关刻蚀（ARIE）转换。这种情况可用从活性基受限模式到离子受限模式发生的转化来理解。然而，转化通常伴随着刻蚀速率的降低，这是因为在离子受限模式中，降低了刻蚀物质和钝化物质的反应概率。

为了描述低温刻蚀工艺而发展起来的化学增强离子-中性协同模型，与这些数据非常吻合[35]。相对于仅包括离子和刻蚀元素的标准离子-中性协同模型，化学增强离子-中性协同模型考虑了三个因素：离子，刻蚀物质和钝化物质。模型的名称源于这样一个事实，即离子和钝化物质之间的相互反应遵循离子-中性协同模型行为，且刻蚀物质的化学反应增强了刻蚀速率。在这个模型中，假定由努森输运确定了刻蚀物质及钝化物质流量，并假定离子流量与深宽比不是相关的。

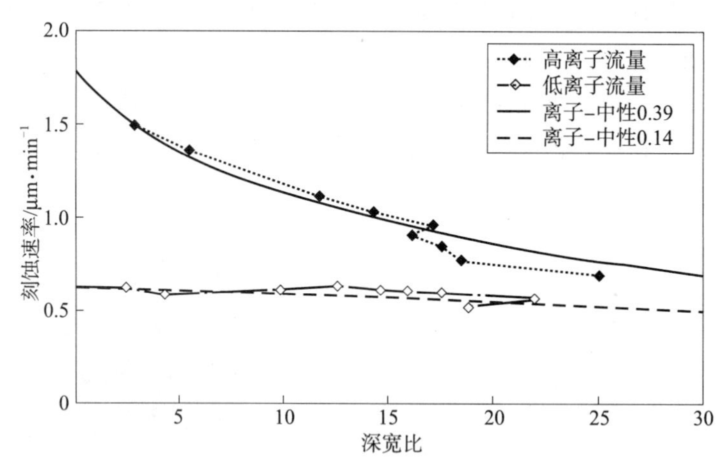

图4－19　低温刻蚀工艺中，通过以减小刻蚀速率为代价减小离子流量，深宽比相关刻蚀可以转变成深宽比无关刻蚀。结果与化学增强离子-中性协同模型具有0.39和0.14的适配反应概率吻合[29]

在ICP反应器中，低温刻蚀工艺也可以实现与深宽比相关的刻蚀（ARDE）。刻蚀速率由激光干涉仪进行原位测量。图4－20表示了深宽比与最终的沟槽剖面的函数关系。努森输运和化学增强离子-中性协同模型都与这些数据匹配，表明刻蚀速率的减少主要是由氟流量减少引起的。

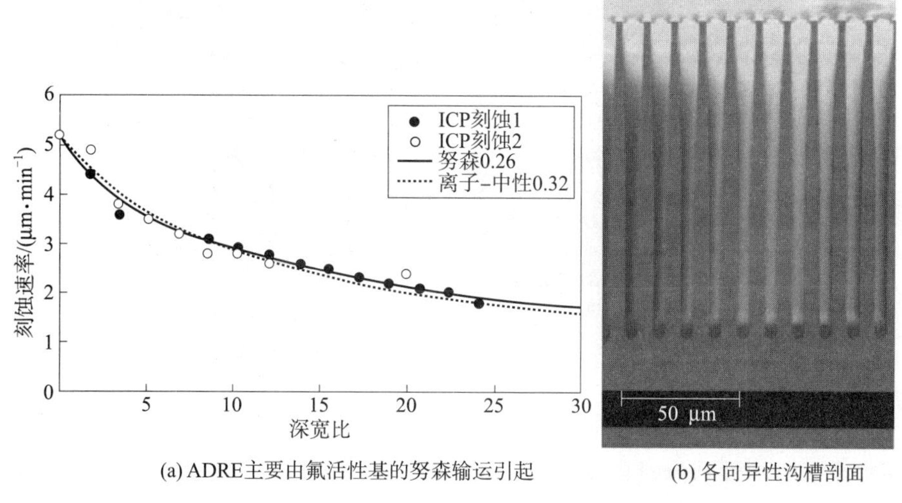

(a) ADRE主要由氟活性基的努森输运引起　(b) 各向异性沟槽剖面

图 4-20　在 ICP 反应器中用低温工艺得到的结果[29]

4.3.2.4　交替复合刻蚀工艺中的去钝化

在交替复合刻蚀工艺中，沟槽的剖面形状趋向于一个锥形，当侧壁收敛于一点后，刻蚀将会停止。这使深宽比不能超过一定数值。图 4-21 表示了在 3 种不同离子流量下刻蚀速率与深宽比的函数关系。通过调节离子流量来调节钝化，使刻蚀和钝化维持适当的平衡。刻蚀速率的减小主要由活性基的努森输运引起[36,37]，曲线中显著的转折点代表可获取的最大深宽比，高的深宽比需要更高的离子流。因此，离子流量的增加可以获得更好的剖面控制，如图 4-22 所示，图中给出了 1.5 μm 宽的掩模孔的沟槽剖面图。此图清楚地表明，高于 6 倍的离子流量能够获得更好的各向异性。

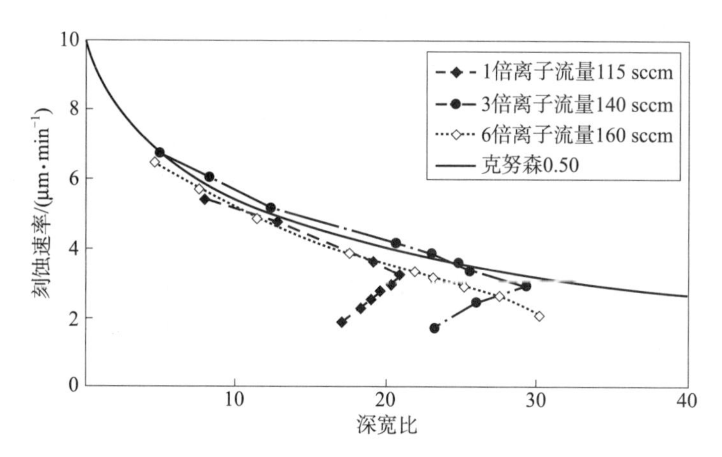

图 4-21　交替复合刻蚀工艺中与深宽比相关刻蚀主要由活性基的努森输运决定。最大可获得的深宽比随离子流量的增加而增加[29]

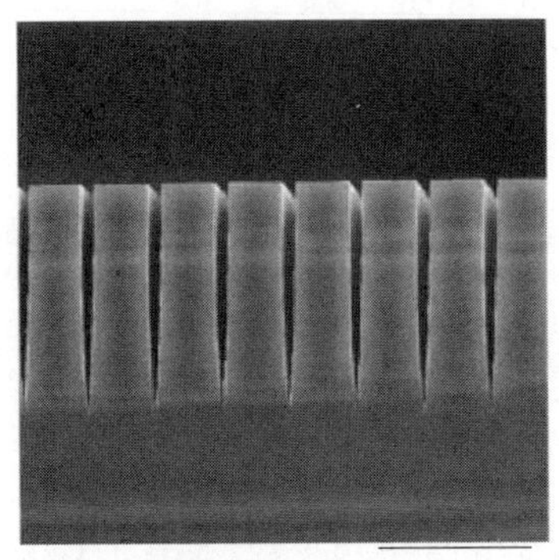

(a) 常规 Bosch 工艺　　(b) 6 倍高的离子流得到的沟槽（见图 4 - 21）[29]

图 4 - 22　离子-活性基流量比增加对各向异性的改善效果

采用更高的离子能量和更低的反应器压力，最大深宽比可以得到类似的改进。总体而言，更高的离子与活性基流量比及准直度更好的离子流可以产生更好的效果。对于这些工艺条件，通过增加沟槽底部聚合物钝化层的去除量来达到这些目的。

4.3.2.5　三段脉冲工艺中与深宽比相关的刻蚀

在标准的交替复合刻蚀工艺中，刻蚀和钝化是相互独立进行优化的。然而，去钝化在刻蚀工艺优化中也扮演了重要的角色。因此，在深各向异性硅刻蚀中，通过在标准交替复合刻蚀工艺中附加第 3 个脉冲（称为三段脉冲工艺），独立地优化了 3 个子工艺（刻蚀、钝化和去钝化）[38]。这个附加的等离子脉冲由低压氧等离子体组成，它有效地去除了沟槽底部的聚合物钝化层。

在三段脉冲工艺中，侧壁凸凹环纹更加明显，因为有效地去除了沟槽底部聚合物钝化层。基于同样的原因，刻蚀脉冲一开启刻蚀就即时发生。在一个实验中，用相邻的两个凸凹环纹间隙来计算刻蚀速率。图 4 - 23 描绘了对于具有 1.5 μm 宽掩模孔的沟槽，瞬时刻蚀速率与深宽比的函数关系。刻蚀速率的降低能够通过活性基的努森输运进行很好的描述，这是因为刻蚀脉冲是纯化学性质的。

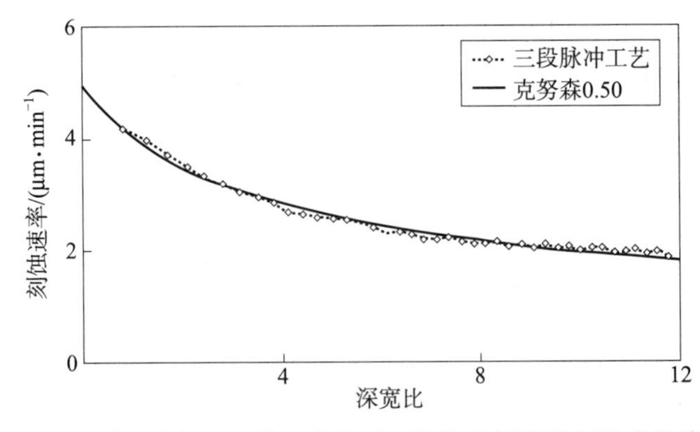

图 4 - 23　瞬时刻蚀速率的降低与深宽比的函数关系。活性基耗尽引起速率的降低，这已由努森输运模型所描述。数据计算根据侧壁波纹之间的距离[29]

聚合物钝化层的有效去除也是一个避免因太厚的钝化层而引起“鼠啃痕”的解决办法（见 4.3.1.2 节）。

4.3.3　侧壁钝化、去钝化及剖面控制

在适当的工艺条件下可以得到各向异性剖面。关键是寻找刻蚀与钝化之间的恰当平衡。然而，向任何一边的平衡偏移都能用来精细地调整剖面，例如将侧壁从负锥度改变成正锥度。在多种刻蚀工艺中使用了不同的方法。

4.3.3.1　低温刻蚀

在低温刻蚀中，通过调节氧气流速和衬底温度，减少了横向刻蚀。刻蚀速率和侧壁锥度能通过调节离子流量和离子能量进行调整。低温刻蚀工艺的另一个特征是刻蚀速率与晶向相关。图 4－24 所示为在 Si（100）晶圆和 Si（111）晶圆中同时进行刻蚀得到的沟槽剖面。在 Si（100）晶圆沟槽的底部形成刻面，但在 Si（111）晶圆里没有看见刻面。Si（111）晶面的晶圆刻蚀速率比 Si（100）晶面的晶圆刻蚀速率低，因为前者的晶面原子比后者更密集。因此，Si（100）晶圆的刻蚀前沿将会向具有最低刻蚀速率的 Si（111）晶面推进。暴露的平面并不刚好是硅（111）晶面，而是与（100）晶面衬底有 54.74°的角度，一种解释是刻蚀效率可能取决于离子的角度。如果刻蚀效率随入射角度的增加而增加，则具有最低刻蚀速率的晶面与衬底的角度较低。

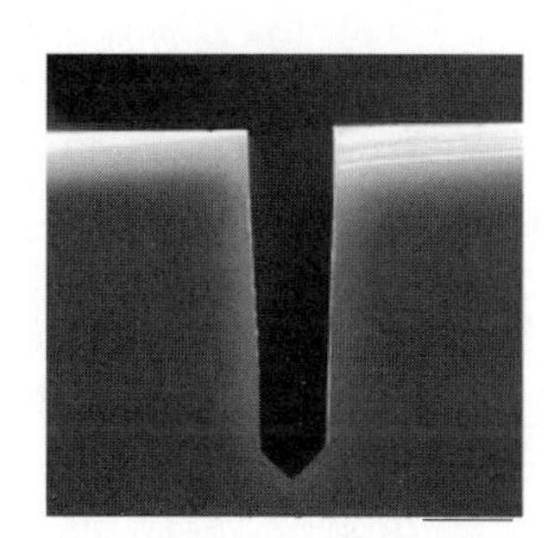

（a）（100）晶圆在沟的底部表现出晶向相关的刻蚀

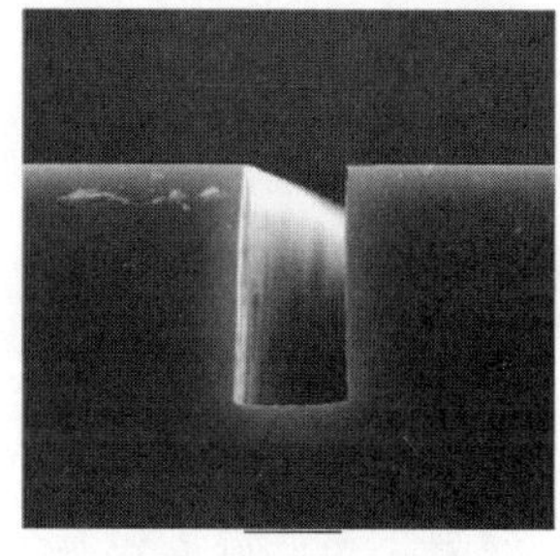

（b）（111）晶圆没有晶向相关的刻蚀，且侧壁钝化减少

图 4－24　低温刻蚀的沟槽剖面[29]

4.3.3.2　室温刻蚀

对于室温交替得合刻蚀工艺，侧壁的锥度受钝化的影响很大，侧壁的锥度甚至可以从微负数向正数转变，图 4－25 所示为一些增加 C_4F_8 钝化气体流量得到的沟槽剖面样本。

4.3.3.3　氧等离子体三段脉冲工艺

在三段脉冲工艺中，由于低压氧等离子体的作用，碳氟聚合物层被有效去除。三段脉冲工艺去钝化的速率要比标准交替复合刻蚀工艺高 3 倍。它产生了一个界线分明的刻蚀脉冲，但是在最大可获得深宽比方面并没有得到改善。这是由于在去钝化层脉冲中也增加了侧壁侵蚀。因为同样的原因，如果在钝化期间侧壁侵蚀没有被足够地补偿，则会得到负的侧壁锥度，如图 4－26 所示。

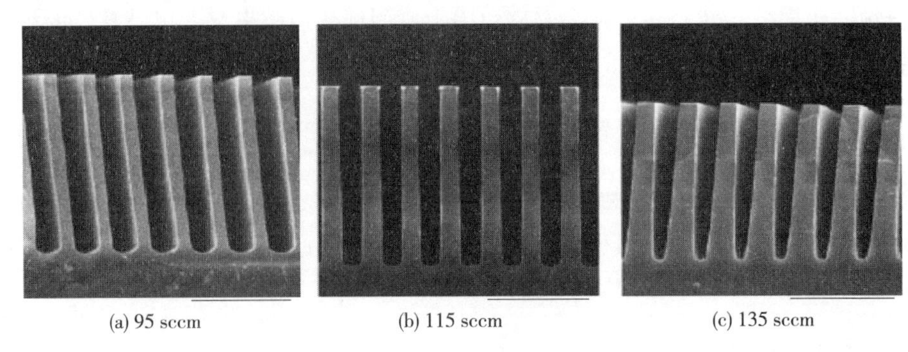

图 4-25 在增加 C_4F_8 的流量条件下，沟槽剖面的锥度从微负数向正数转变的情况[29]

注：(a) 和 (c) 不是完全的前视图，但在沟槽中能清晰地看出负的和正的锥度

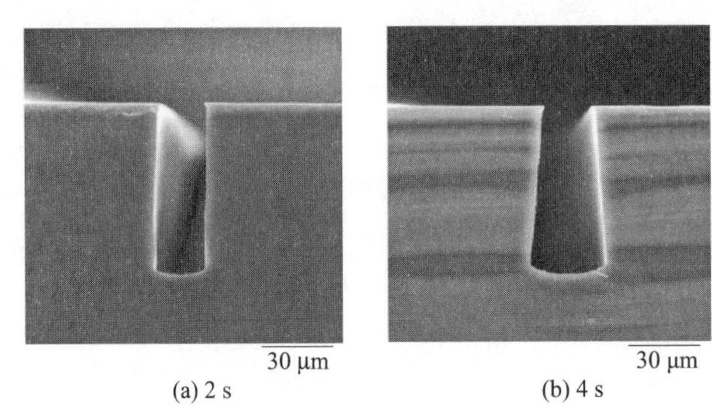

图 4-26 在三段脉冲工艺中，去钝化脉冲时间从 (a) 2 s 到 (b) 4 s，会得到一个负的侧壁锥度[29]

4.3.3.4 膨胀热等离子体刻蚀

通过 ETP 反应器，低温刻蚀工艺和交替复合刻蚀工艺都可以获得各向异性通孔剖面[22]。虽然等离子化学性质完全不同，但结果与 ICP 反应器得到的结果很相似。在 ETP 反应器中，刻蚀速率的增加强烈地依赖于压力的增加、源电流的增加以及源区到晶圆之间距离的减少。良好的衬底温度控制会得到最小的横向刻蚀。如图 4-27 所示为交替复合刻蚀工艺和 RF 衬底偏置在 3 种不同条件下得到的各向异性的通孔剖面。对于初始条件，刻蚀速率是 5.9 $\mu m \cdot min^{-1}$，而氧化硅掩膜的选择性是 127。当反应室的压力为原来的两倍时，刻蚀速率增加到 10.0 $\mu m \cdot min^{-1}$，当源电流由 75 A 增加到 90 A 时，刻蚀速率可以达到7.7 $\mu m \cdot min^{-1}$，但要以牺牲选择性为代价。采用特定的离子能量、定形脉冲衬底偏置的预备实验表明，在保持高的刻蚀速率和各向异性剖面的情况下，选择性可以提高 3 倍以上。

4.3.3.5 侧壁锥度控制

传统上，为了 3D 集成等大范围的应用，人们致力于得到完美的直的晶圆通孔。然而，高深宽比通孔的使用不仅通过限制努森扩散使深反应离子刻蚀复杂化，同样也限制了已经完成刻蚀通孔的后续填充工艺。最近人们已经认识到，通过刻蚀具有一定锥度形状的通孔，容易进行互连通孔的内衬和填充[39]。前面描述过，刻蚀与钝化之间适度的平衡对钻

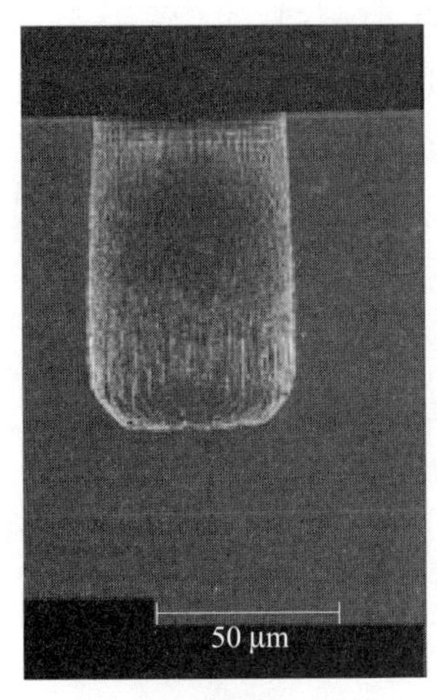

(a) 初始状态

(b) 较高的反应室压力

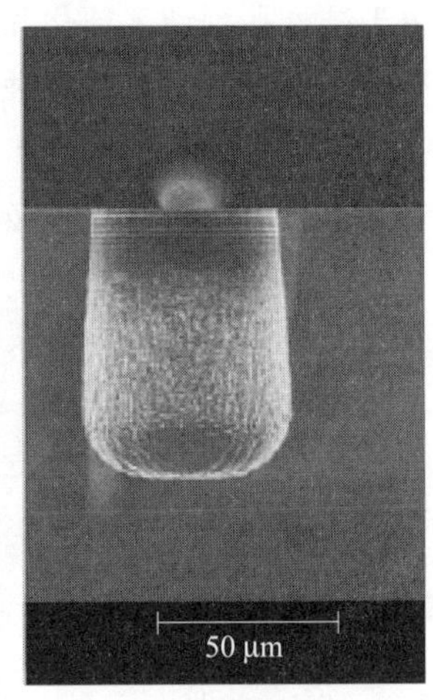

(c) 较高的源电流

图 4 - 27　在 ETP 反应器中用交替复合工艺得到的各向异性通孔剖面[20]

蚀、鼠啃痕或条纹有很重要的影响。下面，我们讨论刻蚀和钝化的平衡如何直接用于控制通孔侧壁的坡度，这将产生一种新型的通孔，如图 4 - 28 所示。

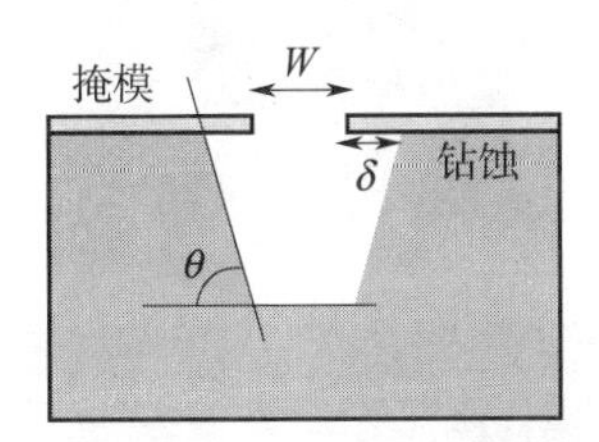

图 4 - 28　形成锥形孔参数的原理图

W 是掩模孔的标称宽度，δ 是钻蚀，θ 是由刻蚀和钝化的平衡产生的斜角

（1）Bosch 工艺的调整

有锥度的通孔可以直接通过调整钝化和刻蚀周期的时候比例来得到。通过延长连续钝化时间（或减少刻蚀时间），可获得有锥度的通孔[39-41]。如果刻蚀周期变得越来越短，通孔内部横向的各向同性刻蚀可进一步减弱。因此，通孔有轻微的锥度。

用 Bosch 工艺获得有锥度通孔的另外一个方法是插入一个附加的各向同性刻蚀。这个附加的刻蚀步骤负责通孔锥形化。斜度由第三步刻蚀脉冲时间控制，随工艺的进行逐渐减小[42]。图 4 - 29 给出了用这种方法得到的通孔形状及相应的工艺参数。该图表明，倾斜角度 θ 是可以在 60°～85°之间进行调整的。刻蚀速率与经典的 Bosch 工艺的相似。此外，由于工艺的连续性，第三步刻蚀也使凸凹环纹平坦化了。

（2）连续工艺

在这种连续刻蚀工艺模式中，刻蚀和钝化的平衡是至关重要的。这是在引入 Bosch 工艺前，反应离子刻蚀早期使用的第一个模式。连续刻蚀工艺得到了广泛研究，尤其是 CMOS 互连金属通孔（其深度范围从几百纳米到几个微米）方面，而现在其用途已得到扩展，适用于硅通孔刻蚀。钝化和刻蚀气体一起被注入到等离子体反应室中，这些气体之间的竞争导致出现锥形通孔。刻蚀由含氟等离子体（SF_6，CHF_3等）完成，钝化由含碳气体和氧气完成。大量的文献介绍了常规的RIE刻蚀，氟-碳模式[43]或黑硅方法[44]等几种模型描述了它们各自的效应的特点及其对斜度的影响。现代的深刻蚀设备能提供具有很高密度的等离子体，这使得连续模式工艺在硅通孔方面再次具有了竞争性，尤其是锥形通孔。在这种情况下，斜度控制可通过下述几个方法进行。

	各向异性刻蚀步骤	各向异性钝化步骤	后续各向同性刻蚀
时间	9 s	7s	t=30～60 s
步骤交叠	1 s	0.5 s	N/A
气体流量	150 sccm SF_6	100 sccm C_4F_8	100 sccm SF_6
压力	APC 固定 60°	APC 固定 60°	15 mTorr
线圈功率	600 W	600 W	600 W
平板功率	12 W	0 W	0 W

[a]自动压力控制（APC）停用，排气阀设置在固定的角度。

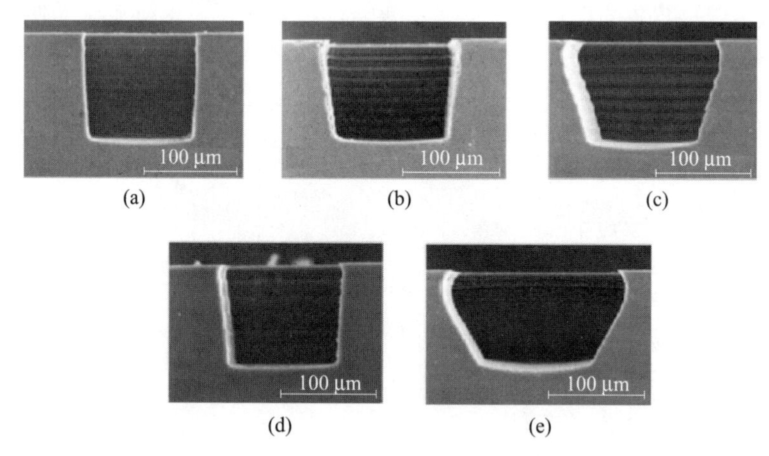

图4-29 改进的Bosch工艺（具有不同循环数量、增加了额外的各向同性刻蚀）所获得的相应锥形通孔[42]
（a）87°，仅13个Bosch循环；（b）82°，13个Bosch循环，30s各向同性刻蚀；
（c）72°，13个Bosch循环，60 s各向同性刻蚀；（d）85°，21个Bosch循环，30 s各向同性刻蚀；
（e）60°，5个Bosch循环，60 s各向同性刻蚀

1）由含碳气体进行斜度控制：在连续工艺中，刻蚀和钝化的平衡可以由钝化气体的量来进行控制，比如报道中的C_4F_8[32]，如图4-30所示。钝化气体的增加会引起局部钝化的增强和侧壁倾斜度的减小。此外，其他参数，如压力或平板的功率，在通孔的整体形状方面也起到作用。报道中提到的刻蚀速率大约为3.5 $\mu m \cdot min^{-1}$。

2）由氧气的浓度进行斜度控制：通过改变总气体流量中的氧气分量，能改变通孔壁上的局部氧化。结果在硅表面的钝化物形成$Si_xO_yF_z$钝化膜[45]。这样改变了横向刻蚀速率和壁的倾斜，如图4-31所示。在调节钝化与刻蚀的平衡方面，压力也是相关参数。然而，刻蚀条件更依赖于RIE设备。还应注意的是，随着氧等离子体浓度的降低，选择性和

刻蚀速率都会明显降低。

图4-30　用SF_6刻蚀气体（260 sccm）与C_4F_8钝化气体（150 sccm）混合，连续工艺获得的锥形通孔示例。顶部宽度约100 μm[32]

3）由温度进行斜度控制：通常来说，温度是控制钝化的一个非常重要的参数。当然，在连续RIE模式中，$Si_xO_yF_z$的淀积和去除经常受动力学限制。如4.3.3.1节所述，低温（小于0°）比高温（或室温）工艺的钝化质量好。现代的低温深反应离子刻蚀允许在很宽的温度范围里进行（−120～20 ℃）。晶圆温度可能增强或减少钝化[46]。根据基本经验，对于指定的通孔形状，温度越低，所需氧气含量也越低，而其他参数保持不变。各种形状的通孔和沟槽可以通过低温DRIE工艺实现，如图4-32所示。也应该注意到，不同的形状使用不同的掩模材料。

4）Bosch和连续工艺的相结合：一些研究者试图将Bosch工艺和连续工艺有序地结合，从而利用两种技术的优势[47]。虽然其在通孔形状和刻蚀速率方面可以得到一些有意思的结果，但钝化的基本原理仍与各自独立的模式相一致。然而，我们注意到，锥形通孔可以获得高达6的深宽比，刻蚀速率可以达到3.5 $\mu m \cdot min^{-1}$。这可能意味着正在进一步突破全片通孔和3D集成的限制。

4.4　通孔刻蚀实用方案

这节简要地讨论一些大大提高通孔形状和尺寸的质量及质量控制的一些新进展和实际方法。

4.4.1　钻蚀和凸凹环纹减少

新一代的干法刻蚀设备包含响应时间低于20 ms的先进气体转换装置、快速响应的流量控制器以及内部清洗气体喷射器。这些因素再加上更加有效的刻蚀反应室的设计以及去耦合等离子体源，可以实现快速的调节和开关。图4-33表明如何将初始的钻蚀从0.3 μm减少到0.1 μm，以及将凹坑从约0.2 μm减少到40 nm。

4.4.2　侧壁粗糙度优化

侧壁形貌的粗糙度主要由4.3节所描述的凸凹环纹和鼠啃痕所决定，为了获得平滑的

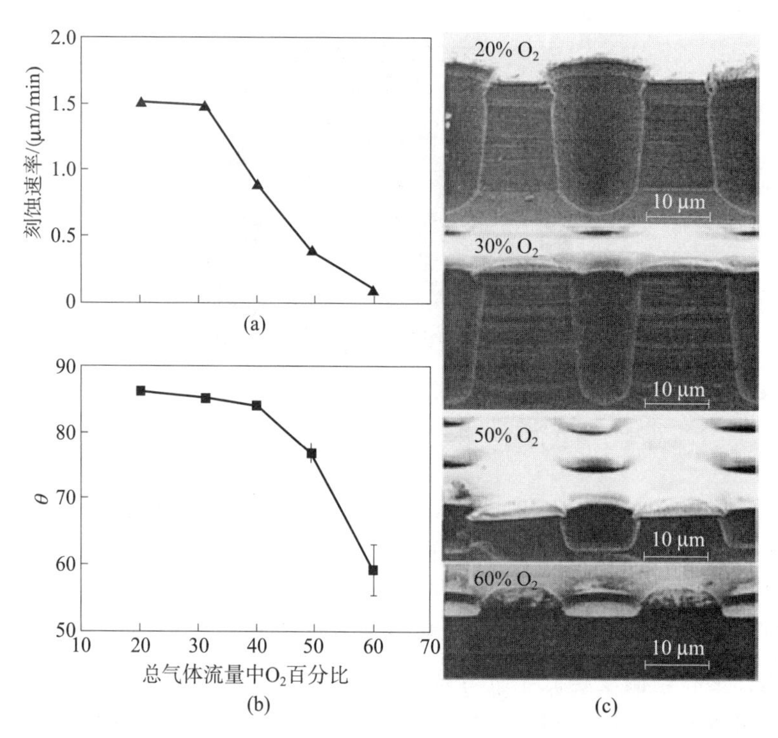

图 4-31　(a) 刻蚀速率；(b) 侧壁角度 θ；(c) 通孔形状作为总气体流量的氧气分量的函数[45]

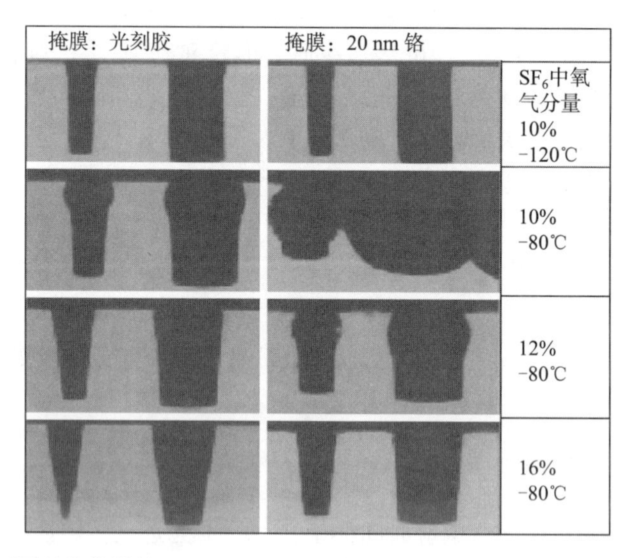

图 4-32　在不同的掩模材料（Olin 907-12 光刻胶和铬）、SF_6 中氧气分量和工艺温度下，低温连续工艺获得的锥形通孔示例[46]。标称沟槽宽度是 4 μm 和 8 μm

通孔的表面，我们讨论了一些工艺和与掩模相关的措施。为了进一步平滑化，在此我们简要地描述几个后刻蚀（post-etch）方法，包括湿法刻蚀方法和干法刻蚀方法。

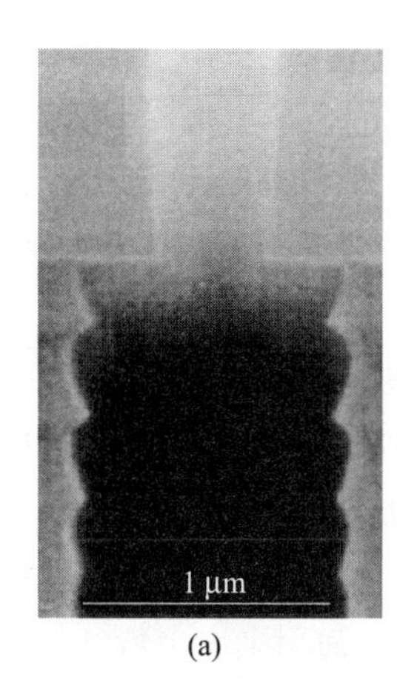

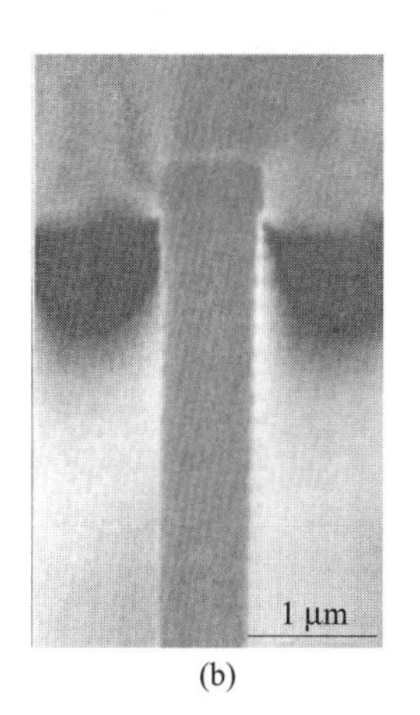

图 4 - 33　（a）未采用先进的参数的刻蚀通孔；（b）具有先进的参数的刻蚀通孔，减少了掩模钻蚀和凸凹环纹（STS 许可）

4.4.2.1　湿法刻蚀平坦化

采用湿法刻蚀溶液可以相对容易地使通孔侧壁的粗糙度下降几个微米。一种传统的、具有较强腐蚀性的、各向同性的腐蚀剂是 HF，HNO_3 和醋酸的混合液。室温下高达 13 μm · min^{-1} 的腐蚀速率以及较低的 SiO_2、Al、光刻胶选择性使得它很难适用于 3D 集成工艺[32]。

有一种典型的多晶硅刻蚀液（HF、HNO_3 和 H_2O 的混合物）具有较为适当的刻蚀速率（0.35 μm · min^{-1}）以及对 SiO_2 良好的选择性，但对其他的选择性比较差。

最新的平坦化湿法腐蚀液是热的 KOH 溶液。众所周知，它是一种对 SiO_2 有着高选择性的各向异性的腐蚀剂。然而，它与硅工艺不具有良好的可兼容性。

4.4.2.2　干法刻蚀平坦化

也曾有报道用 SF_6 干法刻蚀进行平坦化。如图 4 - 34 所示为采用低功率、纯 SF_6 对一个非常粗糙的侧壁进行 10 min 的干法刻蚀，使其表面粗糙度改善的典型例子。在这个例子中，平坦化是在通孔刻蚀后在同一个干法刻蚀设备中直接进行[32]的。

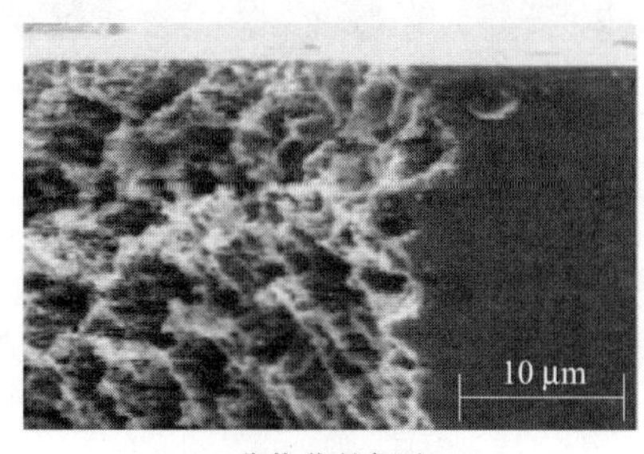

(a) 非优化的侧壁

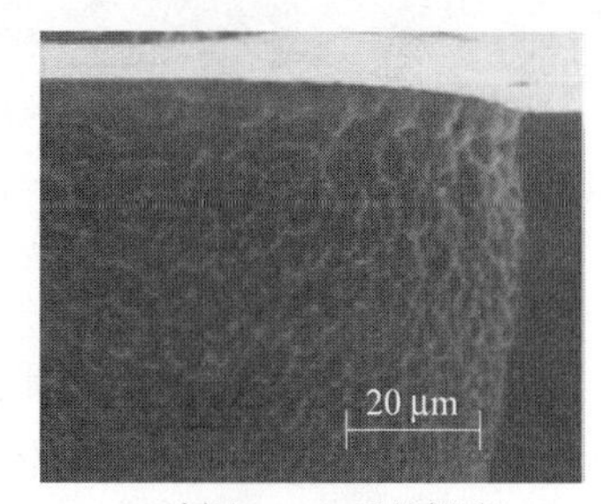

(b) 刻蚀10 min后的侧壁

图 4 - 34　用 SF_6 各向同性干法刻蚀的平坦化效果[32]

4.4.3 负载效应

有几种方式可以降低刻蚀速率，即在局部尺寸方面（特征尺寸或者芯片尺寸）和全局尺寸方面（晶圆尺寸）。由于刻蚀剂种类和暴露的硅面积的不同，可能会对芯片和晶圆刻蚀深度的一致性造成不同的影响。随着暴露面积的增加出现刻蚀速率的降低，被称为负载或图形密度效应。负载现象首先由 Mogab 模型化[48]，并且可以由衬底材料耗尽刻蚀剂来解释。这种效应在高速刻蚀中是最重要的，其中化学刻蚀是主要的反应机制。由于含有很多化学成分的 Bosch 工艺取决于刻蚀的工艺和反应器的结构，因此，其对负载效应相当敏感。更多细节可参看 Kiihamäki 等人发表的文章[10,49]。他们设计了精巧的嵌套环形测试结构和芯片版图，来区分 RIE 滞后和负载效应，从而用来确定特征尺度、芯片尺度和晶圆尺度的负载效应。

图 4-35 所示的 SEM 照片说明了用腐蚀性的 Bosch 刻蚀工艺刻蚀的特征尺度沟槽阵列的微负载效应。刻蚀结构是一个密集的沟槽阵列，用于高密度沟槽电容[50]。在阵列中央，被刻蚀的硅暴露面积相对较大。相比之下，在阵列的边缘裸露硅的面密度低得多，因此，该区域反应物的消耗也较少，这将导致一个较高的平均刻蚀速率和更深的图形。

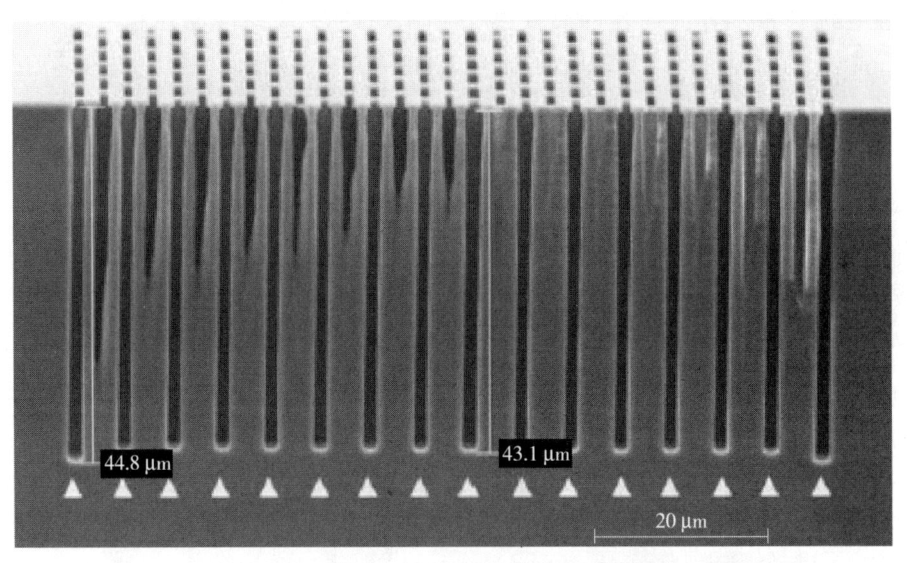

图 4-35　沟槽阵列的特征尺度负载效应，导致外围沟槽刻得更深。
沟槽宽度为 1.0 μm，长度为 10 μm，纵向节距为 11.5 μm，横向为 3 μm。
注：这里仅考虑有三角形标记的被准确剖开的沟槽

上面描述的效应只显示了晶圆的局部，并且此效应强烈地取决于掩模图形的密度。因此，此效应通常称为特征尺度负载效应。在晶圆尺度上，当在整片开孔硅面积不同时，也观察到同样的效应，即刻蚀速率的减小。图形能在几毫米的距离内影响邻近图形的刻蚀速率，这种情况称为晶圆尺度负载效应。负载效应进一步由刻蚀设备和刻蚀方法决定。人们需要充分认识到这个效应，以便开发出期望的刻蚀工艺。

我们在 STS Multiplex 设备中采用 Bosch 方法，通过一道内部工艺来描述这个效应。刻蚀不同特征尺寸和形状的阵列，形状从圆槽到拉长槽进行变化，如图 4-36 所示。设计图形的密度分别为每个晶圆 5%、10%、20%和 40%的开口面积。刻蚀后用扫描电镜进行断面检查来确定不同图形的平均刻蚀速率。

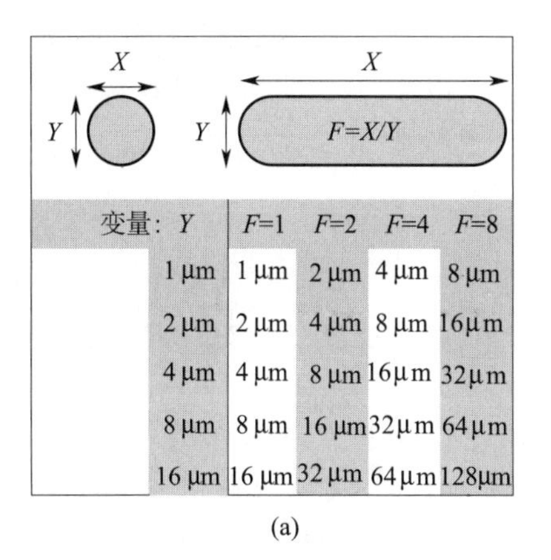

(a)

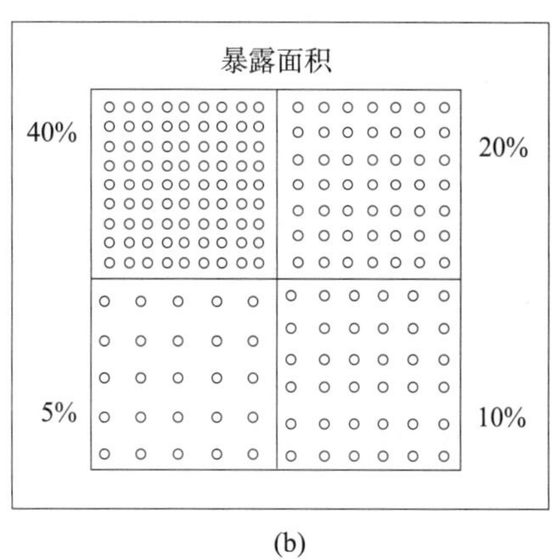

(b)

图 4-36　(a) 不同的图形形状和尺寸的基本掩模设计数据；(b) 暴露面积

图 4-37 标注了作为深宽比函数的平均刻蚀速率。图中代表了 4 种图形密度的结果，对于每个图形密度，四条曲线表示了尺寸和结构拉长的影响。这种影响主要由努森扩散引起，对于 5%～20%暴露面积是相似的，如图 4-37 (a) ～ (c) 所示。图 4-37 (d) 暴露面积为 40%。40%负载时，各曲线收敛于大约 3 μm · min^{-1} 的初始刻蚀速率，而在 5%、10%、20%负载时，各曲线都收敛于大约 4 μm · min^{-1} 的初始刻蚀速率。这些曲线是相似的，因此同结构不同几何尺寸的影响是相似的，只是平均刻蚀速率较低。这是由"晶圆尺度负载效应"引起的，并且掩膜图形暴露在外面的面积超过 20%时（对于该特定工艺），该效应更加明显。

这样的特点能够使我们预测不同结构和不同图形密度的刻蚀速率。这样不但促进了新设计和新概念的实现，而且也给了用这些不同的刻蚀速率形成复杂 3D 结构的机会。

4.4.4　介电层开槽

在微电子和 MEMS 制造中，越来越流行的衬底是绝缘体上硅结构（SOI）。该结构提供了一个理想的硅/二氧化硅清晰界面，二氧化硅用作具有很好选择性的 RIE 刻蚀阻挡层和 RIE 之后的牺牲层。图 4-38 所示为使用 13.56 MHz 连续偏置的常用规 RIE 刻蚀后，通孔底部发生的情况。当发生较为轻微的过刻蚀时，介电层的底部将会带有电荷。结果，引入的离子将转向侧壁并将侵蚀通孔底部的侧壁[51]，这个现象可以用 380 KHz 的低频偏置来抑制或消除[52]。据报道，一般仅在深宽比达到 1 以上时才发生开槽刻蚀，如图 4-39 所示。

4.4.5　通孔结构检测

通孔的形状和尺寸主要是通过扫描电子显微镜（SEM）观察样品的剖面来进行检测

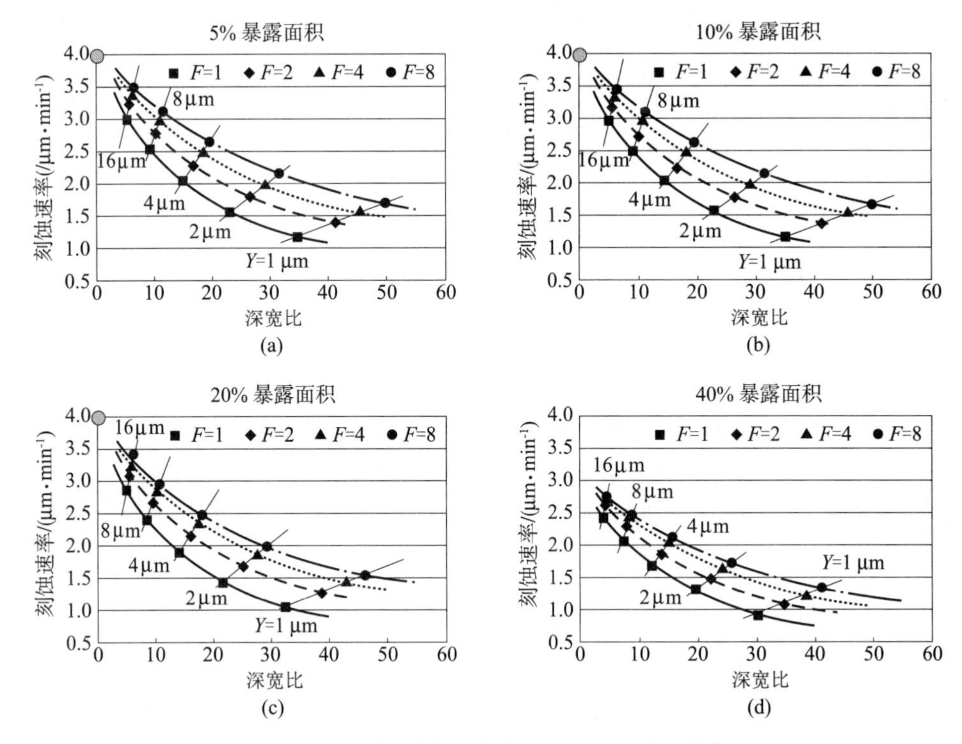

图 4-37　不同特征尺寸和暴露面积的刻蚀速率

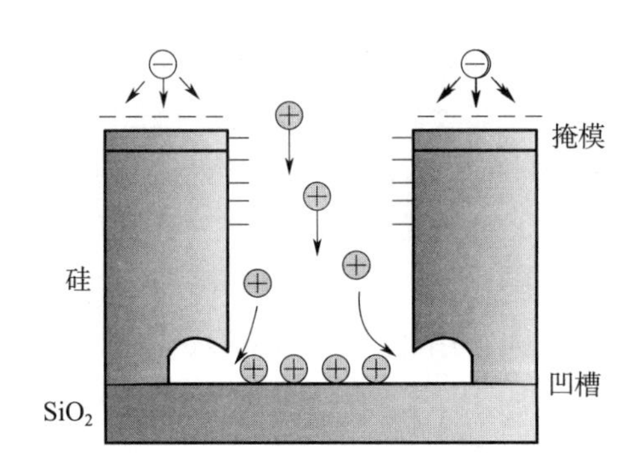

图 4-38　凹槽效应的产生是由于高深宽比通孔底部介质电荷聚集，引起离子偏转到侧壁

的。对于小节距、小直径的通孔阵列比较容易观察。图 4-40 所示为通过具有标称值（2.5 μm 节距和1.5 μm孔直径）的掩模刻蚀出来的盲孔的例子。为了得到精确的尺寸，要沿水平面上的 A-A 横线自动切出理想的半圆，如图 4-41 所示。可是，对于直径不小于 20 μm、节距不小于 50 μm 的原始通孔不是这种情况。通常样品沿非完整的横断面切开，例如，图 4-41 中沿 B-B 线切开。结果，这种人为得到的截面会给通孔直径和剖面的测量数据带来不必要的误差。

为了排除这些误差，我们使用激光沿外围通孔的中心进行预切划线。激光划线距离通孔外围约 15 μm（即我们 YAG 激光的光斑尺寸），如图 4-42 所示。这样，激光通过对硅的烧蚀产生了一个深的垂直凹槽，这个凹槽将会使硅衬底沿着划线方向劈开。

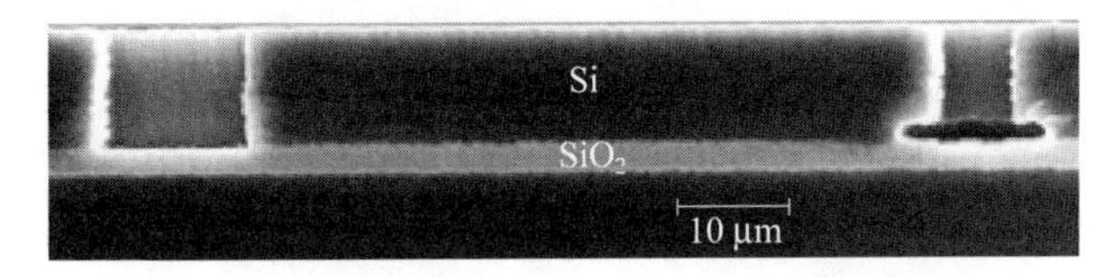

图 4－39　深宽比大于 1 的通孔的开槽 SEM 照片[10]

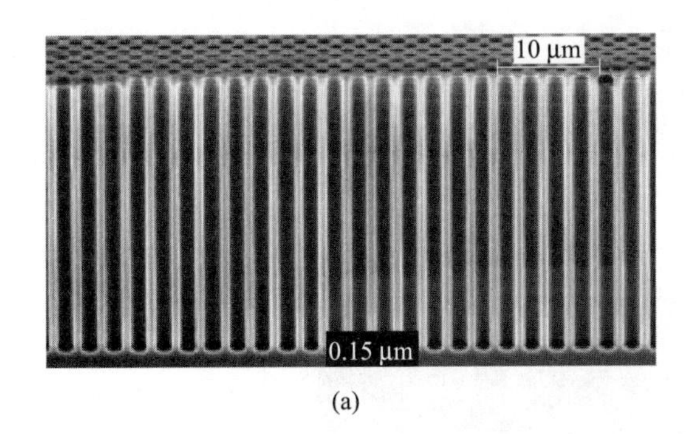

(a)

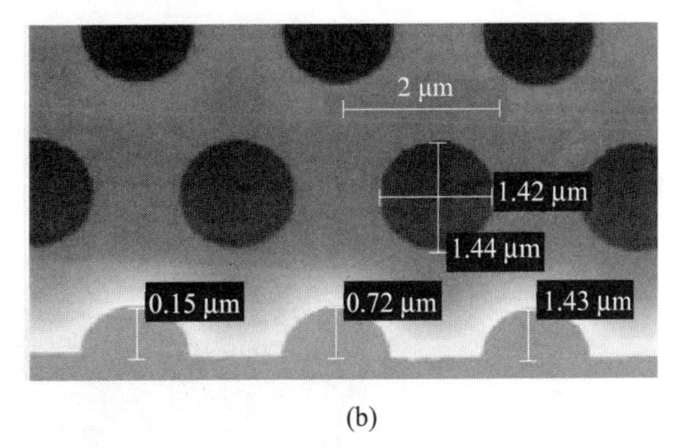

(b)

图 4－40　通过 1.5 μm 开口直径和 2.5 μm 节距的掩模刻蚀出来的 32 μm 深通孔的 SEM 照片
（a）侧视图[50]；（b）切开样品的顶视图

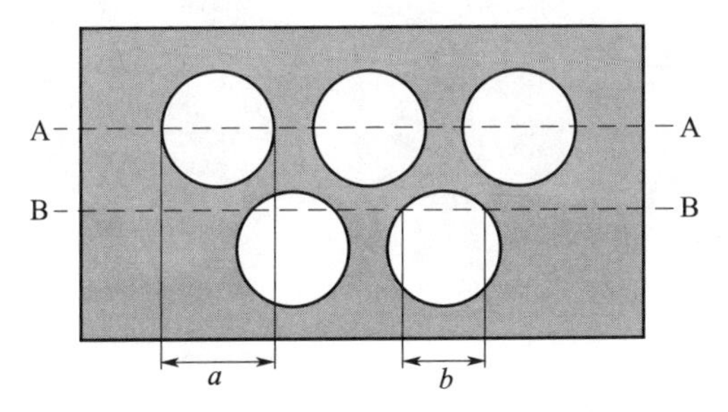

图 4－41　完整横断面（A－A 线），得到正确的通孔直径 a，人为横断面（B－B 线），产生较小的通孔尺寸 b

这个方法也可以用于镀铜通孔的检测，如图 4－43 所示。这样，就可以很明显地区分出截面的激光熔融区。

4.4.6　槽深原位测量

在现代的硅通孔技术中，沟槽的尺寸和形状的可重复性生产是基本要求。在本章的前部，我们描述了如何检测和改善通孔的形貌，如侧壁平滑度和剖面。目前，SEM 用作工艺完成后的检查和工艺技术优化。显然，由于这种性质，对剖开样品进行检测是一种昂贵的、费力的、破坏性的及非原位的技术。

对于 SOI 结构的硅片，刻蚀深度的控制没有问题。采用这些结构的硅片中包含有一个埋置的二氧化硅层来作为阻挡层，当采用常规的发光摄谱仪进行原位诊断时，该阻挡层可以用来阻断刻蚀。然而，对于常规的硅圆，其通孔的刻蚀深度仍然是通过设定工艺时间来进行控制的。在这种情况下晶圆对晶圆的精确度可以控制在 4%。这归结于一些非恒定因

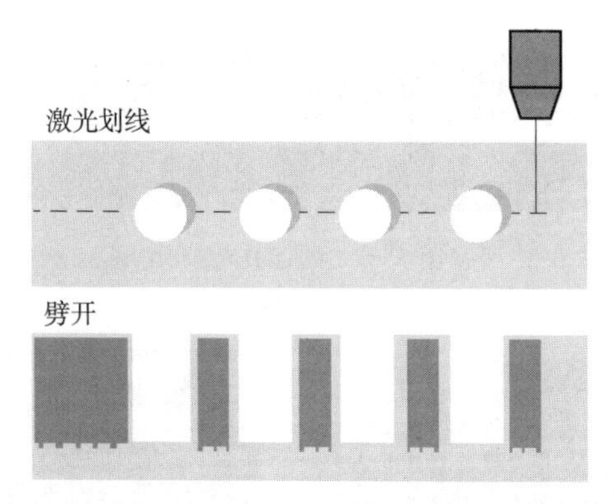

图 4-42 激光划线，可对通孔尺寸和剖面进行准确的检查

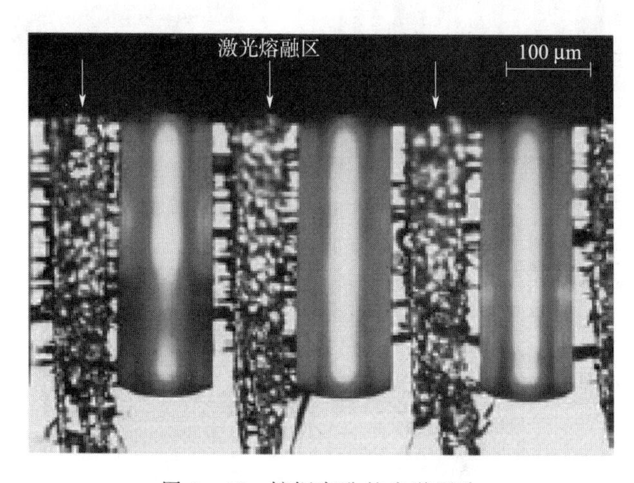

图 4-43 镀铜盲孔的光学照片

素，例如刻蚀反应室情况和负载效应。负载效应是由有意（掩模设计）和无意（掩模预刻蚀）产生的不同的硅暴露面积引起的。

几种非破坏性方法——最好是光学的原位实时诊断方法——正在作为通孔深的测量和控制方法而被评估。这样做的目的是寻求开发快速、便宜的技术，在量产中进行孔深的在线测量，替代精细的 SEM 检查。这些方法是全光学的（干涉测量法、反射光谱测量法及椭圆偏光法）。所有方法都有其局限性，并且似乎没有能覆盖通孔直径从几微米到 100 微米、深度从 10 μm 到 200 μm（通孔密度从 10 mm^{-2}到 1 000 mm^{-2}）的通用方法。

正在开发的一种方法是干涉测量终点探测法（IEPD）[53]。IEPD 单元安装在刻蚀腔观察窗上，并使用白光光源。发射光的光束尺寸约为 15 mm，既可以到达硅片的刻蚀区也可以到达硅片的非刻蚀区，在那里产生不同的反射。反射光被收集并通过光纤传进探测器，对预定波长的光强度进行监测。通过选择波长 λ 来使输出光强信号最大，对给定的一组掩模反射率、等离子体强度和通孔深度，该波长 λ 是最佳的。图 4-44 所示为一个典型的输出信号，由两个叠加的振荡组成：一个是周期约 100 s 的低频响应，对应于二氧化硅掩模侵蚀，另一个是周期约 3 s 的高频振荡，代表了实际硅通孔刻蚀。后一种振荡频率 f 能用

刻蚀速率 $s = \lambda \cdot f \cdot 60/2$ 换算出来。

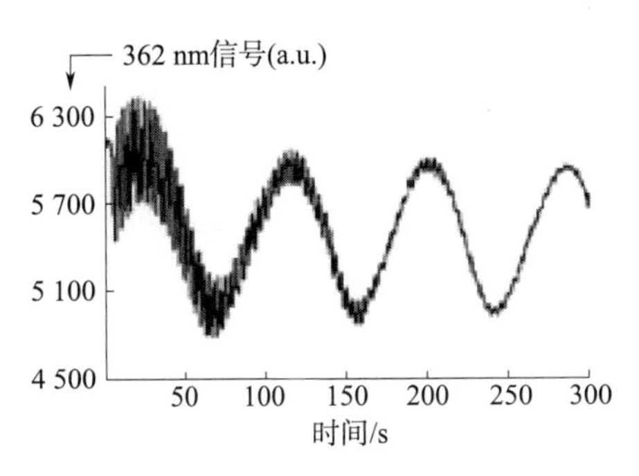

图 4 - 44　刻蚀一个 15 μm 深槽的干涉测量终点探测示例[53]
振荡器周期比率（100∶3）等于 Si∶SiO_2 刻蚀选择性

从图 4 - 44 中可以清楚地看到，IEPD 方法是有局限性的。变得纤细的边缘幅度表示硅的刻蚀在刻蚀沟槽期间迅速减少，直到可以导出硅刻蚀速率的边缘幅度无法分辨。沟槽的底部太深（在此情况中约为10 μm）并且太圆而不能将入射光反射到探测器里面。对于更深的通孔深度，要依靠模型，根据早期刻蚀阶段测量的刻蚀时间来进行计算。

对于大多数的光学测量方法，在通孔底部入射光的反射受限是一个难点。如果用两束具有与通孔尺寸相当的小束斑激光（约 20～30 μm），可能可以克服此限制。基于干涉测量法测量微孔深度时，一束激光聚焦到晶圆表面，另一束激光聚焦到通孔或被刻蚀形貌，通过两束激光的相移来测量通孔的深度。

与反射测量法相比，用椭圆偏光法可能可以得到更好的结果。这可能是由于椭圆偏光法不测量光强度，仅是测量光强度的比率。因而通常椭圆偏光法测量精度优于反射测量法。

4.5　小结

本章回顾了高密度氟基等离子体刻蚀工艺，该工艺可以形成深各向异性微结构，从而在硅中形成互连通孔。第一部分介绍了 DRIE 的技术发展水平，以及可选择的高深宽比微孔湿法刻蚀工艺。第二部分包括不同类型的等离子反应器、等离子体化学以及诊断和分析技术。在研究粒子流及它们与衬底的相互作用中，已证明这些技术是有用的和必须的。

随后的章节内容包括掩模准备和与掩模相关问题、高深宽比形貌中等离子体粒子输运现象及侧壁控制。最后用一节讨论了 DRIE 实际问题的解决方法，目的是制作和优化形貌尺寸和光滑度，以及更好地控制 DRIE 工艺。

致谢

感谢在国家 Senter - Novem 项目 EXSTC 和 INNOVia 以及欧洲项目

"MICROSPECT"（FP－5）和"e－CUBES"（FP－6）中从事通孔技术方面的工作的同事。感谢英国STS公司的同事们给予的合作和技术数据。

感谢荷兰皇家科学院提供的研究基金，使Erwin（W. M. M）Kessels的研究工作得以实施。

部分反应离子刻蚀实验工作由实习生阿拉米·伊德里西（A. Alami－Idrissi）和范·兰克维尔特（P. J. W. van Lankvelt）完成。

附录A：缩写词术语表

AFM	原子力显微镜
ARDE	与刻蚀相关的深宽比
ARIE	与刻蚀无关的深宽比
CCP	电容耦合等离子体
CMOS	互补金属氧化物半导体
DECR	分布式电子共振回旋加速器
DRIE	深反应离子刻蚀
ECR	电子共振回旋加速器
ETP	膨胀热等离子体
HDP	高密度等离子体
IAD	离子角度弥散
ICP	电感耦合等离子体
IED	离子能量弥散
IEPD	干涉测量终点探测
LF	低频
LPCVD	低压化学气相淀积
MEMS	微电子机械系统
MST	微系统技术
OES	光发射光谱学
PECVD	等离子体增强化学气相淀积
PR	光刻胶
RF	射频
RIE	反应离子刻蚀
sccm	标准立方厘米
SEM	扫描电子显微镜
SiP	系统级封装
SOI	绝缘体上硅

TEM	透射电子显微镜
TEOS	正硅酸乙酯
TMAH	四甲基氢氧化氨
XPS	X射线光电子能谱

附录B：DRIE菜单示例

DRIE工艺：用STS Multiplex设备，通孔直径约为20～50 μm。

工艺A	刻蚀	钝化
目标	直径20～50 μm通孔［参见图4-12（a）～（d）］	
循环时间/s	7.0	5.0
气体流量/sccm		
C_4F_8	50（斜率——0.4 sccm · min^{-1}）	120
SF_6	260	0
O_2	26	0
RF线圈功率/W	2 500	800
RF平板功率/W	20	0
压力/mTorr	94	94
温度/℃	10	10
总时间/min	80	

工艺B	刻蚀	钝化
目标	直径20～50 μm通孔［参见图4-12（e）］	
循环时间/s	7.0	5.0
气体流量/sccm		
C_4F_8	50	120
SF_6	260	0
O_2	26	0
RF线圈功率/W	2 500	800
RF平板功率/W	5	0
压力/mTorr	94	94
温度/℃	10	10
总时间/min	80	

参考文献

[1] Laermer, F. and Schilp, A. (March 12, 1996) Method for anisotropic plasma etching of substrates, US patent 5, 498, 312 and Laermer, F. and Schilp, A. (March 26 1996) Mechod of anisotropically etching silicon US Patent 5, 501, 893.

[2] Madou, M. J. (2002) Fundamentals of Microfabrication: The Science of Miniaturization, 2nd edn. CRC Press, Boca Raton, USA.

[3] Funk, K., Emmerich, H., Schilp, A. et al. (1999) A surface micromachined silicon gyroscope using a thick polysilicon layer. Proceedings 12th IEEE Conf. On Micro - Electromechanical Systems, 1999, (MEMS'), Orlando, p. 57 - 60.

[4] Roozeboom, F., Kemmeren, A. L. A. M., Verhoeven, J. F. C. et al. (2006) Passive and heterogeneous integration towards a silicon - based System - in - Package concept. Thin Solid Films, 504, 391 - 396.

[5] Aarts, E. and Marzano, S. (2003) The New Everyday; Views on Ambient Intelligence, 010 Publishers, Rotterdam, The Netherlands.

[6] ITRS Roadmap 2005 edition, Assembly and Packaging; www. itrs. net/Links/2005ITRS/Home2005. htm.

[7] Garrou, P. E. and Vardaman, E. J. (March 2006) 3D integration at the Wafer Level, TechSearch International Report.

[8] Bower, C. A., Garrou, P. E., Ramm, P. and Takahashi, K. (eds) (2007) Enabling Technologies for 3 - D Integration, Material Research Society Symposium Proceedings. 970, Materials Research Society, Warrendale, Pennsylvania.

[9] Legtenberg, R., Jansen, H., de Boer, M. and Elwenspoek, M. (1995) Anisotropic reactive ion etching of silicon using SF6/O2/CHF3 gas mixtures. Journal of the Electrochemical Society, 142, 2020 - 2027.

[10] Kiihamaki, J. (2005) Fabrication of SOI Micromechanical Devices, PhD thesis, VTT, Finland, Http: //www. vtt. fi/inf/pdf/publications/2005/P559. pdf. (accessed on September 2007).

[11] Laermer, F. and Urban, A. (2003) Challenges, developments and applications of silicon deep reactive ion etching. Microelectronic Engineering, 67 - 68, 349 - 355.

[12] Theunissen, M. J. J. (1972) Etch channel formation during anodic dissolution of n - type silicon in aqueous hydrofluoric acid. Journal of the Electrochemical Society, 119, 351 - 360.

[13] Lehmann, V. and Foll, H. (1990) Formation mechanism and properties of electrochemically etched trenches in n - type silicon. Journal of the Electrochemical Society, 137, 653 - 659.

[14] Lehmann, V. (1993) The physics of macropore formation in low doped n - type silicon. Journal of the Electrochemical Society, 140, 2836 - 2843.

[15] Roozeboom, F., Elfrink, R. J. G., Rijks, T. G. S. M. et al. (2001) High - density, low - loss

MOS capacitors for integrated RF decoupling. International Journal of Microcircuits and Electronic Packaging, 24, 182 - 196.

[16] van den Meerakker, J. E. A. M., Elfrink, R. J. G., Roozeboom, F. and Verhoeven, J. F. C. M. (2000) Etching of deep macropores in6 in. Si wafers. Journal of the Electrochemical Society, 147, 2757 - 2761.

[17] van den Meerakker, J. E. A. M. and Mellier, M. R. L. (2001) Kinetic and diffusional aspects of the dissolution of Si in HF solutions. Journal of the Electrochemical Society, 148, G 166 - G171.

[18] van den Meerakker, J. E. A. M., Eltrink, R. J. G., Weeda, W. M. and Roozeboom, F. (2003) Anodic silicon etchings; the formation of uniform arrays of macropores or nanowires. Physica Status Solidi A - Applied Research, 197, 57 - 66 and references therein.

[19] Lehmann, V. and Gruning, U. (1997) The limits of macropore array fabrication. Thin Solid Films, 297, 13 - 17.

[20] Blauw, M. A., van Lankvelt, P. J. W., Roozeboom, F. et al. (2007) High - rate anisotropic silicon etching with the expanding thermal plasma technique. Electrochemical and solid - state Letters, 10, H309 - H312.

[21] van Hest, M. F. A. M., Haartsen, J. R., van Weert, M. H. M. et al (2003) Analysis of the expanding thermal argon - oxygen plasma gas phase. Plasmas Sources Science and Technology, 12, 539 - 553.

[22] van de Sanden, M. C. M., de Regt, J. M. andSchram, D. C. (1993) Recombination of argon in an expanding plasma jet. Physical Review E, 47, 2792 - 2797.

[23] van de Sandem, M. C. M., Severens, R. J., Kessels, W. M. M. et al. (1998) Plasma chemistry aspects of a - Si: H deposition using an expanding thermal plasma. Journal of Applied Physics, 84, 2426 - 2435.

[24] Wang, S. B. and Wendt, A. E. (200) Control of ion energy distribution at substrates during plasma proceeding. Journal of Applied Physics, 88, 643 - 646.

[25] Wang, S. B. and Wendt, A. E. (2001) Ion bombardment energy and SiO2/Si fluorocarbon plasma etch selectivity. Journal of Vacuum Science & Technology A, 19, 2425 - 2432.

[26] Puech, M. and Maquin, P. (1996) Low temperature etching of Si and photoresist in high density plasmas. Applied Surface Science, 100 - 101, 579 - 582.

[27] Dussart, R., Boufnichel, M., Marcos, G. et al. (2004) Passivation mechanisms in cryogenic SF6/O2 etching process. Journal of Micromechanics and Microengineerings, 14, 190 - 196.

[28] Coburn, J. W. and Winters, H. F. (1979) Ion - and electron - assisted gas - surface chemistry - An important effect in plasma etching. Journal of Applied Physics, 50, 3189 - 3196.

[29] Blauw, M. A. (2004) Deep anisotropic dry etching of silicon microstructures by high - density plasmas, PhD thesis, TU Delft, TheNetherlands, and references therein. www. library. tudelft. nl/dissertations/ diss _ html _ 2004/as _ blauw _ 2004. (accessed on September 2007).

[30] Coburn, J. W. and Chen, M. (1980) Optical emission spectroscopy of reactive plasmas: A method for correlating emission intensities to reactive particle density. Journal of Applied Physics, 51, 3134 - 3136.

[31] Donnelly, V. M., Flamm, D. L., Dautremont - Smith, W. C. and Werder, D. J. (1984) Anisotropic etching of SiO2 in low - frequency CF4/O2 and NF3/Ar plasmas. Journal of Applied Physics,

55, 242-252.

[32] Tezcan, D. S., de Munck, K., Pham, N. et al. (2006) Development of vertical and tapered via etch for 3D through wafer interconnect technology. Electronics Packaging Technology Conference.

[33] Gottscho, R. A., Jurgensen, C. W. and Vitkavage, D. J. (1992) Microscopic uniformity in plasma etching. Journal of Vacuum Science & Technology B, 10, 2133-2147.

[34] Coburn, J. W. and Winters, H. F. (1989) Conductance considerations in the reactive ion etching of high aspect ratio features. Applied Physics Letters, 55, 2730-2732.

[35] Blauw, M. A., van der Drift, E., Marcos, G. and Rhallabi, A. (2003) Modeling of fluorine-based high-density plasma etching of anisotropic silicon trenches with oxygen sidewall passivation. Journal of Applied Physics, 94, 6311-6318.

[36] Kiihamaki, J. (2000) Deceleration of silicon etch rate at high aspect ratios. Journal of Vacuum Science & Technology A, 18, 1383-1389.

[37] Lai, S. L., Johnson, D. and Westerman, R. (2006) Aspect ratio dependent etching lag reduction in deep silicon etch processes. Journal of Vacuum Science & Technology A, 24, 1283-1288.

[38] Blauw, M. A., Craciun, G., Sloof, W. G. et al. (2002) Advanced time-mltiplexed plasma etching of high aspect ratio silicon structures. Journal of Vacuum Science & Technology B, 20, 3106-3110.

[39] Spiesshoefer, S., Rahman, Z., Vangara, G. et al. (2005) Process integration for Through-silicon vias. *Journal of Vacuum Science & Technology A*, 23, 824-829.

[40] Ayon, A. A., Bayt, R. L. and Breuer, K. S. (2001) Deep reactive ion etching: a promising technology for micro-and nanosatellites. *Smart Materials & Structures*, 10, 1135-1144.

[41] Yeom, J., Wu, Y. and Shannon, M. A. (2003) Critical aspect ratio dependence in deep reactive ion etching of silicon, Proceedings IEEE 12th International Conference on Solid State Sensors, Actuators, Microsystems, 1631-1634.

[42] Roxhed, N., Griss, P. and Stemme, G. (2007) A method for tapered deep reactive ion etching using a modified Bosch process. Journal of Micromechanics and Microengineering, 17, 1087-1092.

[43] Coburn, J. W. and Winers, H. F. (1979) Plasma etching: a discussion of mechanisms. Journal of Vacuum Science & Technology, 16, 391-403.

[44] Jansen, H., de Boer, M., Legtenberg, R. and Elwenspoek, M. (1995) The black silicon method: a universal method for determining the parameter setting of a fluorine-based reactive ion etcher in deep silicon trench etching with profile control. Journal of Micromechanics and Microengineering, 5, 115-120.

[45] Figueroa, R. F. Spiesshoefer, S., Burkett, S. L. and Schaper, L. (2005) Control of sidewall slope in silicon vias using SF6/O2 plasma etching in a conventional reactive ion etching tool. Journal of Vacuum Science & Technology B, 23, 2226-2231.

[46] de Boer, M. J., Gardeniers, J. G. E., Jansen, H. V. et al. (2002) guidelines for etching silicon MEMS structures using fluorine high-density plasma at cryogenic temperatures. Journal of Microelectromechanical Systems, 11, 385-401.

[47] Nagarajan, R., Ebin, L., Dayong, L. et al. (2006) Development of a novel deep silicon tapered via etch process for through-silicon interconnection in 3-D integrated systems Electronic Components and Technology Conference, pp. 383-387.

[48] Mogab, C. J. (1997) The loading effect in plasma etching. Journal of the Electrochemical Society,

124，1262 - 1268.

[49] Karttunen，J.，Kiihamaki，J. and Franssila，S. (2000) Loading effects in deep silicon etching. Proceedings of SPIE，4174，90 - 97.

[50] Roozeboom，F.，Kemmeren，A. L. A. M.，Verhoeven，J. F. C. *et al*. (2005) More than 'Moore'：towards passive and system - in - package integration. Electrochemical Society Symposium Proceedings，2005 - 8，16 - 31.

[51] Hwang，G. S. and Giapis，K. P. (1997) On the origin of the notching effect during etching in uniform high density plasmas. Journal of Vacuum Science & Technology B，15，70 - 87.

[52] Hopkins，J.，Johnston，I. R.，Bhardwaj，J. K. et al. (Feb. 13 2001) Method and apparatus for etching a substrate US Patent 6，187，685.

[53] Thomas，D. (2007) Maximizing power device yield with in situ trench depth measurement. Solid State Technology，50 (4)，48 - 60.

第 5 章　激光熔蚀

Wei-Chung Lo，S. M. Chang

5.1　引言

在过去的几年，高密度 3D 堆叠 LSI 技术已经得到了广泛发展。特别地，由于垂直互连能提供很短的导电通路和低的信号损失，因此，具有垂直互连的 3D 堆叠大规模集成电路技术作为一种最有潜力的封装技术得到了深入研究。制做硅通孔（TSV）的方法主要有两种：深反应离子刻蚀（DRIE）和激光钻孔。本章主要介绍基于激光钻孔技术的 3D 芯片叠层集成的现状和成果。

现已证明激光钻孔可用于形成 TSV 和盲孔[3]。激光工艺的灵活性使其可以对通孔的深度、直径和侧壁斜度进行控制。实际上，一些公司已经宣称在不久的将来，基于激光的 TSV 技术可以在他们的产品上实现商用化。三星公司采用 TSV 技术制作的第一款商用 3D 存储器产品是一个 16 Gbit 的存储器，该存储器由 8 个 2 Gbit 的 NAND 芯片堆叠而成。三星公司的晶圆级叠层封装（WSP）提出了一个简化的 TSV 工艺，用微小的激光钻孔形成 TSV，替代常规的干法刻蚀方法。由于该工艺取消了制作掩模图形的光刻工艺，并缩短了穿透多层结构的干法刻蚀工艺流程，从而大大降低了成本。三星公司将把 WSP 技术用到基于 NAND 存储器的移动应用产品和其他消费类电子产品上。之后，该公司将把此技术扩展到高性能系统级封装（SiP）及用于要求快速数据处理的服务器的大容量 DRAM 叠层封装上[4]。

东芝公司的具有低成本垂直互连的 CMOS 图像传感器也采用了激光技术。该技术基于印刷电路板制造工艺，不需要昂贵的诸如 RIE、CVD 及 CMP 的硅片制造技术。他们制作垂直互连的过程为：首先，采用激光烧蚀芯片从而钻出通孔；接下来，对介质薄膜进行层压；然后用激光熔蚀介质薄膜和铜电镀层图形以钻出另外一个通孔[5]。通过工业技术研究院（ITRI）也同期发表了这种低成本的 TSV 制造工艺[6]。

5.2　激光技术在 3D 封装中的应用

5.2.1　优点

在 3D 应用中，为了在芯片或衬底上获得高密度通孔互连，孔直径与深度需要有很高的深宽比。达到此目的的一种经济快速的方法是采用激光钻孔技术。用激光设备制作 TSV 有几个优点：1）“一步式”工艺制作 TSV，避免了复杂、高成本的光刻步骤；2）在同样的操作条件下，可以显著地降低资金成本、运行成本、厂房占地面积以及工程人力成本；3）无刀具、无掩模，只需要 CAD 软件即可；4）可以实现快速的设计更改，在几分钟内就可实现从原型状态到量产工艺的转移，没有昂贵的掩模组成本[7]。

5.2.2　缺点

虽然基于激光的 TSV 技术拥有很多优点，但与深反应离子刻蚀以及其他方法相比，还是有一些不足。第一个缺点是高能激光束穿孔时产生的热效应，如果激光钻孔太靠近器件的有源区，热效应区域可能会影响或损害器件的性能。第二个缺点是用传统的清洗工艺不容易去除从熔融的硅片上飞溅出来的硅残渣。但是，目前已开发出几种减少或去除硅残渣的方法，如通过涂覆牺牲层来阻止残渣的 XSiL 激光系统，在激光钻孔后，通过系统内部的清洗器可以去除覆盖层以保证晶圆的洁净[3]。第三个缺点是通孔侧壁剖面不直也不光滑，而是有轻微的锯齿。最后一个缺点是因为激光束尺寸和总系统定位精度的限制，激光设备不适用于高 I/O 产品。激光打孔的产量也和孔的尺寸及数量关系很大。到目前为止，商用激光设备还无法获得直径小于 10 μm 的孔。

5.3　激光技术在硅衬底中的应用

5.3.1　难点

为了确定哪个波长对芯片或衬底的损伤最小，对 3 种不同的激光波长进行了预研。用聚焦激光束对硅进行钻孔是一个三维热流问题。脉冲持续时间决定了将材料加热到沸点的时间周期。不同的波长将导致不同程度的硅残渣量。研究表明，采用波长为 266 nm 的激光通孔工艺可以获得最干净的侧壁几何形貌和最少的硅残渣。这是由于硅对该波长的吸收系数远大于基波和二次谐波，这样便产生了一个包含蒸发和熔蚀的材料去除机制[8]。为了得到最大的器件 I/O 密度，希望在有源晶圆或芯片上设计一个通孔面阵列，设计规则要保证不会损伤器件的有源区。在以前的实验中，构建了测试晶圆来确定当激光产生的孔接近功能结构时，这些效应是否会发生。这个研究表明，晶体管附近激光产生的孔严重依赖于其与器件的距离，与器件之间的距离达到 90 μm 的孔在其结构特性上是可以接受的[9]。

5.3.2　应用效果

工业技术研究院基于激光技术对 3D 芯片堆叠进行了研究[6,10-12]。所用的设备是西门子（型号 MB3205）激光机，采用 355 nm 的紫外光源，聚焦束斑为 15 μm。它能烧蚀至少 155 μm 厚的硅及聚合物介质材料。在该研究中，对外围和面阵列的两种图形分别进行了制作，其直径为 25、50、75、100、150 及 200 μm。表 5-1 所示为采用激光钻孔形成的通孔的顶部和底部直径的差异性和一致性。作为每一组图形的参考，基准标识的设计和定位是很重要的，没有的话不能进行介质材料的第二次精确烧蚀。图 5-1 给出了激光钻孔技术制作的具有不同直径（25、50、100 及 150 μm）的通孔的晶圆俯视图。在光学显微镜图片中，激光烧蚀提供了一个直的侧壁，顶部/底部斜率>0.8。为了保证输出功率稳定，激光功率和Q开关频率要校准，调整到与主曲线一致。最终，在钻硅孔时，选择的Q开关频率为30 kHz，电压2 700 mV。

表5-1 硅激光钻孔的一致性

直径/μm	X（顶部）/μm	Y（顶部）/μm	X（底部）/μm	Y（底部）/μm
25	25	27	24	24
50	49	52	44	45
75	74	76	67	70
100	99	101	90	97
150	148	150	142	145
200	200	198	189	192

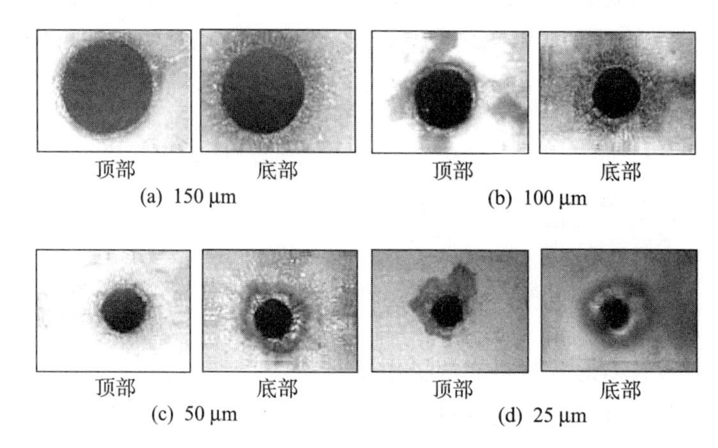

图5-1 不同直径激光钻硅孔俯视图

图5-2是用激光钻蚀硅片通孔的光学显微镜照片，孔在具有聚合物绝缘的焊盘内部，直径为150 μm（左）、100 μm（中）和50 μm（右）。表5-2列出了激光钻蚀通孔的顶部和底部直径的差异性和一致性。为了高精度激光钻孔，我们在芯片上使用了基准标识作为定位对准标记。对作为每组图形参考的基准标识进行合理的设计和定位可以保证介电材料的二次烧蚀。

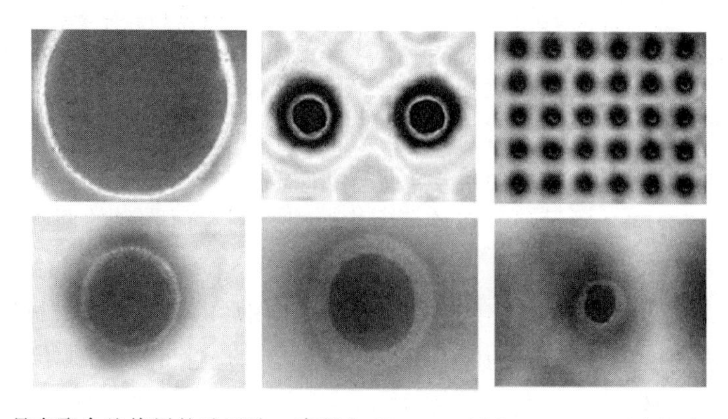

图5-2 具有聚合绝缘层的硅通孔，直径为150 μm（左）、100 μm（中）和50 μm（右）

表 5-2　激光钻孔介质均匀性

直径/μm	X（顶部）/μm	Y（顶部）/μm	X（底部）/μm	Y（底部）/μm
25	—	—	—	—
50	20	20	20	23
75	30	33	67	22
100	54	56	53	26
150	111	116	104	111
200	164	167	158	162

如图 5-3 所示为孔周围尺寸为 6 μm 左右的灰尘颗粒。在化学或机械清洗后，灰尘会被去除。硅溅射物也会沉积到环形焊盘周围。不难想象，当采用激光束时，硅以及焊盘上的金属会被熔化并且蒸发掉。从孔中溅射出来的一部分灰尘颗粒会沉积到环形焊盘周围，并且难以清洗。还有激光束对金属焊盘熔蚀这样的其他类型的损伤。在用大功率激光（峰值功率接近 3.4 W）钻蚀晶圆材料时也可能引起环形焊盘上金属层的熔蚀。在由激光形成绝缘层后，可考虑采用与 PCB 制造兼容的工艺进行晶圆级铜膜沉积，通孔的 Cu 镀层可通过化学镀铜工艺实现。图5-4所示为沉积结果。

(a) Si飞溅物

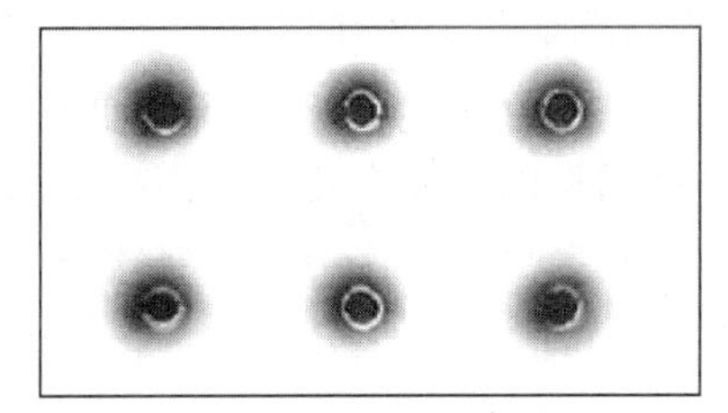

(b) 无飞溅物

图 5-3　激光制作的硅通孔（a）没有聚合绝缘层（b）有聚合绝缘层

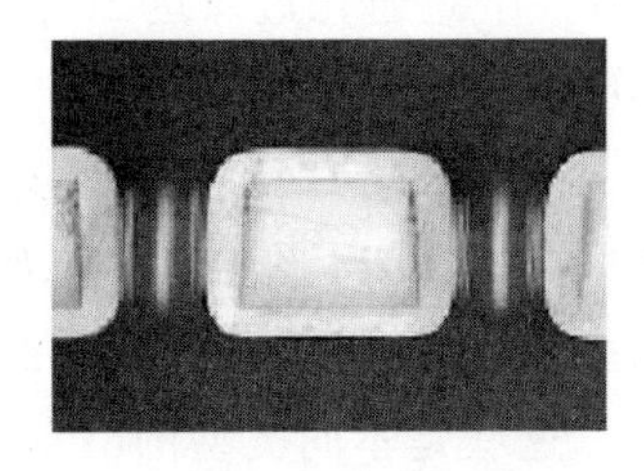
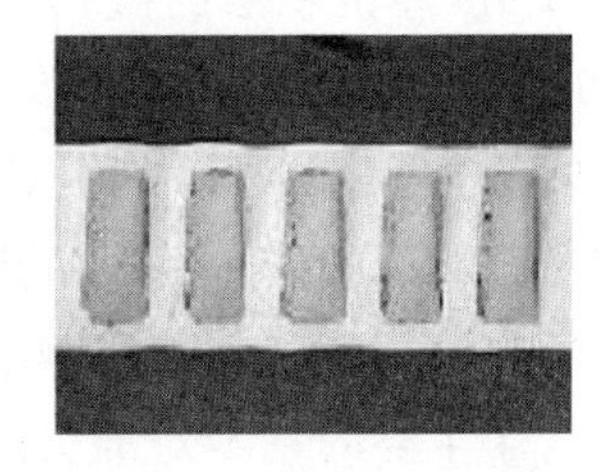

图 5-4　具有聚合物绝缘层的硅通孔，直径 200 μm（左）和 50 μm（右）

已经发现 Ni/Au 多层金属（UBM）、电镀铜金属及石墨种子层可以沉积在整个硅片表面和通孔侧壁上。这就意味着 PCB 兼容的工艺可以是形成晶圆通孔互连的潜在集成方法。由于聚合物层是直接在孔里制作，并且由于在加热过程中热膨胀系数不匹配，那么集成将面临挑战。此外，在工艺过程中材料的黏附性是一个重要因素，其依赖于所选取的聚合物材料。与其他使用过的材料相比，环氧型聚合物在硅和互连界面能提供一个平坦的表面。在研究过程中，首先采用真空层压进行树脂填充，接着用激光在树脂上钻一个小直径通孔，这样有助于在原来的孔的侧壁上得到一个足够厚的绝缘层。这里使用的介质材料 ABF（Ajinomoto Build - up Film）是一种高流动性材料，容易得到没有空洞的各种直径的树脂填充孔。图5 - 5所示为用具有 40 μm 厚 ABF 双面对称层压得到的 150 μm 厚薄晶圆的结果。图中指出通过真空层压可以成功对具有不同直径（50、75、100、150 及 200 μm）的薄晶圆进行树脂填充。它也表明层压工艺非常好，无空洞、薄晶圆完整及表面平整度好。

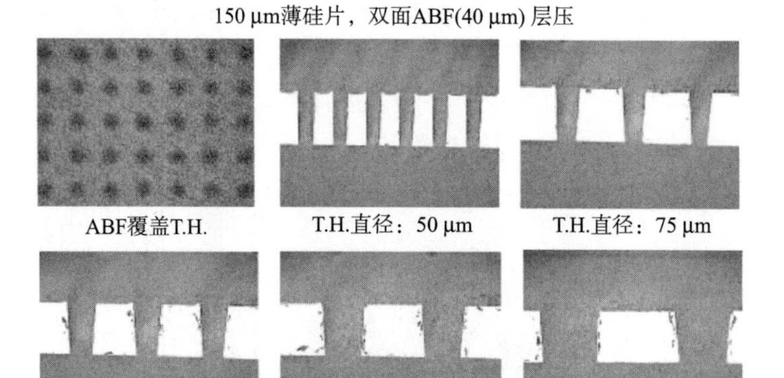

图 5 - 5　具有 40 μm 厚 ABF 双面对称层压的 150 μm 薄硅片

图 5 - 6 所示为光学显微镜的观察结果。在图 5 - 6（a）中，用 10 个脉冲对硅片进行穿透，形成一个圆孔，有一些灰尘激烈地沉积在通孔的周围。在图 5 - 6（b）中，用 100 个脉冲对硅片进行穿透。孔是椭圆形的，并有比硅表面高出几微米的溅射物。这表明采用激光对硅片进行钻孔时，孔中存在等离子体压力。在对这个样品进行研磨和抛光后，可以观察到通孔周围的微孔（直径为 1～2 μm）以及从侧壁扩展到硅中的微小裂纹（平均长度为几微米）。这些形貌覆盖了距通孔边缘约 10 μm 的区域。

图 5 - 7 是对激光钻蚀得到的通孔剖面进行离子抛光后的 SEM 图。有两个清晰的图像，一个是有着 3～5 μm 厚沉积层的微孔，另一个是通孔边缘达 10 μm 的裂纹。裂纹明显地改变了它们最初的方向并且呈现向外发散的趋势。从这个情形可以得出如下结论，裂纹不是由激光诱发的压力引起的，而是由热导致的张应力引起的，与参考文献［13］一致。图 5 - 8 展示了一个典型的硅片激光钻孔边缘的 TEM 图像。细节如下所示：1）在孔壁上具有微孔和裂纹的熔融材料形成预沉积区域，范围是 2～6 μm。2）塑性变形边界区扩展约 6 μm，并包含了主要的基本对准失配。这些是不同类型的滑移位错，开始于孔壁

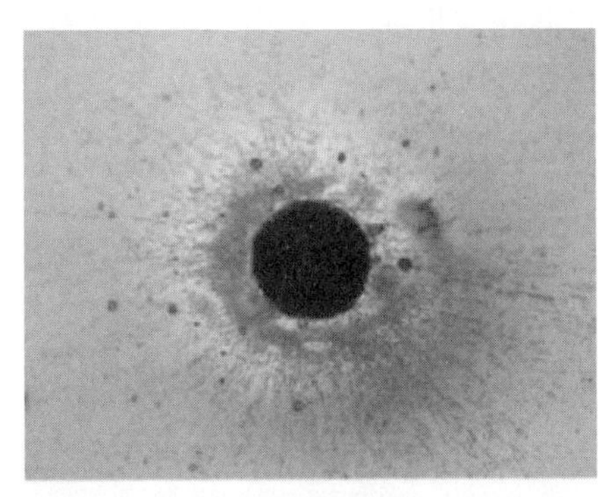

(a) 采用90 μJ，频率30 k的10个脉冲钻蚀得到的孔

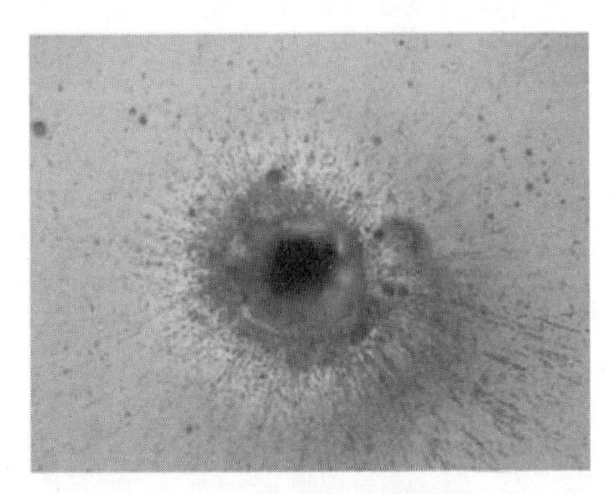

(b) 采用90 μJ，频率30 k的100个脉冲钻蚀得到的孔

图 5 - 6　通孔的俯视图

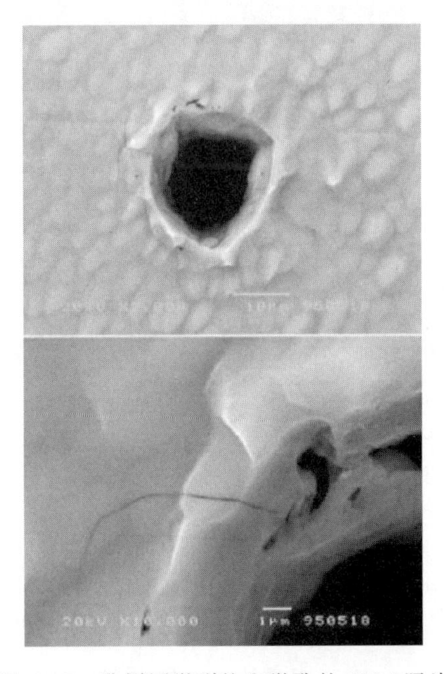

图 5 - 7　孔周围微裂纹和微孔的 SEM 照片

并且沿着不同的滑移面发展到硅晶体里面。3）不同滑移面的单晶。这些缺陷由激光加热影响区形成。如果激光钻孔技术应用在半导体中，必须考虑孔附近的晶体管。因此，热效应面积的大小是需要进行深入研究的重要问题。

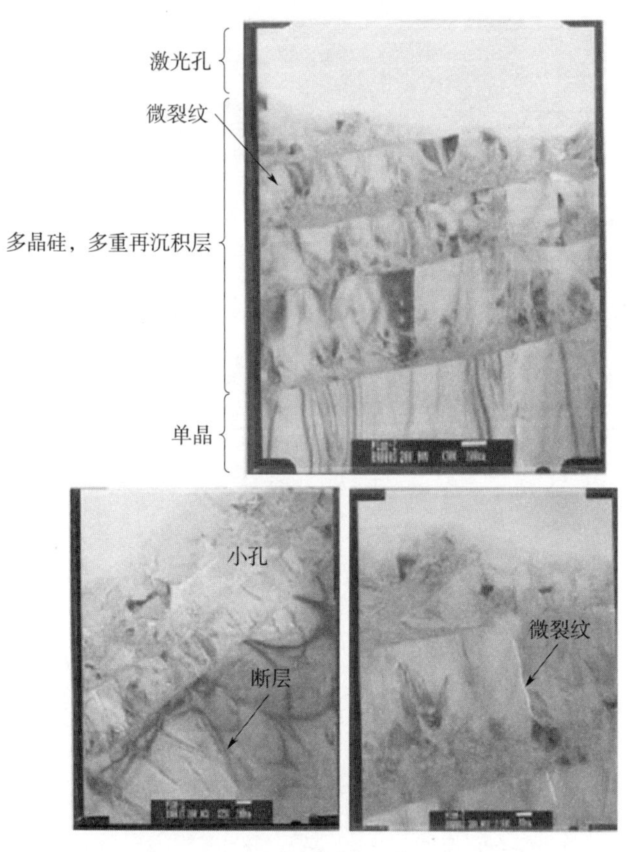

图 5-8 用二极管泵浦固体激光器在（100）硅片上钻出的孔的受影响边界区域以及沉积层的 TEM 照片（Vanadata）

5.4 3D 芯片叠层成果

图 5-9 所示为 EOL/ITRI 正在研究的 3D 高密度 BGA 封装原理图。其工艺由 6 个主要部分组成：微凸点、微隙填充、晶圆对准、叠层晶圆减薄、晶圆键合和 3D 互连组装。

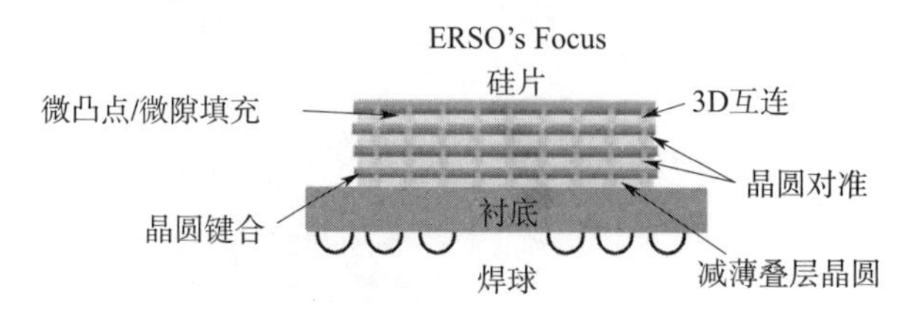

图 5-9 ITRI 关注的 3D 叠层封装的原理

这里所用的晶圆/芯片厚度是 50～100μm。结果表明，这样的结构能提供更可靠的无空洞晶圆堆叠，包括 4 个主要工艺，即晶圆减薄、直接激光钻孔/光刻的制作、绝缘层的形成以及 PCB 兼容通孔填充/湿法刻蚀。与其他竞争性技术相比，这种方法提供了更多优点：不仅与低成本硅通孔工艺兼容，而且能灵活地实现芯片之间或晶圆之间不同元件的连接组装。图 5－10 所示为硅通孔垂直 3D 互连的工艺流程。

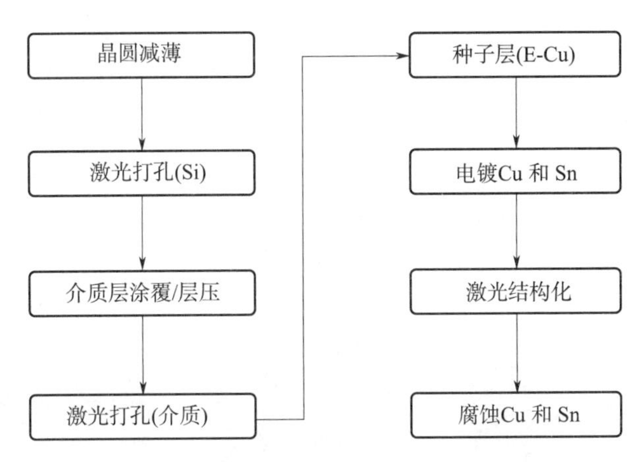

图 5－10　硅一直通垂直 3D 互连的工艺流程

如图 5－11 所示为通过电镀形成的具有垂直互连通孔的两种不同晶圆厚度的结果。图 5－11（a）所示为薄晶圆（100 μm 厚），图 5－11（b）所示为超薄晶圆（50 μm 厚）。两者的原始通孔直径是 100 μm，并具有约 15 μm 厚的聚合绝缘层，这意味着铜填充孔的直径为约 70 μm。因为上述所有工艺都是 PCB 兼容的，所以可以为 3D 芯片推叠提供更低成本的解决方案。与 Bosch 工艺相比[14]，我们在铜柱和硅侧壁间提供了聚合物材料作为介质层。这里我们选择的材料是常用于高密度有机衬底的环氧基流动树脂。在 ABF 层压工艺后，孔被 ABF 介质材料填充以作为电绝缘壁。位于拐角处的局部基准标记由前道激光工艺制作而成，用来作为每一组图形的参考，以便进行介质材料的二次烧蚀。激光结构工艺是一个形成铜图形的快速原型制作方法，但用作光刻工具时仍有一些缺点。由于聚合介质薄膜比铜金属更容易被紫外激光烧蚀，因此，在铜图形制作期间保护此膜很困难。这种情况被加剧后，甚至会导致具有较薄介质膜的硅受到损伤。因此，为了避免晶圆和 ABF 的损伤，我们采用激光结构工艺和湿法腐蚀刻蚀工艺相结合的方法来制作铜图形。在通孔

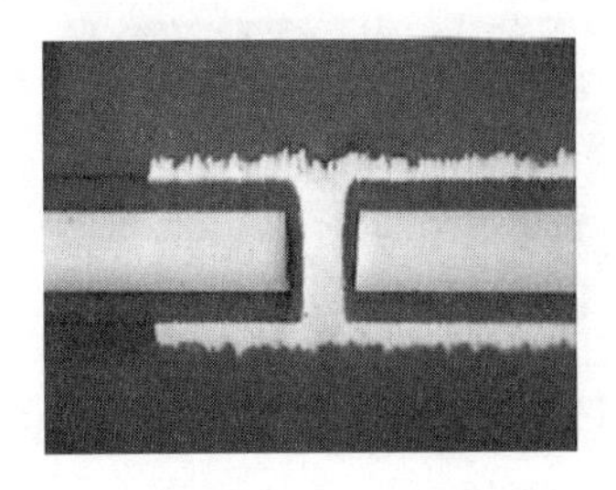

(a) 70 μm 的孔直径、100 μm 厚的晶圆

(b) 70 μm 的孔直径、50 μm 厚的晶圆

图 5－11　用电镀铜填充的硅通孔

进行铜电镀后，局部基准标记被覆盖。为了结构精确，考虑用4个电镀通孔作为局部基准标记。然后，在40 μm的铜层上镀1 μm的锡作为刻蚀掩膜。在此后，采用激光结构工艺形成铜图形，同时不仅熔化掉锡掩膜，也熔化掉部分铜层。

图5－12（c）所示为激光结构工艺以及晶圆划片后的光学显微镜照片，白的区域是锡，暗红的区域是剥离掉锡后的铜层。如图5－12所示金属线/焊盘的图形可以用激光结构进行精确定位。导线的宽度为124 μm，焊盘的直径为460 μm。最后，采用铜刻蚀和锡湿法刻蚀完成了图形从锡层到铜层的转移。如图5－12所示，成功制作了铜图形，该图形具有宽度为84 μm的导线和直径为420 μm的焊盘，并且没有对ABF和硅片造成损伤。它利用了铜和锡在刻蚀过程中不会损坏介质膜的特点。在铜图形的两边也看到一个20 μm的钻蚀。钻蚀是湿法刻蚀工艺中自发发生的，可以通过对版图设计进行补偿或者依靠剧烈搅动（violent agitation）来解决。此外，与光刻方法相比，在激光结构工艺过程中也可以通过去除部分铜来减少钻蚀。

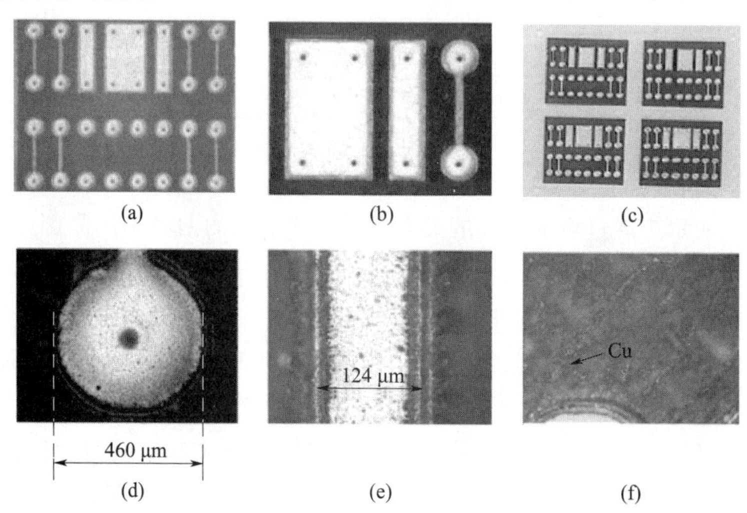

图5－12　在电镀、激光结构工艺和刻蚀后，测试结构的光学显微镜照片

图5－13（a）所示为10个芯片的叠层。这种菊花链结构的叠层模块电阻小于2 Ω。叠层内部总的导电长度约10 cm。图5－13（b）所示为这10个芯片叠层模块内部结构的X光检查结果。芯片之间的TSV和键合情况良好[15]。

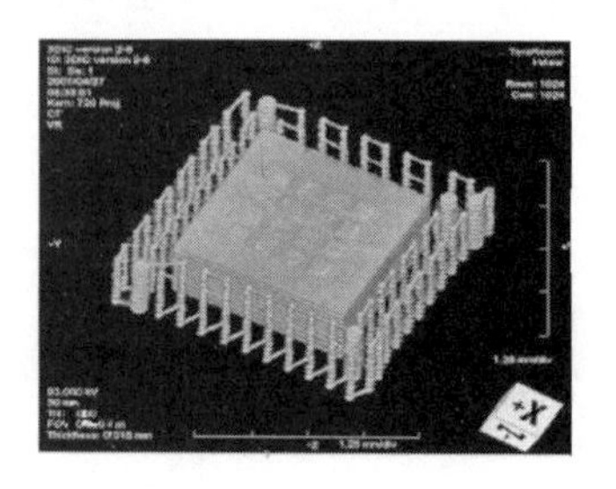

（a）OM外形照片　　（b）X光照片

图5－13　菊花链结构的10个芯片叠层

5.5　可靠性

把铜和聚合物绝缘材料组成的直通孔互连样品放在可编程的湿热试验箱中进行周期性试验，可以确定吸水性。测试条件是 85 ℃和 85%RH。样品通过了 85%/85 ℃湿度试验。对于具有多芯片叠层的元件，一些可靠性试验正在进行，如环境试验和温度循环试验。

5.6　展望

3D 集成在性能、功能和形状因素方面具有非常明显的优点。十年来，半导体制造厂不断缩小 IC 尺寸，取得了摩尔定律描述的速度和性能的快速年增长。摩尔定律只在当 RC 延迟与信号传输延迟相比可以忽略的情况下才成立。可是，对亚微米技术，RC 延迟成为主要因素。在深亚微米时代，为了延续和扩展摩尔定律，3D 集成成为新的解决方案。当采用短的垂直互连来取代 2D 结构中大量的长互连时，性能得到大大增强。3D 晶圆堆叠可以允许特定功能的芯片进行垂直互连，从而形成产品，这样的 3D 集成也叫“芯片堆叠”，可视为系统级封装（SiP）的解决方案[16]。具有芯片堆叠并通过引线键合技术实现电互连的 SiP 是工业上广泛采用的技术，尤其在手机应用方面。将 TSV 技术用于 SiP 即将来临，手机应用仍是这个技术的主要推动因素。用户希望产品具有多功能、高性能、更小的封装尺寸及低价格。因此，对于早期具有 TSV 的 SiP 应用，低成本的工艺技术（如激光技术）在降低制造成本方面具有非常大的潜力。

致谢

感谢台湾“经济部”（MOEA）以及 R 部/EOL/ITRI 3D 项目组所有成员对开展相关项目研究的支持。

参考文献

[1] Ko, C. T. et al. (2006) Next standard packaging method for DRAM - chip - in - substrate package. IMPACT 2006, Microsystems, Packaging, Assembly Conference Taiwan, pp. 91 - 96.

[2] Pelzer, R. et al. (2003) Vertical 3D interconnect through aligned wafer bonding, ICEPT Proceedings, pp. 512 - 517.

[3] Billy Diggin, et al. (2007) Laser Drilling for TSVs & Thin Wafer Dicing, Presentation material of EMC - 3D Europe Technical Tour.

[4] Website news: www. physorg. com. (accessed on October 2007).

[5] Masahiro Sekiguchi, et al. (2006) Novel low cost integration of through chip interconnection and application to CMOS image sensor, Proceedings 56th Electron. Components and Technology Conference, pp. 1367 - 1374.

[6] Lo, W. C. et al. (2006) An innovative chip - to - wafer and wafer - to - wafer stacking. Proceedings 56th Electronic Components and Technology Conference, pp. 409 - 414.

[7] XSiL' s presentation material.

[8] Dahwey Chu and Doyle Miller, W. (1995) Laser micromachining of through via interconnects in active die for 3D multichip module, IEEE/CPMT Inationall Electronics Manufacturing Technology Symposium, pp. 120 - 126.

[9] Lee, Rex. A., Whittaker and Dennis, R. (1991) Laser created silicon vias for stacking dies in MCMs. IEEE/CHMT ' 91 IEMT Symposium, pp. 262 - 265.

[10] Lo, W. C. et al. (2005) Development and characterization of low cost ultrathin 3D interconnect. Proceedings 55th Electronic Components and Technology Conference, pp. 337 - 342.

[11] Chen, Y. H. et al. (2006) Thermal effect characterization of laser - ablated silicon - through interconnect. Electronics Systemintegration Technology Conference, Dresden, Germany, pp 594 - 599.

[12] Lo, W. C. et al. (2007) 3D chip - to - chip stacking with through silicon interconnects, international Symposium on VLSI - TSA, pp. 72 - 73.

[13] Luft, A. et al. (1996) A study of thermal and mechanical effects on materials induced by pulsed laser drilling. Applied Physics A, 63, 93 - 101.

[14] Ranganathan, N. et al. (2005) High aspect ratio though - wafer interconnect for three dimensional integrated circuits. Proceedings 55th Electronic Components and Technology Conference, pp. 343 - 348.

[15] To be published, Lo, W. C. and Chang, S. M.

[16] Garrou, Philip (Feb. 2005) Future ICs Go Vertical. Semiconductor international, SP10.

第 6 章　二氧化硅

Robert Wieland

6.1　引言

由于二氧化硅层沉积或热生长工艺技术的特点，其电绝缘性有很大差异。金属填充硅通孔（TSV）到周围的体硅需要足够的电绝缘。原则上，许多热氧化工艺就能提供足够的介质层来作为 TSV 中金属和衬底硅之间的电绝缘。对于 3D 集成工艺流程，热氧化工艺可以用于形成合适的 SiO_2 层从而实现 TSV 隔离，无论 TSV 是在 CMOS 制作工艺流程前段形成，还是在前道工艺的中后期形成，因为其都没有金属化层存在。最高允许的工艺温度在 700～900 ℃的范围内或更高。

然而，大部分现行的 3D 集成工艺流程，所需的 TSV 是在后道工艺流程中或之后形成。因此，由于器件衬底上金属化层的存在，工艺处理温度将不能超过 400 ℃。

因此，200～400 ℃中等温度的 CVD 二氧化硅膜常用于 TSV 的电绝缘。由于热氧化生长技术已经广泛应用于半导体工业中[1-4]，此章主要讨论 TSV 用的 CVD 二氧化硅膜。

6.2　介质 CVD

CVD（化学气相沉积）就是通过气相反应，在衬底上沉积无定形的介质膜。工艺气体流过一个真空反应器并通过热或等离子体（PECVD，等离子体增强 CVD）进行离解。详细的 CVD 工艺见参考文献[5，6，10]。

CVD 工艺能精确控制所有与高纯度反应物相关的工艺参数，并能得到各种介质膜。在 3D 环境下，CVD 二氧化硅膜工艺要满足：在片内均匀性和片间一致性好的情况下有高沉积速率、可控的化学成分和纯度、黏附性好、保形性好和足够的绝缘性。CVD 二氧化硅膜典型的性能参数有：膜厚、折射率、在 HF 缓冲液中的湿法刻蚀速率、机械膜应力、收缩性（800 ℃，N_2环境）以及台阶覆盖性。为获得不同特性的膜，可调节的主要工艺参数是：气体或蒸气混合比、气体流量、真空压力、晶圆温度以及工艺室几何结构。对于等离子增强工艺，额外的参数包括 RF 功率、RF 频率、电极设计和电极间距。

表 6－1 介绍了典型的介质膜及其性能。

用 TEOS 代替硅烷（SiH_4）改善了二氧化硅膜的保形性[13]。用 TEOS 沉积的二氧化硅膜，其氢含量少于用硅烷沉积的膜；氧气的加入使膜中的痕量 C 或 N 含量最小化[14]。整个晶圆的膜厚均匀性典型值为 3%（1σ 内）。图 6－1（a）和（b）表示了上面提到的在 90°台阶上沉积厚度约 800 nm 的膜，并以 PETEOS 技术改善台阶覆盖的膜。

低压 CVD TEOS 通常以很低的沉积速率形成高保形性膜[14]；可是，比较高的工艺温度（620～690 ℃）限制了它们在 3D 集成中的应用。

如表 6-1 所示，从保形性和工艺温度两个方面来看，SACVD（亚常压 CVD）膜很适合 3D 集成的需求。HAR TSV（高深宽比硅通孔）技术用于隔离层时，保形性至关重要。

表 6-1 3D 集成中用作介质层的不同类型 SiO_2 膜的性能

膜	工艺温度/℃	工艺气体	膜厚/nm	应力/MPa	保形性（台阶覆盖）
热氧化	700～1 150	O_2，H_2	5～1 000	400～500	高
PECVD 氧化	150～400	SiH_4，N_2O		150	低
PECVD TEOS	250～400	Si $(OC_2H_5)_4$，O_2	50～5 000	100～200	中
SACVD 臭氧	400	Si $(OC_2H_5)_4$，O_3	150～500	100～200	高
TEOS	650～750	Si $(OC_2H_5)_4$	20～500	80～120	高
LPCVD TEOS	400～750	Si $(OC_2H_5)_4$	300～900		中一高
PSG，BPSG		PH3，TMB			

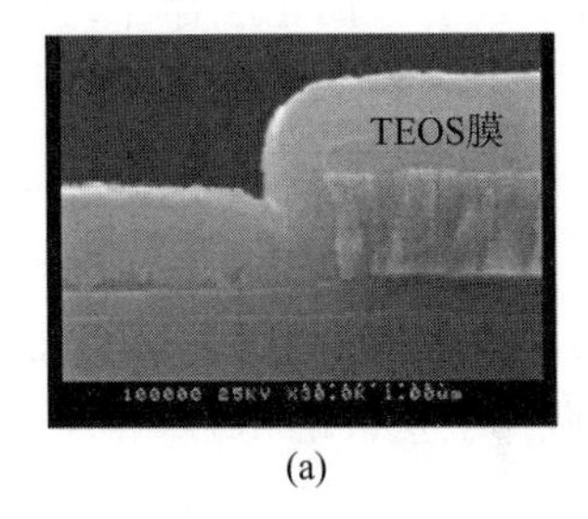

(a)

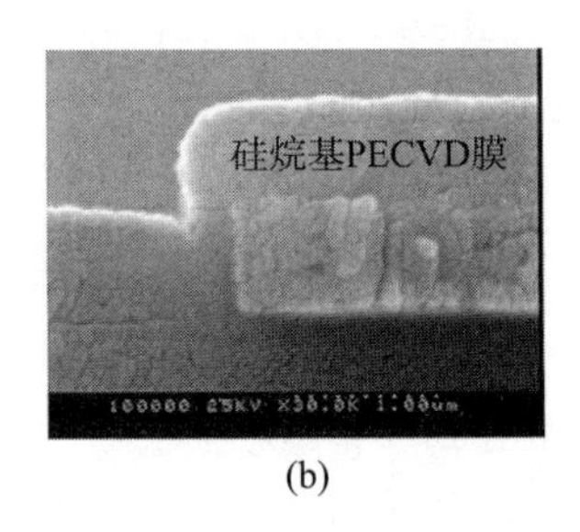

(b)

图 6-1 （a）PETEOS 二氧化硅膜的台阶覆盖；（b）硅烷基二氧化硅膜的台阶覆盖

6.2.1 SACVD

亚常压臭氧 TEOS CVD 通常在一个通用的 PECVD 单晶圆反应室中完成，此反应室可以安全地用机械方式改变高反应室压力。工艺进行时没有等离子体，并使用 TEOS 和臭氧的混合气体，压力范围为 100～600 Torr。

图 6-2 所示为一个单晶圆 SACVD 多用途反应室剖面图（应用材料公司 P5000 系统）。

为保证膜质量的重复性，具有晶圆调换和存储功能的自动机械臂系统和真空装载锁（load lock）的多腔系统已成为工业标准配置，如图 6-3 所示。

臭氧激活 SACVD 膜的沉积发生在远离热动平衡的工艺区域。在压力接近大气压条件下，过量的臭氧使膜沉积速率主要取决于氧原子输运和抵达晶圆衬底的先驱分子热分解反应副产品输运的速率，晶圆衬底上的羟基数量也影响沉积速率。

沉积时化学反应发生在所谓的质量输运限制工艺区域。用大量的工艺气体流量来保证有效率地将先驱分子和它们的反应元素输运到晶圆衬底。为了得到重复性好的膜，要采用闭环伺服控制来精确控制工艺温度、反应室压力和气体/蒸气流速。

对晶圆温度的控制既可采用闭环伺服灯加热系统（热量主要是通过辐射传输到基座上），也可由基座内的电阻加热系统来实现。为保持反应室的压力在 400～600 Torr 和 2

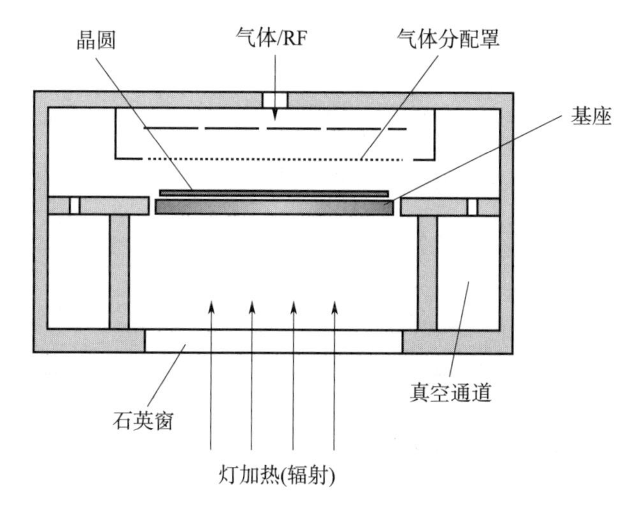

图 6－2　CVD 反应室剖面原理图（应用材料公司 P5000 系统）

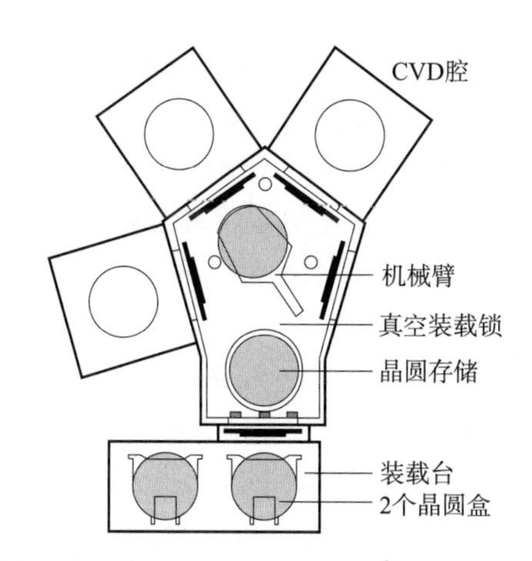

图 6－3　具有中央真空装载锁和机械臂操作系统的多腔系统顶视原理图

Torr 的范围内，具有高/低压能力的双压力中央系统和闭环节流阀是基本配置。TEOS 蒸气可用两种方法进入到反应室，一种方法是用质量流量控制器控制氦气流量，氦气通到加热的 TEOS 液体中，利用鼓泡的方式携带 TEOS 进入反应室，另一种方法是用液泵和喷雾器直接将 TEOS 注入到反应室中。

通常，一个稳定的臭氧流量是由质量流量控制的氧气通过一个水冷臭氧发生器产生的。通常氧气流量范围为 2～10 L · min^{-1}；发生器功率是 1～3 kW。如参考文献 [7] 所示，在通氧气前，先将由质量流量控制器控制的流量约为 1.0～2.0 ml · min^{-1} 的氮气通到氧气管线，进入臭氧发生器，可以得到氧气中含有 250 g · m^{-3} 臭氧浓度的臭氧流量。表 6－2 给出了典型的 SACVD 工艺的工艺参数。

表 6-2　SACVD O_3/TEOS 沉积工艺的工艺参数

参数	数值
反应室压力/Torr	1～600
基座温度/℃	280～400
喷淋头/基座间距/mm	10～20
TEOS 流量（氦鼓泡）/slm	1～2
O_2 流量/slm	3～5
O_2 中的 O_3 浓度/（gm^{-3}）	150～250
RF 功率（高频）/W	0
RF 功率（低频）/W	200～400
NF_3 和 C_2F_6 流量（反应室清洗）/slm	0.5～1.5

6.2.2　臭氧激活 SACVD 沉积的工艺顺序

典型的 SACVD 工艺由填充反应室开始，然后用惰性气体稳定反应室压力。因为 Ar 和 N_2 影响 O_3 浓度，因此仅用 O_2 和 He 来达成此目的。一旦达到所预期的反应室压力并保持稳定，就允许先驱蒸气进入沉积室。这样避免纯 TEOS 种子层预沉积在晶圆衬底上。逐渐增加先驱气体的流量到所需的 O_3/TEOS 比例，随着沉积速率的增加，允许生成保形性的 SiO_2 种子层，直到达到最终的 O_3/TEOS 比例为止。为了改善沉积膜的均匀性，在进行沉积填充步骤前，先运行低频 N_2 等离子体步骤进行表面预处理。设定低频 N_2 等离子体预处理减少了 SiO_2、SiO、SiH 及 SiOH 层的原子非均匀性，这样的结果是 SiO_2 的膜厚度更均匀。

一旦沉积了所需要的 SiO_2 膜，为了避免气相反应产生的粒子沉积在晶圆衬底上，反应室压力应慢慢降低。在晶圆卸到真空加载锁的存片区后，沉积室自动执行 NF_3/C_2F_6 等离子体清洗步骤，接着再进行短的 PECVD-O_2/TEOS 沉积步骤。这样确保在每个晶圆进入下一个 SACVD 工艺前具有相等的反应室表面状况。

6.2.3　3D 集成用保形性 SACVD O_3TEOS 膜

由于高保形性沉积行为，基于 SACVD 的 SiO_2 膜已经用于常规的 IC 制造中的亚微米浅槽（STI-浅槽隔离）填充[12,14,15]。德国弗朗霍夫研究所有关基于 TEOS/O_3 的 SiO_2 膜用于 3D 集成的早期工作发表于 1995 年[8]。具有深宽比超过 10（甚至更高）的 HAR TSV 的电绝缘，要求膜的保形性达到 50%～60%以充分隔离 TSV 中的填充金属底部。

图 6-4 所示为一个具有 22 μm 深、深宽比为 7 及厚度为 270 nm 的 SACVD O_3/TEOS 层 TSV。如果比较槽孔底部膜厚和槽孔顶部膜厚，则保形性约是 80%。保形性定义为槽孔底部侧壁膜厚与槽孔顶部沉积膜厚的比率。对于给定深宽比的槽孔，可获得的最大 SiO_2 膜保形性主要取决于槽孔的锥度。这个设定对后续沉积的 MOCVD 层（如 TiN、W、甚至 Cu 金属）也是有效的。

根据制作 HAR 槽孔所用的刻蚀工艺类型，得到 TSV 的锥度范围约在 85～90°或更高。具有深宽比为 15 或更高的 HAR TSV 用所谓的“Bosch 刻蚀工艺”来刻蚀，通常会

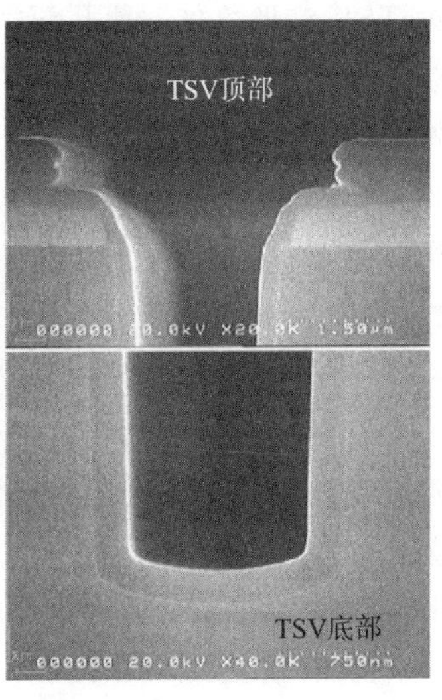

图 6-4　TSV 孔内 SACVD O_3/TEOS 膜的保形性，此孔深宽比为 7，锥角为 89°

（译者注：原图的比例标记有误）

或多或少地留下粗糙的凹凸环纹状侧壁。使用 SACVD 工艺，如果沉积的 SiO_2 膜厚度等于或大于沟槽侧壁凹凸环纹的尺寸，就能极大地减少侧壁粗糙度。

图 6-5 所示为一个 50 μm 深、深宽比大于 16 及用 Bosch 工艺刻蚀的 TSV 槽，后来沉积了一个具有 403 nm 标称膜厚的 SiO_2 膜（O_3/TEOS SACVD）。如图 6-5（b）（TSV 顶部）和图 6-5（c）（TSV 底部）所示，O_3/TEOS 层产生的表面同等平滑。可是膜的保形性仅达到 43%，可能是由于 TSV 锥角几乎达到 90°所导致的。

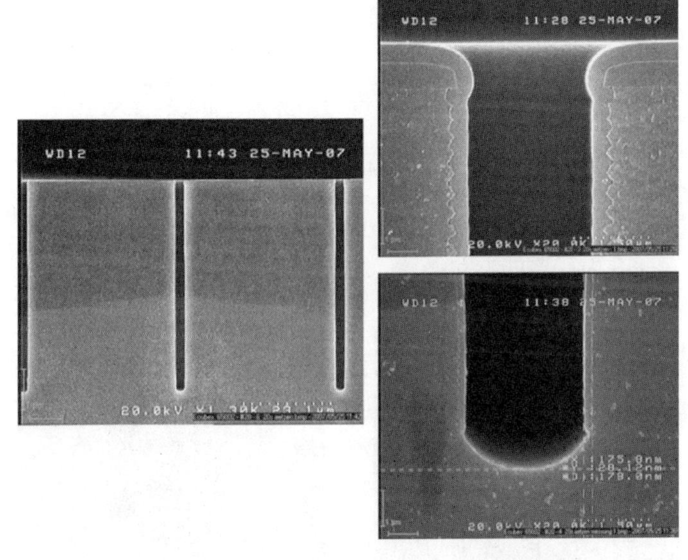

图 6-5　43%的保形性——沉积在深宽比大于 16、槽孔锥度为 89.5～90°的 TSV 中的 SACVD O_3/TEOS 膜（Bosch 工艺）

除获得的刻蚀 TSV 锥形角外，槽孔深宽比确定了可获得的 O_3/TEOS 沉积层保形性范围。图 6-6 显示了，对于相同的横向尺寸和锥形角（89.4°）的槽孔，深宽比与 O_3/TEOS 沉积保形性的相关性（槽深在 20～76 μm 之间变化）。在图 6-6 所示的实验中，通过增加槽深并保持开孔面积（大于 5%）不变（光刻技术相同），沉积面积比空白的晶圆表面大几倍。随着覆盖的 TSV 深宽比的增加，横向和纵向沉积膜厚度下降，其最可能的原因就是沉积面积的增加。SACVD 工艺也受质量输运限制，这样，如果 TEOS 净气体流量保持恒定，由于双倍或三倍面积的表面，反应元素的数量就相对减少了。这个研究表明，需要进一步研究满足特定 3D 集成所需的 SACVD 优化工艺。增加 HAR TSV 膜保形性的一个方法是沉积温度：谢里夫（Shareef）报告指出沉积温度对保形性有显著影响——温度升高，保形性增强[11]。

为了根据沉积/生长的方法比较 SiO_2 膜性质，用与图 6-4 及图 6-5 中几乎相同的 TSV 槽进行沉积/生长热氧化层和 PETEOS 氧化层。如图 6-7 所示，热生长氧化层（湿氧，1 000 ℃）几乎没有改变 Bosch 工艺形成的凹凸环纹形貌，这是因为在扩散驱动热氧化工艺中没有附加沉积。而原来刻蚀的 TSV 孔的硅表面用来生长二氧化硅层。保形性高于 85%，热生长氧化温度在 800～1 050 ℃，无论硅表面干净与否，前述 TSV 刻蚀工艺中可能引入的沾污对热生长氧化层厚度的保形性没有显著影响。当然，任何有机或无机的沾污的存在随后都会引起 TSV 电绝缘质量方面的可靠性问题。

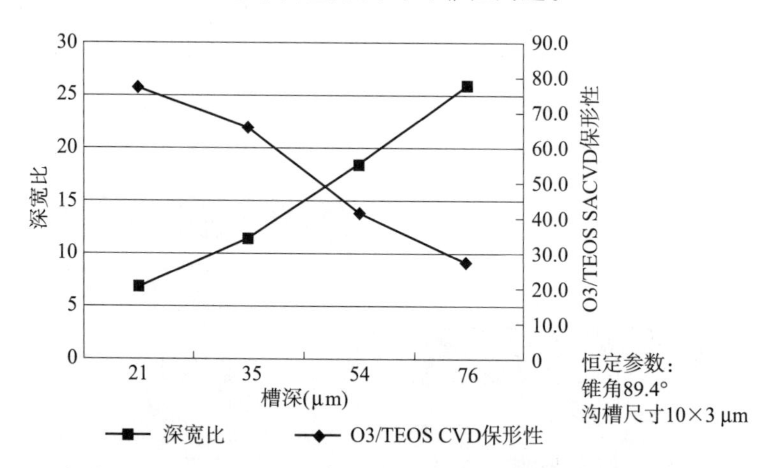

图 6-6 沉积于 TSV（3×10 μm）的 SACVD O_3/TEOS 膜的保形性与槽深的关系

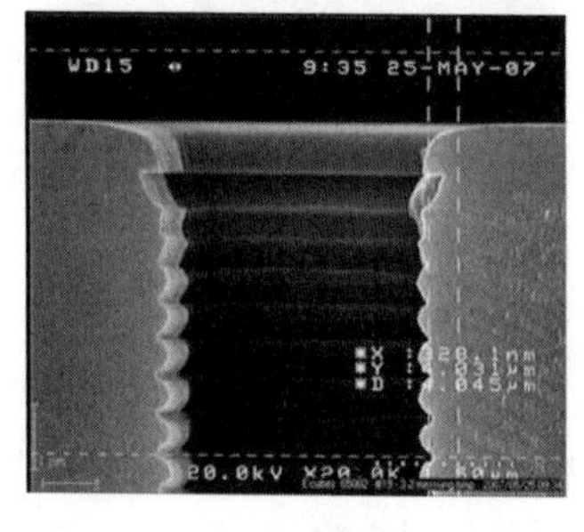

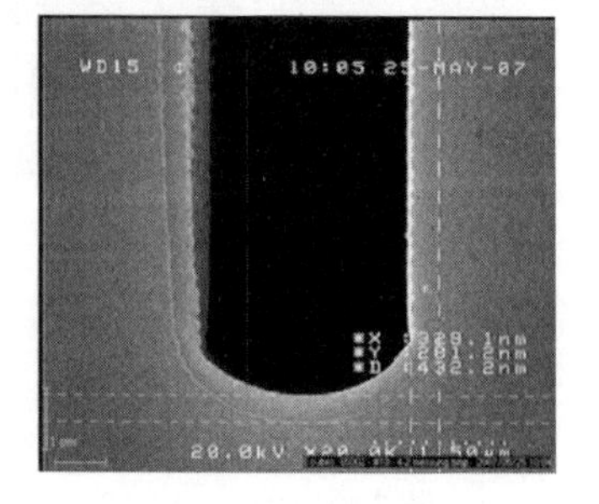

图 6-7 在深宽比>16∶1 的 TSV 中的热生长二氧化硅膜；对比 Bosch 工艺，凸凹环纹仅稍微减少。保形性为 85%

图 6-8 所示为 PETEOS 二氧化硅膜的保形性，在典型 PECVD 的压力(2～4 Toor)下沉积。正如预期的，凹凸环纹有所减少，但二氧化硅的保形性低到约 11%，不适合 3D 集成需求。

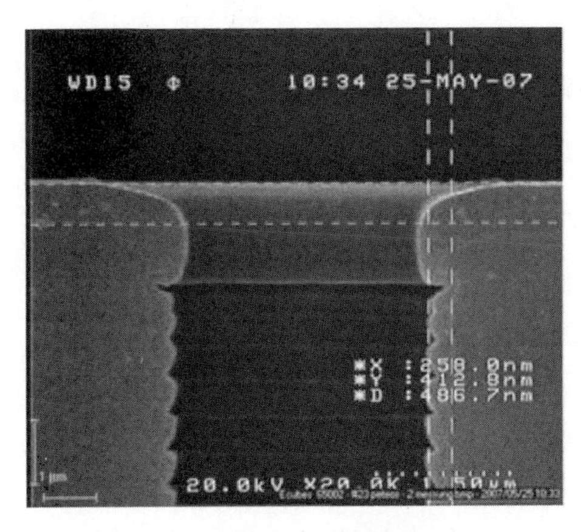

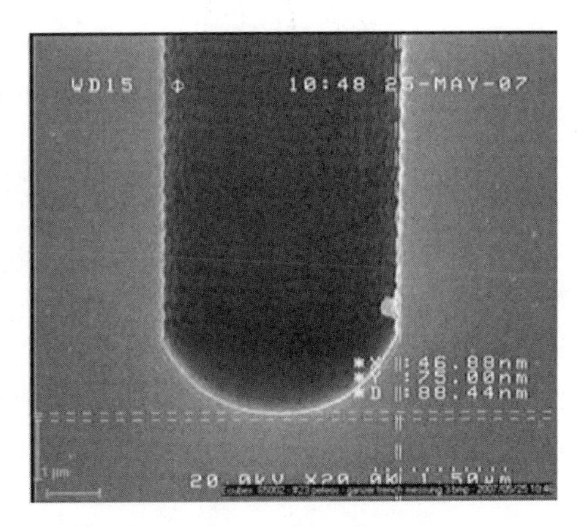

图 6-8　在深宽比＞16∶1 的 TSV 中 PETEOS 的二氧化硅膜；
对比 Bosch 工艺，凸凹环纹有所减少。保形性为 11%

只要扇形尺寸在模厚度以内，其平坦化只能通过 O_3/TEOS SACVD 工艺实现，这是由于该工艺在沉积时具有独特的生长特性。

SACVD 二氧化硅膜的沉积质量也受沉积前槽表面的状况影响。例如，水汽，甚至以前刻蚀工艺中的聚合物去除不充分，都可能影响沉积膜的保形性和均匀性。

6.3　介质膜性质

基于二氧化硅的介质膜的性质主要取决于沉积所用的反应元素、沉积温度、压力范围以及等离子增强体。表 6-3 列出了可获得的几种典型的不同类型的二氧化硅膜的性能。与反应元素相关，热生长氧化物提供了最好的膜质量，这是因为在膜的生长中仅用到 O_2 或 H_2。在片内均匀性、表面粗糙度、HF 中的湿法腐蚀速率和击穿电压这些方面，CVD 膜无法与之相比。然而，热生长氧化物的一个不足之处是具有不低于400 MPa，甚至更高的巨大外部膜应力。

硅烷基 CVD 膜含有氢，含量主要取决于沉积温度以及 N_2O/SiH_4 比例[14]。TEOS 基的膜含 O-H 基[14]且过了一定的时间后会吸水[14]。由于 3D 集成中对膜的保形性有要求，所以臭氧基的 SACVD 膜在片内均匀性、表面粗糙度和外部膜应力方面提供了可接受的结果。

如表 6-3 所示，O_3/TEOS SACVD 膜可以在相对低的温度以可接受的沉积速率进行沉积，是一种经济高效的工艺步骤。SACVD O_3/TEOS 膜的击穿电压是361 V · μm^{-1}，是热生长氧化膜的 1/7。这样，TSV 电绝缘所需的最小二氧化硅膜厚为 150 nm。所以，在 HAR TSV 中用的 SACVD O_3/TEOS 膜的击穿电压可以估计为大于 50 V。

表 6-3　典型的不同类型 SiO_2 膜的性能

介质膜类型	热生长（湿氧）	LPCVD TEOS	PETEOS	SATEOS	等离子体氧化物
沉积设备	卧式炉	卧式炉	CVD 反应器	CVD 反应器	CVD 反应器
沉积压力/Toor	760	0.25	2.8	600	2.5
沉积/扩散气体	H_2，O_2，HCL	TEOS	TEOS，O_2	TEOS，O_3	SiH4，N_2O
温度/℃	850	680	400	400	400
片内均匀性/（%，1σ）	1	2.1	3	3.9	2.2
沉积速率/（nm/min）	2	4	580	160	140
平均粗糙度（Ra）/nm	0.3	0.5	0.5	2	1.7
湿法腐蚀速率（HF1%）/（nm/min）	7	>43	16	32	40
应力（外）/MPa	410（压）	100（压）	130（压）	150（拉）	170（压）
击穿电压/（V/μm）	2 602	891	870	361	348

260 nm 厚的 SACVD 基 SiO_2 膜，钨填充的 TSV 的电气测量已经表明其漏电流在 fA 的范围[9]。

6.4　3D 集成工艺中 SiO_2 介质相关工艺

6.4.1　晶圆预处理

由于 SACVD 工艺具有质量输运的限制，臭氧/TEOS 基的膜对于要沉积膜的表面非常敏感。因此，为了使沉积结果具有良好的可重复性，尤其是 HAR 沟槽中膜的保形性，在深槽刻蚀后对晶圆表面进行适当的湿法/干法清洗十分必要。一个实用的清洗流程（弗朗霍夫研究所）如下：

1）O_2/H_2O 抛光：使用微波顺流等离子体去胶程序以去除深槽刻蚀后的侧壁聚合物（碳氟基聚合物）。

2）化学湿法清洗：去除有机和无机沾污，例如，1 号液或 2 号液清洗后再用硫酸双氧水清洗（1 号液：NH_4OH 和 H_2O_2；2 号液：HCl 和 H_2O_2）。

也可用短时间的氧等离子体刻蚀步骤（RIE），帮助去除侧壁钝化物，此步骤可以在深槽刻蚀后原位进行或之后进行。

由于槽孔表面、槽深、槽尺寸、深宽比以及锥度都会影响沉积结果，因此，预清洗可能对可获得的保形性造成的影响是很难定量评估的。图 6-9 表示了一个钨填充的 TSV 形貌（深宽比约为 8，槽深 18 μm），用上述清洗方法顺序清洗后沉积厚 240 nm 的保形性 O_3/TEOS 膜。

6.4.2　TSV 中二氧化硅膜保形性的晶圆背面处理要求

许多 3D 集成工艺流程需要通过对晶圆背面进行减薄，直到打开硅通孔（TSV）。无论

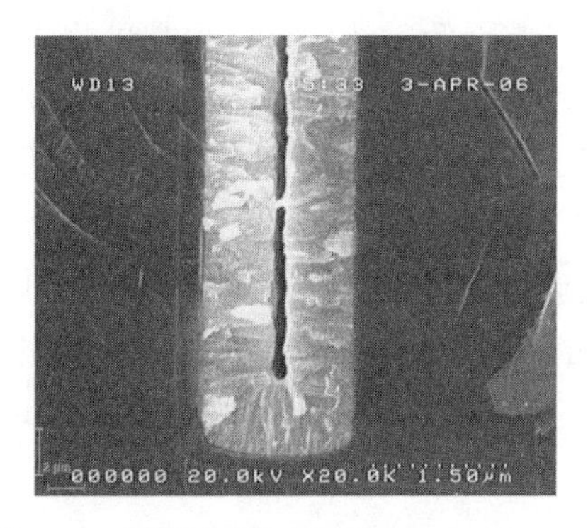

图 6-9　钨填充的 TSV 中的保形性 SACVDO_3/TEOS 二氧化硅膜的形貌。
深宽比为 8∶1，锥度为 89°（HBr 工艺）

是采用硅 CMP 法（化学机械抛光）还是硅干法刻蚀完成减薄，一旦减薄工艺达到这一点，需要通过对 TSV 附加金属层（大多数情况下是附加 Cu 或 AlSiCu 结构）实现其与背面的电连接。为保证完整的电绝缘，从正上方看 TSV 底部形成的沟槽必须有足够的 SiO_2 隔离层，该沟槽底部必须有足够的 SiO_2 隔离层，以承受后续硅刻蚀步骤的刻蚀，如图6-10所示。

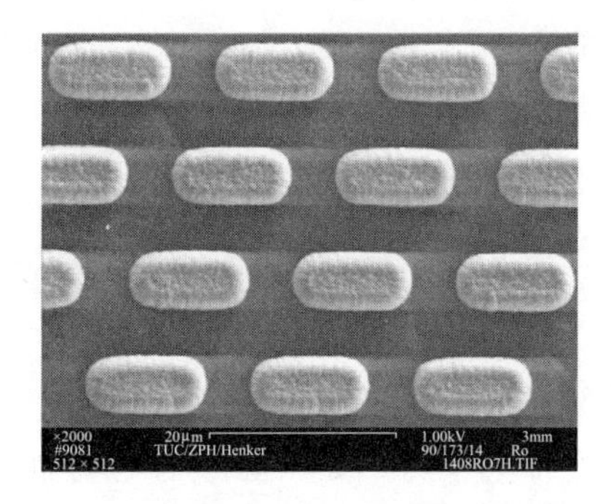

图 6-10　铜填充 TSV 的背面 SEM 照片
硅刻蚀后刚好从背面露出，O_3/TEOS 膜仍然覆盖铜金属化层

SiO_2厚度主要包括两个参数：先沉积的 SiO_2 膜的绝对厚度及其达到的膜的保形性。在触及到 TSV 尖端后，如果 3D 集成继续应用无掩模技术，那么 TSV 尖端的 SiO_2膜厚度应该不小于 200 nm。现在的硅干法刻蚀工艺在 Si 和 SiO_2之间的选择比能达到 50∶1 以上，如果以硅凹进 2 μm 为目标，那么估计总的 SiO_2将被去除 40 nm，这样剩余160 nm SiO_2。对于背面光刻胶掩模，其用来形成先前沉积的背面 SiO_2膜结构，考虑到现有分步光刻机或掩膜对准精度器的对准精度问题，建议使用更厚的 SiO_2膜。

6.4.3　薄硅衬底上 SiO_2膜沉积工艺

一旦完成 Si 的减薄，需要通过背面介质膜使减薄后的硅衬底与金属填充的 TSV 完全隔离。为此，应优先选用低沉积温度的硅烷基 PECVD 氧化物。在大多数情况下，会将减薄后的硅衬底临时黏到一个载片上，否则硅衬底可能无法进行安全操作。因此，黏结材料需要的最大工艺温度为 180 ℃或更低，该材料通常是可化学去除的热塑性塑料或蜡，否则，载片和薄衬底之间将发生分层。因为 TEOS［或类似 HMDS（六甲基二硅胺烷）的其他先驱物］的 PECVD 在低沉积温度下易出现 TEOS 蒸气的早期冷凝，一些类型的反应器不允许低于 250 ℃进行沉积。所以温度可低到 150 ℃的硅烷 PECVD 工艺可作为替代工艺，当然，得到的 SiO_2 膜质量要比标准工艺低。然而，膜的厚度可以增加 1 μm 以上，弥补了低温膜击穿电压比较低的不足。图 6－11 所示为已减薄的硅的 FIB 图像，50 μm 深的钨填充 TSV，背面覆盖 1 μm 的 SiO_2（硅烷基 PECVD，沉积温度为 150 ℃）。

图 6－11　减薄硅衬底的 FIB 图像［50 μm 薄硅衬底黏在一个载片上，钨填充 TSV；SiO_2 CVD 膜（硅烷基），载片背面温度是 150 ℃］

6.5　小结

SiO_2 基介质广泛应用于 3D 集成，其众所周知的膜特性、电性能以及相对易沉积的特点使它们在 3D 集成应用中更有竞争力。如果必须考虑金属存在的情况下的温度限制，SACVD O_3/TEOS 膜能很好地适合于 HAR TVS 电绝缘。当 HAR TSV 电绝缘采用 SACVD 工艺时，膜保形性可能变成限制因素之一。然而，锥角、深宽比、侧壁粗糙度以及刻蚀后的 TSV 清洁度在膜的保形性方面具有重要作用。

参考文献

[1] Schumicki，G. and Seegebrecht，P. （1991）Prozebtechnologie - fertigunverfahren fur integrietre MOS - Schaltungen，Springer Verlag，Berlin，143 ff.

[2] Widmann，D.，Mader，H. and Friedrich，F. （1996）Technologie hochintegrierte Schaltungen，Springer Verlag，Berlin，21ff.

[3] Wolf，S. and Tauber，R. N. （2000）Silicon Processing for the VLSI Era Volume1：Process Technology，Lattice Press，Sunset Beach，California，265 ff.

[4] Nicollian，E. H. and Brews，J. R.（1982）MOS（Metal Oxide Semiconductor）Physics and Tech mology，Wiley，709 ff.

[5] Schumicki，G. and Seegebrecht，P. （1991）Prozebtechnologie - fertigunverfahren fur integrietre MOS - Schaltungen，Springer Verlag，Berlin，189 ff.

[6] Widmann，D.，Mader，H. and Friedrich，F. （1996）Technologie hochintegrierte Schaltungen，Springer Verlag，Berlin，13ff.

[7] Grabl，T.，（1998）Oberflacheninduzierte Abscheidung von Siliziumdioxid aus der Gasphase，Tech nical University of Munich - Physical Department，E16，P. 30 - 32.

[8] Grabl，T.，Ramm，p. et al. （1995）Deposition of TEOS/O3 oxide layers for application in vertically integrated circuit technology. Proceedings of the first international Dielectrics for VLSI/ULSI Mulitlevel Interconnection Conference，p. 382.

[9] Wieland，R.，Bonfert，D.，Klumpp，A. et al. （2005）3D Integration of CMOS transistors with ICV - SILD technology，Proceedings European Workshop Materials for Advanced Metallization MAM 2005，Microelectronic Engineering 82，pp. 529 - 533.

[10] Bunshah，R. F. （1994）Handbook of Deposition Technologies for Films and Coatings，Noyes Publications，Berkshire，UK，374 FF.

[11] Shareef，I. A. et al. （Jul/Aug 1995）Subatmospheric chemical vapor depositon ozone/TEOS process for SIO2 trench filling. Journal of Vacuum Science&Technlogy B，13，p. 1891.

[12] Chatterjee，A. et al. （1995）A shallow trench isolation study for 0. 25/0. 18 μm CMOS techno logies and beyond. Symposium on VLSI Technology Digest of Technical Pappers，16. 3，IEEE.

[13] Chin，B，L. and van de Ven，E. P. （April 1988）Plama TEOS process for interlayer dielectric applications. Solid State Technology，119 - 122.

[14] Wolf，S. and Tauber，R. N. （2000）Silicon Processing for the VLSI Era Volume 1：Process Technology，Lattice Press，Sunset Beach，California，192 ff.

[15] Fujino，K. et al.（1990）Silicon dioxide deposition by atmospheric pressure and low - temperature CVD using TEOS and ozone. Journal of the Electrochemical Society，137（9），2883 - 2887.

第7章　有机介质

Philip Garrrou，Christopher Bower

从经济和质量方面考虑，有许多有机绝缘物适用于微电子薄膜结构的制作[1]，如苯丙环丁烯（BCB）和聚酰亚胺（PI）。可是，通常这些旋转涂覆材料不能用沉积方法形成TSV绝缘需要的保形性薄膜[2]。这里我们简短讨论一下能以保形性方式进行沉积的有机绝缘物并回顾TSV侧壁绝缘。

7.1　帕利灵（Parylene）

帕利灵（聚对二甲苯）是熟知的气相沉积保形性聚合物的商品名，应用范围很广，最初由美国联合碳化物（Union Carbide）公司开发，商业化已超过40年[3,4]，现在有好几家供应商能提供帕利灵沉积设备和材料。图7-1所示为帕利灵的沉积工艺。

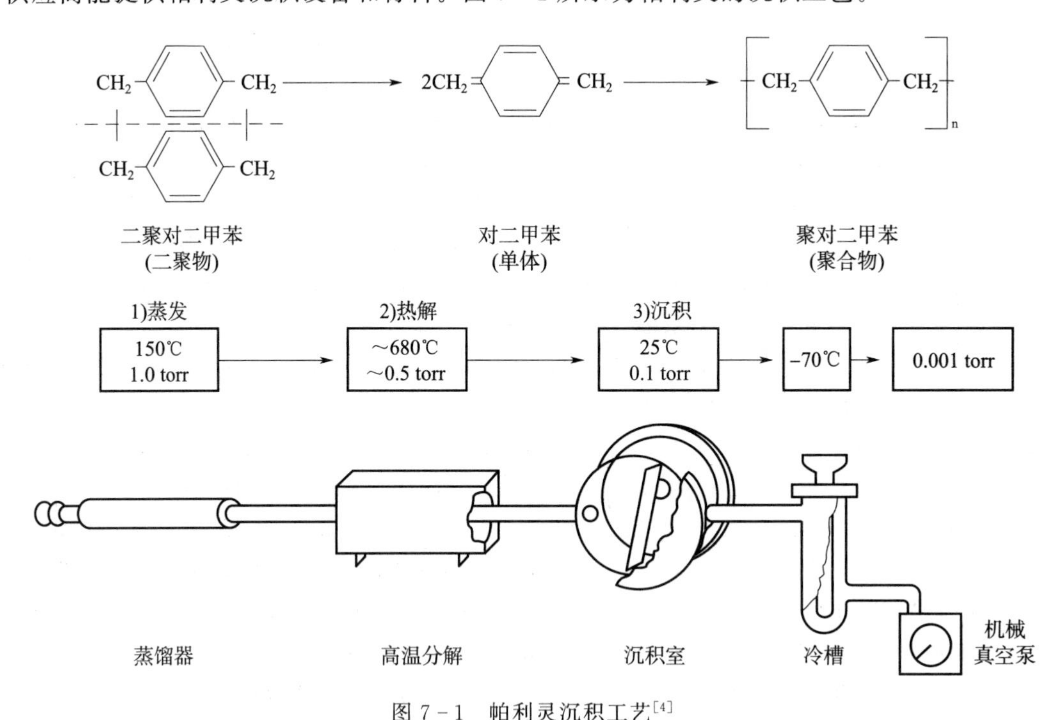

图7-1　帕利灵沉积工艺[4]

首先，将帕利灵二聚物（对二甲苯的二聚物）放进一个小真空室进行加热和气化；接下来，二聚物蒸气通过一个高温区域裂解成单体的形式（对二甲苯）；最后，反应的单体进入室温沉积室并沉积出保形的透明聚合物膜（聚乙烯对二甲苯）。图7-2所示为帕利灵族常见的分子结构。

帕利灵-C和帕利灵-D分别含有一个和两个氯原子，位于芳香环上。帕利灵-F（也称为帕利灵-AF4）具有完全亚甲基氟，作为可能的低 k 介质，在20世纪90年代中期曾引起研究者的兴趣[5-8]。值得注意的是，帕利灵-F的沉积不像图7-1所示的室温沉积工艺那样简单[8]。最近特殊的涂覆系统应用了一种叫做帕利灵-HT的帕利灵[9,10]，其性质类似于帕利灵-F。表7-1汇总了帕利灵的性能。

表7-1　帕利灵-N、帕利灵-C和帕利灵-F的性能[3,4]

	帕利灵-N	帕利灵-C	帕利灵-F
机械性能			
抗拉强度/MPa	45	45～55	52
断裂伸长率/%	40	200	10
模量/GPa	2.4	3.2	2.6
密度/（g/cm³）	1.110	1.28	NA
吸水性/%（24 h）	0.01（0.019″）	<0.01	<0.01
电性能			
介电常数/1MHz	2.65	2.95	2.17
损耗因子/1MHz	0.0006	0.013	0.001
典型阻挡性能			
水蒸气穿透性[b]	1.50	0.21	NA
典型热性能			NA
熔化温度/℃	410	290	
T_g/℃	200～250	150	36
CTE/（10^{-5}/℃）	69	35（50，退火后）	
热导率 10^{-4}（$cals^{-1}$）/（cm^2℃cm^{-1}）	3	2	NA

7.1.1　TSV中的帕利灵

帕利灵的几个特征使其在TSV绝缘方面具有竞争优势。帕利灵膜具有高保形性，Burkett等报告了深宽比为14的沟槽可以获得48%的保形性[11]，帕利灵膜无针孔且吸水性低。室温沉积温度使帕利灵成为3D集成中CMOS与后TSV方法兼容的良好候选材料。已经有几个研究组演示了帕利灵作为TSV绝缘材料制作的TSV。

瑞士电子与微技术中心（CSEM，Centre Suisse d'Electronigue et de Microtechnigue）演示了一种用帕利灵-C绝缘层制作TSV的IC兼容工艺[12]。在这项工作中，完全地穿过380 μm厚的硅片刻蚀出90 μm×990 μm的通孔。沉积了4～5 μm厚的帕利灵-C作为TSV绝缘层。图7-3给出了测量到的硅通孔中帕利灵的均匀性。1个20个TSV的菊花链路与硅衬底之间的漏电流在50 V偏压下在0.1～10 nA之间。介质击穿电压超过100 V。

丹麦科技大学的一个研究组报告了在CMOS晶圆里用帕利灵-C绝缘制作硅通孔的工艺（见图7-4）[13,14]，并注明晶圆正面、背面以及硅通孔在一个沉积步骤中完成涂覆。在金属沉积前先用氧等离子体处理帕利灵，改善了金属与帕利灵的黏附性。研究人员认为，氧等离子体促进了金属-氧-碳和金属-碳化学键的形成。

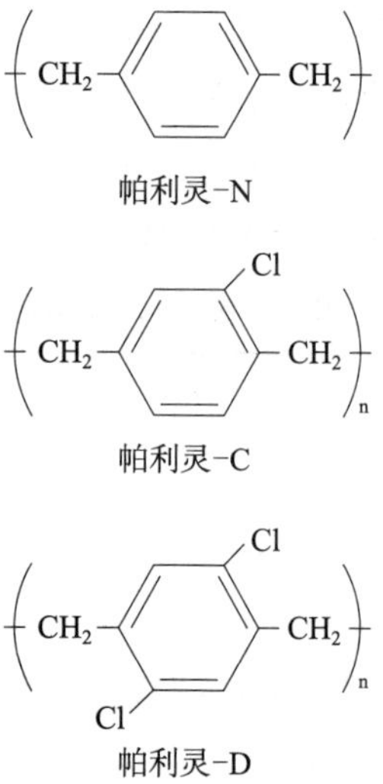

—CH_2—⟨苯环⟩—CH_2—

帕利灵-N

—CH_2—⟨苯环, Cl⟩—CH_2—n

帕利灵-C

—CH_2—⟨苯环, Cl, Cl⟩—CH_2—n

帕利灵-D

图 7-2 同类型帕利灵的分子结构[4]

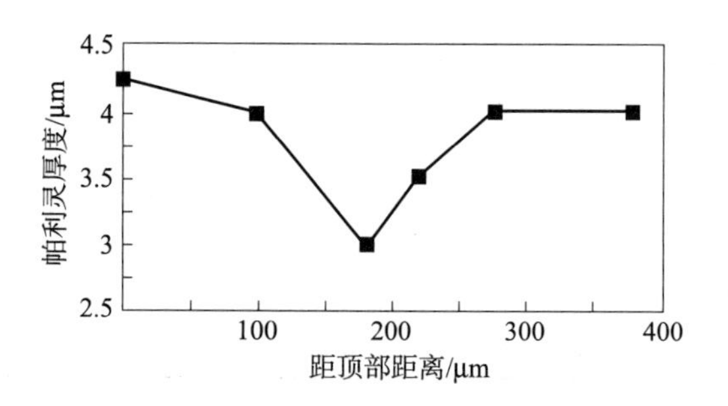

图 7-3 硅通孔中帕利灵-C 厚度均匀性[12]

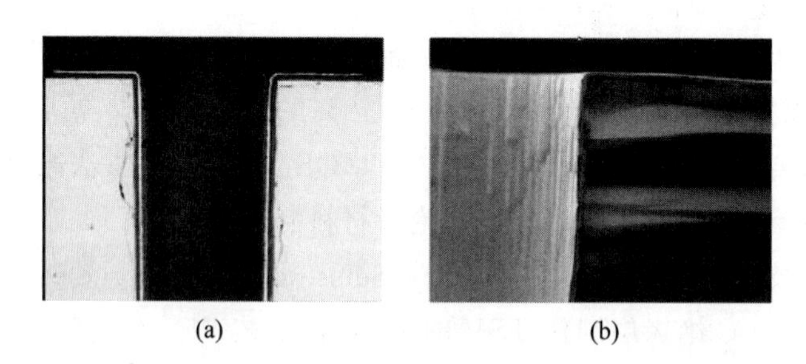

图 7-4 (a) 硅通孔断面照片，硅通孔覆盖帕利灵-C 绝缘物，MOCVD TiN 和 Cu 金属化及帕利灵-C 包封；(b) 涂覆在硅通孔侧壁上的帕利灵-C 的电子显微照片。图片由 F. E. Rasmussen 和 O. Hansen 授权[13,14]

IMEC 报告了一个可以在 250 ℃以下与后 CMOS 工艺兼容的 TSV 制作工艺[15]，为此，工艺中用 1～2 μm 厚的帕利灵-N 作为 TSV 绝缘层。图 7-5 所示制作硅通孔的工艺流程。首先，晶圆黏到载片上并减薄到 100 μm。然后，从晶圆背面刻蚀 TSV 并停止于铝焊盘。开发一个特定的硅反应离子刻蚀工艺来产生通孔斜坡侧壁，沉积帕利灵作为侧壁绝缘层。用专门开发的喷雾涂胶和氧等离子体干法刻蚀得到了一个穿过孔底部帕利灵层的孔，TSV 金属化区由溅射的 Ti/Cu/Ti 种子层及随后的电镀铜组成。

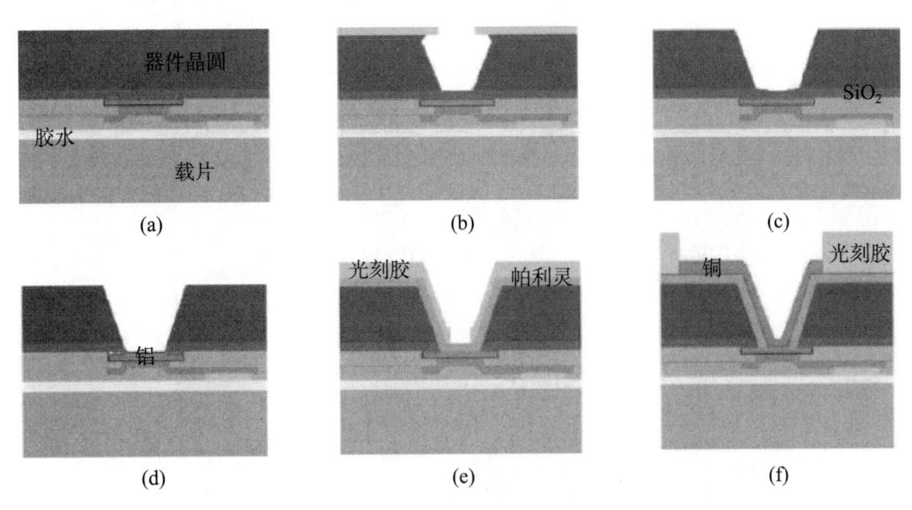

图 7-5　IMEC 用帕利灵-N 作为侧壁绝缘层的后 CMOS 硅通孔工艺[15]

7.1.2　帕利灵的限制

沉积的帕利灵-N 的膜应力近似为 20 MPa（压应力）。因为沉积在室温衬底上，因此在冷却时没有热应力。然而，热退火或后续的热处理，会产生拉伸应力。温度剧增到 180 ℃时，热应力水平接近材料的屈服应力（55 MPa）[16,17]。工艺温度引起的应力超过膜的张应力会导致膜分层和破碎。据报道，在 350 ℃退火后，帕利灵-F 的张应力是 19 MPa，而退火前的张应力是 55 MPa[16]。此外，在温度超过 150 ℃后，帕利灵-N 和帕利灵-C 会在空气中发生氧化，而帕利灵-F 展示了其非常优良的热稳定性和氧化稳定性。

铜离子迁移既发生在无机介质中（如 SiO_2）也发生在聚合物介质中，只是程度不同，由电阻率和击穿电压决定。斯坦福大学做了一个铜离子在介质中迁移的经典研究[18]。铜离子漂移的结果如图 7-6 所示。数据表明，LPCVD 氧化物最差，而 PECVD 氮氧化物是最好的阻挡层。聚合物材料的性能处于 BCB 材料和帕利灵-F 之间，BCB 具有良好的抗 Cu 迁移性能，帕利灵-F（AF4）也比聚酰亚胺和 SiO_2 好很多。不管用无机氧化物还是帕利灵聚合物，似乎都需要扩散阻挡层来防止铜离子在 TSV 中的迁移。

据报道，氟会与金属 Cu、Ta 和 Ti 反应[6]。特别是在铜大马士革结构中，氟容易侵袭钽基阻挡层，产生挥发性 TaF_2 生成物并降低低 k 介质与阻挡层的黏附性，这就阻碍了氟基低 k 材料与铜之间的大马士革结合。目前尚不清楚氟反应的边界温度，但很明显这对决定使用氟基聚合材料而言十分重要，例如在 3D 集成工艺中的帕利灵-F。

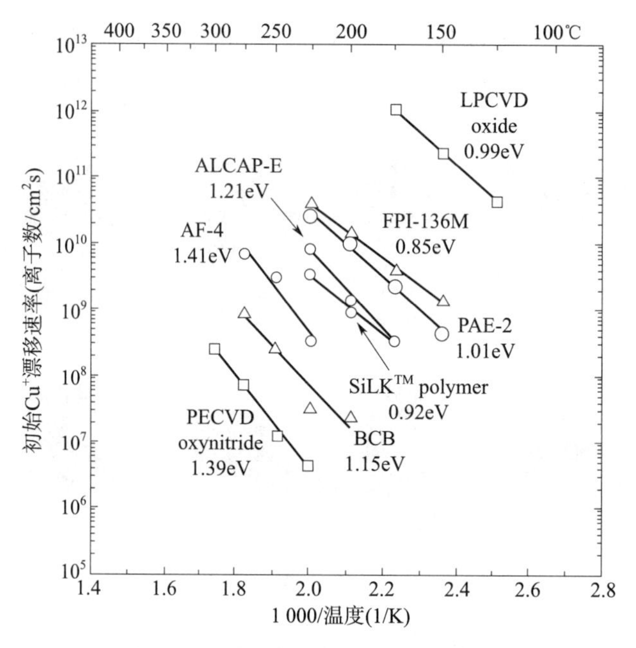

图 7-6　在各种介质中铜离子的漂移速率[18]

7.2　等离子聚合化苯并环丁烯（BCB）

日本电气公司的一个小组已对应用苯并环丁烯（BCB）单体的等离子聚合化产生保形性的 BCB 薄膜做过研究[19-21]。沉积设备由控制单体蒸气导入的液体质量流量表和射频等离子体 CVD 反应器组成。据报道，在其他性能保持相同时，BCB 的热稳定性显著增强（见表 7-2）。日本电气公司的数据指出，当用气相沉积时，BCB 具有高保形性，从而使其可以应用于 TSV 绝缘。图 7-7 给出了等离子聚合化方法，并展示了具有保形性的等离子聚合化 BCB 膜的电子显微照片。

7.3　有机绝缘物的喷涂

最近已有研究者采用光刻胶的喷涂作为大面积图形上形成保形性聚合物膜的方法[22]。在这个方法中，雾化喷嘴产生一个小的聚合物滴喷射沉积到表面。现已有几家设备生产厂提供晶圆喷涂设备，可将聚合物材料涂覆在较大的台阶图形上，图 7-8 表示了 EV Groups EVG101 喷涂机简化原理图。在涂覆工艺期间，晶圆以每分钟 30～60 转的低转速旋转，同时喷嘴横贯晶圆扫描。这种方法通常可用于所有旋转涂覆的聚合物材料，不仅是光刻胶，包括 BCB 和聚酰亚胺。为实现喷涂，材料须稀释至黏度约 20 cSt 以下。在高深宽比 TSV 中保形性的介质喷涂还未证明，然而，据报道在几个 3D 集成研究中已使用了喷涂。

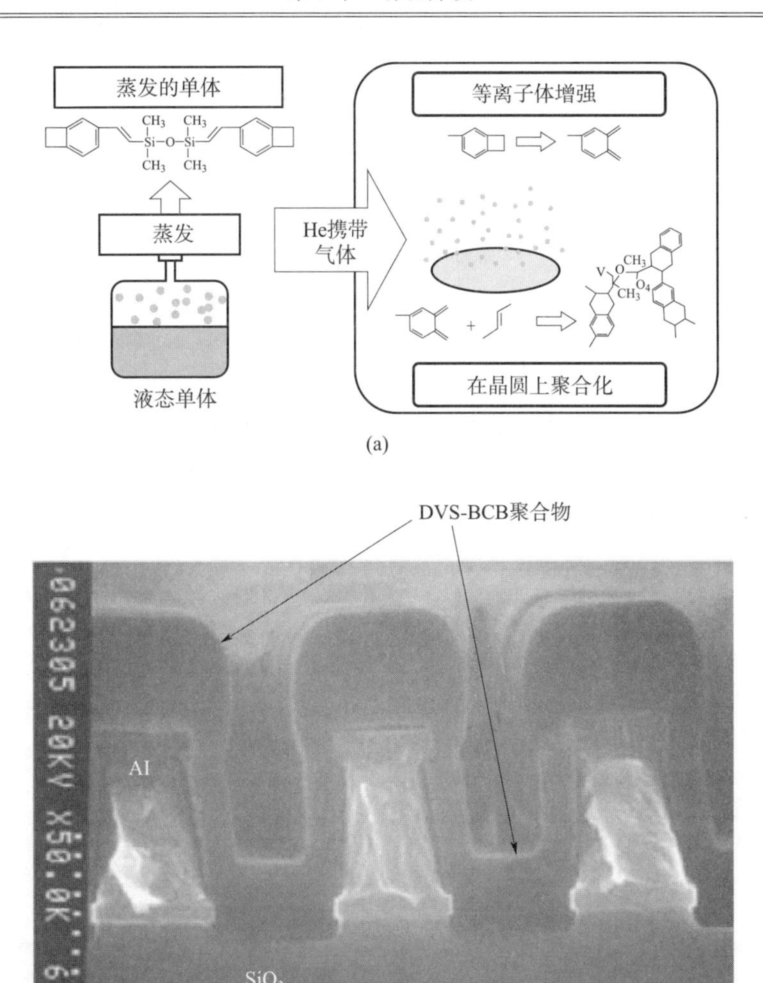

图 7-7　(a) 等离子聚合化 BCB 工艺原理；(b) 保形的等离子 BCB 电子显微照片[20]

表 7-2　等离子聚合化 BCB 膜的性能[21]

介电常数	2.7
折射率 (n)	1.59
模数	4.7 GPa
漏电流@1MV/cm	8×10^{-9} Acm^{-2}
击穿场强 (>1 mA/cm^2)	5 MV/cm
热稳定性	400 ℃

泰兹詹 (Tezcan) 等[15]在 TSV 基材上喷涂光刻胶进行图形光刻，这是可以实现的，因为研究人员已开发出了具有斜坡侧壁的 TSV。

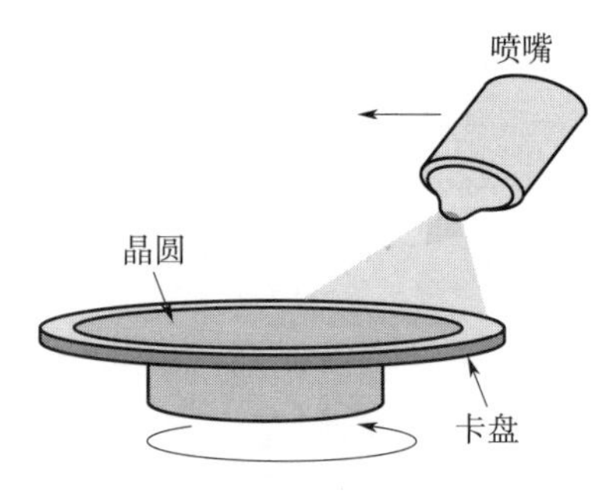

图 7-8　喷涂系统示意图[24]

Schott Advanced Packging 公司已经开发出用有机绝缘物喷涂的 TSV 工艺[23]。这种 TSV 有相对低的深宽比，并且侧壁有锥度，这在 TSV 绝缘的应用中是允许的。图 7-9 给出了具有喷涂侧壁绝缘 TSV 的电子显微照片。

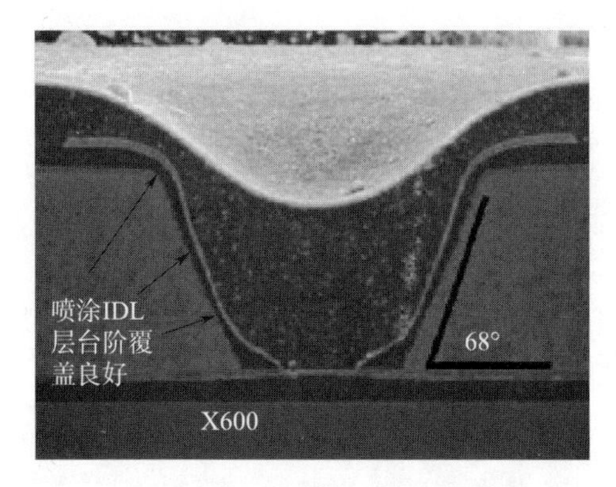

图 7-9　Schott Advanced Packging 公司的具有喷涂绝缘的硅通孔电子显微照片[23]

最近，EV Group 宣布利用喷涂，被覆盖的特征图形有明显的改善[24,25]。图 7-10 所示为一个直径 200 μm、深 300 μm 且具有连续的喷涂聚合物层通孔的横截面的电子显微照片。

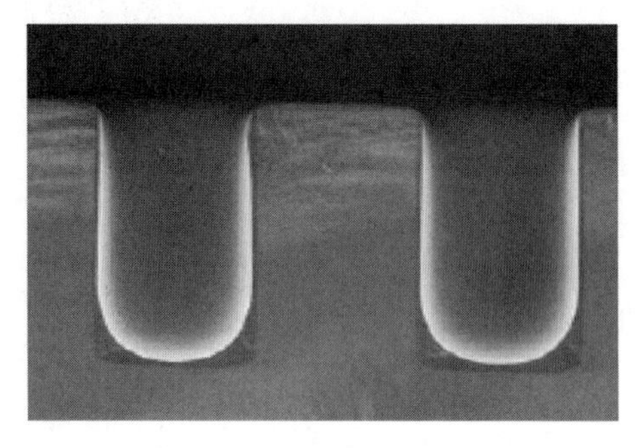

图 7-10　直径 200 μm、深 300 μm 及用 EV Group 的“纳米喷雾”方法喷涂的通孔电子显微照片。照片由 EV Group 的 M. Wimplinger 授权[24,25]

7.4　有机物激光钻孔

激光烧蚀硅和有机树脂已经用来制造有机物绝缘的 TSV。东芝公司演示了一个用于垂直集成 CMOS 图像传感器的低成本 TSV 工艺[26]，工艺流程如图 7 - 11 所示。在这个工艺中，首先用 YAG 激光在已减薄的晶圆上钻出通孔。然后，环氧树脂真空层压到晶圆上获得无空洞充填。此工艺值得关注的优点是低温工艺（最高 180 ℃）以及真空层压只需要低成本设备，用 YAG 激光器钻通介质树脂获得二次通孔，开发的工艺保证了在激光钻硅（一次通孔）和钻树脂（二次通孔）时不会损伤金属焊盘，在环氧树脂中激光钻出的通孔已经具有后续进行铜互连电镀的倾斜侧壁。ITRI 的一个研究组已报道了用激光钻通硅和环氧树脂的贯通晶圆的 TSV 工艺[27]，ITRI 的研究在第 5 章已有详细的描述。

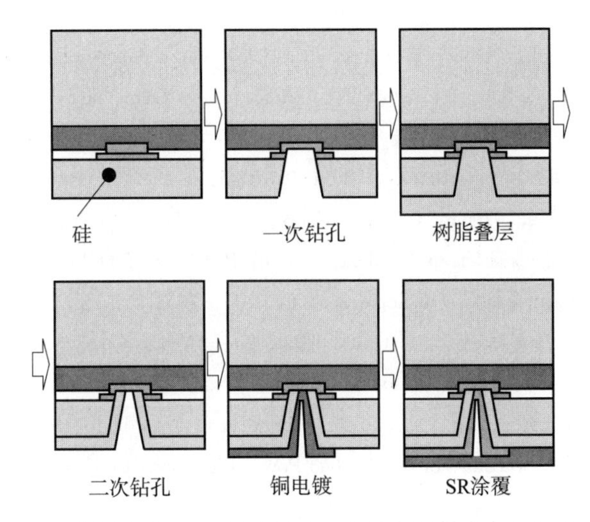

图 7 - 11　用激光钻 TSV 绝缘树脂迭片的东芝低成本 TSV 工艺[28]

7.5　小结

有几种颇具前景的方法可以进行有机绝缘 TSV 的制备，这些方法包括帕利灵的气相沉积聚合物及激光钻孔环氧树脂。由于具有较低的工艺温度和潜在的低成本，有机物在要求低成本的后 CMOS TSV 应用中将会受到持续关注。

参考文献

[1] Garrou, P. et al. (1997) Polymers in packaging. in Microelectronics Packaging Handbook (eds Tummala, Rymaszewski and Klopfenstein), Chapman & Hall, New York.

[2] Garrou, P. (February 2005) Future Ics go vertical. Semiconductor international, p. SP10.

[3] Fortin, J. B. and Lu, T. - M. (2004) Chemical Vapor Deposition Polymerization - The Growth and Properties of Parylene Thin Films, Kluwer Academic Publishers, Amsterdam.

[4] Specialty Coating Systems Websitehttp: //www. scscoatings. com/parylene _ knowledge. (accessed on October 2007).

[5] You, L., Yang, G. - R., Lang, C. - I. et al. (1993) Vapor deposition of parylene - F by pyrolysis of dibromotetrafluoro - p - xylene. Journal of Vacuum Science & Technology A, 11 (6), 3047 - 3052.

[6] Yang, G. - R., Zhao, Y. - P., Wang, B. et al. (1998) Chemical interactions at Ta/fluorinated polymer buried interfaces. Applied physics Letters, 72, 1846 - 1847.

[7] You, L., Yang, G. - R., Lang, C. - I., Moore, J. A., Wu, P., McDonald, J. F., and Lu, T. - M., (1993) Vapor Deposition of Parylene - F by Pyrolysis of DiBromoTetraFluoro - p - Xylylene, Journal of Vacuum Science and Technologie A, 11, 3047 - 3051.

[8] Dolbier, W. R. and Beach, W. F. (2003) Parylene - AF4: a polymer with exceptional dielectric and themal properties. Journal of Fluorine Chemistry, 122, 97 - 104.

[9] Kumar, R., Molin, D., Young, L. and Ke, F. (2004) New high temperature polymer thin coating for power electronics. Proceedings of the Applied Power Electronics Conference, APEC' 04, Vol. 2, pp. 1247 - 1249.

[10] http: //www. scscoatings. com/parylene _ knowledge/parylene - ht. aspx. (accessed on October 2007).

[11] Burkett, S., Craigie, C., Qiao, X. et al. (2001) Processing techniques for 3 - D integration techniques. Superficies y Vacio, 13, 1 - 6.

[12] Gobet, J., Thiebaud, J. - P., Crevoisier, F. and Moret, J. - M. (1997) IC compatible fabrication of through - wafer conductive vias. Proceedings of the SPIE, 3223, 17 - 25.

[13] Rasmussen, F. E., Frech, J., Heschel, M. and Hansen, O. (2003) Fabrication of high aspect ratio through - wafer vias in CBMOS wafers for 3 - D packaging applications. Transducers' 03, Boston, MA, pp. 1659 - 1662.

[14] Rasmussen, F. E. (2004) Electrical interconnections through CMOS wafers, Ph. D. Thesis, Technical University of Denmark.

[15] Tezcan, D. S., Pham, N., Majeed, B. et al. (2007) Sloped through wafer vias for 3D wafer level packaging. Proceedings of the 57th Electronic Components and Technology Conference (ECTC 2007), Reno, NV, pp. 643 - 647.

[16] Dabral, S., Van Etten, J., Zhang, X. et al. (1992) Stress in thermally annealed parylene films. Journal of Electronic Materials, 21, 989 - 994.

[17] Harder, T. A., Yao, T. -J., He, Q. et al. (2002) Residual stress in thin film parylene - C 15th International Conference on Micro Electro Mechanical Systems (MEMS' 02), Las Vegas, NV.

[18] Loke, A. L. S. Wetzel, J. T., Townsend, P. H. et al. (1999) Kinetics of copper drift in low - k polymer interleavel dielectics. IEEE Transactions on Electron Devices, 46, 2178 - 2187.

[19] Kawahara, J., Nakano, A., Saito, S. et al. (1999) High performance Cu interconnects with low - k BCB - polymers by plasma - enhnaced monomer - vapor polymerization (PE - MVP) method. VLSI Technology Symposium Digest, 45 - 46.

[20] Kawahara, J. Nakano, A., Kinoshita, K. et al. (2003) Highly thermal - stable, plasma - pomerized BCB polymer film. Plasma Sources Science and Technology, 12, S80 - 88.

[21] Tada, M., Ohtake, H., Kawahara, J. and Hayashi, Y. (2004) Effects of material interfaces in Cu/low - k damascene interconnects on their performance and reliability. IEE Transactions on Electron Devices, 51, 1867 - 1876.

[22] Pham, N. P., Burghartz, J. N. and Sarro, P. M. (2005) Spray coating of photoresist for pattern transfer on high topography surfaces. Journal of Micromechanics and Microengineering, 15, 691 - 697.

[23] Sharriff, D., Suthiwongsunthorn, N., Bieck, F. and Lieb, J. (2007) Via interconnects for wafer level packaging: impact of tapered via shape and via geometry on product yield and reliability. Proceedings of the 57th Electronic Components and Technology Conference (ECTC 2007), Reno, NV, pp. 858 - 863.

[24] Wimplinger, M. (2006) New nanospray technology achieves conformal coating of extreme surface topographies. International Wafer - Level Packaging Conference, San Jose, CA.

[25] Http: //www. evgroup. com/NanoSpray. asp. (accessed on October 2007).

[26] Sekiguchi, M., Numata, H., Sato, N. et al. (2006) Novel low cost integration of through chip interconnection and application to CMOS image sensor. Proceedings of the 56th Electronic Components and Technology Conference (ECTC 2006), San Diego, CA, pp. 1367 - 1374.

[27] Lo, W. -C., Chen, Y. -H., Ko, J. -D. et al. (2006) An innovative chip - to - wafer and wafer - to - wafer stacking. Proceedings of the 56th Electronic Components and Technology Conference (ECTC 2006), San Diego, CA, pp. 409 - 414.

第 8 章　铜电镀

Tom Ritzdorf，Rozalia Beica，Charles Sharbono

8.1　引言

目前，许多研究团队正致力于将铜作为贯穿晶圆的导电材料应用于硅通孔（TSV）的研究。这些应用包括宽泛的特征尺寸和结构，但它们中的大多数用铜电镀技术实现铜导体沉积。采用铜填充 TSV 的第一个产品是多芯片堆叠的闪存装置和 CMOS 图像传感器，该图像传感器以背面接触的方式减少电气布线对光传输的干扰，可以用于生产更加紧凑的相机。

电化学沉积铜工艺的几个技术特点使其在相对大面积薄型铜的涂覆和填充上具有吸引力。典型的 ECD 工艺在接近室温和常压下完成，因此该工艺采用的设备相比于真空沉积设备更简单且成本更低。此外，在正确的条件下，这种水性工艺可以保证超保形沉积[1]。这种特征使得在高深宽比形貌内能沉积比衬底的顶部区域或入口处更多的材料。

铜电镀工艺用于生产半导体器件已经超过 10 年了，并得到了广泛研究[2-4]。亚微米特征中实现超保形沉积的铜 ECD 工艺能力和机制已有广泛的报道[5,6]。尽管可以很好地理解如何在这种小特征尺寸上实现超保形铜沉积，但同样的工艺不能成功地用于填充数十微米深的大通孔。在亚微米大马士革互连工艺中，形貌深度比大多数工业晶圆电镀设备的流体及扩散边界层的厚度要低 1 到 2 个数量级；另一方面，TSV 应用中有时使用的通孔深度比流体及扩散边界层的厚度高 1 个数量级。这个差别促使人们研究如何利用这些工艺形成与电镀工艺参数的相互作用，以及如何采用不同的方法进行优化以达到同样的结果。

在亚微米互连工艺中，沉积速率可以高到足以引起沿形貌深度方向的二价铜离子浓度显著变化。在某些情况下，这个变化会大到足以影响形貌底部的沉积速率，典型浓度差约为整体二价铜离子浓度的 20%～50%。在 TSV 填充工艺中，因为目标通常是使沉积速率最大化，所以二价铜离子浓度成为决定优化工艺条件中十分重要的因素。这两种工艺的另一个主要区别是，亚微米形貌电势分布通常是比较均匀恒定的[7,8]，而在大形貌 TSV 工艺中，由于在溶液内部自身的欧姆压降，沿着形貌的深度，会形成显著的电势变化。在相差 2 到 3 个数量级的尺度范围情况下，为了得到相似的结果，针对这些差异出现了不同的优化沉积条件。

TSV 应用中可供选择的导电材料包括 CVD 钨和掺杂多晶硅。两种材料均与硅的热膨胀系数（CTE）匹配良好，但作为代价，导电性和导热性比铜差，而且需要使用更昂贵的真空沉积设备。这些材料都可使用，但哪种材料将赢得更多的市场认可，哪种材料更适合某种应用，尚待观察。

8.2　铜电镀设备

可用于铜沉积的设备种类很多，从简单的手动电镀槽到全自动晶圆处理设备都可满足要求。电镀铜 ECD 设备重要的基本特征包括腐蚀性电镀液的稳定性、晶圆上每处流体及扩散边界层厚度的可控性、提供优化的电输入能力以及最小化传递晶圆（有时已减薄）而引发的沾污和损伤的能力。此外，设备通常要有自动化学组分控制能力[11-13]。

用于晶圆电镀的设备通常分为两类：湿法操作台或单片喷流电镀台。晶圆电镀湿法操作台通常操作多个晶圆（装载在一个传送和电接触夹具中），然后以垂直方向将这些夹具从一个槽转移到下一个槽。相对地，单片喷流电镀设备通常一次操作一个晶圆，晶圆面朝下水平放置。无论使用何种类型的设备，镀液操作要求都是相似的。电镀过程中，电镀槽必须具有能操纵和监控所有化学品的能力，例如，通过泵、过滤器、温控器、流量控制器对电镀相关的液态参数进行控制。

电镀工艺本身由电镀反应器的电特征和质量输运特征控制。这说明控制溶液流动非常重要，尤其是在晶圆表面，它直接影响沉积表面的流体边界层厚度。搅动条件变化，就决定了必定会发生化学元素扩散长度的变化，从而这些搅动条件的设置就固化了质量输运特征。典型的工业晶圆电镀设备使用搅动配置来提供均匀的流体边界层厚度，大约在 10～50 μm 量级。

电解沉积由电镀电势和施加的电流控制。因此，提供充足的电力供给，并设计一个能够优化晶圆电流密度总体分布的电镀反应器至关重要。通常，该要求可通过在电镀反应器中使用电流屏蔽、辅助阴极和虚阳极来实现。电源部分通常还需要具有提供脉冲和反脉冲波形的能力。这样就可以通过波形来调节表面的局部浓度。例如，关闭电源，通过暂停沉积，使得浓度梯度增强，附加的阳极脉冲可以移去部分已沉积的薄膜，例如铜，能够更好地控制局部沉积形态[14,15]。

在自动晶圆电镀设备中，晶圆传送非常重要，它并非只是一件琐事，设备必须是坚固的。除了影响工具的可靠性之外，恶劣的晶圆传送系统会引起碎片或划伤，迅速地增加相关晶圆处理的成本。对一些 3D 互连工艺，能传送减薄后的晶圆或安装在载片上的晶圆是很重要的。即使晶圆传送系统不会引起任何失效，也必须正确使用传送系统，以有效利用设备的工艺腔，兼顾效率和成本。

电镀设备有时还要考虑增加化学组分控制的辅助功能，在保持制造工艺的稳定性（控制极限范围内进行操作）、提高晶圆成品率方面是很重要的。它至少包括一些自动分析和各种批次组分定量给料的一些功能组件，可以是装载在电镀设备上，也可以是分立集成的化学控制系统。这些化学控制系统通常有一些控制组分定量供给的能力，根据时间或电镀的晶圆数量来构建定量模型。它们也用一个或多个电镀槽组件来进行化学分析[11,12]。

8.3　铜电镀工艺

由于铜的机械性能和电性能，铜作为最常用的金属电镀材料而被广泛应用于各种领域，如镀塑料、印刷线路板、锌硬模铸、汽车缓冲器、凹版辊、电解和电铸[16,17]。在半导体工业，电镀铜在从铝到铜的改变中扮演了主要角色[2,18-21]。这种材料的改变是自半导体工业产生以来经历的最重要的改变之一[16,20,22]。

由于铜能够与传统的大规模集成电路（LSI，Large scale integration）多层互连工艺和后道工艺（BEOL）兼容，并且具有低电阻、高导电性及高纯度等优良特性，使其成为应用于硅通孔（TSV）的首选材料之一[23-25]。

在深TSV（包括形貌的内衬和填充）工艺方面已经提出了不同的方法，并通过试验进行了验证。这些方法包括：化学气相沉积（CVD）、等离子体气相沉积（PVD）、无电镀和电沉积工艺。这些方法的应用都受到特征尺寸、工艺易用性、最终沉积特性、工艺可靠性和成本的限制。

铜很难用干法沉积技术得到：PVD不能提供可接受的填充；如图8-1所示，CVD更适合小尺寸图形，并且成本较高，不稳定和危险的有机金属化合物，导致产生低纯度和高电阻沉积，且黏附性差[26,27]。

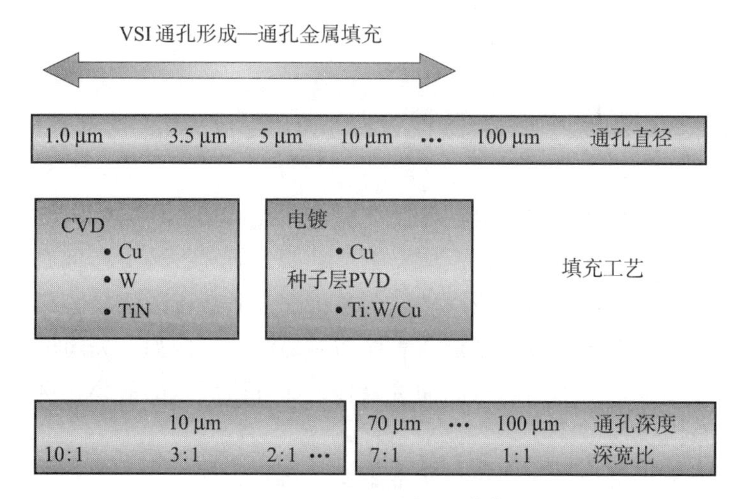

图8-1　“通孔挑战”[27]

湿法工艺（镀）金属沉积具有下述涵义：使用化学溶液，以很简单的途径，即“提供电子到溶液中把离子转化成金属形式”。根据提供的电子的载体不同，有三种类型的镀：电镀（电子来源于电源），化学镀（电子来源于溶液中试剂的减少），沉浸镀或置换镀（电子来源于基底金属）。在湿法工艺的镀法中，因为化学镀工艺比较慢，涉及更加复杂、贵重的化学品和控制，以及镀液需要频繁更换，因此选择了电镀工艺。此外，电镀相对化学镀（~0.2 μm/min）、CVD（~0.2 μm/min）或PVD（0.05~0.1 μm/min）有较快的沉积速率（~1 μm/min），并且比真空工艺设备成本低[28]。

由于铜在亚微米互连中的应用，铜的电沉积已经是众所周知的半导体工艺技术，所以认为可以很容易将其转化来填充硅通孔。可是，就如任何新技术开始时一样，它在TSV互连中的应用不断遇到挑战，然后持续改进，正在成为一种完全成熟的技术的路上。

首先尝试从在大形貌上用电沉积填充通孔开始。目的是以提高填充难度为代价，降低集成问题，但导致产量降低，总工艺成本增加。同时，当在大尺寸应用时，尤其对于已减薄的晶圆，因为铜的膨胀系数比硅大 5～6 倍，会出现热膨胀系数不匹配的问题。因此，对于大通孔，聚合物涂覆被认为是一个更合适的填充方法来减少可以引起晶圆破损的应力集中问题[27-29]。此外，减少热失配问题的另一种方法是用薄金属衬里和填充非导电聚合物，它们能更容易地调节热处理过程中铜的热膨胀。

每种方法都有它本身的局限性。然而，对无任何形状限制的多种特征尺寸，由于铜电镀工艺的成本效益、普及和广阔的适应性优势，因此，其是硅通孔填充技术的最好选择。

图 8-2 所示为用电沉积进行盲孔填充可用的三种典型类型工艺：加衬里，全填充和具有模式图形的全填充。加衬里工艺，特别适用于大形貌，一般用于传感器。附加光刻胶图形能直接形成金属钉头［如图 8-2（c）所示］或在通孔上用单片电镀工艺步骤形成再分布线（RDL）图形。钉头能进一步用作共晶焊的微凸点[23]。

(a) 加衬里

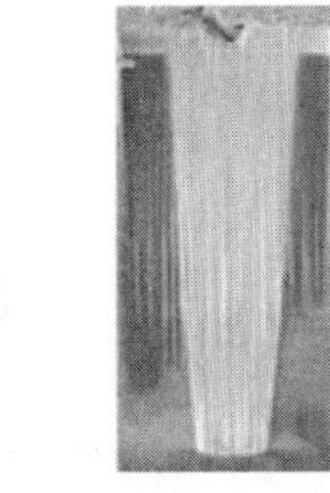
(b) 全填充

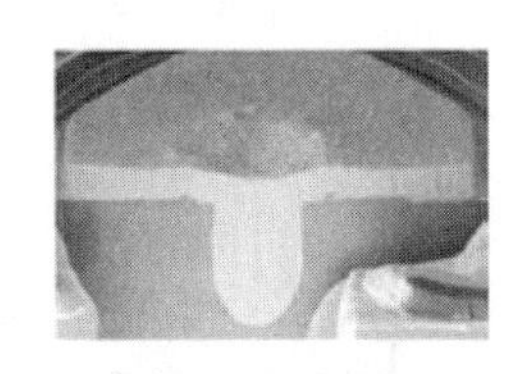
(c) 具有钉头形状的全填充

图 8-2　硅通孔金属沉积的三种类型

8.3.1　铜衬里

衬里工艺主要用在大尺寸形貌和 MEMS 或传感器等应用中。顾名思义，其形貌为用铜沉积衬垫在里面。通常，铜衬里需要高度的保形性和 5%～15%形貌宽度的厚度。

影响铜衬里工艺的电镀工艺参数包括镀液组分（有机或无机浓度），沉积波形，平均电流密度以及流动情况。优化这些工艺参数，需要控制在形貌内影响沉积的两个主要效应或趋势：在形貌入口处的电流聚集和在形貌底部的质量输运限制。这些效应或趋势是由于在通孔拐角（入口处）电场增强以及在形貌顶部与底部间的质量运输速率的差异所造成的[23]。图 8-3 比较了这两种情况，一种是效应被控制，如图 8-3（a）所示，另一种是效应没被控制，如图 8 3（b）所示。

减少形貌入口处电流聚集（或沉积厚度）效应的典型方法或途径是减少电流密度、脉冲波形及（或）适当的化学组分，它平衡了通孔入口处的抑制与图形内较深处的沉积加速。用高的极限电流密度（LCD）镀液和强搅动，减少了通孔底部的质量输运限制。

铜沉积后，留下的图形的开口部分用其他材料衬里或填充。选择的材料主要是聚合物或其他与硅热膨胀系数接近的材料，如传导性陶瓷浆料[30,31]。图 8-4 所示为铜衬里和非传导性聚合物的应用。

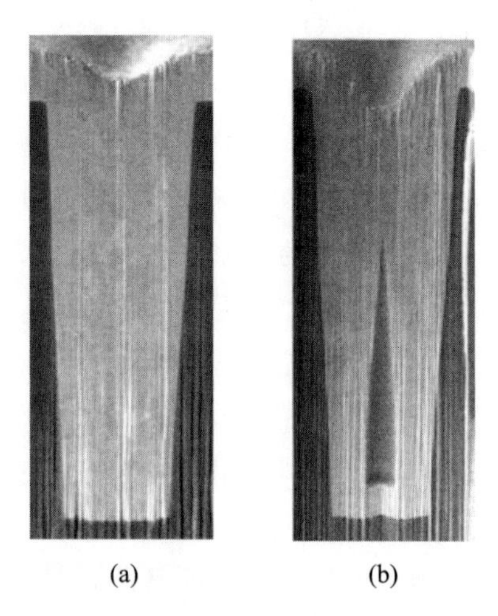

图 8-3　在填充性能方面，ECD 工艺参数效应：(a) 优化过的工艺条件；(b) 未优化过的工艺条件
形貌尺寸：宽 30 μm、深 100 μm 通孔

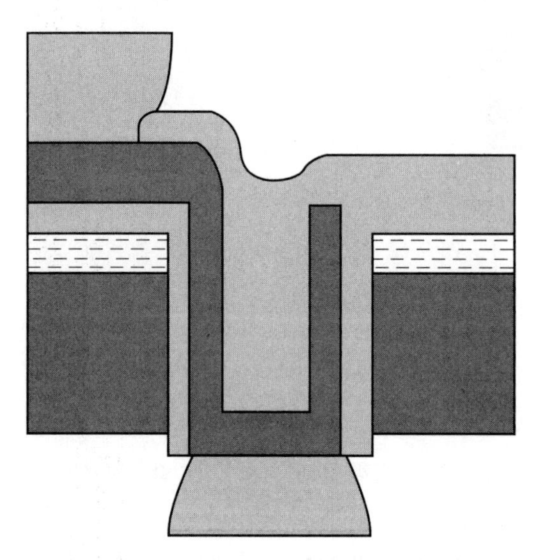

图 8-4　具有绝缘聚合物和铜衬里的通孔。
非传导性聚合物填充通孔的内部（来源：IMEC）

与完全填充工艺相比，衬里工艺的优势在于：

1）减少了沉积时间；

2）在铜和硅之间排除了热膨胀系数匹配问题。

使用具有聚合物填充功能作为缓冲的铜衬里，减轻了硅在热处理期间的诱发应力，这在减薄晶圆中尤其重要。

8.3.2　钉头与无钉头的铜全填充

铜全填充适用的特征尺寸范围很宽，从接近铜亚微米互连形貌到传感器应用的大形貌。通常需要在形貌中进行充实的、无空洞的沉积。选择附加光刻胶掩模使得在填充后的通孔顶部产生铜钉头，其取决于集成机制以及在化学机械抛光去除铜的过覆盖层（overburden）与化学腐蚀阻挡层、种子层之间的权衡。为了充分地填充通孔，需要超保形填充机制，形貌底部比顶部沉积速率要更快。通过一个填充系列（1/3 填充，2/3 填充和全填充），图 8-5 展示了强超保形填充机制的例子。当使用铜衬里工艺时，影响填充能力的铜 ECD 工艺参数包括镀液组分（有机和无机的浓度）、平均电流密度、沉积波形以及流动情况。

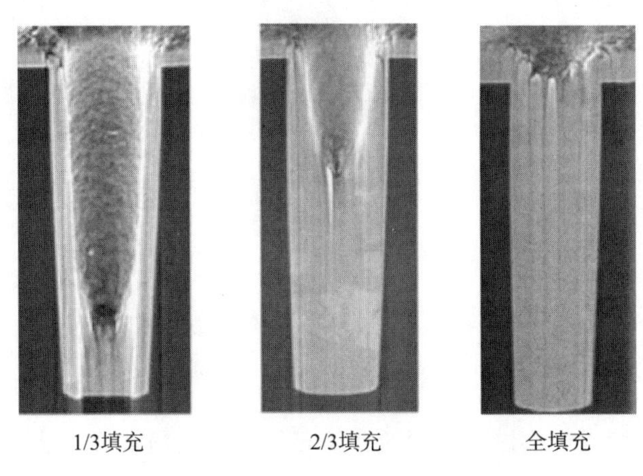

图 8-5　电沉积铜填充剖面演变

形貌尺寸：宽 5 μm、深 25 μm 通孔

在有或没有钉头的情况下，为了实现完全填充，最关键的是阻挡层的质量。这就要求电镀铜金属化的阻挡层完全无空洞沉积，在合理的工艺时间内，没有任何电解液残留[23,32]。几个研究已经完成，非常类似于铜大马士革电沉积，为了实现无空洞填充，也提出应用时需要超保形填充，如图 8-6 所示[6,23,25,33,34]。

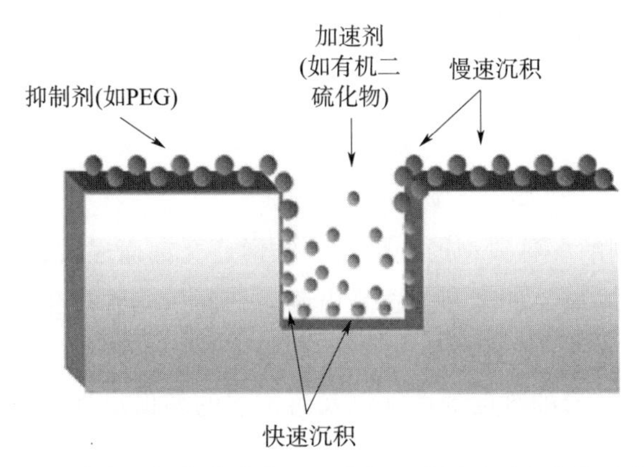

图 8-6　通孔附近和通孔内添加物的分布。变化的吸附导致了变化的动力学和超保形沉积。较大的、慢的扩散，抑制了平面和边缘的最初的吸附，同时，快扩散、较小的添加物透入通孔并且增强了那里的沉积速率[26]

铜不能首先在顶部棱角处以“正常”模式电镀（由于增强输运和小曲率处电场较高，极易受影响的区域），这样会产生一个捕获的空洞［图 8－7（a），亚保形电镀］。电镀保形是不可控制的，要通过使用超额的添加剂来抑制沉积过程，如图 8－7（b）所示。首选工艺如图 8－7（c）所示，在那里，在通孔底部铜生长速率比顶部高，导致超保形填充[25,35]。

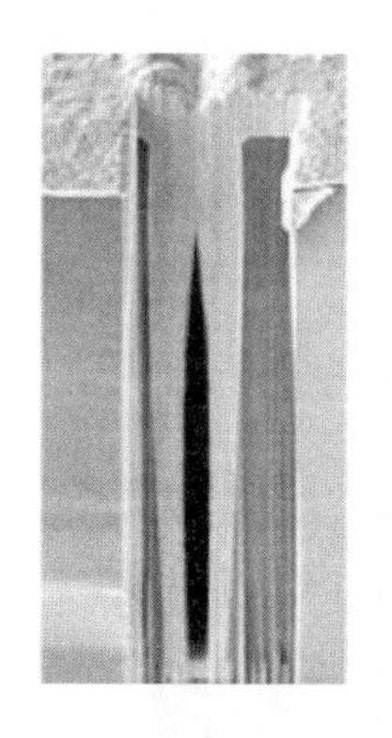

（a）亚保形的

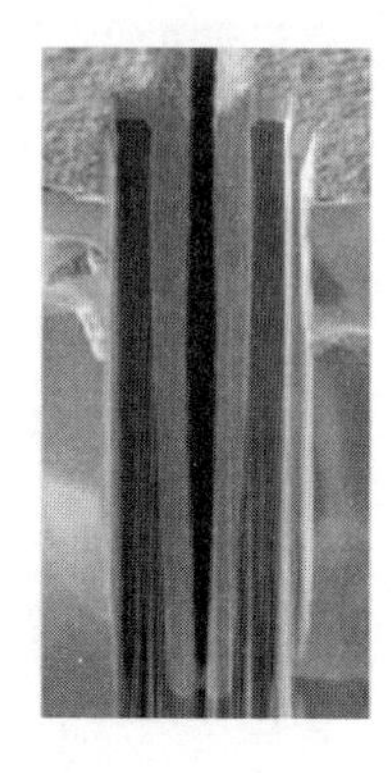

（b）保形的

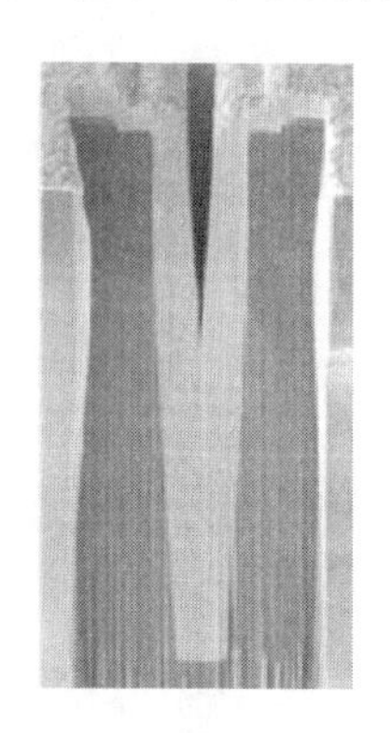

（c）超保形的

图 8－7　不同的填充剖面

形貌尺寸：宽 12 μm 和深 100 μm 通孔[37]

常规的铜电镀系统也已尝试用于深通孔填充。然而，用常规方法来试图电镀较小的或具有较高深宽比的形貌时，会出现如疤痕、空洞及内含电解液等缺陷，破坏了电沉积金属携带连贯信号的能力，会引起严重的互连可靠性问题。

8.4　影响铜电镀的因素

影响铜成功填充 TSV 的因素有：

1）通孔剖面和平滑度；

2）绝缘/阻挡/种子层覆盖；

3）形貌润湿性。

8.4.1　通孔剖面和平滑度

图 8－8 所示为得到的各种典型通孔剖面。锥形通孔剖面通常具有 85～90°之间的剖面角度，并且通常为最容易填充的剖面，这是由于该剖面角度易于化学输运到形貌内部和几何结构中。直通孔剖面有 90°的侧壁角。“凹腔”通孔剖面图形的顶部宽度比形貌中间宽度小，由于化学输运进入图形的难度的增加以及对工艺的超保形性的更高要求，因此是最难填充的剖面。

由于通孔侧壁的平坦度对提供连续的绝缘层、阻挡层、种子层的能力构成了影响，因此它是另一个重要因素。图 8－9 所示为用一些深反应离子刻蚀工艺获得的凸凹环纹剖面。凸凹环纹严重的剖面将影响连续的绝缘、阻挡和种子层的厚度和覆盖剖面[27,32,38,39]。

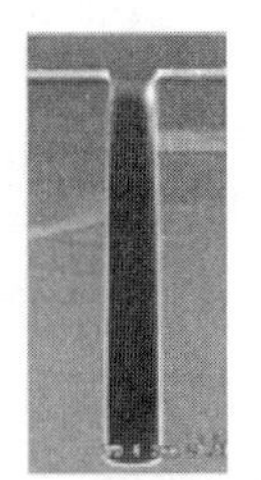
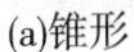

(a)锥形　　(b)直壁　　(c)凹腔(负倾斜)

图 8-8　刻蚀通孔剖面
（阿尔卡特微机械系统公司授权）

图 8-9　由 Bosch 刻蚀工艺诱发的通孔侧壁凸凹环纹
（阿尔卡特微机械系统公司授权）

8.4.2　绝缘、阻挡、种子层覆盖

通常要求绝缘层、阻挡层、种子层具有良好的层间黏附性，以足够的厚度连续覆盖在整个形貌上。绝缘、阻挡、种子层覆盖主要受沉积方法、形貌宽度/深宽比及通孔剖面与平滑度影响[23,39]。图 8-10 表示由于形貌底部不充分的铜种子层覆盖，在铜电镀中出现了底部空洞。

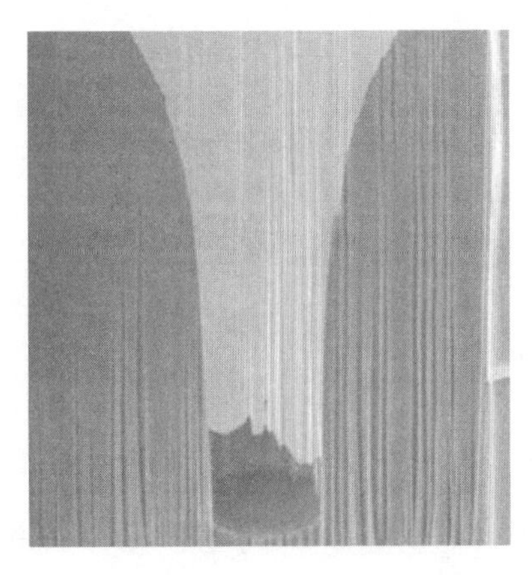

图 8-10　由于不良种子层覆盖，通孔底部出现空洞

8.4.3 形貌润湿

为了成功的铜沉积，形态必须润湿，或者是化学品必须易于输运进入形貌。影响形貌润湿的因素有预润湿工艺、形貌几何尺寸、种子层的表面情况以及铜电镀化学品的表面张力[32,39,41]。

预润湿工艺的功能是除去形貌内部的多余空气，通常通过浸泡和（或）液体的碰撞喷射完成。当形貌几何尺寸变得更严苛时（增加深宽比，减少宽度），则需要更严格的预润湿工艺，在表面严苛的情况下，用稀释的表面活性剂来润湿形貌。种子层的表面情况，如铜氧化层，由于增加了种子层表面DI水的接触角，也将影响形貌润湿。可用于铜氧化层的处理或溶解的物质包括稀释的酸溶液（典型的是硫酸），腐蚀掉铜氧化层。最后，化学溶液的表面张力将影响浸润形貌的能力。通常在电镀槽中添加少量的浸润剂或表面活性剂，以减少表面张力，促进良好的形貌浸润。

图8－11指出了形貌润湿性对铜沉积的影响。图8－11（a）所示为形貌浸润性较差的情况，形貌的底部有残余的气泡存在，阻止了铜沉积。图8－11（b）所示为预润湿良好的情况，多余的空气已被去除，电镀化学物转移到形貌底部并按顺序进行铜沉积。在初始电沉积之前，电镀溶液进入润湿形貌的扩散时间也非常重要。

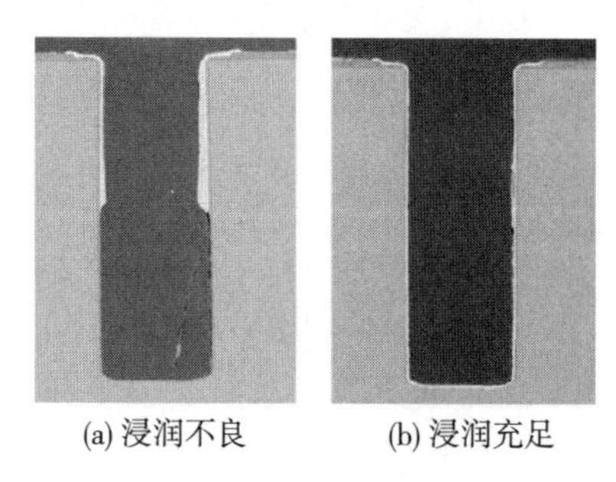

图8－11 不同浸润工艺后的沉积比较

8.5 电镀化学物

铜电镀沉积通常可以按惯例从多种多样的电镀液中获得。现在已知的主要系统包括硫酸盐、甲磺酸或氟硼酸基、配离子焦磷酸盐或氰化物基。在已经研究过的电镀系统中，很少是具有商业价值的，与深通孔填充方面[16]相关的甚至更少。

8.5.1 酸性硫酸铜化学物

硫酸盐溶液的出版文献和专利数目远超过其他所有组合溶液，使得这个系统得到了最广泛和重要的应用，尤其是在印刷电路板和半导体互连技术方面。

通常的酸性铜电镀化学物是一种溶液，含有溶解的铜盐（硫酸铜）、足以提供传导性的酸性电解液（如硫酸）、用来减少阳极极化和增加某种活性添加剂的氯化物离子、用来增强电镀效率和质量的有机添加剂。表 8-1 总结了主要电解液组分的信息。

目前许多商业可用化学品包含三种无机组分：抑制物（或运送物）、平坦剂和加速剂（或增亮剂），类似常用于铜互连金属化添加剂。典型的抑制物是聚二醇型聚合物，具有约 2 000 的分子质量。典型的平坦剂是烷烃表面活性剂，含有磺酸和胺或氨基化合物功能剂。典型的加速剂是磺酸丙烷派生物。表 8-2 总结了常用的电镀添加剂种类。

表 8-1　主要电解液成分。箭头指出最新趋势[26]

主要成分	功能	极化效应	浓度	
			晶圆电镀	常规
硫酸铜	反应物	中等加速剂	0.2～0.6 M ↓ 0.5～1.0 M	0.25 M 0.2～0.6 M
硫酸	导电性 （支撑电解液）	中等抑制剂	0.5～2 M （pH=0） ↓ 0.003～0.1 M （pH=1～3.5）	1.8 M 0.2～2 M （pH=0）

表 8-2　常用的铜金属化电镀添加剂分类

主要成分	名称	功能	极化	浓度/ppm
氯离子		增亮 沉积颜色	中等抑制剂	40～100
聚醚（PAG 聚合体） （聚（亚烷基）二醇）	运送剂 （润湿剂，平坦剂）	水平（宏观尺度） 由单层膜吸附	抑制剂	PGA：50～500
有机硫化物	添加剂 增亮剂	微观水平 颗粒精炼	加速剂	SPS：5～100
氮化合物	水平染料 表面活性剂	微观水平 颗粒精炼 增亮	强抑制剂	0～20

据报道，除无机成分外，只有加速剂会产生十分粗糙和不良填充的沉积剖面。添加抑制剂改善了通孔填充的形态和剖面，且通过添加平坦剂得到进一步改善，在铜亚微米互连应用中也观察到协同效应[26]。

8.5.2　甲磺酸化学物

甲磺酸化学物类似于硫酸基溶液，只是铜在甲磺酸中可以获得更高的溶解性。

8.5.3 氰化物

在氰化物溶液中产生的沉积物通常较薄（小于 12.5 μm），通常不适于相对较厚的沉积。由于氰化物溶液的毒性和废物处理问题，因此一般情况下，在任何工厂特别是半导体工厂，很少见到氰化物溶液，即使见到也并不受欢迎。在最近几年，由于环境问题，已经开发出一些非氰化物碱性系统，试图代替氰化物系统[16]。

8.5.4 其他铜电镀化学物

焦磷酸盐溶液，曾经大量使用于印刷电路板上通孔的电镀，几乎已经完全被高覆盖力硫酸盐溶液取代。

氟硼酸盐溶液具有在很高的电流密度下沉积铜的能力，这已经众所周知。然而，这种类型的溶液在当前商业中使用量最小，原因很简单，即其他的溶液如硫酸盐离子能做同样的工作且更便宜，更易于控制，不易受杂质影响。氟硼酸盐电解液的化学成本近似为酸性硫酸盐的两倍，由于这个原因氟硼酸铜在电子和半导体工业没有获得显著的份额[12]。

8.6 电镀工艺需求

对于通孔填充工艺，影响 TSV 芯片集成工艺成品率和高可靠性的关键要素是工艺稳定性和速度控制。主要的要求是极好的填充性能（无空洞）和厚度一致性（延伸到晶圆周边，整个晶圆内小于 3%），仅几毫米的边缘除外。电镀铜必须黏附良好，尽量减小表面覆盖层，以承受后续的化学机械抛光。

8.6.1 超保形沉积机理

为了更准确地预测填充性能并得到更加鲁棒的工艺，一些研究旨在分析硫酸基电解液组分的机理和行为，关于电解液组分和工艺参数对填充和工艺性能的影响已经得到广泛研究。

首先，在电化学沉积（ECD）前，通过绝缘层、阻挡层和铜种子层对通孔结构进行上衬。对于电镀铜成核所必需的铜层，一般通过 PVD 实现。通孔侧壁（包括底部和顶部）全部被金属化。

为深通孔填充工艺提出了两个通用型填充机制：

1）超保形生长，是指一种反应-扩散机制，即各种环境下通孔底部和通孔顶部附近促进剂的产生和湮灭[5,6,35,36]。

2）侧壁生长现象，是指一种基于曲面生长模式的末端孔闭合[6]。这种增长现象主要取决于无机添加剂系统，以及用于沉积的电镀电流调节技术（如脉冲电镀和波形变化）[26]。

与晶圆上的电流分布通常由电场控制不同，在通孔内部的电流分布主要由动力学和质

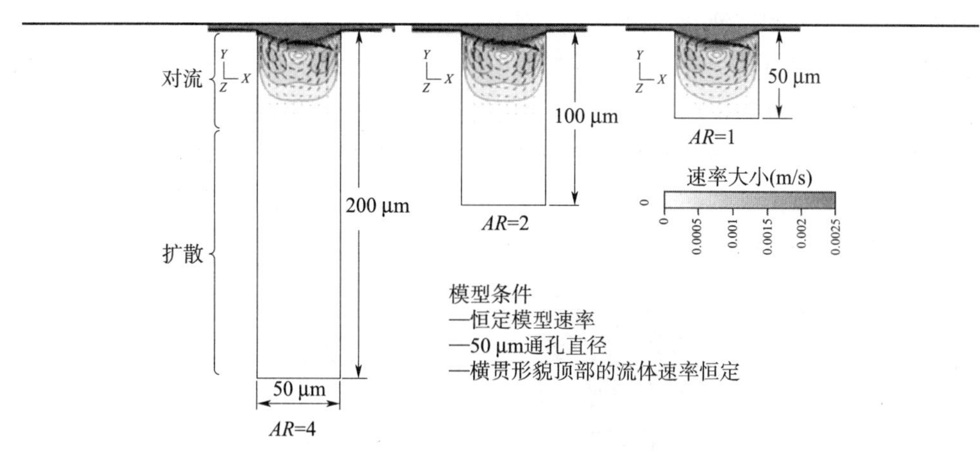

图 8-12 穿过高深宽比通孔的质量输运。随深宽比的增加，大部分出现在扩散控制之下[40]

量输运控制。由于电镀添加剂量很少（ppm 范围），它们的流量总是存在输运限制。因为在通孔底部缺少流量，并且在通孔内有一定延伸（多少取决于通孔尺寸和深宽比，如图 8-12 所示），通过独自扩散，铜和添加剂输运到通孔内部，尤其到通孔的底部。根据质量输运，金属离子的有效性在通孔入口处比在通孔底部更高，由于输运限制，在通孔底部发生铜耗尽，影响沉积特征并导致在通孔入口处产生夹断。

在最近的模型中，假定了扩散和对流是两个主要的质量输运机制。由于迁移引起的二价铜离子质量输运很小，因此，不包括在这个模型中。当通孔深宽比较小时，对流起主要作用，这说明物理流体的强度对改变通孔内总金属离子浓度来说非常重要。但随着深宽比的增加，大部分通孔变成扩散控制，这意味着，增加强制对流不会充分地增加离子转移，且沿通孔深度更难得到均匀的离子浓度[40]。

依据电荷转移存在严重的电压降，说明由于阻抗低，通孔入口处电荷转移可能更高。关于电荷转移情况，模型化结果如图 8-13 所示。结果表明，在具有均匀种子层和给定电流密度的条件下，电位沿通孔深度方向变化。影响电位分布的主要因素包括种子层的厚度

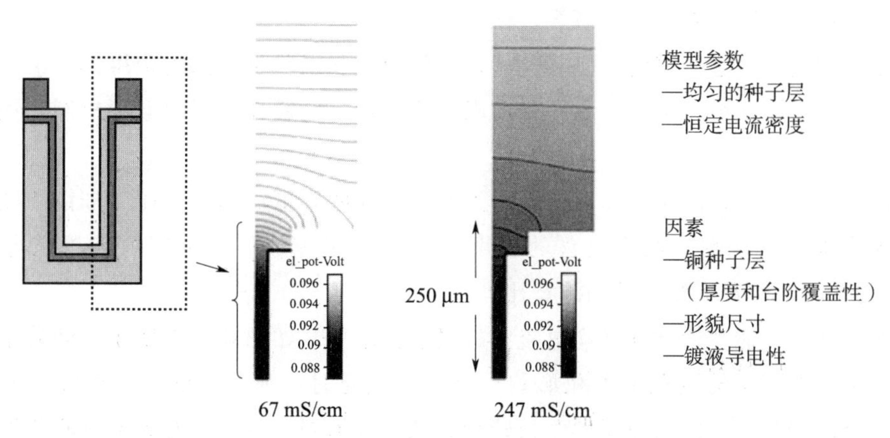

图 8-13 沿高深宽比通孔的电位变化。添加剂吸附/解吸行为取决于局部电位[40]

和保形性、形貌尺寸和镀液导电性。

模型化结果指出更高的导电性镀液产生更均匀的电势分布，但仍然存在沿着通孔的电压降，主要是由于长度和深度的影响[40]。

通常情况下，受工艺参数和结构两方面影响，由于孔顶部较高的电流密度和输运能力，通孔会在完全填充前即闭合，如图 8-14 所示。为了能获得超保形填充和有效的无空洞深通孔电镀[40]，需要新的电镀组分。

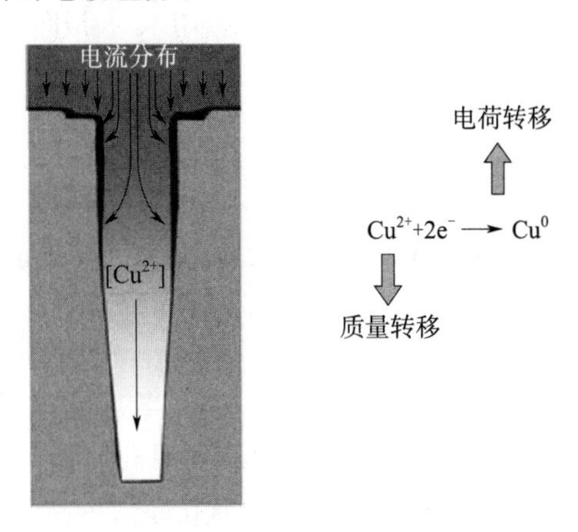

图 8-14　空洞形成机制。通孔口附近，更高的局部电流密度和二价铜离子浓度的增加引起夹断

8.6.2　波形和电流密度对填充性能的影响

脉冲电镀包括有一定时间间隔的阴极电流应用，通常伴随短的、周期性插入的高能量阳极脉冲。直流电流（DC）与脉冲电流之间的主要差别是用直流电流电镀只使用电压（或电流）控制，而用脉冲电镀时，能独立地改变 3 个参数——开时间、关时间和峰值电流密度。毫无疑问，这些参数变化引起了复杂的运输情况和吸附、沉积现象，改善了填充性能，除此之外，没有别的可能[16]。

实验研究证实，波形确实能显著地改善填充性能。通过应用适当的波形参数，减少了悬垂部分，因而得到了超保形性填充，如图 8-15 所示[40]。

无空洞填充能通过适当的反应器设计、化学组分和工艺条件的组合得到。由于工艺复杂和众多变量会影响最终工艺性能，目前尚未完全理解硅通孔应用的电镀机制，还在继续研究。

如图 8-16 所示，由于增加了铜离子到通孔底部的质量输运，因此增加铜浓度的方式也能改善底部填充速率。填充改善的程度主要取决于施加的电流密度与极限电流密度（LCD）的比例，以及形貌尺寸和深宽比[38]。

空洞形成的可能性通常随平均电流密的增加而增加，如图 8-17 所示。随着平均电流密度的增加，在固定的沉积条件和形貌尺寸下，填充时，观察到沉积剖面发生明显的改变。在每个沉积时间，剖面超保形生长较少，意味着形貌入口处厚度到形貌底部厚度的比率变得更大。这主要是由于在形貌入口处电流聚集更严重，在电流密度较高时，形貌底部质量输运限制更明显。这个现象导致随着电流密度的增加，在通孔内空洞形成的可能性更高。图 8-17（b）清楚地表明，随着电流密度增加，靠近通孔入口处沉积速率更高，靠近通孔底部沉积速率更低。该图也表明，由于场区和通孔入口处比通孔内部电流聚集更严重[40]，同样的安培-时间规律下，通孔内沉积数量少。

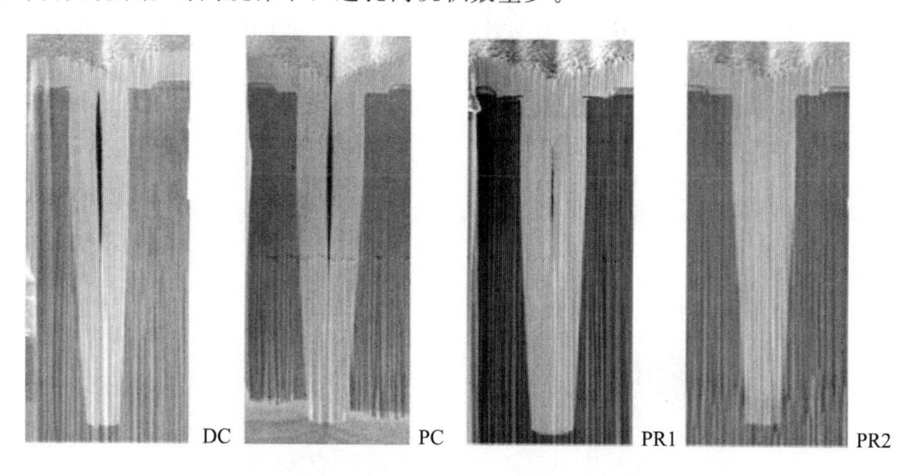

图 8-15　通孔填充的波形效应

PR1 和 PR2 的反向电流值不同，DC：直流，PC：脉冲电流，PR：反向脉冲（来源：semitool）

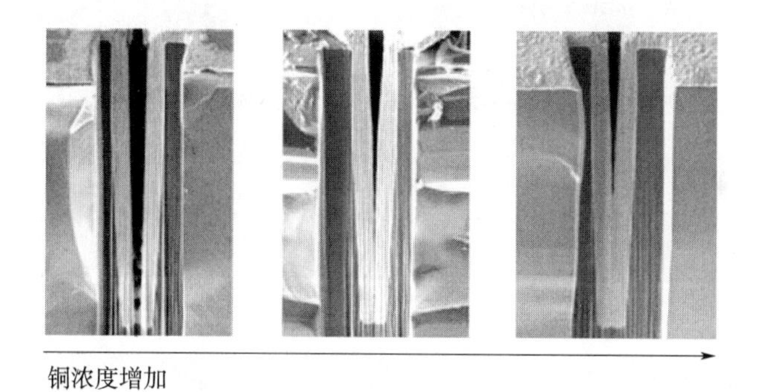

图 8-16　铜浓度逐渐增加的效果

形貌尺寸：宽 12 μm、深 100 μm 通孔

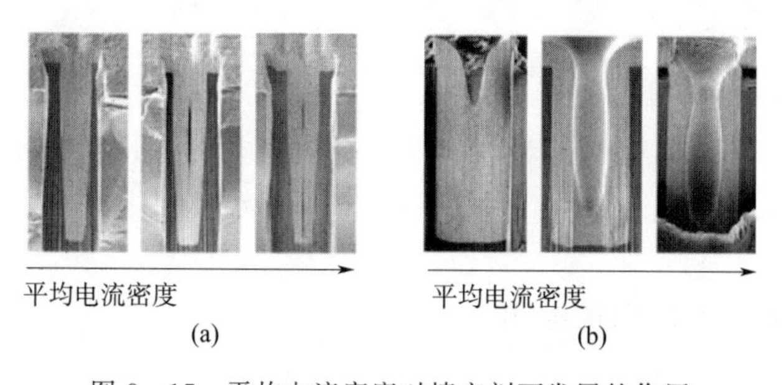

图 8-17　平均电流密度对填充剖面发展的作用

（a）完全填充（宽 12 μm、深 100 μm 通孔）；（b）部分填充（宽 40 μm、深 100 μm 通孔）

8.6.3　沉积波形效应对填充性能的影响

比较了直流［如图 8－18（a）所示］和脉冲反向［如图 8－18（b）所示］波形之间的沉积结果。特别是在高深宽比形貌的情况下，例如在图 8－18 中的形貌，与直流相比，脉冲反向波形能够改善填充性能，这是因为其具有选择性去除通孔入口处铜的能力，故减少了通孔夹断的机会，保证了足够的化学物质通过质量输运进入形貌。

图 8－19 给出了增加脉冲反向波形（平均电流密度保持不变）循环时间（降低频率）的影响。如图 8－19 所示，沿长循环时间对填充性能的改善会达到一个极值。这个有益的趋势是由于随着随循环时间的增加，增加了反向时间或除镀时间，因而减少了通孔入口处夹断的可能性[40]。

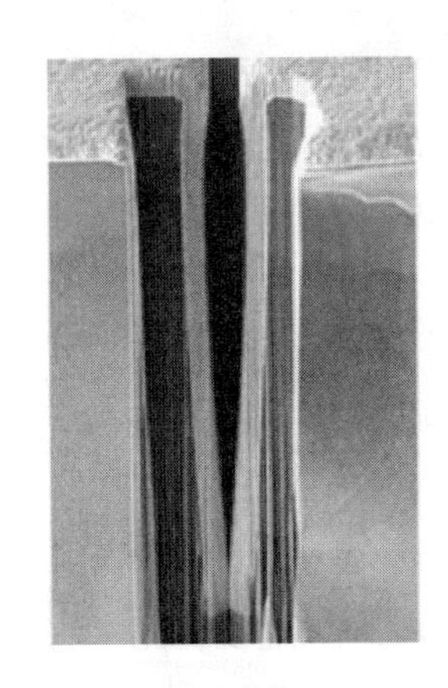
(a) 直流

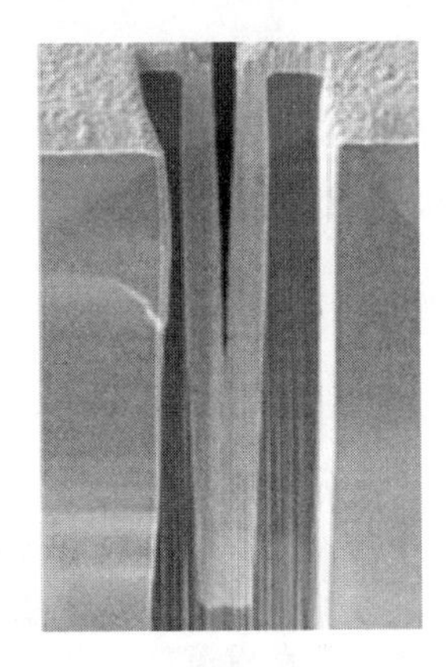
(b) 反向脉冲

图 8－18　关于填充剖面的沉积波形效应

形貌尺寸：宽 12 μm、深 100 μm 通孔

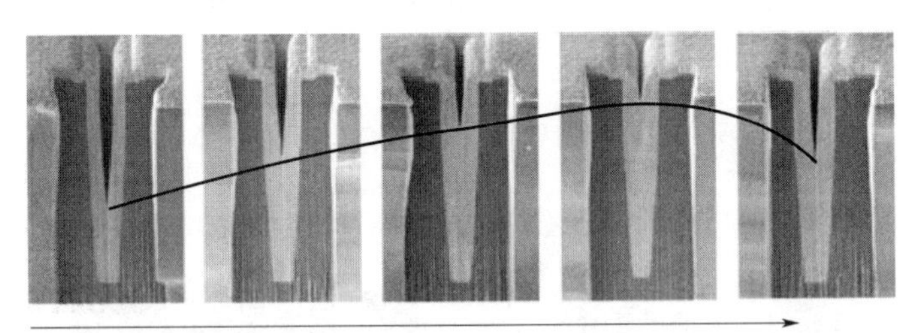

图 8－19　增加脉冲反向波形循环时间（较低的频率）对填充剖面的作用

形貌尺寸：宽 12 μm、深 100 μm 通孔

8.6.4　特征尺寸对填充时间的影响

对于所有形貌尺寸，主要考虑完全无空洞填充所需要的时间。如图 8－20 所示，填充时间随形貌尺寸的减小而减少。这样，为了最大化设备的产出和最小化每个晶圆的工艺成

本，在满足形貌设计要求时，应该尽可能减小形貌尺寸，在填充或者阻挡、种子层沉积工艺中，工艺能力不要过剩。

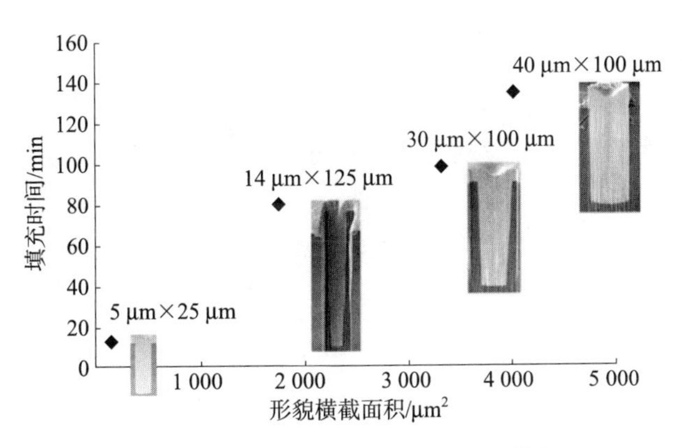

图 8-20　形貌尺寸对填充时间的影响

8.6.5　形貌尺寸过覆盖层的关系

另一个需要考虑的因素是在有效区域上的铜沉积厚度或过覆盖厚度，在设有钉头形成时更需要考虑该因素。通过化学机械抛光的方式移除这部分区域或体铜，CMP 是一项昂贵的工艺，通过减小物理尺寸以及填充时间，有效面积区域的铜厚度降低，因此要通过 CMP 移除的铜也减小，图 8-21 所示为过覆盖层随尺寸减小的变化趋势图。

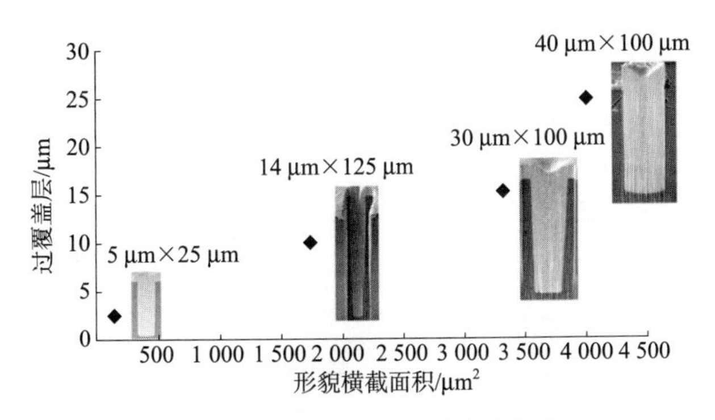

图 8-21　形貌尺寸与过覆盖层的关系

8.6.6　镀液分析与维护

另一个重要因素是镀液组分的分析和维护。所有的成分必须维持在指定的范围，但无机组分或添加剂（加速剂、抑制剂和平坦剂）将随着时间和施加电流而迅速消耗掉。如图 8-22 所示，在无机组分没有定量给料时，超过一个短时间周期，电镀将从无空洞沉积到有空洞形成的进程。

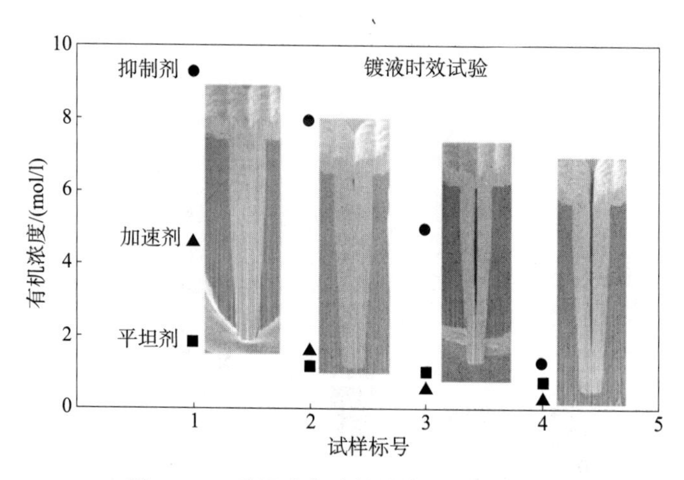

图 8－22　无机成分消耗对填充性能的影响

8.7　小结

已证明铜电化学沉积是半导体芯片制造中普遍的工业使用的工艺。在制造工艺的前端，铜互连已使用了约十年。现在，更多的研究瞄准了铜 ECD 工艺的 3D 互连芯片层叠（不管是芯片对芯片、芯片对晶圆还是晶圆对晶圆）以及具有多层有源器件的新型芯片。已证明 ECD 铜是一种实现 3D 互联的可行技术，但研发具有经济吸引力的工艺仍有很多工作要做。

参考文献

[1] Andricacos, P. C., Uzoh, C., Dukovic, J. O. et al. (1998) Damascene copper electroplating for chip interconnections. IBM Journal of Research and Development, 42 (5), 567 - 574.

[2] Edelstein. D., Heidenreich, J., Goldblatt, R. et al. (1997) Full copper wiring in a sub - 0. 25 μm CMOS ULSI technology. Proceedings IEEE IED, 773 - 776.

[3] Venkatesan, S., Gelatos, A. V., Misra, V. et al. (1997) A high performance 1. 8V, 0. 20 mm CMOS technology with copper metallization. Proceedings IEEE IEDM, 769 - 772.

[4] Zielinski, E. M., Russell, S. W., List, R. S. et al. (1997) Damascene integration of copper and ultra - low - k xerogel for high performance interconnects. Proceedings IEEE IEDM, 936 - 938.

[5] Vereecken,P. M., Binstead, R. A., Deligianni, H. and Andricacos, P. C. (2005) The chemistry of addtitives in damascene copper plating. IBM Journal of Research and Development, 49 (1), 3 - 18.

[6] Moffat,T. P., Wheeler, D., Edelstein, M. D. and Josell, D. (2005) Superconformal film growth: Mechanism and quantification. IBM Journal of Research and Development, 49 (1), 19 - 36.

[7] Takahashi,K. M. and Gross, M. E. (1999) Analysis of transport phenomena in electroplated copper filling of submicron vias and trenches, Advanced Metallization Conference, pp. 57 - 63.

[8] Takanashi,K. and Gross, M. (1999) Transport phenomena that control electroplated copper filling of submicron vias and trenches. Journal of the Electro - chemical Society, 146 (12), 4499 - 4503.

[9] Niklaus,F., Lu, J. Q., McMahon, J. J. et al. (2005) Wafer level 3D integration technology platforms for Ics and MEMS, http: //www. ee. kth. se/php/modules/publications/reports/2005/IR - EE - MST _ 2005 _ 001. pdf. (accessed on April 2007).

[10] Vardaman,J. (2007) 3 - D through - silicon vias become a reality, Semiconductor International, http: //ww. semiconductor. net/article/CA6445435. html. (accessed on April 2007)

[11] Ritzdorf,T. and Fulton, D. (2005) Electrochemical deposition equipment, in New Trends in Electrochemical Technology, Volume 3, Microelectronic Packaging (eds M. Datta, T. Osaka and J. W. Schultze), CRC, Boca Raton, pp. 495 - 509.

[12] Taylor ,T., Ritzdorf, T., Linderg, F. et al. (1998) Electrolyte composition monitoring for copper interconnect applications. Electrochemical Processing in ULSI Fabrication I and Interconnect and Contact Metallization: Materials, Processes, and Reliability, ECS, Pennington, NJ, pp. 33 - 47.

[13] Graham,L., Ritzdorf, T. and Lindberg, F. (2000) Steady - state chemical analysis of organic suppressor additives used in copper plating baths. Interconnect and Contact Metallization for ULSI, PV 99 - 31, ECS, Pennington, NJ, pp. 143 - 151.

[14] Ritzdorf, T., Fulton, D. and Chen, L (1999) Pattern - dependent surface profile evolution of electrochemically deposited copper. Proceedings of the Advanced Metallization Conference, pp. 101 - 107.

[15] Reid,J., Gack, C. and Hearne, S. J. (2003) Cathodic depolarization effect during Cu electroplating on patterened wafers. Electrochemical Solid - State Letter, 6 (2), C26 - C29.

[16] Schlesinger, M. and Paunovic, M. (2000) Modern Electroplating - Fourth Edition, John Wilery & Sons, Inc., 61 - 81.

[17] Flott, L. W. (1996) Metal Finishing, 94, 55.

[18] Sard, R. (1986) in encyclopedia of Materials Science and Engineering, Volume 2 (ed. M. B. Bever), Wiley, New York, p. 1423.

[19] Kanellos, M. (2002) Chipmarkers make smooth shift to copper, http://www.news.com/2102-1001_3-273620.html. (accessed on April 2007).

[20] Andricacos, P. C. (1998) Electroplated copper wiring on IC chips. The electrochemical Society interface, 7, 23.

[21] Singer, P. (November, 1997) Semiconductor International, 67 - 70.

[22] Andricacos, P. C. (Spring 1998) Copper On - chip Interconnections - A Breakthrough in Electrodeposition to make better chips. Interface (Electrochemical Society), 8, 32 - 39.

[23] Kim, B. and Ritzdorf, T. (2006) High aspect ratio via filling with copper for 3D integration. SEMI Technical Symposium: Innovations in Semiconductor Manufacturing, SEMICON Korea 2006, STS, S6: Electropackage System and Interconnect Product, p. 269.

[24] Lee, S. R. and Hon, R. (2006) Multi - stacked flip chips with copper plated through silicon vias and re - distribution for 3D system - in - package integration, MRS Fall Meeting Symposium Y.

[25] Nguyen, T., Boellaard, E., Pham, N. P. et al. (2002) Journal of Micromechanics and Microengineering, 12, 395.

[26] Landau, U. (200) Copper metallization of semiconductor interconnects - issues and prospects. CMP Symposium, Abstract # 505, Electrochemical Society Meeting, Phoenix, AZ, pp. 22 - 27.

[27] Klumpp, A., Ramm, P., Wieland, R. and Merkel, R. (2006) Integration Technologies for 3D Systems, http://www.atlas.mppmu.mpg.de/_sct/welcomeaux/activities/pixel/3DsystemIntergration_FEE2006.pdf. (accessed on April 2007).

[28] Sun, J., Kondo, K., Okamura, T. et al. (2003) Joural of the Electrochemical Society, 150 (6), G355.

[29] Burkett, S., Schaper, L., Rowbotham, T. et al. (2007) Proceedings Material Research Society Symposium, Volume 970.

[30] Gonzalez, M. et al. (2005) Influence of dielectric materials and via geometry on the thermomechanical behavior of silicon through interconnects, Proceedings of 10th Pan Pacific Microelectronics Symposium, SMTA, Hawaii.

[31] Gonzalez, O. C., Vandevelde, M., Swinnen, B. et al (2007) Analysis of the induced stresses in silicon during thermocompression Cu - Cu bonding of Cu - through - vias in 3D - SIC architechture. Proceedings of 57th ECTC Conference, pp. 249 - 255.

[32] Dory, T. (2005) Challenges in copper deep Via plating. PEAKS - Wafer Level Packaging Symposium, June, Whitefish, MT.

[33] Kang, S. K., Buchwalter, S. L., Labianca, N. C. et al. (September 2001) Development of conductive adhesive materials for via fill applications, IEEE Transactions on Components and Packaging Technologies, 24, p. 431 - 435.

[34] Edelstein, D., Heidenreich, J., Goldblatt, R. et al. (1997) Full copper wiring in a Sub - 0.25 μm

CMOS ULSI technology, Proceedings of the IEEE International Electron Devices Meeting, pp. 773 - 776.

[35] Kondo,K., Yonezawa, T., Mikami, D. et al. (2005) High - aspect - ratio copper - via - filling for three - dimensional chip stacking. Reduced eletrodeposition process time. Journal of the Electrochemical Society, 152 (11), H173 - H177.

[36] Barkey,D. P., Callahan, J., Keigler, A. et al. (2006) Studies on through - chip via filling for wafer - level 3D packaging. Proceedings of 210th ECS Meeting.

[37] Kim,B., Sharbono, C., Ritzdorf, T. and Schmauch, D. (2006) Factors affecting copper filling process within high aspect ratio deep vias for 3D chip stacking. Proceedings of 56th ECTC Annual Meeting, 1, p. 838.

[38] Polamreddy,S., Spiesshoefer, S., Figueroa, R. et al. (March 2005) Sloped sidewall DRIE Process development for through silicon vias (TSVs). IMAPS Device Packaging Conference.

[39] Worwag,W and Dory, T. (2007) Copper via plating in three dimensional interconnects. Proceedings of 57th ECTC Annual Meeting.

[40] Kim,B. (2006) Through - silicon - via copper deposition for vertical chip integration. Proceedings of MRS Fall Meeting.

[41] Forman,B. (2007) Advances in wafer plating the next challenge: through silicon via Plating. Proceedings EMC - 3DSE Asia Technical Symposium, January 22 - 26.

第 9 章　W 和 Cu 化学气相沉积金属化

Armin Klumpp，Robert Wieland，Ramona Ecke，
Stefan E. Schulz

9.1　引言

为了在减薄后的叠层芯片或叠层晶圆之间形成垂直互连，几种现存的 3D 工艺流程都使用了具有高深宽比的 TSV[1-4]。为此，硅通孔（TSV）电绝缘步骤之后应沉积所需的金属化层，以这种方式形成可靠的电互连。多数情况下，TSV 金属化由双层或多层的薄扩散阻挡层、黏附层和（或）种子层以及像 W 或 Cu 这样的导电材料组成。通常，有多种沉积技术可以实现金属的沉积：电化学沉积（ECD，电镀）、化学气相沉积（CVD）、化学镀和物理气相沉积（PVD，溅射）。除 PVD 外，所有工艺都有填充高深宽比（HAR）图形的潜力。图 9-1 给出了不同沉积工艺的应用情况和取决于 TSV 直径的填充方法。纯金属 CVD 方法适用于横向宽度约 3 μm 以上的高深宽比 TSV 完全填充。当前，在 HAR TSV 金属化中，尚不清楚在何种范围内电镀技术能够替代 MOCVD（有机金属化学气相沉积工艺）[5,6]。可是，如果用导电材料填充深宽比大于 7 的通孔，CVD 是目前保形性最高的工艺。到此为止，多晶硅 CVD，钨或铜 CVD 已用来完全地填充 TSV。在 3 μm 横向尺寸以上的范围，金属 CVD 的应用会受到一些因素的限制，如 W CVD 的高膜应力和 Cu CVD 工艺的局限性。在这种情况下，可以通过电镀来进行填充。CVD 可以仅用于沉积所谓的种子层，其作为基底层并通过后续电镀技术生长金属。该技术备受关注，因为几乎大多数先进的 PVD 设备都很难覆盖深宽比大于 7 的通孔[7,8]。与选择的金属化方案有关，如 W 或阻挡层/Cu 这样的导电 CVD 薄层可以用作后续电镀工艺的种子层。

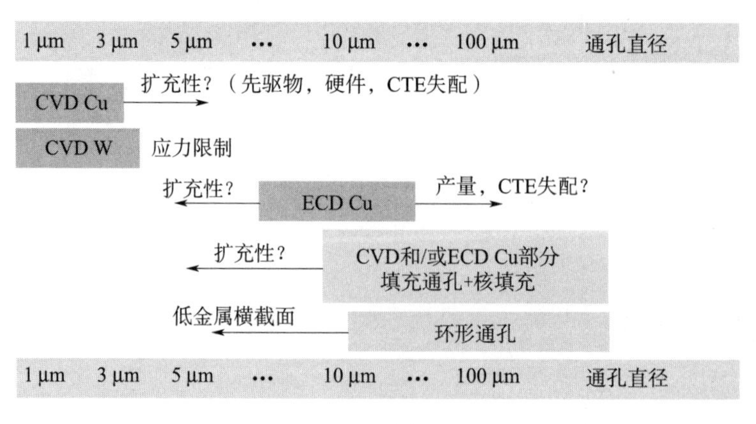

图 9-1　TSV 金属化概念和沉积工艺概况

TSV 尺寸范围很宽，从约 2 μm 一直到 100 μm 以上。目前以及今后，由于用金属 PVD 制作种子层受到深宽比的强烈限制，高深宽比 TSV 需求的增长将需要增加金属 CVD 应用。为了完全填充大直径 Cu TSV，应该考虑铜和硅的热膨胀系数（CTE）失配问题。在 BEOL 工艺中重复的热循环期间，其会引起 TSV 中的铜柱垂直移动[9]。仅以铜覆盖侧壁和用复合材料回填 TSV 的混合方法可以避免介质层的热失配损害[9]。同时，避免了 ECD 无孔洞全填充的复杂性，使其具有成为低成本工艺的潜力。相比于圆柱形 TSV，环状 TSV 由于金属体积的减少，将成为进一步减少热失配的同时形成低电阻通孔的方法[9]。

本章我们集中讨论金属 CVD，即 W 和 Cu 以及金属氮化物（TiN）。典型的金属 CVD 或金属有机物 CVD（MOCVD）在常规的单片 CVD 反应室（冷壁反应器）中进行。沉积工艺是纯化学工艺，温度驱动晶圆表面的先驱材料发生分解反应。因为潮气会使金属氧化，所以需要用真空锁系统实现可重复和稳定的工艺条件。

9.2　商用先驱物

在 CVD 金属沉积中先驱物的适用性和选择是最棘手的问题。先驱物的选择决定了沉积膜的质量（杂质，黏附性）、沉积参数（温度，压力，反应物），并将因此影响 3D 集成 TSV 的可靠性。现今 3D 集成中最常用的金属是用于 TSV 填充的 W 和 Cu，以及作为阻挡/种子层膜常用的 TiN 和 TaN。对前 3 种材料将进行详细讨论。

9.2.1　TiN 先驱物

适于 TiN CVD 的商用先驱物有：添加了 NH_3 的 $TiCl_4$[11,12]、四二甲酯氨钛（TDMAT）[13,14]和四二乙醇氨钛（TDEAT）[15]。使用 $TiCl_4$，其与 NH_3 发生化学反应立即生成 TiN 和 HCl，并且需要对气体/先驱物流入反应室进行精确控制，以避免晶圆表面上产生不需要的气相反应，从而在气体分配覆涂后产生粒子和 TiN 沉积。另外，具有一定 Cl 含量的 TiN 膜需要在 600 ℃的范围内进行热处理[16]，远高于类似 3D 集成的后道工艺温度。

因此，TDMAT 或 TDEAT 这样的金属有机先驱物经常用于商用的金属 CVD 反应器，如 Applied Materials 或 Novellus Systems 公司的系统。用 TDMAT，TiN 膜从 TDMAT 热沉积在加热衬底上，TDMAT 由氦气携带，从一个起泡器中释放出来。该沉积反应的方程式如下

$$Ti\left[N(CH_3)_2\right]_4 \rightarrow TiN(C,N) + HN(CH_3)_2 + \text{其他碳氢化合物}$$

对于具有高台阶覆盖率的膜，沉积在表面反应受限的条件下实现[17]。为了除去杂质并获得稳定的膜，在 TDMAT 热分解之后，需要进行等离子体致密步骤（见 9.3.1 节）。

9.2.2　铜先驱物

Cu CVD 可以用无机和金属有机先驱物。铜卤化物的缺点是其形态为固态，容易引起先驱物的交付问题。相比于固态先驱物，由于液态先驱物的工艺温度较低且方便，因此液

态金属有机先驱物更具有吸引力。根据铜的氧化状态将金属有机先驱物分为Cu（Ⅱ）和Cu（Ⅰ）化合物。最多的化合物是β-二酮复合体。在Cu（Ⅱ）化合物里，中心的Cu^{2+}以离子键连到两个单电荷β-二酮配合基。相比之下，Cu（Ⅰ）化合物包含一个单电荷β-二酮配合基，强键连到中心Cu^{+}离子，而第二个中性配合基更弱地键连到Cu。Cu配合基键连强度的不同反应出较小的稳定性、较低的沉积温度和更高的典型Cu（Ⅰ）化合物生长速率。两种先驱物的重要特征是使用重的氟化配合基，例如六氟化乙酰丙酮（hfac）。氢与氟的置换显著增强了复合体的挥发性，但同时也给沉积膜的黏附性带来了负面影响[18]。

对Cu（Ⅱ）和Cu（Ⅰ）化合物的研究重点集中在新先驱物的开发和设计上。一些作者致力于将薄膜沉积作为铜电镀的保形性种子层进行研究[19-21]。

最为广泛使用的铜CVD先驱物的是（hfac）Cu（TMVS）（三甲基乙烯树脂硅烷六氟化乙酰丙酮化铜），商品名CurpraSelect，它由Schumacher公司商用化。CurpraSelect工业应用的优势是高产量和高纯度。其室温蒸气压为8 Pa，65 ℃时压力增加到260 Pa。然而，升温时其热稳定性不足，因此，起泡系统不宜用于先驱物传输[22]。

另外的商用先驱物是巴斯夫（BASF）公司的GigaCopper[（hfac）Cu（MHY）]（MHY=2-甲基-1-己烯-3-炔）。Joulaud等[23,24]比较了CurpraSelect和GigaCopper的沉积速率和膜性质。

两种先驱物以同样的方式分解

$$2Cu^{I}(hfac)L_{(气体)} \rightarrow Cu^{0} + Cu^{II}(hfac)_{2(气体)} + 2L \quad (L=TMVS, MHY)$$

使用GigaCopper铜沉积对沉积速率和黏附性没有明显的改善。两种先驱物中都只有一半的铜含量对膜形成有贡献。此外，两种情况的反应生成物都是$Cu^{II}(hfac)_2$，其常态为固态，因此具有较低的蒸气压。这导致在单个沉积工艺之间需要大范围的降压步骤。

9.2.3 钨先驱物

WF_6（六氟化钨）是经充分确认的先驱物，自20世纪80年代中期以来，已成功用于VLSI制造中的接触和通孔金属化[25]。作为无机蒸气，WF_6比较容易控制。其腐蚀性强，如果暴露在湿的大气中会形成HF（氢氟酸）。

沉积钨膜的主要反应是WF_6的氢还原反应（体沉积）

$$WF_6(蒸气) + 3H_2(气体) \rightarrow W(固态) + 6HF(气体)$$

作为典型的CVD工艺，依赖于WF_6流量，存在质量输运限制沉积机制，沉积速率=f（WF_6流量），也存在表面反应速率限制机制，沉积速率=f（温度，H_2流量）。对于高深宽比沟槽钨填充，用后面的机制[10]。

9.3 沉积工艺流程

在HAR TSV中，不管选择W还是Cu作为主要的填充材料，在TSV填充工艺中，第一步通常是阻挡种子层的保形成沉积。由于生长在二氧化硅上的W与二氧化硅的黏附性差，因此要先沉积薄的成核/黏附层（也称为“衬里”），如TiN、TiW或钨硅化物（WSi_x）膜。对铜金属化，需要扩散阻挡层来防止铜向体硅扩散。在介质中的铜会引起漏电流增加直至介质击穿。在硅中，铜的扩散系数比较大，温度升高时具有高溶解度。在相对低的温度下形成Cu－Si化合物并在硅中产生深能级陷阱，这会引起电子器件失效。阻挡层应能防止铜扩散以及与相邻的材料反应。难熔金属（如Ti，Ta，W）氮化物的性质表明其是有前途的阻挡层候选者。对于铜CVD，需要在扩散阻挡层与铜膜之间附加一层黏附层。

根据TSV的深宽比，上面提到的黏附层可以由PVD或MOCVD（金属有机化学气相沉积）。通常，考虑到保形性，化学气相沉积优于物理气相沉积。随着TSV的深宽比增加到大于7，常用TiN的MOCVD工艺。一旦阻挡/黏附层沉积后，就开始真正的金属CVD。在任何情况下，首选多腔系统，因此可以不将晶圆暴露在空气下而进行TSV金属化，直到完成所有的金属沉积，这样避免了有害的阻挡层表面氧化，如图9－2所示。为了完成金属化（etch back）工序，需要用回刻蚀工艺、金属CMP或两种技术的组合来去除横向沉积的金属膜，直到TSV被电隔离为止。

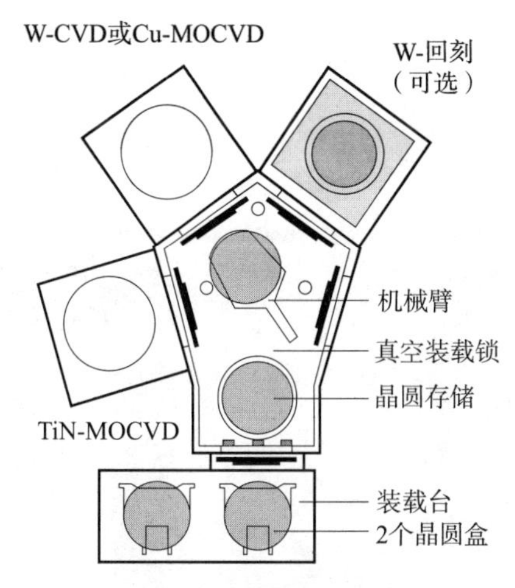

图9－2　具有中央真空装载锁及机械臂操作系统的金属CVD顶视原理图

9.3.1　阻挡层沉积

目前，考虑到先驱物的适用性、沉积温度、良好保形性和阻挡性质，TiN是在3D集成应用中最有前途的阻挡层材料。

对于钨CVD，用TiN层提供足够的成核和黏附层。对于铜填充，其扮演阻挡层阻止铜扩散。两个金属化机制用相同的先驱物和沉积工艺。

可以在具有等离子体能力的商用CVD反应器中完成TiN沉积。TDMAT先驱物通过起泡系统输送。通过TDMAT高温分解的沉积膜实际含有一定量的杂质（C，H），在空气中不稳定。因此，沉积步骤之后需要进行等离子体致密处理。对于CVD－W，这个步骤也需要的，用来将高应力 W 膜提升到所需要的黏附性。TiN 阻挡层由高温分解和等离子致密交替组合的多步工艺组合完成。沉积约 5 nm 的 TiN 后进行等离子体致密，等离子致密后最终厚度约 2.5～3 nm，这取决于处理时间。循环的次数由整个阻挡层的厚度决定，例如，8 个循环对应的厚度约为 20 nm。沉积工艺及 TiN 层的性质在参考资料 [26，27] 中有详细描述。

高深宽比 TSV 中的台阶覆盖取决于它们的几何形状、直径和深度。直径在 20 μm 及以上的通孔对台阶覆盖的要求不严格。相反，在 20 μm 长，1～5 μm 宽，30 μm 深的窄缝通孔底部，受到该窄缝通孔宽度的影响，TiN 膜台阶覆盖只有 30%～70%。在具有圆形截面的通孔里发现同样的依赖性，见表 9-1。经观察，通孔侧壁有更高的台阶覆盖率，尤其在通孔的上半部（超过 100%，如图 9-3 所示）。因为等离子体处理具有很强的方向性，所以在与入射离子平行的表面致密处理不是很有效。

表 9-1　不同尺寸圆形截面 TSV 的台阶覆盖

TSV 尺寸	1 μm	1.7 μm
深	15 μm	15 μm
AR	15	8
顶部	82nm=100%	82nm=100%
上部侧壁	110nm=163%	10nm=163%
下部侧壁	59nm=73%	63nm=78%
底部	27nm=33%	46nm=57%

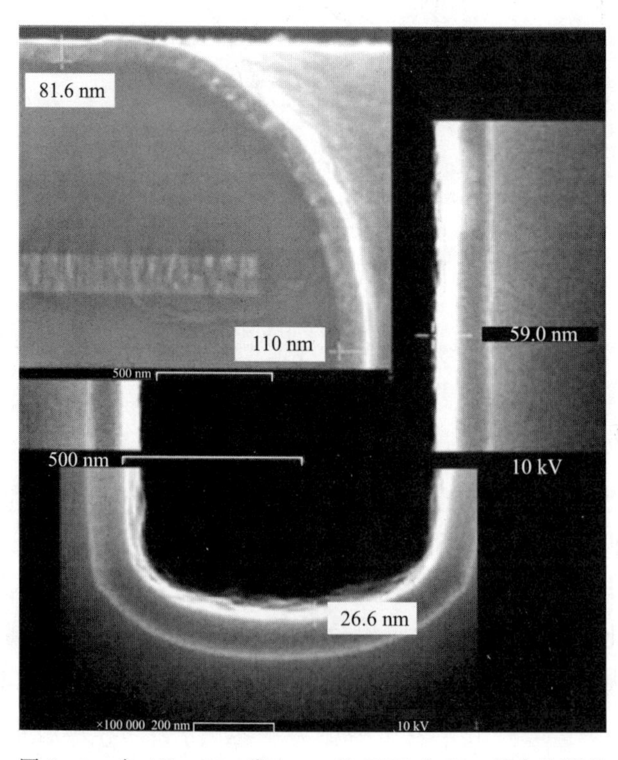

图 9-3　在 *AR*=15、宽 1 μm 的 TSV 中 TiN 的台阶覆盖

9.3.2　黏附层

CVD沉积的铜通常与阻挡层之间没有足够的黏附性，尤其是当使用含氟先驱物时。相对而言铜属于贵金属，因此当存在氧化时不可能具有良好的黏附性。但是氧化是CVD TiN与SiO_2良好黏附的重要原因。沉积工艺会影响铜的黏附性。对于PVD工艺，各层铜间的黏附性通常是足够的，其形成层的粒子动能比CVD和ECD（电化学沉积）工艺更高。在溅射过程中，吸附物被去除，且在单层范围内发生强制混合。CVD铜黏附性不足的另一个原因是使用了化学物。虽然通过对铜氨纤维且有选性的先驱物可以得到很纯的铜层，但杂质会富集在界面上。它们形成了3 nm厚的由氟、氧和碳组成的无定形夹层，如图9－4（a）所示[28]。其他研究人员也发现了夹层[29]。

此外，铜的阻挡性能和黏附性之间存在矛盾。一方面，为防止扩散要求铜不与其他层发生反应和混合。另一方面，在TiN和CVD铜之间的薄层可以提高黏附性。然而，该层对阻挡和导电不应有负面影响。这样的黏附层是对上层和下层都有很强的黏附性的薄膜，但对于Cu，其不适合作为阻挡层。因此，开发出了富Ti的TiN工艺。游离的钛能与铜反应，这大大提升了其黏附性。

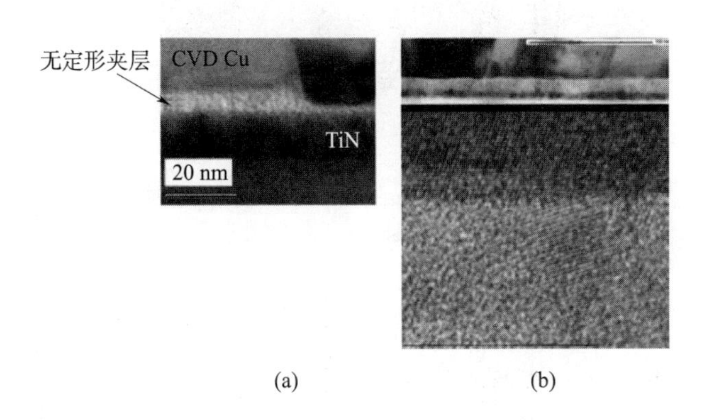

(a)　(b)

图9－4　（a）具有无定形夹层20 nmTiN/CVD铜XTEM照片；
（b）PE—TiN/Cu界面的5 nmTi/10 nmPE—TiN/Cu HREM的XTEM照片，无夹层

黏附层通过PECVD用同样的先驱物（TDMAT）生长。沉积工艺和层性质详见参考文献［27］。黏附层（约3～4 nm）和5 nm厚的标准TiN层的电阻特性被一同进行研究。叠层电阻率为320 μΩcm，略高于5 nmTiN（290 μΩcm）。增加的原因是PE－TiN中有更高的杂质含量，但可以接受。

只有当黏附层沉积和CVD铜是原位进行并随后进行热处理，富Ti的TiN层才会对铜表现出优良的黏附性。PECVD－TiN长时间暴露在空气中是不稳定的，因此应避免中断真空。如图9－4（b）所示，TiN阻挡、TiN黏附、CVD－Cu的完整堆叠，没有出现夹层，并成功通过了后续的CMP步骤。

正常情况下，这样的黏附层只要约2 nm厚就足够获得具有良好黏附性的CVD－Cu。因为PECVD工艺将减少台阶覆盖，所以需要对沉积工艺进行优化和扩展。通过变化间距（喷

头到晶圆的距离)，能得到侧壁20%~30%、底部15%~40%的台阶覆盖，这取决于TSV的尺寸和深度（直径1~5 μm，深30 μm)。对于更大的尺寸，台阶覆盖会增加。对于可靠的TSV制作过程，尤其为了实现良好的底部接触，不仅在其顶部，而且在结构中的黏附层是必要的。必须确保TSV内表面的铜在进一步的热加工步骤中的黏附性。如果TSV因为铜悬垂在TSV的入口处而没有完全填充，或当仅用铜作为电镀填充通孔的种子层时，可能会析出铜膜。在这种情况下，不能实现TSV的电接触，如图9-5所示。

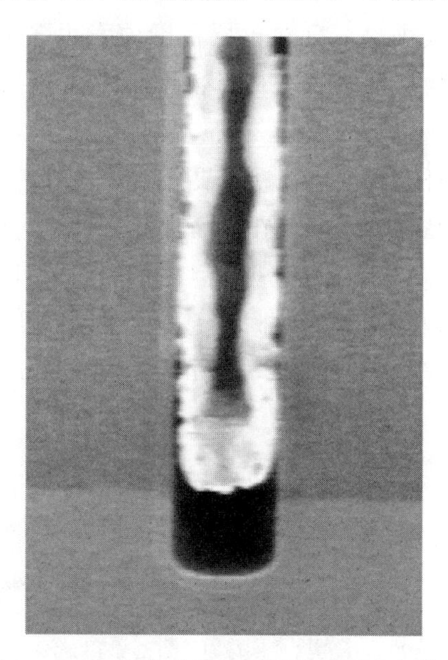

图9-5 TSV中黏附性不足情况下的铜抽出

9.3.3 铜沉积

9.3.3.1 沉积设备和液体先驱物传输系统

所用的沉积设备是具有灯加热的表层钨（钨板）反应室（Blanket Tungsten Chamber）的P5000，但我们推荐使用电阻加热沉积室，从而最小化不希望出现的铜沉积，例如在加热器窗口处。建议使用遮挡圈防止铜在晶圆背面以及基座上沉积。本章描述的结果已用先驱物（hfac）Cu（TMVS）得到，其通过液体交付系统（LDS）蒸发。这个系统由先驱物流量计、控制携带气体的质量流量控制器以及布朗克豪斯特（Bronkhorst）公司的控制蒸发单元组成。在此系统中，先驱物以很高的精度定量流动并恰好在蒸发前气化。在沉积反应室和蒸发器之间加热的不锈钢气体管路应尽可能短，以防止由于铜沉积在管路内壁而造成先驱物损失。在最坏情况下，经过高流速和长时间沉积，先驱物会发生浓缩。直接液体喷射系统（DLI）是先驱物交付可供选择的方法之一。

9.3.3.2 CVD铜工艺特征及表层（覆盖）膜性质

在晶圆上用CupraSelect制作的铜的沉积速率相对较高，能达到200 nm · min^{-1}，这取决于晶圆尺寸。在高温（不小于190 ℃)、高总压力（不小于2 kPa）及高先驱物流量的情况下可以达到这个速率。与其他CVD工艺相比，该方式膜的形成需要长时间的培养期，这取决于反应室中的沉积温度和压力。随着温度增加以及更低的压力，培养期将被缩短。压力影响了自由吸附的位置，其密度随压力增高而减少。阻挡层材料、可能的表面处理措施，例如H_2等离子体，将以同样的方式影响成核。在成核阶段添加水蒸气，将导致更高的核密度和均匀分布[22,30]。

沉积参数影响沉积铜层的性质。膜特定的电阻率取决于其厚度和颗粒尺寸，未抛光膜的电阻率在2.2～3 μΩcm的范围内。均方根（RMS）粗糙度范围在铜厚度的15%～20%。因此，测量出的层厚度通常太高，影响电阻率的计算结果。在抛光后，铜层电阻率小于2 μΩcm。膜密度达到体值（bulk value）的90%～96%。对于在200 ℃沉积350 nm厚铜层的平均颗粒尺寸是110 nm，颗粒呈现柱形结构。来源于金属有机物（Si、F、C和O）的膜的杂质浓度在俄歇电子显微镜（AES，Auger electron spectroscopy）探测极限以下。可是，在扩散阻挡层界面仍然存在杂质的富集，严重影响了黏附性。

用前述设备，在200 ℃、压力2.7 kPa的情况下，150 mm晶圆的沉积速率是165 nm · min^{-1}。可是高沉积速率不适用于填充TSV结构，因为台阶覆盖减少到了65%。

9.3.3.3　应用于TSV填充的MOCVD铜

目前，用前述CVD铜工艺进行的TSV完全填充只适用于氧化物钝化后尺寸不大于2 μm的通孔，如图9-6所示。

一种获得更高台阶覆盖的方法是降低沉积温度。高速率工艺的参数与输运控制机制密切相关。用较低的温度（晶圆温度小于170 ℃），沉积发生在反应限制区域。可是，随着温度降低，沉积速率急剧地减少至约70 nm · min^{-1}。此外，随着TSV深度和TSV结构密度的增加，对沉积速率和台阶覆盖而言，沉积表面变成了重要的问题。因此，对每个TSV版图，应调整沉积参数以获得预期的铜厚度和台阶覆盖。建议每个版图仅使用一个TSV尺寸。2.5 μm以下的中等直径且深宽比低于或接近20的TSV完全填充能通过低温度沉积得到（如图9-6所示，宽1.2 μm、深宽比12.5的TSV填充）。对大直径TSV，填充工艺变得更关键且产量将进一步减少。

此外，对于CVD铜的填充能力，通孔入口处的刻蚀剖面也是很重要的。V型入口是有效阻止悬垂的方式，因为它降低了沉积工艺的台阶覆盖。完整的V型通孔进一步改善了填充能力。

9.3.3.4　MOCVD铜的铜种子层应用

根据器件和叠层的用途，可以采用不同的TSV尺寸和深度。从经济性考虑，大于2.5 μm的TSV不适合采用铜CVD进行完整填充。在这种情况下，TSV填充适合用电化学沉积。因此，为在所有结构上获得均匀厚度，该技术需要一层种子层。在铜大马士革应用中使用PVD沉积的薄铜层作为种子层。可是，在高深宽比通孔中沉积的铜层将随深度的增加变得更薄，并在TSV底部不连续。这样就不能用电化学沉积进行完全填充。因此，在HAR图形中，要用铜CVD进行保形性种子层沉积。

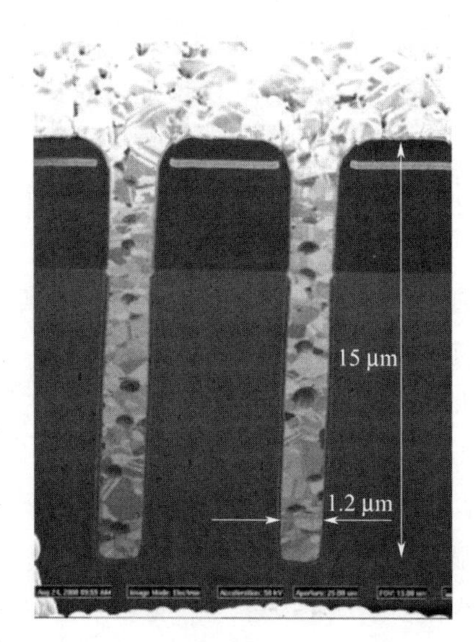

图 9-6 在170 ℃CVD铜沉积和退火（聚焦离子束，FIB）后的铜填充通孔（深宽比12.5）

为了CVD工艺的高保形性，需调整对均匀铜层的要求。沉积温度的降低导致TSV中铜膜的高台阶覆盖率。此外，减小沉积压力能进一步改善台阶覆盖率，深宽比达到20或更高，其对沉积速率几乎没有影响。较低的总压力能增长反应物的平均自由行程，因此先驱分子能够到达通孔底部。表面Cu（hfac）$_2$的解吸及其在气相中的扩散性均得到了增强。即便是沉积完成后的降压过程中也可观察到该现象。由于反应器中反应副产品的停留时间较短，因此沉积前的初始压力在短时间内就能达到。铜ECD中用作种子层的铜需要均匀的厚度。对电镀工艺，CVD铜种子层厚度至少应该有120 nm，以防止在黏附温度退火期间铜晶粒发生凝聚。如图9-7所示，台阶覆盖的减少导致在后续热加工步骤中较薄的膜发生凝聚。不连续的膜不适合用电镀工艺进一步填充TSV。在较低总工艺压力下产生的高保形和连续的铜膜，适合作为铜ECD的种子层。

9.3.4 TSV填充中钨CVD的应用

保形的W-CVD工艺需要将适当的阻挡层、种子层薄膜沉积到SiO_2表面且不起皮。厚度约20～30 nm的薄TiN阻挡层就足够实现该目的（见9.3.1节）。TiN层厚度的选择取决于横向尺寸、锥度以及被金属化的TSV的深宽比。一旦完成阻挡层薄膜的沉积，晶圆就直接传送到真空下的W沉积室。TSV钨填充分四步实现。

步骤1：加热到430 ℃，H_2清洗和钨成核层沉积。在像TiN的黏附层上成核是通过硅烷与WF_6还原反应实现的，反应形成薄而均匀的W层，这样改善了后续通孔填充工艺的质量[31]

$$3SiH_4+2WF_6 \rightarrow 2W+3SiF_4+6H_2$$

步骤2：钨通孔填充工艺可以形成约1 100 nm厚的保形钨层（体沉积），其是一个表面反应速率限制工艺[32]。最终厚度由被填充的最大TSV横向尺寸决定。体沉积步骤用H_2与WF_6的还原反应。沉积速率主要取决于晶圆温度和WF_6流量。

430 ℃时，典型的W通孔填充工艺沉积速率约为300 nm · min^{-1}。1 100 nm厚的钨

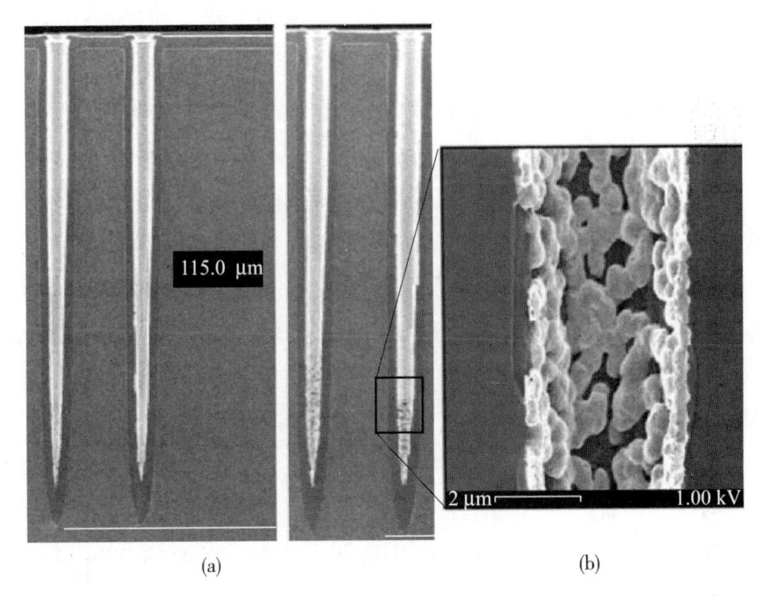

图 9－7　深宽比大于 20 的通孔的 CVD 铜种子层台阶覆盖
（a）较低总压力沉积，形成连续膜；
（b）较高总压力沉积—铜颗粒的凝聚（由于黏附退火）及较深通孔区域的厚度太薄

膜表面电阻为 95～100 mΩcm^{-2}，膜外应力（张应力）约为 0.95 GPa。在沉积 1 100 nm W 后，等离子体回刻到保留约 400 nm 厚度，用 AFM 测量表面粗糙度约为 17 nm（*Ra*）。最大可获得的 W 膜厚度主要受比较高的膜应力限制，一旦超过 1 μm 厚，应力达到 GPa 范围。具有上述膜厚和应力的硅晶圆可以达到 300 μm 的弯曲水平，甚至更高，接着在某些类型的机械臂中会导致晶圆夹持问题。除此之外，也观察到受后续介质层以及 TiN 与其下 SiO_2 黏附性影响的 W 层起皮。

步骤 3：W 互连工艺最终闭合了 TSV 顶部的任何间隙；这是一个减少 WF_6 流量和降低 20%沉积速率以及较低台阶覆盖的输运限制工艺。被填充的 TSV 的形状和尺寸将在很大程度上影响是否需要附加的 W 互连沉积步骤。锥形 TSV 可以实现几乎无空洞填充，因此主要的 W 通孔填充工艺是可行的。如果预计在非常垂直的 TSV 侧壁上会出现空洞，就需要另外的 W 互连步骤来帮助减少 W 回刻期间对 W 层顶部的侵蚀。

步骤 4：在完成每片晶圆后，用含氟气体清洗等离子体室。例如，NF_3 是常用的 W 清洗工艺气体。

9.4　包括填充和回刻/CMP 的完整 TSV 金属化

9.4.1　W－CVD 金属化

在 TSV 被介质层绝缘后，如 SACVD 基臭氧－TEOS 膜的保形沉积（第 6 章），可完成 W－CVD 金属化及后续的 W 回刻。因为 W－CVD 需要 400 ℃左右的工艺温度，在

TSV中的介质绝缘膜必须承受相同的温度水平。完整的工艺步骤操作如下。

在TSV绝缘化完成后，在真空下完成原位工艺系列，包括由在W回刻室（RIE）的Ar预溅射步骤、达到20～30 nm厚度的多次沉积/刻蚀步骤、在TiN－MOCVD室中TiN种子层等离子致密步骤、随后的约1 100 nm的W CVD步骤、在真空下冷却，以及在W回刻室W的部分刻蚀。

因为填充TSV孔需要相对厚的W层，所以需要进行部分表层W回刻，直到剩余的薄膜厚度小于500 nm，从而避免W层的任何起皮或分层。具有以SF_6基为化学蚀刻剂的常用RIE等离子腔体可用来作为部分表层W刻蚀步骤，也可用于后述的结构W刻蚀步骤。局部回刻也可将晶圆弯曲减少到适中的水平，以使晶圆能正常进入光刻设备——分布重复投影光刻机。通过光刻胶掩膜，在原位部分W回刻后进行PR结构W的刻蚀，并去除多余的W。剩余的W薄膜通过初始TSV和一些重叠区域被光刻胶（光场掩膜）完全覆盖的方式实现结构化。因此避免了W蚀刻期间对TSV内W的过刻蚀。薄TiN层是W过刻蚀期间为防止其氧化层过分刻蚀的首个阻隔层。最终，保留的TiN层用氯基化学物刻蚀，由此TSV已相互电绝缘并且能进一步集成。

图9－8所示为一个完整的W结构工艺系列后，典型的W填充TSV（20 μm深）横截面照片（左）及顶视照片（右）。可获得的W－CVD台阶保形性主要取决于锥度和TSV的深宽比。对于深宽比为10、横向尺寸为3 μm（槽宽）的TSV，可获得的保形性大于80%。左边的W填充TSV展示了先前产生的介质隔离层（臭氧－TEOS基SACVD膜）部分和上半部分TSV内部的W膜（由于其硬度的原因，当劈开样品时，右边钨填充塞上的钨膜被完全去除）。

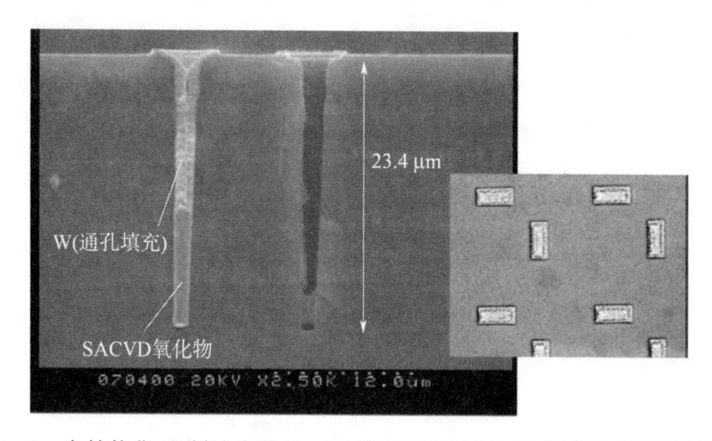

图9－8　在结构化W刻蚀步骤后，W填充TSV的SEM照片和顶视显微照片

深宽比大于10，锥度为88°（HBr化学物）

对于高深宽比TSV，得到无空洞W填充的结果有困难；前面描述的制作TSV的锥度是决定空洞尺寸的主要参数。图9－9表示了具有锥度为89.5°、深宽比大于15的W填充TSV的SEM照片，出现了显而易见的空洞。

除上面提到的W回刻工艺的可能性外，W的化学机械抛光也能用来抛光剩余的体钨直到到达下面的介质层，这样形成表面特征可以忽略的电绝缘 TSV。

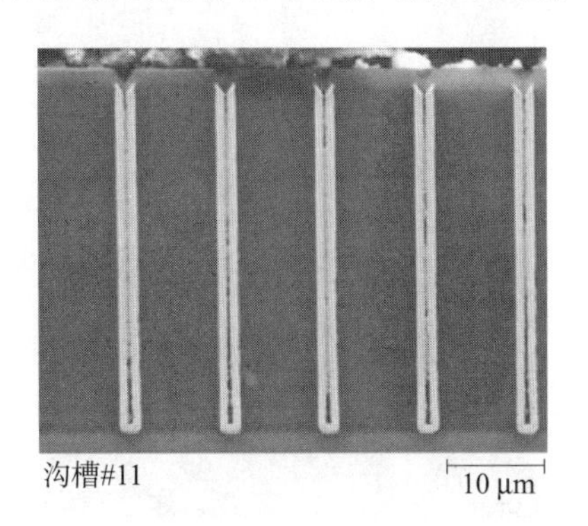

图 9－9　在表层 W 回刻后，W 填充 TSV 的 SEM 照片
深宽比为 15，锥度为 89.5°（SF6/C4F8 化学物）

9.4.2　Cu CVD 金属化

TSV 填充的铜金属化工艺系列设置如下。

在 TSV 隔离后，沉积 TiN 阻挡层。为了满足扩散阻挡层需要，在 TSV 较低的区域，TiN 阻挡层应有约 20 nm 厚。在小尺寸和高深宽比时，台阶覆盖降低。因此，沉积的阻挡层厚度应该根据 TSV 的几何尺寸来选择。对于较大的 TSV，其顶部 TiN 阻挡层厚度在 30 nm 的范围内；对于较小直径、深度在 20～30 μm 之间的 TSV，其顶部 TiN 阻挡层厚度上升到 90 nm。与阻挡层相同，TiN 黏附层的沉积发生在同一沉积室内，但沉积温度更低。且相对于 TiN 阻挡层沉积，其是一个纯等离子增强工艺。在原位完成铜沉积工艺，且没有真空中断。在完整的 TSV 填充后，需要进行热处理，使黏附层与铜之间获得充分的黏附性。热处理在 P5000 集束设备的一个 CVD 室中完成。晶圆在真空下进行处理，基座温度为380～420 ℃，时间为 3～5 min。如果没有进行退火处理，层叠不能通过随后的 CMP 工艺。化学机械抛光去除了晶圆顶部过剩的铜以及 TiN 阻挡层、黏附层。通常需要两个步骤：第一步，去除凸出的铜；第二步去除 TiN 层。这些工艺使用具有特定选择性的不同的浆料，以得到绝缘好、等平面的 TSV 以及避免凹陷、铜腐蚀等问题。

化学机械抛光之后，为了 TSV 和（或）叠层芯片之间的组装互连，要完成绝缘沉积和用 Al 或 Cu 大马士革金属化的互连工艺。图 9－10 所示为一个在减薄、顶部和底部金属化后由 CVD 铜完全填充的 TSV 例子。

9.5　小结

钨 CVD 和铜 CVD 都能用作 TSV 的金属化。根据 TSV 横向尺寸，可以采用基于 CVD 的 TSV 填充，也可以采用 CVD 制作种子层利用随后的电镀完成填充的 TSV 工艺。完全由 CVD 填充一般用在直径约 3 μm 内的小 TSV 直接填充，尤其是在高深宽比时。与

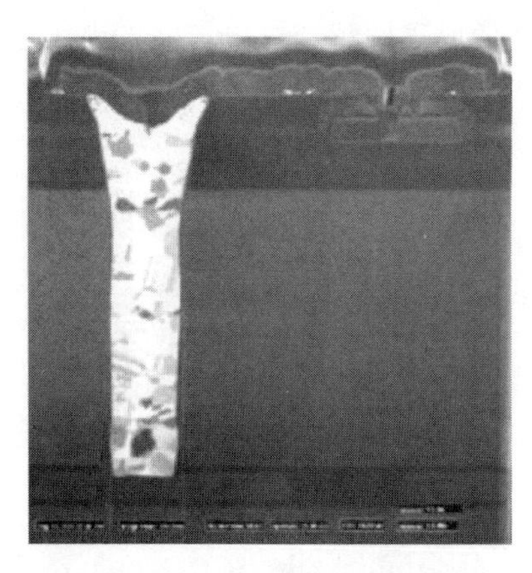

图 9－10　减薄、顶部和底部金属化后由 CVD 铜完全填充的 TSV（倾斜的 FIB 断面）

小 TSV 尺寸相比，限制是由金属性质和沉积工艺本身引起的。W 填充工艺受应力限制，而铜填充工艺由效率因素决定，例如先驱物成本和相对长的工艺时间。新先驱物的开发可能使现有的铜 CVD 工艺更有效率。

两种工艺都可以制作高质量的种子层。CVD 的高保形性允许具有均匀厚度的膜沉积在 TSV 结构的顶部和内部。在进行电镀工艺时，均匀的膜厚度是等电流密度分布的主要条件，这样才能进行无空洞填充。

参考文献

[1] Temple,D., Bower, C. A. et al. (2007) in 2006 MRS Symposium Proceedings, volume 970, 0970 - Y03 - 04, p. 115 - 117.

[2] Wieland,R. et al. (2007) in Smart Systems Integration 2007, 649, Verlag GmbH, 978 - 3 - 8007 - 3009 - 4.

[3] Ramm,R. et al. in AMC2001 Proceedings, 159, 1 - 55899 - 670 - 2.

[4] Sakuma,K. et al. ECTC 2007 Proceedings 627, IEEE 1 - 4255 - 0985 - 3/07/.

[5] Kim,B. (2007) 2006 MRS Symposium Proceedings, 970, 253 0970 - Y06 - 02, p. 259 - 260.

[6] Burkett,S., Schaper, L. et al. (2007) in 2006 MRS Symposium Proceedings, 970 0970 - Y06 - 01, p. 261 - 273.

[7] Wang,S. - Q. et al (1996) Journal of Vacuum Science & Technology, 14 (3), 1846.

[8] Rossnagel,S. M. and Kim, H. (2001) 2001 Proceedings IITC, pp. 3 - 5.

[9] Tsang ,C. K. et al. (2007) Materials Research Society Symposium Proceedings, 970, p. 261 - 273.

[10] Korner,H. and Seidel, U. (1994) in 1993 Advanced Metallization for ULSI Appl. VII, MRS, p. 513.

[11] Ohshita,Y. et al. (1995) Journal of Crystal Growth, 146, 188 - 192.

[12] Hillmann,J. et al. (July 1995) Solid State Technology, 38, p. 147.

[13] Chang,Y. H. et al. (1996) Applied Physics Letters, 68 (18), 2580.

[14] Wber,A., Gross, M. E. et al. (1995) Journal of the Electrochemical Society, 142 (6), L79.

[15] Tsau,L. et al. (1996) in 1996 VIMC Conference, Vol. 106, p. 596 - 598.

[16] Leutenecker,R. et al. (1995) Thin Solid Films, 270, 621 - 626.

[17] Paranjpe,A. and Islam Raja, M. (Septermber/October 1995) Journal of Vacuum Sience & Technology B, 13, p. 2105 - 2114.

[18] Kodas,T. and Hampden - Smith, M. (1994) The Chemistry of Metal CVC, VCH, Weinheim, 3 - 527- 29071 - 0.

[19] Kim,C. K. et al. (2003) ChemicalVapour Deposition XVI and EUROCVD 14. Electrochemical Society Proceedings, PV, 2003 - 08 (2), p. 1284.

[20] Kim,K. and Yong, K. (2003) ChemicalVapour Deposition XVI and EUROCVD 14. Electrochemical Society Proceedings, PV, 2003 - 08 (2), 1290, 1 - 56677 - 378 - 4.

[21] Das,M. andShivashankar, S. A. (2007) Applied Organometallic Chemistry, 21, 15 - 25.

[22] Rober,J., Kaufmann, C. and Gessner, T. (1995) Applied surface Science, 91, 134 - 138.

[23] Jouland,M., Angekort, C., Doppelt, P. et al. (2002) Microelectronic Engineering, 64, 107.

[24] Jouland,M. et al. (2003) Chemical Vapour Deposition XVI and EUROCVD 14. Electrochemical Society Proceedings, PV, 2003 - 08 (2) p. 1268. 1 - 56677 - 378 - 4.

[25] Blewer,R. S. (1998) Tungsten and Other Refractory Metals for VLSI Applications. Proceedings of

the 1988 Workship Held October 4 - 6, Albuquerque, USA Materials Research Society Conference Proceedings, (ed. Carol M. Conica), p. 65 - 76.

[26] Riedel,S., Schulz, S. E. andGessner, T. (200) Microelectronic Engineering, 50, 533.

[27] Ecke,R. et al. (2003) Chemical Vapour Deposition XVI and EUROCVD 14 (eds Allendorf, M., Maury, F and Teyssandier, F), Electrochemical Society Proceedings, PV, 2003 - 08 (2), p. 1284.

[28] Riedel,S., Weiss, K., Schulz, S. E. andGessner, T. (2000) AMC 1999 Proceedings, p. 195, 1 - 55899 - 539 - 0.

[29] Gandikota,S. et al. (2000) Microelectronic Engineering, 50, 547.

[30] Yang,D., Hong, J., Richards, D. F. andCale, T. S. (2002) Journal of Vacuum Science & Technology B, 20 (2), 495 - 506.

[31] Korner,H. and Seidel, U. (1994) Advanced Metallization for USLI Applications 1993 (ed. Fareau et al.), MRS, Pittsburgh, PA, p. 513.

[32] Korner,H. et al. (1991) Tungsten and other Refractory Metals for ULSI VII (eds R. Blumenthal and G. Smith), MRS, Pittsburgh, PA, p. 369.

第二篇

晶圆减薄与键合技术

第 10 章　薄晶圆的制造、处理及划片技术

Werner Kröninger

10.1　薄芯片的应用

当今，许多应用使用薄芯片，为什么呢？因为使用薄芯片可以改善集成电路的一些关键性能，并且随着薄芯片的制作能力的提升，一些新的应用也得以实现。

芯片的主要应用领域包括：PC 用处理器、电子模块用存储器、汽车用功率器件、门禁卡中的识别芯片以及各种票卡及电子标识等，这些应用让人们的生活变得越来越便捷。这类器件中所应用的芯片都必须经过减薄处理，那么，到底是什么驱动了这项技术的发展呢？我们为什么要对芯片进行减薄呢？

接下来我们看看以上各项技术中采用薄芯片所具有的明显优势：1）提高了处理器散热性能；2）减小了堆叠存储器的封装体积；3）降低了功率器件的电阻；4）保证了智能卡及相关应用中芯片的韧性，满足日常使用需求。那么，问题来了：芯片的厚度最小是多少才能保证器件的正常使用呢？人们开展了一些研究对该问题进行说明，研究结果表明与产品结构有关。然而，大量应用可以通过使用薄芯片提高其性能，有些薄芯片的厚度仅需要比有源层的厚度大上几微米，如同水深仅需要超过船底部一英寸。

10.2　主要问题：减薄和晶圆翘曲

如图 10－1 所示，晶圆产生翘曲主要有两个原因：第一，晶圆的最终厚度将直接导致晶圆翘曲，晶圆的翘曲随着厚度的减少而增加。第二，器件表面的有源层会对晶圆的翘曲产生影响，因为有源层自身具有一定张力，所以翘曲的程度与有源层的数量与种类有关。一般来说，层数越多越易翘曲。这些层也会产生拓扑结构（增加了额外的机械应力），此外，有些材料，如金属、酰亚胺类等，自身也会产生应力。化学机械抛光（CMP）可以减少拓扑结构，从而降低张力，因此可以减少晶圆的翘曲。芯片的尺寸也会影响翘曲。研磨工艺容易在晶圆的表面留下一层含有二氧化硅的损伤层，损伤层会大部分的翘曲。因此，

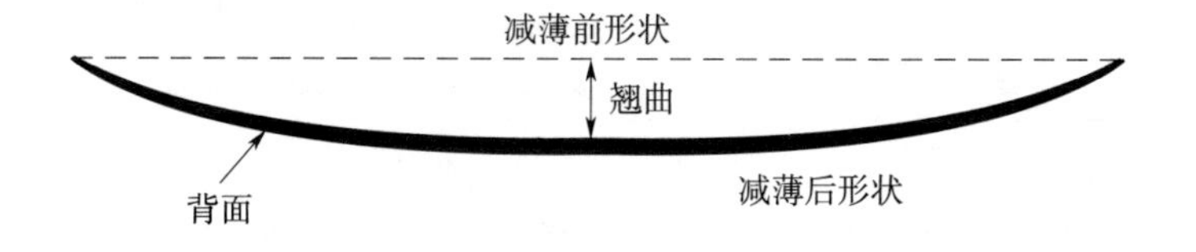

图 10－1　翘曲示意图：有源层张力导致翘曲

对于晶圆减薄来说，去除表面损伤层（释放应力）是非常重要的。晶圆最终的厚度当然是主要因素，体硅越薄，芯片刚度越小。

对于一些特殊的芯片，需要建立特有的和合适的减薄工艺流程，晶圆翘曲仅取决于产品类型及其最终厚度。图 10－2 说明了晶圆在各工艺步骤后的翘曲程度。一个原始厚度为 725 μm的 8 inch 晶圆，在大部分应用中基本零翘曲，粗磨过后翘曲达最大值，在此之后通过精磨和去应力的处理可以降低翘曲。

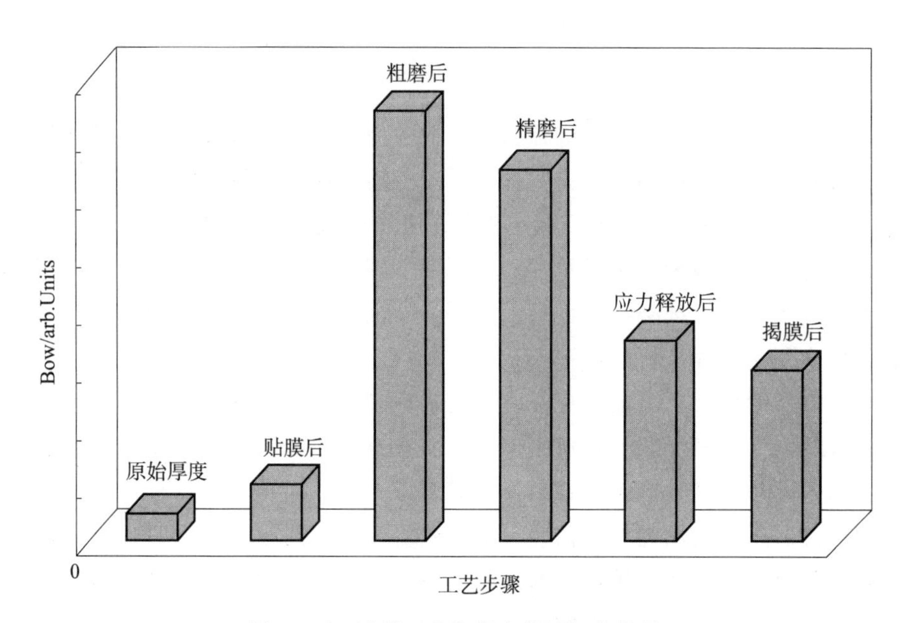

图 10－2　减薄工艺流程中晶圆翘曲情况

10.2.1　现象的产生原因

为了解释翘曲这个现象，首先我们了解一下金刚石擦伤晶圆表面的过程。

损伤来自背面磨削过程，我们希望在不损伤剩余晶圆的情况下进行减薄。图 10－3 所示是我们所希望的，仅发生了塑性变形，然而实际的情况更接近图 10－4 所示。

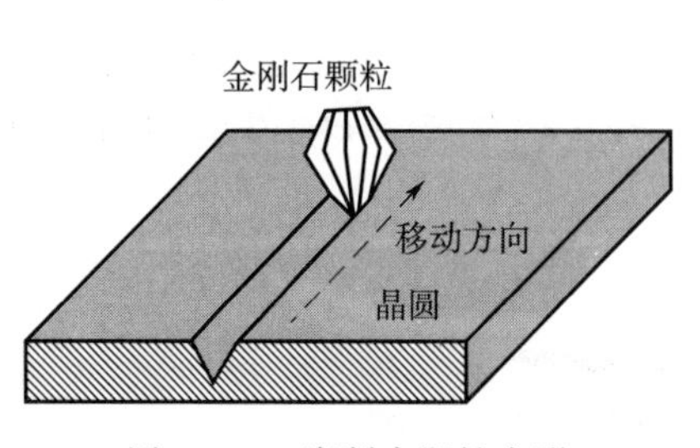

图 10－3　磨削中塑性变形

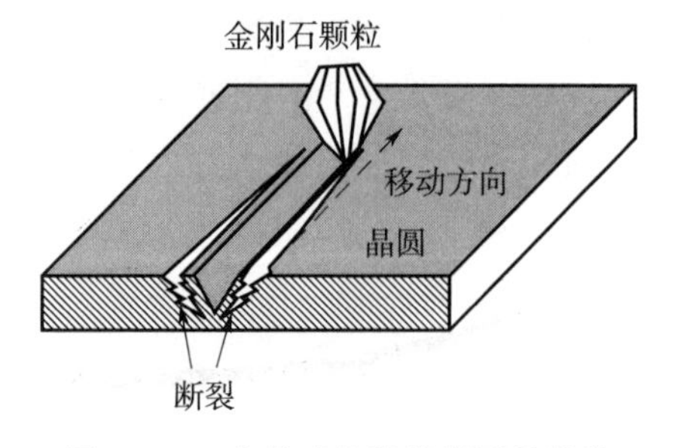

图 10－4　多晶硅的脆性断裂及缺陷

10.3　减薄

图 10－1 所示是减薄的工艺流程图。

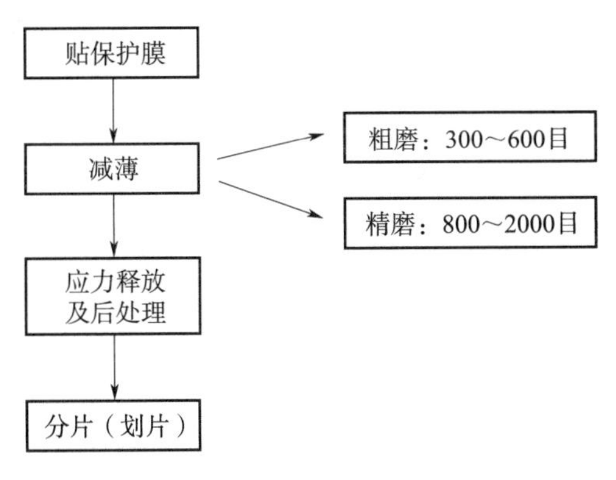

流程图 10－1　减薄流程图

首先，在晶圆的正面贴上一层保护膜，然后进行研磨。研磨一般包括两个工艺过程，即粗磨与精磨，粗磨一般使用颗粒度是 20～80 μm 的金刚石，精磨使用颗粒度是 1～8 μm 的金刚石。一个关键因素是磨轮粒度分布的控制，将颗粒度保持在某一特定范围是必要的，通过筛目尺寸控制。例如对于 600 号的筛目来说，对应的颗粒度为 20～30 μm。

10.3.1　研磨参数

研磨晶体材料的中心单元是研磨工具（例如磨轮）。磨轮的要素是金刚石颗粒的尺寸、黏合剂、气孔及结合这三者的烧结过程，如图 10－5 所示。

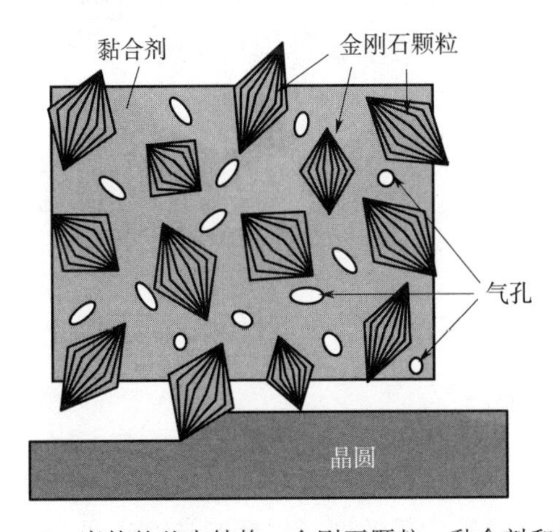

图 10－5　磨轮的基本结构：金刚石颗粒、黏合剂和气孔

研磨工艺中的主要参数是磨轮的进给速度（决定材料的移除速度），磨轮粗糙度（金刚石颗粒度，黏合剂）及冷却。如果工艺过程温度太高，晶圆可能会被毁掉或破损，因此

冷却在晶圆减薄的过程中是一个非常重要的因素。表10-1列出了一些粗磨与精磨的工艺参数。

表10-1 典型粗磨与精磨参数

参数	粗磨	精磨
磨轮粗糙度/目数	300～600	1 000～3 000
金刚石直径/μm	10～80	1～8
进给速度/（μm s^{-1}）	2～12	0.2～1.5
磨轮结构	陶瓷	树脂，或陶瓷
硅研磨表面	粗糙	精细
表面粗糙度/（ra μm^{-1}）	<0.2	<0.05
断裂强度/N（300 μm）	8	20

关注几种不同的研磨材料，其颗粒需要满足几个标准，如图10-6所示，CBN（立方氮化硼）可做为金刚石的替代物。到目前为止，金刚石被证明是最适合研磨晶圆的材料（同样也适合研磨其他脆性材料，如GaAs，SiC等）。考虑到黏合剂，一般选择树脂或陶瓷（玻璃化的），这还要取决于使用要求，如图10-7所示。

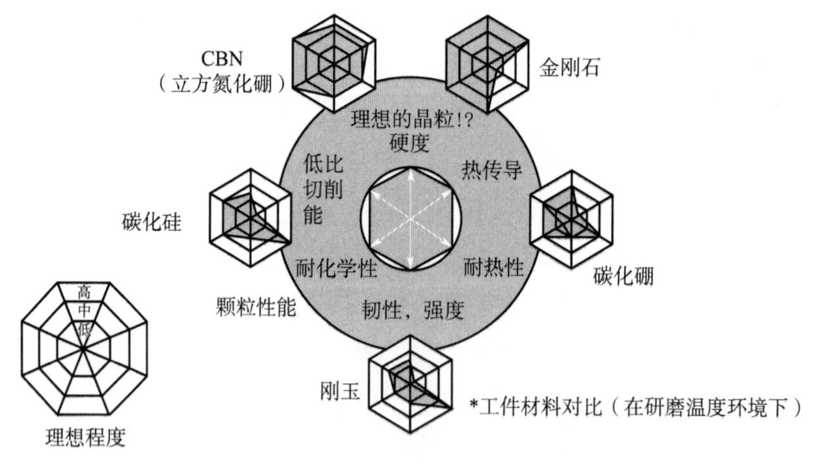

图10-6 晶粒性质

10.3.2 研磨参数的相互影响

研磨工艺的主要参数会影响芯片的断裂强度、晶圆的翘曲等，这些工艺参数间也是相互制约的，这些参数包括：磨轮的粗糙度、粗磨的进给速度、磨轮的硬度、磨轮的耐磨性及精磨的加工量等。

如果磨轮硬度过低，则磨轮磨损非常高，且材料去除的效率非常低。然而，如果硬度过高，晶圆表面温度会过高，导致晶圆破损或产品损坏。粗磨主要影响晶圆的翘曲或扭曲

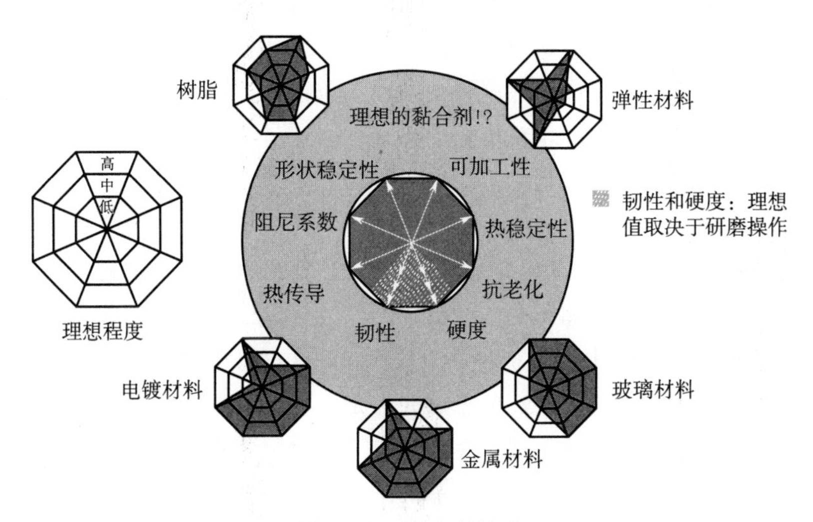

图 10－7　黏合剂性质

及芯片的稳定性（断裂强度），根据晶圆尺寸和产品，操作范围非常宽。对于 8 inch 的晶圆来说，粗磨的研磨速度可以控制在 3～6 $\mu m \cdot s^{-1}$（精磨的速度大约控制在粗磨速度的 1/10），进给速度越快，轮子的磨损程度越大。

研磨速度越快，单个磨轮可加工的晶圆就越少。如果我们倾向于较高的速度，那么将要承担低稳定性（如图 10－8 所示）、晶圆翘曲（如图 10－9 所示）、烧伤（研磨时若可以

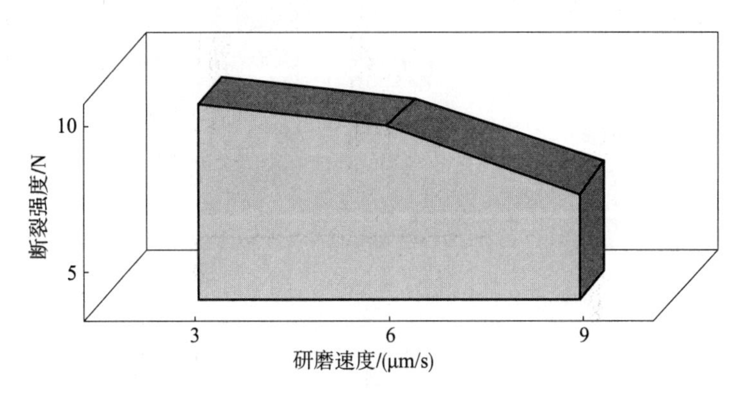

图 10－8　粗磨的进给速度与断裂强度的关系

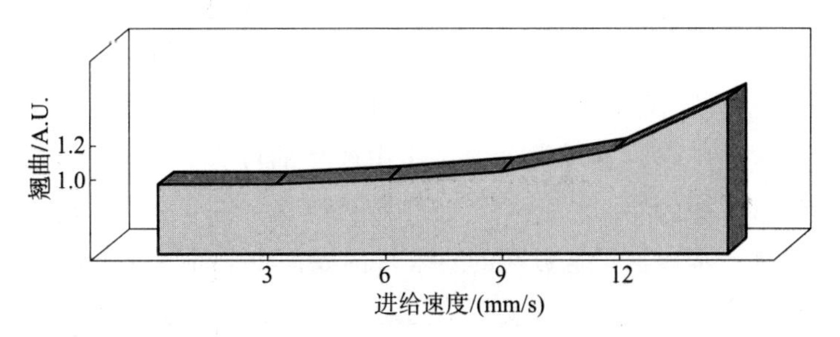

图 10－9　晶圆翘曲与粗磨进给速度的关系

看到一层有色的氧化层）并因此损坏晶圆的风险。研磨速度过低同样会产生问题：可能产生磨轮阻塞的结果（由于颗粒嵌入材料基底，磨削速度降低，磨削应力急剧上升）。此外，粗磨与精磨间也相互影响。粗磨后晶圆表面的状态应该适合精磨磨轮加工。我们需要的不是一个好的磨轮，而是一组好的粗精磨轮的组合。因此，我们还需要对几组磨轮的匹配进行检查及确定。另一个相关性属性是：研磨越粗糙其质量稳定性越低。

为什么要粗磨呢？可以跳过粗磨直接进行精磨吗？答案涉及两个方面：第一，不能跳过粗磨，因为精磨的磨轮很难穿透晶圆表面；第二，如果我们直接进行精磨，那么，对于精磨来说磨掉几百微米厚度的晶圆是非常困难的，并且加工的速度是非常慢的。更一般地说，为什么要研磨？有没有其他的方法呢？当然有，这章将要讨论其他的工艺方法，但目前的答案是，研磨是最经济的、快速的方法并且是一项工业标准。

精磨在一定程度上可以弥补粗磨后在晶圆表面产生的损伤，然而，在精磨后，晶圆的表面还是会留下一定的损伤，这些损伤使晶圆产生翘曲，如图 10 - 2 所示。

磨轮处于不断改善中，一个改善方法是采用具有较高阻尼以及较高热导率的黏结系统[1]，因此可以在研磨过程中降低振动并提升冷却效果，如图 10 - 10 所示。

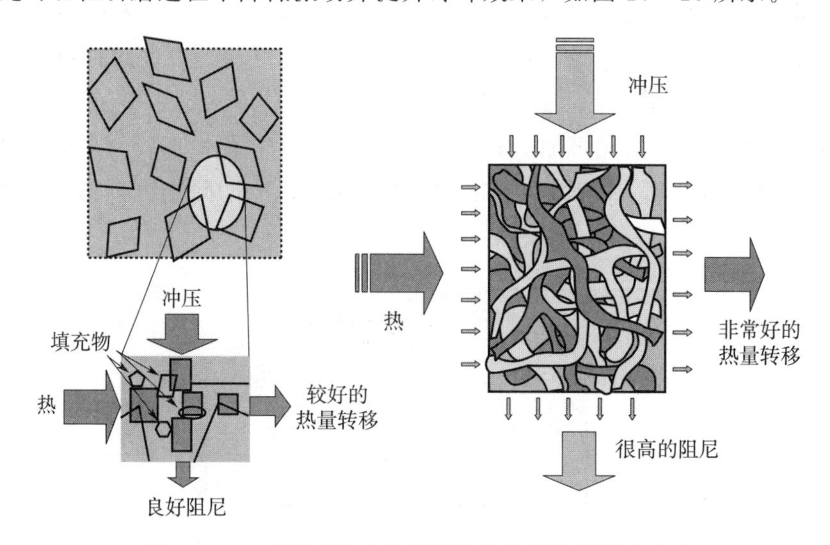

图 10 - 10　黏结成分和烧结是高性能磨轮的关键因子

10.4　稳定性与柔韧性

为什么需要一定的芯片强度呢？这是由于对于后续工艺，需要芯片有一定的稳定性，以保证能够进行正常的操作，且承受不同工序中产生的应力。例如，在芯片键合工艺中，芯片被吸头或喷嘴（或两者同时）抓取，芯片必须能保证在该工艺过程中仍能保持完好。产品的应用场合也进一步增加了这方面的要求，例如，安全性智能卡中的芯片，需要承受在携带及使用过程中产生的应力，这就要求同时具备稳定性和柔韧性。

10.4.1　芯片断裂强度与柔韧性的测试

10.4.1.1　断裂强度

有几种方法可以测试芯片的强度。一种测量断裂强度的方法是球环测试方法，如图10－11所示。

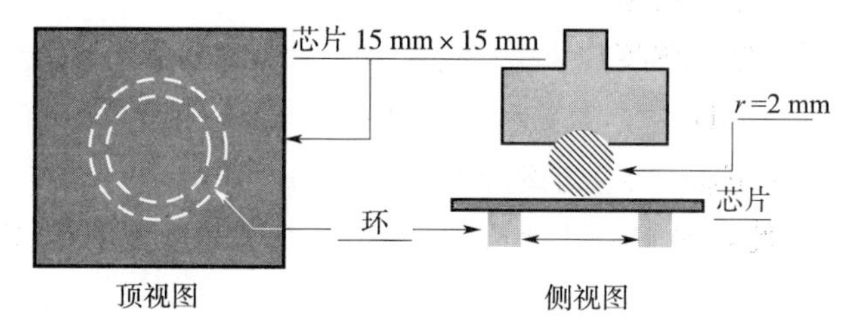

图 10－11　球环法测试原理图

通过一个外力系统，球以 1 mm · min^{-1}的速度缓慢的向下移动。连续测量力和移动的距离直到芯片断裂。

10.4.1.2　三点、四点弯曲测试

图 10－12 所示为三点或四点弯曲测试方法。第三个棒放在芯片上面（如果是四点弯曲则用两个棒放在上面），然后通过外力系统对棒施加力，作用在芯片上。如图 10－13 所示，测试的过程与球环方法相似。测试系统由 PC 控制，连续不断地记录每个芯片的全部数据。如图 10－12 所示的结构尺寸是不固定的，并且可以根据测试的芯片和所要研究的问题做适度调整。

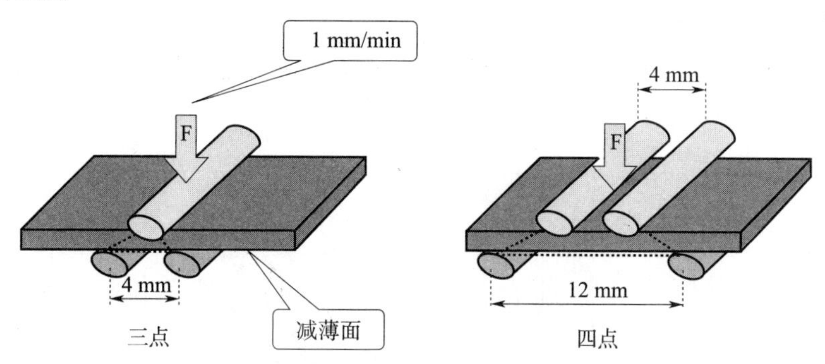

图 10－12　三点及四点弯曲示意图

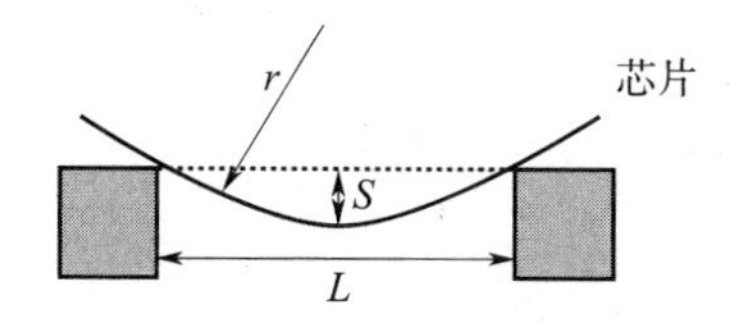

图 10－13　断裂半径示意图

柔韧性测试：r 是芯片断裂前所能承受的半径值，试验过程中对 s 进行记录，芯片断裂时根据 s 计算得到 r。芯片所能承受的半径与芯片厚度成正比。

10.4.2 统计和分析

在生产过程的几个工序中，芯片具有一定的机械强度是必要的。而在芯片的键合工艺过程中或者在现场应用中（用压力-温度循环测试来模拟），芯片的柔韧性同样是一项重要特性。因而，我们需要通过芯片强度与柔韧性这两个非常重要的指标，来评估芯片的性能。首先，我们回顾一下常用的数据分析方法。

对于脆性材料来说，断裂强度数据的分布对于平均力 $F_{平均值}$ 来说是非对称的，因而通常需要使用韦布尔（Weibull）分布进行分析，如图 10－14 所示。我们使用平均力 $F_{平均值}$（算术平均值），有时使用 $F_{中值}$（达到该力时 63.2%的芯片都会断裂），对数据的分散性提供更多一点的信息。因此，对于脆性断裂是一个范围，小的断裂强度会有一个更宽的峰值[7,11]。

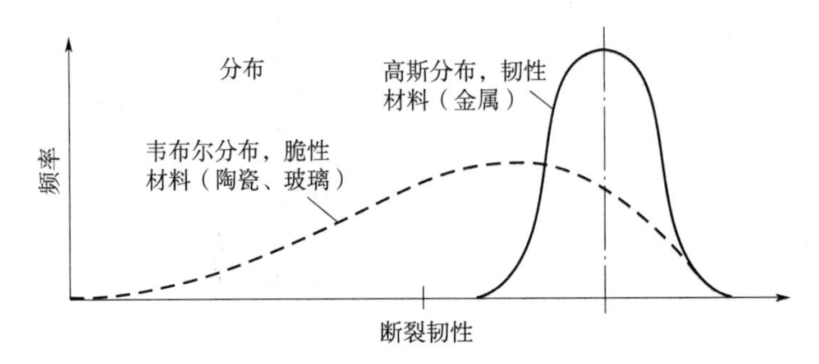

图 10－14 韦布尔分布及高斯分布的对比

为了得到可靠的结果，每组使用 25 片芯片，在每组试验中，测试结果的可靠性与使用芯片数量的平方根成比例。

表示结果的传统方式是绘制韦布尔图表。图 10－15 描述了断裂概率与断裂强度的关系，这个模型呈双对数关系。

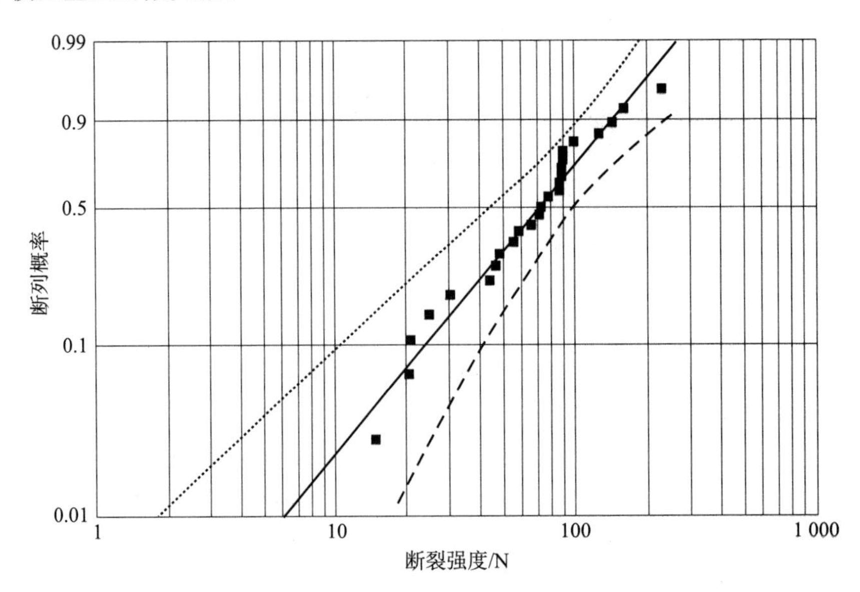

图 10－15 断裂概率与断裂强度的关系

10.5　芯片厚度、理论模型与宏观特征

10.5.1　芯片厚度

当通过研磨对晶圆进行减薄时，它的强度会有什么变化呢？很显然强度降低了，可是降低的方式和趋势是怎样的呢？图 10－16 所示为厚度与强度的变化关系。

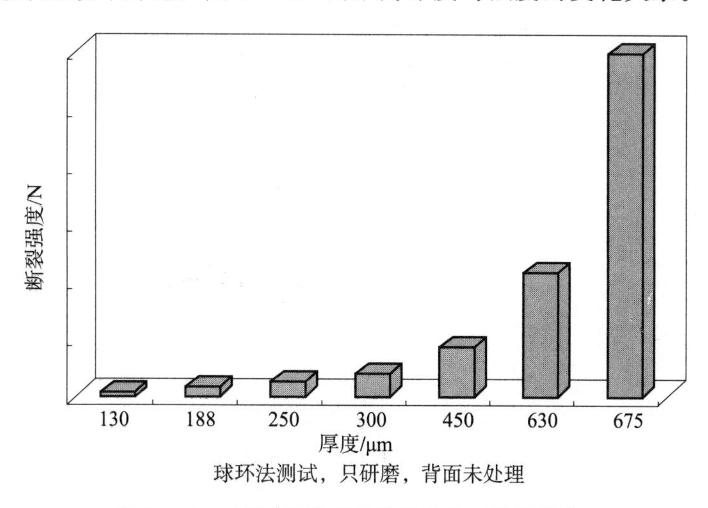

图 10－16　不同厚度芯片的稳定性（断裂强度）

通过研磨减薄后有两个方面值得注意：

1）当减掉原始厚度的 7%时，断裂强度损失超过了 60%。可见，芯片断裂强度并不只是由芯片厚度一方面决定的，更重要的一方面是来自芯片背面的处理状况。

2）对晶圆进行背面减薄，它的断裂强度会随厚度的减少而急剧下降。当晶圆继续减薄至厚度的 30%（188 μm）时，它的强度降低到原来的 4%～7%。为了改善这种状态，我们需要去除晶圆的损伤层（应力释放）。

10.5.2　理论模型

减薄后强度的变化是研磨后晶圆的内部结构产生的结果，因此，我们先仔细观察一下它的内部结构，如图 10－17 所示。

其结构由不同的区域组成，从磨光面（最上面）到芯片晶圆的有源层，仅有几个微米。图 10－17 的右边大致描述了减薄后各层的尺寸范围，左边是对各层可用的检测方式。那么晶圆的宏观性能，如强度、柔韧性、粗糙度及电子元器件有源面性能与哪一区域的损伤有关呢？

有些研究表明，芯片减薄至 50 μm 时，尽管有些性能会出现较小的偏差，但仍在规范范围内，因此仍能保持其各方面的总体性能[2]。弯曲应力会影响产品的电性能，而且这种改变大部分是可逆的。然而，我们需要为了这些应用保持鲁棒的设计。因此，大多数情况

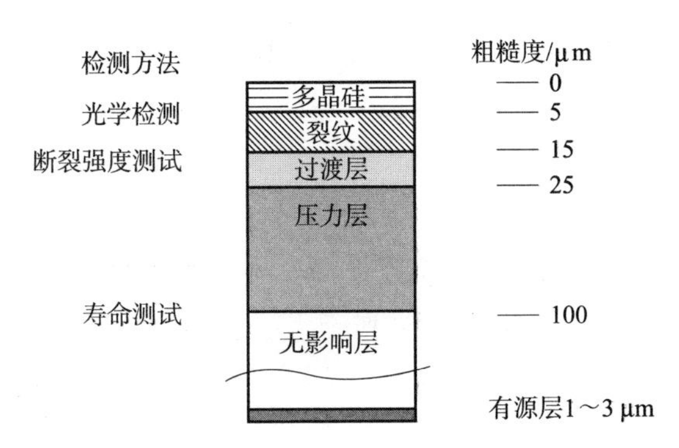

图 10－17　减薄后典型的损伤区域

下，压力层或者过渡层与产品的性能关联不大，因此，这些区域并不是我们研究的目标，目前忽略这些区域。

10.5.3　芯片宏观特征：芯片强度、柔韧性、粗糙度及硬度

10.5.3.1　芯片强度

芯片强度是芯片最重要的指标之一，其不仅影响生产的成品率，而且对芯片封装后的器件可靠性也会产生影响。图 10－18 描述了芯片在不同生产工序下强度的变化。

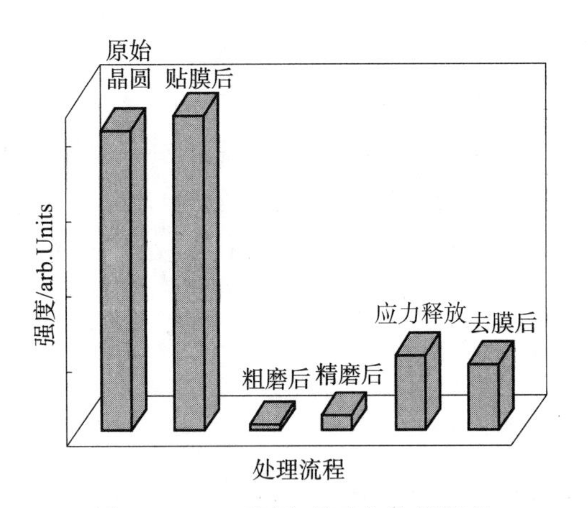

图 10－18　不同流程下芯片的强度

为了除掉由研磨产生的损伤层，我们使用了不同的方法。图 10－19 根据芯片断裂强度的变化比较了不同的方法，达到饱和：旋转刻蚀 20～25 μm；化学机械抛光（CMP）3 μm；等离子刻蚀 3 μm。

为达到强度的最大，减薄量取决于所使用的方法。对于湿法刻蚀来说为使强度最大减薄量为 20～25 μm，这种刻蚀可以消除裂纹，平滑表面，但也可以加深裂纹。因此，需要更高的减薄量。这一劣势可以转变为优势。湿法刻蚀可以减薄近 100 μm 的厚度，而抛光却很难超过 10 μm。

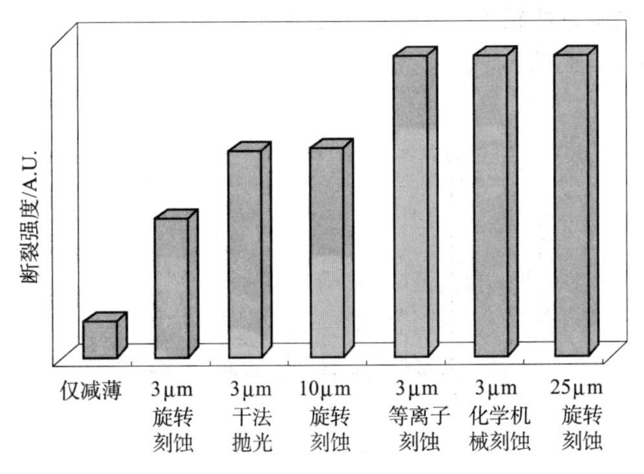

图 10－19 不同背面处理后的芯片强度对比

10.5.3.2　柔韧性

利用背面旋转刻蚀不同的刻蚀量时发现，将刻蚀量从 3 μm 提至到 25 μm，可以提高芯片的强度。但是，这种方法并不能得到高柔韧性，如图 10－20 所示。经过粗磨、精磨及旋转刻蚀可以提高器件的柔韧性。但是刻蚀 3 μm 时我们并未看见柔韧性有明显改善。我们可以看到减薄后的晶圆或芯片仍由体硅材料（假定为完美硅），顶部几个微米的有源层及背面的损伤层组成，如上文所述。这样我们很难通过弹性模量来描述晶圆的机械特性。观察试验的结果，我们可以得出结论：损伤释放处理可提升强度（可承受更大外力），并且芯片会在类似半径内开裂。

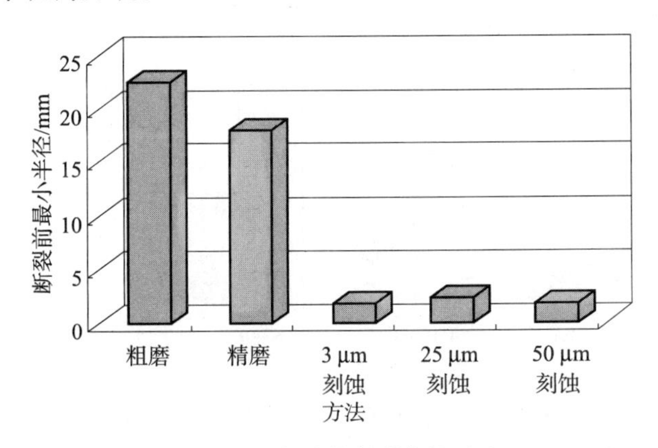

图 10－20　不同处理方法的断裂半径对比（185 μm）

10.5.3.3　粗糙度

我们关注的第三个重要的微观特征是粗糙度。背面的粗糙度与芯片断裂强度有一定的关系。而在芯片键合工序，背面的粗糙度同样影响了键合胶的扩散，从而进一步对芯片的黏结强度产生影响。

测量粗糙度时我们使用 Ra 作为计量单位，它表示在一定长度（毫米范围）上测量的平均粗糙度，芯片背面的粗糙度会影响芯片键合和封装时的黏结性，此外，对一些高频器件的性能参数也会有不同的影响。

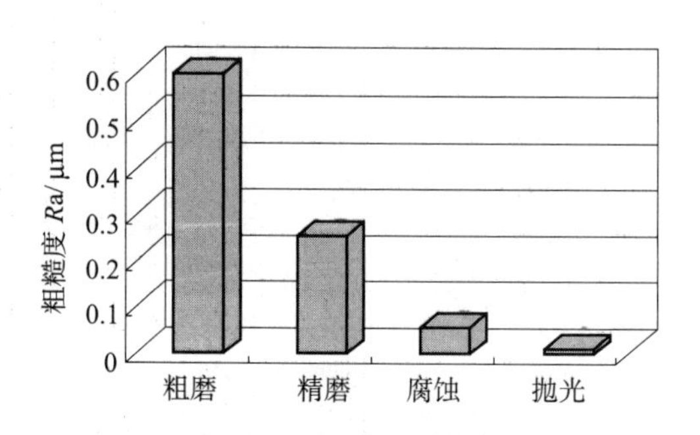

图 10 - 21　不同处理方式的粗糙度对比

图 10 - 21 所示为晶圆不同处理阶段粗糙度的对比情况，晶圆先从粗磨到精磨，再进行背面应力释放（腐蚀、抛光）。利用显微镜可以看到，仅研磨与研磨后再进行等离子刻蚀处理的晶圆表面，存在少量的差别。通过旋转刻蚀可以得到镜面的效果，而等离子刻蚀仅仅稍微降低了研磨表面的粗糙度。

粗磨后的芯片经过精磨，其断裂强度得到了显著性的改善。通过精磨去掉 20 微米，对提升了芯片的断裂强度起决定性作用，这个显著的提升是在芯片减薄工艺流程中逐步实现的，通过精磨可以使芯片强度增加一倍，如图 10 - 22 所示。

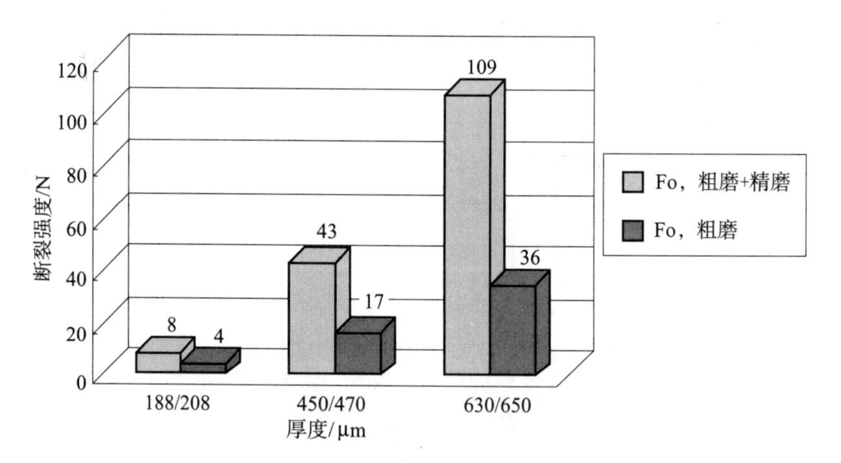

图 10 - 22　通过精磨提高强度（球环方法）

10.5.3.4　芯片表面的硬度

表征表面特征的重要参数之一是硬度，表面情况会对后续封装等工序产生影响，如注塑成型等。我们通过研究背面硬度试图解答如下问题：晶圆背面的硬度与应力释放处理后残留的损伤有关系吗？

我们使用一套测量材料硬度的系统来开展研究，这个系统使用的是灵敏度非常好的带有锥形金刚石的材料。为了得到可靠的结果，压入材料的深度要比在测量粗糙度时的高上一个数量级，测试方法按照标准 DIN 50359 执行。

在 8 inch 裸晶圆上进行测试，结果表明背部硬度与背面处理工艺无关，利用得到的硬度数据结果计算出材料的弹性模量，发现其与文献中所提到的硅（100）的 130 GPa 相近。如图 10－23 所示。

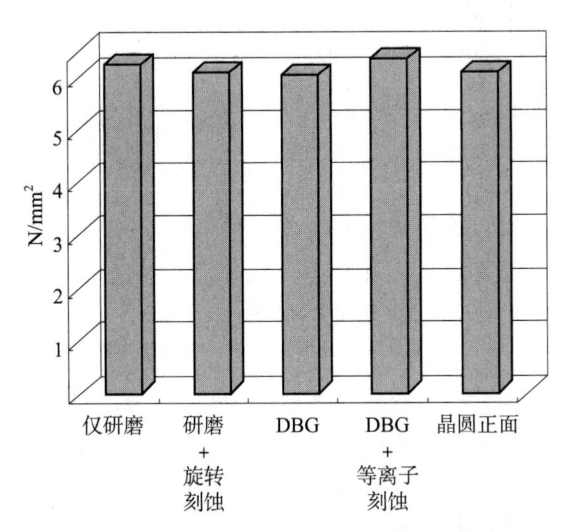

图 10－23　不同表面处理方法的硬度对比

10.5.4　从原始晶圆到处理后的芯片，发生改变了么

从稳定性（图 10－24）及柔韧性（图 10－25）中，可以看出处理后芯片的性能较之原始晶圆的有所降低，我们给出一个大概的数字一般来说会损失 20%～30%。

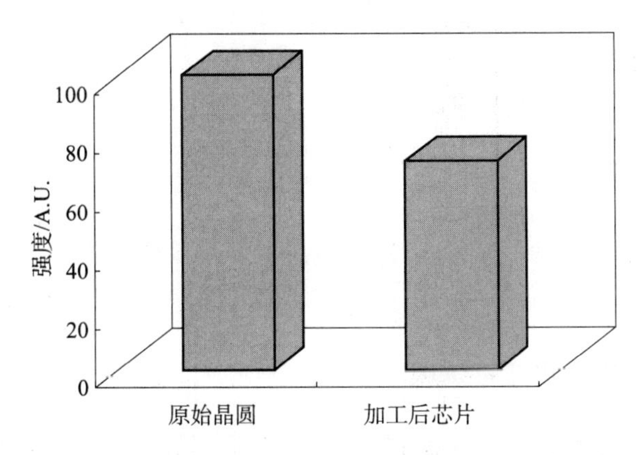

图 10－24　原始晶圆与加工后芯片的对比：强度损失

这种减少主要是由于在工艺过程中晶圆产生的应力。芯片经过数百道的工艺步骤及传递过程，不断会有热应力及等离子体化学侵蚀施加到芯片当中，对芯片的稳定性产生巨大影响。因此，经过加工的芯片的强度等性能很难达到根据试验预测的原始晶圆的性能。

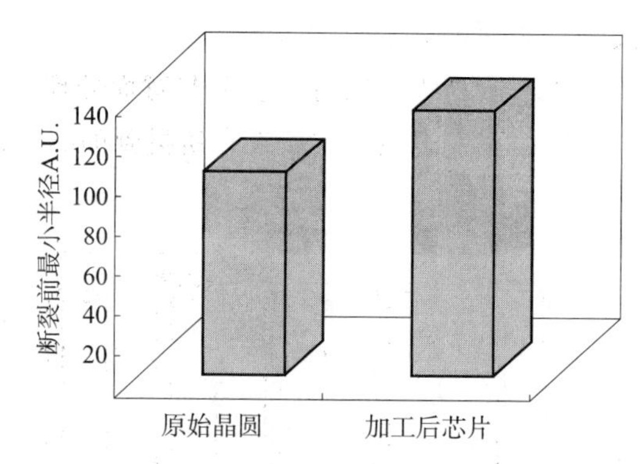

图 10-25 原始晶圆与加工后芯片的对比：损失了柔韧性

10.6 薄晶圆的防护：膜与传递系统

必须遵循的第一个原则是：尽可能避免触摸薄晶圆，如果不能避免，则须使用相应的传送系统。根据半导体器件产品的不同，可以将薄晶圆划分为两个方面进行讨论。

首先，减薄是晶圆加工的最后一道处理工艺，例如：内存、智能卡、控制器、移动通信产品等，这些产品不需要在晶圆的背面增加更多的处理层，为了避免接触，我们提倡使用集结式机台。减薄分离技术（SbT）适用于大部分此类工艺。集结式机台内，特制阻尼料盒、全表面接触手臂、伯努利手臂用于晶圆处理。晶圆送入后我们得到的是膜上的单独芯片。其次，在减薄完成后，晶圆的背面还需要进行其他工艺加工，如背面清洗、金属化、离子注入等，这些主要应用在功率器件中。晶圆减薄后不可避免地需要进行传送，因此我们需要传送系统，已经提出了以下几种不同方法。

1）标准的膜：压敏和紫外线膜可以提供较好的支撑；

2）硬膜：具有较好的支撑，但比较难于去膜；

3）经过紫外线照射加热后，或者热水冲洗后，硬膜可以变柔软；

4）传送盘使用玻璃、陶瓷、蓝宝石（氧化铝）或者硅等材料，将晶圆固定在这些材料上。

工业制造上对于以上几种方法一般都是适用的。可以根据需要选择合适的方法。

这几种解决方法是商用的。如果不能使用 SbT 技术，应该应用上述方法之一。

10.6.1 传递晶圆及芯片用的特殊膜

1）研磨用 UV 膜：将膜置于晶圆的有源面保护器件，将其放入 UV 光下进行解胶，减薄期间膜的黏合强度下降 90%，这样一来，膜就会很容易被撕掉了。

2）划片用 UV 膜：由于通过 UV 光照射后，划片膜丧失其黏合强度，因此粘片机便会很容易将芯片拾起；

3）划片贴膜后去掉减薄保护膜：在划片贴膜后再去掉磨片用的保护膜，这样可以保证在整个操作过程中晶圆都有膜作为支撑；

4）划片用的一些特殊膜，可以为粘片过程提供胶黏层，在芯片被拾取的时候，划片膜上的胶黏层会脱离而黏附在芯片的背面上，在黏片时作为黏片胶将其固定在相应的基板上；

5）磨片用的一些特殊膜，可以为倒扣方式的芯片提供胶黏层，在磨片揭膜后，膜上的胶层可以留在晶圆的表面，这个胶层在芯片有源的一侧，可以在芯片进行倒扣黏结时发挥作用；

6）黏片膜：胶膜黏附在晶圆的表面，在划片后，在堆叠芯片期间作为胶黏层使用。

10.6.2 传送系统

什么样的传送系统才是合适的呢？从材料上来说主要有：玻璃、陶瓷、复合材料及较硬的膜，实际使用时还要根据应用情况而定，应按如下进行区分：

1）不可重复使用方式（如埋膜方式）：传递系统和晶圆一起被切割，并且被封在一起。

2）可重复使用：传递系统是可以重复使用的，晶圆与传递系统在磨片结束后再次分开。通常裸晶圆为最合适的传递系统。它主要的优点是与芯片具有相同的材料系数，便宜，并且可以用于有源晶圆的任何环境。

传送系统的最主要目的是保证薄晶圆能够与加工前的厚晶圆一样较容易传送。例如，如图10－26所示，需要在一个薄晶圆上钻孔，或者如图10－27所示，需要将膜贴在晶圆的背后进行传递。

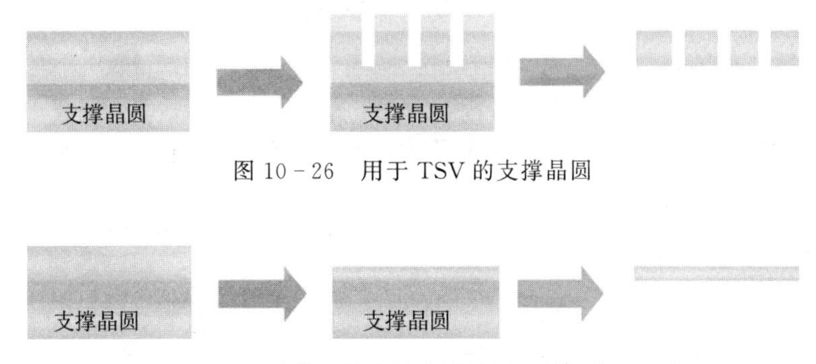

图10－26 用于TSV的支撑晶圆

图10－27 减薄工艺中的支撑晶圆及晶圆背面工艺

当选择使用一种传送系统后，减薄将不再是个问题，但是在能够做到之前，需要解决第二个主要问题：如何将晶圆固定在传送系统上？

可以使用几种胶黏剂系统，例如，蜡应用时较复杂，但可以进行较好的固定，如图10－28所示，但是这种材料不能承受高温；胶水操作比较简单，但是比较难于剥离；双面胶膜温度也不稳定，但如果不涉及高温则是解决问题的好方法；静电方法需要在工艺流程中最后进行再充电，但是一种简单而又快速的固定和分离方法。

现在，我们使用一种传送系统，讨论的焦点变为：新的挑战是如何将晶圆固定在传送系统上，并且在减薄完成后，如何将晶圆从传送系统上分离下来，如何保证工艺在晶圆的背面完成，同时保证在晶圆的表面没有残留物。晶圆背面的工序要施加一些限制：传送系

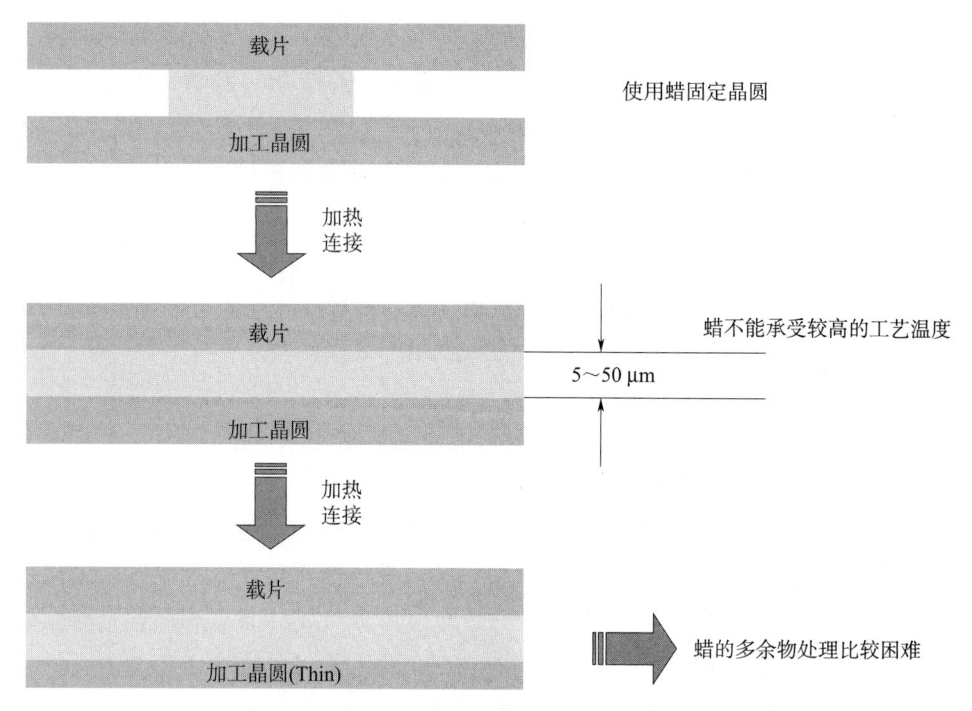

图 10-28　固定晶圆和传送系统：用蜡在晶圆到晶圆间进行暂时黏合

统必须能够满足后续工序加工的需求，如清洗工序、离子注入工序及金属化工序等。这就意味着，它需要承受真空、某些工艺温度及化学媒质的作用。

一种能够保证晶圆强度的方法是在晶圆的边缘增加一个加强环，有些应用是允许这样操作的。最近，这种方法又得到了改进：通过使用一个特殊的磨轮，仅在晶圆的中间进行研磨，外部不进行研磨，最终保留外部而形成一个加强环，如图 10-29 所示。

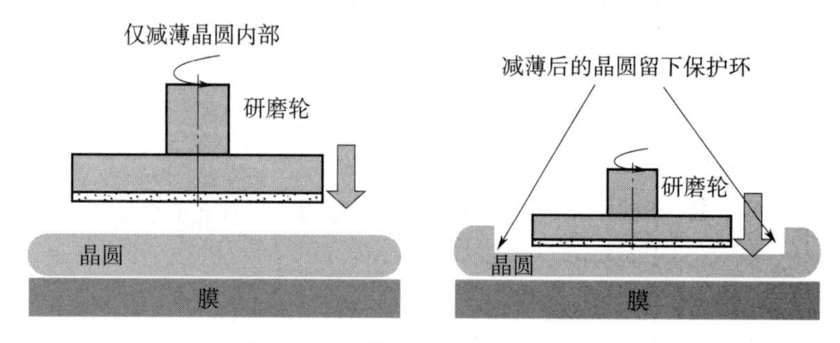

图 10-29　晶圆加强环制作示意图

在这种情况下，支撑晶圆在减薄过程中逐渐成形，但该方法并不适用于所有情况，但是它是改良已有生产方法的一个很好的例子[3]。

10.7　芯片分割：划片影响芯片的强度

划片是前、后道工序的衔接，在半导体行业中，大多的 IC 制造材料都是比较脆的，这是划切后芯片崩边的主要原因。就划片本身而言，崩边的边缘到有源芯片需要一定的安全距离，导致了一个最小的划片道，其为分割芯片与芯片留出了必要的距离。

10.7.1　传统的机械切割

传统的划片是一个纯机械加工，但是仍然是高度复杂的，如图 10－30 所示。

对于小芯片，划片道宽度的最小化，可以增加每个晶圆集成芯片的数量，因此产量可以得到提高。然而在芯片键合过程中，芯片处理需要一定的芯片间距。如果在划片过程中使用的膜是可以扩张的，则在芯片拾取前芯片间的距离会增大。

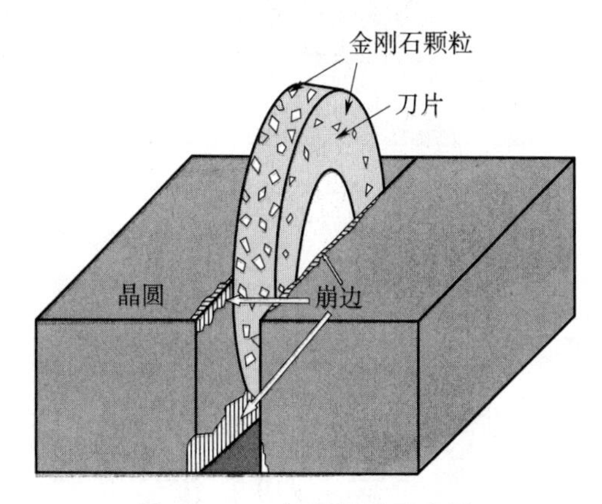

图 10－30　切割原理示意图

以 6 寸晶圆，面积为 1.5 mm^2 的小芯片为例进行说明：当划片道由 100 μm 减小到 50 μm时，可以使芯片的数量增加 15%，如图 10－31 所示。因此每一个芯片制造商明确指出其目标是，高的产量与窄的划片道。

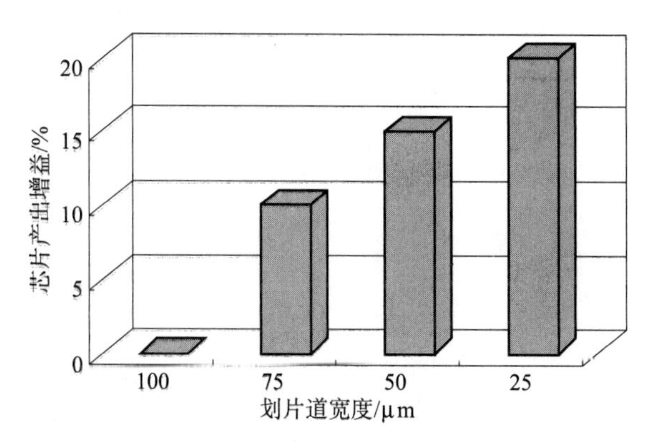

图 10－31　芯片产出率与划片道宽度的关系

近几年所发展的几种切割工艺方法：

1）单刀切割；

2）分步切割；

3）多刀切割。

最新的工艺是分步切割，如图 10 - 32 所示，在切割芯片的过程中使用两个划片刀，第一把刀一般比较宽一点，切入到硅中，第二把刀将剩余的晶圆和黏合层切透，切入膜中，划片刀的转速可达 10 000 rpm，通常刀的直径 2 inchs。

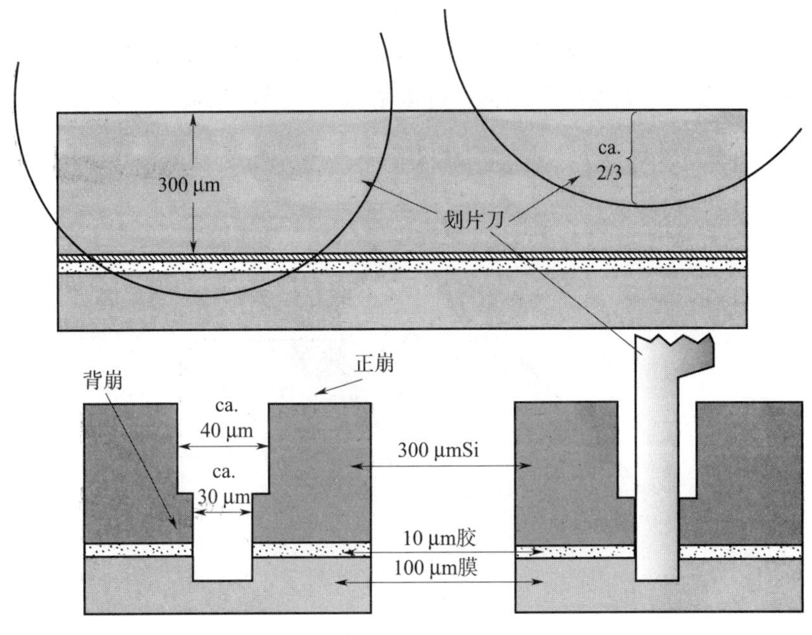

图 10 - 32　分步切割原理

如果对切割后的样品进行放大观察，可以看出切割后的划痕与芯片表面几乎是平行的。如图 10 - 33 所示。

切割工艺最主要的问题可以总结为崩边，如图 10 - 32 所示。崩边的意思是在切割边缘上出现的缺陷，事实上，切割的过程更像刀片与晶圆的研磨过程，切割后会留下一条槽，称之为“刀痕”。

如何控制这方面的问题呢？可以通过光学检查来控制质量，如图 10 - 34 所示。其最大的优点是客观性。例如，可以用同一系统，在不同位置，通过比较输入和输出的值，进行刀痕检查。

10.7.1.1　芯片侧面的损伤

切割上是通过磨削而产生分离。一个标准的磨轮（2 000 目）与常用的切片刀有相同金刚石颗粒度（2～6 μm），且两种材料去除原理相似。在切割中引起的损伤同样会降低芯片的强度，这一点和研磨过程中芯片强度的降低是类似的，如图图 10 - 35 所示。

表面侧壁损伤包括正面崩边、背面崩边及侧面损伤等。

切割芯片产生附加的芯片表面，芯片可以被看成是一个长方体，六个面中有五个面是被研磨过的。芯片所经历的每一次磨、划所产生的裂纹、崩边等，都将成为芯片断裂的薄弱点。减薄工艺会导致较为一致的薄弱点，同样影响着表面积。划片也会带来决定性影响。根据划片后芯片的质量情况可以作为调整减薄工艺参数的一个参考因素，如图 10 - 36 所示。

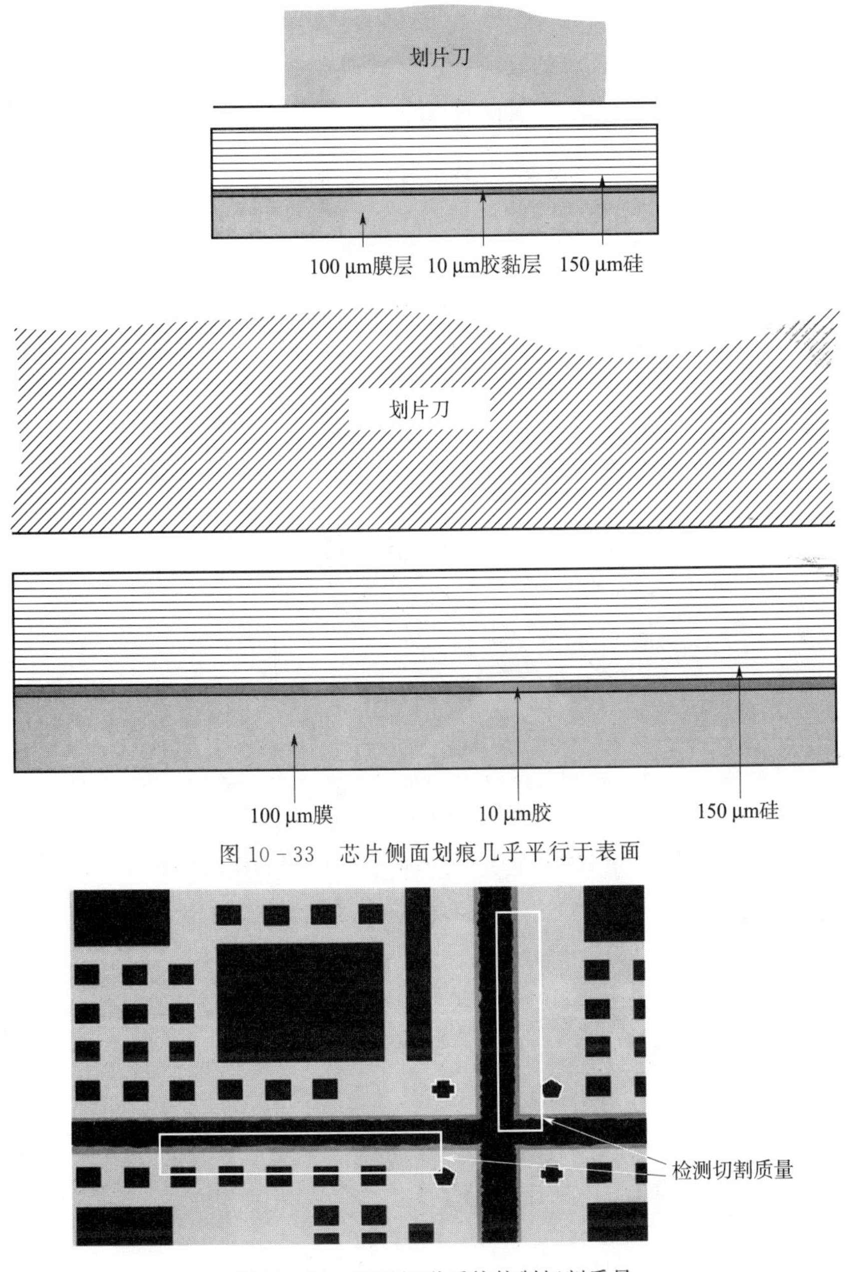

图 10－33　芯片侧面划痕几乎平行于表面

图 10－34　通过视觉系统控制切割质量

10.7.2　激光切割

最近几年，激光切割已被视为一些市场及大规模应用的未来技术，对于薄芯片而言尤为重要，如图 10－37 所示。激光切割有两个重要方面是本质性的：

1）热影响区；

2）碎片产生。

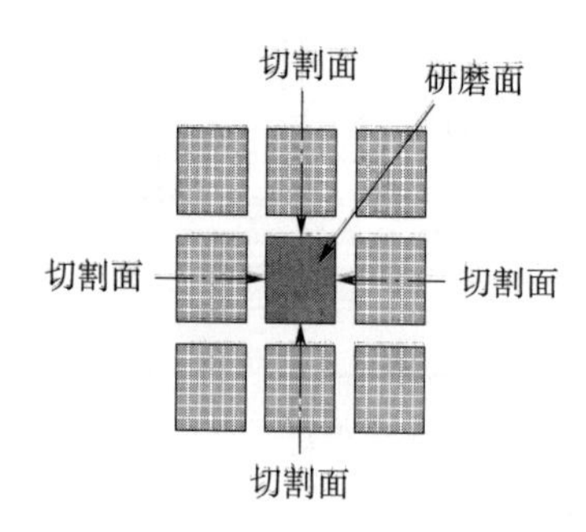

图 10－35　芯片的四个切割面及一个研磨面

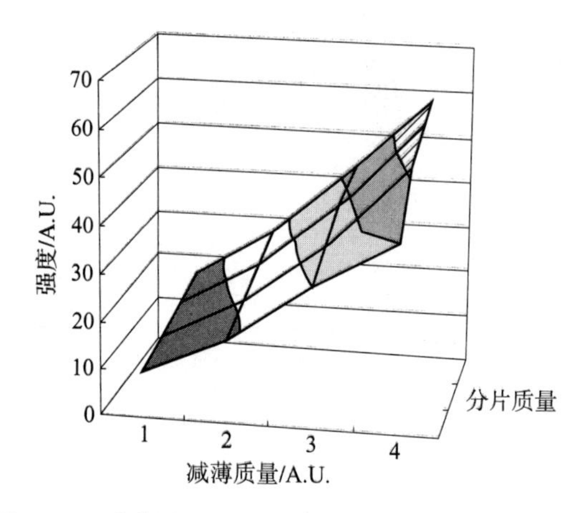

图 10－36 减薄质量与分片质量两者对芯片强度的影响

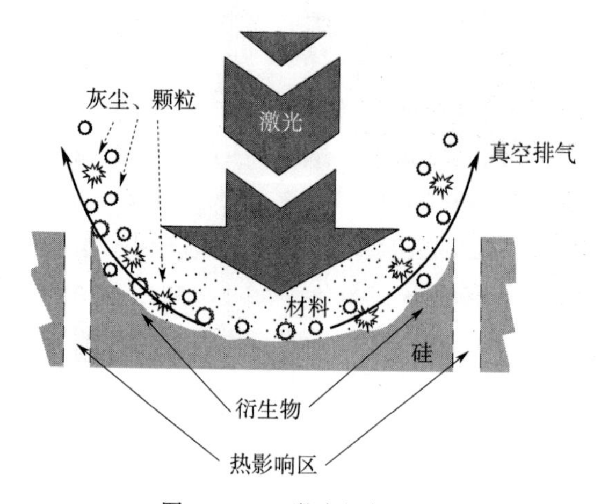

图 10－37　激光切割原理

激光能引起的热冲击造成几微米的热影响区。这些受影响的区域会产生比较大的应力，降低芯片的稳定性。在切割过程中，激光会使材料蒸发。对于干式激光系统，我们需要避免碎片在晶圆的表面产生积聚。因此在开始进行激光切割之前，一般都会在晶圆的表面做上一层保护层，切割完成后再去除表面保护层，同时，积聚的碎片也被去除。这些保护层也同样会附着在晶圆的侧面，导致在其表面覆盖一层熔化的材料，使晶圆的表面变得粗糙。

一项有意思的研究是水导激光法，此法为激光束集中在一个非常细的水柱中传导。这个水柱有助于激光的聚焦，冷却以及清洗切割后产生的碎片。

切割膜同样用于激光切割，一些应用使用传统切割中用的标准膜，有些使用特殊型号的膜。我们在引入新工艺的时候一个引人注目的事实是：这个工艺必须要与其后续的生产工艺相兼容。这种情况下，这就意味着对于激光束而言，切割膜必须是可穿透的，否则，激光将会把切割膜一起切掉，这样一来，我们就无法进行粘片了。切割膜也必须适用于后续粘片工序，我们需要一个完整的生产流程。新的工艺如果不会产生很大的额外变化的话是更容易被接受的，实施起来也更快及困难更少。

10.7.2.1　划线和裂片技术

使用机械的方法在硅划上一条线，然后，使用特殊的工具将其分离，这也可以用激光来做。激光先建立一个损伤区域（穿孔线），然后再通过扩膜或者其他的裂片工具将其分开[2]，如图 10－38 所示。

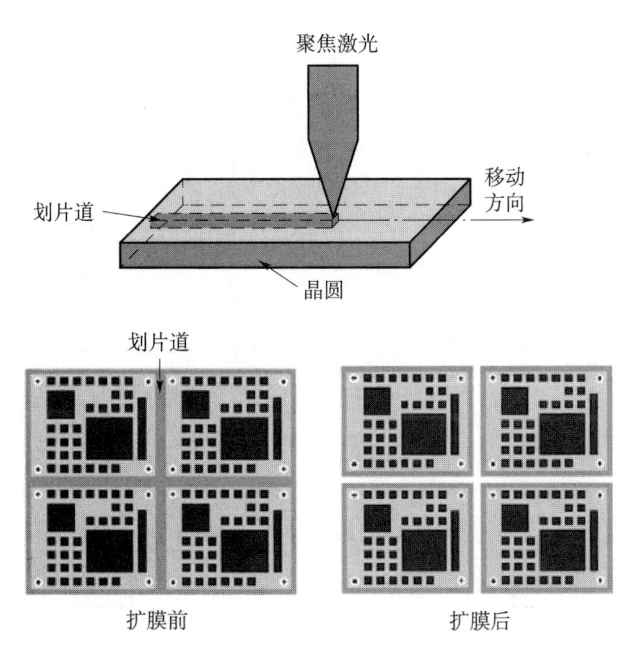

图 10－38　激光切割及分割示意图

10.7.2.2　并行裂片

这些年来提出了将一个晶圆上的所有芯片并行分割的技术。基本思路是在芯片表面有源层施加一层结构性的保护材料，留出划片道，然后通过化学方法将所有划片道同时腐蚀掉，如利用等离子刻蚀。凡事都有正反两面性，其处理的速度是非常慢的，同时，由于额外地加入了保护层，提升了制造的成本，此外，随后仍需要将其除掉。这种方法主要适用于较小和较薄的芯片。对于并行划片而言，划片时间与晶圆上芯片数量关系不大（在充足反应剂提供情况下)。对于厚度小于 100 μm 的晶圆，膜的去除速率不是决定性因素。此外，这种方法兼容性较高，只会带来较低的热冲击，几乎不会造成机械损伤。图 10－39 是并行裂片的一种方法[5]。

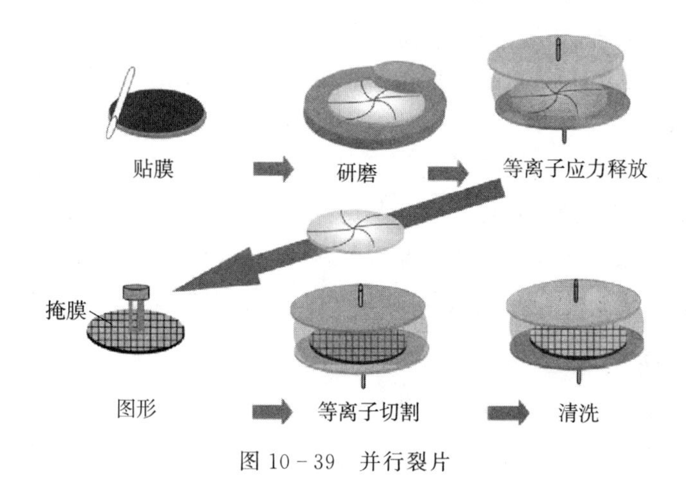

图 10－39　并行裂片

10.7.3　方法对比

考虑到芯片分离的不同工艺流程，我们对几种方法进行了对比，通过减薄实现分离。我们可以使之与标准方法对比，来弄清楚具体流程，如图 10－40 所示。

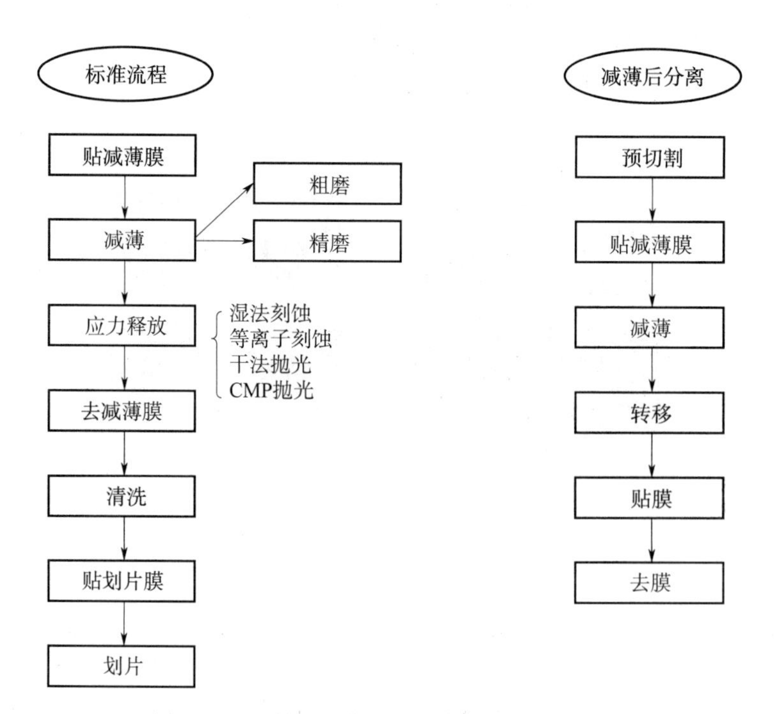

图 10－40　晶圆减薄与分离两种工艺流程对比

器件的稳定性取决于芯片的封装情况，芯片自身的强度以及封装与芯片之间的相互作用。关于芯片的强度，最终的处理（应力释放）是一个关键的因素。正如我们已看到的那样，几种应力释放处理方法都有效地增加了通过研磨减薄后的芯片强度。

图 10 - 41 是先划后磨的流程。

第一步：在晶圆的正面切割一定的深度。

第二步：在晶圆的背面进行减薄。

第三步：减薄至正面切割的深度，使芯片实现分离。

第四步：对分离的芯片进行等离子刻蚀等处理，释放背面及侧面存在的应力。

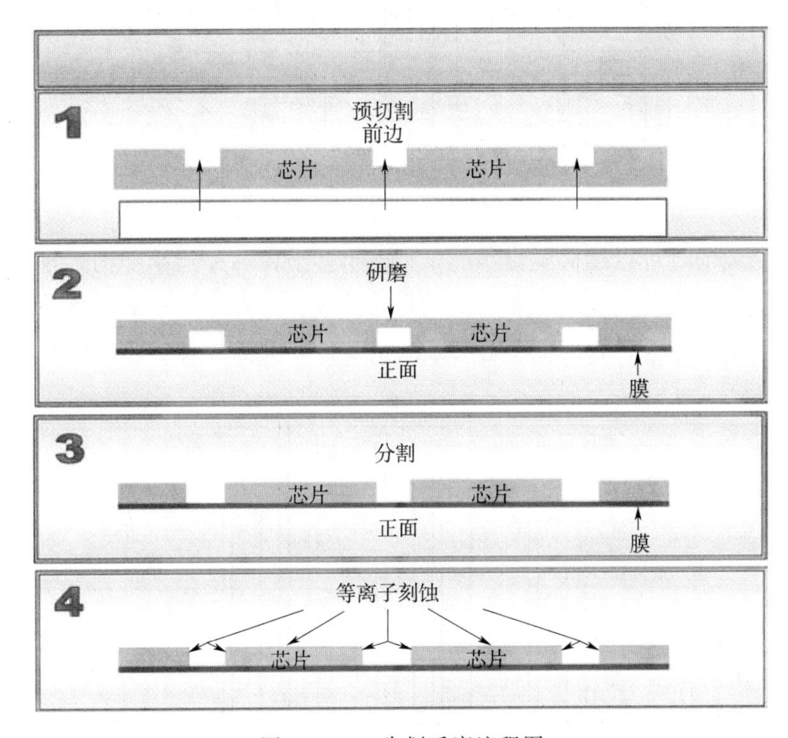

图 10 - 41　先划后磨流程图

10.7.3.1　不同工艺下的断裂强度及柔韧性

我们比较了四种不同流程对芯片进行处理，并将芯片处理至不同的厚度，然后对其强度及柔韧性进行了对比，如图 10 - 42 所示。

1）只研磨，无应力释放处理；

2）研磨并旋转刻蚀 10 μm；

3）先划后磨（DBG，Dicing Before Grinding）；

4）先划后磨后旋转刻蚀 3 μm。

如图 10 - 42 所示通过背面的应力释放处理，芯片的强度可以得到很大的提升。实际上，我们运用应力释放处理可以大致提升芯片强度一个数量级。

图 10 - 43 所示为芯片柔韧性的变化趋势，其与芯片的强度一样。经过背面应力释放

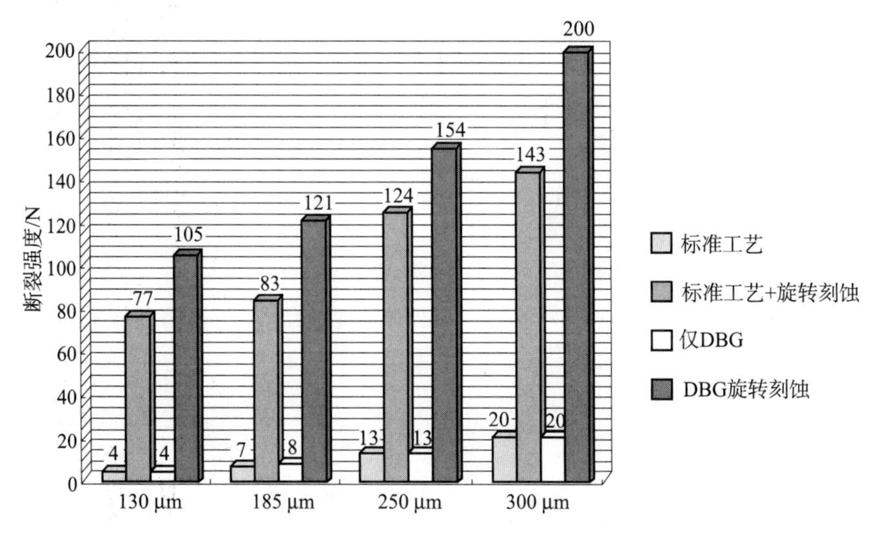

图 10－42　不同处理后的芯片强度

处理的芯片在断裂前，可以翘曲到更小的半径。事实上，芯片能承受的最小曲率半径，将随着背面处理而降低，这主要取决于受到的损伤的减少。对于先划后磨来说尤为明显，通过等离子刻蚀光滑化边缘后，降低了芯片崩边的程度，大大提升了芯片的柔韧性。

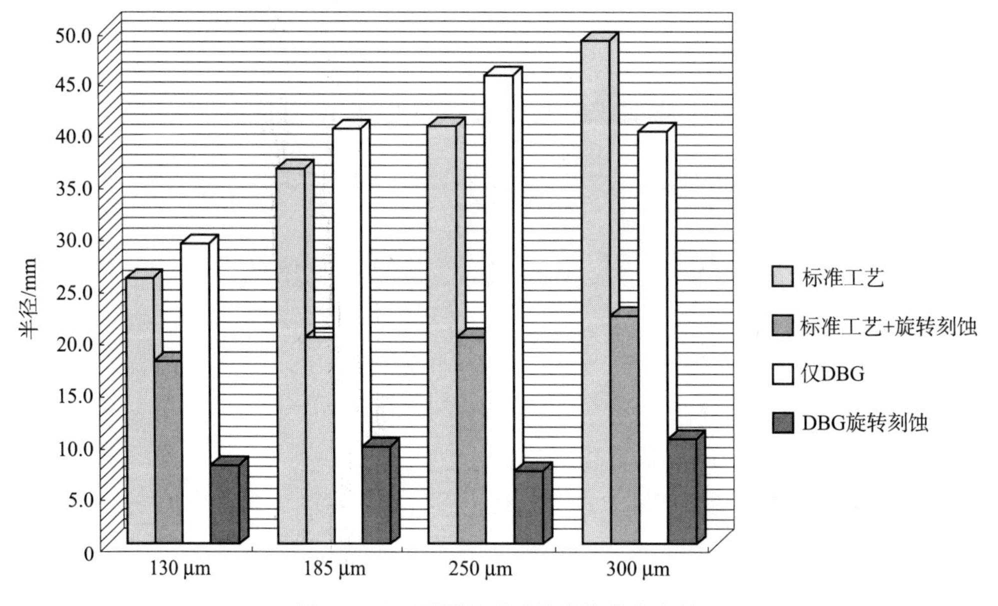

图 10－43　不同处理后芯片的最小半径

芯片的强度要达到什么程度才能满足后道生产的需要呢？一般来说，芯片的厚度在 300 μm 以上时，基本都可以满足后道生产的需要。这样，其他厚度芯片的强度至少要能达到 300 μm 厚芯片的强度时才可以用于后续生产。因此，我们关心一下这个强度阈值，如图 10－44 所示。

从图 10－44 可以看出，当芯片强度＞20 N 时，应该足够满足后道生产的需要。图

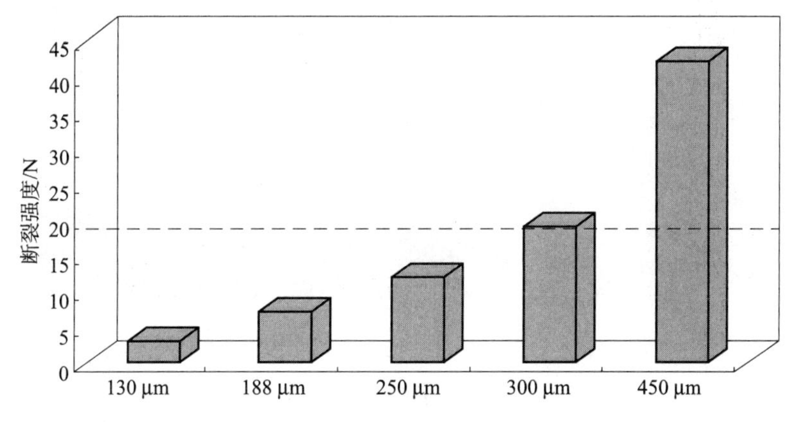

图 10－44　芯片强度的阈值

10－45说明了强度阈值与不同芯片强度关系。即使芯片减薄至 100 μm，经过合适的应力释放处理，其强度也能够满足后道生产的需要。

芯片的稳定性和柔韧性满足后道工艺需求，因此可承受部分限制条件，但是实际应用中可能会引入额外的限制。晶圆的减薄与后道工艺中需要更高的稳定性。芯片稳定性取决于芯片尺寸及所使用的后道工艺。

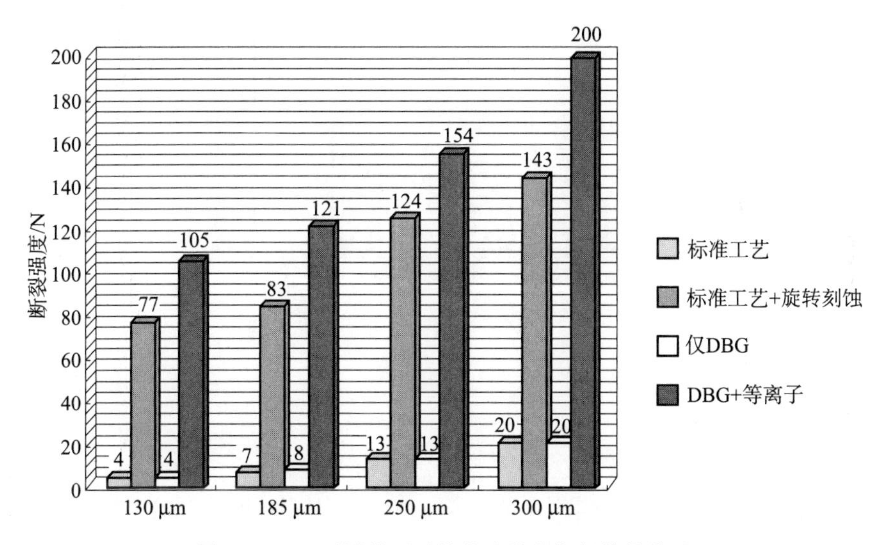

图 10－45　不同处理后的芯片强度与阈值的关系

典型的高水平划片方法是机械切割，其对于硅器件生产来说是一种主流的分割方法。然而激光切割也流行起来了，其主要应用于一些薄晶圆，如厚度小于 150 μm 的产品，特殊形状的芯片，或者其他的半导体材料如 GaAs 等。在研究中，主要针对硅基器件，对比了三种加工方法引发的损伤：干式激光切割（UV－laser，7 W）、湿式激光切割（IR－laser，52 W，激光水导切割）及机械切割（切割刀型号 S 1440，50 krpm）。

图 10－46 展示了几种不同切割方法的侧面效果，图中所看到的激光划切产生的侧面粗糙度主要来自于热冲击和碎片的黏附。为了验证不同分割方法对芯片侧面的损伤程度，

我们对芯片的强度进行了对比。采用先划后磨流程，预划切分别采用：干式激光（DL）、湿式激光（WL）或机械划切。芯片的厚度是125 μm，测试方法采用四点弯曲测试。

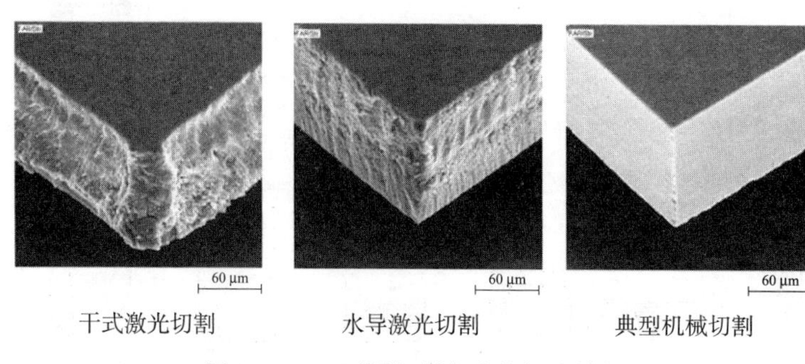

图 10-46　不同切割方式的侧面效果

从图 10-47 可以看出激光切割的芯片强度要小于机械研磨的芯片强度，但是其在划切时遭受的机械冲击小，这对于薄而小的芯片而言是个优势。激光划切可以用于厚度大于100 μm，划片道宽度低至20 μm的晶圆划切。而对于机械研磨来说，很难实现（且经济上不适合）对划片道小于20 μm的晶圆的切割。

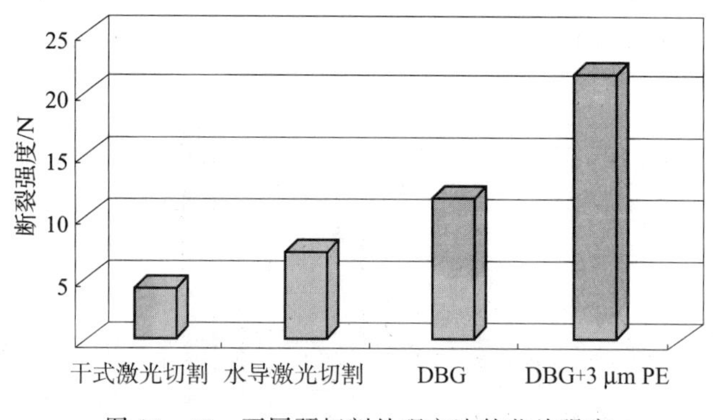

图 10-47　不同预切割处理方法的芯片强度

10.8　结论

关于芯片的强度，除了减薄技术外，还有第二个主要因素，即晶圆的分割。通过晶圆的减薄，我们建立了晶圆的背面形态，通过芯片的分割，我们建立了芯片的侧面形态。这些工艺过程对芯片的背面及侧面都产生了损伤。减薄过程中背面产生的损伤通过应力释放处理减少得越多，则对芯片侧面的影响就越多。对于机械的切割最主要的损伤就是崩边。激光切割可以不产生崩边，但是由于热影响区的产生也会产生副作用。这些损伤都导致了芯片强度的降低。我们的研究非常清晰地表明了芯片的侧面状态对芯片的强度是有影响的。

10.9 总结

没有方法可以解决晶圆减薄中的每一项挑战，这是不可能的，同样也要考虑经济的因素。其与现有生产线的兼容性是非常重要的，而这常常被忽视。后续生产不得不接受现有的传递方式，例如，后道工艺或者我们的客户。这对解决办法提出了很多的约束条件。晶圆的强度随着厚度的减薄而剧烈地降低。对于一些应用来说柔韧性与强度一样是非常重要的。背面的处理方法对于芯片的强度与柔韧性增益（提升一个数量级）而言是决定性工序。相关总结如下：

1）厚度为 250 μm 以上的芯片，经过两步研磨（粗磨与精磨），其强度是足够的。

2）对于厚度为 250～100 μm 的芯片，其背面需要研磨加上足够的应力释放处理。

3）减薄到 50 μm，可以使用减薄分片技术。

4）对于背面减薄后的薄晶圆，应该使用合适的传送系统。

对于切割和芯片的强度来说，芯片越薄，芯片的断裂强度就越会被崩边所影响。新的切割或分离工艺，如激光划片，会有更为广阔的应用空间。

几乎对于所有的薄芯片的应用，最重要的指标是芯片的稳定性和柔韧性，以及薄晶圆的翘曲度。对于一个确定的产品来说，这些特征主要受晶圆厚度、研磨的参数及背面处理方法的影响。减薄所用的方法主要取决于两点：芯片的最终厚度及芯片的背面是否被处理过。这是由产品决定的，而处理方法也是各种各样的。

参考文献

[1] Yamagishi,K. (2006) Thin wafer Handling by DBG and Taiko Process, Disco. Annual Fraunhofer Forum, be-flexible. IZM Munich, www. be-flexible. com (accessed on March 2008).

[2] Workshop on Ultrathin Silicon Packaging. (Septenber 2002) Fraunhofer ISIT, Itzehohe, Germany.

[3] Boge,A. (1990) Mechanik and Festigkeitslehre, 21. Aufl, Vieweg Verlag, Braunschweig.

[4] Holz,B. (2004) Advanced production technologies for thinning and laser dicing of ultra thin wafers, Accretech, Annual Fraunhofer Forum, be-fleble, IZM Munich, www. be-flexible. com (accessed on March 2008).

[5] Blumenauer,H. andPusch, G. (1993) Bruchmechanik, Dt. Verlag fur. Grundstoffindustrie, Lerpzig, 3, Aufl.

[6] Hadamovsky,H. F. et al. (1990) Werkstoffeder Halbleiterindustrie, Dt. Verlag fiir Grundstoffindustric, Leipzig, 2. Aufl.)

[7] Wilker,H. (2004) Weibull-Statistik in der Praxis. Leitfadenzur Zuverlässigkeitsermittlung technischer Produkte, Nordersted, Books on Demand GmbH.

[8] John,J. P. and McDonald, J. (1993) Spray etching of silicon in the HNO3/HF/H20 system. Journal of the Electrochemical Society, 140 (9), 2622-2625.

[9] Arita,K. et al. (2006) Plasma etching technology for wafer thinning process, Panasonic. Known Good Die Workshop, Napa, California.

[10] Priewasser,K. (2005) Thin chips manufacturing methods, Disco, Annual Fraunhofer Forum, be-flexible, IZM Munich, www. be-flexible. com (accessed on March 2008).

[11] Sach,L. (1983) Angewandte Statistik, Springer Verlag.

[12] Lehnicke, S. Rotationsschleifen von Si-Wafern, Promotion von 1999, Institut für Fertigungstechnik Uni Hannover, Forts chrittsberichte VDI, Reihe 2, Nr. 534.

[13] Kröninger,W. and Mariani, F. (2006) Thinning and singulation: root-causes of the damage in thin chips. Proceedings 56th ECTC, San Diego, CA.

[14] Kröninger,W., Wittenzellner, E. et al. (2002) Thinning silicon optimizing the grinding process regarding performance and economics, Infineon and Tyrolit, Annual Fraunhofer Forum, be-flexible, IZM Munich, www. be-flexible. com, (accessed on March 2008).

[15] Kröninger,W., Perrottet, D., Buchilly, J.-M. and Richerzhagen, B. (Jan. 2005) Water Jet Guided Laser Achieves Highest Die Fracture Strength. Future Fab International, London, 18, 157-159.

第 11 章　3D 集成的键合技术概述

Jean - Pierre Joly

11.1　引言

晶圆键合是目前主流 3D 集成技术的一个关键工序，是基于晶圆-晶圆（WTW）堆叠或芯片-晶圆（CTW）堆叠的一种集成技术。其通常在晶圆减薄工序以及最终的层间互连工序之前进行，这样可以使产品具备足够高的热稳定性和机械稳定性，从而避免键合界面在后续工序中出现分层现象。

本章综述了不同晶圆键合方式的技术原理和研究进展，不涉及晶圆键合前的对准工艺，有关对准工艺的内容将在第 12 章进行介绍。

用于晶圆或芯片的键合技术可以按照以下两种方式进行分类，如图 11 - 1 所示。

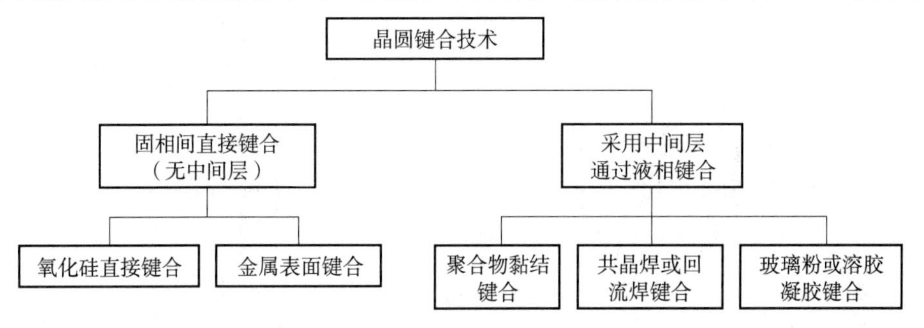

图 11 - 1　键合原理及键合技术

1）两个衬底之间是否通过一层专门的中间材料黏结到一起。

2）键合界面是否导电，这意味着界面采用的是介电层还是导电层（通常是金属）。

3D 集成中特定金属层的作用是在各层之间制造出直接互连区域，同时，因为各连接区域彼此间必须相互独立，所以基底之间的键合界面在这种特殊情况下是不一致的。

选用何种键合技术在很大程度上取决于 3D 集成器件的具体需求，例如层间互连密度和是否改变已有器件的版图，当然这也和所选的整体集成工艺方案有关。

下文首先针对图 11 - 1 所示的键合原理进行更加详细的阐述。

11.2　直接键合

11.2.1　直接键合工艺原理

所谓键合就是要在两种被键合的材料间形成一定密度的化学键，我们以两个同种材料的表面相接触为例进行说明，如图 11－2 所示，如果 s 代表某个位置两个表面之间的距离，则这个位置的键合压力 q（s）可以表示为[1]

$$q(s)=\frac{8W}{3\varepsilon}\left[\left(\frac{\varepsilon}{s}\right)^{3}-\left(\frac{\varepsilon}{s}\right)^{9}\right]$$

其中

$$W=\gamma_1+\gamma_2-\gamma_{12}$$

式中 ε——该材料原子间距离；

γ_1、γ_2，γ_{12}——分别表示两个表面的表面能和两个表面之间的界面能。

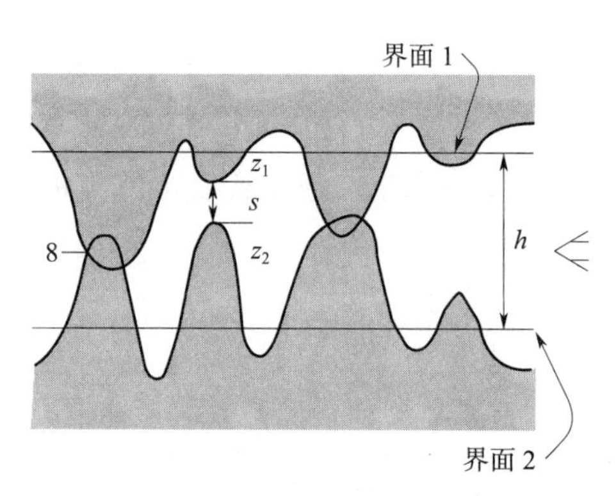

图 11－2 两个界面相互链接示意图

式中最后一项随 s 的 9 次幂变化，与两种不同材料原子之间的化学键强度有关，这个参数事实上反映了两种材料分子间的吸引力，而这个吸引力的大小很大程度上取决于两个表面之间很少一部分以原子尺度接触的接触点。

对于任何没有液相存在的纯固体表面形态，相互接触的表面之间只存在非常少的原子尺度接触，这意味着分子间的吸引力通常很小。然而，为了增加以原子尺度的接触表面从而获得高强度黏结，通常有两种不同的途径。

1）对表面进行抛光，减小表面粗糙度至接近原子尺度，这是表面直接键合的基本原理。

2）通过加压和加温使得表面发生形变，其只适用于延展性较好的材料，又称为表面辅助键合（SAB，Surface Assisted Bonding）。

11.2.2 硅硅直接键合

表面直接键合方面的主要研究和应用对象是二氧化硅表面，该技术依赖于传统的化学机械抛光（CMP）工艺，目前已经用于 SOI（绝缘体上的硅）晶圆的生产。

在 3D 集成过程中，二氧化硅或其他硅酸盐成分，在键合之前需要进行淀积和研磨。Stengl[2] 从化学的角度对这个键合机制进行了阐述。目前已证实初始键合能来源于二氧化硅材料表面自发吸附的一对单层水分子，这些水分子与二氧化硅材料中的氧原子形成了氢健，如图 11－3（a）所示。

经过中温退火（最高达 800 ℃）后，键合能有所增加，如图 11－3（c）所示。这是因

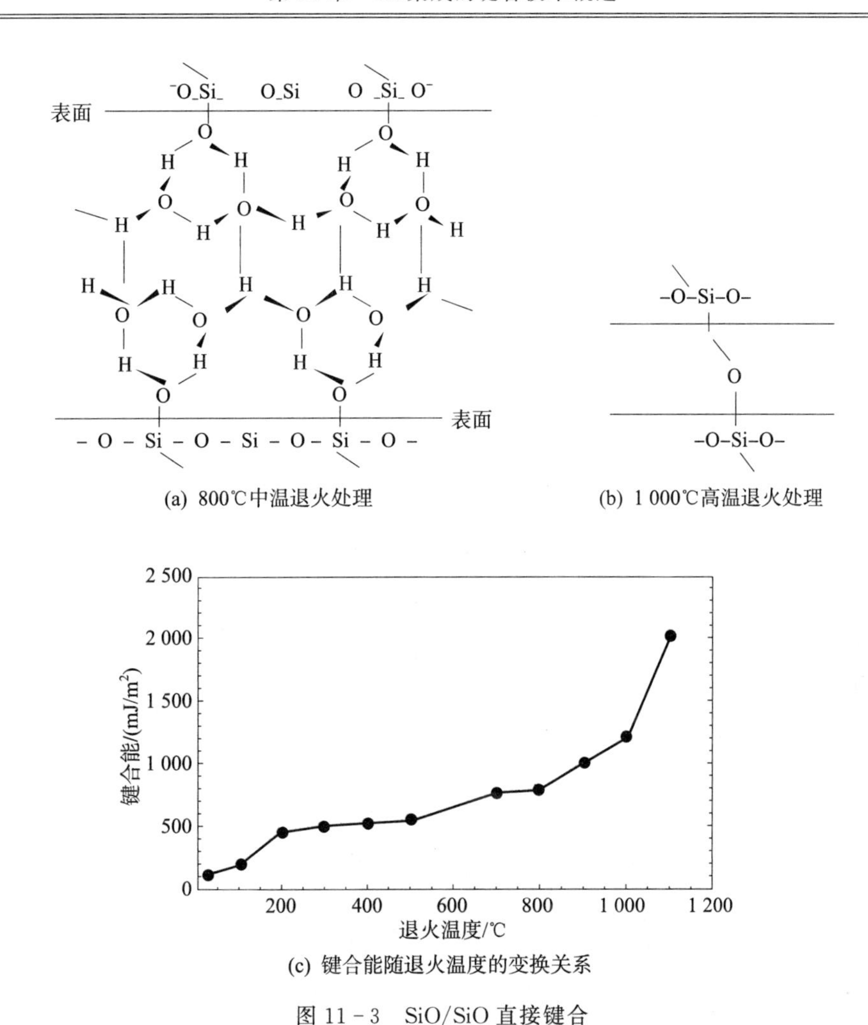

图 11－3　SiO/SiO 直接键合

为晶圆之间的间隙越来越小，水分子逐步扩散进入二氧化硅层中，在高温下越来越多的 Si—O 键成为晶圆间的主要结合模式并使整个二氧化硅框架重新构建，如图 11－3（b）所示。对于 3D 集成来说，退火温度一般不超过 300～400 ℃，但是从图 11－3（c）中可以看出，在这个温度下键合能已经显著增大。

室温环境下键合能较低，但是在处理常规晶圆时足以通过键合能量传递完成自发键合。W 是允许键合自发进行的键合能阈值，如图 11－4（a）所示，根据晶圆弹性形变理论，W 应该大于单位面积（$\mathrm{d}A$）上的能量消耗（$\mathrm{d}U_\mathrm{E}$）[3]，即

$$W > \frac{\mathrm{d}U_\mathrm{E}}{\mathrm{d}A}$$

从图 11－4（b）中可以看出，对于 0.75 mm 典型厚度的晶圆，任何一个位置的键合能阈值均小于 15 mJ · cm^{-2}，这是一个研磨后的 SiO_2层很容易达到的数值。键合能阈值对晶圆的厚度非常敏感，两个晶圆（或其中之一）减薄后这个数值将急剧减小。

键合能主要取决于表面粗糙度和与水分子接触的氧化层的化学活性。Moriceau[4]研究了晶圆表面初始粗糙度对键合能的影响，如图 11－5 所示。作者指出，如果对具有一定表

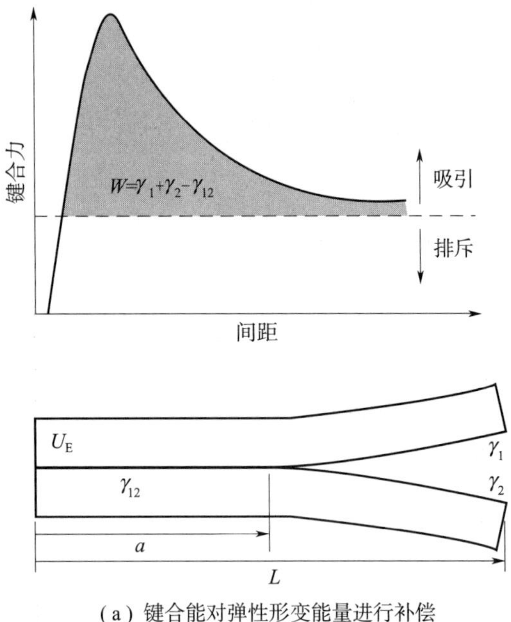

（a）键合能对弹性形变能量进行补偿

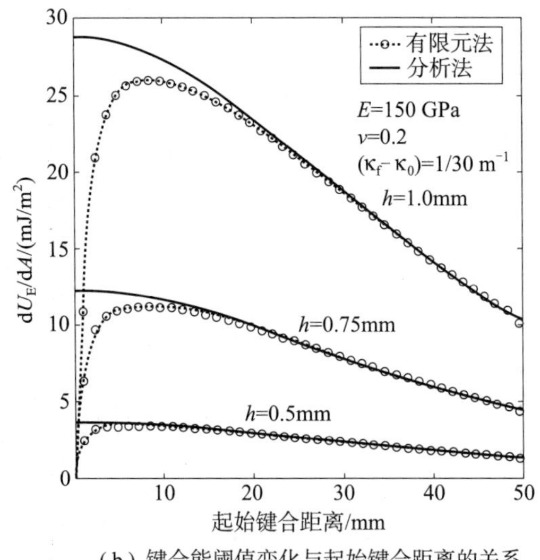

（b）键合能阈值变化与起始键合距离的关系

图 11－4　晶圆自发键合条件

面粗糙度的晶圆主动进行适当的工艺处理，则可以通过直接键合的方式实现与过渡片（实际上也是硅晶圆）的键合或分离，即便晶圆与过渡片键合后经过了高温处理工艺。这为 3D 集成领域开辟了一条新的途径。

因为 PECVD 工艺制备的氧化物致密度低于热氧化工艺，其吸水能力更强，所以在室温下经过适当的化学机械抛光（CMP）后可以获得更高的键合能[5]，如图 11－6 所示。在特别适合的温度下退火可以进一步增加键合强度。这样直接键合工艺可以满足目前已知的

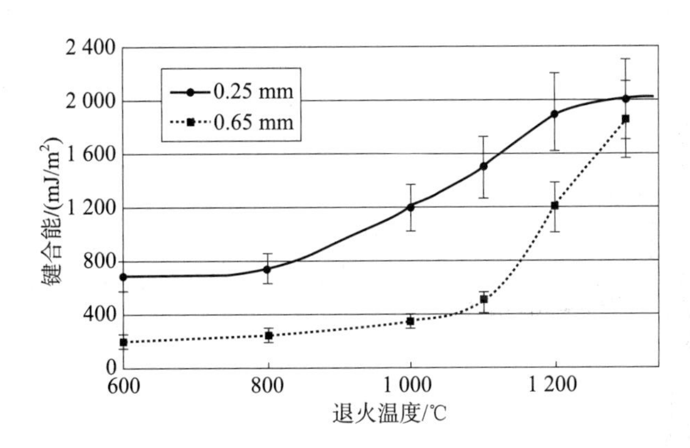

图 11-5　SiO/SiO 直接键合能与温度及初始 RMS 表面粗糙度的关系

任何金属的键合需要，从而可以完全地适用于 3D 集成。

如果需要更高的键合能，还可以采用等离子体活化工艺对表面进行活化，如图 11-7 所示。

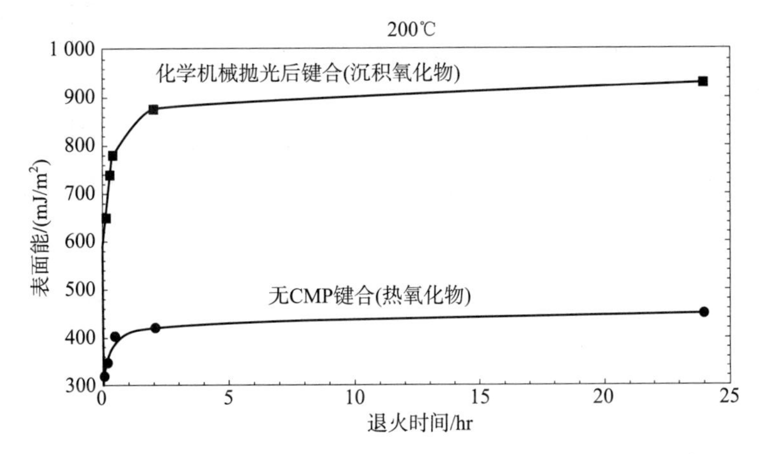

图 11-6　热氧化物和 PECVD 制备的氧化物在低温退火后的键合能

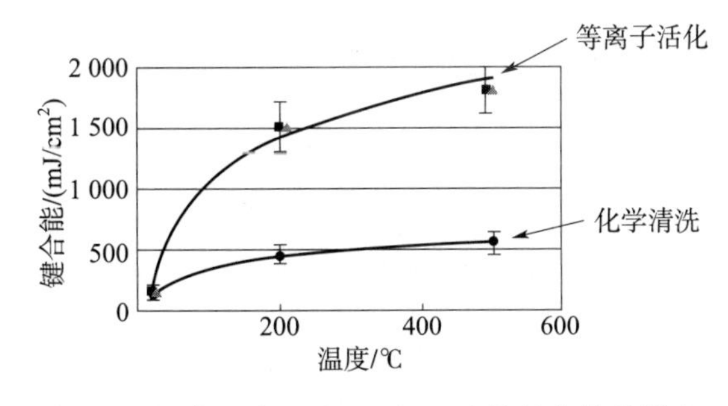

图 11-7　表面处理对 SiO/SiO 直接键合能的影响

对于无缺陷直接键合工艺，键合前的洁净度必须保持在非常高的等级。任何足够大的颗粒都会产生一个键合缺陷，从而导致一个较大的未键合区域，这也正是颗粒周围衬底发生弹性形变的位置。目前的洁净技术和洁净厂房环境足够好，能保持缺陷的密度在可控范围内。

总之，采用低温淀积工艺制备的、基于 SiO_2 氧化层的晶圆到晶圆直接键合技术用于 3D 集成还需具备以下条件：

1）适当的 CMP 抛光；

2）通过最新的清洁技术有效地去除颗粒。

等离子体激活可用来增加键合能。氧化层之间直接键合工艺具备出色的温度稳定性，已经大规模地应用于 SOI 晶圆生产。

11.2.3 金属表面活化键合

也有可能不采用熔焊或钎焊工艺对金属表面进行键合，但需要具备以下条件：

1）仔细地去除表面的异物、化合物，特别是自然氧化层；

2）具备在两个表面之间增加原子尺度接触面积的方法。

上述第二个条件可以通过以下 2 种不同的途径得到：

1）对于难熔金属可采用抛光工艺处理其表面，该工艺在电介质材料键合时已经说明；

2）对于较柔软的易熔金属，可采用塑性形变和高压等方法，又称为金属表面活化键合（SAB，surface activated bonding）。

Twordzylo[1] 建立了压力与接触面积之间的关系模型，图 11－8 给出了一个高易变形金属（铝）接触面比率随着压力的变化曲线，塑性形变的重要性显而易见。

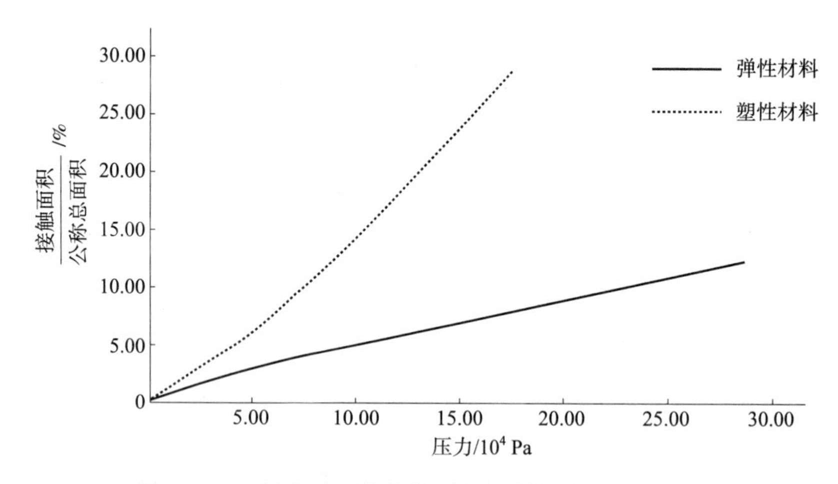

图 11－8 两个铝表面的接触面比率随着压力的变化曲线

对于 Cu 等典型金属，既要得到洁净表面又要获得较高接触面比率的最佳途径是在一个可控的气氛（通常是高真空）下进行原位清洗，然后在加压状态下把晶圆送入同样气氛下的键合腔室中，整个过程都在同一台设备中进行。

Kim 等[6] 采用如图 11－9（a）所示的设备进行 Cu/Cu 键合。首先在第 1 个腔室中通过 Ar 等离子体对金属表面氧化层进行轰击清洗，如图 11－9（b）所示，然后在第 2 个腔室中在不加压的状态下进行对准和预键合，最后在第 3 个腔室中通过施加压力完成晶圆键合。从图 11－9（c）可以看出键合的效果很好。在键合后有时很难辨别键合界面的确切位置，此时，测试出面积为 10 mm×10 mm^2 样片的键合强度大于 6.47 MPa。

王（Wang）等[7]证明了两种不同的金属可以采用类似的工艺进行键合，他们已经实现了金和铜之间的键合。

诸如金之类的贵金属具有非常稳定的表面，不易与活性气体起反应，在这种特殊情况下，键合前并不一定必须进行表面清洗，可以在标准大气压下进行加压键合，例如众所周知的“钉头凸点”或 Au－Au 热压焊技术，高桥爱（Takahashi）[8]对最新的研究进展作了阐述。

总之，对于诸如金之类的贵金属，金属表面活化键合工艺作为一个通用工艺近来已经用于其他金属表面的键合，例如采用组合式设备和原位干法清洗工艺完成 Cu 金属的键合。

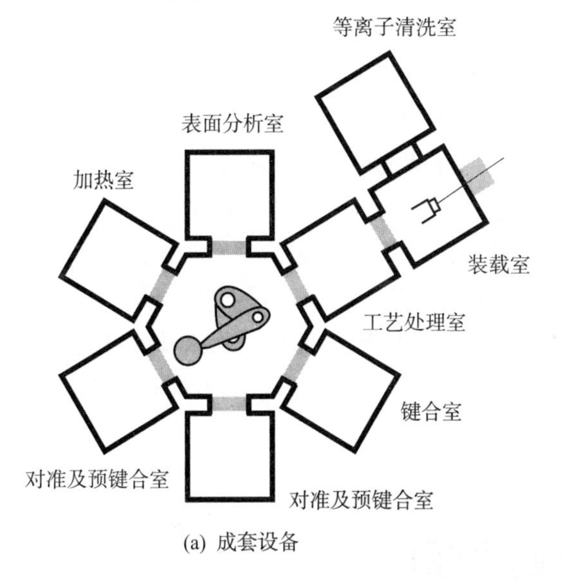

(a) 成套设备

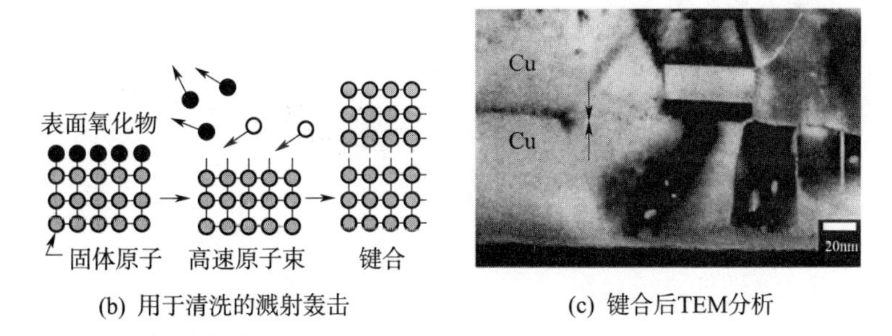

(b) 用于清洗的溅射轰击　(c) 键合后TEM分析

图 11－9　Cu/Cu 表面活化键合

11.3　黏结键合和钎焊键合

第 2 类键合工艺的原理基于黏结或钎焊。在两个需要键合的表面之间加入或产生液相

(溶液、凝胶或悬浮液)，然后通过聚合作用、结晶化或烧制使其固化。液相的加入减小了在键合界面中形成足够高密度化学键的难度。如果液相和晶圆表面之间的浸润较好的话，它们之间可以建立起原子尺度的紧密接触。当采用液相黏结工艺时，键合前表面预处理(如去除外来颗粒和减小表面粗糙度等)相对就不太重要了。

聚合物黏结键合和钎焊键合技术都很常见，在传统工业中被广泛采用。

11.3.1 聚合物黏结键合

聚合物黏结键合的原理比较简单，把液相有机溶液旋涂在一个晶圆的表面，把两个晶圆黏结在一起，然后在所用黏结材料的聚合温度下进行聚合。为防止产生气泡还可以对两个晶圆施加一定压力。

多种聚合物可用于键合，例如聚酰亚胺或抗蚀剂，但是最普遍的是 BCB (BCB)[9]，这是一种在微电子行业内十分普遍的材料，早已经用于芯片的封装。这种聚合物具有很好的机械稳定性和热稳定性，能满足任何封装工艺的需要。在 BCB 旋涂之前通常在晶圆表面先淀积一层黏结剂。键合层的厚度通常只有几个微米，键合温度一般在200～250 ℃的范围内，采用 BCB 键合的 SEM 截面照片，如图 11-10 (a) 所示。

Kwon 等[9]通过四点弯曲法对 BCB 黏结工艺的键合强度进行了测试，结果表明无论晶圆表面是什么材质，都能获得非常高的键合强度，如图 11-10 (b) 所示。

本书的第 13 章将主要介绍用于 3D 集成的 BCB 键合工艺。

溶胶-凝胶也可以代替聚合物材料通过相似的方式用于键合[10]，溶胶－凝胶材料在200～400 ℃的温度范围内通过水解生成四面体结构的 Si-O 链完成固化。

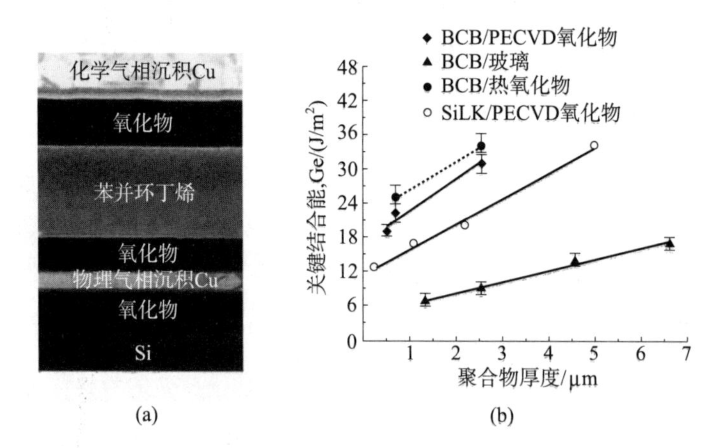

图 11-10 (a) BCB 键合 SEM 截面照片[9] (b) 四点弯曲法测得的 BCB 键合强度曲线[10]

11.3.2 金属钎焊和共晶键合

多年以来，钎焊是倒装芯片互连工艺中的常用工艺，对合金材料及淀积技术进行改进后，钎焊工艺也可以用于高密度 3D 集成。

3D 集成技术中被广泛应用的一个理论是固液互扩散原理[11]，它被用于很薄的金属层（几个微米厚）熔化形成 Sn/Cu 金属间化合物，通过这种工艺可以获得高强度、低电阻的互连，该技术将在本书的第 14 章进行详细论述。

将 Cu 基片和 Cu/Sn 合金基片的两个表面结合到一起后，加热到高于金属 Sn 熔点的温度，通常是 260 ℃。在这个温度下金属很容易相互扩散和反应，从 Cu－Sn 相图中可知最后主要生成 Cu_3Sn 金属间化合物，如图 11－11（a）和图 11－11（b）所示。这种化合物的熔点高于 600 ℃，非常稳定。

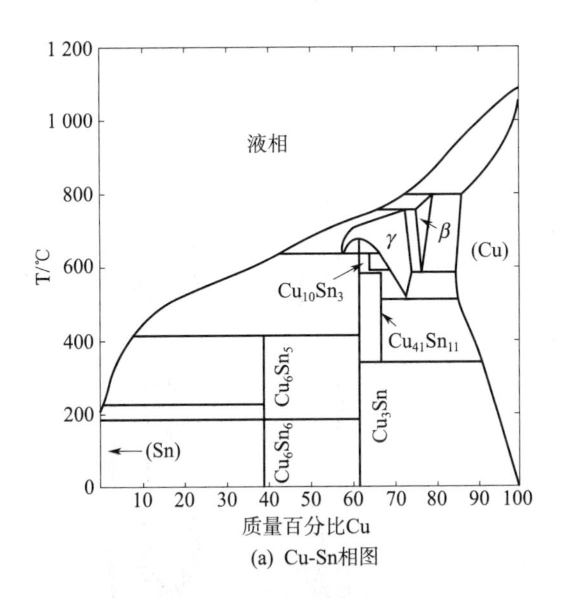

(a) Cu-Sn相图

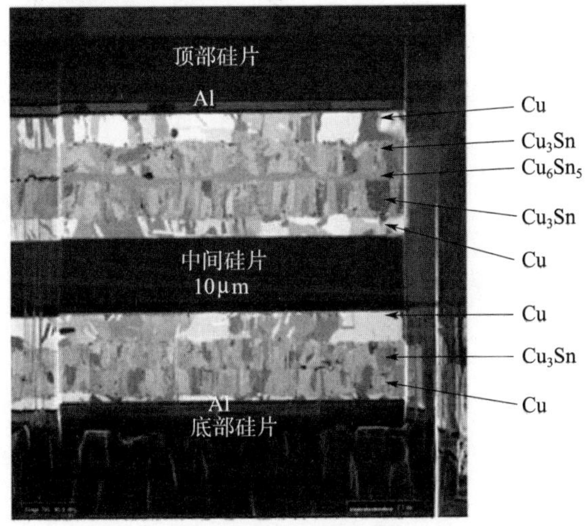

(b) 界面金属间化合物图片

图 11－11　Sn/Cu 金属间化合物的形成

11.4 不同键合工艺的对比

综上所述，表 11-1 列出了已经研究的用于 3D 集成的晶圆键合工艺，并对不同工艺的机械特性（键合能）、关键影响因素、使用键合及区域互连的可实现性、工艺温度以及目前工业中的应用分别作了介绍。

表 11-1 晶圆—晶圆或芯片—晶圆 3D 集成键合技术比较

键合技术	温度/℃	键合能/($J\cdot m^{-2}$)	直接区域互连	关键点	优势	工业应用
直接键合(SiO_2/SiO_2)	200～1 100	2	—	表面清洗及抛光	未增加其他材料	SOI
金属表面活化键合	室温	20	√	原位表面清洗	未增加其他材料	—
Au-Au 热压键合	400	—	√	Au 电阻合金	未增加其他材料	钉头凸点
聚合物	150～400	20	—	厚胶层	简单	MEMS
溶胶—凝胶	400	2	—		—	—
钎焊	200～300	—	√	非常规材料	—	封装

参考文献

[1] Twordzylo,W., Cecot, W., Oden, J. T. and Yew, C. H. (1998) New asperity - based models of contact and friction. Wear, 220, 113 - 140.

[2] Stengl,R., Tan, T. and Gosele, U. (1989) A model for the silicon wafer bonding process. Japanese Journal of Applied Physics, 28, 1735 - 1741.

[3] Turner,K. T. and Spearing, S. M. (2002) Modeling of direct wafer bonding: Effect of wafer bow and etch patterns. Journal of Applied Physics, 92, 7658 - 7666.

[4] Moriceau,H., Rayssac, O., Aspar, B. and Ghyselen, B. (2003) The bonding energy control, an original way to debondable substrates, 7th International Symposium on Semiconductor Wafer Bonding, ECS Proceedings, PV 2003 - 19, pp. 49 - 56.

[5] Di Cioccio,L., Biasse, B., Kostrzeva, M. et al. (2005) Recent results on advanced molecular wafer bonding technology for 3D integration on silicon, 9th International Symposium on Semiconductor Wafer Bonding, ECS Proceedings, PV 2005 - 6, pp. 280 - 287.

[6] Kim,T. H., Howlander, M. M. R., Itoh, T. and Suga, T. (2003) Room temperature Cu - Cu direct bonding using surface activated bonding method. Journal of Vacuum Science & Technology A - Vacuum Surfaces and Films, 21, 449 - 453.

[7] Wang,Q., Hosoda, N., Itoh, T. and Suga, T. (2003) Reliability of Au bump - Cu direct interconnections fabricated by means of surface activated bonding method. Microelectronics and Reliability, 43, 751 - 756.

[8] Takahashi,K., Umemoto, M., Tanaka, N. et al. (2003) Ultra - high - density interconnection technology of threedimensional packaging. Microelectronics and Reliability, 43, 1267 - 1279.

[9] Kwon,Y., Seok, J., Lu, J. - Q. et al. (2006) Critical adhesion energy of benzocyclobutene - bonded wafers. Journal of the Electrochemical Society, 153, G347 - G352.

[10] Kwon,Y., Jindal, A., McMahon, J. J. et al. (2003) Dielectric glue wafer bonding for 3D ICs. Materials Research Society Symposium Proceedings, E5. 8. 1, 766.

[11] Klumpp,A., Merkel, R., Ramm, P. et al. (2004) Vertical system integration by using inter - chip vias and solid - liquidinterdiffusion bonding. Japanese Journal of Applied Physics, 43, L829 - L830.

第 12 章　C2W 和 W2W 集成方案

Thorsten Matthias，Stefan Pargfrieder，
Markus Wimplinger，Paul Lindner

12.1　3D 集成准则

目前有很多基于硅通孔（TSV）工艺的 3D 互连集成方案。3D 互连技术使得现有的元器件及其结构在多个方面不断提升，例如产品的性能、功能及可行性等方面。在某些情况下，TSV 工艺与现有架构是竞争关系，在另一些情况下，TSV 工艺是一些新型器件制造的促成技术。这样从多个领域为实现 TSV 工艺乃至不同的集成方案提供了驱动力，但是在这个新的领域还没有开始进行制作流程的标准化工作。

不同生产方案之间最大及最基本的区别在于采用芯片到芯片（C2C）、芯片到晶圆（C2W）及晶圆到晶圆（W2W）三种模式中的哪一种进行集成。每种方法详细分析了几个集成方案。从生产的角度来说，三种方法都是合理可行的，这取决于具体的应用情况。然而，产品的特性将决定应采用何种方法。

12.1.1　不同的晶圆尺寸

3D 集成的基本原则之一就是不同的功能模块可以来自不同的晶圆。这样可以减小单个晶圆的工艺复杂程度，从而提高单片成品率并降低生产成本。进而还可以提高现有设备的利用率，从而减小 3D 器件生产线的资本支出。对于 C2C 和 C2W 模式的晶圆不需要具有同一尺寸，而对于 W2W 模式则要求晶圆的尺寸相同。

12.1.2　不同的生产厂家

将单个功能模块分配到不同层，使得用于集成的芯片或晶圆可以出自不同的生产厂甚至不同的供应商。但是，多数供应商并不想公开他们的晶圆生产厂的成品率，所以芯片比晶圆更容易采购。

12.1.3　不同的衬底材料

晶圆键合的优势在于其可以把不同衬底材料的器件集成在一起，例如基于硅衬底的逻辑及存储器件能很容易地和基于化合物半导体的射频器件集成到一起。

12.1.4　不同的芯片尺寸

这是很重要的一个不同。对于 W2W 集成模式，为了不浪费晶圆的有效区，所有芯片必须有相同的尺寸。实际上可转化为两种情况，第一种情况是任何一个单层晶圆的功能是

一样的，也就是同样的芯片进行叠层，例如存储器芯片的叠层组装；第二种情况则需要“堆叠设计”，意味着给定的芯片尺寸决定了需要封装在某一层的功能模块的数量。

C2C 和 C2W 集成模式对芯片的尺寸没有如此严格的限制，可以完全发挥 3D 集成模块方法的优势，把几个小芯片堆叠到一个大芯片上面，如图 12－1 所示。

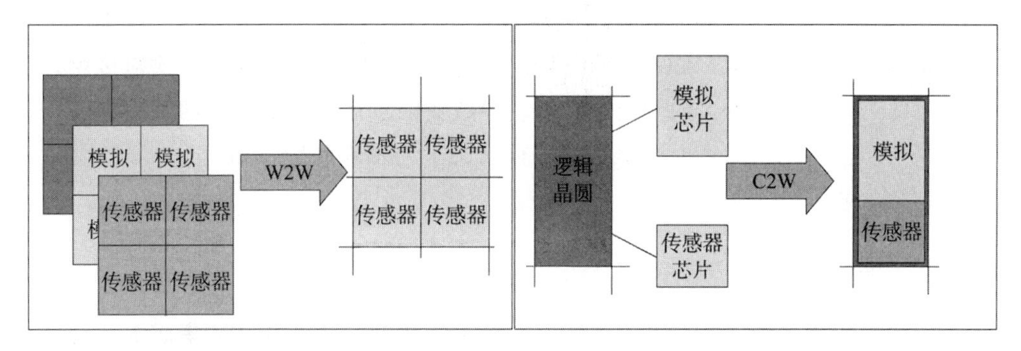

图 12－1　W2W 集成要求所有层的芯片尺寸相同，而 C2W 集成化则允许在衬底芯片上堆叠几个小芯片

12.1.5　叠层数量

W2W 集成模式允许多层堆叠且没有任何技术限制，经过键合、背面减薄及背面加工后得到的叠层就像一个晶圆，并且同样的集成方案可以多次重复。如果需要可以对母体晶圆减薄使得最终的叠层产品与一个标准的晶圆具有相同的尺寸。

对于 C2C 和 C2W 而言，工艺的多次重复也是可能的，这就要求芯片尺寸相同或者采用金字塔型的叠层方法。然而，在这种情况下，叠层中每一层芯片的几何尺寸都不一样，这要求生产设备具备更加灵活的加工能力。

12.1.6　模块设计

2D 器件的结构要求是将芯片的所有功能集成到一个设计的指定芯片内，而 3D 器件结构则可以将单个功能模块置于不同芯片或晶圆中。模块设计需要与三种主要的集成工艺相匹配。通过采用专门的 ASIC 电路将标准器件集成在一起的能力，明显减小了设计和测试费用以及新品的研究周期。

12.1.7　成品率

3D 集成产品的成品率一直是业内最有争议的话题。芯片堆叠固有的缺陷在于任何一层的失效将导致整个器件失效。3D 器件的累积成品率是由单层的成品率相乘所得到的(忽略叠层工艺的成品率)，所以要低于单层晶圆的成品率。但是，详尽的分析表明目前并不是这样的。3D 集成降低了工艺复杂程度并减少了加工步骤，例如芯片内的存储器模块目前不得不经历逻辑处理器所需要的所有掩膜层次，而堆叠在逻辑处理器芯片上的存储器的工艺步骤却大大降低，所以单层晶圆的成品率将远远大于传统的 2D 器件。3D 器件的另一个优势是其芯片尺寸比 2D 器件的小。在 CMOS 器件生产过程中一个颗粒通常只会影响一个芯片（die），对于一定数量的颗粒，如果芯片尺寸减小及芯片数量增加，其成品率也会增加。另外，由于生产步骤的减少，可以预期的是，制作3D器件的晶圆也会减少一些颗粒污染。TSV工艺一个吸引人的方面是高密度的通孔导致的高带宽，提高了器件结构对失效的承受能力，使得最终成品率有所增加。

已知好的芯片（KGD）技术，即堆叠前对芯片进行测试，大大降低了3D集成失效的风险，但是考虑到集成方案，KGD过程需要特别谨慎。为了实现良好的欧姆接触，测试探针系统通常需要压住接触点的表面。然而这导致接触点在微观层面上的表面损伤，这种程度的表面损伤会给一些对表面平坦度要求很高的工艺带来问题，如Cu－Cu键合工艺或硅片直接键合工艺。

12.1.8 生产能力

对于任何集成方案来说产能是工艺性的一个关键指标。由于W2W集成工艺对所有芯片采用并行工艺流程从而在产能上具有巨大优势，而C2W和C2C一样采用串行工艺流程。当芯片面积减小或晶圆面积增大时产能将急剧变化，如图12－2所示。

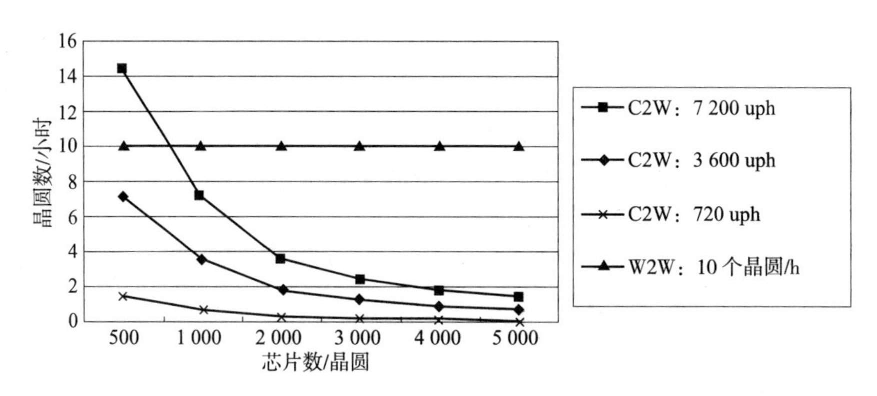

图12－2 产能对比：W2W（对准）VS C2W（拾取贴装）

12.1.9 对准

各层间可达到的对准精度决定了内部互连的密度。

对于C2W和C2C工艺，目前对准精度能达到5～15 μm，产能超过1 000片/h。W2W的对准精度则能达到1 μm左右，某些直接对准工艺（实时双面对准技术）的对准精度可达到亚微米级。

12.1.10 成本

和任何新技术一样，只有当性价比更高时，TSV和芯片堆叠技术才能被市场接受，其主要成本包括：

1）新架构的建模、设计和仿真；

2）工艺基础建设：新设备，工艺研发，材料；

3）生产费用；

4）测试费用。

在本文中我们将把重点放在C2W和W2W的工艺技术上，而没有涉及C2C集成方案。

12.2 使能技术

12.2.1 已对准晶圆的键合

在所有可以预见到的晶圆级3D集成工艺流程中，晶圆键合都是一个至关重要的工序。除了晶圆键合外还有一些竞争技术，如在一个完整的已加工器件层的表面生产一层硅外延层，这些都是非常有趣的工艺，但是要进入生产线还有一个过程。

在20世纪90年代，汽车传感器（MEMS，微机械系统）和绝缘体上的硅（SOI）的应用是晶圆键合技术的主要驱动力。在过去的20年，人们开发出了很多晶圆键合工艺方法，并且多次对大批量生产方案进行可行性论证。晶圆键合工艺的整体概况，如图12-3所示，其中有一些工艺的应用领域非常广泛，而其他一些则只能用于专用领域。

晶圆键合包括两个工艺步骤，第一个步骤是根据表面清洁度、表面化学特性和（或）中间层特性对晶圆表面进行预处理；第二步是晶圆键合，根据键合工艺的不同，在真空或其他特殊条件下，通过升温和施加机械压力对晶圆进行键合。对于硅片直接键合工艺，最后还需要进行退火步骤，由于不需要施加机械压力，该步骤可以实现批量生产。

晶圆表面之间的小颗粒使得周边区域不能形成紧密接触，从而无法完成键合，这个空洞的尺寸通常比颗粒本身大2～3个量级。当采用回流焊或共晶焊等能产生液相的工艺进行晶圆键合时，颗粒会嵌入到中间界面层中，然而对于其他工艺来说，表面高度洁净度是至关重要的。分子尺度的键合对颗粒沾污尤其敏感，同样，晶圆的表面特性，特别是有机沾污和表面化学对分子键合工艺也产生极大的影响。可以通过化学湿法或等离子干法处理对晶圆表面特性进行控制，为了实现大批量生产必须严格控制这些表面特性。表面处理后经过一段时间，表面化学和有机沾污又会重新出现，为了确保每一个晶圆从表面处理后到键合前停留时间的一致性，有必要把预处理模块集成到生产晶圆键合的平台中，如图12-4所示。

晶圆键合的关键指标是键合质量，好的键合质量意味着在整个键合界面具有极高的键合强度，高键合强度则是在后续加工、封装及整个产品寿命周期过程中晶圆不发生分层和剥离的保障。影响键合强度的关键工艺参数是压力和温度的均匀性。键合质量有几种评估方法[1]，在生产线上经常使用的是红外显微分析和扫描原子显微分析（SAM）。

虽然有很多晶圆键合工艺，但是可用于3D集成的却不是很多，许多键合工艺不能兼容CMOS产品。

1）例如，阳极键合、玻璃熔融键合、Au-Au热压键合以及一些共晶键合可能会带来金属离子沾污而无法在3D集成中采用；

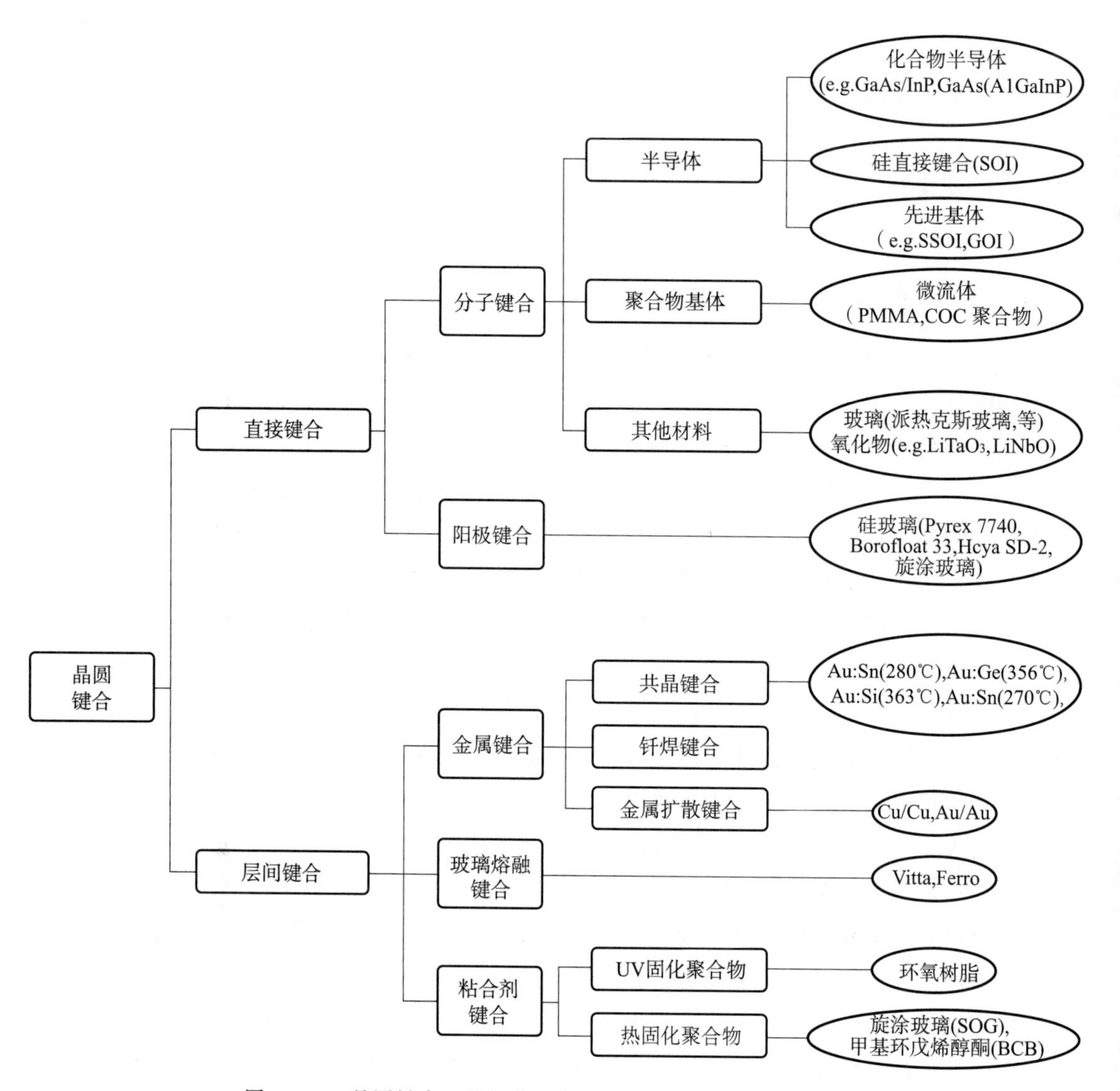

图 12-3　晶圆键合工艺概览（主要不同为是否采用了中间层）

2）键合温度必须与器件的热预算相匹配；

3）TSV 的通孔直径受空间约束的限制，这就要求中间层必须特别薄才能减小 TSV 的深宽比；

4）键合层必须具备非常好的厚度一致性。

从生产角度考虑，晶圆对准和晶圆键合分别在不同的工艺模块中单独完成，如图 12-5 所示，首要的是快速且均匀的加热、均匀且足够大的压力、工艺气氛和真空的灵活控制等技术要求无法和高精度的对准兼容。从成本方面考虑，晶圆对准工作台的对准周期为 2～6 min，它能轻易地支持几个键合操作室的工作，键合的周期大约为 10～40 min。这个工艺分离带来的固有风险就是在晶圆堆叠的加热过程中晶圆对准质量将下降。但是过去 15 年中大批量的生产表明，高性能的晶圆键合系统能确保对准精度。

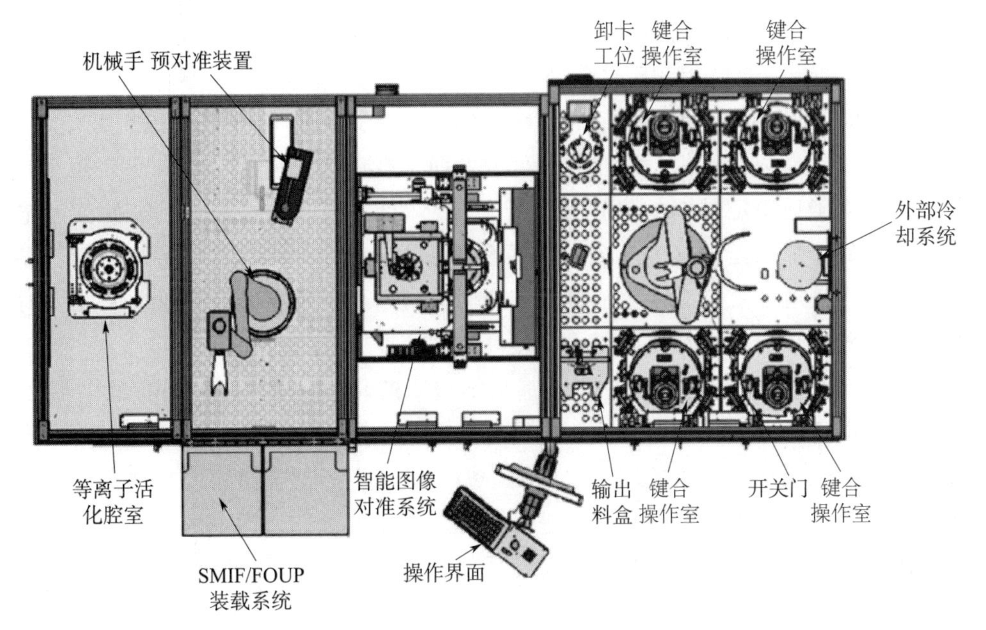

图 12-4　具备预处理模块的 EVG Gemini 晶圆键合平台示意图

预处理模块：图左侧 1，2，3，12＃模块

晶圆对准及 4 个键合操作室：7＃模块

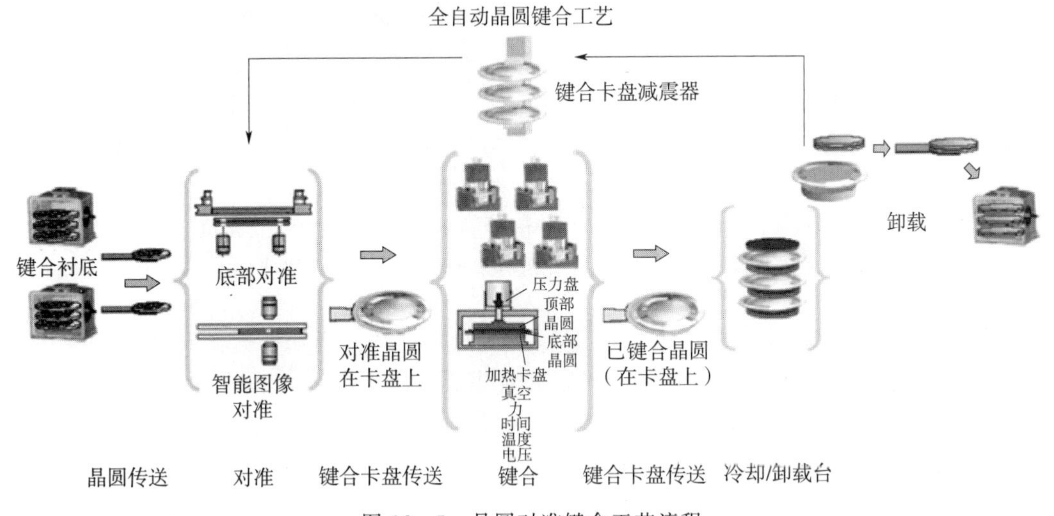

图 12-5　晶圆对准键合工艺流程

12.2.1.1　对准

W2W 对准是 3D 集成中的一个非常重要的工序，许多集成工艺对晶圆对准的精度都有很高的要求。在完成键合及后续工序后，TSV 必须与相应的接触焊盘连接在一起。通孔的直径和接触焊盘的尺寸决定了对准公差。对于一个给定厚度的晶圆，其通孔的直径主要由通孔的密度和可获得的深宽比来确定。为了减小 3D 互联中芯片作废的区域最小化，

高通孔密度要求通孔的直径做到很小（<1 μm），尽管中等通孔密度的器件需要较大直径的通孔，所以为了减小芯片上用于 3D 互连的面积，具备大通孔直径和适中通孔密度的器件是最合理的选择。

W2W 对准基于每个晶圆上的两个特殊点的对准，这两个特殊点又称为关键定位点。关键定位点可以在晶圆的正面、键合界面处或背面。默认的几何规则是晶圆表面的两个关键定位点可以明确地确定晶圆的位置（晶圆上图形的位置）。如果两个晶圆的关键定位点都在键合界面处，那么至少其中一个晶圆可透过可见光或红外光，这样才能对两个晶圆进行直接对准。直接对准就是对两个晶圆上相应的关键定位点进行实时对准，基于实时图像的反馈能够形成闭环控制，从而获得一个最高对准精度。

通常 3D 堆叠所用的基片在可见光下都是不透明的，但是如果基片非常薄，例如微米量级的硅片，由于对光的吸收非常少，使得硅片看起来是透明的。另一种代替方案则是采用红外光，红外光能穿透较厚的硅片，如图 12－6 所示，但是金属层或高掺杂浓度的晶圆不能用红外光对准，所以晶圆背面需要进行减薄。红外光对准最适合两层堆叠工艺，对于多层堆叠工艺，由于受红外光被多次衍射、反射和干涉的影响，图像的质量会下降。

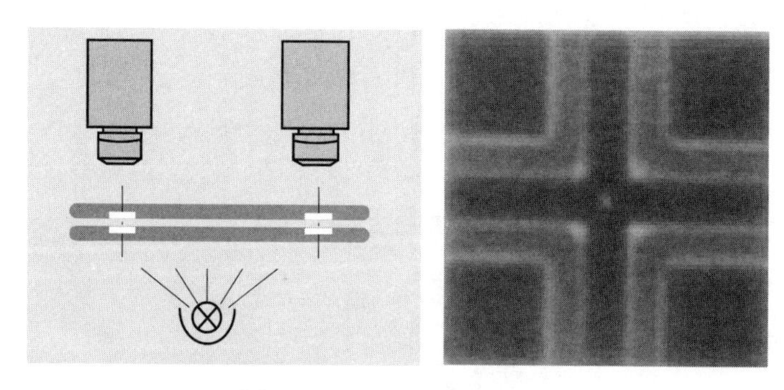

图 12－6　红外光对准原理

注：底部晶圆可移动，而顶部晶圆有固定的 $x-y-\theta$ 坐标，两个晶圆的关键定位点都已输入到系统，右侧的实时图像可以进行闭环对准控制。采用红外对准工艺，其对准精度可达 0.5 μm（3 σ）。

当晶圆不透明或一组关键定位点位于晶圆背面时，必须采用一种称为间接对准的工艺，最有代表性的就是接下来将要讨论的面对背集成方法。因为无法采用实时图像对准功能，每一个晶圆必须分别与两个外部的参考点进行对准。通常，把显微镜视野的中心作为参考点，每一个晶圆与参考点进行对准，最后将对准后的晶圆进行键合。在对准过程中显微镜不能重新调整焦距，这一点非常重要。显微镜的光轴与聚焦方向的 Z 轴不是完全平行的，所以重新调焦将导致参考点位置发生变化。

当关键定位点位于晶圆背面时可以采用一种背面对准工艺。第一个晶圆的关键定位点在键合界面处，先将这个晶圆与两个参考点进行对准，然后这个晶圆沿 Z 方向移动，在其上方给第二个晶圆留出一定空间，接下来在第二个晶圆背面的关键定位点也与两个参考点进行对准，如图 12－7 所示，最后两个晶圆叠在一起固定在键合卡盘上，可以随时传送到键合腔室内。

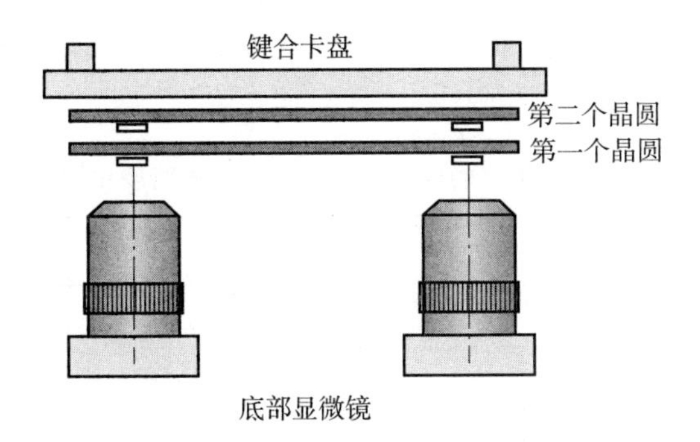

图 12－7　背面对准工艺：两个显微镜头是外部参考点，两个晶圆依次与外部参考点对准，然后堆叠并固定在键合卡盘上

晶圆沿着 Z 轴方向的移动无法精密控制，这是一个非常关键的问题，为了克服这个困难，采用了使用双显微镜的智能图像对准工艺。两个显微镜都具有普通的焦平面，每个光轴间的位置通过原位校准来确定，这在对准开始时就已经完成，然后再采用对准法计算时对偏差进行补偿，具体的工艺流程如图 12－8 所示。两个晶圆都固定在真空卡盘上，处于对准位置的两个晶圆界面在相同的焦平面上，这一点由边缘补偿机制来保证。显微镜的位置就是对准参考点，首先下方晶圆移动到预置好的对准位置，根据对准关键点的位置对显微镜进行定位并锁定显微镜位置，然后把下方晶圆卡盘移开，同时把上方晶圆移动到对准位置，在显微镜下进行对准。上方晶圆的卡盘可以在 $x-y-\theta$ 方向精密移动，由于基于矢量的图形识别功能，其对准程序非常成熟，并且能够通过对照识别出在 W2W 过程中微小的形状差异。

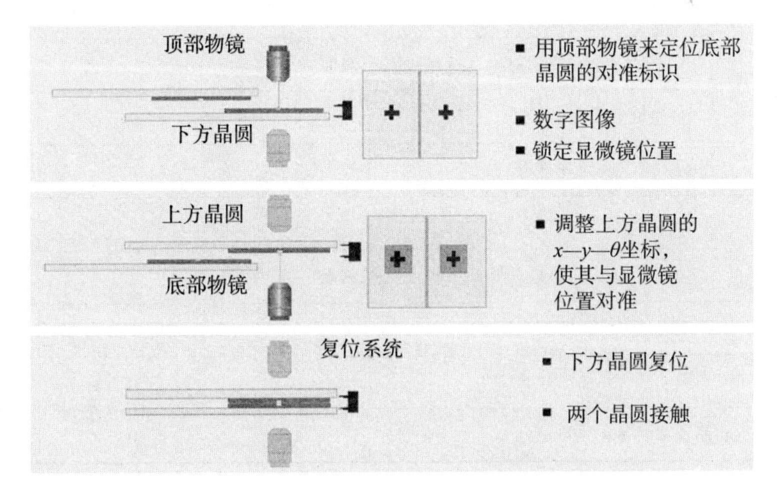

图 12－8　智能图像对准原理

智能图像对准工艺的主要优势是其灵活性和多功能性，它几乎适用于所有类型的晶圆而无需考虑晶圆的表面特性、体特性和晶圆厚度，并且在多层堆叠过程中能进行多次重复而不影响工艺质量。

键合后的对准精度取决于初始对准精度以及键合过程的影响。表 12－1 表明对于很多键合工艺而言，键合过程本身是导致键合后发生对准潜在偏差的主要原因。表 12－2 列出了目前生产设备的对准能力以及下两代希望达到的指标。

表 12－1　键合后对准精度的影响因素：初始对准精度和键合工艺的影响

对准系统的能力		
对准方法	对准精度/μm@3σ	
透明晶圆	±0.5	
智能图像面对面对准	±1.3	
键合后对准精度－对准系统能力		
键合技术	指标	对准精度/μm@3σ
阳极键合	最佳对比金属化定位键，4inch 晶圆热膨胀系数匹配键玻璃	±1
玻璃熔融键合（注 1）	10 μm 丝网印刷的玻璃粉，铁 11－036，在键合过程中压缩至 4～6 μm	±5
聚合物热压键合	薄的旋涂黏结材料（小于 1 μm），适用于 6 或 8 英寸晶圆	±0.6
Fusion 熔化键合		±0.4
金属中间层热压键合	厚度小于 2 μm 的金属层形成共晶键合或金属之间的熔化键合	±0.6

注 1：也可以用于其他较厚的情况（大于 5 μm），并对中间层进行回流。

表 12－2　键合后对准精度的路线图

对准精度路线图	2007	2008	2009
智能对准系统精度（面对面，μm@3σ）			
室温键合	1.3	0.5	0.3
200 mm 晶圆 Cu－Cu 加热键合[a]	1.7	0.9	0.6
300 mm 晶圆 Cu－Cu 加热键合[a]	1.9	1.2	0.9
通过晶圆对准精度（可见光，μm@3σ）			
室温键合	0.5	0.3	0.2
200 mm 晶圆 Cu－Cu 加热键合[a]	0.9	0.5	0.5
300 mm 晶圆 Cu－Cu 加热键合[a]	1.1	0.9	0.8

注：a：失效与晶圆尺寸有关。

主要的对准偏差包括 3 个方面：位移偏差、旋转角偏差和摆动偏差，如图 12－9 所示。在 x、y 方向的位移偏差是晶圆上所有芯片都存在的一个恒定偏差，而旋转角偏差和摆动偏差与芯片距离中心的距离有关，因此对于 300 mm 直径的晶圆键合非常重要。对准精度由对准最差的芯片的偏差决定，游标结构是测量对准精度的一个简单方法，如图

12－10所示，对于不透明的晶圆，电子测试结构可用于进行工艺控制。

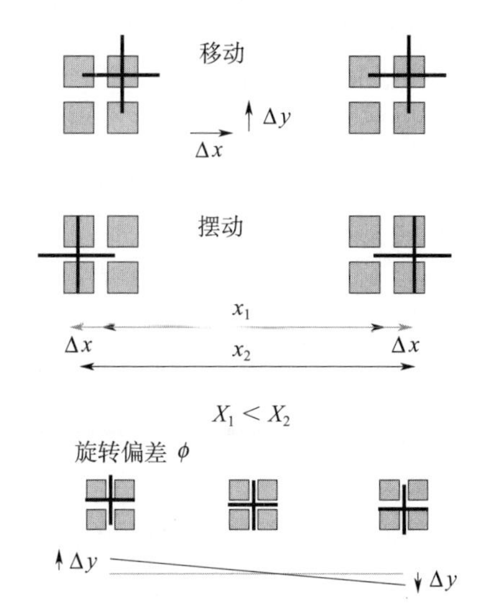

图 12－9　对准偏差：键合后的对准偏差主要包括移动偏差、选转偏差和摆动偏差这三种，旋转偏差和摆动偏差对于晶圆上的每个芯片根据其位置不同而不相同。对准精度由对准最差的那个芯片的偏差决定

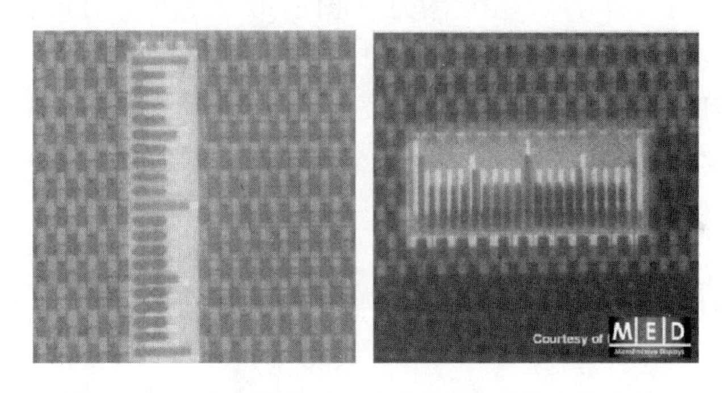

图 12－10　游标结构可以对对准精度进行光学检测。图中显示的是一个微发射显示器的滤波器对准精度小于 500 nm

12.2.2　键合工艺

12.2.2.1　Cu－Cu 键合

金属与金属晶圆键合的固有优势在于电连接和热连接能够同时完成，这个优势使得集成方案中 TSV 工艺可以在堆叠前进行。Cu－Cu 热压键合是 3D 互连中最典型的金属间键合工艺，金属间热压键合的主要机理是金属离子的扩散和扩散蠕变。扩散速度随温度、压力和时间而改变，最高的键合温度不能超出器件的热承受能力。另外，更高的键合温度将会增加整个键合过程的时间，这是因为需要更长的加热和冷却时间。一般来说施加的压力仅仅依赖于设备的能力，目前的晶圆键合设备能施加 100 kN 的压力，然而，由于一些新的介电材料脆性较大，所以一般不可能采用更高的压力。Cu 是在现代 CMOS 生产线上应

用广泛的材料，高性能芯片都采用 Cu 作为金属化层材料，总之，需要键合的晶圆其顶层金属材料一般也采用 Cu。Cu 层采用大马士革工艺制造，化学机械抛光（CMP）是最后一步工序。为了获得满足晶圆键合要求的表面性能（平整度、粗糙度），CMP 要求 Cu 的图形在整个晶圆表面均匀分布（密度不变），并且所有 Cu 图形的尺寸和形状都大致相同。因此要得到一个适度平坦的表面，Cu 图形的密度比要获得一个高强度的晶圆键合所需的键合焊盘的密度以及内部互连的密度更加重要。

金属热压晶圆键合最初应用于 MEMS 的某些制造工艺中，如空腔气密封装。在这种情况下，晶圆被金属结构（如金属密封面）占用的面积非常小，通常是晶圆面积的 0.5%～2%。另外，金属密封面却往往比晶圆表面高出很多，小的面积比例和凸出结构导致键合时金属结构发生变形（体积变化主要是因为蠕变）。对于 3D 集成，互连面积的比例比在 MEMS 中要高出很多，Cu 键合焊盘的面积大约占整个晶圆面积的 35%～45%。由于介电材料较脆而不能承受较大压力，从而不能搬用 MEMS 制造中的工艺。压力减小后键合的机理逐渐转变为扩散。这种情况不会或者很有限地导致体积减小，这是晶圆键合所需要的重要成果。正是因为扩散是主要的键合机理，所以键合焊盘必须在一开始就能形成很好的接触，因此对晶圆的表面粗糙度及厚度偏差的要求才那么苛刻。

Cu - Cu 晶圆键合中最关键的工艺参数是温度均匀性和压力均匀性，在加热过程中必须保持晶圆预键合时精确的对准，温度均匀性越好，升温速度才有可能越快。另外，晶圆平面内的温度不均匀将导致局部变形从而在键合层产生应力。非常好的温度均匀性对于补偿晶圆的弯曲变形甚至厚度偏差都是十分必要的。所有的键合焊盘必须在同一时刻开始键合，这一点非常重要。莫罗（Morrow）等[2]分析了压力均匀性对 300 mm 直径晶圆键合质量产生的影响。

在晶圆键合前和晶圆键合过程中防止 Cu 表面被氧化均十分重要，避免被氧化的标准做法是在键合加热过程中通入还原性气体，通常是氮气和 4%～10%的氢气组成的混合气体[3]。

12.2.2.2 苯并环丁烯（BCB）工艺

BCB 晶圆键合是 3D 集成中的一个重要工艺，BCB 有很多种不同的设计，在 3D 集成中通常采用非光敏成像的那一类。采用中间层的晶圆键合工艺有两个最主要的优势，第一，对表面粗糙度的要求很低，BCB 具有非常好的表面浸润特性，与金属热压键合工艺相比，一个粗糙的表面并不会减少晶圆与中间层的接触面积，因为两个晶圆表面之间不是紧密接触的，在此情况下，允许晶圆表面的微观粗糙度达到 20 nm；第二，BCB 在加热期间回流，晶圆表面的颗粒将陷入 BCB 材料中，不会导致键合质量问题的产生。

但是，BCB 材料的回流对如何维持晶圆的对准精度提出了挑战。根据预键合时材料胶联程度的不同，BCB 在键合加热过程中会呈现出液相或者是溶胶-凝胶状态。晶圆之间存在液相层始终是一个问题，如果有任何剪切力施加到一个晶圆上，都将立刻导致这个晶圆的移动，从而产生位移偏差。然而，Niklaus 等[4]研究表明，通过对预键合时 BCB 胶联的状态进行优化控制可以确保键合时的对准精度。另一个重要的方面是同时对两个晶圆进行加热，BCB 的热导率较低，在快速升温时每个晶圆从各自的加热器中得到或多或少的热量，因为 BCB 层阻止了晶圆之间的热传导。上、下加热器之间任何温度的失配将导致晶圆间的热膨胀不能同步，往往导致对准精度的下降。所以，由闭环反馈系统控制的上、下两个晶圆的同步加热对于 BCB 晶圆键合工艺来说至关重要。

一个有趣的做法是在 Cu - Cu 热压键合的同时进行 BCB 键合，伦斯勒理工学院（RPI）采用了这种工艺[5]。采用光敏成像 BCB 的 Cu 大马士革工艺被用来制造 Cu/BCB 表面图形，在晶圆键合过程中采用了三种不同的工艺：1）Cu - Cu；2）BCB - BCB；3）Cu - BCB。三种工艺都属于热压键合的范围，图 12 - 11 所示为采用 BCB 键合的 Si 晶圆的 SAM 图像。

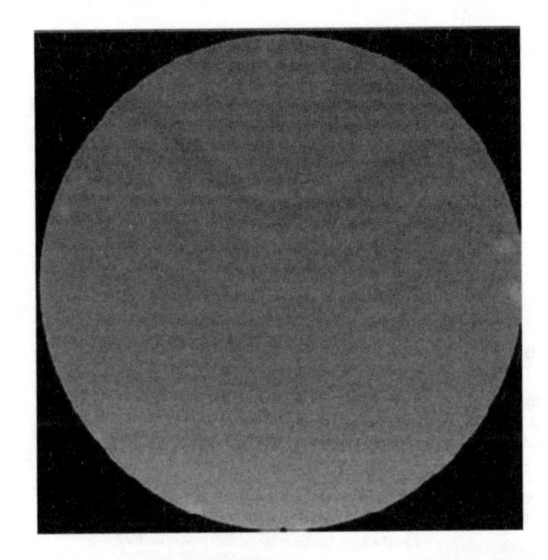

图 12 - 11　采用 BCB 键合的 200 mm 硅片的 SAM 图像

12.2.2.3　硅片直接键合

硅片直接键合（SDB）包括两个步骤：室温下对准后的预键合步骤和高温退火步骤。退火前可以对键合质量进行评估，如果有必要可以将已键合的晶圆分离开并重新键合。与 3D 集成的其他晶圆键合工艺相比，这是 SDB 工艺最大的优势，因为通常一个空洞就会导致后续的减薄无法进行；另一个优势是预键合在室温下进行，所以在键合时不会引起摆动误差，这样 SDB 工艺得到的对准精度要优于在高温下键合的其他键合工艺。

因为退火操作可以批量进行，所以其加工时间远少于晶圆键合时间，因为晶圆键合工艺需要经过“加热—键合—冷却”一整套完整的过程。在某些应用情况下，预键合可以在室温环境下进行，这时可以采用原位对准键合工艺，即在对准台直接进行晶圆键合，如图 12 - 12 所示。

典型的 SDB 工艺的退火峰值温度约为 1 100 ℃，明显不适用于 COMS 器件。但是低温等离子活化工艺大大改变了晶圆表面状态，使得退火温度可以降至 200～400 ℃。正因为晶圆预处理工艺的存在，SDB 才一直是 3D 芯片堆叠的可选方案之一。表面活化过程需要持续几十分钟，活化后可以在同一环境下进行 W2W 对准。对于 SDB 工艺，晶圆表面质量非常重要，需要设计晶圆键合专用的等离子活化腔室，以便在等离子辐照时防止任何潜

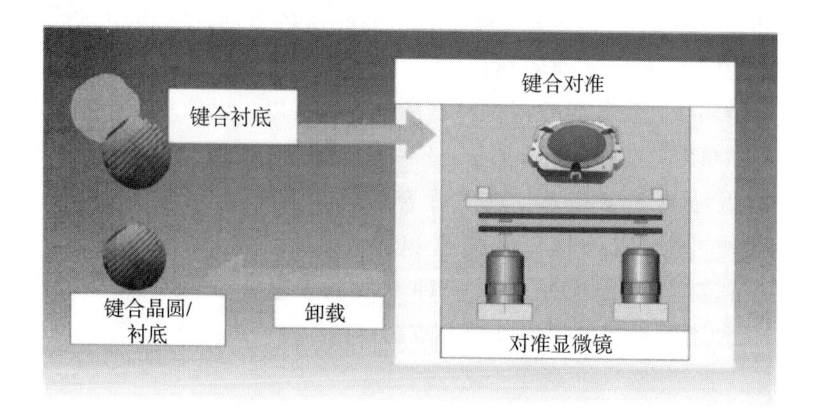

图 12－12　硅直接键合的原位键合工艺

在的表面损伤，图 12－13 所示为需要对准和无需对准的 SDB 工艺流程。

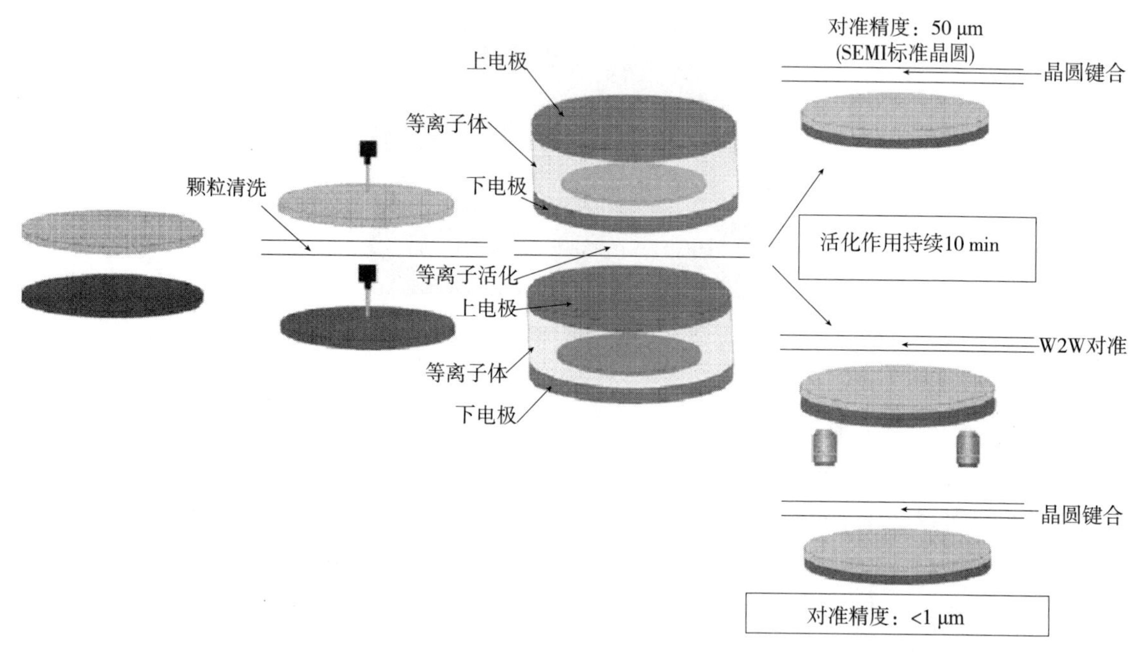

图 12－13　在低温等离子活化下直接晶圆键合工艺流程，活化效果持续十分钟

晶圆键合之前或之后都可以进行 TSV 制造。晶圆键合后再制造通孔的优势在于晶圆键合工艺自身非常容易实现，只需要具备非常光滑的表面，而氧化层的抛光则是十分成熟的工艺。

晶圆键合之前制造通孔是对金属/氧化物表面抛光技术的一个巨大挑战，其优势在于使得先制造通孔的 3D 集成工艺成为可能，Ziptronix 公司在其直接键合互连工艺中采用了该方法。

12.2.3　晶圆的临时键合及分离

晶圆的临时键合和分离技术主要针对薄晶圆的传送及加工，对于 TSV 器件背面处理是可行的。晶圆临时键合的基本理念是在减薄前将其暂时与一个承载晶圆键合在一起，承载晶圆为器件晶圆提供机械支撑并对晶圆边缘进行保护。另外承载晶圆能防止薄的器件晶圆发生弯曲或卷曲。晶圆堆叠可以按照这种工艺模式进行增减，把整个堆叠模拟成一个标准晶圆，使得生产厂可以采用标准生产设备完成进一步加工。采用承载晶圆解决晶圆传送的成本通常要低于在每一个工具中单独配备专用薄晶圆卡盘、终端执行器及晶圆料盒。背面处理后需要去除器件晶圆和承载晶圆之间的黏结材料，薄晶圆或者送去组装，或者和另一个晶圆进行堆叠。

临时晶圆键合和分离最初用于化合物半导体器件的生产（这些化合物材料比硅片材料脆得多），也用于硅基功率器件的生产。图 12 - 14 所示为一个临时键合的典型工艺流程。

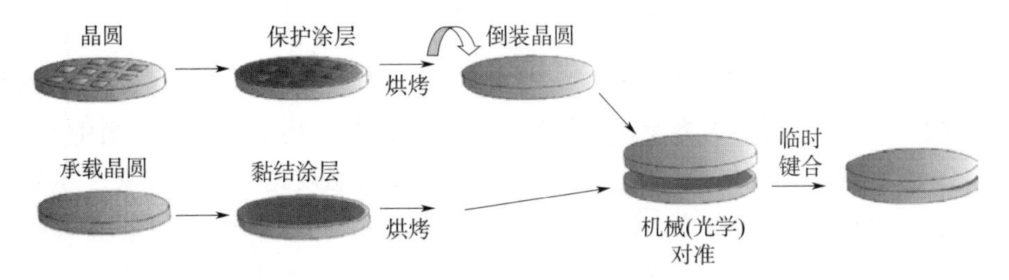

图 12 - 14　临时键合的标准工艺，器件晶圆正面加工已经完成，并可以选择性地涂覆保护层。承载晶圆表面旋涂黏结材料，然后将两个晶圆放入键合腔室，对准后在真空条件下通过升温进行键合。这个工艺流程适用于所有种类的承载晶圆，不受晶圆尺寸、厚度以及材料的影响

有多种不同的介质材料均可用于临时键合，主要的两种分别是旋转涂覆黏结剂和胶膜材料。对于后续工序来说，因为临时键合只是一个辅助工艺，所以要根据后续工序的要求来选择介质材料。

化学稳定性：第一个问题是在后续的工序中晶圆将暴露在化学试剂中，介质材料或者具备好的化学稳定性，或者必须将暴露在化学试剂中的时间尽量减小，避免对键合强度和边缘保护产生不良影响。不能与晶圆分离工艺发生冲突是一个必须注意的重点，另外一点就是不能影响晶圆分离后对晶圆的清洗。

最高工艺温度和热负载：这是两个非常重要的决策准则。当然，介质材料的性能必须不能因为暴露在高温下而下降，在某些情况下可以降低后续工序的工艺温度，然而，这通常以降低产量为代价。

边缘保护：边缘是薄晶圆上最容易损伤的部分，晶圆越薄边缘保护就越重要。在后续工序中，可能出现边缘崩裂或因为在边缘发生机械接触而出现裂纹。对于刻蚀工艺要保护晶圆避免边缘进一步变薄。图 12 - 15 所示为采用旋涂材料和胶膜材料键合时边缘保护的主要区别。

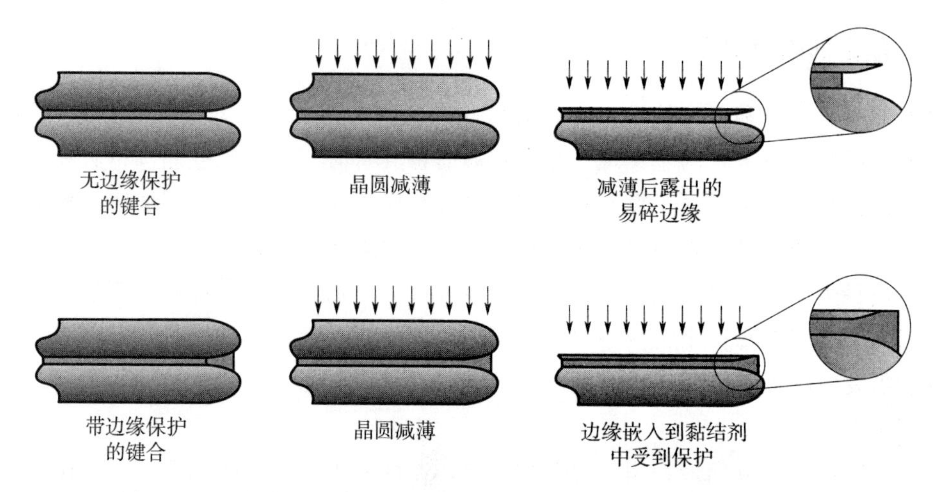

图 12-15　胶膜材料通常无法提供边缘保护，而对于旋涂黏结剂可以通过在键合过程中采用边缘控制提供最优的边缘保护

晶圆分离工艺：对于商用黏结材料一般有三种分离机理：加热、UV 照射以及化学法。典型的化学法是采用溶剂溶解，其最大的缺点是晶圆分离后漂浮在溶剂中无法控制，这通常和 TSV 对晶圆厚度的要求发生矛盾；加热分离时温度比最高工艺温度还要高，有时可能会超出器件的热负载能力；UV 照射法要求承载晶圆是透明的，这将导致成本的增加，同时其缺点是器件晶圆与承载晶圆的热膨胀系数不同，将导致晶圆堆叠的弯曲或卷曲。另外，厚的承载晶圆将主导整个堆叠的热膨胀行为。

胶膜材料通常采用楔入分离工艺，而对于旋涂材料一般采用滑移分离工艺，如图 12-16 所示。

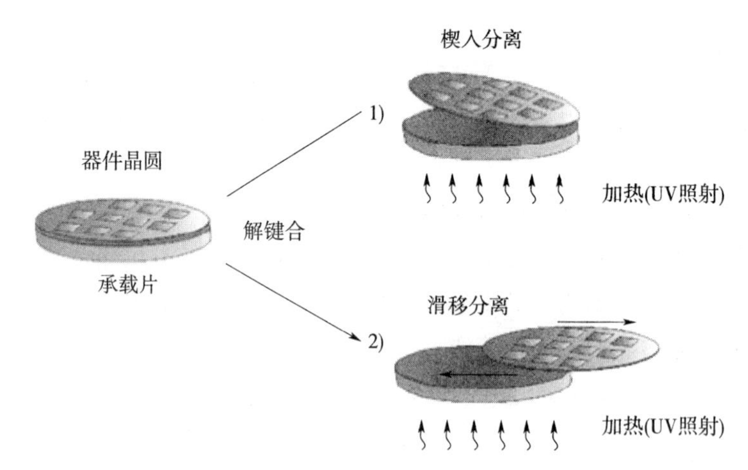

图 12-16　楔入分离工艺和滑移分离工艺

12.2.3.1　薄晶圆的永久性键合

经过减薄和背面处理后，薄晶圆可能被切割成单个芯片进行 C2C 或 C2W 堆叠，也可能和另一个晶圆永久键合在一起。永久键合可以在晶圆分离前进行，也可以在之后进行。

永久性键合后分离的工艺流程相对会容易很多，因为可以利用标准的设备进行对准和键合。关键在于临时键合所用的黏结材料能否能承受永久键合温度，如果不行，则必须在永久键合前进行器件晶圆和承载晶圆的分离。这就要求薄晶圆在无支撑的状态下被传送到对准和键合位置。一个折中的解决方案是更换薄晶圆的承载晶圆，采用一种黏结剂进行临时键合，这种黏结剂可以承受后续的永久性键合。

12.2.4　C2W 键合

C2W 3D 堆叠是 W2W 集成方案的主要替代方案，基于引线键合的 C2W 与基于 TSV 的 C2W 之间有本质的区别。本节主要介绍基于 TSV 的 C2W 技术，堆叠后再进行通孔制造工艺由于成本原因几乎不可行，通孔制造工艺（显影、刻蚀、电镀及 CMP）需要并行处理所有芯片，而这些工艺只能针对晶圆级产品。堆叠前进行通孔制造，在通孔和接触焊盘之间需要进行金属键合，但是金属键合是一个很长的过程，因为不管是金属扩散键合还是共晶键合都需要加热和冷却过程。一个能获得可接受产能的解决办法是把整个过程分为两个主要步骤：C2W 放置和金属键合。

图 12－17 所示为一个典型的工艺流程图，首先要具备一个加工完成的晶圆和一些已经切割的芯片。第一步是把芯片放到晶圆上面，通过一台高性能的取放设备使芯片暂时固定在晶圆表面，然后送入永久性键合的腔室。

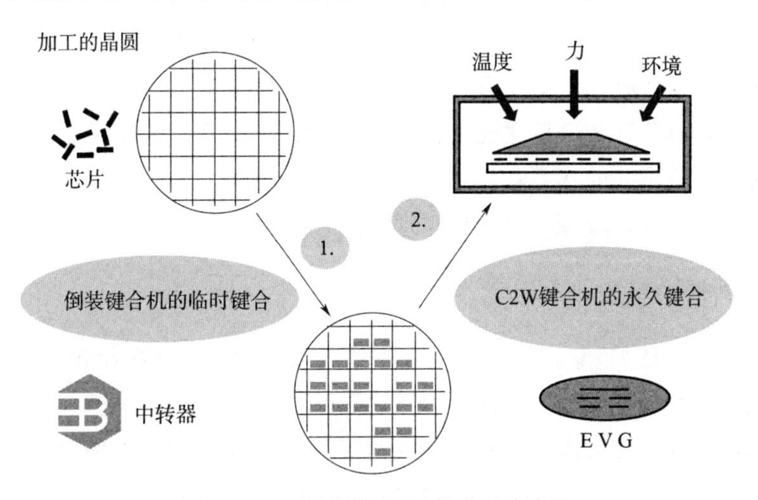

图 12－17　两步骤 C2W 集成工艺流程

为满足产能要求必须采用“已知好的芯片”进行后续加工，这样将导致晶圆上的芯片分布不再均匀。EVG540C2W 键合设备可以让每一个芯片仅受到垂直方向的力，这样可以确保芯片在互连和键合时对准精度不变，如图 12－18 所示。

为满足生产目标，要求切割好的芯片可以来自不同的晶圆，也就是说衬底晶圆上的芯片可能来自不同的生产厂或生产线，这样无法保证它们的厚度严格受限，键合系统必须能够不受芯片厚度的影响。即使芯片厚度不同，但施加的压力必须保持垂直，要做到这一点可以通过采用一种变形良好的介质层来实现。

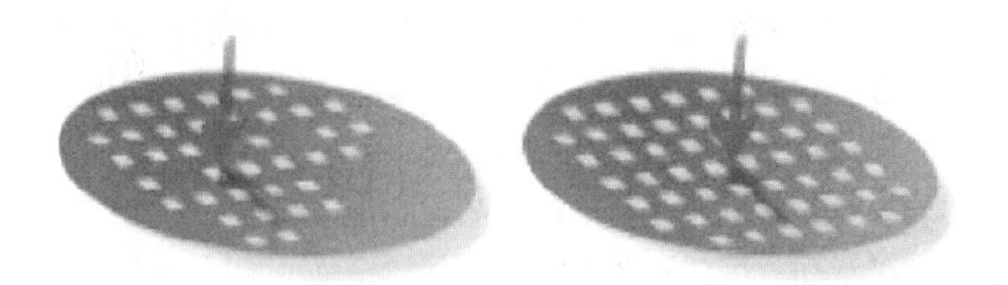

图 12－18　为提高产能，只能在衬底晶圆的“KGD”上放置芯片，
这就要求必须在每个芯片上施加垂直方向的力，任何剪切力将导致对准精度下降

键合可以在真空或其他任何要求的气氛下进行，对于 Cu－Sn 固态化合物，推荐使用添加了甲酸的氮气[6]。

12.3　3D 互连集成方案

本节介绍了不同的集成方案，重点放在专用设备和工艺要求上，为了方便描述作以下设定：

1）1 号晶圆是一个完成加工的晶圆，具备原始厚度。根据上下文不同 1 号晶圆也有可能是多层晶圆的堆叠。

2）2 号晶圆可以是减薄后的也可以是未减薄的第二个晶圆。

3）在集成方案中“面”指的是器件晶圆的正面（不要把它和 W2W 对准中的“面”相混淆，在 W2W 中“面”是指键合界面处的对准位置）。

在文献中“先通孔”和“后通孔”在工艺过程中经常混淆使用，然而，这两个术语没有清晰的定义，并被不同的作者在不同的工艺流程中引用。两个最常见的意思是：1）晶圆减薄前后的通孔制造；2）芯片堆叠前后的通孔制造。

12.3.1　芯片面对面堆叠

芯片面对面堆叠是 3D 集成中的一个基本的工艺流程。1 号基片和 2 号基片的正面加工已经全部完成，经过必要的表面预处理后它们面对面地键合到一起。晶圆键合后对 2 号晶圆进行全部或部分的背面减薄，这样做的好处在于不需要用支撑薄晶圆的承载晶圆。1 号晶圆在背面研磨和后续的背面加工过程中给整个堆叠过程提供了机械支撑。

晶圆键合的要求十分苛刻，晶圆键合后进行的背面减薄要求键合界面处绝对不能有空洞，任何空洞的存在都将导致晶圆在减薄时破裂。所以，一个空洞通常意味着加工工艺到此为止。然而，实践证明，Cu－Cu 键合和 BCB 键合能够满足大批量生产的成品率要求[2,7]。

TSV 可以在晶圆键合之前或晶圆键合之后进行。

面对面堆叠工艺的一个小小的缺陷是当进行多层堆叠时工艺流程无法重复，如图 12－19所示。在一个两层的面对面键合叠层上堆叠第三层时需要面对背堆叠工艺。对于多层的具有同一功能的单元，例如叠层存储器，需要设计不同的芯片并为每一层开发不同的工艺。在这一点上面对面堆叠工艺不如同向堆叠工艺，在面对背堆叠工艺中，完全一样的芯片及工艺流程使得 8 层堆叠和 2 层堆叠没有区别，如图 12-20 所示。

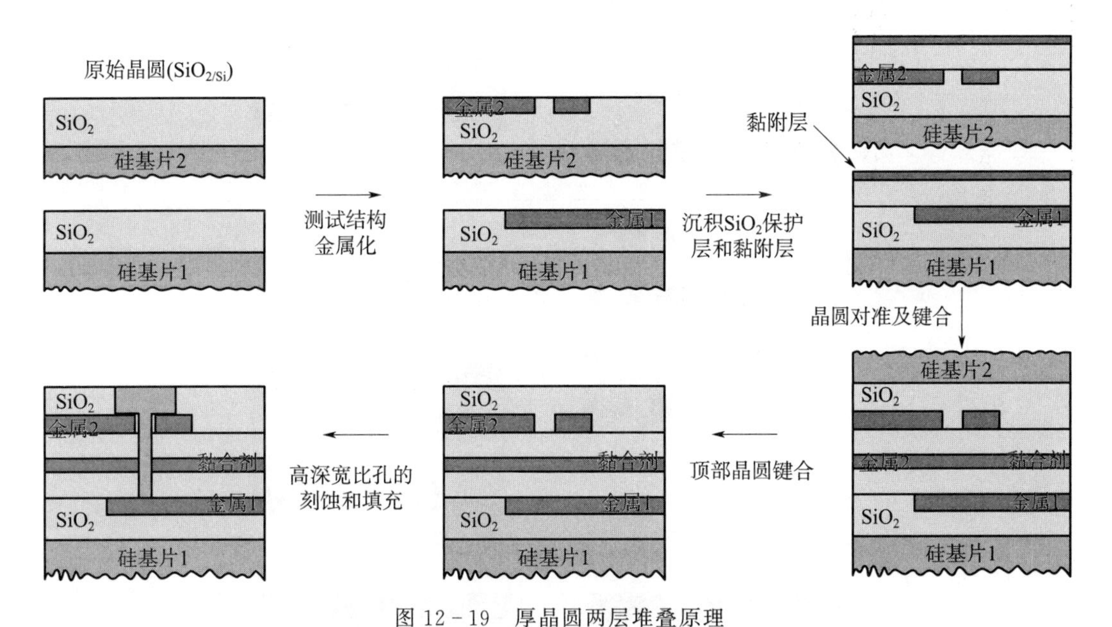

图 12-19　厚晶圆两层堆叠原理

在这种情况通过键合后的通孔工艺说明晶圆黏结键合工艺

12.3.2　芯片面对背堆叠

将 1 号晶圆的顶部金属层和薄晶圆背面的 TSV 进行键合的工艺被称为面对背堆叠，对于两层的面对背堆叠，通常需要在键合前对 2 号晶圆的背面做减薄处理，在处理过程中必须采用承载晶圆作为机械支撑，如图 12-21 所示。

两个不同的多层堆叠集成方案如下：

集成方案 A：F2B-F2B-F2B-F2B；

集成方案 B：F2F-F2B-F2B-F2B。

集成方案 A 是一个可重复的生产方案，允许采用相同的工艺和工具对 1 号—2 号、(1+2) 号—3 号……等进行键合，方案 A 对于 W2W 和 C2W 工艺是可行的，虽然用于 C2W 的难度较大。

集成方案 B 首先完成一个面对面堆叠，然后转变为面对背堆叠，该工艺机智地避免了在生产中采用承载晶圆，所有层的全部背面处理都在键合后进行，该方案只能应用于 W2W 工艺，因为对晶圆上堆叠芯片的减薄无法进行。

这个生产方案对晶圆键合的要求十分苛刻，如果键合界面存在空洞将可能导致背面减薄过程中晶圆的破裂，W2W 的对准必须采用智能图像对准工艺，如果可能采用红外对准工艺。正是因为采用了原始厚度的晶圆，其成品率将远高于采用薄晶圆的工艺方案。

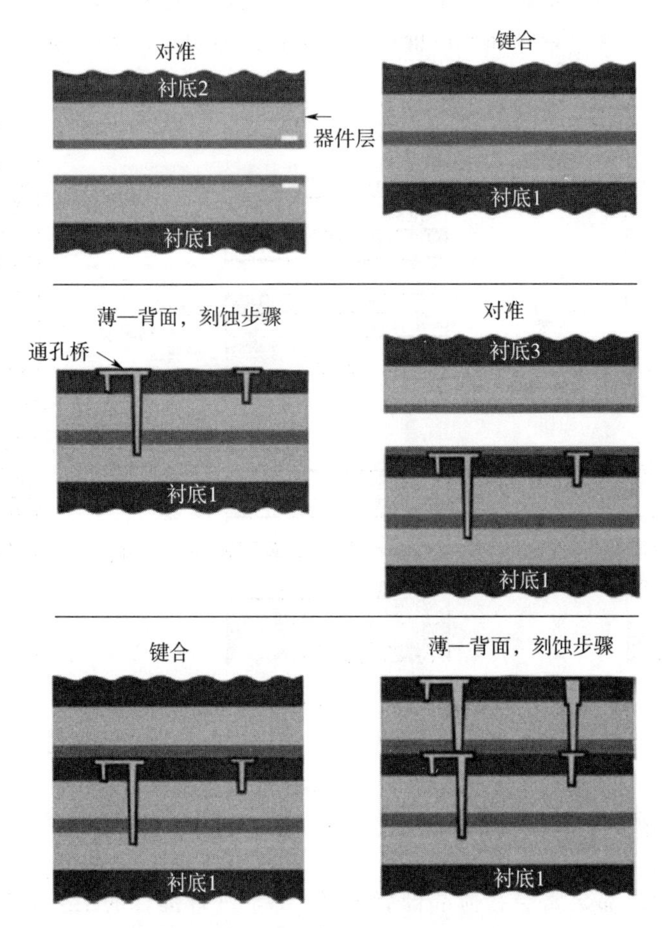

图 12－20　原始厚度晶圆的多层堆叠原理

注：1 号晶圆和 2 号晶圆采用面对面键合，对 2 号晶圆进行背面减薄和处理后，3 号晶圆的正面和 2 号晶圆的背面键合到一起，也就是面对背堆叠。当对多层厚晶圆进行堆叠时，必须从面对面键合转变为面对背键合。采用类似于 BCB 的黏结中间层材料进行键合的方法如图所示，在这里键合后再进行通孔的制作。

12.4　结论

TSV 和 3D 芯片堆叠为未来器件的架构提供了一个广阔的发展方向，诸如晶圆键合、晶圆对准及采用承载晶圆对薄晶圆进行传送等关键技术已经在另一个硅基工业（如 MEMS）中建立起来了。基于产品的应用，对于不同器件及产品群的性价比结构，不论 C2W 还是 W2W 集成方案都具有一定优势。目前仍有很多的集成工艺和方案，一旦这些工艺将 3D 产品的风险、成品率和性能作为主要考虑对象时，可以认为工艺及工艺流程的标准化工作将要开始。然而，本书涉及的工艺可以为大批量生产提供一个可行的解决方案。

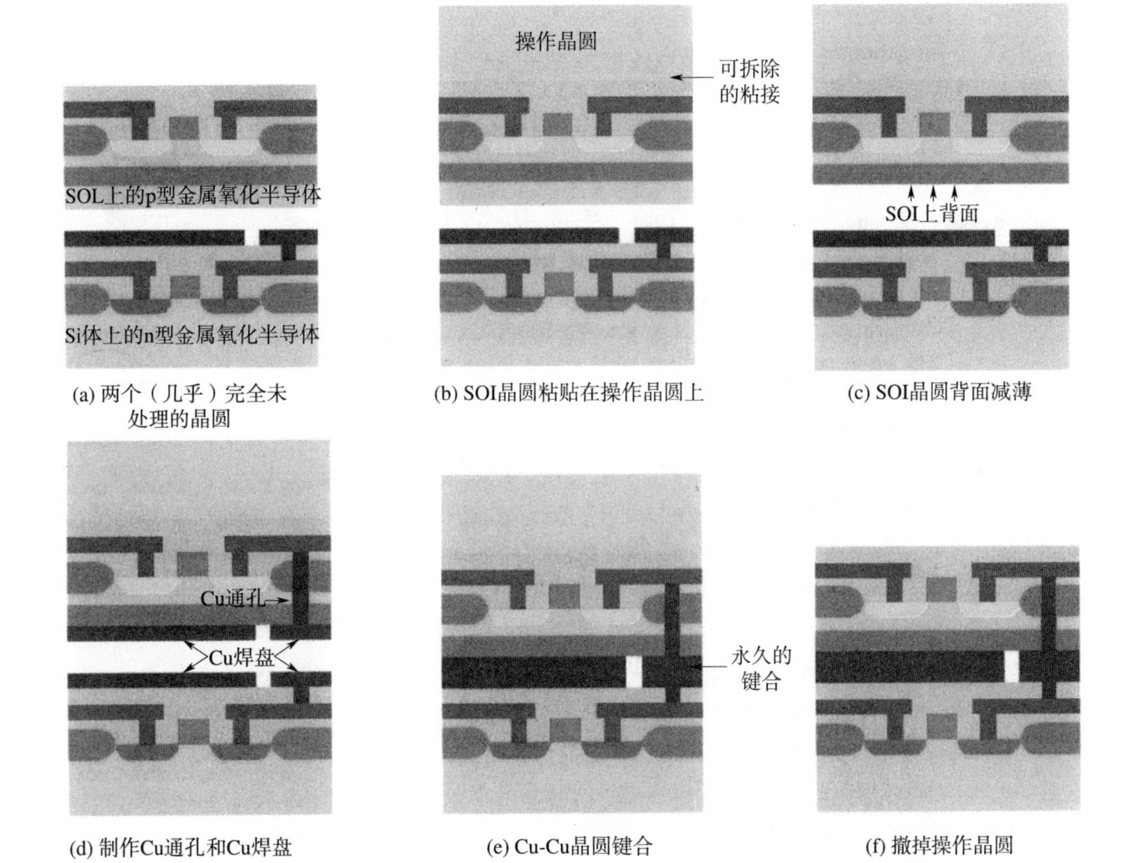

图 12-21　采用 Cu-Cu 键合和面对背堆叠和两层芯片堆叠方案，对于多层器件这个工艺过程能多次进行重复而无需变化

参 考 文 献

[1] Tong,Q. - Y. and Gosele, U. (1998) Semiconductor Wafer Bonding; Science and Tchnology, John Wiley & Sons, Inc.

[2] Morrow,P., Kobrinsky, M. J., Ramanathan, S., Partk, C. - M., Harmes, M., Ramachandrarao, V., Park, H. oM., Kloster, G., List, S. andKim, S. (2005) Wafer - Level 3D Interconnects Via Cu Bonding. Proceedings of the UC Berkeley Extension Advanced Metallization Conference (AMC *2004*), Mater. Res. Soc. Symp. Proc, 20, p. 125 - 130.

[3] Tadepalli,Rajappa. and Thompson, Carl, V. (2003) Quantitative characterization and process optimization of low - temperature bonded copper interconnectes for 3 - D integrated circuits. Proceedings of the IEEE 2003 International Interconnect Technology Conference , Ieee Catalog# 03TH8695, p. 36.

[4] Niklaus,F., Kumar, R. J., McMahon, J. J. et al. (2005) Effects of bonding process parameters on wafer - to - wafer alignment accuracy in benzocyclobutene (BCB) dielectric wafer bonding. Materials Research Society Symposium Proceedings, 863.

[5] McMahon,J. J., Lu, J. - Q. and Gutmann, R. J. (2005) Wafer bonding of damascene patterned metal/adhesive redistribution layers for via - first three - dimensional (3D) interconnect. Proceedings of IEEE 55thElectronic Components and Technology Conference (ECTC 2005), May 31 - June 3, Florida. pp. 331 - 336.

[6] Sche5r5ng,C., 6stner, H., Lindner, P. andPargfrieder, S. (2004) Advanced chip - to - wafer technology: enabling technology for volume production of 3D system intergration on wafer level. (eds. Frank Niklus, Ravi Kumar et al.), Proceedings Imaps 2004, p, B10. 8. 1 - B10. 8. 6.

[7] Morrow,P., Park, C. - M., Ramanathan, S., et al. (May 2006) Three - dimensional wafer stacking via Cu - Cu bonding integrated with 65 - nm strained - Si/Low - k CMOS technology. IEEE Electron Device Letters, 27 (5), 335 - 337.

第 13 章　聚合物黏结键合技术

James Jian - Qiang Lu，Tim S. Cale，Ronald J. Gutmann

采用聚合物材料作为中间黏结介质的晶圆键合对于先进的微电子机械系统（MEMS）来说是一个重要的制造技术，例如 3D 集成电路、先进封装和微流体器件。在晶圆黏结键合过程中，聚合物黏结材料提供了将两个表面键合到一起的黏结力。与其他晶圆键合方法相比，晶圆黏结键合的主要优势包括对表面形貌不敏感、低的键合温度、与标准集成电路晶圆加工工艺兼容以及能够键合不同类型晶圆的能力。另外，晶圆黏结键合工艺简单、键合强度高，且工艺成本低。本章主要介绍用于 3D 集成的聚合物黏结键合技术的现状。

13.1　聚合物黏结剂键合原理

在微电子机械系统（MEMS）产品制造过程中，两个基板之间的键合很久以来一直是一个重要的工艺过程。晶圆键合技术种类繁多，包括直接键合、阳极键合、钎焊键合、共晶键合、超声键合、金属熔焊键合、热压键合、低熔点玻璃键合以及黏结剂键合。在黏结剂键合过程中，中间的黏结剂层在两个表面之间形成键合并将其固定在一起。尽管这种技术已经成功地应用于航空、航天及汽车生产等多个行业来连接多种相似或相异的材料，但是在早期的半导体制程中，黏结剂键合技术并不占主导地位。最近关于黏结剂键合的研发工作包括采用边界明确（well defined）且无缺陷的中间黏结层进行大面积基板的键合。在某些应用中要求对需要键合的晶圆进行精确对准。近期黏结键合技术在高可靠和高效率方面的发展，使其在某种程度上成为满足多种应用场合的晶圆键合技术[1]。

在晶圆黏结工艺中，最普遍的做法是把聚合物黏结材料涂覆在两个需要键合的表面或其中之一的表面上，如图 13 - 1 所示。当被黏结剂覆盖的两个表面黏结到一起后，通过施加一定压力使晶圆表面紧密接触。把聚合物黏结剂暴露在 UV 灯下或进行加热后，其从液态或黏滞弹性状态转变为固态物质。

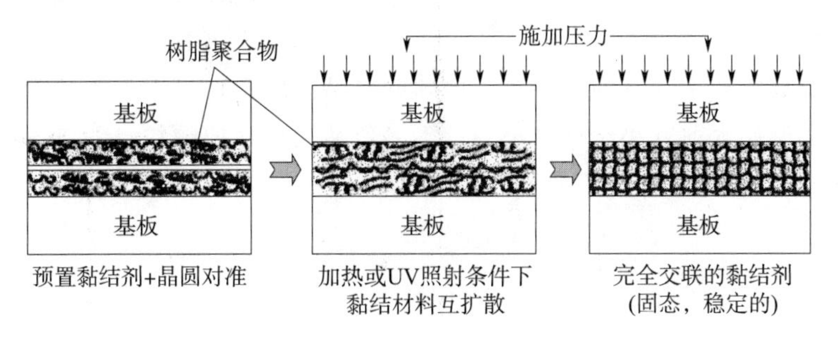

图 13 - 1　3D 集成中典型的聚合物黏结键合原理

晶圆黏结剂键合的主要优点如下：

1）相对较低的键合温度（介于室温和 450 ℃之间，由聚合物材料决定）；

2）受晶圆表面的形貌影响小；

3）与标准的 COMS 晶圆制造工艺兼容；

4）能够键合几乎任何材质的晶圆。

晶圆黏结剂键合工艺不需要对晶圆表面进行平坦化和清洗等特殊处理。聚合物黏结剂可以在一定程度上容忍晶圆表面的形貌和颗粒。所以，晶圆黏结剂键合是一种工艺相对简单、成熟且成本低的工艺方法。在 3D 集成应用中，要考虑黏结材料的特性、有限的温度稳定性和许多聚合物黏结剂在苛刻环境中的长期稳定性等。

13.2　聚合物黏结剂键合的工艺要求和材料

3D 集成中晶圆键合使用的聚合物黏结层必须提供一个无缝的界面和很强的黏结强度从而防止分层；必须足够薄以减小通孔的深宽比；为避免对元器件芯片造成功能和可靠性的影响，黏结键合必须在适当的温度下进行；键合后黏结材料必须具备热稳定性和机械稳定性。理想的黏结材料需要具备以下特性：

1）好的黏附性和内聚性——与晶圆黏附性好，黏结剂之间内聚性强，这样可以防止分层；

2）在键合过程中无气体释放，从而可以防止气泡的形成；

3）在 BEOL 和封装过程中具有良好的热稳定性和机械稳定性，键合后具有高的玻璃化温度和刚性结构；

4）低应力松弛和蠕变；

5）低吸湿性；

6）能够在整个晶圆表面形成均匀的微米级厚度的薄膜。

用于晶圆键合的聚合物材料种类繁多，参考文献[1]对其进行了详尽的说明。根据上文列出的所需特性，我们选择了几种聚合物进行评估，包括聚乙烯芳基醚（Flare，Poly aryl ether），甲基硅倍半氧烷（MSSQ，methylsilsesquioxane），BCB（BCB，benzocyclobutene），氢倍半硅氧烷（HSQ，hydrogensilsesquioxane）及气相淀积的 N 型聚对二甲苯。这些聚合物能通过淀积工艺制成薄膜，具备优良的物理和化学性能，最重要的是在一定程度上能与 IC 制造工艺兼容。图 13－2 所示为黏结剂键合存在的一些问题：甲基硅倍半氧烷放气产生的气泡；聚对二甲苯的黏结强度低；虽然聚乙烯芳基醚的黏结强度很高，但其黏结层太薄（小于 0.3 μm），不能容纳大尺寸的颗粒。图 13－3 所示为用于 3D 集成的几个其他黏结剂键合的例子。

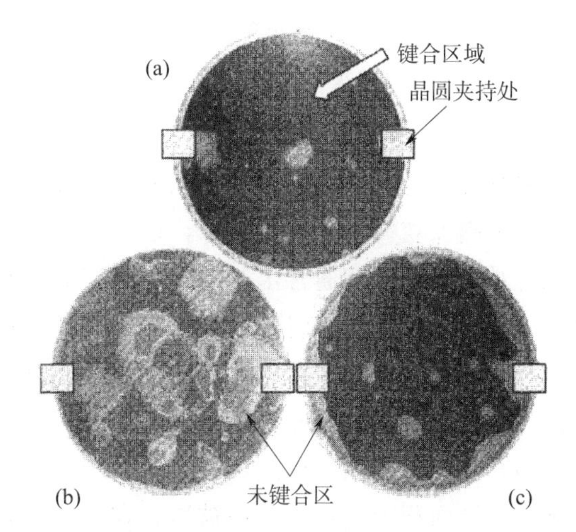

图 13-2　使用不同聚合物黏结晶圆的图片（直径为 200 mm 的 7740 型康宁玻璃片与硅晶圆）高亮区域表示空洞或未键合的区域[2]（a）聚乙烯芳基醚；（b）甲基硅倍半氧烷；（c）N 型聚对二甲苯

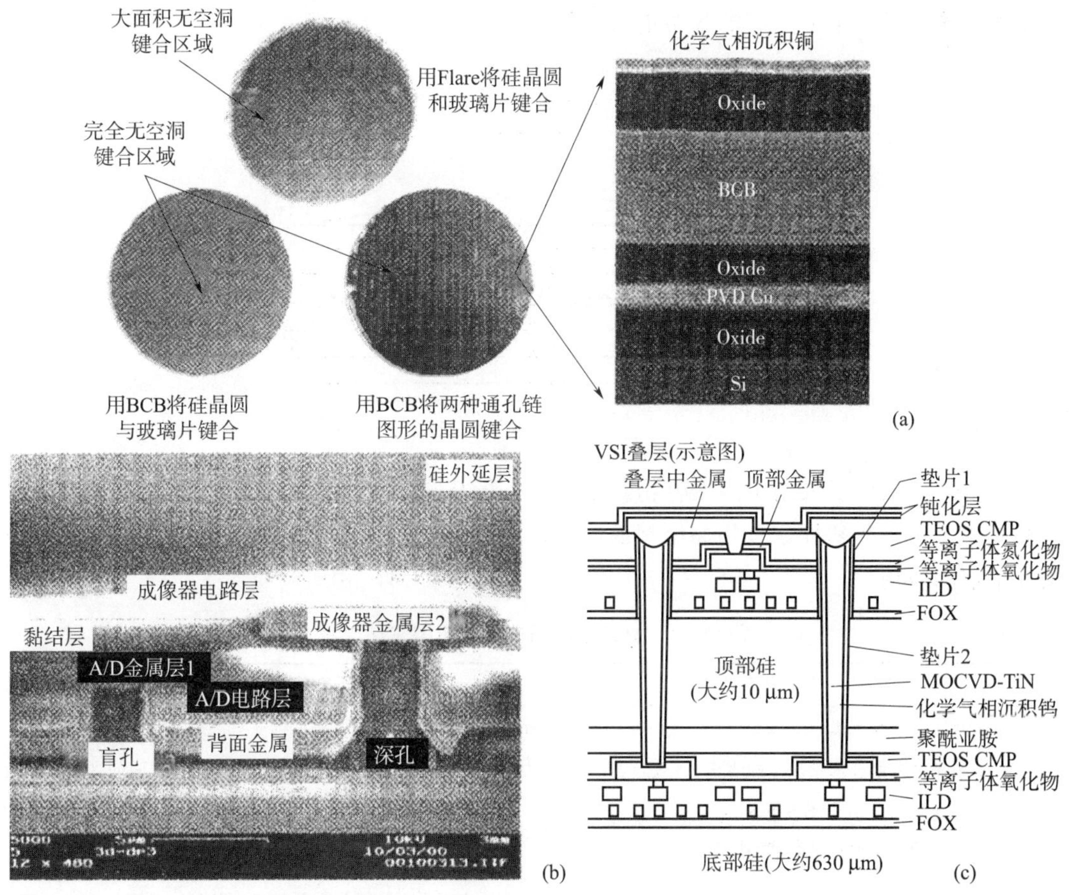

图 13-3　（a）晶圆键合的结果：用 Flare 将 7740 型康宁玻璃与硅片键合（顶图），使用 1737 型 PG&G 玻璃与硅片键合（左图）以及用 BCB 键合的两个通孔链图形的晶圆，通过 SEM 照片可以观察其无缝隙的键合界面[3]　（b）3D 环形谐振器的 SEM 照片，图示为成像器与 A/D 晶圆之间的黏结剂键合[4]（c）聚酰亚胺黏结剂键合[5]

13.3　聚合物黏结晶圆键合技术

大多数使用黏结晶圆键合技术的 3D IC 应用需要明确的、高效的键合界面，同时键合的晶圆要经常精确对准。为了确保获得高质量的键合，键合工艺流程和工艺参数必须进行精确控制，如同晶圆之间的对准要求。这通常由一套包括晶圆对准和晶圆键合的设备来完成。晶圆键合设备通常由一个真空室、一套将晶圆送入真空室的机械装置、一个卡盘和一个键合装置组成，如图 13－4 所示。诸如键合压力、键合温度、真空室的压力和温度变化曲线等键合工艺参数都会对键合质量和缺陷密度产生显著的影响。叠层的晶圆放置于底部芯片卡盘和键合装置或顶部芯片卡盘之间。因此，叠层的晶圆可以通过键合装置施加一个可控的压力（单位晶圆或键合区面积上的压力）而被压合在一起。叠层的晶圆可以通过顶部和底部的晶圆载台进行加热。顶部的晶圆载台可以是一个刚性的平板，或在顶部卡盘和叠层晶圆之间附加一个软板或薄片。软板或薄片通常能很好地适用于不一致晶圆的堆叠，这样可以使叠层晶圆上压力的分布更为均匀。

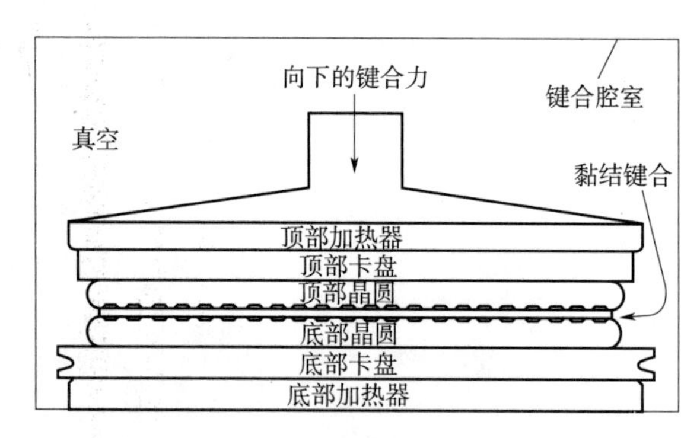

图 13－4　典型的商用晶圆键合设备的示意图

表 13－1 列出了采用中间聚合物黏结剂来进行晶圆键合的工艺流程，工艺流程包括键合装置的应用、热塑性聚合物黏结剂的应用及免固化（软烘培）或部分固化的热固性聚合物黏结剂的应用。

表 13－1　黏结剂晶圆键合的典型工艺流程

序号	工艺步骤	工艺目的
1	晶圆的清洗和干燥	去除晶圆表面的颗粒、沾污和水汽
2	采用黏结力促进剂处理晶圆表面（可选）	黏结力促进剂能增强晶圆表面和聚合物黏结剂之间的黏结强度
3	在两个或其中一个晶圆的表面涂覆聚合物黏结剂；使聚合物黏结剂图形化（可选）	最常用的方法是旋转涂覆工艺，也可采用喷涂和气相淀积
4	预固化	从聚合物涂层中去除溶剂和易挥发性物质，热固性材料将部分聚合，而热塑性材料将完全聚合

续表

序号	工艺步骤	工艺目的
5	晶圆对准（可选）[a]	在晶圆对准器中通过两个晶圆上的对准标识进行晶圆对准，然后固定在底部键合卡盘上
6	把对准的晶圆放入键合腔室底部卡盘并抽真空	如果无需对准，晶圆可直接放在底部卡盘上。注意：为了防止空洞的形成，在键合之前键合界面上残留的气体应该被抽除
7	用键合装置对叠层的晶圆施加压力	晶圆和聚合物黏结剂表面在整个晶圆上形成紧密键合。在键合温度到达前后，施加键合压力
8	施加压力的同时升高键合温度来使聚合物黏结剂重熔或固化	聚合物黏结剂固化的过程视材料本身的固化机理不同可能需要几分钟到几个小时，不断升高的温度通常将引起聚合物重熔
9	腔室冷却，净化，键合压力释放	为确保聚合物黏结剂的固化效果，冷却到一定温度后才能释放键合压力

[a] 在 3D 集成工艺流程的大多数工序中，晶圆键合前的对准是一个关键工序。需要对准和键合的晶圆，其对准标识一般以金属图形的形式与晶圆的顶层金属一起加工出来。如果聚合物黏结剂的图形化是在晶圆键合工艺之前，对准标识也可以使用其他材料（例如二氧化硅）形成的图形，或者采用给晶圆涂胶时聚合物形成的图形。

在晶圆对准和键合后，进行晶圆减薄和 TSV 制造（也称为晶圆内互连），这样就完成了 3D 集成。晶圆减薄和 TSV 工艺将在第 23 章详细介绍。

13.4　键合工艺的特征参数

在黏结晶圆键合工艺中影响键合强度和键合界面上形成空洞或缺陷数量的因素包括聚合物黏结剂、晶圆的材料、晶圆表面颗粒的尺寸和数量、晶圆表面形貌、聚合物厚度、键合压力、聚合物黏结剂的固化程度（聚合等级）、晶圆厚度、聚合物固化条件以及晶圆键合前键合室内的气氛条件。可以采取多种方法增加键合强度并避免键合处空洞和缺陷的形成。可体现出键合的完整性和鲁棒性的键合工艺特征参数列举如下。

13.4.1　采用玻璃晶圆键合的光学检查

如图 13 - 2 和 13.3（a）所示，如果晶圆和一块具有相近热膨胀系数（CTE）的玻璃晶圆键合，键合的缺陷和空洞可以通过光学检查而被发现。直径为 200 mm 的大马士革图形晶圆的无缺陷键合表明，厚度为 2.6 μm 的 BCB 黏结层可以轻松适应这种晶圆级的非平面度。实际上，我们经常键合的晶圆的表面平整度更差。图 13 - 5 所示为一个两层的铜互连测试结构［由半导体制造技术协会（SEMATECH）提供］键合到一块热膨胀系数相匹配的玻璃晶圆上的示意图。虽然晶圆表面的平整度曲线图表明，加工过程中 Al 焊盘上的台阶高度约为 900 nm，但还是可以得到无空洞的键合，并在晶圆减薄后依然保持无空洞。内部互连结构经过晶圆键合和减薄后没有损伤。事实上，带有铜互连测试结构的晶圆背面被完全研磨和抛光（直至 SiO_2 界面）后未出现 BCB 的黏结失效[3,6]。

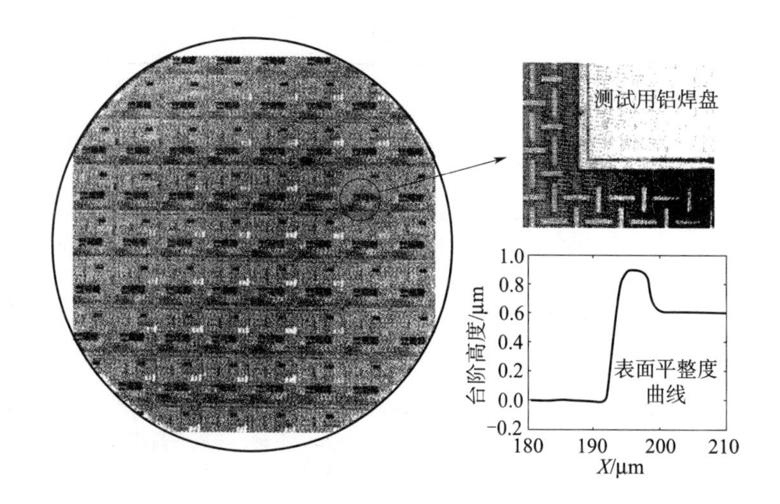

图 13－5　在去除硅衬底后，半透明的 Cu/氧化物互连晶圆通过 BCB 与一个玻璃晶圆键合[3,6]。虽然从晶圆表面的平整度曲线（右图）中可以看出铝焊盘上的台阶高度约为 900 nm，但还是可以得到无空洞的键合并在晶圆减薄后依然保持无空洞（互连晶圆的铜互连结构由 SEMATECH 提供）

13.4.2　四点弯曲法表征键合强度

除了要使键合界面无缺陷/空洞外，获得高的晶圆键合强度同样非常重要。四点弯曲测试法可用来评估键合强度并识别出强度较差的键合界面[7,8]。这个测试方法通过对载荷-位移曲线的分析，测量一个梁式样件的临界键合能。梁式样件放置在一个专用的夹具上，如图 13－6（a）所示[7,8]。在这个夹具上，有一个测压元件测量所施加的载荷，一个传感器测量固定梁式样件支点的位移量。这个实验本质上是测量保持恒定位移速率所需载荷的大小。在位移过程中，预制裂纹沿着与键合弱的界面垂直的方向扩展，随后裂纹开始在这个界面蔓延。图 13－6（b）所示为一条典型的载荷-位移曲线[7,8]。

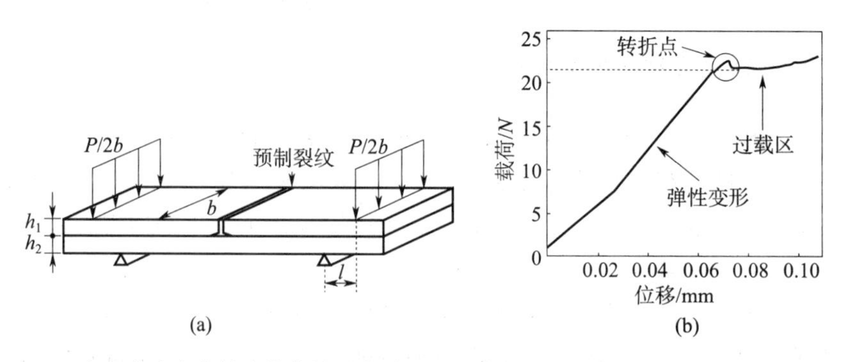

图 13－6（a）四点弯曲法中的梁式样件的示意图；（b）典型的四点弯曲法结果：载荷－位移曲线[7,8]

图 13－7 所示为采用四点弯曲法对通过 BCB 键合的不同晶圆的临界键合强度的测量结果[6]。用 BCB 键合的两个二氧化硅晶圆的键合强度为 32 Jm^{-2}，高于用 BCB 键合二氧化

硅晶圆和带铜互连结构与 SiO_2 介电材料的晶圆之间的键合强度（22 Jm^{-2}），并远大于二氧化硅晶圆和带铜互连结构与日本合成橡胶公司（JSR）多孔低 k 电材料的晶圆的键合强度（6 Jm^{-2}）[6]。可以直观地看到在互连测试结构中的失效不是在氧化层中就是在日本合成橡胶公司的多孔低 k 材料中，而不是在键合界面处。即使 BCB 键合层的厚度只有 0.4 μm，临界键合强度可达 19 Jm^{-2}，远远高于其与 Cu 或多孔低 k 材料互连结构的强度。

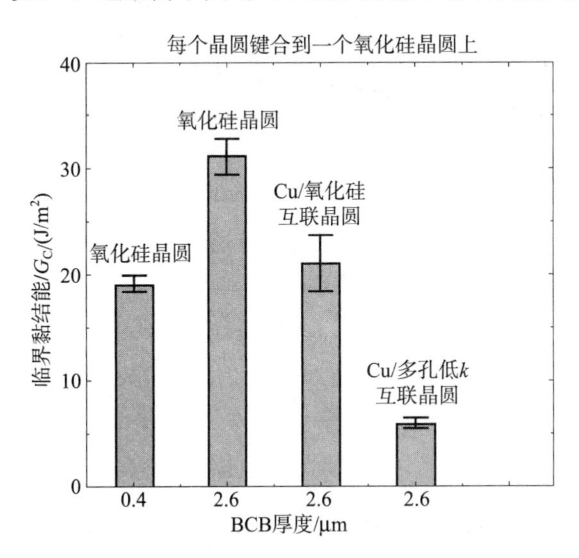

图 13-7　对于氧化层、Cu/氧化层和 Cu/低 k 互连的键合强度（临界黏结能）

13.4.3　黏结晶圆键合技术的可靠性评估

如图 13-7 所示，采用 BCB 黏结键合的产品在经过标准 IC 封装可靠性考核［例如芯片级的高压釜、双液态热冲击（LLTS）］后仍保持晶圆间较高的临界黏结能[9]。高压釜试验的条件是在 100%的湿度、2 个大气压及 120 ℃下保持 48 h 或 144 h；双液态热冲击的试验条件是在－50～125 ℃循环 1 000 次，此外，温度循环测试表明 BCB 黏结键合至少在 400 ℃还能保持稳定性[7]。

BCB 作为一种介电键合黏结剂提供了一个无缺陷键合界面和足够的键合强度，具备较好的高温稳定性和封装可靠性，同时对材料表面状态（颗粒、粗糙度和平面性）要求低，而且对于评估晶圆键合和减薄工艺对加工后的晶圆的电学性能的影响也非常重要。通过双重键合和减薄工序对二者的影响进行了评估[6,10]。图 13-8 所示为双重键合/减薄工序和 BCB 固化前后环形谐振器延迟变化的典型结果，这些晶圆采用最先进的130 nm工艺，具有 CMOS-SOI 测试结构，包括四层铜/低 k（有机硅玻璃）互连和铝键合焊盘。值得注意的是，CMOS-SOI 晶圆的硅衬底已经在双重键合及减薄工序中完全被去除，只有晶体管、电路以及 SOI 层中的互连结构、埋置的氧化层通过 BCB 与另一个硅片键合（如第 23 章中的图 23-8 所示）。所有参数（包括图中未列出的参数）的变化不超过10%～90%分布范围原始参数值的 1/3，这说明双重键合及减薄工艺流程不会对采用130 nm工艺加工的 COMS 器件参数产生较大影响[10]。

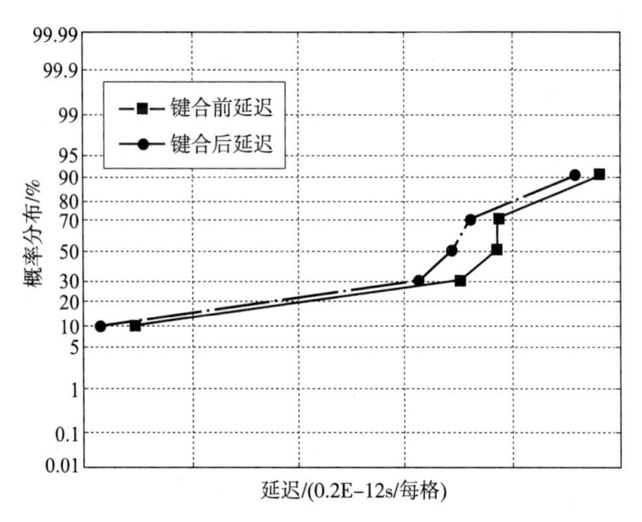

图 13-8 双重键合/减薄前后的环形谐振器延迟[10]

13.5 结论

黏结晶圆键合是一种普通的与COMS工艺兼容的工艺，为3D集成微系统的制造和改进提供了特有的可能性。无论是自身包含中间聚合物膜还是影印聚合物黏结剂图形（本书未涉及），其黏结键合的工艺方案和工艺参数在文献中均有报道。黏结晶圆键合工艺的最大优势在于对表面形貌要求低、键合温度低、与标准的集成电路晶圆加工工艺兼容并且能够键合不同类型的晶圆。晶圆黏结键合不需要对晶圆表面进行例如平坦化的特殊处理。由于聚合物黏结材料的存在，使得晶圆表面的结构和颗粒在一定程度上可被接受。另外，作为一种介电黏结材料，BCB能提供一个无缺陷的键合界面，具有足够高的键合强度、高温稳定性、封装可靠性、键合和减薄完整性，其对晶圆电气性能的影响降至最小。

致谢

DARPA，MARCO，NYSTAR通过Interconnect Focus Center（IFC）支持伦斯勒理工大学的3D集成研究。我们感谢各位伦斯勒理工大学3D集成小组的同事做出的贡献，半导体制造技术战略联盟（SEMATECH）的支持和飞思卡尔半导体提供的样品和电气测试结果，以及有帮助的建议。

参考文献

[1] Niklaus,F., Stemme, G., Lu, J. -Q. and Gutmann, R. (2006) Adhesive wafer bonding. Journal of Applied Physics (Applied Physics Review - Focused Review), 99 (3) 031101.

[2] Lu,J. -Q., Kwon, Y., Kraft, R. P. et al. (2001) Stacked chip - to - chip interconnections using wafer bonding technology with dielectric bondingglues. 2001IEEE International Interconnect Technology Conference (IITC), IEEE, pp. 219 - 221.

[3] Lu,J. -Q., Lee, K. W., Kwon, Y. et al. (2003) Processng of inter - wafer vertical interconnects in 3D ICz, Advanced Metallization Conference 2002 (AMC2002), MRS Proceedings, (eds B. M. Melnick, T. S. Cale, S. Zaima and T. Ohta), Material Research Society Pittsburgh, 18, pp. 45 - 51.

[4] Bruns,J., Mcllrath, L., Keast, C., et al. (5 - 7Feb. 2001) Three - demensional integrated circuits forlow - power, high - bandwidth systems on a chip. 2001 IEEE International Solid - State Circuits Conference (ISSCC 2001), IEEE, pp. 268 - 269.

[5] Ramm,P., Bonfert, D., Ecke, R. et al. (2002) Interchip viatechnology by using copper for vertical system integration. Advanced Metallization Conference 2001 (AMC 2001) (eds A. J. Mckerrow, Y. Shacham - Diamand, S. Zaima and T. Ohba), Material Research Society Pittsburgh pp. 151 - 157.

[6] Lu, J. -Q.,Jindal, A., Kwon, Y. et al. (2003) Evaluation procedures for wafer bonding and thinning of interconnect test structures for 3D ICs. 2003 IEEE International interconnect Technology Conference (IITC), June 2003, IEEE, pp. 74 - 76.

[7] Kwon,Y., Seok, J., Lu, J. -Q. et al. (March 2005) Thermal cysling effects on critical adhesion energy and residual stress in benzocyclobutene (BCB) - bonded wafers. Journal of The Electrochemical Society, 152 (4), G286 - G294.

[8] Kwon,Y., Seok, J., Lu, J. -Q. et al. (Feb 2006) Critical adhesion energy of benzocyclobutene (BCB) - bonded wafers . Journal of The Electrochemical Society, 153 (4), G347 - G352.

[9] Pozder,S., Lu, J. - Q. et al. (June 2004) Back - end compatibility of bonding and thinning processes for a wafer - level 3D interconnect echnology platform. 2004 IEEE International Interconnect thchnology Conference (IITC04), IEEE, pp. 102 - 104.

[10] Gutmann,R. J., Lu, J. -Q. Pozder, S. et al. (2003) A wafer - level 3D Ictechnology platform. Advanced Metallization Conference in 2003 (AMC2003) (eds G. W. Ray, T, Smy, T. Ohta and M. Tsujimura,), MRS Proceedings, Material Research Society, Pittsburgh, pp. 19 - 26.

第14章 金属间化合物键合

Armin Klumpp

14.1 引言

为了降低硅片叠层的成本，应该对必要的工艺步骤进行模块化。这意味着每叠加一层，其后续步骤应该完全一样，而不会对已堆叠好的硅片或已形成的叠层产生影响。一种可能的影响是在叠层顶部放置下一层硅片时，由于金属键合面重新熔化导致下面的硅片发生移动。对于窄节距的设计而言，这种移动很容易导致电触头短路。所以这些金属键合不应该发生重新熔化，可以通过在键合界面形成高熔点的金属间化合物相来实现。早在1966年Bernstein等人就报道过将这种固态金属在另一种低熔点金属液相中扩散的工艺，应用于集成电路制造的键合工艺[1,2]。他将这种金属键合命名为固液扩散（SLID，solid - liquid - interdiffusion）。

不能把固液扩散和SOLID混淆，这一点非常重要。英飞凌（Infineon）公司和弗朗霍夫研究所（Fraunhofer IZM）已经研究出一种被称为SOLID的技术，该技术采用非常薄的Cu/Sn - Cu固液扩散层对芯片和晶圆进行面对面的键合[3]。弗朗霍夫研究所的固液扩散工艺和TSV技术结合在一起被称作ICV（Inter - Chip - Via）的技术，用于机械和电互连，该技术可作为一种完全模块化的概念应用于芯片-晶圆堆叠中的垂直系统集成优化[4,5]。

14.2 技术理念

由于器件和金属键合系统的热膨胀系数不同，从而产生了热应力，其取决于键合温度。为了减小温度可能对降低可靠性引起的影响，所选低熔点金属的熔点应尽量低。相反地，重新熔化的温度越高，金属键合的可靠性也越高，这是因为在温度循环过程中机械蠕变与重新熔化的温度相关。因而，理想的金属键合系统包含一种熔点很低的金属，其会通过溶解高熔点的组分而完全消失，从而形成了一种高熔点合金，即金属间化合物相。

14.2.1 母材的选择

一些金属具备“低熔点”特性。但是考虑到器件中铝的稳定性，通常低熔点金属意味着其熔点低于400 ℃。Pb（铅）、Bi（铋）、Sn（锡）和In（铟）都能满足低熔点要求，但是由于Pb的单质和化合物都具有毒性，而不再被采用。表14 - 1中以降序列出了这些元素的熔点。

表 14－1 低熔点金属的熔点

名称	熔点/℃
Pb	327.5
Bi	271.3
Sn	231.9
In	156.6
Ga	29.8

在元器件的后道制程中经常使用难熔金属，其熔点见表14－2。例如Ni和Au用于制作引线键合焊盘，Cu用于器件自身的多层金属布线。为了防止Cu被氧化，有时在Cu表面覆盖一层薄薄的纯银层。

表 14－2 难熔金属的熔点

金属名称	熔点/℃
Ni	1 453.0
Au	1 064.4
Cn	1 083.0
Ag	961.9

表14－3列出了选择的共晶化合物及其熔点。这些不同组分的材料能够从不同的供应商处购得，并具备较大的熔点温度选择范围。

表 14－3 共晶合金及其化合物的熔点

共晶合金	熔点/℃
Au/Sn（80/20）	278
Ag/Sn	225
Ag/In（80/20）	206
Ag/In/Sn （3/20/77）	190
Bi/Sn（58/42）	139

与可获得的共晶合金不同，金属间化合物由至少一种低熔点金属与高熔点金属在较高温度下结合在一起而产生。该温度最好高于低熔点金属的熔点，从而可以加快元素的扩散速度。表14－4列出了最有应用前景的由Ag、Cu、In和Sn组成的金属间化合物。

表 14-4 金属间化合物的熔点

共晶合金	熔点/℃
$AgIn_2$，Ag_2In	765～780
Ni_3Sn_2	1 264
Ni_3Sn	1 174
Cu_3Sn	676
Cu_6Sn_5	415
$AuIn_2$	454

14.2.2 主要工艺方案

为避免聚合物填充，电连接和机械连接可在同一个工艺步骤中完成。温度升高到高于低熔点金属的熔点后将两个表面相接触，这时将产生均衡的内部扩散，从而形成金属间化合物。图 14-1 以一个二元金属体系为例展示了这个过程的示意图。部分高熔点金属层随着扩散进入液相而不断减少，这种高熔点金属和低熔点金属的比例要足够高，使得在黏附层上仍有余量。如果高熔点金属全部消耗光了，将导致黏附层出现黏附问题。

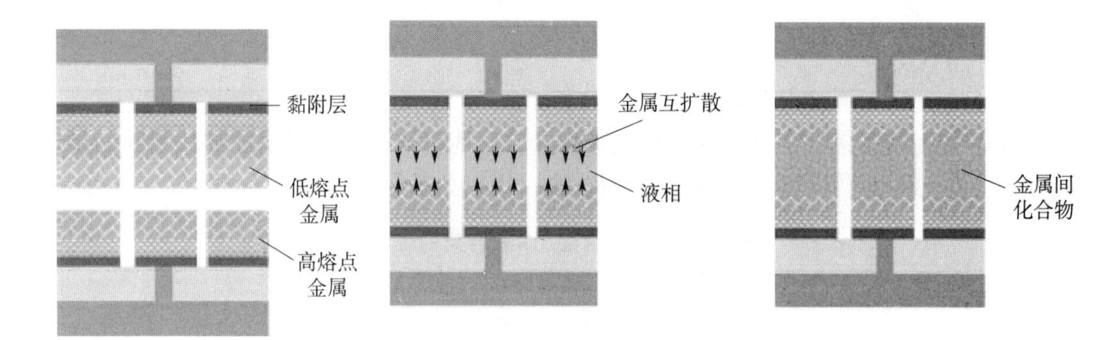

图 14-1 二元金属体系的示意图

通过 TSV 进行的电连接和机械连接在同一个工艺步骤中完成。

温度升高到高于低熔点金属的熔点后将两个表面相接触，

这时将产生均衡的内部扩散从而形成金属间化合物（来源：Fraunhofer IZMM）

图 14-2 所示为一个菊花链布线的俯视图，该图表明电连接区域（正方形）与机械连接区域（长方形和边框处）相邻，这些图形在同一个工序步骤中完成，由于这些图形仅由 Cu 构成，因此表面很平滑。

从理论上说，这类键合视其所选的金属化合物及其反应动力学的不同而表现为不同的形态。根据键合温度的不同，金属间化合物呈现针状或卵石状，表现为晶体形态或是无定形态。剩余的难熔金属和金属间化合物之间的界面一般不再保持光滑。

金属间化合物的形成按时间和反应速度大体可分为两个阶段：在第一个阶段，液态金

图 14-2　菊花链布线的俯视图
如图所示电连接区域（正方形）与机械连接区域（长方形和边框处）相邻，
这些图形在同一个工序步骤中完成

属与难熔金属相接触，难熔金属在液相中的溶解和扩散非常快。在难熔金属表面的晶核处沉积形成具有最高结合能的金属间化合物，这期间消耗更多的是溶解于液相中的金属。沉积出的金属间化合物保持生长，直到难熔金属表面的液相消失为止。此后，键合过程的第二阶段开始了。反应速度由第一阶段中难熔金属在金属间化合物中的扩散来决定，当然这个过程将耗费更多的时间，耗时稍长，直到低熔点金属全部消耗光。当难熔金属浓度的增加使得其熔点高于当前的实际工艺温度时，液相开始固化。继续加热后，这个固相将转化为更为稳定的金属间化合物。如图 14-3 所示为一个三层硅片堆叠的横截面，其中有两个 Cu/Sn/Cu 键合层。第一个键合层经历自身键合以及第二层键合共两个键合过程，而第二个键合层只经过一次加热，所以在第一层中只能见到金属间化合物的最终状态。对于 Cu/Sn 界面意味着是 Cu_3Sn 与 Cu 界面相接触。而在第二层中这个转变还没有完成，此时，Cu_6Sn_5 像三明治一样夹在 Cu_3Sn 中间，只有通过继续加热才能完成到 Cu_3Sn 的转变。

工艺过程的温度影响金属间化合物的形态。在上例中工艺温度比 Sn 的熔点大约高 70 ℃，这意味着这个升温过程中具有一个 300 ℃的峰值温度。此时 Cu_3Sn 呈晶体状，垂直于高熔点金属 Cu 生长。

14.2.3　应用中的限制条件

为了减少工艺时间，形成稳定的化合物，低熔点金属层必须尽量薄。但是只能在这个层厚的范围内对器件表面形貌的差异进行补偿，因此器件表面必须具备合适的平整度。

为了形成电连接和机械连接区域，所选的金属结构必须是可图形化的。对于 Cu、Ni 和 Sn 薄金属层来说，电镀工艺是一个不错的选择。也有报道用电镀工艺沉积 In 的，但是最常见的是通过高真空蒸发沉积实现。另外还有报道用 In 为低温钎焊进行表面处理的例子[8]。为了减小 In 的氧化，可以在真空状态下将多层的 Au 和 In 沉积到半导体薄片晶圆上，然后将半导体芯片键合到镀 Au 基板上。温度超过 157 ℃时，In 层开始熔化并与 Au

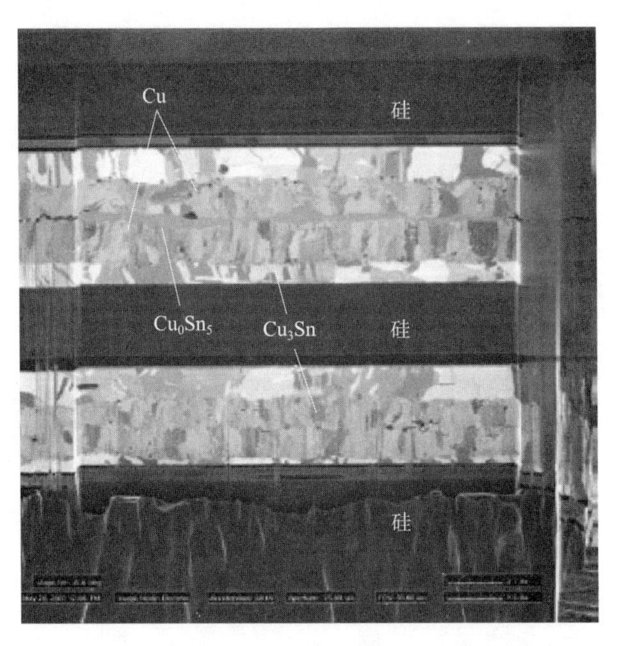

图 14-3　包含 Cu/Sn/Cu 两个键合层的三层硅片堆叠 FIB 剖面结构第一个键合层（下部）经历了两个加热循环，而第二个键合层只经历一次。在第一层中只能见到金属间化合物的最终状态，即 Cu_3Sn 与 Cu 界面相接触。而在第二层中这个转变还没有完成，Cu_6Sn_5 像三明治一样夹在 Cu_3Sn 之间（源自 Fraunhofer IZMM）

层相溶形成固-液混合物。金属间扩散持续进行直到键合界面凝固。凝固后键合界面的熔点达到454 ℃。然而，文献中并没有描述图形制备的方法，采用抗蚀图的剥离技术（lift-off technique）可能是一种选择。

金属表面的氧化物会阻止相对的键合焊盘之间形成电连接。即便液相金属可以非常好地覆盖在氧化物表面形成芯片间良好的黏结，但是就像刚才提到的，并没有形成导电通路。如图 14-4 所示，Cu 表面的氧化层把键合界面的底端（已转变为 Cu_3Sn）和顶端未接触的 Cu 层隔离开。氧化层阻止了 Cu 在上、下两面的相互扩散，从而使得底部的 Cu 全部消耗形成金属间化合物。

为了防止表面氧化，有时在基底金属上面沉积一层贵金属层，这样就产生了具有更复杂相变的三元合金体系。

金属间化合物的分子体积小于形成化合物前金属体积之和，这导致了整个键合层厚度的减小。施加的压力大小确保键合过程中界面不发生分离。但这仅仅是在整个晶圆范围内键合层厚度均匀减小的情况下才有效，一旦出现表面凹凸不平，压力将不起作用。施加压力主要是为了在大面积键合时解决两个表面呈弓形接触的问题。

如图 14-5 所示，图中芯片内部键合区域的凹凸差异比图 14-3 中的凹凸差异小约 300 nm。它们同样都是 Cu/Sn/Cu 金属体系。直至 Sn 全部转变形成金属间化合物，金属体积会减小。虽然 Sn 层的初始厚度为 3 μm，但是却不能填平此处芯片表面 0.3 μm 深的凹坑。液态 Sn 同时浸润了两个表面，均匀形成的 Cu_3Sn 可以证明这一点。但是压力无法

图 14-4　W 填充的 TSV 以及采用 Cu/Sn/Cu 固－液扩散键合金属化合物的 FIB 剖面图
金属体系的上部和下部被氧化铜隔离开，阻止了 Cu 在上下两面的相互扩散

改善这种状态，因为芯片中较高的部分已经相互机械接触而不能再压紧了，这样随着化合物体积的收缩产生了空洞和裂纹。

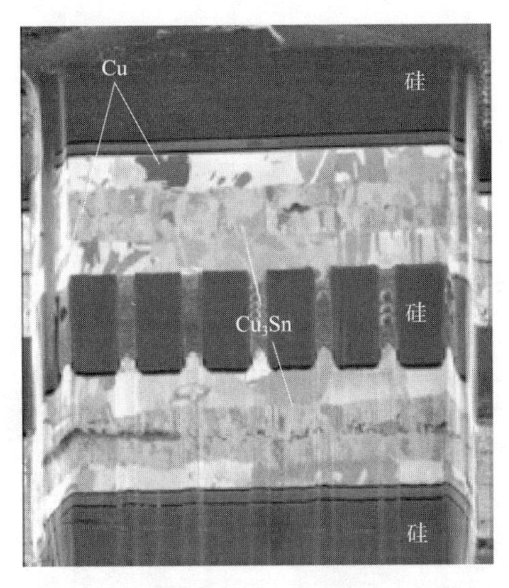

图 14-5　包含 Cu/Sn/Cu 两个键合层及 TSV 结构的 3 层硅片堆叠 FIB 剖面图
图中下方的第一键合层比周围的芯片表面低 300 nm，第二层与芯片平齐，
随着金属间化合物 Cu_3Sn 收缩产生了空洞和裂纹

当连接平滑表面时，沉积层的粗糙度对键合质量和工艺控制有一定的影响。为避免多余物，必须对键合气氛进行控制，抽真空后充入惰性气体是最佳选择。如果粗糙度问题是金属系统中低熔点金属表面产生的，那么在与对应表面接触前将其熔化能解决这个问题。

图 14－6 所示为一个通过图形化电镀沉积的 Sn 表面的形貌，可以看出晶粒粗大并且粗糙度较大。

图 14－6　Sn 表面 SEM 形貌

采用图形化电镀工艺得到的 Sn 表面，由于晶粒的生长，粗糙度很大

（源自 Fraunhofer IZMM）

和键合质量相关的当然是键合的可靠性。尽管金属间化合物比母材金属更脆、延展性更差，当施加机械应力时并不在金属间化合物中发生键合失效，裂纹反而是沿着难熔金属和化合物之间的界面、不同化合物之间的界面或芯片界面扩展延伸。最严重的情况是当键合形成时，由于上文提到的体积收缩导致了空洞和裂纹的产生，这时界面将首先发生失效。

图 14－7 所示为两个键合焊盘的表面形貌，一个具有好的界面，另一个则相反。如果形成了合适的金属间化合物，则未产生空洞，断裂沿着黏结层发生甚至在硅片内部开裂；如果由于键合过程中接触不好（如不同的粗糙度等级）而产生空洞，裂纹将优先在这些界面处扩展。表 14－5 总结了限制条件以及解决措施。

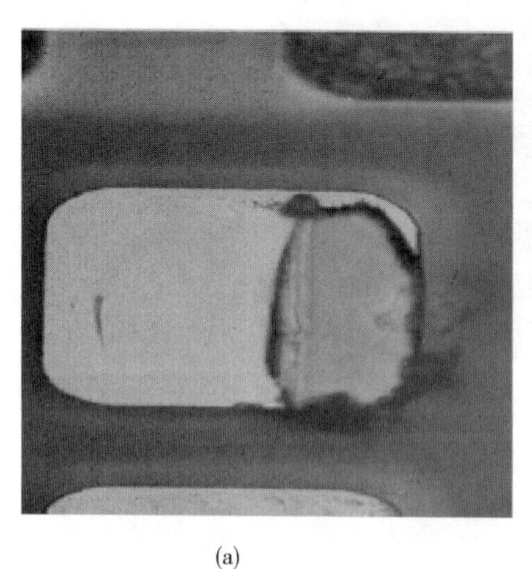

(a)

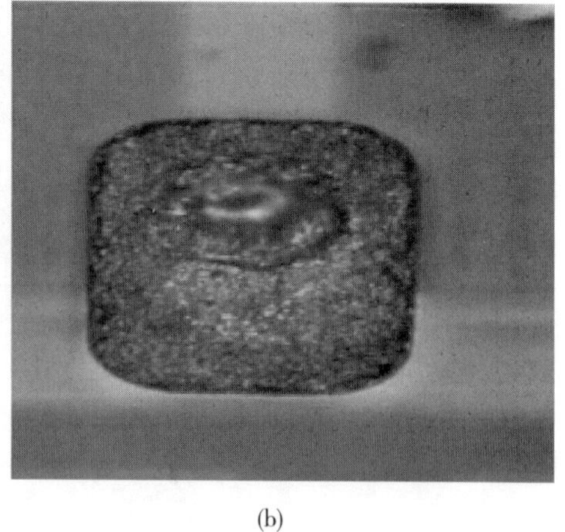

(b)

图 14－7　较好界面和较差界面的键合焊盘在剪切测试后的外观形貌

（a）无空洞的键合界面，其断裂沿着黏结层发生，甚至在硅片内部开裂；

（b）键合界面存在空洞，芯片在有空洞的界面处开裂，因为表面较粗糙显得较暗

表 14 - 5　应用的限制条件和解决措施

限制的条件	解决措施
工艺时间	薄的液相层
芯片或晶圆的表面粗糙	平坦化、施加压力，芯片布线
所选金属化合物的图案制备	与图案尺寸的设计规则相匹配
基底金属表面氧化	预清洗或重金属的沉积
气泡	气氛的控制

14.3　结论

金属间化合物键合是一个在多层器件堆叠领域应用广泛且具有前景的工艺。人们对 Cu 和 Sn 组成的金属体系已经研究了一段时间，其工艺流程和局限性比较清晰，目前正在对可靠性数据进行分析研究。如果 230～300 ℃的工艺温度对于某些产品来说仍然太高，In 的加入则是一个可替代的选择，它能将工艺起始温度降至 158 ℃。

参考文献

[1] Bernstein,L. and Bartolomew, H. (1966) Application of solid - liquid - interdiffusion (SLID) bonding in integrated circuit fabrication. Transactions of the Metallurgical Societyof AIME, 236. 405.

[2] Bernstrin,L. (December 1966) Semicondutor joining by SLIDprocess, I. The systems Ag - In and Cu - In. Journal ofthe Elecrochemical Society, 113 (12), 1282 - 1288.

[3] Huebner,H., Ehrmann, O., Eigner, M. et al. (2002) Face - to - face chip integration with full metal interface. Proceedings Advanced Metallization Conference (AMC2002), Material Research Society Proceedings (eds B. M. Melnick et al.) Material Research Society , Pittsburgh, 18, p. 53.

[4] Ramm,P., Klumpp, A. and Wieland, R. (2002) 3D - integrated circuits by interchip vias and Cu/Sn solid - liquid - interdiffusion. Proceedings 6th VLSIPackaging Workshop of Japan, Kyoto, pp. 445 - 454.

[5] Ramm,P., Klumpp, A. and Merkel, R. et al. (2003) 3D system integration technologies. Proceedings Material Research Society SoringMeeting, San Francisco (eds A. J. M. McKerrow, J. Leu, O. Kraft and T. Kikkawa), Material Research Society Proceedings, 766, Warrendale, pp. 3 - 14.

[6] Chuang,R. W. and Lee, C. C. (September 2002) Silver - indium joints produced at low temperature for hige temperature devices. IEEE Transactions on Components and Packaging Technologies, 25 (3), 453.

[7] Massalski,T. B. et al, (1990) Binary Alloy Phase Diagrams, ASM International, Materials Park, Ohio.

[8] Lee,C. C., Wang, C, Y, and Matijasevic, G. (May 1993) Au - In bonding below the eutectic tempe rature. IEEE Transactions on Components, Hybrids, and Manufacturing Technology, 16 (3), 311 - 316, 29 references.

第三篇

集成过程

第 15 章　商业应用

Philip Garrou

15.1　引言

近来，大量的 3D 集成产品开发问世，3D 集成已经出现在各企业技术路线图中[1]。

人们越来越清晰地认识到，3D 集成技术的前身就是所谓的“片上芯片”技术。该技术首先将硅通孔（TSV）应用于简单的两芯片“面对面”堆叠和图像器件。其中，最简单的 CMOS 图像芯片采用了背面 TSV 技术。

堆叠技术和 TSV 技术的结合首先出现在叠层存储器、现场可编程逻辑门阵列（FPGA）及逻辑应用存储器，而后是多核微处理器的存储器，最后是完整的芯片重组和堆叠。

目前，动态随机存储器（DRAM）和与非闪存（NAND）器件分别采用了 50 nm 和 40 nm 工艺。但是，现在的 DRAM 和闪存技术面临着诸多问题。高速存储芯片（例如 DDR3）如果采用引线键合技术进行叠层封装，其性能将会受到限制，这方面的问题已经越来越受到人们的关注。

业界专家对采用高于 32 nm 技术的与非闪存回避设计规则感到担忧。因为，在这种情况下，“……存储芯片将变得太小而难以操作”，并且“……更大的问题不是特征尺寸的减小，而是延迟的增加”[2]。

三星电子公司、美光公司、日本电气公司和 Tezzaron 公司对于 3D 技术的开发都瞄准了手机和其他便携式设备，这些设备将在不久的将来具有足够的 RAM 来运行高清晰度视频和其他 3D 图像应用程序。

15.2　片上芯片技术应用

从某种意义上说，3D 技术发展过程中的第一步是片上芯片（chip - on - chip，CoC）技术。它是将芯片减薄，然后进行面对面的互连，如图 15 - 1 所示。AT&T 的贝尔实验室的多芯片模块（MCM，multichip module）研究人员在 1998 年首次提出并建立了该项技术[3]。按照第 3 章的描述，当只需要进行两个芯片的互连时，这种面对面互连的解决方案不需要硅通孔。

15.2.1　索尼

索尼 PS 机的微控制器已经采用了 90 nm DRAM 融合工艺进行制造。至 2005 年末，索尼改用片上芯片技术将 DRAM 芯片直接互连到逻辑芯片上。据报道，索尼未能实现预

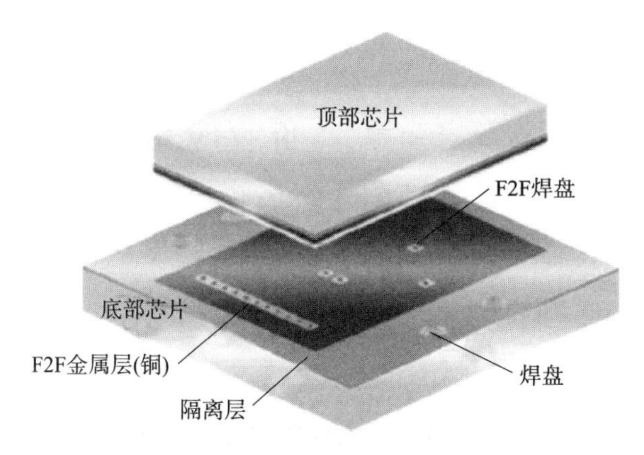

图 15 - 1 Infineon 的 SOLID 面对面互连技术[4]

期通过90 nm向 65 nmDRAM 融合工艺的转变来降低成本。"将设计规则转向 65 nm 需要大规模的资本投入。即使我们能够将 DRAM 芯片和逻辑芯片整合为单个芯片，但是由于每种芯片采用的制造工艺有差异，实现量产将要花费相当长的时间。"[4]

片上芯片技术可以实现在高带宽条件下的高速数据传输，这是由于存储芯片与逻辑芯片之间采用微凸点的方式进行直接互连。与引线键合方式相比，微凸点方式能够提供更多的互连数目，并且由于微凸点的直径只有几十微米，因此可以提供更低的寄生电容、电阻和电感，这使得提高工作频率变得更加简单。这种特殊存储芯片的使用，消除了混合 DRAM 存储容量的限制。例如，集成在混合 DRAM SoCs 中的存储容量不会多于 128 Mbit。即使使用 65 nm 的设计规则，存储容量也不可能超过 256 Mbit[4]。

消费者对大容量存储应用的需求越来越大。以高清电视（HDTV）为例，过去勉强采用 64M 或更少的内存，但如今随着 128～256 M 内存的使用，系统支持 1080i 高清晰度画面。而只要我们希望设备的使用性能和功能不断得到改进，存储容量就必须得到稳步提升，而混合 DRAM 最终将无法满足需求[4]。

2007 年，瑞萨（Renesas）和日本电气公司都计划应用片上芯片封装技术。瑞萨将该技术主要应用于服务器和路由器之类的通信设备[4]。

15.2.2 英飞凌（Infineon）

英飞凌 3D 技术的发展起始于 2006 年，主要应用于集成电路产品部的芯片卡上。英飞凌面对面芯片互连技术（如图 15 - 1 所示）的应用主要包括移动通信、信用卡/借记卡、预付电话卡和健康保险卡等。但这些 3D 产品的商业化一直被搁置。

英飞凌的芯片原型是一种组合了 160 kB 的非易失性存储器芯片和逻辑芯片的智能卡控制器。在 SOLID 制程中（该技术是与弗朗霍夫研究所共同开发的，具体详见第 16 章），英飞凌首先对键合焊盘进行重分布，并且确定了 Cu/Sn 合金的接触焊盘，这种方式可以比传统的凸点制备获得更高的互连密度。一台 Datacon 的倒装芯片键合机能将 KGD 放置在一片 300 mm 基体晶圆上的 KGD 上，对准精度可以达到 10 μm（3σ），然后采用临时聚合物黏结剂以每小时 4 000 个单元的速率进行粘片。然后，EVG 晶圆键合机在 270 ℃下施压 1～2 h 对芯片进行永久性键合。随着英飞凌固液互扩散技术的开发（见第 14 章），Cu-Sn 能够形成一种共晶合金，这种合金可以抵抗 600 ℃的高温，因此，也可以采用相同的工艺将其他芯片放置于先前互连的芯片上方。

英飞凌称该技术将"使现有的芯片解决方案成本降低 30%"，并且该技术可以应用于时钟频率高达 200 GHz 的芯片。

15.3　TSV 图像芯片

近年来，图像传感器的产量一路飞涨，主要是受到带有摄像头手机需求增长的驱动。CMOS 图像传感器并没有很快地采用在形状因数方面具有一定优势的晶圆级封装（WLP）技术，因为晶圆级封装一般利用钎料球在硅器件的正面形成互连结构，并且面朝下进行组装，而 CMOS 传感芯片必须面朝上进行组装。要实现传感器的传感面朝上，利用在器件的背面形成硅通孔（TSV）从而较容易地进行背面互连是最有效的解决方案。最近被 Tessera 公司收购的 Shellcase 公司（以色列）在他们的光学 CSP 技术中首次提出这项技术[6]。肖特玻离（Schott glass）最近对类似的封装结构进行了商业化[7]。

藤仓（Fujikura）已经发布消息，他们正在将 TSV 技术应用于数字摄像头上的图像传感器。据他们报道，这项技术的应用可以使他们的器件厚度变为原来的 1/2，而 $x-y$ 方向的尺寸大小只是原来的 2/3[8]。

日本三洋电气（Sanyo）公司针对他们的自动控制系统也提出了图像传感器组件的开发（如图 15-2 所示）[9]。

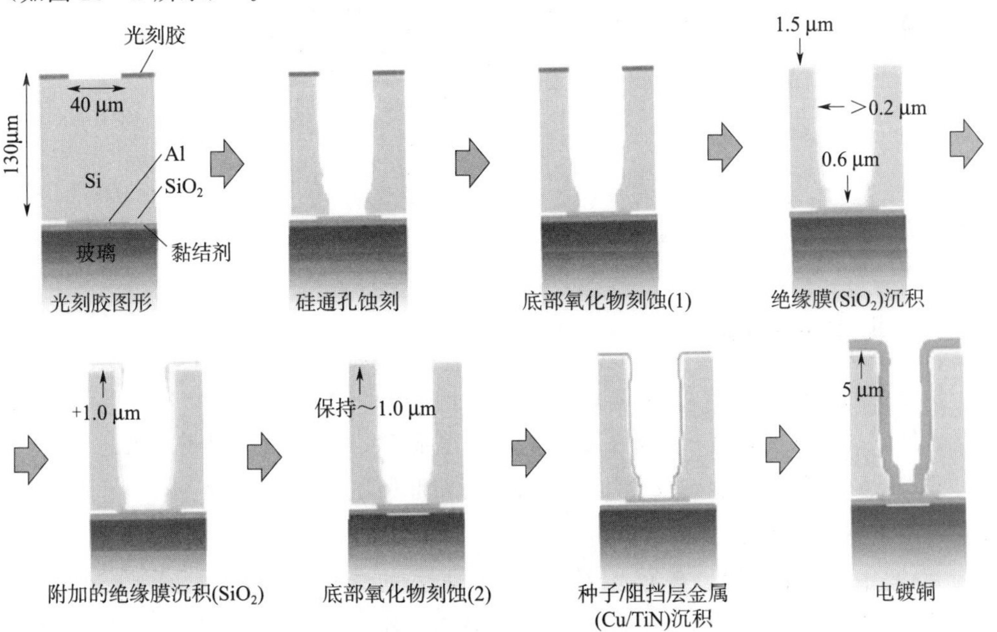

图 15-2　日本三洋电气公司背面硅通孔制备的工艺流程图[9]

东芝（Toshiba）公司针对低成本 CMOS 图像传感器的应用提出了一种工艺，该工艺采用激光刻蚀和介电薄膜层压等技术制作垂直的硅通孔（TSV）[10]。首先，CMOS 图像传感器晶圆通过图形化的黏结剂与玻璃晶圆进行黏结。玻璃板作为晶圆支撑基板而成为 CMOS 图像传感器封装的一部分，并且在组装过程中可以防止像素点被灰尘污染。然后，再通过随后的背面研磨和抛光对晶圆进行减薄。

在晶圆的背面，用 YAG 激光对准镀镍铝焊盘的背面进行钻孔。通过激光依次将 Si 层、SiO_2介电层和 Ni 上的 Al 层刻蚀掉。然后，在真空条件下将一种环氧基薄膜树脂层压到晶圆的背面，从而实现通孔的完全填充和无空洞层压。

随后，再采用相同的 YAG 激光设备，对准已经钻好孔的中心进行第二次钻孔。环氧树脂的厚度必须保持在 15 μm 以上，以保证其必要的绝缘特性。为了有助于在原片背面和通孔内部更容易电镀 10 μm 厚的铜，通孔应略带斜度。图 15－3 所示为该种工艺的流程示意图。

Zycube 公司的相关技术将在第 26 章详加阐述。

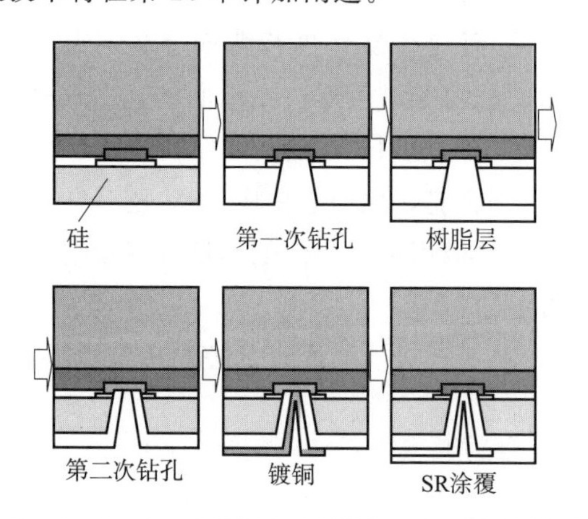

图 15－3 Toshiba 图像传感器封装 TSV 工艺流程图[10]

15.4 内存

15.4.1 三星（Samsung）

三星电子的首席执行官黄昌圭（Chang－Gyu Hwang）称："……内存、逻辑电路、传感器、处理器和软件将基于 3D 叠层芯片技术进行集成。"同时，他还指出："在不久的将来，我们或许不得不实现硅技术的开发从缩小外形尺寸技术向 3D 技术的转变。半导体行业正面临着崭新的机遇。"[11]

在 2006 年，三星公司公布了他们第一个 3D 技术的雏形，这项技术主要是基于晶圆级堆叠封装（WSP）工艺技术开发的。通过这种技术，他们研制出了一种 16 Gbit 的存储设备，它由 8 个厚度为 50 μm，容量为 2 Gbit 的与非闪存芯片堆叠而成，堆叠后总高度为

0.56 mm。与采用引线键合方式互连的同类器件相比，采用芯片堆叠方式的电子器件在外形尺寸上减小了 15%，厚度上薄了 30%。WSP 工艺还减小了互连的长度，这使得电阻值降低，从而使得器件的性能提高近 30%。三星公司的晶圆级堆叠工艺技术是通过激光形成 TSV。据报道，这种方法可以显著降低生产成本，这是由于它消除了典型的光刻掩膜层图案所需的相关工艺。图 15－4 所示为 8 个堆叠芯片的示意图。图 15－5 和图 15－6 所示为堆叠芯片互连的详细示意图。

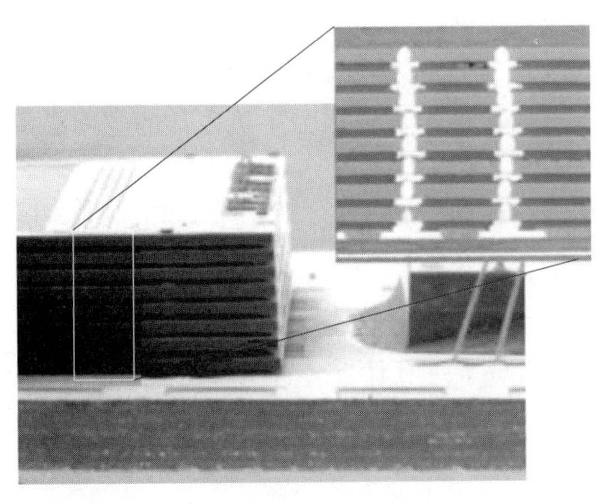

图 15－4　三星公司 16G 与非闪存芯片
（采用 TSV 工艺的进行 8 个芯片堆叠）示意图[12]

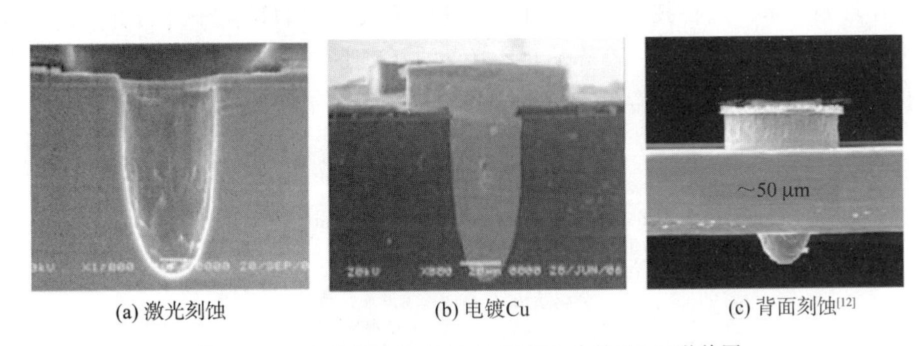

(a) 激光刻蚀　(b) 电镀Cu　(c) 背面刻蚀[12]

图 15－5　8 芯片堆叠 NAND 闪存芯片的 TSV 形貌图

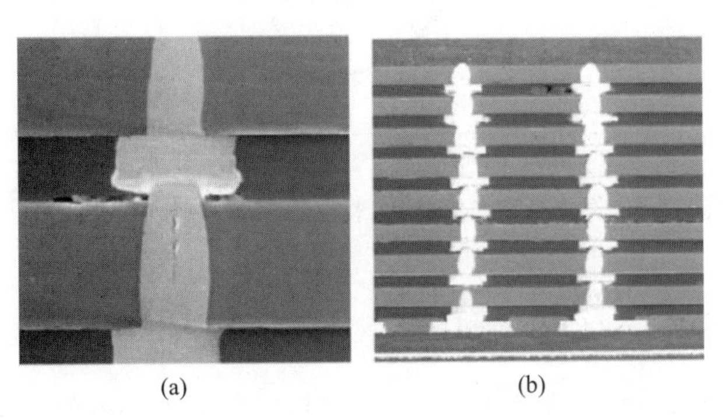

(a)　(b)

图 15－6　8 芯片堆叠 NAND 闪存芯片的 TSV 形貌图
(a) 芯片互连；(b) 完整的 8 层堆叠[12]

三星公司报道称它们将利用晶圆级堆叠工艺技术生产基于 NAND 的存储卡，以应用于移动通信和其他消费电子类产品。

2007 年，三星公司在芯片间采用 TSV 技术制造了内存封装堆叠的 DRAM。这种器件由 4 个 512 M 的 DDR2 DRAM 芯片组成，共 2 G 容量。此外，三星公司还称它们能够制造高达 4 G 的双列直插内存模块（DIMM）。这种叠层封装的厚度为1.4 mm。三星公司发表声明 DRAM 芯片堆叠要比起初的 NAND 闪存芯片堆叠更为困难[13]。

据报道，在 1.6 G/s 或者更高的运行速度下，引线键合连接的高速内存芯片的多芯片封装中会出现性能退化问题，而 TSV 连接的存储芯片可以消除这种性能退化。三星公司称这种技术在手机行业有着巨大的潜力（因为手机内部的空间极为有限），但也正在开发“2010 年及以后的新一代计算机系统”的相关工艺[14]。

三星公司提出了以下几种应用：

1）小型 NAND 存储卡；

2）小型高速 DRAM 模组；

3）系统级封装（SiP）存储器［存储器＋特定用途集成电路（ASIC）］。

15.4.2　尔必达（Elpida）

在日本新能源工业技术综合开发机构（NEDO）研究中心的协助下，尔必达公司与日本电气公司、冲电气（Oki）公司合作，已经成功开发出采用多晶硅前道制程（FEOL）技术的芯片堆叠技术。这种技术将在下面对 NEC 相关技术的讨论中进行详细的阐述。尔必达公司预测：到 2010 年，在 32 nm 工艺节点的基础上，采用这种非 TSV 的芯片堆叠技术可以获得的存储密度是正常存储密度的 3 倍，如图 15－7 所示。

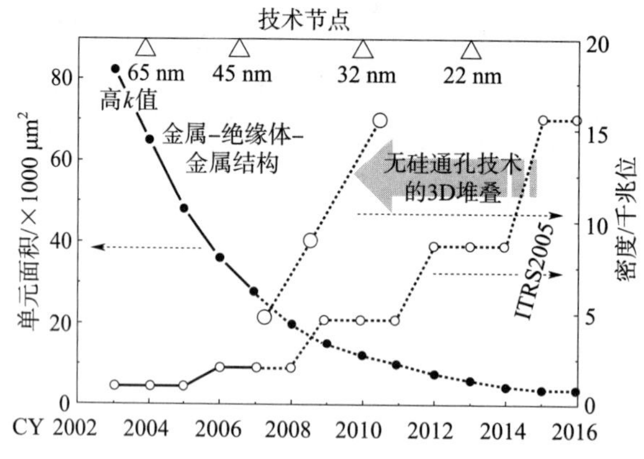

图 15－7　尔必达公司 TSV 技术制作 DRAM 的发展路线图[15]

15.4.3　Tezzaron 和特许（Chartered）

Tezzaron 半导体公司和特许半导体公司在批量生产 Tezzaron 的 3D 器件问题上已经达成协议[16]。特许半导体公司通过大量的 TSV 实现叠层晶圆的互连，Tezzaron 称之为

Super - Contacts。然后，晶圆以 0.5 μm 的精度进行相互对准，并且采用 Cu - Cu 键合工艺进行互连。Tezzaron 及其完整的堆叠技术将在第 24 章详加阐述。

15.4.4　日本电气（NEC）

2006 年，日本电气公司、尔必达公司和冲电气公司联合公布了它们合作的 3D 集成项目“存储芯片堆叠技术开发项目”的研究结果，该项目是受日本新能源工业技术综合开发机构（NEDO）的支持进行的。其中，尔必达公司负责芯片的设计和动态随机存取存储器制造，日本电气公司负责 ASIC 电路的制造和承接板设计，而冲电气公司则负责芯片堆叠及封装注塑工艺。

通过采用 3D 堆叠技术，单个动态随机存取存储器封装芯片的存储容量有了显著提高，而无需等待下一代硅片技术的产生[18]。例如，4 G 容量的 DRAM 可以通过 8 个厚度为 50 μm，容量为 512 M 的动态随机存储芯片进行堆叠来实现，结构如图 15 - 8 所示。这将使手持设备具有的内存量与电脑相当，从而满足人们对高清电视和图像的需求。

图 15 - 8～图 15 - 10 所示为一个前道制程，即采用多晶硅作为导体并通过 Cu - Sn 共晶进行互连的先通孔工艺制程示意图。

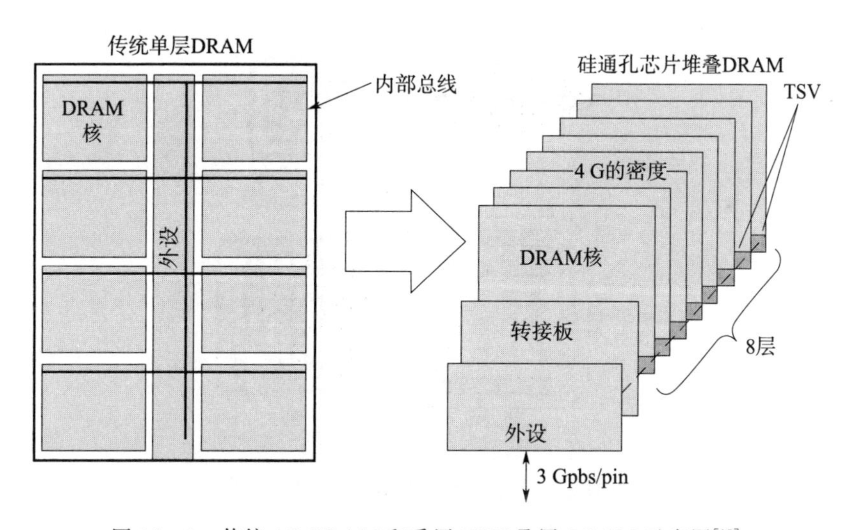

图 15 - 8　传统 4G DRAM 和采用 TSV 叠层 DRAM 示意图[17]

图 15 - 9 所示为 DRAM 堆叠工艺流程图。TSV 加工完成后，尔必达公司就可以进行 DRAM 的制造。在此，它们通常采用掺杂的多晶硅作为导体材料。它们采用的是环形孔结构：4×4 阵列分布的信号孔和 6×6 或 8×8 阵列分布的电源孔，周围一般被凹环环绕以减小寄生电容，如图 15 - 10 所示。每个孔的直径为 2 μm，以便用相对简短的沉积步骤均匀地填充多晶硅。经过刻蚀孔、绝缘处理和多晶硅沉积后，通过化学机械抛光（CMP）为后续的 DRAM 工艺提供平坦的表面。

DRAM 制造完成后，即可进行铜微凸点制备。先将晶圆临时黏结在支撑基板上，并

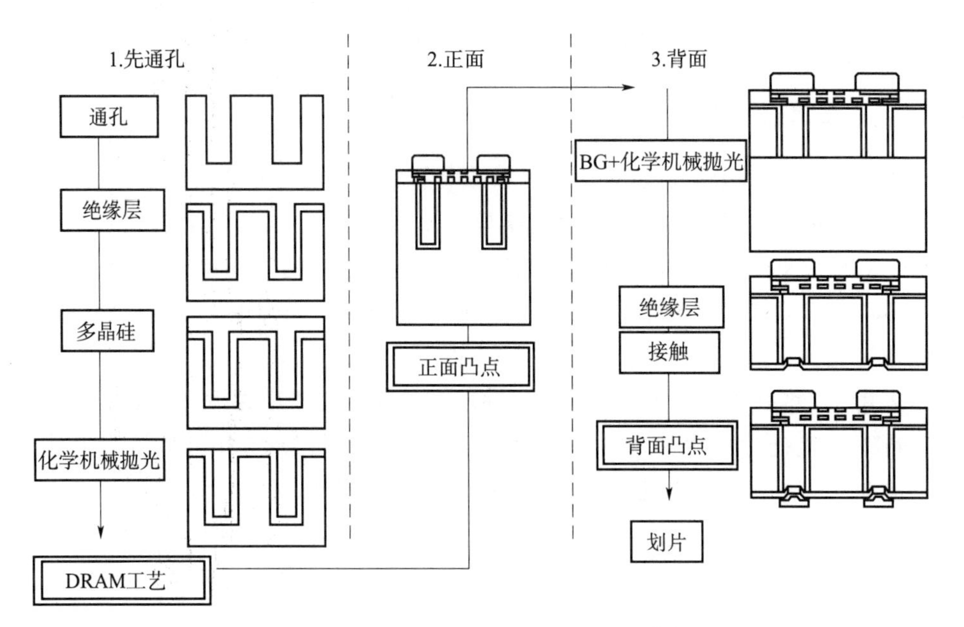

图 15-9　叠层 DRAM 的工艺流程图[17]

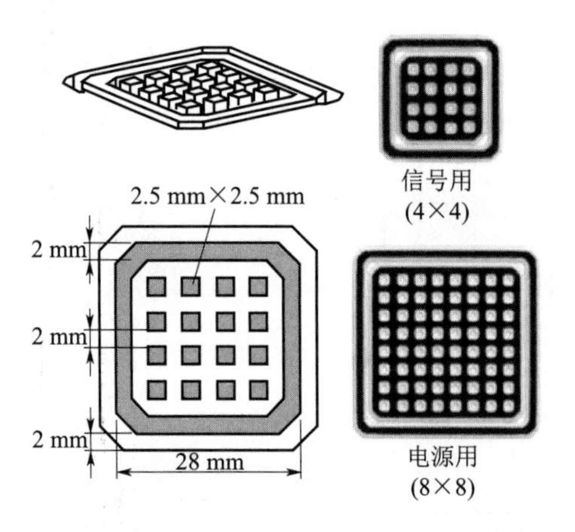

图 15-10　信号与电源分配的环形孔[18]

对晶圆的背面进行研磨至 50 μm 厚，使得 TSV 的背面暴露出来。然后，通过 CVD 在晶圆上沉积一层 Si_3N_4 绝缘层，并在绝缘层上蚀刻出图形，最后放置铜微凸点［20 μm（高）×30 μm（直径）］。图 15-11 所示为微凸点互连工艺示意图。随后晶圆从支撑基板上脱离，并转移到划片机上进行划片。

完成后，即可将 DRAM 叠层芯片包封起来，如图 15-12 和图 15-13 所示。日本电气公司把这种封装工艺命名为智能导通转接板技术（SMAFTI，smart feed through interposer)，其也可以用于存储芯片与逻辑芯片之间的互连，如图 15-14 所示。

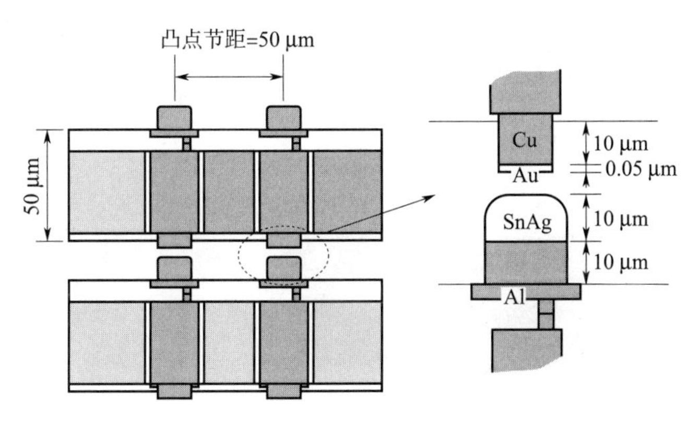

图 15-11　Cu/Sn 共晶微凸点互连[17]

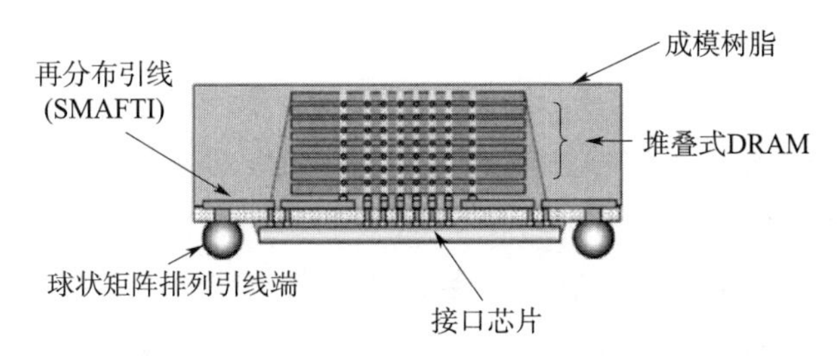

图 15-12　DRAM 堆叠的推荐封装[19]

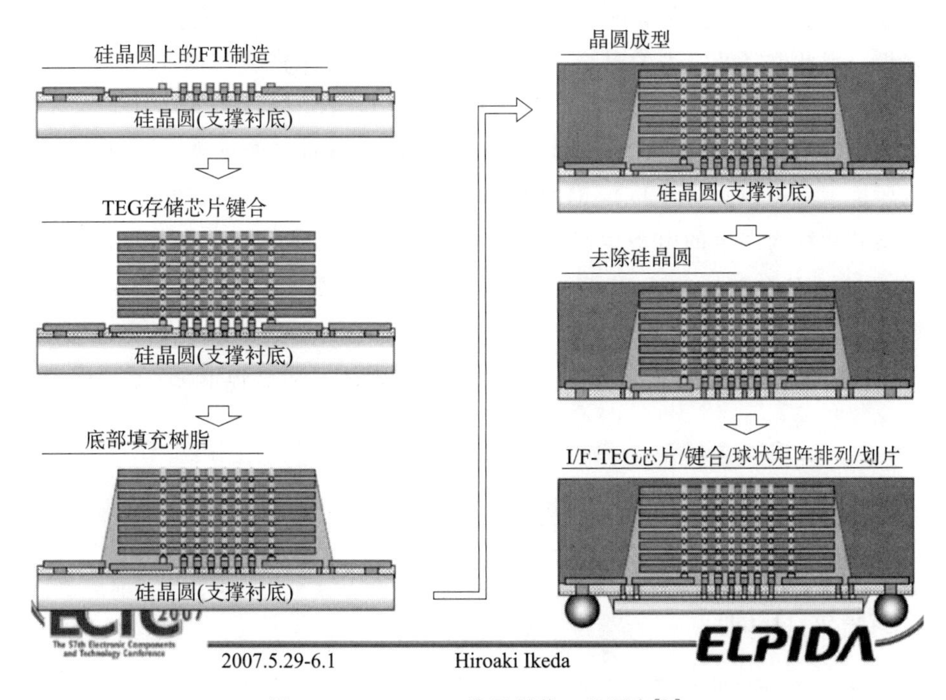

图 15-13　DRAM 堆叠封装工艺顺序[20]

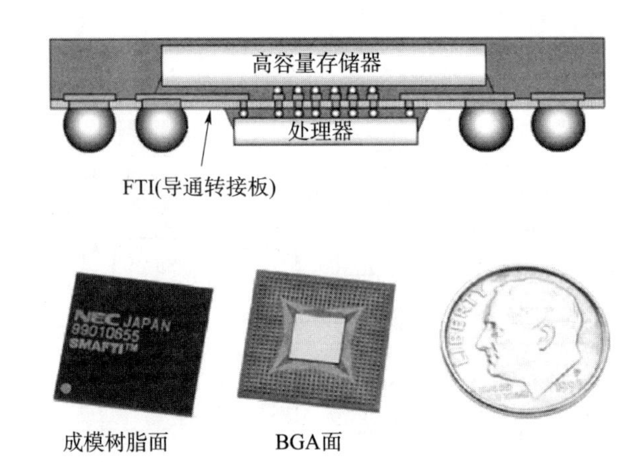

图 15-14　日本电气公司逻辑芯片+存储芯片的智能导通转接板技术封装[20]

15.4.5　美光（Micron）

2006年，美光公司提出了它们开发的“饿”晶圆级封装技术。他们指出这种技术不仅能够应用在半导体器件上，还可应用在CMOS图像传感器上。尽管他们几乎没有对该技术细节进行说明，但是据报道，它主要包括3个关键技术：TSV技术［他们称之为贯通晶圆的互连（TSV）］、再布线技术和晶圆级封装技术。另据报道，采用40 μm的硅通孔将叠层薄芯片的外围焊盘垂直进行互连，可以明显改善 R/C 寄生参数。此外，超薄的硅衬底能显著减小最终的封装高度。美光公司指出存储器件和图像传感器可以不使用引线框架和基板，因此能降低美光的封装成本，估计可降低总生产成本的15%～25%[21]。使用TSV的图像传感技术在他们公司内部称为图像晶圆级封装（iWLP）。

马克·塔特尔（Marc Tuttle）提出：“……单从DRAM的角度考虑，性能是3D结构发展的主要推动力……。随着DRAM数据传输速率攀升至1 Gbit/s以上，采用传统的引线键合叠层芯片结构产生的电寄生影响越来越严重，因此采用3D结构就显得尤为重要。然而，对于NAND存储器，3D技术的主要市场推动力主要来自封装尺寸，而不是数据传输速率性能（大约比DRAM低一个数量级）。为了在一个封装中放置8个或更多NAND芯片来满足新一代移动设备的需求，减小堆叠高度以及总体长度和宽度是至关重要的。”[22]

15.5　微处理器和移动信息服务应用（Misc.）

15.5.1　英特尔（Intel）

2006年末，英特尔展示了一个80核微处理器的300 mm晶圆。英特尔提出TSV技术使他们克服了潜在问题，并将处理器与存储器之间的传输速率提高至1 TB/s，如图15-15所示。首席执行官保罗·欧特里尼（Paul Otellini）指出在五年内这种芯片将实现量产。

通过 TSV 技术，英特尔可以直接将微处理器核与 256 kB 的 SRAM 组合在一起。欧特里尼称：“……TSV 技术将使系统的总体性能得到巨大提升，可能比将 80 个核集成到一个芯片上的效果还要更好。”他们声称 TSV 技术将用于英特尔各种类型的芯片，而不仅仅是针对采用“terascale”架构的芯片。

图 15 - 15　Intel 公司带 TSV 的 80 核微处理器[23]

英特尔正在研究两种叠层技术，一种是“逻辑＋存储”的芯片叠层技术，其中包括缓存或主存储器在高性能逻辑芯片上的堆叠，另一种是“逻辑＋逻辑”堆叠，它涉及两层或更多层之间的逻辑区域分割，并要求比“逻辑＋存储”具有更小的节距[24-27]。第 34 章将详细叙述 3D 集成技术在下一代微处理器上的应用。

应变增强型硅器件和低 k 介质层的 3D 叠层技术值得关注，因为它们都对应力有很强的敏感性。3D 叠层薄型器件中的各层厚度一般不到 100 μm，使得这些芯片层更加容易受应力影响[24]。另一个挑战是 3D 叠层引起的热管理问题，这是因为微处理器有着比其他应用器件更高的功率密度，并且其热耗散的途径非常有限。尽管热对于叠层微处理器的潜在危害更大，但是通过智能热设计，其热问题是可控的[25]。

据报道，英特尔采用 3D 集成技术最主要的目的是减小互连长度，因为其微处理器大量的能量都消耗在后封装的互连引线上。而 3D 叠层技术体现了高带宽、延迟小和界面能量低的特点。3D 集成技术减少了引线长度，为平衡芯片的性能、功耗和面积提供了可能[25]。

在发布的成果中，英特尔提出了用来实现芯片机械连接和电气连接的 Cu - Cu 互连技术。图 15 - 16 所示为一个 SRAM 存储芯片通过 Cu - Cu 互连技术连接到处理器，并通过 5 μm 硅通孔实现芯片叠层的截面示意图[26]。

15.5.2　美国国际商用机器公司（IBM）

美国国际商用机器公司最近向他们的生产部门提供了硅通孔（TSV）技术。美国国际商用机器公司正采用 TSV 技术在生产线上制造芯片，并且在 2007 年下半年将通过这种方式为客户制作样品芯片，美国国际商用机器公司还计划在 2008 年实现量产。这种硅通孔技术将首次应用于无线通信芯片，从而作为无线局域网（LAN）和蜂窝技术应用的功率放大器。到 2008 年，美国国际商用机器公司将出售大量的功率放大器产品，这种放大器节

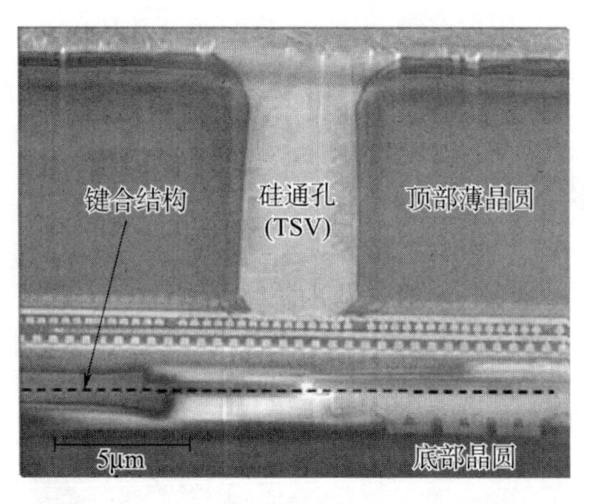

图 15-16 Intel公司 TSV 形貌图[26]

省了连接到电源/地的100多根金属走线。据报道，该技术可以降低手机和Wi-Fi网卡的适配器关键器件40%的功耗，从而提高了便携式产品的电池寿命。

美国国际商用机器公司称它们也计划将3D集成技术应用到更广泛的领域，其中包括商务、政府和科学服务器与超级计算机等方面。此外，他们还计划将TSV技术应用于无线通信芯片、Power处理器、蓝色基因超级计算机芯片以及高带宽存储设备[27]。

更具体一点，美国国际商用机器公司计划采用这种技术将微处理器连接到地，从而使芯片上的电源分配更加稳定。这就需要100多个硅通孔与调压器及其他无源器件相连接。他们估计这种方式可以减少20%的中央处理器（CPU）能耗[28]。

据报道，美国国际商用机器公司也将在65 nm制程工艺中使用该技术将SRAM互连到用于电源服务器系列的处理器上，并作为CPU和存储器之间的高带宽连接。美国国际商用机器公司已经将其蓝色基因超级计算机上使用的常规处理器改用硅通孔技术进行封装。这种新的芯片将直接与缓存芯片相连接。美国国际商用机器公司已在其65 nm制程的300 mm生产线上，通过TSV技术成功制造出了SRAM样品芯片[29]。

和英特尔一样，由于考虑到微处理器与存储器之间的带宽限制和电源分配问题，美国国际商用机器公司也需要采用这种技术来制造他们的多核处理器。随着芯片中集成的处理器核不断增加，电力的均匀分配也变得越来越困难。而美国国际商用机器公司认为通过垂直堆叠芯片以减小互连长度的办法可以解决这些问题。

美国国际商用机器公司因其微系统技术部（MTO）的3D集成项目得到了负责设备与技术研发的美国高级研究计划局（DARPA）的大力支持。

美国国际商用机器公司并没有提出它计划在生产中采用的工艺流程。它早期发布的关于3D技术的大多数信息，涉及了在SOI（绝缘体上硅技术）晶圆或器件上制作孔的最新工艺，如图15-17所示。

最近，美国国际商用机器公司也发布了他们具体的Cu-Cu互连工艺的研究状况，该项研究与麻省理工学院和英特尔的研究类似[32]。Cu互连采用标准的后道镶嵌工艺制作，并经过化学机械抛光使氧化物层低于铜表面40 nm。他们认为Cu-Cu晶圆级互连在6 ℃ · min^{-1}的慢速下进行比在32 ℃ · min^{-1}的快速下进行具有更好的键合质量；随着互

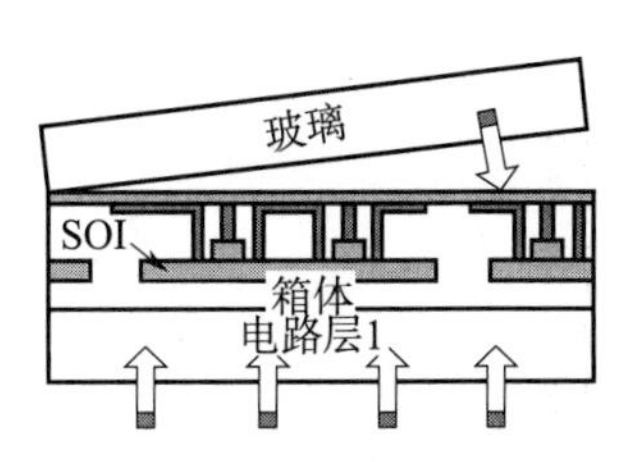

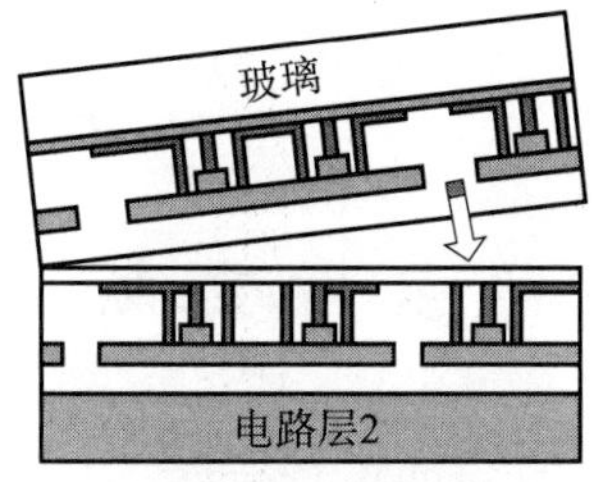

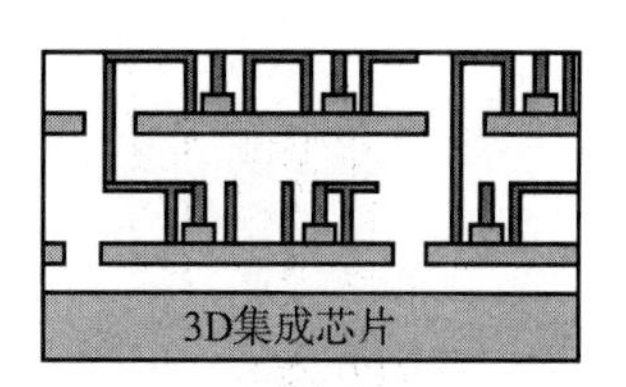

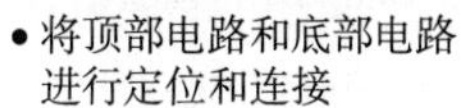

图 15－17　IBM 公司 SOI 制程示意图[30,31]

连密度的增加，在温度变化和施加较高的向下键合压力之前预先施加一个微小的力也能够改善连接强度，而且键合面质量随着互连图形密度的增加而提高。

参考文献

[1] Garrou,P. (April 2007) Posturing andpositioning in 3D ICs. Semiconductor International, 88.

[2] Ooishi,M. (April 2007) Vertical stacking to redefine chip design, Nikkei Electronics Asia.

[3] Low,Y., Frye, R. and O' Connor, K. (1998) Design methodology for chip on chip applications. IEEE Transactions CPMT, Part B, 21, 298.

[4] Gruber,W. (Feb. 2004) Turning chip design on its head, www. synopsys. com/news/compiler/art1 lead _ infineou - feb04.

[5] Uno,M. (February 2007) chip - on - chip offers higher memory capacity speed, Nikkei Electronics Asia.

[6] Garrou,P. (2000) Wafer level chip scale packaging an overview. IEEE Transactions Advances Packaging, 23, 1521

[7] Garrou,P. (December 2006) Opto - wafer level packaging, (o - WLP) for CMOS imaging sensors, Semiconductor International, p. sp10.

[8] Japan firm pushing image sensor shrinking process, Solid State Technology. (online, accessed November 2007)

[9] Umemoto,M., Kameyama, K., Suzuki, A. et al. Novel through Si process for chip level 3D integration, 1st Int Workshop on SoP, SiP Sept. 2005 Ga Tech, Atlanta Ga.

[10] Sekiguchi,M. et al. (2006) Novel low cost integration of through chip interconnection and application to CMOS image sensor. Proceeding ECTC, p. 1367.

[11] Hwang,C. G. (2006) New paradigms in the silicon industry. IEEE IEDM.

[12] Lee,K. (2006) Next generation packagetechnology for higher performance and smaller systems. 3D Architectures for Semiconductor Integration and packaging Conference, Burlingame CA.

[13] (4/22/2007) Samsung develops new, highly efficient stacking process for DRAM. Semiconductor International. (online, accessed November 2007)

[14] Clendennin,M, (April 23rd 2007) Samsung uses direct metal links in DRAM stacks, EE Times.

[15] Ikeda,H. (2007) 3D Stacked DRAM using TSV. ECTC Plenary Session.

[16] LaPedus,M. (June 12th 2007) Chartered and Tezzaron partner on 3D devices. EE Times (on line).

[17] Kawano,M. et al. (2006) A 3D packaging technology for 4 Gbit stacked DRAM with 3 Gbps data transfer. IEEE IEDM.

[18] Mitsuhashi,T. et al. (2007) Development of 3D processing process technology for stacked memory. Enabling Technologies for 3D Integration, MRS Symposium Proceedings 970 (eds C. Bower, P. Garrou, P. Ramm and K. Takahashi), Material Research Society, Pittsburgh, pp. 155.

[19] Kurita,Y. et al. (2007) A 3D stacked memory integrated on a logic device using SMAFTI technology. ECTC, pp. 821.

[20] Ikeda,H. (2007) 3D stacked DRAM using through silicon via, ECTC plenary session.

[21] Davis,J. (August 18 2006) Micron takes wraps off packaging innovation, Semiconductor International (online).

[22] Tuttle,M. Micron, Personal communication.

[23] www. intel. com. (accessed on November 2007) .

[24] Morrow,P., Park, C., Ramanathan, S. et al. (2006) Three-dimensional wafer stacking via Cu-Cu bonding integrated with 65-nm strained-Si/low-k CMOS technology. IEEE Electron Device Letters, 27, 335.

[25] Black,B. et al. (February 2007) 3D design challenges. IEEE-Proceedings of the International Solid State Circuits Conference, p. 410.

[26] Morrow, P., Black, B., Kobrinsky, M. et al. (2007) Design and fabrication of 3D microprocessors, Enabling Technologies for 3D Integration, MRS Proceedings 970 (eds C. Bower, P. Garrou, P. Ramm and K. Takahashi), Material Research Society, Pittsburgh, pp. 91-130.

[27] Merritt,R. (April 12th 2007) IBM readies direct chip-to-chip links, EE Times (on line).

[28] LaPedus,M. (April 16th 2007) IBM preps 3D stacks for the market, EE Times (on line).

[29] Stokes,J. (April 12 2007) IBM goes vertical with chip interconnects, www. ArsTechnica. com.

[30] Guarini,K. W. et al. (2002) Electrical integrity of state-of-the-art 0. 13 lm SOI CMOS devices and circuits transferred for three-dimensional (3D) integrated circuit (IC) fabrication. IEE IEDM Tech. Digest, 943.

[31] Topol,A. W. et al. (2006) Three dimensional integrated circuits. IBM Journal of Research and Development, 50, 491.

[32] Chen,K. et al. (2006) Structure, design and process control for Cu bonded interconnects in 3D integrated circuits, IEEE IEDM.

第16章　晶圆级3D系统集成

Peter Ramm，M. Jürgen Wolf，Bernhard Wunderle

16.1　引言

16.1.1　3D系统集成的推动

一般来说，将3D集成技术应用到微电子系统产品当中主要受以下几方面因素推动：

1）外形因素：系统的体积、重量和占用的空间减小；

2）性能：集成度的改进和互连长度的减小能够改善传输速度，并且可以降低功耗；

3）低制造成本：生产成本降低，例如混合技术产品；

4）新领域的应用：例如超薄无线传感系统。

先进微电子系统的采用主要受性能增强的推动，例如3D微处理器[1]和3D集成图像处理器[2,3]都是一种解决由芯片上信号传输延迟引发"引线危机"的新型方案。合适的3D集成技术可应用于IC产品，以克服由后封装线固有障碍引起的性能瓶颈[4]。

图16-1所示为3D集成概念及应用的发展路线图（弗朗霍夫研究所）[5]。硅通孔技术是存储器/处理器堆叠、图像传感器、无线传感系统和高端处理器性能提高的关键元素。从长远来看，甚至可以采用3D结构实现3D CPU的制造。

制造成本低的潜在优势也是未来应用3D集成技术的关键因素。目前，片上系统（SoC）的制造是基于嵌入式多层技术将单片集成到同一硅衬底上，但这种技术存在严重的不足。芯片分区的高复杂性推动着工艺技术的发展，从而导致整体系统的成本大幅增加。相比之下，合适的3D集成技术使各种优化的基础技术得以融合，并通过高产量和更小的IC占用空间降低成本。采用优化的3D集成技术制造的叠层器件（例如：控制器和存储器）与单片集成片上系统相比，表现出更低的制造成本。即使对于所谓的混合集成电路，在不同衬底材料（如Si、SiGe和GaAs）上制造的器件也能够通过3D系统集成来实现，以降低成本。

而且，新型多功能微电子系统正在通过3D系统集成得以实现：诸如应用于分布式无线传感网络（e-GrainTM，e-CUBES）的超小型智能系统[5,6]。在未来的应用中，3D系统集成也将使环境智能系统更加小型化。为了满足大量的市场需求，3D集成技术由于其诸多优点，如系统体积显著减小、功耗降低（可以提高使用寿命）、可靠性提高和制造成本低而被广泛应用。

16.1.2　技术概述

20世纪80年代，3D集成技术的一些概念就已经被提出，而其中的一部分已经应用到

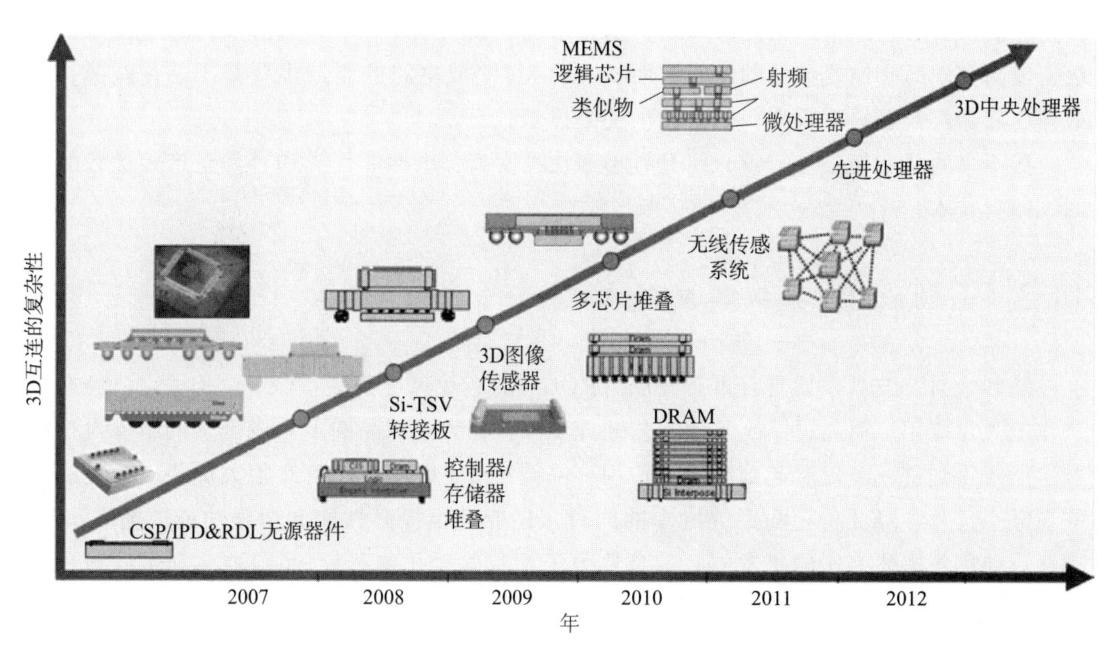

图 16－1　3D 集成系统发展路线图

（在各种应用中 3D 互连性能的演变。来源：弗朗霍夫研究所）

生产当中。在过去的几年里，芯片堆叠技术已经实现量产。大范围的 3D 集成技术可以通过不同的方式来分类，而从技术实现方式的角度考虑，主要可以分为 3 类：

1）封装体或基板的堆叠；

2）芯片堆叠（没有硅通孔）；

3）垂直系统集成（采用硅通孔）。

目前，封装体堆叠（PoP，Package on Package）和内置封装体技术（PiP，Package in Package）以及通过引线键合实现芯片间互连的芯片堆叠技术已经在一些公司产品中得到应用，如英特尔、日立（Hitachi）、夏普（Sharp）、艾克尔（Amkor）、ASE、飞利浦（Philips）、恩智浦（NXP）、意法半导体（ST Microelectronics）、Tessera 和英飞凌。

弗朗霍夫研究所和德国柏林理工大学在 3D 封装技术方面有着丰富的经验，并拥有多项技术[7]。正如前面所述，这些技术（封装体堆叠和芯片堆叠）一般可以归类为 3D 封装，为了区别于采用硅通孔技术的 3D 集成封装，弗朗霍夫研究所称之为“垂直系统集成（VSI ®）”。

而所谓的“聚合物内置芯片”方式是基于将薄芯片嵌入到印制电路板内实现的[8].

为了改善性能并能够降低制造成本，晶圆级芯片堆叠技术具有很大优势。例如，薄芯片集成（TCI）技术就是一个典型的例子，这种技术是将薄芯片嵌入到聚合物层中，并且采用改进的晶圆级多层薄膜引线在聚合物层内部进行互连。

20 世纪 80 年代中期，慕尼黑弗朗霍夫研究所已经在 3D 集成技术领域做了大量工作。他们利用多晶硅层的再结晶制造了第一个 3D 集成 CMOS 电路[9]。而从 20 世纪 90 年代初期开始，慕尼黑弗朗霍夫研究所就一直致力于通过硅衬底（芯片间的通孔）进行芯片间垂直互连的晶圆堆叠技术的研究。所谓的垂直系统集成（VSI ®）具有芯片内部垂直互连引线密度高和硅通孔位置灵活的特点。而相应的 3D 集成电路的制造主要基于芯片减薄、有效键合和器件衬底的垂直金属化等几项关键技术。

接下来的几个部分将着重介绍具有小型化程度高、电性能优异和容易量产等优势的晶圆级制程技术。

16.2 晶圆级 3D 系统集成技术

晶圆级封装技术，如具有再布线层（RDL）的芯片尺寸封装（CSP）技术，已经在生产线上大量应用。而通过结合其他工艺处理步骤，在大面积晶圆上集成更多的组件对这种技术能否得到进一步发展起到决定性作用。晶圆级 3D 集成技术具有很大优势，这是因为它在减小尺寸，降低功耗和系统成本的同时，还能满足提高性能和增强功能的需求[7,10]。因此，弗朗霍夫研究所的研发中心一直致力于没有硅通孔的芯片-晶圆堆叠和带硅通孔的垂直系统集成两项晶圆级 3D 集成技术的研究。

16.2.1 芯片-晶圆堆叠技术

16.2.1.1 倒装芯片和面-面互连技术

一种所谓的面朝下晶圆级电路集成技术是在晶圆级芯片尺寸封装（CSP）的再布线技术的基础上发展起来的。这种技术是将晶圆级的芯片作为更小更薄的集成电路有源基板，这些薄的有源器件以倒装焊的方式，通过焊料凸点与 IC 晶圆实现互连。根据电性能的要求，对晶圆基体上的外围 I/O 进行再布线，从而形成凸点下金属化（UBM）焊盘阵列。通过电镀铜工艺可以使再布线金属化层的电阻率降低，而介质层可以采用低 k 光敏聚合物层，如 BCB。再布线层也可用于无源器件的集成，如电阻、电感、电容和滤波器等，如图 16－2 所示。

倒装芯片的无铅焊料凸点是通过电镀工艺制备完成的。完成倒装焊后，芯片将使用灌封胶保护起来，如涂覆或注塑。基体芯片上较大的焊料凸点（大于 300 μm）用于下一级封装的互连，集成概念原理如图 16－2 所示。

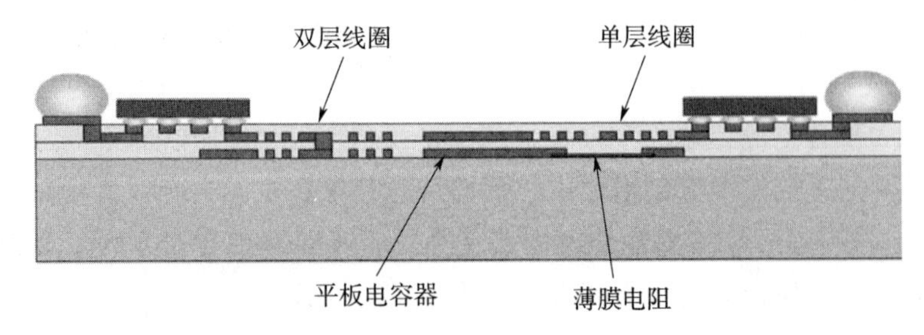

图 16－2 基础电路再布线集成的无源器件的芯片堆叠技术（倒装焊技术）原理示意图

据报道，英飞凌技术中心和弗朗霍夫研究所还发布了一种可替代无硅通孔晶圆级芯片堆叠的低成本工艺[11]。这种称为“SOLID”的“面对面”互连芯片堆叠技术非常适用于两个相互垂直集成器件之间的堆叠制造。底部芯片和顶部芯片之间的机械连接和电连接都是通过固液互扩散（“SOLID”工艺）实现，而“SOLID”指的是在薄电镀层与 Cu - Sn 结构层之间通过钎焊方式进行连接。图 16 - 3 所示为采用 Cu - Sn 面对面互连系统的叠层芯片横截面示意图。

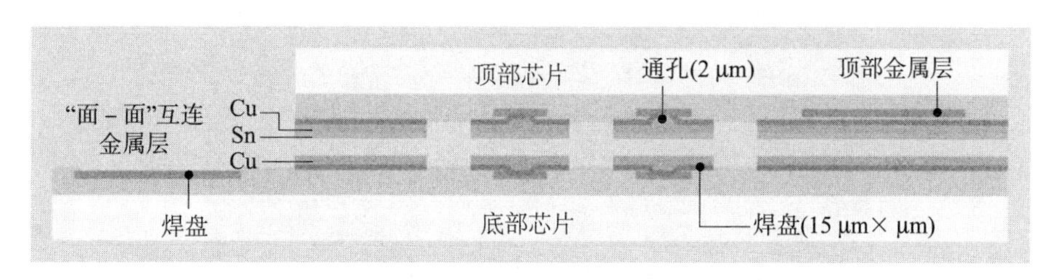

图 16 - 3　面对面互连芯片堆叠技术“SOLID”示意图[11]

16.2.1.2　晶圆级薄芯片集成（TCI）

还有另一种不同的技术，称为晶圆级薄芯片集成（TCI）技术。这种技术避免了在硅衬底上采用钎料凸点互连的倒装焊封装。该技术的关键在于芯片非常薄，并且是经过完全处理及测试的晶圆和已知良好的芯片（KGD）。与其他封装技术相比，TCI 技术使用了薄芯片（厚度小于 20 μm），并将其通过黏结剂“面朝上”组装到到一个芯片基底上，例如，可以采用一种很薄的聚合物层[12]。这种技术为有源器件和无源器件之间的布线系统和互连提供了优异的电学性能。除了尺寸外形得到改善之外，若将该技术应用于高速存储模块，相比倒装焊或单芯片封装，其信号传输时间也将减少。

TCI 模块的制造工艺是从承载着大基体芯片的底部晶圆开始的。采用可逆的黏结剂将完整处理过的顶部 IC 晶圆黏结到衬底上，并且通过背面研磨工艺，将晶圆减薄到约 20 μm。减薄后的芯片又被黏结到有源晶圆基体（即底部晶圆）上，并且采用光敏介质层覆盖。BCB 是其中的一种介质层，它具有电性能优异、高温稳定性好、低吸水性和适宜的固化温度等优点。再分布的 Cu 薄膜用于顶部与衬底电路之间的互连，如图 16 - 4 所示[13]。布线层被同一种介质材料的钝化层覆盖。可以采用相同的工艺步骤依次将第二个有源器件集成到晶圆基体的上表面。最后进行凸点下金属化层以及钎料凸点的沉积。至此，整个 TCI 模块制造完成。图 16 - 5（a）和（b）所示为 TCI 模块的结构示意图。

使用带有金属化硅通孔（TSV）的硅转接板作为衬底可以实现多个 TCI 模块的堆叠，如图 16 - 5（c）和（d）所示。而要在硅转接板或硅器件晶圆上形成 TSV，许多通孔刻蚀的方法（例如，湿法刻蚀、深反应离子刻蚀（DRIE）或激光打孔）和孔金属化方法（例如，化学气相沉积 W、Cu、电化学沉积 Cu、硅掺杂或金属膏印刷）都可以实现。最终采用哪种技术取决于系统的要求（例如，孔密度、电阻率等）。

对于直径在 5～20 μm 范围内的通孔，通过电镀工艺进行硅通孔（TSV）的金属填充是非常有效的，其中将带有硅通孔的硅转接板作为承载基板是关键因素。通过深反应离子刻蚀工艺进行通孔刻蚀并形成绝缘侧壁后，采用化学气相沉积（如 Cu 或 W）或溅射工艺

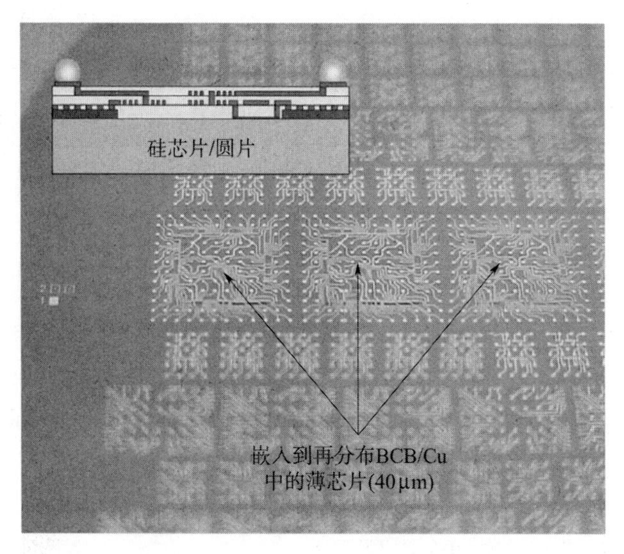

图 16-4　嵌入到晶圆级再布线层（RDL）的薄硅器件（40 μm）示意图[13]

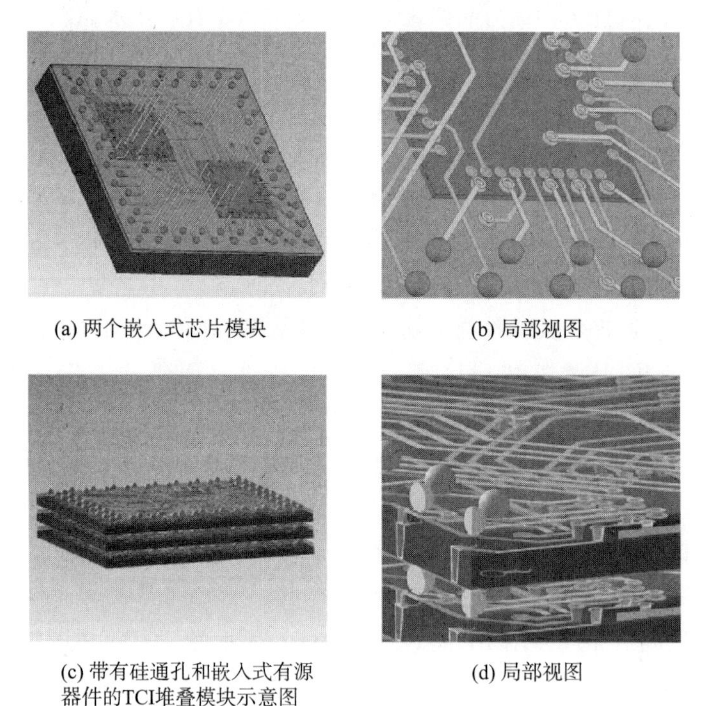

图 16-5　TCI 模块结构示意图

（如 Ti/W：Cu）形成种子层。

图 16-6（a）和（b）所示为一个硅通孔示意图，它分别采用了化学气相沉积 W/溅射 Cu 形成薄种子层，再通过电镀 Cu 填充通孔形成 15 μm 孔径的通孔[14,15]。在通孔的电镀过程当中，Cu 也会被沉积在晶圆的正面，而在后续的刻蚀工序中被去除。根据通孔的

尺寸和深度（即深宽比），从晶圆背面进行晶圆减薄（采用研磨、化学机械抛光及刻蚀等方式），直到金属通孔露出。然后，依次经过标准的薄膜工艺（聚合物-金属 Cu）和植球工艺在晶圆背面形成输入输出终端。而在背面各工序进行过程当中，将转接板（interposer）临时黏结到载板（如硅或玻璃）上，为转接板提供了有效的机械支撑。

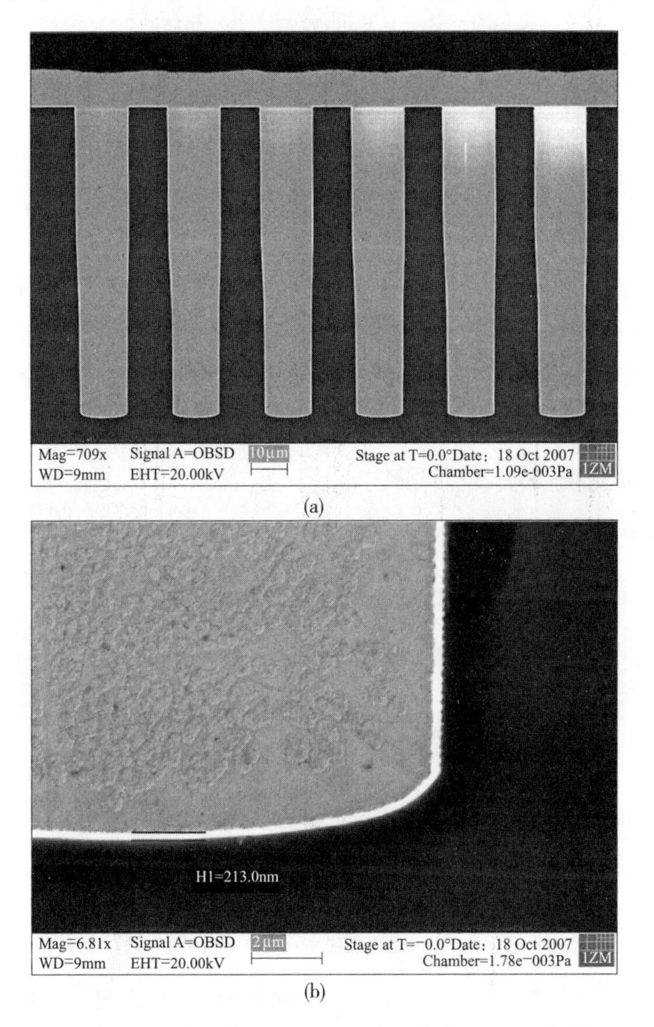

图 16 - 6　(a) 电镀 Cu 填充 TSV，尺寸：直径 15 μm，深度 65 μm；
(b) Cu 填充 TSV 局部形貌图，TSV 具有 CVD 二氧化硅钝化层和溅射的 Ti/W 种子/阻挡层

16.2.1.3　无源器件的集成

TCI 技术的一个关键优势在于无源器件可以嵌入集成到再布线层，与有源器件更加贴近，从而减小了寄生参数[15]和模块的总体尺寸。参考文献[16]当中描述了将 TSV 硅转接板技术应用于射频电路（RF），如收发器，它汲取了无源器件集成到再布线层（RDL）和有源器件倒装焊封装的优势。无源器件集成到再布线层的实际效果取决于选择的材料（如介电层、电阻材料）和设计规则。一般效果为 1～80 nH 的电感、小于10 pF · mm^{-2} 的聚合物介电层、小于 10 nF · mm^{-2} Ta_2O_5 的 MIM 电容，100 Ω/sq 的电阻（NiCr）。而参考

文献[17,18]描述了集成无源器件的单个挠性聚合物层的最终堆叠工艺，如图 16 - 7 所示。

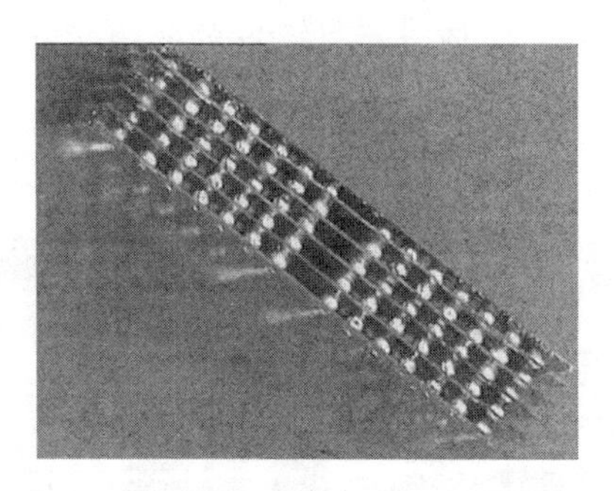

图 16 - 7　集成无源器件的挠性聚合物层堆叠结构示意图[17]

图 16 - 8 所示为多层薄膜堆积的结构示意图。顶部和底部 5 μm 厚的 Ni 层作为焊盘引出端的金属化层；两个 Cu 层则作为基板的内部走线层；NiCr 作为集成电阻的电阻材料；三个聚酰亚胺薄膜提供了组装和堆叠的机械稳定性；中间层作为内部介电层，两边的介质层则作为器件钝化层和顶部钎焊层。堆积结构的总厚度在 50 μm 左右。

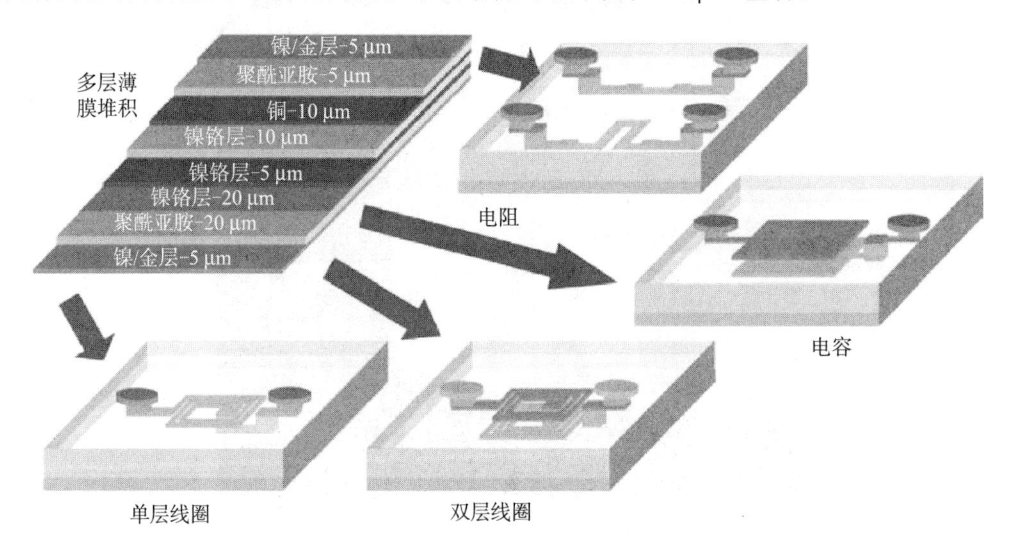

图 16 - 8　嵌入无源器件的薄膜堆积结构示意图[17]

在 6 英寸硅支撑晶圆上采用薄膜技术制作聚合物层的衬底。而衬底与支撑晶圆的分离则是整个工艺中的倒数第二步，一般用溶剂进行处理。

富士电子材料公司生产的 Durimide® 7320 感光聚酰亚胺前驱体通常用作介电层。作为从临时承载基板上分离出来的独立膜，这种材料表现出极好的弹性性能。旋转的前驱体粒子黏稠度可达到 5 800～6 400 $mm^2 \cdot s^{-1}$，固体含量达到 41 wt%。而介电层的最终厚度可以根据覆膜要求通过改变旋转参数在 4～30 μm 之间进行调整。在 100 ℃进行热板前烘，除去部分溶剂，防止涂覆的聚合物脱落，从而为进一步处理和接触式曝光做好准备。采用光刻机对暴露的前驱体进行宽波段紫外线曝光，而未曝光的区域可以在一个储槽步骤中被去除，在介电层上形成通孔窗口。为了将光敏合成物转变为最终的聚酰亚胺，还需要进行高温固化。在 350 ℃条件下固化 60 min 足以保证亚胺化反应充分进行。而在后续的多层堆叠中，推荐将温度降低到 280～300 ℃，这样可以确保内层交联（黏附）并且避免发生脆性转变。

图 16-9 所示为 1 个还未从临时载板上剥离的滤波器示意图，而图 16-10 所示为滤波器从载板剥离后衰减行为的模拟和测量结果示意图。每个滤波器包含 3 个线圈和 2 个电容，它们通过微带线连接到切比雪夫（Tschebyscheff）低通滤波器。6 个线圈的正常电感值为 2×2.7 nH、1×3.8nH、2×6.1 nH 和 1×8.6 nH。4 个电容的正常电容值为 2×0.34 pF和 2×0.96 pF。对于这种高频结构的滤波器而言，实际滤波器的真实测量值与模拟值非常吻合，表明电容可以通过在 Cu 电极之间形成恰好 10 μm 厚的聚酰亚胺层来实现。

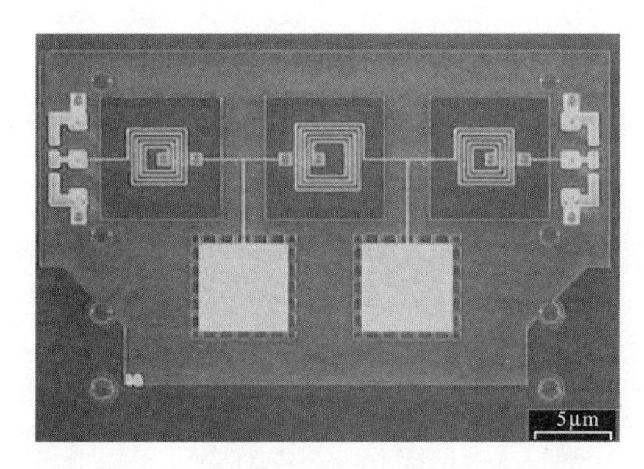

图 16-9　含 3 个电感和 2 个电容的低通滤波器（集成的无源器件，IPD）

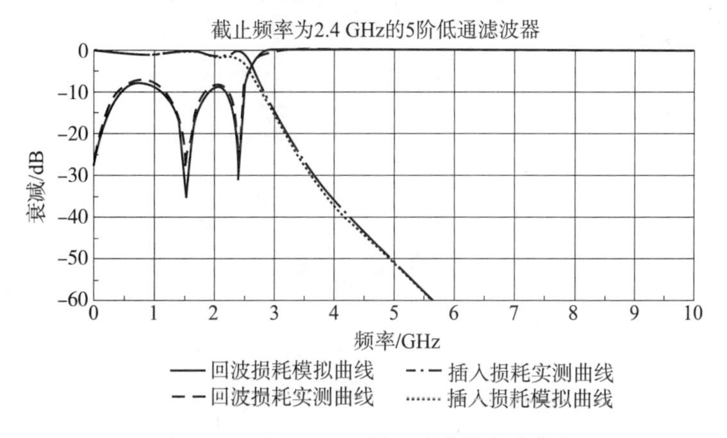

图 16-10　2.4 GHz 低通滤波器衰减曲线

16.2.2　垂直系统集成

基于键合和堆叠薄器件基板的空闲区域上采用 TSV 进行芯片间垂直互连的 3D 集成技术可以称为垂直系统集成（VSI®）。VSI 由于采用了标准的硅晶圆工艺（主要在后道工艺），因此具有高密度垂直互连的潜力。通常可以这样区分“先通孔”和“后通孔”的概念：器件基板堆叠之前形成硅通孔定义为“先通孔”，器件基板堆叠之后形成硅通孔定义为“后通孔”。这同样也适用于区分在现有工艺制备的器件基板上进行VSI和改变基本的器件基板制造技术进行VSI这两个概念。这两种工艺哪个更具优势取决于器件的可用性（如晶圆级器件）、量产问题（如基础技术的改进）和具体应用。此外，基板堆叠原理的选择也是在大多数应用当中是否采用3D集成的关键。

VSI在晶圆堆叠和芯片堆叠两方面均适用。一般来说，很大程度上依赖于标准晶圆制造工艺的技术表现出的较为有利的低成本，因此晶圆级VSI技术受到大多数人认可。图16-11所示为两种堆叠技术的原理示意图：W2W堆叠技术和C2W堆叠技术。

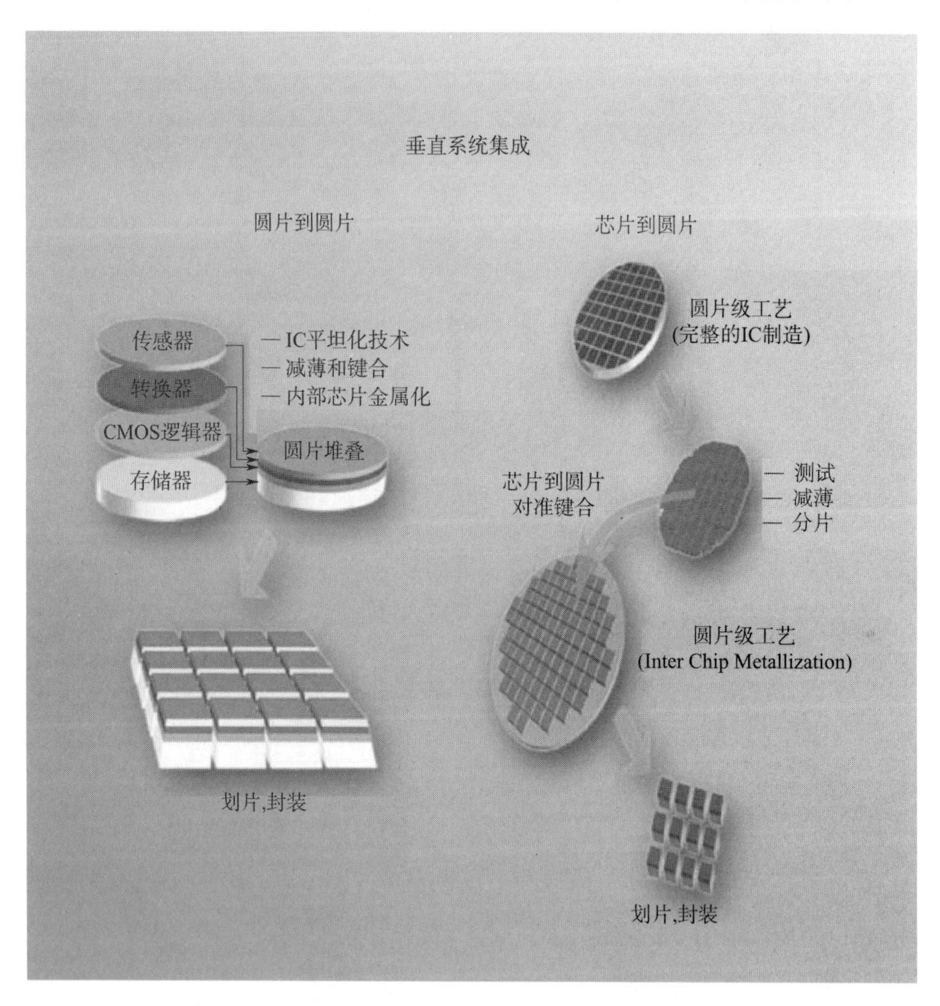

图16-11　VSI：W2W晶圆堆叠和C2W晶圆堆叠概念

在晶圆堆叠工艺中，对晶圆步进光栅的选择必须是一致的，这在同种器件的3D集成中是容易实现的（如堆叠存储器）。而不同种类的器件堆叠，步进光栅的一致性却不好实现。对步进光栅处理不当将导致硅片有源区的丢失，同时也增加了每个芯片的制造成本。而从原理上来说，采用C2W的堆叠方式可以实现已知好芯片之间的垂直集成，如图16-11右侧所示。

对于垂直系统，所有技术的共同关键点是 TSV 的形成。慕尼黑弗朗霍夫研究所的核心技术就是在大面积高深宽比硅通孔上实现可靠的芯片间垂直通孔金属化，从而保证高密度的 3D 互连。此外，他们的研发中心还致力于 VSI 的其他主要研究，包括：低成本处理方式的精密减薄技术和合适的键合工艺。一般来说，主要有 3 种键合工艺应用于晶圆级 3D 系统集成：

1）熔融键合；

2）金属键合；

3）黏结剂键合。

弗朗霍夫研究所已经开发了几种 VSI 的方案，主要是在黏结剂键合和金属键合两方面，并且兼有"先通孔"和"后通孔"两种途径。接下来的部分将描述两种主流技术。一种是所谓的芯片间通孔-固液扩散（ICV - SLID）技术，其基于 Cu/Sn 键合技术，是一种纯"先通孔"工艺。另一种则是所谓的芯片间通孔（ICV，Inter - chip - Via）技术，其基于聚酰亚胺树脂键合，并且表现出"先通孔"和"后通孔"两种工艺相结合的特点。

16.2.2.1　黏结键合的 VSI——ICV 技术

慕尼黑弗朗霍夫研究所与英飞凌（Infineon）合作共同开发了一种晶圆级 VSI 技术，其基于聚酰亚胺作为中间层的低温键合技术和 3D 金属化工艺，而 3D 金属化工艺利用 Cu 或 W 进行硅通孔的填充，并为减薄的晶圆之间提供了高密度的垂直互连。所谓的 ICV 技术在参考文献[19 - 22]当中进行了详细的描述。图 16 - 12 所示为一个垂直集成器件堆叠的示意图，它采用了聚酰亚胺（PI）作为中间层，并且芯片间的通孔贯穿顶部硅衬底各层（硅通孔），从而提供了各器件金属化层之间的垂直互连。

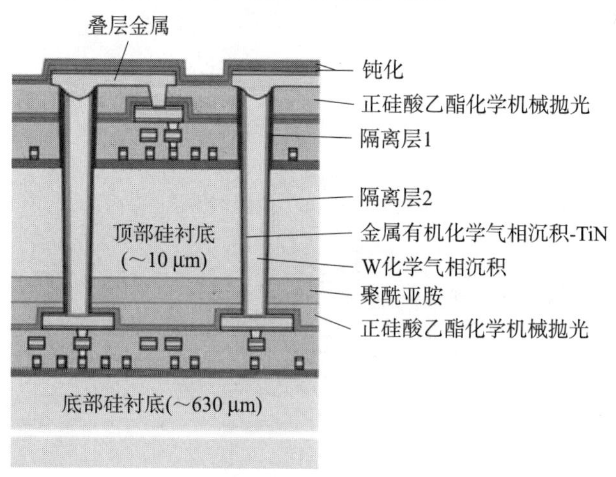

图 16 - 12　ICV 技术：垂直集成的叠层器件示意图

原则上，ICV 技术在 W2W 堆叠和 C2W 堆叠的 VSI 上均可得到应用[23]。实际上，ICV 技术具有非常高的垂直互连密度，但并不是 C2W 堆叠最优化的解决方案。该工艺在"先通孔"和"后通孔"两方面都有体现。尽管硅通孔在减薄和堆叠之前已经预先制作完成，但在堆叠完成后有必要附加一些工序，因为在 C2W 堆叠过程中会应用更为复杂的技术（如在大衬底图形的抗蚀技术）。当然，晶圆堆叠技术也能很好地适用于相同外形尺寸器件的 3D 集成。

通孔在晶圆堆叠之前，需要在顶部晶圆上预先形成 1～3 μm 直径的硅通孔。高深宽比的通孔（TSV）通过刻蚀穿过所有的介电层深入到硅衬底。然后，采用一种黏结聚合物将晶圆临时键合到一个承载基板上，并进行高一致性的减薄，直到 TSV 从背面露出。稳固的顶部晶圆和覆盖着聚酰亚胺的底部晶圆进行光学对准后，在约 400 ℃的条件下进行耐热聚酰亚胺键合，并且将承载基板剥离。现在，芯片间通孔暴露出来，并与底部晶圆金属化层相对应，采用具有高保形的臭氧/正硅酸乙酯（O_3/TEOS）氧化物做侧面绝缘处理（见第 6 章），最后进行金属化。金属化采用电镀或金属有机物化学气相沉积（MOCVD）的方式进行。对于高深宽比通孔的无空洞填充，高保形的 MOCVD 工艺更具优势。化学气相沉积 W 或 Cu（两种情况都用化学气相沉积 TiN 作为种子层）都能获得很好的效果[24]。随后采用适当的背面金属刻蚀工艺形成所谓的金属塞。然后通过在顶部晶圆上开窗的方式使完成金属填充的硅通孔与顶部晶圆的金属化层形成电气连接，随后进行标准金属化和钝化。最终键合焊盘暴露出来，并且可以采用标准工艺对 3D 集成电路堆叠芯片进行测试、划片和封装。

图 16－13 所示为垂直集成测试芯片结构的聚焦离子束横截面图，该接触链包含10 000个硅通孔。图 16－14（a）所示为一个经过化学气相沉积 W 填充的硅通孔的形貌（孔深为 16 μm，面积为 2.5 μm×2.5 μm），其互连电阻值一般在 1 Ω 左右。

图 16－15 所示为经过化学气相沉积 Cu 填充的硅通孔的形貌。

图 16－13　垂直集成测试芯片结构的 FIB 形貌图，图示为 2.5 μm×2.5 μm 芯片内部通孔（该接触链包含 10 000TSV）

图 16 - 14　采用 ICV 技术制备的带有 CVD - W 硅通孔（2.5 μm×2.5 μm）的 3D 测试结构 FIB 形貌图

图 16 - 15　采用 ICV 技术制备的带有 CVD - Cu 硅通孔的 3D 测试结构 FIB 形貌图

16.2.2.2　固液互扩散键合的 VSI 技术——ICV - SLID 技术

一般来说，该技术很大程度上依赖于标准晶圆制造工艺技术表现出的较为有利的低成本。然而，从对准键合工艺的角度考虑，芯片面积问题也许会与电路晶圆的堆叠相冲突：不同尺寸的芯片采用具有同样步进尺寸的晶圆处理工艺将导致有源硅面积的损失，从而增加了每个堆叠芯片的总成本。对于C2W堆叠方式，原材料也可以是经过完整加工的晶圆。经过晶圆级测试、减薄和分离后，顶部晶圆的已知好芯片经过对准键合到底部晶圆的已知好芯片上。针对可行的工艺方法，这个工序步骤在整个VSI工序中是唯一一个芯片级的工序。后续的垂直金属化工序是晶圆级的工序。

因此，慕尼黑弗朗霍夫研究所一直致力于一种不需要在堆叠芯片层上附加其他工序步骤的VSI技术的研究。能够很好地适用于C2W堆叠的是基于金属-金属键合工艺的VSI技术，如Cu-Cu键合[25]或金属间化合物键合（见第14章）。所谓的ICV-SLID技术[26]指的是通过非常薄的钎料焊盘（如Cu/Sn）来实现顶部芯片和底部晶圆之间的键合，并且通过固液互扩散钎焊技术[27]提供电气和机械互连。ICV-SLID的概念是一个非倒装的概念（即“背面对正面”，b2f）。在减薄工序进行之前，硅通孔经过了完全处理——刻蚀、绝缘和金属化。随后，将分离的已知好芯片堆叠到底部电路晶圆上，作为3D集成工艺流程中的最后一步。ICV-SLID工艺可以归类为后道“先通孔”的3D集成工艺。作为一个完全模块化的技术，其可以形成多层电路的堆叠。图16-16所示为一个采用了模块化的背面对正面技术形成的VSI电路的横截面示意图，图中还提出了下一级芯片的堆叠。

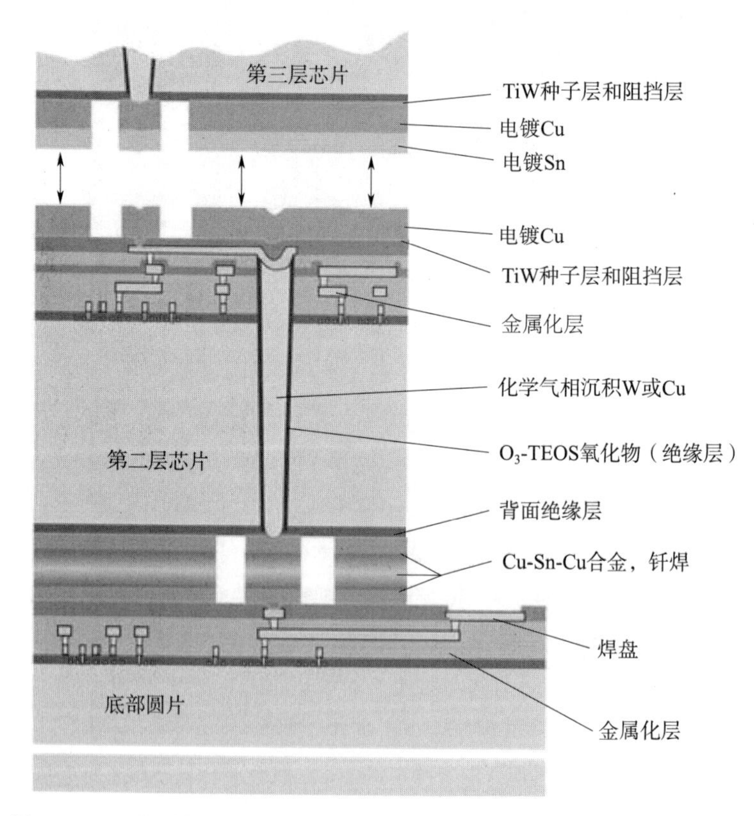

图16-16　采用模块化ICV-SLID技术制备3D集成电路的横截面示意图

很多参考文献[7，28-30]详细描述了ICV-SLID技术的发展和结果，并简单阐述了芯片到晶圆的堆叠理论和3D集成电路制造的典型工艺步骤。ICV-SLID工艺流程中的首要步骤是硅通孔的形成。通孔的刻蚀、侧面绝缘化和金属填充是在具有标准厚度的晶圆上进行的，所以基本上实现了硅通孔的高产量制作。通过标准的金属化工艺（Al 或 Cu，取决于采用的技术）将 TSV 连接到器件的互连线。同时，也对金属化的内部芯片通孔的形成工艺步骤做了简单描述。特征尺寸为 1～3 μm 的硅通孔的制备是在经过完全处理和测试的电路晶圆上进行的，采用刻蚀工艺贯穿所有钝化层和多层介质层，随后进行深槽刻蚀。对于侧面通孔的绝缘，可以采用高保形性的臭氧/正硅酸乙酯氧化物的化学气相沉积（见第 6 章），并且采用例如 MOCVD W（MOCVD TiN 作为阻挡层）的工艺进行硅通孔的金属化，最后进行背面刻蚀形成金属塞。图 16 - 17 所示为深度为 12 μm，面积 2 μm×2 μm 的 W 填充硅通孔阵列的示意图。

接下来 W 填充硅通孔与器件最上面的金属层的电连接通过标准金属化工艺实现。图 16 - 18 所示为器件通孔金属化后的横截面示意图。在这个阶段，所有的通孔制作工艺都是在晶圆级上完成的。

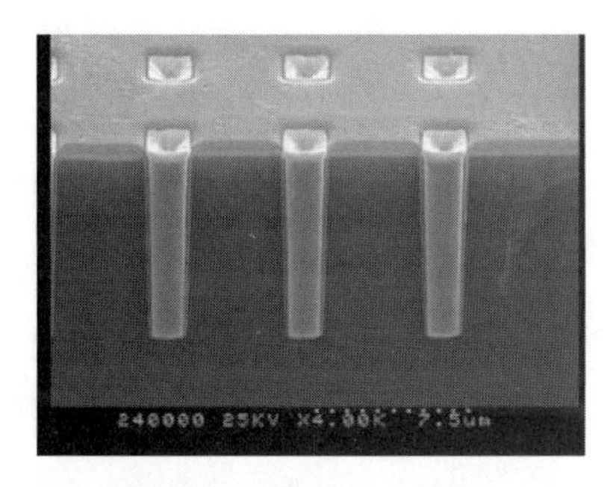

图 16 - 17　W 填充硅通孔顶部器件示意图（深度 12 μm，面积 2 μm×2 μm）

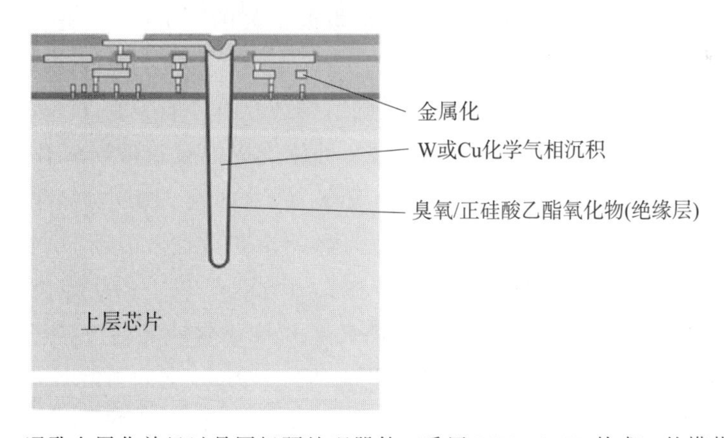

图 16 - 18　通孔金属化并经过晶圆级预处理器件（采用 ICV - SLID 技术）的横截面示意图

现在，器件可以准备进行晶圆级测试和筛选。那么，顶部晶圆可以临时键合到支撑晶圆上，并使用高精度研磨工艺进行高均匀性的减薄，然后进行湿法化学旋转刻蚀，最终进行化学机械抛光，直到 W 填充的硅通孔从晶圆背面暴露出来，如图 16 - 19 所示。

经过介质层沉积形成绝缘并开窗刻蚀到 W 填充硅通孔后，在减薄晶圆的背面进行掩膜电镀形成约 8 μm 厚度的 Cu/Sn 双层结构。表面完全用钎料金属覆盖，通过沟道隔离技术在 Cu/Sn 层中形成电接触，并且没有形成电连接的剩余区域将作为虚拟区域以保持器

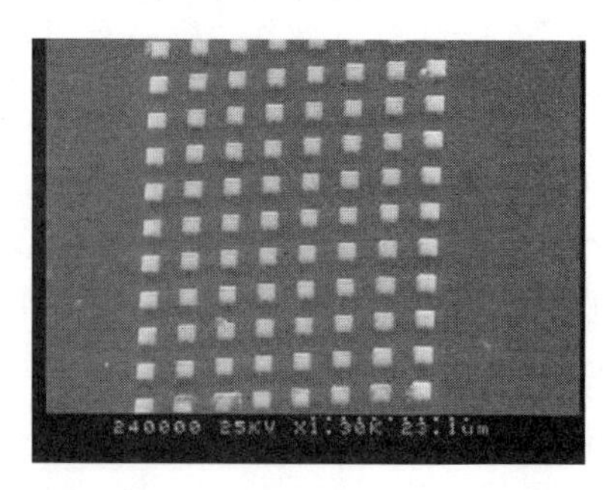

图 16－19　薄型顶部薄器件底部的 CVD－W 柱形貌（该器件固定在承载基板上）

件堆叠的机械稳定性。底部晶圆采用掩膜电镀 Cu 作为钎焊金属系统的对应金属。图 16－20 所示为底部晶圆的表面示意图，包括对准结构。

图 16－20　通过掩膜板镀铜后底部晶圆的顶部形貌

划片后，筛选完的已知好芯片（用承载基板固定好的）由 C2W 键合机拾取并放置到底部晶圆上（高对准精度的设备产能高）。图 16－21 所示为固定好的减薄芯片与底部器件晶圆对准叠层的示意图，并准备通过金属化层结构进行固液扩散键合。

被拾取芯片的机械键合和电连接是通过一种称为固液互扩散（SLID）的钎焊技术来实现的，该技术在第 14 章中做了详细阐述。针对 Cu/Sn 且 SLID 金属系统，钎焊工艺可以概述如下：接近 300 ℃的钎焊工艺情况下，固态 Cu 扩散进入液态 Sn 中，最终形成金属间化合物相 Cu_3Sn。这种所谓的 ε 相的化合物具有 600 ℃以上的熔点，具有稳定的热动力。如果使用的膜厚度合适，Sn 将被完全消耗，并且几分钟之内液体完全凝固，在两侧留下未完全消耗的 Cu。图 16－22 所示为采用 ICV－SLID 工艺，并在钎焊及去除承载基板后，3D 集成测试结构的聚焦离子束显微示意图。W 填充硅通孔通过 Al 线被互连到顶部器件的金属化层上，并且通过前面描述的钎焊金属系统被互连到底部器件金属化层上。图 16－21 表明 ICV－SLID 技术是一种纯前通孔技术：在 C2W 堆叠之前，硅通孔已经经过刻蚀、金属化和互连等工艺制备完成。这种方式有一个重要的优势，就是在 SLID 键合后不需要进一步的 3D 集成工艺。

作为在异构集成应用中具有代表性的成果，图 16－23 所示为在 200 mm 晶圆上采用不同制作工艺形成的叠层器件的示意图。在 SiGe 衬底上制作的应变硅 CMOS 顶部芯片通过 ICV－SLID 技术与在底部硅晶圆上的标准 CMOS 器件进行 3D 集成。在局部去除了承

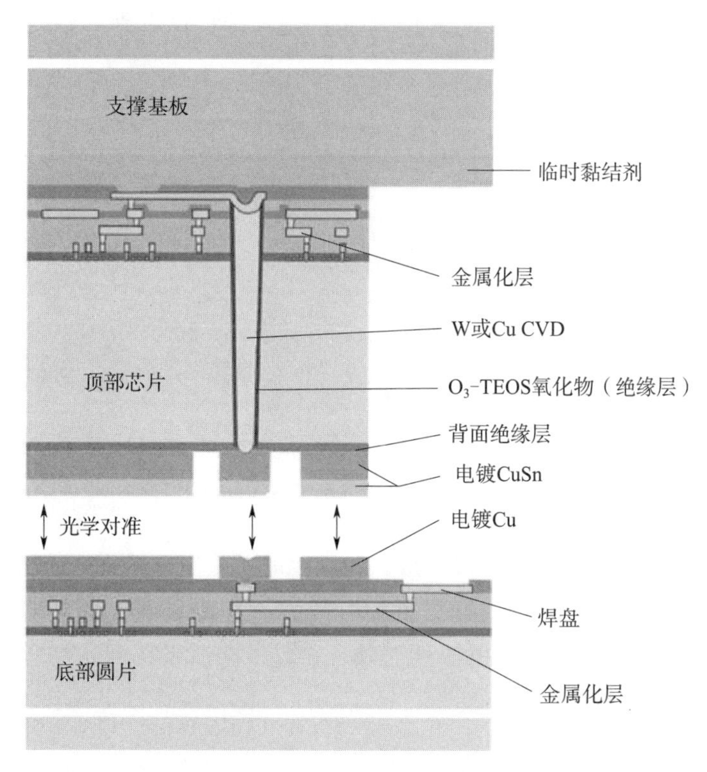

图 16-21　ICV-SLID 技术—固定后的减薄芯片与底部器件晶圆对准叠层示意图

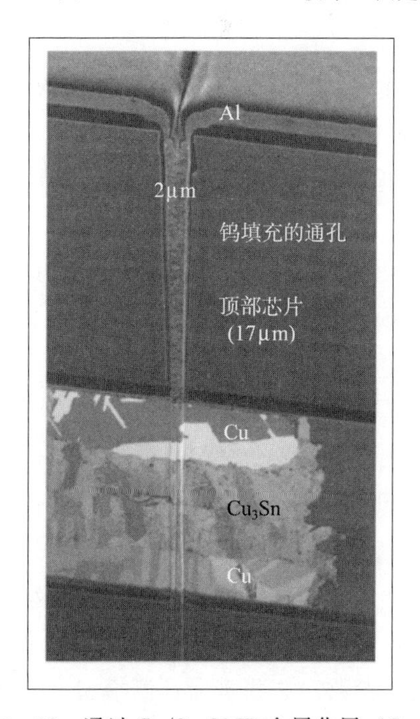

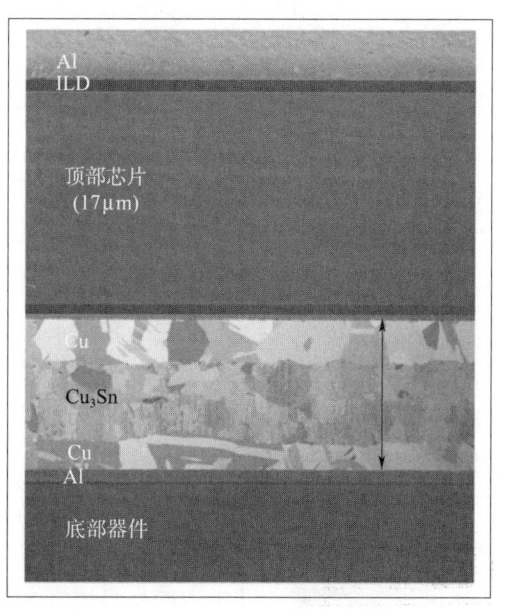

图 16-22　通过 Cu/Sn SLID 金属化层（Cu/Cu3Sn/Cu）实现 CVD-W 填充通孔与底部晶圆互连的堆叠芯片（ICV-SLID 工艺），即 3D 集成测试结构的聚焦离子束显微横截面示意图

左侧：TSV 区域；右侧：Cu/Sn SLID 键合详图

载基板（HW 芯片，厚度为 650 μm）的硅器件晶圆顶部可以看到堆叠的 20 μm 厚的薄型 SiGe 芯片。

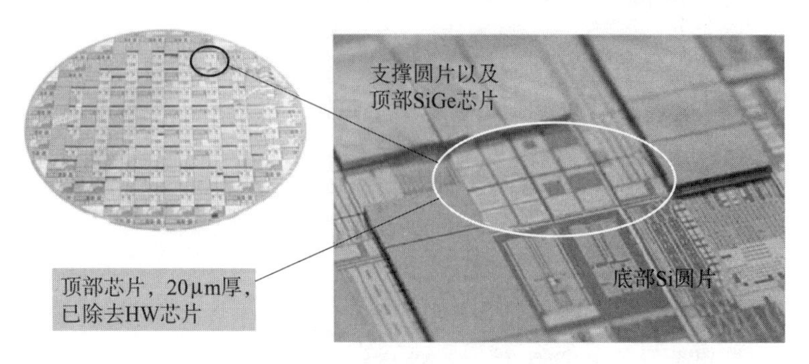

图 16-23　VSI——应变 Si CMOS 器件的 C2W 堆叠（SiGe 芯片）和 ICV-SLID 技术制成的标准 Si CMOS 器件

化学气相沉积的 W 或 Cu 都可以形成高深宽比的无孔洞金属化硅通孔。弗朗霍夫研究所基于 W 和 Cu 的硅通孔金属填充均提出了与其相应的 ICV-SLID 技术，这主要取决于具体应用（例如，射频需求）。除电磁性能外，在应用金属系统的选择方面，也必须考虑不同的应用引发的可靠性问题。

16.3　可靠性问题

除电磁性能外，使用的金属系统及其外形的选择也必须考虑不同应用引发的热-机械可靠性的问题。各种材料的热膨胀系数（CTE）不匹配容易产生机械应力和应变，这可能在工艺处理或操作过程中对材料、界面和互连造成损伤[31]。它们是影响器件寿命的重要因素，因而在 3D 集成微电子系统设计的过程中必须予以考虑。基于“物理失效”的方式，采用实验方法获得材料的参数并结合有限元（FE）模拟进行测试，可针对一种具体的失效机制建立寿命预测模型。通过这种方式，可靠性预测可以作为给定的设计变量和加载条件的函数[32]。

16.3.1　3D 集成系统的失效

与 3D 集成系统相关的几种典型的互连失效可以追溯到是由封装、组装或操作过程中的热-机械载荷引起的，如图 16-24 所示。

为了掌握并预测可能的失效行为，需要建立一个包含不同失效模式的寿命模型。寿命模型的建立是寿命预测的核心。它是将大量实验失效分析数据与模拟结果联系起来的理论框架，主要包括作为加载条件函数的材料属性和技术参数。这些寿命预测模型一般是经验模型或者是由测试结果总结出的半经验模型（常常是统计得到的）。例如，失效的循环平均次数（N_f）或平均裂纹长度，与相应的计算失效准则的关系式。一个最好的寿命模型是相当简单的，并且常常使用的科芬-曼森（Coffin-Manson）方程［见式（16-1）］，该

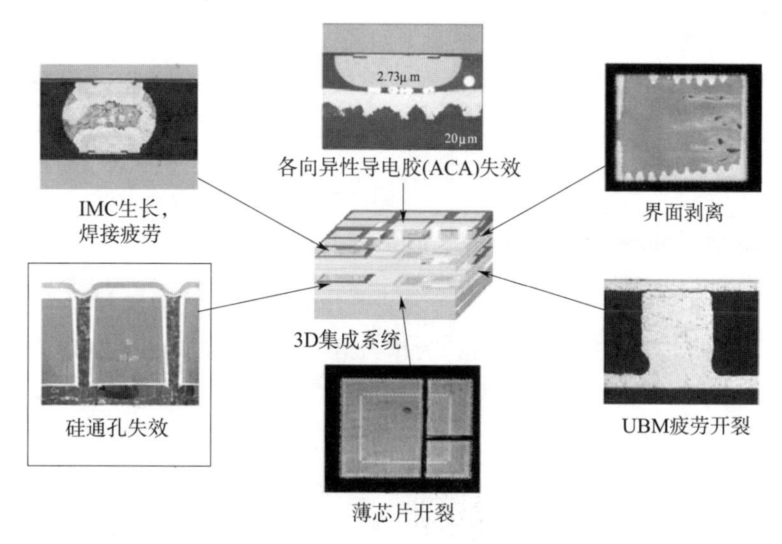

图 16－24　3D 集成系统互连失效模式（重点放在硅通孔上）

方程式适用于钎焊接头的低周疲劳失效[33]。该关系式利用每次热循环的累积（等效）蠕变应变 ε_{cr}（或者也叫耗散能量）作为失效参数

$$N_f = c_1(\varepsilon_{cr})^{-c2} \tag{16-1}$$

式中　c_1 和 c_2——两个材料经验常数。

将 c_1 和 c_2 代入这个关系式，可以用于寿命预测。科芬-曼森模型也采用了周期应力或塑性应变作为失效参数（例如参考文献［34］即为焊点可靠性的综述）。对于这样一个计算，数值模拟需要知道材料的属性参数。图 16－25 所示为一个弹塑性材料应力应变行为的例子。

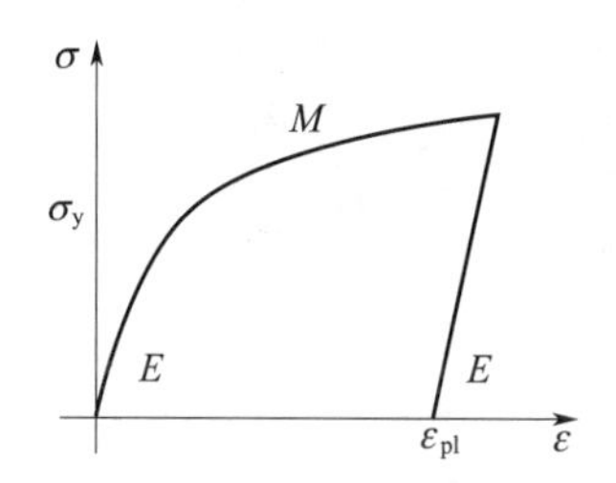

图 16－25　弹塑性材料的力学行为

拉伸载荷超过屈服应力 σ_y 则引起塑性变形和进一步的硬化，这可以用切变模量 M 来表征。在卸载过程中，材料又回到弹性状态（可以用杨氏模量 E 来表征），最后留下不可逆的塑性应变 ε_{pl}。在非弹性变形过程中，能量被变形材料吸收，这会累积损伤。由于在一个真实封装内的应力状态很少为单轴应力状态，因此，采用式（16－1）中的等效量通常是有优势的，因为它们之间的标量关系在偏应力（或应变）张量不变量中起到主剪力的作用。因此，这些量可以作为针对主要由剪切应力引发失效的失效判据，例如其失效机制

包括位错运动或晶界滑移。

图 16 - 24 阐述裂纹扩展的失效机制，比如界面分层等，也许无法通过这样一种累积损伤的方式进行处理，但却需要一个建立在断裂机制理论框架上的明确的裂纹处理方法来代替。这节剩余的部分着重于关键点的筛选，并通过应力和塑性应变的计算以及将其应用于寿命模型，从而对硅通孔的可靠性进行质量评估。

16.3.2 纳米压痕（nano - indentation）表征薄层材料

所有通过数值模拟进行的寿命预测都是基于物理失效模式和已知材料信息的重要结合。也就是说，材料的本质属性和失效行为作为给定的载荷条件的函数，这些量都需要通过适当的方法来表征，因为它们也常常依赖于工艺参数和尺寸，如层的厚度。例如对于硅通孔，通过 CVD 工艺或溅射形成的亚微米沉积层应该被表征。对于拉伸测试而言，测试样品的制作在这里看起来是不现实的，因此选择纳米压痕法具有明显的优势，它提供了一种获得杨氏模量（E）和硬度等材料属性的简便方法[35]。但是，要完成一个有限元程序，还需要提供屈服应力 σ_y 和切变模量 M 来表征弹塑性材料，如图 16 - 25 所示。为了达到预想的效果，可采用纳米压痕实验与数值模拟相结合的方法。3 个材料参数通过一个优化的方案进行系统的变换，直到模拟结果能够最好地与实验得到的力-位移曲线相吻合。这个过程是很有必要的，因为纳米压痕过程产生了一种非常复杂的而非简单的应力应变状态，如图 16 - 26 所示。由数值模拟和实验结果的良好吻合可以推断，弹塑性材料的相关参数对于硅通孔的数值模拟是有效的。

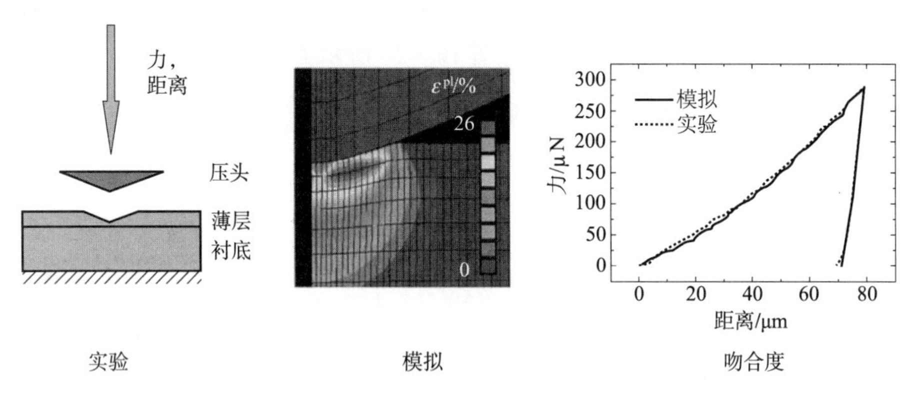

图 16 - 26 纳米压痕作用下材料特性及通过有限元模拟得到的弹塑性数据

在给定的例子中，800 nm 厚的薄 AlSiCu 层在真实的工艺条件下被溅射到检测晶圆上，然后进行纳米压痕测试。整个的工艺过程，包括校准[36]，在文献参考[37]中做了概述。通过这个方法，得到的薄 AlSiCu 层的相关参数值：E 为 93 GPa，σ_γ为 190 MPa，M 为 1 400 MPa。而其他材料的相关数据可参考表 16 - 1 或参考文献[37]。

表 16-1　材料属性（室温下）

材料	E/MPa	泊松比	CTE/（ppm·K^{-1}）	σ_y/MPa	M/MPa
Cu	90.000	0.35	16.5	180	6.600
Cu_3Sn	100.000	0.3	18.0	480	5.800
AlSiCu	93.000	0.3	24.0	190	1.400
W	145.000	0.28	4.4	1 600	10.000
Si	168.000	0.22	2.8	—	—
SiO_2	75.000	0.28	0.55	—	—

16.3.3　硅通孔的热-机械模拟

将材料属性和数据应用于有限元软件之后，则可以生成模型。对于模拟研究，这样一个模型需要具备两个特征：第一，需要一个参数化的布局，针对不同的几何形状和材料可以很快地进行参数变换，第二，需要模型一体化功能，从而实现对工艺流程的实际模拟。后者对于获得正确的双材料界面处的应力变化是必不可少的，这种应力是由工艺冷却过程中所产生的热失配所引起的。图 16-27 显示的是按照不同的热工艺步骤（例如从在晶圆上形成热氧化物开始，经过层沉积、刻蚀和结构化等工序）得到的热载荷数据[37]。

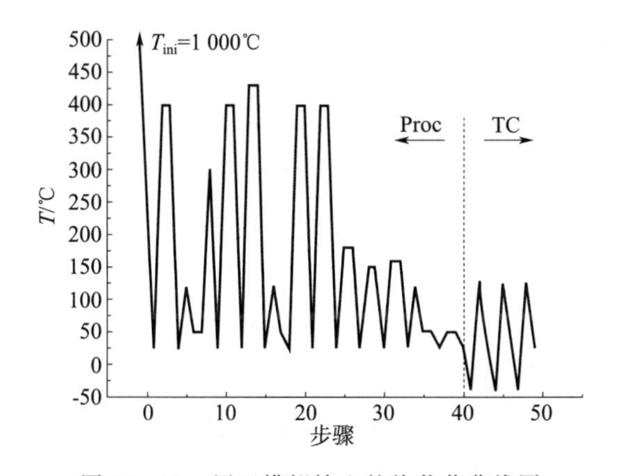

图 16-27　用于模拟输入的热载荷曲线图

对于热机械应力分析，工艺过程之后进行三次热循环 T 为 −40～125 ℃

图 16-28 所示为采用旋转对称方式形成的硅通孔有限元模型和模拟结果。在图 16-16 和图 16-22 的基础上建立模型，而由于 TiW 种子层太薄，可以忽略。然后，我们模拟了以下 4 种较为有趣的结构（各简称可参看图 16-28）：

1）标准布局，采用 20 μm 厚硅衬底（STD）；

2）采用低温工艺形成氧化物并进行溅射（低 T）；

3）采用 50 μm 厚硅衬底，即采用更长的通孔（Tck Si）；

4）采用 Cu 而不是 W 作为填充材料（Cu）。

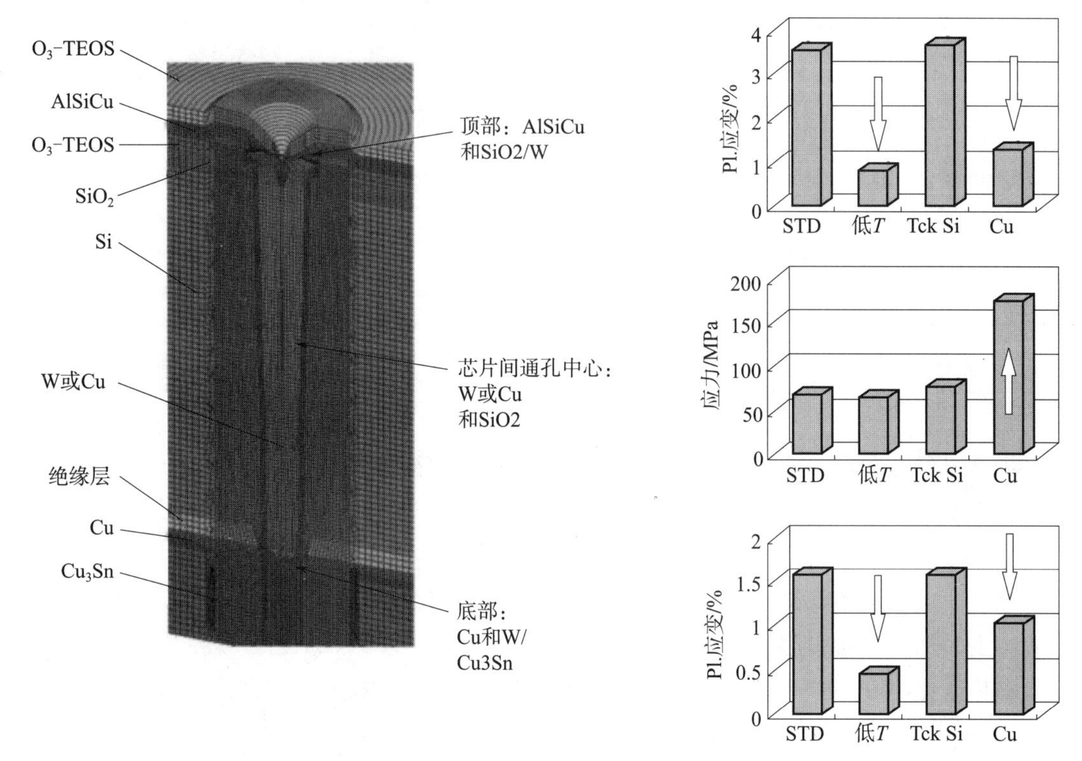

图 16-28　有限元仿真结果：分别计算出的最大等效应力点和最大累积等效塑性应变点（随着设计参数的变化，允许做出相应更改）

这里，有限元模拟[37]最重要的结果可以通过等效应力和等效塑性应变来描述，因为经过整个工艺及热循环工序后，可以给出最关键部位的应力应变的最大值。由于应力或塑性应变的数值可以看成是失效判据，因此，设计优化主要在于如何使其值降低。首先，可以通过低温工艺实现，因为低温工艺可以使热失配减小，而热失配对通孔顶部的 AlSiCu/SiO_2/W 界面起主导作用，从而导致 AlSiCu 产生塑性变形，也就是说，低温下应力接近屈服应力。使用 Cu 作为填充金属也可以显著减小热失配。但在通孔的中央，Cu 有一定的反作用，这是因为与 W 相比，Cu 与相邻的 SiO_2形成更大的局部热失配，从而产生更大的应力。Cu 作为填充金属存在着更高的可靠性风险，尽管计算结果已经是正确的，也不得不通过实验进行论证。工艺过程中在通孔的底端，Cu 层累积了塑性应变。然而，在热循环过程中，累积塑性应变没有发生周期性的增加，所以该过程中可靠性风险较小。对于采用厚硅基底的情况结果是一样的：应力取决于局部热失配。

由于没有可用的寿命实验数据，因此目前得到的模拟结果只能定性地理解。相比之下，通过校准寿命模型来决定计算的应力或应变是否正确是可能的。由于每次循环均不产生周期性塑性应变，因此在一次热循环周期中只有应力增量可以用作基于科芬-曼森方法的失效参数。对于微米级的论证，模拟应力可以通过局部残余应力测量实验得到验证，如参考文献[38]所示。

16.4　结论

引入 3D 系统集成技术有几个方面的原因。对于先进 3D 集成产品，除了具有能使微电子系统体积更小、占用面积更小和重量更轻的优势外，还有 3 个主要的推动因素。

1）性能的改善；

2）多功能系统制造成本的降低；

3）实现新型超小型化产品。

因此，没有一个单一的 3D 集成技术能够满足各种各样的 3D 集成系统的制造。而且，甚至一个单独的产品可能需要几个不同的低成本制造技术。例如，一个包含了微电子机械系统（MEMS）、特定用途集成电路（ASIC）、存储器、天线和电源模块的无线传感系统，可以通过一种低成本的方式制造。该制造模式针对不同子模块的集成采用了经过专门优化的 3D 技术。

弗朗霍夫研究所发表了所有层次的 3D 系统集成。3D 系统集成能否成功地进入市场将由获得的性能提升和整个系统的相关收益来决定。基于晶圆级工艺的生产制造一般具有相对更为有利的成本结构和性能，因此弗朗霍夫研究所一直致力于晶圆级工艺的研究开发：晶圆级芯片堆叠（无硅通孔）和垂直系统集成——VSI（无硅通孔）。在第一种类型中，嵌入式芯片技术，例如所谓的薄芯片集成技术（TCI）是由弗朗霍夫研究所和柏林工业大学联合确立的。这些技术可以使垂直集成密度达到 $10^2 \sim 10^4 cm^{-2}$，并且在很多应用领域得到应用，比如有源和无源元件的集成，使得性能和可靠性得到很大提升。在 20 世纪 90 年代初期，几种基于硅通孔的晶圆级 3D 集成技术就已经被慕尼黑弗朗霍夫研究所开发。该研发中心主要致力于对基于黏结剂键合或金属键合方案的“先通孔”技术的研究。所谓的芯片间通孔（ICV）技术主要基于采用聚酰亚胺作为中间层进行黏结。对 W2W 堆叠进行优化，其能达到非常高的垂直互连密度，约 $10^6 cm^{-2}$。在大多数应用中，晶圆的成品率和芯片面积问题是与晶圆堆叠是相矛盾的。因此只利用已知好芯片进行 C2W 堆叠对于芯片尺寸不一致或（和）晶圆成品率较低的器件进行 3D 系统集成而言是非常有利的。慕尼黑弗朗霍夫研究所已经开发了一种后道工艺的“先通孔（via first）”3D 集成工艺，即所谓的 ICV - SLID 技术，其是基于使用 SLID 焊接的金属互连技术。SLID 金属系统在同一个工序中同时提供了机械连接和电气连接。ICV - SLID 制作工艺非常适合于高性能方面的应用（例如，3D 微处理器）和低成本高度小型化多功能系统的生产；后者还能更好的与晶圆级芯片堆叠技术相结合，例如，TCI 技术技术。分布式无线传感系统（例如，e - CUBES®）[39]的制造就是一个需要这种混合技术的典型例子。

除电磁性能以外，在应用金属系统的选择方面，也需要考虑不同应用的可靠性问题。合适的热-机械模拟在技术开发过程中是一个极为重要的组成部分。例如，它能够通过测量由热失配引起的应力和塑性应变，从而确定在工艺和使用过程中最大负载的位置。因此，通过数值模拟可以发现对于带有 W 填充的硅通孔结构，最大应力和应变不在硅通孔的内部区域，而是在 IC 金属层和 W 填充孔之间的通孔的顶部位置，而用 Cu 填充时，硅通孔内部本身就产生较多的应力。因此，通过调整工艺步骤减小应力，从而保证更高的可靠性。

小结

3D 系统集成成功地进入市场是由获得的性能提升和整个系统的相关收益来决定的。基于晶圆级制造工艺的生产制造一般具有相对更为有利的成本结构和性能，因此弗朗霍夫研究所一直致力于晶圆级工艺的研究开发：晶圆级芯片堆叠（无硅通孔）和 VSI——VSI© （有硅通孔），只利用已知好芯片进行 C2W 堆叠，对于芯片尺寸不一致或（和）晶圆成品率较低的器件进行 3D 系统集成而言是非常有利的。慕尼黑弗朗霍夫研究所已经开发了一种“先通孔”3D 集成工艺，即所谓的 ICV－SLID 技术，其是基于使用 SLID 焊接的金属互连技术。固液扩散金属系统在同一个工序中同时提供了机械连接和电气连接。ICV－SLID 制作工艺非常适合于高性能方面的应用（如 3D 微处理器）和低成本高度小型化多功能系统（如 e－CUBES®）的生产。

除电磁性能以外，针对不同的应用，可靠性问题也是不得不考虑的因素。在热-机械模拟方面，对于基于 W 和 Cu 填充硅通孔的垂直互连模拟，在 3D 集成的技术开发过程中表现得极为重要。

致谢

本章所涉及的晶圆级 3D 系统集成技术和模拟部分来自德国政府和欧洲委员会所支持的研发项目。

参考文献

[1] Morrow,P. et al. (2007) Design and fabrication of 3 - D microprocessors. Material Research Society Symposium Proceedings 970, MRS 2006 Fall Meeting, Boston (eds C. A. Bower, P. E. Garrou, P. Ramm and K, Takahashi), Materials Research Society, Warrendale, Pennsylvania, pp. 91 - 102.

[2] Koyanagi,M. et al. (2001) Neuromorphic vision chip fabricated using three - dimensional integration technology. IEEE International Solid - State Circuits Conference ISSCC.

[3] Koyanagi,M. (2003) Three dimensional integration technology by wafer - to - wafer stacking. Proceedings International Workshop on 3D System Integration, Munich.

[4] International Technology Roadmap for Semiconductors (ITRS), http://public. itrs. net, 2007 release.

[5] Wolf,M. J., Schacht, R. And Reichl, H. (2004) The "e - grain " concept building blocks for self - sufficient distributed Microsystems. Frequenz, 58 (3 - 4), 51 - 53.

[6] http://www. ecubes. org.

[7] Ramm,P., Klumpp, A., Merkel, R., Weber, J., Wieland, R., Ostmann, A., Wolf, J. M. and Reichl, H. (2003) 3D system integration technologies. Material Research Society Proceedings 766, MRS 2003 Spring Meeting, San Francisco (eds A. J. McKerrow, J. Leu, O. Kraft and T. Kikkawa), Materials Research Society, Warrendale, Pennsylvania, pp. 3 - 14.

[8] Löher,T., Neumann, A., Pahl, B., Patzelt, R., Ostmann, A. and Reichl, H. (2006) Laminate concepts for chip embedding: process technologies and reliability results. EMPS, 4th European Microelectronics and Packaging Symposium, Terme Catez, Slovenia, pp. 21 - 24.

[9] Seegebrecht, P., Bollmann, D., Buchner, R., Csepregi, L., Haberger, K., Klinger, S., Klumpp, A., Ramm, P., Schreil, M., Seidl, A., Seitz, S., Sigmund, H. and Weber, J. (1990) Dreidimensionale Integrierte Schaltungen, Contract NT - 2731, Fraunhofer - Institut für Festkörpertechnologie (IFT), München; Bundesmisisterium für Forschung und Technologie, Bonn, http://opc4. tib. uni - hannover de: 8080, "NT - 2731 - A3 ", published final report (01. 03. 1987 - 31. 12. 1989), München.

[10] Reichl,H. and Wolf, M. J. (6 - 7 November 2006) Hetero system integration - challenges and requirements for packaging MHSI 2006, Sendai, Japan.

[11] Hubner,H., Aigner, M., Gruber, W., Klumpp, A., Merkel, R., Ramm, P., Roth, M., Weber, J. And Wieland, R. (2003) Face - to - face chip Integration with Full Metal Interface. Proc. Advanced Metallization Conference AMC 2002, San Diego (eds B. M. Melnick, T. S. Cale, S. Zaima and T. Ohta), Materials Research Society, Warrendale, Pennsylvania, pp. 53 - 58.

[12] Landesberger,C., Reichl, H., Ansorge, F., Ramm, P. And Ehrmann, O. (2004) Multichip Module and Method for Producing a Multichip Module. EP 1192659 B1, DE 100 11 005 B4.

[13] Toepper,M., Baumgartner, T., Jordan, R. and Reichl, H. (2006) The Role of Thin Film

Polymers in SiP Applications. Symposium on Polymers for Microelectronics. May 3 – 5, 2006. Wilmington, Delaware, USA.

[14] Wolf,M. J., Ramm, P. and Klumpp, A. (2007) 3D – Integration TSV Technology. EMC 3D Technical Symposium, Eindhoven, Netherlands.

[15] Wolf,M. J., Ramm, P. and Reichl, H. (2007) 3D – System Integration on Wafer Level. SEMI Technology Symposium 2007, International Packaging Strategy Symposium (IPSS), Tokyo, pp. 9 – 3～9 – 9.

[16] Binder,F. (2007) Low Cost Si Carrier – 3D for High Density Modules. 3D Architectures for Semiconductor Integration and Package, San Francisco, CA.

[17] Zoschke,K., Buschick, K., Scherpinski, K., Fischer, Th., Wolf, J., Ehrmann, O., Jordan, R., Reichl, H., and Schmueckle, F. J. (2006) Stackable thin film multi layer substrates with integrated passive components. 56th Electronic Components and Technology Conference, San Diego, Kalifornien USA, pp. 806 – 813.

[18] BMBF– Verbundprojekt (2005) Autarke verteilte Mikrosysteme. FKZ: 16SV1656.

[19] Ramm,P. and Buchner, R. (Sep. 22 1994) Method of making a vertically integrated circuit, US Patent 5, 766, 984, priority, [DE].

[20] Kühn,S., Kleiner, M., Ramm, P. and Weber, W. (1995) Interconnect capacitances, crosstalk and signal delay in vertically integrated circuits. International Electron Device Meeting IEDM Tech. Digest, pp. 249 – 252.

[21] Ramm,P. et al. (1997) Three Dimensional Metallization For Vertically Integrated Circuits, in Microelectronic Engineering 37/38 (eds S. Namba, J. Kelly and M. van Rossum), Elsevier Science, pp. 39 – 47.

[22] Ramm,P., Bonfert, D., Gieser, H., Haufe, J., Iberl, F., Klumpp, A., Kux, A. And Wielanf, R. (2001) Interchip via technology for vertical system integration. Proc. Int. Interconnect Technology Conf. IITC 2001, San Francisco, pp. 160 – 162.

[23] Ramm,P. and Buchner, R. (Sep. 22 1994) Method of making a three – dimensional integrated circuit, US 5, 563, 084, priority, [DE].

[24] Ramm, P., Bonfert, D., Ecke, R., Iberl, F., Klumpp, A., Riedel, S., Schulz, S. E., Wieland, R., Zacher, M. And Gessner, T. (2002) Interchip via technology using copper for vertical system integration. Proceedings Advancced Metallization Conference AMC 2001, Montreal (eds A. J. McKerrow, Y. Shancham – Diamand, S. Zaima and T. Ohba), Materials Research Society, Warrendale, Pennsylvania, pp. 159 – 165.

[25] Morrow,P. et al. (2005) Wafer – level 3D interconnects via Cu bonding. Proc. Advanced Metallization Conference AMC 2004, San Diego (eds D. Erb, P. Ramm, K. Masu and A. Osaki), Materials Research Society, Warrendale, Pennsylvania, pp. 125 – 130.

[26] Ramm,P. and Klumpp, A. (May 27 1999) Method ofvertically integrating electronic components by means of back contacting, US Patent 6, 548, 391 priority, [DE].

[27] Bernstein,L. and Bartolomew, H. (1966) Application of solid – liquid – interdiffusion (SLID) bonding in integrated – circuit fabrication. Transactions Met Society AIME, 236, 405.

[28] Klumpp,A., Merkel, R., Wieland, R. and Ramm, P. (2003) Chip – to – wafer stacking technology for

3D system integration. Proceedings Electronic Components and Technology Conference ECTC 2003, New Orleans, pp. 1080 - 1083.

[29] Ramm,P., Klumpp, A., Merkel, R., Weber, J. and Wieland, R. (2004) Vertical system integration by using inter - chip vias and solid - liquid - interdiffusion bonding. Japanese Journal of Applied Physics, 43 (7A), 829 - 830.

[30] Ramm,P. (2006) 3D system integration: enabling technologies and applications. Extended Abstracts of the International Conference on Solid State Devices and Materials SSDM 2006, Yokohama, pp. 318 - 319.

[31] Lau,J. H. (1993) Thermal Stress and Strain in Microelectronic Packaging, VaN Nostrand Reinhold, N ew York.

[32] Wunderle,B. and Michel, B. (2006) Progress in reliability research in the micro and nano region. Journal of Microelectronics Reliability, 1685 - 1694.

[33] Manson,S. S. (1966) Thermal Stress and Low Cycle Fatigue, McGraw - Hill, New York, USA.

[34] Dudek,R. (2006) Characterisation andmodeling of solder joint reliability, in Mechanics of Microelect ronics (eds G. Q. Zhang, W. D. van Driel and X. J. Fan), Springer, pp. 377 - 468.

[35] Cheng,Y. - T. and Cheng, C. - M. (1999) Can stress - strain relationships be obtained from indentation curves using conical and pyramidal indenters. Journal of Materials Research, 14, 3493 - 3496.

[36] Oliver,W. C. and Pharr, G. M. (1992) An improved technique for determining hardness and elastic modulus using indentation experiments. Journal of Materials Research, 7 (6), 1564 - 1583.

[37] Wunderle,B., Mrossko, R., Wittler, O., Kaulfersch, E., Ramm, P., Michel, B. and Reichl, H. (2007) Thermo - mechanical reliability of 3D - integrated microstructures in stacked silicon Material Research Society Symposium Proceedings, 970, MRS 2006 Fall Meeting, Boston (eds C. A. Bower, P. E. Garrou, P. Ramm and K. Takahashi), Materials Research Society, Warrendale, Pennsylvania, pp. 67 - 78.

[38] Vogel,D., Sabate, N., Wunderle, B., Keller, J., Michel, B. And Reichl, H. (Nov 1 - 4 2005) Nanoreliability for mechanically loaded devices. International Congress of Nanotechnology 2005, San Francisco, USA.

[39] Ramm,P. and Sauer, A. (2007) 3D integration technologies for ultrasmall wireless sensor systems - the e - CUBES project. Future Fab International, 23, 80 - 82.)

第 17 章　阿肯色大学互连工艺

Susan Burkett，Leonard Schaper

17.1　引言

3D 集成是解决半导体行业目前面临的互连问题的有效方法之一。近年来，随着特征尺寸的减小和晶体管性能的增加，除了互连层的数目不断增加外，芯片上的互连技术仍然相对保持不变。互连延迟已经成为千兆集成度（GSI）性能和能量损耗的主要瓶颈[1]。2007 年 4 月 12 日，美国国际商用机器公司曾宣布使用硅通孔（TSV）技术作为延续摩尔定律的一种方式，这种技术一般将相邻放置的芯片组件堆叠在一起。这意味着在过去几年的研究中高密度 3D 集成技术达到了顶峰。许多大学、研究院和公司都在这方面做了大量的努力，参考文献 [2] 提供了研究成果的摘要。尽管各自采用的研究方法不尽相同，但基本观点都是一致的，那就是通过熔合多层技术在相对较远的两点之间提供低延迟连接通道。3D 集成技术为显著减小目前 2D 互连的总体互连长度提供了机会。

有几种方法可以完成垂直（或 z 轴）互连。贯通硅通孔晶圆互连的形成一般需要蚀刻约 300～500 μm 厚的硅晶圆[3-5]。这种贯通孔的直径一般在 25～50 μm 的范围内。由于这种晶圆一般较厚，因此不需要专门的夹具。但是，由于这种硅通孔具有很高的深宽比，通孔的衬里材料必须是具有高保形的涂层。另一种方法是不通过刻蚀形成贯穿晶圆的孔，而是刻蚀出盲孔，然后在硅晶圆背面研磨去掉多余的硅。通过这种方法可以制作出更小直径的硅通孔[6]或满足参考文献 [7] 列表范围内的硅通孔。根据硅通孔刻蚀深度，该项工艺可以制作出非常薄的晶圆。如果晶圆的厚度小于 50 μm，就需要专门的承载晶圆。对于这种互连方案，有一个重要的工艺步骤需要考虑，就是根据键合方式确定制作硅通孔的顺序。还有一个方法是在键合芯片之前制作阵列硅通孔，这种方法经常被工业界和许多研究机构采用[8-12]。一般情况下，在填充 Cu 之前，硅通孔先被涂覆一层绝缘阻挡材料。晶圆从背面被减薄，直到金属化通孔暴露出来。硅通孔也可以在晶圆减薄和抛光后再进行刻蚀。在 SOI 基板上，通常使用氧化层作为蚀刻的终点[13]。另一种技术是在进行芯片堆叠后制作硅通孔[14]。为形成硅通孔互连，Cu 是最佳的金属化材料，因为它具有较低的电阻、较高的电流密度和优异的可测性等特点。

在阿肯色大学，对于涉及硅控制集成电路和 GaAs 发射/接收单片微波集成电路（MMIC）3D 集成项目的测试方法，硅通孔技术是关键部分。目前，硅通孔制作还处于样品晶圆上进行开发的阶段。该阶段结束后，可以在完成硅基电子器件制作后形成 TSV。这种方法要求工艺温度保持在相对较低的水平（小于 350 ℃），这种工艺还适用于现有器件。目前，样品晶圆上的硅通孔是通过刻蚀盲孔的方法制作的，盲孔直径范围一般为

10～25 μm，深度范围为 75～125 μm。在硅通孔的内壁依次形成绝缘层、阻挡层和种子层，最后通过电镀 Cu 进行通孔金属填充。完成后，利用黏结层将晶圆和承载晶圆进行黏结。随后，通过机械研磨去掉晶圆背面多余的体硅并进行精细抛光。最终，经过反应离子刻蚀，硅通孔从晶圆背面暴露出来，在硅通孔上形成接触焊盘。

在具体应用当中，我们还要求能够通过一个合理的热管理方案来改善堆叠的 Si 和 GaAs 芯片之间的散热问题。矩阵排列的 Cu 柱在异种基板之间能够形成较好的匹配，并为冷却液的流动提供充分的空间。Cu - Sn 金属间化合物也经常在互连工艺中使用。图 17 - 1所示为集成 GaAs - Si 基电子系统的原理图[15]。接下来的部分将详细介绍硅通孔制作的工艺流程、芯片组装工艺以及系统集成。

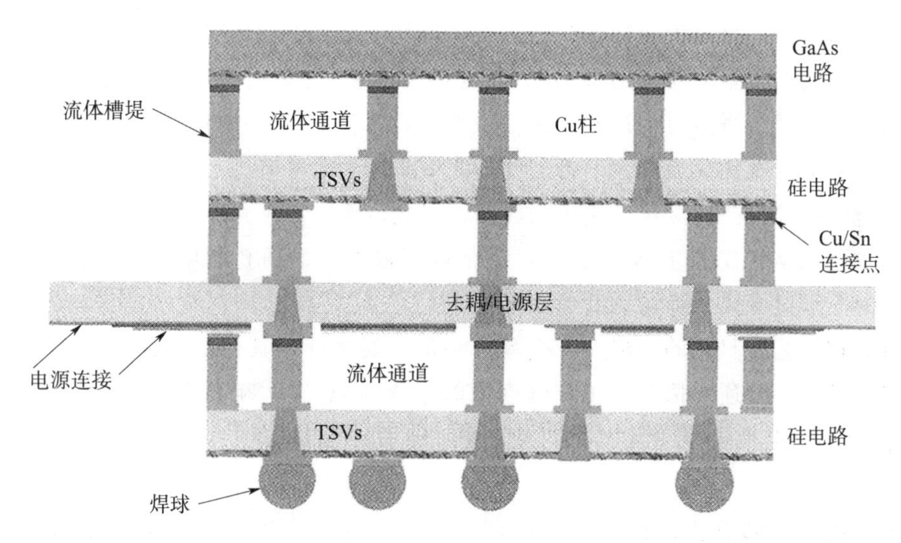

图 17 - 1　阿肯色大学开发的使用 TSV 工艺形成的 3D Si - GaAs 组装系统示意图

17.2　硅通孔（TSV）工艺流程

我们的目的在于开发一种成熟的、并且可以与目前 IC 制造技术相兼容的垂直互连工艺。硅通孔制作包括几个主要的工艺步骤：通孔的形成、通孔衬里、通孔填充和背面工艺。

17.2.1　通孔的形成

形成垂直互连需要通过深反应离子刻蚀（DRIE）技术在硅衬底上形成硅通孔。整个深反应离子刻蚀工艺将在 STS 多元先进硅刻蚀（ASE，Advanced Silicon Etcher）设备上进行，该设备采用晶圆背面氦气冷却技术。在这些研究中，使用的硅衬底具有以下性质：晶向为〈100〉，电阻率为0.5～1.0 Ωcm，晶圆的平均厚度为 375 μm。Bosch 工艺[16]交替使用了许多简短的刻蚀和钝化流程，从而实现在垂直方向上的优先刻蚀，而通孔侧壁被钝化工艺淀积的聚合物薄膜保护起来。在连续的刻蚀步骤当中，淀积在通孔基体的聚合物涂层在对侧壁进行涂覆之前被去除。光刻胶掩膜材料（约 8 μm）对硅具有高度选择性，这就导致了衬底的深度各向异性刻蚀。刻蚀和钝化选择的气体分别是 SF_6（六氟化硫）和 C_4F_8（八氟环丁烷）。因为工艺过程是在刻蚀和钝化两个工序之间循环交替进行的，以及基于六氟化硫刻蚀具有各向同性的特征，因此侧壁呈现出扇贝状。观察发现随着线圈功率的降低，通孔侧壁的扇贝状尺寸有所下降[17]。硅刻蚀的速率取决于特征尺寸和暴露出来的硅面积大小，尽管一般情况在1～5 $\mu m \cdot min^{-1}$的范围内。深反应离子刻蚀工艺一般由几个参数的控制，包括刻蚀/钝化气体流速、刻蚀/钝化周期、线圈/平板功率和通过自动压力控制（APC）角度设置方式设定的室内压力。

深反应离子刻蚀（DRIE）工艺的各向异性使得各种各样的特征器件能够被制造，并且可以朝着微电子机械系统（MEMS）拓展。这种工艺是专门为高深宽比的硅刻蚀工艺设计的，可以使通孔侧壁的角度达到 90°。常规的反应离子刻蚀技术一般会形成略带锥形的通孔，当通孔直径小得多时，这种工艺已经被我们实验室用来进行通孔的制备[18,19]，它可以形成具有相似深宽比的通孔，尽管当使用薄型晶圆时需要考虑装卸问题。考虑到反应离子刻蚀的掩膜选择比要比深反应离子刻蚀低，因此，反应离子刻蚀工艺一般不用于深孔刻蚀。在阿肯色大学开发的 TSV 工艺中，略带锥形或斜坡的通孔侧壁对后续衬底材料的淀积是有利的。通过等离子体增强化学气相淀积（PECVD）和溅射技术进行衬底材料的淀积。溅射淀积工艺在材料的保形性方面具有一定的局限性。其他 CVD 技术可以获得更好的通孔保形性，尽管通常情况下工艺温度可能不与 TSV 工艺相兼容。而在形成垂直互连的其他途径中，金属有机物化学气相淀积已经被广泛应用于具有高保形性种子层的淀积[5]。

为了形成一个锥形孔，相比通孔底部，通孔的开口部分应该是过刻蚀的。改进的 Bosch 工艺采用了一种包含不同刻蚀和钝化循环次数的 7 个阶段工艺来完成通孔外形。该工艺方案分为 7 个不同的阶段，每个阶段均包含相同的刻蚀循环时间和不同的钝化循环时间，见表 17－1。每个阶段预计完成一个不同的刻蚀外形。通孔外形的制作是通过控制保护膜来防止或允许刻蚀在合适的角度上进行，该保护膜是在通孔侧壁上淀积形成的钝化层。工艺参数包括：SF_6气体流量为 112 sccm；C_4F_8气体流量为 85 sccm；Ar 气体流量为 18 sccm；自动压力控制（APC）角度为 60°；平板功率：刻蚀周期为 12 W，钝化周期的平板功率为 0 W；对于刻蚀和钝化周期，线圈功率均为 200 W。如前所述，低线圈功率减小了扇贝尺寸，因此将线圈功率设定为 200 W。平板功率提高了等离子体的离子流量和能量，并且改善了等离子反应粒子的方向性[20]。室内压力的降低也会改善高能粒子的方向性[21]。在自动压力控制角度为 60°的情况下，应于刻蚀和钝化循环的压力分别为 18 mTorr 和13 mTorr。值得一提的是，当压力较低时（自动压力控制不大于 50°），通孔侧壁的倾角接近 90°，而当压力较高时（自动压力控制大于 65°），则可以观察到侧壁的弯曲[22]。图 17－2 所示为完全采用 7 个阶段方案制作的刻蚀孔的示意图[23]。这些通孔的外形表明一些侧面刻蚀发生在通孔开窗过程中，这种通孔具有 86°的侧壁角度。通过增加循环次数，这些通孔可以比较容易地蚀刻到更大的深度。

表17-1 阿肯色大学开发的7个阶段Bosch工艺刻蚀及钝化时间

阶段	循环次数	刻蚀时间/s	钝化时间/s
1	5	18	5
2	5	18	7
3	5	18	9
4	6	18	11
5	6	18	13
6	6	18	15
7	6	18	17

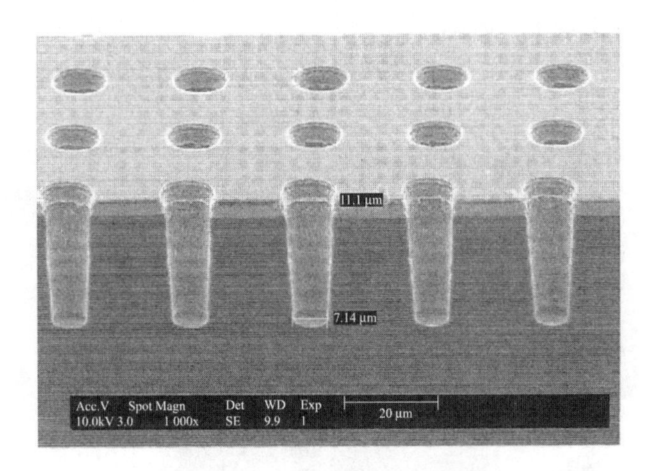

图17-2 通过7个阶段Bosch工艺进行通孔刻蚀的SEM横截面示意图

17.2.2 通孔衬里

一旦采用深反应离子刻蚀工艺形成通孔后，需在250 ℃的条件下淀积约1 μm厚的二氧化硅层，从而在金属填充孔和硅衬底之间提供绝缘保护。采用等离子体增强化学气相淀积（PECVD）以0.1 m · min^{-1}的速率淀积绝缘层。经过氧化后，通过直流溅射淀积TaN阻挡层（0.5 μm）和Cu种子层（1 μm）。在压力为5 mTorr、功率为2 500 W以及使用高纯度氩、氮混合气体（比例3∶1）的条件下溅射TaN。卢瑟福背散射谱分析（RBS）证实该层膜的N∶Ta比例为1.08[23,24]。TaN阻止了Cu向Si中扩散，并且改善了不同材料间的黏附性[25,26]。Ti、TiN和TaN阻挡层材料之间的比较研究表明，如果能够很好地控制阻挡层材料和Cu之间的界面，TaN的性能更加优异，并且具有很好地抗电迁移性能[27]。Cu种子层则在后续的电镀工艺中有着至关重要的作用。

在通孔内经过溅射淀积获得具有良好保形性的薄膜是一个很大的挑战。该工序是否能够成功主要取决于通孔外形。溅射要求淀积表面具有一些与原子轨道相关的入射角。在通孔内部的Cu种子层覆盖不均匀或不连续，将给电镀工序中孔的填充带来较大难度。观察发现即使种子层未被完全覆盖，通孔也能被Cu填充。尽管Cu与种子层覆盖不完整区域之间的黏附性差，但是Cu也能填充通孔内部的空隙。为了说明这个问题，在研究Cu种子层保形性方面作了一系列实验，主要涉及在近乎垂直的侧壁通孔内部淀积 Cu 种子层后，在不同时间终止电镀工艺的影响。当 Cu 种子层在通孔内部形成后，可进行 Cu 电镀，并且达到一定的厚度使得其在显微镜下容易观察得到。完成该步骤后，一种透明环氧树脂被应用在样品的顶部，并且在室温条件下放入真空烘箱中固化 9 h。该步骤可以使环氧树脂填充通孔并且能保持划片时 Cu 的位置。图 17－3（a）～（c）[28,29]分别是经过 30 min、2 h 和 4 h 后 Cu 电镀通孔的横截面示意图。可以看出，在电镀早期阶段，沿着通孔侧壁形成的种子层不连续，并且几乎没有 Cu 接触到通孔底部。然而，如果电镀的时间足够长，通孔将会被 Cu 完全填充。但是这将导致 Cu 与通孔的黏附性较差，从而使得在划片过程中 Cu 很容易从通孔基体上脱落。因此，一个锥形的或带有一定坡度的通孔的形成，对种子层的保形性是至关重要的，这也是黏附性良好及无空洞通孔填充的必要前提。

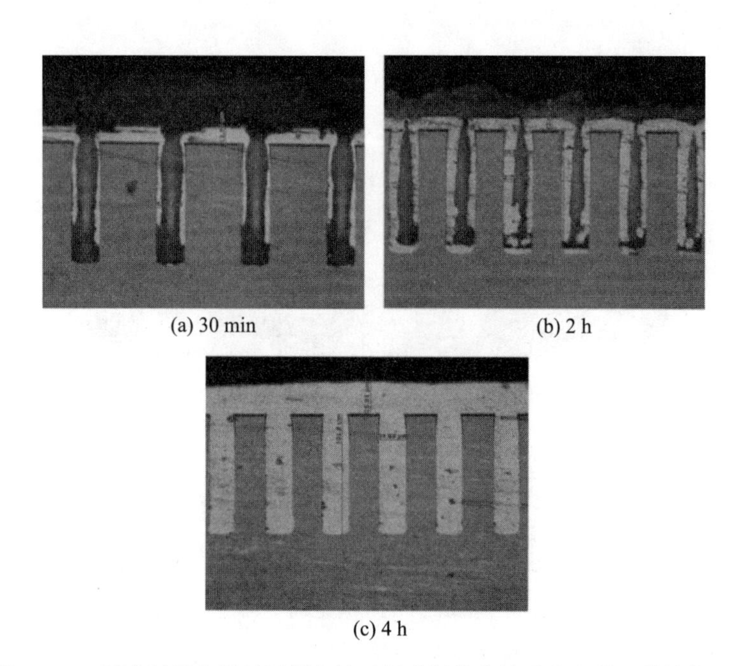

(a) 30 min (b) 2 h

(c) 4 h

图 17－3 通孔衬里和经过不同电镀时间进行填充的通孔光学显微镜截面图

17.2.3 通孔填充

具有良好保形性的种子层一旦形成，则可以采用电镀工艺进行通孔填充。这种电镀工艺使用了乐思化学（Enthone）公司提供的硫酸盐基电镀液和部分添加剂。深宽比这一特征造成电流密度不均匀分布，并且在开口处的电流密度要比通孔内部的电流密度高得多。这将引起在通孔的拐角处具有更高的淀积速率。如果采用直流电镀，将引起通孔开口封闭，从而无法进行完全填充。这将导致通孔内部出现空洞，这种现象通常在采用直流电对高深宽比通孔进行电镀时出现。为了克服该问题，可采用周期性脉冲反向电流（PPR）结合有机添加剂进行电镀。在 PPR 电镀工艺中，高电流密度区域的 Cu 在短脉冲反向电流过程中溶解，以平衡整个晶圆上的淀积速率。没有正向或反向脉冲的休止期有利于电镀槽的重新稳定。与直流电镀技术相比，在相同的平均电流密度条件下，PPR 电镀工艺具有更加一致的电镀层厚度和更高的匀镀能力。为了进一步细化 Cu 淀积层以获得一个光亮的表面和具有优良物理性能的平坦薄膜，有机添加剂是必需的。在酸性 Cu 电镀液中使用的添加剂有 3 种基本类型：载运剂、光亮剂和整平剂。光亮剂是一种小分子量含硫化合物，能够很容易到达通孔内部，从而加快这个区域的电镀反应进程，并且在特征尺寸较小的情况下促进 Cu 的填充[28]。光亮剂对于无空洞的通孔填充极为重要。而载运剂和整平剂均为大分子聚合物，它们可以中和晶圆表面光亮剂的活性[28]。由于尺寸的关系，它们对特征尺寸较小的通孔填充影响不大。在高电流密度区域（一般为凸起位置），整平剂可以替代光亮剂来抑制这些区域的电镀速率，并且减少 Cu 的过度生长。有机添加剂不仅加快了通孔内部的淀积速率，同时也抑制了表面通孔开口处的淀积速率。

要避免通孔填充时产生空洞，就需要一种自底向上的超保形金属填充工艺。在这种工艺中，通孔底部具有比通孔侧壁更高的淀积速率。美国国际商用机器公司用超填塞（superfilling）这个名词来描述这种工艺[30]。这种填充工艺严重依赖于添加剂的作用，并且微通孔的超填塞机制被称为曲率增强催化剂覆盖（CEAC）机制[31-33]。对于通孔和沟道填充，这种机制已被大量研究并趋完善。电镀槽成分、脉冲波形和电镀槽温度对高深宽比通孔填充和最终形成的膜的质量有显著影响[34-36]。此外，搅拌也影响填充工艺。在我们的 TSV 工艺中，电镀喷射装置确保了电镀溶液能够到达通孔内部[23]。实验得出，完成超填塞通孔的脉冲曲线包括正向电流 100 ms，反向电流 10 ms，休止时间 100 ms，以及相应的正向电流密度 10 mA · cm^{-2}，反向电流密度 15 mA · cm^{-2}，如图 17 - 4 所示[37]。在晶圆表面上多余的 Cu 可以通过化学机械抛光去除，或者按照我们的方式采用整平波形。

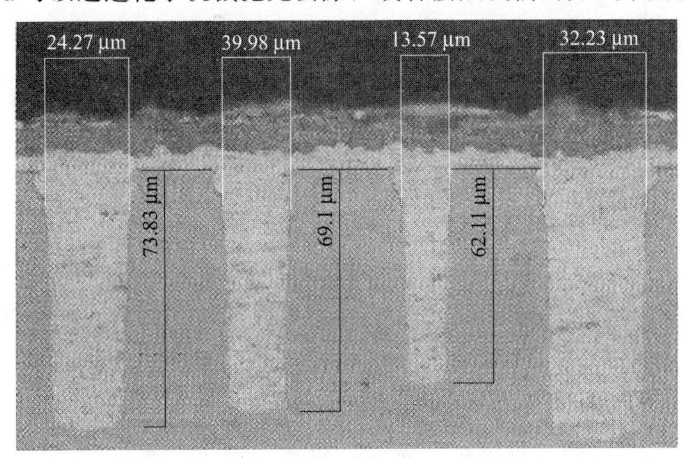

图 17 - 4　含有机添加剂的 Cu 电镀槽结合 PPR 电镀形成的各种参数下的 Cu 填充通孔的横截面示意图

17.2.4　背面工艺

经过电镀进行通孔填充后，工艺晶圆面朝下黏结到支撑晶圆上，从晶圆背面进行体硅的粗研磨和精细抛光。机械研磨、抛光和反应离子刻蚀工艺使通孔从工艺晶圆的背面露出。晶圆经过减薄工艺后需要一块支撑晶圆以达到支撑和装卸的目的。在进行 TSV 工艺开发的过程中，液晶聚合物（LCP）薄膜作为一种黏结剂用于层压工艺和支撑晶圆。液晶聚合物膜在工艺晶圆和支撑晶圆之间形成三明治结构，并在 12.5 吨（译者注：原文如此）的压力下进行加热。在约 300 ℃的条件下，聚合物材料软化并在晶圆间发生作用形成良好的黏结层。这种材料表现出优异的黏结性能，从而能够经受住腐蚀性研磨工艺。然而，我们的工艺要求晶圆能够在芯片叠层的后阶段分离。目前，布鲁尔科学（Brewer Scientific）生产的黏结剂被用于晶圆的黏结，这是因为采用液晶聚合物胶黏结则无法分离晶圆[38]。热固性黏结剂的可操作温度在室温到 400 ℃的范围内。该黏结剂依次经历以下几个工序：2 000 rpm 的转速条件下旋转涂覆（厚度 4 μm）；在 180 ℃的条件下软烘焙 3 min；在 200 ℃的条件下硬烘焙 3 min。然后在真空 160 ℃的条件下黏结 2 min。晶圆分离一般在 400 ℃的氮气环境下保温 40 min 完成。

黏结完成后，工艺晶圆通过罗技科技（Logitech）公司 PM5 研磨抛光机从晶圆背面进行减薄。机械研磨去除大部分硅直到可以看见晶圆对准标识。研磨至对准标识可见这段工序大约需要花费 2 h。采用 9 μm 的研磨剂进行机械研磨，刻蚀速率可以达到约 2.5 $\mu m \cdot min^{-1}$。用于光刻工艺的对准标识要明显大于通孔特征尺寸。因此，它们一般比通孔阵列刻蚀得更深，从而形成一个自然的工艺终止标识。然后，采用颗粒尺寸为 0.3 μm 的研磨剂进行机械抛光使得晶圆表面有一个良好的光洁度。这个去除背面硅工艺的速率非常慢（约 0.25 $\mu m \cdot min^{-1}$）。为了修平及光滑处理晶圆表面，需要进行 1h 的抛光。机械研磨后进行晶圆抛光有利于晶圆表面的平坦化，并且改善了机械研磨工序引起的损伤而带来的表面光洁度问题。

经过机械研磨和抛光后，直到通孔从晶圆背面暴露出来大约有 5 μm 的硅基体剩余。通过反应离子刻蚀工艺（SF_6/O_2基气相化学）和掩模光刻选择性地对通孔正上方区域进行硅刻蚀使得通孔暴露出来。在这个工艺步骤中，采用的是反应离子刻蚀工艺而不是深反应离子刻蚀工艺，这是因为黏结剂可能会污染深反应离子刻蚀设备。这个刻蚀步骤将在早先形成的深反应离子刻蚀通孔正上方区域形成多余的“通孔”，从而在去除硅和衬底材料后形成最终互连，如图 17 - 5 所示[7]。可以观察到，当对整个晶圆进行掩膜刻蚀以暴露通孔时，除通孔区域外，硅材料的掩蔽可以消除硅负载效应[7]。在反应离子刻蚀工序之前，可以将晶圆放入一个 Cu 刻蚀溶液（10% H_2SO_4，5% H_2O_2）中保时 20 s，以去除来自对准标识的多余 Cu。经过去离子水清洗后，将六甲基二硅胺烷（HDMS）和 2 μm 的 AZ4110 光刻胶旋转涂覆到晶圆表面。然后，对光刻胶进行掩模曝光，并放入到 AZ4000 显影液（3 份水对 1 份显影液）中，仅对通孔正上方区域进行 90s 的显影。为了使通孔完全暴露出来，针对反应离子刻蚀工艺可以采用以下工艺参数：SF_6气体流量为 40 sccm、O_2气体流量为 35 sccm、功率为 180 W、压力为 180 mTorr，刻蚀时间为 5～10 min 或者直到在光学显微镜下最小直径的通孔变得清晰可见。

一旦通孔暴露出来，即可采用热汽相氧化溶液去除光刻胶。然后如前所述，采用 PECVD 工艺淀积二氧化硅，并作为硅与金属化层之间的绝缘层。随后，采用六甲基二硅

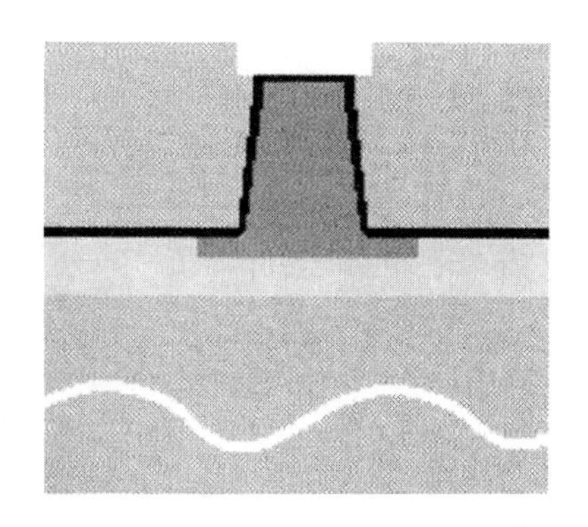

图 17－5　晶圆背面通孔横截面示意图
刻蚀掉绝缘层、阻挡层和种子层后，通孔被暴露并且电镀 Cu 形成金属填充的 TSV

胺烷对 Cu 焊盘的顶部进行光刻。再通过缓冲氧化物湿法刻蚀在 Cu 表面刻蚀2 min，以去除氧化物层，从而留出与接触焊盘的互连路径。然后，去除光刻胶并依次溅射沉积 Ti 和 Cu。采用图形制作工艺形成与通孔连接的焊盘。经过光刻胶显影后，采用 Cu 电镀工艺形成接触焊盘。当光刻胶与 Cu 焊盘平齐时，停止 Cu 电镀。采用表面光度仪进行检查。由于 Cu 容易氧化，可以在 Cu 表面上依次电镀 Ni 和 Au（每层厚约 1 μm）。Ni 作为中间层有助于改善电阻率以及 Cu 与 Au 的黏附性。Cu 和 Ti 被去除，以形成测试结构层。在接触焊盘上的 Au 作为 Cu 和 Ti 刻蚀过程中的掩膜。最终，采用去离子水对晶圆进行清洗并准备进行电学测试。

17.2.5　电学测试

对于电学完整性的测试，采用带有三种类型的测试结构，进行通孔链连续性、单孔电阻和通孔绝缘性测试。图 17－6 所示为测试结构的原理示意图[7]。直径为 10、15、20 和 25 μm 通孔的各种测试结构被分别进行测试。测试结果表明通孔是完全相互连通的，并且 Cu 通过二氧化硅层与硅晶圆形成绝缘。电学测试是在加工晶圆仍黏结在支撑晶圆上的情况下进行的。

表 17－2 显示的是测试晶圆上部分测量结果的平均值。结果表明，小直径的单孔电阻要比大直径单孔电阻更大，这是因为电阻与面积呈反比。单孔电阻的理论值也与实验测量值吻合得很好。尽管 40 个通孔形成的链式通孔电阻并不完全等同于 40 乘以单孔电阻的总电阻值，但是链式电路的连接性仍非常好。这是因为通孔通过互连焊盘形成互连，这些互连焊盘也具有少量的电阻值。一个通孔链的横截面如图 17－7 所示[7]。测量得出两个任意直径大小的相邻通孔之间的电阻非常高，这也证实了通孔之间是相互绝缘的，并且与硅衬底之间也是相互绝缘的。

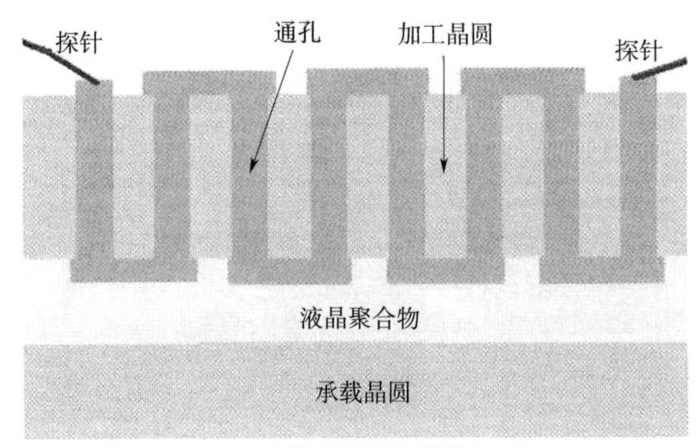

(a) 链式通孔质量测试

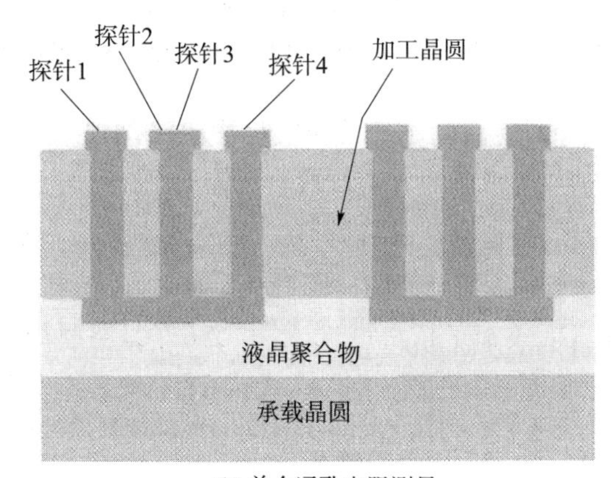

(b) 单个通孔电阻测量

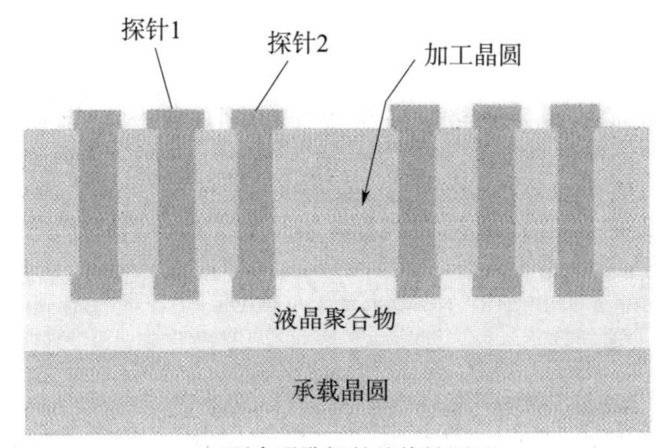

(c) 两个通孔间的绝缘性测试

图 17－6　电性能测试结构的横截面示意图

表 17－2　3 个 TSV 组成的测试结构电阻值测量结果

孔径/μm	单通孔 R（测量值）/Ω	单通孔 R（理论值）/Ω	短通孔链 R（40 个通孔）/Ω	绝缘电阻 R/MΩ
10	0.017	0.016	1.35	270
15	0.007	0.007	0.73	260
20	0.005	0.004	0.7	225
25	0.004	0.003	0.58	200

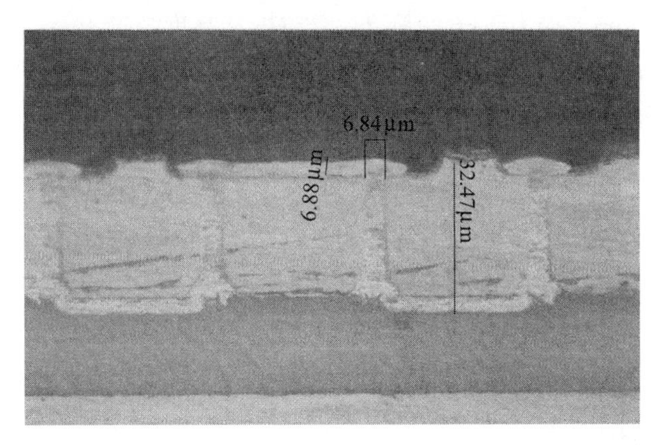

图 17－7　以电测试为目的形成的通孔链的横截面示意图

17.3　芯片组装

考虑到不同机构采用的芯片堆叠方式各种各样，并且芯片堆叠还包括晶圆级互连和芯片级互连。在高端封装中，由于 Cu 柱凸点具有良好的相容性，因此呈现出逐步取代焊球的趋势[39]，事实上，Cu 柱凸点需要的空间更小，这使得节距减小。在我们的系统中，Si 和 GaAs 层将通过硅通孔进行互连，而阵列 Cu 柱保证了异种材料之间的相容性并且使冷却剂可以在层间流动。芯片之间液体流动的面积对散热是非常重要的，同时也提供了集成去耦和功率分布，如图 17－1 所示。因为单颗芯片可以在组装前进行测试，因此通过这种方式成品率也会得到改善。

在由光刻形成的深膜上进行直流电渡来制作 Cu 柱。同时，大部分电路层周围形成了一个 Cu 坝，如图 17－8 所示[15]。Cu 柱的直径为 35 μm，高为 100 μm。经初步计算表明，对于一个面积 1 cm^2的芯片堆叠，采用 1 g·s^{-1}的液体流量（3M PF－5070），在约1 psi的压降下以 0.6 m·s^{-1}的流速使冷却液通过 100 μm 高的沟道，每层芯片可以消除20 W功耗下产生的热量[15]。Cu 柱为冷却液的流动提供了间隙，而 Cu 坝可以贮存液体。此外，我们还通过数值模拟研究了 Cu 柱高度和直径对合成应力的影响。图 17－9 表明随着 Cu 柱高

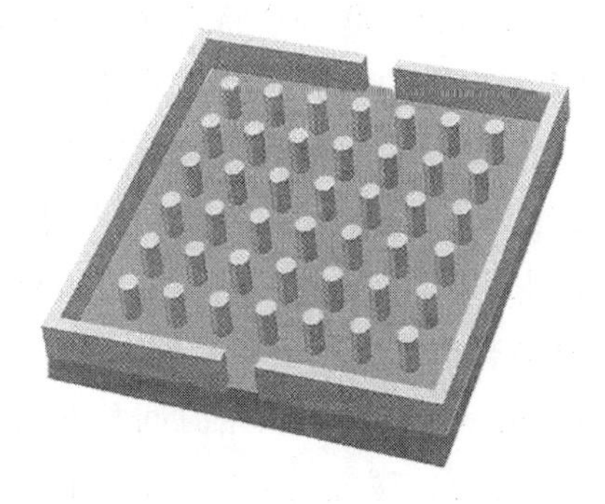

图 17－8　能提供良好相容性并允许冷却液在坝结构中流动的 Cu 柱结构示意图

度从 5 μm 增加到 40 μm，应力下降 20%[40]。当 Cu 柱高度超过 40 μm，应力只降低 10%。而 Cu 柱的直径对计算出的应力值的影响并不显著。因此，Cu 柱/Cu 坝的高度被定为 100 μm，以保证较低压降下冷却液的流动。

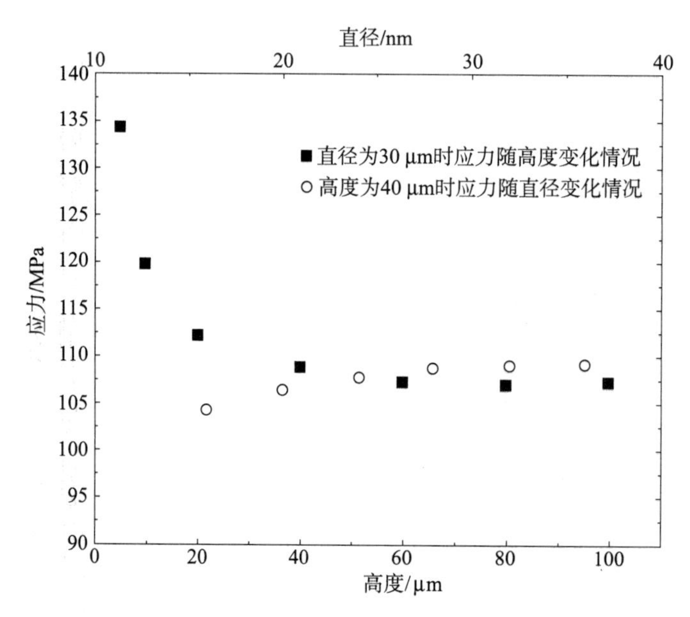

图 17-9　随 Cu 柱高度和直径变化的 Von Mises 应力变化曲线

3 μm 的镀 Sn 层被用于覆盖在 Cu 柱表面，并形成 Cu_3Sn 金属间化合物，这与固液互扩散工艺中的钎焊过程相似[41,42]。这种金属间化合物在 300 ℃下形成，但在 600 ℃以下不会发生重熔。Cu 柱和 Cu 坝技术的开发已趋于成熟，而芯片组装和系统集成技术的开发还在进行当中[43]。

制作 Cu 柱需要一个放置在溅射的 Ti/Cu 层上的光刻胶模具。首先采用 SU-8 光刻胶形成模子，经过光刻胶去除工序后，仍有光刻胶残留在 Cu 柱上。因此，去除残留的光刻胶是一个挑战。目前，MicroChem 公司供应的 KM PR 1000 系列光刻胶被用于 Cu 柱模具的制作。这是一种负性胶，性质与 SU-8 胶相似。尽管 KM PR 1000 系列光刻胶更容易被去除，但这种胶也容易在通孔底部引起交联。这将直接妨碍该区域的 Cu 电镀。在这个区域发生交联可能的原因是金属表面对光的散射。可以采用光学“截止”滤光片来解决这个问题。滤光片滤去了波长在 350 nm 以下的紫外波段。KM PR 系列光刻胶需要这种滤波片，因为化合物对较短波长的光是非常敏感的。使用光学滤光片可以明显减少交联。在 Cu 柱制程中，采用 KM PR 光刻胶以 2 800 rpm 的速度进行双向旋转涂覆，在晶圆上涂一层 100 μm 厚的光刻胶薄膜。在每一次光刻胶涂覆之间，需对晶圆进行 100 ℃的烘焙，并在应用任何光刻胶涂层前冷却至室温。首次软烘焙时间是 5 min，而第二次软烘焙时间为 18 min。曝光剂量为 1 000 mJ · cm^{-2}。曝光后需在 105 ℃的条件下烘焙 4 min。

在 20 mA · cm^{-2}的电流密度下进行 5.5 h 的 Cu 电镀，完成光刻胶模具的 Cu 填充。

图 17－10 所示为采用这种光刻胶形成的单个 Cu 柱（a）和阵列 Cu 柱（b）的扫描电镜显微图。Cu 柱较为坚固；初步测试表明，其与表面黏结良好并能抵抗很大的手动作用力，如图 17－11 所示。对带有 Cu 柱的菊花链试验芯片进行封装，以检验成品率和导通性。起初，链路包含顶部镀 Sn 的 Cu 柱，如图 17－12 所示。然而，组装好的测试结构表现出较低的成品率。失效分析也发现了许多没有互连的 Cu 柱，这是由 Cu 电镀的高度差所引起的。因此，需要对 Cu 柱进行一道抛光工序，在此过程中，Cu 柱被抛光而 KM PR 光刻胶仍然在原来的位置上。这道工序是在晶圆上进行的，从而保持了 Cu 柱的一致性。因为 Cu 柱与 KM PR 胶具有相同的高度。因此，为了进行镀 Sn 工艺，在镀 Sn 之前必须采用薄光刻胶（厚度为 4 μm），并利用 Cu 柱/Cu 坝掩模进行图形制作。

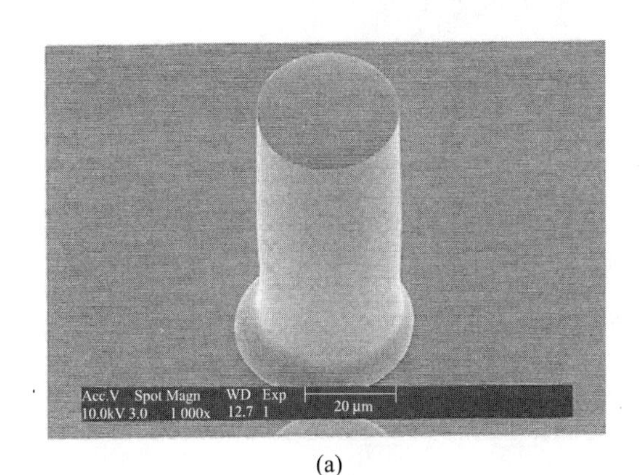

(a)

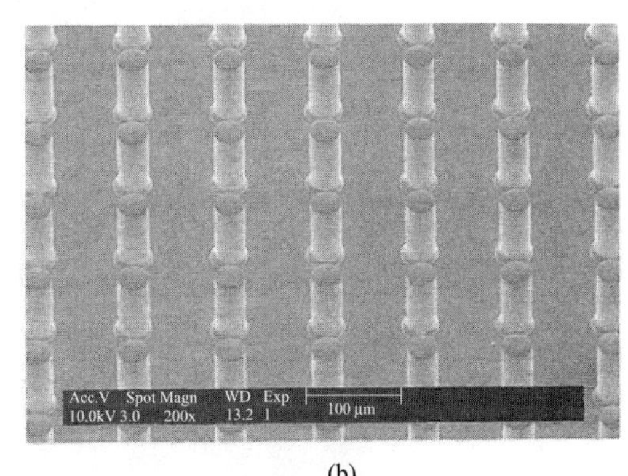

(b)

图 17－10　单个 Cu 柱（a）和阵列 Cu 柱（b）的 SEM 示意图

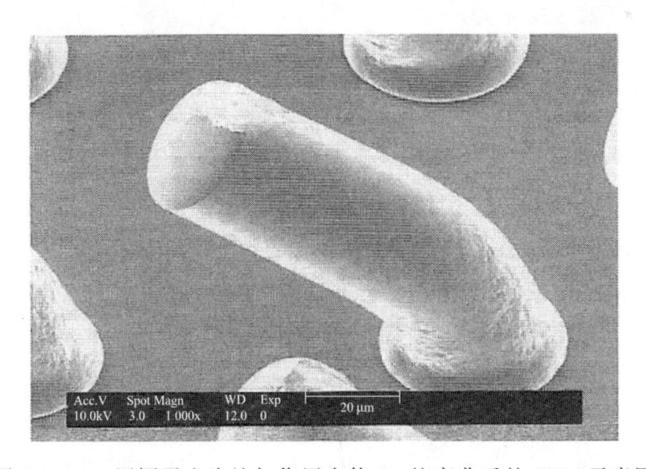

图 17－11　用镊子人为施加作用力使 Cu 柱弯曲后的 SEM 示意图

目前测试的芯片在连接线路上有镀 Sn 层，而镀 Sn 层会被键合到 Cu 柱上。在采用倒装焊机进行键合之前，需将 Cu 柱浸入到一个 8 μm 高的助焊剂储液槽中。助焊剂储液槽是由硅制作而成，并装有浅浅的一层助焊剂，面积比经过深等离子体刻蚀的测试载体芯片稍大。助焊剂是采用刮刀刮平的，以保证高度一致，进而使助焊剂在铜柱上的沉积厚度均

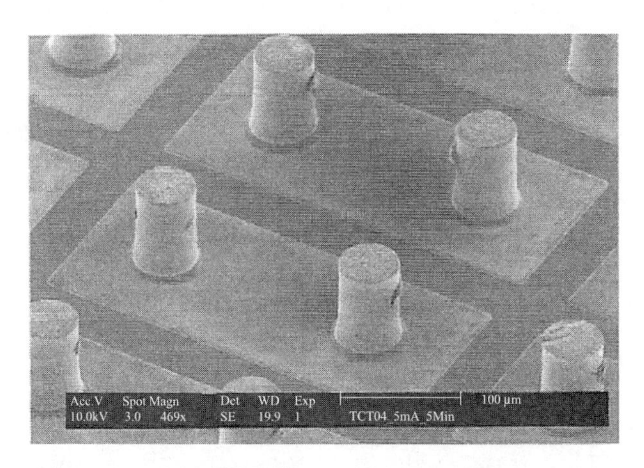

图 17－12　金属布线上带“Sn 帽”的 Cu 柱 SEM 示意图

匀。在 300 ℃的条件下以约 1 kg 的压力进行组装。图 17－13 所示为一个已完成组装的 Cu 柱结构的横截面示意图。链式 Cu 柱形成的测试芯片包括 40 个、80 个和 160 个 Cu 柱等多条链路，并且在 30 μm 直径的测试芯片上有总数超过 2 000 个 Cu 柱被测试。这几种组装形式除了有一个 Cu 柱断路外，其他均通过了测试，具有很高的成品率。

图 17－13　已完成组装的 Cu 柱结构横截面示意图

图 17－14 所示为一个液体围坝的示意图。在该坝的长度方向上必须形成连续的 Cu/Sn 金属间化合物，以保持液体通道的完整性。需要进行拉力测试并且进行局部检查，以保证焊接的连续性。此外，一个组装好的测试芯片偶在一定的压力下进行液体填充而无泄漏发生。在本文撰写的时期，研究工作正处于对一个完整的四层测试芯片进行测试的阶段，并以此证实电学和热学的 3D 满负荷能力。

17.4　系统集成

在这个项目中，被集成的系统包括一个硅基控制 IC 和一个 GaAs T/R 单片微波集成

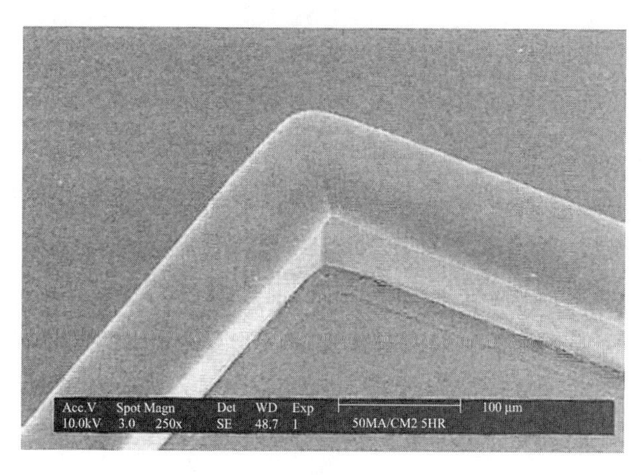

图 17 - 14　液体围坝的 SEM 示意图

电路（MMIC）。T/R MMIC 是在 100 μm 厚的 GaAs 晶圆上，采用栅长为 0.5 μm 的 E/D pHEMT（增强型/耗尽型伪形态高电子迁移率晶体管）工艺制作完成的。这种工艺提供了大容量/面积 MIM（金属-绝缘体-金属）电容，微通孔和可控、可重复的栅长晶体管。增强模式的伪形态高电子迁移率晶体管应用于放大级，而耗尽模式伪形态高电子迁移率晶体管应用于开关。常用的硅基 ASIC 可用于放大器偏置控制 DAC。时钟频率为 10 MHz，而硅基集成电路提供了电源开关复位控制和偏置序列，同时也为偏置和控制总线端口提供了 ESD 保护。TSV 为贯穿和越过控制 IC 布线提供了必要的互连，100 μm 高的 Cu 柱将使硅芯片与 GaAs 芯片连接到一起。涂覆在单芯片微波集成电路（MMIC）顶部的厚 BCB 胶有助于提供支撑和环境保护。

17.5　总结

阿肯色大学开发了一种硅通孔（TSV）工艺，实现了包含硅芯片和 GaAs 基电路芯片系统的 3D 集成。在硅基电路晶圆上，通孔采用深反应离子刻蚀形成，通过 PECVD 进行衬里，采用溅射沉积工艺形成绝缘层和阻挡层/种子层，并且通过电镀实现 Cu 金属填充。这种工艺晶圆经过钝化，然后通过黏结剂黏结到支撑晶圆上，在后期能够在高温下剥离。通过机械研磨和抛光来实现工艺晶圆背面的粗磨和精磨。最终，通过反应离子刻蚀工序使盲孔从晶圆背面暴露出来。需要去除绝缘层和阻挡层使通孔能够进行 Cu 电镀工艺，最后形成硅通孔，进行接触焊盘互连。一旦 TSV 结构形成，经过电镀在深光刻胶模中形成 Cu 柱。同时，也形成了贮存冷却液的 Cu 坝。随后加工晶圆被剥离、划片，并采用倒装焊机进行芯片组装。在这个项目中，集成的系统包括硅基 IC 控制芯片和一个 GaAs 基 T/R 单片微波集成电路。这种集成正处于研究实施阶段，将在不久的将来予以报道。

致谢

该项研究在格兰特（Grant）No. FA8650－04－2－1619下得到了空军研究实验室（AFRL）的支持，感谢阿肯色高密度电子中心（HiDEC）的研究生和技术人员以及REMEC国防与太空的工程师们。

参考文献

[1] Meindl,J. D., Davis, J. A., Zarkesh - Ha, P. et al. (2002) Interconnect opportunities for gigascale integration. IBM Journal of Research and Development, 46, 245 - 263.

[2] Garrou,P. (2005) Future IC' s Go Vertical, Semiconductor International, Semiconductor Packaging Edition.

[3] Soh,H. T., Yue, C. P., McCarthy, A. et al, (1999) Ultra - low resistance, through - wafer via (TWV) technology and its applications in three dimensional structures on silicon. Japanese Journal of Applied Physics, 38, 2393 - 2396.

[4] Chow,E. M., Chandrasekaran, V., Partridge, A. et al. (2002) Process compatible polysilicon - based electrical through - wafer interconnects in silicon substrates. Journal of Microelectromechanical Systems, 11, 631 - 640.

[5] Burkett,S. L., Qiao, X., Temple, D. et al. (2004) Advanced processing techniques for through - wafer interconnects. Journal of Vacuum Science & Technology B, 22, 248 - 256.

[6] Schaper,L., Burkett, S., Spiesshoefer, S. et al. (2005) Architectural implications and process development of 3 - D VLSI Z - axis interconnects using through silicon vias. IEEE Transactions on Advanced Packaging, 28, 356 - 366.

[7] Rowbotham,T., Patel, J., Lam, T., et al. (2006) Back side exposure of variable size through - silicon vias. Journal of Vacuum Science & Technology B, 24, 2460 - 2466.

[8] Ozguz,V., Marchand, P. and Liu, Y. (2000) 3D stacking and optoelectronic packaging for high performance systems. International Conference High Density Interconnect Syst. Packaging, 4217, pp. 1 - 3.

[9] Engelhardt,M. (2002) Vertically integrated circuits (VIC): a 3D technology for advanced SOCs Proceedings AVS 3rd International Conference Microelectronic Interfaces, pp. 19 - 22.

[10] Klumpp,A., Merkel, R., Wieland, R. And Ramm, P. (2003) Chip - to - wafer stacking technologu for 3D system integration. Proceedings Electronic Components Tech. Conference, pp. 1080 - 1083.

[11] Tanaka,N., Yamaji, Y., Sato, T. and Takahashi, K. (2003) Guidelines for structural reliable 3D die - stacked module with copper through - vias. Proceedings Electronic Components Tech. Conference, pp. 597 - 602.

[12] Gutmann,R. J., Lu, J. -Q., Pozder, S. et al. (2004) A wafer - level 3D IC technology platform. Advanced Metallization Conference, pp. 19 - 26.

[13] Guarini,K. W., Topol, A. W., Ieong, M. et al. (2002) Electrical integrity of state - of - the - art 0. 13 μm SOI CMOS devices and circuits transferred for three - dimensional (3D) integrated circuit (IC) fabrication. Technical Digest - Int. Electron Devices Meeting, pp. 943 - 945.

[14] Markunas,B. (2002) Mixing signals with 3 - D integration. Semiconductor International.

[15] Schaper,L., Burkett, S., Gordon, M. et al. (2006) Systems in miniature: meeting the

chakkenges of 3 - D VSLI, 8th VLSI Packaging Workshop in Japan.

[16] Läermer,F. and Schilp, A. (1994) German Patent No. DE - 4241045C1; U. S. Patent No. 5, 501, 893 (1996).

[17] Polamreddy,S., Figueroa, R., Burkett, S. L. et al. (2005) Sloped sidewall DRIE process development for through silicon vias. IMAPS International Conference Dev. Packaging.

[18] Spiesshoefer,S., Rahman, Z., Vangara, G. et al. (2005) Process integration for through - silicon vias. Journal of Vacuum Science & Technology A, 23, 824 - 829.

[19] Figueroa,R. F., Spiesshoefer, S., Burkett, S. and Schaper, L. (2005) Control of sidewall slope in Silicon vias using SF_6/O_2 plasma etching in a conventional RIE tool. Journal of Vacuum Science & Technology B, 23, 2226 - 2231.

[20] Gomez,S., Jun Belen, R., Kiehlbauch, M. And Aydil, E. S. (2004) Etching of high aspect ratio structures in Si using SF_6/O_2 plasma. Journal of Vancuum Science & Technology A, 22, 606 - 615.

[21] Abdolvand,R. and Ayazi, F. (2005) Single - mask Reduced - gap Capacitive Micromachined Devices. 18th IEEE International Conference MEMS, pp. 151 - 154.

[22] Abhulimen,I. U., Polamreddy, S., Burkett, S., Cai, L. And Scharper, L. (2007) Effect on process parameters on via formation in Si using Deep Reactive Ion Etching (DRIE), J. Vac. Sci. Technol B, 25, 1762 - 1770.

[23] Spiesshoefer,S., Patel, J., Lam, T. et al. (2006) Copper electroplating to fill blind vias for three - dimensional integration. Journal of Vacuum Science & Technology A, 24, 1277 - 1282.

[24] Patel,J. (2006) Through Silicon Vias Process Integration with concentration on a Diffusion Barrier, Backside Processing, and Electrical Characteristics, The University of Arkansas, M. S. Thesis, Chapter2.

[25] Rossnagel,S. M. (2002) Characteristics of ultrathin Ta and TaN films. Journal of Vacuum Science & Technology B, 20, 2328 - 2336.

[26] Tsai,M. H., Sun, S. C., Tsai, C. E. et al. (1996) Comparison of the diffusion barrier properties of chemical - vapor - deposited TaN and sputtered TaN between Cu and Si. Journal of Applied Physics, 79, 6932 - 6938.

[27] Hayashi,M., Nakano, S. and Wada, T. (2003) Dependence of copper interconnect electromigration phenomenon on barrier metal materials. Microelectronics Reliability, 43, 1545 - 1550.

[28] Lam,T. (2006) Electroplating and Reactive Sputtering For Through - Silicon Via (TSV) Applicatipons, The University of Arkansas, M. S. Thesis, Chapter2.

[29] Abhulimen,I. U., Lam, T., Kamto, A. et al. (2007) Effect of via profile on seed layer deposition for Cu electroplating. IEEE Region 5 Conference, pp. 102 - 104.

[30] Andricacos,P. C., Uzoh, C., Dukovic, J. O. et al. (1998) Damascene copper electroplating for chip interconnections. IBM Journal of Research and Development, 42, 567 - 574.

[31] Moffat,T. P., Wheeler, D., Huber, W. H. and Josell, D. (2001) Superconformal electrodeposition of copper. Electrochemical and Solid State Letters, 4, C26 - C29.

[32] Josell,D., Wheeler, D., Huber, W. H. and Moffat, T. P. (2001) Superconformal electrodeposition in submicron features. Physical Review Letters, 87, 016102 - 1 - 016102 - 4.

[33] Moffat,T. P., Wheeler, D. and Josell, D. (2004) Superfilling and the curvature enhanced accelerator

coverage mechanism. Electrochemical Society Interface, 13, 46 - 52.

[34] Kim, B., Sharbono, C., Ritzdorf, T. and Schmauch, D. (2006) Factors affecting copper filling process within high aspect ratio deep vias for 3D chip stacking. Proceedings Electronic Components Tech, Conference, pp. 838 - 843.

[35] Lee, H. - J. and Lee, D. N. (2002) Effects of current waveform and bath temperature on surface morphology and texture of copper electrodeposits for ULSI. Materials Science Forum, 408 - 412, 1657 - 1662.

[36] Sun, J. - J., Kondo, K., Koamura, T. et al. (2003) High aspect ratio copper via filling used for three - dimensional chip stacking. Journal of the Electrochemical Society, 150, G355 - G358.

[37] Burkett, S., Schaper, L., Rowbotham, T. et al. (2006) Materials aspects to consider in the fabrication of through - silicon vias. Materials Research Society Symposium Proceedings, 970, Y06 - 01.

[38] Puligadda, R., Pillalamarri, S., Hong, W. et al. (2007) High - performance temporary adhesives for wafer bonding applications. Materials Research Society Symposium Proceedings, 970, Y04 - 09.

[39] He, A., Bakir, M. S., Allen, S. A. B. and Kohl, P. A. (2006) Fabrication of compliant, copper - based chip - to - substrate connections. Proceedings Electronic Components Tech. Conference, pp. 29 - 34.

[40] Boyt, D., Abhulimen, I. U., Gordon, M. H. et al. (2007) Finite element analysis of power dissipation and stress in 3 - D stack - up geometries. IEEE Region 5 Conference, pp. 194 - 198.

[41] Huebner, H., Ehrmann, O., Eigner, M. et al. (2002) Face - to - face chip integration with full metal interface. Proceedings Advanced Metallization Conference, pp. 53 - 58.

[42] Benkart, P., Kaiser, A., Munding, A. et al. (2005) 3D chip stack technology using through - chip interconnects. IEEE Design & Test of Computers, 22, 512 - 518.

[43] Schaper, L. W., Liu, Y., Burkett, S. and Cai, L. (2007) Assembly and cooling technology for 3 -D VLSI chip stacks. IMAPS Device Packaging Workshop, Scottsdale, Arizona.

第 18 章 ASET 的垂直互连技术

Kenji Takahashi, Kazumasa Tanida

18.1 引言

对于日新月异的计算系统，超高密度封装是一项至关重要的技术。而通过垂直互连贯穿硅芯片实现 3D 芯片堆叠是半导体系统集成中最具潜力的一项技术。由于该技术具有极高的信号传输能力而引起了封装工程师极大的兴趣，这项技术被认为将成为集成各种器件的最终途径[1-6]。图 18-1 是 3D 芯片堆叠的工艺流程图，而图 18-2 则是通过 3D 芯片堆叠技术制作的样品示意图。然而，有些人也对该项技术产生了异议，认为通孔制作工艺成本太高，且芯片叠层结构的散热较差。

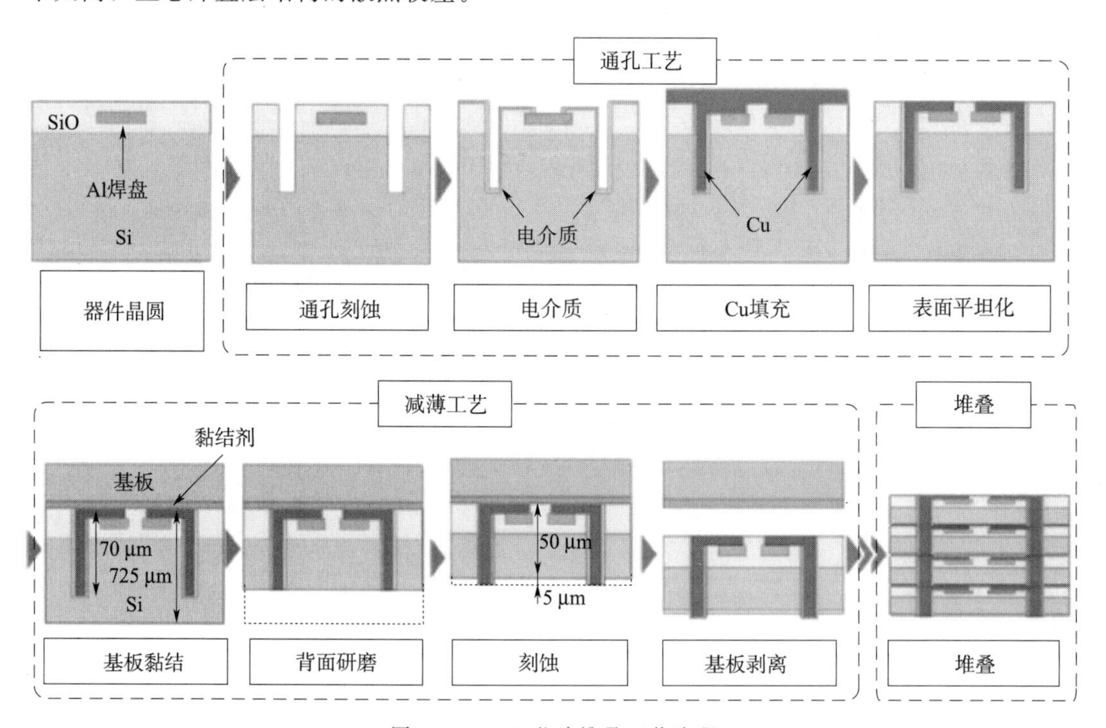

图 18-1 3D 芯片堆叠工艺流程

在为期五年的国家项目“电子系统集成”的开发过程中，超尖端电子技术开发机构（ASET，Association of Super-Advanced Electronics Technologies）几乎解决了采用 Cu 电镀沉积和薄晶圆支撑的高量产工艺引发的大多数富有挑战性的问题。

18.2 节给出了这种制造工艺的综述，而 18.3 节讨论了高速 Cu 电镀沉积技术。基础的 Cu 电镀槽成分可以形成一个非常低的电流密度以便对通孔进行无空洞填充。电镀液浓度的优化、使用新型的电流施加模式和曝气技术可以使电镀时间缩短至一个小时。

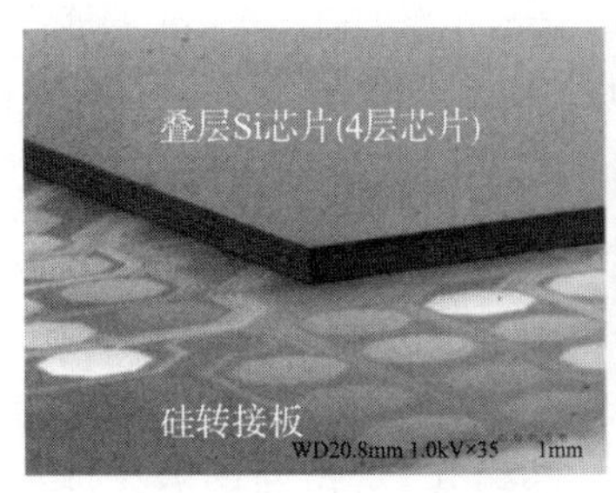

图 18-2　3D 芯片堆叠技术制备的叠层芯片示意图

18.4 节解决了薄型晶圆支撑的问题。在背面研磨之前通过紫外固化将晶圆黏结到一个符合 SEMI（半导体制程设备安全准则）标准尺寸的玻璃基板上，使得黏结好的晶圆在没有对传统设备做任何改进的情况下可以安全地进行后续工艺处理。剥离设备采用了一种从玻璃基板上将薄型晶圆初始分层和平缓剥离的新机制。剥离的效果在这一节中加以叙述。

18.5 节对 3D 芯片堆叠做了概述，而 18.6 节重点关注了热问题。3D 芯片堆叠结构的热管理是一个非常重要的问题。这一节对这种 3D 结构进行了热分析，并结合一些实验做了探讨。关于散热影响因素的各种案例分析在这里做了概述，例如，芯片内部包封胶、介质层和散热孔的影响。而且，在这一节中我们也讨论了在高功率器件中运用的新型冷却界面。

在 18.7 节，我们探讨了垂直互连系统的电性能。最后一节（18.8 节）介绍了 Cu 通孔技术在商业化的通用图像传感器上的应用。这个成功的例子证明了通孔结构和工艺必将推动未来的系统集成技术的发展。

18.2　制程工艺综述

如图 18-1 所示，制程工艺包括硅通孔的制作、晶圆减薄、晶圆背面工艺和芯片堆叠。

为了能够使用商业化的通用设备而不需要对主体进行改动，我们制定了硅通孔制作工艺流程。所有通用设备都能被用于大规模集成电路（LSI）的互连工艺。主要的工艺步骤如下：

1）通过反应离子刻蚀（RIE）进行 Si 刻蚀；

2）通过等离子体 CVD 在通孔内部覆盖 SiO_2 层；

3）通过金属有机物气相沉积（MO-CVD）TiN 和 Cu 做为阻挡层和种子层；

4）通过电镀 Cu 进行通孔的填充；

5）进行 Cu 的化学机械抛光（CMP）；

6）晶圆减薄和凸点制备；

7）芯片叠层。

通过反应离子刻蚀（RIE）形成面积为 10 μm^2、深度为 70 μm 的通孔。通孔表面形态良好。通过等离子体 CVD 在通孔侧壁覆盖 SiO_2层是可行的。当表面上沉积的 SiO_2层厚度为 1.6 μm 时，在孔侧壁和孔底的 SiO_2层厚度分别为 0.2 μm 和 0.5 μm。

我们采用了金属有机物化学气相沉积（MO - CVD）代替物理气相沉积（PVD）的方式进行 TiN（10 nm）阻挡层和 Cu（150 nm）种子层的沉积。悬垂限制了采用 PVD 方式进行 TiN/Cu 的沉积。通过 MO - CVD 方式形成的沉积层能够很好地覆盖侧壁和孔底。实际厚度一般在 0.12～0.16 μm 范围内。采用硫酸铜基 Cu 电镀的方式进行通孔填充，并通过 Cu - CMP（化学机械抛光）的方式去除晶圆上多余的 Cu。同时，采用 Cu 大马士革工艺实现导通电极和器件焊盘之间的互连。适用于高切削速度的化学机械研磨液被开发以至于能够更加有效地去除厚 Cu 膜。

通过背面研磨和等离子刻蚀将晶圆减薄到 50 μm，使 Cu 通孔的底部暴露出来。通过双面紫外线膜将减薄的晶圆黏结到玻璃晶圆上。SiN 的低温沉积应用于晶圆的背面以免对紫外线膜造成热损伤。经过化学机械抛光去除外延 Cu 顶部的 SiN 后，将晶圆平缓地从玻璃晶圆上剥离并传送到划片机中。

晶圆被划成单颗芯片，并将芯片拾取出来。然后，采用高精度的倒装焊机对带有通孔的芯片进行堆叠。互连方式应用了 Cu - Sn 金属间化合物键合机制。最后，利用极少量的包封树脂通过喷射器对堆叠芯片进行包封。

18.3 Cu 电镀的孔填充工艺

在过去的研究当中[7-10]，面积为 10 μm^2、深度为 70 μm 的通孔的填充完全是通过 Cu 电镀的方式进行的，其是在杰纳斯绿 B（JGB）浓度和两步法电流施加模式的条件下进行的。电镀时间尽可能短，为 3.5 h，这个时间与先前完全填充所需的 12 h 相比是相当短的。然而，考虑到工艺成本问题，电镀时间应该不超过 1 h，这样才能与其他工艺相当。在电镀工艺之前，我们还对经过专门设计的电镀槽、脉冲反向电流、两步法电流施加和 O_2起泡进行了研究。

18.3.1 实验方法

18.3.1.1 样品制备和电镀设备

准备带有面积为 10 μm^2、深度为 70 μm 的通孔的硅芯片用于实验。芯片表面采用化学气相沉积（CVD）SiO_2覆盖良好，并进行金属有机物化学气相沉积（MO - CVD）TiN 阻挡层和 Cu 种子层。样品的芯片尺寸为 2 cm^2。硅芯片放置在电镀设备的旋转盘状电极（RDE）上，如图 18 - 3 所示，并在样品和阳极之间通入适当的电流。旋转盘状电极的旋转速率为1 000 rpm。

电镀槽的主要成分是 $CuSO_4 \cdot 5H_2O$ 和 H_2SO_4。经过专门设计的电镀槽还包括聚二硫

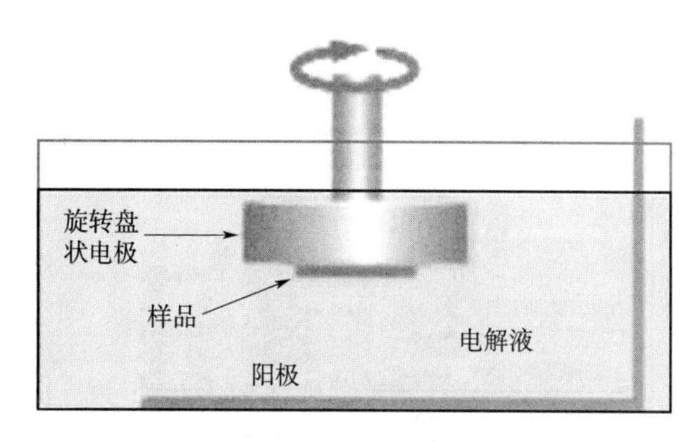

图 18－3　试验设备示意图

二丙烷磺酸钠（SPS）、抑制剂 B（SPR B）、整平剂 A（LEV A）和 Cl^- 等添加剂成分。

所有实验均采用脉冲反向（PR）电流。一个脉冲反向循环周期包括正向（200 ms）/反向（10 ms）/休止（200 ms）。其中还应用了两步法电流，起初采用相对较低的电流密度，然后在最后 10 min 采用高电流密度进行电镀。

18.3.1.2　*实验方法*

1）优化抑制剂 B 和整平剂 A 添加剂的浓度。抑制剂 B 浓度为 0.5，5，10 ppm，而整平剂 A 浓度为 0.2，0.5，1.0 ppm，二者相互组合进行实验。整个电镀过程采用恒定的电流密度 5 mA · cm^{-2}，电镀时间为 90 min。

2）在优化的抑制剂 B 和整平剂 A 添加剂浓度下，两步法电镀被应用到电镀槽中。H_2SO_4 和聚二硫二丙烷磺酸钠的浓度也分别进行了优化。电镀液中包含 25 g · L^{-1} H_2SO_4、2 ppm聚二硫二丙烷磺酸钠、70 ppmCl^-，5 ppm 抑制剂 B 和 0.2 ppm 整平剂 A。第一步的电流密度为 6 mA · cm^{-2}，而第二步的电流密度为 15 mA · cm^{-2}。第一步和第二步的电镀时间分别为 50 min 和 10 min。

3）在进行电镀之前，电镀液采用 O_2 起泡 1 h 以降低 Cu^+ 的离子浓度，这是因为 Cu^+ 对电镀槽中的有效电镀离子 Cu^{2+} 有抑制作用。N_2 起泡和 H_2O_2 掺入也被测试。电镀液成分与实验 2 中使用的相同。电流密度为 6 mA · cm^{-2}，通电时间为 75 min。最终，O_2 起泡和两步法电镀相结合在 1 h 内实现完美电镀。第一步的电流密度为 6 mA · cm^{-2}，而第二步的电流密度为 15 mA · cm^{-2}。

18.3.2　结果与讨论

1）结果表明整平剂 A 的浓度是主要影响因素。整平剂 A 添加剂浓度超过 0.5 ppm 易产生缝隙或空洞。如果整平剂 A 添加剂浓度为 0.2 ppm，采用任何抑制剂 B 的浓度都不会在通孔内产生缝隙或空洞。因此，抑制剂 B 和整平剂 A 添加剂的优化浓度分别为 5 ppm 和 0.2 ppm。

2）图 18－4 所示为实验结果示意图。可以看出，在通孔内部没有出现明显的空洞。然而在通孔较低的位置处出现了一些狭小的缝隙。在此实验中，采用的电流密度是选取的几个电流密度中最高的。根据实验经验得出，在通孔中部或底部产生的缝隙或空洞可以通过改变电镀槽“自底向上（bottom－up）”的特点来改善。而对于深孔和高深宽比的通孔填充，优化电镀液成分是解决该问题的最好方式。

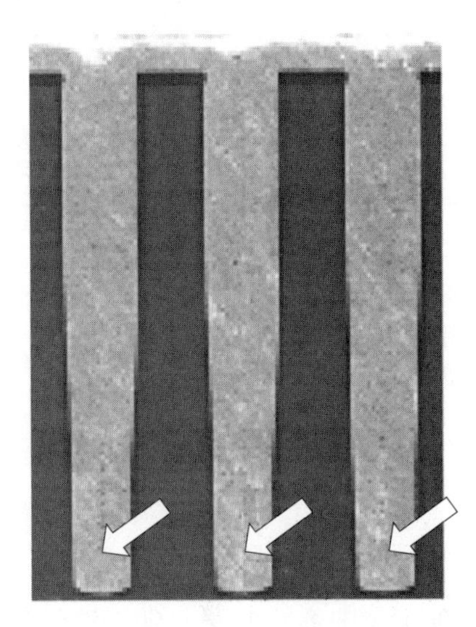

图 18－4　试验 2 得到的通孔横截面 SEM 显微图

3）图 18－5 所示为在电流密度为 6 mA·cm^{-2}的条件下采用O_2起泡、N_2起泡和H_2O_2掺入的电镀结果示意图。正如我们所料，O_2起泡方式的通孔电镀没有出现空洞或缝隙。一个附加实验表明O_2起泡电镀液产生的电流值要比N_2起泡电镀液的大。这说明O_2起泡加快了 Cu 的电镀速率。

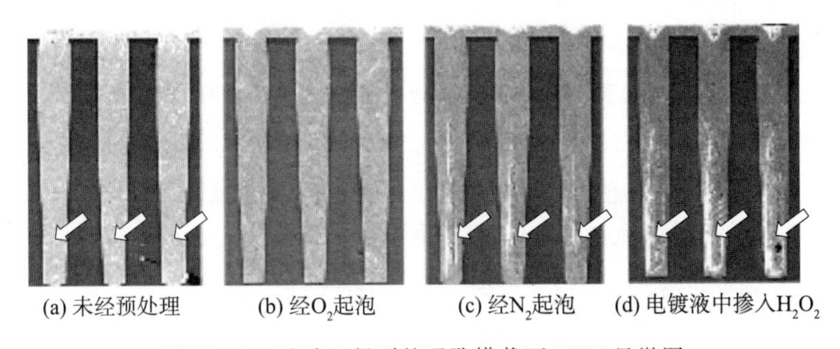

图 18－5　试验 3 得到的通孔横截面 SEM 显微图

图 18－6 所示为 Cu 及其化合物的动力学和迁移模型[11,12]。在孔内和阴极表面，一种聚二硫二丙烷磺酸钠的单分子，即 3－巯基丙烷磺酸钠［MPS，HS（CH_2）$_3$$SO_3$H］与$Cu^{2+}$反应在通孔内产生$Cu^+$和 Cu（Ⅰ）S（CH）（$CH_2$）$_2$$SO_3$，化学反应式描述如下

$$2Cu^{2+} + MPS \rightarrow 2Cu^{+} + Cu(\mathrm{I}) - S(CH)^{-} + 3H^{+}$$

Cu^+迁移到通孔的外面，这个区域的氧浓度要比通孔内的氧浓度更高，而Cu^+消耗了在阴极表面与体溶液之间的边界层的氧。可以用以下化学反应式来表示

$$2Cu^{+}+O_2+2H^{+}\rightarrow 2Cu^{2+}+H_2O_2$$

Cu（Ⅰ）基硫醇盐复合物残留在通孔内，并作为一种自底向上金属填充的有效催化剂。而在电镀液中添加 H_2O_2降低了通孔金属填充的质量。这说明以上反应是可逆反应。

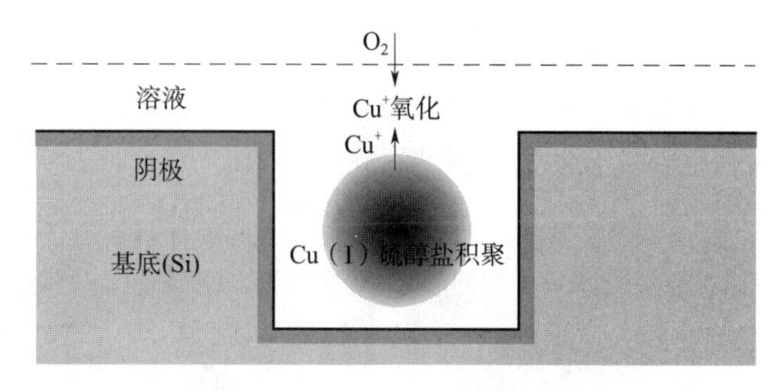

图 18-6　动力学和输运模型

图 18-7 所示为经过 O_2起泡处理和进行两步法电镀（第一步电镀 6 mA · cm^{-2}，50 min和第二步电镀 15 mA · cm^{-2}，10 min）后得到的电镀通孔的扫描电子显微（SEM）图和 X 射线检测图片。通过横截面分析和垂直检测均证实通孔填充完全。

最后，对深孔和高深宽比的通孔的 Cu 电镀在不到 60 min 的时间内成功实现了通孔的完全填充。

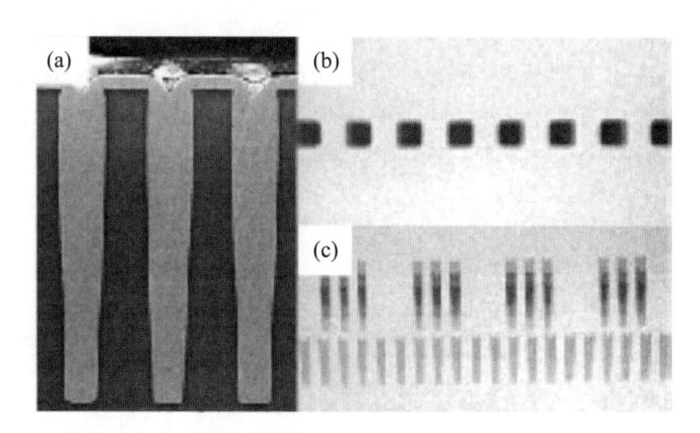

图 18-7　经 O_2起泡预处理和两步法电镀后结果

（a）横截面 SEM 图；（b）X 射线垂直检查结果；（c）X 射线切向检查结果

18.4　薄型晶圆的支撑

薄型晶圆的支撑方式是实现带通孔 3D 芯片堆叠的关键技术之一。玻璃基板被用于晶圆支撑。这就需要一种耐热并且易剥离的黏结剂，低温处理工艺，晶圆黏结设备和晶圆剥离设备。双面紫外（UV）固化胶被广泛用于晶圆与玻璃基板的黏结。固化胶的分解温度约为 120 ℃，这个温度要明显高于在晶圆背面工艺过程中使用的最高温度。玻璃基板是一种商用基板，厚度为 725 μm[13]。

18.4.1　晶圆剥离方法

紫外膜的黏结强度很容易通过紫外照射进行弱化。但是，对于硬质基板和易碎晶圆之间的剥离，必须对界面采用适当的初始分层才能使晶圆从基板上安全剥离[14]。为了促进这样的初期分层我们应用了一种薄型刮刀。图 18－8 所示为这种方法的简要示意图。晶圆分层的前端很容易通过顶起框架来推进。但是，随着分层进程逐步推进并穿过晶圆，在晶圆分层的前端，晶圆是不连续弯曲的。因此，在分层的前端，晶圆崩裂的可能性可以通过对晶圆厚度的原位测量、最大应力计算和对晶圆强度的测量来进行评估。

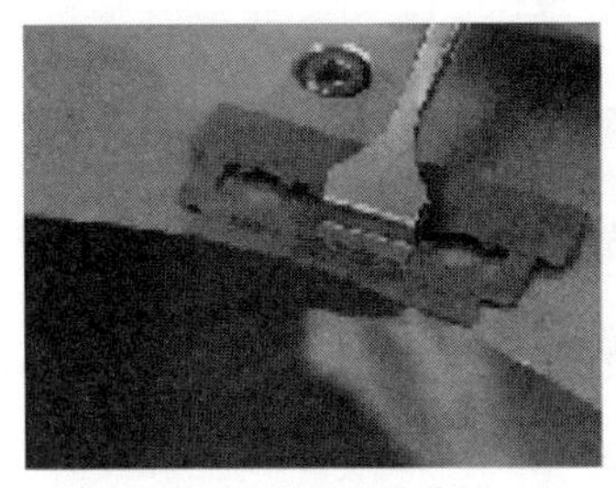

(a) 刮刀引起的初始分层

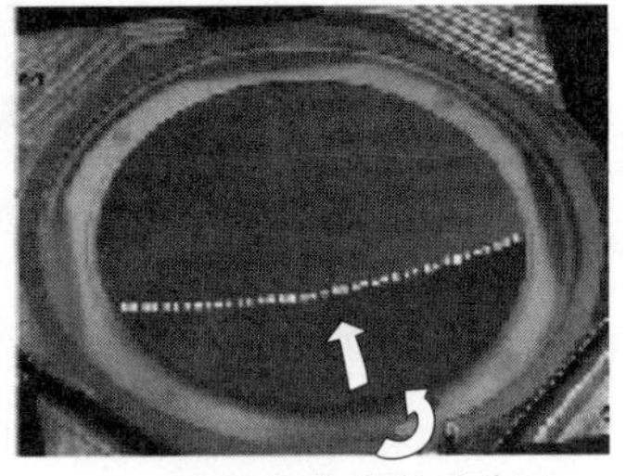

(b) 顶起环形框架推进分层

图 18－8　晶圆剥离方法示意图

18.4.2　拉伸应力评估

图 18－9 所示为晶圆剥离模型示意图。可以通过将晶圆视为一个盘状悬臂，而分层前端作为固定端对拉伸应力进行粗略评估。图 18－9（b）～（d）所示为一个简化的计算模型示意图。

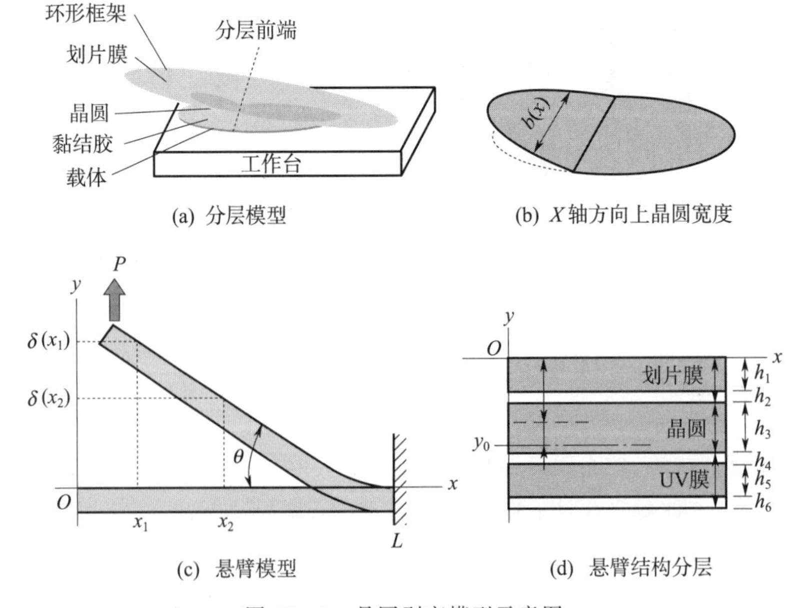

图 18－9　晶圆剥离模型示意图

（a）分层模型；（b）X 轴方向上晶圆宽度；（c）悬臂模型；（d）悬臂结构分层

两个激光位移传感器被用于外推晶圆末端的高度和分层距离。采用 50～200 μm 厚的晶圆对晶圆厚度的影响进行了研究。图 18－10 显示的是外推分层前端与晶圆末端外推高度之间的关系示意图。晶圆越薄，晶圆边缘高度略高，但是那些厚晶圆之间的差别并不大。200 μm 厚的晶圆不能够测量，因为它需要较大的顶起载荷而不能固定在平台上。

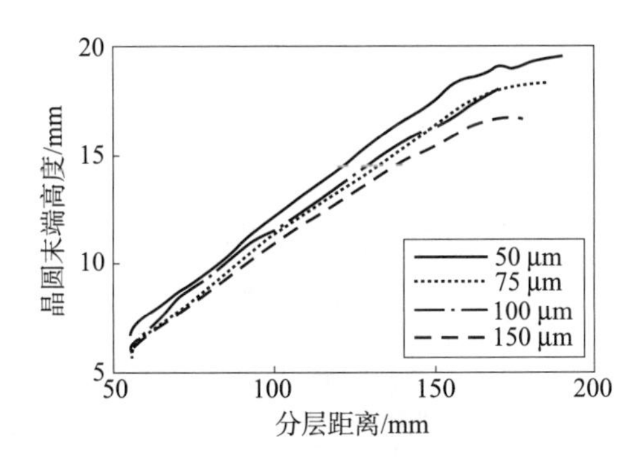

图 18－10　分层距离和晶圆末端高度之间的关系曲线

图 18－11（a）所示为通过计算得到的分层前端的应力随着分层距离的变化关系图。可以看出，最大应力出现在分层的初期，并且随着分层过程的推进，应力值逐渐降低。图 18－11（b）所示为分层前端的最大应力对应晶圆厚度关系示意图。对于 50 μm 厚的晶圆，分层前端的最大应力为 26 MPa。

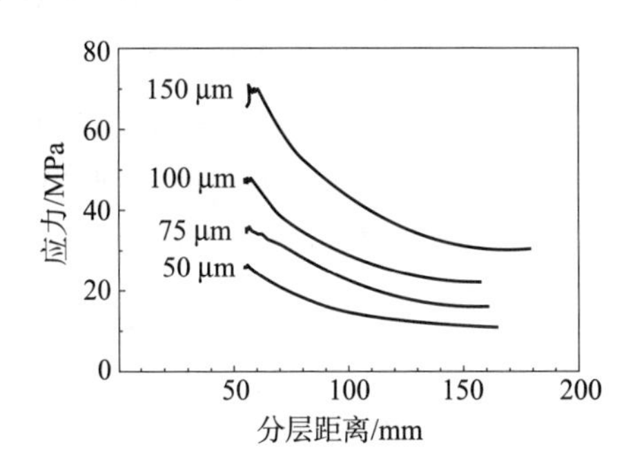

（a）50～150 μm 厚晶圆分层距离与应力之间关系

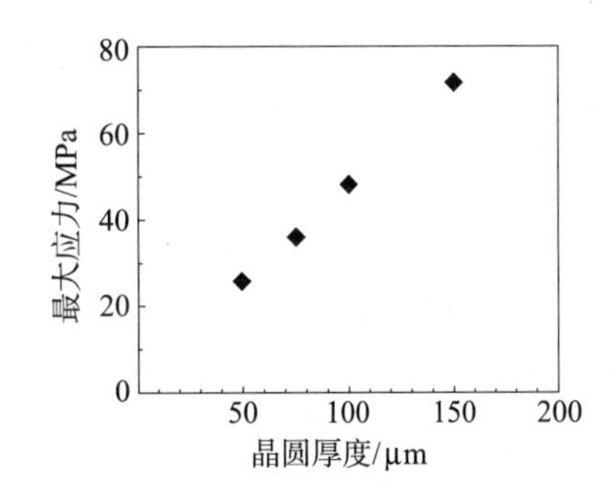

（b）晶圆厚度与最大应力之间关系

图 18－11　应力计算结果示意图

18.4.3　薄型芯片的强度

很多报道均对 Si 的断裂强度进行了论述，但是，当晶圆弯曲时，硅通孔可能成为裂纹源。因此，测试了有和没有硅通孔的 Si 的断裂强度做为参考。

样品芯片的面积为 10.4 mm^2，Si 的厚度为 50 μm 并覆盖有 1.4 μm 厚的 Si_3N_4 膜作为背面钝化层。硅通孔芯片样品具有面积为 10 μm^2 的硅通孔，并且采用了电镀的 Cu 进行填充，分布于芯片的外围，中心距为 20 μm。国际半导体设备与材料（SEMI）标准 G 86－0303 提到使用万能实验机［EZ－Graph，岛津（Shimadzu）公司］进行三点弯曲测试用于长度的测量。图 18－12 显示的是测量结果，该结果表明带有硅通孔的 Si 的断裂强度（413 MPa）要低于不带硅通孔的 Si 的断裂强度（600 MPa）。而且，带有硅通孔的 Si 的断裂强度的偏差相对较小。测试碎片也表现出明显的差异。没有硅通孔的样品破碎成许多小的碎片，但那些带有硅通孔的样品则只分裂成两片。这个结果说明硅通孔起到了裂纹源的作用。

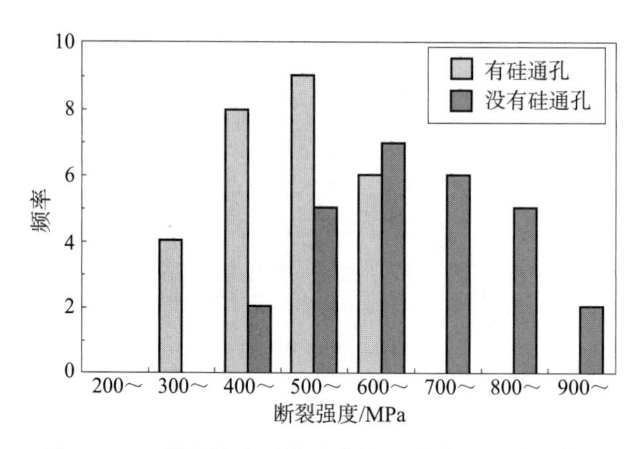

图 18－12　带通孔和不带通孔的 Si 的断裂强度比较图

18.4.4　讨论

带有硅通孔的 Si 的断裂强度要比最大应力高十倍，如图 18－11（b）所示。这表明在晶圆分层过程中，晶圆不会开裂。但是，如果由于某些原因造成分层前端推进速度不一致，晶圆可能开裂，比如不均匀载荷、界面处的空洞或缺陷。而且，对于不同的晶圆厚度，分层距离与晶圆边缘高度的关系没有体现出明显的差别。这意味着晶圆顶起的速度与分层推进的速度不同步。在测量系统中，激光传感器位置的限制制约了最小的分层距离，但是当分层距离很小时，应力将变得更高。因此，需要调整传感器的位置来评估较小分层距离的应力值。

18.5　3D 芯片堆叠

18.5.1　3D 芯片堆叠的技术问题

通过芯片堆叠工艺形成垂直互连，其中包括使用 Cu－Sn 扩散连接 Cu 通孔从而形成 Cu 凸点互连（CBB）。CBB 工艺不需要在芯片背面形成凸点，而是通过一个简单的互连来直接连接 Cu 通孔，如图 18－13 所示。然而，要实现 CBB 工艺还有两个技术问题，一个问题是达到完全扩散后 Sn 合金的减少，这是由于形成 Cu－Sn 金属间化合物（IMC）层是最优的精细界面结构[15]，另一个重要的问题是在芯片背面裸露的 Cu 上形成的 Cu 氧化层的影响。

然而，对于采用精细互连的 3D 芯片堆叠大规模集成电路，器件之间的间隙大于

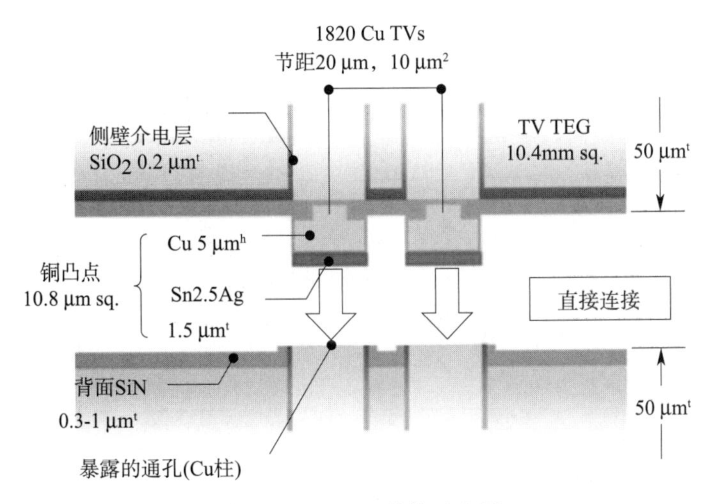

图 18－13　CBB 结构示意图

10 μm。采用传统的毛细作用进行包封是很困难的，因为要保持每层树脂的温度和喷射的均匀性是非常困难的。利用微量注塑（SSP）工艺注入非导电胶（NCP）是一个较好的解决方案[16]。每层的包封条件是相同的，因为非导电胶被置于转接板或芯片背面后，注塑和凸点互连是同时进行的。

18.5.2　20 μm 节距互连的可焊性

首先，为了考虑 Cu_3Sn 化合物的可控性，需要对如在 20 μm 节距精细互连情况下微区中的 Cu－Sn 扩散进行评估。对此，我们采用了以前从未研究过的 CuSn2.5Ag 微凸点，其熔点在纯 Sn 的熔点以上。为了定量地研究界面 Cu_3Sn 的生长动力学，分别在 250 ℃、300 ℃、350 ℃的条件下，通过高精度倒装焊机（FC－1000，东丽工程株式会社）对微凸点进行不同次数的退火，该设备也实现了 20 μm 节距高精度互连。此外，还通过横截面扫描电子显微镜（SEM）分析对 Cu_3Sn 化合物的厚度进行了测量。图 18－14 所示为 Cu_3Sn 化合物的厚度随热处理时间的平方根变化的关系曲线。从图中可以看出，Cu_3Sn 化合物的厚度符合线性回归，并且在各个温度下表现出抛物线关系。结果说明，对于在 Cu 凸点和 Cu 柱之间形成对称结构的情况下，Cu 凸点和 Cu 柱之间 1.5 μm 厚的 Sn2.5Ag 在 350 ℃的条件下经过约 20 s 的时间将完全扩散进入到 Cu_3Sn。为了进一步研究这些现象，我们通过阿伦尼乌斯（Arrhenius）方程计算了 Cu_3Sn 生长的扩散激活能

$$D = D_0 e^{-Q/kT} \tag{18-1}$$

式中　D_0 ——扩散常数；

Q ——激活能；

k ——玻尔兹曼常数；

T ——绝对温度；

D ——扩散系数，即图 18－15 中每条直线的斜率。

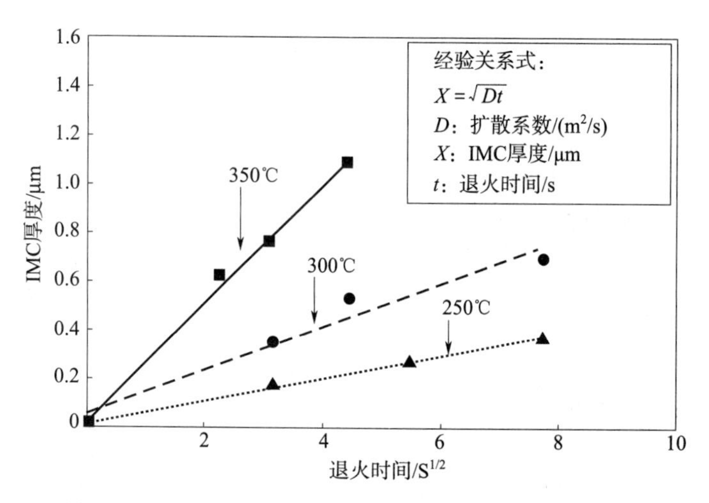

图 18－14　Cu_3Sn 厚度随退火时间的平方根变化关系曲线

图 18－15 所示为阿伦尼乌斯关系图（ln$D$ 与 10 000/T 的关系）。可以看出，金属间化合物生长的激活能为 0.88 eV，而在这个研究中，金属间化合物生长的趋势和 Vollweiler 的研究结果[17]是一致的，他们主要针对在同一温度下 70Bi－30Sn 合金的 Cu_3Sn（ε 相）和 Cu_6Sn_5（η 相）的总体生长进行了研究。另外，该研究结果也与其他针对熔点温度低于纯 Sn 的合金[18-22]的研究结果吻合良好。因此，Cu－Sn 扩散反应控制良好，并且可以在精细互连过程中形成最佳的互连界面结构。

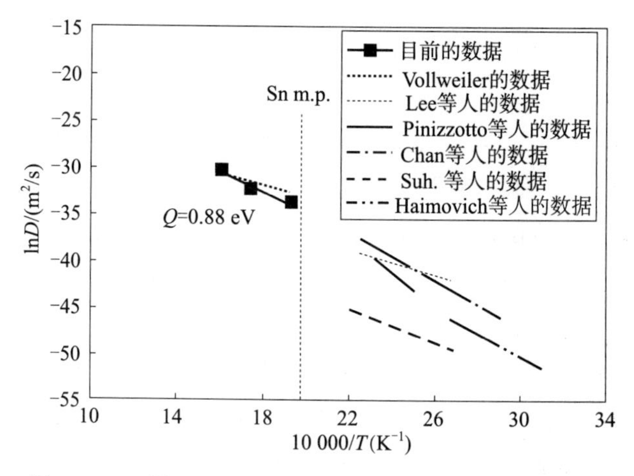

图 18－15　界面 Cu－Sn 化合物生长的 Arrhenius 关系图

其次是评估 Cu 氧化物对可焊性的影响。20 μm 节距的 Cu/CoC 模型被用于测量 Cu 凸点互连的焊接强度，如图 18－16 所示。Si 芯片面积为 10.4 mm^2，厚度为 50 μm。而硅转接板面积为 18 mm^2，厚度为 500 μm。在 20 μm 节距的 Al 焊盘上通过凸点下金属化层（UBM）制备工艺形成 1 820 个电镀 Cu 凸点，其面积为 10.4 μm^2，高度为 5 μm，并覆盖有一个 1.5 μm 厚电镀 Sn2.5Ag 层，主要分布于 Si 芯片的外围。而在 Si 转接板上形成的没有 Sn2.5Ag 层的 Cu 凸点应该是从芯片背面露出的 Cu 柱。在倒扣焊过程中，露出的 Cu

柱上的 Cu 氧化物污染层通过俄歇电子谱分析（AES）预先进行了测量。经证实，没有将样品放入真空中时，在 Cu 柱表面上形成的 Cu 氧化层（Cu_2O）厚度大约为几十纳米。因此，制备了与 Cu 柱相应的带有 Cu 氧化层的 Cu 凸点，并且采用 5%的盐酸溶液清洗一段时间从而去除氧化膜。为保证扩散完全并使 Sn 合金顺利转变为 Cu_3Sn，键合条件设定为在 350 ℃的条件下进行 60 s；该条件被认为是标准的键合工艺参数。每个芯片的焊接压力为 49.0 N，该值保持恒定。同时，在焊接过程中还需要充入 N_2以防止在互连界面熔融的 Sn 氧化。

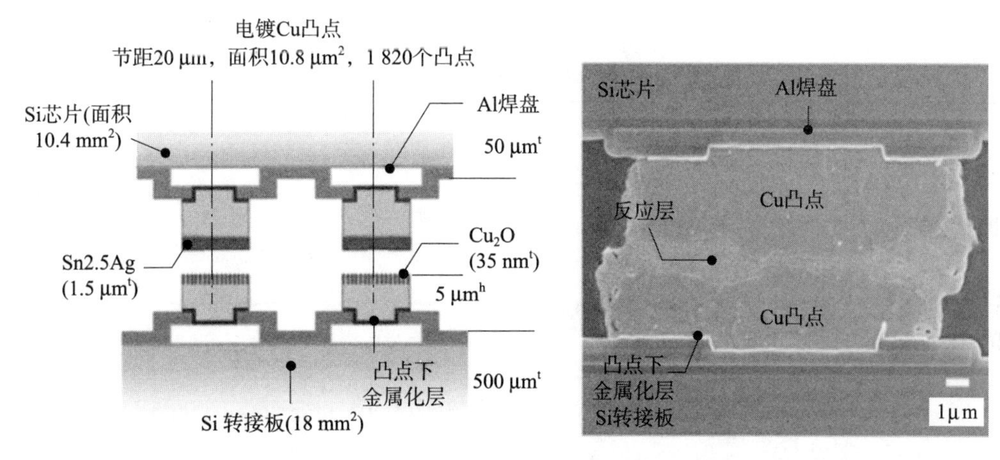

图 18－16　研究 Cu 氧化物对可焊性影响的 Cu/COC 实验模型示意图

Cu 氧化物对互连可焊性的影响通过抗拉强度清楚地得到了证实，如图 18－17 所示。考虑到接下来的芯片堆叠，焊接过程中在暴露的 Cu 柱表面上形成的 Cu 氧化层必须减少到几个纳米。而且，也研究了 Cu 氧化层的干法刻蚀工艺。该工艺采用了氩气反应离子刻蚀（RIE）溅射设备（V－1000，大和科学株式会社），溅射条件是：射频（RF）功率为 1 000 W，氩气流量 15 sccm 和驱动压力 10 Pa。结果，Cu 氧化层被去除，并且经过 1 min 的酸性刻蚀处理。此外，这种工艺可以实现多种样品的批量制作。因此，我们建立了针对连续芯片堆叠的一个有效的 Cu 氧化层去除工艺。

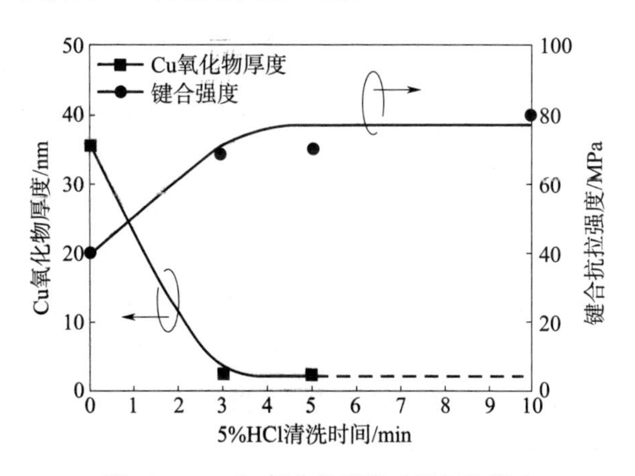

图 18－17　Cu 氧化物厚度对可焊性影响

从 Cu－Sn 互扩散的角度考虑，焊接温度和时间对可焊性有明显影响。因此，采用 Cu/CoC 模型对这些参数进行了评估，如图 18－16 所示。Cu 凸点表面的氧化层预先通过氩气溅射将其去除。在各个工艺条件下，经过细环控制识别序列后，通过倒装焊机在 80 ℃的条件下将 Si 芯片组装到 Si 转接板上。表 18－1 对各个工艺条件下的各种焊接参数进行了汇总。在各种焊接条件下完成互连后，对样品的焊接拉伸应力强度进行了测量。此外，可以认为断裂位置是 Cu 凸点互连的薄弱环节。接下来，为了明确金属间化合物的形态，通过场发射扫描电子显微镜（FE－SEM）和场发射透射电子显微镜（FE－TEM）对互连界面进行了断面分析。

表 18－1　互连参数评价表

参数	键合温度	键合时间
键合温度/℃	240，270，300，350，400，450	350
键合时间/s	60	5，10，30，60
键合力/N	49	49
N_2流速/L·min^{-1}（N_2气流量）	10	10

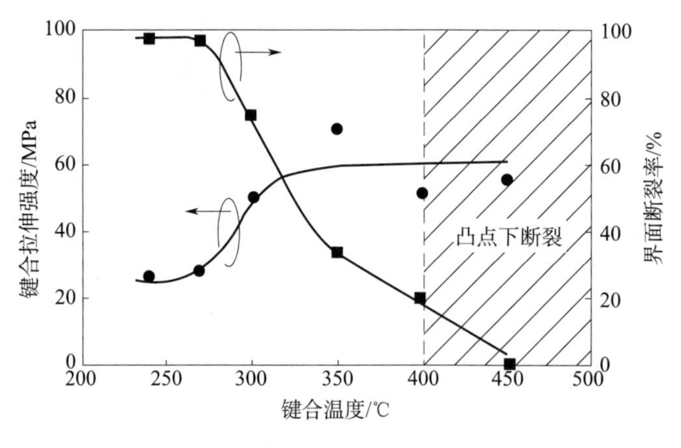

图 18－18　键合温度对可焊性的影响

图 18－18 显示的是可焊性与焊接温度的关系，该图表明焊接温度对于增加焊接强度是非常有效的，并且焊接强度在 350 ℃时达到最大值。此外，在互连界面（一般认为由金属化合物构成）处，断裂程度也会随着焊接温度的升高而降低。在断裂模式方面，对于 350 ℃以下的情况，除发生界面断裂之外，也会在块状 Cu 凸点内部或者在凸点结构下方发生断裂，其中包括凸点下金属化层和 Al 焊盘。然而，对于焊接温度为 400 ℃的情况，可以经常观察到在凸点下金属化层边界和 Al 焊盘的下方发生分层，而分层模式是 450 ℃下的主要断裂模式。原因可以假设为相对于由金属间化合物构成的互连界面，凸点结构下方的黏结强度降低了。为了明确金属间化合物的形态，通过 TEM 对在 240 ℃和 350 ℃条件下形成的互连界面进行了分析，这是由于这两者的可焊性存在明显差异，如图 18－8 所示。图 18－19 所示为互连界面的 TEM 图。经证实，在 350 ℃的条件下，Sn 合金完全消耗并形成单独的 Cu_3Sn 层。然而，在 Cu_3Sn 层的某些区域发现存在微小的孔洞。至于孔

洞存在的原因，可能是电镀 Cu 凸点表面是一个图形化的锯齿状表面，而上方凸点与下方凸点完成互连后，空洞则残留在熔融的 Sn 中。同时，在 240 ℃的条件下，在两个 Cu 凸点之间可以观察到形成了一个包含 $Cu_3Sn/Cu_6Sn_5/Cu_3Sn$ 的多层结构。上方和下方 Cu_3Sn 层的厚度约为 0.33 μm，而这与图 18－14 对应的结构是一致的。这个结果表明互连界面的金属间化合物形态是影响 20 μm 节距 Cu 凸点互连可焊性的主导因素，而 350 ℃是一个最佳的焊接温度。

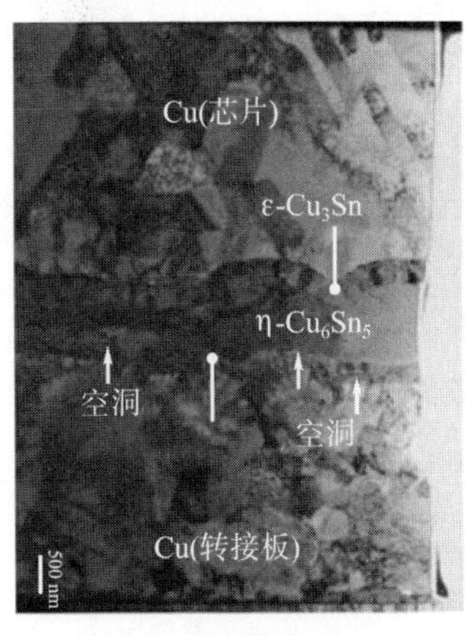

(a) 240 ℃条件下

(b) 350 ℃条件下

图 18－19　互连界面微观结构的横截面示意图

图 18－20 所示为可焊性与焊接时间的关系图，可以看出，焊接强度和界面断裂百分率经 10 s 的焊接后趋于饱和。图 18－21 所示为焊接时间为 10 s 时，互连区域的凸点边缘局部放大的 SEM 图。焊接界面的合金层包含单个的 Cu_3Sn 层，而在同一工艺条件下，还研究了与焊接温度相对应的焊接强度。然而，根据图 18－14 可知，在一个对称的 Cu 凸点结构情况下，要使 1.5 μm 厚的 Sn2.5 Ag 完全扩散形成 Cu_3Sn，必须在 350 ℃的条件下焊接 20 s。事实上，在此过程中，熔融的 Sn 流入凸点边缘，扩散面积则相应增加。因此，焊接界面上 Sn 的消耗能够更早地完成。

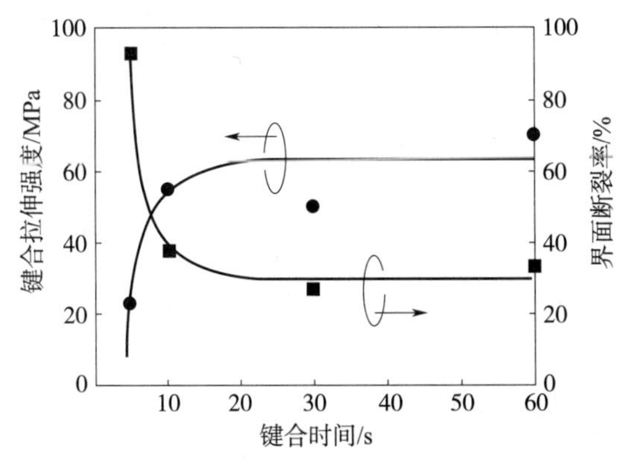

图 18－20　键合时间对互连可焊性的影响

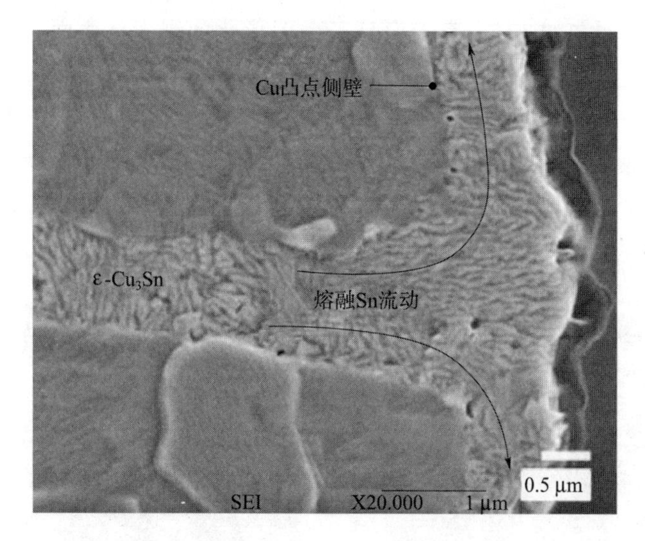

图 18-21 焊接时间为 10 s 时的互连界面微观结构横截面示意图

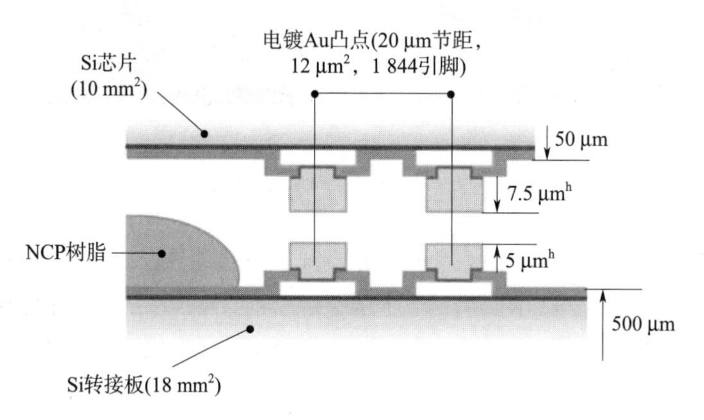

图 18-22 CoC 结构的非导电胶预成型工艺示意图

18.5.3 层间微小缝隙的非导电胶（NCP）预成型工艺

图 18-22 所示为对非导电胶（NCP）预成型工艺进行基本评估的实验模型结构示意图。硅芯片面积为 10 mm^2，厚度为 50 μm。而硅转接板面积为 18 mm^2，厚度为 500 μm。通过凸点下金属化层（UBM）制备工艺在 20 μm 节距的 Al 焊盘上形成 1844 个电镀 Au 凸点，其面积为 12 μm^2，高度为 7.5 μm（硅芯片上 Au 凸点）和 5 μm（硅转接板上 Au 凸点），主要分布于上方芯片和下方转接板的外围，并且一一对应。键合之前 NCP 在转接板上进行预成型。NCP 不能包含填充颗粒以防止介入的颗粒对键合工艺造成影响。然而，在热应力控制方面，其保持了很低的热胀系数（CTE）和较高的玻璃化转变温度（T_g）。另外，其具有较低的黏度使得焊接力很容易得到控制。表 18-2 是 NCP 的材料属性列表。图 18-23 是喷射点胶机结构示意图和微小胶滴（SSP）流动过程[23]。在喷射产生的基本机制中，通过气阀针对 NCP 施加动力矩，气阀针驱动同轴顶置阀上下移动。可以实现出

色的微量喷射点胶，并且连续喷射具有很高的生产率。而且，这种方式对基层高度不敏感，这对于 3D 堆叠器件具是很大的优势，因为在 3D 堆叠器件中每层都有不同的基层高度。通过几何模拟对这个实验模型进行计算得出 NCP 的理论总量为 0.87±0.088 mg。对于这种情况，为了点胶形成最佳图形需要将每滴胶重量控制在0.017 mg以下，而通过微量注塑工艺可以使每滴胶的总量控制到 0.010 mg。而且，这种微量喷射点胶系统给定的最大位移不超过 0.1 mm。将 NCP 滴涂到转接基板后，上方芯片通过两步热压键合工艺贴装到转接基板上。在 80 ℃的条件下，NCP 流动到芯片边缘。然后，在 240 ℃的条件下对 NCP 固化 60 s。而在焊接过程中，焊接压力是恒定的。表 18 - 3 是键合工艺条件的参数表。通过红外显微成像仔细评估了 NCP 的点胶图形，确保 NCP 润湿并铺展穿过整个缝隙，并且没有出现 NCP 沿着薄 Si 芯片的边缘攀爬到键合工具上。对键合界面的横截面进行了分析以确保上、下凸点之间 NCP 的排除。完成键合后，通过激光位移计对芯片背面翘曲进行测量，以确定连续的芯片堆叠的可能性。

表 18 - 2　NCP 的材料属性

项目	条件	测量值
黏度	25 ℃	19.1 Pa s
凝胶时间	150 ℃	98s
热膨胀系数（玻璃转化温度以下）	TMA	69×10^{-6}
热膨胀系数（玻璃转化温度以上）	TMA	176×10^{-6}
玻璃转化温度	TMA	157 ℃
弹性模量（25 ℃）	DMA	4.6 GPa
弹性模量（150 ℃）	DMA	1.9 GPa

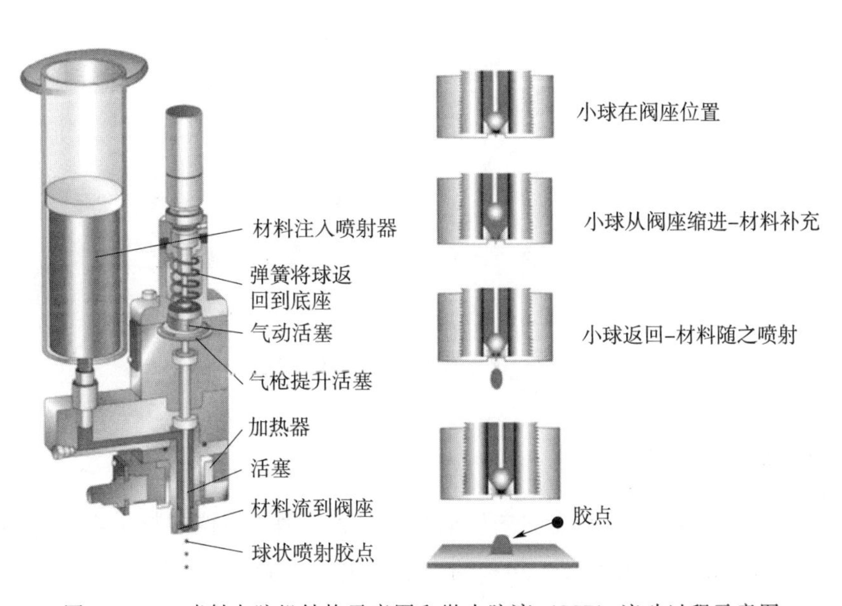

图 18 - 23　喷射点胶机结构示意图和微小胶滴（SSP）流动过程示意图

表 18－3　两步法热压键合的键合参数

参数	步骤 1	步骤 2
键合力/N	50	50
键合温度/℃	80	240
键合时间/s	10	60

图 18－24 所示为一个试验点胶图形（对角交叉型），在图形中心有大量的 NCP。NCP 总量包括 88 滴胶，相当于每个芯片点胶量为 0.88 mg，这与理论上点胶总量是一致的。图 18－25 则是完成键合后，在芯片边缘，贯穿芯片与转接基板的微小空隙的红外显微图像。这些微小空隙几乎被外围互连区域完全包封，没有发现孔洞和裂纹。尽管在 CoC 区域的边缘出现了攀爬现象，但是可以考虑利用微细喷射点胶技术进一步优化 NCP 的量和点胶图形，并利用微细喷射点胶技术来解决。图 18－26 所示为完成键合后键合区域横截面的扫描电镜显微图。从图中可以看出，上方和下方 Au 凸点的塑性变形几乎相当。Si 芯片与转接板的间隙约为 8 μm。尽管在互连界面出现了一些微小的孔洞，但是通过 X 射线能谱（EDX）分析并没有发现 NCP 树脂存在。图 18－27 是完成键合后，通过激光位移计测量的芯片背面翘曲结果示意图。从图中可以看出，芯片背面翘曲是非常小的（不到 3 μm），这是由于在键合和固化过程中始终存在键合力。按照芯片背面翘曲分析的结果，可以认为每层堆叠时凸点的共面性可以得到控制。因此，NCP 点胶工艺能够实现无孔洞包封和芯片在平稳互连区域上的堆叠。另外，将这种工艺用于具有 20 μm 节距精细互连的大规模集成电路 3D 芯片堆叠的包封是可行的。

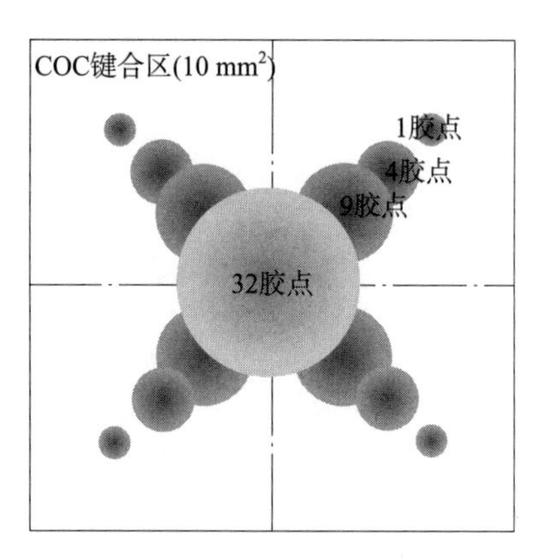

图 18－24　最佳的 NCP 喷射图形

18.5.4　垂直互连的制作

图 18－28 所示为 Cu/3D 互连的图解模型和芯片背面 Cu 柱的扫描电镜显微图。通孔芯片面积为 10.4 mm^2，厚度为 50 μm，并且在该芯片上制备了面积为 10 μm^2 的 Cu 通孔。通孔节距为 20 μm，并均分布于 Si 基芯片的外围。Si 基转接板面积为 18 mm^2，厚度为 500 μm。在 Cu 通孔上通过凸点下金属化层（UBM）制备工艺形成 1 820 个电镀 Cu 凸点，

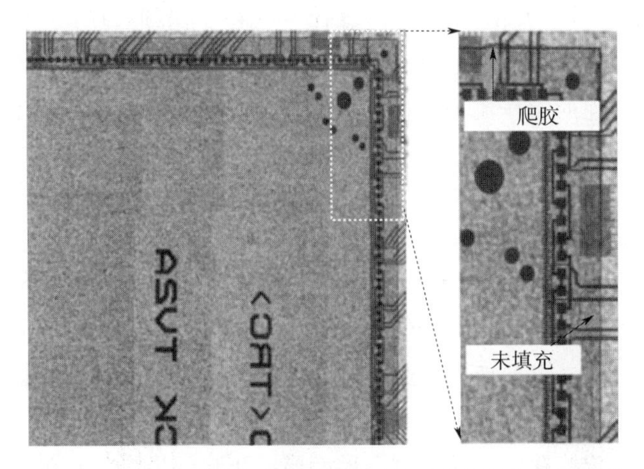

图 18-25　贯穿芯片与转接板的灌封 NCP 的红外显微图像

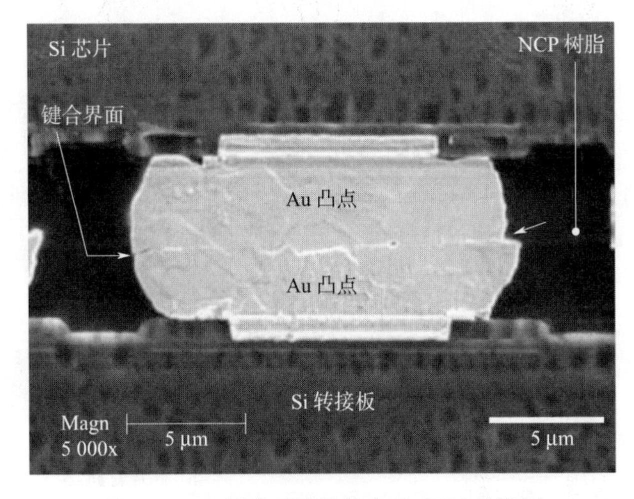

图 18-26　键合后微连接点的 SEM 显微图

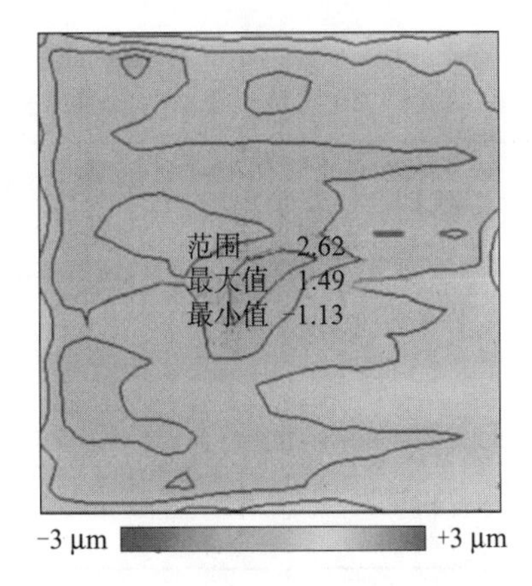

图 18-27　互连后的芯片弯曲测试结果（键合后芯片翘曲情况）

其面积为 10.4 μm^2，高度为 5 μm，并覆盖有一个 1.5 μm 厚电镀 Sn2.5Ag 层。通过晶圆减薄、SiN－CVD 和 SiN－CMP 工艺形成从芯片背面露出的 Cu 柱。表 18－4 是采用芯片堆叠工艺形成垂直互连的制作流程。在进行键合之前，采用微量注塑工艺将包封树脂滴涂到 Si 转接板上。然后，将完成通孔制作工艺的第一层通孔测试组件（TEG）贴装到 Si 转接板上。这种方法可以通过利用流动的树脂填充几乎整个微小薄层间隙，然后使用平整的键合工具施压进行树脂固化的方式来避免芯片背面翘曲。对键合工艺条件进行设定，从而满足达到完全扩散，Sn 基合金消耗形成 Cu_3Sn 并且完成树脂固化。正如前面提到的，键合工艺进行过程中在裸露的 Cu 柱表面形成 Cu 氧化层，在用于 Cu 表面蚀刻约 80 nm 的条件下通过氩溅射将其除去。然后，后续的芯片层在相同的条件下依次被贴装。所有芯片层完成键合后，每个层间剩余的间隙采用真空包封设备（Century－VE，Asymtek）进行包封，这样可以防止由于捕获空气而在键合界面形成孔洞。最终，对包封树脂进行固化。表 18－4 汇总了芯片堆叠工艺每步的条件。

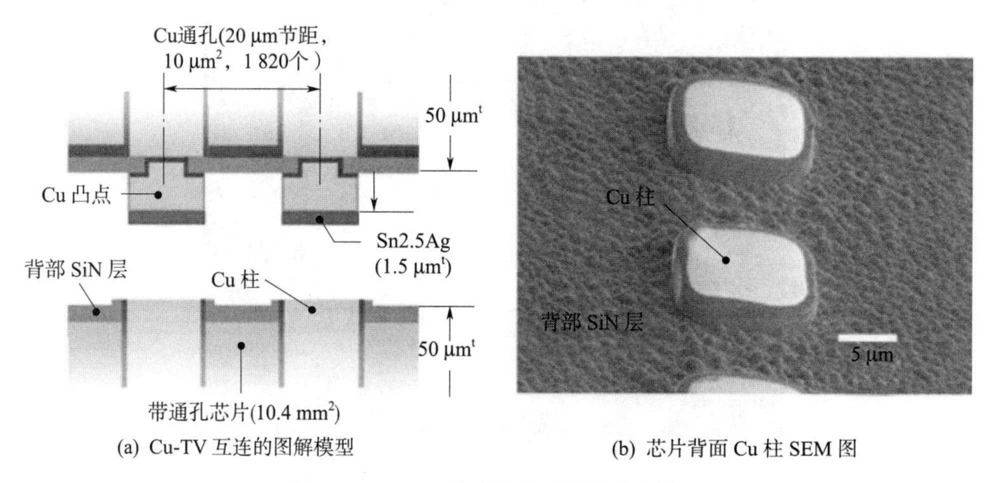

(a) Cu-TV 互连的图解模型　　(b) 芯片背面 Cu 柱 SEM 图

图 18－28　3D 芯片堆叠可靠性试验模型

表 18－4　3D 芯片堆叠结构制作工艺

工艺	目标规范	方法	条件
TEG TV芯片 转接板	无溢出	微小胶滴喷射工艺（SSP）	成型总量：低于 0.4 mg/10.4 mm²
	无攀爬 单界面金属化层（Cu_3 Sn）的完整键合	Cu 凸点键合（CBB）	温度：350 ℃

续表

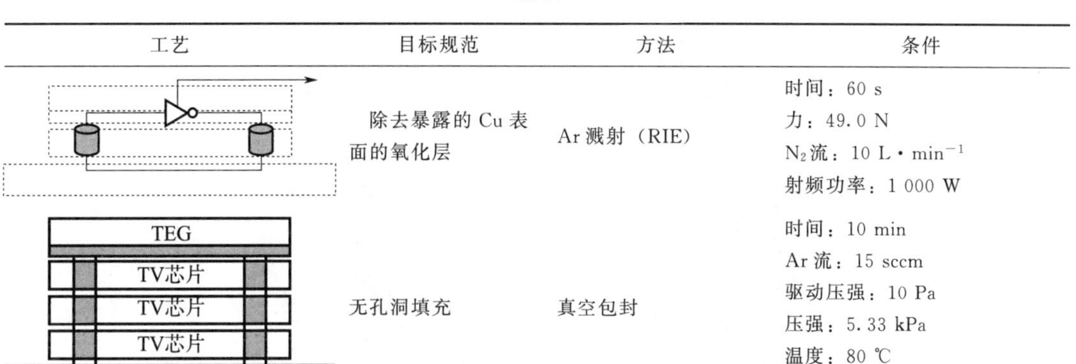

工艺	目标规范	方法	条件
	除去暴露的 Cu 表面的氧化层	Ar 溅射（RIE）	时间：60 s 力：49.0 N N_2流：10 L · min^{-1} 射频功率：1 000 W
	无孔洞填充	真空包封	时间：10 min Ar 流：15 sccm 驱动压强：10 Pa 压强：5.33 kPa 温度：80 ℃ 后续固化：125，150 ℃/30 min

图 18－29 所示为 20 μm 节距多层垂直互连的 3D 芯片叠层结构的整个横截面的扫描电镜显微图，该结构采用了芯片叠层工艺。3 个带有 20 μm 节距 Cu 通孔的 50 μm 厚的通孔测试组件和 50 μm 厚的凸点测试组件成功地被高精度地贴装到 Si 转接板上。采用单边底填充树脂对硅基芯片之间的 4 个层间微小缝隙（小于 10 μm）进行完全包封；两步法包封方式包括预制和后填充树脂两个步骤，这种方式被认为是最适用于微小间隙的大规模集成电路（LSI）3D 芯片堆叠的包封。图 18－30 所示为将第一个和第二个通孔芯片的 Cu 通孔进行连接的 Cu 凸点互连结构的显微放大图。从图中可以看出，第一个通孔测试组件上裸露的 Cu 通孔通过 Cu_3Sn 层直接与第二个通孔芯片上的 Cu 凸点实现互连。背面的氮化硅层将 Si 基板与流向凸点边缘的熔融 Sn 进行了隔离。此外，经证实，熔融的 Sn 铺展到 Cu 凸点侧壁而没有发生水平扩展，而且这样可以防止熔融的 Sn 造成 Cu 凸点的短路。所以，可以认为采用通孔完成了高可靠互连。因此，采用芯片堆叠工艺可以实现具有良好一致性的垂直互连制备。

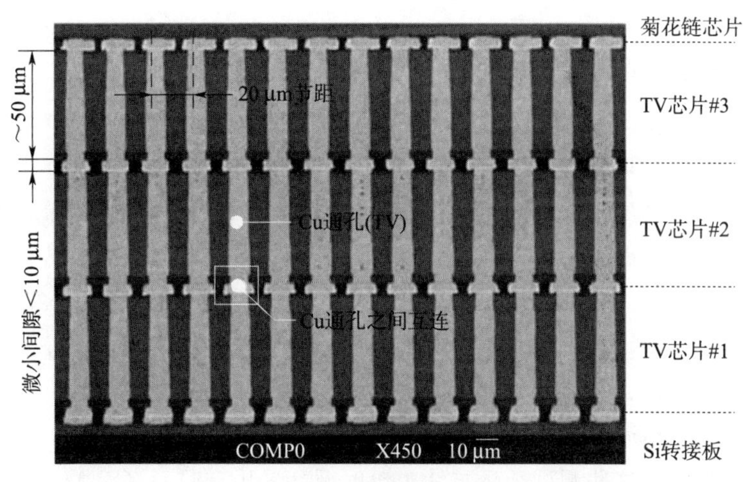

图 18－29　20 μm 节距多层垂直互连的 3D 芯片叠层结构的整个横截面的扫描电镜显微图

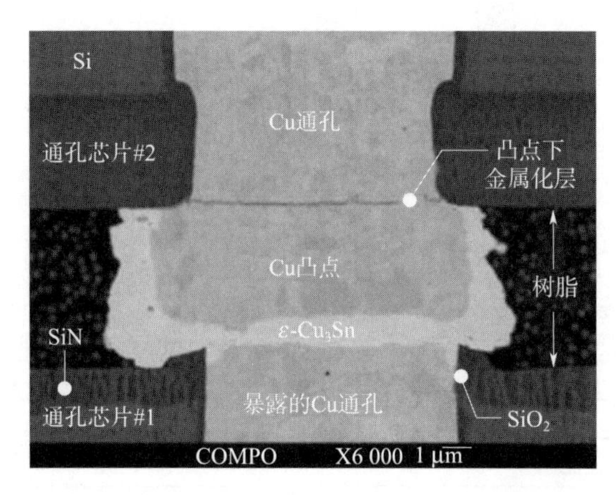

图 18-30　将第一个和第二个通孔芯片的 Cu 通孔连接在一起的 CBB 结构的放大显微图

18.5.5　垂直互连的可靠性

目前已经研究了使用电镀 Au 凸点的 CoC 结构 20 μm 节距精细互连技术[24]，并且 Au 凸点通过热压键合实现了冶金连接。我们发现，即使对于 Si-Si 结构，厚度方向上互连结构和树脂之间热失配引起的应力也不容忽略[25]。Au 凸点互连引起的最大等效塑性应变大于 1%是不可接受的，并且无填充树脂必然破坏互连结构。树脂的性质被认为是最重要的因素之一；采用包含超过 60%填充颗粒的低应力树脂填充微小间隙进行包封并且不产生孔洞是很困难的。相反，对于芯片堆叠工艺，认为通过 Cu-Sn 金属间化合物实现优化的 CBB 互连可以抵抗结构应力，从而达到高可靠的要求。另外，通过前面提到的两步法包封方式可以实现 55wt%填充颗粒树脂对芯片间隙的无孔洞包封。因此，采用了两种结构模型来评估对称的垂直互连可靠性。一个是 CoC 结构，用于评估在各种包封条件下 20 μm 节距 CBB 结构的可靠性。包含 55%填充颗粒的高速填充树脂（树脂 A）被证实对 Au 凸点互连具有良好的可靠性，并被应用参考；其中，二氧化硅填充颗粒直径平均为 0.3 μm，这种鲜明的粒径分布可以使树脂对微细薄层间隙的包封变得容易。此外，严重影响互连的无填充颗粒的树脂（树脂 B）应用于评估 CBB 互连结构性能。此外，3D 芯片堆叠结构通常用于评估垂直互连的可靠性。图 18-31 所示为利用 CBB 互连结构和高可靠树脂 A，由 Cu 通孔连接组成的四层互连结构。最终，从可靠性方面对垂直互连实际应用的可行性进行了验证。采用了温度循环测试（TCT）对每层结构进行了有效评估，特别是热膨胀系数（CTE）的影响方面。温度循环测试（TCT）采用的温度范围是 −40～125 ℃。对于每个样品，菊花链电路由 64 个独立的链路组成。在测试中通过对菊花链进行互连电阻测试来完成对样品的电检测，并且将 10%的电阻值变化作为一个标准。

表 18-5 显示的是可靠性测试结果。可以看到，所有样品均通过了 1 500 次温度循环，其可靠性是可接受的。这些测试结果与针对温度循环采用有限元（FEM）分析界面材料对互连可靠性影响的预测结果是一致的。图 18-32 所示为对于每个结构互连的等效塑性应变范围（ε_{eq}），重点体现了填充树脂的热膨胀系数（CTE）差异造成的影响。从结果中可

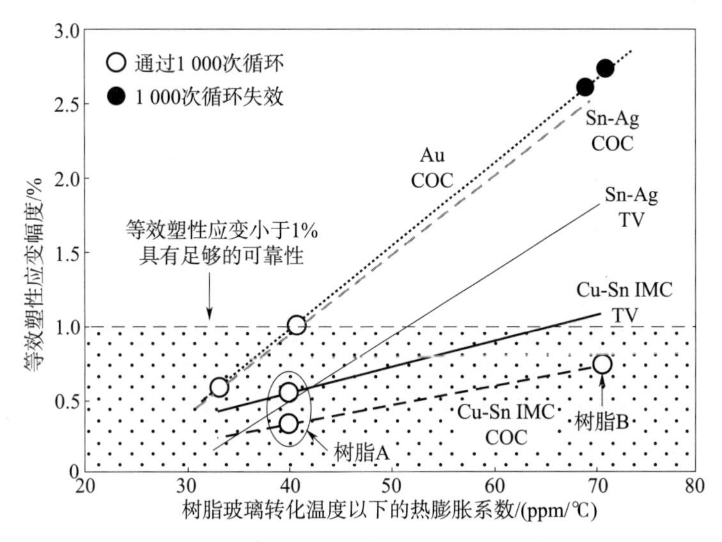

图 18－31　各种互连结构等效塑性应变幅度的模拟结果和可靠性测试结果

以得出，ε_{eq}在每个工艺条件下都依赖于树脂热膨胀系数。但当采用的互连界面由带有金属间化合物的 Cu 凸点构成时，这种依赖性有所减弱。可以认为，在厚度方向上由于热失配在微细互连结构和树脂之间产生的应力是不可忽略的，正如前面提到的，即使对于 Si－Si 的互连结构也同样不能忽略。尽管应力容易引起 Au 凸点的塑性变形，但是刚性的 Cu 和金属间化合物几乎不发生塑性变形。对于采用 Cu 通孔进行互连的 3D 结构，Cu 凸点和金属间化合物层的 ε_{eq}值升高。这是因为 Cu 通孔的热变形要比硅芯片产生的变形大得多，Cu 通孔产生的变形对 Cu 凸点和 IMC 层产生拉应力。此时，树脂填充的应力引起的变形可以忽略。在这个研究中，评估的结构在图中描绘出来，而这些结构被认为在树脂产生的热应力方面是可接受的。图 18－32 所示为经过 1 500 次温度循环测试后，第一个和第二个通孔测试组件（TEG）之间通过 Cu 通孔互连的 CBB 结构的横截面示意图。从图中可以看到，在互连界面没有出现缺陷。在该测试条件下，没有因为 Cu－Sn 扩散而产生柯肯达尔(Kirkendall) 孔洞，这是因为互连界面是由单一的 Cu_3Sn 金属间化合物层构成，而没有 Sn 和 Cu_6Sn_5层。可以认为，在倒装焊过程中，Sn 合金完全扩散形成的 Cu_3Sn 化合物层对于精细互连的可靠性是非常有利的。因此，可以表明，CBB 互连结构对于20 μm节距 Si－Si 结构的精细互连具有优异的性能，而且通过芯片堆叠工艺进行垂直互连制作的实际应用是完全可能的。

表 18－5　可靠性测试结果（样本数量）

温度循环测试（TCT）周期	COC（树脂 A）	COC（树脂 B）	3D 结构（树脂 A）
100	0/5	0/5	0/5
300	0/5	0/5	0/5
600	0/5	0/5	0/5
1000	0/5	0/5	0/5
1500	0/5	0/5	0/5

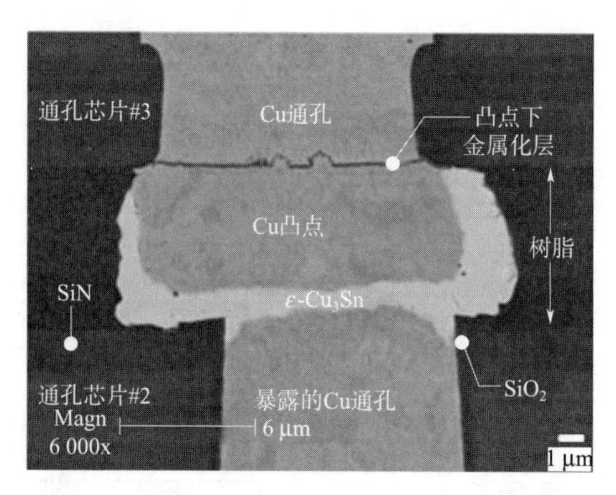

图 18-32 采用Cu通孔实现第一和第二个通孔芯片间互连的CBB结构经1 500次温度循环后的组织形貌

18.6 芯片堆叠模块的热性能

3D芯片堆叠的热设计在高性能大规模集成电路（LSI）的集成中是最重要的问题之一[26-28]。如果一个芯片的散热为几瓦，芯片堆叠的温升不会非常严重。然而，与未来高性能大规模集成电路（LSI）系统相关的许多不确定问题依然存在，包括功耗达到10瓦以上、叠层的芯片数量增加和含有如低 k 介质的低导热材料。

接下来的部分描述了实际叠层芯片的热阻测试、钝化层影响的评估和一种推荐的针对高功率产品应用的新型冷却界面。

18.6.1 热阻测试

为了考察一个叠层芯片模块的基本热性能，通过测试芯片测量了四层芯片堆叠模块的 Θ_{jc}。该测试芯片包括生热的电路单元和温度敏感元件。芯片面积为10 mm^2，厚度为50 μm，并在其周围以20 μm的节距制作了1 820个Cu凸点和Cu通孔。除顶层芯片外，每个Cu凸点直接与下一个芯片的Cu通孔互连。最下方芯片互连到Si转接板上。芯片间的间隙约为5 μm，并采用了填充树脂进行填充。在这里，Θ_{jc} 可以被定义为从顶层芯片表面到转接板背面的热阻，如图18-33（a）所示。为了避免环境对热阻测试的影响，对四层芯片堆叠的热阻 Θ_{jc} 进行了简单测量，样品被放置在热绝缘器里面，并且通过将商用风扇热沉黏结到转接板背面对叠层芯片进行冷却。加热面积是5 mm×5 mm或6 mm×6 mm，以研究热流密度的影响。

图18-33（b）所示为两种散热面积的芯片测得的芯片热阻 Θ_{jc} 随叠层芯片数量变化的结果示意图。首先，可以看出在散热面积为6 mm×6 mm的情况下，随着叠层芯片数量的增加，芯片热阻 Θ_{jc} 增加约0.3 K·W^{-1}每层。可见，一个芯片堆叠产生的芯片热阻 Θ_{jc}

的增量与“叠层封装”模块相比是非常小的。这是因为芯片堆叠模块的芯片热阻 Θ_{jc} 主要是由薄层填充树脂层引起的[26]。第二，芯片热阻 Θ_{jc} 增加的强度主要取决于芯片表面的散热面积。在图 18-33（b）中，两种加热条件之间的差异总计超过 1 K · W^{-1}。这种对加热面积的较强依赖主要是因为超薄芯片的外形具有很大的深宽比，从而导致较差的平面散热能力。这种由于大的深宽比引起的热独特性是非常值得注意的，因为 Si 通常被认为是一种高热导材料。

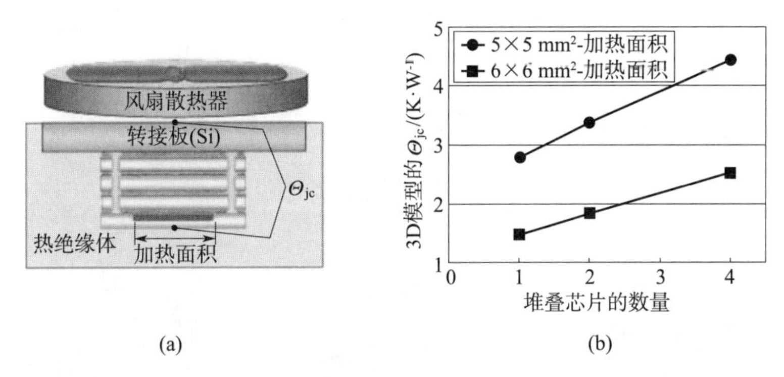

图 18-33 （a）方法示意图；（b）热阻测量结果

18.6.2 钝化层的影响

为了分析 3D 叠层芯片模块内部的热阻，采用有限体积法（FVM）对热传导进行分析。采取了以下几种结构模型，1）无凸点，无硅通孔；2）有凸点，无硅通孔；3）有凸点，有硅通孔。将有和没有厚度为 10 μm 的钝化层这两种条件应用于该结构模型。

图 18-34 所示为一个不含钝化层的芯片堆叠的内部热阻 Θ_{int} 的详细情况。比如在这里，钝化层即表面有源电路层，其由电路单元、走线和介质层构成。

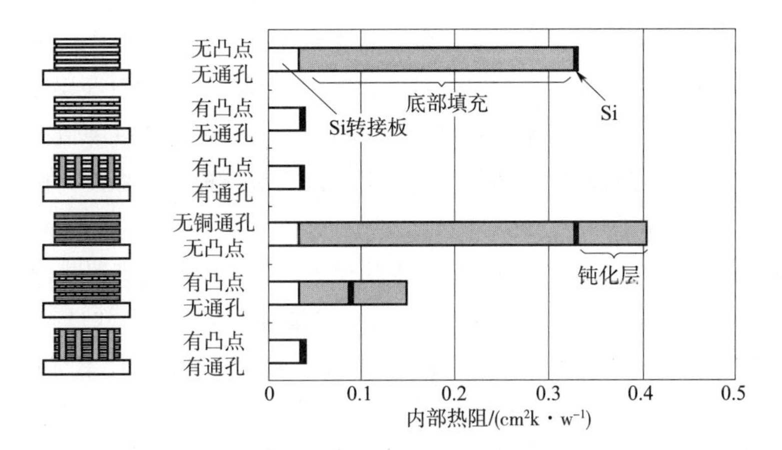

图 18-34 钝化层对内部热阻的影响

在这两种情况下，底填充层的内部热阻 Θ_{int} 占整个内部热阻的比重超过 70%。第二个对内部热阻 Θ_{int} 起主要作用的是钝化层。Cu 通孔差异产生的热影响依赖于钝化层的厚度。

对于无钝化层的情况，实现硅芯片与硅转接板之间互连的凸点作为散热路径是非常有效的，这种互连方式与硅通孔的结合没有对内部热阻 Θ_{int} 的降低产生显著影响。相反，对于含 10 μm 钝化层的叠层芯片，硅通孔和凸点的结合运用则对内部热阻 Θ_{int} 产生了明显的效果。这是因为 Cu 通孔作为传热孔极大地受到钝化层的影响，钝化层的热导率大概是 Si 的热导率的 1%。图 18－35 所示为经计算得出的一个凸点周围温度分布云图。图 18－35（a）和（b）说明钝化层严重阻碍了结构的散热性能。图 18－35（c）显示出即使含有 10 μm 的钝化层，通孔仍是一个有效的散热途径。因此，针对有大量多层布线的高功率 LSI 器件，散热凸点应该与硅通孔结合起来应用。

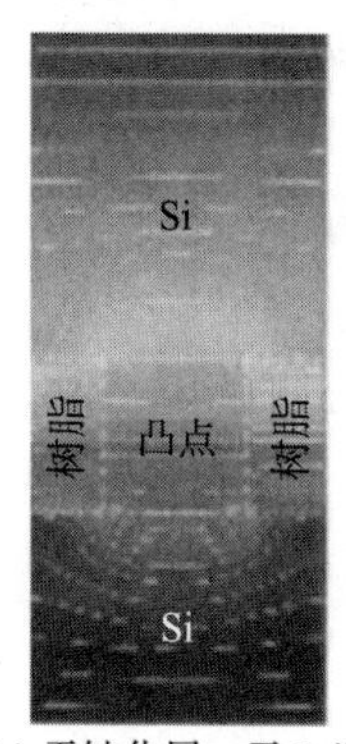

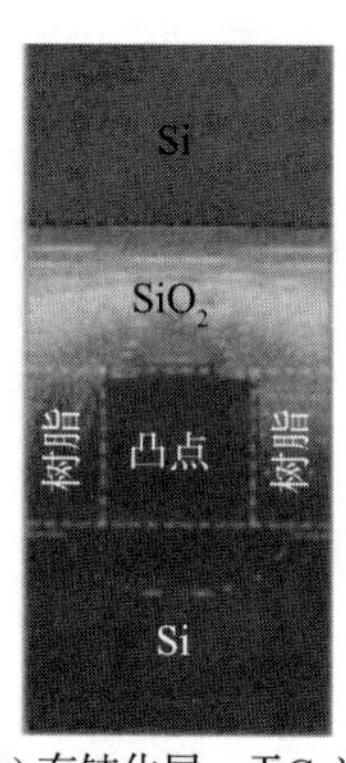

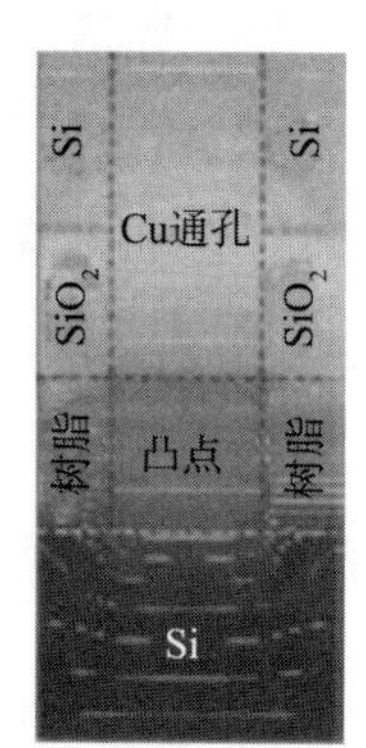

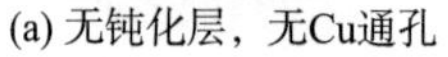

(a) 无钝化层，无Cu通孔　(b) 有钝化层，无Cu通孔　(c) 有钝化层，有Cu通孔

图 18－35　凸点周围的温度场分布

18.6.3　新型冷却界面的研究

这些结果表明，在 3D 叠层芯片模块中，通过硅通孔与凸点的结合应用，内部热阻 Θ_{int} 可以下降到约 0.1 $cm^2K \cdot W^{-1}$ 每层。因此，对于每个芯片功耗小于 10 W 的低功率应用和叠层数不超过 5 层的情况，只需采用常规的冷却方法，如黏结散热器或热管。

然而，如果高功率芯片（大于 10 W）被安装到 3D 模块中，并且叠层数量较高，则由于内部热阻 Θ_{int} 的积累引起的总体热阻的增加是相当大的。在这样一种情况下，如果直接冷却无效，内部芯片则容易产生过热。因此，必须采用另一种冷却界面，使得单个芯片的冷却是完全相同和并行的。

不幸的是，超薄芯片（小于 50 μm）由于其很高的深宽比而具有明显的热各向异性特征。所以，采用众所周知的芯片侧面作为冷却面的“边缘冷却效应”效果并不理想。因此，实现“并行冷却”唯一有效的方法是对流冷却，它充分利用了叠层芯片之间的微小间隙，如图 18－36 所示。3D 堆叠模块的每对相邻芯片之间有嵌入式的流动通道。如果一种流动的液体能够注入到每个芯片-芯片间的间隙中，实现有效的“并行冷却”就更加轻而易举。

为了粗略评估利用微小间隙进行并行冷却的热效应，通过有限元体积法（FVM）计算了四层芯片堆叠模组的温度分布，从而获得初步的评估结果。在这个计算中，假设每个芯片的功耗为 25 W（四个芯片总计 100 W）。

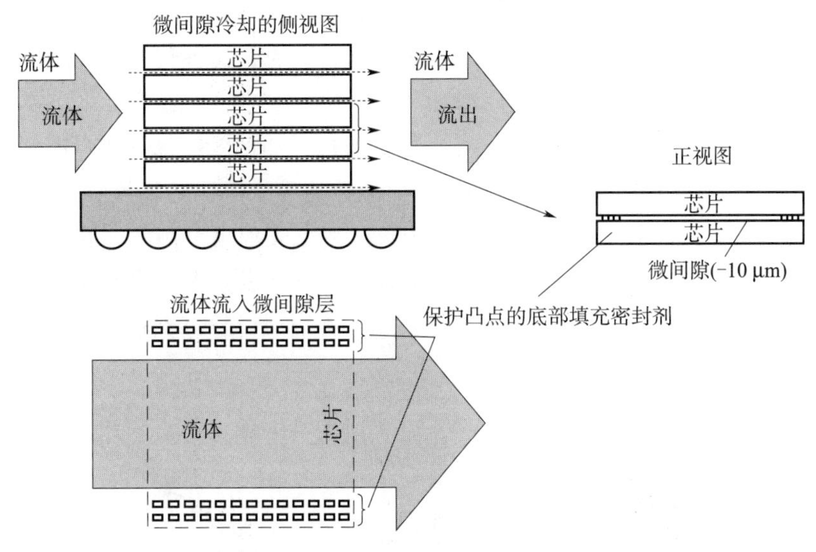

图 18 - 36　叠层芯片模组微间隙冷却模型示意图

图 18 - 37 所示为在两种不同的冷却条件下计算得到的温度分布图：1）使用顶部、侧面和底部表面进行的常规冷却；2）使用微小间隙冷却的新型冷却方式。两个模型表面均采用均匀一致的热传导系数（5 000 $W \cdot m^{-2} \cdot K^{-1}$）作为边界条件，这相当于使用了在 2 mm 直径的管道内水以 1 $cm^3 s^{-1}$的速度流动产生的效果。对于微小间隙冷却，热传导系数仅被应用于四个间隙的内表面。

可以看到，在微小间隙冷却的情况下，加速的热气流快速流动穿过间隙表面，而采用常规冷却方式时，热量集中在内层芯片区域。这个结果完全在预料之中，但当在一个叠层芯片模块中对一连串相互连接的大功率芯片进行冷却时，其对于理解并行冷却界面效果却是非常有用的。

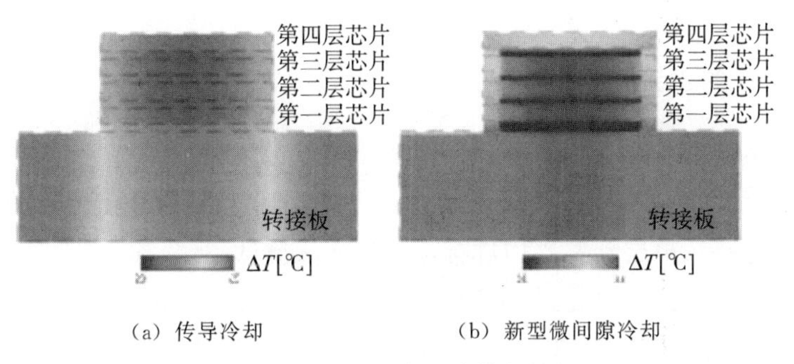

(a) 传导冷却　　(b) 新型微间隙冷却

图 18 - 37　大功率芯片模拟结果

在叠层芯片模块中，这些“嵌入式”的液流通道是非常窄的（约 10 μm），并且尺寸与微通道热沉是相似的。对于微通道冷却，许多研究者，包括塔克曼（Tuckerman）和皮斯（Pease）[29]，证实液体流动到一个狭窄的微通道表现出异常优异的热传导特性。

然而，由于这种微间隙极小（约 10 μm），因此其冷却由许多不明的因素引起。为了定量地分析芯片间微间隙的热传导特性，可以进行一个简单的实验。图 18－38（a）所示为确定热传导系数的实验示意图。两个芯片通过倒装焊的方式进行互连。两种样品分别被制备，一种间隙为 10 μm，而另一种间隙为 100 μm。采用一个蠕动泵将去离子水喷射到间隙中。两个芯片通过在芯片背面的加热器进行加热。如图 18－38（b）所示，结果表明 1 $cm^3 \cdot s^{-1}$的水流速度能够达到 5 000 $W \cdot m^{-2}$的热传导系数，将该数值用于上面的模拟。特别值得注意的是，一个小的间隙在更高的液流速率下表现出更高的热传导系数。两种间隙的转化点与在瞬态热传导中的差异相关。尽管实验没有涵盖水流速率高于 1 $cm^3 \cdot s^{-1}$的情况，但是在 3D 堆叠模块中微间隙冷却具有独特的热特性是毋庸置疑的。

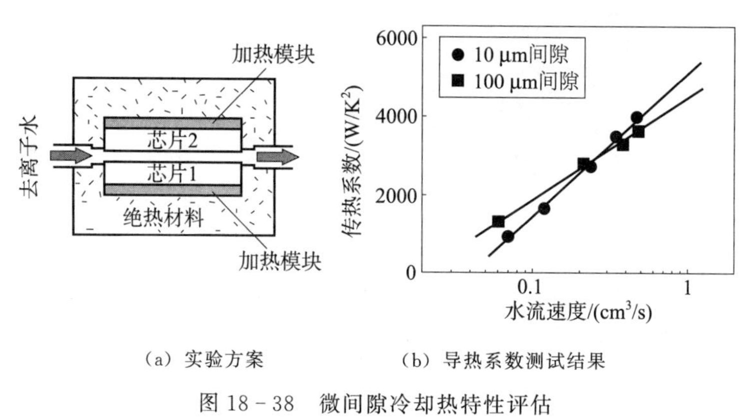

（a）实验方案　（b）导热系数测试结果

图 18－38　微间隙冷却热特性评估

18.7　垂直互连的电性能

两个重要的评价方法用于研究垂直互连的电性能。一个是贯穿多层菊花链电路的直流（DC）特性，而另一个是通过测试组件（TEG）芯片获得自激振荡电路高速传送的交流特性。结果如下所述。

18.7.1　多层通孔的直流特性

我们测量了多层菊花链电路的直流（DC）特性。图 18－39 所示为菊花链电路示意图，其包括一个转接板、通孔芯片和顶层的菊花链芯片。对于带有通孔芯片的 CoC 结构和叠层结构的菊花链电路从单层到三层均进行了开尔文法测试。

图 18－40 所示为菊花链电路的电阻随通孔数量变化的示意图。可以看到，电阻变化与芯片层通孔的数目成正比。按照电阻成比例增加的系数，垂直互连的电阻每层仅为 15.4 mΩ，这与理论值 12.4 mΩ 是非常接近的。这意味着芯片堆叠达到了无失效的理想电接触，并且具有一个容易控制的界面，即从 Si 基板延伸出来的 Cu 凸点和 Cu 柱。因此，这个测量结果表明高速的数据传输抑制了 CR 延迟，并且改善了在大规模高性能集成电路内，长电源线和地线引起的电压损耗。因此，这也使极大规模高性能系统集成成为可能。

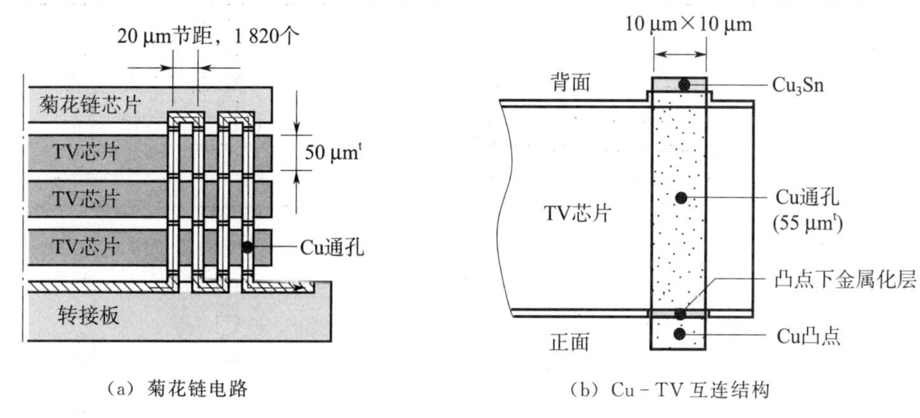

(a) 菊花链电路　　(b) Cu-TV 互连结构

图 18-39　3D 叠层芯片直流特性实验模型示意图

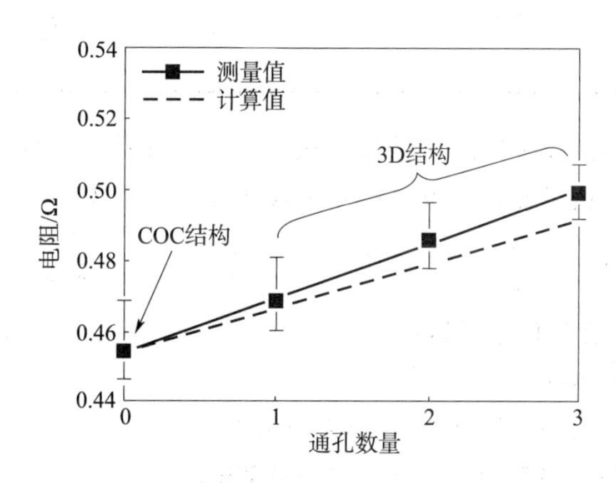

图 18-40　Cu 凸点互连硅通孔的电阻变化情况

18.7.2　多层通孔的交流特性

为了确定交流电特性，通过测试组件的嵌入式电路、通孔芯片和转接基板测量了贯穿通孔 3D 结构的信号延迟。在测试组件芯片上制作的电路是反相器和连接布线。反相器有内部的反馈线路或者与外部反馈线路的焊盘相连接。互连尺寸和工艺与前面的章节是一致的。表 18-6 所示为结构示意图和等效电路。结构 1 仅包括单一的通孔芯片、测试组件芯片和转接基板。结构 2 则包括 3 个通孔芯片。内部电路表征了反相器原理，具有一个芯片顶部走线，并通过 Al 走线直接实现反相器输入和输出之间的互连。外部电路被设计成通过硅通孔和 Cu 走线来反馈信号。反相器的输出信号直接形成互连而没有缓冲器。输入缓冲器的作用是通过在三相输出缓冲器上充电来保护二极管。测试组件芯片的供电电压是 3.3 V。通过一个数字存储示波器［LC574AL，力科（LeCroy）公司］测得振荡频率。

表 18-6　组件结构和等效电路

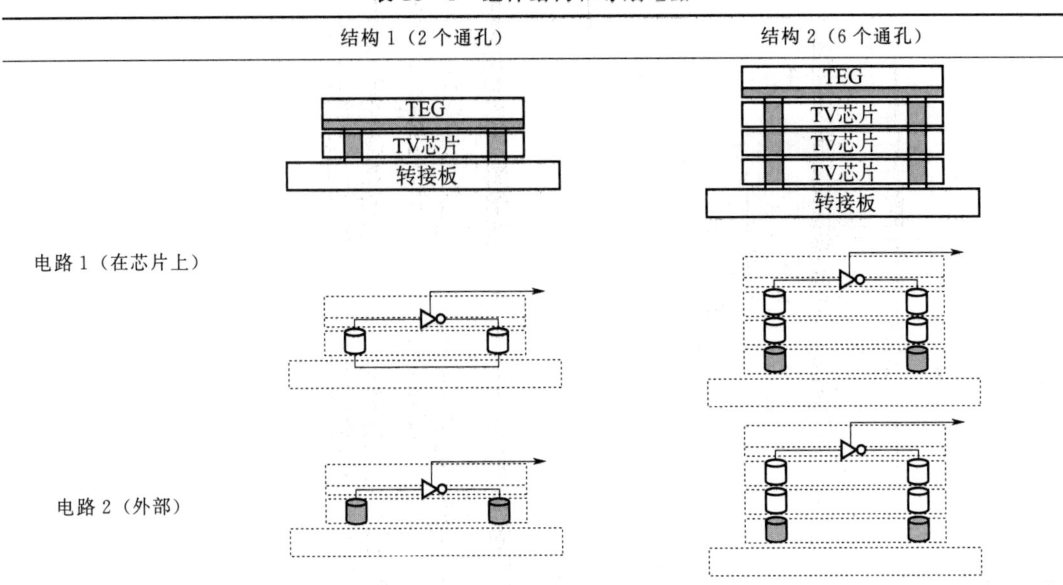

表 18-7 是自激振荡频率的测试结果。从频率可以计算得出穿过硅通孔的信号延迟。为了得到穿过硅通孔的信号延迟，可以将频率数据代入方程（18-2）进行标准化

$$\tau=\frac{1}{2f_{6\mathrm{TVs}}^{\mathrm{external}}}\left(1-\frac{f_{6\mathrm{TVs}}^{\mathrm{external}}}{f_{6\mathrm{TVs}}^{\mathrm{on\text{-}chip}}}\right)-\frac{1}{2f_{2\mathrm{TVs}}^{\mathrm{external}}}1-\frac{f_{2\mathrm{TVs}}^{\mathrm{external}}}{f_{2\mathrm{TVs}}^{\mathrm{on\text{-}chip}}}) \tag{18-2}$$

式中　τ ——贯穿硅通孔的信号延迟；

f ——观察到的频率；

下标——样品的结构类型（单层的和三层的）；

上标——样品的电路类型（内部电路和外部电路）。

测量得到，一个通孔的延迟是 0.9 ps，这相当于将围绕通孔的 Si 基底作为导体模拟得到的数值[30]。因此，由于延迟很小，对于至少在几个 GHz 以下的情况，一个器件将能够与在另一层的任何器件相连，就如同它们都制作在同一个芯片上一样。结果表明硅通孔将在高速数据传输中表现出优异的性能。

表 18-7　几种 Cu 凸点互连硅通孔结构的自激振荡频率（MHz）测试结果

电路模式	1	2	3	平均值
芯片上（2 个通孔）	618.8	627.2	—	623.0
外部（2 个通孔）	590.3	598.8	—	594.6
芯片上（6 个通孔）	644.6	637.4	613.3	631.8
外部（6 个通孔）	612.4	603.8	583.4	599.9

18.8　硅通孔的实际应用

通孔结构已经长期吸引了半导体行业极大的兴趣。不幸的是，这种技术的应用仍然非

常有限。一些前沿的研究报道了硅通孔结构可以应用于图像传感器和信号处理器[31,32]。然而，该技术在商用芯片上的应用研究却很少被提及。

通孔技术可以应用到电荷耦合器件（CCD）晶圆上，并将其组装到商用 CCD 模组中，应用于手机中的内置相机。这种技术应用的主要挑战在于通孔刻蚀的控制、低温 SiO_2-CVD 和低温 TiN/Cu-CVD。通孔刻蚀本质上不同于之前按照刻蚀阻断层工艺所描述的开发工艺。在这种情况下，在通孔底部的 Al 焊盘作为刻蚀阻断层。为了保护 CCD 晶圆上的有机材料，从而防止热裂解，必须采用低温工艺。在对反应离子刻蚀、SiO_2-CVD 和 TiN/Cu-CVD 工艺进行纯熟控制的情况下，可以成功地制作出通孔。随后，通过电镀 Cu 膜工艺覆盖晶圆背面以及保形性良好的通孔内部，如图 18-41（a）所示。

在晶圆级封装（WLP）工艺线中可以很容易地对晶圆背面进行处理。图 18-41（b）所示为经 WLP 处理的 CCD 芯片和封装有 CCD 芯片的手机 CCD 相机模组。这种相机模组证实在量产过程中这种工艺具有一致的图像特性，并且还具有很高的成品率和可靠性。

这些结果表明硅通孔结构和制作工艺达到了实际应用的水平，并且也证实这种技术的实用性。

(a)　(b)

图 18-41　应用于 CCD 的通孔技术

（a）CCD 芯片中硅通孔的横截面形貌；

（b）WLP 工艺的硅通孔 CCD 芯片和组装有 CCD 芯片的手机 CCD 模块

18.9　结论

随着对 3D 芯片堆叠和超细节距互连的深入研究，证实了这些技术对于未来系统集成技术是非常有效的。高产量的工艺，新的晶圆处理技术和热设计指南都将广泛地加快 3D 芯片堆叠开发研究的进程。而且，图像芯片的成功应用也将鼓励封装工程师扩大硅通孔技术的应用范围。在不远的将来，硅通孔半导体芯片的应用将变得无处不在。

致谢

本研究是在 NEDO（新能源产业技术开发机构）支持的基本计划“超高密度电子系统集成”下完成的。本章节涵盖了日本筑波电子系统集成技术研究中心所有研究者的参与。

参考文献

[1] Takahashi,K. Terao, H., Tomita, Y., Yamaji, Y., Hoshino, M., Sato, T., Morifuji, T., Sunohara, M. and Bonkohara, M. (2001) Current status of research and development for three - dimensional chip stack technology. Japanese Journal of Applied Physics, 40, 3032 - 3037.

[2] Matsumoto,T., Kudoh, Y., Tahara, M. et al. (1995) Three - dimensional integration technology based on wafer bonding technique using micro - bumps. Extended Abstracts 1995 International Conference Solid State Devices and Materials, pp. 1073 - 1074.

[3] Ramm,P., Bollmann, D., Braun, R. et al. (1997) Three dimensional metallization for vertically integrated circuits. Microelectronic Engineering, 37/38, 39 - 47.

[4] Lu,J. - Q., Kumar, A., Kwon, Y. et al. (2001) 3 - D integration using wafer bonding. Conference Proceedings Adv. Metallization Conf. 2000 (eds: Edelstein, D., Dixit, G., Yasuda, Y., Ohba, T.), Materials Research Society, Warrendale, PA, USA, pp. 515 - 521.

[5] Sasaki,K., Matsuo, M., Hayasaka, N. and Okumura, K. (2001) 128Mbit NAND flash memory by chip - on - chip technology with Cu through plug. 2001 International Conference Electron. Packaging Proc., Japan Institute of Electronics Packing, Tokyo, Japan, pp. 39 - 43.

[6] Spiesshoefer,S. and Schaper, L. (2003) IC Stacking Technology using Fine Pitch, Nanoscale through Silicon Vias. Proc. 53rd Electron. Components and Technol. Conference, IEE, Piscataway, N. Y., USA, pp. 631 - 633.

[7] Kondo,K., Okamura, T., Oh, S. - J. et al. (2003) Copper via filling electrode position of high aspect ratio through chip electrodes used for the three dimensional packaging. Journal of Japan Institute of Electronics Packaging, 6, 596 - 601 [in Japanese].

[8] Sun,J. - J., Kondo, K., Okamura, T. et al. (2003) High - aspect - ratio copper via filling used for three - dimensional chip stacking. Journal of the Electrochemical Society, 150, G355 - G358.

[9] Kondo,K., Yonezawa, T., Tomisaka, M. et al. (2003) Copper electrodeposition of high - aspect - ratio vias for three dimensional packaging. Extended Abstracts 2003 International Conference Solid State Devices Mater., pp. 380 - 381.

[10] Kondo,K., Yonezawa, T., Taguchi, Y. et al. (2003) Time shortening of through electrode Electrodeposition for three dimensional packaging. Proceedings 13th Microelectron. Symposium (MES 2003), Japan Institute of Electronics Packing, Tokyo, Japan, pp. 256 - 259 [in Japanese].

[11] Barkey,D., Kondo, K., Matsumoto, T. and Wu, A. (2003) Effects of aeration on additive interaction in copper deposition. Symp. Metallization Processes in Semicond. Device Fabrication at the National AIChE Meeting (ed. Landau, U.), American Institute of Chemical Engineering, Cleveland, OH 44106.

[12] Kondo,K., Matsumoto, T. and Watanabe, K. (2004) Role of additives for copper damascene electrode position experimental study on inhibition and acceleration effect. Journal of the Electrochemical Society, 151, C250 - C255.

[13] Ueno,M., Marusaki, K., Taguchi, Y. et al. (2003) Proceedings 17th Jpn. Inst. Electron. Packaging Annual Meeting, pp. 231 - 232 [in Japanese].

[14] Ueno,M., Egawa, Y., Fujii, T. et al. (2004) Proceedings 18th Jpn. Inst. Electron. Packaging Annual Meeting, pp. 71 - 72 [in Japanese].

[15] Tanida,K., Umemoto, M., Tomita, Y. et al. (2003) Micro Cu BumpInterconnection on 3D Chip Stacking Technology. Extended Abstracts 2003 International Conference Solid State Devices Materials, pp. 378 - 379.

[16] Umemoto,M., Tanida, K., Tomita, Y. et al. (2002) Non - metallurgical bonding technology with super - narrow gap for 3D stacked LSI. Proceedings of The 4th Electron. Packaging Technol. Conference, IEE, Piscataway, N. Y., USA, pp. 285 - 288.

[17] Vollweiler,F. O. P. (1993) MA thesis, Naval Postgraduate School, Monterey.

[18] Lee,Y. G. and Duh, J. G. (1999) Interfacial morphology and concentration profile in the unleaded solder/Cu joint assembly. Journal of Materials Science, 10, 33 - 43.

[19] Pinizzotto,R. F., Jacobs, E. G., Wu, Y. et al. (1993) The dependence of the activation energies of intermetallic formation on the composition of composite Sn/Pb solders. Annual Proceedings International Reliab. Phys. Symposium, pp. 209 - 216.

[20] Chan,Y. C., Alex, C. K. So and Lai, J. K. L. (1998) Growth kinetic studies of Cu - Sn intermetallic compound and its effect on shear strength of LCCC SMTsolder joints. Materials Science and Engineering, 55, 5 - 13.

[21] Suh,M. - S. and Kwon, H. - S. (2000) Growth kinetics of Cu - Sn intermetallic compounds at interface of 80Sn - 20Pb electrodeposits and Cu based lead frame alloy, and its influence on the fracture resistance to 90 _ - bending. Japanese Journal of Applied Physics, 39, 6067 - 6073.

[22] Haimovich,J. (1993) Cu - Sn intermetallic compound growth in hot - air - leveled tin at and below 100 _C. AMP Journal of Technology, 3, 46 - 54.

[23] Babiarz,A. J. (2006) Jetting small dots of high viscosity fluids for packaging applications. Semiconductor International, August 2006, SP - 2 - SP - 8.

[24] Tanida,K., Umemoto, M., Morifuji, T. et al. (2003) Au Bump interconnection in 20mm pitch on 3D chip stacking technology. Japanese Journal of Applied Physics, 42, 6390 - 6395.

[25] Umemoto,M., Tomita, Y., Morifuji, T. et al. (2002) Superfune flip - chip interconnection in 20 mm - pitch utilizing reliable microthin underfill technology for 3D stacked LSI. Proceedings 52ndElectron. Comp. Technol. Conference, IEE, Piscataway, N. Y., USA, pp. 1454 - 1459.

[26] Yamaji,Y., Ando, T., Morifuji, T. et al. (2001) Thermal characterization of baredie stacked modules with Cu through - vias. Proceedings 51st Electron. Components and Technol. Conference, IEE, Piscataway, N. Y., USA, pp. 730 - 737.

[27] Nakamura,T., Yamada, Y., Morooka, T. et al. (2002) Thermal analysis of selfheating effect in three dimensional LSI. Extended Abstracts 2003 International Conference Solid State Devices andMater., pp. 316 - 317.

[28] Kalyanasundharam,J. and Iverson, R. B. (2002) Application of a global - local random - walk algorithm for thermal analysis of 3D integrated circuits. Conf. Proceedings, Adv. MetallizationConference 2002 (eds: Melnick, B. M., Cale, T. S., Zaima, S., Ohta, T.), Materials Research Society,

Warrendale, PA, USA, pp. 59 - 65.

[29] Tuckerman,D. B. and Pease, R. F. W. (1981) High - performance heat sinking for VLSI. IEEE Electron Device Letters, EDL - 2, 126 - 129.

[30] Sato,T. (2002) Integrated System inLow Power Drive Report II, 78 [in Japanese].

[31] Lee,K. W., Nakamura, T., Sakuma, K. et al. (2000) Development of threedimensional integration technology for highly parallel image - processing chip. Japanese Journal of Applied Physics, 39, 2473 - 2477.

[32] McIlrath,L. G. (2002) High performance, low power three - dimensional integrated circuits for next generation technologies. Extended Abstracts 2002 International Conference Solid State Devices andMater., pp. 310 - 311.

第19章　CEA–LETI的3D集成技术

Barbara Charlet，Lèa Di Cioccio，Patrick Leduc，David Henry

19.1　引言

法国原子能委员会-电子信息技术实验室（CEA–LETI）在3D方面的研究最早开始于20世纪90年代。当时是通过垂直存储器堆叠和倒装芯片互连进行封装[1]。在最近的15年内，一些芯片凸点的互连方法（包括各种微凸点的制备）得到了发展，并与硅通孔及深孔技术一起发展了起来。此外，一些先进材料、芯片及微电子机械系统的堆叠方法及热管理等不同的技术也都得到了很好的发展。与此同时，在20世纪90年代，晶圆直接键合的晶圆级集成技术就被研究并进行改进以发展薄层技术和电路转移技术[2]。在同一时期，智能剥离工艺技术得到了较好的发展，SOITEC公司将此技术应用到了商业产品上，并得到了成功的验证。实验室继续开展了与SOITEC公司在此领域的合作，同时在异质薄层的智能剥离、晶圆直接键合及键合界面控制等领域，与意法半导体（ST Micnoe lectronics）公司，飞思卡尔（Freescale）公司，Tracit及爱特梅尔（Atmel）公司等工业伙伴和研究机构也开展大量的合作。这些工作大大加速了多种材料及基底结构的发展，同时也促进了3D集成的发展。电子信息技术实验室具备前道、后道的加工平台，其洁净厂房等设施为3D集成在不同领域的应用起到促进作用，比如一些关键工艺的开发，如电路转移及内部互连、前端整合及微电子的异质集成，这些工艺将应用在微电子、光电子和微电子机械系统等器件上。

19.2　3D有效叠层中的电路转移

在3D IC集成中选择合适的实施方法对3D叠层系统的整体性能具有非常重要的影响[3,4]。在3D集成中一个重要的工艺是层的堆叠，可通过晶圆到晶圆、芯片到晶圆或芯片到芯片的键合来实现。在量产中引入的SOI衬底，使SiO_2/SiO_2共价键合成为一种非常容易控制的工艺[5]。经历一个低温界面的稳定工艺后，能够满足电路兼容的需要，同时可以保证高的产量[6]。这类层面板间的转移工艺可以应用在各种3D集成的工艺中实现芯片堆叠或晶圆堆叠。图19–1所示为在对准或非对准键合的情况下，图层转移的原理图。相同的转移方法也可以应用到芯片的叠层工艺上[7,8]。由于晶圆具有相对较复杂的表面形貌，因此为得到一个好的键合质量是有挑战的。在多层堆叠集成中，根据电路单面或双面转移方法的选择，转移步骤将会被再三重复。电路转移中所使用的图样晶圆或芯片的复杂程度也将对集成的效果产生影响。考虑到这一点，在制定3D集成工艺的流程时，每一个独立的工序都需要非常细致的考虑，尤其是工序间的兼容性及集成层的性能。

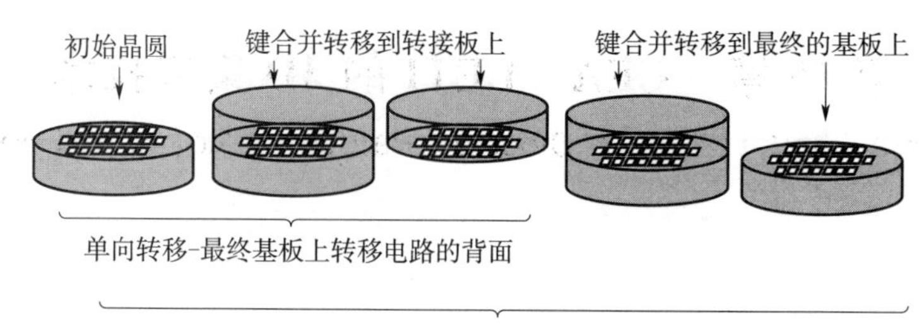

图 19-1　利用单向或双向电路转移将垂直集成电路转移到转接板上的示意图[9]

我们已经在晶圆或者芯片层面探讨过不同 3D 集成的方法，涉及到了一些特殊的应用及一些关键工艺不同的实施方法（如对准、键合、减薄及芯片内部互连等）。下面对关键工艺的发展进行了详细叙述，这些工艺使 3D 实现不同前端和后端的应用。

19.3　叠层的非破坏性特征

3D 集成工艺的发展也同样对设备及方法提出了新的要求。一般来说，一些技术的特征也仅局限在 2D 范围内，然而，更多的情况需要开发新的工艺，或者引入新的方法。考虑到叠层元件的复杂性及元件的成本，采用非破坏性的方法是非常有必要的。接下来，我们针对将来 IC 堆叠的几个非破坏性方法和设想的可能性应用进行讨论。

19.3.1　叠层界面检查

键合界面质量检查的两点考虑：

1）在图样芯片对准后，键合界面最终固化前（如退火），非破坏性检测可以选出有缺陷的键合晶圆或芯片，无需明确界面规范参数（如对准）或缺陷（粒子造成的气泡）。这些芯片或者晶圆可以通过二次键合进而进行二次加工形成良好的界面。通过合适的界定方法可以将处理过的芯片或晶圆分出。

2）在键合界面退火后，非破坏性检测可以选择出堆叠正确的芯片和晶圆，也允许对下一步加工处理进行选择。

考虑到叠层衬底的厚度，对于多数非透明的衬底，使用通用的鉴定工具检测界面特征是不可能的（或者不足以满足精度要求）。对于几种鉴定技术，如叠层界面缺陷评估或图样对准精度测量，为了对特征进行评价，需要准备相应的红外相机（IR）或者显微镜，即使这种方法对于一些金属部分区域或者晶圆表面较粗糙的地方存在不足。另一种非破坏性检测是扫描式声波显微镜，这种方法可以识别叠层界面中黏着部分的缺陷[10]。

图 19-2 所示为在 SiO_2 层通孔直接键合后两个图样晶圆的界面及边缘缺陷。

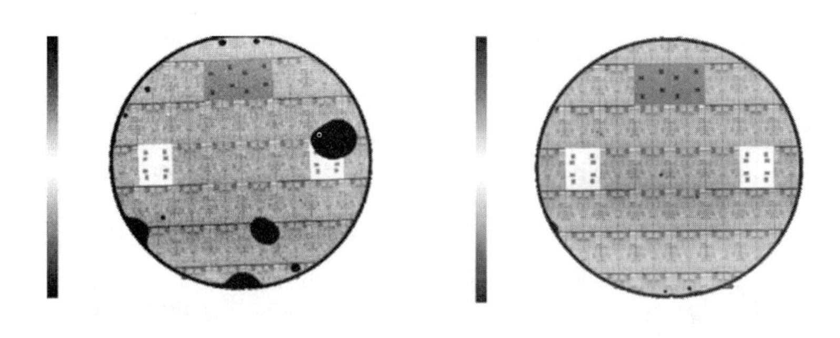
(a) 重要的界面缺陷　(b) 次要的边缘缺陷

图19-2　利用扫描式声波显微镜观察到的堆叠的8英寸图样晶圆的界面缺陷。是在晶圆键合并对准之后观察的

19.3.2　精对准测量

在叠层集成电路或者微结构器件的制作过程中，非破坏检测及其控制对于精确对准度的准确评估来说是非常重要的。目前来说对于不透明叠层，红外显微镜是评估对准精度的（唯一）非破坏检测可行方法，因为声波显微镜不够精确，这一点与测量时使用的超声波波长有关。未对准的偏值可以通过具有游标刻度的结构进行测量，如图19-3所示。图19-4所示为图样晶圆对准测试的准确度示例，这是在经两个不同的对准工具进行对准的200 mm的图样晶圆上获得的。

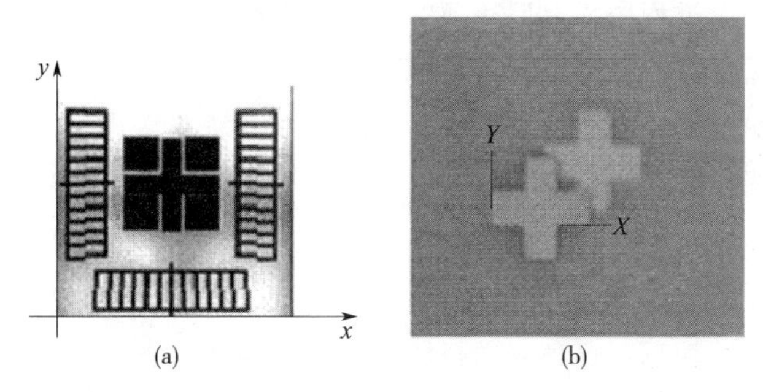

图19-3　X和Y周未对准的键合晶圆的对准标记

(a) IR显微镜图，显示了通过不透明基板的对准十字和游标尺

(b) 通过薄透明基板观察到的的两层对准的光学显微镜图

改进的最新的对准工具，如EVG公司的“智能浏览（smart view）”[11]，其指出在不久的将来可以达到亚微米精度。

19.3.3　堆叠的减薄特性

背面晶圆减薄工艺的发展需要进行非破坏性测量，尤其是在研磨、腐蚀及抛光的过程中需要对同一位置的厚度进行监测。图19-5所示为单面键合晶圆减薄工艺流程的主要步骤。

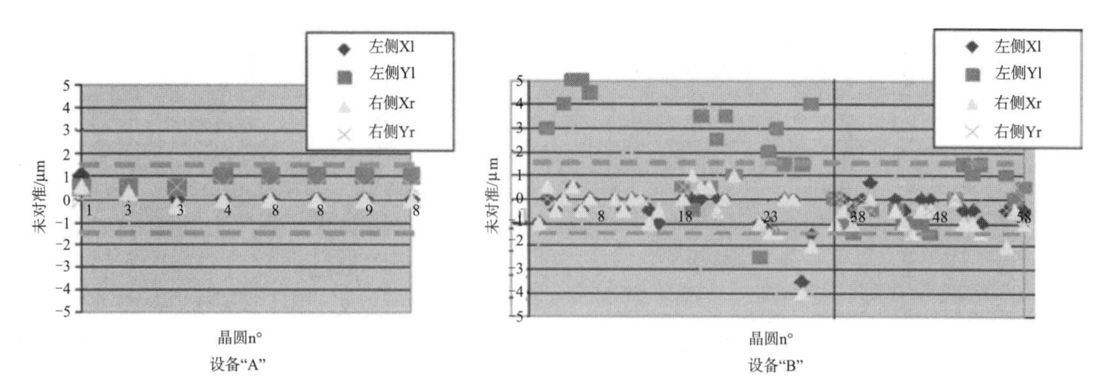

图 19-4 用两个不同的对准工具测量的图样晶圆的对准精度。
200 mm 晶圆界面通过 SiO_2 直接键合进行固定

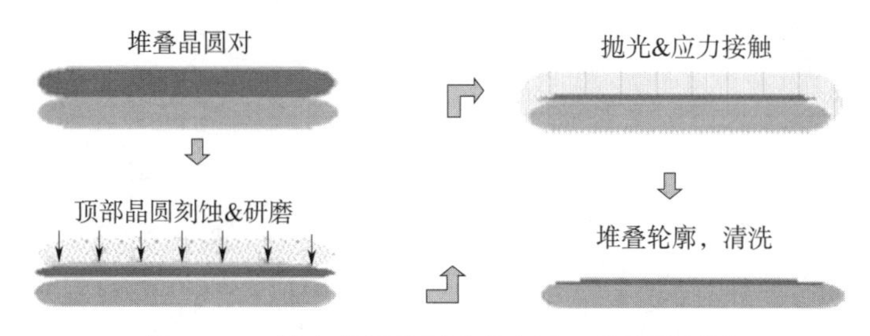

图 19-5 键合晶圆背面减薄主要工艺的原理图

在这个工艺的整个过程中，上层减薄的厚度及质量必须加以控制，尤其是对精磨后的厚度及质量，其质量能够满足后续加工的要求。在 IC 技术中，可以使用几种不同的非破坏性检测方法，如 AFM，SEM 及 TEM 等，但这些方法更多的是检测晶圆的局部表面。我们以激光扫描的光学方法进行整个晶圆表面检测。这种方法可以检测表面粗糙度、颗粒污染及对亚表层缺陷定位等信息。图 19-6 所示为使用克虏西（KLC）公司的 SP2uv 检测的表面质量，其是基于（利用雾度测量法）激光扫描的方法[12]。然而，缺陷等级的确定还需要其他方面的特征信息，这种表面特征检测方法可以为减薄后的晶圆表面质量提供较好的对比分析参考。

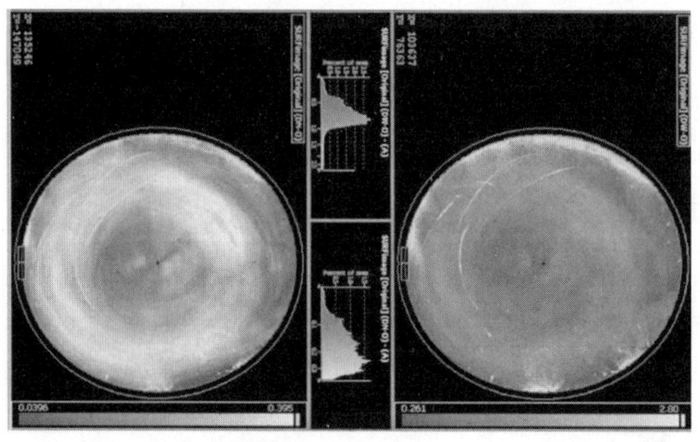

图 19-6 利用激光散射设备观察的晶圆表面——两个不同灵敏度设备观察的两层堆叠的背面减薄晶圆。可以看到表面粗糙度的变化情况，划伤区域和局部缺陷

这一章并非对非破坏性检测进行详尽的阐释，但是，需要强调的是，3D 集成工艺需要在现有的工艺基础上进行开发，同样，新的非破坏性检测方法也是需要在已有的方法上进行提升。

19.4 3D 集成应用发展的实例

如先进 IC 到 3D 集成的实现，其技术需要综合各种工艺流程，同时也需要考虑各种新兴材料、工艺过程及工具的综合使用。新型设备的性能提升，如精确对准，高效键合，叠层，开孔及填充等设备，为 3D 集成提供新的技术方法[13]。首先，电参数及仿真模型已经验证了这些新的工程基板及电路具有优越的性能，如提速，增频，功率消耗的降低与散热等方面[14]。此外，异质衬底叠层为实现新的器件结构及系统功能提供了途径。在这一章节中，我们不仅会回顾一些 3D 集成的方法，讨论一些研究机构及工业伙伴的合作情况，而且还会在一些 3D 集成的实例及性能方面进行探讨。

19.4.1 掺杂多晶硅的硅通孔填充一先进封装[15]

3D 集成工艺技术的一个重要工艺是硅通孔（TSV）技术。在先进封装技术中，其是一个非常有发展的技术，可以用来取代引线键合技术。这种方法不仅满足尺寸减小、电路性能的提升，而且还可以有效地降低制造成本。对于全集成产品如 SIP、SOP、3D 元件集成（内存叠层）及微电子机械系统结构封装等，使用这种技术是必需的[16]。TSV 技术发展的关键一点在于以 CMOS 标准工艺为基础进行集成，而对其他工艺步骤无影响，包括平板印刷及退火等。这种 TSV 技术可以被称为先通孔工艺[17]，与随后的标准的 CMOS 工艺流程相兼容[18]。这个新的先通孔技术需要在设计及通孔制作的每一步上进行一些特殊的考虑。首先，环形通孔需要进行一些特殊的设计，此外通孔的阻抗需要重新进行计算优化[15]。然后，首次形貌鉴定后一些新的工艺需要开发及提升，特别是深刻蚀及无孔多晶硅填充技术[19]。最终，需要进行形态特征鉴定及电参数测试。图 19-7 展示了多晶硅填充硅通孔技术的一般流程。

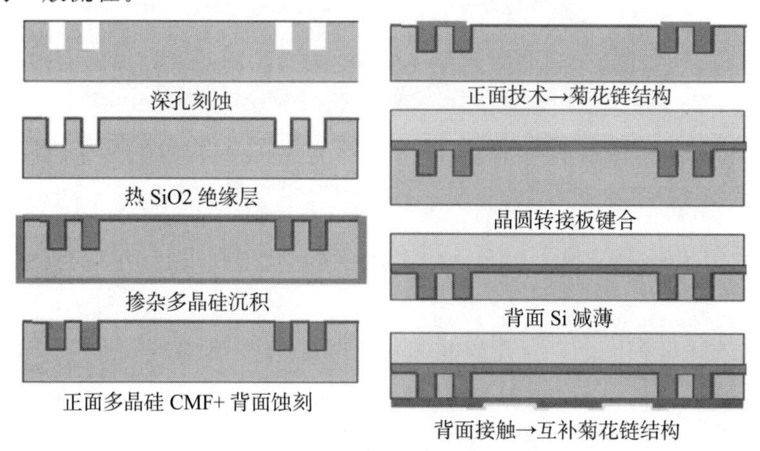

图 19-7 先通孔技术的工艺流程图

深硅腐蚀在 STS HRM 工具下进行，采用合适的 Bosch 工艺，5 μm 厚的正电阻（日本合成橡胶公司 335）或 1.4 μm 厚的正硅酸乙脂氧化膜作为掩膜板。要得到过孔的深宽比（15～35 之间），需要特殊的工艺来防止蚀刻过早停止，这种工艺的开发以前已有过报导[15]。

图 19－8（a）展示截面宽为 5 μm 的过孔，图 19－8（b）和（c）是另两个与两种工艺条件相对应的过孔的截面。

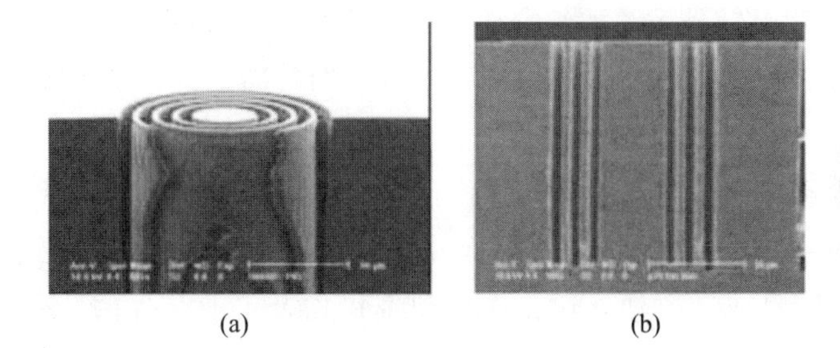
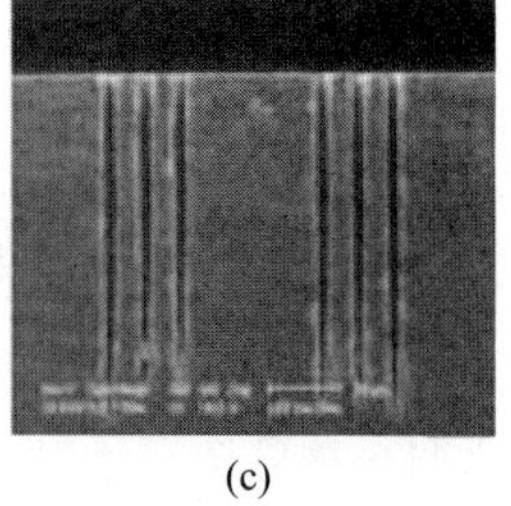

(a)　(b)　(c)

图 19－8　（a）5 μm 通孔的扫描电镜图；（b）非均质通孔工艺腐蚀带的截面图；（c）锥形孔工艺

对掩膜的沟槽及条带进行深腐蚀后，使用传统的硅热氧法可以形成一层绝缘层，其工艺的温度是 1 000 ℃（在一个蒸气的环境里），SiO_2的目标厚度是 0.5 μm。

接下来，将要形成多晶硅过孔的填充，过孔填充的主要目的是得到一个无孔的沟槽，以保证得到好的接触电阻及防止可靠性问题的发生。为了达到这个目的，使用了两种不同浓度掺杂的多晶硅。两个材料都是 N 型掺杂磷的多晶硅，形成的方法是在 TEL 炉中进行低压化学气相沉积（LPCVD），所有的处理参数请见参考文献[15]。

使用优化过的工艺，我们得到了过孔宽度为 5 μm 无孔洞的沟槽。图 19－9（a）所展示的 5 μm 宽的过孔的截面 SEM 图，图 19－9 同样展示了沟槽的底部，在这个位置没有出现空洞及缺陷，并且，非常好地形成了 SiO_2 隔离层。

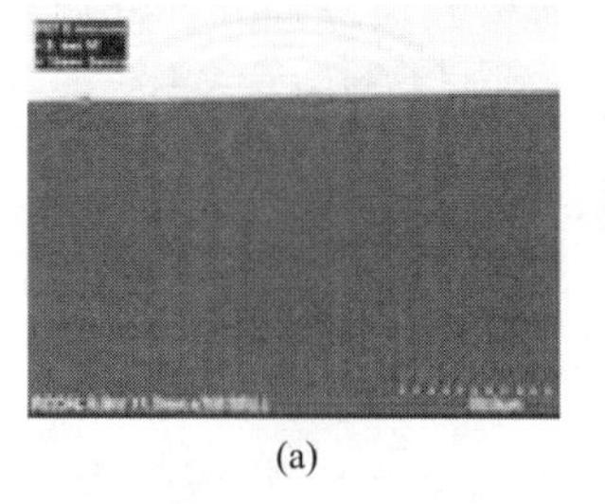
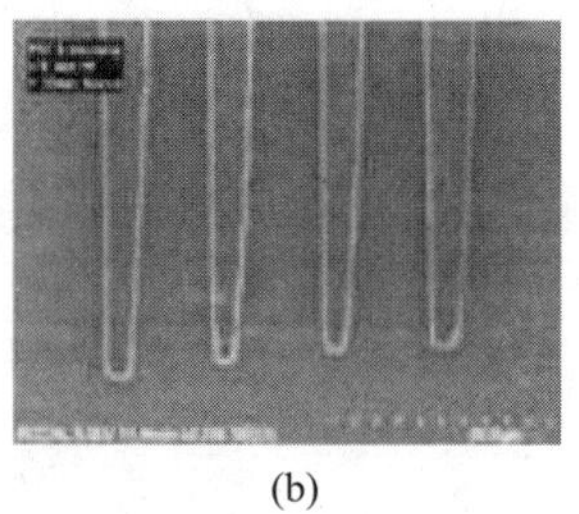

(a)　(b)

图 19－9　无孔洞填充后的 SEM 截面图

对具有两种类型多晶硅填充通孔的晶圆上的图形化通孔进行电参数测试，通过研究得出如下结论：

1）对于所有的几何图形，过孔的电阻小于初始要求（1 Ω）；

2）对于最优的几何模型（5 μm 沟槽——1 300 μm^2 表面），3σ 的平均过孔电阻值是 0.227±13％，这个值是测量 130 个过孔后的结果；

3）两种多晶硅的过孔的最终电阻都十分接近，不同的地方取决于两种材料本身的电阻不同；

4）测量值与计算值之间的不同取决于过孔与焊盘（pad）间的接触电阻，而这个接触电阻是很难计算的。

在这一部分，我们定义了先通孔的特殊设计，且为了创建这种形式的过孔而开发了一套完整的工艺。许多技术问题如空洞或残余应力等已经被解决了，同时也介绍了菊花链测试的应用。这种技术所得到的电参数可以证明：最优几何形状的电阻接近 0.25 Ω，而初始要求是 1 Ω，此外，在 3σ 的情况下，电阻的上下浮动范围为 13%。

19.4.1.1　新的硅片概念——先进封装[20]

在晶圆完成电参数测试、背面减薄及切割后，如果芯片需要进一步的晶圆级处理，则需要引入新的晶圆处理方法。测试后良好芯片的选择和通过黏结层共同支撑的集成的实现，为改进晶圆结构的集成布线提供了芯片。图 19 - 10 所示为利用选择的芯片进行新晶圆上集成 3D 结构的主要工艺流程。利用晶圆加工方法可以在芯片上进行焊盘重新分布，芯片减薄，切割，然后再将已知好芯片（KGD）进行叠层、内部铜线垂直互连，形成最终的 3D 结构。这样的叠层结构具有非常高的性能，1 Gbit 内存演示器使用的就是此种结构。

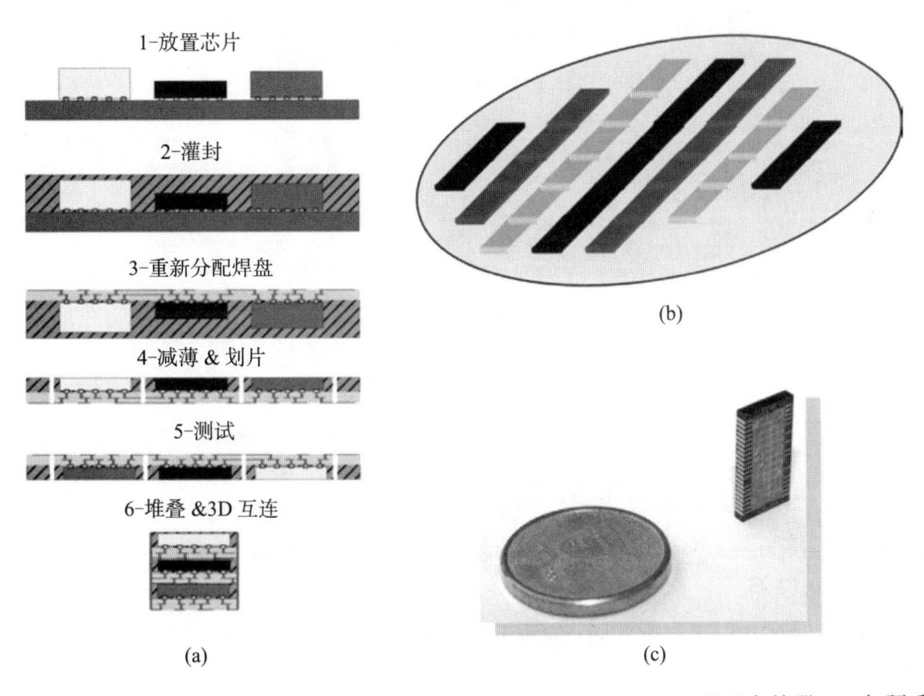

图 19 - 10　(a) 重建晶圆的制作流程示意图；(b) 重建晶圆的表征；(c) 3D 堆叠存储器——与硬币进行对比

19.4.2　光电子器件的芯片与晶圆集成应用[21,22]

晶圆直接键合工艺广泛应用于各种材料和几何结构，这种工艺的成熟为芯片级非均质材料的集成提供了机会。直径为 50 mm InP 的晶圆在硅材料上的集成已经被开发出来[8]。在硅的表面上沉积氧化层，然后在 InP（100）上进行加工，形成足够的外延层。在这个工作的基础上，将 InP/SiO_2 键合到 Si/SiO_2 晶圆上，类似于 Si/SiO_2 键合到 Si/SiO_2 上[7,21]。相同的工艺也可以应用于芯片键合工艺上。图 19－11 展示了芯片到晶圆的工艺流程，是通过将芯片直接键合到晶圆表面上得到叠层。芯片是通过切割 360 μm 厚的 InP 衬底而得到的，厚度包含了外延层的厚度。键合芯片最小的尺寸是 1 mm^2。外延的叠层包含了腐蚀阻挡层，其有利于键合后衬底的移除。这种分子间的键合可以保证其即使在常温下也具有较好的结合性[22]。在室温下，通过使用叶片开启方法[23]，可以测量键合的能量大致在 200～250 $mJ \cdot m^{-2}$ 的范围内。在 200 ℃左右进行退火，可以提升界面间的连接，并且提供了非常高的键合质量（键合能量大于 700 $mJ \cdot m^{-2}$）。

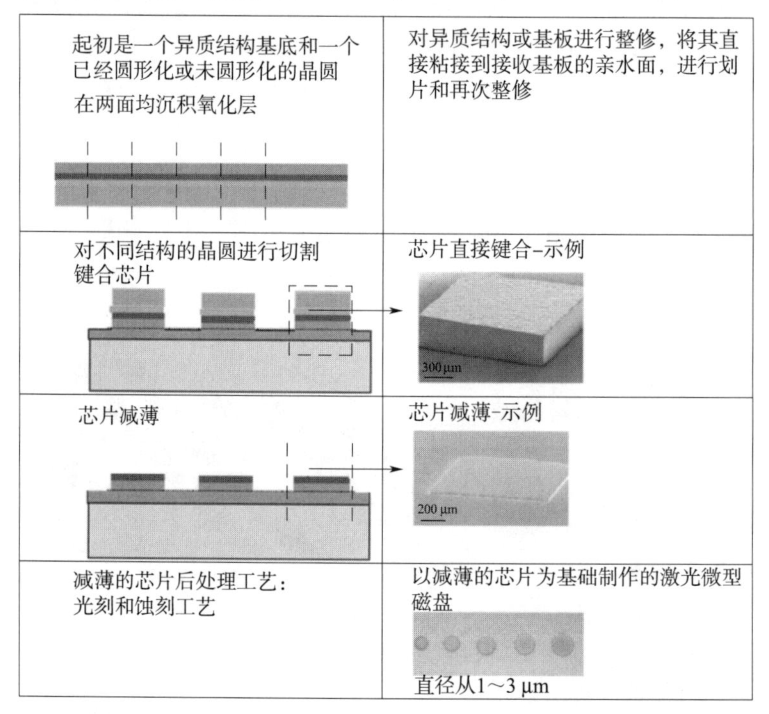

图 19－11　芯片到晶圆集成的示意图以及所得到的结构的插图示例

当键合芯片的外延层包括一个腐蚀阻挡层时，初始 InP 衬底可以通过机械减薄至几微米，残留的 InP 衬底及 InGaAs 层可以使用化学方法进行选择性的背面腐蚀。使用这种方法，我们成功地进行了一个 InAs0.65P0.35 的键合，包含一个 6 nm 深的单量子阱(SQW)，这个阱被限制在 120 nm 深的 InP 阻挡层中。在这种情况下，报道的带有单量子阱的芯片的最终厚度减薄到 256 nm。

19.4.3　晶圆到晶圆 3D 集成的示例

19.4.3.1　双栅 MOS 晶体管[24,25]——前道制程应用

3D 集成已经被研究，并认为是亚微米集成电路技术的解决方法，其中 RC 延迟成为

其优势因子[26]。前道制程集成得益于 FE 兼容工艺，如包含新的纳米结构的层转移。多门器件结构最有可能完成 32 nm 节点以下的产品结构。在它们之间，平面双极 MOS 晶体管提供了一个可能：可以很自然地集成应力状态下的 Si，用来加强超大规模器件的信号传输功能。使用直接分子键合可以得到 40 nm 的金属门平面双极 CMOS 晶体管。图 19－12 展示了非自对准工艺形成的情况。

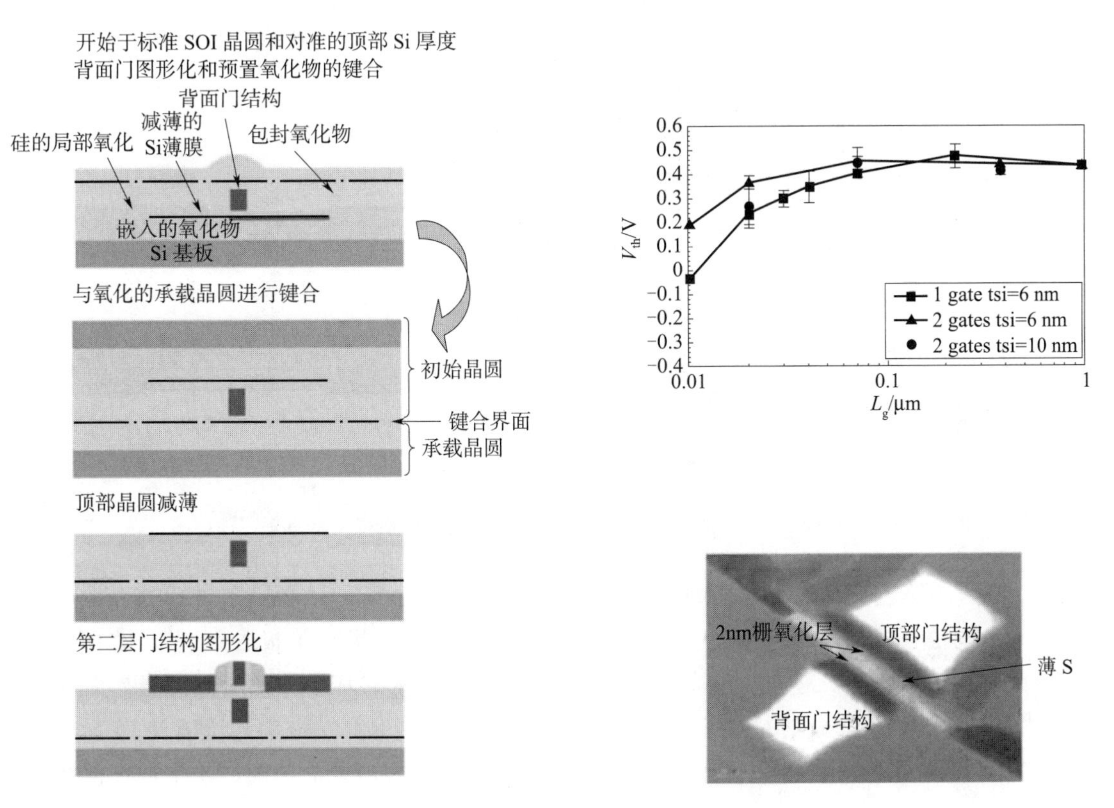

图 19－12　(a) 非自对准平面双栅 MOS 晶体管的制作流程示意图；
(b) V_{th} 性能对比；(c) DGMOS 集成结构的 TEM 图

19.4.3.2　高密度芯片内部互连[27,28]——后道制程应用

为了减少互连的总长度、芯片波形系数并增加带宽，发展了一种通过直接键合进行电路堆叠的高密度集成技术。在首次尝试实现这种集成以及建立模型的过程中，就已经有一些相关的潜在技术出现。晶圆对晶圆的键合质量，对准精度，界面质量及通孔图案等因素对最终的叠层成品率及性能均会产生影响。

图 19－13 所展示的是一个两层的晶圆到晶圆集成结构，使用面对面的堆叠方法，使 SiO_2/SiO_2 的分子间键合，并用铜通孔工艺连接电路。

在 90 nm 节点工艺基础上使用 STI (shallow trenches isolation)、PMD (planarized middle dielectric) 及最后一层金属的特殊设计，晶圆工艺得到了进一步的发展。晶圆的底层结构是体硅，顶层晶圆可以在 SOI 结构上识别。在晶圆的两面，通过 PECVD 方法沉积 800 nm 厚的 SiO_2。在这个表面处理后，使用化学机械方法对表面进行平坦化，然后进行

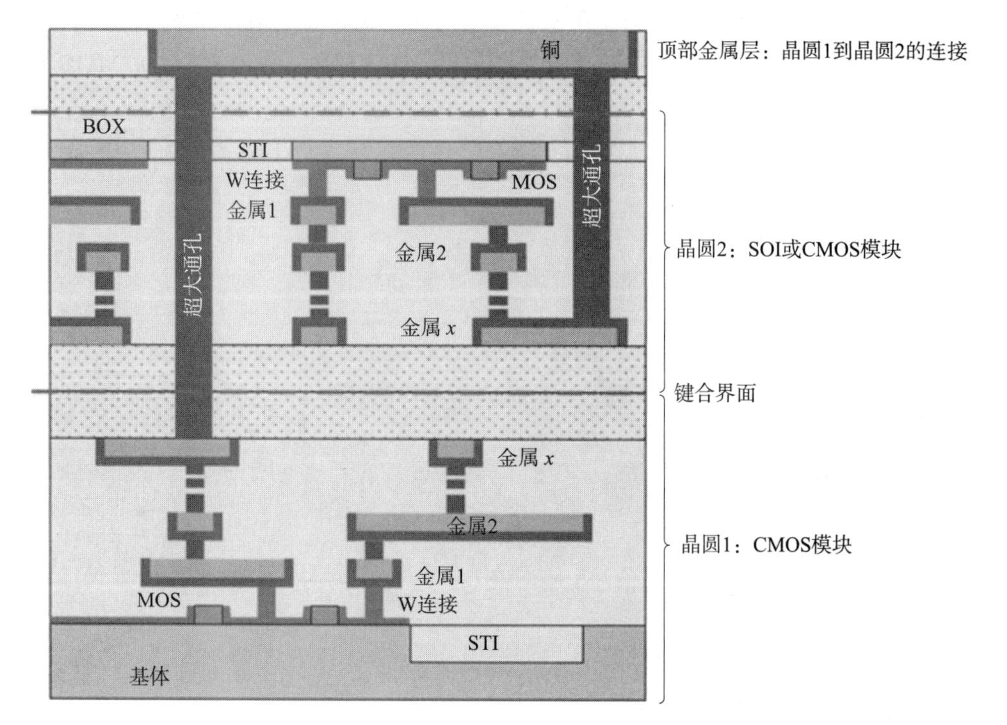

图 19－13　SOI 基板作为顶部晶圆的 3D 集成的横截面示意图[27]

清洗。在室温下进行晶圆面对面的键合，然后在温度小于 400 ℃的环境下进行退火稳定性固化。晶圆键合技术及低温界面稳定技术在许多文献中已经进行了报告[7,9,14]。键合界面的特性与叠层的变形及键合的环境有很大关系。可以使用非破坏的方法检测键合界面的特性，如红外显微镜、超声扫描显微镜（在顶层 SOI 减薄前使用）、光学显微镜及 SEM（顶层 SOI 衬底背面硅的移除）。图 19－14 展示了键合的晶圆及减薄的晶圆。这个过程包括多个减薄过程，然后进行边缘轮廓化，以完成 SOI 晶圆背面硅的移除。

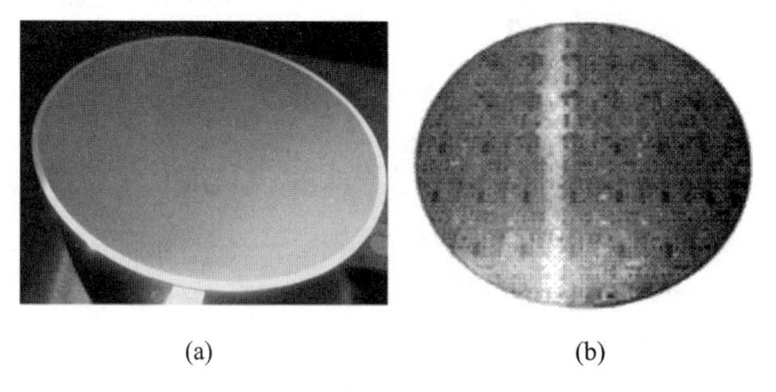

图 19－14　经过（a）晶圆减薄及边缘轮廓化和

（b）顶部 SOI 晶圆 Si 移除之后进行两层面对面堆叠的电路的示意图

晶圆的堆叠对准精度通过晶圆直径内靠近边缘的两个芯片进行测量。在室温进行键合后及叠层退火后可以得到相应未对准值。图 19－15 比较了两个公司测试的结果。图表展示了 XY 方向的未对准值分布，设备 A 的对准精度是±1.5 μm，B 的对准精度是±1 μm。

我们可以明显地看出对准精度主要取决于设备的能力，此外，也与晶圆内部的内应力及变形有关。实际上，这些影响因素同样也是界面键合质量的影响因素。在这次研究中，我们控制了晶圆的平整度，使用的衬底变形度（翘曲及弯曲）非常小（小于 20 μm）。

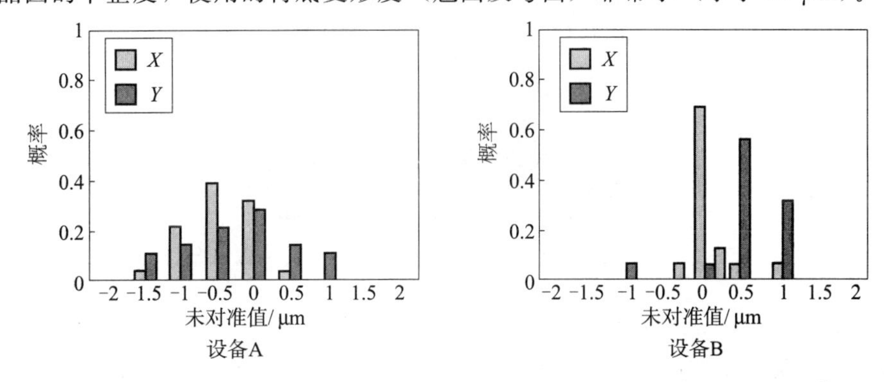

图 19-15　使用两种对准工具测量的晶圆到晶圆图形对准键合的未对准评估

在对准及键合之后，SOI 晶圆背面需要进行减薄。利用机械研磨，化学机械抛光及四甲基氢氧化铵（TMAH）化学腐蚀等方法，可以把硅片背面的硅移除掉。SOI 的氧化物层是一个很好的阻挡腐蚀层，以保证对转移顶层的保护。将等离子腐蚀工艺应用到叠层中，可以得到中间层的互连，如图 19-16 所示。使用 TaN（作为阻挡层）及铜对过孔进行填充[28]。

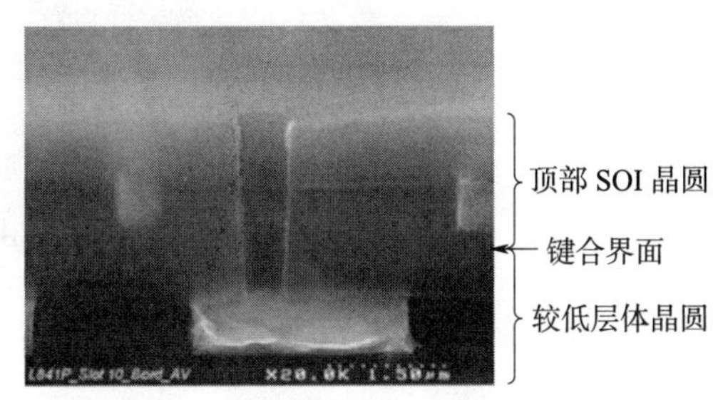

图 19-16　顶部 SOI 基板去除之后，通过两个面对面堆叠的晶圆的深通孔的蚀刻示意图

图 19-17 所示为中间层互连的横截面示意图，从图中可以看出，超大过孔可以将上下两个金属层很好地连接在一起，并且保证无空洞情况，这个超大过孔的深宽比是 3.1∶1。使用相同的工艺可以作出深宽比达 4.5∶1 的超大过孔。超大过孔图形由飞思卡尔（Austin，TX）制作，腐蚀是在 CEA－LETI 进行，然后在飞思卡尔进行填孔。

通过电极探针可以测量过孔链的导电率。除亚微米的孔径外，所有的超大过孔尺寸都有很好的产率[28]。中间层的互连表明使用间距约为 5 μm 左右的过孔可以进行高密度互连，间距值主要取决于键合晶圆的对准精度及后处理公差。

完成电路转移和后处理工艺的第一步为下一层电路集成做铺垫，进而可完成高性能结构。

19.4.3.3　晶圆级集成中片上芯片电容互连[29,30]——后道制程实例

片上芯片的电容互连通过晶圆级集成工艺可以实现。这个组装由后处理标准化技术人

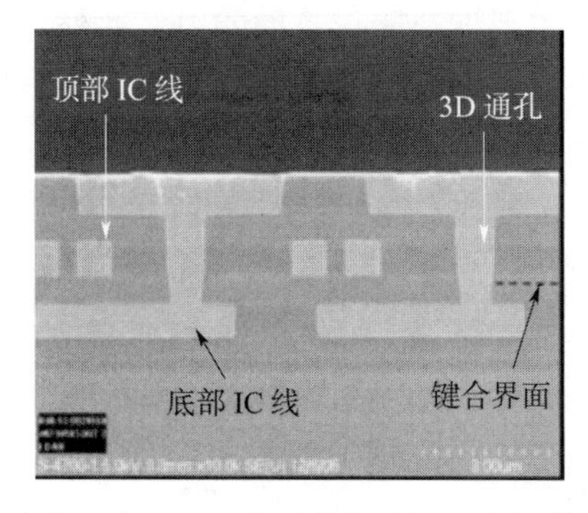

图 19－17　连接两个面对面电路的超大铜通孔的横截面 SEM 图

造 MOS 晶圆组成，该晶圆具有一个对称的持续集成布局。图 19－18（a）给出了连续的工艺流程，这种集成工艺的主要过程是：在每个晶圆的顶部器件上通过低温等 PECVD 工艺沉积一层氧化物层以实现平坦化；然后，根据电容需求对绝缘层（分离层）进行厚度调整。为创建电容的堆叠，晶圆需要在微米级进行面对面的精确对准，如图 19－18（c）所示，并且进行分子直接键合；图 19－18（b）所示为聚焦在键合界面的 SEM 照片，内部电极氧化层厚度为 400 nm。对顶层晶圆进行背面减薄，以便通过平板印刷等工艺预先制备

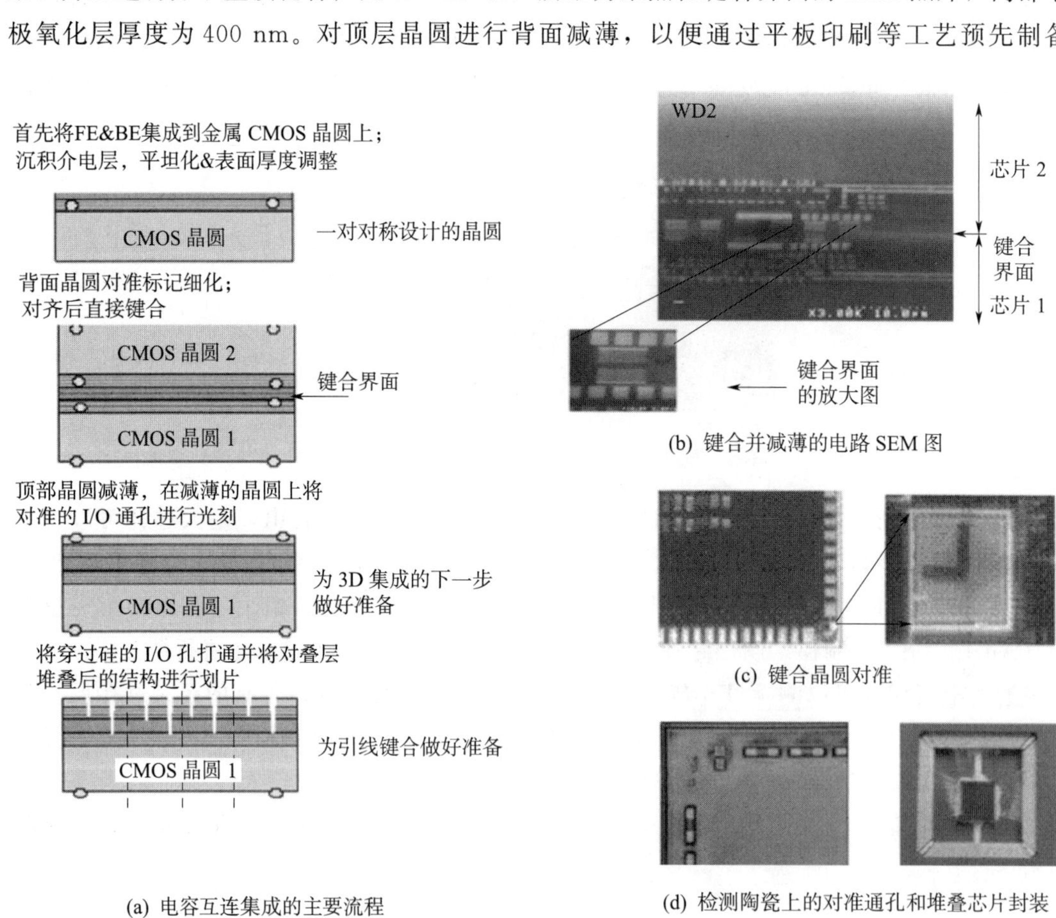

(a) 电容互连集成的主要流程　(b) 键合并减薄的电路 SEM 图　(c) 键合晶圆对准　(d) 检测陶瓷上的对准通孔和堆叠芯片封装

图 19－18　芯片电容互连的制造工艺流程图以及晶圆级工艺集成插图示例（详述见文章）

内埋芯片结构的 I/O 压点，最后，打通通孔使其贯穿整个硅体前端和后端互相堆叠并键合界面，为相互键合的两个晶圆的 I/O 焊盘制作通孔。图 19－18（d）展示了开窗键合点的光学图片。堆叠的晶圆进行划片，并采用引线键合工艺实现电容互连测试完成陶瓷封装。

电容互连芯片的演示首次获得了成功，主要归功于对准的直接键合晶圆（采用了合适的介电常数）及非常小的内部电极间隙（约 400 nm）。

对封装的芯片使用专用的测试设备进行全特征通信结构测试[28]。表 19－1 总结了内部芯片通信互连的一些特征。图 19－19 所示为 3 种不同电容结构的通信测试，频率范围是 10～25 MHz，电源是 2.5 W。这个结构验证了所有尺寸电容的功能满足要求，如图 19－19（a）和（b）所示。

表 19－1　作为中间芯片电容互连的不同尺寸电容的通信带宽

通道大小/μm	25×25	15×15	8×8
（最大频率/引脚）/G	1	1.2	1.23

研究结果显示最可靠的晶圆级集成堆叠含有电容互连芯片。这个电容性的互连在 0.13 μm的 CMOS 工艺中实施的，并且为 3D 集成技术的发展打开了实现的途径。

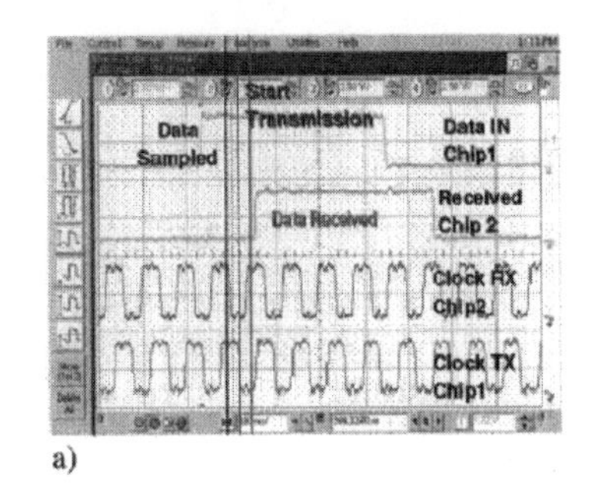

a)

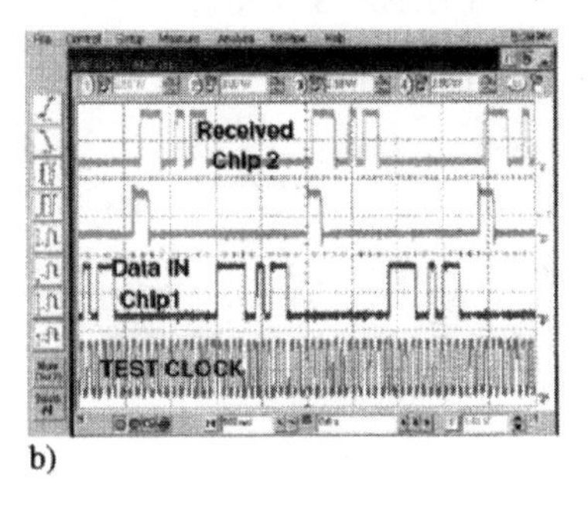

b)

图 19－19　片内通信电容接口的测试波形

19.5　总结

可以使用不同的衬底、电路及叠层结构来实现 3D 集成。使用诸如晶圆或芯片直接键合，晶圆及芯片的对准，背面减薄及深孔制备技术等成熟的工艺可以将异质的衬底及电路堆叠在一起。3D 集成工艺的背景允许了精细结构的集成，并且提出一种先进器件的实现途径。根据本章内容 3D 集成中的 LETI 的改进在技术途径和设备集成方面具有很大的可能性。先进封装中所涉及到 TSV 的一些新途径，尤其是与高温 CMOS 工艺相兼容的方法也得到了发展。新型晶圆重建的先进封装技术可以实现芯片的叠层工艺。异型结构的芯片到晶圆的集成为新一代光电子器件的实现提供了新途径。在晶圆级集成的过程中，介绍了前端新结构的器件和双极 MOS 键合工艺，通过高密度内部互连集成技术实现的后端图形化晶圆。在晶圆上通过标准的CMOS工艺第一次使用无引线互连技术实现了内部芯片的电容性连接。3D集成的实现为不同的应用及叠层的结构提供了准备，如芯片到芯片，芯片到晶圆及晶圆到晶圆。此外，集成的实用性已经被证明，可以用于新的电路及系统上。

致谢

我们非常感谢法国原子能委员会—电子信息技术实验室中所有为3D集成的发展作出贡献的人，特别是 N. Kernevez，M. Fayolle，M. Zussy，T. Enot，B. Biasse，M. Kostrzewa，M. Heitzmann，H. Moriceau，G. Poupon，N. Sillon，及来自 Crolles 2 联盟的成员：G. Passemard，R. Jones，S. Pozder，R. Chaterjee，D. Thomas，A. Martin。此外还要特别感谢来自 EVGroup 的 T. Matthias 及 O. Bobenstetter 的充分合作。

我们同样感谢CEE的大力支持，及与以下项目的合作者：

PICMOS　FP6-2002-IST-1-002131；

High Tree　IST2001-38931；

NESTOR　IST-2001-37114；

WALORI　IST-2001-35366；

WALPACK　PIDEA01-131；

NALIM；

EPIX-NET。

参考文献

[1] Massit,C. G. and Nicolas, G. C. (1995) High performance 3D MCM using silicon microtechnologies. Proceeding ECTC 21 - 24 May, Las Vegas, Nevada.

[2] Biasse,B., Zussy, M., Giffard, B. and Aspar, B. (1999) SOI circuit transfer on transparent substrate by molecular adherence. Journ _ ees nationales de micro _ electronique et optoelectronique, France, 1 June.

[3] Garrou,P. (2005) 3D integration: a status report. Proceeding of 3D Architecture for Semiconductors Integration and Packaging, June 13 - 16, RTI International, Burlingam, Tampe, Arizona.

[4] Rhett Davis,W., Wilson, J., Mick, S. et al. (November - December 2005) Demystifying 3DIcs: The pro and cons of going vertical. IEEE Design & Test of Computers, 22, 498 - 510.

[5] Yoshimi,M. andMazure, C. (2004) Solid - State and Integrated Circuits Technology Conference Proceedings, Vol 1, 18 - 21 Oct. pp. 258 - 261.

[6] Guarini,K. et al. (2003) The impact of wafer - level layer transfer on high performance devices and circuits for 3 - D IC fabrication. International Symposium on Thin Film Materials, Process and Reliability, ECS, PV 2003 - 13, p. 3790.

[7] Moriceau,H. et al. (2003) TheInternational Symposium on Semiconductor Wafer Bonding, ECS Proceedings PV 2003, pp. 19 - 49 and p. 101.

[8] DiCioccio,L., Migette, M., Zussy, M. et al. (2006) Proceedings of the 2nd Workshop on Wafer Bonding for MEMS Technology, Halle Germany, p. 13.

[9] Aspar,B., Lagahe - Blanchard, C., Sousbie, N. et al. (2006) New generation of structures obtained by direct wafer bonding of processed wafers. in Semiconductor Wafer Bonding 9; Science, Technology and Application. ECS Transactions, 3 (6), 79 - 90.

[10] Fournel,F., Moriceau, H. and Beneton, R. (2006) Low temperature void free hydrophilic or hydrophobic silicon direct bonding. in Semiconductor Wafer Bonding 9; Science, Technology and Application, ECS Transactions, 3 (6), 139 - 146.

[11] Matthias,T., Linder, P., Pelzer, R. andWimplinger, M. (2004) Trend in aligned wafer bonding for MEMS and IC waferlevel packaging an 3D interconnect technologies. IWLPC 2004, San Jose, October 10 - 12.

[12] Holsteyns,F. et al. (2003) Monotoring and qualification using comprehensive surface haze information. IEEE International Symposium on Semiconductor Manufacturing, pp. 378 - 381.

[13] Bonkohara,M., Motoyoshi, M., Kamibayashi, K. and Koyanagi, M. Current and future three - dimensional LSI integration technology by chip on chip, chip on wafer and wafer on wafer. Material Research Society Symposium Proceedings, 970, p. Y03 - 03.

[14] Burns,J. A. and Chen, C. K. et al. (October 2006) A wafer - scale 3D circuit integration technology. IEEE Transaction on Electron Devices, 53 (10), 2507 - 2516.

[15] Henry,D., Baillin, X., Lapras, V. et al. (2007) Via first technology development based on high

aspect ratio trenches filled with doped poly silicon. Proceedings of the 57th Electronic Components and Technology Conference, Reno, Nevada, May 27 - June 01.

[16] Umemoto, M. et al. (May 2004) High performance vertical interconnection for high density 3D Chip Stacking Package. Proceedings of the 54th Electronic omponents and Technology Conference, Las Vegas, Nevada, pp. 616 - 623.

[17] Ok, S. J. et al. (August 2003) High density, high aspect ratio through - wafer electrical interconnectvias for MEMS packaging. IEEE Transactions on Advanced Packaging, 26 (3).

[18] Andry, P. S. et al. (2006) A CMOS compatible process for fabricating electrical through vias in silicon. ECTC2006, San Diego 30 - 05/02 - 06.

[19] Lietaer, N. et al. (2006) Development of cost effective high density through wafer interconnect for 3D Microsystems. Journal of Micromechanics and Microengineering, 16, 29 - 34.

[20] Souriau, J - Ch., Lignier, O., Charrier, M. and Poupon, G. (2005) Wafer level processing of 3D system in package for RF and data applications ECTCE - 2005.

[21] DiCioccio, L., Migette, M. Zussy, M. et al. (2006) Proceedings of the 2nd Workshop on Wafer Bonding for MEMS Technology, Halle Germany 13.

[22] Kostrzewa, M., Di Cioccio, L., Zussy, M. et al. (2005) InP dies transferred onto silicon substrate for optical interconnects application. *Sensors and Actuators*, *A*, 125, 411 - 414.

[23] DiCioccio, L., Jalaguier, E. and Letertre, F. (2004) Compound semiconductor heterostructures by smart - CutTM: SiC on insulator, QUASICTM substrates, InP and GaAs, in Heterostructures on Silicon, Wafer Bonding - Applications and Technology, Springer Series in Materials Science, Springer, 75, 263 - 314.

[24] Widiez, J., Daug _ e, F., Vinet, M. et al. (2004) Proceedings of IEEE International SOI Conference, p. 185.

[25] Vinet, M. et al. (2004) Planar double gate CMOS transistors with 40 nm metal gate for multipurpose applications. Proc. IEDM.

[26] Fitzgerald, E. A. et al. (2005) Engineered substrates and their future role in microelectronics. Material Science & Engineering B, 124 - 125.

[27] Leduc, P., deCr _ ecy, F., Fayolle, M. et al. (2007) Challenge for 3D IC integration: bonding quality and thermal management - IITC. Proc. IITC.

[28] Chatterjee, R., Fayolle, M., Leduc, P. et al. (2007) Three dimensional chip stacking using a wafer - to - wafer integration. Proc. IITC.

[29] Charlet, B., di Cioccio, L., Dechamp, J. et al. (2006) Chip - to - chip interconnections based on the wireless capacitive coupling for 3D integration. Microelectronic Engineering, 83, 2195 - 2199.

[30] Fazzi, A., Mangani, L., Mirandola, M. et al. (2007) 3D capacitive interconnections for wafer - level and die - level assembly. IEEE Journal of Solid - State Circuits, 42, p. 2270 - 2282.

第 20 章　林肯实验室的 3D 电路集成技术

James Burns, Brian Aull, Robert Berger, Nisha Checka, Chang - Lee Chen, Chenson Chen, Pascale Gouker, Craig Keast, Jeffrey Knecht, Antonio Soares, Vyshnavi Suntharalingam, Brian Tyrrell, Keith Warner, Bruce Wheeler, Peter Wyatt, Donna Yost

20.1　引言

林肯实验室开展的晶圆级 3D 集成电路技术，是在硅绝缘层（SDI，silicon - on - insulator）衬底上通过电路转移、键合及电气连接到集成电路的有源层的方式实现的[1]。林肯实验室最初开发的层转移技术是转移 GaAs 基板上的薄 GaAs 条，用在以制作太阳能器件上[2]。这个概念之后被高平公司（Kopin Corp）用在制作显示类器件上，将制作的 IC 器件转移到 SOI 衬底上。这些转移层包括埋植的氧化层（BOX）、薄的 SOI 膜及多层次间的互连。在高平公司的工作基础上，东北大学（Northeast University）及林肯实验室又发展了晶圆级 3D 集成电路技术。这种 3D 集成技术的构建模块包含 SOI 电路制作，低温晶圆黏结剂键合技术，将 SOI 的模拟和数字电路转移到光学二极管的影像电路技术以及由硅通孔实现电路中的电连接[4]。这种 3D 64×64 视觉成像器的研发成功，首次验证了 3D 电路[5]。最近，更多的研究也使用了层转移技术去开发 3D 集成技术[6-11]。

通过这种技术所构建的第一个 3D 成像器是非常有局限性的。采用黏合剂键合工艺限制了后续的工艺温度不能够超过 200 ℃。由于钨的化学气相沉积（CVD）需要在 475 ℃下进行，因此，这就限制了使用钨作为电连接的可能。同时，也限制了在 400 ℃退火的后处理工艺，而这步工艺经常用于降低多层孔的阻抗及修复等离子过程中出现的氧化层损伤。黏合剂键合工艺只能做到两层功能层的键合而无法实现完整 3D 集成电路，这是由于额外键合和转接过程会毁坏之前的键合。TSV 设计需要一个深硅腐蚀和氧化物二次填充的过程及黏结键合的除气作用，这限制了 TSV 的尺寸小于 6 μm。最后，对准设备在进行晶圆重叠时，就会发生 2 μm 的误差（TSV 的间距最小设定为 10 μm）。因此为了克服这些限制，林肯实验室开展新的 3D 集成电路技术的研究。

20.2　林肯实验室晶圆级 3D 电路集成技术

20.2.1　3D 制造过程

3D 电路是在一个 150 mm 的 SOI 衬底上，使用 180 nm 全耗尽绝缘体上硅工艺制备而成的，其包括晶体管的台面型绝缘层保护结构及 3D 金属互连技术。在这些技术中，出现了一个新的术语“tier（叠层）”，用于区分设计层、物理层、3D集成电路的转移层及晶圆上的功能部分，包括有源硅、内互连及SOI晶圆的BOX，一个tier近似8 μm厚。图20-1展示了3D的集成过程及含有3个“tier”结构的3D芯片。这个过程一般是首先

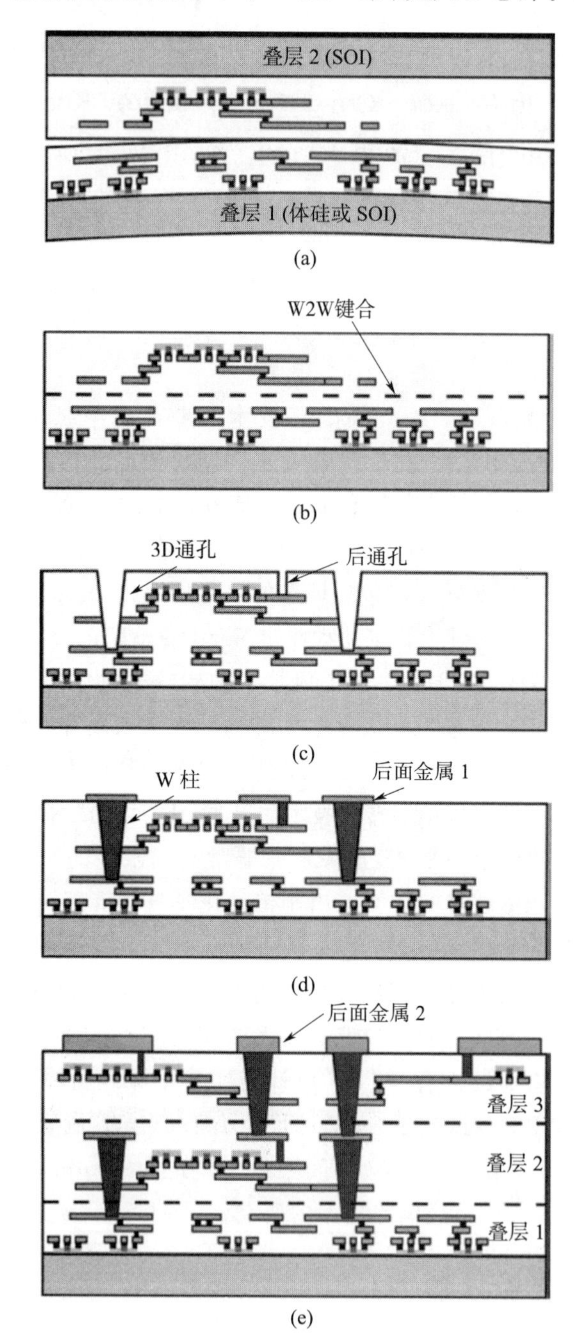

图20-1　3D芯片装配工艺：(a) 2个完整的电路晶圆开放，对准，面对面键合；(b) 移除承载硅；(c) 刻蚀出了3D过孔穿过沉积的BOX和场氧化物；(d) 形成的钨柱是用来连接两层的电路；(e) 在层3被转移后，刻蚀出凸点穿过BOX，用于测试和封装

将 tier 2 转移到基硅 tier，即 tier 1 中，通过红外技术进行面对面对准后，在 275 ℃下进行氧化层的键合，然后将承载硅移除掉，暴露出 tier 2 的 BOX。这个 BOX 层作为一个腐蚀阻挡层，保证在硅的腐蚀过程中产生一个厚度均匀的有源层，其对于 3D 集成来说是一个非常必要的步骤。考虑到这一点，所有需要转移的电路都必须在 SOI 衬底上进行加工。转移 tier 的承载硅将通过研磨的方法被移除掉，然后在 90 ℃的浓度为 10%的四甲基氢氧化铵溶液中进行腐蚀，最终硅厚度一般是 70 μm。因为在四甲基氢氧化铵的环境中硅与 BOX 的腐蚀速率是 1 000∶1，因此承载硅的移除基本不会对 BOX 有影响，同时也不会引起转移叠层厚度的变化，而 3D 过孔是在叠层中形成垂直互连的一个非常关键的因素。在腐蚀过程中对边缘进行保护是为了保证晶圆有足够的强度，可以在全自动的设备中进行料盒间的传递，并且，硅的移除工艺中不会对氧化物键合产生影响。3D 过孔位于叠层中的凸型隔离区（Mesa isolated region)，这样的话用沉积电介质的方法排布过孔时，不会在垂直方向引起绝缘。

3D 过孔通过 BOX 及淀积氧化层的方法进行图案化和腐蚀，暴露出叠层间的金属接触。然后在 3D 过孔中填充钨，通过化学机械抛光（CMP）工艺进行平坦化处理，实现两个叠层的电连接。在上面的叠层中的金属接触是一个具有 1.5 μm 开口的环形面，其作用是在等离子刻蚀氧化层的过程中进行硬模的自对准。对于完全加载的 3D 过孔，金属垫的尺寸及垂直互连的间距，将会使晶圆与晶圆的对准误差成倍的放大。

第 3 个 tier，tier 3 可以按照类似的方法添加到 tier 1～2 的组合体上。不同之处在于，tier 3 的前一侧要键合到 tier 2 的 BOX，3D 过孔会连接 tire 3 的顶层金属和 tier 2 的 BOX 金属焊盘。焊盘通过腐蚀暴露出背面的用于探针测试及引线键合的第一级金属。如果 3D 芯片是数字电路，焊盘会经过 tier 3 的 BOX 及沉积氧化物进刻蚀。如果是背面照明成像器，那么 tier 1 是体硅探测晶圆，其由光学二极管组成。图 20－2 是三层环形振荡器的截面 SEM 分析，从图中可以看出内部互连紧密性。

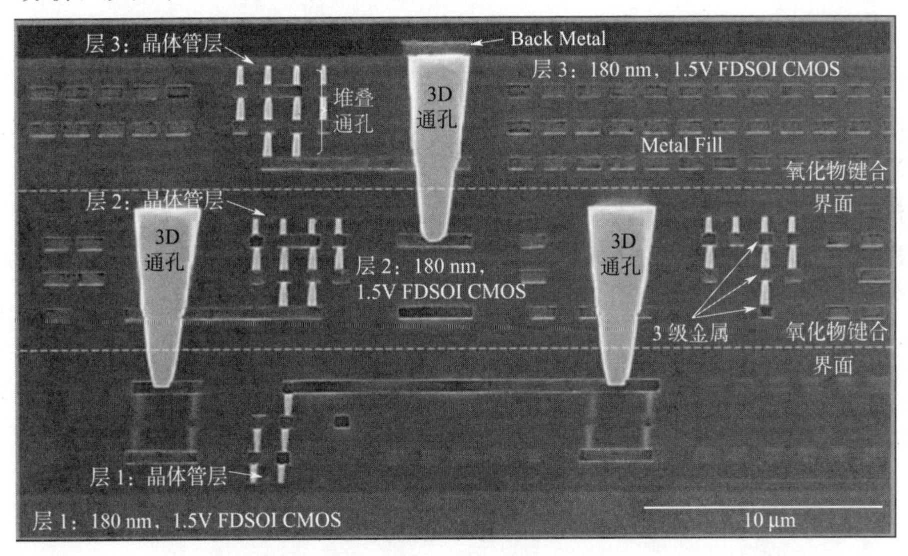

图 20－2　三层环形震荡器的横截面扫描电镜图像，其在每个 FDSOI 层的逆变器与 3D 通孔之间实现电气互连。注意 3D 通孔位于晶体管隔离（场）区

20.2.2 3D使能技术

林肯实验室的3D电路集成技术的结构单元包含SOI电路制作，高精度晶圆与晶圆的对准，低温晶圆与晶圆氧化物键合，以及具有高密度垂直互连结构的电气互连。

SOI技术可应用于所有需要被转移的层中，但是，由于全耗尽绝缘体上硅（FDSOI）是一个低功耗技术，并且对于3D电路减小转移tier中的热生成来说具有独特的优势，所以在制作中选择FDSOI技术[12]。主要的技术特色有：BOX厚度为400 nm，SOI通道厚度为40 nm，凸型隔离、消除侧壁泄漏的侧壁埋入技术、4 nm栅氧化技术、双掺杂多晶硅门技术、氮氧隔离区、硅化钴、平台介质的3级铝基的界面连接、钨端及过孔的连接。所有的特征是通过使用一个248 nm的CANON步进器（22 mm×22mm视场的观察系统）进行观察的。台面钝化简化了在层间垂直互连的放置与制作，是由于这些互连是在场绝缘区域形成的。

对于3D技术的发展来说，3D过孔间距是一个非常关键的因素。因为为了达到最大的电路密度，要使3D过孔的最小节距和连接多层金属层的2D过孔的节距相匹配。3D过孔间距是由3D过孔的尺寸决定的，与氧压刻蚀纵横比（oxide - etch aspect ratio）有关，根据相应的设计规则：这个间距P可以用下面的公式进行计算

$$P=2\times WA+3DV+MS \tag{20-1}$$

式中 WA——晶圆对准系统的偏差；

$3DV$——加载平面的3D过孔的直径；

MS——金属与金属间的最小间距。

首先，使用一个具有±2 μm重叠误差的改进的掩膜对准系统，其与一个1.5 μm开口的环形结构联合在一起，形成一个5.5 μm见方的加载平面，间距是6 μm。为了衡量层内的连接，在设计制造高精度（目标精度是±0.25 μm）晶圆与晶圆对准系统的时候，引入了一个新的晶圆步进器技术[13]。精密对准系统的基本元件如下：两个红外InGaAs摄像器，能捕捉边缘亚像素。一个6轴的压电平台，在tier 2和tier 1对准时可以提供纳米级的X、Y、Z、θ方向的移动和倾斜翻转；在对准之前，通过具有环境补偿的激光干涉仪可以非常精确地控制XY方向的气浮平台。后者可以测量每一个晶圆的栅格变形，并且在晶圆间选择最好的匹配。最后，通过衬底加热的方法可以补偿晶圆间的变形，图20-3（a）展示了这个系统，图20-3（b）的重复对准数据表明，其精度误差为±0.35 μm。这种对准测量是在包含了2D对准系统的相同的金属层中通过所制作的对准标记进行测量得到的[14]。在3D集成进行前开展晶圆图形标记工作是为了保证键合晶圆具有相同的栅格变形，一般重叠误差控制在±0.25 μm。

在3D集成中，晶圆与晶圆键合过程有三个方面的要求。第一，在晶圆对准及晶圆键合过程中，为防止晶圆出现滑移，在室温进行键合时，需要有足够的键合强度。这是因为对准信和275 ℃的热处理是在两个分立的装置进行的。第二，键合的温度一定不得超过500 ℃，其为铝基的上限温度。第三，键合需要足够的强度以保证可以经受3D制造过程。

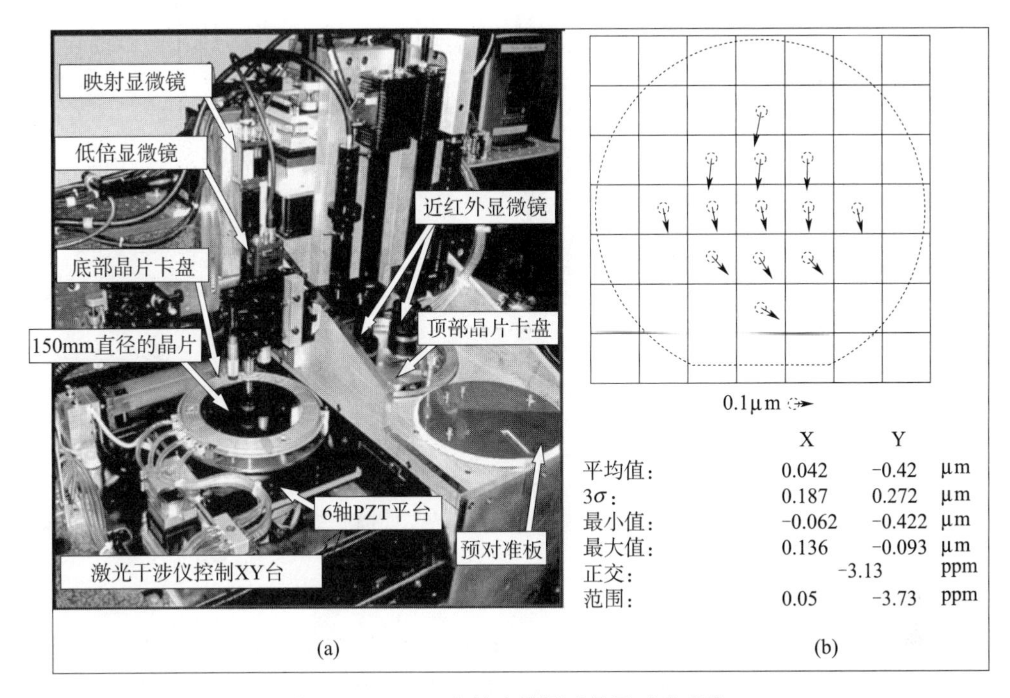

图 20-3　(a) 高精度晶圆对晶圆对准系统；
(b) 晶圆对晶圆对准矢量图，使用高精度对准器用于 2 个 150 mm 直径的键合晶片
(芯片尺寸为 22 mm)。安装误差建模的位移，正交性和可伸缩性。
连续对准测量显示，3σ 可重复性小于 0.35 μm

键合用的 CMOS 晶圆需要在 430 ℃的条件下进行低压化学气相沉积 (LPCVD)，沉积一层 1 500 nm 厚的低温氧化层。通过化学机械抛光技术将1 000 nm厚的氧化层去除，进行平坦化、抛光，使表面粗糙度小于 0.4 nm RMS (使用原子力显微镜进行测量，测量范围 10 μm×10 μm)。晶圆在 80 ℃的 H_2O_2 中放置 10 min，用高密度的羟基去除有机沾污并活化表面。之后，晶圆在氮气环境中进行漂洗/烘干[15]。晶圆间通过顶层晶圆中心的接触对准并键合，当发生表面接触时，较弱的 (～0.45 eV) 氢键 (Si—OH：HO—Si) 在界面形成。两个晶圆的键合界面在 2～5 s 内沿径向扩展到晶圆边缘。在 30 s 之后，这对圆片可以从对准设备移除而不会破坏键合和对准，热循环可以促进界面共价键的产生，提高键合强度，反应式如下

$$\mathrm{Si—OH：HO—Si \rightarrow Si—O—Si + H_2O}$$

Si—O 键的键合能量是 4.5 eV。

通过测量温度范围在 150～500 ℃的键合强度，可以确定这种特殊键合技术的最佳热循环参数。图 20-4 是一个关于从 1 和 10 的循环中测量到的有关表面能的阿利纽斯图。采用刀片嵌入技术测量表面能[16]，使用红外检测手段，沿着晶圆对的边缘测量四个点，测量其断裂长度。评估的误差大约是 1 mm。考虑到需要 1 000 mJ · m^{-2} 的表面能才能无损伤地移除承载基板及随后的 3D 通孔工艺不会干扰配对基底，我们选择了在 275 ℃进行

10 h 的热循环试验作为最适条件。红外检测发现当键合温度超过 300 ℃时，在键合表面形成空洞。图 20-4（b）表明了表面的粗糙度对键合强度会有影响，因此，低温键合需要一个仔细控制的化学机械抛光工艺。

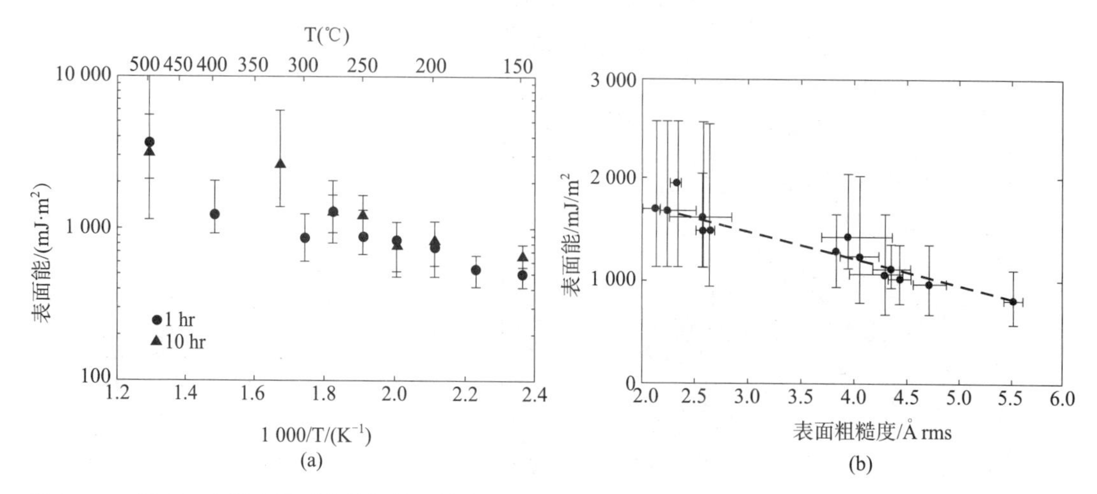

图 20-4 需要一个温度循环来增加低温键合工艺中晶圆互连的键合强度，增加到至少 1 000 $mJ \cdot m^{-2}$。大于 300 ℃的热处理可能在键合表面产生气泡；测量出的粗糙度为 0.4～0.5 nm，但是引进 CMP 工艺导致表面粗糙度的减少和键合强度的增加

一个 3D 过孔，如图 20-5 所示，由顶层的金属环、底层的金属接触面及将进行电气互连的钨塞组成。钨塞形成于一个预先由等离子处理的孔中；金属环需要进行特殊设计以满足作为连接顶层与压点金属电气互连的需要。初始 3D 芯片设计使用内层互连技术获得间距为 6 μm 的 3D 叠层，而首次报导用于 3D 影响器的间距为 26 μm[6]。

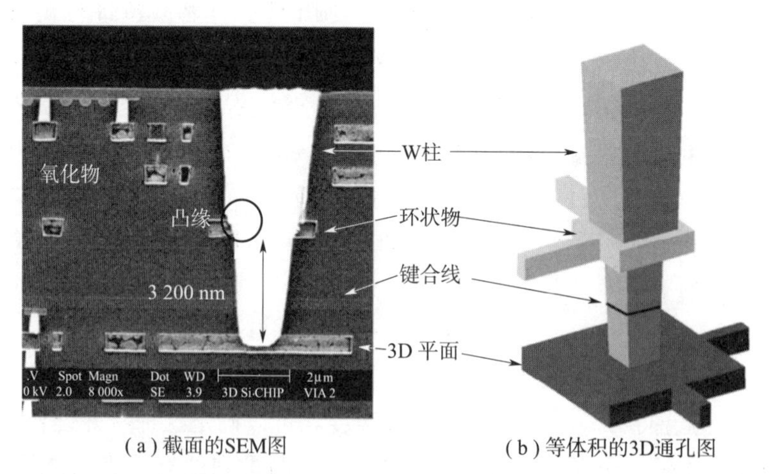

图 20-5 主要特征是：上叠层金属 3 的金属环、下叠层金属 1 的 3D 平面（3D land）还有连接两叠层的钨塞，2.5 μm 厚的抗蚀图并没有在图中显示，这层抗蚀图屏蔽了氧化腐蚀，并决定了连接环面的过孔的尺寸。图（a）中的平台（ledge）是钨塞和金属环重叠部分，这部分是均匀一致的

氧化过孔的腐蚀在 Trikon Technologies 公司的低压、高密度螺旋型组合装备中进行，以达到高深度比，腐蚀条件要平衡考虑聚合物淀积和圆片偏置，前者是为了得到垂直侧墙，而后者是为了在腐蚀过程中从过孔基体上溅射淀积的聚合物、平台（ledge）是金属环的一部分。在氧化腐蚀过程中暴露，等离子和平台的互相作用会影响环平面下的腐蚀轮廓。金属连接是 Ti/硅铝合金/TiN 的堆叠，在叠层（tier）转移后金属层翻转，Ti 暴露到等离子中，3D 过孔链用以优化过程，3D 过孔的电阻和良率是化学腐蚀、系统压力、射频偏压和 3D 过孔设计特征的方程。初始的 3D 过孔链测试对于环面有高的良率和低的电阻，但对于下叠层的平面焊盘良率更低。3D 过孔截面的 SEM 图表明金属平台的宽度大大减小了；过孔在环金属的下方夹断，但是没有环面显示的腐蚀结构没有过孔夹断。金属平台是化学和物理腐蚀的结果，这是由于 Ti 和 TiN 在氟基物质中不稳定，但等离子腐蚀的反应物——氟化铝，不会不稳定，所以需要大的晶圆偏置来去除。另外，当氧化腐蚀到达金属环并和 Ti 发生相互作用时，腐蚀用的化学物质产生聚合物，留下金属有机物质淀积在过孔边墙，从而导致过孔夹断。通过对不同 3D cut 和环面尺寸的器件进行测试建立的良率模型表明：3D 过孔链的良率和环面开口呈正比例，和平台（ledge）宽度呈反比例，并且，二者中环面开口是主要决定因素。通过将暴露的平台（land）减小并用氯化物腐蚀平台和增加少量 O_2 进行氧化腐蚀去除聚合物，10 000 个 3D 过孔的良率从 35%提高到 100%。表 20-1 中总结了一些化学腐蚀。

表 20-1　3D 通孔的化学腐蚀

	3D 通孔腐蚀	
	氧化物	金属
电源功率	1 750	2 750
偏置功率	1 300	250
压力	3.5	6
C_4F_8（cc）	30	—
CH_2F_2（cc）	40	—
CO（cc）	24	—
Ar（cc）	80	—
Cl_2（cc）	—	75
BCl_3（cc）	—	10
N_2（cc）	—	15

20.2.3　3D 技术的缩放比例

在叠层间实现垂直连接的是叠加过程，叠加过程对位置的限制远不只晶圆的对准。在 3D 技术中，晶圆间在 $X-Y$ 方向和旋转方向的误差要加到 3D 过孔的覆盖误差中。第一个约束条件需要平版印刷时所露出的芯片要与相应的晶圆所一致。第二个约束条件是芯片与晶圆放置的平行度小于 5 ppm。为了协助第一级的对准过程，在测量图形布局及视场旋转时将特征点用十字线标记。曝光步进器的对准运算法则保证了后续平板印刷的等级满足芯片的放置标准。第三个限制是在 2D 及 3D 制造过程中所出现的 tier 变形。由于顶层的金属环面不能够对两个 tier 中不同的栅格变形进行有效的补偿，因此，如果没有较好地对栅格变形加以控制，将导致 3D 过孔不能进行全面的接触。注意 2D 平版印刷的栅格变形可以通过对准算法加以调和。两叠加的精度通过叠加工具进行测量，而总的重叠误差是由 X、Y 轴上的平移、旋转、扩展及其综合效果所决定的。一个可行的 3D 集成技术需要在整个 2D 或者 3D 的制造过程中对 tier 的变形加以控制。晶圆的弯曲导致 tier 的变形，但在晶圆对晶圆对准前可以先在晶圆的背面淀积一层氧化膜来补偿因压力所形成的翘曲，以使翘曲达到最小化。在晶圆对晶圆对准过程中仍然会出现 tier 的翘曲，主要是因为在工作台上，利用真空吸附晶圆时使晶圆产生了变形，而这一点是可以通过重新设计工作台加以避免的。由于 3D 技术可以较好地控制重叠误差，因此其发展一直在扩大。在晶圆定位的过程中可以产生叠层的扭曲变形。误差可以通过以下公式计算

$$ST2 = MS + WA + VS - 3DCut \tag{20-2}$$

式中 MS——在 3D 平面金属特性的最小间距，0.3 μm；

WA——晶圆对晶圆间的对准误差，1 μm；

VS——在与 3D 平面接触中所需要的钨柱的尺寸，1 μm；

$3D\ Cut$——抗蚀窗口，1.75 μm。

之前的工作主要是将间距从 3.55 μm 降低到 1.55 μm，并且 3D 平面的尺寸也由 5.5 μm 降低到 3 μm。

在 3D 的集成中，tier 3 以面对背的方式键合到 tier 2 上，如图 20－1 所示，3D 过孔连接到这些 tier，并渗透到 SOI 及多晶硅平面。阻隔区降低了 SOI 的密度，同时要求多晶硅互连要防止钨与 SOI 及多晶硅形成短路。间距规则 ST3 主要由晶圆间的对准误差决定

$$ST3 = WA + PS + AE \tag{20-3}$$

式中 WA——晶圆间的对准误差；

PS——钨柱与 SOI 的间距，1.75 μm；

AE——累积对准误差，0.185 μm。

三者之和导致 tier 3 的 3DCut 与 tier 2 上的 SOI 有 1.35 μm 的间距。WA 对 SOI 及 tier 2 上的多晶硅密度的影响，可以通过在 tier 2 上的 BOX 增加金属接触平面去除，这一金属接触平面通过标准的 300 nm 过孔连到 tier 2 的金属 1 中，如图 20－6 所示。由于晶圆对晶圆的对准误差已经从重叠误差中排除掉了，因此为将过孔 BV0 与 SOI 的间距减小到 0.35 μm，需要一个额外的步进对准。

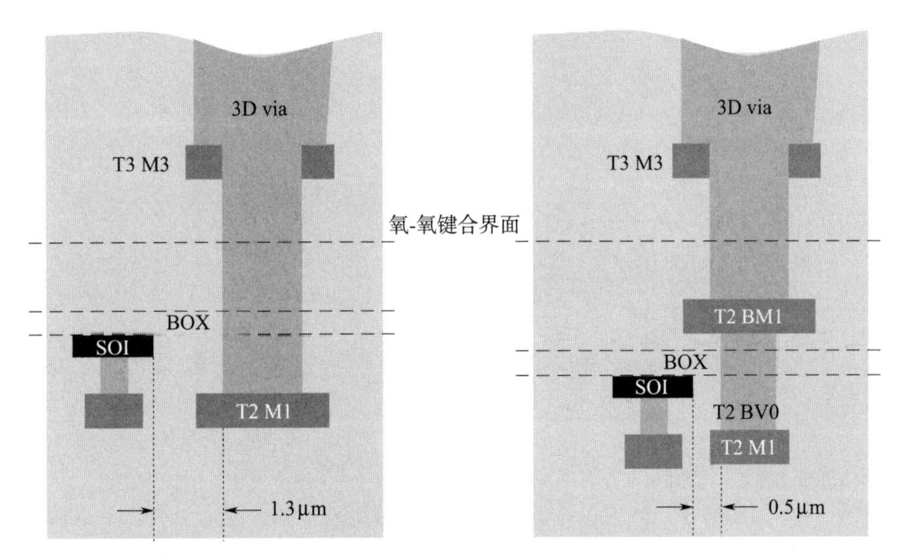

图 20-6　tier 2 采用背金（BM1）和背部过孔（BV0）的 3D 过孔使 SOI 间距从 1.3 减小到 0.5 μm

20.3　FDSOI 晶体管与器件性能

3D 集成过程中，在 tier 2 与 tier 3 中所制造的 FDSOI 晶体管有别于 tier 1 中的，与传统的 SOI 晶体管也是有区别的，主要是由于这些 tier 中的晶体管没有硅衬底。由于存在以下可能：从源到漏的边缘电场，整体的电荷，集成的电场，及与晶体管有关的任何电极上的电场，使晶体管在转移层 tier 中不容易定性。为了确定 3D 集成的效果及衬底电极性能的偏差，需要在 3D 集成前及集成后，在 tier 2 及 tier 3 为器件设计测试晶体管及测试电路[19]。测试的结果展示了移除衬底对器件性能的影响非常小。环形振荡器和 8×8 乘法有同样的特性，因为数据表明在每个阶段的延迟和运行频率没变化。

可以将绝缘氧化层中的辐射诱发电荷的捕捉效应应用到空间的部分 3D 影像器中，电路里的势场、沟道及埋置氧化层是可以被移除掉的。在 FDSOI 晶体管中，因为氧化物前后两面是具有电容耦合性质的，故总的辐射剂量是一个不定的阈值漂移，这主要取决于 BOX 中电荷的捕捉。在将 FDSOItier 键合到一个承载晶圆上后，移除衬底将会降低辐射诱发的阈值电压漂移及关闭 FDSOInFETs 的渗漏，减薄 BOX 将会进一步降低 nFET 的辐射敏感度[20]。3 个 tiers 的 3D 芯片中的晶体管阈值的漂移可以通过总剂量（TID）进行评估，使用10－kev的 X 射线。如图 20－7 所示，tier 1 中的 nFETs 降低了阈值电压，其降低的幅度与传统的 FDSOI 晶圆的 nFETs 类似，然而 tier 2 及 tier 3 中阈值的漂移是比较小的。由于 tier 2 及 tier 3 均是以倒扣的方式键合到 tier 1 上的，这些结果是与单一的 tier 的晶圆键合到承载晶圆并移除衬底的试验结果是一致的（如参考文献[20] 中的图 18 所示）。这些数据表明了多 tier 的集成降低了上两层晶体管辐射诱发的阈值电压漂移，并未降低第一个 tier 中晶体管的总剂量误差。

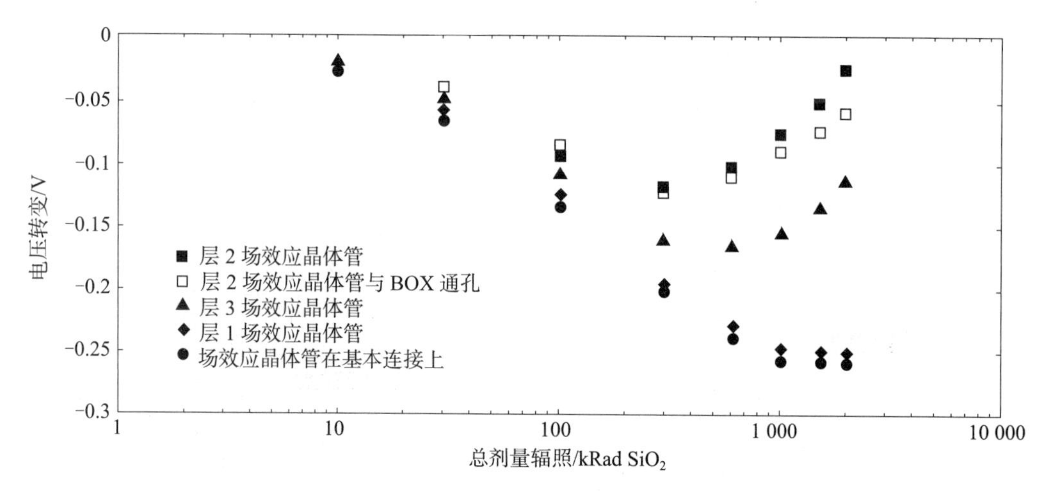

图 20-7　TID 引起的阈值电压变化对于 n 极场效应晶体管在 3D 芯片层 1，2 和 3，和晶体管在辐照下的关闭栅极偏压条件。每个晶体管有 20 个 L=0.18 μm，W=10 μm 的指。红色数据点是典型的数据，表示了 n 极场效应晶体管在单个基本 SOI 晶片

由于 tier 2、tier 3 中的器件是嵌入到介质层中，且热量的疏散比 tier 1 的疏散更为困难，因此 3D 芯片中 tier 2 和 tier 3 的热量疏散成为目前研究的一个重要方向。3D 电路叠层中晶体管自身的热量消耗是通过测量每一个 tier 的实际温度进行评估的，根据能量功耗使用平面 pn 结二极管作为温度传感器及 SOI 电阻作为热源。并且研究了多种热沉技术的效果[21]。图 20-8（a）展示了所研究的一个散热通道的结构示意图。评价了两种不同的热沉效果。一种是在 3D 叠层的顶层使用了金属焊盘作为将热传到空气中的媒质。另一种是通过 BOX 对过孔进行钨填充，从而将热传递到衬底上。有一点需要注意：设计的规则限制了热从标准金属互连及过孔中的传递，因为这些金属互连及过孔的尺寸非常小，故而在到达热沉之前，有着非常高的热阻。图 20-8（b）是每一个 tier 的测量温度，表明 tier 3 的温度是最高的，在 300 mW 时，超过 250 ℃，这就意味着表面将达到 125 $W \cdot mm^{-2}$。尽管通过 BOX 过孔及顶层金属焊盘都可以降低表面温度，但顶层金属的效果对于散热来说更为有效。对晶体管类似的测量表明了增加顶层金属或穿过 BOX 的过孔可以帮助散热，但同时驱动电流与互导的提升小于 10%。幸运的是，对 FET 性能的热影响是比较小的，并且 SOI-3D 集成电路相对于体硅来说显著地降低了结的面积，因而更容易接受高温运行。这些结果说明对于 3D-ICs，在设计电路时应将最大的功率电路放置在 tier 1 中，最小的放在 tier 3 中。

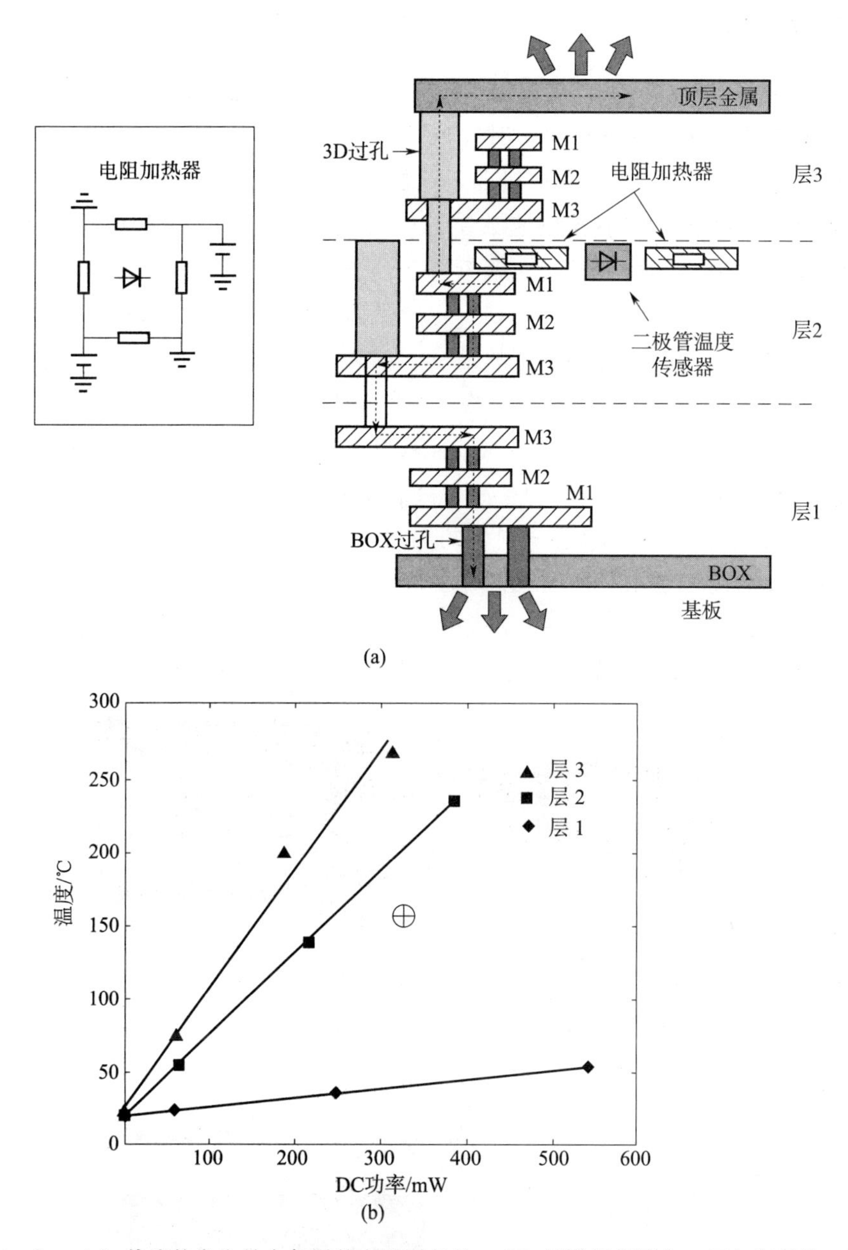

图 20-8　(a) 热流的发生是由每层的电阻引起的；(b) 导致温度增加，正如每层的二极管温度传感器测出的一样。圈中的“+”表示 tier 3 中 3D 通孔上的金属焊盘的温度

20.4　3D 电路及器件

因为成像层的填充因子是 100%，逻辑及数字处理层是在成像层之下，因此 3D 集成技术的“低悬挂结果”是一个聚焦平面的设计与结构。之前我们所讨论的林肯实验室的 3D 技术，成功地实现了设计、制作及操作雪崩光电二极管（APD）成像器及 3D 成像器。

20.4.1　3D 激光雷达芯片

3D 激光雷达芯片[22] 是一个激光雷达（LADAR）成像器，其基于由有高速全数字 CMOS 时序电路集成的 Geiger 模式。用激光照射目标，然后芯片测量单反射光子的到达时间。光子在雪崩光电二极管中是随机的，这样就导致了二极管崩塌，并产生数字脉冲，其中数字脉冲作为像素电路中的快速数字计数器的停止信号。以前的视觉激光雷达系统[23] 使用的是 32×32 的硅雪崩光电二极管阵列，通过环氧黏结技术将其黏结在 0.35 μm 的 CMOS 芯片上。像素的间距是100 μm，主要受像素电路所需面积的限制。电路获得一个 0.5 ns 的时间量化，3D 激光雷达芯片是一个 64×64 的成像器，由 3 个具有 50 μm 像素间距的层组成。tier 1 是 30 V 的 Geiger 模式雪崩光电二极管阵列，是一个成像层。为了改善量子效率，在晶片上生长一层外延层，tier 2 是在 3.3 V、0.35 μm 的 SOI 工艺下制作的。它包括含有雪崩光电二极管的电路，并在雪崩二极管崩塌时产生停止信号。tier 3 是在 1.5 V，0.18 μm 的 SOI 工艺下制作的。它包含了一个9 bit 的随机计数器，连接到 tier 2 中的一个 3 位寄存器上，用以改善时序像素精度。图 20－9 是几个 3D 过孔的基本结构及互连情况。图 20－10 展示了一个圆锥形状的成像。再次设计的结果比原有方案[23] 在很多性能方面均得到了提升，如电源分配，像素尺寸的降低，时间周期的加快。

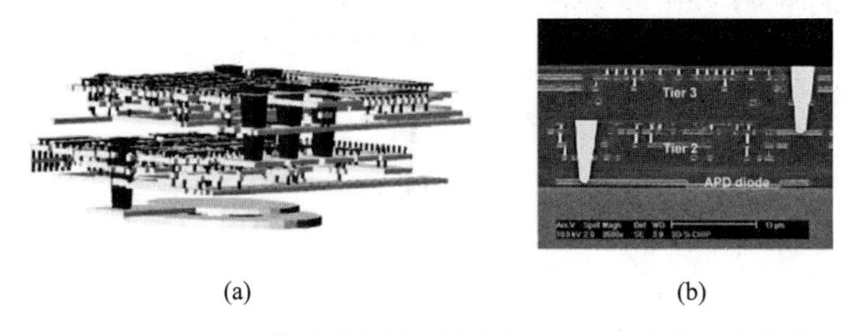

图 20－9　（a）3D－LADAR 像素等视图，图为层 2 和层 3 之间一个简单的 3D 通孔；88 个 3.3 V FDSOL 晶体管在层 2，138 个 1.5 V 晶体管在层 3
（b）像素相交的 2 个 3D 通孔的横截面扫描电镜图

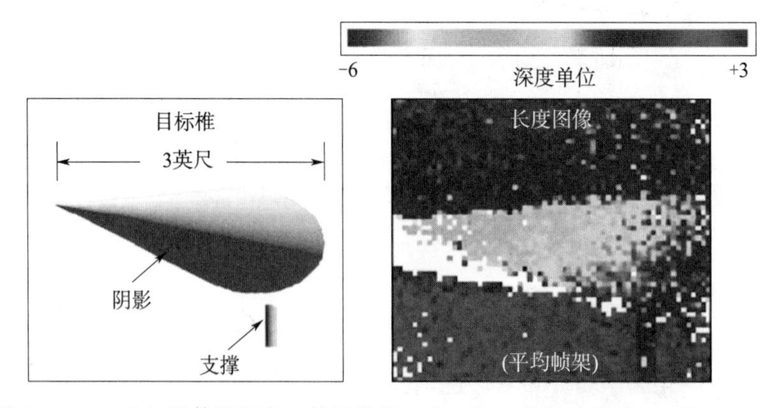

图 20－10　（a）椎体被照亮，使用的是一个 4 kHz 的脉冲激光，λ 为 532 nm。
（b）反射脉冲发射到距离椎体 5 m 的 3D 64×64 LADAR 成像器，在这里对脉冲进行检测，分成多路并发送到一个片外处理器上生成图像，tier 3 的 9 bit 计数器的范围相当于每次计算 0.1 m

20.4.2　1024×1024 可见光成像器

参考文献[24]中介绍了一个 8 μm 像素的两层结构的 1024×1024 成像器。tier 1 是一个 p^+n 光学二极管，tier 2 是一个 3.3 V 的 FDSOI 层。这是一个使用 3D 电路集成技术制作的密度非常大的 3D 成像器电路。并利用 3D 技术实现了 100%成像器填充因子，每一个 1024×1024 阵列的像素中都包括一个反偏的 p^+n 光学二极管（在 tier 1）、复位晶体管、跟随器及一个选择器（在 tier 2 上）。图 20-11 是一个 3D 成像器的效果及电路图。

(a)

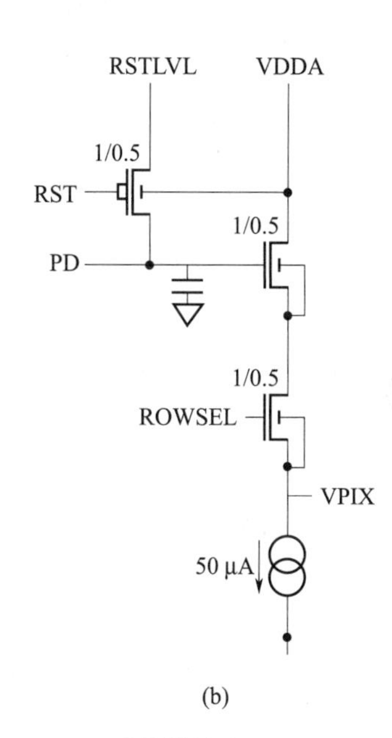

(b)

图 20-11　(a) 从 8 μm 像素的 1024×1024 3D 成像器输出
(b) tier 2 中的像素电路。
3.3 V FDSOI 层。发光二极管（PD）在 tier 1 中。
图像有 100%的填充因子

20.4.3　异质集成

最近，在构建 3D 红外聚焦平面的过程中，展现了不同材料间异质集成的可行性[25]。高成器率 3D 通孔链的制作表明，在 3D 技术中硅以外的其他材料得到了大量应用，图 20-12 是一个 6 英寸的磷-铟晶圆键合在一个氧化硅基板上。这在 3D-IC 的数字及成像应用中，对于多种材料的集成而言是非常重要的一步。

20.5　总结

使用晶圆级 3D 电路集成技术制备了 2 层和 3 层的 3D 功能电路。该技术允许叠层间不限位的密集垂直连接，并允许生产过程采用不同技术和材料。这项技术的优点是对于应用

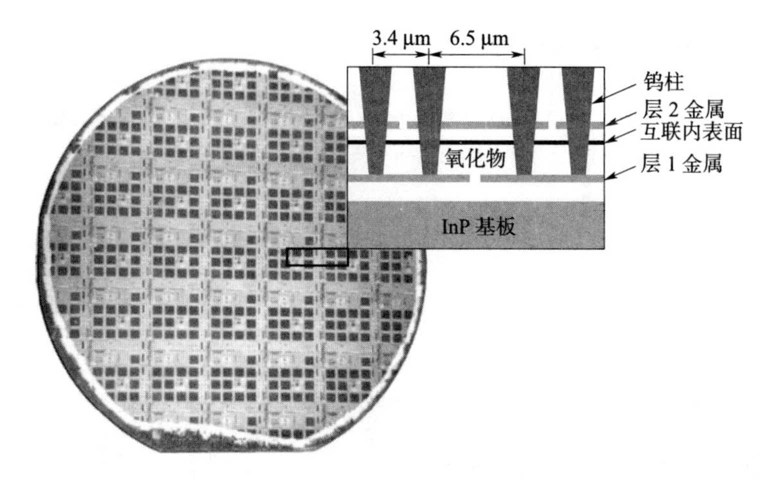

图 20-12　(a) 150 mm InP 晶圆键合到一个氧化硅晶圆上
(b) 氧化硅晶圆上的3D通孔链，每个芯片有10 000个通孔。
链的成品率为100%，3D通孔的平均电阻小于1 Ω

在100%填充因子的成像器件，可以获得一个包含复杂像素电路的芯片。目前的工作趋向于将3D集成技术应用于混合信号器件中，如可以作为DARPA-Multiproject的一部分出现，或者作为3D叠层中热控制技术的发展。第一个DARPA多项目方案的结果表明：1）由于降低了内互连的延迟，3D静态存储器（SRAMs）具有更高的带宽性能；2）3D现场可编程逻辑门阵列（FPGAs）将会提供出更好的设计，编程更为灵活多变；3）3D内互连层将会降低信号延迟、等待时间（latency）及更好的层间或层内射频绝缘性；4）我们有理由相信微电子机械系统（MEMS）将会被集成到3D结构中。

致谢

该项工作按照空军合同＃FA8721-05-C-0002由美国国防部高级研究计划局发起。书中作者的观点、解释、结论和建议不一定被美国政府认同。

作者感谢微电子实验室各位员工的贡献和坚持，感谢Karen Challberg在文本编辑上的帮助。

参考文献

[1] Burns,J. A., Aull, B. F., Chen, C. K. et al. (2006) A wafer - scale 3 - D circuit intergrationtechnology. IEEE Transactions Electron Devices, 53 (10), 2507 - 2516.

[2] McClelland,R. W., Bozler, C. O. and Fan, J. C. C. (1980) TP - A2 the cleft process: A technique for producing many epitaxial single - crystal GaAs Films by employing one reusable substrate. IEEE Transactions Electron Devices, 27 (11), 2188.

[3] Sailer,P. M., Singhal, P., Hopwood, J. et al. (1997) Creating 3D circuits using transferred films. IEEE Circuits Devices Magazine, 13 (6), 27 - 30.

[4] Burns,J., Mcilrath, L., Hopwood, J. et al. (2000) An SOI - based three - dimensional integrated circuit technology. IEEE Intergrated circuit technology. IEEE International SOI Conference Proceedings, pp. 20 - 21.

[5] Burns,J., Mcilrath, L., Keast, C. et al. (2001) Three - dimensional integrated circuits for low - power, high - bandwidth systems on a chip. Digest Tech. Papers IEEE International Solid - state Circuits Conference, 453, pp. 268 - 269.

[6] Reif,R., Fan, A., Chen, K. N. and Das, S. (2002). Fabrication technologies for three dimensional intefrated circuits. Proceedings IEEE International Symposium Quality Electronic Design, PP. 33 - 37.

[7] Chan,V. W. C., Chan, P. C. H. and Chan, M. (2000) Three dimensional CMOS integrated circuits on large grain polysilicon films. Tech. Digest IEEE International Electron Devices Mtg., pp. 161 - 164.

[8] Fukushima,T., Yamada, Y., Kikuchi, H. and Koyanagi, M. (2005) New three - dimensional integration technology using self - assembly technique. Tech. Digest IEEE International Electron Devices Mtg., pp. 359 - 362.

[9] Lea,R., Jalowiecki, I., BOUGHTON, D. et al. (1999) A 3 - D stacked chip packaging solution for miniaturized massively parallel processing. IEEE Transactions Advanced Packaging, 22 (6), 424 - 432.

[10] Fukukshima,T., Yamada, Y., Kikuchi, H. and Koyanagi, M. (2005) New three - dimensional integration technology using self - assembly technique. Tech. Digest IEEE International Electron Devices Mtg., pp. 359 - 362.

[11] Topol,A., Tulipe, D., Shi, S. et al. (2005) Enabling SOI - based assembly technology for three - dimensional (3D) integrated circuits (ICs). Tech. Digest IEEE International Electron Devices Mtg., pp. 363 - 366.

[12] MITLL Low - power FDSOI CMOS Process Design Guide, Revision 2006: 7 (2006) Advanced silicon Technology Group, MIT Lincoln Laboratory, 244 Wood St., Lexington, MA 02420.

[13] Warner,K., Chen, C., D' Onofrio, R. et al. (2004) An investigation of wafer - to - wafer alignment tolerances for three - dimensional integrated circuit fabrication. Ieee International SOI

Conference Proceedings, pp. 71 - 72.

[14] Metra 2100 Process Engineer' s Manual, Optical SPECIALTIES Inc., (1993).

[15] Warner, K., Burns, J., Keast, C. et al. (2002) Low - temperature oxide - bonded three - dimensional integrated circuits. IEEE International SOI Conference Proceedings, pp. 123 - 124.

[16] Maszara, W. P., Goetz, G., Caviglia, A. and Mckitterick, J. B. (1998) Bonding of silicon wafers for silicon - on - insulator. Journal of applied Physics, 64 (10). 4943 - 4950.

[17] Chen, C. K., Warner, K., Yost, D. R. W. et al. (2007) Scaling three - dimensional SOIintegrated - circuit technology. IEEE International SOI Conference Proceedings, p. 87 - 88.

[18] Knecht, J., Yost, D., Burns, J. et al. (2005) 3D via etch development for 3D circuit integration in FESOI. IEEE International SOI Conference Proceedings, pp. 104 - 105.

[19] Burns, J., Warner, K. and Gouker, P. (2001) Characterization of fully depleted SOI transistors after removal of the silicon substrate. IEEE International SOI Conference Proceedings, pp. 113 - 114.

[20] Gouker, P., Burns, J., Wyatt, P. et al. (2003) Substrate removal and BOX thinning effects on total dose response of FDSOI NMOSFET. IEEE Transactions Nuclear Science 50 (6), 1776 - 1783.

[21] Chen, C. L., Chen, C. K., Burns, J. A. et al. (2006) Laser radar imager based on three - dimensional integration of Geiger - mode avalanche photodiodes with two SOI Conference Proceedings, p. 91 - 92.

[22] Aull, B., Burns, J., Chen, C. et al. (2006) Laser radar imager based on three - dimensional integration of Geiger - mode avalanche photodiodes with two SOI timing - circuit layers. Digest Tech. Papers IEEE International solid - state Circuits Conference, pp. 304 - 305.

[23] Aull, B. F., Loomis, A. H., Gregory, J. and Young, D. (1998) Geiger - mode avalanche photodiode arrays integrated with CMOS timing circuits. IEEE Annual Device Research Conference Digest, pp. 58 - 59.

[24] Suntharalingam, V., Berger, R., Burns, J. A. et al. (2005) Megapixel CMOS image sensor fabricated in three - dimensional integrated circuit technology. Digest Tech. PAPERS ieeeInternational Solid - state circuits conferen, pp. 356 - 357.

[25] Warner, K., Oakley, D. C., Donnelly, J. P. et al. (2006) Layer transfer of FDSOI CMOS to 150mm InP substrates for mixed - material integration. International Conference Indium Phosphide Related Materials, pp. 226 - 228.

第 21 章　IMEC 的 3D 集成技术

Eric Beyne

21.1　引言

微电子互连技术的任务是将不断增加的无源和有源电路相互连接在一起。这些年来，互连已经逐渐发展为具有不同互连级别的分级结构，即经历了从晶体管到系统级的发展。对于芯片级，这些等级是指局部级、中间级和整体级。在芯片封装前，一般的组装等级按照晶圆（初级）、封装（第一级）、印制电路板（第二级）、整机（三级）和系统（四级）进行。3D 集成可以按照这些层的键合丝等级进行划分，每一层将会导致不同的复杂程度（密度）和技术（成本）方案。特别是，这些 3D 技术可以在封装、键合焊盘、整体级、中间级及局部级等水平上分别实现 3D 互连，如图 21 - 1 所示。

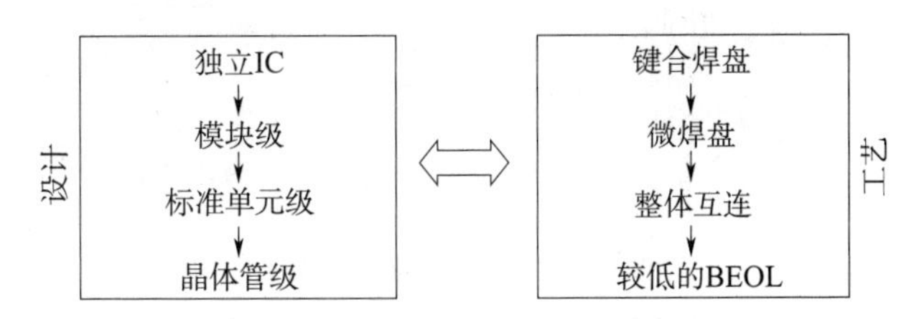

图 21 - 1　IC 设计等级和互连层工艺之间的联系

很明显，由于 3D 互连向低级别互连转移，因此，3D 互连密度将会呈现指数形式增加。因此，互连的每一个层的最优技术平台是有区别的。在比利时微电子研究中心（IMEC）实验室，我们根据相关制作技术的基础设施将 3D 集成技术分为以下几个类别[1-3]：

1）3D - SIP：封装基础设施；

2）3D - WLP：晶圆级封装基础设施；

3）3D - SIC/3D - IC：集成电路加工基础设施。

3D - SIP 技术包括叠层芯片引线键合技术及封装体推叠（POP）技术，其是目前最成熟的技术，并且已经有了非常高的产量，是属于 3D - SIP 封装中密度较低的一种。

3D - WLP 技术是基于晶圆级封装基础设施的基础上，作为倒装芯片凸点及引线再分布出现的。使用附加技术开发出的 MEMS 技术，如各向异性深硅刻蚀技术，可以在晶圆级（初级）中实现 3D 电信号连接。

3D - SIC 采用基于晶圆厂家硅工艺的基础而开发出的高密度垂直互连。这种 3D 集成可以分成两类：一是全局内部互连，即 3D - SIC；二是通过最底层的介质层进互连，即 3D - IC。

3D - SIC 或堆叠- IC 传统互连可以实现大规模电路模块及三维方向的内部互连，类似于在标准 SOC（片上系统）芯片上进行的 2D 全局连接，如图 21 - 2 所示。因此，3D - SIC 也可以被认为是3D－SOC的一种解决方法。它允许IP模块的重复使用，并且可以很好地集成到现行的最新SOC设计方案上。这项工艺的一个潜在应用是可以很好对逻辑功能和内存进行整合，如图21－3所示，大部分应用都要求实现该功能。当需要大量的内存时，可以通过采用优化后的高密度存储技术制作的独立芯片来实现。由于在存储及逻辑芯片上使用了大量的总线及片外（off－chip）互连技术，因此在存储和逻辑芯片间有可能出现传输速度慢及低功耗等现象。因此，为了克服诸如实时数据处理应用等的限制，通常采用SOC技术。尽管高密度内存的集成技术并不是最优的，但是，IC逻辑技术仍然应用于大量内存的集成，这将允许较小的内存（内存库）分配给专用的逻辑模块。由于逻辑与内存间的距离非常短，可以满足所需要的性能。然而，集成内存的性能与专用内存技术的性能很接近。特别地，芯片的大量面积被内存空间所占据，导致使用一个芯片的面积要比使用两个芯片时面积明显偏大。通过在第一个芯片的逻辑区内“建立”一个通道区并与存储芯片直接相连，3D互连技术可以解决这个问题。在这种情况下，与标准内存芯片的I/O数目相比，从内存芯片到逻辑芯片中所需的3D互连数目将会增加一个数量级，类似地，图21－2的例子中，将3D互连用作为“全局芯片”互连层的办法可以用于实现“异质3D－SOC”结构。

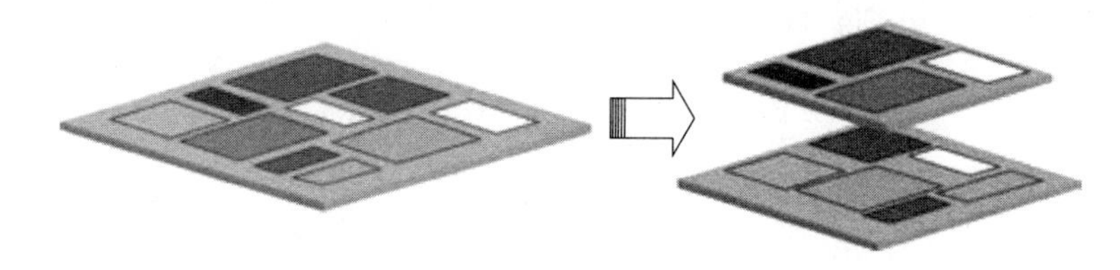

图21－2　3D叠层SOC方案图。
芯片上“tiles”功能通过垂直互连多芯片进行重新分布，大大缩短整体连线

图21－3　逻辑电路和存储电路的不同组合方法。
左侧：逻辑电路和存储电路间的2D互连；中间：（2D－SOC）包含逻辑和存储器件；
右侧：在独立逻辑单元和存储单元间以3D互连的“异质3D－SOC”

3D IC的目标是在有着较小间隔尺寸的3D电路之间实现互连，甚至在逻辑门电路和晶体管层次上实现3D互连。这要求在局部后道制程连线层上实现3D互连。根据Rent’s规则，降低互连等级，3D集成的数目呈指数上升。因此，3D－IC技术必须能够提供足够高的布线密度。这就需要3D集成技术满足非常小及非常窄的间距要求，类似于晶体管及接触尺寸。否则，相对于芯片可用的面积来说，被3D连接所封锁的区域将会非常大，显著地降低了有源器件的密度。这种3D－IC技术需要使用晶圆对晶圆键合方法并保证连续键合的相关技术。首先将含有前道制程层的晶圆进行堆叠。该晶圆上有对每个单独晶圆进行键合后实现的局部3D互连。只有当所有“局部”层键合完成后，才能添加后道制程介质层和整体互连层，其对于所有层结构都是共用的。考虑到后道制程层是未来成功缩小芯片面积最重要的瓶颈之一，同样可以预料其会出现在3D-IC上，因此需要大量互连层。综合以上原因，相对于单纯的 3D-IC 技术，“3D-SOC” 3D-SIC 似乎是较为成功且经济的解决方案。

21.2 3D 互连技术的关键因素

显然，采用引线键合的芯片堆叠并不能为高级系统和大规模半导体器件 3D 封装提供通用的解决办法。然而可以引入新的 3D 封装及互连技术。接下来，我们将对此逐一进行介绍。

这些技术需要实现高密度 3D 互连。诸如器件内引线键合工艺，因节距随布线的增加而线性减少，故其密度会固有地受到限制。然而，对于面阵列的情况，线距是随着线数平方根的减小而减小的。

高速及低功耗的应用都要求短的互连以获得较小的寄生电容，对于高速来说，低的电感量同样是重要的。

任何涉及到 Si 芯片表面的 3D 技术，都应该尽可能减小对前道制程（晶体管的有源芯片区域）和后道制程（片上互连层）的影响，大量的大的 3D 过孔的连接可能会占用较大的芯片区域，该区域不能存在有源电路和互连，这就导致芯片需要扩大晶圆上硅的面积，增加了芯片的价格成本，违背了 3D 叠层封装最初要达到使系统最小化，减小电路互连长度的目的。实际上，当后道制程大面积阻塞后，电路的布线将变得更为复杂，芯片面积上的损失要比实际过孔尺寸的损失大。

3D 叠层技术要涵盖不同尺寸的芯片。一般来说，当待封装芯片使用不同的技术时，需要使现有技术和新的芯片技术相兼容。而此时，芯片的尺寸未必能够相互匹配。并且，当各种技术进行异质集成时，不同芯片的晶圆尺寸也有可能不相匹配，例如存储、逻辑、模拟，射频、高压及复合半导体器件技术的单元实现异性集成时，其晶圆尺寸将以 300 mm、200 mm、150 mm 甚至更小的尺寸共存在同一器件中。因此，3D 叠层的晶圆对晶圆的键合技术将被限制于 3D-IC 叠层中，这些层使用了相同的或相似的技术。这种主要应用于内存叠层，带有单一形式的内存及高性能的逻辑晶圆，这些逻辑晶圆采用先进的 CMOS 工艺，垂直叠层在一起，以保证在同一个区域内可以集成更多的晶体管。

3D 封装的另一个突出问题是已知好芯片（KGD，Known Good Die）。在成品率为 Y_i 的芯片中有 n 个来自晶圆的未测芯片，整个结构的综合产出是 $Y_m = Y_s^{n-1} \times Y_i^n$（$Y_s$ 是叠层工艺的成品率），图 21-4 示例中，包含 3 个芯片，其中每一个芯片的成品率 Y_i 均为 80%，另一个堆叠后的芯片成品率 Y_s 为 95%，导致单位成品率 Y_m 仅为 46%。这样，该晶圆对晶圆叠层工艺的成本占据了丢失的好芯片（lost good die）成本的主要部分（scrap-cost）。技术允许芯片对芯片或者芯片对晶圆的键合，可能会引入元件筛选测试以保证提升可信水平。这种测试可以使用一个相对简单的测试识方案，如（IDDQ）测试及目检等，总之，提升芯片成品率到 95%可以保证叠层的成品率到 85%以上。

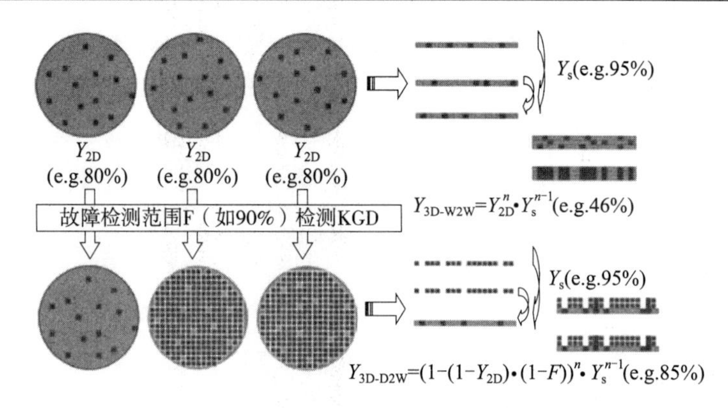

图 21-4　晶圆对晶圆或者芯片对晶圆的质量对其成品率的影响比较

3D叠层方案同样需要考虑对模块热的管理问题。在电子系统中，热管理的关键是如何将内部热源（硅芯片有源区）产生的热量传到外部环境中，一般来说为器件周围的空气。当芯片堆叠在一个较小的腔体内，由于互连线较短，系统总的热量耗散可能会减少，而系统中的热流密度将会显著增加。热的问题可以分两步解决，将热从叠层芯片引出到封装体上，然后再将热从封装体上引出到环境中。那么就要求，在封装体中使用具有高热导率的材料，并在封装内部尽量使用更薄的层。特别是电绝缘层及黏合层，相比于金属或硅，其热导率较低。

最后但同样重要的是，对于一个3D叠层器件的实现，其工艺成本的控制同样重要。这个因素说明没有单一的3D封装解决方法是一直通用的。应根据应用要求对3D工艺进行选择。对于一个中等互连密度要求的应用而言，并不需要使用像3D封装这样的高密度互连技术。

在3D工艺实现过程中，为了达到节省成本的目的，需要考虑以下几个问题：

1）3D技术应该在最大范围内集成（collective processing），这就需要晶圆级的工艺过程。考虑到复合的成品率问题（compound yield issue），其在成本影响上非常明显，但是在一些情况下，需要使用单独的芯片；

2）这个工艺应该尽最大可能考虑并行工作，将其数目最大化。晶圆或芯片应该分别准备为3D叠层所使用；这些工艺应该允许芯片能够筛选出“足够好芯片”，筛选的方法可以使用自我测试（self-test）及IDDQ测试；最好能够实现芯片到晶圆的放置（已通过KGD技术），随后再统一进行芯片与晶圆的连接。

21.3　比利时微电子研究中心的3D集成技术

21.3.1　系统小型化的3D-SIP

当3D-SIP技术应用到封装叠层中时，其具有特殊的优势。一般来说，每一个系统均由几个明确定义的子系统组成。每个子系统都可以采用合适的封装技术集成到SIP中，最终，SIP的子系统可以通过3D叠层技术集成在一起，从而创建出一个3D-SIP的解决方法。

3D 堆叠中的层实际上是一些子系统，只需要适当的 3D 互连密度实现不同子系统间的互连。此外，大大简化了不同 SIP 层的测试过程。

图 21－5 所示为一个 3D－SIP 集成的示意图，图中为比利时微电子研究中心制作而成的全集成、低功率 RF 射频收发器[1]。器件的尺寸仅有 7×7 mm，包含了两种芯片级封装（CSP，Chip－Scale－Package）器件[4,5]。顶层 CSP 器件通过比利时微电子研究中心的射频-淀积多芯片组件（RF－MCM－D）技术实现。底层 CSP 器件是一个双面高密度印制电路板，在背面一层放置了一个高密度倒装芯片，顶层安装了几种分立无源元件。底层到顶层的连接是通过背面顶层的焊球实现的，然后在对顶层器件进行包封。

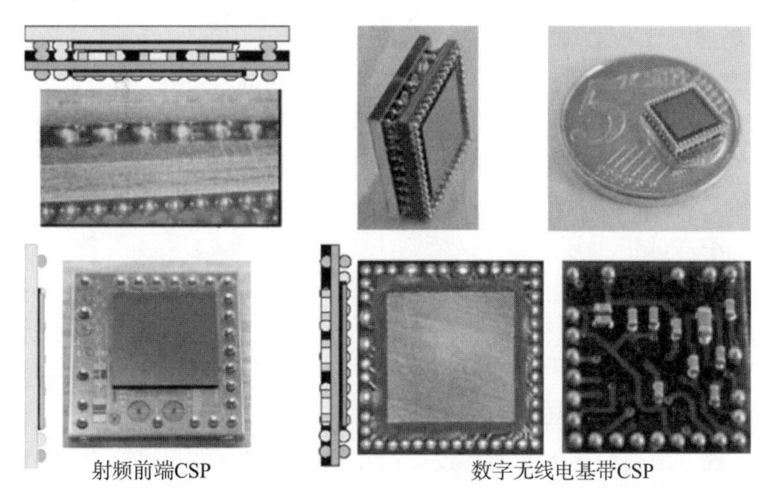

图 21－5　尺寸为 7 mm×7 mm×2.5 mm 的全集成低功率射频收发器，采用 CSP 封装 3D 叠层实现。3D 间以微凸点连接

3D－SIP 一个特别有趣的应用领域是被称为“周围智能”系统的全自主系统[6]。这些系统有时也被称为 smart－dust，e－grains 或 e－cube。如图 21－6 所示，这些系统可被分为几个子明确的系统：无线电（天线、射频前端基带），主要应用（处理器、传感器、执行器）和电源管理（调节器、存储器、发生器）。这些功能的每一项应用都可以被看成一个 SIP 子系统。这些系统可能非常小（几毫米到几厘米），可以通过晶圆级加工技术来实现。这些 2D 子系统可以在每一个的顶层进行叠层，形成密集的 3D－SIP[7]。图 21－7 所示为比利时微电子研究中心制作的体积仅为 1 cm^3 的无线自主模块 e－cube。

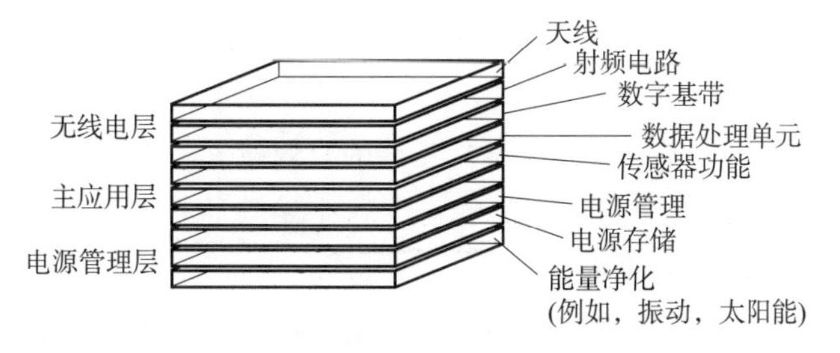

图 21－6　实现全自主“周围智能”系统的 3D－SIP 封装的示意图。叠层中每一层都是全集成 SIP 子系统

未来3D-SIP技术的发展会通过多层基板技术将硅片或表贴器件埋入3D-SIP的转接板中。

图21-7　1cm³ eCube（14 mm×14 mm）的照片（左边）和示意图（右边）。
比利时微电子研究中心为医用研制。该3D-SIP包括一个集成天线RF-SIP、
一个低功率DSP SIP、一个19通道EEG/ECG传感器芯片和一个功率系统级封装组成。
可将提供长时间电力的小太阳能电池放在侧壁

21.3.2　3D-WLP

从成本考虑，晶圆级封装技术也许是实现3D集成技术最为节省的技术。其主要目的是在三维空间内对各键合点间及键合点-电路间实现芯片的互连。因此所需的互连密度在数量级上与当前的芯片I/O互连密度是相同的。

最简单的实现方法是使用倒装芯片或微凸点连接进行面对面的键合，可通过以下两种途径加以实现：

1）通过类似于倒装芯片贴装的堆叠方式，可以实现3D硅通孔的连接；

2）在芯片或基板上堆叠薄的芯片并且使用多层薄膜技术连接两个芯片。

比利时微电子研究中心研究了这两方面的内容，在接下来的内容中将进行详细讨论。

21.3.2.1　使用硅通孔技术制作3D-晶圆级封装

制作硅通孔最普遍的途径包括以下几步：

1）在硅晶圆的表面使用Bosch反应离子刻蚀-电感耦合等离子体腐蚀技术刻蚀出盲孔；

2）硅孔的介质层：使用CVD氧化物或者氮化物钝化技术；

3）通过实现固体金属通孔填充使硅孔金属化：通孔填充一般使用铜的电镀，然后再使用化学机械抛光技术的抛光步骤移除晶圆表面多余的铜。

4）晶圆的背面减薄，将铜表面暴露，最终完成硅的通孔技术。

这些工艺被认为是实现高密度3D通孔互连的有效技术，然而仍有几点需要注意：

1）在硅衬底及铜柱只能使用薄的绝缘层。这个结果导致在通孔连接时存在相当高的电容，超出了标准引线键合的电容。

2）在硅通孔中使用了一个相当厚的铜柱，由于硅和铜之间存在较大的热失配，在温度循环中会产生显著的热-机械应力[8]。

3）对硅通孔进行电镀铜完全填充是一个复杂的工艺，每一个晶圆都需要较长的工艺

时间。化学机械抛光技术的抛光步骤将会进一步增加该技术的成本。

为了克服这些缺陷，我们设计的一种改进后的 3D 过孔结构，如图 21－8 所示[9,10]：

1）薄的 CVD 绝缘层被 2～5 μm 厚的聚合体隔离层所代替，这个层是通过 CVD、旋涂或喷涂的方法淀积而成的。

2）为实现通孔的连接，使用了保形性电镀铜技术，类似于印刷电路板工艺技术中的盲孔制作，但是尺寸要更小。

3）过孔里剩下的键孔（key－hole）由聚合物涂层填充。

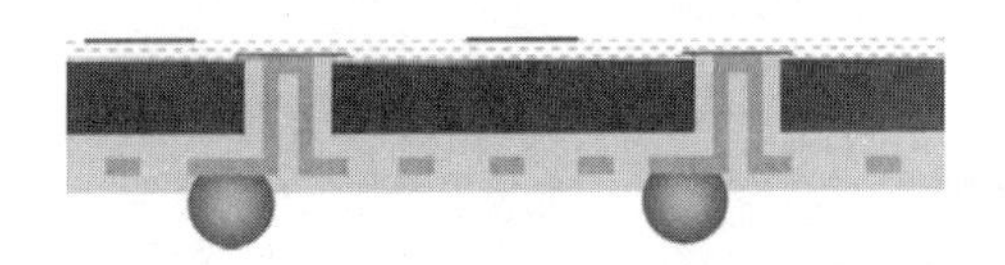

图 21－8　IMEC 的 3D－WLP 改进后的硅通孔示意图

此外，此过程是在硅晶圆减薄后实现过孔，因此，在硅芯片的后道制程中是不需要腐蚀的。对于许多应用，例如先进的 Cu/低 k 后端结构 CMOS 节点，在晶圆制作后进行后道制程腐蚀非常难得，甚至不可能完成。改进的工艺流程在图 21－9 中进一步进行了说明。该方法具有几个明显的优势：

1）简化后的工艺成本较低，缩短了工艺时间，同时也降低了对基础设备的投资；

2）使用较厚的低 k 隔离层，大大降低了寄生电容，以保证高速及射频的 3D 连接。

3）使用“开口“的铜金属化技术同时使用了低介电系数材料：适当的通孔结构大大降低了热机械应力[8]。

4）与普通的 WLP 的再布线及凸点加工工艺兼容。

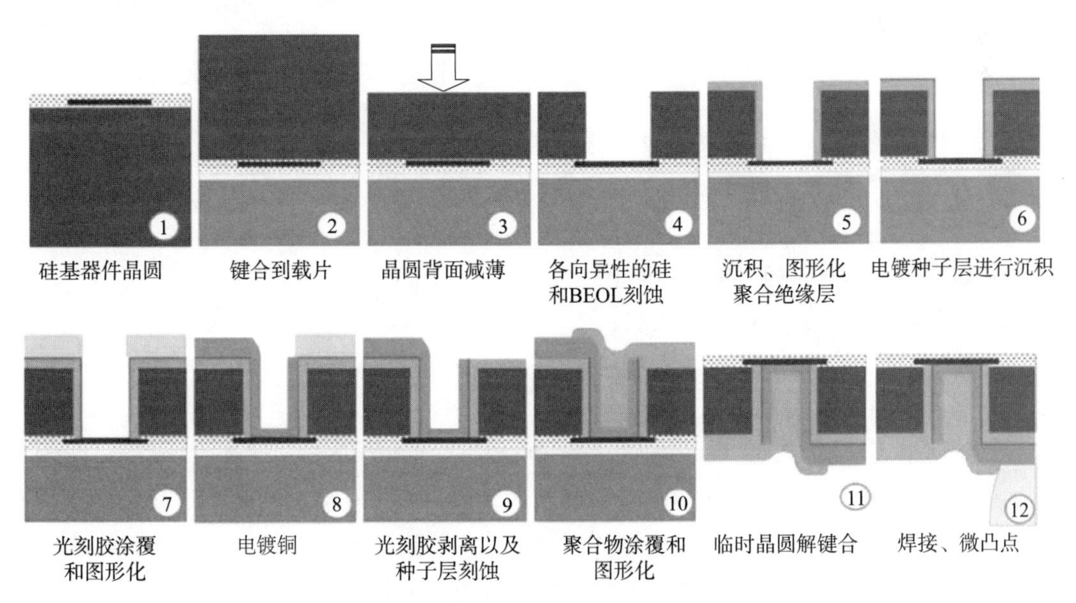

图 21－9　为实现 3D－WLP 硅通孔互连的 IMECs 工艺流程示意图

使用硅通孔技术制作 3D-WLP 的应用案例如图 21-10 所示。

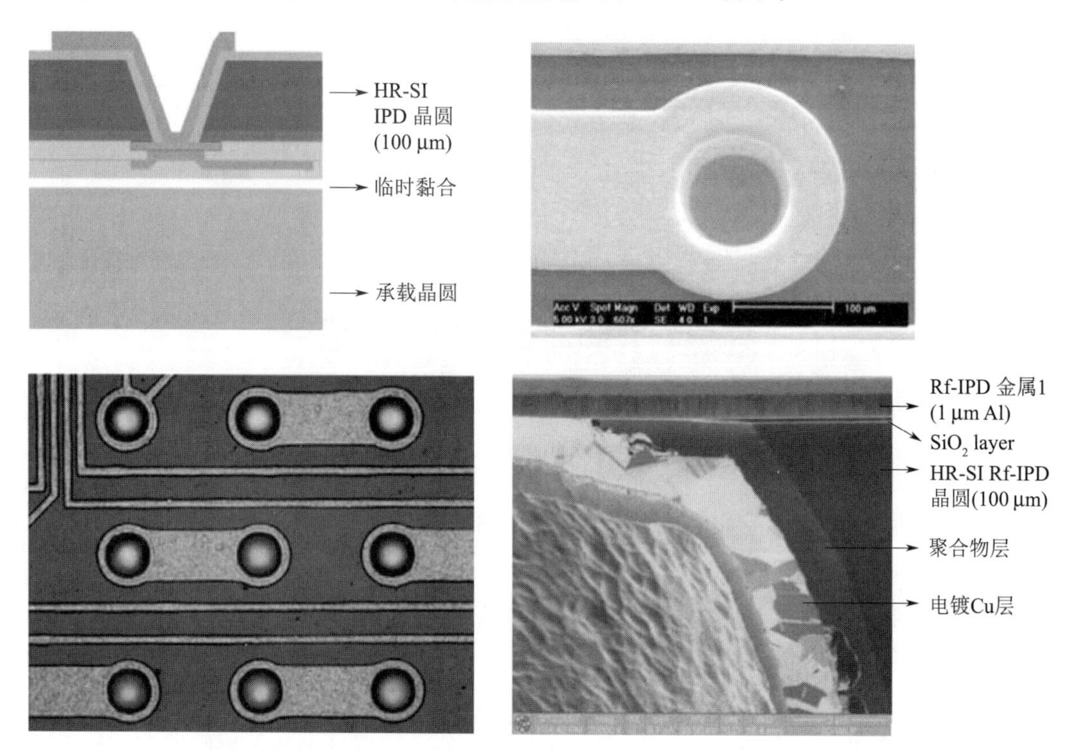

图 21-10　IMEC 通过 Si 通孔实现 RF 无源器件与高阻硅晶圆互连的 3D-WLP 应用

21.3.2.2　超薄芯片叠层的 3D-WLP 工艺

3D 叠层的另一种不同的方法是在有源器件晶圆上堆叠薄芯片，然后使用多层膜技术实现与带有宿主晶圆的薄芯片的互连。比利时微电子研究中心的超薄芯片叠层工艺(UTCS) 使用了非常薄的硅芯片[11,12]，厚度仅有 10～20 μm，采用嵌入后再布线技术。这种方法可以确保集成的系统具有较高的灵活性及集成密度。该技术可堆叠尺寸相差较大的芯片，满足了薄膜无源器件 3D 互连叠层的集成要求。

为实现多层芯片的 UTCS，需采用以下 4 种基本工艺：

1）超薄片上芯片，即 UTCoC 工艺；

2）超薄芯片的植入，UTCE 工艺；

3）超薄芯片的可弯曲，UTCF 技术；

4）多层 UTCS 结构的 UTCF 叠层技术。

图 21-11 展示了 UTCoC 技术原理图。测试后的芯片键合到一个临时硅承载晶圆上，晶圆上的划片道已经被预切割或者腐蚀过较浅的一层。通过粗磨及精磨相结合，有源晶圆(active wafer) 被减薄到 15～20 μm 厚，之后，可以使用等离子腐蚀去除硅表面的残余损伤，以保证得到所需要的最终厚度。由于晶圆已经过预切割，因此，薄芯片在承载晶圆上是分开独立的。随后对承载晶圆进行切割，从而得到 UTCoC 芯片，为后续工艺做准备。

在图 21-12 中对 UTCE 工艺过程进行了简单的描述。同样需要一个有源晶圆和一个

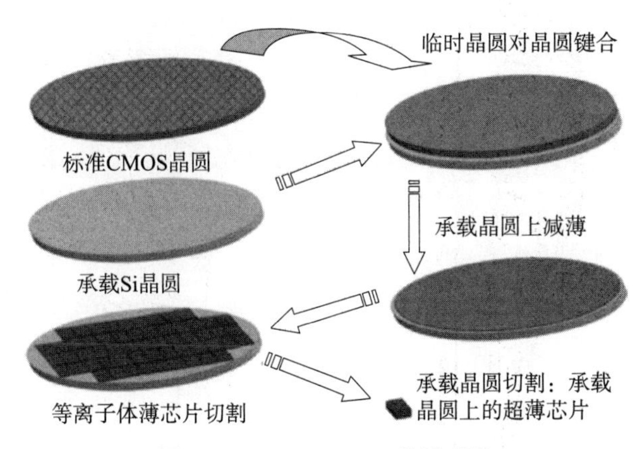

图21-11 UTCoC工艺原理图

承载晶圆，聚合物黏接层，如BCB，旋涂在晶圆上。通过使用一个高精度倒装芯片粘片机将KGD-UTCoC放置在宿主晶圆的KGD上，这些芯片的键合实际上是共同在晶圆级别上完成的，聚合物胶黏层是在一定压力下形成的。下一步工艺是集中移除多余层及UTCoC超薄片上芯片的临时承载芯片，如以热学或化学的方法。随后的工艺是为绝缘层淀积一层薄的介质层，为实现电连接而进行电镀铜，这个工艺的最后可以得到如图21-13所示的双层UTCF叠层。图21-14展示了这样一个两个芯片层的结构。通过使用薄膜平版印刷工艺，在芯片上可以得到大量的内部互连，从而允许在芯片的其他层实现额外内部互连。在所叙述的UTCF叠层结构中，在3D中实现过孔的连接都集中在芯片的周围区域。由于这些薄膜过孔所达到的焊盘（Pad）的尺寸小于50 μm，因此，在3D集成中可以实现一个密度非常高的内部互连。

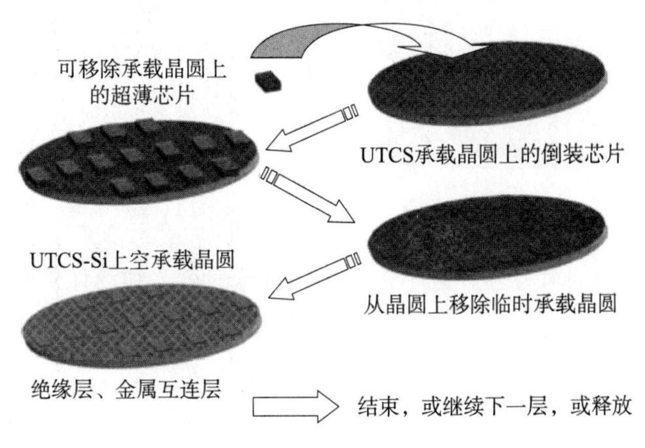

图21-12 UTCE工艺原理图

如果在UTCE工艺过程中，使用了牺牲层（可能被移除），其可以在一个有源芯片中产生一个非常薄（10～30 μm）的薄膜（UTCF）。为了实现一个n层的UTCS叠层，可以将UTCF薄膜堆叠在UTCE叠层上，并采用微凸点倒装芯片进行互连，如图21-15所示。这就形成了高互连密度的多功能3D互连叠层。相对于传统的芯片叠层技术，每一层

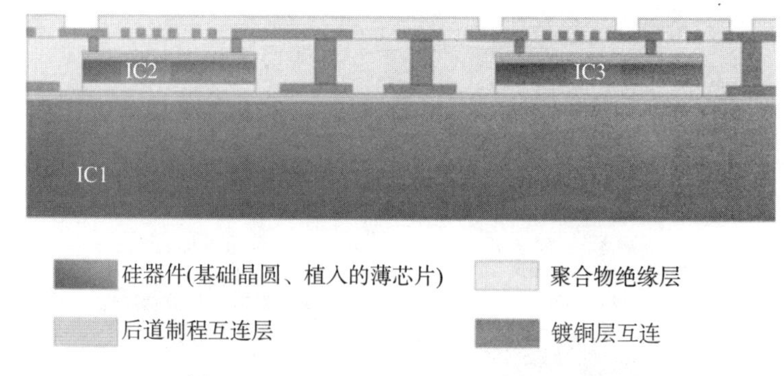

图 21-13　两层芯片 UTCS 叠层原理图

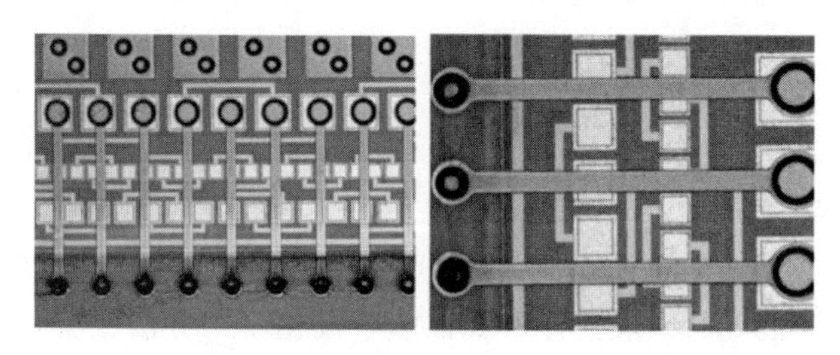

图 21-14　植入 20 μm 厚硅芯片转移到宿主基板上的照片。
其与基板的电连接采用 UTCE 技术

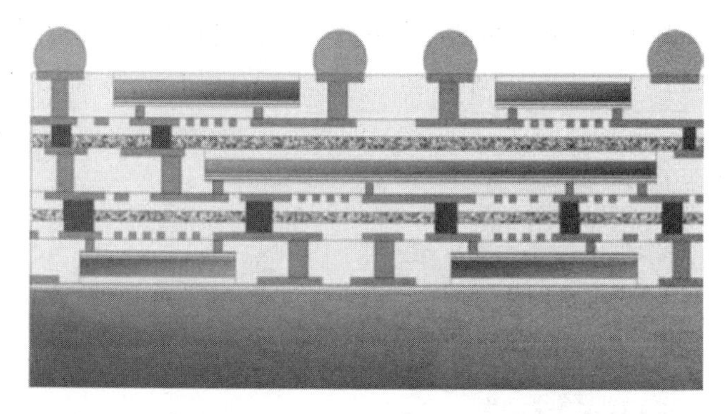

图 21-15　以平行工艺完成的包含一个 UTCE 和 $n-2$ UTCF 层的 n 层 UTCS 叠层

堆叠的芯片可以有不同的尺寸，并且不需要任何特殊的工艺和设计更改。

21.3.2.3　3D-SIC 铜钉技术

3D-SIC 技术使用 IC 工厂中所有的基础设施实现硅通孔互连，该领域大部分工艺一般都在 IC 工艺完成后实现通孔。我们在 IC 工艺过程中引入了一种被称为“铜钉”的新工艺步骤，其与上述工艺是有区别的[13]。铜钉工艺是在前道制程工艺之后（晶体管）、后道制程工艺之前（多层镶嵌互连层）进行的，如图 21-16 所示。通过等离子刻蚀技术，制作出一个±25 μm深，直径为 3～5 μm 的硅通孔，然后将修正后的铜钉镶嵌工艺用于填充过孔。CVD 形成的氧化层作为薄的绝缘层，而化学机械抛光形成的氧化层作为阻挡层，然后再沉积一层 TaN 阻挡层。采用电镀铜工艺对过孔进行填充。过多的 Cu 再通过化学机械抛光工艺进行移除。在这一步工艺后，采用标准的后道制程工艺来最终确定芯片。

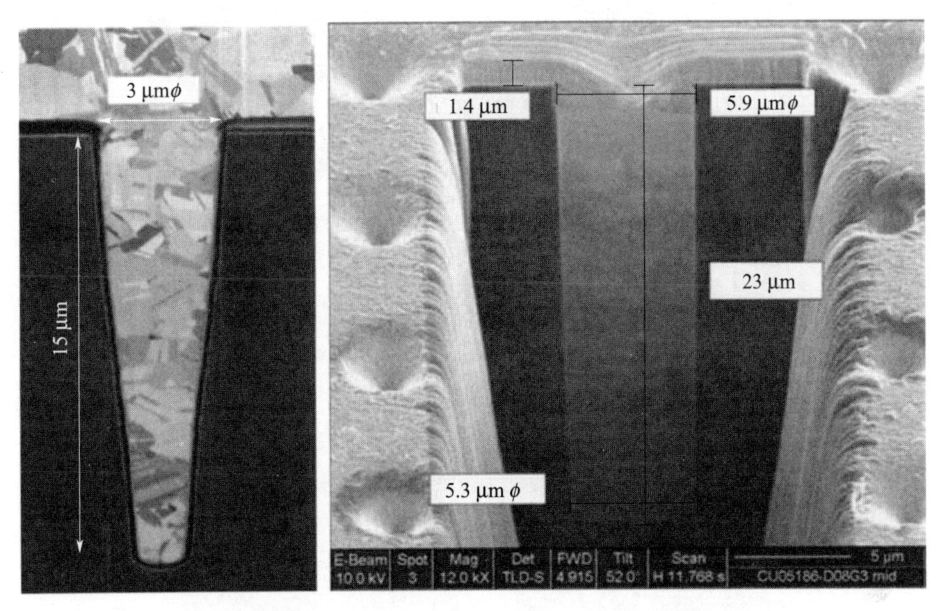

图 21-16　锥形（左）和直（右）铜钉示意图

在完成晶圆的工艺及测试之后，将其安装到一个临时的承载片上，并将硅片减薄至 10 μm。在这个工艺中，铜钉在晶圆的背面暴露出来，如图 21-17 及 21-18 所示[14]。

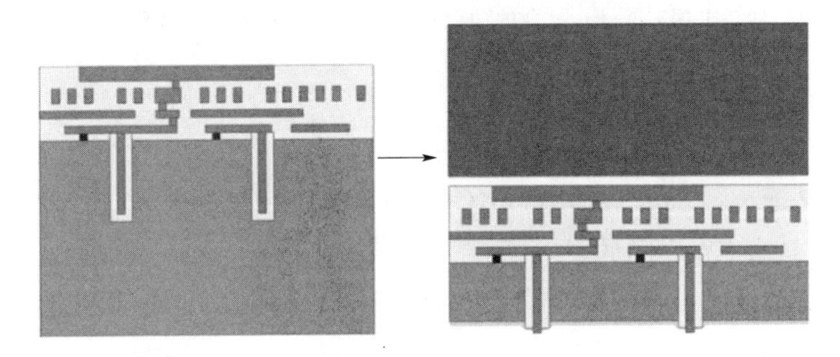

图 21-17　3D-SIC 铜钉过孔工艺原理图

左：后道制程工艺前有铜钉的标准 CMOS 晶圆。

右：带有暴露铜钉的已减薄 CMOS 芯片（在承载芯片上）

通过芯片到晶圆的键合工艺技术形成 3D 叠层，类似于之前提到的 3D-WLP 工艺。然而，在这种方法里使用了 Cu-Cu 直接键合技术，而不是焊点或微凸点连接[15]。这个叠层工艺包含了芯片到晶圆的快速对准及放置技术，然后是一系列的晶圆级 Cu/Cu 键合技术，这种方法得到的多层芯片叠层的重复性比较高，如图 21-19 所示。

这种 3D-SIC 工艺具有以下主要优点：

1）对 CMOS 晶圆的设计和制作工艺影响较小。

a）在前道制程（小过孔）中只有非常小的异类区域；

图 21－18 减薄后芯片背面露出的铜钉示意图

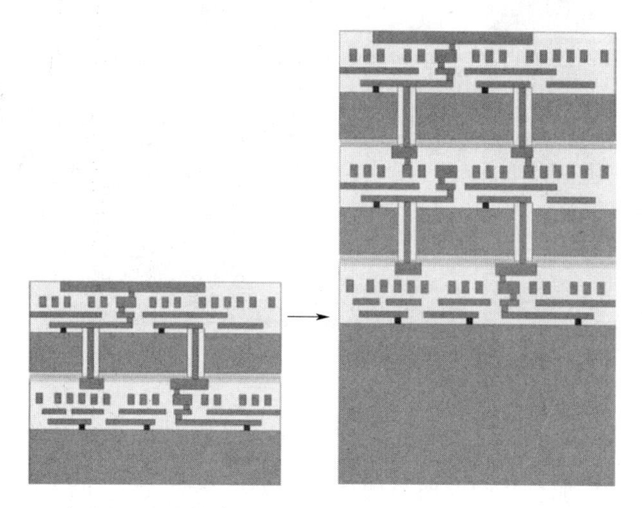

图 21－19 采用 Cu－Cu 键合的两层和三层 3D-半导体集成电路堆叠示意图

b）对后道制程布线没有影响；

c）需要的附加工艺步骤较少，只增加一个平面印刷，工艺成本较低。

2）平行工艺通道：3D 堆叠晶圆和 KGD 芯片通过最少的工艺步骤实现装配，这使得成品率得以提高，成本得以降低。

3）因为铜钉的直径只有几微米，可以得到密度非常高的 3D 集成模块，其密度可以达到甚至超过 104 mm^{-2}。

4）非常薄的界面层保证了低热阻性能[16]。

图 21－20 所示为一个铜钉互连的聚焦离子束截面。在图 21－21 所示为一组键合后的铜钉阵列（键合后的芯片采用湿法腐蚀去除硅以后的图片）。

21.3.2.4 比利时微电子研究中心的 3D 研究历程

在前面的一些章节中，介绍了比利时微电子研究中心所实现的 3D－SIP，3D－WLP 及 3D－SIC 等技术。表 21－1 对比了这些工艺技术的不同，这些技术的共同点是需要将芯片减薄至 50 μm 或者更低。对于 3D－SIC 及 UTCS 叠层技术，芯片需要被减至更薄。图 21－22 展示了比利时微电子研究中心的研发路线图。

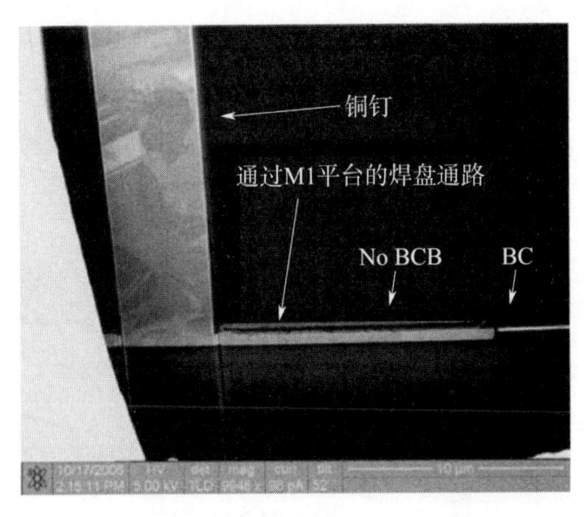

图21-20　Cu-Cu热压键合形成的铜钉聚焦离子束截面

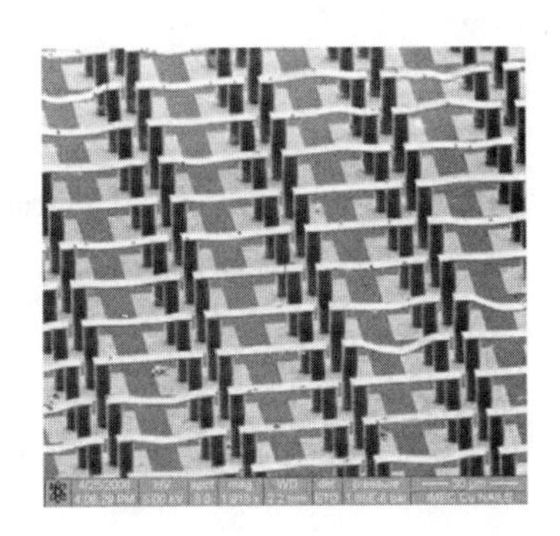

图21-21　对键合到一个金属晶圆上的Si芯片进行选择性湿法刻蚀后的键合铜钉（菊花链状的测试结构）。悬浮的金属桥是远离顶部芯片刻蚀的金属1互连

表21-1　不同互连级别上3D互连技术的分类对照

3D互连技术	3D-SIP封装接板I/O	3D-WLP WLP，后钝化工艺 UTCS	 Si通孔	3D-SIC Si-制程，POST-FEOL工艺，Cu钉互边
互连密度	PoP（封装堆叠）	围绕芯片	穿过芯片	穿过芯片
外围尺寸	2～3 mm^{-1}	10～50 mm^{-1}	10～25 mm^{-1}	25～100mm^{-1}
阵列区域	4～11 mm^{-2}	100～2.5 kmm^{-2}	16～100 mm^{-2}	100～10 kmm^{-2}
3D Si通孔节距	—	—	40～100 mm^{-1}	<10 μm^{-1}
3D互连节距	300～500 μm	20～100 μm	—	—
3D Si通孔尺寸	—	—	20～40 μm	1～5 μm
芯片厚度	50 μm	10～50 μm	40～100 μm	10～50 μm

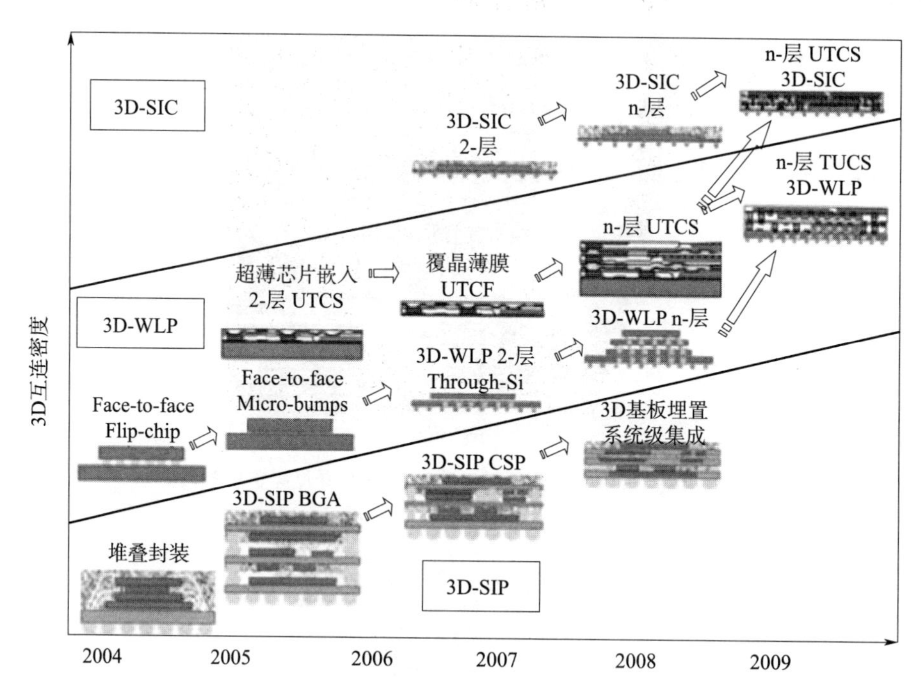

图 21-22　IMEC 的 3D-SIP、3D-WLP 及 3D-SIC 封装互连路线图

参考文献

[1] Beyne,E. (2004) 3D interconnection and packaging: Impending reality or still a dream? Proceedings of the IEEE International Solid - State Circuits Conference, ISSCC 004, 15 - 19 February 2004, San Francisco, CA, USA, pp. 138 - 145.

[2] Beyne,E. (2006) The rise of the 3rd dimension for system integration. Proceedings of the International Inter connect Technology Conference - IITC, 5 - 7July 2006, San Francisco, CA, USA, pp1 - 5.

[3] Beyne,E. (2006) 3D system integration technologies. Proceedings of the IEEE Symposium on VLSI Technology, Systems, and Applications (VLSI - TSA), 24 - 26 April 2006, Hsinchu, Taiwan, pp. 19 - 25.

[4] Beyne,E. (2006) Interconnect and packaging technologies for realizing miniaturized smart devices, in AmIware. Hardware Technology Drivers of Ambient Intelligence (ed. S. Mukherjee), Springer, Dordrecht, Chapter 3. 1. pp. 107 - 133.

[5] Pieters,P., Vaesen, K., Brebels, S. et al. (2001) Accurate modeling of high - Qspiral inductors in thin - film multilayer technology for wireless telecommunication applications. IEEE transactions on Microwave Theory andTechniques, MTT, 49, pp. 589 - 599.

[6] Baert,K., Gyselinchx, B., Torfs, T. et al. (2006) Technologies for highly miniaturized autonomous sensor networks. Microelectronics Journal, 37 (12), 1563 - 1568.

[7] Stoukatch,S., Winters, C., Beyne, E. et al. (2006) 3D - SIP integration for autonomous sensor nodes. Proceedings of the 56th IEEE Electronic Components and Technology Conference, 30May - 2 June 2006, San Diego, CA, USA, pp. 404 - 408.

[8] Gonzalez, M. et al. (2005) Influence of dielectric materials and via geometry on the thermomechanical behaviour of silicon through interconnects. Proceedings of the 10th Pan Pacific Microelectronics Symposium, MTA, awaii, January 25 - 27.

[9] Patent US 20040259292 A1 - US 10817763/

[10] Saluncuoglu Tezcan,D., Pham, N., Majeed, B. et al. (2006) Sloped through wafer vias for 3D wafer lenel packaging. Proceedings of the 57th IEEE Electronic Components and Technology Conference, ECTC 2007, May 29 - June 1, Reno, UV, USA.

[11] Patent1999 - 010. US673,099, 7 B2 and EP 101, 462, 0A2.

[12] Beyne,E. (2001) Technologies for very high bandwidth electrical interconnects between next generation VLSI circuits. IEEE - IEDM 2001 Technical Digest, December2 - 5, Washington, D. C., USA, S23 - p3.

[13] Swinnen,B., Ruythooren, W., De Moor, P. et al. (2006) 3D Integration by Cu - Cu thermo - compression bonding of extremely thinned bulk - Si die containing 10 μm Pitch through - Si vial, Technical digest IEEE International Electron Devices, Meeting, IEDM, 11 - 13December 2006, San Francisco, CA, USA.

[14] De Munck,K.，Vaes，J.，Bogaerts，L. et al.（2006）Grinding and Mixed Silicon Copper CMP of Stacked Patterned Wafers for 3D Integration. MRS Fall Meeting Symposium Y：Enabling Technologies for 3D Integration，26 - 29 November 2006，Boston，MA，USA.

[15] Ruythooren,W.，Stoukatch，S.，Lambrinou，K. et al.（2006）Direct Cu - Cu thermo - compression bonding for 3D stacked IC integration. Proceedings of the IMAPS Internationsl Symposium on Microelectronisc，8 - 12 October 2006，San Diego，CA，USA.

[16] Chen,C.，Vandevelde，B.，Swinnen，B. and BEYNE，e.（2006）Enabling SPICE - type modeling of the thermal properties of 3D - stacked IC’s. Proceedings of the IEEE Electronics Packaging Technology Conference，EPTC，6 - 8December 2006，Singapore，pp. 492 - 499.

第 22 章　MIT 的铜热压键合制造工艺

Chuan Seng Tan，Andy Fan，Rafael Reif

22.1　引言

这一章主要描述了由麻省理工学院（MIT）微系统试验室首先提出和发展的多层 3D 芯片制造技术。这项 3D 集成方法主要是基于晶圆间的金属键合工艺，即低温直接铜-铜热压键合[1]。一个薄的器件层（互连）被黏结在晶圆基板的上面，该基板包含一个以背对面（或面朝上）方式实现互连的基本器件层。一个 SOI 晶圆用于形成一个薄的器件层，该薄层的操作是通过一个附加的承载晶圆来完成的。内层采用短的垂直通孔进行连接。在本章的后续部分，22.2 节介绍了采用 Cu 进行低温晶圆-晶圆键合的键合方法，在 22.3 节中，将在 Cu 晶圆键合的工作基础上，提出并说明背对面双层 IC 堆叠工艺流程，该方案提出了几项技术挑战，并将在 22.4 节中对其进行讨论。该方案较为重要的特征也会在必要的地方加以讨论。

22.2　铜热压键合工艺

这一部分主要研究将铜薄膜镀在覆盖层晶圆上的低温（400 ℃及以下）热压键合技术。正如命名所示，热压键合技术需要对晶圆进行加热和施加机械压力。当 Cu 薄膜相互键合在一起形成一个均匀的键合层时，两个晶圆将连在一起。由于该项技术应用于含有器件和互连层的晶圆上面，因此键合温度的上限设为 400 ℃，以防止对互连造成不必要的损伤。通过对键合过程的描述，以及通过扫描电镜和透射电镜对键合和后续退火造成铜晶格的微观结构演变的截面进行观察研究。基于这些研究，提出了 Cu - Cu 键合机理。

铜热压键合研究的主要目的是探究其作为将有源器件层保留在多层 IC 叠层中的一种永久性键合的适用性。选择铜是基于其优良的特性，这将在 22.4 节中进行详细说明。采用铜作为键合层去形成多层 IC 叠层有两个目的：1）通过力学键合将器件层结合在一起；2）通过电学键合使器件层之间形成导电通道。因此，必须基于以上两个目的去检测键合后的铜层质量。

22.2.1　键合过程

带有铜涂层晶圆的热压键合已经在 150 mm 的硅晶圆上得到了验证。在所有经过金属化的晶圆上，通过热氧化生长一层 500 nm 厚的氧化层；下一步是在一个电子束沉积系统内，对晶圆表面沉积 50 nm 厚的钽和 300 nm 厚的铜。钽被用作扩散阻挡层，防止铜扩散到器件层，避免在实际工艺过程中由于扩散造成器件层之间电学完整性的退化[2]。将一对预先制备好的晶圆面对面的对准，固定在键合卡盘上，并放入晶圆键合机。经过氮气注入后，键合腔室内部气体会被排出，并对这组晶圆施加一个向下的压力。将卡盘和顶部电极升温到300 ℃，然后保持在这个温度。当这组晶圆整体保持在 300 ℃时，接触力的大小为 4 000 N，这一键合过程将持续 1 h。在 150 mm 的晶圆上，接触力的大小相当于 226 kPa 的接触压力。键合完成后，将键合好的晶圆对从键合腔室中取出，置于一个大气压的氮气环境中，在 400 ℃下进行 1 h 的退火处理，使铜的界面扩散和晶格生长继续进行，以达到更高的键合强度。

22.2.2 键合机理

图 22-1（a）所示为一个预先制备好的镀铜晶圆在键合前的扫描电镜照片。图 22-1（b）所示为被两个氧化层包裹在中间键合好的铜层。很明显，上、下两个铜键合层融合到了一起，形成了一个新的均匀键合层。为了认识已键合铜层的微观结构，采用透射电镜（TEM）分析样品。图 22-2 所示为键合层横截面的 TEM 照片。从图中可以看出，在键合和退火后形成了大的铜晶粒，该晶粒经常会延伸超出最初的键合界面，且在铜晶粒上还发现了位错线。已经提出了一种可能造成上面这种晶格结构的键合机理[3,4]。从 TEM 照片可以明显看出，在键合和退火过程中，有大量的晶粒生长。Cu-Cu 之间参差不齐的界面表明了在两个 Cu 层之间存在互扩散。在键合和随后的退火过程中，两个铜层在外加压力作用下形成了密切的接触。工艺过程中温度在 300 ℃和 400 ℃之间，铜原子获得了足够的能量，加速了原子间的扩散过程，铜晶粒开始生长。在键合界面，扩散沿着键合界面形成，晶格生长也沿着键合界面发展。经过足够长的生长时间，形成了 300～500 nm 厚的铜晶粒，并形成了一个同质的铜键合层。上述的键合过程发生在由电子束系统沉积的铜薄膜上，类似的过程也可以在制造环境中普遍采用的电镀铜薄膜上观察到。

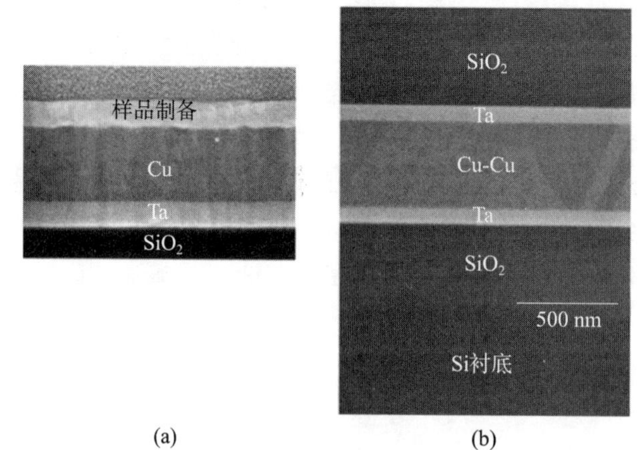

图 22-1　氧化层之间铜键合层的 SEM 照片。覆铜晶圆在 300 ℃下进行 1 h 键合，随后在 400 ℃下进行了 1 h 的退火

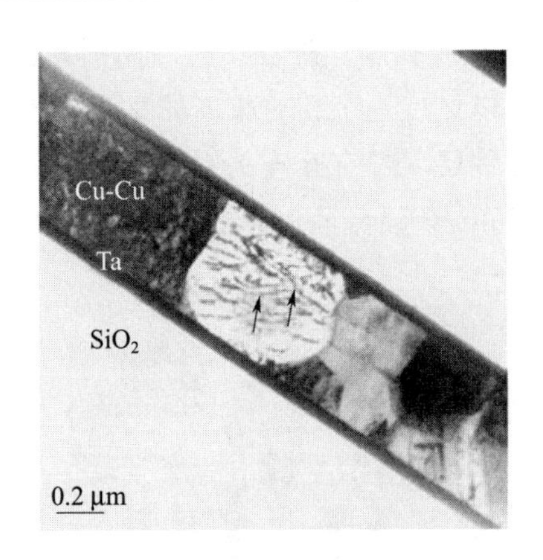

图 22-2　铜键合层的 TEM 照片

在键合和退火之后，铜键合层相互融合并且形成了一个同质铜层。

可以观察到晶粒结构延伸到了最初的键合界面。在晶粒中可以清晰地看到位错线（图中箭头标注）

除了要有一个自由粒子的表面之外，另外一个重要的因素就是键合前晶圆表面的粗糙度。在上面实验中取得的镀铜晶圆表面的 RMS 粗糙度大约为 2 nm，这是通过原子力显微镜（AFM）测量所得。如果人为地在铜层和氧化层之间添加一层多晶硅，那么尽管 RMS 的粗糙度为 8～10 nm，但由于添加多晶硅层，铜薄膜会键合并形成一层同质层[5]。相对而言，为了在硅晶圆表面氧化的情况下也能成功地熔焊键合，要求氧化层表面 RMS 粗糙度必须在 1 nm 以下。在上述实验中，铜晶圆之所以能够在更高的表面粗糙度上实现键合是由于施加了接触压力，并进行了加热。

22.3　工艺流程

虽然基于晶圆键合的 3D 工艺流程有很多种，但大多数的晶圆键合方案都要考虑以下四点：

1）键合中间层（粘接层）的选择，用以将有源器件层固定在一起形成永久键合；

2）硅基板减薄技术；

3）晶圆对晶圆的对准精度；

4）层间电连接方法。

对于背面对正面的键合而言，必须要考虑被键合晶圆和承载晶圆之间的临时键合及释放。由于需要将这些考虑的因素应用于本章重点强调的 3D 集成，本节剩余部分将主要集中于这些因素的研究。

在麻省理工学院的 3D 集成方案中，采用低温铜热压键合技术将多器件的晶圆以背面对正面的方式有序地键合在一起。图 22-3 描述了 3D 电路的定义，两个器件层都通过匹配的铜焊盘（键合界面）形成键合和电连接。这种完美层面结构的铜焊盘和内层通孔的尺寸最小，从而保证了高通孔密度。实际上，在通孔键合和达到最大深宽比的过程中，晶圆对晶圆的对准偏差将最终成为这些通孔和铜焊盘尺寸的决定因素。如图 22-3 所示，当顶层器件层为一层薄的 SOI 时，在通孔制作过程中内层晶圆通孔很容易达到一个很好的深宽比，从而在通过晶圆时仍然可以保持一个相对较高的垂直互连密度。综上所述，该工艺流程的目标是通过将一层薄的器件层（带有互连关系）从一个顶层 SOI 晶圆转移到底部器件衬底上，从而形成一个双层的 IC 叠层。原则上，如果需要，通过重复这个流程可以形成多层堆叠。

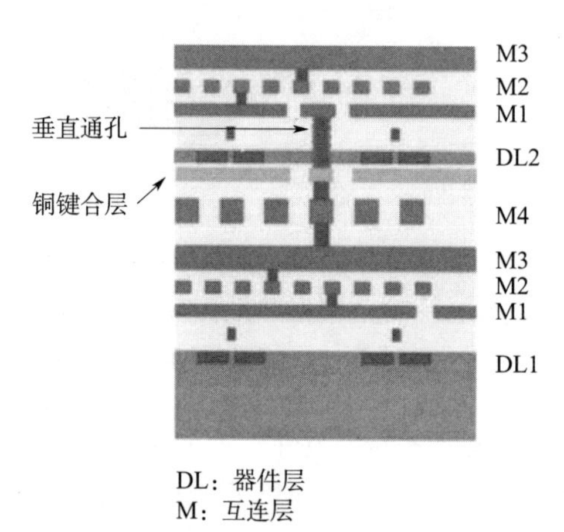

图 22－3 采用低温铜晶圆键合工艺制作的背面对正面双层 3D IC 的结构示意图[9]（2002 IEEE）

图 22－4 所示为该工艺的一个流程图。该图开始于顶层 SOI 器件晶圆（也叫做施主晶圆）。为了将器件层置于底部晶圆（也叫基板晶圆）的上面以便在最后的 3D 叠层中正面朝上，必须移除 SOI 基板。为了使薄膜处理起来比较容易，SOI 晶圆必须贴在承载晶圆上面，该承载晶圆在后续的工艺中起到机械支撑的作用。值得注意的是，在施主 SOI 晶圆和承载晶圆之间的键合是一种临时键合，以便于在工艺结束时去除键合。因此，就要选择一种键合方法，既能在工艺过程中为 SOI 晶圆提供足够强的机械支撑，又容易在工序的最后去除。通过施主晶圆 SOI 基板的完全去除，在背面形成了通孔和铜 PAD。然后，对贴在承载晶圆上的薄层 SOI 进行对准并永久性地键合到具有匹配铜 PAD 的基板器件晶圆上。最后，去除传输承载晶圆，形成 3D 堆叠。多层堆叠的级数可以通过连续的层转移来实现。上面这些步骤的工艺细节将在后续进行介绍。

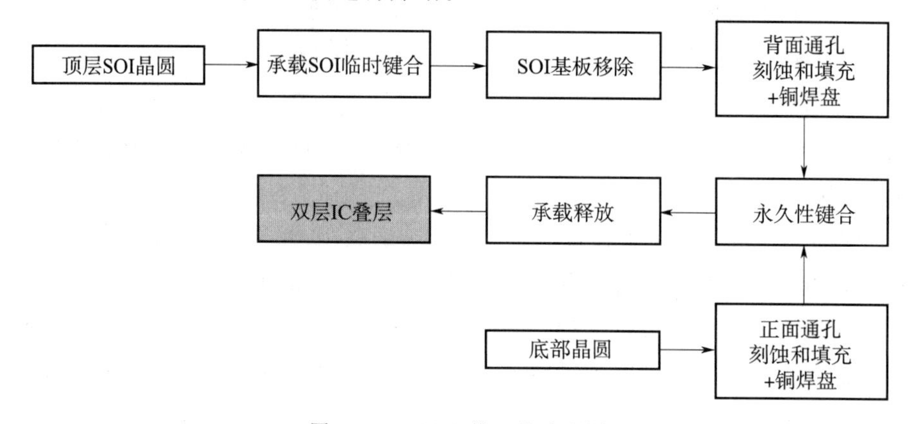

图 22－4 MIT 的工艺流程图

22.3.1　承载晶圆的黏结

3D 方案始于一个典型 SOI 基板（例如，100 nm 的 SOI 或 400 nm 的 BOX），该基板包含了 CMOS 器件和与之相对应的多层互连。接下来，为了将 SOI 器件层通过一个基底堆叠在另外一个器件层上面，首先必须要先进行背面减薄到 BOX 层。因为器件层和互连层只有几个微米的厚度，必须能够恰当地进行处理。因为在背面减薄时需要机械支撑，所以有必要使用一种特殊的黏结剂将 SOI 晶圆键合到承载晶圆上。黏结剂需要具备以下特征：1）强度足够大，可以承受研磨时带来的较大的剪切力；2）化学特性呈惰性，能承受在晶圆背面腐蚀过程中使用的热的氢氧化物水溶液；3）采用其他方法可以很容易地去除键合，从而将承载晶圆从 3D 叠层中分离出来。因为热的化学溶剂通常会从基板中分离出有机聚合体，所以与 COMS 工艺兼容的有机黏结剂很难同时满足上面的 3 个标准。然而，可以通过仔细选择一种金属化键合层来满足这些需要。下面研究了两个可选方案。

1）Zr/Cu - Cu/Zr 结构：可以选择 Zr/Cu - Cu/Zr 层作为临时键和层。这里的 Cu - Cu 键合作为黏合层将施主 SOI 晶圆和承载晶圆黏合在一起。另一方面，Zr 层被用作释放层。这是因为铜可以经受氢氟酸的侵蚀而锆则会快速溶于稀释的氢氟酸溶液（速度远远快于二氧化硅）。

2）Al/Ta/Cu - Cu/Ta/Al 结构：第二种选择是用铝作为释放层。这是因为热盐酸对铝、钛及铜的腐蚀具有高度选择性。因为铜不溶于热盐酸溶液，所以如果可以降低溶液中氧化性成分的浓度，那么盐酸就是一种最好的释放溶剂。作为额外的保护，加入了钛层，因为钛不溶于热盐酸溶液。另一方面，热盐酸可以迅速地破坏铝层。此外，Cu - Cu 键合用于将 SOI 晶圆和承载晶圆结合在一起。

在表 22 - 1 中，对钛、铜、锆和铝对不同溶剂的抗腐蚀能力进行了定性的总结。承载晶圆的键合过程，在图 22 - 5 的步骤 1 和步骤 2 中进行了说明。

表 22 - 1　Ta，Cu，Zr 和 Al 在不同化学溶剂中的腐蚀率

	HF	热 KOH/TMAH	热 HCl
Ta	高	低	很低
Cu	很低	低	低（无空气）
Zr	很低	很低	很低
Al	很高	很低	很高

该工艺首先采用后道制程（BEOL）形成 SOI 施主晶圆（也就是所说的顶层晶圆）。这个 SOI 晶圆包含器件层和内部互连层。通过等离子体增强化学气相沉积（PECVD）的方法在施主晶圆表面形成一层 500 nm 厚的钝化层，然后通过化学机械平坦（CMP）的方法达到表面的平坦化。一旦完成钝化和平坦化后，SOI 基板就可以用作承载晶圆了。在 SOI 基板减薄过程中，由于硅材质的传递晶圆暴露在氢氧化物溶剂（如四甲基铵氢氧化物）中，所以为了防止腐蚀必须对表面进行保护。由于四甲基铵氢氧化物（TMAH）对氧化层的腐蚀速度非常慢，所以可以在承载晶圆上通过热氧化生长一层厚度约为 500 nm

的氧化层来进行保护。需要注意的是在SOI键合前，要将这种氧化层去除。然后，SOI晶圆和承载晶圆会按照上面1）和2）的流程进行金属化。不需要进行晶圆间的对准，在SOI晶圆和承载晶圆表面施加一个恒定4 000 N的压力，在300 ℃的氮气环境中保持30 min，就键合到一起了。这组叠层晶圆在400 ℃的氮气环境中进行退火，铜-铜界面会形成一个强的键合，从而确保键合晶圆可以承受后续对基板的机械减薄而不至于分离。

22.3.2　衬底背面刻蚀和背面通孔的形成

这节讨论的工艺步骤在图22-5中的3～6步进行了描述。当承载晶圆处于适当的位置时，接下来的目标是采用机械研磨和化学腐蚀相结合的工艺完全去除SOI基板，直到选择性地刻蚀到BOX层。需要注意的是，机械研磨法需要适度的使用，因为其对氧化层和硅没有选择性，而且机械研磨会留下一个粗糙的表面。为了有效地采用这种组合工艺，首先需要通过机械研磨工艺磨掉550 μm厚的SOI晶圆，然后停在距BOX层100 μm厚的地方。剩下的100 μm厚的硅可以很容易地在85 ℃下采用12.5 wt%的四甲基铵氢氧化物溶液腐蚀100 min去掉。因为四甲基铵氢氧化物溶剂对氧化物有很好的选择性[6]，腐蚀会很准确地停在BOX层。由于BOX层可以作为一个非常好的腐蚀阻挡层，因此，SOI晶圆是一种非常具有吸引力的选择。通过选用SOI晶圆，在层的转移中可以采用超薄的层结构。

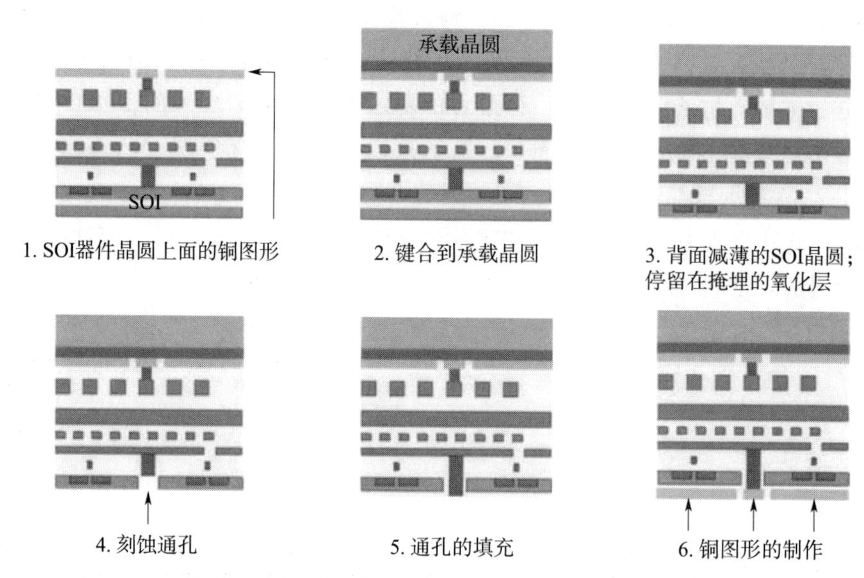

图22-5　从SOI黏结到承载晶圆、SOI基板、背面通孔的形成和填充以及铜键合焊盘形成的3D工艺流程示意图[9]（2002 IEEE）

在上面提及的四甲基铵氢氧化物浓度下，氧化层给承载晶圆提供了一个近乎完美的保护层，防止四甲基铵氢氧化物的腐蚀。实际上，在溶液的温度达到120 ℃之前，锆可以有效地防止氢氧化物溶液的腐蚀。然而，对于已经键合好的铜-铜层，可以观察到晶圆边缘界面的分层。这里有两种办法去阻止这种铜腐蚀。一种办法是减少在氢氧化物溶剂中的时间，另外一种是在腐蚀液中添加铜腐蚀的抑制剂。

相比而言，在四甲基铵氢氧化物腐蚀过程中，如果不进行适当的保护，Al 释放层会遭受严重的腐蚀。这将造成承载晶圆从 SOI 晶圆上过早地脱离。因此，需要另一种方案来避免这个问题。不是在方案 2 中的层压结构里面一层接一层地进行沉积，而是首先在晶圆周围制作 Al 沉积层形成一层阻挡环。接下来，通过在层上面沉积不带阻挡环的 Ta/Cu 层，就可以保护 Al 层不受任何形式的腐蚀。

当完成 SOI 基板的去除后，可以通过刻蚀穿通 BOX 层、SOI 层和 ILD1 层，最终停留在金属层 M1，从而形成内层通孔。接下来通过等离子体增强化学气相沉积技术（PECVD）在孔壁形成氧化层钝化，并采用填充工艺对通孔进行填充。最后，侧壁尺寸为 3～5 μm，厚度为 50/300 nm 的 Ta/Cu 焊盘分布在内层通孔上面的右侧。在互连中没有任何作用的附加铜焊盘，也可以分布在这里用作增加 Cu－Cu 键合工艺中的表面积。至于焊盘的尺寸及它们之间的间隔是由对准精度决定的。

22.3.3　晶圆对晶圆的对准和键合

在经过图 22－5 中的工艺步骤减薄的，并含有背面夹层通孔和铜键合焊盘的 SOI 层，现在可以与另外一个 CMOS 器件基板进行键合。该 CMOS 器件基板也可能有着自己的多层通孔和匹配的 Cu/Ta 键合焊盘，其与减薄后的 SOI 相一致的。减薄后的 SOI 层在后续的步骤中都是用承载晶圆进行机械支撑的。

晶圆对晶圆之间的对准和键合都是在同一个对准机和键合机上完成的。因为系统的对准固有误差为 1～3 μm，所以任何小于（或）等于 3 μm 的（Cu/Ta）键合点都是不适合的。因此，晶圆对晶圆的对准精度就成为决定夹层通孔密度的最终因素。当采用更好的光学对准系统时，就有可能将 Cu/Ta 焊盘的尺寸减小到 1 μm 左右。这与通孔密度的大量增加是一致的。当晶圆准确地对准后，固定住这组晶圆并且转移到键合室里面。在键合室里面，将这两个基板在氮气环境下加热到 300 ℃，并在 4 000 N 的接触压力下热压30 min。接着，在 400 ℃的氮气环境中进一步进行 30～60 min 的退火以完成铜-铜键合。该工艺在图 22－6 中的步骤 7 中作了说明。

22.3.4　承载晶圆的释放

3D 集成的最后一步是将承载晶圆从 SOI 层的顶部释放出来，如图 22－6 中的步骤 8 和图 22－7 所示。

回顾 22.3.1 节中的内容，方案 1 中将氧化后的承载晶圆黏结到带有 Zr/Cu－Cu/Zr 键合的 SOI 基板上。为了破坏这种金属键合，可以将叠层晶圆浸入到按照 10：1 稀释的氢氟酸溶液中。例如，锆和钛一样，可以在氢氟酸中以非常高的速率进行刻蚀，比 SiO_2 的刻蚀速率要高得多。在有力的搅动下，会出现锆对整个晶圆的钻蚀，从而使氧化后的承载晶圆从 3D 叠层上面分离出来。当晶圆尺寸变得很大，需要足够长的时间使氢氟酸进入锆层进行腐蚀时，这种分离方法将变得非常困难。在氢氟酸中长时间的浸泡，将给 3D 叠层中的氧化层带来不必要的腐蚀，从而损坏器件的结构。

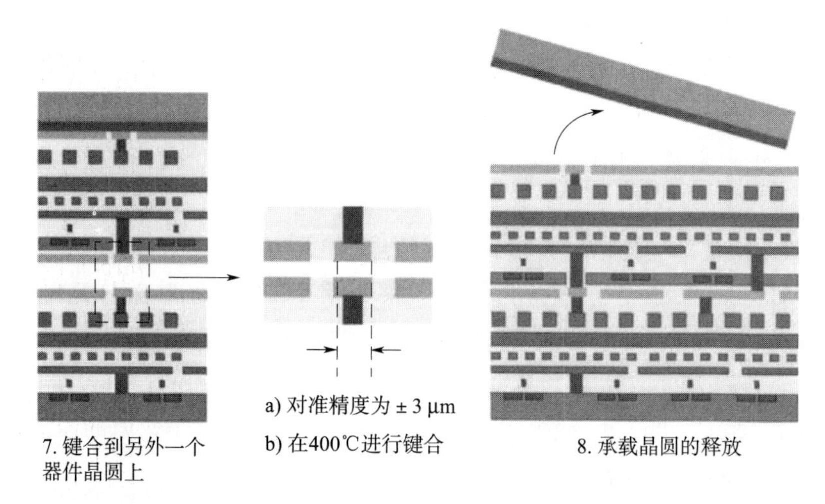

图 22-6 3D 工艺流程的示意图展示了减薄后的 SOI 器件层转移到基板晶圆上面的过程[9]（2002 IEEE）

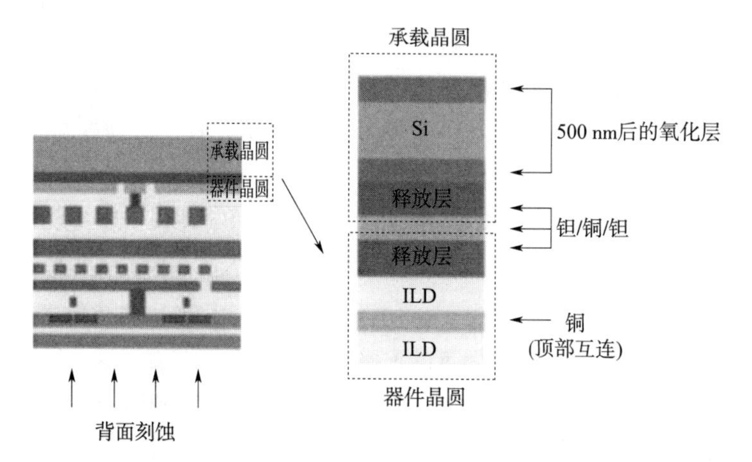

图 22-7 对夹在两个释放层之间的中间层进行键合形成的承载晶圆的释放[9]（2002，IEEE）

方案 2 中采用铝作为释放层，将混合好的盐酸溶液加热到 100 ℃，用来破坏铝释放层。工艺首先去除表面阻挡环内的铜/钛双分子层，可以采用稀氢氟酸＋硝酸溶液来实现。一旦去除阻挡环内的铜/钛双分子保护层后，采用热的盐酸溶液来去除 Al 释放层。将氢氟酸换成热盐酸，可以保证 3D 叠层的氧化层不会被氢氟酸过度溶解。

然而，这种方法在大晶圆的薄铝层上遇到了困难。在酸腐蚀的第一个小时，初始的腐蚀速率及增速（进入到 Al 层）是很快的。然而，最终的腐蚀速率发生了降低并且腐蚀距离也达到了临界值。因此，由于表面张力的影响，采用酸腐蚀去除晶圆级承载晶圆就遇到了极大的挑战。虽然热盐酸溶液可以用于破坏铝层释放层，并导致晶圆层式结构的破坏，但是酸在释放层孔中的腐蚀深度还没有达到足以使得键合晶圆组分离的程度。因此，需要对这种晶圆释放的方法进行改进：1）在芯片之间的释放层中形成通道以便加强盐酸的腐蚀作用；2）从承载晶圆上面采用深反应离子刻蚀技术制作额外的释放孔；3）进一步减少基板的尺寸，例如在芯片尺寸级别。

当承载晶圆从 3D 叠层上面去除后，可以进行后续的金属化工艺，并且进行更多层的晶圆的叠装，重复上述层转移步骤即可。

22.3.5　临时性键合和释放的备选方案

另一个可供选择的方案是，氧化层-氧化层键合可以用于将 SOI 施主晶圆黏结到承载晶圆上。该方法的优点在于这种键合方式和用于电学、机械连接的永久性 Cu－Cu 键合是截然不同的。

在这种层传递方法中，采用等离子体增强化学气相沉积（PECVD）在最后的 SOI 晶圆表面沉积 1 μm 的氧化层。因为 PECVD 产生的氧化层是多孔的，所以需要在 400 ℃的氮气环境下对其进行 12 h 的低温致密化处理。这部工序会去除多孔二氧化硅中的气体，因为这些气体会取代键合，而这对于键合是非常不利的。表面的平整度是关系晶圆能否键合成功的关建因素。众所周知 PECVD 产生的氧化层表面是非常粗糙的。所以，非常有必要采用化学机械抛光（CMP）进行氧化层的平坦化。同样要确保在化学机械抛光后得到无颗粒的氧化物表面。由于 SOI 晶圆减薄，本质上也是硅腐蚀，部分来自四甲基铵氢氧化物化学腐蚀，因此，需要在承载晶圆上生长一层厚度为 500 nm 的氧化层，来防止四甲基铵氢氧化物对硅承载晶圆造成的腐蚀。将一个高剂量、高能量的氢离子束植入预期为 0.5 μm 的厚度范围的承载晶圆内。在承载晶圆释放过程中，氢元素对晶圆的脱落起重要作用。

在键合前，将 SOI 晶圆和承载晶圆进行化学清洗，然后用去离子水清洗、烘干。两个晶圆采用面对面的方式进行键合，这个键合是（承载晶圆上的）热氧化层与（SOI 晶圆上的）等离子体增强化学气相沉积氧化层在室温下不需要进行精密对准而完成的。为了增强键合强度，需要在低于 300 ℃的环境下对晶圆键合进行退火。认真处理晶圆表面后，我们有热氧化层与等离子体增强化学气相沉积氧化层间键合的成功范例[7]。需要注意的是，为了防止晶圆中的氢气爆裂，需要小心地控制退火温度。现在，SOI 晶圆可以进行减薄了。一旦在 BOX 上面形成垂直电学通孔和铜焊盘，SOI 晶圆就可以与底部晶圆（有与之匹配的铜键合焊盘的已完成前道制程的晶圆）进行对准和键合。这一步可以在 300 ℃、接触压力为 4 000 N 的条件下进行 30 min 后完成。完成键合后，叠层晶圆需要在 400 ℃的氮气环境下进行 30 min 的退火，让铜晶粒继续生长以增强键合。这一步还使承载晶圆得以释放。在这种条件下，氢气聚集在一起造成了边缘破裂，因此，就可以将承载晶圆从 3D 叠层上面释放下来。残存的薄硅（小于 0.5 μm）可以通过在四甲基铵氢氧化物溶液中短时间（小于 5 s）的浸泡而去除。该工艺的思路在图 22－8 中的示意图中进行了说明。上述内容已经在空薄膜上得到了验证。图 22－9 所示为一个最终 3D 叠层的扫描电镜截面图照片[8]。

在上述介绍的方法中，有 3 个涉及温度的步骤必须进行准确的控制，以便为每一个工艺步骤的进行提供充足的温度保证。一是要确保键合好的带有氧化层的晶圆对的温度低于氢致晶圆脱落的温度。通过对表面仔细地进行预处理，例如采用等离子体表面活化技术，

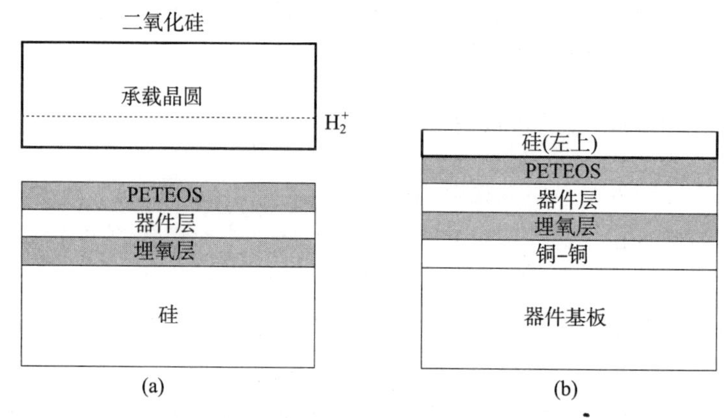

图 22-8　SOI 晶圆和承载晶圆之间的氧化键合以及感应生成的氢致晶圆开裂造成承载晶圆释放的示意图

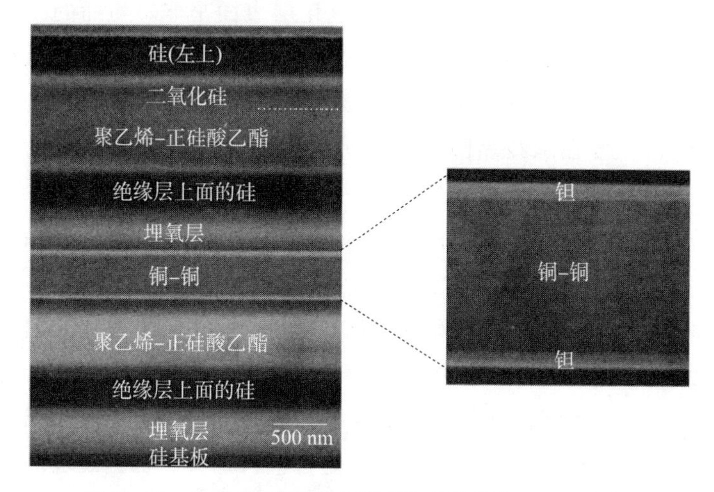

图 22-9　承载晶圆释放后得到的硅叠层的 SEM 照片。承载晶圆在注入的氢峰值处发生了释放[8]（2005 IEEE）

可以将键合好的晶圆对氧化层的退火温度充分地降低。晶圆分裂的温度直接关系到氢元素的注入量。在上面的论证中，晶圆分裂在 400 ℃的温度下很快发生。同理，还必须确保 SOI 晶圆与基板间铜焊盘的永久键合也在低于 400 ℃的温度下进行。

关于 3D 流程方面更深入的讨论可以参见参考文献 [9-11]。

22.4　讨论

在这一节，将对上述提到的 3D 工艺流程的几个突出特点进行讨论。

22.4.1　金属作为中间介质的键合

采用金属作为键合中间介质是很有吸引力的选择，因为键合介质可以在 3D IC 的有源层之间形成一个导电通路，起到电连接键合的作用和可靠性机械连接的作用。在上面提到现行的 3D 工艺流程中，连接垂直孔的铜焊盘主要起到电连接键合的作用，而同时辅助铜焊盘起到机械连接键合的作用。金属键合允许通过“先通孔”的方法实现垂直集成，因此，可以放宽夹层中对通孔深宽比的要求。同时，金属界面还允许进行额外的布线连接。

选择金属材料作为键合结合面还有一个很吸引人的原因，因为金属是很好的热导体，将有利于避免 3D IC 中遇到的热耗散问题。在上层产生的热将通过金属键合面传递到基底晶圆，然后传给热沉。金属结合面还有另外一个优点，如果正确接地，金属层可以起到保护地的作用，因此可以在叠层器件层之间提供很好的噪声隔离。

22.4.2　铜的选择

铜是一种可选择的金属，因为它是 CMOS 工艺的主流材料。铜具有优良的电导率（$\rho_{cu}=1.7$ mΩcm vs. $\rho_{AL}=2.65$ mΩcm）和热导率（$K_{cu}=400$ $Wm^{-1}\cdot k^{-1}$，相比之下，$K_{Al}=235$ $Wm^{-1}\cdot k^{-1}$）），铜还具有比铝导线更长的电迁移寿命。更重要的是，在合适的条件下，铜可以与自身键合。

如上面所指，Cu–Cu 键合界面在不同的器件层平面之间可以充当“黏结”层和电连接层。因此，Cu–Cu 键合在机械强度和电学特性方面的可靠性就显得尤为重要。有几种办法可以检测铜层键合的键合力，包括：拉脱力测试、四点弯曲测试[12]、剪切力测试[1]、芯片划切测试[13]和最终的晶圆减薄测试[5]。晶圆对是在 300～400 ℃下完成键合的，可以耐受芯片划切（尺寸 1 cm×1 cm）和晶圆减薄（研磨和四甲基铵氢氧化物腐蚀）的联合作用。当键合在更高的温度中进行时，可以提高整个晶圆键合的一致性。晶圆的几种特性，例如晶圆的翘曲度、表面颗粒度以及表面的氧化情况，会对键合效果产生不利影响。

决定 Cu–Cu 界面接触电阻方面的初始结果，展现出很大的希望，但在全面确定这种键合电特性方面还有很多工作要做[14]。

与室温下依靠最初形成的氢键完成的氧化物熔融键合不同，在室温条件下铜热-压键合是不能进行的。铜层键合需要在施加接触压力和加热到 300～400 ℃的苛刻的条件下才能进行。当晶圆对冷却到室温，由于热失配会在铜层中形成很大的应力。在键合好的铜层中会观察到界面空洞[15]。这些界面空洞靠近最初的键合界面，如图 22–10 中 SEM 照片所示。热应力学分析表明，在室温下铜层键合的拉伸应力大于屈服应力。在这种力学条件下，键合铜层的变形和应力释放会形成界面空洞。界面空洞的形成会严重降低铜层键合的电性能和机械性能。这就要求仔细地研究空洞形成的原因，然后才能实施相应的对策。

因为 Cu–Cu 键合不能像氧化物熔融键合那样在室温下瞬间完成，所以需要依靠相应的装置，将对准的晶圆对进行机械加紧后转移到键合室里面。在转移过程中，对准好的晶圆对可能会发生偏移。在加热过程中，如果晶圆对的顶部晶圆和底部晶圆在材料和结构上设计的是不对称的，其膨胀系数会不同，从而会给晶圆对准精度带来额外的误差。

因为铜是导体，在有源层之间的连续铜键合层是没有实用价值的。在实际的多层 3D IC 中采用铜作为键合介质，铜键合应该在合适的电绝缘条件下进行点对点或线对线的键合。图 22–11 所示为一个成功键合后的铜线（2.0 μm）截面图[16]。键合线之间的距离为

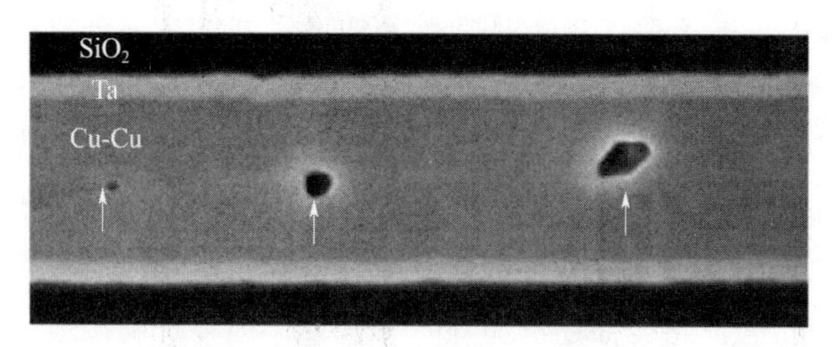

图 22-10 键合铜层中观察到的空洞。该键合层是在 300 ℃下保温 1 h形成的

5.3 μm，其间充满空气。在键合线上会观测到界面空洞，这会带来严重的可靠性方面的问题。应对键合工艺过程进行优化，以最少化空洞的形成。另一个可靠性方面的问题是，键合线之间的空间会减少有源层之间的机械支撑。空间内的水气还存在腐蚀铜线的潜在危险。一个解决办法是形成镶嵌铜线，然后进行铜和绝缘材料（例如氧化层）的混合键合。

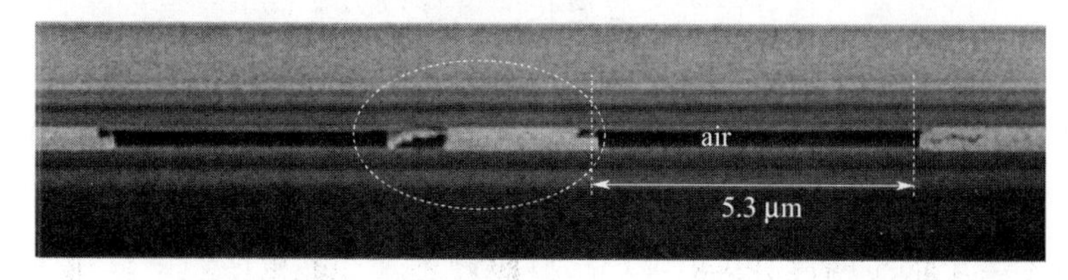

图 22-11 横截面的 SEM 照片显示出约 2.0 μm 的键合铜线。
SEM 照片表明采用现在的装置可以使得对准精度小于 1.0 μm[16]（材料研究协会，2007）

22.4.3 背对面键合情况介绍

麻省理工学院的 3D 工艺是基于这样一个模块化的流程，即可以通过在现有的垂直基板堆叠上连续的键合器件层来构建多层堆叠。这个工艺流程是朝着使叠层持续生长而受机械和化学损伤最小化的方向设计的。在这种背对面的键合方式中，首先对 SOI 晶圆进行减薄，然后键合到基板晶圆上，从而消除从 SOI 减薄工序到整个 3D 基板叠层过程中潜在的损伤。该工艺允许在顶层基板上采用任何给定的材料和技术制作器件，包括可以耐受键合所需温度的应变硅，III－V 族元素或者纳米结构。

由于在放置于基板之前先要对超薄层进行处理，所以要对承载晶圆进行临时键合，随后需要被释放。在 22.3 节已经给出了两种实现途径。如果采用了金属释放层和化学释放剂，则应按照所需的选择性选择一种合适的化学溶剂。理想情况是，释放剂腐蚀释放层的速度必须要比腐蚀键合层的速度快的多。这种方法是非常吸引人的，因为释放的温度通常最高仅为 100 ℃，因而可以对承载晶圆进行循环再利用。然而，已经证实这种方法在释放大尺寸晶圆时，会变得非常困难，因此要将这项工艺限制到小尺寸样品应用，例如芯片级。相比之下，采用氢致晶圆开裂是一种非常吸引人的方法。在该方法中，释放机制在整个晶圆上同时发生，并且可以对承载晶圆进行重复利用。然而，必须要确保铜永久键合的温度足够低，不致于引起早期的晶圆分离。

22.5　结论

这一章主要描述了一种形成多层 IC 堆叠的工艺方法。这种方法基于表面覆铜薄膜晶圆的低温、热压键合技术。为了薄层晶圆的转移，将 SOI 晶圆用作施主晶圆。因为顶层器件层需要传递到朝上的基板上，所以需要临时键合一个承载晶圆，随后再进行承载晶圆的释放。本章重点讨论了 3D 工艺的几个重要特征。

参考文献

[1] Fan,A., Rahman, A. and Reif, R. (1999) Copper wafer bonding. Electrochemical and Solid - State Letters, 2 (10), 534.

[2] Holloway,K. and Fryer, P. M. (1990) Tantalum as a diffusion barrier between copper and silicon. Applied Physics Letters, 57 (17), 1736.

[3] Chen,K. N., Fan, A., Tan, C. S. et al. (2002) Microstructure evolution and abnormal grain growth during copper wafer bonding. Applied Physics Letters, 81 (20), 3774

[4] Chen,K. N., Fan, A. and Reif, R. (2001) Microstructure examination of copper wafer bonding. Journal of Electronic Materials, 30 (4), 331.

[5] Tan,C. S. and Reif, R. (2005) Multi - layer silicon layer stacking based on copper wafer bonding. Electrochemical and Solid - State Letters, 8 (6), G147.

[6] Chen,P. H., Peng, H. Y., Hsieh, C. M. and Chyu, M. K. (2001) The characteristic behavior of TMAH water solution for anisotropic etching on both silicon substrate and SiO2 layer. Sensors and Actuators, A 93, 132.

[7] Tan,C. S., Fan, A., Chen, K. N. and Reif, R. (2003) Low - temperature thermal oxide to plasma - enhanced chemical vapor deposition oxide wafer bonding for thin - film transfer application. Applied Physics Letters, 82 (16), 2649.

[8] Tan,C. S., Chen, K. N., Fan, A. and Reif, R. (2005) A back - to - face silicon layer stacking for three - dimensional integration. IEEE International SOI Conference, Honolulu, HI, October 3 - 6, pp. 87 - 89.

[9] Reif,R., Fan, A., Chen, K. N. and Das, S. (2002) Fabrication technologies for three - dimensional integrated circuits. Proceedings of the International Symposium on Quality Electronic Design (ISQED), 33, San Jose, CA.

[10] Reif,R., Tan, C. S., Fan, A. et al. (2003) 3 - D interconnects using Cu wafer bonding: References j445 technology and applications. Advanced Metallization Conference 2002, Materials Research Society, pp. 37.

[11] Reif,R., Tan, C. S., Fan, A. et al. (2004) Technology and applications of three - dimensional integration, at 206th Electrochemical Society Fall Meeting, Honolulu, HI, 2004. Dielectrics for Nanosystems: Materials, Science, Processing, Reliability, and Manufacturing, (eds R. Singh, H. Iwai, R. R. Tummala and S. Sun), The Electrochemical Society Proceedings Series, PV 2004 - 04, The Electrochemical Society, Pennington, NJ.

[12] Tadepalli,R. and Thompson, C. V. (2003) Quantitative characterization and process optimization of low - temperature bonded copper interconnects for 3 - D integrated circuits. Proceedings of the IEEE International Interconnect Technology Conference, 36, San Francisco, CA. pp. 261 - 276.

[13] Chen,K. N., Tan, C. S., Fan, A. and Reif, R. (2004) Morphology and bond strength of copper

wafer bonding. Electrochemical and Solid - State Letters, 7 (1), G14.

[14] Chen,K. N., Fan, A., Tan, C. S. and Reif, R. (2004) Contact resistance measurement of bonded copper interconnects for threedimensional integration technology. IEEE Electron Device Letters, 25 (1), 10.

[15] Tan,C. S., Reif, R., Theodore, D. and Pozder, S. (2005) Observation of interfacial voids formation in bonded copper layer. Applied Physics Letters, 87 (20), 201909.

[16] Tan ,C. S., Chen, K. N., Fan, A. et al. (2007) Silicon layer stacking enabled by wafer bonding. MRS Fall Meeting, Boston, MA, November 27 - December 1 2006. Enabling Technologies for 3 - D Integration. (eds C. A. Bower, P. E. Garrou, P. Ramm and K. Takahashi), Material Research Society Symposium Proceedings, Volume 970. Material Research Society. pp. 193 - 204.

第 23 章　伦斯勒理工学院的 3D 集成工艺

James Jian－Qiang. Lu，Tim S. Cale，Ronald J. Gutmann

23.1　引言

伦斯勒理工学院（Rensselaer）在 3D 集成方面的研究可以追溯到 20 世纪 80 年代的晶圆级集成系统[1]，当时晶圆的尺寸为 4 英寸，毫米级的硅通孔采用激光打孔或垂直掺杂扩散的方法得到。在 1999 年，由 MARCO、国防高级研究计划局（DARPA）和 NYSTAR 支持的作为内部互连焦点中心（IFC，Interconnect Focus Center）的一部分工作，伦斯勒理工学院重新开始 3D 集成方面的研究。内部互连焦点中心研究的主要目标是采用 20 世纪 90 年代研发的 IC 技术（例如铜图形镶嵌技术），解决与 2D 芯片相关的整体互连延迟。3D 系统有利于降低与新材料、新工艺技术相关的复杂度。新材料、新工艺技术的使用可以用来增强集成电路的性能和功能，这成为 3D 系统发展的外在动力。伦斯勒理工学院 3D 小组介绍了一种整体的晶圆级别的 3D 平台，这个工艺是基于 8 英寸晶圆的[2,3]。四个关键工艺是：晶圆对准、晶圆键合、晶圆减薄和互连孔的形成。两个主要的技术平台是：后通孔 3D 技术平台和先通孔 3D 技术平台[4]。许多学术和工业界的研究组致力于 3D 技术的发展（参见本书其他章节）；本章对主要的 3D 平台的研究以及伦斯勒理工学院和合作伙伴发展的技术进行了总结。

23.2　采用黏结晶圆键合和铜镶嵌内层互连的后通孔 3D 平台

图 23－1 为整体的 3D 集成的后通孔平台示意图，这里采用了晶圆对准机进行晶圆对准，绝缘黏结剂进行晶圆间的黏结，一个三步减薄工艺进行顶层晶圆的减薄，铜图形镶嵌用作晶圆的内部互连[2,3]。在这个平台使用一个 3D IC，对准两个具有有源器件层和多层芯片互连的工艺晶圆，对准误差要小于 1 μm，然后在 CMOS 电路相同的工艺和封装条件下采用绝缘胶进行晶圆间的黏结。采用三步减薄工艺可以将堆叠好的两个晶圆顶层的晶圆减薄到 10 μm 以下。该三步工艺指背面减薄、化学机械抛光以及湿法刻蚀到刻蚀阻挡层（例如植入层、外延层、氧化层或者采用 SOI 技术生产的掩埋氧化层）。随后，通过铜图形镶嵌技术形成“桥式”和“孔式”的内层晶圆内部互连。这项内层晶圆图形镶嵌工艺是由伦斯勒理工学院和奥尔巴尼（Albany）大学共同开发的[5]，包括高深宽比（HAR，high－aspect－ratio）通孔刻蚀、铜/阻挡层沉积和化学机械抛光。这样，常规 2D 芯片中需要走 1 mm 的长距离内部互连将被芯片间 2～10 μm 垂直距离的高深宽比通孔所代替。重复这个工艺流程就可以对第 3 个晶圆（或者更多）进行对准、键合、减薄以及互连。与其他晶

圆键合的 3D 方案相比，该方案具有 3 个主要优点：

1）对于整个晶圆来说绝缘黏结剂在键合界面不会引起形变（例如晶圆翘曲）和颗粒物的产生；

2）不需要支撑晶圆，并不像其他晶圆级的 3D 方案，该工艺中经过减薄的硅片不需要进行转移；

3）如果要叠加三个或更多的晶圆时不需要更改工艺过程。

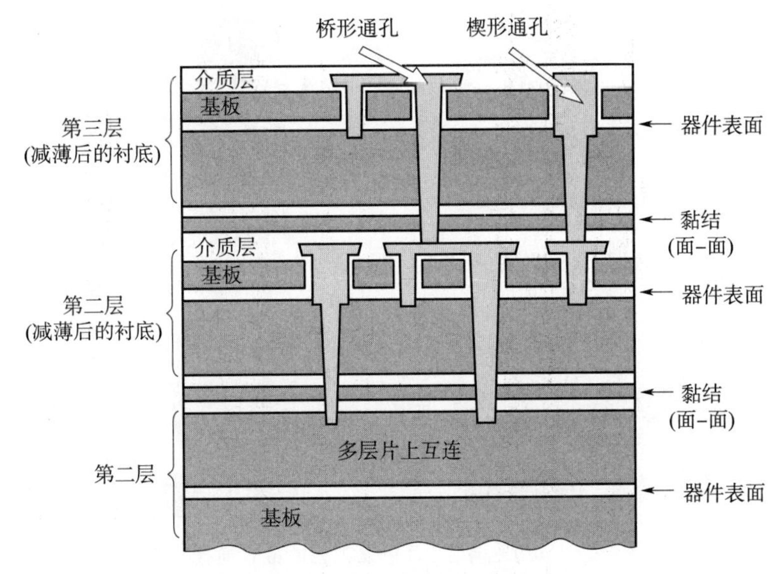

图 23-1　采用黏结晶圆键合和铜镶嵌内层晶圆互连的整体 3D 超级集成的后通孔平台示意图

该图展现了键合界面，垂直内层晶圆通孔（楔形和桥形）、面对面以及正面对背面黏结

与其他 3D 平台相似的是，这里有 4 个主要工艺难点，分别是：晶圆级对准精度、键合完整性、晶圆减薄及平整控制和晶圆内部互连。这些工艺都必须与半导体工艺中诸如压力、温度等限制因素相兼容，将在下面的章节进行总结介绍。

23.3　后通孔 3D 平台的可行性验证：有着对准、键合、减薄以及内层晶圆互连工艺的链式通孔结构

该内部晶圆互连的链式通孔结构是为发展 3D 工艺以及验证在 200 mm 晶圆上进行 3D 工艺后通孔方案的可行性而设计的[2,3]。图 23-2 所示为链式通孔结构的工艺制作流程。采用常规铜镶嵌后道制程工艺在底层晶圆 M1 和顶层晶圆 M2 上进行铜的金属化，同时采用内部镶嵌工艺形成桥式金属和内部通孔。经过对多种绝缘黏结剂的筛选测试，BCB 被选为晶圆键合的基本材料。BCB 是一种低 k 聚合物，已经用于多种半导体应用并且与大多数的 CMOS 工艺相兼容。在无空洞键合中，BCB 经常用于空白晶圆和图形化的晶圆中，这在第 13 章做了详细介绍。三步减薄工艺用于减薄顶层硅晶圆：1）硅基板的机械研磨；2）硅片抛光以去除机械研磨过程中带来的机械损伤和应力，并且将顶层晶圆的厚度减到约 35

μm；3）湿法化学刻蚀技术去除剩余的硅。四甲基铵（TMAH，Tetramethyl - ammonium hydroxide）溶剂用于刻蚀硅，这是由于其与传统 CMOS 工艺具有良好的兼容性以及对硅和二氧化硅具有良好的选择性。采用深孔刻蚀、清洗、化学气相沉积氮化钛、化学气相沉积填充铜和化学机械抛光形成晶圆内部通孔。3D 链式通孔制造工艺的其他工艺信息将在别的地方进行讲解[5]。

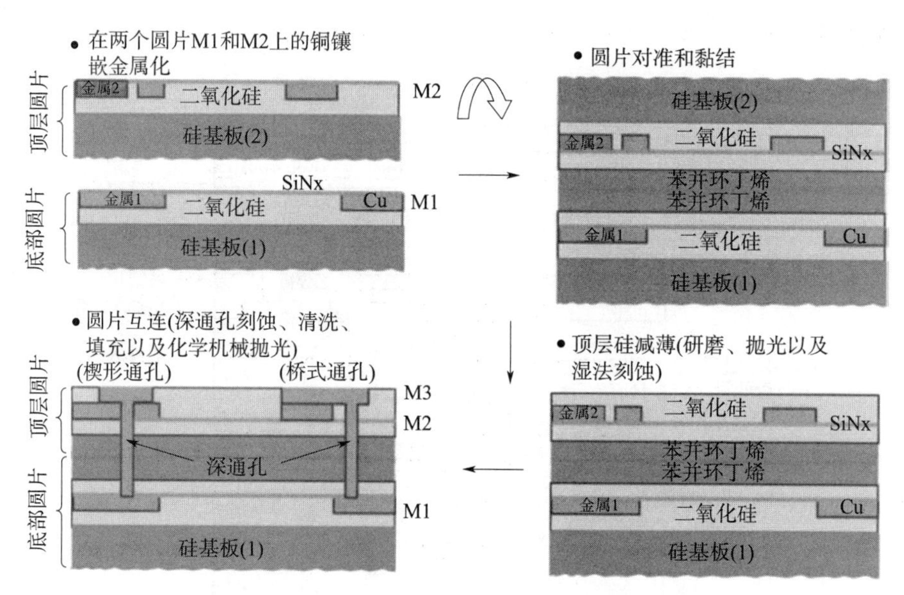

图 23-2 用于验证 3D 单元工艺的链式通孔工艺

如图 23-3 所示，完成铜镶嵌图形化的两个晶圆进行了面对面对准、键合和减薄，表明晶圆级和芯片级对准精度可以控制在 1 μm。这些结果表明采用这种后通孔 3D 平台可以得到一个密度非常高的内层晶圆互连（通孔尺寸约 2 μm）。采用机械研磨和化学机械抛光将键合好的晶圆叠层中的顶层硅晶圆的背面减薄到约 35 μm 后，图形化后的晶圆表面质量与顶层硅晶圆减薄前后并没有区别[7]。经过键合并减薄后的晶圆对的硅片厚度表现出良好的一致性，并且边缘处没有开裂。这都显示了叠层晶圆良好键合和减薄的完整性。

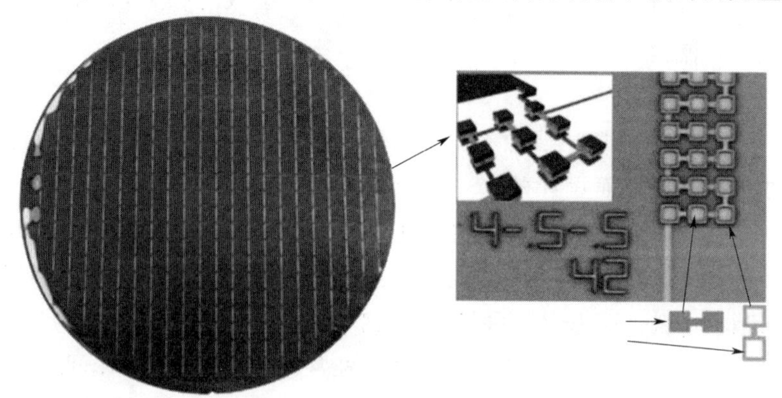

图 23-3 在两个 200 mm 晶圆对上经过铜镶嵌图形化处理、晶圆对准、BCB 黏结、硅背面研磨/抛光以及对顶层晶圆进行湿法刻蚀等一系列工艺后的 3D 链式通孔测试结构的示意图。晶圆边缘不规则的图案是由进行氧化层刻蚀和铜溅射沉积的工艺设备的不均匀性造成的

图 23-4 所示为某一功能晶圆对的聚集离子束横截面和链式通孔的电阻[5]。虽然链式通孔结构的精确接触电阻为 5 μΩ/cm²，比期望的要大得多，表明在链电阻和链长之间存在线性关系，晶圆内部孔尺寸为 2 μm、3 μm、4 μm 和 8 μm 连续均匀的 3D 链式孔结构证明了这种线性关系。高的接触电阻是由金属化前没有对通孔刻蚀后所留剩余物进行彻底清洗所造成的。

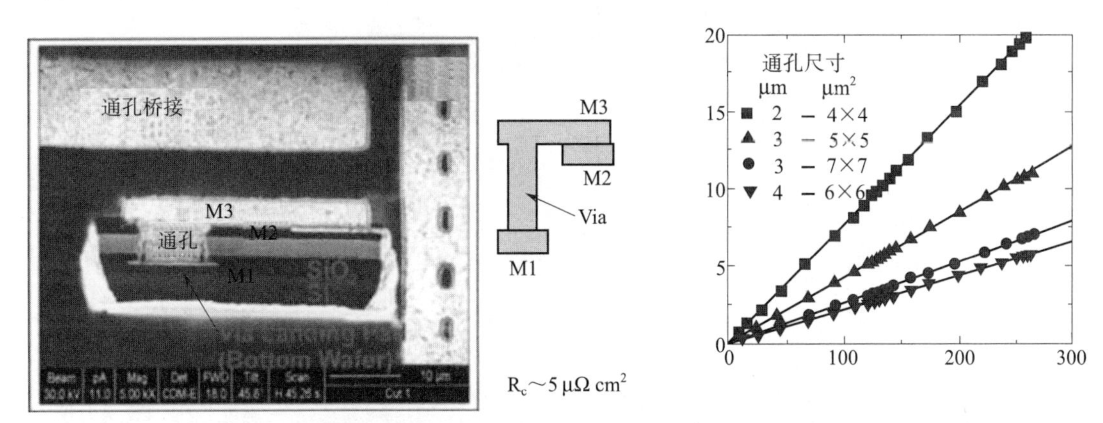

图 23-4　有着链式通孔结构的后通孔 3D 平台的可行性验证：
（左侧）链式通孔结构的 FIB 横截面表明对底部晶圆（M1）和顶层晶圆（M2）、桥式金属（M3）以及内层晶圆通孔进行了铜金属化；（右侧）对于通孔尺寸为 2 μm、3 μm、4 μm 的链式通孔电阻与链式通孔长度（通孔数量）之间的关系

23.4　带有镶嵌-图形化的金属/黏结剂再分层的先通孔 3D 平台

一种当前正在伦斯勒理工学院进行研究的先通孔 3D 技术平台使用的是在两个晶圆上进行镶嵌-图形化后的金属/黏结再分布层的晶圆键合。该方案使得晶圆内层的电连接（先通孔）和两个晶圆的黏结剂键合可以在一个工艺步骤中完成。图 23-5 所示为先通孔技术的原理图。铜/钽和 BCB 被选做金属和黏结剂，用来验证该先通孔 3D 方案的可行性。从图中可以看出 Cu/BCB 图形镶嵌的“再分布层”覆盖在第二个晶圆最顶层的金属层上面，第二晶圆随后被翻转、对准，然后和第一个晶圆图形化后的 Cu/BCB 层进行键合。需要注意的是，如果需要的话，第一个晶圆上图形化后的 Cu/BCB 层也可以变成 Cu/BCB 图形镶嵌的“再分布层”（图 23-5 中并没给出）。随后对面朝下进行键合的第二个晶圆的衬底进行了减薄。通过刻蚀穿透键合对中的第二个经过减薄的晶圆从而制作出另外一个与第三个晶圆可以相匹配的镶嵌图形化层。该项工艺可以扩展到多层晶圆的堆叠。同样需要注意的是，如果需要的话，在已经减薄了的第二个晶圆基底分布的 Cu/BCB 层也可以变成 Cu/BCB 图形镶嵌的“再分布层”（图 23-5 中并没画出）。

此外，附加的铜/氧化层（或者 Cu/BCB 和其他的金属/绝缘层）再分布层，例如在图 23-5 中覆盖在第三个晶圆最顶层的金属层上面的再分布层，可以在任意 Cu/BCB 键合层进行图形化工艺之前进行添加。这样，由于这里只需要铜键合柱（通孔），从而简化了

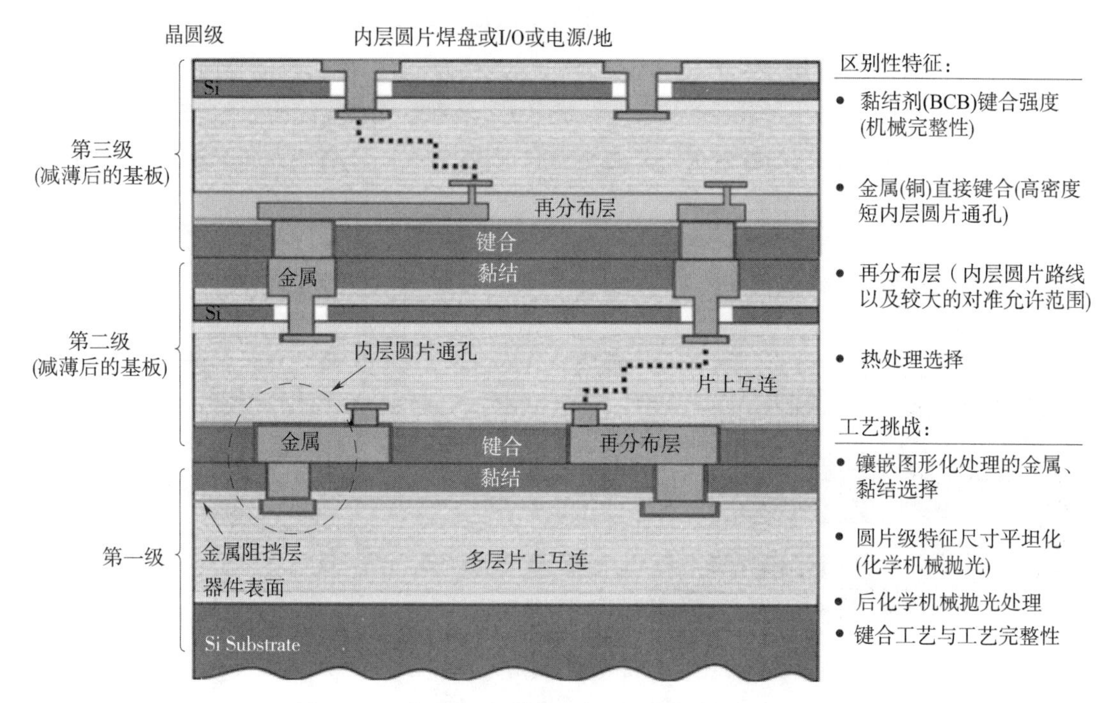

图 23－5　先通孔 3D 集成（铜-铜键合提供内层晶圆互连、BCB－BCB 黏结提供机械晶圆）的 Cu/BCB 再分布层键合的示意图。该 3D 集成有着两个可选的再分布层，如图中的第二个晶圆和第三个晶圆

Cu/BCB 黏结层的图形化处理，并提供了一种简单的键合流程。这就是说，在最小位错的情况下，铜端子只是键合到铜端子，BCB 只是键合到 BCB。这可以最大限度地减少长的铜线条与 BCB 区域的接触不良（也就是键合），见如图 23－5 所示的第二个和第三个晶圆之间的键合层。与铜键合孔和再分布层的组合体相比，这个额外的再分布层可以提供另外的再分布能力（例如在图 23－5 中所示的第二个晶圆上面的 Cu/BCB 再分布层）。

这种采用镶嵌图形化处理后的金属/黏结再分布层的晶圆键合先通孔技术方案可以提供：

1）内层晶圆的电学和机械互连、键合（结合了 BCB/BCB 和 Cu/Cu 键合两者的优点）。

2）热管理办法：Cu/BCB 再分布层可以用作热传导层或者热扩展层（有大比例的铜区域）、还可以用作热绝缘层（有大比例的 BCB 区域）或者在某些选定的区域用作热传导层，而在其他区域用作热绝缘层。

3）通过消除内层晶圆深的通孔以便允许更大的对准误差，来达到高的内层晶圆互连。

4）晶圆上用于内层互连路径的再分布层。在这些晶圆上，内层互连焊盘并不兼容，从而进一步减少了工艺流程并与晶圆级封装（WLP）技术兼容。

该方案对整体的晶圆级 3D 集成应用（例如 3D 互连、3D IC，无引线键合和智能成像器等）具有吸引力；同时对晶圆级封装、微电子机械系统（MEMS）、光学微电子机械系统、生物微电子机械系统和传感器等也具有吸引力。

由于多个界面（例如绝缘胶界面、扩散阻挡界面以及电导体界面）暴露在外面，因此，该技术平台的键合工艺富有挑战性。理想情况下，在不对铜-铜互连的电学特性产生干扰的条件下，所有的界面都应具备与其他界面进行键合的能力。为了改善 BCB 与 Si、SI3N4 和 Cu 的黏附性而进行的表面制备技术在参考文献[10]中做了介绍，但没有涉及到晶圆键合。此外，BCB 的晶圆键合在 3D 的应用上有良好的记录，参见第 13 章，以及在完全固化的 BCB 上进行铜镶嵌图形化工艺[11]。考虑到这些因素，在 Cu/BCB 再分布层的图形化能力和 BCB - BCB 键合的键合质量之间，部分固化的 BCB 层提供了最好的折衷方案。

23.5 先通孔 3D 平台的可行性验证：采用 CU/BCB 再分布层的链式孔结构

在参考文献[4]中介绍的适用于 3D 集成的采用先通孔再分布层制作的链式通孔将在这里进行总结。首先，在两个 200 mm 硅晶圆中的上面都制作一个层结构，该层结构位于 BCB 中并进行铜镶嵌图形化处理。热生长 2 μm 的氧化层后，BCB 材料按照 1.2 μm 的标称厚度被旋涂到基底上，在氮气喷吹条件下，在烘箱内进行局部烘烤改良。BCB 局部的烘烤温度为 250 ℃、烘烤时间为 60 s，导致约 55％的 BCB 发生交联。部分烘烤的 BCB 通过步进对准曝光机进行影印，然后采用 C_4F_8 和氧作为活性剂，在电感耦合等离子体刻蚀机内进行刻蚀。在一个适用于聚合物介质层上面进行沉积的低功率条件下对图形化后的 BCB 溅射钽衬套和铜。在叠层膜上化学机械抛光，通过市场上可以买到的泥浆和焊盘界定的图形。采用去离子水和聚乙稀醇（PVA）清洗机对化学机械抛光后的薄膜进行清洗。这些有着单级镶嵌图形化处理后的再分布层晶圆在一个真空室里面进行对准和后续的键合。该键合工艺包括 10 000 N 的机械压力、250 ℃的温度下进行 60 min 的烘烤，随后进一步在 350 ℃的温度下进行 60 min 的烘烤，最后冷却到室温。其中一个键合好的晶圆需通过研磨和抛光，减薄到 50 μm 的标称厚度，随后放入四甲基铵氢氧化物中进行湿法化学刻蚀以便完全去除残留的硅。该四甲基铵氢氧化物对硅和二氧化硅具有高选择性。

完成上面的制造过程，键合对被分裂，允许结构和电学性质的大量分裂。采用界面聚焦离子束（FIB）或扫描电镜（SEM）观察该结构的横截面。晶圆中心附近键合区域的截面结果在图23 - 6中进行了描述[4,8]。该图显示了键合后的铜-铜界面、BCB - BCB 界面以及看起来似乎紧密结合的 Cu - BCB 界面，但对于整个晶圆则未必都能键合好。对于电学因素，表面氧化层（刚开始位于 Cu/BCB 再分布层下面的隔离层）被去除，以便与链式通孔相连。采用两点探针设备对内层晶圆中几个通孔的电阻进行测量，采用光学显微镜测量重叠区域。接触电阻的量级为 $1\times10^{-7}\ \Omega cm^2$。

采用部分固化 BCB 键合晶圆的机械性质如下，键合强度为 15～30 Jm^{-2}，这由工艺参数决定。在先通孔 3D 基准线工艺中当采用软膜烘烤 BCB 时，键合强度接近 32 Jm^{-2}（见

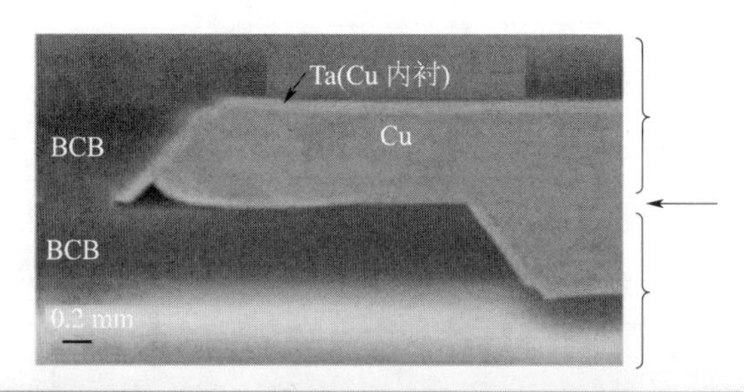

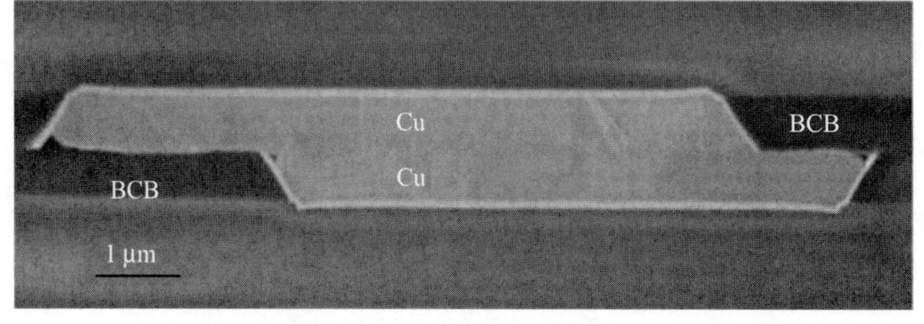

图 23－6　黏结好的镶嵌图形化后的 Cu/BCB 晶圆的聚焦离子束/SEM 截面示意图展现了铜-铜、BCB－BCB 合格的黏结界面[4,8]

第 13 章）。即使最小的键合强度也比所需的镶嵌-图形化 IC 互连的强度（5 Jm^{-1}）大 3 倍这些结果非常令人满意，并且验证了该先通孔 3D 方案的可行性。然而，还有关键的挑战需要克服，目前正在进行探索研究。这些挑战包括：

1）优化 BCB 部分固化工艺，以提供足够的键合强度并作为 Cu/BCB 再分布层制作的镶嵌图形化兼容介的电材料；

2）达到 Cu/BCB 再分布层晶圆级特征尺寸的平坦化；该再分布层采用单级化学机械抛光制作而成；

3）开发化学机械抛光后的表面处理和晶圆键合方案使整个晶圆的铜-铜、BCB－BCB 和 Cu－BCB 键合工艺在一个步骤内完成；

4）降低内层晶圆铜互连的电阻；

5）开发可靠的再分布层设计和制造协议。

23.6　单元工艺的发展

23.6.1　晶圆对晶圆的对准

晶圆级的精确对准是影响 3D 内层晶圆互连性能的关键挑战之一。从 1999 年开始，我们和 EVG 小组在开发和改进晶圆对准精度方面展开了紧密合作。世界上第一台智能视图对准器是在 2000 年由伦斯勒理工学院制造和安装的。已经研究了各种不同的方案以便提高对准精度[12-14]，包括对准机理，对准关键设计以及对热匹配进行控制，从而提高机械对准精度，采用局部固化 BCB 键合工艺来改善键合造成的未对准[13]，以及改变精密对准的关键结构，以达到微米级的对准精度[14]。

图 23－7 给出的是一些影响对准精度的因素：对硅-硅晶圆（200 mm）进行 20 次键合前后的对准进行分析以便用来确定这两个晶圆的偏移、旋转及滑出对对准精度的影响[12]。因为键合后晶圆的摆出对对准精度表现出了很大的影响，已经采用一些措施用以控制键合后的摆出（run－out）。例如，很好地控制温度和主要结构降低了键合后晶圆的摆出[13,14]。

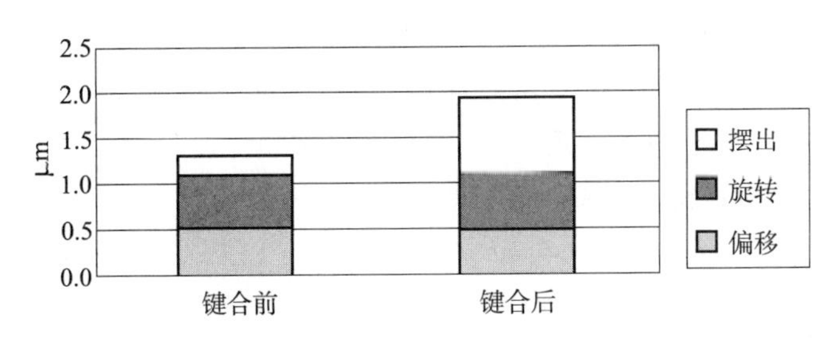

图 23－7　键合前和键合后的对准精度——采用 8 英寸硅晶圆进行 20 次测试的结果[12]

23.6.2　黏结剂晶圆键合

黏结剂晶圆键合技术已经进行了集中研究，并在 13 章进行了详细的介绍。与半导体制造协会和飞思卡尔公司紧密合作的成果验证了我们的 BCB 键合工艺和晶圆减薄工艺不会对铜/低 k 互连结构造成影响，也不会对 130nm 技术节点的 CMOS 器件和电路造成影响[15-17]。图 23－8 所示为在完成双面键合和减薄、BCB 灰化及切割的 CMOS SOI 晶圆划片道附近的聚焦离子束示意图。然而，需要进行额外的研究和开发来对内层晶圆互连的牢固性进行验证。这些与企业提供并进行特性化测试晶圆的研究合作已经验证了该工艺的潜力。

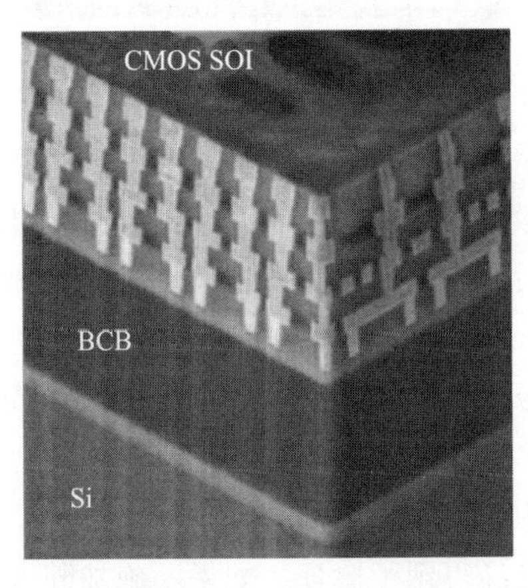

图 23－8　采用 BCB 黏结的 CMOS SOI 晶圆的聚焦离子束截面图；
1）CMOS SOI 的硅基板被完全移除并且；2）另外一个黏结到 CMOS SOI 晶圆顶部的硅圆片也被完全移除并且黏结剂 BCB 进行了灰化。该 CMOS 器件和电路进行了电学测试[16]

23.6.3　氧化物-氧化物键合

基于各种不同的目标（例如 3D 集成），已经对氧化物-氧化物键合进行了集中研究，如第 11 章和第 20 章所述。我们已经对用于 3D 集成和键合硅基激光器的氧化物-氧化物键合进行了研究。与已经进行研究的其他键合方式（例如，黏结剂、铜或者钛基键合）相比，初步的结果表明氧化物-氧化物键合要求氧化物的表面非常光滑和干净，并对表面进行专门处理。热氧化键合工艺需要在很高的温度下进行退火（约 1 000 ℃）。尽管对 PETEOS 氧化物进行表面处理后适用于低温键合（例如优良的化学机械抛光、化学或者等离子体表面激活），但在键合过程中从 PETEOS 释放出来的气体是一个问题，因为其会造成键合成品率较低。

23.6.4　铜-铜键合

除了在图 23－6 综述的铜键合工艺研究外，伦斯勒理工学院已经对其他的铜键合工艺进行了研究。图 23－9 所示的扫描电镜照片表明了一个 4 μm 的铜互连端子与铜焊盘之间的良好键合，这是与美国国际商用机器公司合作获得的[18]。当采用合适的图形设计（例如尺寸和密度）以及键合条件（例如温度斜坡升高控制）时，划片测试后就不会出现键合失效。

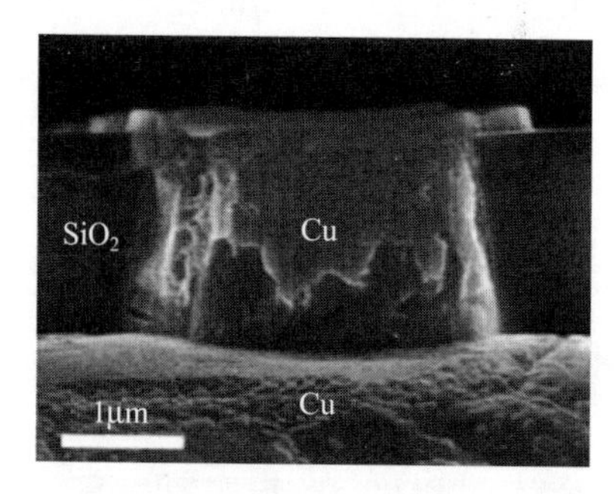

图 23－9　一个 4 μm 的铜互连端子连接到铜焊盘的 SEM 照片[18]

为了降低铜键合温度，采用铜纳米棒来作为铜键合界面[19]。这是由与铜薄膜相关的铜纳米棒低的烧结温度进行激发的。图 23－10 所示为铜纳米棒阵列的顶视图 SEM 照片和覆盖有铜纳米棒的晶圆键合后键合区域的横截面聚焦离子束/SEM 示意图。这个键合是在 200 mm 晶圆对上，在 400 ℃中加载 10 000 N 向下的压力形成的。我们已经在温度为 200～400 ℃，并同时加载外界压力（例如，在 200 mm 的晶圆对上加载 10 000 N 向下的力）的情况下完成了铜纳米棒键合。微观结构的演变显示键合结构随着键合温度的升高而变得更加致密，在键合温度为 400 ℃时键合界面消失。在 200 ℃时，加载外界压力可以提高铜纳米棒阵列的烧结性能已经得到了验证。如果不施加外力的话，纳米铜棒在 200 ℃下不会发生烧结[19]。

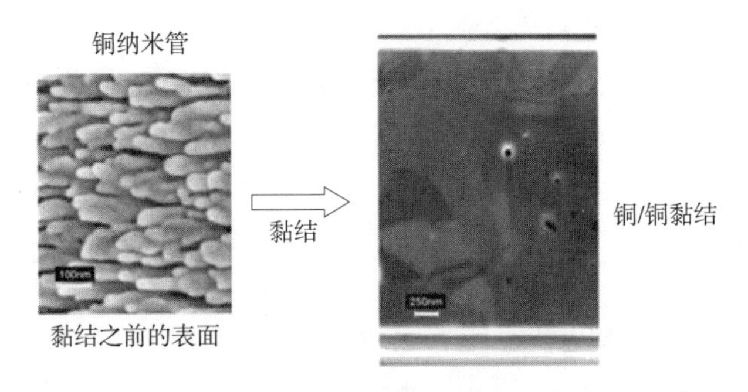

图 23-10　（左侧）铜纳米棒阵列顶部图形的 SEM 照片和（右侧）400 ℃下铜纳米黏结的横截面 FIB/SEM 示意图

23.6.5　钛基晶圆键合

为了进一步开发与后道制程兼容的金属基晶圆键合以及理解基本的键合原理，我们研究了多种金属的晶圆键合。采用钛作为 Ti/Ti、Ti/Si、Ti/SiO_2 键合的中间物取得了非常满意的晶圆键合结果[20,21]。如图 23-11 所示，在 300～450 ℃的条件下，Ti/Si 界面处获得了牢固的、几乎没有空洞的晶圆键合。钛在低温晶圆键合克服动力学屏障方面起到了重要的作用。在低于 450 ℃时，Ti/Si 基底晶圆形成的牢固键合归功于固态非晶质化反应。由于钛广泛应用于 IC 制造并且与身体组织、骨头及血液有着极好的生物适应性，因此，这项令人满意的结果为微电子机械系统（MEMS）和三维集成电路（3D IC）的应用提供了新的机遇。这样，对于生物-微电子机械系统的 3D 集成，钛基键合表现出了非常大的吸引力。

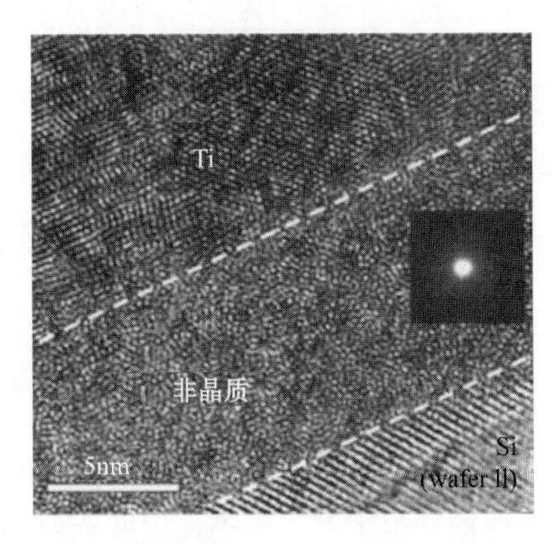

图 23-11　在 400 ℃下完成黏结的 Ti/Si 晶圆对的横截面 HRTEM 显微照片。该图表明在黏结处出现了一个接近 8 nm 厚的无定形层。插图是在衍射模式下来自无定形层的光晕图形

23.7 碳纳米管（CNT，Carbon nanotube）互连工艺

由于碳纳米管（CNT，carbon nanotube）具有优良的电学特性，最近很多注意力都集中在采用碳纳米管替换铜作为互连应用。碳纳米管是国际半导体技术路线图（ITRS）预测作为32 nm工艺所需的电流密度可以超过 1×10^{-7} A · cm^{-2} 的为数不多的材料，它们表现出了非常好的传导性，这是因为其不存在或者可以忽略由缺陷或者杂质造成的电子散射。采用碳纳米管作为互连替代的一个关键要求是碳纳米管必须能够紧密地排列在一起，从而使其电导率超过铜的电导率。

由于难以开发直接生长紧密排列的碳纳米管管束的技术，因此，我们对已经生长好的管束进行致密化处理来取代该项技术。我们验证了一种后生长工艺方法来显著增加测点密度，从而进一步减小碳纳米管管束的电阻[23]。对于未来 IC 电路上使用的碳纳米管互连，这是一个非常关键的步骤。经过致密化处理的碳纳米管可以进行进一步的加工，通过机械抛光的方法切除纳米管的两端，这些经过切除的纳米管束可以用作 IC 互连的基本构成单元。图 23－12 展现了制作这种致密管束的工艺流程示例，以及将其植入到 3D IC 集成电路中作为穿透晶圆的电学通孔和（或）热通道。

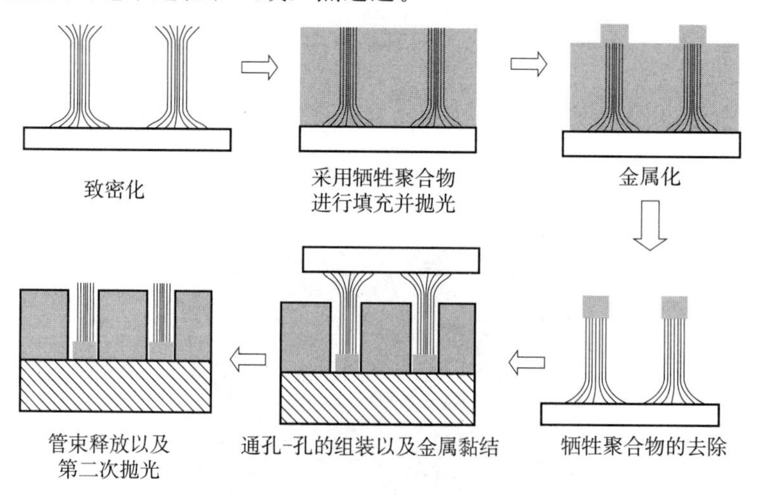

图 23－12　穿透晶圆的碳纳米管通孔的工艺流程[23]

在致密化工艺中，CVD 生长的及垂直定向的碳纳米管管束被浸泡在有机溶剂中，然后通过蒸发有机溶剂将管束从液体环境中分离出来。因此，通过毛细结合作用将独立的纳米管压缩成高密度毛细管束，通过范德华力保持这种集合的状态。图 23－13 所示为致密化工艺前后碳纳米管管束的 SEM 照片。如参考文献[23]所述，这种技术可以将纳米管束的密度提高 5～25 倍，具体取决于纳米管束的高度、直径、节距和特殊的碳纳米管性质。采用化学机械抛光移除致密化后碳纳米管管束的两端，从而制作出圆柱形或者钉子型管束，以便用于构建碳纳米管互连模块。因为致密的碳纳米管管束意味着更多的导电通道，因此预计可以降低电阻。

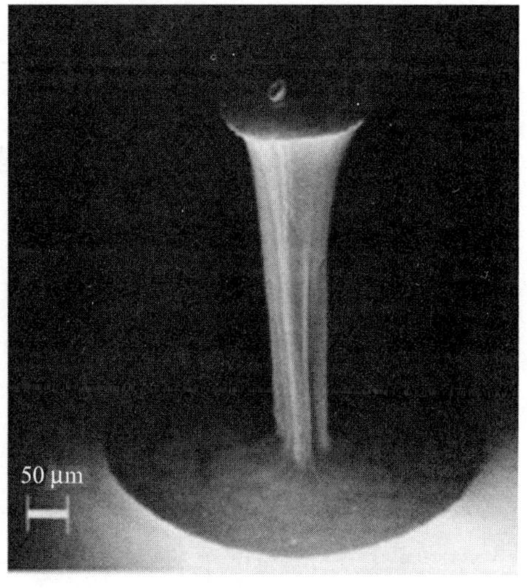

图 23-13　致密化之前（左侧）和致密化之后（右侧）的 CNT 管束[23]

23.8　结论

对于在伦斯勒理工学院（和合作组织）开发和特征化的各种单元工艺已经进行了描述。我们主要集中铜内层晶圆互连工艺，例如在键合界面同时存在 TSV 和通孔的 BCB 键合，以及采用先通孔和后通孔的制造工艺流程。与后通孔工艺流程可以将 BCB 作为一种可用的键合黏结剂并因此简化键合工艺相比，当加入一层内层晶圆再分布层时，先通孔工艺流程变得比较简单。可供选择的片内互连技术（包括铜纳米管、钛及碳纳米管）保证了电学、热学以及机械性能的改善。

致谢

伦斯勒理工学院的 3D 集成研究项目由 DARPA、MARCO 以及 NYSTAR 通过互连集中中心进行支持；同时，SRC、EVGroup、美国国际商用机器公司、飞思卡尔公司以及半导体制造技术协会也对伦斯勒理工学院的 3D 集成研究项目进行了支持。我们对伦斯勒理工学院 3D 项目组的同事以及奥尔巴尼大学、EVGroup、美国国际商用机器公司、飞思卡尔公司半导体以及半导体制造技术协会的合作者做出的贡献表示衷心的感谢。

参考文献

[1] Tewksbury,S. T. (1989) Wafer - Level Integrated Systems: Implementation Issues, Springer.

[2] Lü,J. - Q., Kumar, A., Kwon, Y. et al. (2001) 3D Integration using wafer bonding. Advanced Metallization Conference 2000 (AMC 2000), (eds D. Edelstein, G. Dixit, T. Yasuda and Y. Ohba), MRS Conference Proceedings Series, Volume 16, Material Research Society, pp. 515 - 521.

[3] Lu,J. - Q., Cale, T. S. and Gutmann, R. J. (August 2005) Wafer - level threedimensional hyper - integration technology using dielectric adhesivewafer bonding. in: Materials for Information Technology: Devices, Interconnects and Packaging, (eds E. Zschech, C. Whelan and T. Mikolajick), Springer - Verlag Ltd, London, pp. 386 - 397.

[4] McMahon,J. J., Lu, J. - Q. and Gutmann, R. J. (May 31 - June 3 2005) Wafer bonding of damascene - patterned metal/adhesive redistribution layers for via - first threedimensional (3D) interconnect. IEEE 55th Electronic Components andTechnology Conference (ECTC 2005), IEEE, pp. 331 - 336.

[5] Lu,J. - Q., Jindal, A., Kwon, Y. et al. (2003) 3D system - on - a - chip using dielectric glue bonding and Cu damascene inter - wafer interconnects. International Symposium on Thin Film Materials, Processes, and Reliability, (eds G. S. Mathad, T. S. Cale, D. Collins, M. Engelhardt, F. Leverd and H. S. Rathore), The electro - chemical society, PV2003 - 13, pp. 381 - 389.

[6] Lu,J. - Q., Rajagopalan, G., Gupta, M. et al. (2004) Planarization issues in wafer - level 3D integration. Advances in Chemical - Mechanical Polishing, MRS Symposium Proceedings, Volume 816 pp. 217 - 228. 460j 23 Rensselaer 3D Integration Processes.

[7] Lu,J. - Q., Kwon, Y., Jindal, A. et al. (2003) Dielectric glue wafer bonding and bonded wafer thinning for wafer - level 3D integration. Semiconductor Wafer Bonding VII: Science, Technology, and Applications, (eds F. S. Bengtsson, H. Baumgart, C. E. Hunt and T. Suga), ECS, PV 2003 - 19, pp. 76 - 86.

[8] Lu,J. - Q., McMahon, J. J. and Gutmann, R. J. (2006) Via - first inter - wafer vertical interconnects utilizing wafer - bonding of damascene - patterned metal/adhesive redistribution layers. Proceedings CD of 3D PackagingWorkshop at IMAPS Device Packaging Conference, Scottsdale, AZ, IMAPS, pp. 148.

[9] Gutmann,R. J., McMahon, J. J. and Lu, J. - Q. (2006) Damascene patterned metal/adhesive redistri bution layers. Enabling Technologies for 3 - D Integration, (eds. C. A. Bouer, P. E. Garrou, P. Ramm, K. Takahashi, MRS Symposium Proceedings Volume 970, MRS, pp. 206 - 214.

[10] Garrou,P., Scheck, D., Im, J. - H. et al. (August 2000) Underfill adhesion to BCB (Cyclotene _) bumping and redistribution dielectrics. IEEE Transactions on Advanced Packaging, 23 (3), 568 - 573.

[11] Price,D. T., Gutmann, R. J. and Murarka, S. P. (1997) Damascene copper interconnects with polymer ILDs. Thin Solid Films, 308 - 309, 523 - 528.

[12] Wimplinger,M., Lu, J. -Q., Yu, J. et al. (2004) Fundamental limits for 3D wafer-to-wafer alignment accuracy, Materials, Technology, and Reliability for Advanced Interconnects and Low-k Dielectrics. (eds R. J. Carter, C. S. Hau-Riege, G. M. Kloster, T.-M. Lu and S. E. Schulz2004MRS ProceedingsVolume 812, pp. F6. 10. 1-F6. 10. 6.

[13] Niklaus,F., Kumar, R. J., McMahon, J. J. et al. (Feb 21 2006) Adhesive wafer bonding using partially cured benzocyclobutene (BCB) for three-dimensional integration. Journal of The Electrochemical Society, 153 (4), G291-G295.

[14] Lee,S. H., Niklaus, F., McMahon, J. J. et al. (2006) Fine keyed alignment and bonding for wafer-level 3D ICs, Materials, Technology and Reliability of Low-k Dielectrics and Copper Interconnects. (eds T. Y. Tsui, Y.-C. Joo, A. A. Volinsky, M. Lane and L. MichaelsonMaterial Research Society Proceeding Volume 914, pp. 0914-F10-05.

[15] Lu,J.-Q., Jindal, A., Kwon, Y. et al. (June 2003) Evaluation procedures for wafer bonding and thinning of interconnect test structures for 3D ICs. 2003 IEEE International Interconnect Technology Conference (IITC), IEEE, pp. 74-76.

[16] Gutmann,R. J., Lu, J.-Q., Pozder, S. et al. (2003) A wafer-level 3D IC technology platform. Advanced Metallization Conference in 2003 (AMC 2003), (eds G. W. Ray, T. Smy, T. Ohta and M. Tsujimura), MRS Proceedings, pp. 19-26.

[17] Pozder,S., Lu, J.-Q., Kwon, Y. et al. (June 2004) Back-end compatibility of bonding and thinning processes for a wafer-level 3D interconnect technology platform. 2004 IEEE International Interconnect Technology Conference (IITC04), IEEE, pp. 102-104.

[18] Chen,K.-N., Lee, S. H., Andry, P. S. et al. (Dec 2006) Structure design and process control for Cu bonded interconnects in 3D integrated circuits. 2006 IEEE International Electron Devices Meeting (IEDM 2006), San Francisco, CA, IEEE (2006), pp. 367-370.

[19] Wang,P.-I., Karabacak, T., Yu, J. et al. (2006) Low temperature copper-nanorod bonding for 3D integration. Enabling Technologies for 3-D Integration, (eds. C. A. Bouer, P. E. Garrou, P. Ramm, K. Takahashi, MRS Symposium Proceedings Volume 970, MRS, pp. 225-230.

[20] Yu,J., Wang, Y., Lu, J.-Q. and Gutmann, R. J. (August 2006) Low-temperature silicon wafer bonding based on Ti/Si solidstate amorphization. Applied Physics Letters, 89, 092104.

[21] Yu,J., Wang, Y., Moore, R. L. et al. (2007) Low-temperature titanium-based wafer bonding: Ti/Si, Ti/SiO2, and Ti/Ti. Journal of The Electrochemical Society, 154 (1), H20-H25. References j461.

[22] Naeemi,A., Sarvari, R. and Meindl, J. D. (June 2006) On-chip interconnect networks at the end of the roadmap: limits and opportunities. IEEE 2006 International Interconnect Technology Conference (IITC 2006), Burlingame, CA, IEEE, p. 221-223.

[23] Liu,Z., Bajwa, N., Ci, L. et al. (June 2007) Densification of carbon nanotube bundles for interconnect application. IEEE 2007 International Interconnect Technology Conference (IITC 2007), Burlingame, CA, IEEE, pp. 201-203.

第 24 章　Tezzaron 半导体公司 3D 集成技术

Robert Patti

24.1　简介

许多不同的键合工艺都可以应用于 3D 集成，每一种工艺都有其缺点和优点。一般来说，这些键合工艺可以分为四种基本类型：1）氧化层或介质层键合；2）黏结层，如 BCB；3）焊料焊接；4）金属键合。有些工艺使用的是这些工艺的组合，其中著名的就是 Ziptronix 的 DBI 工艺和在伦斯勒理工学院开发的 BCB/铜工艺。Tezzaron 工艺采用金属键合，具体来说就是铜-铜键合。

3D 集成工艺的另一个特征是其存在芯片对晶圆和晶圆对晶圆两种工艺。所有键合形式中，晶圆对晶圆的键合成本低于芯片对晶圆的键合。芯片对晶圆工艺的好处是已知好芯片（KGD，Known Good Die），但是该工艺只有在独立芯片可以进行测试的条件下才能起作用。每个芯片上有几千个甚至更多的垂直连接孔，如果要对每个芯片进行测试几乎是不可能的，所以需要采取“比较好芯片”技术。此外，测试过程会在焊盘表面留下划伤、扎痕和突起。这种损伤很可能给后续的 3D 集成带来问题，相比未经测试、好坏未知的芯片而言，可能会产生更多的失效。每一种情况都应着眼于其自身的优点和要求。虽然 Tezzaron 工艺可以同时满足芯片对晶圆和晶圆对晶圆两种键合形式，但本章将以晶圆对晶圆工艺流程为主。

24.2　铜键合

金属对金属的键合是一种非常普通和熟悉的制造工艺。其在一步工艺里同时提供了机械焊接和电连接两个功能。金属间键合的另外一个优点是在制造过程中不需要像采用有机胶水那样进行除气。在所有的金属中，金键合最容易发生，只需要很小的压力或热量。金键合工艺通常用在半导体封装中的密封工艺上，而其在 3D 互连上的应用要追溯到 20 年前(例如美国专利：＃4612083，1985 年 7 月 17 日)。在集成电路上采用金键合的最大缺点是其过强的金属电迁移。铜是除了金之外最合适的金属键合元素。铜键合需要比金键合更高的温度和压力，但成本较低，此外还表现出了更强的键合力并且更容易被包含在半导体器件内。铜的热扩散键合应用于从制作电冰箱的线圈到美国 25 分硬币的很多事情。很显然这项工艺表现很好，因为从没有听说美国 25 分硬币崩破的。

24.2.1　铜键合的优点

铜已经是常规 CMOS 工艺的标准组成部分。其提供了优异的电性能和散热性能，而且很容易采用现有的化学机械抛光（CMP）技术进行平坦化。铜-铜键合可以提供非常好的键合强度，可以采用可重复工艺在低至 280 ℃的条件下进行，可容易地重复生产多层产品。铜键合工艺是一个低成本高成品率的工艺。

24.2.2 铜键合的缺点

典型的铜热扩散键合工艺是在 375 ℃下完成的。在键合过程中，晶圆的热膨胀将会给对准带来非常明显的影响。对 200 mm 的晶圆来说，晶圆间 2 ℃的偏差会造成 1 μm 的对准误差。

通常铜不用于整个晶圆工艺上，因此，会有边缘缺陷和起皮的问题。Tezzaron 通常采用边缘研磨技术控制和消除这种问题，但是相应地边缘的芯片在研磨过程中会被损耗掉。

24.3 成品率问题

很明显，对于 2D 和 3D 器件而言，成品率主要与缺陷密度和总的芯片尺寸相关。大多数的 3D 工艺不会明显改变单位面积（平方毫米）的成品率。因此，2D 工艺中 100 mm^2 的成品率与四层堆叠的 25 mm^2 的成品率是一样的。

晶圆对晶圆 3D 集成工艺的应用主要有 3 个，分别是：存储器、FPGA 和 CMOS 传感器。这三种用途的共有属性是具有修复或忽略工艺缺陷的能力。如今，Tezzaron 把存储器作为其晶圆对晶圆键合的主要应用目标。3D 集成使互连线大量增加，使得其修复能力达到一个相当高的程度。这为存储器的开发提供了一个独一无二的机会。

24.4 互连密度

在任何一种 3D-IC 设计中，所需的垂直互连的数量，即所需的互连密度，取决于芯片设计是如何分段的，因为这些设计决定了如何进行 3D 布线。图 24-1 显示的是在 3D 划分五个不同等级所需的互连密度。

在宏单元级别，电路部分被分割为 4 bit 的小计数器。由于工艺需要可以将电路单元分配在不同的层级，然后进行工艺优化。这一级别的分割使电路级别的 3D 集成变为可能。宏单元级别所需的互连密度可以采用现有技术进行制作。

实践表明出色的分割（门级甚至晶体管级）不会带来额外的效益，除非晶体管可以在单一的晶圆层上被制作出来。现在，晶圆上相邻晶体管之间的间隔只有几十分之一微米。相反，即使最前沿的 3D 堆叠工艺里，相邻两个 3D 层上晶体管的间隔至少为 3～4 μm。这表明实际的 3D 集成受限于当前小的或更大计数器的元件尺寸。

大部分 3D 集成应用需要每平方毫米 10 000 个的内部互连。当然，这里也有些例外，其中，CMOS 传感器是一个典型，最常见的目标是将传感元件从放大器上分离下来。传感元件可能会在后续分离中受益，因为其工艺要求之一就是很好地符合晶圆的分割。比较理

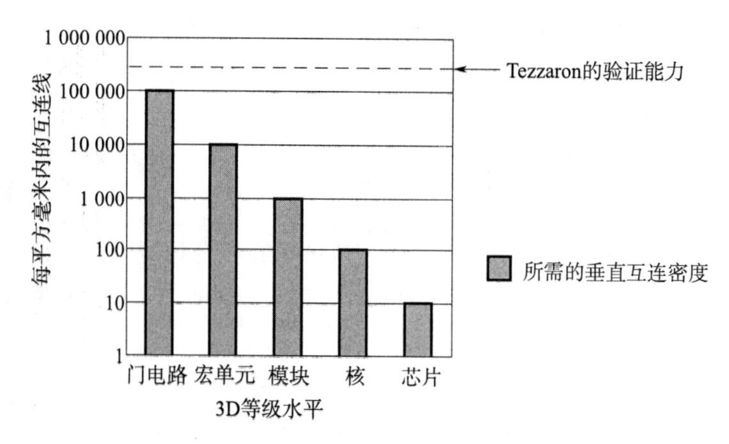

图 24-1 不同等级的互连密度要求

想的是在节距为 1.5 μm 的每个像素上都有一个垂直互连。这类组合可以将所需的互连密度增加到每平方毫米上有将近 400 000 个。

那么，在其他应用中需要多少个互连呢？答案并不简单。每种情况都必须根据其本身的需求进行判断。垂直互连确实会占据硅片的空间，从而减少晶体管的数量。表 24-1 显示了不同电路元件所占的区域，其中，f 为所给工艺的最小特征尺寸，f^2 是与之对应的面积。

表 24-1 单元尺寸

单元	Size (f^2)[a]	备注
标准门单元	200～1 000	3 个互连
标准触发单元	5 000	5 个互连
16 字节同步计数器	125 000	20 个互连
Opamp	300 000	4 个互连
硅通孔（Tezzaron）	500	包括间距
晶圆对晶圆键合点（Tezzaron）	350	包括间距
芯片对晶圆键合点（Tezzaron）	35 000	包括间距

注："f" 为工艺最小特征尺寸，f^2 为对应面积

采用 3D TSV 技术将一个简单门电路连接到其他简单门电路是非常昂贵的。例如，对于 NAND 门电路的三个 I/O 接口，采用 TSV 技术将降低其硅片面积的利用。每一个 TSV 的面积为 500 f^2，而门电路的自身面积仅为 300 f^2——这将变为一个超过 80%的 TSV。垂直互连一个 16 bit 的同步计数器则要好得多，对于 TSV 要小于 12%，而一个运放（Opamp）将会小于 TSV 的 1%。不管 3D 集成的目标是密度、成本、性能、功率或者是一些其中的组合体，关键是分配。正如 2D 集成，3D 集成需要严谨的设计选择和仔细的实施。

24.5　3D DRAM 的工艺需求

Tezzaron 专注于高容量 3D 存储器的工艺研究。高性能 3D DRAM 存储器的需求如下：

1）DRAM 是著名的低成本和低利润产品；在竞争中需要制作工艺成本非常低的 3D 工艺。

2）保持成品率和提高成品率是相当重要的。

3）工艺步骤数量必须最小化。

4）工艺需求必须与现有半导体工艺一致。

5）晶圆工艺不能改变晶体管侧面漏电流。

6）优化的最好分割工艺需要垂直互连密度达到每 50 mm^2 有 1 000 000 个。

7）互连受限于存储器阵列之间的间隔面积；这样，节距最大为 4～5 μm，有可能小到 2 μm。

8）内部互连必须是高可靠的，在修复前失效率要低于 0.1 ppm。

9）需要额外考虑的是，Tezzaron 作为无晶圆厂的公司，任何工艺改动都需要其与合作工厂间的协作。因此，任何工艺改动必须是安全的和最小的。

这组需求推动了铜-铜 FaStack 工艺的产生，从而可以用来解决以上全部问题。

24.6　FaStack 工艺综述

FaStack 工艺采用现有的厂家工艺和标准材料（铜和钨）。在体硅晶圆间、SOI 晶圆间或二者组合中采用晶圆对晶圆的键合工艺来保持低成本（温度系数完全不同的原材料的晶圆堆叠。例如硅对 InP 就不适合进行铜-铜键合）。采用商用的标准化设备——EVG 键合机和对准机，Okimoto 磨片机和化学机械抛光。采用金属键合技术进行工艺简化，可实现在一步工序中同时形成电和机械连接键合点。DRAM 的设计包含两步，将储存单元置于经过完全 DRAM 工艺的晶圆上，并确保其兼容。其他所有的电路在分开的晶圆上，其工艺与标准逻辑工艺一致，这个工艺的其他特点将在后面的章节进行介绍。

24.7　减薄前的键合

FaStack 工艺的显著特点是键合在前，减薄在后。这个工艺流程从不需要承载晶圆，避免了对薄晶圆的任何碰触。在黏结之前进行晶圆减薄等工序将会造成减薄后晶圆内部应力释放或者增加，并在晶体管特性变化（尤其是漏电流增大）中体现出来。在减薄前进行键合会消除这些特性变化，并使晶圆的侧面漏电流不发生变化。

另外，采用先减薄后键合工艺会使薄晶圆容易发生形变和非线性扭曲。先键合后减薄工艺允许采用高精度对准工艺，这是高密度互连的必要条件。

24.8 Tezzaron硅通孔技术

24.8.1 先通孔TSV

Tezzaron公司采用先通孔技术，在键合和减薄前建立一个连接每一层的垂直互连。相对于后通孔工艺流程，这具有非常明确的优势。

24.8.2 TSV作为减薄控制

TSV技术可以用作减薄控制，用作化学机械抛光（CMP）的终止。Tezzaron公司在2001年首先进行了这项工艺，铜通孔被用在后道制程流程上。覆盖在铜插头上面的钽阻挡层用作原位抛光停止层。Tezzaron目前的前道制程工艺流程通常采用钨插头，但插头周围的氮化层或氧化层对于硅化学机械抛光工艺起着与终止层相同的作用。这项技术的最终结果是可以将200 mm晶圆的厚度控制在±0.5 μm。

因为TSVS将以这种方式运用，所以深度的一致性特别重要。

影响通孔深度一致性的三个因素为：芯片上TSV的密度、TSV的直径以及晶圆上芯片的位置。图24-2～图24-4所示为这三个因素的测试结果。每组中典型的3σ深度变化是±2.7%。数据中所有变量的3σ为±5.0%。

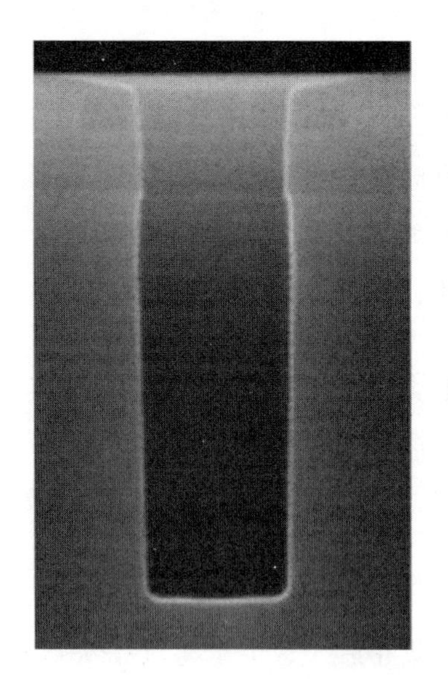
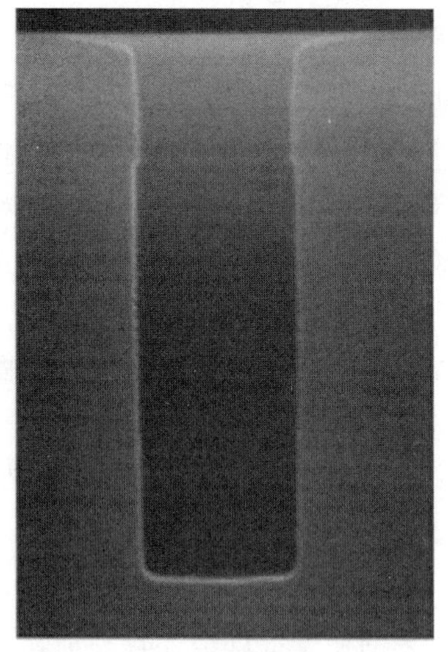

图24-2 由图案密度得到的TSV深度差异

左侧：TSV图案密度为0.2%，深度8.192 μm；

右侧：TSV图案密度0.8%，深度8.201 μm；芯片内部深度差异为0.01 μm

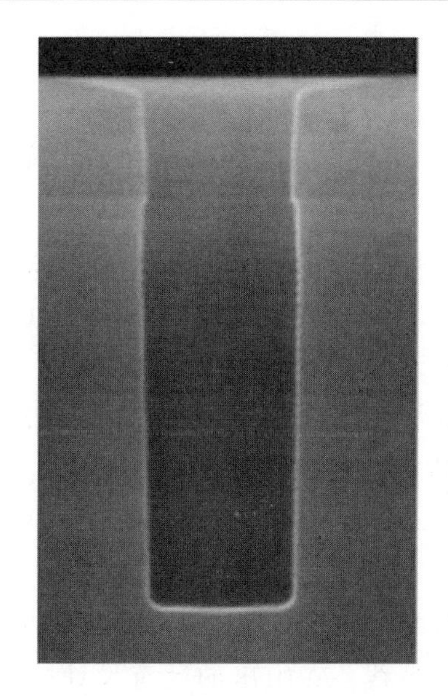
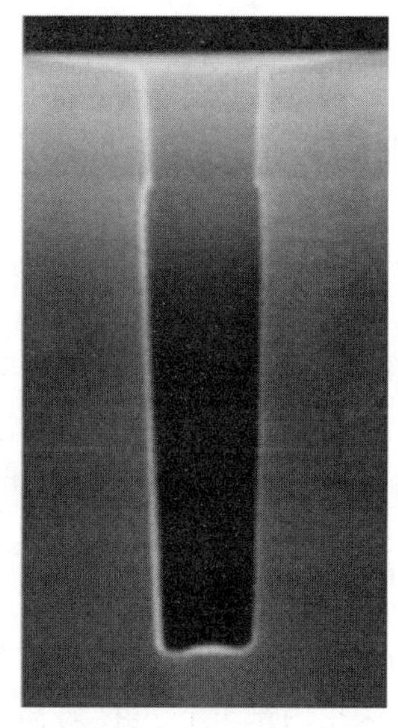

图 24－3　由直径造成的 TSV 深度差异

左侧：TSV 直径 3 μm，深度 8.192 μm；右侧：

TSV 直径 2 μm，深度 8.300 μm；芯片内部深度差异为 0.11 μm

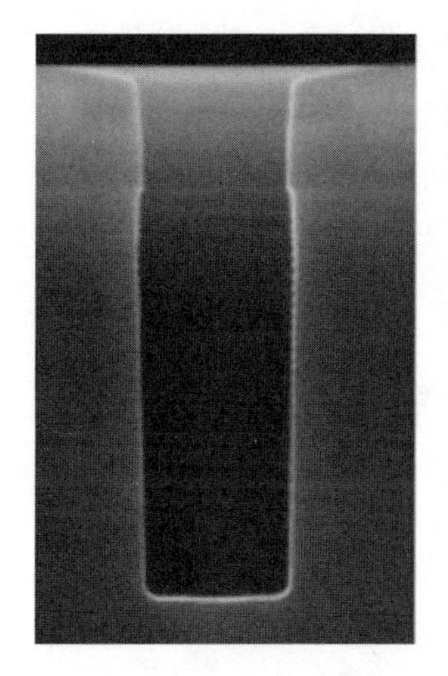
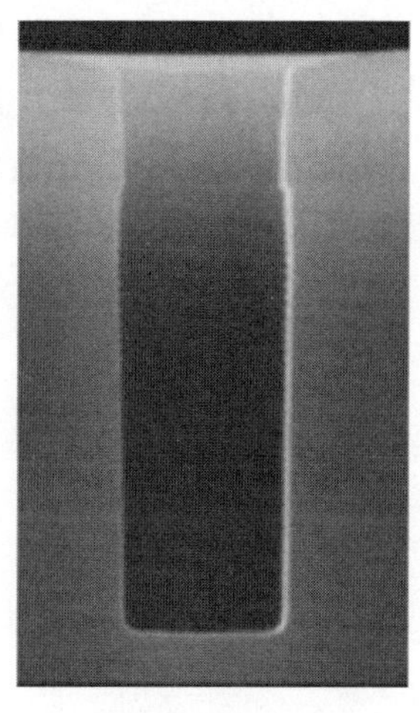
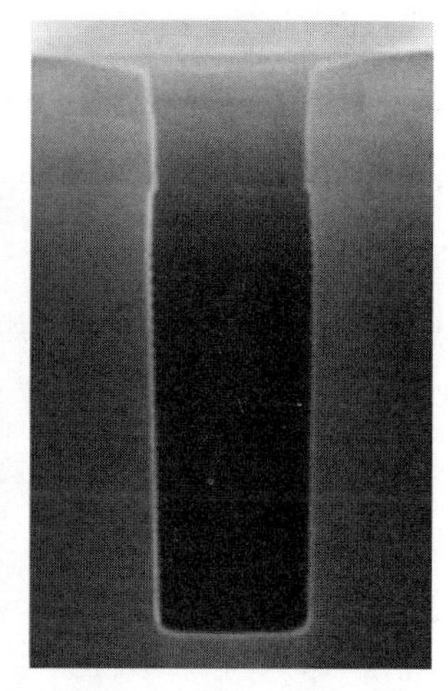

图 24－4　由芯片位置造成的 TSV 深度差异

左侧：晶圆中央，深度 8.192 μm；中间：晶圆边缘的中间，深度 8.255 μm；

右侧：晶圆边缘，深度 8.340 μm；晶圆内部深度差异 0.15 μm

24.8.3　TSVS 作为对准标记

采用先通孔技术的另外一个优点就是可以将这些通孔用作增加背面工艺的对准标记，因为在减薄后可以清晰地观察到这些通孔。在后通孔工艺流程中，需要 SOI（透过晶圆观察）或者一个合理的猜测。在任何一种情况下，工艺公差快速积聚，迫使安全空间和孔落地尺寸增加。

24.8.4 后道制程和前道制程

FaStack既可以采用后道制程工艺流程，也可以采用前道制程工艺流程。基于以下流程，创建了两种不同类型的垂直连接结构（SuperVia和SuperContact）：后道制程创造了SuperVia，前道制程创造了SuperContact。每一种技术都有其独特的优点，且都可以制作铜互连和钨互连。但是，典型的SuperVias一般采用铜，而SuperContact采用钨。这是由于在相应的工艺阶段一般要采用常用的金属。

构造一个钨的SuperVias需要额外添加一个铜层用来放置键合点；而采用铜的SuperContacts需要进行特殊保护和工艺以保证随后的钨接触。

24.8.5 SuperVia TSVs

表24-2列出了建立SuperVia TSVs技术的工艺步骤。最终的结构在图24-5进行了说明，SuperVias采用内部互连连接局部金属线。在给出的所有设计中，并不是所有的SuperVia都采用这种连接。

表24-2 SuperVia工艺流程（简化后）

SuperVia工艺流程
SuperVia掩膜版，4 μm×4 μm
ILD刻蚀（贯穿所有层的互连）
硅刻蚀，4.5 μm
ILD阻挡层的沉积（二氧化硅或混合物），厚度1 000 Å
局部金属布线连接的第二次ILD光学刻蚀
钽/氮化钽沉积，厚度250 Å
铜种子层沉积，厚度1 500 Å
铜电镀层，厚度1.5 μm
常温退火
铜层CMP

SuperVias具有不需要厂家进行任何工艺更改的优点，因为垂直互连完全采用后工艺进行。SuperVias的另一个优点是，因为孔的材料是铜，而铜可以由晶圆的衬底延伸到晶圆的最上层表面，这必然会对热传导提供帮助。然而，SuperVias也有明显的缺点。每一个SuperVia需要一个开口区域，这个区域内不能有晶体管和内部互连。这个SuperVias还必须跨过整个金属堆叠，延伸到基板内部5 μm左右，所以整个连接的长度很容易就能达到12 μm。为了保持一致的深宽比，通孔的直径需要快速增大，这就制约了内部互连的密度。

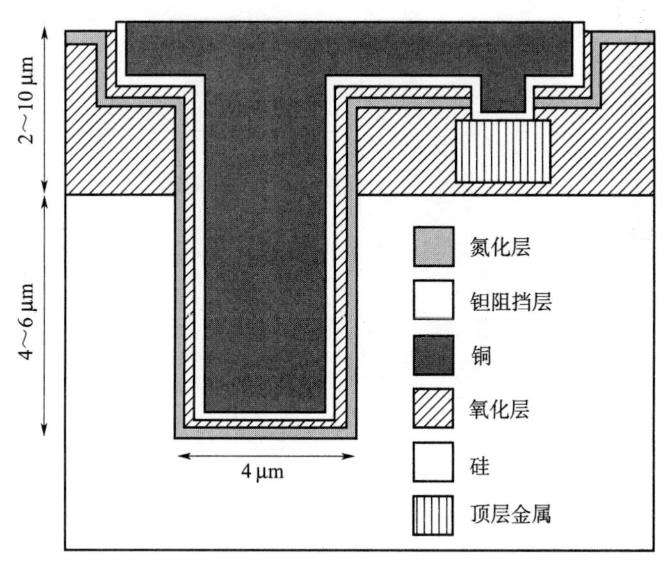

图 24-5 SuperVia 结构

24.8.6 SuperContact TSV

表 24-3 列出了制作 SuperContact TSVs 的工艺步骤。最终的结构在图 24-6 进行了说明。

表 24-3 SuperContact 的制作工艺流程（简化后）

SuperContact 的制作工艺流程
1. SuperContact 的掩膜版，1.2 μm×1.2 μm
2. ILD 刻蚀
3. 硅刻蚀，4.5 μm
4. ILD 阻挡层的沉积（二氧化硅或混合物），厚度 1 000 Å
5. 钛/氮化钛沉积，厚度 250 Å/60 Å
6. 钨沉积，厚度 0.8 μm

SuperContact 工艺有其自身的优点和缺点。SuperContact 工艺是在晶圆生产过程中建立的，所以需要晶圆厂家增加一个特殊的工艺步骤。虽然这个步骤相对比较简单，但还是带来了一些变化，需要限定性条件加以限制。将垂直互连的制作交给晶圆加工厂家制作可以明显降低工艺的复杂度以及后续叠层工艺对设备的要求。SuperVias 的另一个优点是互连通孔的直径可以大幅降低。SuperVias 的总长度一般小于 6 μm，此外，由于它是由钨制作的，可以达到一个很高的深宽比。SuperContact 总的横截面积比 SuperVia 的十分之一还要小。更小的整体结构导致了电容的大幅度减小。钨也提供了一个较小的热膨胀系数，

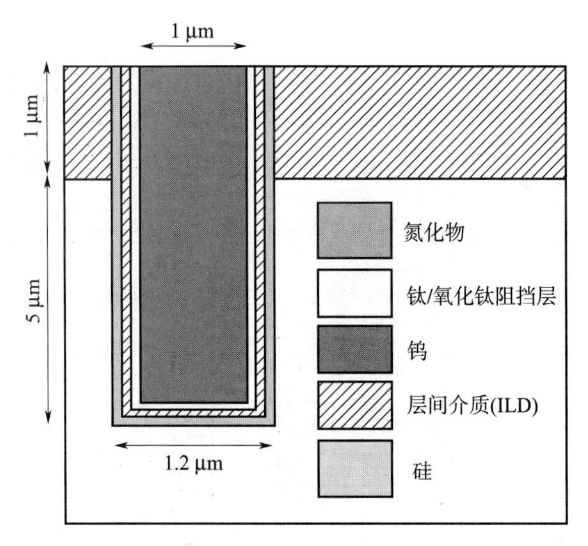

图 24－6　SuperContact 的结构

从而减少了应力，这就允许与邻近的诸如晶体管等结构之间的间距更小；另一方面，钨还带来了较低的热传导率和较高的电阻。迄今为止，Tezzaron 还没发现在热传导方面出现问题，然而，这仍需要一直注意，目前 Tezzaron 没有制作过需要采用垂直互连进行热传导的器件。钨较高的电阻对信号完全没有影响，但是对于电源分配，其需要数十到数百个通孔，这样电阻的大小就成为问题。总的来说，前道制程 SuperContact 方法大体上是首选工艺。

24.8.7　TSV 的特性和尺寸

表 24－4 列出了 Tezzaron 互连的一些突出特点。图 24－7 列出了与缓冲 D flipflop 设计相比不同键合点的相对尺寸。如 SuperVia 和 SuperContact 的 TSV 尺寸将会进一步减小。Tezzaron 预计在一年左右的时间内，SuperContact TVS 将达到纳米级别（亚微米）。在接下来的五年到十年内，通孔的直径将减小到 0.5 μm 甚至更小。

表 24－4　3D 互连的特性

	SuperVia	SuperContact	面对面键合点	芯片对晶圆键合点
尺寸/μm	1.2×1.2	1.2×1.2	1.7×1.7	10×10
最小节距/μm	6.08	<4	2.4	25
馈通电容/fF	7	2～3	≪	<25
串联电阻/Ω	<0.25	<0.35	<	<
最大互连密度/mm^2	25 000	100 000	170 000	1 600

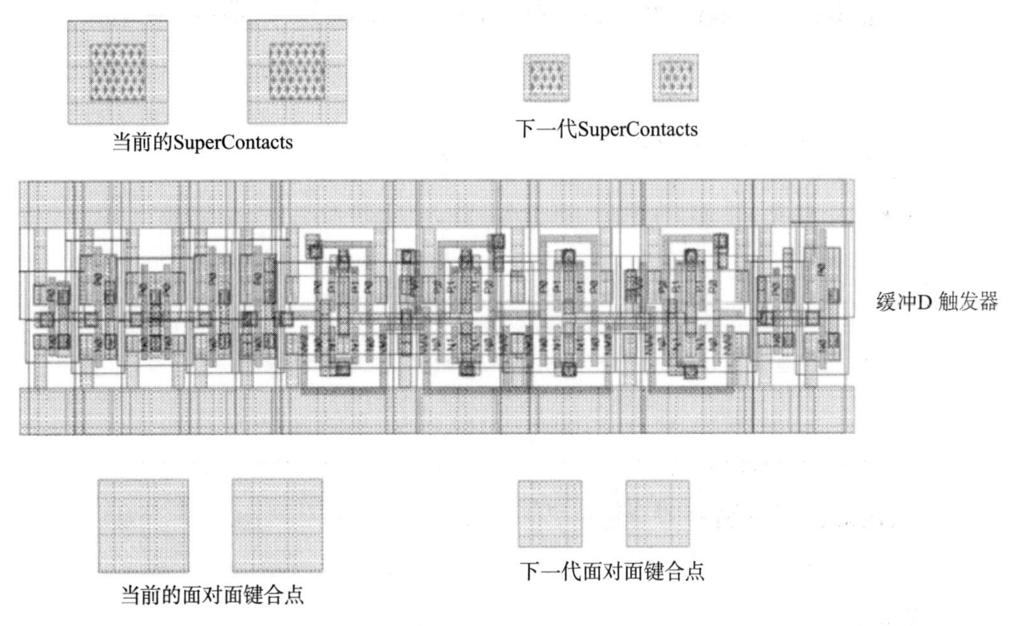

图 24－7　键合点和缓冲 D flipflop

24.9　叠层工艺流程的细节（采用 SuperContacts 工艺）

图 24－8～图 24－16 所示为 SuperContacts 的堆叠工艺。图 24－17 所示为一个可见 SuperContact 的两个晶圆叠层的横截面。一旦完成了晶圆 3D 堆叠，将可以像普通 2D 封装那样进行划片、引线键合或者倒装焊。

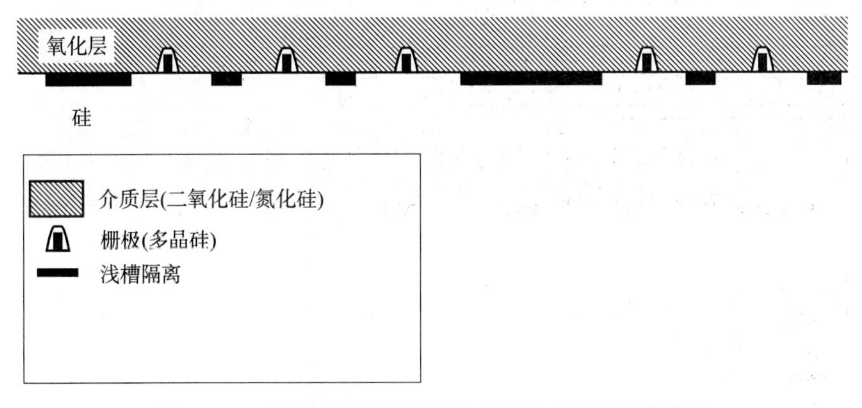

图 24－8　晶体管制作后接触金属制作前的晶圆横截面

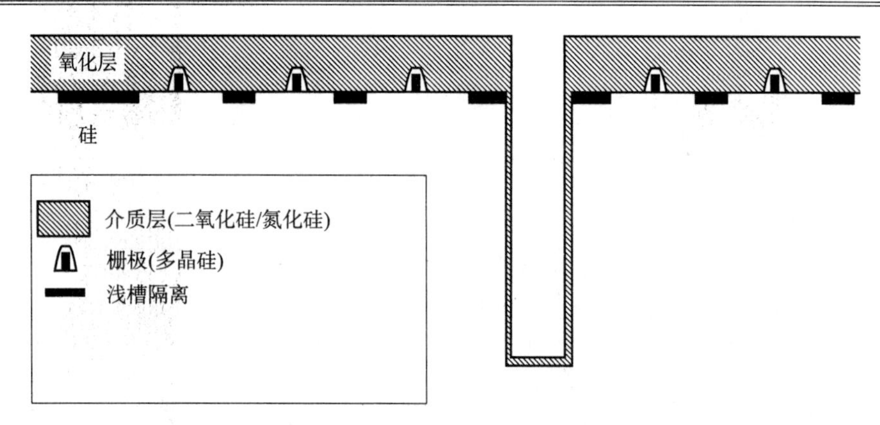

图 24-9　垂直 SuperContact 通过刻蚀穿透氧化层并进入到硅基板大约 6 μm。侧壁采用 SiO2/SiN 作为内衬

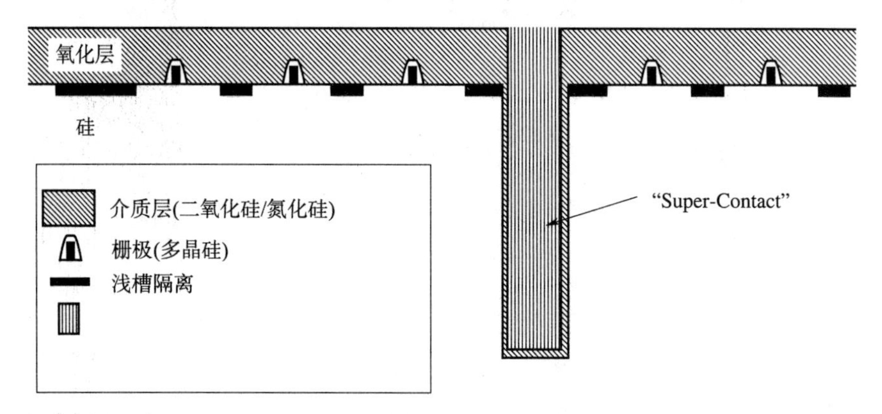

图 24-10　采用钨对 SuperContace 进行填充并采用化学机械抛光（CPM）技术完成。这在晶圆级别上完成了特殊工艺要求

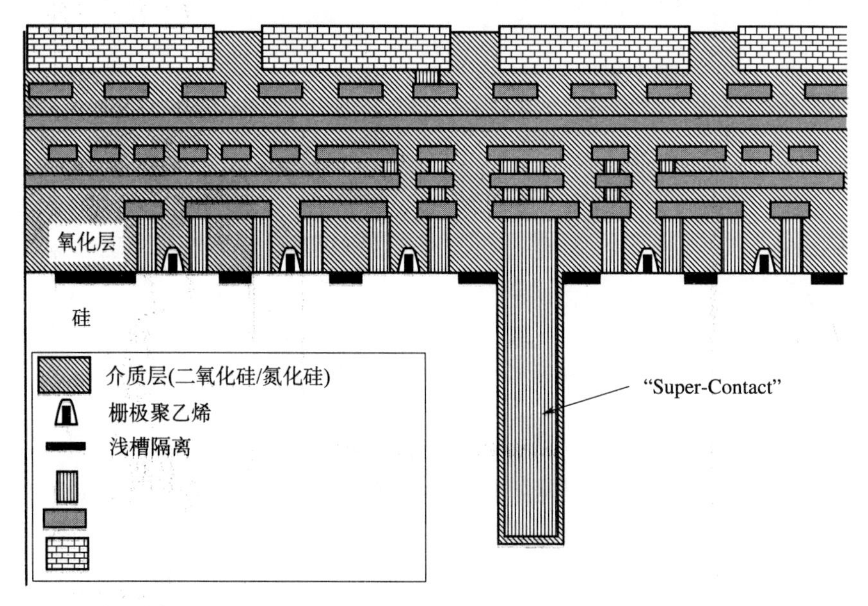

图 24-11　采用常规工艺完成晶圆制作，包括铝和铜布线层的组合体。最后一层必须是铜层

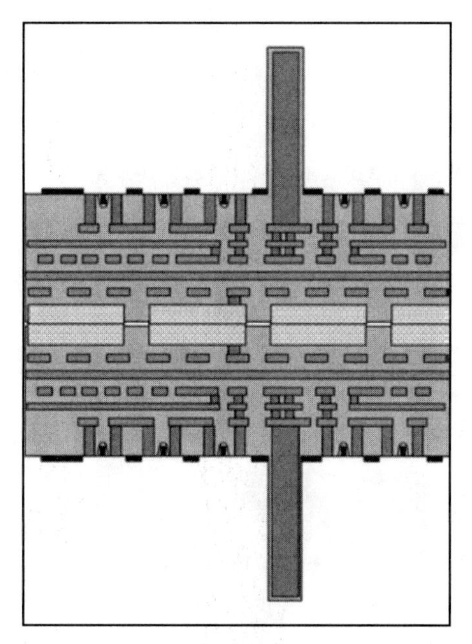

图 24 - 12　两个晶圆的氧化层经过了轻微的挖槽。
接着，进行对准并采用铜热扩散工艺在 375 ℃、40 psi 的真空环境中完成键合。
键合过程需要几分钟。在键合机里面一般为 20 min

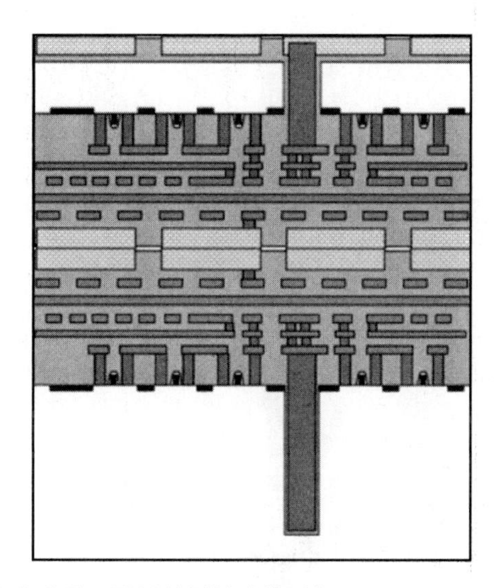

图 24 - 13　键合完成后，顶层晶圆被减薄到与 Super - Contact 的底层相一致。
这使得衬底的厚度约为 4 μm。减薄包含了磨片、CMP 以及刻蚀。
减薄后的晶圆背面覆盖有一层氧化层，接着，
一个单独的铜镶嵌工艺用来制作焊盘以便进行后续的堆叠工艺

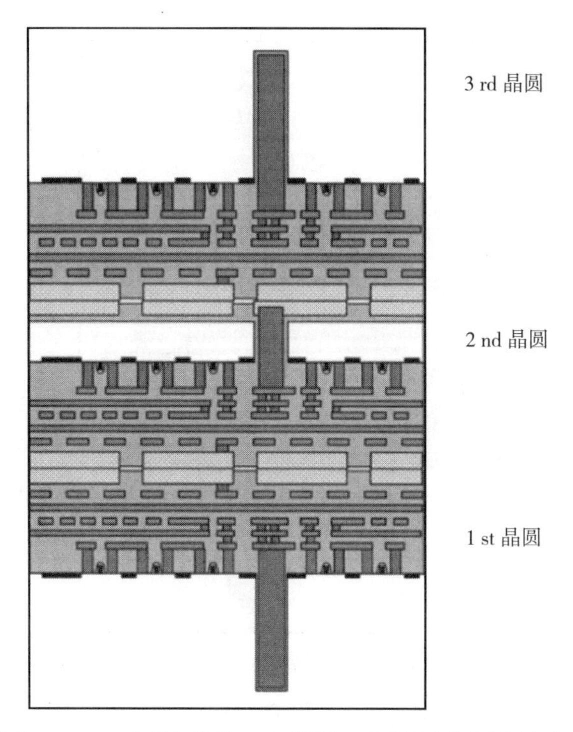

图 24-14　采用与将第二个晶圆加到叠层中相同的技术，将第三个晶圆加到叠层中

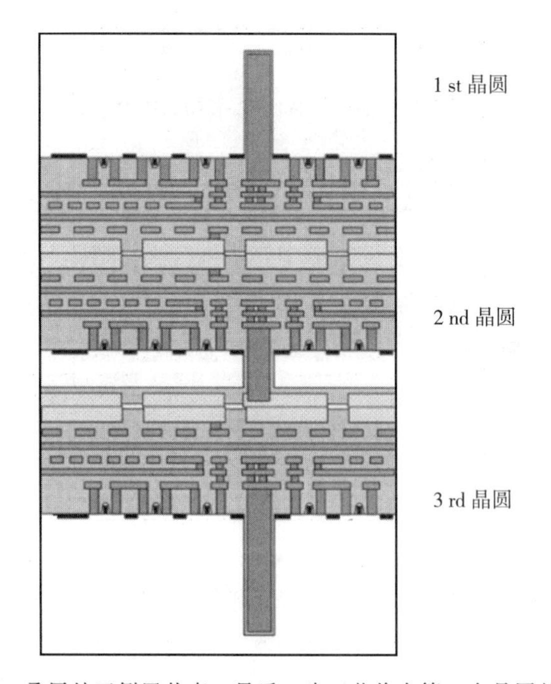

图 24-15　叠层处于倒置状态。最后一步工艺将在第一个晶圆的背面进行

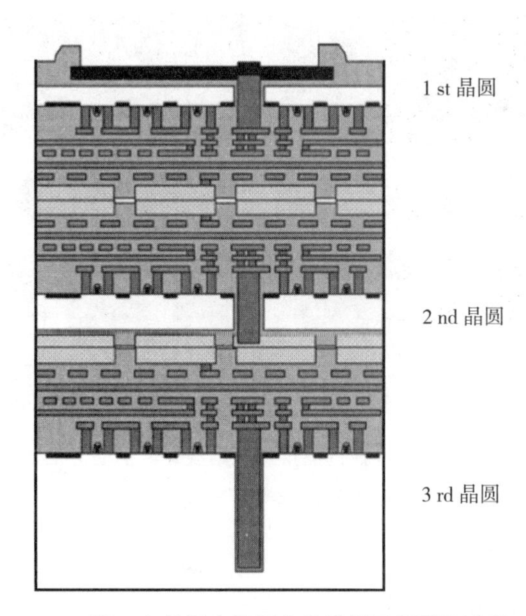

图 24-16　第一个晶圆在使用之前进行了相同的减薄工艺，
停留在钨 Super-Contact。
铝层沉积后进行常规引线键合，代替键合焊盘的铜镶嵌工艺

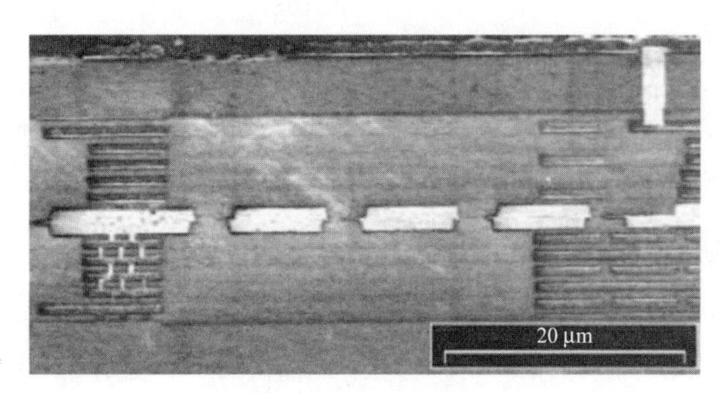

图 24-17　采用 SuperContact 完成的两层晶圆堆叠；
亮的水平线为键合点；
右上面的垂直结构为一个 SuperContact

24.10　采用 SuperVias 技术的堆叠工艺流程

采用 SuperVias 技术的堆叠工艺本质上与 SuperContact 工艺一致，除了硅通孔自身的建立过程（后道制程的铜替代前道制程的钨）。图 24-18 给出了已完成的有着五个可见 SuperVias 的完整三个晶圆叠层的截面图。这些 SuperVia 没有一个与所在区域的金属布线相连。

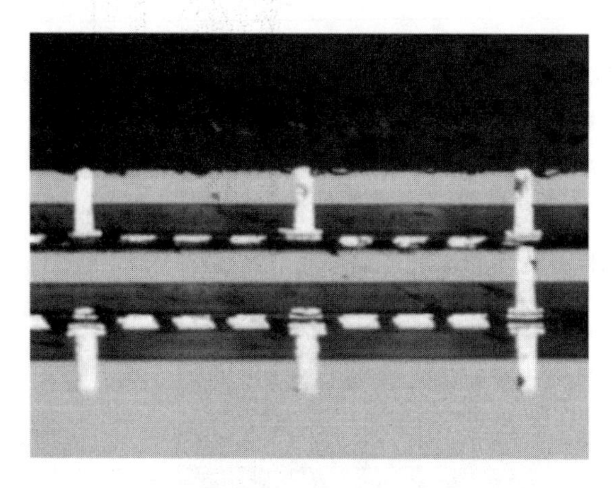

图 24 - 18 采用 SuperVia 完成的三层晶圆堆叠；两侧明亮的水平线为键合点；五个垂直结构为 SuperVia

24.11 堆叠带来的额外问题

在接下来的章节中将讲述前面一系列图片中没有提到的一些特定工艺问题。

24.11.1 平坦化

从晶圆厂家出厂的晶圆一般不具备特别平的表面。在进行任何其他工艺前都必须进行表面的预研磨，一般使晶圆表面平整度（TTV）小于 1 μm。这一步骤可以改善后续的背面减薄，从而在背面减薄后极大地提高对整体基板厚度的控制。

24.11.2 边缘研磨

当两个晶圆完成键合，由于晶圆的边缘排斥作用导致外部边缘是分开的。造成边缘排斥的最主要因素是电镀铜时的电极环。即使全部被铜覆盖，一些小的凸缘仍然会存在。完成堆叠后，当顶层晶圆被减薄后，边缘变得很薄、易碎和危险。这种减薄的边缘易于破碎和分裂，碎片的存在将给后续工艺步骤带来安全隐患。为了改善这种问题，Tezzaron 公司采用边缘研磨技术，如图 24 - 19 所示。用于斜面或形成晶圆边缘的研磨机可以使用程序化很容易地将叠层中上面的晶圆边缘去除。在叠层中的每一个连续层结构中，研磨是轻微地逐步向里推进，从而制作出“结婚蛋糕”结构。

24.11.3 对准

高精度的晶圆对准对高密度互连来说是至关重要的。最终对准的四个影响因素如下：

1）光刻机偏差：晶圆的初始图形具有 0.1 μm 左右的误差，这是由晶圆制作过程中首层图形落在晶圆上时带来误差造成的。这种误差在 200 mm 和 300 mm 的晶圆上都存在。在半导体工艺中这种误差不会关系到正常的层与层之间的对准，将其视为很小的误差。

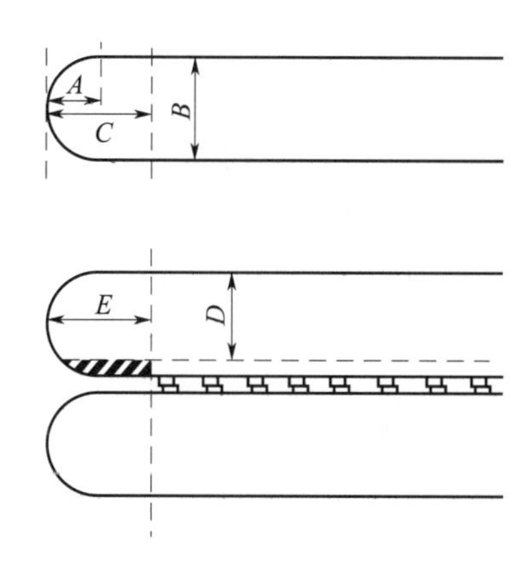

图 24 - 19　晶圆边缘：上面的图片为一个晶圆经过放大后的截面图。
圆角 A 的深度约为 300 μm。晶圆的厚度 B 为 400～1 000 μm。
到边缘处的距离 C 为 3～5 mm。下面的图片为已键合好的晶圆对的截面图。
晶圆之间的间距小于 0.1 μm。上面晶圆中的较大部分 D 将会移除，留下的部分厚度为 5～15 μm。
距离边缘的距离 E 为 3mm，将用来移除未键合边缘易碎的部分（阴影处）

2）键合前的对准：对准工艺可以采用红外穿透晶圆或者采用 EVG 精密面对面对准器。键合前的对准误差一般比较小，小于 0.35 μm。

3）在键合过程中晶圆的滑移：这是主要的误差源。许多人报告可能发生 1～2 μm 的滑移和滑移行程达到 10 μm 或更多。Tezzaron 已经做了相当大的工作去减小这个问题；对晶圆卡盘进行改进后可以将滑移行程减小到 1/10。

4）晶圆在键合过程中的温度失配：在 200 mm 的晶圆上，如果一个晶圆的温度比其他晶圆高 1 ℃，将带来 0.4 μm 的误差。更新的键合设备厂商还有很长的距离去改善晶圆键合前的热跟踪性能。

Tezzaron 在 200 mm 的晶圆上一般有 0.3 μm 的误差。当今 1 μm 是一个很好的 3σ 数据。在接下来几年，期待进行一些改进。在 300 mm 的晶圆上，也许可以达到 0.5 μm (3σ)，现在已经罗列出来了一些基本的问题。同样，在现有薄晶圆厚度的情况下，遵循前面关于互连密度的需求的论述，可能有一点促进作用，将误差值优化到 0.5 μm。图 24 - 20 所示为一组在键合点处汇合的含有两个硅通孔的已键合的晶圆的 SEM 照片。这两个 TSV 之间的误差仅有 0.3 μm。

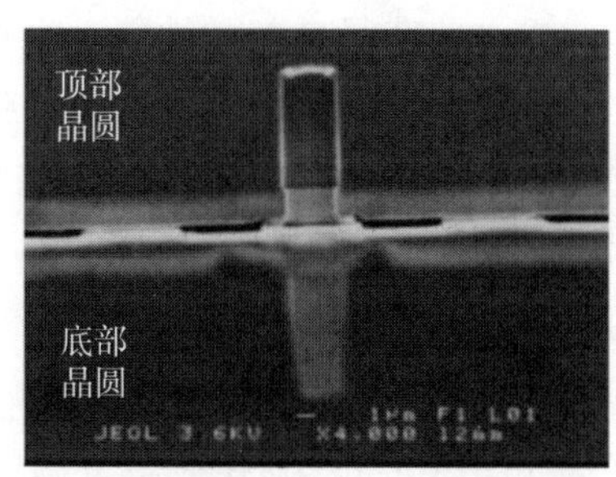

图 24 - 20　晶圆对准；采用已对准好的 SuperVia TSV 来完成两个晶圆的面对面键合

24.11.4 键合点区域

另外一个关键的考虑因素是键合点所占用的面积。Tezzaron有极其严格的规则规定键合点的种类、形状和图形。图形必须使两个晶圆表面匹配以保证键合。在任何一个键合表面的铜表面密度是十分一致的。但对于一个给定的键合好的晶圆对，其密度可能落在15%～100%之间——对于3σ为最坏的情况。很明显，100%的键合区域将意味着在整个的芯片上面只存在一个电连接，这是没有用处的。多数的应用落入35%～45%的区间。尺寸、形状、图形和键合点密度等机械方面的问题对于好的键合来说是至关重要的。表24-5列出的是Tezzaron公司键合点的典型尺寸。

表24-5 典型的键合点尺寸

节距/μm	直径/μm	间隔/μm
10.5	7.0	3.5
5.0	3.3	1.7
2.9	2.1	0.8
2.4	1.7	0.7

键合表面同时包括机械和电连接键合点。一般来说，在所有键合点中只有很小的一部分用来传递电信号。在Tezzaron公司处理器-存储器堆叠器件中，只有约1.5%的键合点起电连接作用，但在CMOS传感器器件中，约50%以上的键合点起电连接作用。分立DRAM工艺一般有6%的键合点传递信号。

24.12 工作下的3D器件

Tezzaron已经制作了多种工作测试器件，包括FPGAs、CMOS传感器、SRAM，DRAM和存储-处理混合器。这些器件证实了3D集成的良好表现。

在FPGA应用上3D互连集成和2D版图设计显示出了无间隙连接，垂直互连使这种连接逐步混合进入FPGA结构中。数百个逻辑模块中的每一个都包含了与下一层相连的12个垂直连接。

CMOS传感器是通过将光电二极管从放大电路中分离出来完成制作的。第一款3D传感器的性能表明其可以显著降低成本并获得良好的性能。当像素降到2.4 μm时，测试器件同样有着良好的成品率。在所有的测试器件中，大多数器件有100%的像素收益率，每个器件有超过25 000个垂直互连，这显示出了良好的键合完整性。像这样基于3D结构构造的CMOS传感器具有100%矩阵面积和背面照度的优点。

存储器测试器件已经证明将存储单元从剩余的电路上分离出来是可行的，这是3D集成存储器的一个非常大的好处。一个较大的担忧是3D工艺（尤其是减薄工艺）对器件漏电流的影响。传感器放大电路从存储单元上实现的物理分割同样会造成一些问题。测试器件结果表明这些担忧都是无法保证的，并且完全澄清了3D存储的概念。

对于这些测试器件，其给人印象最深刻的也许是在处理器上堆叠存储器。该器件在相同的功耗下性能可以提高 5 倍，或者说，提供相同的性能只需 1/10 的功耗。这种在存储器/CPU 规模上的改进是独特的，那么 3D 集成工艺的发展将会展现出巨大的优势。

不同种类的测试器件传递的信号频率至少为 1 GHz，尽管认为在更高的频率下仍然能正常工作。器件最大的功耗仅为 3 W。当然，相比于现在的 CPU 来说，这已经是一个非常低的功耗水平了。然而，结合这种给定的用于测试的器件的实际芯片尺寸，实际上其单位面积的功耗类似于一个 100 W 的 CPU。

图 24－21 所示为键合后的测试器件的顶部形貌。注意到这里并没有比较清晰的电路，仅仅可以看到一些键合焊盘和一些附加的探针焊盘。在该例中，顶层硅的厚度约为6 μm。在焊盘外边可以看到一层薄的长方形金属线。这是焊料环，用于连接铜键合层和顶层薄层。

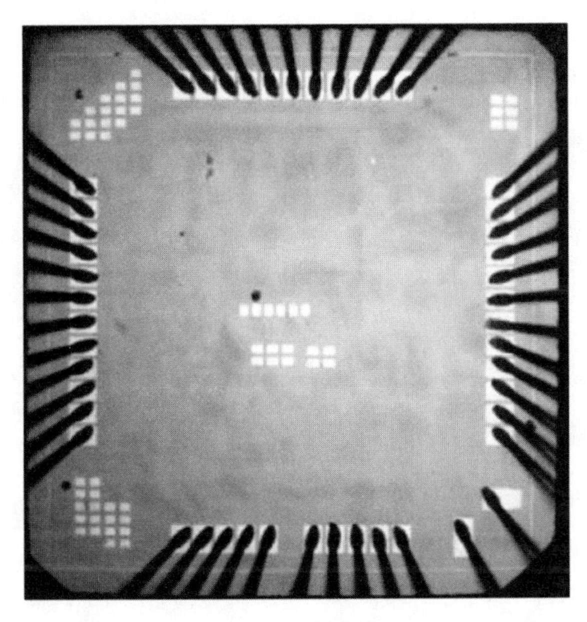

图 24－21　测试完成后的器件的顶部示意图

24.13　质量鉴定结果

质量鉴定结果的数据可以为以下这样的观点提供较大的支持，即该工艺可以扩展到更大体积的器件上，例如与存储器相关的器件。大量典型的质量鉴定测试都关注于半导体器件的电性能。但对于 3D 器件，最重要的是其对造成机械应力的因素进行测试。例如，高压对半导体寿命造成的影响与器件是 2D 还是 3D 并没有太大的关系。更确切地说，高的机械应力将最终造成器件的电学失效，在每一个商用器件上都必须进行充分的测试，但是，最显著的 3D 工艺的问题可以采用两种基本的方法进行测试：温度循环和高温储存。Tezzaron 的 180 nm 的铜-铜键合组件已经进行了完整的温度循环和高温储存测试。在完成

100 000个器件循环后（在100多个器件上超过了1 000次循环）没有失效，从而证明了键合的可靠性。Tezzaron采用JESD22－A104－B测试标准中的测试条件C（－65～150 ℃），并且采用模式4（15 min）。最高的温度造成最大的应力，并且长的浸润时间保证了最大的“creep”。该测试器件同样在150 ℃下进行了504 h。该测试应该经历一个与失效相关的应力释放。对于Tezzaron目前已经完成的四种测试，没有发生任何失效。一些附加的测试及其测试结果将在下列章节中进行介绍。

24.13.1 键合晶圆共面测试

在背面减薄和CMP过程中，晶圆叠层需要经历剪切力。测试表明使得晶圆分离所需的力要大于30 kt。这几乎比所要求的大一个数量级。最常见的失效模式是铜键合点从下面的玻璃中剥离出来。现在还没有发现在键合好的晶圆上发生铜-铜键合失效的记录。

24.13.2 分层：大功率造成的（自身造成）

现有一个重要的问题是一些热点（hot spot），例如在CPU元件上的，是否会由于其造成高的热失配而导致器件的分层。然而，超频将会很容易造成休眠；在热点测试中，器件并没有失效。芯片上面积约1 mm^2 的大电阻，可以产生一个10 $W \cdot mm^{-1}$的热点，其接近于一个实际的零功耗电路特征，用来在一个非常小的区域创造一个非常高的温差。器件确实会因为芯片上高的温度而停止正常工作。但是，当热源消失、温度恢复到常温时，器件又可以恢复到正常工作状态。该项测试在几个器件中进行了重复，其中一些器件经历了100次以上的循环。没有发现任何失效，除了电阻烧毁以外没有发现失效。

24.13.3 晶体管性能的漂移

Tezzaron对用于堆叠工艺的130 nm的器件进行了测试。该测试结果表明晶体管的性能并没有发生显著的变化，正如表24－6～表24－11所总结的。

对DRAM的性能进行了另一个测试。这是一个测试存储单元在一个薄层和一个标准减薄层的两层叠层器件。DRAM对漏电流尤其敏感，常规的DRAM单元的漏电流是毫微微安量级的。测试结果表明减薄和没有减薄的单元之间的漏电流和性能并没有较大区别。对于漏电流和存储时间，两个单元都进行了详细的说明。

表24－6 工艺效果——阈值电压

阈值电压/V						
	n型金属氧化物半导体			p型金属氧化物半导体		
宽度/长度/μm	20/20	20/0.3	20/0.13	20/20	20/0.3	20/0.13
前工艺均值	0.395	0.485	0.479	－0.055	－0.399	－0.398
后工艺均值	0.393	0.484	0.465	－0.357	－0.396	－0.404

表 24 - 7　工艺效果——击穿电压

击穿电压/V						
	n 型金属氧化物半导体			p 型金属氧化物半导体		
宽度/长度/μm	20/20	20/0.3	20/0.13	20/20	20/0.3	20/0.13
前工艺均值	3.380	3.220	3.220	4.100	4.000	2.780
后工艺均值	3.377	3.230	3.217	4.147	3.970	3.113

表 24 - 8　工艺效果——亚阈值斜率

亚阈值斜率/mV · dec^{-1}						
	n 型金属氧化物半导体			p 型金属氧化物半导体		
宽度/长度/μm	20/20	20/0.3	20/0.13	20/20	20/0.3	20/0.13
前工艺均值	75.840	76.820	79.380	−73.040	−76.960	−89.460
后工艺均值	74.367	76.100	78.567	−74.733	−76.833	−88.600

表 24 - 9　工艺效果——饱和电流

饱和电流/μA						
	n 型金属氧化物半导体			p 型金属氧化物半导体		
宽度/长度/μm	20/20	20/0.3	20/0.13	20/20	20/0.3	20/0.13
前工艺均值	122.520	5 152.000	9 696.000	26.940	2 061.800	5 986.200
后工艺均值	121.500	5 094.333	9 840.333	26.897	1 997.333	4 473.000

表 24 - 10　工艺效果——漏电流

漏电流/pA						
	n 型金属氧化物半导体			p 型金属氧化物半导体		
宽度/长度/μm	20/20	20/0.3	20/0.13	20/20	20/0.3	20/0.13
前工艺均值	151.820	638.900	3655.000	136.460	1285.120	2820.5000
后工艺均值	140.433	433.667	3237.667	211.333	910.333	1216.8000

表 24 - 11　工艺效果——栅极漏电流

栅极漏电流/nA						
	n 型金属氧化物半导体			p 型金属氧化物半导体		
宽度/长度/μm	20/20	20/0.3	20/0.13	20/20	20/0.3	20/0.13
前工艺均值	1.200	1.172	1.190	0.909	0.883	0.886
后工艺均值	1.250	1.287	1.300	1.018	1.011	0.767

24.13.4　寿命测试

寿命测试已经在一些器件上持续进行了。这些器件在正常工作电压和室温下运行。在经过 10 000 h 后，与刚开始测试的性能相比并没有发生变化。

24.13.5　高的加速应力测试（HAST）

在出厂之前的另外一个必须进行的测试是高的加速应力测试（HAST，Highly Accelerated Stress Testing）。高的加速应力测试验证了用来保护内部垂直铜连接的封口环的最终完整性。Tezzaron 直到现在都没有进行高的加速应力测试，因为所有的测试器件都采用陶瓷封装，从而去掉了没用的高的加速应力测试。Tezzaron 的商用元器件都将采用标准的塑料封装，并且要在所有的此类器件上进行高的加速应力测试。

24.14　FaStack 总结

Tezzaron 的铜-铜键合用于 C2W 和 W2W 键合上。采用前道制程或者后道制程工艺中的先通孔工艺流程来完成 TSV 的制作。采用铜制作的 SuperVias 在后道制程工艺流程中完成，并且可以在晶圆制作完成后进行。而一般由钨制作的 SuperContact 则在晶圆制作前期的前道制程中完成。SuperContact 的尺寸要比 SuperVias 小得多，并且不会像 SuperVias 那样对金属路径造成妨碍。

铜键合是在 375 ℃、40 psi 中经过几分钟形成的。该键合可以承受 30 kt 的剪切。采用 1 $\mu m 3\sigma$ 的对准可以将晶圆的对准精度控制在 0.3 μm 以内。对准误差在层与层之间产生并且不会在堆叠中累积。垂直互连有着较高的成品率并且失效率小于 0.1 ppm。堆叠工艺是采用标准设备完成的。堆叠后，晶圆被减薄到约 3 μm 的基板厚度。通过采用当地的制作材料和工艺流程以及同时制作电学连接和机械连接来降低成本。减薄前键合工艺并不需要专门的晶圆传送和承载晶圆。

所有的工艺步骤和整个的工艺流程已经由三层晶圆堆叠所验证。四层晶圆堆叠已经完成，五层晶圆堆叠在不久的将来就会实现。对于最终的堆叠晶圆的数量并没有特殊限制。

由于 3D 集成可以不再依靠单纯地缩小特征尺寸来降低成本、提高性能，因此，在接下来的几年内 3D 集成将会变成主流工艺。在 2007 年 3D - SIC 会议上，一位参与者展现了 100 多张不同的 TSV 照片。这表明对于未来的 3D IC 此会议也是一个高水平的会议，因为在规模的扩大上做出的努力很少成为科学发展的动力。铜-铜键合仅仅是很多实体正在追求的几种方式中的一种。其也许是实现各种真实有用、具有功能的器件的第一种键合方式，但最终可能会有适合于不同应用需求而发展起来的几种赢得竞争的工艺和技术。正如 2D 工艺，对于任何 3D 工艺，成功在很大程度上依赖于开发这种技术的设计者的努力。

24.15　缩写和定义

FEOL - Front End Of Line：any process performed before the metal interconnect is laid down

前道制程——生产线的前端流程：在金属互连完成前的任何工艺

BEOL - Back End Of Line：any process performed during the creation of metal interconnect

后道制程——生产线的后端流程：在金属互连制作过程中的任何工艺

Bondpoint - a physical connection，mechanical and/or electrical，between two layers of a 3D - IC

键合点——物理连接，3D - IC 层之间的机械或电学连接

TSV - Through - Silicon Via：a vertical interconnect piercing the body of a die in a 3D - IC

硅通孔：在一个 3D - IC 中贯穿整个芯片的垂直互连

NanoTSV - any TSV measuring less than a μm in diameter

纳米硅通孔——测量尺寸上小于 1 μm 的 TSV

Via First - building through - silicon vias into the wafer before bonding

先通孔——键合前在晶圆上制作硅通孔

Via Last - creating through - silicon vias after wafers have been bonded

后通孔——在晶圆键合后制作的硅通孔

Wafer Scale - any process performed across an entire wafer（not one die at a time）

晶圆尺度——横跨整个晶圆的任何工艺（一次并不是一个芯片）

FaStack—Tezzaron 的 3D 堆叠工艺

SuperVia—Tezzaron 的 BEOL TSV

SuperContact—Tezzaron 的 FEOL TSV

第 25 章　Ziptronix 公司 3D 集成

Paul Enquist

25.1　引言

为了满足当今无线和手持等主流消费的市场需求，半导体产品除了在传统的成本和性能方面不断提升之外，其需求量也被日益推动。由多层堆叠、内部互连组成的 3D 集成系统将传统的 CMOS 电路集成在一起，成为满足超出单层 CMOS 工艺能力的有效解决方案。3D 集成方案进一步降低了半导体产品的成本，并提高了产品的功能和性能，即通常所谓的“摩尔定律”[1]。

3D 互连技术基本上可以分为三个分立的技术因素：集成电路（ICs）的叠层键合、单个集成电路（ICs）的电气连接和最小化体积、促进电气互连的减薄工艺。每种技术因素都有几种技术方法可以选择，这造成了 3D 市场大量工艺技术组合的竞争优势。

为了在提高性能和满足功能需求的基础上尽可能降低成本，3D 互连的三种分立技术因素迅猛发展。早期的 3D 互连包括黏结剂键合堆叠技术、背面研磨减薄技术和电气连接引线键合技术[2]。这三种技术成本低，能够满足薄型芯片堆叠工艺的技术需求，是最早采用的 3D 集成互连技术。多种集成电路堆叠技术的组合已经被成功应用，包括商用存储器的多层堆叠、微处理器上的商用存储器堆叠、无线器件和手持器件的数字和模拟 ICs 堆叠[2]。

为了满足不断提高产品性能、降低结构因素和成本的需求，将晶圆凸点制备技术应用于 3D 集成，例如倒装焊工艺和球栅阵列封装工艺（BGA），都采用堆叠和多层芯片内部互连技术[3]。对于多数产品的 3D 集成技术，凸点带宽能力的增加伴随着附加成本的增加，这限制了引线键合技术在 3D 互连技术中的应用和市场占有量。这种成本溢价通过供应链管理的改进得到了补偿，即通常所谓的封装体到封装体（PoP）堆叠技术[4]，这里的 3D 堆叠是通过焊接方式组装的，很大程度降低了 3D 堆叠封装部位产生内部缺陷的风险，否则这种内部缺陷可能损害 3D 堆叠中的其他部位。

简单地用凸点代替引线键合并不能充分满足两层以上集成电路堆叠的 3D 封装或一层以上 3D 堆叠的再互连封装的应用需求。这种应用需要通过 3D 通孔在 3D 堆叠的集成电路之间形成电气互连，通孔技术包括硅刻蚀工艺成孔，孔通过半导体晶体管层进入或穿过硅衬底，然后采用绝缘金属化工艺通过通孔形成电气互连，并不会与晶体管层或硅衬底发生短路。这种 3D 通孔就是通常所谓的硅通孔技术（TSVs）[5]，如果通孔不仅仅穿透了硅片衬底，而且还穿过了 CMOS 后道制程多层互连堆叠金属和层间绝缘膜，也被叫做芯片通孔技术（TDVs）[6]。根据 3D 工艺流程中通孔刻蚀和填充的时间不同，通孔技术可以分为很多种类型。例如，TSV 和 TDV 技术可以适用于整个 CMOS 晶圆制造工艺流程，以及

CMOS 制造工艺后，但不适用于 3D 堆叠前或堆叠后。早期在 CMOS 工艺后制造 3D 通孔倾向于通过采用较低屏障组合的方法在 CMOS 外部而非内部实现 3D 通孔技术，这种应用不需要 3D 堆叠内部具有高密度和大数量的 3D 电气互连，这使得 3D 通孔附近的硅片体积冗余量更大。

早期 3D 集成技术的成功应用也归功于 3D 互连间距和叠层中个别集成电路层厚度等特征尺寸相对较大。这些 3D 集成技术的快速发展和应用表明 3D 技术采用与传统封装和组装技术相当的特征尺寸在基础成本、形状因素和性能等方面具有显著的优势。3D 集成的另一个优势是特征尺寸的缩放规模可媲美于传统 CMOS 后道制程（BEOL）集成技术。

氧化直接键合工艺是一种 3D 集成工艺，该工艺是传统 2D 芯片制造厂家后道制程中包含的常用工艺步骤单元。此外，氧化直接键合形成的 3D 集成结构是与晶圆级后道制程和后端制造工艺相协调的，包括孔刻蚀、孔金属化填充、氧化层沉积、背面研磨和化学机械抛光等。这些特征要求使得 3D 集成电路制造工艺的互连间距和厚度更接近典型传统 2D CMOS 电路的集成，而不是 CMOS 集成电路的组装和封装。

本章开始对直接氧化键合的基本原理进行了阐述，重点讲述一种适用于 3D 集成制造技术的低温键合工艺，其在前期低温键合条件下由于空洞的形成而产生应变，表现出较高的键合能，并在随后的后道制程和后端制造工艺中发生强化。随后介绍了这种通过直接氧化键合在键合界面实现电气互连的方式在键合工艺中的应用，讨论了其应用于 3D 集成的优势和应用，也总结了 3D 集成工艺的成本和在产业链中的关系。

25.2　直接键合

直接键合是一种将两个晶圆放置到一起，使表面接触，随后在两个表面间发生原子键合的键合技术[7-11]。两个表面放置接触之前需要制备一个原子量级的光滑表面，粗糙度一般小于 0.5 nm RMS。根据经验，在两个表面经放置接触后需要进行高温退火，将不牢固的临时范德华力原子键合转变成更牢固的永久共价键键合。式（25-1）给出了亲水硅表面进行直接键合的例子，不牢固的氢氧化键合转变成共价氧化物键合

$$\mathrm{Si-OH+Si-OH=Si-O-Si+H_2O} \tag{25-1}$$

这个反应的副作用是会在键合接触面形成空洞。碳氢化合物会成为副产物出现在键合接触面，作为形核位置从而加剧空洞的形成。

直接键合技术与其他键合技术的差异表现在，两个键合接触面之间在不引入黏结剂、焊料、合金或金属等焊剂的条件下，可以达到非常高的键合黏结强度，而焊剂的引入需要通过电压、温度、压力及超声等加工方式实现回流、融化和熔合等过程。直接键合有时被归于熔合键合[8]，但这是不恰当的，因为熔合键合是需要通过加热的方式融化界面以实现提高键合强度的目的。

直接键合的一个基本优势是在完成初始键合后适当升高温度可以提高键合强度，而对于许多其他需要通过提高温度形成初始键合的键合技术，需要键合温度限制在标准键合温

度附近的一定范围内，以防止键合强度的下降（例如：黏结剂、焊料及一些其他类型的一些金属和合金键合）。直接键合的这个特征在一些应用中是很有意义的，例如在制造SOI晶圆键合时常规的标准键合温度需要高于1 000 ℃。

25.2.1 晶圆氧化直接键合

晶圆氧化直接键合是直接键合的一种，是在晶圆表面形成氧化层，一般是氧化硅，用作直接键合的键合接触面。这个氧化层可以通过等离子体增强化学气相沉积技术（PECVD）、四乙基硅酸盐化学气相沉积（TEOS）、高密度等离子体（HDP）或物理气相沉积技术在硅基底上热氧化硅或沉积氧化层的方法生成。

氧化层沉积的一个优点是可以广泛地应用于多种晶圆，特别是CMOS集成电路晶圆，其在后道制程CMOS电路的制作过程中经常被采用。另外，还可以在表面不平整的CMOS集成电路晶圆表面沉积氧化层，以形成直接键合所需要的表面平整度和平滑度。这种平整度和粗糙度也能满足化学机械抛光工艺的需求，化学机械抛光工艺也是后道制程CMOS集成电路生产过程中的常用工艺。所以，氧化层沉积和化学机械抛光工艺过程可用于3D集成中CMOS集成电路晶圆的直接氧化键合。

氧化层直接键合可以应用在三种基本结构的CMOS集成电路的3D集成：面对面键合（F2F）、面对背键合（F2B）和背对背（B2B），这里的面指CMOS表面，背指硅基底表面。氧化物沉积和化学机械抛光平坦化可以在这三种结构的所有键合表面使用。如果在F2B和B2B结构中其中之一的键合面是硅表面且有适合键合的表面粗糙度，则只需在另一个面上进行抛光工艺即可。

25.2.2 低温晶圆氧化直接键合

低温晶圆氧化直接键合是晶圆氧化直接键合的一种，这种工艺可以在低温或室温下实现高强度的键合。在低温下实现高强度键合的能力对于键合热膨胀系数相差较大的材料或具有温度限制结构的材料用于不同种类基底封装是非常重要的，如CMOS集成电路或微电子机械系统器件和3D CMOS集成电路的封装。

25.2.2.1 3D集成键合强度需求

3D集成工艺的键合强度需求由3D集成工艺、3D器件封装、3D器件运行和可靠性共同决定。

3D CMOS集成电路制作 采用CMOS器件集成的3D CMOS集成电路的制作工艺包括三个分立技术元素：通过键合工艺实现芯片堆叠，在分立芯片间实现电气互连，降低晶圆垂直尺寸及促进电气互连的减薄工艺。氧化直接键合的绝缘特性允许电容[13]和耦合电感[14]的存在，使得在键合后不进行进一步加工的情况下在叠层芯片间形成3D交流电气互连。然而，通常会在键合后通过孔刻蚀和填充工艺实现叠层芯片间的3D交流或直流互连。

3D集成中孔刻蚀和填充工艺的互连节距受到孔深宽比的限制。最小化叠层中顶层集成电路的厚度，有利于减小键合芯片孔的尺寸、3D互连节距和3D互连排斥体积。在3D

堆叠中对晶圆进行减薄具有实际意义，因为对于典型的 CMOS 集成电路晶圆 95%厚度的硅衬底并不是器件功能所需，而仅仅是用作晶圆操作。集成电路可以在键合前进行减薄，但采用键合后的减薄工艺通常可以获得更薄的 3D 集成电路层，同时避免了在直接氧化键合工艺中传送薄芯片或晶圆。在直接氧化键合前在集成电路晶圆上键合一个临时承载晶圆用于腐蚀减薄集成电路晶圆，这个临时承载晶圆在键合发生后被去除[5,12,15,16]。然而，额外添加和去除承载晶圆的步骤会降低成品率，增加 3D 集成工艺的成本。

3D 氧化直接键合必须具有足够强度以满足后续减薄和孔刻蚀/填充工艺步骤的需求，此外，氧化键合强度必须在叠层芯片的热允许范围内实现。热允许范围由键合前 CMOS 芯片的制造和测试工艺决定，例如大部分 CMOS 芯片工艺相应的热允许范围为 350～400 ℃，但是未来一代 CMOS 集成电路生产过程可能需要更低的温度范围。另外，为了保持数据稳定性，2D CMOS 集成电路测试后的 3D CMOS 集成电路测试温度可能被限制在 200 ℃。

键合后减薄　CMOS 集成电路晶圆键合后的减薄一般包括背面研磨、化学机械抛光和刻蚀三个工艺过程。对于硅绝缘体（SOI）CMOS 集成电路晶圆，可以对具有高选择性的氧化埋层（BOX）采用湿法和干法刻蚀技术简化减薄工艺。集成电路晶圆可以被减薄到 2～20 μm，减薄厚度取决于后道制程叠层互连工艺的层数和晶体管本身运行对硅片厚度的要求。在 CMOS 集成电路晶圆减薄过程中需要较高的、稳定的键合强度以避免减薄后晶圆内残余应力导致的分层问题。

在某些情况还需要对晶圆中的芯片进行减薄，例如为了提高成品率而进行 KGD 键合时或者进行不同尺寸芯片堆叠时。因为减薄时的芯片上会产生大于晶圆减薄的额外作用力，所以芯片减薄对键合强度的要求更高。例如，当采用纵向进给背面磨片设备进行芯片减薄时，晶圆上键合的所有独立芯片都会发生边缘破损，而对晶圆对进行磨片时只有晶圆边缘会发生边缘破损。

孔刻蚀/填充　孔刻蚀和填充工艺在氧化层直接键合和减薄后进行，需要刻蚀一个通孔贯穿上键合层、减薄后的功能芯片层以及用作平坦化键合晶圆（包括直接氧化接触面在内）的氧化硅层和集成电路中下层键合暴露出来用作孔填充和互连在内的金属化。直接氧化键合需要足够高的强度以避免在键合接触面发生侧面腐蚀，这将使的孔填充复杂化，器件功能也会受到威胁。

氧化直接键合的一个优点是其可以兼容后道制程工艺孔刻蚀和填充技术。这种兼容性归因于后道制程工艺中氧化硅的使用，或者其他与氧化硅具有相同孔刻蚀和填充特性的内部金属绝缘体。

封装　3D 集成电路封装的需求与 2D 集成电路相似，有多种多样的应用。一个显著的区别是 3D 集成晶圆上 3D 芯片的分离或划片工艺。划片时键合接触面会产生很大的应力，如果键合强度不够高的话，会造成晶圆的分层。当划片通过键合接触面，靠近表面处晶圆分层将加剧，例如完成键合后减薄晶圆，或者当划片道上有相当数量的金属化区域时。典型的 3D 集成晶圆上的芯片到晶圆键合不会直接键合到划片道上，所以没有这种划片要求。

直接氧化键合技术的一个优点是在键合接触面没有会对划片刀产生负载、影响切口、降低生产能力和造成刀片磨损的金属或外来材料。因为CMOS集成电路热预算中的封装温度适宜，所以不需要其他任何额外温度。

3D器件的运行和可靠性。3D集成电路与2D集成电路的运行和可靠性需求是一致的。3D集成工艺必须满足包括温度循环、温度存储和机械测试在内的可靠性需求。尽管这些实验的极限温度远低于CMOS后道制程或者器件封装温度，但温度循环的重复进行、温度和湿度的相互作用以及其他环境条件都将对氧化直接键合强度提出更高的需求。

密封性检测是环境检测标准的一项。氧化直接键合技术的一个优点是其使得3D集成电路的气密性能力可以与2D集成电路的相媲美，因为其采用了2D CMOS制造工艺中常用的氧化硅技术。

25.2.2.2　3D集成键合工艺的空洞要求

键合2D集成电路的3D集成工艺需要避免在键合接触面产生空洞，空洞将危害后续3D集成电路的制造工艺。采用直接键合工艺产生的空洞通常分为两种，第一种空洞是在初始两个键合表面放在一起时产生的，第二种是在键合表面已经被放置在一起后产生的，一般是对键合表面加热造成的。

在初始放置过程中产生的键合空洞　放置空洞是在两个晶圆表面放置过程中，在直接键合表面产生的。放置空洞的形成是由力学原因和2D芯片表面性质造成的。例如，2D芯片一般由具有150 GPa杨氏模量的硅构成，其表面平整度存在一定翘曲。如果这两种晶圆被任意地放置在一起，其首先被相互作用力固定并在特定区域发生接触，而杨氏模量和芯片的厚度对接触起到抑制作用。直接键合会从几个键合点蔓延至晶圆的整个面，如果晶圆表面在真空中进行键合，由于两个晶圆初始键合点之间的距离不同而阻碍两个晶圆表面的紧密接触，导致产生了空洞。如果晶圆表面在空气或其他周围环境中键合，空洞仍会由于许多键合缺陷在表面能作用下相互聚集而形成。

空洞的产生可以通过调整晶圆表面性质和将两个晶圆固定在一起的方法来避免。例如，如果晶圆表面的弓形结构超过了表面翘曲，并由直接键合面向外延伸，则初始的接触面会优先发生在一点，然后从这一点发散传播到整个晶圆表面，同时两个晶圆中间的气体环境被替换，这就避免了空洞的产生。

在初始放置后产生的空洞　在没有放置空洞的情况下，空洞也会在两个放置好的直接键合晶圆的表面之间产生。这些空洞会由于化学反应的副产物在键合表面形成，对键合表面起到破坏作用。键合接触面发生化学反应所需的活化能是由其被放置在一起前的最后表面状态决定。具有高活化能的化学反应需要较高的温度去形成空洞副产物。这种副产物空洞主要由键合表面的最终化学状态和键合接触面对副产物的吸引能力决定。

例如，式25-1中描述的表面最终状态是优选的直接键合表面最终状态。这种最终化学状态是一个表面含有氢氧化物的硅表面，如键合接触面的氢氧化物未被去除，在温度升高时就会生成水，则会形成副产物空洞。

25.2.2.3　3D 集成键合形成需求

3D 集成工艺需要堆叠 2D 晶圆或芯片。晶圆堆叠的优点是一次键合完成整个晶圆，而且比较容易保持键合后的晶圆表面平整度。芯片堆叠的优点是可以适应不同尺寸芯片、不同尺寸晶圆和采用已知好芯片（KGD）提高成品率[17]。芯片或晶圆键合的选择主要取决于应用需求。一般来说，成品率较高的、尺寸相同的芯片一般采用晶圆键合工艺，而成品率低的或者尺寸不一致的芯片一般采用芯片键合技术。可适应任何一种芯片或晶圆的 3D 互连技术将得到更广泛的应用。

25.2.2.4　低温氧化直接键合工艺

氧化直接键合技术作为一种基本的 3D 互连技术，要求其在低温下得到较高的键合强度，避免在键合接触面产生空洞，还要同时具备键合晶圆和芯片的能力。通过综合考虑可通过促进低温下共价化学键形成的机械、化学和结构参数等因素实现上述需求[18-20]。这项技术的四个关键组成元素是机械表面处理技术、化学表面处理技术、键合表面对准和放置以及后放置（post - placement）键合强度的增加。

低温直接氧化键合机械处理　用作氧化直接键合晶圆的机械要求保证晶圆厚度、弯曲度、翘曲度和晶圆表面粗糙度都在可接受范围内。这个限制范围是由晶圆的杨氏模量决定，有利于通过直接键合的引力使晶圆更好地进行紧密接触。对硅片来说，可以通过由直接氧化键合的引力容易地对不太标准的晶圆厚度、弯曲度和翘曲度进行调节。

相对于表面平整性较好的硅基底面，采用直接氧化键合工艺对表面平整性较差的 2D CMOS 芯片进行堆叠时的工艺过程更复杂。表面平整性较差是由 CMOS 晶圆制造步骤造成的，例如由于测试和封装造成的键合点钝化层被刺穿。集成电路表面平整性各有不同，这取决于 CMOS 晶圆的制造工艺种类。例如，采用铝基后道制程工艺制作的 CMOS 集成电路比采用铜基制作的要平，而且金属化后进行化学机械抛光处理可以改善表面平整度。

晶圆表面不平整需要进行平坦化处理以满足直接键合整个晶圆的表面状态要求，可以通过硅氧化沉积和化学机械抛光相结合的方法实现表面平坦化处理，这些技术是已在 CMOS 后道制程工艺中被采用。这种化学机械抛光技术还可以将传统化学机械抛光工艺后的表面粗糙度由1 nm修复到小于 0.5 nm。

低温直接氧化键合化学处理　制备低温直接键合的化学性质包括晶圆表面的活化和终止。活化和终止既可以在一个步骤里完成，也可以分开完成。活化工艺包括破坏表面键合促进表面反应生成指定化学产物。并在直接键合开始后去除化学副产物。这步工艺可以通过等离子或活化离子刻蚀技术在不改变表面粗糙度的情况下去除二氧化硅表面单分子层，例如氧离子、氩离子或者氮离子。活化工艺还可以对机械处理后的有机残留或其他污染物进行清洁。表面污染的去除使化学副产品扩散并离开键合表面，避免了化学副产品的积聚现象和键合接触面空洞的产生，详情如下。

在活化过程中或完成后，表面达到所需的化学形态时被终止。化学性质在低温下更容易发生反应，生成的副产物可以通过扩散从键合接触面去除。两个终止的示例如下所示。

例如，式（25－2）是暴露在氨基溶剂下的氨化表面终止反应，式（25－3）是暴露在氢氟酸溶剂下的氟化表面终止反应

$$Si-NH_2+Si-NH_2=Si-N-N-Si+2H_2 \tag{25-2}$$

$$Si-HF+Si-HF=Si-F-F-Si+H_2 \tag{25-3}$$

氧化直接键合后表面发生了适当的终止反应，为在一起开始发生氧化直接键合反应做好准备，如式25－2和式25－3所示。上述化学反应的发生都伴随着具有强原子键合力的氢气副产物的生成。氢元素在硅氧化层中扩散性较强，副产物氢气可以很容易地从直接键合接触面扩散出来，这为低温或室温下提供了足够的表面键合能，并促进形成牢固的原子键。

氧化直接键合接触面的一面或双面具有氧化硅，其可达到有效地去除副产物的能力，可以对任何界单面或双面的氧化层进行副产物去除。这使得在3D CMOS IC面对背键合时可以采用硅氧层在正面对背面的硅氧化层或硅任何一种，而不会产生副产物空洞。

3D集成技术得到广泛应用的一个必要条件是，既要可以进行晶圆键合也要可以进行芯片键合。对低温氧化直接键合技术的上述化学性质稍作改变，就可以适用于芯片键合技术。在通过化学机械抛光进行机械处理后，晶圆通过划片、刻蚀、激光及切割等手段实现分片。分片过程中平坦化的表面会被保护膜保护起来，例如，感光保护膜，这层保护膜会在划片后被去除。保护膜被去除后务必无残留，否则这些残留会导致副产物空洞的形成或增加表面的粗糙度，从而使其无法满足直接氧化键合的要求。划片完成后，检测合格的芯片被挑出并放入与上述化学规范相兼容的装置中。这个装置的设计与晶圆尺寸相当，可以保证一个晶圆上的所有芯片同时进行化学处理而不必把芯片分开进行单独传递。

上述3D集成技术在应用上不仅限于平坦化硅氧化层表面。符合CMOS IC表面或硅基底的平坦化要求的各种绝缘体材料，如低k绝缘材料、氢氧基氮化物和其他存在于CMOS集成电路制造工艺的绝缘材料，都可以应用式（25－2）和式（25－3）所示的化学示例。

低温氧化直接键合的对准和放置　表面经过合适的平坦化、活化和终止处理后的两个IC芯片或晶圆，键合表面简单放置在一起即可进行直接键合。首先将准备好的IC芯片或晶圆在放置台上进行定位，再通过程序进行满足对准精度要求的放置。低温氧化直接键合在3D集成方面应用的一个优点是，可以延续前面键合的固有精度。对准精度是通过放置后达到的高键合强度得到的，所以并不需要后续放置键合工序，因为由此产生的对准误差大于预放置对准误差和放置对准误差。对准精度在$\pm 1\ \mu m$（3σ）内是可以被低温氧化直接键合所接受的。

后放置键合强度的提高　被放置在一起的两个准备好进行低温氧化直接键合的CMOS IC表面发生自然反应，产生了高密度的共价原子键。在低温或室温下，共价原子键的累积形成了很高的表面键合能和键合剪切强度。例如，据报道当表面键合能超过1 J/m^2时不需要提高后面的键合温度[12]。这些键合能量并不是在放置瞬间获得的，而是在低温氧化直接键合动力学的作用下随着时间的推移不断增长的，例如，在式（25－2）或式（25－

3）所示的化学反应作用下，键合表面副产物不断地扩散去除。在 CMOS IC 表面完成初始放置接触后，施加适当的温度会使这种动力学作用急剧加强。例如，有关参考文献[12]指出，当后键合温度由室温升高到 100 ℃时，要达到 1 J/m^2 的表面键合能所需的时间会减少超过一个数量级，而将温度提高到 150 ℃时会导致表面键合能超过硅的断裂应力[12]。

这些表面键合能适合于后键合 3D 集成制造工艺，包括孔刻蚀和填充，芯片或晶圆背面减薄，化学机械抛光或刻蚀和划片。这些表面键合能取得的温度是由 CMOS IC 的热预算温度决定的。不需要进行放置、没有副产物空洞的形成以及可以进行晶圆或芯片键合的能力都使得低温氧化直接键合技术成为一种合适的 3D 集成工艺。

25.2.2.5　低温直接晶圆键合集成电路

可调比例的 3D 集成工艺需要在 3D IC 叠层上存在 2D IC 层，3D 叠层的厚度由半导体需要的晶体管厚度和后道制程互连堆叠厚度决定。需要被去除的那部分半导体基底只是具有传递作用，一般这部分占基底厚度的 95%以上，在键合后去除这部分基底避免了传递薄芯片的问题，但需要均衡高表面键合能以避免分层现象。

几个应用已经证明了低温直接氧化键合技术的能力：100 GHz 异质结双极型晶体管（SIHBT）器件的制作，采用磷化铟（InP）基底键合器件[22]，100%互连的 125 000 个 7 μm节距像素的焦平面阵列器件，采用绝缘硅基底键合器件[12]，在键合后所有的基底都会被去除，只留下 1～2 μm 的键合层。IC 芯片或晶圆键合可以是“面朝上”或“面朝下”的集成电路与下面“面朝下”或“面朝上”的晶圆或芯片的键合。“面朝上”3D 堆叠可以采用将 IC 芯片或晶圆临时键合到一个传导晶圆，然后对 IC 基底进行减薄，将减薄面与下层 IC 芯片或晶圆进行低温直接氧化键合，最后再将临时键合的传导晶圆去除。例如，3D 焦平面阵列器件的探测硅片采用“面朝上”低温直接氧化键合承载晶圆的方法实现。

堆叠集成电路的厚度可以通过键合后刻蚀减薄 IC 基底来实现，同样的方法也可用作减小 3D 集成电路的互连节距。通过积极的减薄键合后 IC 达到堆叠 IC 的厚度可以影响到 3D 互连的节距。3D 堆叠互连的密度一般可以达到常规 CMOS 集成电路上层金属的水平，约为 1 μm^{-2}，是通过将减薄到与顶层金属厚度水平相当的 IC 层堆叠在一起实现的。通过将叠层芯片减薄到约 2 μm 实现约 0.1 μm^{-2} 的 3D 互连密度[16,23]，提供了通过低温直接氧化键合到 3D 堆叠芯片及采用后键合中减薄、孔刻蚀和孔填充的 3D IC 集成工艺的量化依据。

25.3　直接键合互连

虽然大部分的 3D 互连节距和 3D 堆叠厚度尺寸可以通过键合后减薄、上面提到过的孔刻蚀和填充技术达到，但是一些 3D 结构并不能通过充分减薄得到其节距。例如，有些 3D 堆叠 IC 需要相当厚的硅层用于晶体管或探测器的操作，后道制程多级互连堆叠和片内金属绝缘，其最小化的厚度相对地限制了 3D 互连节距尺寸的水平。然而，如果 3D 通孔在 3D 堆叠后需要被刻蚀和填充，由于需要一个禁用体积用于孔刻蚀和填充，会破坏芯片或晶圆堆叠的后道制程。

可以通过一种 3D 键合技术避免对 3D 互连后道制程的破坏，形成一种垂直 3D 电气连接集成。采用植球的 3D 堆叠是这种 3D 堆叠的一个实例，但这种 3D 互连技术的非平面性将 3D 互连的节距限制在约 50 μm。一种提高尺寸缩放比例的方法是改进焊接技术，减小凸点或柱等的尺寸[24,25]。另一项研究是在名义上很平的表面上形成 3D 堆叠或键合工艺的集成互连。

铜热压键合[26,27]是通过形成名义上很平的表面，在上面形成 3D 堆叠或键合工艺部分集成互连的一个实例。这种工艺是芯片或晶圆被对准和堆叠后，在时间、压力和温度等参数作用下反应形成电气互连的一种键合。这种键合工艺所需的专业设备昂贵、工艺周期长，与不需通过特定设备进行对准和放置的低温直接氧化键合工艺相比，工艺成本更高。

虽然低温直接氧化键合的工艺周期时间明显比铜热压键合技术要短，但其并不能通过键合或 3D 堆叠形成整体的 3D 互连。因此，通过低温直接氧化键合形成 3D 堆叠的整体互连技术应运而生。这项技术已经被发明、申请了专利[28,29]，并注册了直接键合互连的商标(DBI®)[30]。

25.3.1 DBI® 工艺流程

DBI® 3D 集成工艺在直接键合能力方面与低温氧化直接键合工艺很相似，但在 DBI® 的接触金属结构方面是不同的，其更适用于硅平面或绝缘平面通过键合形成 3D 互连。有多种形成这种 DBI® 接触结构的不同方法可以使用，下面介绍两种方法。

25.3.1.1 DBI® 工艺——电镀工艺

这种方法是通过电镀形成 DBI® 金属接触结构。例如，假定初始晶圆是平坦化钨或铜刻蚀形成最终金属表面的常规 CMOS 晶圆，依照铝或铜后道制程工艺，分别介绍。

1）初始晶圆平坦化钨或铜刻蚀形成最终金属表面；

2）种子层沉积，例如物理蒸发沉积；

3）金属接触结构电镀，例如采用光刻胶掩膜；

4）种子层刻蚀，例如把金属接触层作为掩膜版进行干法刻蚀；

5）氧化层沉积，例如物理气相沉积或者等离子体增强化学气相沉积（PECVD)；

6）平坦化，例如化学机械抛光（CMP)，达到直接氧化键合 0.5 nm 粗糙度的要求。

25.3.1.2 DBI® 工艺——大马士革镶嵌工艺

这种方法通过物理气相沉积技术电镀或沉积形成 DBI® 金属接触结构。例如，假定初始晶圆是最后金属平坦化的常规 CMOS 晶圆。

1）刻蚀、图形化最外层金属；

2）接触金属结构沉积，例如物理气相沉积或电镀；

3）平坦化，例如化学机械抛光，达到直接氧化键合 0.5 nm 粗糙度的要求。

相对于其他 3D 互连工艺，这些方法的固有平面性允许 3D 互连节距范围明显增大。

例如，DBI®大马士革镶嵌工艺与传统 CMOS BEOL 工艺类似，具有小于 1 μm^2的 3D 接触结构密度。

在采用上面任何一种方法对两个晶圆完成 DBI®平坦化后，可以采用低温氧化直接键合技术的活化和终止技术进行键合。表面对准后，金属接触结构被相对放置在一起，自然地在两个芯片或晶圆之间形成低温氧化直接键合。有几种方法可以形成 DBI® 3D 电气互连，例如，当接触金属面间距小于几个纳米且表面无自然氧化物时，可以通过机械氧化直接键合形成 3D 电气互连。如果 DBI®接触金属面间距大于几个纳米或者表面存在自然氧化物，可以通过加热方式实现金属键合和 3D 集成电气互连，因为 DBI®接触金属较周边其他材料具有较大的热膨胀系数。其他金属表面形貌和表面处理工艺的组合也可以实现 DBI®连接。

25.3.2　DBI®物理和电子数据

DBI®互连工艺已经在芯片对晶圆（D2W）和晶圆对晶圆（W2W）两种形式上得到了验证。图 25－1 所示为一个有1 000 000个内部互连的其中 4 个互连的截面扫描电镜图，采用电镀工艺、热氧化绝缘工艺、铝种子金属模式及湿法刻蚀在硅上制作 8 μm 节距的横向 DBI®菊花链阵列，采用芯片对晶圆的键合模式，键合温度为 350 ℃。

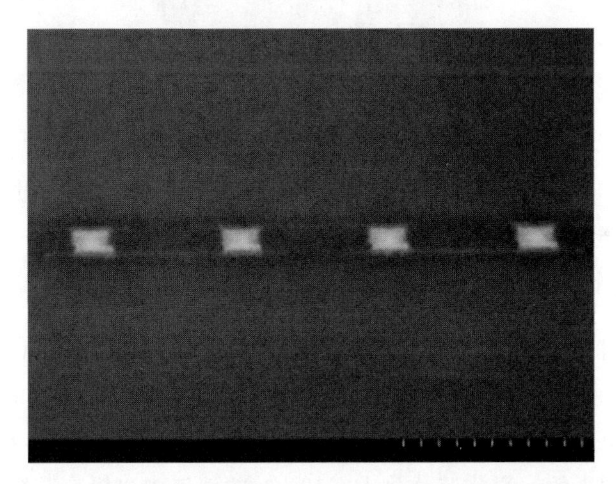

图 25－1　100％3D 内部互连 DBI®电气互连的截面扫描电镜照片

这种菊花链的典型电阻一般为 300 kΩ，表明 DBI®工艺菊花链的平均电阻只有 0.3 Ω。这可以与菊花链结构薄膜电阻的理想情况相媲美，表明 DBI®的接触电阻小于 50 m Ω。

DBI®的接触电阻是在完成所有 DBI®工艺后得到的，并不需要过电压去破坏界面氧化层和其他阻挡层。在没有做任何电测试之前，通过采用高分辨率电压源对1 000 000组菊花链测试得到接触电阻，测试设备包括一个 10 nV 的电压源、由一个 10 mV 灵敏度的 HP4140B 电压源 1 000 000：1 的电压分配器和 0.1 pA 的 HP 3478®万用表组成。DBI®菊花链电阻最初在 10 nV、0.1 pA 灵敏度下测量电阻，测量值为 100 mA，这表明 DBI®表面电阻平均值最低降了至少 50 fV。

图 25 - 2 显示的是一个 200 mm 晶圆对晶圆硅键合，采用了电镀工艺、热氧化绝缘工艺、铝种子金属模式及湿法刻蚀形成 10 μm 节距的横向 DBI® 菊花链阵列，键合温度为 350 ℃，共约 330 个独立测试菊花链芯片，每个芯片有460 000个连接，总共形成了150 000 000个 3D 互连。制作完成后，去除表面的硅基底或热氧化绝缘层露出种子层进行测试。典型 DBI® 菊花链电阻是 150 kΩ 左右，链的平均电阻约为 0.3 Ω，这是由铝种子层的薄膜电阻决定的，这也进一步证明了 DBI® 的接触电阻小于 50 mΩ。菊花链并没有100%展示 3D 互连，只对个别排的测试对进行了测试。对数据的统计分析结果表明只有 1 或 2 个 3D 互连不能运转，菊花链结构 3D 互连的失效率小于 1 ppm。对这些缺陷进行失效分析后发现，主要失效模式是由种子层的图形化和湿法刻蚀造成的。

图 25 - 2　移除硅基板后 330 个具有 460 000 个连接、150 000 000 个 10 μm 节距互连的独立测试菊花链芯片照片

25.3.3　DBI® 可靠性数据

对 DBI® 可靠性的初步评价表明这种 3D 互连技术大大超出 JEDEC 要求。DBI® 菊花链结构裸芯片在进行 96 h 高温储存和 1 000 个周期的－65 ℃到 175 ℃的温度循环后没有任何明显失效，电阻也没有显著改变。对芯片继续进行 288 h 高温储存和10 000周期温度循环后依然没有观察到失效，再将芯片放入－196 ℃的液氮中也没有观察到任何失效。

DBI® 菊花链还通过了初始电迁移测试：1 000 000个 8 μm 节距的接触直径为 3 μm 的菊花链在 1 μm，3σ 对准精度下进行 100 h 的 100 mA 通电测试后，电阻没有任何变化。像 DBI® 接触金属这样卓越的电迁移性能正是这种 3D 技术需要的，且不必采用焊料或合金。

25.4　工艺成本和供应链

工艺过程成本方面重要的一部分就是运行工艺的设备成本。键合工艺设备的功能要求主要是通过工具实现芯片或晶圆的简单对准和放置使其接触，可采用廉价的传统拾取工具[21]用作设备零部件的制造以实现上述功能，如图 25 - 1 和图 25 - 2 所示。相对于其他

3D 集成键合工艺，DBI® 3D 集成工艺更具成本优势。例如，铜热压键合技术是具有显著3D 互连优势的关键 3D 堆叠技术[26,27]，然而，其要求在完成对准和放置后需要一个施加均匀温度和压力的键合过程，增加了相应的工艺设备成本，同时大大增加了加工周期，降低了产能。综合考虑到其他 3D 集成工艺在放置和对准后需要施加温度和压力过程的各种因素，采用晶圆对晶圆的 DBI® 工艺可以节省 75％的成本[24]。

早期的 3D 技术的主要应用是组装、封装和测试等供应链后道工艺，或者说是集最低成本、现有技术类似性及最小化供应链影响为一体的产业链后端。而有趣的是，当今对3D 技术的需求到了另一个时代，相对于后道工艺，目前前道工艺对 3D 技术的需求越来越强烈。例如，氧化直接键合、DBI® 和铜热压键合都使用的化学机械抛光是周知的后道制程技术。另一个例子是，最初用于后晶圆生产的 3D 通孔技术，最近被晶圆厂用作原位 pre－BEOL工艺[26]。用这种制造工艺实现 3D 通孔的优点是不会损伤后道制程，因为要求后道制程 3D 通孔外露，使 3D 通孔显著小尺寸化、高密度化，同时降低了后续工序中CMOS 的退化风险。下一代 3D 技术将更多地与已有工艺相结合，这将有利于其向前道工艺的发展。例如，假设将 3D 制造技术与原位互补金属氧化物半导体（CMOS）制造和直接键合互连（DBI）的化学金属抛光工艺相结合，即可得到 3D 集成晶圆，这会减少在成本更敏感的后道工序的投入，提高下一代 3D 集成电路的性能。

参 考 文 献

[1] Moore,G. E. (April 19 1965) Cramming more components onto integrated circuits. Electronics, 38, 114-117.

[2] Prismark-Stacked Die Report, (2002).

[3] Walker,J. (June 2005) Market transition to 3-D integration and packaging: density, design, and decisions. 3-D Architectures for Semiconductor Integration and Packaging, Tempe, Arizona, USA.

[4] Smith,L. (October 2006) 3-D package selection-key design, technical, business, and logistic factors. 3-D Architectures for Semiconductor Integration and Packaging, San Francisco, CA, USA.

[5] Yole Development,3-D IC Advanced Packaging Technologies, (February 2007), company report.

[6] Enquist,P. (September 2006) High density direct bond interconnect (DBI _) technology for three dimensional integrated circuit applications. MRS Symposium Y, Boston, NH, USA.

[7] Shimbo,M., Furukawa, K., Fukuda, K. and Tanzawa, K. (1986) Journal of Applied Physics, 60, 2987.

[8] Lasky,J. B., Stiffler, S. R., White, F. R. and Abernathy, J. R. (1985) Proceedings of the IEEE IEDM, 684.

[9] Lasky,J. B. (1986) Applied Physics Letters, 48, 78.

[10] Tong,Q.-Y. and Gosele, U. (1999) Semiconductor Wafer Bonding, Wiley.

[11] Plosl,A. and Krauter, G. (1999) Wafer direct bonding: tailoring adhesion between brittle materials. Materials Science and Engineering, R25, 1-88.

[12] Enquist,P. (September 2005) Room temperature direct wafer bonding for three dimensional integrated sensors. Sensors and Materials, 17 (6), 307-316.

[13] Drost,R. J., Hopkins, R. D., HO, R. and Sutherland, I. E. (Sept 2004) Proximity commun ication. IEEE Journal of Solid-State Circuits, 39 (9), 1529-1535.

[14] Franzon,P. D., Davis, R., Steer, M. B. et al. (September 2006) Contactless and via. d high-throughput 3D systems. MRS Symposium Y, Boston, NH, USA.

[15] Garrou,P. E. and Vardaman, E. J. (March 2006) 3D integration at the wafer level. TechSearch International.

[16] Topol,A. W., LaTulipe, D. C., Jr., Shi, L. et al. (1996) Three dimensional integrated circuits. IBM Journal of Research and Development, 50 (4/5), 491.

[17] Enquist,P. (September 2006) Direct Bond Interconnect Slashes Large-Die SoC Manuracturing Costs, FSA Forum, pp. 12-13, 45.

[18] Tong,Q. Y., Fountain, G. G. and Enquist, P. M. (June 7 2005) US Patent, 6, 902, 987.

[19] Tong,Q. Y., Fountain, G. G. and Enquist, P. M. (May 9 2006) US Patent, 7, 041, 178.

[20] Tong,Q. Y., Fountain, G. G. and Enquist, P. M. (September 19 2006) US Patent, 7, 109, 092.

[21] Chou,H. (October 2006) Die and Wafer Level 3 – D Packaging for Advanced ICs and Microelectronics. 3 – D Architectures for Semiconductor Integration and Packaging, San Francisco, CA, USA.

[22] Enquist,P., Chow, D., Tong, Q. – Y. et al. (2000) Symmetric intrinsic HBT/RTD technology for functionally dense, LSI 100 GHz circuits. GOMAC.

[23] Keast,C., Aull, B., Burns, J. et al. (September 2006) Three – dimensional integrated circuit fabrication technology for advanced focal planes. MRS Symposium, Boston, NH, USA.

[24] Motoyoshi,M., Kamibayashi, K., Bonkohara, M. and Koyanagi, M. (2006) 3 – D – LSI and its key supporting technologies. 3 – D Architectures for Semiconductor Integration and Packaging, October 31 – November 2, 2006.

[25] Trezza ,J. (November 2006) Multi – material system on Chi poC. 3 – D Architectures for Semiconductor Integration and Packaging Conference, Burlingame, CA, USA.

[26] Patti,R. (November 2004) The design and architecture of 3 – D memory devices. 3 – D Architectures for Semiconductor Integration and Packaging Conference, Burlingame, CA, USA.

[27] Morrow,P. et al. (2004) Wafer level 3 – D interconnects via Cu bonding. Advanced Metallization Conference.

[28] Tong,Q. Y., Enquist, P. M. and Rose, A. S. (November 8 2005) US Patent, 6, 962, 835.

[29] Tong,Q. Y. (2006) Roomtemperature metal direct bonding. Applied Physics Letters, 89, 1.

[30] www. ziptronix. com.

第 26 章　ZyCube 3D 集成技术

Makoto Motoyoshi

26.1　引言

ZyCube 成立于 2002 年，其技术基于 ASET[1] 和东北大学（日本）发展的 3D 集成技术[2-8]。

图26－1显示了 3D－LSI 应用的发展前景，其优点包括低功耗、低成本、小尺寸、低散热、低噪声，并具备增加单位面积内电路密度的潜力。要使这个技术成为大规模集成电路（LSI）的主流工艺，有必要在保证芯片性能的情况下，控制叠层工艺成本的增长。图 26－2 显示了该技术的发展情况，从传感器的应用开始，我们将以不同功能、不同尺寸薄型芯片自由组装的方式发展 3D 高级芯片。该技术的进一步发展目标是生物芯片，如人工视网膜芯片等。图26－3显示了 3D－LSI 的工艺发展趋势。图中包括了两种技术，虚线以上的是目前的 3D－LSI 结构，其焊盘底下存在硅通孔。几乎所有 LSI 设计中，在焊盘下面不会设计有源器件，以避免键合损伤。因此，通孔可以轻易地被设计成键合焊盘大小；采用 3D－LSI 技术的另一个优势就是能利用现有的芯片和设计，只是少量或没有更改版图。该技术最主要的优势就是小型化。图 26－3 中虚线以下是下一代的 3D－LSI，为提高 3D－LSI 的性能，叠层中芯片的电路模块需要通过微小节距的硅通孔与微凸点直接相连，因此，为避免芯片面积浪费，节距必须缩减到 5 μm 以下。

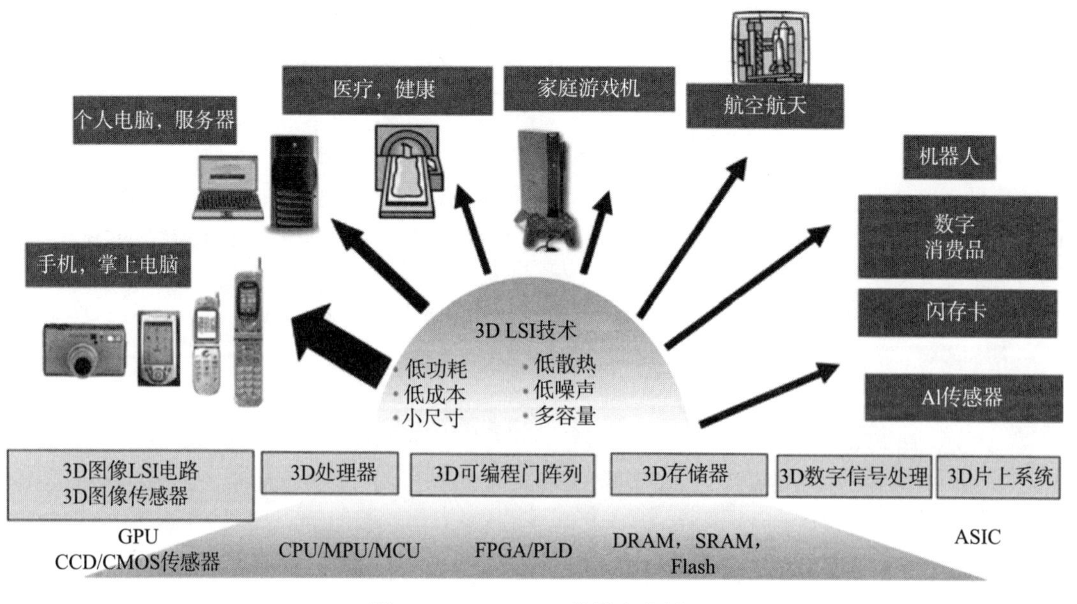

图 26－1　3D－LSI 的潜在应用

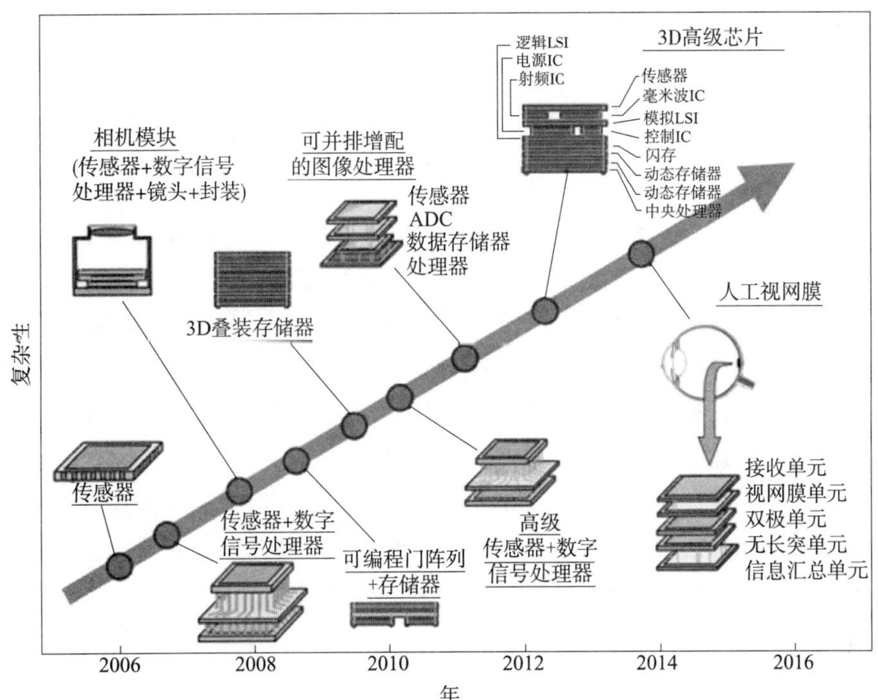

图 26-2　3D-LSI 产品的路线图

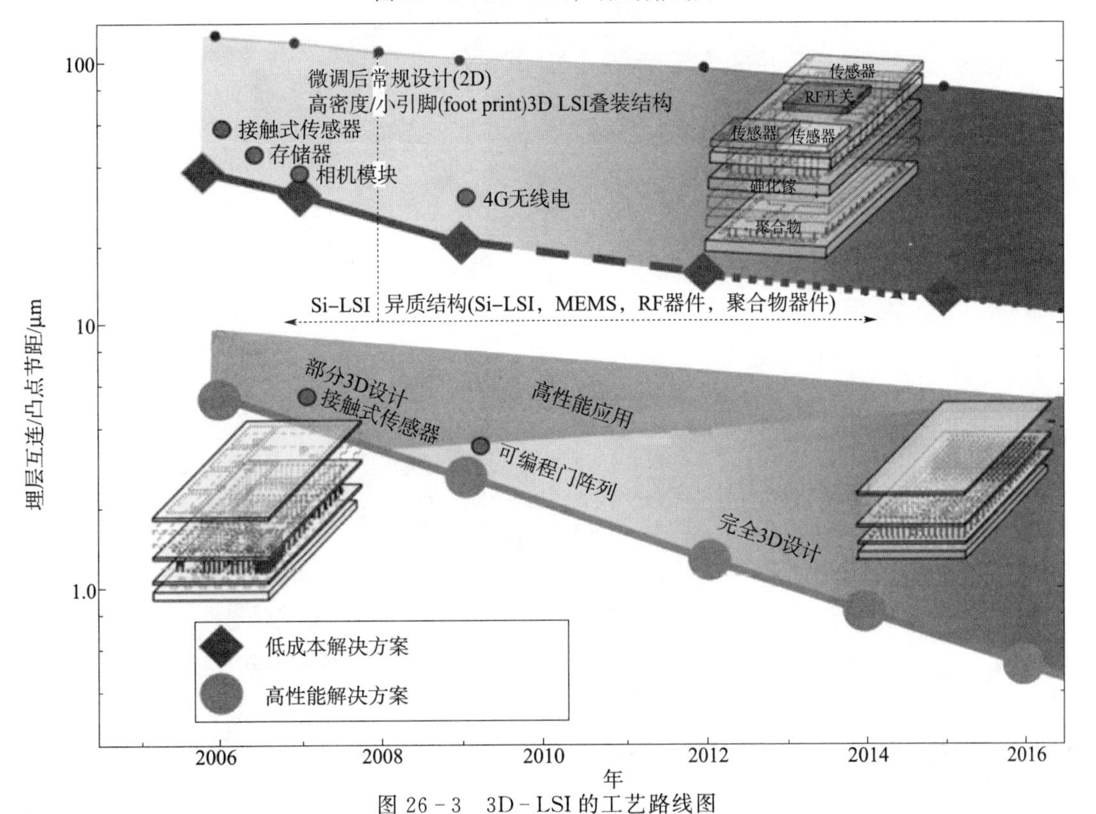

图 26-3　3D-LSI 的工艺路线图

虚线上是关于高密度方面，虚线下是关于高性能方面

26.2　现今新型3D-LSI-CSP传感器器件[9-11]

在理想的图像传感器中，引脚应完美对称地安置在传感器阵列芯片的对侧。为实现这种结构，如硅通孔工艺（TSV）、晶圆减薄工艺和凸点工艺均是非常有用的3D-大规模集成电路技术。图26-4显示的是应用于传感器中的一种新的芯片级封装结构（ZyCSP）。这种结构并不具有真正的3D结构，但与3D集成采用相同的工艺技术。其叠层结构可以很容易地扩大，比如增加带数字信号处理器或者带数字信号处理器和存储器的传感器系统。但这个技术在图像传感器应用中有两个因素需要考虑，一是在生产过程中必须保持一个较低的温度，因为其聚合物微镜和颜色过滤器的耐温不超过200 ℃。在CMOS-后道制程产品制造工艺（后道制程）中也同样如此。但是后道制程产品典型的加工温度在350 ℃左右。因此，有必要将加工温度降低到200 ℃并进行优化，但不能降低其可靠性。另一个要考虑的因素就是在工艺过程中要保持器件的光学特性。芯片加工完成后，其成像阵列部分表面不能覆盖钝化保护层，这一点与其他LSI芯片不同。

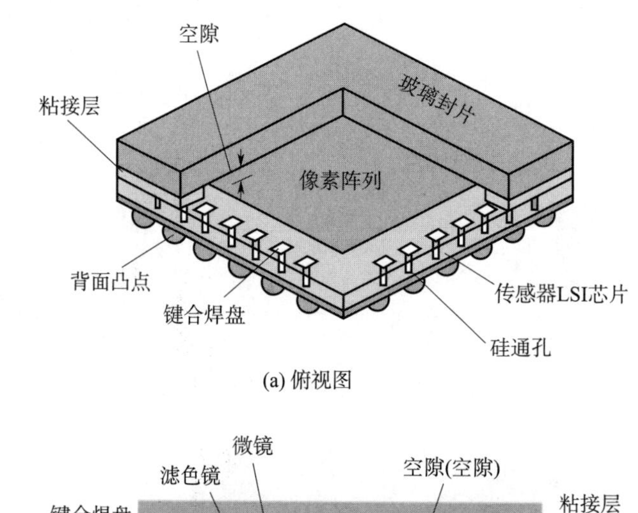

(a) 俯视图

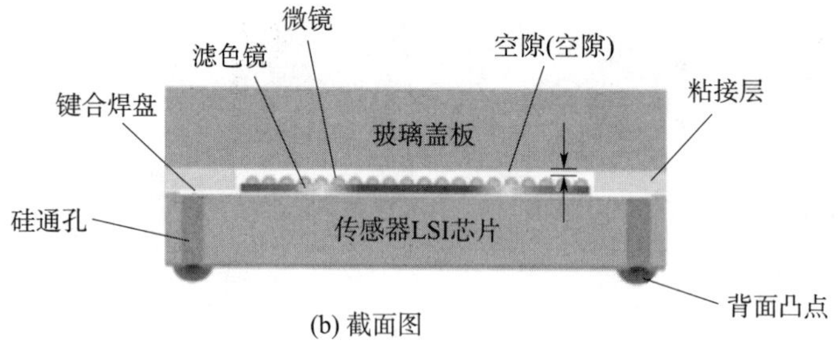

(b) 截面图

图26-4　应用于传感器中一种新的CSP（ZyCSP）封装结构图

26.2.1　新型芯片级封装工艺（ZyCSP）

这种新型芯片级封装工艺（ZyCSP）利用焊盘下的无源区和硅通孔来实现焊盘间的背面互连，其工艺流程如图26-5显示。在LSI工艺加工完成之后，将传感器LSI硅片用黏附剂黏到一个支撑硅片上，如图 26－5（a）所示。随后通过背面研磨和抛光，将晶圆减薄到 100 μm 左右，如图 26－5（b）所示。然后，就是 TSV 形成工艺，如图 26－5（c）和（d）所示。用光刻胶做掩膜，通过背面深硅刻蚀和连续的 SiO_2 刻蚀形成过孔。图 26－6（a）显示的是深硅刻蚀后的一个 60 μm×60 μm 的 SEM 照片，图 26－6（b）显示的是为聚光离子束准备的一个圆孔截面 SEM 照片，其孔直径为 60 μm，深度为 100 μm。此样品中包含一个 LSI 传感器晶圆、黏附层和支撑玻璃晶圆。为避免氧化层和支撑玻璃晶圆表面起电，样品表面被溅射了一层碳保护膜。通过优化 Si/SiO_2 的刻蚀选择性和 Si 的刻蚀速率，可以控制 $Si-SiO_2$ 界面处的凹口。完成侧墙隔离工艺之后，在通孔中填充导电材料，如图 26－5（e）和（f）所示。图中显示的是通过印刷技术将导电浆料填入通孔的一个样品。然后，支撑晶圆替换成一个玻璃封片。此工艺只用于传感器器件，如图 26－5（g）和（h）所示。接下来，在形成背面互连和凸点之后，带有玻璃封片的传感器晶圆通过划片形成传感器芯片，图 26－5（i）和（j）所示。图 26－7 显示的是这个新型 CSP 体边界的一个 SEM 照片。划片从前面（玻璃封面）划到背面（Si）。玻璃封片先采用 60°角斜切，然后完全划开。

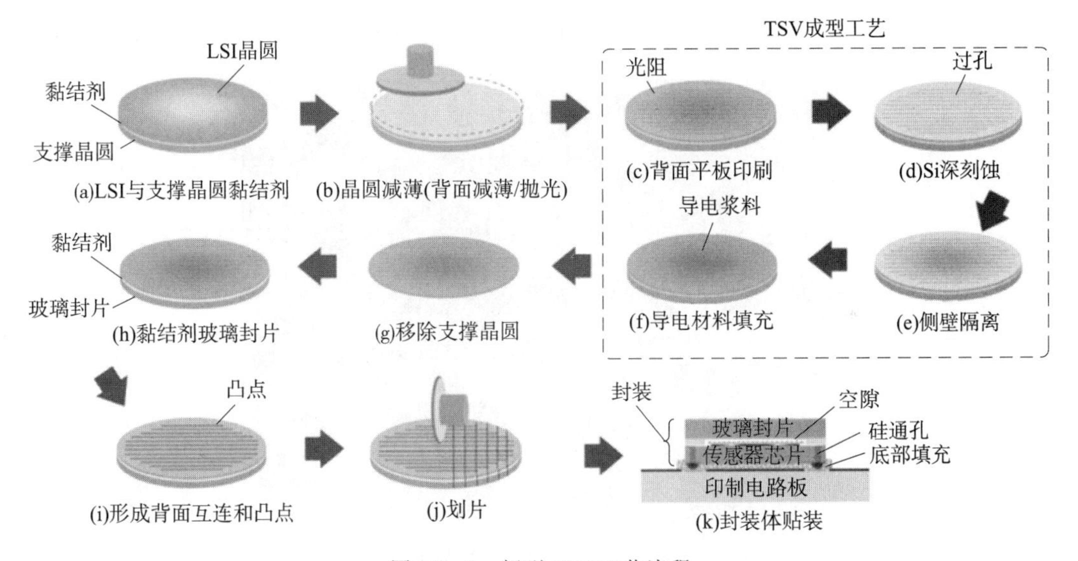

图 26－5　新型 CSP 工艺流程

图 26－8 显示的是这个工艺与常规工艺的比较。常规工艺的主要问题是合格率低。正如先前提到的，LSI 加工完成后，聚合物微镜没有保护材料而暴露在外。典型封装工艺如划片、芯片键合和引线键合所处的超净间级别比生产芯片的超净间要低。微镜表面不平，表面颗粒难以去除，而且，划片中产生的硅粉都很尖锐，很容易嵌入或停留在微镜表面。与常规工艺相比，利用这种新型 CSP 工艺，微镜表面在这些工艺加工过程中受到覆盖材料的保护。这样，在新型 CSP 工艺中，因灰尘污染造成成品率下降的现象就不会发生，因而，最终的产品有望获得较高的成品率和质量。

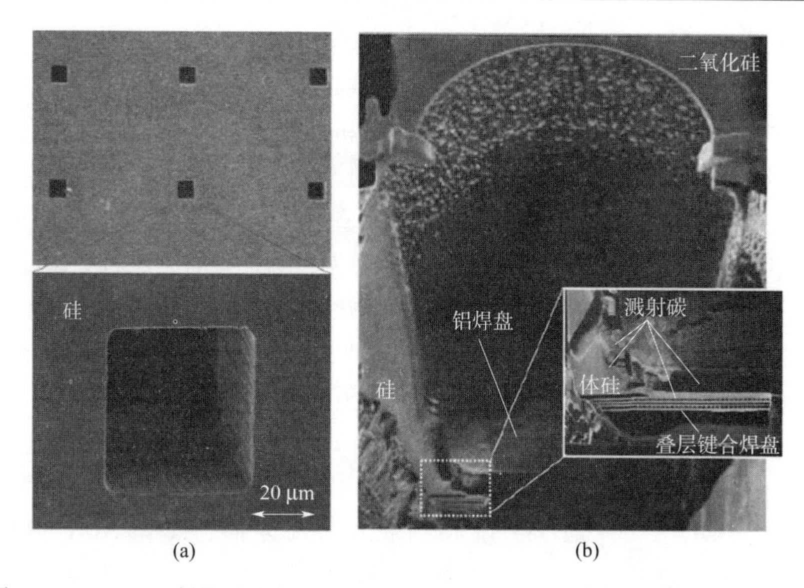

图 26-6 (a) Si 刻蚀后过孔 SEM 视图。过孔尺寸 60 μm×60 μm，深度 100 μm。

(b) 直径 60 μm，Si/SiO_2 刻蚀后过孔 SEM 视图，准备做 FIB。

在样品制备 XeF2 刻蚀时，为保护样品已溅射碳。样品结构：LSI 传感器芯片/黏附层/玻璃封片

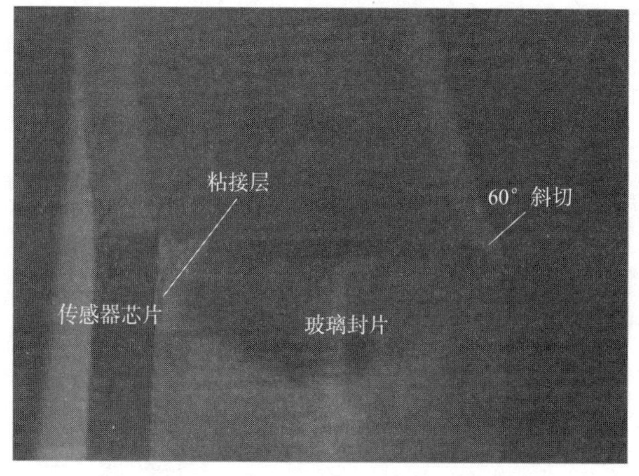

图 26-7 ZyCSP 边界 SEM 视图。

700 μm 厚玻璃封片通过黏结层黏附到 100 μm 后的传感器芯片上

26.2.2 硅通孔填充工艺

有很多方法可以实现硅通孔填充。从减小工艺成本来看，导电浆料填充是一个有前景的工艺技术。图 26-9 所示为该技术的工艺流程。LSI 硅片减薄后，用光刻胶做掩模，进行深 Si 刻蚀和其后的 SiO_2反应离子刻蚀（RIE）[图 26-9（d）～（e）]，形成硅通孔，露出焊盘底部 [如图 26-9（a）～（c）所示]。然后，通过低温等离子 CVD-SiO_2淀积和随后的 SiO_2-RIE 进行侧壁隔离 [如图 26-9（d）和（e）所示]。通过优化 CVD 和 SiO_2反应离子刻蚀工艺条件，可实现只把通孔底部的 SiO_2完全刻蚀尽，从而露出压点金

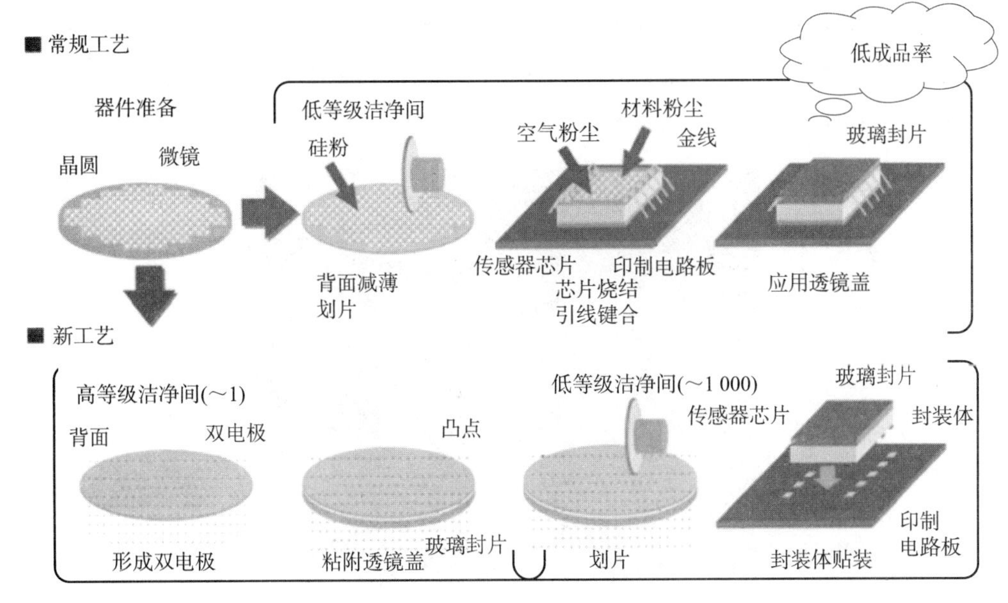

图 26－8　新型 CSP 制造工艺与常规制造工艺对比

属层的背面。在完成接触金属和扩散阻挡层金属淀积后，用印刷技术将导电浆料填充通孔[如图 26－9（f）和（g）所示]。最后，将硅片背面的接触金属层和阻挡金属层除掉［如图 26－9（h）所示]。图 26－10 显示的是硅通孔填充完成之后的截面图，通孔直径为 20 μm，深 270 μm，填充材料为 Cu 基导电浆料。这种导电浆料具有优异的填充性能。与其他技术如电镀、金属 CVD 等相比，这种填充技术的优点就是生产周期较短，设备成本较

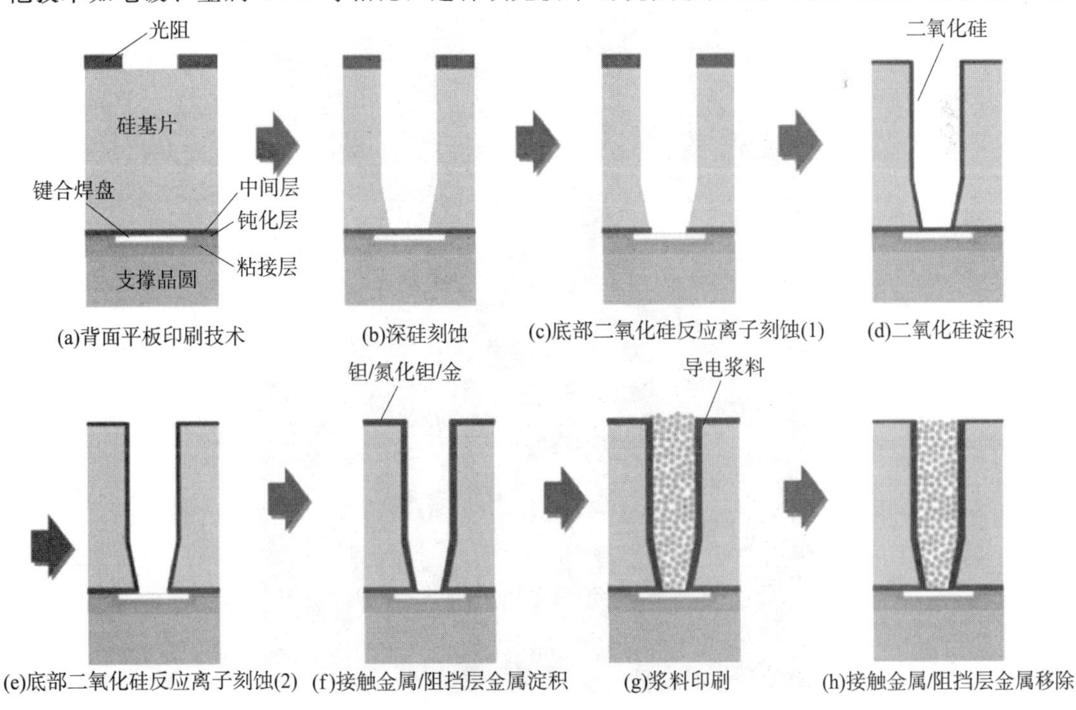

图 26－9　通过导电浆料填充埋层互连的工艺流程

低。其问题是填充材料的电阻率相对较高，导电浆料在烘烤过程中会发生收缩。在这个应用中，硅通孔的截面积比LSI芯片中的互连应用时的截面积要大得多，因此，硅通孔引起的寄生电阻对器件性能不会产生影响。

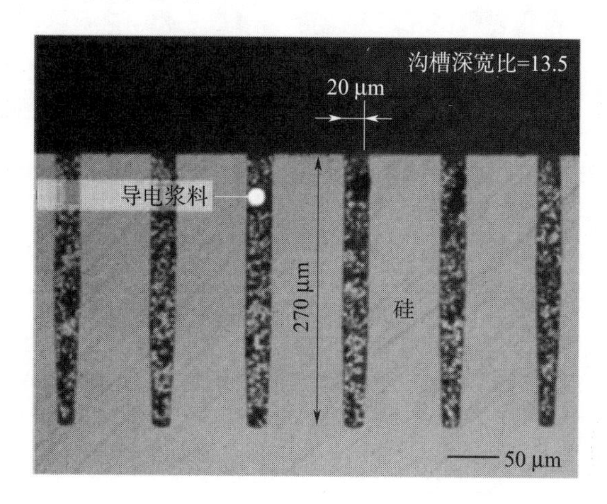

图26－10　导电浆料印刷后的埋层互连

26.2.3　新型芯片级封装（ZyCSP）

图26－11（a）显示的是这个新型芯片级封装体安装在测试板上的俯视图，图26－11（b）显示的是其截面图。用黏结剂将玻璃封片与芯片周边黏在一起。微镜和玻璃封片间形成空气间隙。埋置的互连结构分别与焊盘电极和背面接触。

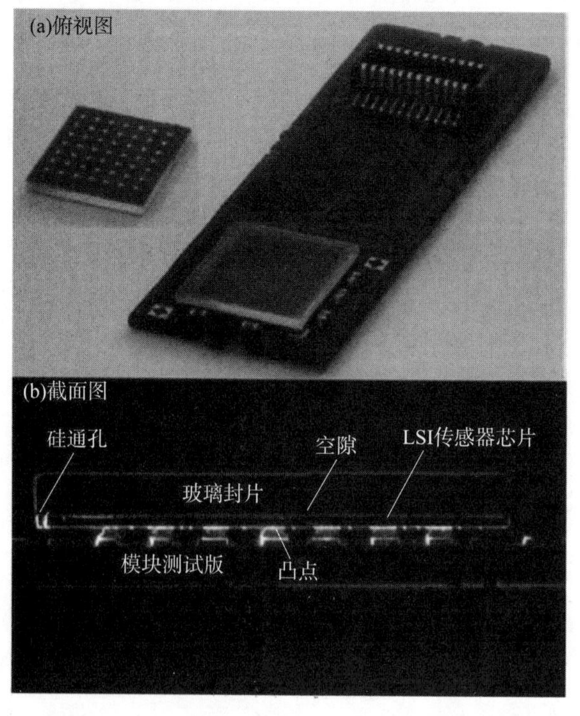

图26－11　传感器ZyCSP™（a）俯视图；（b）截面图

26.3　未来的 3D－LSI 技术

未来的 3D－LSI 产品制作有 5 个关键的技术：1）晶圆减薄；2）芯片黏结；3）微小节距的埋层互连；4）微凸点技术；5）精确而高速的芯片对准技术。其中，微凸点将会用于倒装器件结构中，如传感器与逻辑芯片叠装结构、存储器与 CPU/GPU 叠装结构等。图 26－12 显示的是采用新微凸点制造工艺形成的一个微凸点结构原理图，其节距为 5 μm。LSI 相对面形成的凸点在焊接时会发生热收缩。LSI 表面的凸点上部分小于 3 μm。因此，在加工过程中，芯片表面一定要同时进行平整化处理，才能获得稳定的电互连。凸点开口与凸点间的空隙槽是自对准工艺形成的，它可以吸收微凸点在加工过程中发生的变形，并避免相邻凸点间短路。图 26－13 显示了 TEG In/Au 微凸点链图形。凸点高出 LSI 表面 2.9 μm左右，底部的凸点大小为 2 μm×2 μm。图 26－14 显示了一个节距为 5 μm 的微凸点链截面。这个微凸点可以发展成为 3D 微节距埋层互连结构的一部分，但微凸点本身可用作两个芯片倒装结构中的互连，图 26－15 就是这样的一个例子。将背面照明型的 CMOS 图像传感器与逻辑 LSI 连接起来，就可以实现一个高速 CMOS 传感器系统，其他应用包括 CPU 与存储器、FPGA 与存储器，以及图像处理器与存储器等系统。

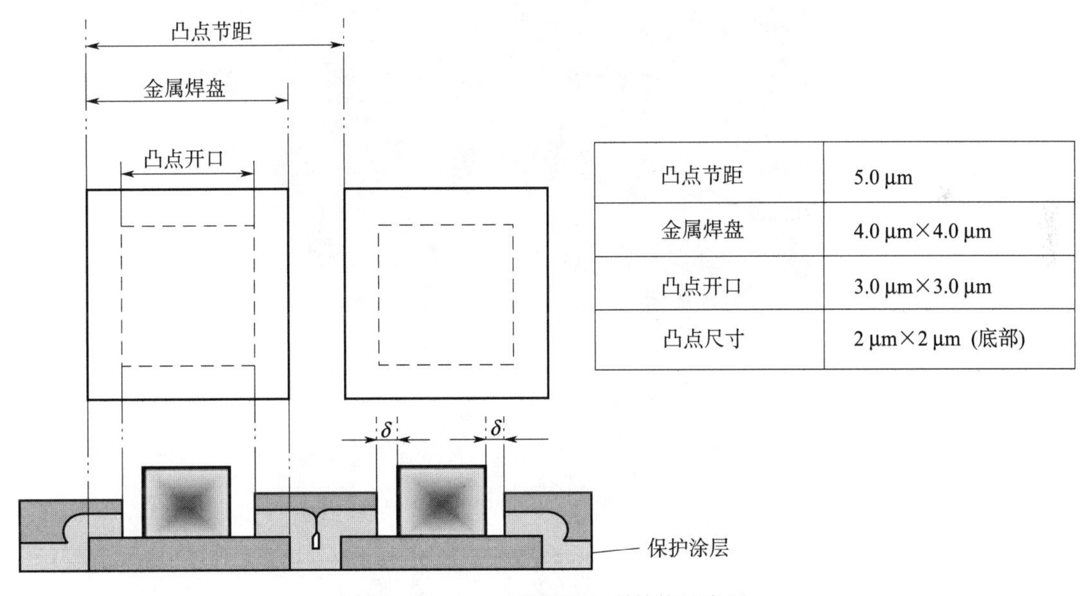

凸点节距	5.0 μm
金属焊盘	4.0 μm×4.0 μm
凸点开口	3.0 μm×3.0 μm
凸点尺寸	2 μm×2 μm (底部)

图 26－12　5 μm 节距微凸点结构示意图。
凸点开口和凸点间的空隙槽（δ）由自对准工艺实现

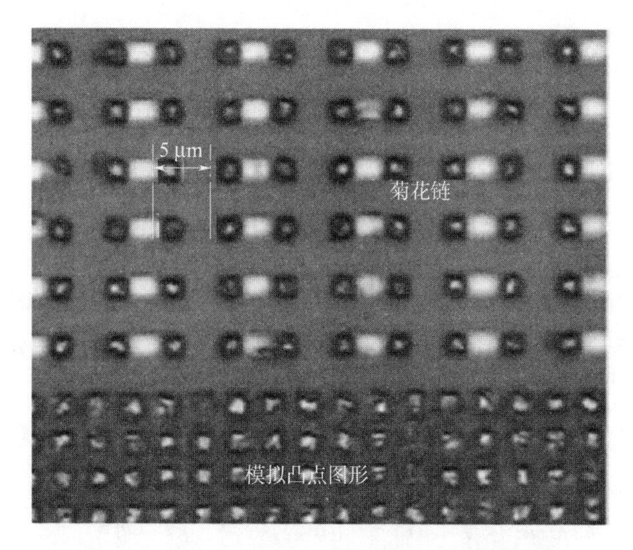

图 26-13　芯片叠层前 5 μm 节距菊花链顶部视图

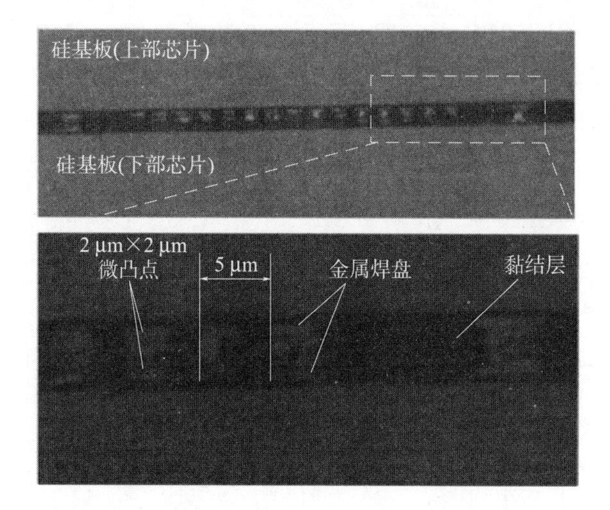

图 26-14　5 μm 节距微凸点芯片-芯片键合

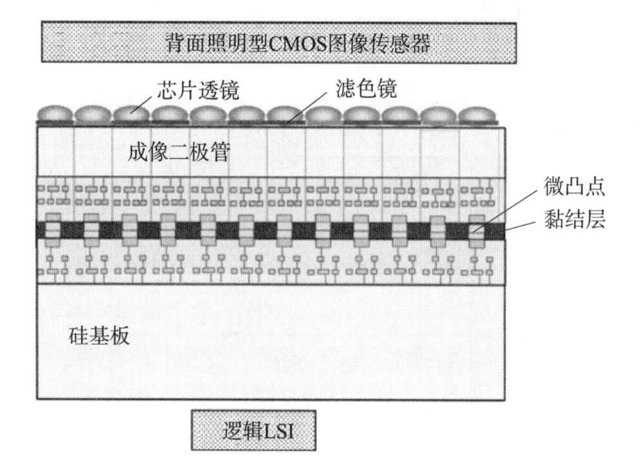

图 26-15　采用微凸点的面向下结构。图示为高性能 CMOS 图像传感器示例

参考文献

[1] Bonkohara, M. (1999) Proceeding 6th Annual KGD Industrial Workshop, session Ⅱ-3.

[2] Koyanagi, M. (1989) Roadblocks in Achieving Three - Dimensional LSI. Extended Abst. 8th Symposium on Future Electron Device , pp. 50-60.

[3] Takata. H. Nakano, T, Yokoyama, S, et al. (1991) A novel fabrication technology for optically interconnected three-dimensional LSI by wafer aligning and bonding technique. Extended Abstracts 1991 International Semiconductor Device Research Symposium, pp. 327-339.

[4] Koyanagi. M., Kurino, H., Mastsumoto, T. et al. (1998) New three dimensional integration technology for future system-on-silicon LSIs. IEEE International Workshop on chip Package Co-Design, 96-103.

[5] Koyanagi. M., Kurino, H., Lee K. W. et al. (1998) Future system-on-silicon LSI chips. *IEEE Micro*, 18 (4), 17-22.

[6] Kurino. H., Lee, K. W., Nakamura, T. et al. (1999) Intelligent image sensor chip with three dimensional structure. IEEE IEDM Technical Digest, 879-882.

[7] Lee. K. W., Nakamura, T., Ono, T. et al. (2000) Three - dimensional shared memory fabricated using wafer stacking technology. IEEE IEDM Technical Digest, 165-168.

[8] Ono, T., Mizukusa, T., Nakamura, T. et al. (2002) Three - dimensional processor system fabricating by wafer stacking technology. Proceedings International Symposium on Low-Power and High-speed chips, 186-193.

[9] Motoyoshi, M., Kamibayashi, K., Bonkohara, M and Koyanagi. M. (November 2006) 3D-LSI and its key supporting technologies, Technical Digest on3D Architecture for Semiconductor Integration and Packaging.

[10] Bonkohara,M, Motoyoshi, M., Kamibayashi, K. and Koyanagi, M. (2006) Three dimensional LSI integration technology by "chip on chip", "chip on wafer" and "wafer on wafer" with system in a package. Extended Abstracts 2006 MRS Full Meeting, p. 661.

[11] Motoyoshi, M., Kamibayashi, K., Bonkohara, M and Koyanagi. M. (2007) Current and future 3 dimensional LSI technologies, Technical Digest of the International 3D System Integration Conference, pp. 81-814.

第四篇

设计、性能和热管理

第27章　北卡罗来纳州立大学的3D集成设计

Paul D. Franzon

27.1　为什么做3D集成

什么时候垂直封装有优势，什么时候又没有？两个晶圆堆叠在一起并且通过垂直通孔把它们整合在一起，成本上并不便宜。粗略估算，附加的生产成本大约等于增加两层金属化层。如果单独的芯片被叠层，成本甚至更高。这部分增加的成本必须通过提高性能或节省系统其他部分的成本来进行折衷。这部分成本远大于简单甚至“高端”复杂的封装。那么什么时候它可能是有意义的呢？

幸运的是，人们逐渐认识到几种主流的情况能够支撑3D集成。一些3D集成潜在的驱动力如表27－1所示。下面进行研究。

表27－1　3D集成潜在的驱动力

驱动力	3D应用	备注
小型化	叠层存储器，“智能微尘”传感器	对于许多例子，叠层与键合足够了
互连延时	通过3D集成，能够充分地减少关键路径的延时	并不是所有的应用都具有优势
存储器带宽	逻辑器件与存储器堆叠能够动态地改善带宽	存储器带宽动态改善的同时，仅能很少地改进存储器大小
功耗	某些特定的例子中，3D架构可以充分降低功耗	有限的领域。许多例子中并不能降低功耗
混合技术（异质）集成	集成混合技术（例如，硅上CaAs，或是数字上模拟）可以带来许多系统优点	虽然可以证明3D集成的优点，但除了图像阵列的例子，此驱动力并不能证明垂直通孔的优点

首先，显而易见，驱动因素是微型化。但是，单独的微型化追求很难证明硅微通孔3D集成的价值。在大多数情况下，如果减小体积是唯一的目标，那么堆叠与引线键合会是更具有成本效益的。这项技术已经广泛应用在手机中，并且仍在继续向复杂方向增长。但是，对于开发广泛的存储芯片有些例外。因为相同的存储芯片尺寸总是相同的，所以用于堆叠的引线键合技术并不容易。此外，减薄并堆叠多个存储芯片具有系统性优点，因为作为一个存储器封装，这种集合体存储器有着相同外形。例如，这项技术能够使信用卡大小的视频存储播放器内容纳数百小时的视频。

3D最明显的优点是在功能芯片间使用它能够减小互连距离。许多3D集成的研究是为了能够降低功能芯片间互连线的距离。理论上讲，这些优点是实质性的。一些研究表明，兰特规则分析方法具有显著的优势[3-5,11,12]。基本的论点依靠这样一个事实，即每增加一个晶体管，就会增加相应的功能电路数目，这些电路能够使用确定长度的内部连线连接。连线长度方面最低减少了 25%，甚至更多[3,11]，互连功耗[5]与芯片面积也有一定的减少。但是经验表明，许多设计实际上不可能实现。幸运的是，通过认真研究，能够发现合适的应用。例如，FPGA 有很好的可互连接性，具有良好的实际表现以及功率改善[12]。在 27.2 节将通过讨论一些其他的例子展示其明显的优点。

堆叠存储芯片创造的新的“超级存储”芯片并不是 3D 集成在存储上唯一的应用。一个有趣却很少被关注的领域是存储器上逻辑器件（logic - on - memory）。其针对逻辑器件创建了一个高带宽存储器接口。对于许多终端应用，内存带宽的要求正在迅速增长。许多情况下，是由于多核进程增加导致的。对于每个进程的增加，都对存储器带宽的增加产生相似的需求。可以预见，至 2010 年，32 位的 CPU 将需要 1 TBps 的芯片外的存储带宽[6]。目前对于其 3D 结构只是初步研究，并且主要集中于通用计算机结构。例如，3D 高速缓存能够减少等待时间的 10%～50%[9,8]。其他可能获益于逻辑器件与存储器堆叠的包括数字信号处理，图形以及网络。下面将给出一些详细应用的例子。已有公司正在针对逻辑器件与存储器堆叠应用开发 3D 存储器[14]。

减小功耗的潜力主要来自两个方向。以上研究了减小传输功率的前景。一个是还未被开发的潜力，即减少功率区域。考虑到 3D 集成在互连的优势，这个潜力是存在的。另一个明显的待开发的潜在优势是使用 3D 存储器集成减少存储器功率。随后将展示部分研究实例。

最后，3D 技术另一个引人注目的驱动力是混合技术或是异质整合。目前开发的主要应用如图所示。使用 3D 的优点是不需要区域为电路牺牲光刻层（使得光刻更加有效），改善像素级工艺电路。例如，此方法已用于生产激光雷达接收阵列。

27.2 互连驱动案例研究

在北卡罗来纳州立大学，3D 集成设计组已经开发了几个基准，用于确立 3D 集成的潜力，这里将进行总结。所有这些基准均使用林肯实验室 3D SOI 方法进行研究[2]。此方法允许三层金属，0.18 μm SOI CMOS 技术，通过使用大约 1 μm 引脚（foot - print）的过孔去堆叠与整合。此工艺截面图如图 27 - 1 所示。这些基准如下所示：

1）对称双处理器子系统研究[13]［W · R · 戴维斯（W. R. Davis）的硕士论文］；

2）对称快速傅里叶变换子系统研究与分析[7]（W · R · 戴维斯的博士论文）；

3）订制的三重内容寻址存储器[10]（作者团队的博士论文）。

对于这些设计，这里展示的所有结果都是基于实际研究所提取的数据，并不是大约的估计。在最后的两个例子，结果已经在硅中实现（虽然在本书写作时它仍在制作之中）。

如参考文献［13］所示，双核多 CPU 的设计与分析在林肯 3D 工艺实验室实现。各部

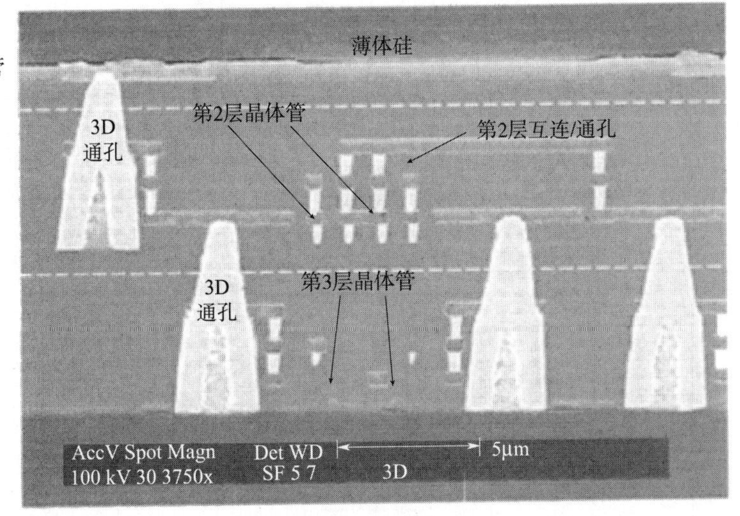

图 27－1　林肯试验室 3D SOI 工艺的截面图，在光电二极管的应用。这个应用为三层 180 nm 的结构[2]

分架构如图 27－2 所示。表 27－2 比较了基于同样技术的 2D 实现。在这个设计中，电路（最慢，最敏感）延时路径是通过“Y 形路径模块”。通过在三芯片叠层的几何中心放置这个模块，可以减少 28.9％的互连延时。考虑到这个路径包含电路以及互连（并且电路未修改），结果令人高兴并且理论上也一致。但是面积总的减少量约为 1％，少于理论预期。功率上的减少量为 3％。

表 27－2　3D 双核多中央处理器互连延时的改进

	2D	3D	减少/％
关键路径/ns	25.13	17.87	28.9％
数据存储/ns	36.6	24.86	32.07％
指令存储器/ns	37.82	24.01	36.51％

相反地，由快速傅里叶变化装置获得的结果并不引人注目。关键路径互连长度并不占显著地位，并且 3D 实现只减少了 7％的延时。但是，华（Hua）使用改进装置通过技术缩放比较了所有设计的性能，结果如图 27－3 所示。增加两个额外的硅层大幅缩小了两代技术的差距。

内容寻址存储器用作联合查找，例如很像是辞典。你不需要知道一个要寻找匹配词的地址，所有我们需要做的就是提供这个词。使用这个方法，基于 3D 概念设计了三重内容寻址存储器。在单元级别（如图 27－4 所示），三重内容寻址存储器的表现受控于“匹配线”，即如果一个成功的匹配被找到，匹配线将会显示。在电路里，匹配线是最高等级的电容线。通过堆叠单元和详细优化选择层，它的长度可被减少（如图 27－5 所示）。使用 3D 分析工具能够实现并提取这个设计。结果如表 27－3 所示。通过 3D 实现，功率共减少 23％，这提供了一个引人注目的例子。

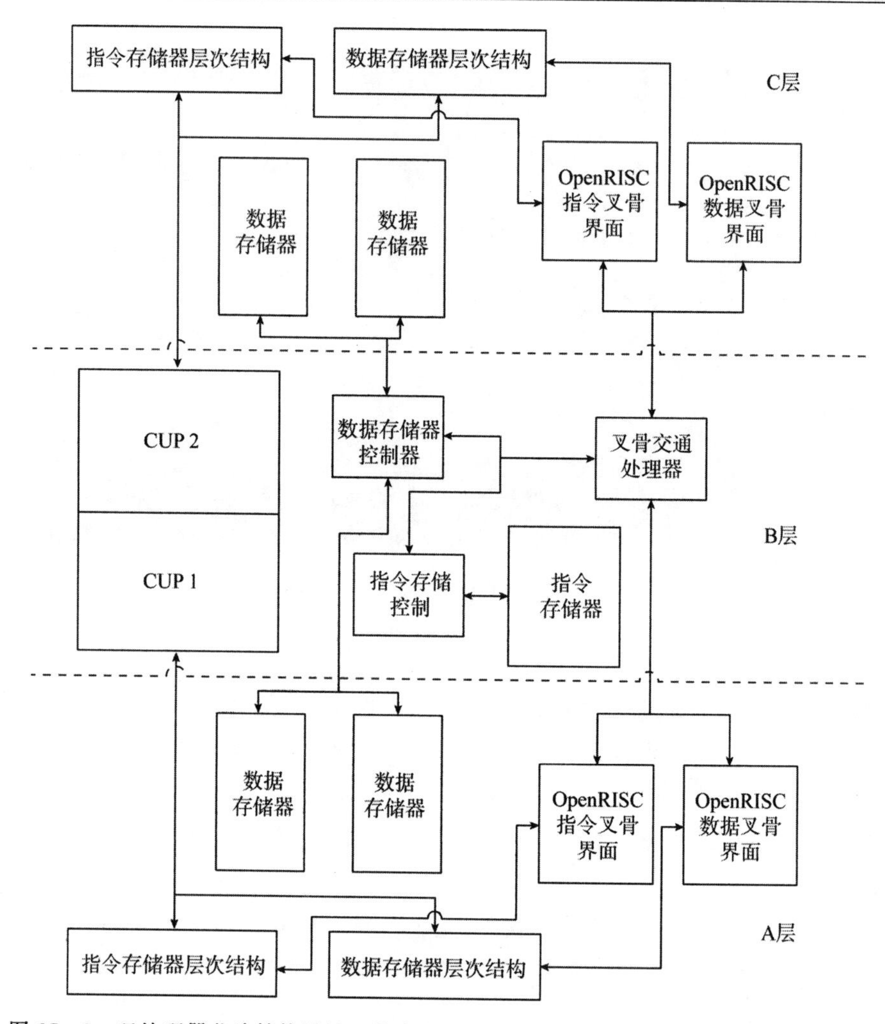

图 27-2　双处理器芯片结构设计于林肯实验室。每一层是指硅的一层中有三叠堆设计

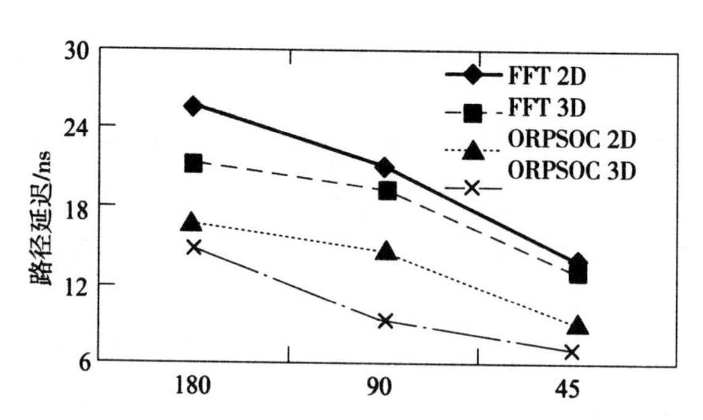

图 27-3　180 nm 技术下 3D 与 2D 延时对比。
每层硅对应三层金属。Fft 为快速傅里叶变换。
ORPSOC 为开放式集成处理器系统级芯片（如图 27-2 呈现的两种内核设计）。
两个附加的硅层基本与两代尺寸级技术匹配[7]

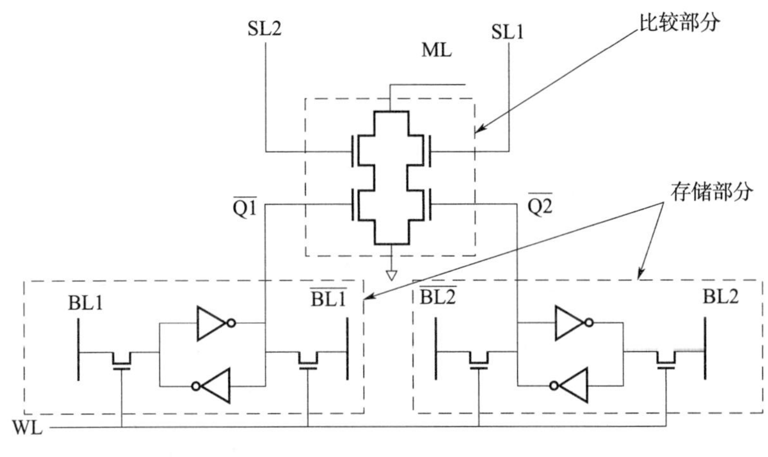

图 27-4　三重内容寻址存储器逻辑级电路

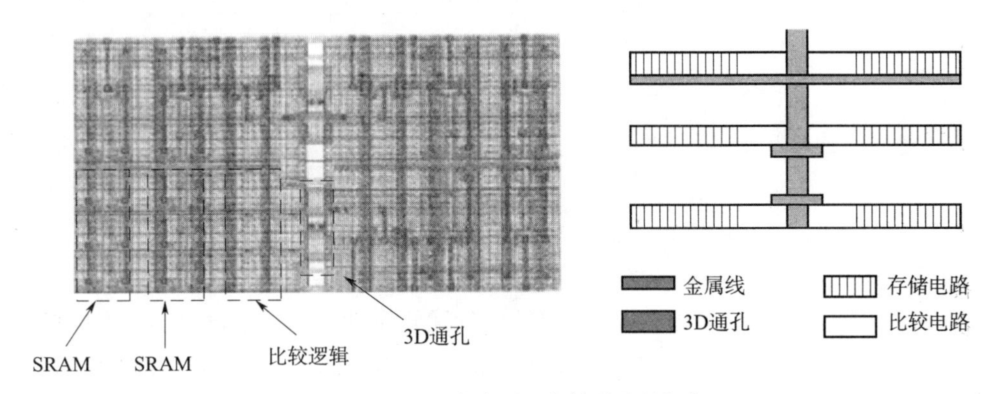

图 27-5　三重内容寻址存储器叠层架构

表 27-3

	2D 设计	3D 设计	改进
匹配线功耗/μW	44.6	32.3	28%
总功耗/μW	123	95.4	23%

27.3　计算机辅助设计

通过 3D 设计机构的支持，北卡罗来纳州立大学的 3D 设计团队基于 CADENCE 和 PTC 提供的转换工具，以及 PTC 与明尼苏达大学正在进行的合作，开发了一个完整的 CAD 流程。流程如图 27-6 所示。几个变化实现了 3D 设计。虽然第一版工具可以使用，但工具流程方面的工作仍在继续。在第一个版本中，作为一个大众熟悉的工具的补充，使用了 CADENCE 的 2D 工具。PTC 的机械套装用于热分析，为模型工具与 IC 设计工具进行接口。在第二代，真实的 3D 布局布线工具将取代 2D 布局布线工具。

对一个设计者来说，3D 设计流程中考虑的主要问题如下所示：

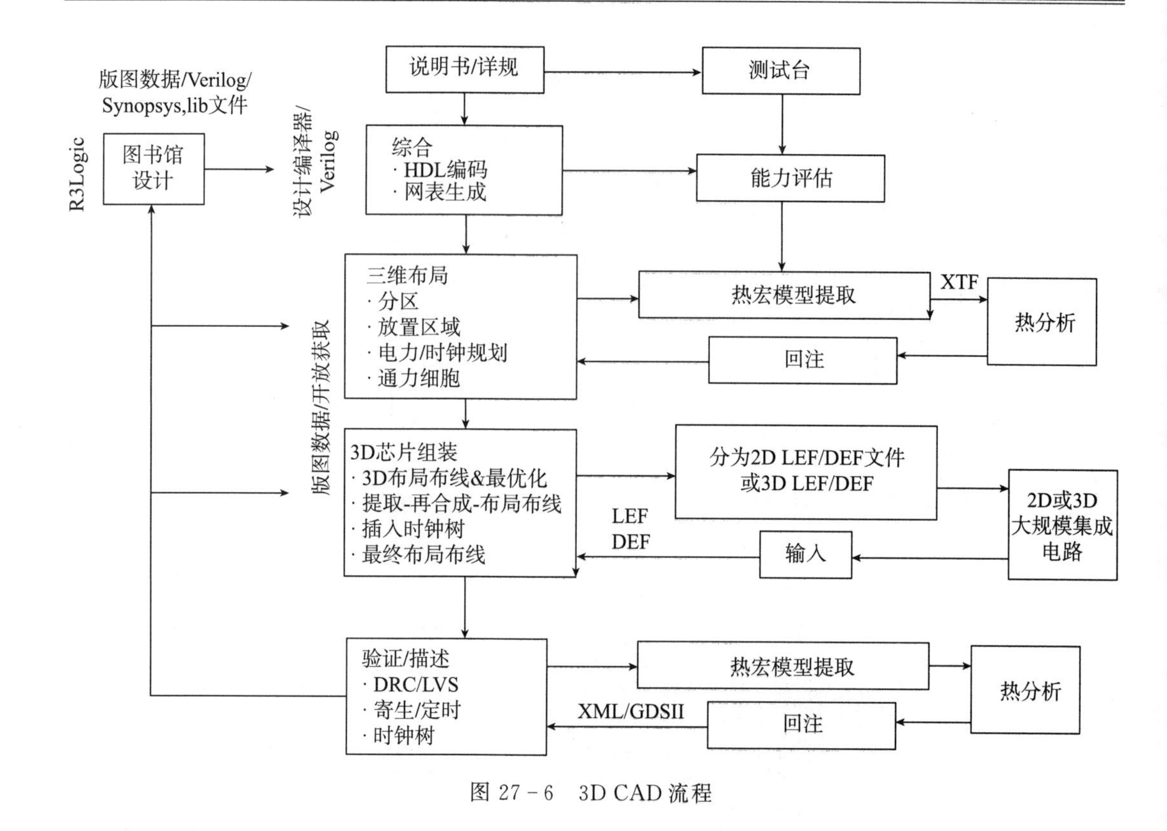

图 27－6　3D CAD 流程

1）3D 布局：真实的 3D 布局需要真实的 3D 优化设计。在一个设计中，不同模块 3D 空间的关系需要周密考虑，这将直接缩短连接路径。同时布局在热方面有着重要影响，将在下面进行讨论。

2）通过热分析进行高密度集成：这方面是非常重要的。热流密度，以及因此带来的传输装置每个附加层的温升。例如，在以上所有设计中，所有的热密度大约为 2D 设计的三倍。布局水平的本质是热分析，通过热分析决定为了控制温度，是否需要重排列模块。同样决定如果增加区域，是否需要分配散热孔。然而，当温度太高，增加的垂直孔仅提供一个额外的改进。在这个阶段，通过更好的选择设计模块以及它们的 3D 布局，温度更易控制。例如，一个“热”模块应该放置在紧挨热沉的硅层上。在详细设计完成后，热分析同样重要。例如，除非很清楚地了解器件温度，否则很难预测时序。一个重要的需要分析的电路是时钟电路。时钟缓冲不仅产生了许多热量（一般在 10%～20%），同时需要详细的时序分析。时序混乱时很轻易就导致了芯片失败。在时钟缓冲周围增加散热孔能够提供更好的温度控制。

27.4　讨论

通过详细选择应用，好的设计计划，完整的 3D 设计，能够得到比同样的 2D 设计更好的性价比。但是，如果没有这些，3D 设计不可能有大的优势，特别是在多重大范围连接性能起决定作用的设计中。

3D 设计也带来一些额外的负担。以上研究了日益重要的复杂热设计。另外还包括成本增加，样机研究的风险，以及成品率管理等问题。

众所周知，掩膜和晶圆加工的成本与第一个样机有关，大约在几百万美元的范围，并且随着更小节点技术的发展而迅速增加。事实上，对于一个 2D 设计，光刻多重 2D 设计的同时也创建了 3D 设计。3D 特定用途集成电路的成本与风险可能是相当令人沮丧的。对此没有许多公开的研究，但可能减轻成本和风险的方法包括下述：

1）集中在存储器上逻辑器件，这样可以分散风险。每个都有独立通道。

2）使在堆叠上的每个芯片在物理层上相同。这意味着只有一个掩膜组和晶圆运行。堆叠和集成后，配备使用软开关的连接。或者，简单地减少每一层的硅之间的差异，例如限制仅一个掩膜层的差异。

3）多个项目并行。

很少研究生产部门的问题。如果一个晶圆级芯片的成品率在 90%，那么一个两层叠层的芯片的成品率将为 81%，三层叠层则为 73%，以此类推。对于 3D，在成本上会造成明显的阻碍。幸运的是，至少有两种方法解决此问题。一个是使用高成品率的小芯片，另一个是使用晶圆 3D 集成的方法，而不是晶圆堆叠。如果分离的芯片被部分测试并分类（如之前掷骰子那样做），收益将提高。如果采用芯片叠晶圆，3D 集成的收益将最小。

参考文献

[1] Aull, B., Burns, J., Chen, C. et al. (Feb 2006) Laser radar imager based on 3D integration of Geiger - mode avalanche photodiodes and two SOI timing circuit laters. Proceedings of the IEEE ISSSC, pp. 1179 - 1188.

[2] Burns, J. A., Aull, B. F., Chen, C. K. et al. (Oct. 2006) A wafer - scale 3 - D circuit integration technology. IEEE Transactions on Education, 52 (10), 2507 - 2516.

[3] Banerjee, K., Souri, S., Kapur, P. and Saraswat, K. (2001) 3 - D ICs: A novel chip design for improving deepsubmicrometer interconnect performance and systems - on - chip integration. Proceedings of the IEEE, 89 (5), pp. 602 - 633.

[4] Davis, W., Wilson, J., Mick, S. et al. (Nov - Dec 2005) Demystifying 3D ICs: the pros and cons of going veritical. IEEE Design and Test of Computers, 222 (6), 498 - 510.

[5] Das, S., Chandrakasan, A. and Reif, R. (2004) Timing, energy and thermal performance of three dimensional integrated circuits. Proceedings Great Lakes Symposium on VLSI, 338 - 343.

[6] Hofstee, H. P. (May 2004) Future microprocessors and off - chip SOP interconnect. IEEE Transa ctions on Advanced Packaging, 27 (2), 301 - 303.

[7] Hua, H. (2006) Design and Verification Methodology for Complex Three - Dimensional Digital Integ rated Circuits, PhD Dissertation, NC State University, under the direction of W. R. Davis.

[8] Kuhn, S. A., Kleiner, M. B., Ramm, P. and Weber, W. (Nov 1996) Performance modeling of the interconnect structure of a three - dimensional integrated RISC processor/cache system. IEEE Transactions on CPMT, Part B, 19 (4), 719 - 727.

[9] Li, F., Nicopoulos, C., Richardson, T. et al. Design and management of 3D chip multiprocessors using network - inmemory, Proceedings ISCA. 06, pp. 130 - 141.

[10] Oh, E. C. and Franzon, P. D. (Oct. 2007) Design considerations and benefits of three - dimensional ternary content addressable memory. Proceedings IEEE CICC.

[11] Rahman, A., Fan, A. and Reif, R. (2000) Comparison of key performance metrics in two and three dimensional interrogated circuits. Proceedings International Interconnect Technology Conference, pp. 18 - 20.

[12] Rahman, A., Das, S., Chandrakasan, A. and Reif, R. (Feb 2003) Wiring requirement and three - dimensional integration technology for field programmable gate arrays. IEEE Transactions on VLSI, 11 (1), 44 - 54.

[13] Schoenfliess, K. Performance Analysis of System - on - Chip Application of 3D Integrated Circuits, MS Thesis, NC State University, under the direction of W. R. Davis.

[14] www. tezzaron. com.

第 28 章　3D 系统设计建模与设计方法

Peter Schneider，Günter Elst

28.1　简介

针对新的系统概念与形状因素，3D 集成可以为其提供多种实现方式。然而，由于不同功能模块的集成度较高，导致 3D 系统内部存在大量的物理连接。另外，在系统设计的早期就需要考虑到集成技术对系统功能的影响。

目前，在集成电路的设计过程中，主要的考虑是芯片上的互连。集成在商业设计环境中的场求解器可以用来提取寄生的 RLC 值。对于数字电路，一般采用各种复杂数据格式诸如 SPEF 或 DSPF 以及延时、串扰等对寄生参数进行研究与评估。通常，封装的散热问题以及电磁兼容性（EMC）都是在 IC 设计之后才进行考虑的。IC 设计中的散热问题在相当多的论文以及专项会议如 SENITHERM 与 THERMINIC 中都进行了研究。

对于 3D 集成，目前还没有建立相应的设计流程。此流程中应考虑到基于系统行为与可靠性的封装与集成技术的影响。但是，互连的电学关系、叠层中的散热及热-机械等问题也是必须要解决的。3D 系统的设计将面临以下挑战：

1）功能层位于每一个 3D 系统的次顶层；

2）不同材料与制造技术导致层的不同属性；

3）系统架构需要许多自由度；

4）功能层的设计工具与设计流程可能有很大不同。

目前，对于建模与仿真，有一些用于印刷电路板（PCB）设计与封装设计的方法和工具也适用于 3D 集成。

现在发表的成果主要集中于一些重要的话题，如热管理及模型建立[1-4]、内部互连电磁现象的详细分析[5-9]、电路级建模[10-17]以及热-机械分析[18-25]等。另外，还有一些文章对耦合物理问题进行了分析[26,27]。

采用合适的设计方法与工具可以进行 3D 设计，包括：

1）系统与架构设计，例如系统功能分割与层分配，堆叠层数据交换结构的设计（例如总线）等；

2）功能模块的设计，特别是相邻层之间集成的影响；

3）系统验证，例如几个层间连接的仿真研究；

4）可靠性评估。

这些任务或多或少地紧密关联。一个真正从零开始的 3D 设计是多判据的优化任务，包含大量的参数设计。

而目前3D集成主要是整合已有的芯片，因此有了许多的约束条件，减少了设计参数的数量，另一方面是带来了一些必须解决的新问题。

设计中最重要的不确定因素以及信息需求最强的领域是：

1）可能对半导体器件的功能模块造成影响的热耦合；

2）可能对系统可靠性和系统功能造成影响的热感应应力；

3）3D互连的电特性、层间的电耦合，特别是功耗和信号的完整性。

根据3D集成的分类，主要的影响因素也分别不同。图28-1所示为3D集成的基本方法以及对这些变量影响最大的物理因素。

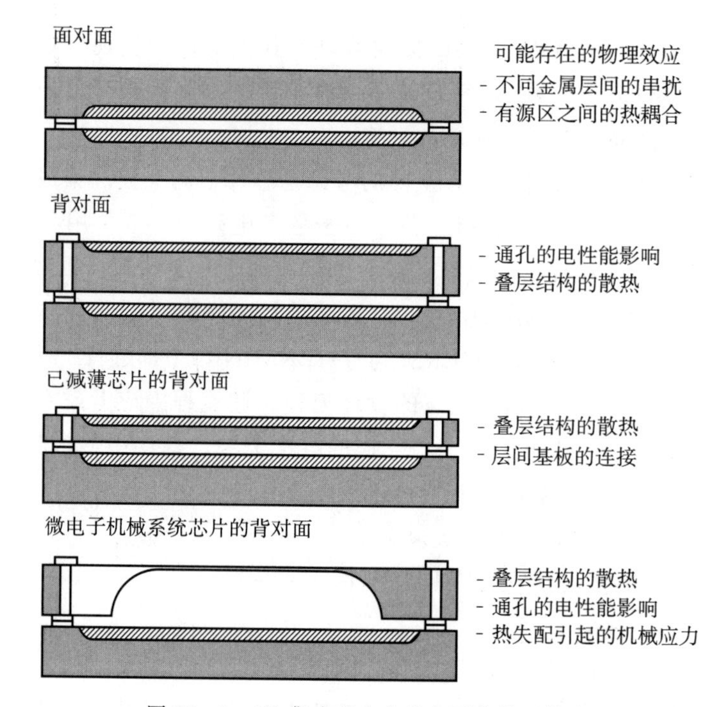

图28-1 3D集成基本方法与可能物理效应

设计过程中也必须考虑可靠性问题。其主要由互连技术决定，本书其他章节将进行详细研究。下面我们将关注3D集成对系统功能的影响。第一部分，我们将描述如何通过建模和仿真得到以上提到的信息，并提供给设计者。第二部分，我们主要关注一些关键的地方，诸如低功耗与可测性设计。

28.2 建模和仿真

3D设计的一个基本问题是缺乏一些相关信息，这些信息主要是由于不同模块的高密度集成而产生的。因此，必须获得来自不同物理区域的信息并提供给设计者才能解决这个问题。由于不同结构以及物理效应的影响，解决这些问题的关键方法是进行建模和仿真。因此，需要对于互连结构多等级多物理分析合适的方法。

根据不同的设计步骤，需要不同的模型，从而进行不同的类型仿真：

1）基于诸如有限元法（FEM）、有限差分（FDM）等偏微分代数方程（PDE）对物理效应进行详细分析；

2）基于系统精度稍低但速度较快的更复杂系统的分析，通常基于微分代数方程（DAE）。该方法广泛应用于模拟电路仿真，诸如 SPICE 以及以 VHDL－AMS 或 Verilog－AMS 等语言为基础的模型；

3）数字电路的仿真，包括寄生参数的提取；

4）系统级仿真，通常使用信号流向的方法以及诸如 MATLAB/SIMULINK 等工具进行仿真。

通过模型提取，必须提取物理信息。因此，需要分级进行建模与仿真（如图 28－2 所示）。

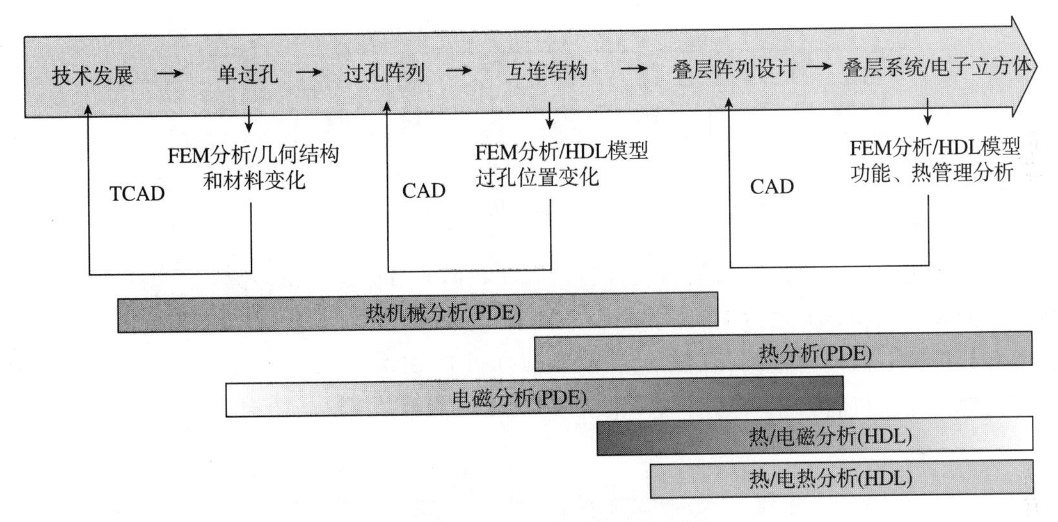

图 28－2　建模与仿真的继承方法

基本的设计思路是先进行分析，其次优化输出结果，最后作为输入在下一级进行建模。例如，通过热-机械分析可以分别用来评估单个通孔和多个通孔的可靠性。另外，不同的形貌和材料参数也可以进行分析。RF 电路中的单个过孔，互连结构电学参数和电磁特性可以通过 PDE 电磁场求解器进行计算，电路寄生参数如电阻，电容和电感可以提取并用于随后的系统级仿真行为模型。PDE 求解器同样可以用来研究局部内连接结构的热行为、层装配及驱动行为模型。在考虑了上述提到的影响因素后，可以将电-磁和热行为模型与系统的电模型结合，来进行系统级的仿真。

28.2.1　建模方法

一定厚度的叠层以及各层之间的互连构成了叠层结构。虽然各层的连接使用不同的集成技术，但由于相邻两层之间有着相同的形状，因此，可以采用相同的方法进行建模。图 28－3 所示为网络模型的基本原则：上面部分表示整个几何体的分层，下面部分表示简化的热阻网络。网络元素代表着芯片、金属层以及芯片内通孔的热流。通常，也需要将热容考虑在内，它代表每个网络节点与地之间的热容量。

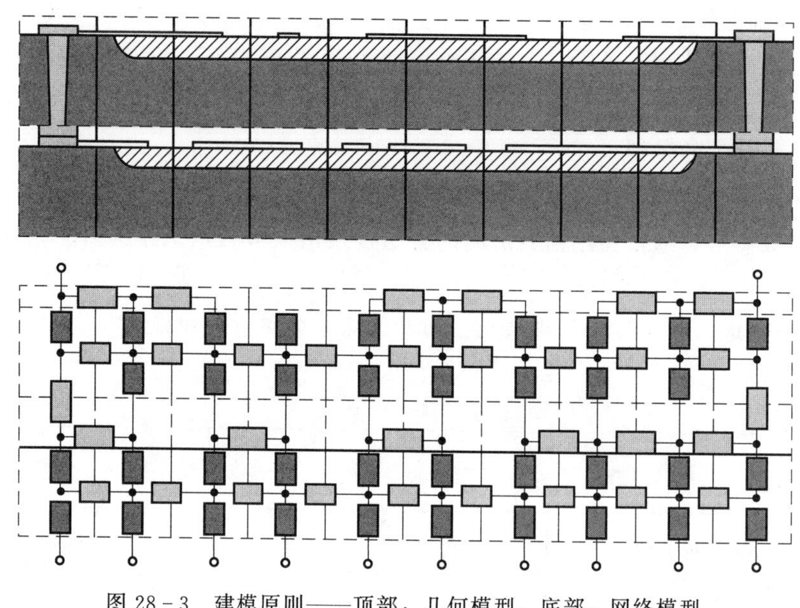

图 28-3　建模原则——顶部：几何模型，底部：网络模型

因为要进行不同物理区域的仿真分析，因此我们的目标是在不依靠工具的情况下要生成相应的局部结构，并通过 PDE 求解器半自动生成模型。基本的流程是首先建立基本结构的参数模型，然后再根据几何形状、材料属性以及 PDE 求解器的元素类型等不同的物理影响对该结构进行修正（如图 28-4 所示）。作为补充，这些结构同样也提供电热仿真。

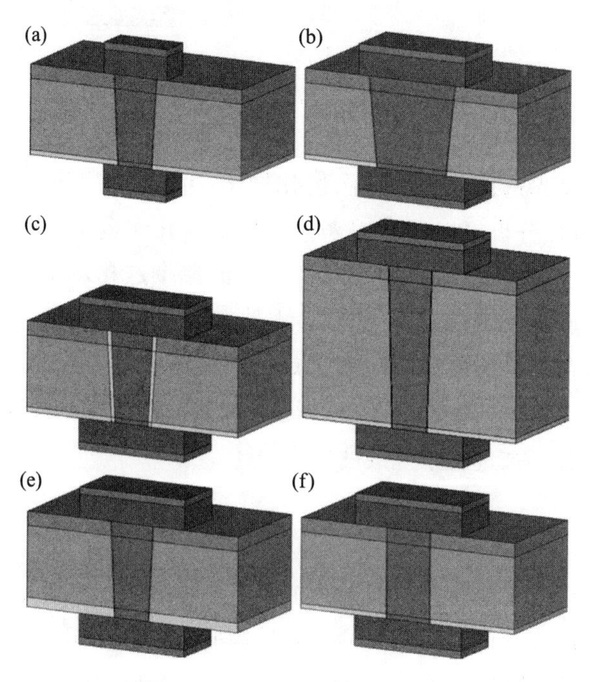

图 28-4　参数化的基本模型

叠层系统完成模型建立后，必须包含标准芯片区域、内部芯片的连接区域、未连接区域及放置 3D 系统的印刷电路板区域等模型。不同互连的基本模型如图 28－5 所示。

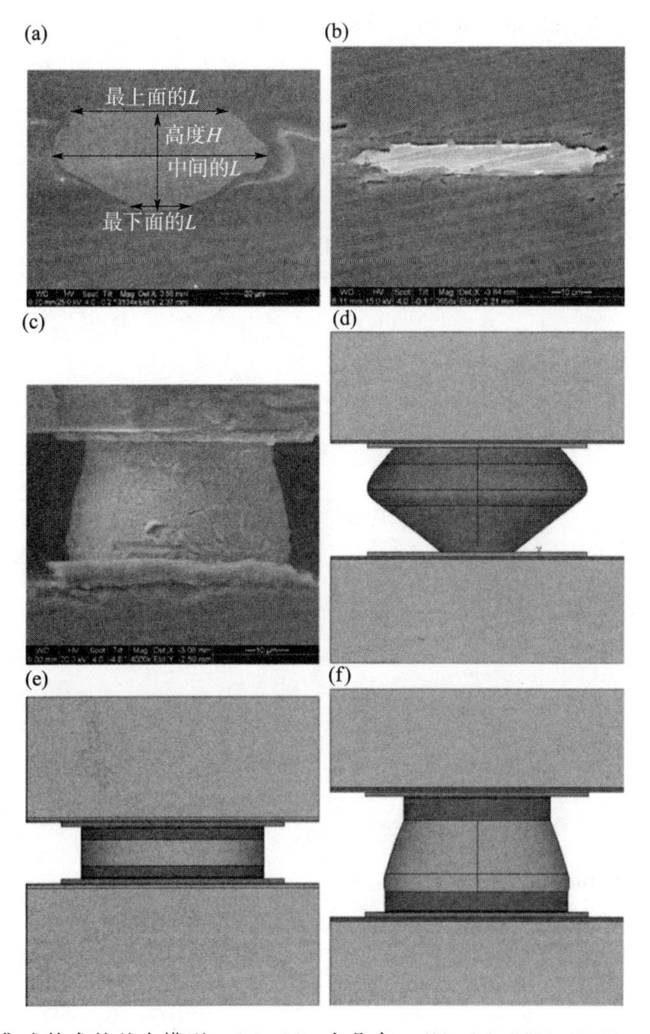

图 28－5　不同集成技术的基本模型：(a)（d）金凸点；(b)（e）ICV－SLID；(c)（f）微倒装

使用 XML 语言可以不通过工具生成代表结构。图 28－6 给出了一个 ICV－SLID 例子。

通过 PDE 求解器将基本模型组合为复杂模型，各模型的接口必须符合以下几个约束：

1）相邻几何体的大小必须相等；

2）通常情况下各层的材料要与相邻模块相同，但这点不是绝对的；

3）相邻接触面有限元网格应相同或非常相似；

4）在接触面区域，模型之间的边界条件和自由度必须匹配，例如在热分析中热量和温度必须匹配。

为了允许在有限元级别进行模型组合，必须统一几何形状、材料及有限元等，甚至诸如材料类型或者有限元类型也必须一样。

```
〈Project〉
    〈Name〉 eCubes 〈/Name〉
〈Description〉 ICV cell geometry 〈/Description〉
〈Geometry〉
〈Name〉 Dimension 〈/Name〉
〈Parmeter〉
〈Name〉 X 〈/Name〉
〈Value〉 50 〈/Value〉
〈/Parmeter〉
〈Parmeter〉
〈Name〉 Y 〈/Name〉
〈Value〉 50 〈/Value〉
〈/Parmeter〉
〈/Geometry〉
〈Geometry〉
〈Name〉 CopperPad 〈/Name〉
〈Parmeter〉
〈Name〉 X 〈/Name〉
〈Value〉 25 〈/Value〉
〈/Parmeter〉
〈Parmeter〉
〈Name〉 Y 〈/Name〉
〈Value〉 25 〈/Value〉
〈/Parmeter〉
〈Parmeter〉
〈Name〉 Height 〈/Name〉
〈Value〉 5 〈/Value〉
〈/Parmeter〉
〈/Geometry〉
•
•
•
〈/Project〉
```

图 28-6　XML 示例

以上描述的建模方法既允许对单个基本模型进行详细分析，又可使用 PDE 求解器建立复杂模型，并且通过几何体与 HDL 模型之间的相互关联，还可以建立复杂的系统级模型。

28.2.2　元件级仿真

用元件级仿真替代整个系统，使用诸如有限元方法可以对这些限定结构（例如基本模块）进行非常细致的分析。整个系统仿真最关注的参数集中在：

1）电参数，例如高低频电阻、电容及电感；

2）热阻及热容等热参数。

28.2.2.1　低频下的电路参数计算

对于寄生电路单元的参数模拟，使用 PDE 求解器进行场计算是一个重要的方法。使用 PDE 求解器或根据静电与电磁场的计算结果，能够得到电感、电阻及电容的值。

这里主要有两种可能性：

1）通过 PDE 求解器得到系统矩阵以及所需寄生单元参数的外部驱动；

2）使用 PDE 求解器得到静电场与电磁场。

a）电阻：电流或电流密度的定义——静电仿真——从压降结果抽取电阻；

b）电容：电极处施加电压——静电仿真——从能量场提取电容；多“电极”：每周期两个极进行多重仿真；

c）电感：电磁场仿真——从磁通量关系提取电感；多“电极”：每周期两个极进行多重仿真。

通过 ANSYS 特殊的宏命令支持由于多电极导致的多重仿真运行。

提取 ICV－SLID 结构的电阻与两相邻结构间的电容，如图 28－7 所示。

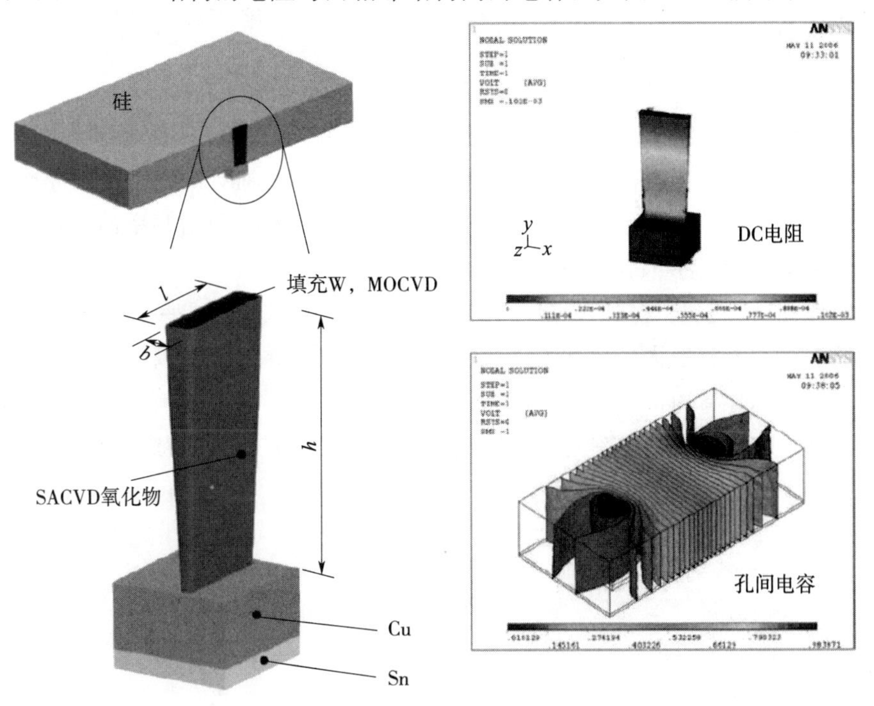

图 28－7　器件级仿真——ICV－SLID 与阻容抽取

图 28－8 所示为使用场的方法计算两相邻固液扩散结构基本网络模型的结果。单独通孔制造过程中的偏移可通过 x 和 y 参数的偏移考虑。孔间 R（x）与 C（x）的耦合参数作为距离 x 的函数。对于多孔结构，必须从参数模拟中获得数据才能执行多重计算。

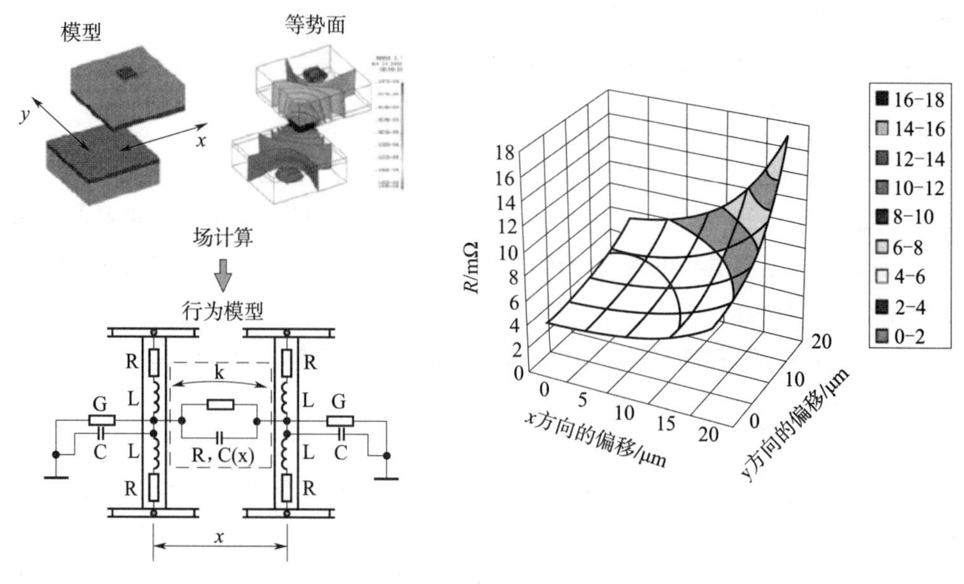

图 28－8　场计算得到的基本网络

重要的数据不仅包括距离与误差，也包括模型的几何属性。图 28－9 以实例说明了互连结构（图 28－5 所示）的直径与高对产生电阻的影响。由于技术原因，芯片间通孔-固液扩散结构的高固定为 13 μm。

28.2.2.2　高频下的电性能

所选的布线与复杂叠层系统内的芯片互连直接影响到整个系统的性能。诸如电磁兼容性与串扰等较为重要的因素是由电磁耦合导致的。内部芯片通孔的电性能对整个叠层系统的性能是非常重要的，尤其是在高频情况下。与需要考虑孔电阻对频率的依赖性类似，孔间与孔对地的电容和电感耦合也需要考虑。

频率依赖性基于积肤与邻近效应。在高频情况下，积肤效应是一种特殊的现象，其会导致导体的表面电流密度大于内部的电流密度。因为能量在导体周围的介质中流动并且作为阻尼区域渗透到导体内部，所以电流趋向于在表面流动。一般而言，频率越高，积肤效应越明显。通过表面深度 δ 来确定电流密度的下降，其中 δ 用来表征电流下降到 1/e 的深度式（28－1）

$$\delta = \sqrt{\frac{2}{\omega\mu\sigma}} \tag{28-1}$$

式中　ω ——角频率；

μ ——渗透率；

σ ——电导率。

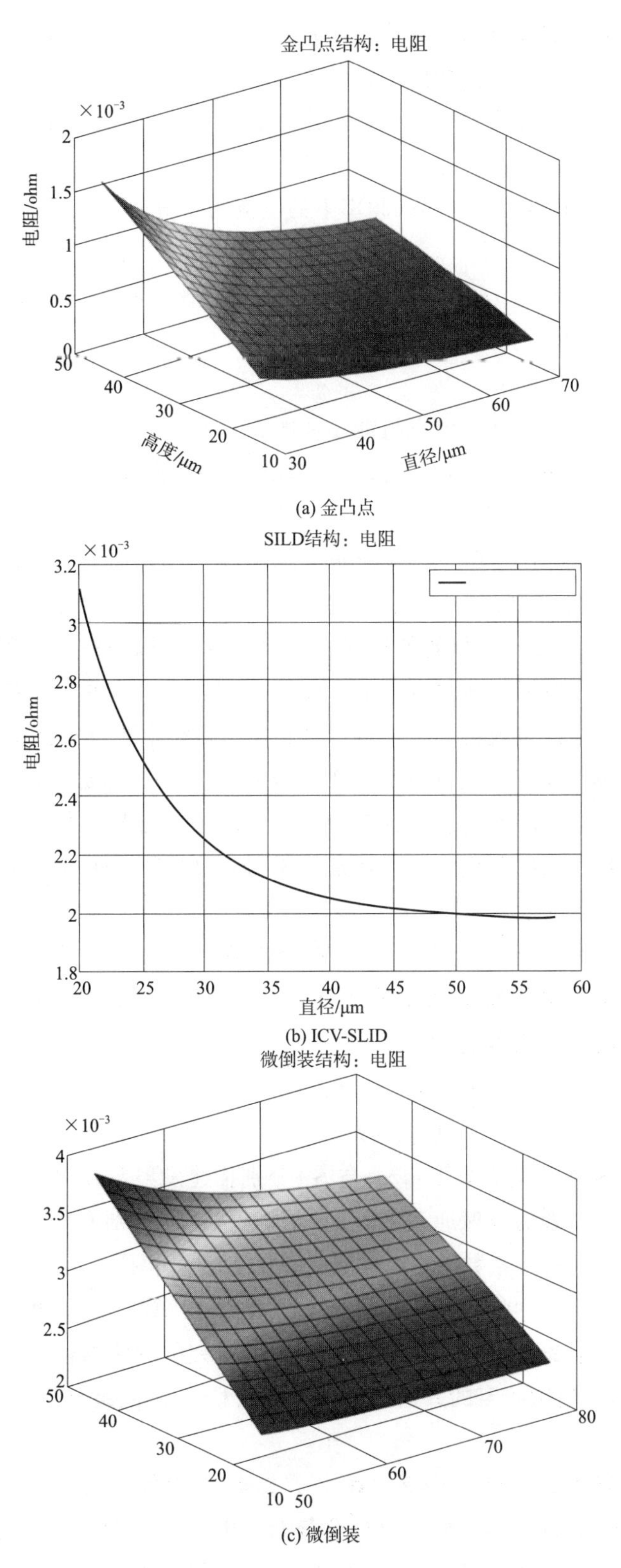

图 28－9　图 28－5 中互连结构电阻的参数分析

当两个邻近导体足够靠近时，导体内电磁场相互影响从而改变电流分布。电流拥挤的现象称为邻近效应。如果电流向相同的方向流动，那么此效应在电流分布上有排斥力，并且产生一个相对的位移。相反，则产生吸引力。邻近效应的强度取决于通孔间距离。距离越小，邻近效应越强。

图 28－10 所示为不同孔径、不同频率下的电流密度分布。

图 28－11（a）所示为直径 10 μm 的通孔的电阻分布与工作频率的关系（连续曲线）。图 28－11（b）中，距离 20 μm 的同样面积的 1/4 的导体会有一个小的改进（虚线）。下一步，固定频率为 10 GHz，孔距从开始的 20 μm 减到 2.5 μm。距离上的减少使电阻趋向于大面积导体的值（虚线）。

过孔截面形状大多是圆环，但也可能是如图 28－12（a）～（c）所示形状。其所需的区域总是相同的（$7\times7\ \mu m^2$），但随着工作频率的不同电阻也不同。目前对截面的研究只是概念性的，暂不考虑制造能力。

比起图 28－12（b）中的结构，图 28－12（a）中的结构有一个较低效的区域，并且随之而来的是电阻的直流值更高，但这个缺点在高于约 3 GHz 处消失了（虚线与实线对比）。图 28－12（c）有四个平行的外连接过孔（1－4），以及一个内部分离的过孔（5），外部过孔在第一个例子中通过相同方向的电流。在第二个例子中，没有呈现内部过孔，第三个例子中，过孔 5 中的电流方向与外部过孔相反。最终电阻分布如图 28－12（d）所示。对于 5 GHz 以上的频率，例 3 中的电阻变得比结构图 28－12（a）、（b）更低。

通过提供过孔分布电阻作为行为模型，它们可以在系统电行为的精密仿真中运用。

为了描述高频线形网络的电性能，经常使用的分散参数也叫 S 参数。这个方法实际上也代表互连结构的电行为。

描述为 N 端口网络的 S 参数矩阵包含 N^2 个参数。图 28－13 描述了最常见的两端口网络。如式 28－2 所示，包括发射功率曲线（a_1，a_2）间关系，反射功率曲线（b_1，b_2），以及带有 4 个参数的 S 参数矩阵。

$$\begin{pmatrix} b_1 \\ b_2 \end{pmatrix} = \begin{pmatrix} S_{11} & s_{12} \\ s_2 & s_{22} \end{pmatrix} \begin{pmatrix} a_1 \\ a_2 \end{pmatrix} \tag{28-2}$$

两端口网络的 S 参数定义如下：S_{21} 与 S_{12} 分别描述发射与反射电压增益，它们是结构相反的传输行为。端口处的反射通过 S_{11} 与 S_{22} 进行描述，分别为输入输出电压反射系数。

S 参数通过无量纲的复杂数字进行描述，例如，通过相位与幅度，或是实部与虚部。

这些参数能够被实际测量或是通过仿真工具模拟，例如，使用微波工具 PDE 求解器。获得的 S 参数的特征曲线用于通过参数优化提取所研究的网络结构。

图 28－14 所示为使用给定的几何与材料参数及 CST 微波组件建立的 ICV－SLID 结构参数化 3D 模型。

下一步，执行频率达 100 GHz 的仿真，并提取 S 参数 S_{21}、S_{12}、S_{11} 与 S_{22}。图 28－15 所示为幅度分布，图 28－16 所示为相位分布。由于结构对称，S_{11} 等于 S_{22}，S_{21} 等于 S_{12}。使用特性曲线，可以提取 28.2.4 小结中结构的等效网络。

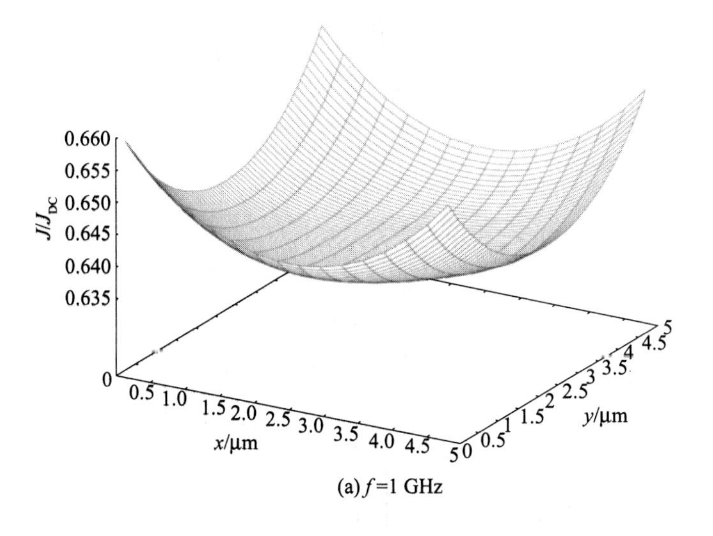

(a) f=1 GHz

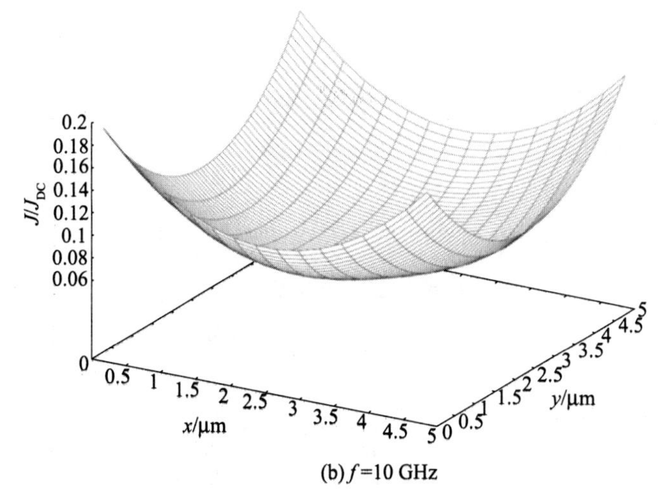

(b) f=10 GHz

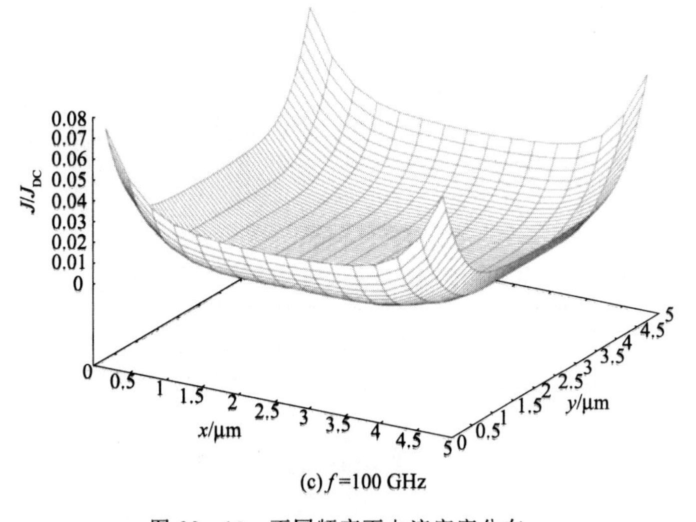

(c) f=100 GHz

图 28-10　不同频率下电流密度分布

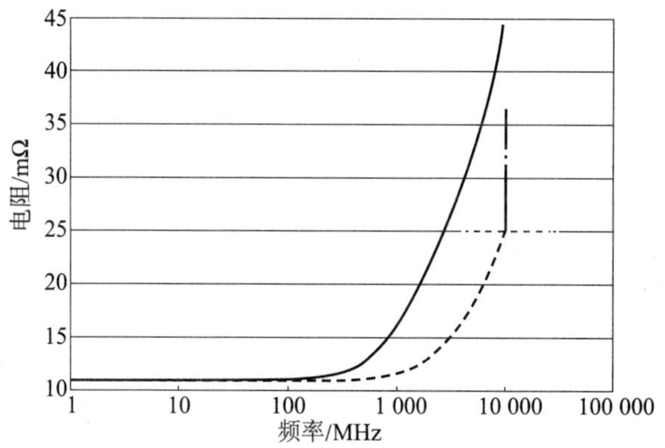

(a) (——) 单个过孔，(-·-) 某一确定距离下的过孔，
(---) 在固定频率下的距离减小的过孔距离

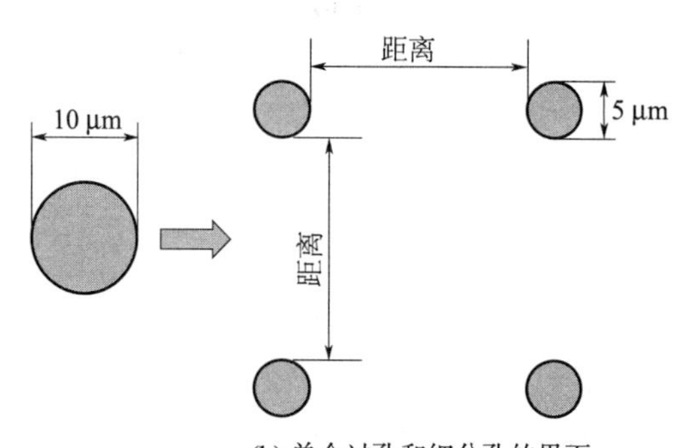

(b) 单个过孔和细分孔的界面

图 28-11　电阻是频率的函数

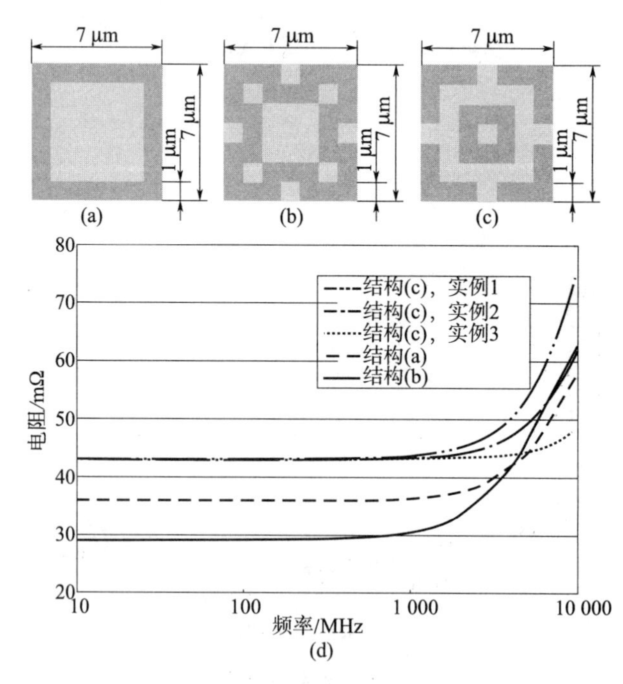

(d)

图 28-12　(a) ～ (c) 过孔的不同截面 (d) 随频率变化的电阻

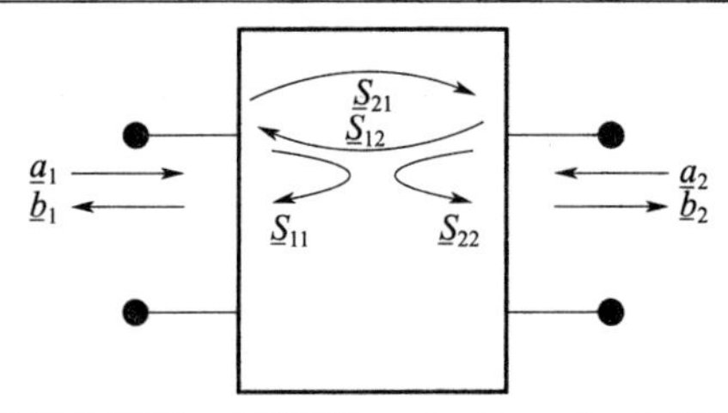

图 28 - 13 S 参数的两端口网络[28]；式（28 - 2）中所示的 S 参数矩阵

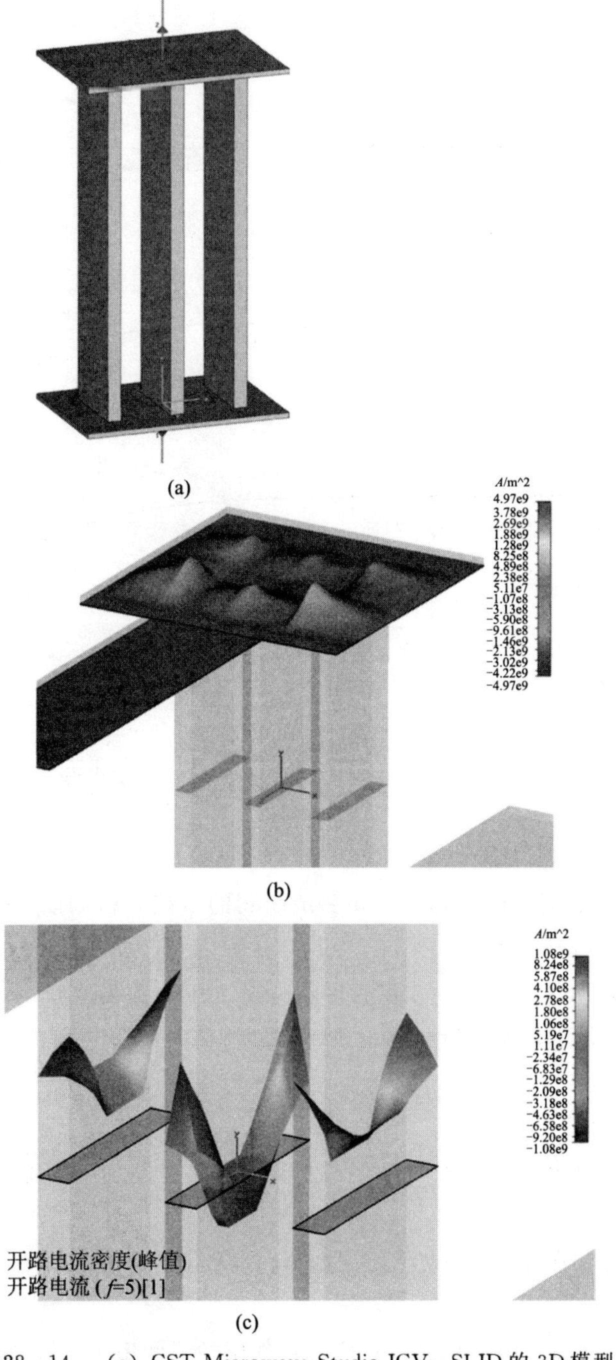

图 28 - 14 （a）CST Microwave Studio ICV - SLID 的 3D 模型；（b）顶层与孔结构 y 方向电流密度的仿真结果；（c）通孔结构

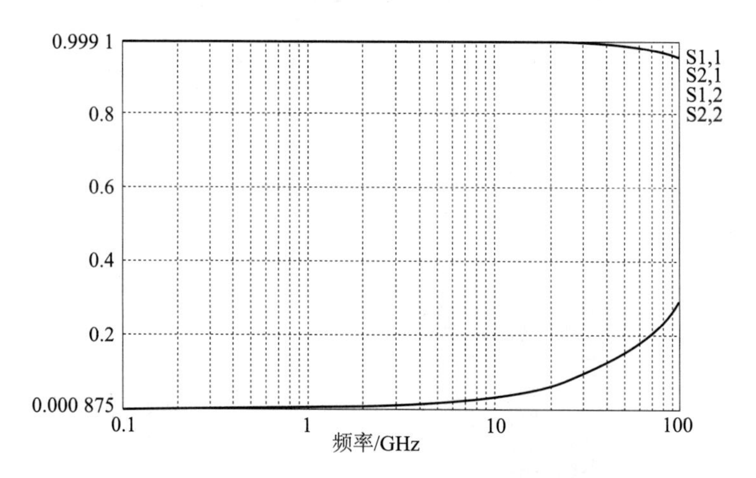

图 28－15　S_{11}，S_{12}，S_{21}与S_{22}的 S 参数幅度

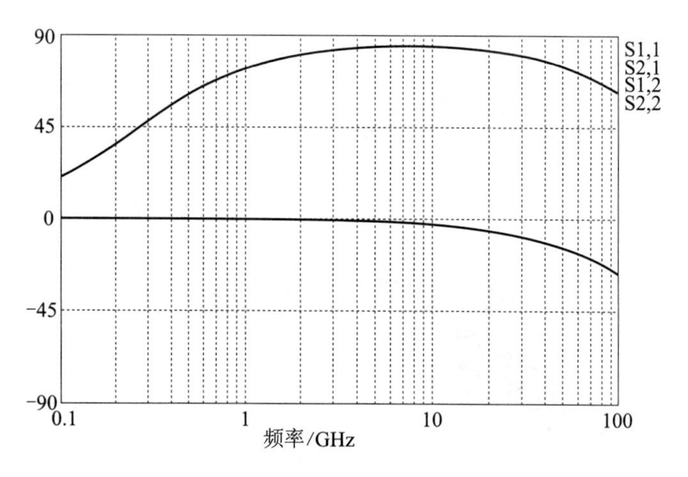

图 28－16　S_{11}，S_{12}，S_{21}与S_{22}的 S 参数相违

28.2.2.3　串扰

面对面叠层走线之间与同一芯片内相邻走线间的串扰分析如图 28－17（a）所示（线深 350 nm，线宽 200 nm，线长 100 μm，线 2 与线 3 距离 300 nm，芯片间距离 8 μm）。线 3 输入输出终端电阻 50 Ω，线 1 线 2 仅有尾端电阻 50 Ω。因为层间距 d 较大，绝缘常数较小，所以相邻层的线间串扰接近于同一层相邻线间串扰的 1%，结果如图 28－17（b）所示。

据此，可以得到以下结论：

1）与芯片级走线相比，ICV 电学参数不会导致过高的额外信号延时，如图28－8所示；

2）ICV 几何形状在 10 GHz 范围内对电行为没有影响的，如图 28－11 和图 28－12所示；

3）一般而言，与同一层的相邻线相比，相邻层的线间串扰可以忽略。

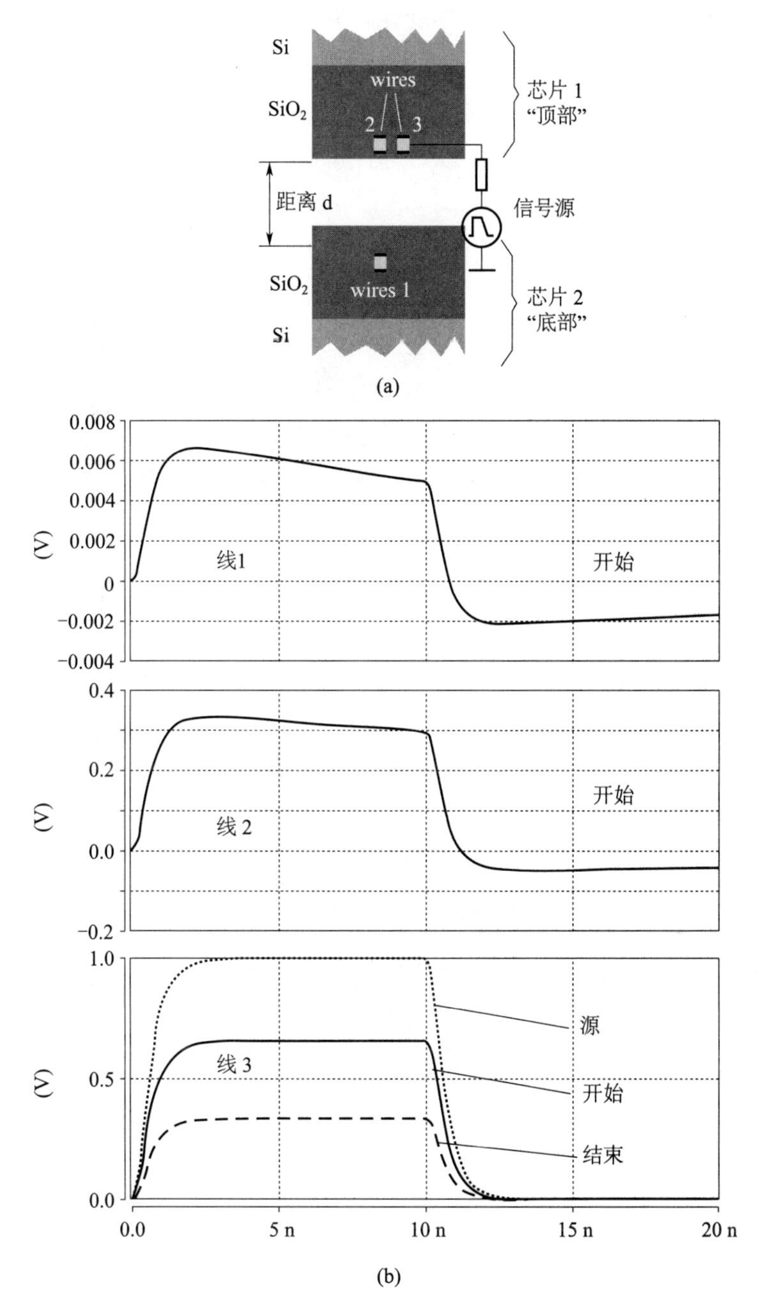

图 28 - 17　(a) 针对串扰计算的几何体；(b) 串扰计算的一些结果

很可能，VSI 中对于高速与射频的 3D 走线不做限制。相反，3D 走线中缩短连接能够降低延时。

28.2.2.4　热行为

通过执行单个互连结构的热仿真（例如，基本模型），能够提取诸如热阻、热容的单元参数。它们可用于构建热等效网络，该网络能够用于整个系统仿真或预评估。

与电参数的研究相似，几何属性能够变化，并用作热阻与热容参数。

图 28－18 所示为内部互连结构（如图 28－5 所示）直径与高度对热参数的影响。由于技术原因，ICV－SLID 结构的高度固定为 13 μm。

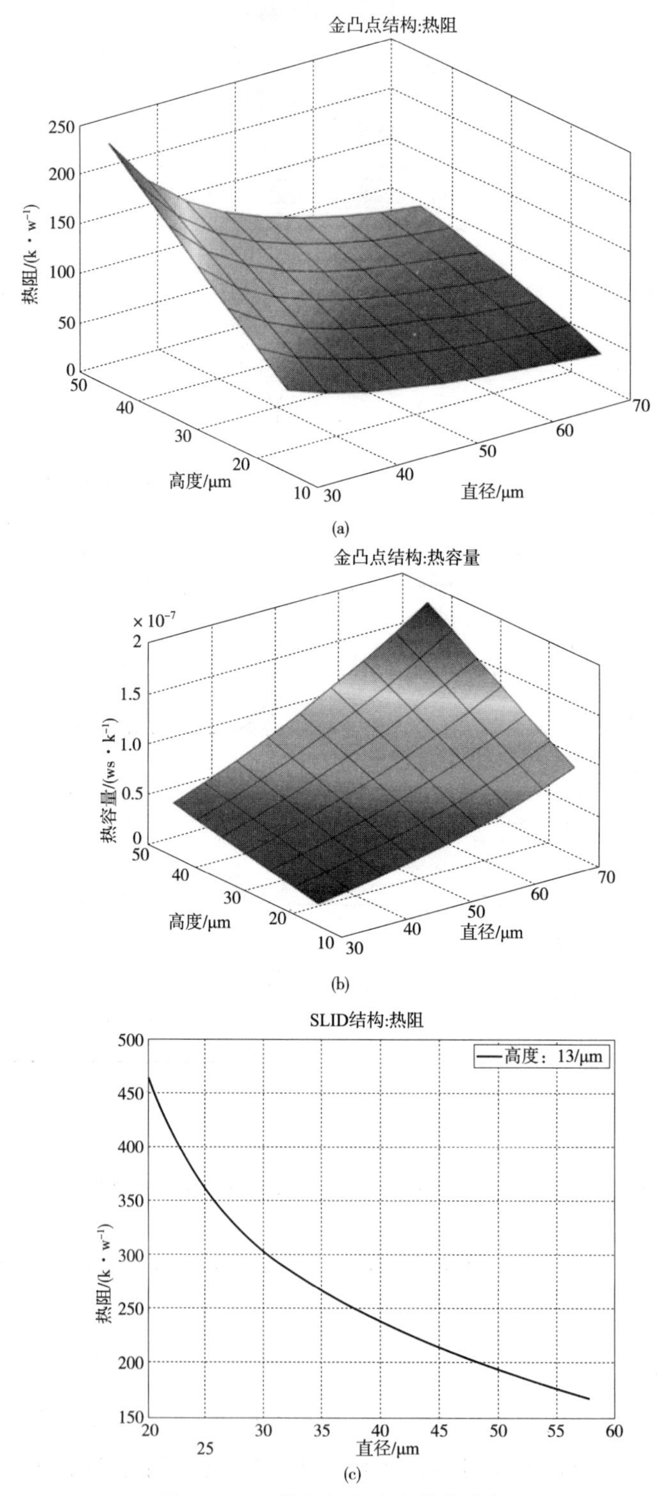

图 28－18　热阻与电容参数化分析

28.2.3　热压力对微电子机械系统的影响

由于不同层的热膨胀系数不同，可能会导致机械压力。一方面，可能导致可靠性问题，另一方面，可能影响系统行为。特别是可能导致传感器集成问题。影响包括：

1）压电传感器中通过施加机械压力改变电传导率，例如压力和力传感器；

2）摆动结构中改变悬挂条件，例如，改变陀螺仪和加速度计降低本征频率；

3）针对静电驱动改变梳齿结构距离；

4）修改微流体通道几何形状。

必须考虑这些影响并补充叠层设计。

28.2.4　复杂叠层结构仿真

热在微系统与集成电路中的影响逐渐增加。特别是针对预防局部热点，整体叠层的热仿真非常有益。

对于三层叠层（如图 28－19 所示）的结构，热分析的结果如下所示。应用 28.2.1 所述的建模方法进行建模。

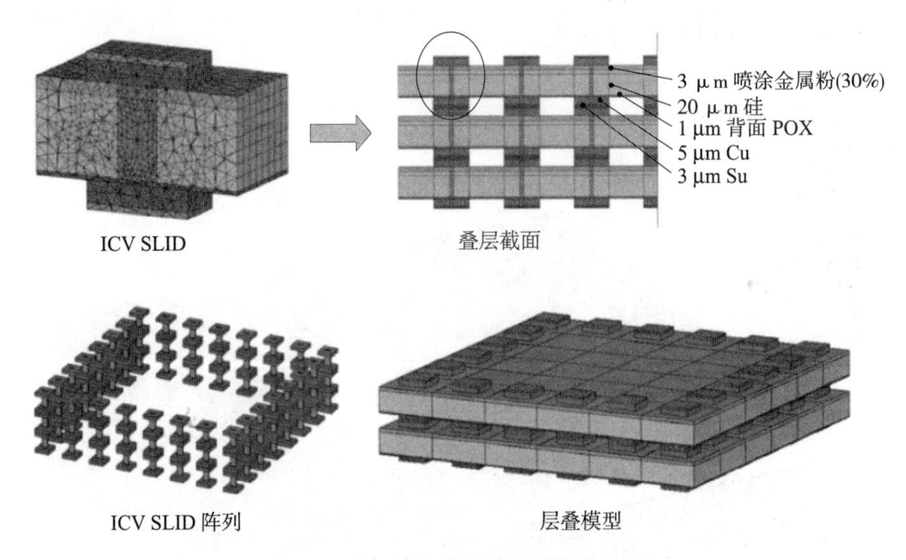

图 28－19　基本模型叠层结构的建立

由于层约束以及层间线长度的要求，出现这样一个情况，即在某个操作模式下，三层中某一同样的坐标位置同时处于活动状态。这将导致出现局部热点，如图 28－20（a）所示。

通过增加前面介绍过的散热孔，如图 28－20（b）所示，最高温度下降。目前，研究已扩展到分析额外操作模式与优化标准两方面结合。

在此，我们展示了使用 PDE 求解器 ANSYS 得到的叠层结构热仿真结果。

同时为了考虑电热影响，传输模式必须考虑温度的改变。包括引入局部温度作为相关电特性等式中的变量。另外，有必要计算基于电特性的功耗。因此，电路仿真必须满足一

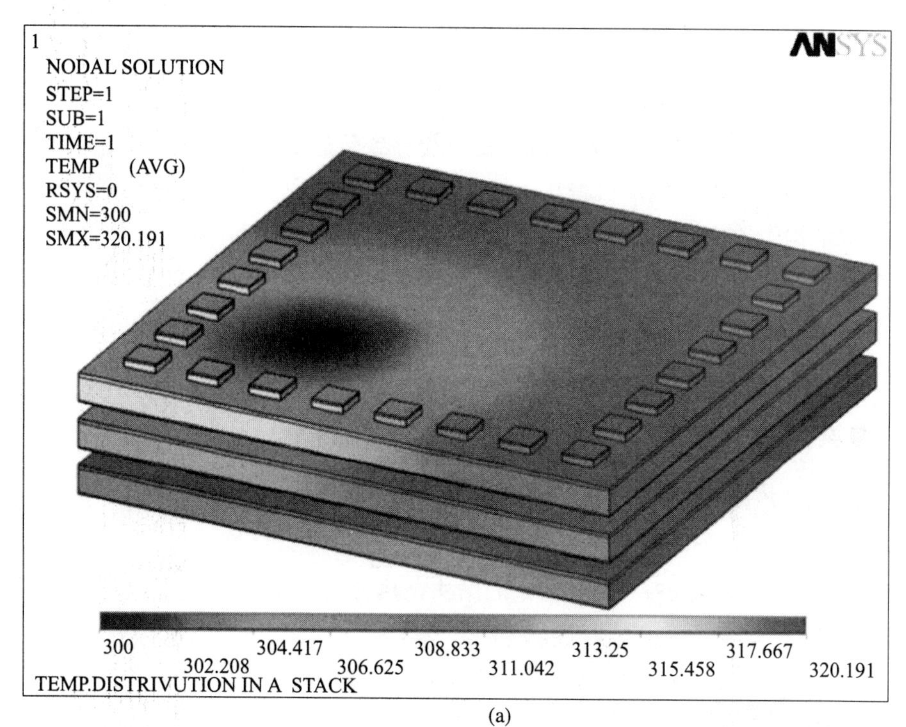

(a)

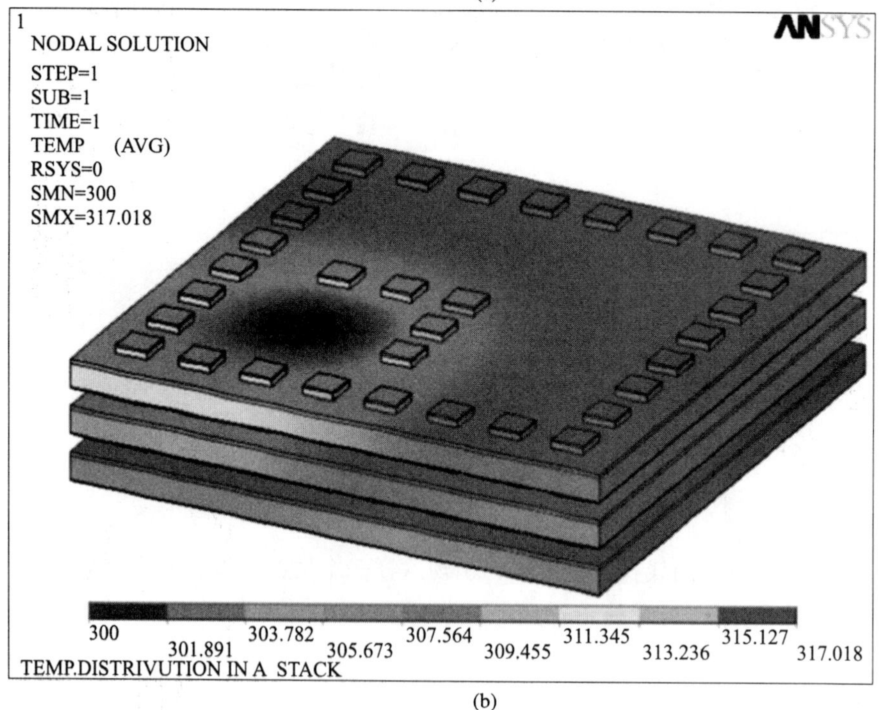

(b)

图 28-20 (a) 左下角叠层结构，T_{max} =320 K；(b) 附加过孔的叠层结构，T_{max} =317 K

些要求，特别是新（或者延伸的）模型的集成。

与热网络组合或叠层结构的行为模型相结合，整个系统的耦合电热模型是可行的（如

图 28 - 21 所示）。

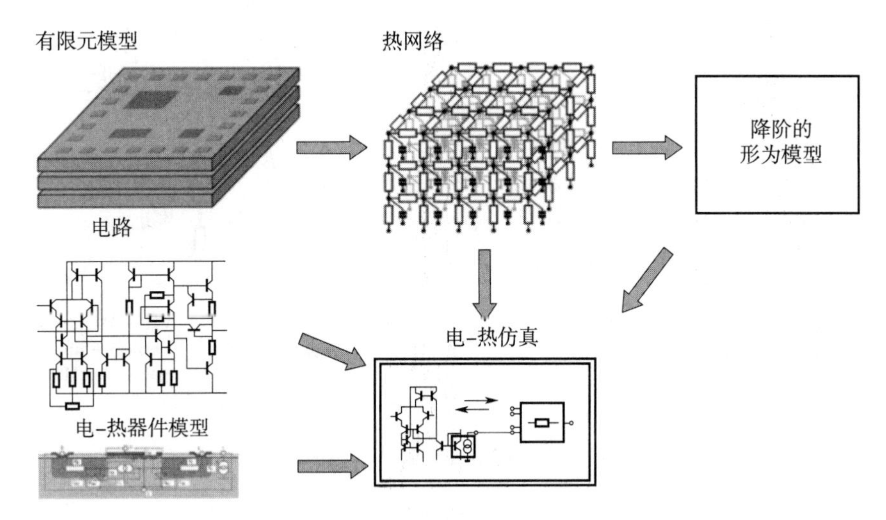

图 28 - 21　电路和热模型叠层结构的电-热仿真

为了生成叠层结构的热网络，首先必须将叠层结构模型化，例如，使用 PDE 求解器 ANSYS。整个模型由基本模块组成，它们由 ANSYS 利用几何单元与材料生成（如图 28 - 6 所示）。接着，通过直接顺序减少方法见 28.2.5 节或使用 ANSYS 热仿真结果通过参数优化或运算法则将热网络从有限元单元模型提取出来。

进而，依赖温度的整个叠层结构的网络装置，必须用电热装置模型替换明显损失功率的装置。

最后，带有散热引脚的电路连接到热网络或此网络为缩短 DAE 级缩短仿真时间而减小的顺序行为模型。

28.2.5　系统级计算机辅助模型生成的方法

通过以下几种方法生成系统级仿真的模型：参数优化，模型降阶与近似（如图 28 - 22 所示）。这些方法与 PDE 仿真模型参数的计算结合。

28.2.5.1　优化

使用预先计算好的 S 参数分布（如图 28 - 15 和图 28 - 16 所示），通过大量的参数优化生成 RLC 参数网络。为此，需要使用普通网络模型（图 28 - 23 所示）通过电路仿真计算 S 参数。使用优化工具可以优化网络参数。作为目标优化，从微波工具与电路仿真中提取 S 参数。正确选择优化参数的初始值对于取得好的优化结果非常重要。可以通过网络参数的粗略计算得到一个简单结构。

代替等效 RLC 网络，可以使用诸如 VHDL - AMS，Verilog - AMS 及 Modelica 等模型语言构建行为模型，同时也可以进行参数化。

28.2.5.2　模型降阶

例如，为了研究系统级热影响（见 28.2.4 节），应用模型降阶方法生成行为模型。接

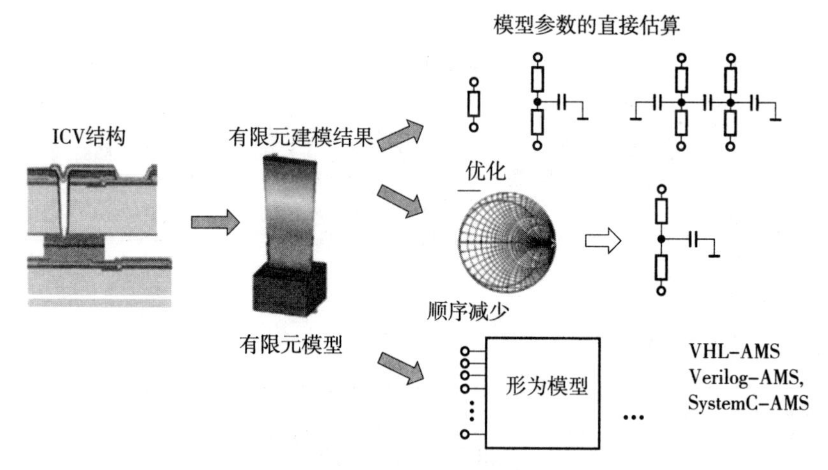

图 28-22　使用有限元模型或有限元结果的系统级驱动模型

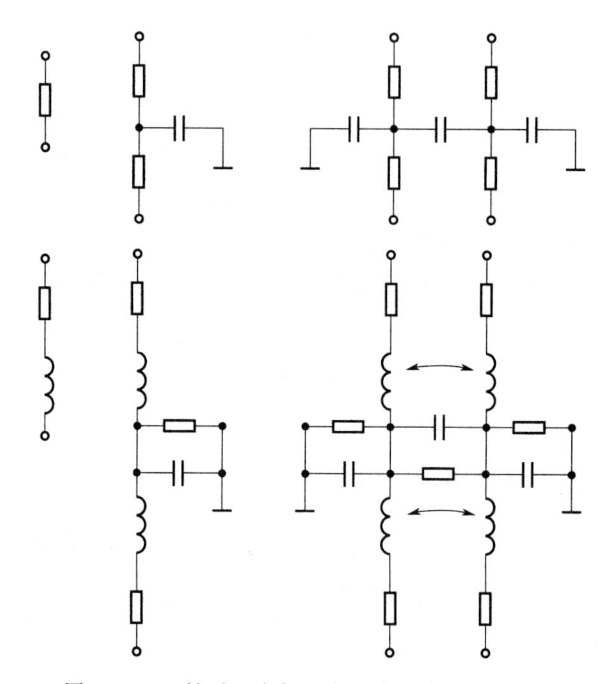

图 28-23　针对一个与两个过孔的神经网络模型

下来，简要描述数学背景。

从偏微分方程（PDE）提取行为模型参数的第一步是通过有限元方法（FEM）半离散化 PDE。其经常导致大状态空间维数的线性时间不变（LTI），控制系统反而只有较少的输入输出变量，如图 28-24 所示。

现在，模型降阶的目标就是保持输入输出数目的同时减少内在状态的数目，于是降阶系统无缝地替代了原始系统。

如图 28-25 所示，对于一阶系统，空间状态维数能够通过系统矩阵的投影（通过投影矩阵 Vn 的乘法运算）而减少。空间状态维数等于常规投射矩阵 Vn 列的数目。基于迅

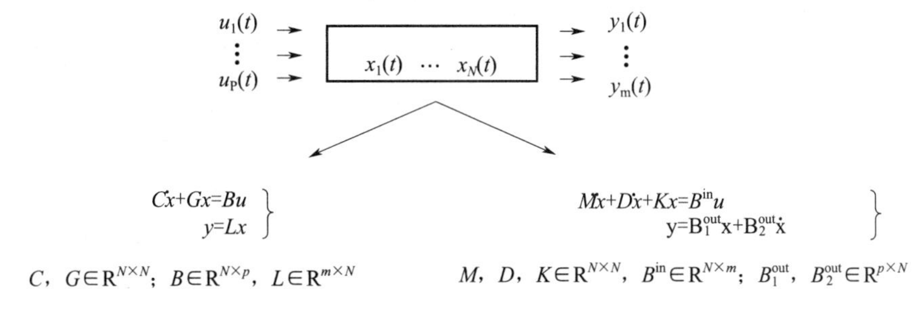

图 28－24　初始系统的大状态空间系统

速匹配的方法选择 Vn，从而使原始系统诸如被动性与互惠性的结构属性反向。如果原始系统是二阶的，典型的如机械系统或 RLC 网络，原始系统能被简单地转换为等效的一阶系统。一般情况下，通过投射方法降为一阶系统的不能转换回二阶系统。但是，存在投射表，类似图 28－25 所示，能够维持原始系统的二阶结构。

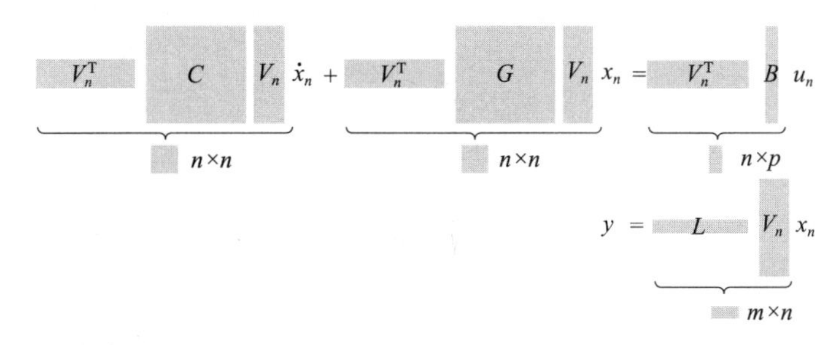

图 28－25　通过系统矩阵投影减少状态空间维数

譬如，可以使用如图 28－20 右边所示的带有额外散热孔的叠层结构。在三层结构的顶层，我们介绍了一个在正向左边拐角处的发热模块，我们将研究热源放置在三个不同地方时温度随时间的变化（如图 28－26 所示）。这导致系统具有一个输入与三个输出，或四个输入/输出。

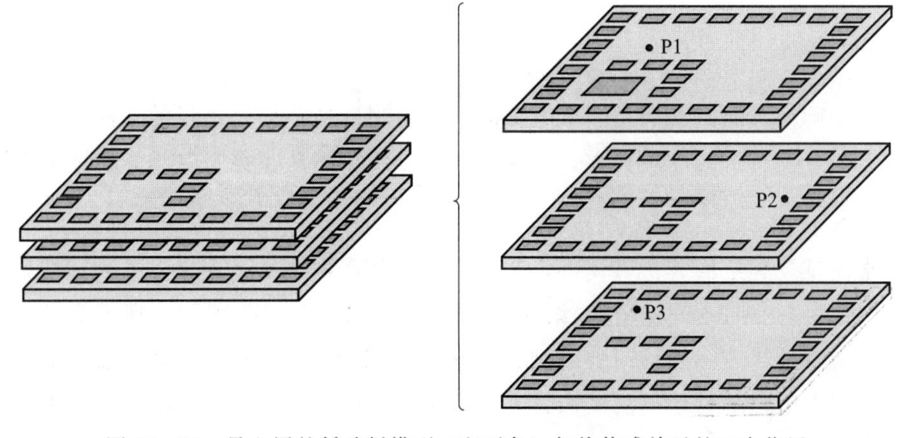

图 28－26　最上层的低功耗模型（左下角）与热传感单元的三个位置

首先，使用 PDE 求解器 ANSYS 为叠层结构建模。系统矩阵的维度大约为 95°。使用降阶算法导出矩阵可以使系统维度减少 40。进而，生成使用 MAST 语言描述的叠层结构热行为模型。

最后，使用 ANSYS 进行仿真，以及使用系统仿真器 SABER 比较降阶模型与原始模型。在顶层的合适区域，时间零点处理想功耗从 0 变到 100 W，并计算 3 个观察点处的温度变化。如图 28-27 所示，维数 95 的原系统与维数 40 的降阶系统间具有很好的一致性。

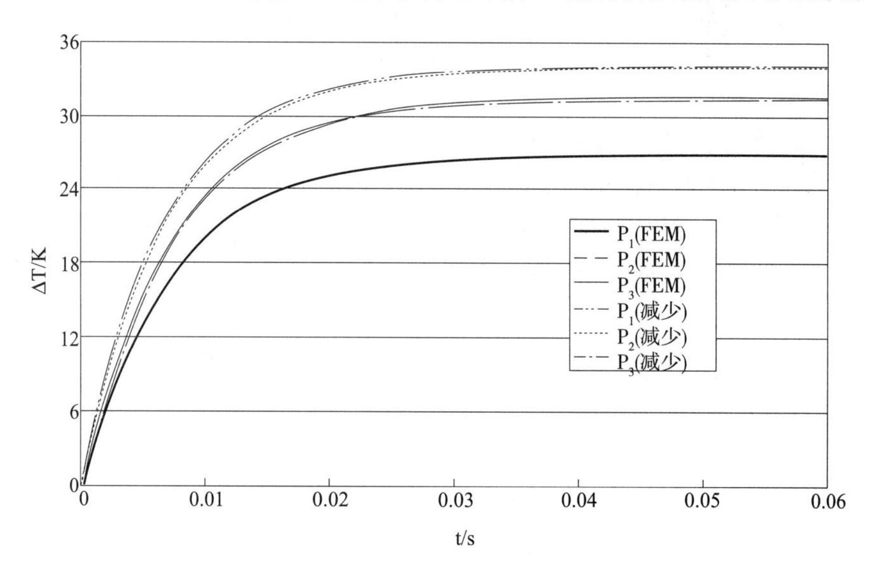

图 28-27　三个热传感单元处温升—PDE（FEM）求解器与降阶模型

使用叠层降阶模型，可以进行全系统电热仿真，如图 28-21 所示。电路必须包括电热装置模型，包括热生成单元与温度传感单元，叠层散热模型连接到这些单元的散热引脚上。

进一步，考虑热交换与辐射，例如叠层与环境，这些热模型应易于连接到行为模型上。

28.2.6　模型确认

对于模型确认，测试结构与测试电路的准备与测量是必须要进行的。而且由于高密度集成，有必要开发特殊的测量技术，因为重要的器件往往是在叠层内部很难直接测量。

28.2.6.1　电测试

针对电测试及相应的其仿真模型，使用有限元仿真器 ANSYS 建立了测试结构图，如图 28-28 所示。此外，有一些特殊结构可以测量过孔电阻。图 28-29 所示为被称为开尔文的结构。通过欧姆定律能够很容易地计算出来端口 A 与 C 间的驱动电流、B 与 D 间的测量压降及过孔电阻。对于电测试的另一个可能的方法是使用菊花链结构，其中过孔按照一定的规则排列。

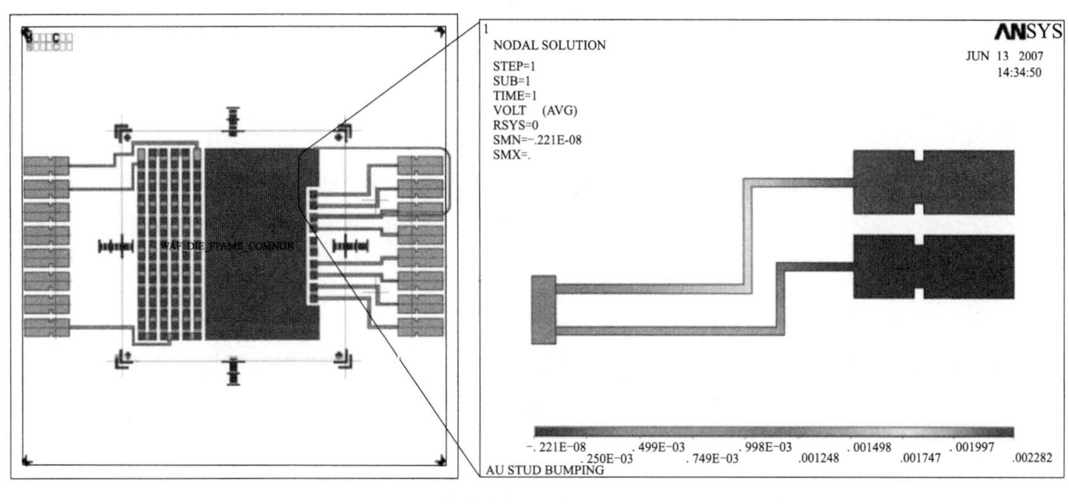

图 28-28　结构略图与 ANSYS 中抽取电路模型

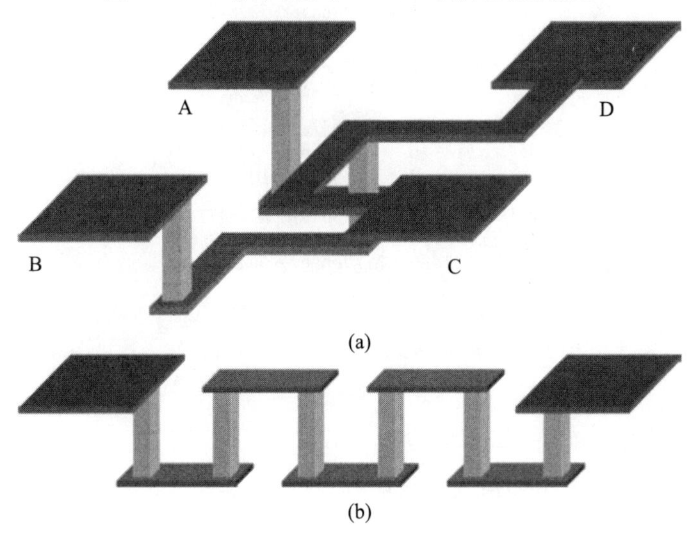

图 28-29　(a) Kelvin 结构；(b) 菊花链

28.2.6.2　热测试

对于封装中热测试，有几个方法能或多或少地应用于叠层系统：

1）直接测量，例如通过测量温度从而模拟模块参数；

2）热相法，例如锁定热相；

3）液体水晶微热法；

4）光纤热像探测法。

文献［30］总结了一些好的热测试方法。另外，参考文献［31］中的特殊技术可以测量叠层结构。

28.2.7　设计流程中电路或行为模型的集成

系统级仿真中，可以使用 SPICE 微模型，或诸如 VHDL-AMS，Verilo-AMS 或

MAST 等语言描述的行为模型。这相当于使用代数微分方程（DAE）进行数学描述。

28.2.7.1　SPICE 模型（电路仿真）

参数化 RLC 网络（微模型）能用于模拟电路仿真，例如 SPICE，HSPICE 或 PSPICE。因为能够轻易地解释并评估这些模型，因此设计者常常根据需要选择此类描述。

图 28－30 为图 28－14 中 ICV－SLID 结构的普通 RLC 网络所对应的参数化的 SPICE 子电路。

```
.subukt     SUB  p1  p2

r1   p1   x1   0.5780297259945977
r2   p1   x4   0.05092364608820336
r3   p1   x7   0.5780297259945977

l1   x1   x2   1.385372709103731E-9
l2   x4   x5   2.849176465819748E-11
l3   x7   x8   1.385372709103731E-9

r4   x2   x5   1.209535880531847
c1   x2   x5   1.2324451720037E-5
r5   x5   x8   1.20953588051847
c2   x5   x8   1.232445170037E-5

l4   x2   x3   1.385372709103731E-9
l5   x5   x6   2.849176465819848E-11
l6   x8   x9   1.385372709103731E-9

r6   x3   p2   0.5780297259945977
r7   x6   p2   0.05092364608820336
r8   x9   p2   0.5780297259945977

.ends
```

图 28－30　图 28－14 中 ICV－SLID 结构的神经 RLC 网络参数化 SPICE 子电路（. sbckt）

28.2.7.2　HDL 模型（混合信号仿真）

在不同抽象层次上抽象描述系统或组件行为：

1）边界行为，忽略内部结构与物理（黑匣子模型）；

2）功能行为，忽略物理（结构模型）；

3）物理行为（物理模型）。

基于系统功能与抽象层有不同的方法描述不同的行为。硬件描述语言（HDL）允许模型通过 DAE 将数学描述转换为行为模型。因此，能够简单直接地描述参数依赖性与复杂的非线性关系。

当前使用 HDL 的领域包括：

1）MAST，模拟与数字系统；

2）HDL－A，模拟系统；

3）Spectre HDL，模拟系统；

4）Verilog－A，模拟系统；

5）Verilog－AMS，模拟与数字系统；

6）VHDL，数字系统；

7）VHDL - AMS，模拟与数字系统；

8）SestemC - AMS，数字与模拟硬件软件系统。

使用这些语言，能够很轻松地提供包含几何与材料属性的多维电路参数复杂模型。

28.2.7.3　数字仿真

对于数字系统，往往需要全芯片寄生参数提取，并且按照 SPEF（标准寄生参数交换格式）提供的数据。利用这些文件，使用 ASII 格式描述寄生电路单元——电阻，电容，电感——传输线。以上须遵守 IEEE 标准 1481 - 1999——IEEE 标准集成电路（IC）延时与功率计算系统。

SPEF 下的寄生参数代表着不同层次的抽象，例如，任意片段的数字 PI 模型，有限数字片断的降阶 PI 模型，或单独电容。

图 28 - 31 与图 28 - 32 所示为小的互连结构及其 SPEF 文件。

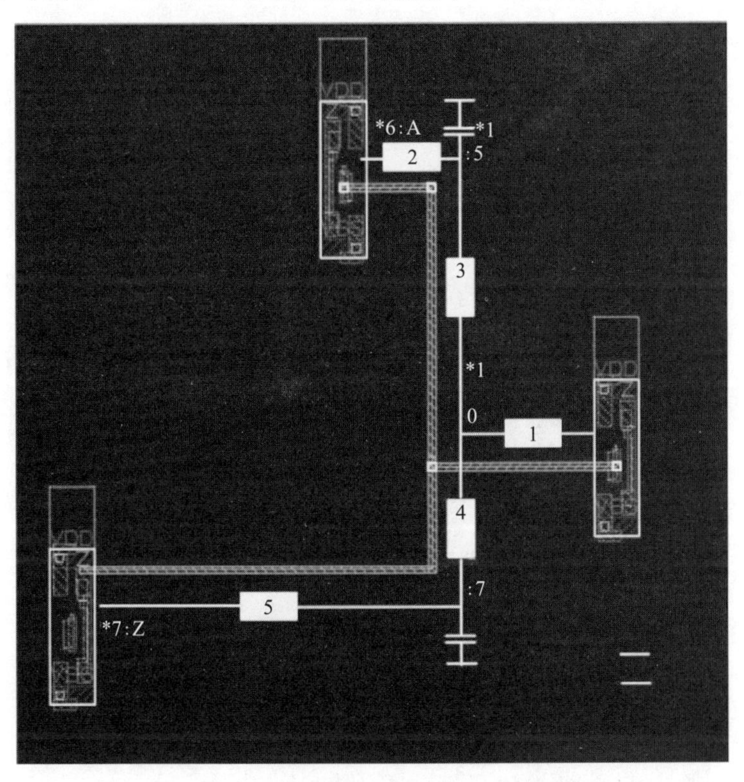

图 28 - 31　微互连结构

图 28 - 33 为内部芯片过孔寄生参数集成至数字设计流程的过程。

28.2.7.4　电热仿真

电热仿真必须集成到电路设计流程中。图 28 - 34 所示为基于 HDL 模型的电热仿真与普通电路仿真的相关性。对于耦合的电热仿真，有两种基本方法：

1）先进行电学仿真，提取功耗，然后使用热模型计算温度，并且在接下来所有电学仿真中使用得到的温度值作为确定的参数；

```
*SPEF "IEEE 1481-1999"
*DESIGN "o2"
*DATE "Mon Aug 20 12:23:31 2007"
*VENDOR "Synopsys"
*PROGRAM "Star-RCXT"
*VERSION "2006.06                    "
*DESIGN_FLOW "PIN_CAP NONE" "NAME_SCOPE LOCAL"
*DIVIDER /
*DELIMITER :
*BUS_DELIMITER []
*T_UNIT 1.00000 NS
*C_UNIT 1.00000 FF
*R_UNIT 1.00000 OHM
*L_UNIT 1.00000 HENRY

// COMMENTS

*NAME_MAP

*1 w1
*7 u1
*6 u2
*5 u3

*D_NET *1 1.64651

*CONN
*I *5:A I *C 65.3500 44.1800
*I *6:A I *C 60.3500 49.1800
*I *7:Z O *C 55.5200 42.3600 *D R_SIVX010

*CAP
1 *1:5  0.155816
2 *1:7  0.0210339

*RES
1 *5:A  *1:10 6.17814
2 *6:A  *1:5  1.85000
3 *1:5  *1:10 8.3476189
4 *1:10 *1:7  0.0691947
5 *7:Z  *1:7  7.25068
*END
```

图 28-32　对应 SPEF 文件

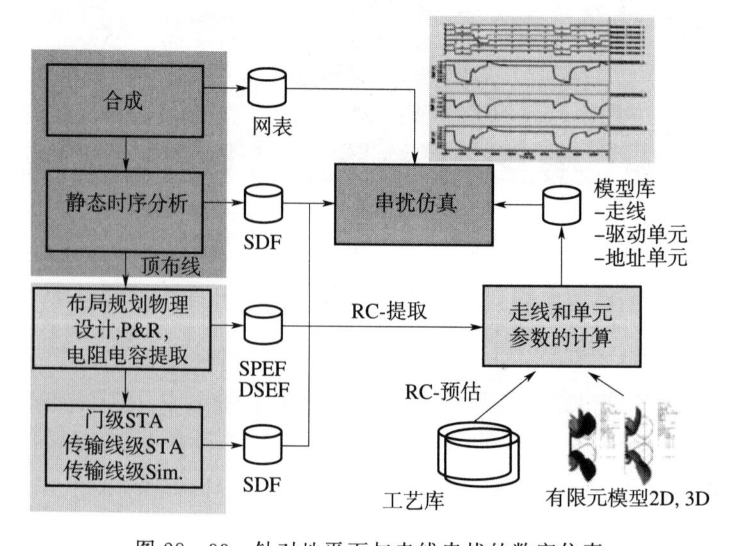

图 28-33　针对地平面与走线串扰的数字仿真

2）28.2.4 节中描述的全耦合电热仿真：需要替代所有电学模块，这些电学模块依赖温度并且通过电热模型计算功耗。

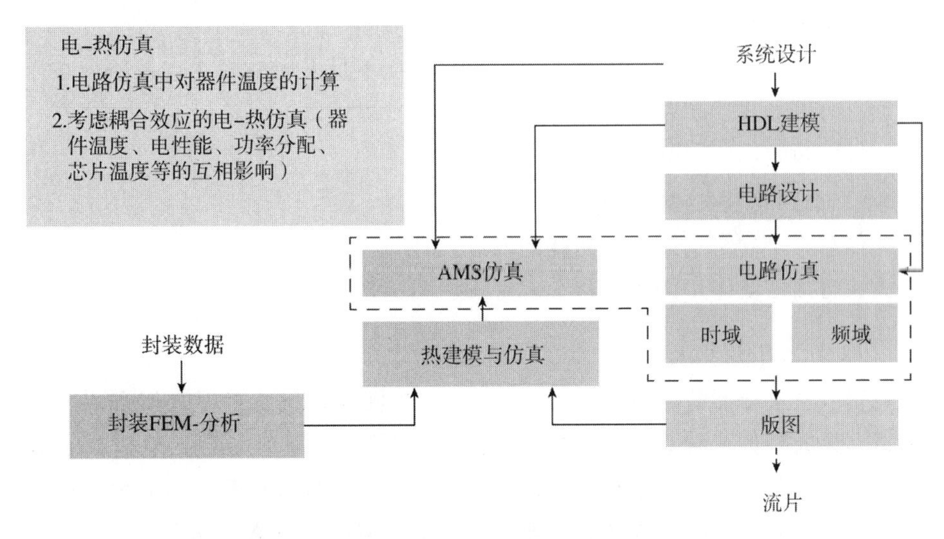

图 28－34 考虑外壳与板级影响的电热仿真

简而言之，基于以上研究，设计过程中需考虑集成技术的影响。最小化对系统行为的影响需要以下步骤：

1）优化与改进设计的方法；

2）新电路与新系统架构。

如果系统级模型中包含对误差范围敏感的技术，那么可以使用参数与误差优化的方法。例如信号完整性改进方法，热管理，场优化的改进方法。进一步的低功耗设计与可制造性设计的方法。

28.3 3D 集成的设计方法

28.3.1 低功耗设计

进一步的优化方法一般包含在综合步骤里，寻找所需属性的专有电路结构。例如 CMOS 电路中通过减少开关，在逻辑层次上可以将动态功耗最小化。由于 3D 系统中有高密度的晶体管，活跃区域的电热耦合与叠层中的大量热量不可避免地影响到器件行为与可靠性。

因此，有必要寻找低功耗设计方法。以下为最有希望实现的低功耗设计方法：

1）减少寄存器组合逻辑的开关活动（对于 CMOS 电路）；

2）关闭临时不用的功能模块（运行电压）；

3）通过对常压的预钳制，隔离未使用的子电路，隔离操作；

4）新的架构与新的电路技术。

预估相关电路功耗后，估算功耗能够减小的空间，并选择相应的方法。例如，可以使用 Synopsys 公司（功率设计，功率编译）的专用工具。为了获得实际结果，门网络必须包含由反馈决定的合适的网络负载。

功耗通常通过使用实际的输入模式进行仿真，而不是采用精度比较差的静态方法。进一步，必须有可用的描述功率的目标库。这种库必须提供以下两条信息：

1）针对动态功耗最小化内部功率；

2）针对静态功耗最小化漏功率。

基于此信息，可确定功耗与低功耗的改进。

下面讨论目前广泛使用的方法。

28.3.1.1 减少寄存器开关活动

在仿真中改变寄存器状态（开关活动）。此过程同时也包含目标数据进程（单独、全部或部分寄存器模型的开关活动）。通常由有限状态机（FSM）指定，通过控制部分最小化状态寄存器的开关频率可减小功耗。按最高频率的改变状态有着最小的加重平均距离的方法编辑状态。改变状态的频率从寄存器开关活动模型提取出来（如图 28－35 所示）。能够执行状态编码，例如，通过使用模拟退火算法。

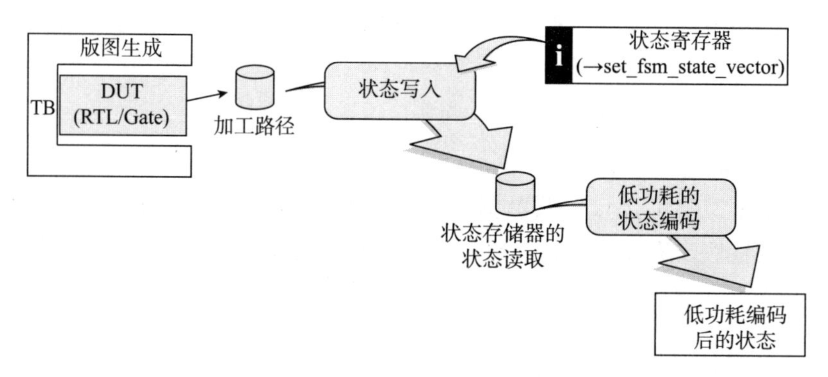

图 28－35 估算功耗的方法

因为电路的功耗往往与芯片面积成比例，所以主要目标是考虑结合状态编码减小区域。状态编码可以通过特殊的最小化逻辑功能增加约束。

28.3.1.2 预逻辑

在一些设计中（例如比较器），确定合适的预逻辑方法后，能够完整地降低子电路的活跃度。这样，可以降低平均交换活动。另外，对于缓冲输入的电路，输入寄存器的数目能够通过专门的预逻辑进行最小化。对于相同状态的多时钟周期用户定制输入序列下的有限状态机（FSM），通过特殊的逻辑状态可以防止连续状态与输出的多重计算。相应地也降低了电路功耗。开关活跃度的降低也包含去峰值与跳跃，并将高速信号变化率的光纤通道的长度最小化。

28.3.1.3　时钟等级

对于常规时钟等级，寄存器/寄存器组的使能条件通常用于控制开关逻辑。使用以上提到的方法，设计者设定一些选项（时钟等级方式/条件，寄存器宽度等），同时关闭逻辑，这些自动包括在详细的步骤中。最常用的方法是局部时钟门，其是禁用寄存器局部生成的条件（如图 28－36 所示）。当不访问更远处的信息时，从新旧寄存器的内容对比中（异或功能）提取出来关闭条件。

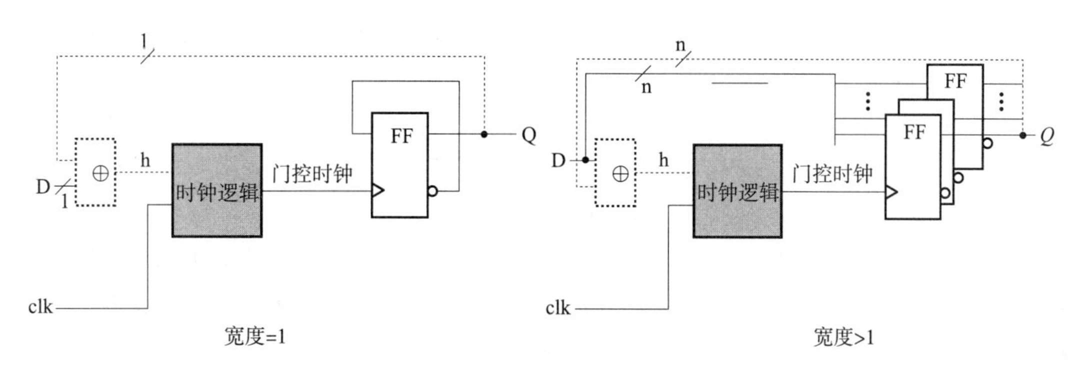

图 28－36　局部时钟门

另外，还需增加附加的关闭逻辑，首先是电路的功耗。这取决于寄存器开关频率，字长与时钟等级模式。因此，控制寄存器的复位必须考虑单元的功率特性。为此，需进行不同的后续功率仿真。随后将与没有关闭逻辑的寄存器功耗进行对比。此信息能够用于一般的时钟等级（例如构建最小的寄存器字长）。

28.3.1.4　一般调查

一个综合电路的功耗决定于几个不同的参数，例如芯片面积，寄存器数目以及库单元的选择。只考虑单个参数的优化通常无法确定最小的功耗。低功率设计是一个复杂的必须考虑多参数优化的任务。

28.3.1.5　电路与系统构架

通过改变局部电路设计是特别有效的优化方法。但是，构建具有低功耗与局部设计改进的特别系统与电路结构是最好的解决办法。综合开发新系统结构考虑了 3D 集成低功耗设计的可能性，从而发挥更大潜能。

可以使用拥有多标准、多宽带结构、高处理性能的移动终端基带处理器的例子来说明，一个芯片中的系统总线占芯片面积的 30％与功耗的 50％。系统架构允许 3D 集成系统具有更短的垂直总线。优化总线能使系统功耗降低 30％。叠层总功耗是单芯片总功耗的 65％。英特尔认识到这个潜力并已开展了 3D 设计与微加工工艺的研究，详见参考文献[32]。此研究预期结果是总线功率减少大约 60％，逻辑功率减少约 15％。最后，使总体功率、延时及成本等降低。

在几个设计步骤，最后但不是最不重要的特殊设计策略有利于找到一个优化或部分优化的方案。即通过仿真对由内部热负载引起的功耗与温度进行估算，确定高功耗电路区域，目的是在芯片或叠层区域对热源进行几乎均匀的分配。

28.3.2 可测性设计

对于测试，必须解决两个问题：

1）首先，叠层之前对每层进行测试，从而获得叠层的高性能测试结果；

2）其次，在可接受时间内，覆盖足够的故障，测试叠层完整的复杂功能。

高复杂的 SoC 或 SiP 中，设计同步逻辑分频时钟系统需确保时间足够精确。对层进行分离测试，很好地选择层的层次是最好的前提。

为了测试垂直连接（ICV）与完整叠层，有必要进行可测性设计。

可测性设计方法与原则，诸如扫描法、自测法以及集成芯片上的完整测试功能，有利于获得覆盖必要高复杂 SoC 或 SiP 故障的足够测试时序。

合适的方法是通过增加硬件进行机内自测（BIST），此硬件用于一些单元的自测程序并输出测试结果。另外，此方法使访问叠层后的电路内部变得更加困难。这种安全特性对于诸如芯片卡片以及无线网络等几种芯片特别重要。

事实上常常使用扫描机内自测。设计系统很好地支持此方法。可以通过并行扫描减少作为本质缺点的过长的测试时间，可以通过机内自测结构缩短功能自检。

使用机内自测，必须解决下列问题：

- 针对扫描解决机内自测框架；
- 解决机内自测组件；
- 改进故障覆盖；
- 测试垂直连接（内部芯片通孔）；
- 满足测试硬件的低功耗需求；
- 在所选电路中建立机内自测框架与组件；
- 在目前的设计流程中整合这些方法。

对于扫描设计，双向线是一个问题。它只能通过增加硬件成本与在设计上做更多的努力来解决。相应的，机内自测不包括双向线的电路结构。

根据传统的功能模块划分，典型的机内自测框架如图 28－37 所示。多路复用器有益于功能模块分离。机内自测框架需下列组件：虚拟随机模式发生器（PRPG）、多输入移位寄存器（MISR）、相移器、压缩器与机内自测控制。

因此，邻近扫描链大多相互接收由相移器产生的独立随机模式。主要机内自测控制部通过指令接收信息，同时测试模块（隔离）。图 28－38 展示了机内自测中心与机内自测框架间的互连。执行完机内自测后，通过机内自测信号，读取信号寄存器内容（MISR）并且比较芯内或芯外信号。

使用确定性测试模式能够对具有完整扫描路径的电路进行接近 100%的测试。通过机内自测的随机测试模式，常常只能覆盖较小的清晰的错误。这个特性也叫做“随机模式

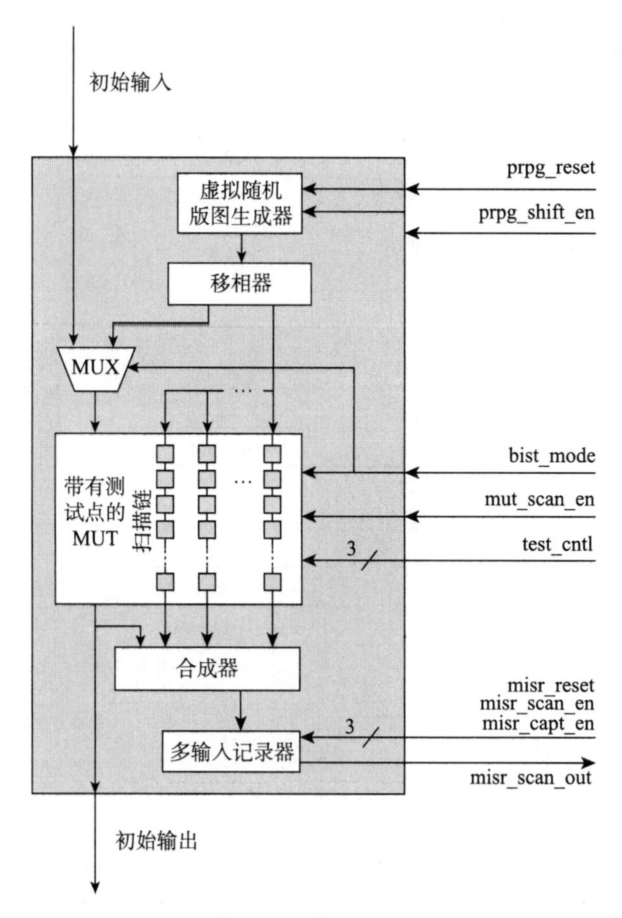

图 28-37　一个针对所选模块（MUT）典型的机内自测框架

族”。一个已知的方法可以改进故障覆盖（例如，再播种有利于随机测试模式、位翻转与固定）。常用的方法是通过插入额外的测试点改进可控性（例如，多 AND 的输出）及可观察性，如参考文献［33］所示。在不同时间的测试中（多相测试点插入），通过控制信号激活控制点。通过异或门在附加的触发器总结并存储观察点。

28.4　结论

以上提到的所有研究的目的是进行 3D 微系统辅助设计。因此，重要的是适应设计流程，并整合设计结果。所有结果可以由设计工具的数据格式与语言提供。

基于设计任务，可以使用不同级别的抽象模型。对于模拟与混合信号系统，通常使用 VHDL-AMS 或 Verilog-AMS 语言描述的 SPICE 网表或行为模型。通过更详细的模型与分析，提取窜扰与信号延时模型，进行数字系统辅助设计。

由于高密度集成，整个叠层设计的重要任务是热管理。包括热点的定位，为减少电路温度进行的叠层调整，以及由热机械压力引起的可靠性等问题。另外，必须研究半导体器

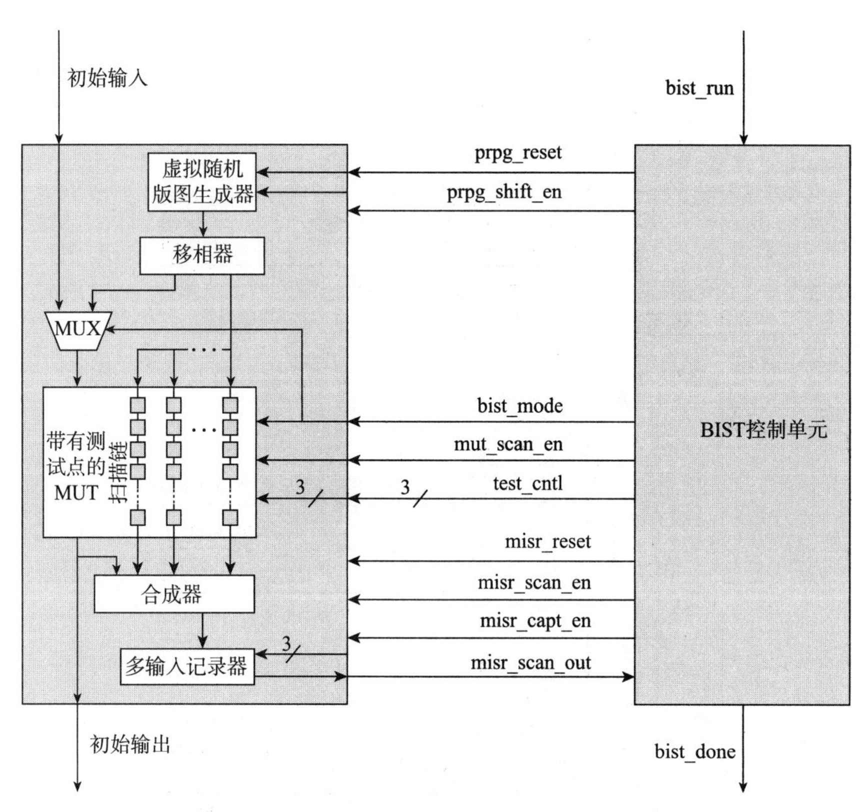

图 28-38 机内自测控制与机内自测框架间的协调

件与微结构的行为级热影响，例如传感单元。这些任务或者通过 PDE 求解器进行详细分析，或者通过系统级仿真支持，例如，针对电热连接使用合适的行为模型[34-36]。

3D 系统需要极低功耗与可测性设计方面的方法和工具。一般综合步骤中包括优化方法，即寻找所需属性的详细电路结构。例如，在逻辑层面上，通过减少 CMOS 电路内的开关活动，从而最小化动态部分的功耗。对于已知的可测性设计方法，如扫描方法，自测方法与在芯片上集成完整测试功能，都有利于获得覆盖必要故障的足够的测试时序。

参考文献

[1] Leduc, Patrick, de Crecy, Francois, Fayolle, Murielle et al. (2007) Challenges for 3D IC integration: bonding quality and thermal management. International Interconnect Technology Conference, IEEE 2007, 4 - 6 June 2007, pp. 210 - 212.

[2] Dongkeun, Oh, Chen, Charlie Chung Ping and Hu, Yu Hen (2007) 3DFFT: thermal analysis of non - homogeneous IC using 3D FFT Green function method. 8th International Symposium on Quality Electronic Design, 2007. ISQED. 07, 26 - 28 March 2007, pp. 567 - 572.

[3] Xue, Lei, Liu, C. C., Kim, Hong - Seung et al. (March 2003) Three - dimensional integration: technology, use, and issues for mixed - signal applications. IEEE Transactions on Electron Devices, 50 (3), 601 - 609.

[4] Huang, Wei, Stan, M. R. and Skadron, K. (Dec. 2005) Parameterized physical compact thermal modeling. IEEE Transactions on Components and Packaging Technologies, 28 (4), 615 - 622.

[5] Munteanu, I. Robust Analog Design through 3D EM Simulation, Proceedings Analog . 05, March 2005, Hannover, p. 37 - 46.

[6] Maeda, S., Kashiwa, T. and Fukai, I. (Dec 1991) Full wave analysis of propagation characteri stics of a through hole using the finite - difference time - domain method. IEEE Transactions on Microwave Theory and Techniques, 39 (12), 2154 - 2159.

[7] Chtchekatourov, V., Coccetti, F. and Russer, P. (2001) Full - wave analysis and model - based parameter estimation approaches for Y - matrix computation of microwave distributed RF circuits. IEEE MTT - S International Microwave Symposium Digest, 2001, 20 - 25 May 2001, 2, pp. 1037 - 1040.

[8] Sabelka, R. (February 2001) Dreidimensionale Finite Elemente Simulation von Verdrahtun gsstru kturen auf Integrierten Schaltungen. Dissertation, Technische Universitat Wien.

[9] Zhai, Xiaoshe, Song, Zhengxiang, Geng, Yingsan et al. (2006) Hybridized 3D - FDTD and circuit simulator foranalysis of PCB via. s signal integrity. 17th International Zurich Symposium on Electromagnetic Compatibility, EMCZurich 2006, 27 Feb. - 3 March 2006, pp. 89 - 92.

[10] Mei, S. and Ismail, Y. I. (April 2004) Modeling skin and proximity effects with reduced realizable RL circuits. IEEE Transactions on Very Large Scale Integration (VLSI) Systems, 12 (4), 437 - 447.

[11] Wollenberg, G. and Kochetov, S. V. (February 2003) Modeling the skin effect in wire - like 3D interconnection structures with arbitrary cross section by a new modification of the PEEC method. 15th international Zurich Symposium and Technical Exhibition on Electromagnetic Compatibility, pp. 609 - 614.

[12] Ruehli, A. E. (1974) Equivalent circuit models for three - dimensional multiconductor systems. IEEE Transactions on Microwave Theory and Techniques, 22 (3), 216 - 221.

[13] Kamon, M., Marques, N., Silveira, L. and White, J. (1997) Generating reduced order models via PEEC for capturing skin and proximity effects. Proceedings IEEE 6th Topical Meeting in

Electrical Performance of Electronic Packaging, Monterey, CA, San.

[14] Arona,N. D. (2003) Modeling and characterization of copper interconnects for SoC design. International Conference on Simulation of Semiconductor Processes and Devices, Boston Marriott Cambridge, September 3 - 5 2003.

[15] Antonini,G., Scogna, A. C. and Orlandi, A. (April - June 2003) S - parameters characterization of through, blind, and buried via holes. IEEE Transactions on Mobile Computing, 2 (2), 174 -184.

[16] Ryu,Chunghyun, Lee, Jiwang, Lee, Hyein et al. (2006) High frequency electrical model of through wafer via for 3 - D stacked chip packaging. 1st Electronics System Integration Technology Conference, September 2006, 1, pp. 215 - 220.

[17] Ghouz,H. H. M. and El - Sharawy, E. - B. (Dec. 1996) An accurate equivalent circuit model of flip chip and via interconnects. IEEE Transactions on Microwave Theory and Techniques, 44 (12), Part 2, 2543 - 2554.

[18] Lau,J. H. and Pao, Y. (1997) Solder Joint Reliability of BGA, CSP, Flip Chip, and Fine Pitch SMT Assemblies, McGraw - Hill, New York.

[19] Auersperg,J., Schubert, A., Vogel, D. et al. (1997) Fracture and damage evaluation in chip scale packages and flip - chip assemblies by FEA and MicroDAC. Application of Fracture Mechanics in Electronic Packaging, 20, 133 - 138.

[20] Schubert,A., Dudek, R., Auersperg, J. et al. (1997) Thermo - mechnical reliability analysis of flip - chip assemblies by combined microdac and finite element method. Conference Proceedings Interpack. 97, Hawaii, USA, pp. 1647 - 1654.

[21] Dudek,R. Schubert, A. and Michel, B. (2000) Thermo - mechanical reliability of microcomponents. Proceedings 3. International Conference on Micromaterials, Berlin, Germany, April 17 - 19, 2000, pp. 206 - 213.

[22] Schubert,A., Dudek, R., Michel, B. and Reichl, H. (2000) Package reliability studies by experimental and numerical Conference on Micromaterials Materials, Berlin, Germany, April 17 - 19, 2000, pp. 110 - 118.

[23] Wittler,O., Sprafke, P. and Michel, B. (2003) Elastic and viscoelastic fracture analysis of cracks in polymer encapsulations. in Fracture of Polymers, Composites and Adhesives II, 3rd ESIS TC4 Conference (Hrsg.), (eds J. Williams, A. Pavan and B. Blackman), ESIS Publication, Elsevier, Amsterdam.

[24] Jansen,K. M. B., Wang, L., Yang, D. G. et al. (2004) Constitutive modeling of moulding compounds. Proceedings of the 54th Electronic Components and Technology Conference (ECTC2004), Las Vegas, June 1 - 4 2004, IEEE Catalog number 04CH37546C, ISSN: 0569 - 5503, ISBN: 0 - 7803 - 8366 - 4, IEEE pp. 890 - 894.

[25] Auersperg,J., Seiler, B., Cadalen, E. et al. (2005) Fracture mechanics based crack and delamination risk evaluation and RSM/DOE concepts for advanced microelectronics applications. Proceedings of 6th IEEE EuroSimE Conference and Exhibition, Berlin, Germany, April 18 - 20 2005, pp. 197 - 200.

[26] Pillai,E., Rostan, F. and Wiesbeck, W. (27 May 1993) Derivation of equivalent circuits for via

holes from full wave models. Electronics Letters, 29 (11), 1026 - 1028.

[27] Sommer,J. - P., Michel, B. and Ostmann, A. (2005) Numerical characterization of electronic packaging solutions based on hidden dies. 6th International Conference on Electronic Packaging Technology, 2005, 30 Aug. - 2 Sept. 2005, pp. 300 - 306.

[28] Sischka,F. (2002) S - Parameter Basics for Modeling Engineers, Agilent Techn.

[29] Schneider,P., Schneider, A. and Schwarz, P. (2005) A modular approach for simulation - based optimization of technical systems. Proceedings, 3rd MIT Conference on Computational Fluid and Solid Mechanics, June 14 - 17 2005, Cambridge, Massachusetts, pp. 1288 - 1291.

[30] Harper,C. A. (ed.), (2000) Electronic Packaging and Interconnection Handbook, 3rd edn, McGraw - Hill, New York.

[31] Wunderle,B., May, D., Braun, T. et al. (2007) Non - destructive failure analysis and modeling of encapsulated miniature smd ceramic chip capacitors using thermal and mechanical loading. Proceedings, 13th International Workshop on THERMAL INVESTIGATIONS of ICs and SYSTEMS, 17 - 19 September 2007, Budapest, Hungary.

[32] Morrow,P. et al. (2006) Design and fabrication of 3D microprocessors. Paper Y3. 2, Applications of 3D Integration, MSR Fall Meeting, Boston, November 26 - 30.

[33] Tamarapalli,N. and Rajski, J. (1996) Constructive multi - phase test point insertion for scan - based BIST. International Test Conference, Washington, D. C., October 1996, pp. 649 - 658.

[34] Ramm,P., Klumpp, A., Merkel, R. et al. (2003) 3D system integration by chip - towafer stacking technologies. Extended Abstracts of the International Conference on Solid State Devices and Materials, Tokyo, pp. 376 - 377.

[35] Schneider,P., Reitz, S., Wilde, A. et al. (25 - 27 April 2007) Towards a methodology for analysis of interconnect structures for 3D integration of micro systems. Proceedings DTIP 2007, Stresa, pp. 162 - 168.

[36] Schneider,P., Reitz, S., Wilde, A. et al. (22 - 24 October 2007) Design support for 3D Integration by physical oriented modeling of interconnect structures. Proceedings 3D Architectures for Semiconductor Integration and Packaging, Burlingame.

第 29 章 林肯实验室 3D 技术多项目电路设计与布局

James Burns, Robert Berger, Nisha Checka, Craig Keast,
Brian Tyrrell, Bruce Wheeler

29.1 介绍

林肯实验室 3D 电路设计技术紧随着 3D 制造技术的发展而得以实现。国防高级研究计划局发起的 3D 多项目规划使林肯实验室的 3D 电路集成技术在大学与商业机构的设计者手中得到应用，这样所有参与者通过电路设计与 3D 芯片测试所获得的经验使其更好地理解 3D 集成电路的优点。3D 电路设计被这些机构提交后，与林肯实验室一起设计集成为一个 3D 多项目芯片。最初，对 3D 电路和测试器件的设计与布局，就好像 3D 电路明显区别于它的 2D 对应物。然而，随着 3D 电路布局经验的获得以及 3D 技术的发展清晰地证明，需要一种更直接的设计方法去简化设计和布局的过程，特别是对于不熟悉 3D 技术细节的研究者。当在 3D 多项目芯片中合并多个设计时，就需要开发 3D 设计规范，并提高 MENTOR[1] 与 CADENCE[2] 计算机辅助设计工具（CAD）的 3D 设计与布局，以及电路设计提交规则来确保数据的兼容性。

29.2 3D 设计与布局实践

采用三个步骤来帮助实现 3D 芯片的设计与布局。第一步，把 3D 芯片看作带有多重绝缘硅（SOI）、多晶硅以及互连层的 2D 芯片。如第 20 章（林肯实验室 3D 电路集成技术）图 20-2 所示，3D 芯片的扫描电镜图可以从一个 3D 环形振荡器中得到，且可以被视为一个有着三层绝缘硅、两个隐埋氧化层、三个多晶硅层和十个金属化层的 2D 芯片。第二步，为了避免与用来描述设计与制造层的各种术语产生混淆，引入一个新的术语，层（tier）。层是完整晶圆的一部分，包含活性硅、多晶硅以及互连，如果是 SOI 晶圆，它也包括隐埋氧化物（BOX）。正如第 20 章中所描述的那样，建立 3D 芯片，需集成 3D 键合层、传输层与互连层。第三步，设计与布局一个 3D 芯片，需将它看作一个从层 1 到层 3 完整的整体，层 1 为底部，层 3 为键合层，也就是顶层，如第 20 章中图 20-1 所示。

为了实验室的 FDSOI（全耗尽绝缘体上硅）技术[3]，开发新的 3D 设计规则，并嵌入已存在的 2D 设计规则中，规则数目增加了 25%，与附加的 SOI、多晶硅及互连层相一致。当前的设计规则是第三版，反映了设计与技术的进步。如第 20 章图 20-5 所示，根据 3D 过孔的约束规则，可以定义四个特征。第一个是 3D 切割的尺寸，它定义了蚀刻金属环氧化物的抗蚀窗。第二个是上层金属环的大小。第三个是下层的 3D 触点，通过钨柱与之连接。第四个是 3D 过孔之间以及 3D 过孔与各个层之间的间距，为避免钨柱与之相接。目前 3D 过孔设计包含 3 μm 方形焊点、1.5 μm 方形环与 1.75 μm 的 3D 钻孔。总的刻蚀氧化厚度为 8 μm。在 3D 成像器中首次报道，这些互连的设计使 3D 过孔间距由 26 μm显著地降至 6 μm[4]。另外，还需修改金属填充密度，以确保化学机械抛光后，平面度能够满足低温键合的要求。

以前 3D 芯片设计的经验表明，CAD 在设计和布局方面的应用需要进一步完善，以减少设计中的错误和降低编译时间。过去的一些主要问题是层的未对准，从而导致 3D 过孔失效，由于层的标识错误而导致 3D 过孔缺少金属层和出现设计缺陷。为了减少这些问题，林肯实验室将 3D 设计规则包含在 Mentor 公司基于图形的 3D 设计包中。国防高级研究计划局也资助北卡罗来纳大学开发了基于 CADENCE 的 3D 设计包（由北卡罗来纳大学的瑞特·戴维斯提供）。设计包主要的修改内容包括每层的单独显示。例如，每层的多晶硅颜色相同但底纹不同。

3D 设计中主要的挑战是子电路的布局，例如算术逻辑单元（ALV）或环振荡器在三层间的布局；针对这个课题已经进行了大量的研究[5]。已开发了试验架构与拓扑设计工具[6]，从而优化了电路的 3D 架构，包括 3D 过孔设计规则，层的数目以及电路区域。成本大小主要由电路性能、电路区域或加工复杂度决定。因此，通过设置一组仿真去判定哪些工艺和设计参数可以使成本最小化。当进行图形规则设计时，很自然地会用到这样一个工具，如图 29 - 1 所示，第 20 章研究的激光雷达（LADAR）成像器应用的就是这个工具。对于该项目，像素的大小是决定成本的关键，并且主要变量是设计的层数以及七层之间各种子电路的布局。决定最小像素的分析结果如图 29 - 2 所示，结果表明最优值为四层，但同时也指出三层设计要优于两层设计。实际的 3D 芯片为三层，这主要是因为折衷了工艺复杂度、制造生产力和像素的大小。此分析证明了 3D 架构工具的有效性，而且此工具在 3D 电路架构优化设计的早期非常有价值。

29.3　设计与提交程序

因为要将设计集成在 3D 多项目芯片上，所以设计者一开始就需要有明确的布局要求。正如之前的研究，要按照在顶层带有键合焊盘的完整状态来设计芯片。使用层编号方法为 2D 设计的层附加常规的编号。例如，多晶硅层 1 与层 3 的编号分别是 209 与 409，同时层 2 与层 3 上的金属 1 的编号分别是 327 与 427。在林肯试验室可以自动确保所有层有一个共同原点，同时层 2 与层 3 绕 x 轴的旋转一致，从而满足分度线的需求。3D 设计必须服从 3DP _ org _ Design. gds 文件的定义，其中 3DP 是多项目规划的名字，org 是机构的名字，Design 是由设计者选择的名字。键合点必须位于顶部。顶部的范围由 $X=\#\#\#$，$Y=\#\#\#$ 定义，单位为 mm，具体的设计规则由林肯实验室定义。

林肯实验室收到设计后，使用 gds 阅读器检查明显的设计错误，接着运行后端程序增加附加层，凸起特殊特征，以及增加覆盖层。运行设计规则检查（DRCs）来检查 3D 特殊

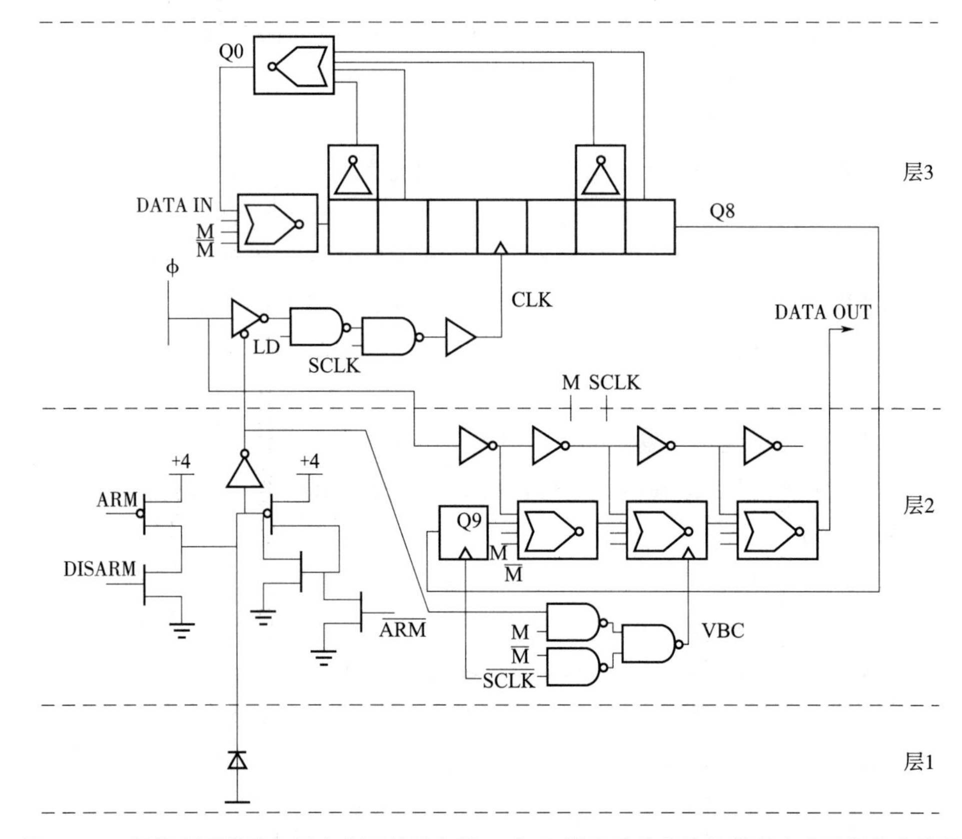

图 29-1 根据上面所示七层中分区的子电路，对 3D 激光雷达芯片的像素大小进行优化分析
每个像素有 256 个晶体管

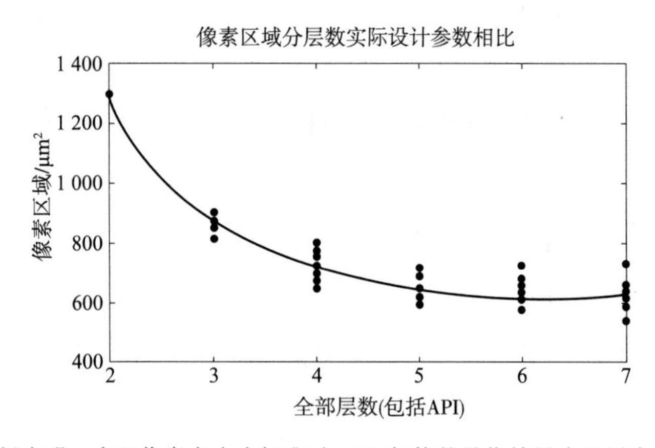

图 29-2 分析表明，当以像素大小为标准时，3D 架构的最优结果为四层中分区的子电路

规则满足要求。例如，针对 3D 切割必须存在相应的工艺层，层 2 中针对 3D 切割的金属环绕规则必须满足层 1 中的金属 3，并且对于层 2 中背面金属 1 的金属环绕规则必须满足层 3 中的 3D 切割。布局与原理图（LVS）的提取也是后续流程的一部分。必要时，将设计规划检查报告、原理图网表以及后续工艺文件发送给设计者，以便于进行必要的检查与改正。最终检查后，所有的 3D 设计、测试单元、对齐基准与工艺控制结构会集成到一个

主要的 gds 文件中。在光刻掩模厂商那里，这个主要文件被分为单独的光敏层作为加工的基准。

20 家机构已经使用前面章节中所研究的设计经验来设计 3D 芯片，其中包括如图 29－3 所示国防高级研究计划局的第一个 3D 多项目芯片。针对不同的应用条件，研究 3D 设计及其性能。RPI（由伦斯勒理工学院的麦克唐纳提供）的研究人员设计了 3D－SRAM 内存。这是第一个 3 层组合的储存器，并且预示着 3D 将引导更大更灵活的设计。如图29－4 所示，来自康奈尔的 3D 设计，其中包含现场可编程门阵列（FPGAs），由于减小了互连的延时所以保证了更高的带宽。同时 3D 芯片也包含带有栅极晶体管的低压自适应模拟电路，其通过 3D 集成地平面减小射频串扰。斯坦福大学设计了针对图像应用的 3D 模拟数字转换器，能达到 50 μm 的高分辨率。一个加州大学洛杉矶分校（UCLA）[7] 的 3D 设计研究了电容耦合的内部互连，并论证了一个基带脉冲在大于 11 GHz 时形成互连与自同步射

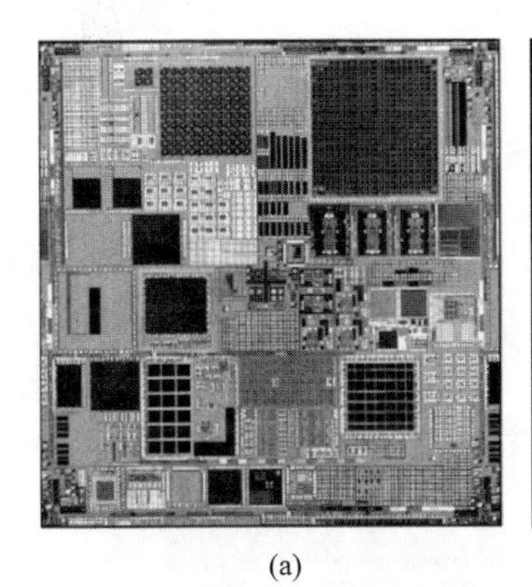

(a)

3D FPGA、数字信号/数字混合信号/射频
3D互连的ASIC并行开发
3D模拟时域连续处理器
3D集成S波段数字光波生成器
堆叠存储器（SRAM,Flash and CAM）
有源CMOS逻辑电路
3D集成纳米射频标签
智能3D互连评估电路
直流和射频耦合互联器件
低功耗3D吉比特数据链接
噪声耦合/串扰测试结构和电路
3D热测试结构和电路

(b)

图 29－3　(a) 第一个 3D 多项目芯片图，它包含了通过 21 体系设计的没有内部电路设计的 3D 集成芯片；(b) 3D 电路和应用列表

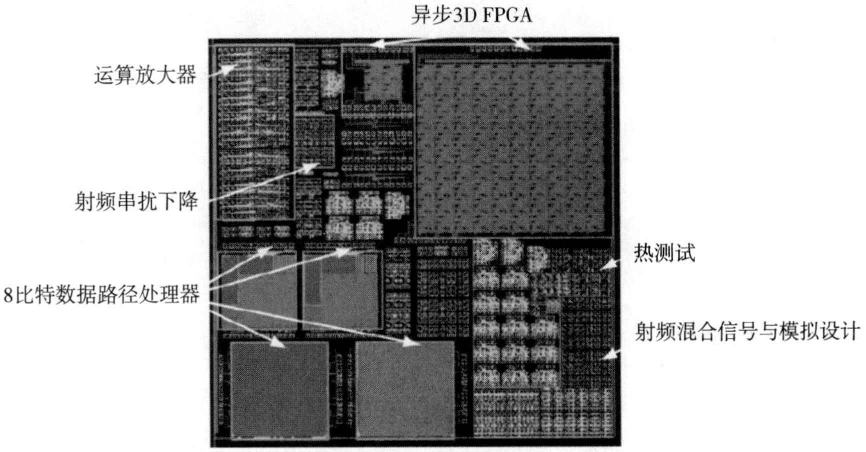

图 29－4　随着背栅和射频串扰由于 3D 集成接地层而降低，芯片设计合并了一系列功能异步的 3D FPGA 和低压自适应模拟电路（康奈尔大学的 S·蒂瓦里提供）

频互连的比特误码率小于 1×10^{-14}。3D 图像器[8] 展示了三原色成像的可行性。通过海军研究实验室、BAE 系统公司与康奈尔大学的三方合作，设计了带有微机械谐振器的 3D 集

成CMOS电路，该电路在谐振频率34 MHz处的品质因数Q可达到47 000（如图29－5所示）。

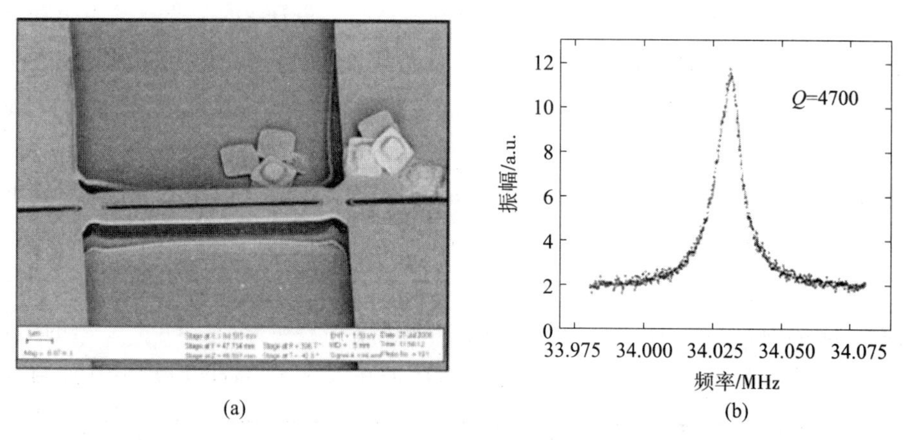

图29－5　（a）为微机械谐振器的扫描电镜图；（b）为频率响应图。
谐振器由CMOS 3D集成（海军研究实验室的M·扎拉卢迪诺夫提供）

包含20个参与者的第二代3D多目标规划已经开始进行。增加的研究主题包括优化3D布局以控制散热、3D电路热提取、3D过孔性能提升以及互连层在提供信号分布和冗余的实用性（如图29－6所示）。虽然本书没有得到测试结果，但毫无疑问测试结果可以让我们进一步展望3D设计的前景。

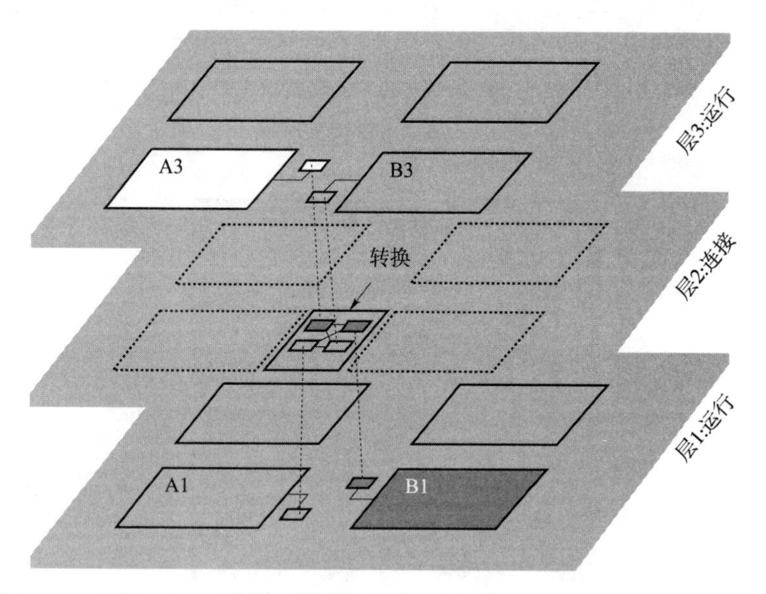

图29－6　在第二个3D芯片上测试的设计理念是使用层2作为一个智能互连层来达到减少信号延迟和电源减弱的目的。这个层可以作为冗余策略的一部分

致谢

此项工作由国防高级研究计划局（空军合同♯FA8721－05－C－0002）赞助。评价、翻译、推论以及建议都是作者的本人观点，并不一定被美国政府认可。作者向凯伦·查尔伯格（Karen Challberg）编辑助手表示衷心的感谢。

参考文献

[1] Mentor Graphics, IC Nanometer Design Tool Suite.

[2] Cadence Virtuoso Design Tool.

[3] MITLL Low - Power FDSOI CMOS Process Design Guide, Revision 2006: 7, Advanced Silicon Technology Group, MIT LincolnLaboratory, 224 Wood St., Lexington, MA02420.

[4] Burns, J., McIlrath, L., Keast, C. et al. (2001) Three - dimensional integrated circuits for low - power, high - bandwidth systems on a chip. Digest Tech. Papers IEEE International Solid - State Circuits Conference, pp. 268 - 269.

[5] Reber, M. and Tielert, R. (1996) Benefits of vertically stacked integrated circuits for sequential logic. Proceedings of IEEE International Symposium on Circuits and Systems, 4, 121 - 124.

[6] Tyrrell, B. (June 2004) Development of an architectural design tool for 3 - D VLSI sensors, MS Thesis, Massachusetts Institute of Technology, Department of Electrical Engineering.

[7] Gu, Q., Xu, Z., Ko, J. and Chang, M. C. F. (2007) Two 10Gb/s/pin low power interconnect methods for 3D ICs. Digest Tech. Papers IEEE International Solid - State Circuits Conference, pp. 364 - 365.

[8] Culurciello, E. and Weerakoon, P. (2007) Three - dimensional photodetectors in 3D silicon - on - insulator technology. IEEE Electron Device Letters, 28 (2), 117 - 119.

第 30 章　明尼苏达大学三维电路计算机辅助设计

Sachin S. Sapatnekar

30.1　介绍

毫不夸张地说，3D 技术开拓了一个全新领域，使电路设计的新结构与新架构可获得且具有可行性。这为前沿的芯片设计者提供了许多的机会，但同时也是一系列相当大的挑战。即使是传统 2D 芯片的设计也是极端困难而且是非常耗时的任务；随着 3D 技术的出现，电路设计的选择范围更广了，同时也更复杂了。2D 设计中不可或缺的计算机辅助设计（CAD），在 3D 设计中变得更重要。本章将主要介绍推进 3D 设计中关键的 CAD 技术。

3D 技术最主要的动力之一是针对纳米级互连，同时，3D 技术也明显简化了纳米级互连。例如，对于一个 2L×2L 大小的 2D 芯片，最长的互连线可能会达到 4L。但是相同电路设计成 3D 的四层芯片后只需 $L\times L$ 大小，如忽略 z 方向距离（其典型距离远小于 L），那么最长互连线只有 $2L$。减少互连长度并不只影响到最长线：通常，3D 技术通过内部芯片的连接替代 3D 的芯片之间的连接，还可以降低布线的密度，以及提高集成度，从而减少平均的互连长度（与相同电路尺寸的 2D 电路相比）。另外，封装密度的增加，可以提升单位体积的计算能力。

2D 转变为 3D 是内部拓扑的改变，因此，3D 电路几个特有的问题与电路布局的优化设计相关。本章将讨论布局布线相关的优化设计。

另一个问题是 3D 电路的封装密度比 2D 的更大。这作为一个明显的主要优点的同时，也给设计者带来新的限制与挑战，即芯片如何与外部环境相连。一个 k 层的 3D 芯片能够使用的电流相当于一个同样大小 2D 芯片的 k 倍；而且，它们的封装技术也有相当大的区别。从封装的角度来讲其主要含义如下。

首先，3D 芯片的功率相当于 2D 芯片的 k 倍，这意味着相应产生的热量必须通过一个几乎一样的封装体散发到环境中，否则 3D 芯片就会面临着更高的工作温度。后者是非常不希望看到的，因为高温会降低其性能与可靠性，另外还会使芯片的性能变化。因此，芯片热管理系统在 3D 设计中是关键问题。

第二，封装必须通过电源引脚（V_{dd}与地）提供 k 倍于 2D 芯片的电流。设计可靠的功率网络甚至对于 2D 芯片也是瓶颈，这意味着必须研究相应方法建立 3D 芯片功率网络。

30.2　3D 设计的热分析

热是 3D 设计中的关键因素，因此本章首先讨论一些 3D 电路中热分析的关键技术。

在全芯片级别，热传导对芯片的温度起决定性作用。典型的设计由互相堆叠的多层器件组成，每层本身发热的同时也散热。热量通过硅与粘片胶传导至热沉，传热路径上的热传导能力决定了相应路径上的温升。简而言之，如果主要热源至热沉的热导率越小，那么热沉温升越小；反之亦然。

在宏观上，热传导由傅里叶定律确定，由下式给出

$$\nabla^2 T(\mathrm{r}) + \frac{g(\mathrm{r})}{k_\mathrm{r}} = \frac{\rho c}{k_\mathrm{r}} \frac{\partial T}{\partial t}$$

式中 k ——特殊区域的热导率；

ρ ——材料密度；

c ——比热容；

g ——体积比功率，其与位置相关。

一般，三维空间中 $\boldsymbol{r}$ 为三维矩阵，$\boldsymbol{r}=(x,\ y,\ z)$。因为芯片温度变化的时间常数通常是毫秒级别，同时电信号的工作频率为皮秒级，所以分析时可以作为稳态进行处理。

热扩散等式可以简化为泊松方程（30－1）

$$\nabla^2 T(\mathrm{r}) = -\frac{g(\mathrm{r})}{k_r} \tag{30-1}$$

这个方程的边界条件反应了热沉环境。对于多层系统，每一层的热导率是不同的常数，在每一层对应区域的边界上的温度与热流可以适用相应的连续等式。因为芯片边缘没有散热，芯片边缘的边界条件需要应用绝热条件。热沉可以简化为等温体，即热沉上各处温度相等，也就是所说的环境温度（相当于电路分析中地节点的功能）。或者，热沉边界条件也可以使用宏观模型，连接到周围温度的节点上。

下面讨论3D芯片热分析的两个技术，分别是有限差分法（FDM）与有限元分析(FEA)。有限差分法将空间分为不同区域，每个区域的温度由其中心温度表示。近似有限差分的导数，该偏微分方程可以写成一个线性代数方程系统，如式（30－2）所示

$$\boldsymbol{GT} = \boldsymbol{P} \tag{30-2}$$

式中 $\boldsymbol{G}$ ——热导矩阵；

$\boldsymbol{T}$ ——未知温度矢量；

$\boldsymbol{P}$ ——整个区域功耗矢量。

经典的热传导理论将相邻的有限差分区域节点的热阻关系类比为电路中两个节点间的电阻[1]。这种热电类比允许热量在热阻的网络中流动。这样就可以使用电路分析技术来解决热的问题，即假设电阻为热阻，电压为温度，以及电流为功率。

与有限差分法一样，有限元分析也是将空间分为单元区域。每个单元任何点的温度是其最高温度的多项内插值，有限元分析的任务是寻找离散偏微分方程的最高温度。

对于集成电路中典型矩形结构，立方体单元的结构使侧向热传导的仿真成为可能，同时避免主要传热方向的失真。有限元分析矩阵结果如式（30－3）所示

$$\boldsymbol{KT} = \boldsymbol{P} \tag{30-3}$$

左侧矩阵 $\boldsymbol{K}$，作为全局刚度矩阵，能够构建有限元框架与边界条件。与有限差分法矩

阵 $\boldsymbol{G}$ 相比较，$\boldsymbol{K}$ 矩阵更稠密，但有限元分析中离散化精度等级更小，意味着 $\boldsymbol{K}$ 比 $\boldsymbol{G}$ 维度更小。

使用标准线性求解器可迅速求解有限差分法与有限元分析等式。基于求解器的直接因数分解可有效求解有限差分法稀疏矩阵，而预处理迭代方法（具有好的预处理）能够得到更好的结果[2]。对于迭代求解器，收敛判据的调节需要折衷考虑精度与运行时间。最近，基于随机行走[3]的第三类随机处理器，对这类系统的求解特别有效，特别是针对增量或局部分析，当然了，对于全系统求解也很有效。

30.3　3D 设计的热驱动布局与布线

基于标准单元的 3D 设计，流程如图 30－1 所示，通过内置技术进行布局布线，以便散热。系统的输入是技术网表与库描述，随后进行包括几个步骤的物理设计。温度作为优化设计中考虑的第一要素，在此基础上还需尽量减少内层过孔以及一些其他指标。布局中，标准单元在 3D 电路的不同层中按行排列。因为散热在 ASIC 类 3D 集成电路中特别重要，所以单元排布必须满足温度合理分布的要求，当然这也是传统布局的要求。其次，必须通过散热孔的排布使温度分配更加均衡，从而改进散热。这些连接到内层金属的散热孔没有电功能，但是，通过这种被动的制冷技术能够使热量很快地传导到热沉。最后，布局贯穿整个布线过程，最终获得一个完整的版图。在布线中，必须考虑以下几点目标和约束，包括避免由于散热孔所占区域造成空间不够，包括温度升高后对布线延时的影响，当然还包括传统的约束，如布线长度、延时、间距与布线完整性。下面我们针对各个步骤进行具体讨论。

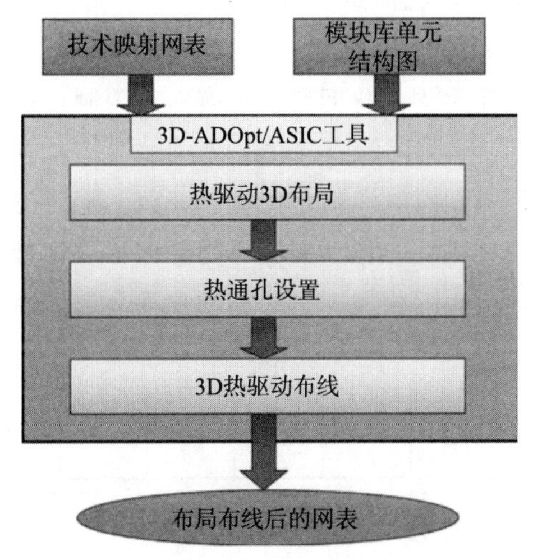

图 30－1　3D ASIC 的物理设计流程图[4]

30.3.1　热驱动 3D 布局

本节叙述明尼苏达大学开发的两代 3D－ADOpt 布局工具。

第一代布局人员[5]使用指定的布局范例，其在单元间施加类似的胡克定律约束。各单元通过类似具有引力的网络彼此连接（通过此方法使它们靠得更近，并缩短整个网络的长度）。芯片边缘的连接有利于单元分布。

每次的迭代中，每个单元的中心作为互连点，对应每个单元的特殊位置，计算系统的最小能量状态。但是，此方法也有它的局限性。首先，它忽略了热对系统的影响。其次，内部连续空间分散布局忽略了这样一个事实，即单元不是点而是一个区域。以上问题会导致单元布局不合理，可能出现单元重叠。再次，是在连续的空间中对系统求解，而求解结果却分散在各个节点上。

为克服以上问题，引入了迭代法，增加了一些新的斥力。首先是基于嵌入式有限元分析快速热分析的斥力设置，它们使各单元远离热点区域。值得注意的是通过这个分析能够更加快速地逼近最终的布局。其次，斥力能够避免单元重叠：当两个单元重叠时，排斥力会将单元移动至单元稀疏的区域。

第二代布局人员[7]注意到这样一个事实，即由于 3D 布局的严格限制（具有少量的层和固定的离散位置），使用金丝连续的斥力布局方法被限制在 z 方向，目前 z 方向层的数目为 3～10。考虑此限制，分块方法比排斥方法更有效。相应地实现了全局布局。为了提高布局效率，通过减少热阻网络来考虑热效应，即提供引力使高功耗网络尽量靠近热沉，代替原来的嵌入式热分析引擎。

整体布局是按照粗略的规则进行的，规则建议使用奇异单元转移方法。快速布局[8]方法概括来说就是通过简单计算，移动单元来调整稀疏与密集单元的边界。此方法类似气体运动定律，就像一个多腔连通容器中的空气，在容器腔体壁的移动及不同的压力作用下的运动规律。根据这个气体定律，腔体壁会移动到一个平衡位置使各腔体内气压相等。因此，初始压力应符合每个单元的所占密度，其目的不是补偿压力，而是使它们达到一个平衡的值。相应的，这相当于压力均匀化问题，但有一点限制，就是使过度拥挤区域（占有率大于 1.0）的压力应降到 1.0 或更低。1D 的结构如图 30-2 所示。实际上，针对稳定性来说，移动扩张中使用抑制方法有利于使单元顺序一致。随后把单元移动到这些新边界上（单元转移），并且重复迭代使用此方法。接着，把整体移动到最佳区域，或在当前单元位置的周围局部移动，从而改变单元位置。这些移动也许会选择性地使单元互换或单方面移动，从而减少了布局时间。

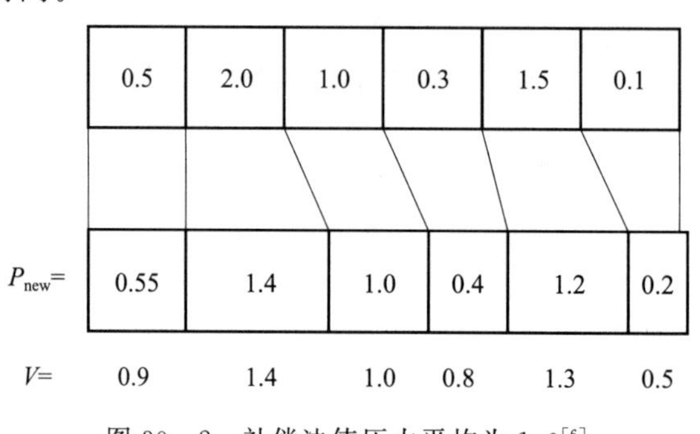

图 30-2　补偿法使压力平均为 1.0[6]

最后，生成最终的无重叠布局。以上方法极好地折衷确定了内层过孔的数量、线长、温度等参数。图 30 - 3 所示为标准电路 ibm01 内层过孔数与总线长折衷的例子[6]。通常，如果不限制内部过孔的数量，那么可以自由使用；但是，当数量紧张，则需要权衡这些限制条件。为克服过孔数量的限制，需要通过布线绕行至合适的过孔，这样就会导致线长增加。同时内部过孔的总数也由技术约束决定，它们可以在功率网络，散热孔网络与信号网络间按各种方法分配。因此，信号线内层过孔的数目是可调整的，并且设计者可以根据折衷曲线进行取舍。

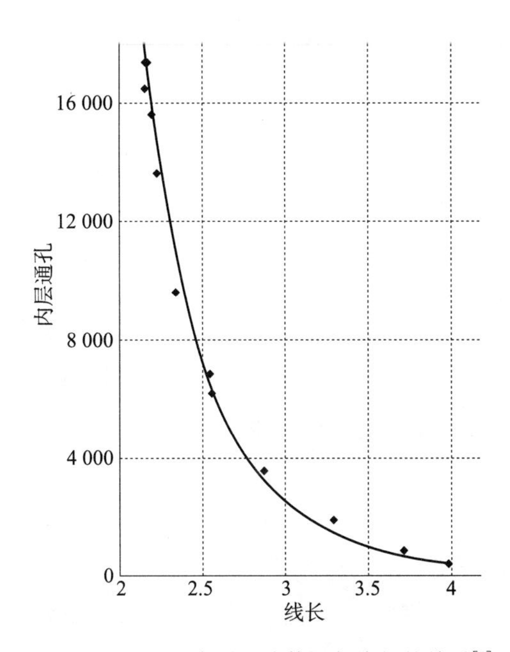

图 30 - 3　内层通孔数量与线长的关系[6]

30.3.2　自动插入散热孔

硅是良好的热导体，热导率是典型金属的一半或更多，3D 技术中许多材料是强热绝缘体，即使使用最好的布局方法，也会使散热受到很大的限制。这些材料包括用于连接 3D 各层的环氧键合材料、氧化区，或采用 SOI 技术的绝热材料。因此，用于热传导的金属过孔，也称为“散热孔”，其是完整散热方案的一个重要组成部分。流程中的第二步是优化布局中散热孔的位置，这对改善温度分布非常有利。在实际的 3D 技术中，这些内层孔的大小为 5 μm×5 μm。

原则上，散热孔的布局可看作是在可能布置散热孔的芯片位置上定义一种热导率（即是否进行金属化）。但是实际上，这个方法显然会导致极大的搜索量，其数量与可能布置散热孔位置的数量成指数关系；值得注意的是散热孔自身可能放置的位置就非常多了。抛开搜索量的大小不谈，这样的一个方法也是不现实的，理由如下。首先，在布局中，任意区域随意增加散热孔将导致布线及其困难，因为布线必须绕过这些散热孔的阻挡。第二，从实际来讲，执行全芯片热分析是不合理的，特别是在优化内部大量单个散热孔位置的时候。在这个级别进行仿真，对应散热孔必须采用单独的单元，这样有限元分析刚性矩阵的大小将变得极其大。

幸而有几个方法可以解决以上问题。散热孔阻挡布线问题可以通过设计规则进行控制，同时可以在芯片内设计一个特殊的区域作为潜在的散热孔区域。此区域非常靠近基于单元布局的特殊内排区域，并且优化者可以决定此区域散热孔的密度。这对于布线者来说优点很明显，因为只有这些区域是潜在的布线阻碍，更容易绕开。为了控制有限元分析刚性矩阵的大小，需知道相应的大单元的二级原理图，其中每个区域的平均热导率是设计变量。此平均热导率的值一旦选定，就可以得到散热孔的精确分布，使得此区域的平均热导率为选定值。

参考文献［9］为解决此问题的改进方法。此技术已应用在超过 158 000 个单元的标准电路上，并且插入散热孔使平均温度改善 30％左右[9]，运行时间为几分钟。因此，增加散热孔比热布局的降温效果更明显。

图 30－4 与图 30－5 所示为基本结构在增加散热孔前后的 3D 布局。同以前一样，热分布图中红色与蓝色区域分别代表热和冷区域。很明显，与预想的一致，散热孔最集中的位置不是温度最高的区域。之后的步骤如下：如果我们考虑最上层的中心，那么其热的主要原因就是其下层的高温。因此，在第二层增加散热孔移除热量，也能有效地降低顶层温度。所以，散热孔最有效的对应关系区域是那些温度梯度高的区域。

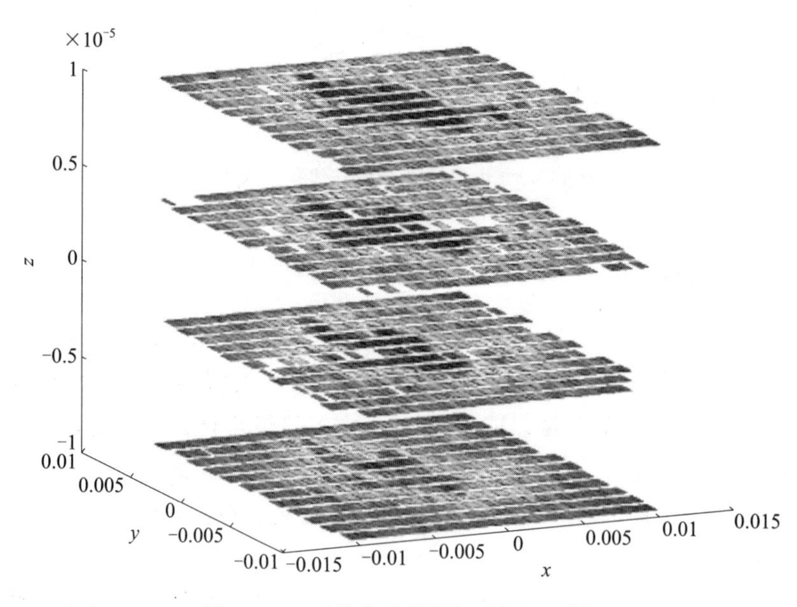

图 30－4　无散热孔结构的热剖面图[4]

30.3.3　热驱动 3D 布线

一旦单元布局完成，散热孔位置确定，就需要优化互连了。对于 2D 布线，优化线长，延时与间距都非常重要。另外，也需考虑几个 3D 设计中特定的因素。首先，延时随着布

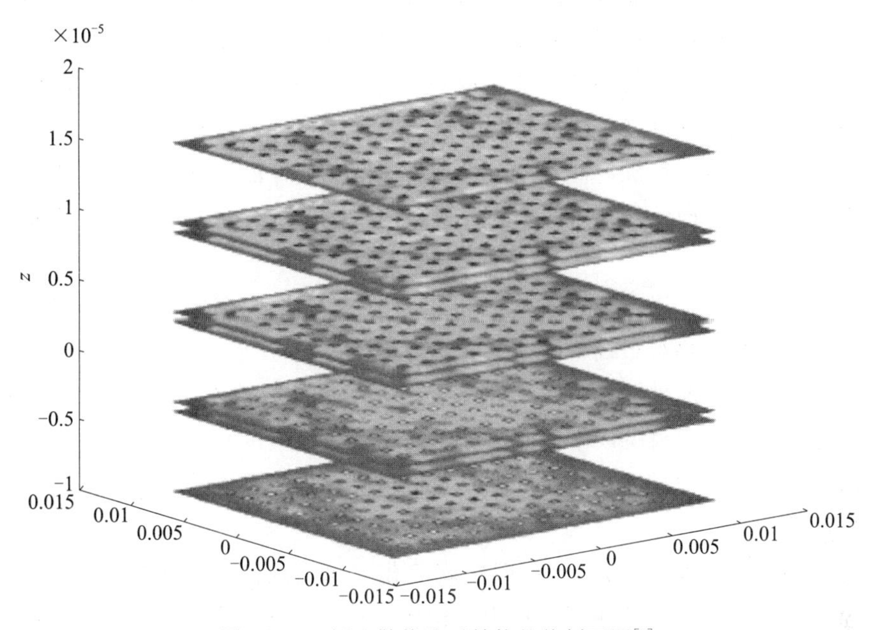

图 30-5　插入散热孔后结构的热剖面图[4]

线温度的增加而增加，所以关键信号要尽可能地远离高热区域。其次，内层过孔是有价值的资源，必须在网络中合理布局。最后，避免阻挡与布局拥挤使得 3D 设计更加复杂。例如，连接两层或两层以上的信号过孔与热过孔形成阻碍，在此区域必须绕过它来走线。

以上每个问题可以通过利用在给定的网络边界内布线的灵活性进行解决，例如，当走线长度增加时可以通过内层过孔的合理分配来改进延时、拥挤以及获得更好的灵活性。

三层设计中的走线问题（如图 30-6 所示）。布局被分为矩形层，每个层的垂直与水平容量决定了可以通过层的走线的数量，一个内层通孔的容量决定层内可容纳孔的数量。这些容量说明分配给非信号线（例如，电源线和时钟线）或者散热孔的资源。对于单个层，如图所示，自由度可选择内层孔的位置及每层精确布线。内层孔位置取决于每个网格内孔的资源。并且，关键信号应尽可能远离高温区域。

正如散热孔提高了垂直方向的热传导，我们也可以引进散热线以改善横向热传导能

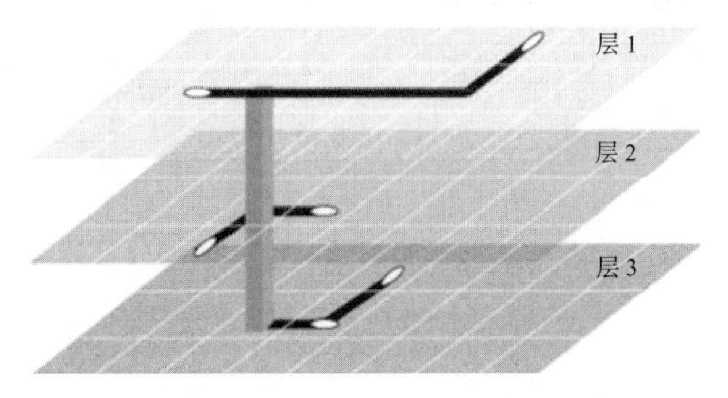

图 30-6　三层 3D 技术中的网络布线实例[4]

力，并利于垂直散热孔有效地减少温度热点：对于这些热点区域只可以增加有限数目的散热孔，我们可以使用散热线横向传导热量，并通过临近区域的散热孔散热。同时散热线也有利于工艺制造：在布局不均匀的区域，散热线作为金属覆盖层经过化学-机械平整后可以提高其平整度。热传导网络中的散热孔与散热线连接热沉，并将热量传导至热沉：散热孔将热量通过热传导传至热沉，同时散热线有利于散热孔分散散热路径。因为散热孔与散热线分别占用纵向和横向信号线布线资源，所以应该提前进行合理规划，以满足温度与布线要求。

参考文献［10］中，提出了有效降低芯片温度的方法，即插入合适的散热孔与散热线。同时也提到了解决热与布线空间约束限制的布线方法。

对于每个网络布线原理图，为了估算布线的拥挤情况，首先需要建立最小的结构树。其次，按照分级网络流程最少成本的原则分配内层信号孔。按照等级自上而下的方法在每级群组配对的边缘分配信号内层过孔：首先在最顶层群组边界连接分配，然后在次一级进行分配，以此类推。

内层孔的位置一旦确定，那么 3D 问题就简化成每一层的 2D 问题，包括将每个网络连接到引出端和确定内层通孔在每一层中的位置。但是，这必须在热特性已知的条件下，使用热驱动的 2D 迷宫走线。

最初使用的方法正在不断地改进。敏感度分析的结果，决定了散热孔密集区内热点的敏感度。这些敏感度用于建立基于散热孔和散热线插值法降低温度的散热孔线性程序(LP)：在每个步骤中，根据敏感性提供的局部线性模型调整散热通孔密度。完成后，如果布局与任何空间约束冲突，将进行重新布线使它们重新满足要求。反复此过程直至满足热要求，或无改进的余地。实验结果表明原理图能够有效地解决散热孔/线与布线间的冲突，同时满足温度与布线空间的要求。整体流程如图 30－7 所示。

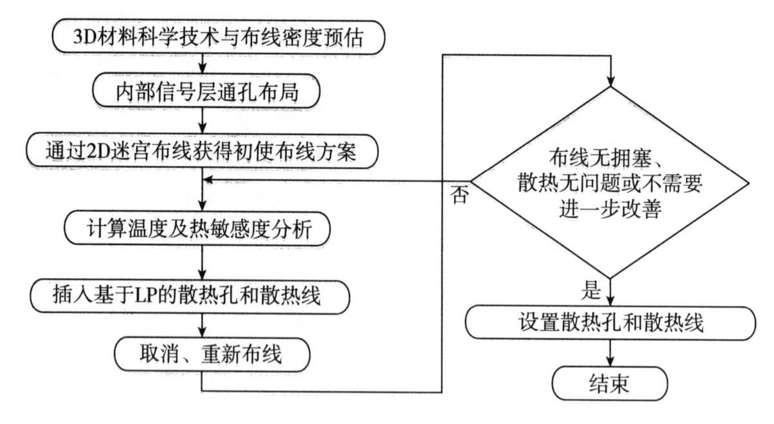

图 30－7　3D 全局布线整体流程[10]

30.4　3D设计中功率网格设计

由于IO引脚的限制，3D集成电路受限于功率传输能力。IO引脚分为两种类型：信号引脚与功率引脚（V_{dd}与地）。芯片功能的增加导致需要更多的IO信号引脚，同时对功率的要求也更高。针对目前以及将来的技术，所有IO引脚的1/2～2/3必须用作功率传输，以便减少功率网络IR压降以及L（di/dt）噪声，同时整个封装的引脚也不会明显增多。由于电路结构越来越复杂与开关频率越来越高，导致芯片总电流消耗上升，每个功率的引脚必须传输更大的电流至芯片。此趋势在图30－8中可以清楚地看到，数据来源为ITRS[11]。换言之，由于IC技术的优势，传输单位电流所需引脚的数目实际上是减少的。

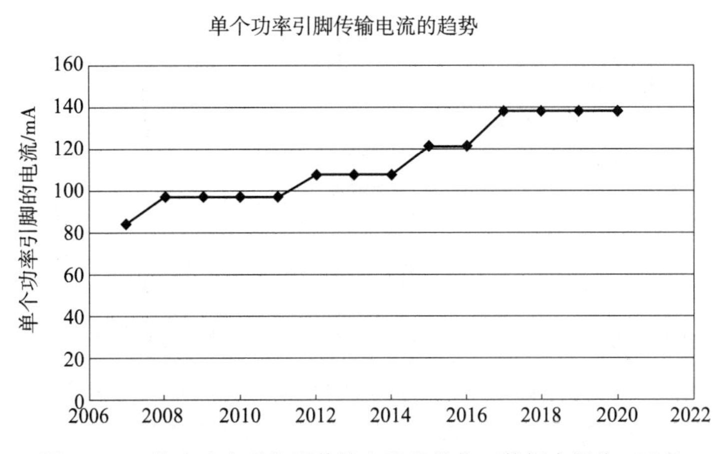

图30－8　单个功率引脚所传输电流的趋势（数据来源为ITRS）

3D IC中，引脚数的限制是一个很棘手的问题：对于k层的3D芯片，所需要的总电流是同样引脚2D芯片的k倍，但实际上可用的引脚是相同的。以另一种方式来看，如果我们将2D电路转换为同样功能k层的3D芯片，由于引脚区域更小，电路引脚数量会减少为原来的k分之一。图30－9为2D IC转换为等效的3层3D IC的例子，其中3D芯片上的引脚数量是相应2D芯片的1/3。

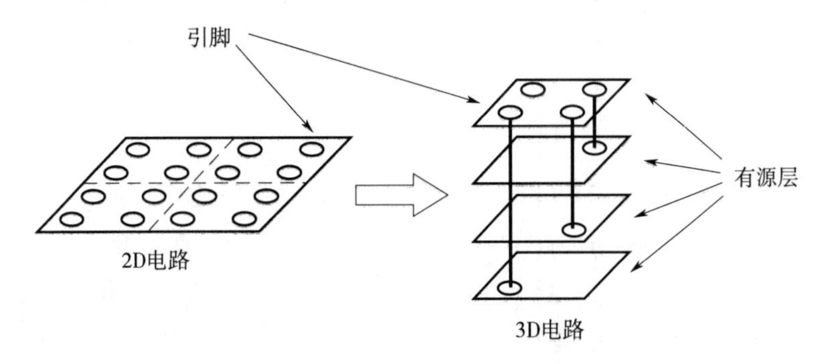

图30－9　与2D芯片相比3D芯片功率引脚的限制

叠层 V_{dd} 在这个情况下非常有用。参考文献［12］中，高密度功率的传输可减少功率网络的噪声与电迁移影响。在这个新的电路例子中，堆叠了几个逻辑模块，这个电路所需的功率是常规电路的数倍。其次，高密度电源分为几个 V_{dd} 区域，每个区域的电压范围不同，电路模块分布在不同的 V_{dd} 区域。电压调节器用于控制内部供给线的电压值。如图 30－10 所示。

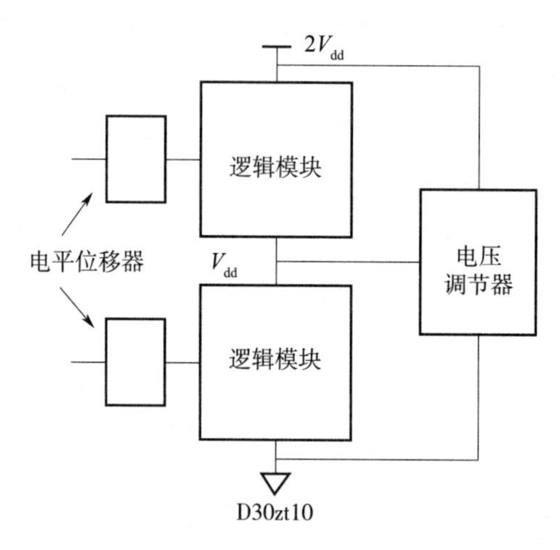

图 30－10　两级堆叠 V_{dd} 电路结构原理图[13]

新电路结构的优点是电流能够在层间“循环”。当逻辑模块被堆叠至 n 倍的高度，及当前需求的逻辑模块在不同的电压区域之间达到平衡时，所需的电流可以调节在一个合适的值，流经每个外部功率网络的电流将降为原来的 $1/n$，这里的外部功率网络指的是连接到功率引脚的功率网络，在 n 层 V_{dd} 叠层的电路中电压为 nV_{dd}。因此，明显减轻了压降、噪声和电迁移问题。

这里的关键点是在连续的电源层中的电流循环路径上建立分区；如果无法建立合适的分区，那么电流将会流回电压调节器，因此被白白浪费。一个前瞻的报告[14]提到了新的分区方法来解决这种问题。首先，芯片分区后每个区带有一个电压调节器。每个电压调节器为相应区域的模块区域供电。其次，按模块分区从而使功率浪费最小化。3D 标准电路的结果表明，使用智能分区方法，95％的功率被循环利用，只有 5％被浪费。

30.5　结论

本章针对 3D 设计，提出了 CAD 工具需要解决的一系列关键问题。CAD 工具在处理复杂的 2D 设计时已经是必不可少的；在 3D 技术中，CAD 工具将变得更加重要。而 3D 设计的一些工具能够与 2D 设计工具通用，但物理设计工具（如布局及布线工具）须重新考虑。此外，因为供电和散热都要与外部环境连接，3D 设计中热和功率网络变得更加关键，而且非常受限。目前 3D CAD 研究处于初级阶段，随着电路技术的成熟，3D 设计会慢慢普及，成为主流。

参考文献

[1] Ozisik, M. N. (1968) Boundary Value Problems of Heat Conduction, Dover, New York.

[2] Saad, Y. (2003) Iterative Methods for Sparse Linear Systems, 2nd edn., SIAM, NewYork.

[3] Qian, H. (2005) Stochastic and Hybrid Linear Equation Solvers and their Applications in VLSI Design Automation, PhD thesis, University of Minnesota, Minneapolis, MN.

[4] Ababei, C., Feng, Y., Goplen, B. et al. (November - December 2005) Placement and routing in 3D integrated circuits. IEEE Design & Test, 22 (6), 520 - 531.

[5] Goplen, B. and Sapatnekar, S. S. (2003) Efficient thermal placement of standard cells in 3D ICs using a force directed approach. in Proceedings of the IEEE/ACM International Conference on Computer - Aided Design, pp. 86 - 89.

[6] Goplen, B. (2006) Advanced placement techniques for future VLSI circuits, PhD thesis, University of Minnesota, Minneapolis, MN.

[7] Goplen, B. and Sapatnekar, S. S. (2007) Placement of 3D ICs with thermal and interlayer via considerations. in Proceedings of the ACM/IEEE Design Automation Conference, pp. 626 - 631.

[8] Viswanathan, N. and Chu, C. C. - N. (2004) FastPlace: efficient analytical placement using cell shifting, iterative local refinement and a hybrid net model. Proceedings of the ACM International Symposium on Physical Design, pp. 26 - 33.

[9] Goplen, B. and Sapatnekar, S. S. (2005) Thermal via placement in 3D ICs. Proceedings of the ACM International Symposium on Physical Design, pp. 167 - 174.

[10] Zhang, T., Zhan, Y. and Sapatnekar, S. S. (2006) Temperature - aware routing in 3DICs. in Proceedings of the Asia - South Pacific Design Automation Conference, pp. 309 - 314.

[11] Semiconductor Industry Association. (2006) International technology roadmap for semiconductors, Available at http: //public. itrs. net/Links/2006Update/2006UpdateFinal. htm. (Nov. 29, 2007).

[12] Rajapandian, S., Shepard, K., Hazucha, P. and Karnik, T. (2005) High - tension power delivery: Operating 0. 18 mm CMOS digital logic at 5. 4V. Proceedings of the IEEE International Solid - State Circuits Conference, pp. 298 - 299.

[13] Zhan, Y. (2007) High efficiency analysis and optimization algorithms in electronic design automation, PhD thesis, University of Minnesota, Minneapolis, MN.

[14] Zhan, Y., Zhang, T. and Sapatnekar, S. S. (2007) Module assignment for pin - limited designs under the stacked - Vdd paradigm. In Proceedings of the IEEE/ACM International Conference on Computer - Aided Design, pp. 656 - 659.

第 31 章　3D 电路的电性能

Arne Heittmann，Ulrich Ramacher

31.1　引言

最近十年，半导体技术在小型化器件及低成本的驱动下取得了较大的进步，为满足器件级的特殊要求，多种先进技术应运而生，基于这些技术实现了存储器（DRAM，闪存）、传感器、低功耗数字电路、高速数字电路、射频电路、模拟电路及高压器件等。然而，目前针对微纳电子技术的路线图仅少量地考虑系统集成方面的技术要求，比如电池供电的高性能运算系统，自动计算与包含传感器的微系统以及包含模拟信号与数字信号的处理器等，这样的系统有几种器件构成以实现复杂的应用。

31.1.1　例 1：移动电话的基带处理器

对于使用电池供电的无线终端来说，设计一款用于基带处理且功能灵活的高性能芯片架构是最有挑战性的工作之一。这些通信系统不仅仅必须支持以下的通信标准，如 UMTS FDD，CDMA2000，GSM/SPRS/EDGE，IEEE 802.11 b，IEEE 802.11 g，蓝牙，DAB 以及 GPS，有些时候还必须同时支持这些标准中的几个（如图 31－1 所示）。因为对于电池驱动设备来说，低功耗是必不可少的。例如，之前以及近期关于系统匹配问题的研究都是基于一些用于特殊用途的宏指令，这些宏指令一般位于物理层的信号处理模块中，且是由可编程 DSP 控制的。然而，目前标准的数目在稳定增加，这些标准需要通过基带程序的改变来实现，使用基于宏的设计模式其灵活性很难满足标准增加的要求。事实上，基于

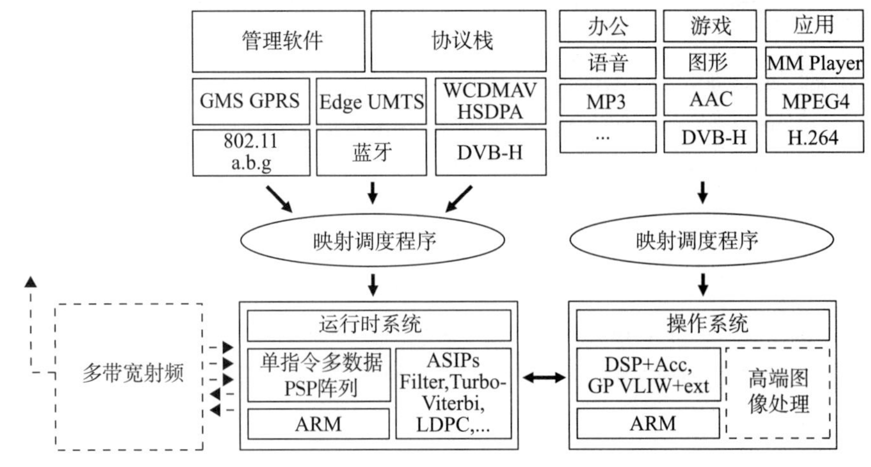

图 31－1　未来多处理系统无线终端的多种应用标准

宏的结构需要遵守设计之初制定的规范。说明更改或规范的添加都需要重新设计（可能是完整的）芯片架构。继续使用传统的设计结构意味着增加宏的数目，同时增加芯片面积与设计周期。随之而来的是，上市时间延长，在此趋势下需要开发的芯片会越来越多。

与以上已知的方法对比，使用软件无线电（SDR）平台可以同时满足高性能计算、低功耗以及灵活性的要求[1]。图31-2所列的硬件架构是基于单指令多数据（SIMD）数字信号处理器（DSP）内核的多处理器群。单指令多数据（SIMD）内核特别适合于通信系统中的运算，它拥有庞大的数据并行处理能力。为满足广泛应用的标准需求，如UMTS FDD，CDMA 2000，GSM/GPRS/EDGE，IEEE 802.11 b，IEEE 802.11 g，蓝牙，DAB与GPS，必须使用SIMD的内核群。另外，与解码一样，解码通道的滤波器也集成在该架构中。最后但并非不重要的是ARMxx型通用处理器用于协议栈软件。目前[2]，多进程架构中存储器系统产生的功耗高达25%。因此，优化内存系统是减少功耗的主要办法。但是，优化需要一个详细的原则，即如何把功能映射到处理器群。

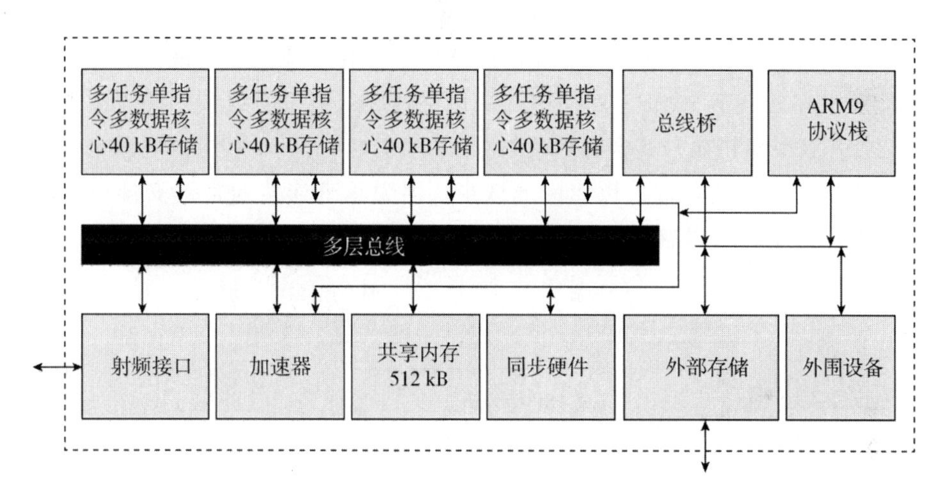

图31-2　Infineon的多处理架构

必须将多处理器架构执行的通信标准分为单独的功能。这些功能必须分散到不同的进程中，通过并行处理从而获得最好的性能。通过软件无线电，设计任务是针对不同的专用处理器分配各自特殊的功能。

为避免空周期，必须生成进程功能映射表及最大化每个处理器的信息吞吐量，同时最小化处理器之间的信息交流。当对存储器进行读取及存储操作时，由于存储器不可能总是紧挨着处理器，所以2D芯片的通信路径可能变长，进而消耗非常大的功率。

所有处理器经过多层总线架构访问共同的存储器系统。因此存储器必须连接到所有处理器的全局布线，包含数据线、同步线、地址线以及控制线。

大规模系统总线使用较长的通信线时，会产生两个与电性能相关的问题。由于区域大小的问题，通常需要使用窄间距、无屏蔽的金属线作为大规模总线。但是，最小间距小于100 nm时，临近数据线的线间电容会引起串扰，从而增加了潜在的信号损耗，使总线系统性能不可避免的下降。

另外，长金属线会产生一个大的容性负载，必须通过大电流才能完成充电。较长的互连线的充电与放电消耗了相当可观的功耗。

例如，互连线长 6 mm（代表典型的全局金属长度），宽 760 nm，相应的电容性负载约为 1.5 pF（90 nm 技术，线线间距 500 nm），RC 时间常数为 700 ps。存储器接口典型电压为 1.2 V 时，每个状态改变的消耗能量大约每比特 1.1 pJ。连接存储器系统的四个平行总线（本例中，每条总线 400 bit，包括数据线、地址线以及控制线），当频率为40 MHz时，需消耗 70 mW 的平均开关功耗。

当处理总功率负载为 250 mw 的一般无线器件时，其全局总线必须减少开关功率。通过开关功率从 70 mW 降到 7 mW，系统性能可以增长 25%（保持总功率负载为 250 mW）或系统损耗减少相同的量级。总之，降低开关功率对于用户来说优势很明显。

降低全局互连寄生电容的一个办法是使用 3D 叠层。例如，如果我们将多处理器架构分为五层，其中四层用作单指令多数据处理器，一层用作储存器系统，那么从处理器到共享存储系统的全局互连长度将会从 6 mm 降低到接近 120 μm（四层，每层30 μm；如图 31-3 所示）。随后我们将看到，垂直互连必须考虑其复杂性，但每个垂直互连间层的寄生电容能够很容易小于 50 fF。四层中（从顶层到底层）垂直线预期的寄生电容将小于 200 fF，与单一水平线相比，其电容性负载减小了 86%。另外，相应的电阻也从几百欧姆减小为小于 10 Ω，RC 时间常数也相应地减小。因为垂直连接通常被安排在宽的线距间（由于技术约束），从而可以忽略相邻线间的串扰，进而提高了存储器性能。

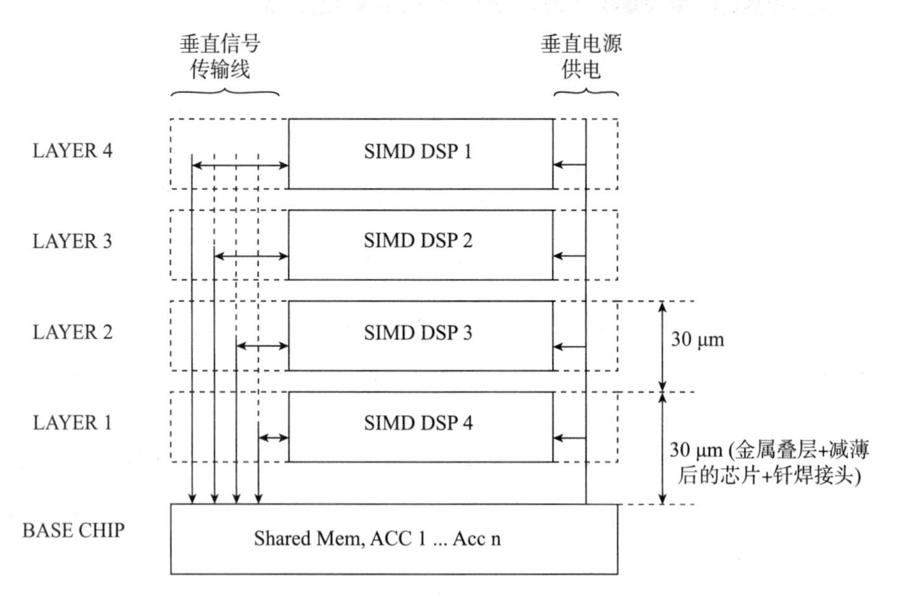

图 31-3　具有到共享内存系统最小全局总线长度的 3D 叠层多处理器架构

不过，为实现 3D 多层堆叠，必须具有合适的 3D 技术使间距小于 10 μm、直径小于 5 μm的垂直导线能够连接 1 600 根信号线与存储器系统。精确的芯片对准技术、生成过孔、连接以及稳健和可靠的晶圆承载技术是必须的。随后，将讨论有待开发的精密 3D 技术。

31.1.2　例 2：蜂窝电话先进的人机接口

未来，蜂窝电话的大多数功能将依靠可靠的语音与图像人机接口。在未来十年内，先进可视电话的用户识别和用户追踪功能将成为高端移动电话的常用功能。但是，在任意条件下图像处理架构的稳定运作仍比较薄弱，特别是低功耗图像实时处理的硬件架构。

近来，发现基于脉冲神经网络的架构非常适合基本的图像处理工作。图像分割与特征识别是图像处理中常用的功能，如果使用基于脉冲方法的神经网络架构，那么图像处理将可以有效地减少功耗并提高速度[3-5]。

但是，实时处理能力与低功耗需要特殊的硬件架构，两者需要在保持灵活性的同时，考虑脉冲处理的特殊要求。使用神经网络获取信息通常基于很少的几类动态单元，例如神经键与神经元。由神经键连接的神经网络能够实现简单功能，用于构成滤波器，探测器与识别器。复杂功能由这些简单功能连接组成，而不是直接定义复杂的单元[6,7]。

然而，动态单元的一些约束影响了架构的特性，其导致某些实现。网络架构中最重要的单元也被称为整合-发放（IAF）神经元[8]。

基本上，整合-发放网络有两个状态：接收与发送。接收状态中，也称为动态输入电流的 I_{syn}［式（31－1）］，在神经元膜片上连续积分得到膜电势 a_K［式（31－2）］

$$I_{syn,K}=i_{0,K}\cdot W_{K0}+\sum_{L\in N_K}W_{KL}(t)\cdot X_L(t) \tag{31-1}$$

$$a_K=\int_{T_0}^{T_0+t}I_{syn,K}(t')\mathrm{d}t \tag{31-2}$$

式中　W_{KL}——神经元 L 到 K 的动态加权值（神经键）；

N_K——连接到神经元 K 的插值；

K——突触后神经元；

$i_{o,k}$——连续信号，可能用于直接连接特殊的神经元 k 与传感器信号（例如，来自于图像传感器的像素）。

如果隔膜电压达到给定的阈值（θ），那么神经元的状态将从接收改变为发送，同时发送固定周期的脉冲 t_d（脉冲宽度）。为简化人工神经元的设计，脉冲信号简化为矩形。通过 $X_K(t)$ 描述矩形输出信号的形式。

如果脉冲完成，神经元将隔膜重设为初始值［阈值（θ）下］，状态改变为接收，并且重新开始整合突触电流。

一个整合-发放神经元能够通过放电电容器和交换网络的跨导放大器，电容，电流源等进行简单的设计。图 31－4 所示为一个简单的整合-发放神经元电路模型。电容 C_{int} 代表一个隔膜，此隔膜既可能由突触电流充电［如果脉冲 $X_K(t)$ 关闭］，又可能由电流源放电［如果 $X_K(t)$ 关闭］。脉冲宽度由重置隔膜的级别、阈值、C_{int} 的容量以及电流源提供的电流控制。

在约定环境中（2D 芯片），矩形排列结构嵌入大量神经元，进行神经分析。例如，为了满足特征提取，必须增加可编程走线资源与几个神经键设计网络。

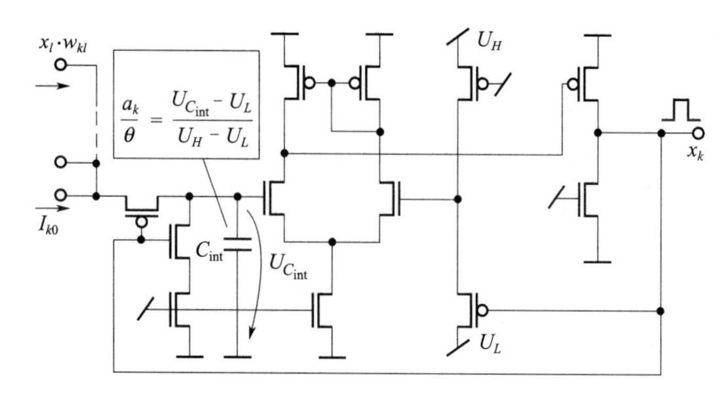

图 31－4　一个整合-发放神经元的架构框图

C_{int}代表所有的突触的集总电容，X_K用来描述从接受状态到发射状态的转变引起的输出脉冲

但是，通过分析特殊的测试芯片，我们观察到传统的设计模式，一方面，会出现集成神经元数目的限制，另一方面，即使依靠开发低功率电路的技术，也难以达到系统低功耗的目标。

测试芯片中，依靠给定的模块结构（如图 31－5 所示），可以实现包含 128×128 个神经元与 65 000 个神经键的系统作为分割设备[5]。通过 D/A 结构的像素信息传输到单独的神经元，神经元接收到像素信息后开始发出脉冲信号。

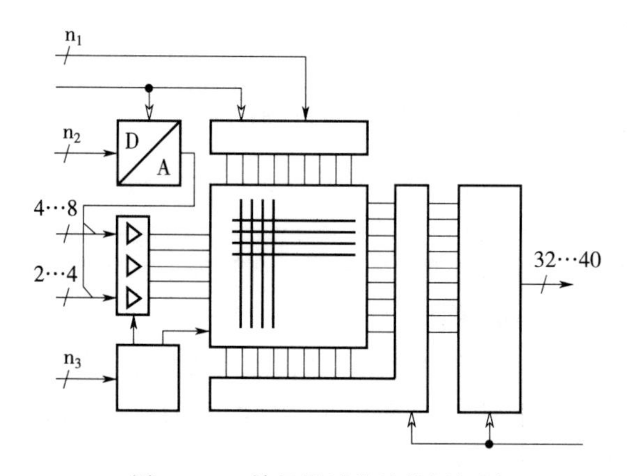

图 31－5　神经测试芯片的框架图

由神经细胞和神经突触构成的神经阵列，其与解码电路相连

D/A 转换器用于将像素信息从图像传感器转换到神经阵列或者是预设神经阵列的内部节点

为监测所有神经元的脉冲活动，进行所谓的地址译码。译码器异步探测个体神经元的脉冲活动，对神经元进行编码，近来此神经元使用选址事件表示法（AER）激活，并由外围接口（读写总线）传输编码信息。如果增加系统复杂性（例如，神经元数目上升），接口不仅用于监测活动，而且需要耦合特殊的网络。所以设计的接口性能必须与特殊神经元脉冲频率的动态范围匹配。

对于给定工艺（130 nmCMOS），使用亚阈值电路技术，电流可小于 0.1 nA。然后，噪声引起足够大的电流偏移（大于 6 db），从而实现可靠的人工神经元。

对于不同大小的电容 C_{int}，根据须编码的事件数量，可以计算出所需性能。表 31－1 给出了最大脉冲率的估算方法，根据不同网络的大小导出每秒可能发生事件的数目。一方面，网络大小明显受限于译码器的吞吐能力。另一方面，为了保持译码器合理的吞吐能力，大容量 C_{int} 使得区域增加。

在表 31－1 中，假设了一个最糟糕的情况，即假设所有的神经以最大脉冲速率工作。基于单神经元布局得到区域占有值（如图 31－6 所示）。对于 $n=16\,384$ 的神经元与 400 fF 的电容，我们测得神经元阵列全速率功耗为 3 mW，同时译码电路功耗为 250 mW（时钟频率 $f_{CLK}=200$ MHz）。显而易见，功耗已成为实现神经元构架的限制因素。

表 31－1　130 nm CMOS 工艺下 IAF 神经元不同 C_{int} 值所对应的脉冲速率和面积

C_{int} /fF	最大速率/kHz	$n=1\,024$/MHz	$n=16\,384$/MHz	$n=65\,536$/MHz	面积/神经元/MHz
800	2.5	2.56	40.9	163.84	608
400	5.0	5.1	81.9	327.68	336
200	10.0	10.2	163.84	655.36	200
100	20.0	20.4	327.68	1 310.72	132
75	26.7	27.6	436.8	1 747	115

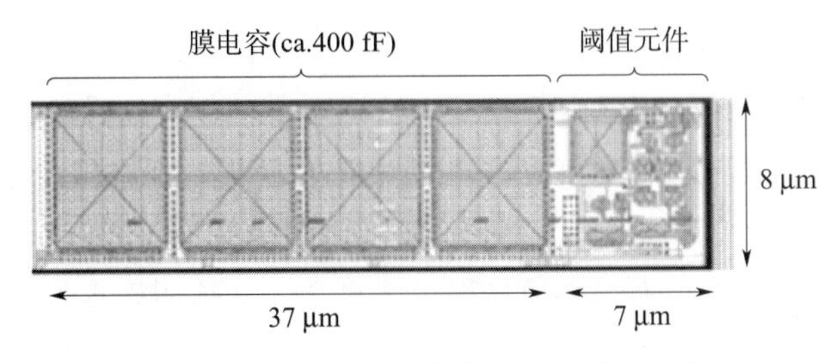

图 31－6　130nm CMOS 技术的 IAF 神经元的版图

反而，对于直接传输使用 3D 概念的神经元架构的邻近层的脉冲活动，AER 电路并不是必需的。这里，3D 叠层的方法能够以最少的计算量支持高带宽接口，因此，功耗也降低。

但是，以上的设计只有在成像处理架构早期是正确的。低级特征提取后，脉冲活动的分布变得越来越稀疏，对译码电路性能需求的减轻相当可观。在成像处理早期（低级特征提取），层间对带宽的需求相当高，但网络结构是常规的。对于特征探测的网络很难连接。接下来的步骤，放松了层对带宽的要求，但至少要考虑活性连接的常规结构（例如，联合存联器）。这里，可编程走线结构变得更加重要，使用 3D 互连架构基于编码脉冲事件传输实施此结构。

31.2　3D 芯片叠层技术

过去，为了开发 3D 集成器件，已经研究出几种 3D 集成方法[9]。绝缘体上硅（SOI）

的技术中[10]，氧化硅层与有源层交替排布，形成一种多层的结构。因为 SOI 技术不是一个符合通用标准的技术，此方法仅仅适用于基于 SOI 技术的电路。

在 3D 进程中为了嵌入诸如 CMOS 的标准技术，必须使用不同的概念。一个非常简单的方法是在特殊的支撑原料中植入活性硅。这些支撑原料承载着所需的垂直互连结构，并提供机械压力补偿[11,12]。因为活性硅植入支撑层，所以通过低互连密度或多或少地实现了芯片的垂直互连。

如果在活性芯片表面上连接，那么单元面积内垂直互连可达到最高密度。随后，在不添加支撑层的情况下芯片按照背面对正面的方式直接堆叠在彼此的顶部。通过焊球实现连接，一方面实现了电连接，另一方面在相邻层间实现了坚固的机械支撑。

有两个不同的方法非常适合实现高密度连接。一个是众所周知的标准工艺（例如 CMOS），在标准晶圆上实现，即从前端流片到后端金属化。接着，在晶圆的正面刻蚀和金属化所谓的片内的通孔[13,14]。通孔金属化后，支撑层与晶圆连接，这样有利于晶圆减薄的稳定性。当从晶圆背面可以看到晶圆间的通孔时，即停止减薄。最后，在 3D 叠层上焊接芯片。关键步骤包括通孔排列与焊球工艺的可靠性。

通孔不同的刻蚀深度有着不同的问题。因为通孔的深度最少有 30～40 μm，所以最不利的条件是对过孔金属化的深宽比的要求。通孔必须穿过整个金属化层，活性硅以及晶圆减薄后剩余硅的深度。

此工艺能够根据通孔的功能进行优化。因为通孔专门用于连接晶圆的背部，所以这些孔必须在第一次进行标准金属化结束时，在芯片后端形成[15,16]。通过使用标准过程给定的金属层，得到从芯片内金属堆叠到表面的金属化。

如果背面过孔是有用的，那么必须扩展工艺概念。必须明确这样一个概念，基于额外的背面工艺不能始于标准 CMOS 工艺，这是因为背面刻蚀过孔期间，掩模版要求晶圆背面的结构必须与第一层金属上焊盘的特殊结构对齐。

31.2.1 3D 工艺中背板连接的自调整

我们这里提出的工艺[17-20]需要晶圆从背面对齐掩模板。同时，也必须控制晶圆减薄的机械厚度。

首先，在硅晶圆上生长外延刻蚀停止层。刻蚀停止层用于精确控制减薄后的剩余厚度，这能够使后端过孔精确排列在活性 CMOS 第一层金属上的着陆区。在相邻过孔间节距尽可能小的同时，能够轻易地绘制孔径的轮廓，使 3D 叠层的相邻层间的连接密度提高。

我们使用基于固液互扩散（SOLID）的铜锡焊工艺[21]在单芯片层之间创建电气与机械连接。使得接下来的叠层不会产生之前出现的焊点恶化情况。

使用此工艺，我们创建真正的多层堆叠，并通过内部芯片过孔与欧姆连接的静态电特性来进行测试。我们随后设定参数，诸如电阻，基板与过孔漏电流。我们直接将这些结果包含在测试电路的设计中，测试电路将会针对叠层后互连的失效进行测试。

为了表征将要用到的 3D 工艺内部过孔连接的电特性，下面简要介绍一个特殊的工艺步骤。图 31－7 所示为完整的 3D 叠层工艺主要步骤。

31.2.2　晶圆准备工作

原始晶圆可以用来进行掩模对准，又可以用于当作控制减薄工艺的一种结构。

首先，在晶圆表面上刻蚀小的标志，通过光学设备可以使掩模板对准的误差精度小于 1 μm。其重要特征是，能够精确地对准掩模版，同时自动控制减薄工艺。此掩模板主要的好处是有利于使标准 CMOS 工艺的第一层正面掩模板与第一层背面掩模板对准，同时创建背面连接。

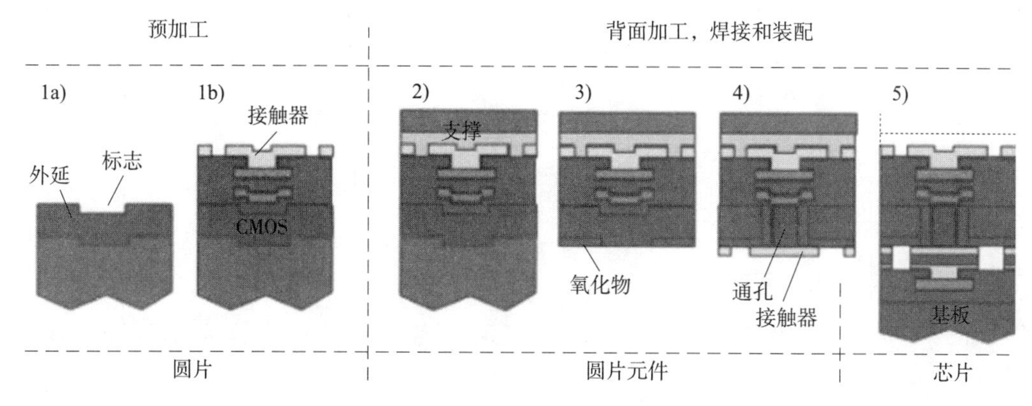

图 31－7　3D 叠层的工艺流程

为此，晶圆的空白表面通过掩模版进行图形制作，并且进行硅外延层过度生长。晶体生长区域包括两层：第一层是薄的 p＋层（硼高掺杂）。第二层是根据 CMOS 标准工艺所需进行掺杂使其具有规定精度，定义了减薄层的剩余厚度。与其他方法比，p＋层简化了减薄工艺，因为它的特性决定了它可以作为一个可选的刻蚀停止层。

两个掩模必须对准：即第一块常规的 CMOS 工艺掩模板与后面的用于定义通孔的掩模板将从背面进行刻蚀。掩模版刻蚀之后，晶圆上的硅外延层生长。在原始晶圆与外延层的边界处，插入 p＋刻蚀禁止层。外延层的尺寸必须在大约 10 μm 的范围，以使 CMOS 层与 p＋层足够地分离。

因为，在任何时刻硅的外延生长保持了从初始面的结构至并发面（特别是边缘），所以在外延层的表面可以看到刻蚀掩模板，如图 31－8～图 31－10 所示。

31.2.3　CMOS 工艺与正向金属化

CMOS 工艺的第一个掩模版与外延层表面上的刻蚀掩模版必须对准。如果能够对准，那么 CMOS 工艺的所有活动与被动结构将与刻蚀掩模版对准。

对于垂直的互连，基于固液扩散（SOLID）的铜锡球工艺用于创建特殊层间的电气与机械连接。这里，在晶圆正面，芯片钝化层在特殊位置开窗，将在该特殊位置创建垂直连接。

因为热负载往往超过 300 ℃，所以为了全过程维持一个低的热负载从而防止电路退

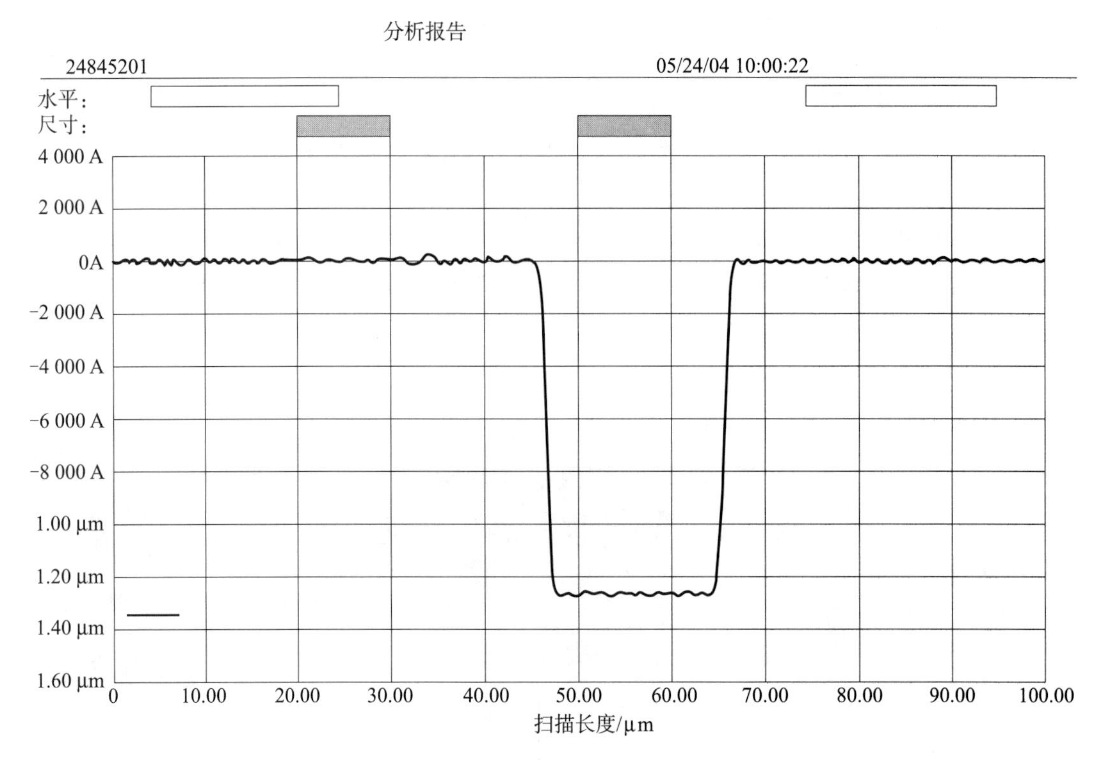

图 31-8　刻掉晶圆表层后刻蚀痕迹的侧边轮廓

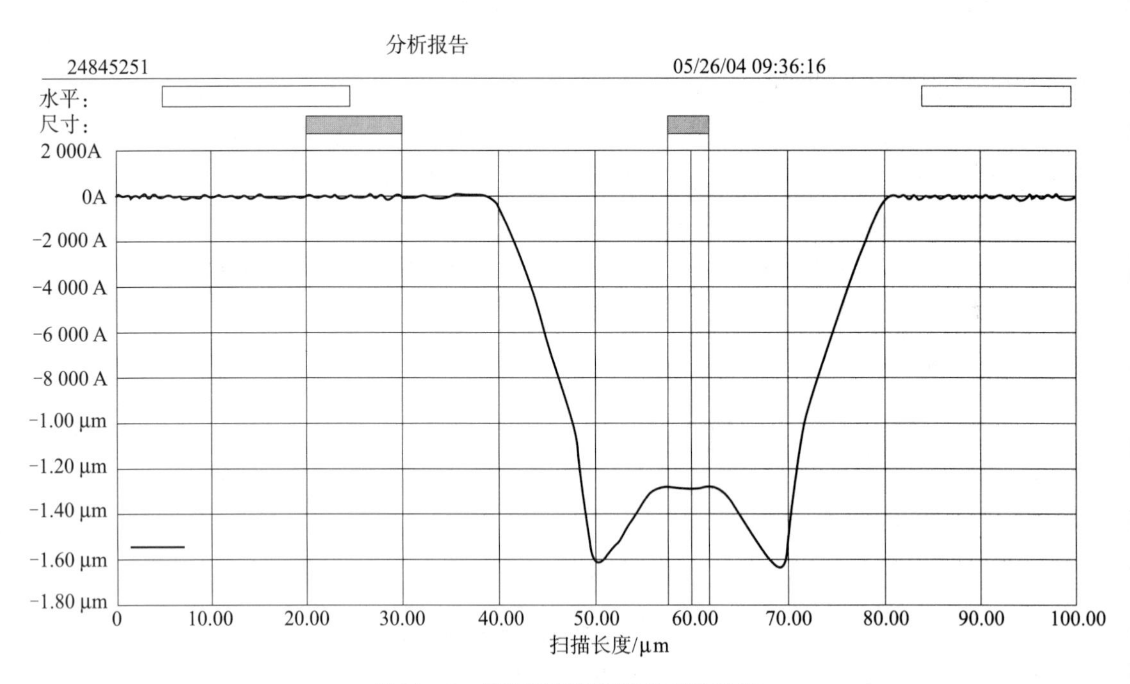

图 31-9　外延层刻蚀图形的侧边轮廓

化，必须避免通过 CVD 沉积金属。因此，在铜层上应用电镀工艺（在室温进行），通过溅射沉积形成铜种子层。此层形成 3D 连接的一个边。

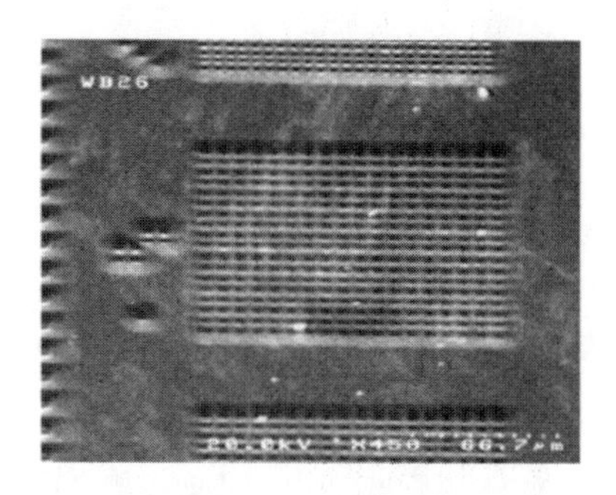

图 31.10　扫描电镜图像，外延层上的刻蚀图形

31.2.4　晶圆减薄

芯片组装中需要进行芯片减薄，在晶圆正面黏结载板可以改善其机械稳定性。实现减薄过程的第一步是使用一个快速的机械减薄步骤（研磨），使晶圆厚度接近 50 μm。机械减薄厚度由湿法化学刻蚀工艺决定，即通过 KOH 溶液刻蚀至外延刻蚀停止层。对于硅与不参杂硅，KOH 的选择（刻蚀速率等级）大约是 100：1，湿法刻蚀工艺可以使晶圆背面非常平整。另外，此时在晶圆背面可以看到最初对准的掩模板。

31.2.5　通孔刻蚀与侧壁隔离

使用各向异性硅刻蚀工艺对垂直孔壁的孔进行刻蚀，此工艺需使用平版印刷术来对准刻蚀掩模板。通过我们的试验装置，孔径限制在 5×5 μm 左右。孔金属化前对侧壁进行氧化，从而使导电孔与基板隔离。实施可闭合针孔的阳极氧化工艺后，再使用低温 PWCVD 方法，完成侧壁氧化。由于大多低温介质沉积工艺会导致绝缘层质量较低，所以使用阳极氧化法。这里，通过针孔将导体连接到基板会导致高的漏电流。通过 3D 思想，发现并应用了闭合针孔的自加热工艺。阳极氧化法选择性地氧化自由硅的表面区域，以便达到电压要求的厚度。在阳极氧化工艺中，将芯片置于含有乙烯乙二醇电解液中。直流电压在芯片上形成阳极，铂金线作为阴极。通过电场驱动此过程，穿过氧化层。因此，在薄的氧化层区域，二氧化硅增长率较高，而对于厚的二氧化硅区域，可以忽略二氧化硅额外的生长速率。同时还将会观察到自加热行为。作为试验结果，通常阳极氧化物厚度大约在 50 nm 范围内。

作为电镀铜的准备步骤，我们沉积钛钨扩散隔离层以及铜种子层。在此金属化步骤中用铜填满过孔并且使用锡沉积物与焊球连接。图 31－11 所示为铜金属化后的芯片过孔。

31.2.6　测试与流焊

为测试单个芯片，流焊前我们使用背面金属化的孔来评价芯片的功能。选择已知好芯片需要先将单元分为单芯片（包括用于稳定性的载板），并显著增大区域。

测试后，芯片级的流焊工艺将只流焊已知好芯片（KGD）。首先，确认好芯片的背面

图 31-11　过孔金属化的横截面

与预流焊芯片的正面对准。对齐后，顶部芯片按照加热工艺放置在底部芯片的上边。把胶分解后移出载板，清理表面，为下一层流焊准备好顶面是最后一步。

接下来通过 SOLID 工艺在 300℃下进行流焊步骤，包括高温熔融。此阶段在 600℃以上可以满足热力学稳定，并使顶层上的叠层的焊点不融化。图 31-12 所示为一个焊点的视图。

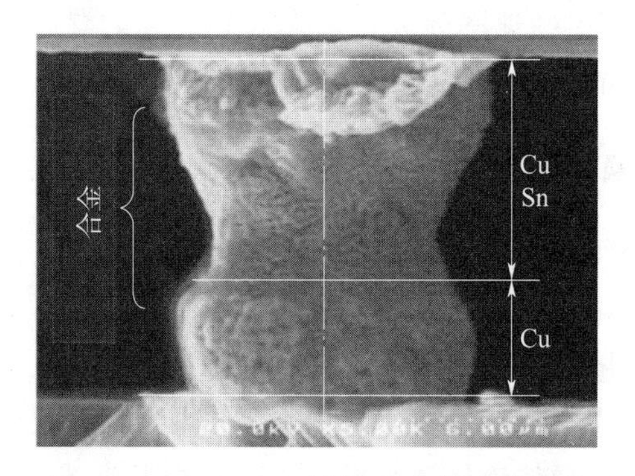

图 31-12　9×9 μm^2焊点的扫描电镜图像

图 31-13 所示的三层叠层，我们看不到第一层的焊球位移。这说明 300℃的回流温度使得所有焊球连接具有高温稳定性，并且，反过来展示了高温熔化铜锡相的生成过程。

图 31-13　具有两层薄芯片堆叠的扫描电镜图像

31.3　3D 连接的电性能

设计中，3D 连接的电性能很重要。

对于 3D 功率供应系统，评估其连接的欧姆特性必须考虑连接规模与特殊功率网络的连接数目。

层间数字信号的传输受相邻连接与基板的耦合电容影响。这里垂直信号传输线阻容常数的大小非常重要。高连接密度使得包括大量数据线的垂直总线系统，在总线宽度与电阻系数（连接规模）之间达到平衡。

低频仿真信号的传输需要线性电压电流，为避免信号失真需要基板的漏电流最小。

为了测量不同方面的电特性，需要不同的测量装置。

31.3.1　绝缘交叉电阻与孔金属电阻

根据 3D 叠层思想，从减薄硅晶圆背面刻蚀过孔至第一个金属层。为了测试从焊盘-过孔到第一层金属的电阻，需准备测试装置。晶圆减薄至 10 μm 后，减薄晶圆的正面进行铝氧化的同时背面准备硅氧化，从背面刻蚀过孔并进行金属化。两类典型的过孔包括：直接连接到铝的导电孔与由硅氧化层隔离铝的绝缘孔。图 31－14 所示为其电压电流特性与相应的测试装置。该路径的导通电流的范围为 10～100 mA 时，测得的二氧化硅的过孔的最大漏电流为 600 pA。

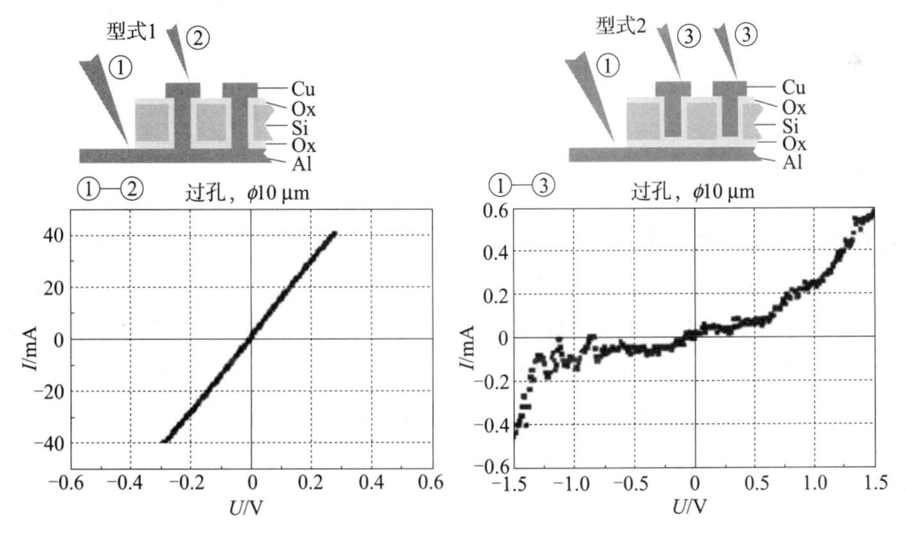

图 31－14　通过铝连接的过孔（左）和分离过孔（右）的 IV 特性曲线，类似于二极管的 IV 特性曲线是由引脚空洞引起的

31.3.2　焊球连接与铜线

下一步，对焊球连接的两个芯片结构进行流焊。一个芯片作为基板的正面进行金属化，同时第二个芯片的背面也进行金属化。通过以上步骤，完成焊球连接。图 31-15 所示为不同长度的铜线的电阻系数。另外，也测量了 10×10 μm 的焊点的电阻。

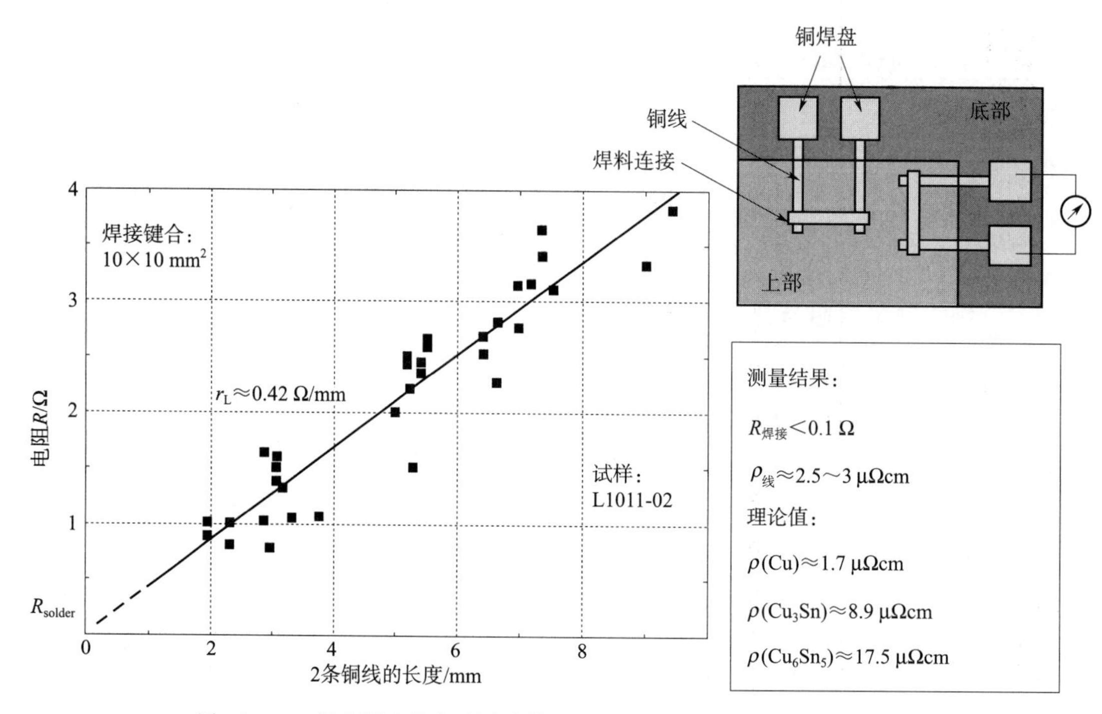

图 31-15　铜电阻率的实验测试装置，两个芯片通过互连线连接到一起

31.3.3　孔与焊点

通过调整，铜线与焊点构成了底部芯片。进而，使用已经对通孔进行金属化的减薄的硅晶圆作为顶部芯片，与背面的流焊焊盘进行正向连接。全部芯片流焊后，测得的电阻的典型值为 2.57 Ω。这个结果包含一系列电阻，如铜线与测试探头的电阻等。这些铜线占了电阻值的主要部分，接近 1.2 Ω。过孔连接与焊点以及测试设备占其余的约 1.4 Ω。在此，我们得出结论，焊点电阻小于 0.5 Ω（如图 31-16 所示）。

31.3.4　过孔桥

如图 31-17 所示，过孔桥是一种包含正面到背面与背面到正面连接的结构。考虑到铜线与过孔的电阻，测量装置可以得到一个过孔的电阻小于 1 Ω 的结论。

31.3.5　过孔漏电

由背面过孔不完整的侧壁氧化物生成的引脚过孔，导致了基板漏电。图 31-18 所示

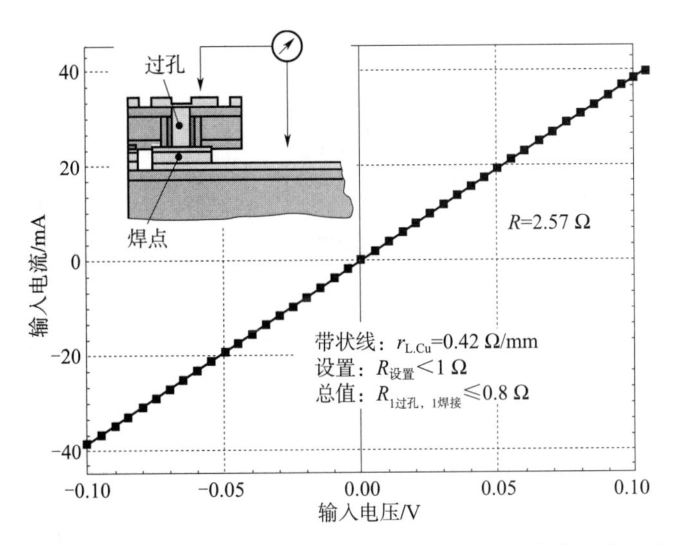

图 31-16　过孔电阻的测试装置，用来测试由于焊接产生的电阻

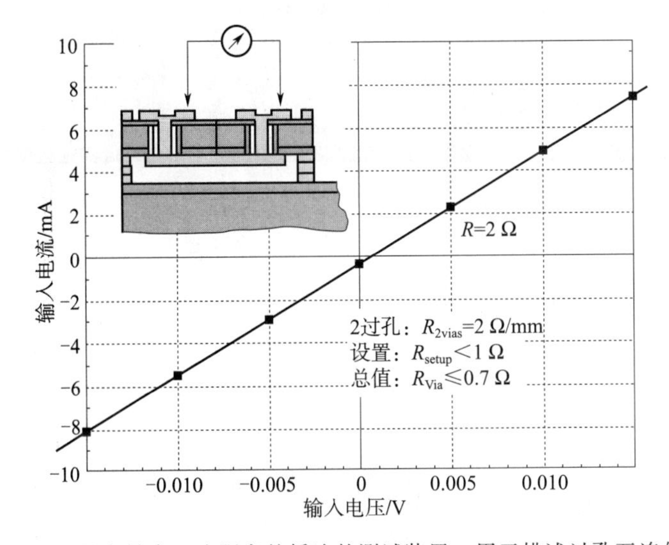

图 31-17　具有最小互连距离的桥连的测试装置，用于描述过孔互连的电阻

为使用 CVD 方法（跳过阳极氧化）低温氧化的侧壁氧化与过孔金属化后获得的二极管特性。漏电流导致孔间耦合，而且可能增加体电势。为避免漏电流，所有引脚空洞必须以可靠的方法闭合。正如已提到的，针孔能够使用自加热阳极氧化的工艺闭合。图 31-18 所示为过孔侧壁阳极氧化后的电流特性。交叉电压 10 V 处，测得孔侧壁漏电流低于 10^{-5} Acm^{-2}。这样使得每个过孔的平均漏电流小于 10 pA，即使对于低功耗的应用也足够。

31.3.6　用于仿真的等效电路

综合考虑不同的材料、工艺与结构尺寸，生成的背孔的等效电路模型，可以用作电路仿真（如图 31-19 所示）。为了提高焊球的可靠性，将过孔与焊点分置（如图 31-20 所

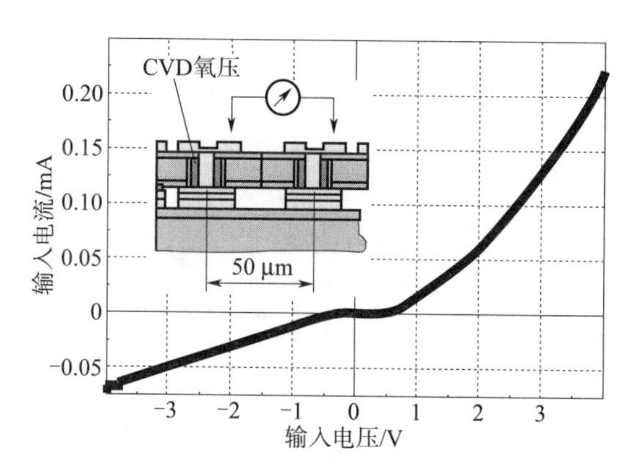

图 31-18　引脚过孔效带来二极管的 IV 特性

示）。因此，在过孔的外部区域补偿流焊工艺产生的机械压力，并从孔外将机械压力释放。

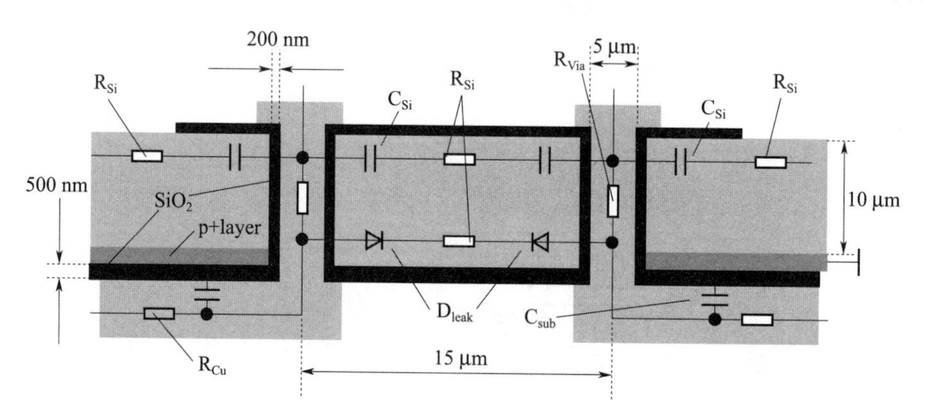

图 31-19　背侧接触的等效电路，包含由于引脚过孔引起的二极管效应

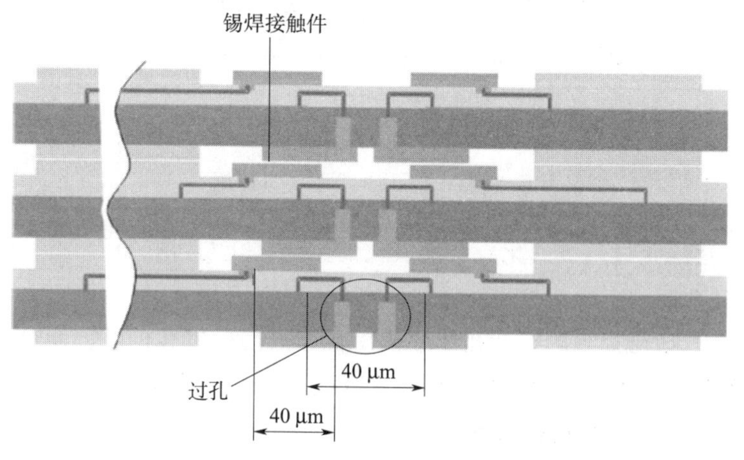

图 31-20　三层叠层的截面图。在焊接工艺中孔与焊点的连接在空间中分散

使用以上所描述的测试结果，可直接估算电阻。另外，对于动态仿真，电容性元件也是非常重要的。首先假设，所有的电容均可以假设为一个平板电容。底部电容 C_{sub} 氧化物

的厚度接近 500 nm，导致单位电容为 0.064 fF μm^{-2}。基板底层走线总的寄生电容大约为 23 fF。孔侧壁氧化物的厚度大约为 200 nm，因此，估算单位电容为 0.16 fF μm^{-2}。总之，必须加上约为 7.9 fF 的寄生电容 C_{Si}。对于这个电容，由于其电阻 R_{Si} 较大，所以可以忽略 C_{Si}。孔到孔的耦合电容 C_{via} 等于 $C_{Si}/2$。即使对于放置在 1 μm 以下的孔，电容仍为常数。只有由硅基板形成的耦合电阻减少，才能使孔间形成更有效的耦合。

31.4　总结与结论

至此，我们已经实现了 7 层的机械叠层（如图 31－21 所示）。

在目前的测试设计中，过孔最大密度可以实现每平方毫米超过 4 400 个。由于设备的对准精度与两个 5 μm 宽的允许过孔的最小间距为 10 μm，因此密度受限制。然而，由于垂直孔也占据有源芯片面积，因此必须对高密度连接与高密度电路之间进行折衷考虑。

多层叠层的工艺完成以后，一些过孔互连可能会失效。此外，焊接过程中的问题也会导致短路的信号线开裂。对于特定功能的 CMOS 电路要发现这些存在的问题，需要实施额外的测试电路。根据以上讨论，这可能需要设计一个合适的电路筛选出功能性过孔。启动时进行一个简短的测试可以检测到这些问题，进而判断芯片互连是好还是不好[22]。这些信息可以通过多余的过孔用来对垂直互连的信号路径进行重新布线。

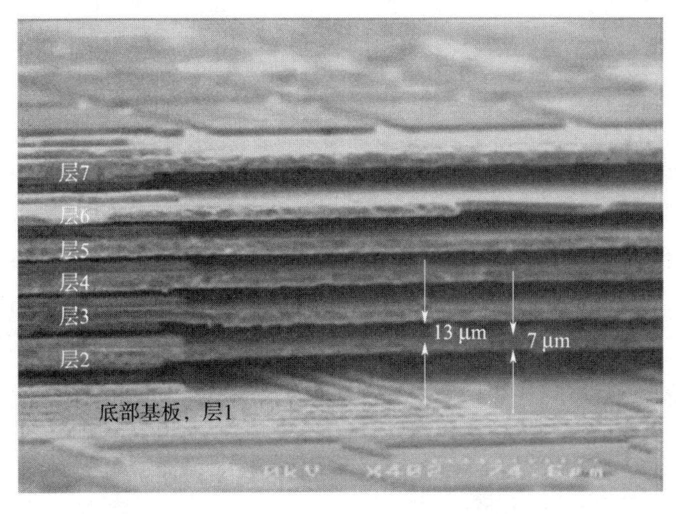

图 31－21　七层物理层的 SEM 图像，包括底部基板与内部过孔连接

31.4.1　体视图

一旦我们有了低成本的 3D 叠层技术，并在人工智能系统设计方面取得足够的进步，那么就需要在该系统很小的体积内融合视频和语音交流的功能。图 31－22 描述了我们的视觉——对话模型的立体视图。

叠层上面几层包括视频和语音系统，其中有一层单独的用于存储，接着是高级功能的

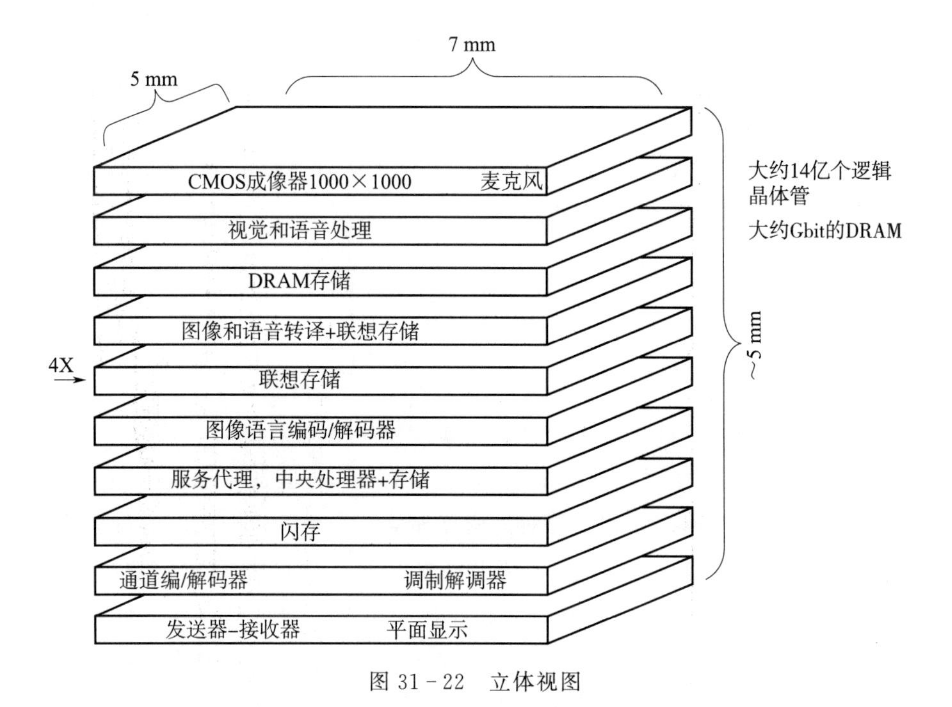

图 31－22　立体视图

解释与翻译系统。剩下的几层包含无线模式与代理服务。如此一个小的对话模块，可以用于掌上电脑与家用机器人（作为其主要的构造模块）等。

致谢

本文中所阐述的一些结果是在可视集成电路项目中完成的，该项目是由德国教育和研究部（BMBF）出资赞助的。

非常感谢以下学者和合作人员的贡献：Peter Benkart，Andreas Munding，Alexander Kaiser，Markus Bschorr，Prof. Erhard Kohn，Prof. Hans－Jorg Pfleiderer，Holger Hubner，Wolfgang Raab，Hans－Martin Bluethgen，Jorg Schreiter，Jens－Uwe Schlussler，Daniel Matolin，ChristianMayr and Prof. Rene Schuffny.

参 考 文 献

[1] Ramacher, U. (Oct 2007) Software - Defined Radio Prospects for Multistandard Mobile Phones. IEEE Computer Magazine.

[2] Raab, W., Bluethgen, H. - M. and Ramacher, U. (2004) A Low - power Memory Hierarchy for a Fully Programmable Baseband rocessor. WMPI, pp. 102 - 106.

[3] Matolin, D., Schreiter, J., Schueffny, R. et al. (2004) Simulation and implementation of an analog VLSI pulse - coupled neural network for image segmentation. The 47thIEEE International Midwest Symposium on Circuits and Systems, pp. 397 - 400.

[4] Heittmann, A., Matolin, D., Schreiter, J. et al. (2002) An analog VLSI pulsed neural network for image segmentation using adaptive connection weights. International Conference on Artificial Neural Networks, pp. 1293 - 1298.

[5] Schreiter, J., Ramacher, U., Heittmann, A. et al. (2004) Cellular pulse coupled neural network with adaptive weights for image segmentation and its VLSI implementation. SPIE, 5298, 290 - 296.

[6] Heittmann, A. and Ramacher, U. (2004) An architecture for feature detection utilizing dynamic synapses. The 47th IEEE International Midwest Symposium on Circuits and Systems, pp. 373 - 376.

[7] Mayr, C., Heittmann, A. and Schueffny, R. (2007) Gabor - like image filtering using a neural microcircuit. IEEE Transactions on Neural Networks, 18, 955 - 958.

[8] Gerstner, W. and Kistler, W. (2002) Spiking Neuron Models, Cambridge University Press, Cambridge.

[9] Al - Sarawi, S. F., Abbott, D. and Franzon, P. D. (1998) A review of 3 - D packaging technology. IEEE Transactions on Components, Packaging, and manufacturing Technology, Part B, 21, 2 - 14.

[10] Ohtake, K. et al. (1991) Four - story structured character recognition sensor image with 3D integration. Microelectronic Engineering, 15, 179 - 182.

[11] Becker, K. F. et al. (2004) Stackable systemon - packages with integrated components. IEEE Transactions of Advanced Packaging, 27, 268 - 277.

[12] Lin, C. W. C., Chiang, S. C. L. and Yang, T. K. A. (2003) 3D stackable packages with bumpless interconnect technology. Proceedings 5th Electronics PackagingTechnology Conference (EPTC 03), IEEE Press, pp. 8 - 12.

[13] Ramm, P. et al. (2001) InterChip via technology for vertical system integration. Proceedings IEEE 2001 Int. l Interconnect Technology Conference, IEEE Press, pp. 160 - 163.

[14] Ok, S. J., Kim, C. and Baldwin, D. F. (2003) High density, high aspect ratio throughwafer electrical interconnect vias for MEMS packaging. IEEE Transactions on Advanced Packaging, 26, 302 - 309.

[15] Burkett, S. L. et al. (2004) Advanced processing techniques for through - wafer interconnects. Journal of Vacuum Science and Technology B, 22, 248 - 256.

[16] Das, S. et al. (2004) Technology, performance, and computer - aided designof three - dimensional

integration. Proceedings 2004 Electrochemical Society Meeting, ACM Press, pp. 108 - 115.

[17] Kaiser, A., Munding, A., Benkart, B. et al. (2005) 3D chip integration technology for microsystems. 207th ECS Meeting.

[18] Munding, A., Kaiser, A., Benkart, P. et al. (2004) Chip stacking technology for 3Dintegration of sensor systems. Proceedings HeTech.

[19] Benkart, P., Kaiser, A., Munding, A. et al. (2005) 3D chip stack technology usingthrough chip interconnects. IEEE Design & Test of Computers, 22, 512 - 518.

[20] Benkart, P., Kaiser, A., Munding, A. et al. (2005) 3D chip stack technology using through - chip interconnects. IEEE Design & Test of Computers, 22, 512 - 518.

[21] Huebner, H. et al. (2002) Face - to - face chip integration with full metal interface. Proceedings Advanced Metallization Conference (AMC 02), Materials Research Society, pp. 53 - 58.

[22] Bschorr, M., Pfleiderer, H. - J., Benkart, P. et al. (2005) Eine test - und ansteuerschaltung fur eine neuartige 3Dverbindungstechnologie (in German). Advances in Radio Science, 3, 305 - 310.

第 32 章　3D 集成电路测试技术

T. M. Mak

32.1　引言

3D 集成技术具有很大的发展潜力，能够满足更高水平的需求，可进行不同工艺/电路技术的集成（例如可以把 SiGe 射频电路集成到 CMOS 基带上）[1]。也可以通过高性能多核微处理器解决宽带技术问题[2]。另外，在有些情况下可以进行器件的等比例缩小，允许缩小到不同的尺寸。然而，这种器件的缩小要求新工艺必须具有可制造性及高成品率，否则也只能还是一种针对性产品。

测试被认为是生产的一个方面，通常情况下，在封装（对芯片进行陶瓷封装或塑料封装）前要利用探针对晶圆进行测试，对芯片单元进行测试/分类（通常叫做片选），封装后还要进行规格测试及功能测试。另外，为了降低废品率，一些元器件制造商还要对产品进行老化试验。即使采用最好的半导体制造工艺，也难免会存在工艺缺陷，所以片选是非常有必要的。扔掉一个含有缺陷芯片的好封装（如图 32－1 所示）是一件让人难以忍受的事情（通常是比较昂贵的）。此外，集成的芯片数量越多，对需要集成的芯片的质量要求就越高。因此，现代半导体制造商在进行生产时都要包括分片工序，在将芯片送去封装前尽可能地收集每个芯片同样多的信息。

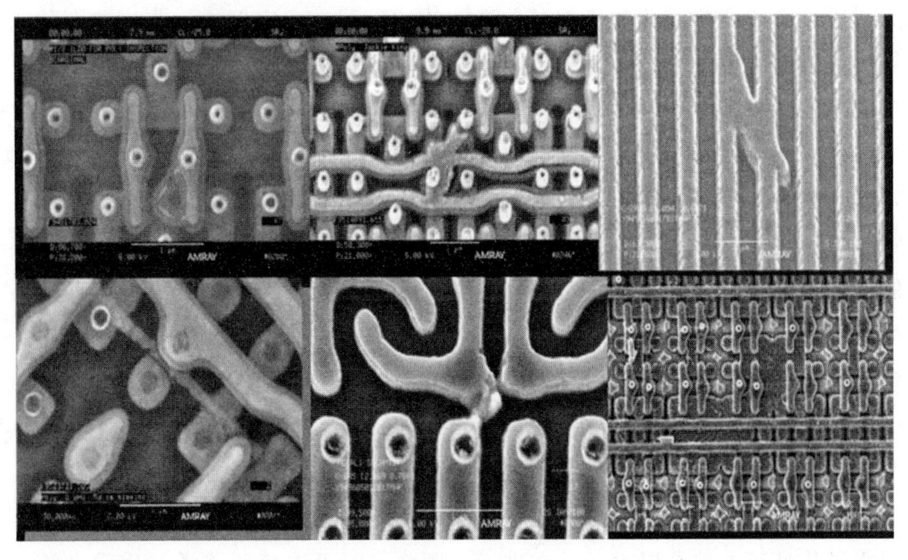

图 32－1　生产过程中产生的缺陷

3D 集成系统的测试可能会与传统的测试相似，晶圆或芯片的制造及集成方法，会导致其测试方法上存在某些差异。我们要在晶圆键合在一起前对每个晶圆都进行分选测试吗？还是先进行芯片分选，再将匹配的芯片进行叠层呢？我们将在这一章进行详细的论述。

32.2 3D 集成的成品率

在制造业中成品率是一项非常重要的指标，其是生产过程中合格产品与全部的生产产品的比率。每一个工序过程中，无论是在基底晶圆上添加材料（例如金属沉积）还是去除材料（例如蚀刻）都会产生相应类型的工艺缺陷从而降低成品率。晶体管级缺陷可能包括节漏（leaky junctions）或差的晶体管（weak transistors）。互连线级的缺陷可能包括桥连或断路（特别是铜的嵌入加工工艺），即使把大部分制造工序在很大程度上控制得很完美，也不能保证零缺陷生产或完美制造。对于一个有 400 道工序控制的产品来说，即使每道工序的成品率达到 99.9%，但产品的最终成品率也只能达到 67%。

当然，较低的成品率将增加产品的销售成本，因为较少的合格成品同样需要差不多的成本费用（有没有缺陷对于晶圆的制造成本来说都是相同的）。所以，所有的制造费用将被分摊到较少的可以销售的单个产品上。

缺陷的衡量指标依据缺陷密度，指的是单位面积（通常是 1 cm^2）上缺陷的数量。芯片代工厂家都有缺陷检测设备，每一个不同的工序完成后，都可以计算出缺陷的数量并标定出来[3]。当然，在每个工序中观察到的个别缺陷并不一定导致芯片损坏，因为在每一层并不是所有的芯片表面都会被用到。有时候有些工序产生的缺陷虽然观察不到，但却影响了电路的制造，例如离子注入工艺。

因此，成品率或合格芯片的概率与单个芯片的面积是成比例的，芯片的面积越大，成品率就越低，如图 32 - 2 所示。对于尺寸小的芯片，其成品率显著提高，但是你必须同时面对芯片功能的减少、多个芯片的封装、较高的互连电容（更多的电源及更低的性能）、更大的主板尺寸以及系统走线等多个问题。所以说，对 3D 集成方案的评估是非常复杂的。有很多好的理由去追求 3D 集成来改善系统成本，但我们必须注意要付出的价格。

尽管 3D 集成并没有使全部的芯片面积变大（芯片互叠），但是实际上对于两层叠装结构芯片的面积扩大到两倍，以及将三层叠装结构芯片的面积扩大到三倍。通过减小芯片的尺寸而尽可能提高晶圆上芯片的成品率，其收益并不是很大[4]。

换句话说，3D 集成的成品率与层数成比例关系，层数越多，成品率越低。公平地说，3D 集成技术可以缩短互连线长度（因为线可以垂直通过短的硅通孔到达另一层的另一个电路）及减少布线层数。对于之前一些被提及的 3D 集成结构，节省层数并不明显（例如，处理器/内存）。

晶圆叠层是最基本的叠层方法，在进行晶圆叠层时无法控制选择芯片质量的好坏，在相同的芯片位置所有的芯片都要叠层（也包括有缺陷的芯片）。因此，对于这种叠层方式，产品的成品率也就是每个芯片的成品率，该成品率是 TSV 的成品率与键合工艺成品率的

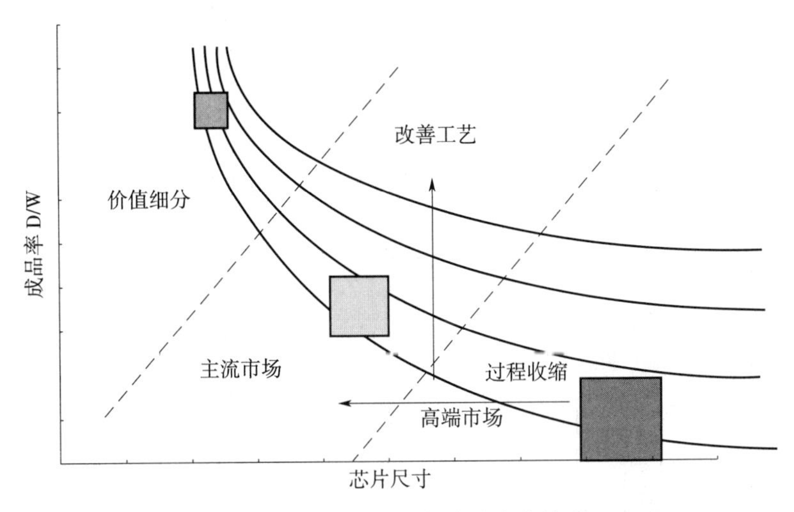

图 32 - 2　芯片尺寸与成品率的关系

积。换句话说，对于这种叠层封装，相当于封装了一个目前芯片两倍大的芯片，但只是在一个芯片上定义输出。叠层封装后可以定义比较小的外部输出，可以提高器件的性能，并且可以降低功耗，但成品率却不占有优势，封装成本也会大大提高。

在晶圆级集成中更微妙的要点是我们必须要考虑到批次之间、晶圆之间甚至是芯片之间制作工艺上的差异（如图 32 - 3 所示）。晶圆叠层实际上是将两个未知的晶圆叠加到一起。如图 32 - 3 所示，两个晶圆加工时的工艺参数分布没有关联性。因此，即使叠层晶圆上的芯片为零缺陷，叠层的性能也会受两个芯片中速度较慢的芯片的限制，这样就可能足以破坏由更低的连线电容所带来的性能提升。

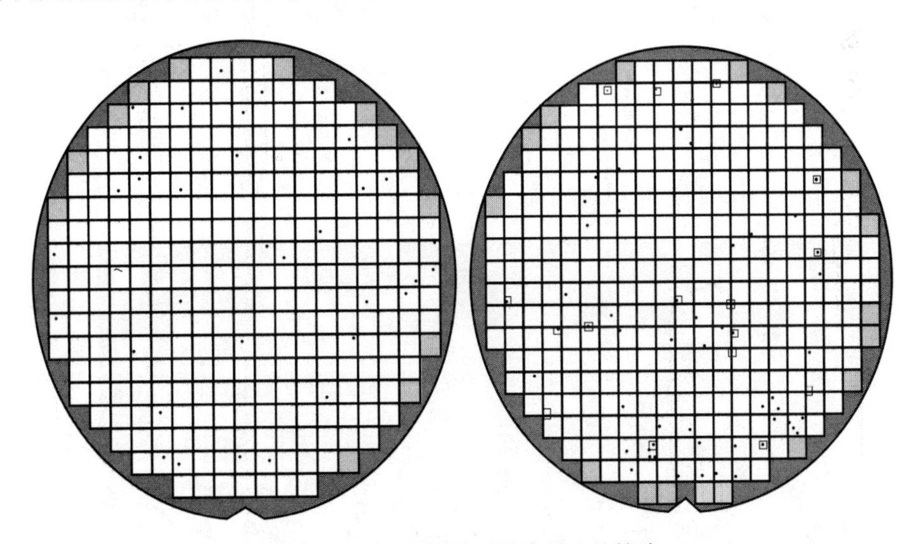
图 32 - 3　不同晶圆不同位置上的缺陷

在图 32 - 4 中，彩色的环形区域代表晶圆，其中每个方块代表一个芯片。颜色表示晶体管与门的速度，从蓝色（快速）变化到红色（慢速）跨越了两倍的延迟时间。从这个图中，我们不仅可以观察到晶圆级工艺偏差，同时也可以看到芯片级工艺偏差。尽管这些晶圆可能是为了说明不同工艺的偏差而单独挑选出来的，但实际中如果不是更糟糕也会同样糟糕。未来的尺寸缩放比例或许将引进更多样化的工艺，比如将尺寸变得更小，而我们还不具备更短波长平板印刷技术与之相匹配。更小的结构也易于受分子不规则运动的影响，这超出了本章所涉及的范围。

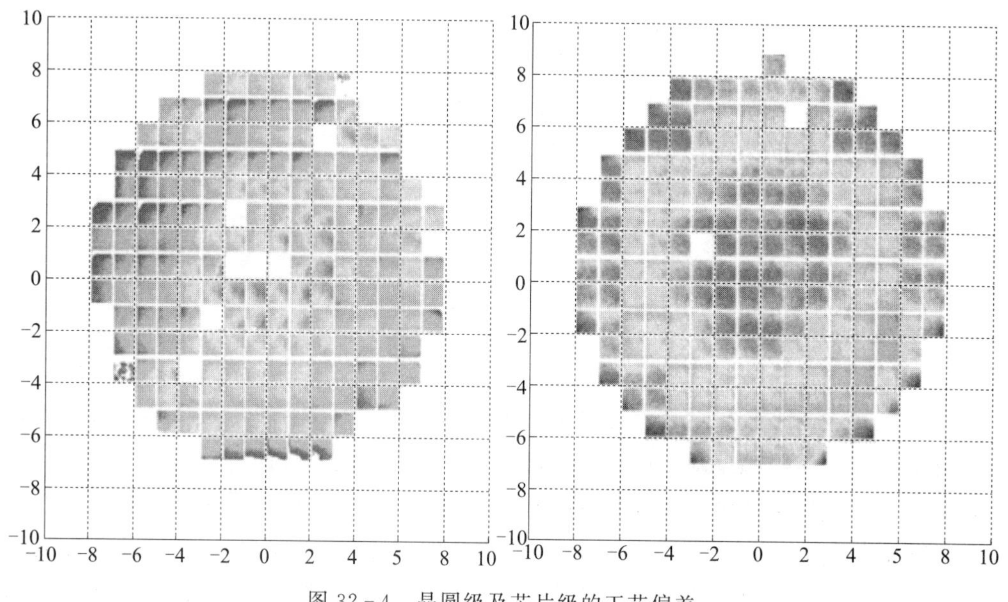

图 32-4　晶圆级及芯片级的工艺偏差

这些与封装集成形成了鲜明的对比，例如多芯片模块（MCM）、系统级封装（SiP）、以及系统级芯片封装（SoP）等。图 32-5 所示为 MCM 及 SiP 模块，SoP 与 MCM/SiP 类似，除了分立器件（电容或电感）也作为薄膜器件集成到封装内部或者植入分立器件。对于这些集成技术，通过晶圆分选才能选择好的芯片，只有这些匹配的芯片（例如速度或功耗等级相匹配）才能封装到一起。尽管晶圆分选还有很多测试技术的限制（见下一部分已知好芯片的介绍），但的确还是显著提高了产品的成品率。

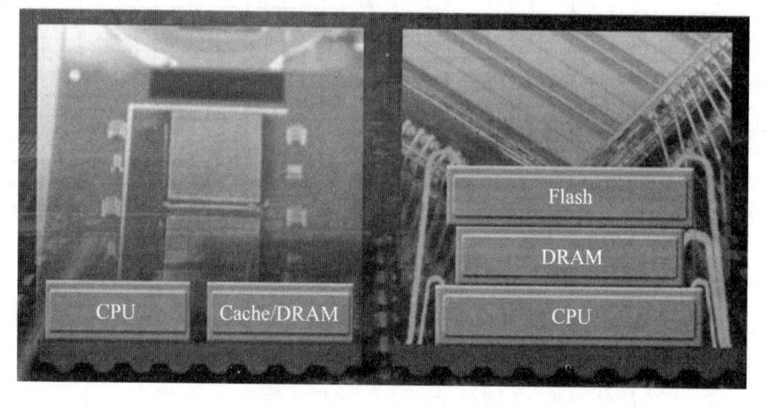

图 32-5　MCM 与 SiP

32.3　已知好芯片（KGD）

成品率对于产品是否能够进入主流市场来说是非常重要的，那我们怎样才能提高产品成品率呢？实际上，这并不是一个新的问题，在各层次、各方式封装集成中都存在。在3D芯片集成技术以前，人们一直致力于在相同的基板上或相同的封装中集成更多的芯片，这种系统也叫做 MCM、SiP 或 SoP。某些系统有可能只是在一块基板上包括两个或两个以上的芯片（MCM）；有些系统甚至包括芯片叠层（只是黏结在一起没有 TSV），每个芯片通过引线键合模式与基板进行连接；某些系统甚至复杂一些，把无源器件植入到封装体内（SoP）。

这些封装都受相同的可怕的成品率公式影响，该公式为各单芯片成品率的乘积。这个问题概括称为已知好芯片（KGD，Known Good Die）。也就是说，要得到高的封装成品率，那么在集成前就要保证被集成的芯片为质量好的芯片。既然在所有的情况下，在晶圆层面上就必须要知道芯片的质量，那么实质上在晶圆分选工艺过程中要对芯片进行全功能测试。当芯片组装到基板上或封装好后，如果发现某些芯片存在缺陷或性能有问题，那就只能是返工或是把整个模块废弃掉。成品率的降低将会增加封装整体成本。重制工作先利用辅助诊断设备确认坏的芯片，移除坏的芯片，然后清洗表贴的位置，最终安装上一个新的芯片。许多操作都需要精心、细致，并且消耗劳动力。对于大规模的主流应用产品重制就不适用了。

然而，即使需要很高的成品率，想得到 KGD 也并不容易，由于缺少封装环节，测试设备或全自动测试仪（ATE）与晶圆或芯片之间通过一个硬件接口卡进行连接，这个接口卡叫探针卡。由于焊盘节距小、密度高，探针卡采用钨合金顶针，如图 32－6 所示。芯片的互连方式从引线键合技术过渡到可控塌陷芯片连接（C4，Controlled Collapse Chip Connection）面键合技术，使得探针卡的使用更加困难。现在的探针卡有 1 000 多个引脚，每个引脚都与各自的焊盘相连，如果过度使用探针卡，其顶尖部位会积聚微小碎片，这样就会影响测试质量。多年来出现了许多先进的探针卡制作技术，但是还没有成为业界的主流产品。探针决定了探测器的性能，限制了瞬态功耗，产生了低电平噪声。对于高频信号，探针也造成了阻抗不连续性。传统上讲，晶圆级测试只需进行低频测试，其实不是这样，主要原因是探针不能满足功耗上拉的要求，这是一种双重打击。

那么我们怎么才能在低频及额定功耗下通过测试而获得 KGD 呢？这需要引进结构化测试及可测性设计（DFT）概念。结构化测试实际上意味着针对芯片每个单元结构进行测试，并不需要测试它的组合功能和性能。扫描（SCAN）测试及内建自测试（BIST）方法[5]是常规的逻辑电路测试方法，而存储器内建自测试（MBIST）或者阵列内建自测试（ABIST）是常规的存储器测试方法。对于可测性设计而言，要对相关电路进行完整性测试，由于采用了最小化的可测性设计，所以测试程序没有必要按照一定的速度来运行。例如，扫描时把复杂的时序状态分配到任意两个扫描节点之间的逻辑路径上，这样可以直接

图 32－6　一个采用 C4 技术的高密度探针卡

控制和观察每个序列的扫描链。因此，测试只是包括逻辑路径的测试以及将整个复杂时序分解为相互关联的序列。同时，测试电路一般都是在低速下进行测试，所以它们一般不被设计得很充分，很多时候，这些可测性设计电路要利用常规 CAD 工具进行综合。

通过更加复杂的结构化测试可获得更好的 KGD 知识，但这些并不一定解决晶圆叠层问题。仅仅能知道哪个芯片是坏的，但不能在晶圆叠层过程中阻止坏的芯片叠层到好的芯片上，如图 32－7 所示。可以锁定有缺陷芯片的确切位置，但对晶圆叠层没有任何帮助，必须想出新的设计方法与测试方法。然而，KGD 确实对芯片叠层给出了很大的帮助，可以把一个预先测试好的 KGD 芯片叠层到另一个预先测试好的 KGD 芯片顶部，不管这个底部的芯片是在晶圆上还是单独的芯片。当对两层以上的芯片进行叠层时，KGD 是非常重要的。很显然，每层较低的成品率将会影响到经济上的可行性。

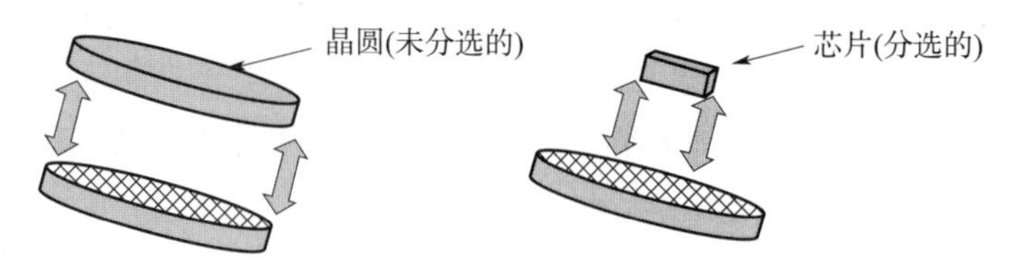

图 32－7　晶圆叠层与芯片叠层的对比

32.4　晶圆叠层与芯片叠层

这里我们对晶圆叠层与芯片堆叠给出了不同的界定，我们必须分清各种可能的选择，以便表述清楚。

晶圆级叠层是最简单的叠层方式，把一个晶圆堆叠到另一个晶圆上。然而，晶圆叠层又有两种方式：即两个晶圆正面相对的叠层方式（face to face）和把一个晶圆的背面堆叠到另一个晶圆的正面的叠层方式（back to face）。图 32－8 所示为两个晶圆正面相对的叠层方式示意图，两个晶圆的有源层（晶体管在的地方）可以靠得非常近（随着各自分离的金属层），利用铜焊盘直接键合技术实现两个晶圆的互连。对于这种三明治式的结构，其中的一个晶圆背面可以与散热元件相连，例如散热器和热沉，另一个晶圆的背面与信号线或电源输出的引脚/焊盘/焊球相连。这样必须通过 TSV 把信号与电源引出，在 TSV 制作完成后，在该芯片的上表面利用 C4 技术制作焊球。

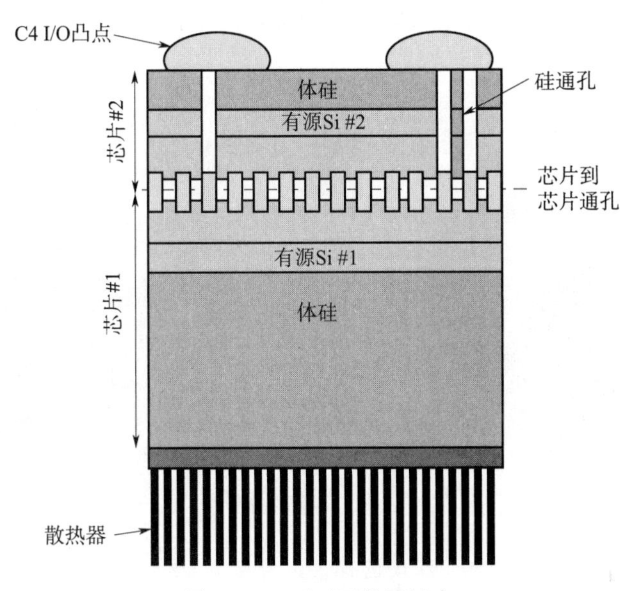

图 32－8　面对面晶圆键合

如图 32－9 所示，图中从左到右为面对面晶圆键合的一种工艺流程示例，预先制造好硅通孔并对其进行初始化填充，直到晶圆完成键合工艺并且上层晶圆被减薄后，才能露出已填充的孔，最后把 C4 焊盘添加到组合叠层的上面。

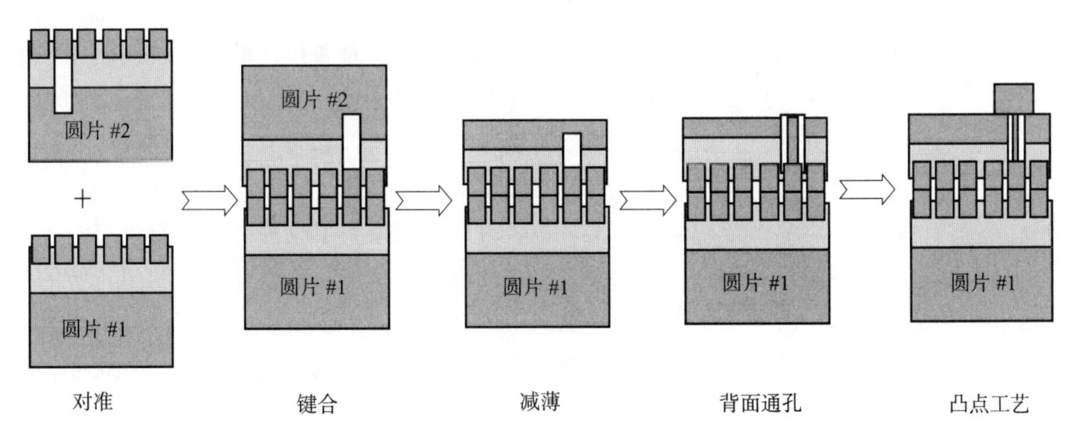

图 32－9　面对面晶圆键合技术

对于这种叠层结构发生最坏的情况，底部芯片有无数的铜焊盘，由于其尺寸小、数量多，不可能利用探针来测试信号。由于相同的原因，对于顶部晶圆也不能利用探针对其周边焊盘进行测试。此外，硅通孔属于盲孔，C4 焊盘还没有制作，阻止了从另外一面对信号进行访问。因此，不管怎样，整个叠层是不可测试的，我们只能接受这个成品率结果。

正向顺序叠层（front to back）[12]是晶圆叠层的另一种选择，这种方法对于利用 C4 技术添加焊盘后的上层芯片更容易进行测试，但在键合到底部前要对顶部晶圆进行减薄处理。然而，必须添加铜焊盘以提供键合面。很显然与面对面晶圆键合相比，这种工艺要求更加严格，需要把晶圆减薄到比一层纸还要薄，减薄后的晶圆机械刚性非常低，如图 32－10 所示。现在还不能确定这种叠层方案是否是最好的选择。

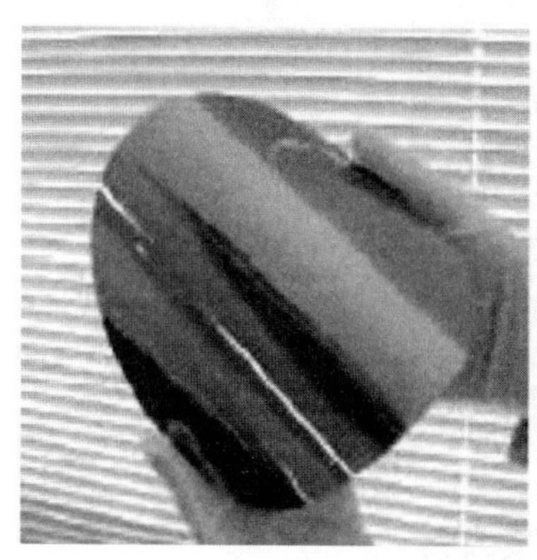

图 32－10　易碎的减薄芯片

这样使我们又回到了芯片叠层方式选择的问题上，表面上看芯片叠层封装预先选择好芯片堆叠的可能性，使其更满足需求。然而，其同样受到工艺限制。是否可以选择面对面叠层方式？是否可以选择晶圆正向顺序叠层的方式？是否在分选前对上面的晶圆进行 C4 和减薄工艺，从而获得最大的测试可能？如何在纸一样薄的晶圆上利用探针测试而不损坏晶圆？对于埋有 TSV 以及微小焊盘的晶圆，如果在没有全部加工的基础上进行分片，将会限制测试通道和覆盖的可能性。怎么处理已切割的、减薄的芯片？什么时候添加 C4 焊球，是在晶圆加工工艺添加还是在芯片加工工艺添加？如何对叠层后的芯片进行减薄？如果采取了芯片正向顺序叠层模式，那么下面的芯片该如何分选？

通过对不同芯片叠层方式的思考，我们可能不得不自问：是否有一种叠层结构可以适合传统的探针台呢？这个答案是否定的（尽管我们不排除在这一领域会有新的突破）。一种选择就是设计更加小的、致密的探针卡，以便可以对每个叠层上的微小焊盘进行自主测试；另一个选择是按照传统焊盘的尺寸设计更多的额外测试焊盘，以便可以利用传统的探针台进行测试。然而，由于这些方法使得晶圆上的微焊盘占用了更多的面积并且微焊盘的尺寸也减小了，因此这种类型的混合焊盘既不受测试者欢迎，也不受芯片设计者欢迎。测试人员希望有更多的电源与测试信号通道，而设计者希望为每个信号提供最大的微焊盘。

32.5　3D 叠层的容错控制

鉴于上述原因，可以说缺陷无处不在，为什么不接受这个事实呢？一旦我们接受了缺陷，我们就可以开发工艺来检查公差和容错率了。

公差并不是一个全新的名词，高密度的 DRAM 就有长期的自修复能力，在每个芯片中可以允许有多余的行、列、甚至单元。在检测时，损坏的单元（或行或列）融出来，额外的行或列融进去作为替代。没有修复能力的 DRAM 价格比较低廉。其他存储器系统也很相似[6]，硬盘的表面不可能没有缺陷，测试过程中可以把坏扇区标出，并且把它映射到磁盘上其他的好扇区上。

所有的制造技术都是为了提高成品率，但是在制造领域是以什么形式表现失败的呢？容错率的概念开始起作用。在一些特定的计算机应用领域（如航空、交通及金融等）对系统可靠性的等级要求越来越高，在这些领域，发生错误是不能容忍的。为了防止系统瘫痪或死机，高可靠系统中都植入了容错率控制技术，可能包括信息冗余度检查、双重模式及三重模式错误检测，也包括如检验指标与回弹等信息恢复系统。

当然，从芯片的面积、性能或功耗等综合因素考虑，许多设想在资源方面都是非常昂贵的，违背了高度集成概念的初衷。作者不建议直接部署这些技术，但必须要接受这一概念。如果我们不能够完全避免缺陷，那么我们就必须要容忍它。测试机制必须便于测试与诊断，以便可以准确地确认缺陷位置。一旦发现这些缺陷，重组机制就会重启删除缺陷链或将其重新映射到其他的资源上。这些测试机制不仅要配备测试设备，而且在芯片配置完后，该机制必须是可周期性地优先调入到服务系统中，用以确认其他可靠性问题。芯片可以设计成具有一定冗余度的结构，以便备用。计算机微处理器也已经向多核处理器方向发展。在一个硅片上存在多个核[7,8]，核空闲或核禁用都是可能的。芯片上网络单元的网格类型也决定了再布线的形式，有利于把故障单元隔离[11]。核心芯片的功能越少，其工作性能越好（只有很小的性能损失）。系统性能的高低是决定市场价格的主要因素，核越少、频率越低，产品的价格也就会越低。有着较低间隔核的系统要比满核的性能好，可以将那些不起决定性作用的功能（如投机执行、附加工艺单元或特殊工艺单元）简单地关闭来降格运行[9]。此外，单核性能可以忍受，但整个系统功能却不可以。

另一种趋势证明了容错率是加速装置，其加速了器件降级和未来器件一开始就失效的比例[10]。当产品已经在这个领域配置，容错率和重新配置不仅提高了集成成品率，而且阻止了将来任何的退化以及可能出现的问题。

参考文献

[1] Mallik,D. et al. (Nov 9 2005) Advanced package technologies for high - performance systems. Intel Technology Journal, 9 (4), 259 - 271.

[2] Polka,A. P. et al. (August 22 2007) Package technology to address the memory bandwidth challenge for tera - scale computing. Intel Technology Journal, 11 (03), http: //www. intel. com/technology/itj/index. com, Design for fault - tolerance in system ES model 9000.

[3] Mittal,S. et al. (Nov 2005) Line defect control to maximize yields. Intel Technology Journal, 2 (4), http: //www. intel. com/technology/itj/index. com.

[4] Young,I. (2007) 3D design opportunities and challenges for microprocessors. Presented at the Advanced Circuit Forum of ISSCC.

[5] Wang,L. - T., Wu, C. - W. and Wen, X. (eds) (2006) VLSI Test Principles and Architectures: Design for Testability, Morgan Kaufmann, San Francisco, CA.

[6] Hampson,C. (1997) Redundancy and high - volume manufacturing methods. Intel Technology Journal, 1 (02), 4th quarter, http: //www. intel. com/technology/itj/index. com.

[7] Held,J. et al. (2006) From a few cores to many: A tera - scale computing research overview, *Research at Intel White Paper*, http: //download. intel. com/research/platform/terascale/terascale _ overview _ paper. pdf.

[8] Vangal,S. et al. (Feb 12 2007) An 80 - Tile 1. 28 TFLOPS Network - on - Chip in 65nm CMOS. Proceedings of ISSCC 2007 (IEEE International Solid - State Circuits Conference), 98 - 589.

[9] Spainhower,L., Isenberg, J., Chillarege, R. and Berding, J. (8 - 10July 1992) Twenty - Second International Symposium on Fault - Tolerant Computing, 1992. FTCS - 22. Digest of Papers. pp. 38 -47.

[10] Borkar,S. (Nov - Dec 2005) Challenges in reliable system design in the presence of transistor variability and degradation. IEEE Micro, 25 (6), 10 - 16.

[11] Azimi,M. et al. (August 22 2007) Integration challenges and tradeoffs for tera - scale architectures. Intel Technology Journal, 11 (3), http: //www. intel. com/technology/itj/index. com.

[12] Topol,A. W. et al. (2006) Three - dimensional integrated circuits. IBM Journal of Research and Development, 50 (4/5), 491 - 506.

第 33 章　垂直集成封装的热管理

Thomas Brunschwiler，Bruno Michel

33.1　引言

集成电路（IC）的散热问题在历史上已是第二次成为电路元器件发展的制约因素，在20世纪90年代，散热技术的发展使微电子行业进入了技术革新的时代，即取得了从双极技术到CMOS技术的发展新时期（如图33－1所示）。如今，我们又一次看到如此大的技术变革：从时钟频率发展到多芯片微处理器结构，并随着更高运算性能的发展需求，为达到减少耗散功率，3D垂直集成封装的时代已经到来。

垂直集成封装将要面临的特别挑战是封装整体的热管理，它需要开发创新的技术来解决一个封装整体而不仅仅是一个芯片表面的散热问题。

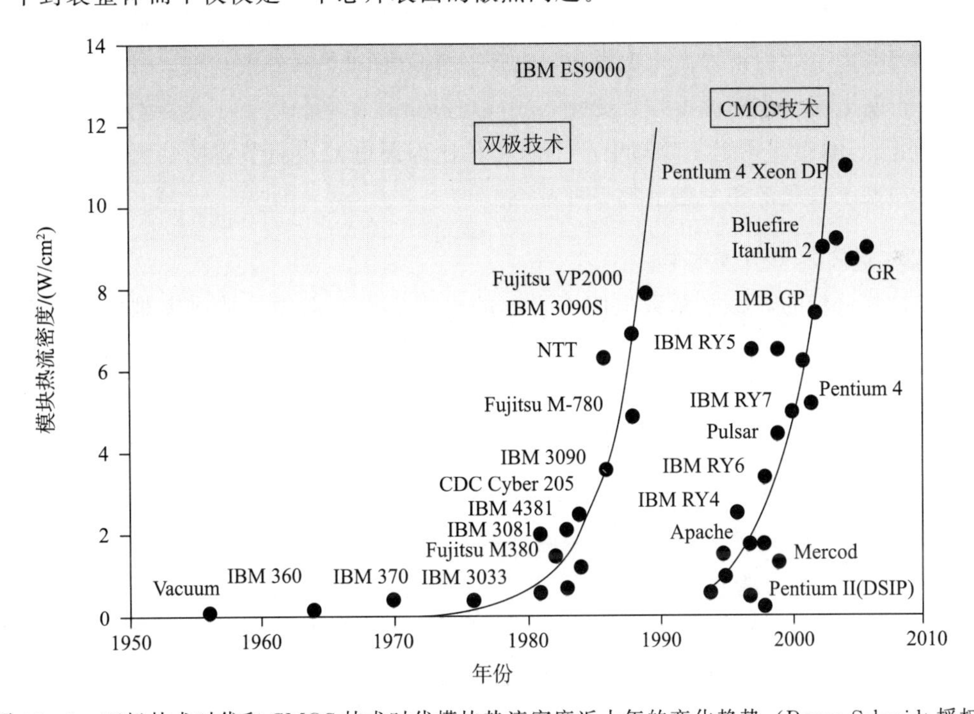

图33－1　双极技术时代和CMOS技术时代模块热流密度近十年的变化趋势（Roger Schmidt授权）

33.1.1　电子元器件的功耗

一个CMOS微处理器的耗散功率是驱动逻辑门、信号互连、时钟网络和高速缓冲存储器的功耗之和。场效应管的功率耗散可分为开关、短路及漏电产生的功耗。目前，开关

功耗占总功耗的70%[1]，它与电源电压的平方（V_{dd}）、门电容（C）和时钟频率（f）成正比

$$P_{sw}=\frac{1}{2}CfV_{dd}^2 \tag{33-1}$$

在芯片尺寸等比例缩小过程中，导线电阻和电流密度的增加使得电源电压V_{dd}不能线性地减小，同时，器件工作的时钟频率不断增加，这两个因素是CMOS器件功耗密度剧增的主要原因。尽管如此，每次开关过程所消耗的功率仍然在减小。在沟道长度小于90 nm的器件中，由于电子穿过纳米级栅氧化层介质形成的漏电耗散开始超过了开关功耗，然而，通过引进高k栅氧化层并增加介质厚度，可以使这种寄生功耗降低1～2个数量级。在芯片中的导线截面等比例缩小的情况下，同时芯片整个尺寸却不断地增大，这就是所谓的导线危机，它使得金属导线中的欧姆耗散不断地增大。在3D集成中，导线的长度及信号中继器的数量能够减少，从而使得整体的总功耗降低。每根导线之间采用低k介质层或者空气间隙隔离可以减少导线之间的寄生电容，但同时缺少散热通孔，其导热性变差。

33.1.2　热管理的缘由

33.1.2.1　温度对于器件性能的影响

高温使得半导体中载流子定向移动变弱，金属电阻增加，从而导致时间常数增加。为保持时钟频率不变，就得提高电源电压，这反过来又增加了额外的功耗，导致温度进一步上升。由于漏电流大小随温度指数变化，集成电路最好在室温以下工作。对于热压循环制冷系数为3～5的冷却系统，冷却中产生的功耗比因漏电减小而节省的功耗还要大，这使得这种冷却系统在经济和生态上都不可行[2]。

33.1.2.2　温度引起的可靠性

由于封装材料的热膨胀系数失配而引起的机械应力会对器件造成灾难性的破坏。因此，元器件寿命（L）取决于老化因素，如出现的电迁移、扩散、松弛、分层和空洞等，根据阿伦尼乌斯（Arrhenius）定律，它与温度（T）成指数下降

$$L(T)=A(e^{\frac{E_a}{kT}}-1) \tag{33-2}$$

式中　A——系统常数；

E_a——动能；

k——玻耳兹曼常数。

温度上升20 ℃，系统的寿命就减少了e的2次方。因开关或计算负载的变化所引起的温度循环是热应力疲劳和不同热界面材料中空洞产生的根源[3]。

33.1.2.3　热限制

最大承受的结温变压主要取决于器件技术和对产品本身的要求，如性能和目标寿命等。高性能的逻辑电路对温度最为敏感。低性能的逻辑电路、存储器和手持设备器件，以及汽车电子都是在中等时钟频率下工作，它主要是由具有长栅和厚栅介质层，且抗热能力强的晶体管组成（见表33-1）。

表 33-1　不同应用产品的 IC 结温[4]

应用	温度极限/℃
高性能逻辑电路	95
低性能逻辑电路	125
存储器	125
手持设备器件	125
汽车电子	175

33.2　热传递机理

热传递是由热梯度或质量传递产生的，为达到热平衡，系统可通过传导、对流和辐射进行热传送。

33.2.1　传导

传导是固体、非流动流体或气体中由于原子与原子间或分子与分子间的振动而发生的动能传递过程。傅里叶定律描述了连续空间中的热扩散情况

$$\dot{q} = -k\frac{\mathrm{d}T}{\mathrm{d}x} \tag{33-3}$$

式中　$\dot{q}$ ——热流密度；

$\mathrm{d}T/\mathrm{d}x$ ——空间热梯度；

k ——热导率。

在稳态下，一维热流密度通过厚度为 L 的平面的热阻为

$$R_{\mathrm{conv}} = \frac{\Delta T}{\dot{q}} = \frac{L}{k} \tag{33-4}$$

33.2.2　对流

热从固体传到流动的液体/气体，或者反过来，叫做热对流。在靠近固液界面处，由于固体壁面上无液体滑移条件，液体流速相对低，所以传热主要受热传导控制；在远离界面处的地方，流速增加，热传递主要由质量传递控制。固液之间的温度梯度和换热系数（h）决定了热流密度

$$\dot{q} = h(T_{\mathrm{wall}} - T_{\mathrm{fluid}}) \tag{33-5}$$

相应地，热对流阻为

$$R_{\mathrm{conv}} = \frac{\Delta T}{\dot{q}} = \frac{1}{h} \tag{33-6}$$

热传递系数可以由无尺寸效应努塞尔（Nusselt）（Nu）数推断出

$$Nu(x) = \frac{h(x)\cdot L_H}{k} \tag{33-7}$$

热传递系数决定于热传递的几何长度（L_H）、位置(x)、雷诺数(Re) 和普朗特数(Pr)。Re 描述的是流体中惯性力与黏滞力的比例关系。在笔直通道中，流体在 Re 小于 2 300 的情况下属于层流。Pr 描述的动能扩散和热扩散的比例关系，其大小决定于冷却特性。为计算无尺寸效应的努塞尔数（Nu），表 33－2 中列出了半导体中的相关经验值[5]。大多数情况下，它们由下列关系式决定

$$Nu \propto a \cdot Re^{b} \cdot Pr^{c} \tag{33-8}$$

在层流、完全展开的热及流体的界面层中，b 和 c 都等于 0，Nu 是常数。

表 33－2　Nu 相关的系数经验值（碰撞喷射中）

流动机制	a	b	c	参考文献
层流	1.648	1/2	1/3	[6]
射流	0.93	1/2	0.4	[7]

33.3　热封装模型

33.3.1　IC 设计中温度和功耗分布预测

信号延迟和功耗取决于局部的电路温度，因此在芯片设计阶段，需要建立功耗分布和热行为的模型。特别是，沟道长小于 90 nm 的高性能 IC 对周围温度变化（与 40 K 一样大）非常敏感。热分析工具对整个芯片进行计算，从电气互连布局来模拟出整个的 3D 热分布，其结果也可以用于时效和电迁移分析。

33.3.2　热封装的设计与优化

33.3.2.1　分析方法

热传导偏微分方程（PDE）只能分析简单的结构，其结果近似于一系列三角形解析式方程。李（Lee）[8] 从结果中分析得到热沉的扩散热阻。

33.3.2.2　计算方法

用有限差分方法和有限元方法（FEM）来计算任意的热传导问题，偏微分方程可以从初始状态开始计算，然后，接着计算下一个状态直到能量平衡收敛，最后，用插值方法在计算模拟体中提取任何一点的温度和热流密度。

热对流和质量传导可以通过有限体解奈维-斯托克斯（Navier－Stokes）方程来模拟。因为同时解出了能量、质量和分子方程，所以计算时需要利用流体动力学（CFD）来求解。用与温度无关的流体特性来解能量方程，在一定程度上减少了计算成本。

33.3.2.3　有效模型

在给定复杂性和长度范围（晶体管到计算机底盘）的典型封装中，在子系统中用从低

级至高级的顺序来求解问题：详细的分析结果可作为下一个更高级模型的边界条件。根据优化级别不同，已经在发展一些近似求解方法，这将在下面进行具体讨论。

等效的 R/C 网络。对于稳态和瞬态芯片级功耗分布和温度预测，采用类似的电路 R/C 网络来代表单个的热阻件，然后用电路网络分析器来解这个偏微分方程。

紧凑模型的板级设计。在双热阻模型中[9]，一个单芯片封装体的热阻可由结到板的和结到盖板的两个热阻来替代，阻值可以从详细的封装级模型中得出，并且供应商也会提供。通过有限元详细地解出热沉中的热传导。通过流体动力学或者简化流体网络模型和使用标准图形的热传递关系式来求解热对流状态。

33.4　热封装测试

33.4.1　热阻件特性

根据静态热梯度和热流密度的测量结果，来确定封装体热阻的大小，对封装体中所关心的组件中可以设置温度传感器，如热偶（TC）或者温阻探测器（RTD）。从所测的一维热流密度和黏合层厚度可以分析出热界面材料（TIM）的热导率。利用单个的热源温度传感器，瞬态测量结果反映了温度随所施加的电源电压步进或脉冲变化的时序关系[10]，通过随后的数学转换，就能够算出组件的热阻和热容。流体特性可以用线热传导模式来测量，也就是所谓的热线方法。固体材料特性可以在一维热流密度条件下用激光反射或电阻加热器来表征。这里，像垂直集成封装的多层系统中的单层 R/C 值可以通过结构函数分析来确定[11]。用对数时间轴，呈现封装体的热状态，其组件时间常数从微秒到几分钟。用这种方法也可以快速得到封装体的热性能。

33.4.2　功耗分布测量

微处理器的空间分辨图像[12]可以提供在不同负载条件下的功耗分布情况（如图 33-2 所示）。热传导矩阵代表整个芯片，它是用激光束逐步地在芯片正面进行局部加热测量得到的数据。在芯片工作中，背面的温度是通过红外热像仪来测量的，散热是通过强制流动的红外透明冷却剂进行背面冷却。用这个方法可以分析出芯片工作中热点位置。

33.5　热封装组件

33.5.1　热界面材料

两个固体表面之间的最小距离由二者表面的粗糙度和弯曲度所决定，由于空气的热导率低（0.024 5 $Wm^{-1}K^{-1}$），1 μm 宽的空气间隙产生的热阻是 40.8 Kmm^2W^{-1}。若采用粒子有机物或者焊接材料作为热界面材料（TIM），那么接触热阻就会降低（比如，铟的

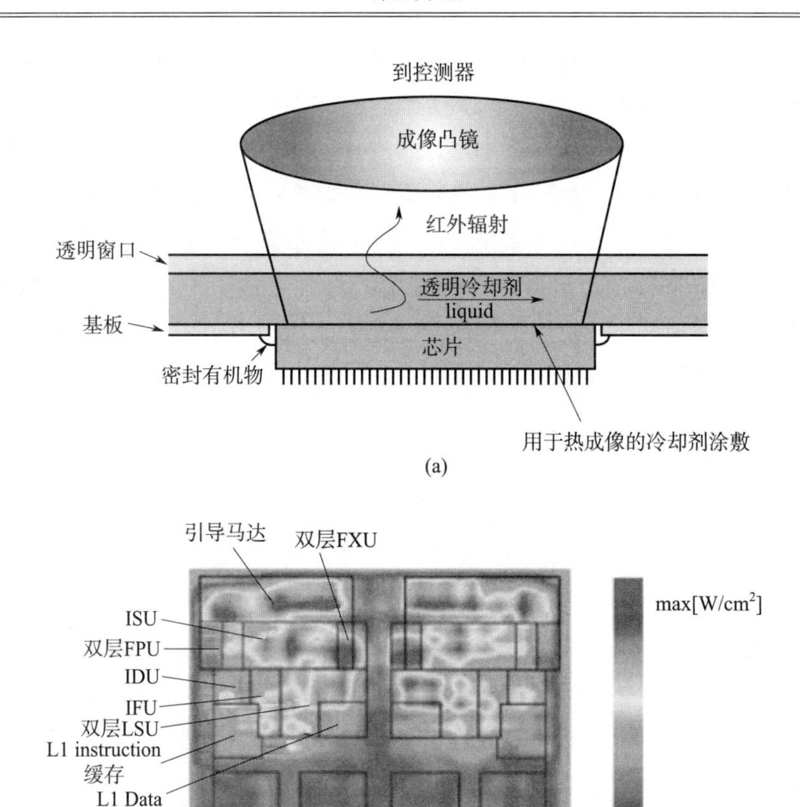

图 33-2 (a) 测试系统截面图;(b) 双核处理器功耗分布图[12]

热导率可达 81 $Wm^{-1}K^{-1}$)。由于焊接材料硬度高,热膨胀失配会产生热-机械应力,封装体的热梯度就会转移到芯片上,从而引起灾难性的失效或者低循环周期老化,这就限制了焊接材料在小芯片中应用,材料具有低的膨胀系数匹配。热油脂一般由充满高热导率的金属颗粒或直径小于 50 μm 陶瓷颗粒的基础油组成。导热颗粒高于一定含量时(30~50 vol% 占空因子)其热导率明显升高[13]。占空因子高于 65%的热油脂,其导热率大于 4 $Wm^{-1}K^{-1}$,如果所含颗粒度更大,那么在安装中,其高的黏滞力会引起芯片破裂或焊球毁坏。

33.5.1.1 多级巢穴通道

多级巢穴通道可容纳占空因子更高的热油脂[14]。对黏性媒质施加一定压力,在给定时间内黏合剂会达到一定的黏合层厚度(BLT),这个过程中所施加的压力与其面积成正比。通过细分表面,黏性油脂通过分离的通道排泄掉,从而增加了挤压动态效应。通道直径要最大化,因为通道所承受的压力与流体直径的 4 次幂成反比。为实现热转移,小块的占空因子需要最大化。所有这些相互限制的要求只有通过多级通道网络来达到(如图 33-3 所示)。

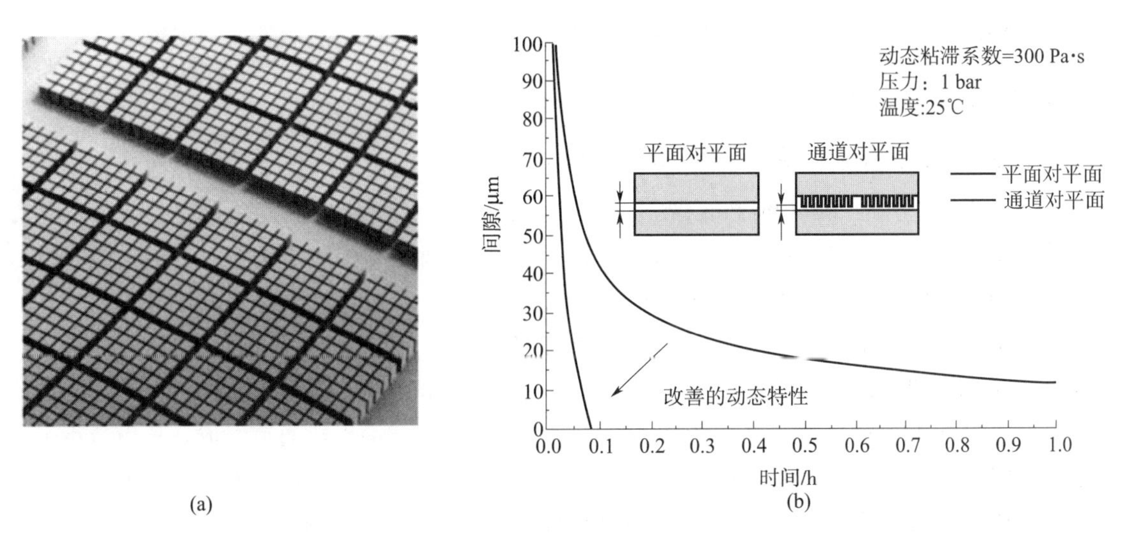

图 33-3　(a) 硅刻蚀形成的多级通道网络扫描照片；(b) 键合线改进后的动态特性[14]

33.5.1.2　堆叠中颗粒控制

在挤压工艺后，可以看到高热导率颗粒沿平面芯片表面对角线的分布情况（如图 33-4 所示)，这些颗粒是在沿芯片对角线挤压过程中受平衡拉力所致，并决定了最终的黏合层厚度。采用叠装控制通道，这些区域的填充因子可以增加，黏合层厚度也可以降低[15]。

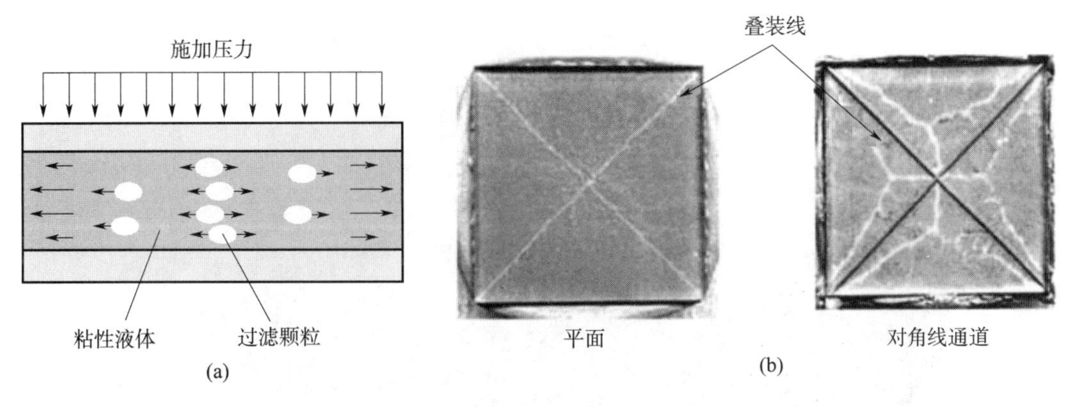

图 33-4　(a) 颗粒在平衡压力下的运动情况；
(b) 带颗粒叠装的引线键合过程中颗粒控制通道有无情况改进后的动态特性[15]

33.5.2　先进空气热沉

空气与电子元器件之间的兼容性和普遍可操作性使得空气冷却散热技术成为可能。空气散热片增加了总体表面积，对流热阻减到原来的百分之一，因而可以处理热流密度为 70 $\mathrm{Wcm^{-2}}$的问题。对于更高的热流密度，可以采用充水或充甲醇液体的热管或者蒸气腔室来增加热沉基片的散热。冷却剂在热区蒸发，在冷区冷凝，最后在毛细结构的毛细张力作用下回到热源。这种机制散热的极限热流密度为 140 $\mathrm{Wcm^{-2}}$左右，在此热流密度下，冷却剂在热源区会被蒸干，从而导致热阻的剧增。

33.5.3 强制对流液冷板

强制对流液冷板可以处理更高热流密度的问题，因为相对于空气来说，水的热容量和热导率分别是空气的 3 000 倍和 6 倍。在微型液体冷却板中，液体流速是典型的层流（雷诺数小于 2 300）。可以采用两种基本的热传递结构：微通道结构和碰撞喷射结构，微通道可以增加润湿面积，但主要是增加热界面层；碰撞喷射可以在滞留区产生大量的非延展界面层。微型冷却剂的参数需要优化，因为传热系数（h）和压强与通道或喷射水流直径（d_h）成反比，理想的冷却板在特定的传热系统中，消耗的抽吸功率最小。

对于冷却 400 Wcm^{-2} 的高性能微通道冷却板由多个并行的水流通道组成，从而减小了总压力降，同时减小了因水流温度沿进口到出口升高而引起的结温非一致性。采用交错队列的散热片，对流热传导可以进一步提高并突破热界面层（如图 33－5 所示）[16]。

微型碰撞喷射冷却板的喷嘴有 40 000 多个，内部使用回流结构，从而对芯片表面进行均匀地散热。一个喷嘴及其排泄孔形成一个独立的可升级散热单元。树状双枝流体结构将冷却剂传递到喷嘴，用最小的压力降进行排泄，从而形成均匀的单元流速。这种结构的传热系数可以达到 10 $Wcm^{-2}K^{-1}$，当流体进口温度到结温的温升为 65 K 时，该结构可以处理的最大热流密度为 350 Wcm^{-2}（如图 33－6 所示）。

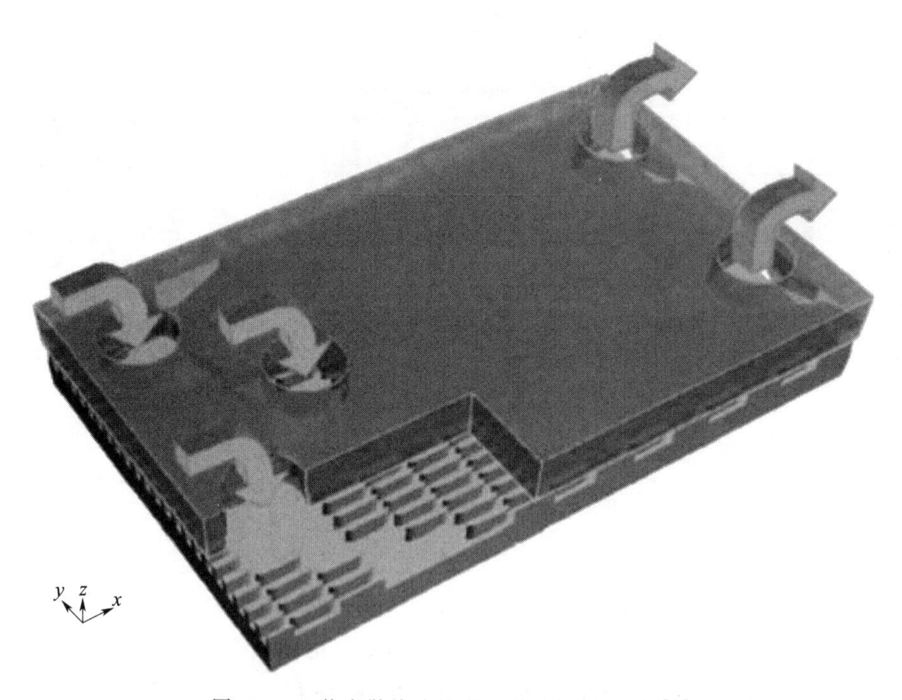

图 33－5　装有散热片的微通道冷却板 3D 图[16]

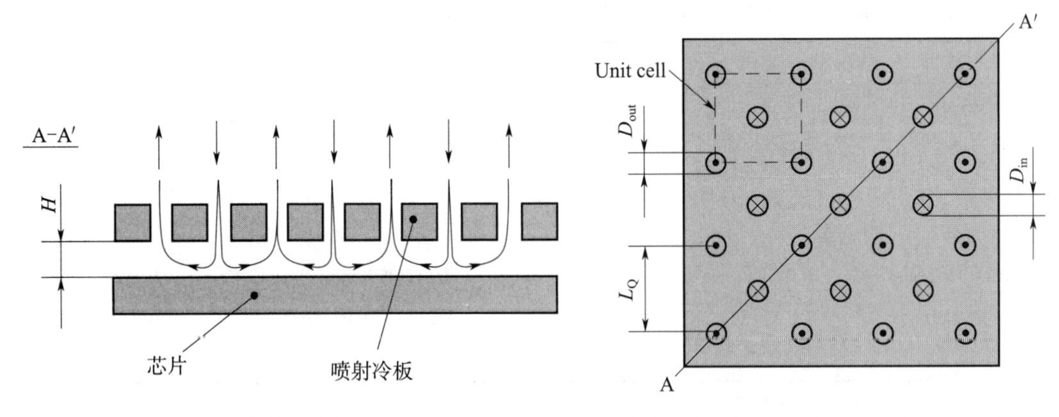

（a）喷射流进出口截面　（b）面心立方的喷射单元和回流阵列的正面图[17]

图33-6　喷射回流结构分布

33.6　垂直集成封装的散热处理

33.6.1　传统背面散热的主要挑战

在堆叠多层有源器件时，热流密度和热阻在封装体中积累，利用模拟阻抗网络按照一维热流密度可以评估背面散热能力是否满足要求，如图33-7（a）所示。含金属导线的介质层热阻用45 nm大小的节点来计算[4]，我们用温度恒定的冷却板和热界面（见表33-3），分别在65 K标准热产生量和45 K最保守热产生量的情况下进行测试（见表33-4），存储器的最高结温比微处理器（MPU）高15 K，将一个热流峰值是其缓冲区4倍的高性能MPU与一个耗散均匀的MPU做一个比较（见表33-4）。

把MPU放置在靠近冷却板和避免或补偿高温热点都是非常有用的方法，单个MPU上下的存储器可以采用背面冷却处理。两个无热点重叠的MPU可以冷却在65 K的预算内，但如果有热点重叠的话，都会超过各自的最高温度限制，这样，电气设计优化的自由度就会减少，因此，必须重新研究新的散热理念。

表33-3　背面散热的相关参数

元件	热阻/mm^2W^{-1}	元件	功耗/Wcm^{-2}
冷却板	7	MPU缓存	60
热界面	6	MPU热点	240
介质层＋导线	3.5	MPU均值	100
介质层＋存储	1.4	存储器	10
芯片厚度			
最上面	500 μm		
其他	100 μm		

表 33-4 背面冷却限制：不同堆叠芯片在 65 K 和 45 K 下的热梯度 $T_{MPU结温} - T_{流体进口}$

ΔT_{max}	65 K	ΔT_{max}	45 K
可接受的温升	$\Delta T(K)$	可接受的温升	$\Delta T(K)$
12×mem/MPU hs/cp	60.6	2×mem/MPU hs/cp	43.8
MPU hs/3×mem/cp	61.8	MPU hs/mem/cp	46
2×mem/MPU hs/MPU 缓存/cp	65	2×MPU 均值/cp	38
3×MPU 均值/cp	63.3	超出温度极限	
超出温度极限		MPU hs/MPU 缓存	55.7
2×MPU hs/cp	111.1	2×MPU hs	111.1

[a]mem：存储器，cp，冷板包括 TIM，hs：热点.

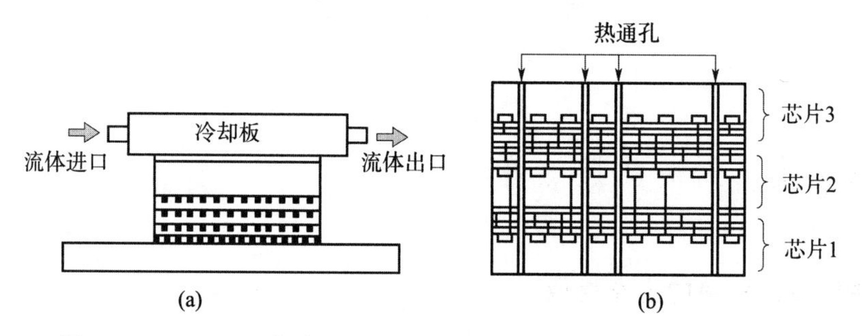

图 33-7 (a) 3D集成的背面冷却；(b) 3D芯片堆叠的热通孔散热

33.6.2 利用热通孔（TV）改善热传导

低 k 介质材料或空气间隙可以减少寄生电容、信号延时及电信号串扰，但是，由于其本身存在纳米孔，这些材料的热传导性能也会降低[18]。最糟糕的情况是，空气间隙的热传导率比 SiO_2 低 62 倍。一个可以使热传导通过介质金属层的可行办法就是利用热通孔，如图33-7 (b)所示。由于 Cu 的导热性是介质的 1 000 倍，通孔中填充率可以保持很低，且在硅中的热流损失可以忽略。热通孔温度感知布局的原则就是尽量减少布线的阻碍[19,20]，随着尺寸进一步按比例减小，金属导线的厚度和 SOI 膜都小于声子的平均行程。由于层界面处的声子散射，侧面的热导率会减小，因此热通孔密度必需增加。

33.6.3 夹层的热管理

33.6.3.1 侧面热传导

芯片层之间的导体隔离器可使热流峰值变得平缓或者可以使热量从封装侧面散出（如图 33-8 所示）[21]。为达到实际效果，隔离器的厚度要大于 1 mm，并随着芯片尺寸按比例变化。因此这种技术在布线边缘或者垂直互连低密度 3D 集成和小尺寸芯片中受到限制。或者，薄外形的蒸气槽也可以作为散热器[22]。到目前为止，这种技术还没有在垂直互连中真正得到应用。

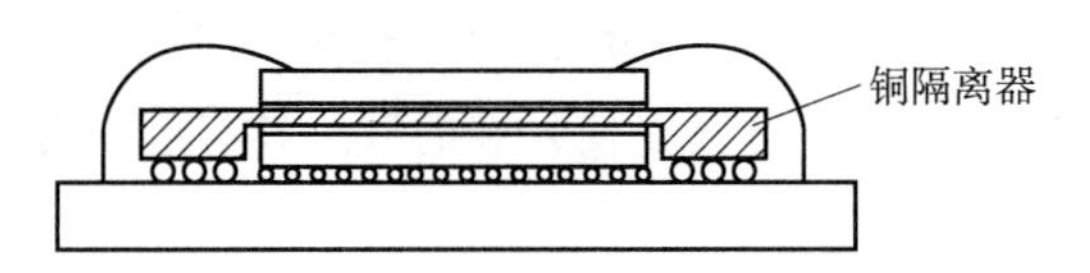

图 33-8　Cu 隔离器侧面散热

33.6.3.2　夹层强制对流散热

在夹层对流冷却中，芯片堆叠结构放置于流体容器中，冷却剂在单个芯片之间流动，从而将热从相邻层带走，见表 33-5 和图 33-9（a）。垂直通孔可以形成一个整体，增加润湿表面积，并引起流体混合。如果用水作冷却剂，那电气互连必须做密封处理。对于介质冷却剂，就没必要进行绝缘处理，但需要验证其与有机物材料的兼容性。

从流体进口到出口的结温在图 33-9（b）中做了定性的描述，显示了热量通过硅和布线层，并形成的一个小而固定的温升（$\Delta T_{conduction}$）。对流热传递系数在流体进口处最大，随着界面层厚度的增加而减小，且在充分发展的条件下达到渐近值。因此，对流热梯度增加（$\Delta T_{conduction}$），流体中积累的显热引起沿芯片表面热梯度线性增加，最高温度出现在流体出口处。对于不均匀的热流，温度最高的点应该安排在流体进口处，从而减小温度最大值和芯片的热梯度。

为真正在面阵列垂直互连中应用，必须采用一些热传递结构如微沟道、交叉散热片或内部引脚散热片等，压力下降使得引脚散热片节距须大于 50 μm[23]，在流体高热阻和低流速下，结温主要由流体温升控制，对于摩擦力最小的热传递结构更是如此。对于节距大于 200 μm的引脚散热片，流速增加，对流热梯度占主要地位，这就需要更好的热传递结构，如高级混合流体的散热片。由于介质流体的黏性增大及热容减小，因此其流速减慢，流体温升为主要原因，在简化的封装体中，中等热流密度控制在 50 Wcm^{-2}[24]。

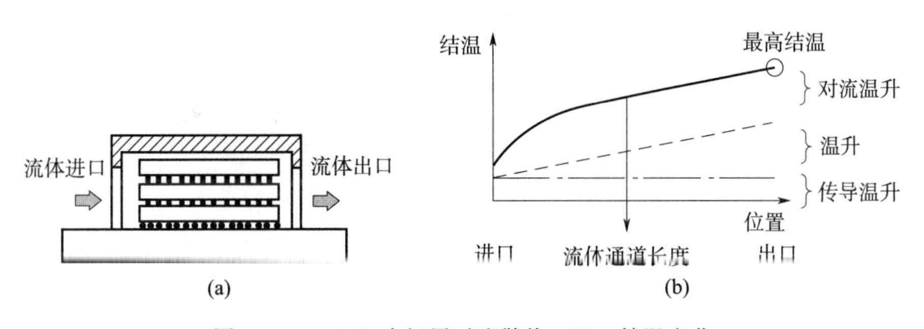

图 33-9　（a）中间层对流散热；（b）结温变化

33.6.4　结论

3D 结构的散热非常具有挑战性，也是高性能封装领域的制约因素。在仅仅是单层 MPU 而不是多层存储器芯片堆叠的情况下，其散热可以通过传统的高性能气体热沉或液体冷却板从背面进行冷却来实现。对于更高的堆叠结构和纳米孔低 k 介质材料，须通过有效的算法，使得金属块最小化和散热孔引起的活性硅损失最小化。只有通过节距大于 50 μm 的中等大小的散热片对流散热才能使封装的散热具有可测性，但其代价是增加封装的复杂度。

参考文献

[1] Rahaman. A. and Reif. R. (2001) Thermal analysis of three - dimensional (3 - D) integrated circuits (ICs). Proceedings IEEE 2001 International Interconnect Technology Conference, 4 - 6 June 2001, pp. 157 - 159.

[2] Jain. A. and Ramanathan. S. (2006) Theoretical investigation of sub - ambient on - chip microprocessor cooling. Proceedings 10th intersociety Conference on Thermal and Thermomechanical Phenomena in Electronics Systems TTHERM 06, 30 May - 2 June 2006, pp. 765 - 770.

[3] Kraus. A. and Bar - Cohen. A. (1983) Thermal Analysis and Control of Electronic Equipment, Hemisphere Publishing Corporation, New York, Chapter 2.

[4] International Technology Roadmap for Semiconductors (ITRS), http: //public. itrs. net (2007).

[5] Verein Deutscher Ingeieure VDI - Warmetlas (2006) Springger - Verlag, Berlin, Heidelberg, Germany.

[6] Scholtz, M. and Trass, O. (1970) Mass transfer in a nonuniform impinging jet. The AlchE Journal, 16. 82 - 96.

[7] Pan, Y., Stevens, J. and Webb, B. (1970) Effect of nozzle configuration on transport in the stagnation zone of axisymmetric impinging free - surface jets: Part 2, Local heat transfer. Journal of Heat Transfer, 114, 880 - 886.

[8] Lee, S., Song, S., Au, V. and Moran, k. (1995) Constriction/spreading resistance model for electronics packaging. Proceedings ASME/JSME Thermal Engineering Conference, Volume 4, pp. 199 - 206.

[9] Stiver, D. and Sidore, S. (2002) The extraction of a two - resistor/two - capacitor model for common IC packages and their implementation in CFD, Proceedings IMAPS 2002. Denver, CO.

[10] Smith, B., Brunschwiler, T. and Michel, B. (Sept. 17 - 19 2007) Utility of transient testing to characterize thermal interface materials, Proceedings Thermal Investigations of ICs and Systems Therminc 2007 , Budapest, Hungary, pp. 6 - 11.

[11] Rencz, M. (March 2006) Thermal issues in stacked die packages, Proceedings 21st Annual IEEE Semiconductor Thermal Measurement and Management Symposium SEMI - THERM 2005 , pp. 307 - 312.

[12] Hamann, H., Lacey, J., Cohen, E. and Atherton, C. (2006) Power distribution measurement of the Dual Core Power PCTM 970^{MP} Microprocessor.

[13] Devpura, A., Phelan, P. and Prasher, R. (2001) Size effects on the thermal conductivity of polymers laden with highly conductive filler particles. Microscale thermophysical Engineering, 5. 177 - 189.

[14] Brunschwiler, T., Kloter, U., Linderman, R. et al. (2007) Hierarchically nested channels for fast squeezing interfaces with reduced thermal resistance. IEEE Transaction on Components and

Packaging Technologies, 30 (2), 226 - 234.

[15] Linderman,R., Brunschwiler, T., Kloter, U. et al. (2007) Hierarchical nested channels for reduced particle stacking and low - resistance thermal interfaces. Proceedings 23st Annual IEEE Semiconductor Thermal Measurement and Management Symp, San Jose , CA, March 2007 , pp. 87 - 94.

[16] Colgan,E. G. et al. (June 2007) A Practical implementation of silicon microchannel cooler for high power chips. IEEE Transactions on components and Packaging Technologies, 30 (2), 218 - 225.

[17] Brunschwiler,T., Rothuizen, H., Fabbri, M. et al. Direct liquid - jet impingement cooling with micron - sized nozzle array and distributed return architecture. Proceedings ITHERM 2006, San Diego, CA , pp. 196 - 203.

[18] Im,S., Srivastava, N., Baerjee, K. and Goodson, K. (2005) Scaling analysis of multilevel interconnect temperature for high - performance ICs. IEEE Transactions on Electron Devices, 52 (12), 2710 - 2719.

[19] Wong E. and Lim, S. (2006) 3D floor - planning with thermalvias. Proceedings Design, Automation and Test in Europe DATE 06, March 2006, Vol. 1, pp. 1 - 6.

[20] Takahashi,K. et al. (2004) Process integration of 3D chip stack with vertical interconnection. Proceedings 54th IEEE Electronic Components and Technology Conference, Vol. 1 , pp. 601 - 609.

[21] Lee,H. et al. (March 2005) Thermal characterization of high performance MCP with silicon spacer having low thermal impedance. Proceedings 21st Annual IEEE Semiconductor Thermal Measurement and Management Symposium SEMI - THERM 2005 , pp. 322 - 326.

[22] Popova,N., Schaeffer, C., Sarno, C. et al. (2005) Thermal management for stacked 3D microelectronic packages. IEEE 36th Power Electronics Specialists Conference PESC 05, pp. 1761 - 1766.

[23] Brunschwiler, T., Michel, B., Rothuizen, H., Kloter, U., Wunderle, B., Oppermann, H. and Reichl, H. (2008) Forced convective interlayer cooling in vertically integrated packages. Proceedings ITHERM 2008, Orlando.

[24] Chen,X., Toh, K. and Chai, J. (2002) Direct liquid cooling of a stacked multichip module. Proceedings Electronics Packaging Technology Conference, pp. 380 - 384.

[25] Koo,J., Im, S., Jiang, L. and Goodson, K. (2005) Integrated microchannel cooling for three - dimensional electronic circuit architectures. *Journal of Heat Transfer*, 127, 49 - 58.

第五篇

应　用

第 34 章 3D 和微处理器

Pat Morrow，Sriram Muthukumar

34.1 引言

本章我们主要分析 3D 叠层技术应用于微处理器的优势以及相关的集成微处理器系统。总体上，微处理器朝着低功耗、高性能、微型化以及高集成度的方向发展，3D 叠层技术能有效地改善这些领域。对于传统工艺的按比例缩小，引线电阻率的增加，会导致信号延迟时间（RC）随工艺节点增加。另外，由于增加了更多的金属化层以及每层使用了更多的引线，导致了总体互连长度的增加。因此，对于微处理器系统，我们应该重点研究如何使用 3D 叠层技术给缩短布线[1-3]。现有的 3D 集成工艺方案，可根据层间节距大致分为两类：窄间距（不大于 10 μm）和宽间距（不小于 100 μm）。这两种类型并未包括所有的情况，但是按照这种定义进行的分类有着很直观的意义。同样，对于 3D 微处理器的应用，我们也可以根据层间节距将互连线长度减少的问题分为两个基本种类。第一类我们称为"逻辑电路＋存储器"的叠层，一般包含缓存、主存储器或其他功能相近的层，将其堆叠在高性能逻辑器件上，这类应用一般不要求窄节距 3D 工艺。第二类我们称为"逻辑电路＋逻辑电路"的叠层，是将一个完整的逻辑电路拆分到两个或更多的器件层上，要求比前者更小的节距。因此，层间节距的大小是决定一个 3D 微处理器是否使用 3D 集成工艺的关键因素，反之亦然。

3D 叠层技术在微处理器中的应用，面临着两个主要的挑战。第一个挑战，是将 3D 叠层工艺与现代高性能微处理器制造工艺集成。在这里，我们重点关注的是应变增强硅器件和低 k 介电材料在 3D 工艺中的应用，这两种材料对应力的作用都十分敏感。采用 3D 叠层工艺的器件，器件层厚度通常小于 100 μm，这使得器件更易于受应力的影响。此外，采用硅通孔（TSV）技术，使通孔部位对于应力的作用尤为敏感。例如，在 3D 叠层过程中，由于热膨胀系数（CTE）的失配，可能会产生热机械应力。因此，为了保证器件的特性受到应力的影响最小，需要认真考虑工艺方法。第二个挑战，是采用 3D 叠层技术无疑地增加了晶体管的密度所带来的散热问题。由于采用 3D 叠层技术的器件，功率密度远大于其他器件，且其热耗散路径受限，所以散热问题对于微处理器显得尤为重要。尽管在 3D 叠层微处理器中热量具有潜在的危害，但它是可以通过优化设计来改善的[4]。在本章的末尾，将回顾一些设计和制造理念，这些理念都很好地将 3D 叠层概念与微处理器系统集成在一起（即最小的负面影响），并解决了相关的挑战问题。

34.2 3D微处理器系统的设计

34.2.1 概述

如前所述，由于在微处理器中超过30%的功率是在互连引线的末端所消耗的，所以3D叠层技术的主要目的是缩短引线长度。使用3D集成技术，可以将不同类型的多层堆叠在一个高带宽、低延时以及低功率的界面上。此外，使用3D技术缩短引线长度之后，给微体系结构提供了一个平衡性能、功率以及面积的机会。3D微处理器的设计要考虑需要集成的有源层数。简单的基准分析可以估算出增加堆叠层数的好处。例如，李斯特（List）等[5]分析认为，互连性能与引线平均长度的关系为：性能为 $L_{2D}\times n^{-1/2}$，其中，n 为堆叠的层数，L_{2D} 为2D平面布局中引线的平均长度。使用Rent规则模型[1,6,7]和穿过多层[8,9]的3D电路仿真的更复杂的分析，体现了与上面相同的趋势，即最大的好处发生在前两层堆叠。除了增加层数会导致性能的降低之外，工艺上的问题也限制着层数的增加。由于以上原因，以及为简单起见下面的示例展示了在微处理器中的2层应用3D设计的真实情况。这些示例不是简单的估算，它们能够证明通过3D叠层减少引线所带来的具体优势及挑战。图34-1举例说明了2层3D叠层技术。其中，这两个阶层是使用金属压焊结构进行的面对面的连接。但是，在下一节中的分析并不是基于这个案例进行的。

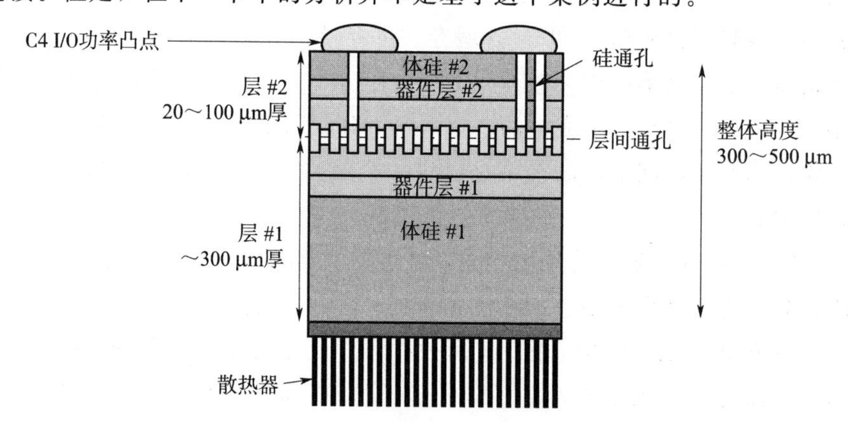

图34-1 3D结构示例。例子展示了使用金属键合面对面堆叠完成的2层体硅堆叠

示例1：将存储器堆叠在逻辑电路上可以缩短引线长度，使片外界面（off-die interface）与存储器互连。这属于“逻辑电路+存储器”的类型。34.2.2节中举了一个例子：将一个大的静态随机存取存储器或DRAM缓存堆叠到英特尔酷睿2（Intel core 2 Duo）上，可以增加带宽（BW），降低存取大量数据的延时。

示例2：通过垂直堆叠组件，可以缩短连接各组件的引线长度。第34.2.3.1节中举了一个例子：英特尔奔腾4（Intel Pentium4）系列产品的微体系结构就是由2个芯片组成的3D布局。这种方法属于“逻辑电路+逻辑电路”的叠层类型，它通过消除微体系结构中各组件间的引线来增加晶体管的密度，这样缩短了各组件间的反应时间，提高了性能，降低了功耗。

示例 3：从一个功能单元里分离出一个功能模块，可缩短引线长度。这也属于“逻辑电路+逻辑电路”的叠层类型，34.2.3.2 节中举了一个例子：一个数据缓存被分成两层后，可以降低延时，减少功耗。

34.2.2　“逻辑电路+存储器”叠层的例子：缓存堆叠

通过堆叠技术增加片上缓存容量的好处是可以提高性能，它包括以下几个方面：1）获取更大的工作集；2）在不增加体积的前提下，可以在芯片中存储更多的数据，减小片外带宽要求；3）通过少量的内存访问减少总线的使用，从而降低系统功耗。图 34-2 展示了一个“逻辑电路+存储器”的例子。仿真分析对比在其上面堆叠一个大的静态随机存取存储器或 DRAM 缓存的英特尔酷睿 2 的基线性能。总的来说，这会导致更高的带宽（BW）和访问大量的存储数据的延时。图 34-3（a）展示了一个附带功率分布的基线微处理器的平面图，图 34-3（b）展示了它的热量分布情况。RMS 基准可以从一系列负载中计算得出，并在参考文献［2］中做了描述。图 34-4（a）展示了平均结果为 12 RMS 基准时的存储访问周期（CPMA），并将其基线（第一条）与三层堆叠的 12 MB 静态随机存取存储器、32 MB DRAM 和 64 MB DRAM（第 2～4 条）的基线做了比较。图中的 Y 轴方向的实体线展示了片外带宽情况。使用堆叠缓存，在降低 13%的存储访问周期和降低 66 平均功耗的同时，片外带宽也会减小 3 倍。在逻辑电路上堆叠 DRAM 的一个好处是，热量是可以确定可控制的，这主要是因为 DRAM 功耗很低且功耗更大的芯片（处理器）靠近热沉（如图 34-2 所示）。对堆叠了一个 DRAM 的 92 W 微处理器热的深度计算，表明峰值温度仅仅增加了 1.92 ℃，如图34-4（b）所示。关于性能和热分析的更深入的描述见参考文献［2，4］。

图 34-2　CPU 与 DRAM 叠层。叠层的 CPU 侧靠近热沉

34.2.3　“逻辑电路+逻辑电路”叠层：将一个微处理器分割到两个叠层中的示例

一个微体系结构改进的范围和选择的灵活性直接依赖于层间通孔的节距，并由其工艺技术决定。显然，如果通孔节距过大，将需要更多额外的内部芯片去容纳它们。通孔密度过低同时还限制了在多个芯片中分割系统的间隔尺寸。为了缩短互连长度，我们可以将一个微处理器分割成两个叠层，这可以认为是在两个基本的层面——在模块层面分割和在模块内分割。下面的两部分内容将举例说明“逻辑电路+逻辑电路”叠层。

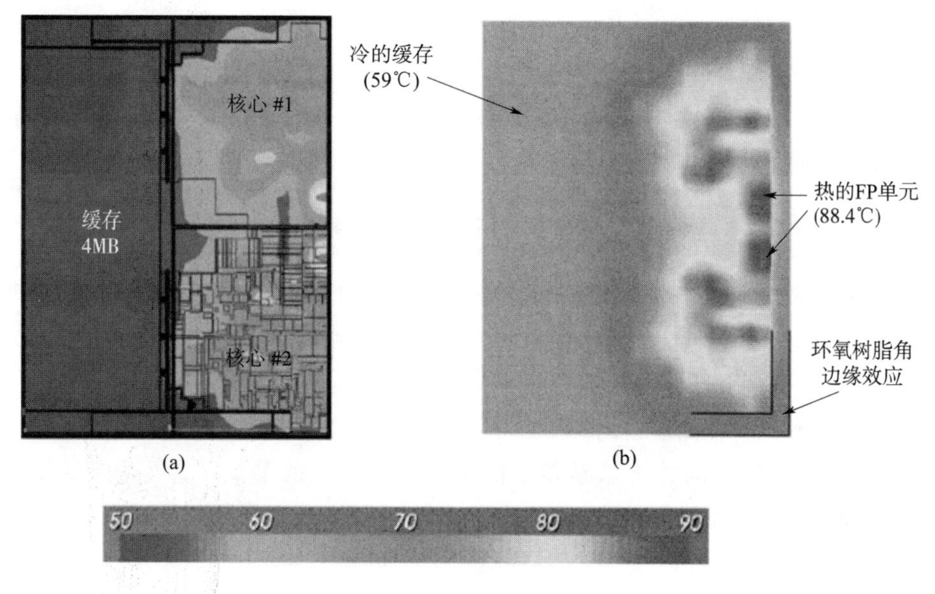

图 34－3　微处理器的二维平面图

（a）功耗图；（b）热量分布图[10]

34.2.3.1　“逻辑电路＋逻辑电路”叠层示例 1：将一个功能模块重新排布到两个叠层中

探究“逻辑电路＋逻辑电路”叠层优点的最简单的方法是将一个相关联的大型功能模块从一个平面布局重新排布到两个叠层中。图 34－5（a）是如何完成这个过程的示例，这里将一个英特尔奔腾 4 处理器分离到了两个叠层中。图 34－5（b）展示了一种新的 3D 布局，它减少了 50％的引线。总的来说，这种形式的“逻辑电路＋逻辑电路”叠层，使功能模块靠得更近，因而减少了模块之间的延时和功耗。在进行叠层的过程中，布局时重要的是关注那些易受损的功能通道，比如对于大部分基准性能都相当关键的加载使用延时。图 34－5说明了一级数据缓存（D＄）和数据输入功能单元（FU）间的通道。如图 34－5（a）所示，当读取数据时，必须从数据缓存的远端，通过数据缓存，到达最远的数据输入功能单元，这样的连接通道是最差的。由于完全受平面布局的限制，这将产生至少一个时钟周期的线延迟。图 34－5（b）展示了一个可以使数据缓存（D＄）和数据输入功能单元（FU）交叠的 3D 布局。在这个 3D 布局中，加载数据仅需要通过数据缓存的中心，并传输到功能单元的中心。这样一来，由于数据只通过数据缓存和数据输入功能单元的一半，所以原来那条最差的连接通道就被减少了一半的距离。这个特别的案例就减少了一个时钟周期的加载使用延时。这种情况也有利于散热，因为数据缓存本身是个相对低功耗模块，这种将数据缓存堆叠到数据输入功能单元上面的新的布局具有比平面布局更低的功率密度。使用类似的方法可以消除许多其他的连接通道，最终可消除大约 25％的连接通道，从减少延迟的角度来看，可以提高 15％的性能。表 34－1 列出了微架构连接通道与性能提高的关系。

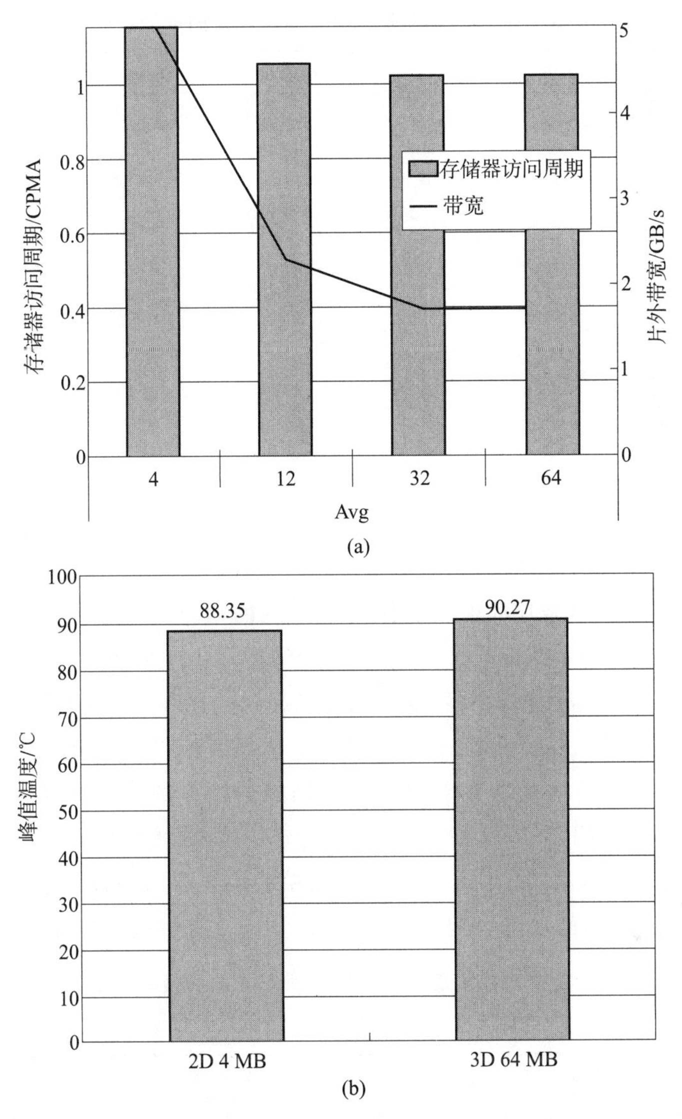

图 34－4　(a) 随着缓存性能从 4 M 增至 64 M，两个 RMS 的平均性能；(b) 3D DRAM 与 2D DRAM 最高温度对比[10]

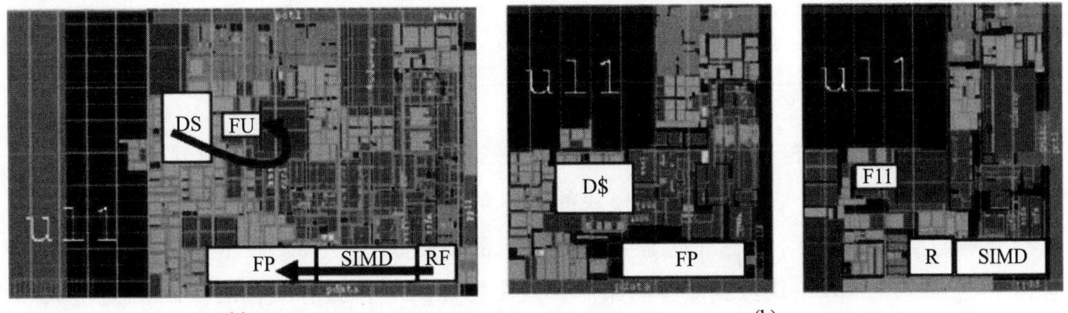

图 34－5　(a) 英特尔奔腾 4 系列产品基线；(b) 3D 布局[10]

表 34-1 “逻辑电路+逻辑电路”3D叠层后性能的提升及连接通道的改变

功能	消除的连接通道/%	性能提升/%
前端通道	12.5	~0.2
缓存读取	20	~0.33
重命名分配	25	~0.66
FP inst latency	不定	~4.0
中断数据文件读取	25	~0.5
数据缓存读取	25	~1.5
指令循环	17	~1.0
Retire to de-allocation	20	~1.0
FP 加载延时	35	~2.0
存储寿命	30	~3.0
总计	~25	~15

正如前面提出的，3D叠层时需要关注可能出现的功率密度的倍增以及散热问题。这种3D布局增加了1.3倍的功率密度以及14 ℃的温度。由于降低15%的功耗和提升15%的性能，3D叠层带来的温度增加的程度可以得到缓和。在3D布局中可以通过选择电压和频率的比例以最终达到一个中立的峰值温度，这样可以减少34%的功耗，提升8%的性能。表34-2列出了一些其他的频率和电压比例的选择。例如，可以选择一个合适的比例，使功耗下降54%，同时最大提升30%的性能。这个在微处理器中使用“逻辑电路+逻辑电路”叠层的例子展示了如何通过仅使用简单的块级布局修改产生显著的优势。参考文献［2］中有关于这方面的深入分析，额外的设计优化有望进一步改变这个结果。

表 34-2 “逻辑电路+逻辑电路”3D叠层布局中频率和电压的比例，变化因数包括温度、功率、电压和频率

	功率	功率比例/%	温度/℃	性能比例/%	电压	频率
基准	147	100	99	100	1	1
等功率	147	100	127	129	1	1.18
等频率	125	85	113	115	1	1
等温度	97.28	66	99	108	0.92	0.92
等性能	68.2	46	77	100	0.82	0.82

34.2.3.2 “逻辑电路+逻辑电路”叠层示例2：将一个功能模块分割到两个叠层中

下一个复杂的事情是将一个独立模块的微体系结构分割到两个叠层中，一个一级数据缓存分割的简单例子展示了这个过程是怎样完成的。图34-6（a）展示了一个IA32微处理器中32 kB SRAM一级数据缓存的布局。这个特殊的缓存具有对称的2路设置和16个数据存储区，它包括地址产生单元（AGU），数据转换缓冲器（DTLB）及地址标记存储器（TAG）。16个数据存储区包括多路数据转换器，通道选择，阵列，对称的逻辑电路和

起缓冲作用的数据总线。另外，重点是减少从地址生成到数据产生的关键时序路径，其有多个长的连接通道，如图中虚线和点状线所示。当用 3D 方法重新设计缓存之后，如图 34－6（b)所示，由于共享了顶部芯片和底部芯片的地址路径，新的布局显著减少了50％的外形尺寸和关键地址路径。实际上，水平数据总线和缓冲器被完全消除了。另外，由于分布在单元中间的多路数据转换器和通路选择逻辑电路可以共用存储区间的读取和写入电路等器件，所以节省了将近 20％的硅面积。当缓存使用英特尔的 65 nm CMOS 技术进行模拟时，减少了 10％的读取延时。即使由于增强的感知放大器的作用，在感知时间上会有（期待的）小幅的增加，也是可以通过减少水平金属总线得到补偿的。第三个好处是由于地址、通道选择及数据线变得更短，时钟负载的减少及两层之间的时钟分配的共享，使得功耗降低了 25％。在参考文献［3］中对这种 3D 数据缓存进行了深入的描述。同时减少面积、功率和延迟对于微处理器有重大的意义。当使用 3D 叠层技术重新设计比较复杂的模块，并贯穿整个微处理器的设计时，将发现类似的好处。

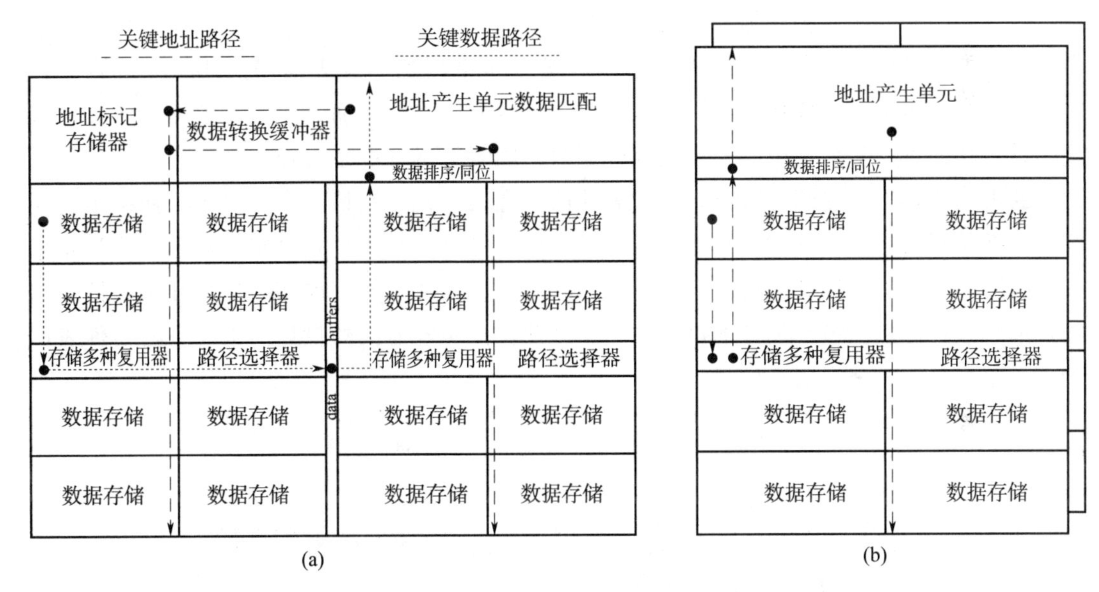

图 34－6　一级数据缓存

（a）2D 布局；（b）3D 实现[10]

34.2.3.3　3D 微处理器设计总结

这些简单的示例说明了是如何采用 3D 叠层技术来改善微处理器性能的，包括功耗、性能和面积等方面。当然，可以同时应用上面示例中所有的方法（集成相关模块、模块重设计、堆叠缓存及堆叠主内存）来改善微处理器系统的底线价值。尽管叠层间的通孔间距(受叠层对准精度限制）是限制 3D 微体系结构的主要因素，但是当今的生产设备和工艺已经能够使其占据顶部一层或两层金属层的总体或局部引线变短。

34.3　3D微处理器系统的制造

34.3.1　概述

正如我们在前面的章节中看到的，可以选择很多种方法和工艺来配合微处理器中的3D叠层技术。特别是在应用方面，我们希望选择更简单的集成工艺（最少的负面影响）就能通过标准生产流程达到高集成密度互连和更宽的带宽。首先是选择层间的键合类型。键合技术通常可分为“绝缘键合”和“导电键合”（见参考文献［11－15］）。绝缘键合工艺有多种形式[12-14]，但是这些技术的一个主要缺陷是每块晶圆与晶圆间相互连接均需要一个硅通孔（TSV）。图34－7（a)展示了一个进退两难的局面，有源器件区域被层间互连的硅通孔占据，最终降低了器件的密度。相反，对于金属键合，如图34－7（b）所示，晶圆与晶圆间键合的连接并不占据有源器件区域，这样可以在器件的层间获得更高的信号带宽。当然，功率的传输仍然需要硅通孔，如果需要的话，芯片的I/O和信号通道可以穿过器件层。即使将这些通孔都计算在内，金属键合所占用的芯片表面仍然比绝缘键合小很多，因此，金属键合集成比绝缘键合占据的器件区域更小，从而具有更高的通孔密度和带宽。硅通孔的直径是另一个影响占用器件层数的因素。尽管更小直径硅通孔可以减少器件层数的占用量，但其受制造限制，由于填孔的深宽比，其受到最小厚度决定。如果工艺流程中包括晶圆或芯片的减薄，那么叠层的最小厚度可以由减薄设备决定，对于减薄设备来说，问题是如何使厚度减得更薄。最后，一些重要的设计参数（如功率传输和可靠性要求等）都会影响硅通孔最小尺寸的设计规则。因此，按照硅通孔的设计需求，平衡器件表面的占有率将最终决定了通孔的尺寸。

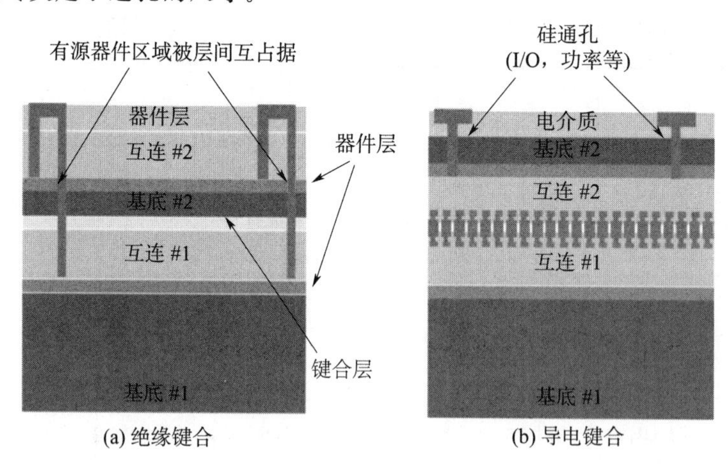

图34－7　绝缘键合（a）与导电键合（b）的对比示意图
绝缘键合层的间互连需要TSV。每一个TSV都会占据有源区域，这会限制器件密度。
金属键合的层级互连不需要TSV，仅在功率传输、I/O端口和多层层叠的互连中需要TSV

最终的键合是在芯片到芯片层面、芯片到晶圆层面还是从晶圆到晶圆层面，是由微处理器的具体应用方向来决定的。芯片级叠层是"逻辑电路＋存储器"应用的最佳选择，原因如下：第一，芯片堆叠可以实现不同尺寸芯片的堆叠，这样使得微处理器在选择匹配的静态随机存取存储器或 DRAM 时更为灵活。第二，存储器的堆叠不需要紧密的层间间距，因此阵列产量的问题会少一些。第三，不管是微处理器还是存储器芯片，在测试之前都是相对容易处理的，它们都可以通过堆叠来利用已知好芯片（KGD）的优势。相反，晶圆级叠层是"逻辑电路＋逻辑电路"应用的更好选择，因为它具有更多的通孔数量，尤其是需要紧密阵列的时候（窄通孔间距），如将微处理器分到多个层。晶圆叠层的一个必要条件是芯片的大小必须一致，正如 34.2.3 节中看到的例子一样，这个例子是微体系结构分裂的典型案例。此外，应用在这方面芯片叠层不如晶圆叠层的另一个原因是，在分裂逻辑电路时，不能很简单地测试个体单元，并根据 KGD 进行改进。然而，很明显，我们在这里对"逻辑电路＋逻辑电路"叠层的定义，并不是指系统芯片（SOC）体系结构，因为 SOC 体系结构能进行多功能器件集成，但它需求的连接带宽却属于宽间距类型。最后，晶圆叠层的优势是更薄的层厚，并且能够降低在封装过程中超薄芯片或晶圆的负担。

另外一个工艺选择，是选择"前通孔（Via - First Approach）"技术还是"后通孔（Via - last Approach）"技术制作硅通孔。表 34 - 3 对不同技术制作的硅通孔的特性作了比较。"前通孔"技术是在生产主电路的同时形成硅通孔，且硅通孔在减薄、切割及装配前形成；"后通孔"技术则是在主电路生产完后形成硅通孔，且硅通孔在减薄之后，切割及装配前形成。"前通孔"技术的一个优势是它最大程度简化了减薄晶圆的操作和工艺步骤[16-18]。然而，其主要缺点是这种集成方式打乱了标准工艺流程，通常需要重新设计工艺，并增加了对晶体管尺寸按比例缩小设计规则的限制。相反，"后通孔"技术的硅通孔是在主电路生产完成后形成的，其与标准工艺流程没有冲突，并且允许对硅通孔的形状进行更多的设计，以使其与主电路有更好的连接。由于微处理器的标准生产工艺流程比较复杂且昂贵，使用"后通孔"技术的一个主要优势就是可以避免更改相关的标准工艺流程。同时，使用"后通孔"技术生产主电路时，不需要使用昂贵的生产设备和专门的净化间，由此可节省整体生产成本。

表 34 - 3　3D 堆叠和微处理器中通孔工艺的选择

硅通孔对微处理器的影响	前通孔	后通孔
通孔填充材料	由于 CMOS 前道的高温退火步骤，钨铜并不是一个合适的选择	从成本角度考虑，铜和钨铜都是很好的选择
层间节距	可兼顾窄间距（不大于 10 μm）和宽间距（不小于 100 μm）选择	可兼顾窄间距（不大于 10 μm）和宽间距（不小于 100 μm）选择
硅通孔尺寸	首选 5 μm 以下的直径，更大的直径会影响下面的工艺	窄间距选择 5 μm 以下直径，宽间距选择 15～60 μm 直径
绝缘材料	CMOS 基	CMOS 基
微处理器集成难度	困难，会影响划片道及晶体管尺寸	容易，可适用现有的后道工艺技术
制造成本	高	相对较低
制造 3D 叠层选项	仅用于晶圆堆叠。装配时操作超薄芯片（小于25 μm）是十分昂贵的	晶圆堆叠和芯片堆叠均可行
多芯片/多器件 3D 集成	相对复杂。设计规则需要兼容的交叉芯片或器件	相对简单。通孔设计规则主要是依靠器件的设计

下面两节将介绍两个专门应用于3D微处理器的工艺流程。3.2节介绍了一个针对逻辑电路分裂的晶圆叠层工艺设计，3.3节介绍了一个针对存储器叠层在逻辑电路上的芯片堆叠工艺设计。这两个工艺都使用了“后通孔”技术，从成本和产量考虑，均在晶圆层面制造硅通孔。和预期的一样，这两个工艺的硅通孔尺寸大不相同：芯片叠层工艺的硅通孔属于15～60 μm级；晶圆叠层工艺的硅通孔属于5 μm级。同样，两种工艺的层间通孔间距也不同，晶圆叠层工艺的间距小于8 μm，而芯片叠层工艺中典型的倒装焊工艺层间距大于100 μm。

34.3.2 铜键合晶圆叠层

34.3.2.1 铜键合工艺

对于微处理器的逻辑电路分离应用，需要很高的层间通孔密度，好的互连质量和互连的有效性就变得最重要。晶圆级铜键合是一个很好的选择，因为其具有有效、高质量的互连，且没有可测得的表面电阻[11]。使用300 mm的晶圆完成的实验证明了晶圆级铜键合工艺与现在的微处理器生产工艺的兼容性。图34-8展示了一个两层结构的晶圆级铜键合的基本工艺流程。因为这是后通孔工艺流程，晶圆最终形成表面金属化层，这个金属化层就是层间键合层。键合结构是在一个细小的氧化凹槽中完成的，这样保证了相对晶圆的连接。接下来，进行晶圆的面对面的键合，顶层晶圆需按要求减薄（通常为5～30 μm），然后形成硅通孔。在减薄工艺中，晶圆研磨之后的转移步骤会造成潜在的损伤。参考文献[19-20]提供了有关这个潜在损伤的额外分析。由于需要给微处理器有效的传输功率，我们选择了低电阻率的铜作为硅通孔的导电材料。图34-9展示了一个最佳条件下的键合结构截面图，这个结构的间隙小，属于良好键合。图34-10展示了一个C模式扫描声学显微（CSAM）图像，说明穿过300 mm晶圆的良好键合是可以完成的。图34-11展示了一个晶圆连接电阻测量的分布图。在这个曲线图中，每个点都是4 096个晶圆连接的一个链路，这个键合结构的层间距是9 μm,。除了测量数据，该图还显示了预计电阻值，该电

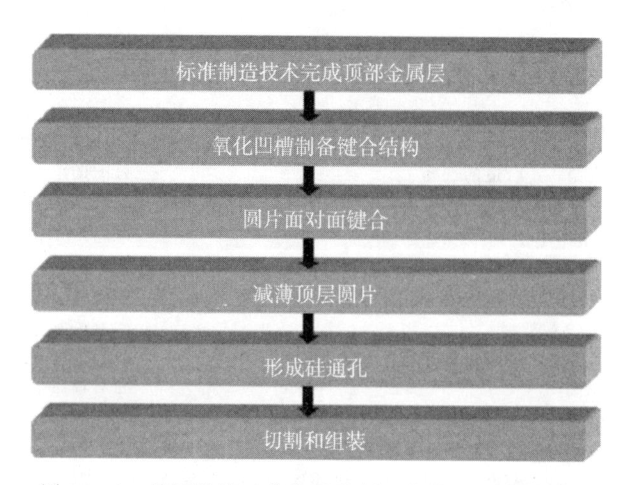

图34-8 晶圆堆叠工艺流程示例。这是两层堆叠工艺

阻值是通过测量连接尺寸计算出来的，测量时考虑了±5%的层间铜高度的变化。分布曲线十分紧密，且在预期的范围内，这表明没有可测得的表面电阻。研究了不同尺寸和间距的键合结构，研究表明，层间通孔的最小间距受 300mm 晶圆设备对准精度的限制，对准精度会随着设备的进步得到提高。

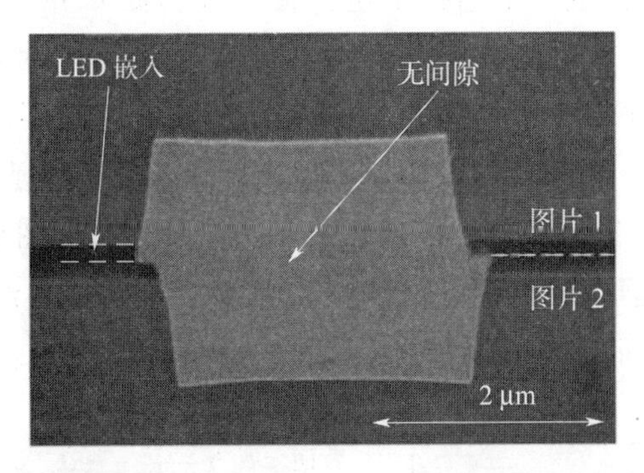

图 34－9　键合结构的交叠部分没有界面接缝。ILD 微微嵌入，以保证两层金属的接触

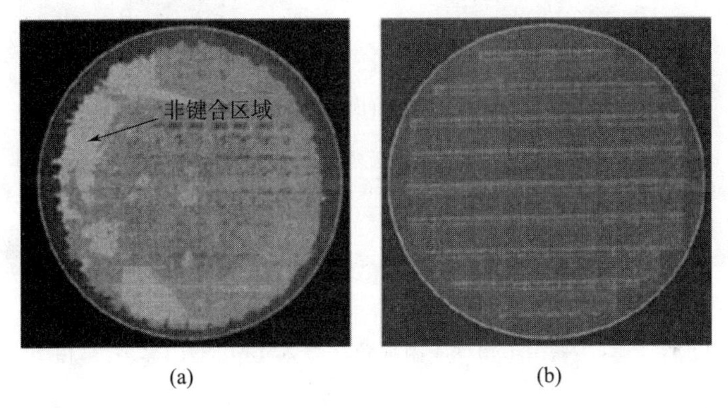

图 34－10　300 mm 键合晶圆的 C 模式扫描声学显微图。工艺条件：(a) 非最佳条件，出现键合失败；(b) 最佳条件，整个 300 mm 晶圆良好键合[11]

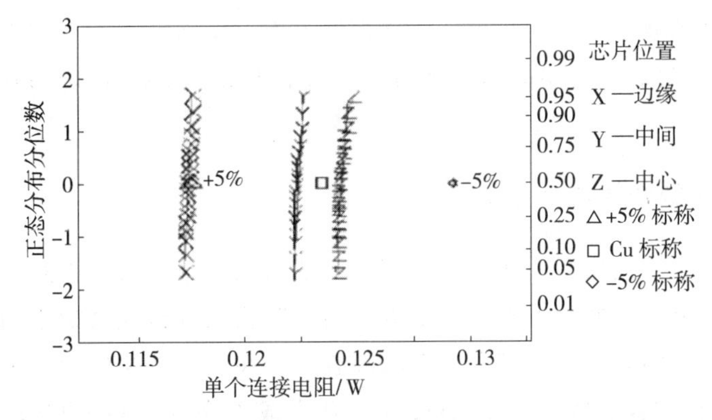

图 34－11　键合好的 300 mm 晶圆对上的三个芯片的 4 906 个链接的链路电阻分布图。

芯片分别标记为中心（Center）、中间（Middle）和边缘（Edge），这分别对应它们在晶圆上的位置。

标称电阻是从其几何结构中计算来的，两个计算点有±5%的层间铜高度的变化。

从这里可以看出，键合界面阻抗是可以忽略的[11]

34.3.2.2 采用铜键合技术的器件晶圆叠层

从连接点来看，晶圆级铜键合是很有吸引力的工艺，那么下一步就要看其与电路的兼容性。为了测试兼容性，使用与英特尔 65 nm 产品相同的工艺生产一个带有功能器件的晶圆，然后测试堆叠的影响。这个工艺技术包括在体硅和低 k 介电材料上构建应变硅器件。图 34-12 展示了一个堆叠结构的截面图和最终结构的图解。对器件和电路的测试表明，在单独的 N 阱和 P 阱场效应晶体管（MOSFETS）[21] 或简单的环形震荡电路[4] 中没有出现衰减。图 34-13 展示了一些堆叠和减薄（14 μm，19 μm）晶圆 NAND 键合基准晶圆的 $I_{off}-I_{on}$ 和 $I_{off}-V_t$ 数据对比。部分分散的数据是由非最优背面图形的测试焊盘产生的。对 4 Mb 静态随机存取存储器中的更多功能的模块也进行了铜堆叠结构的测试，它也和非堆叠晶圆具有同样的性能。静态随机存储器的数据由减薄到 5 μm 以下的晶圆确定[21]。

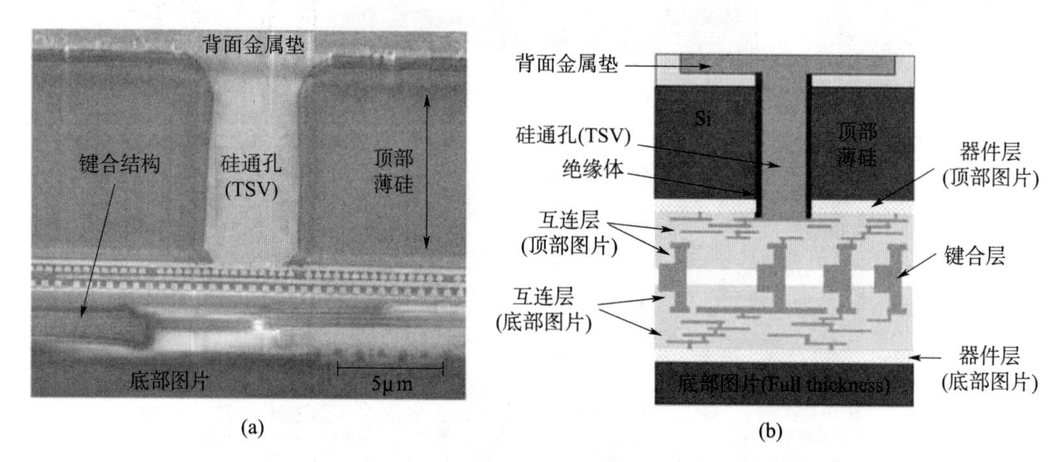

图 34-12 (a) 典型结构（晶圆堆叠）的 XSEM 照片；(b) 结构图[10,21]

34.3.2.3 铜键合晶圆叠层总结

这些数据表明，铜键合晶圆级叠层工艺可以生成分离逻辑电路所需要的窄间距通孔，并且其与现代微处理器生产工艺相兼容。处理器方面对特殊间距的更多细节要求可以参照参考文献 [2, 4]。最后，两层晶圆堆叠的边缘切割质量 NAND 键合晶圆切割也是可以比拟的。

34.3.3 使用金属键合的芯片叠层

芯片叠层工艺也是使用后通孔技术，它有一些与晶圆叠层工艺类似的步骤。图 34-14 展示了一个流程示例。从概念上看，这个流程与晶圆叠层流程最大的不同在于，芯片叠层是两个带器件层的晶圆间的永久键合，而晶圆叠层是在一个带器件的晶圆与晶圆支持系统（WSS）间的暂时性键合。WSS 可以通过硅通孔生成工序进行晶圆减薄（小于 100 μm），与晶圆键合工艺类似的硅通孔生产步骤。WSS 包括一个可能是玻璃或硅的载体和在硅通孔形成后、切割装配前可剥离载体的黏合剂。这里的黏合剂必须具有良好的高温稳定性，为了后续的研磨质量必须有高模量，且必须在硅通孔形成后容易剥离。图 34-15 展示了

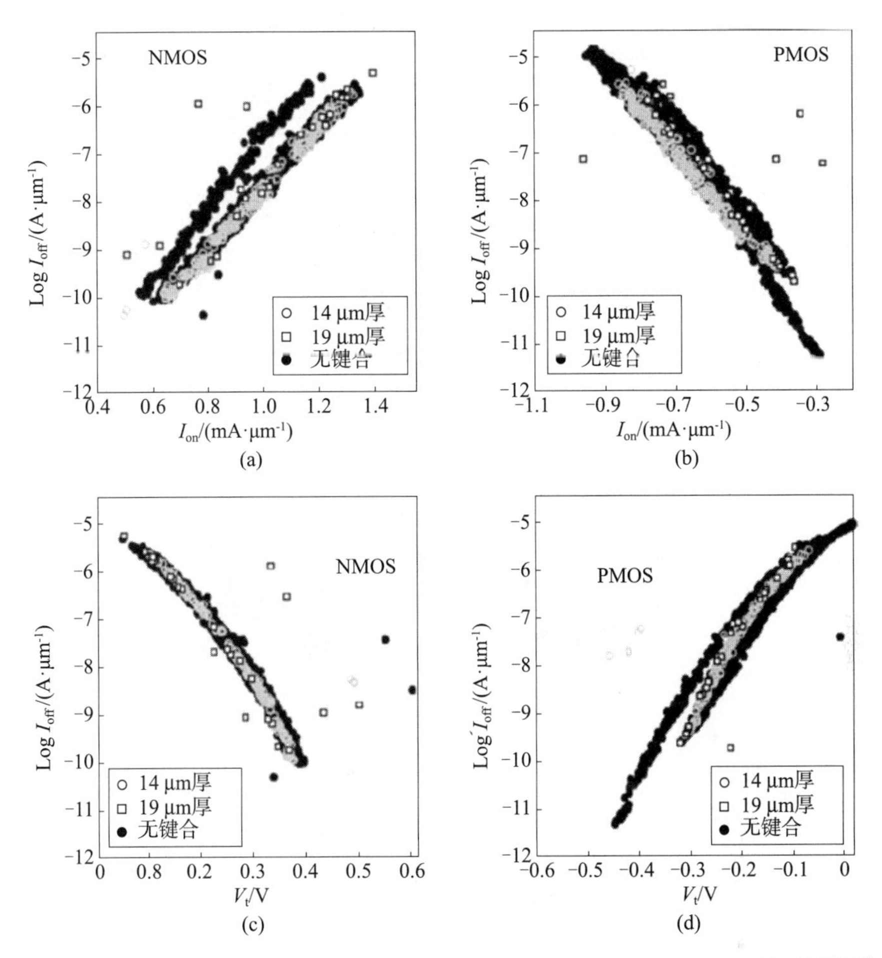

图 34-13　堆叠晶圆 NAND 键合晶圆的对比，$I_{off}-I_{on}$(a) 和 $I_{off}-V_t$(b) 关系图[10,21]

使用高模量黏合剂与低模量黏合剂的后续研磨质量的对比。参考文献［22］中对 WSS 和黏合剂进行了额外的详细描述。由于芯片叠层工艺需要的层间距较宽（如逻辑电路上堆叠存储器），所以硅通孔可以做的比用于晶圆叠层工艺的大（芯片叠层大约为 15 μm，晶圆叠层工艺需小于 5 μm）。由于层间间距受倒扣焊凸点尺寸（大于 100 μm）的限制，所以可以对硅通孔工艺设备的对准精度地要求可以不那么苛刻。

虽然在硅通孔上镀铜层很简单（如 34.3.2 节晶圆叠层的案例），但也可能会在硅通孔上形成钨连接，其对于一些应用会有布局优势。图 34-16 展示了一个使用开尔文（Kelvin）结构测量晶圆单个硅通孔的电阻分布图，这里的硅通孔就是通过镀钨形成电连接。所测得的低电阻值与理论计算值相符，测得的高电阻一部份是由于当前的非理想工艺造成的。10 个硅通孔的线路负荷的电容测量值低于 1 pF，并受测量仪器分辨率的影响。

由于芯片叠层工艺的硅通孔相对较大，因此，了解硅通孔对器件的影响就显得非常重要，这个影响就像是建立了“遮挡区”。图 34-17 描述了英特尔 90 nm 硅晶圆上增大的硅通孔距离，以形成平面 N 沟道金属氧化物半导体（NMOS）离散晶体管。对硅通孔生成工艺前的饱和电流 I_{DSAT} 和阈值电压 V_T 与硅通孔工艺后的数据进行对比。图 34-18 展示

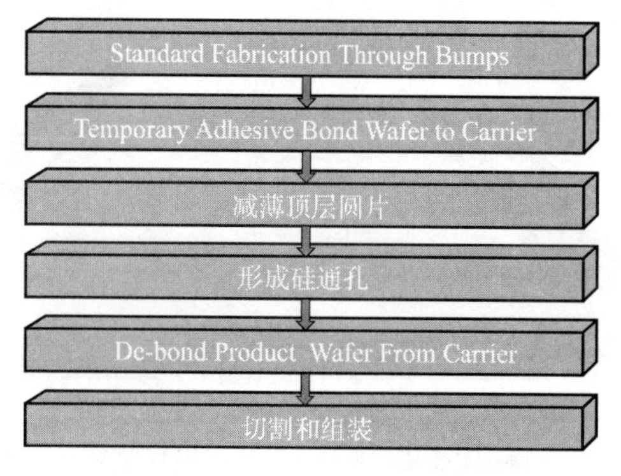

图 34-14　芯片堆叠工艺流程

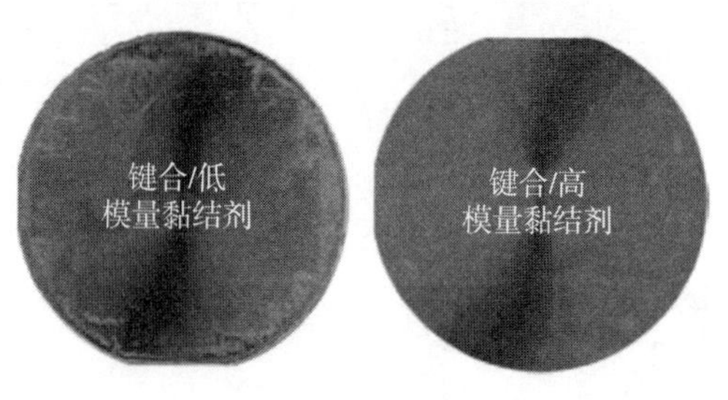

图 34-15　使用低模量黏结剂和高模量黏结剂的硅研磨质量的对比[10,23]

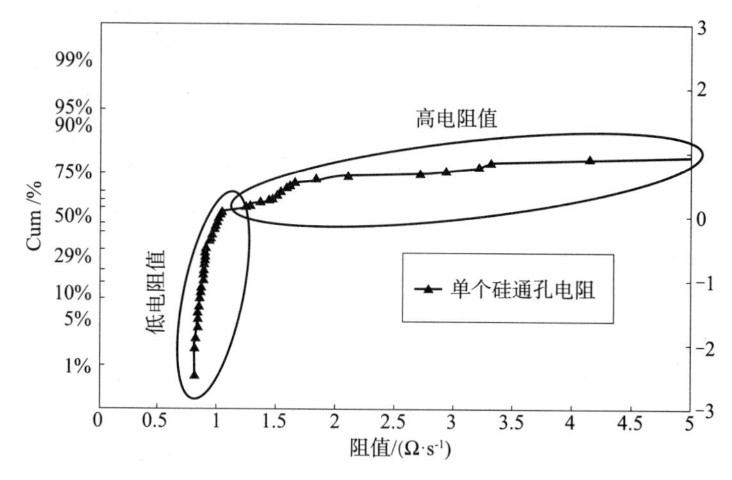

图 34-16　镀钨的单个硅通孔的 Kelvin 电阻值。
低电阻值与理论计算值相符，高电阻是由非理想工艺造成的[10,23]

了一个晶圆上靠近硅通孔和远离硅通孔的饱和电流 I_{DSAT} 及阈值电压 V_T 变化的图。通常，短通道器件的硅通孔临近效应会比长通道的略大，但是在所有情况中器件参数的细微不同就整体而言是可以忽略的。测量值尾部的分布状态也是由非理想工艺问题造成的。值得注意的是，甚至不经过任何消除隐患的步骤，这种可以忽略的变化也可以观测到。基于这些，可以得出遮挡区对于芯片表面来说几乎没有什么影响的结论。

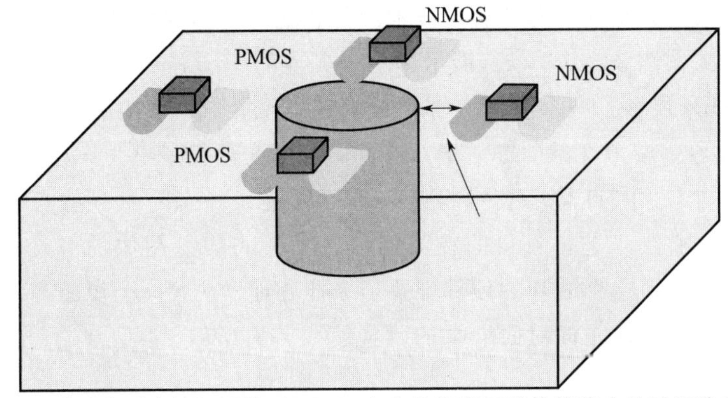

图 34－17　需要的“遮挡”区域（KOZ）由分散的平面晶体管阵中的硅通孔布置决定

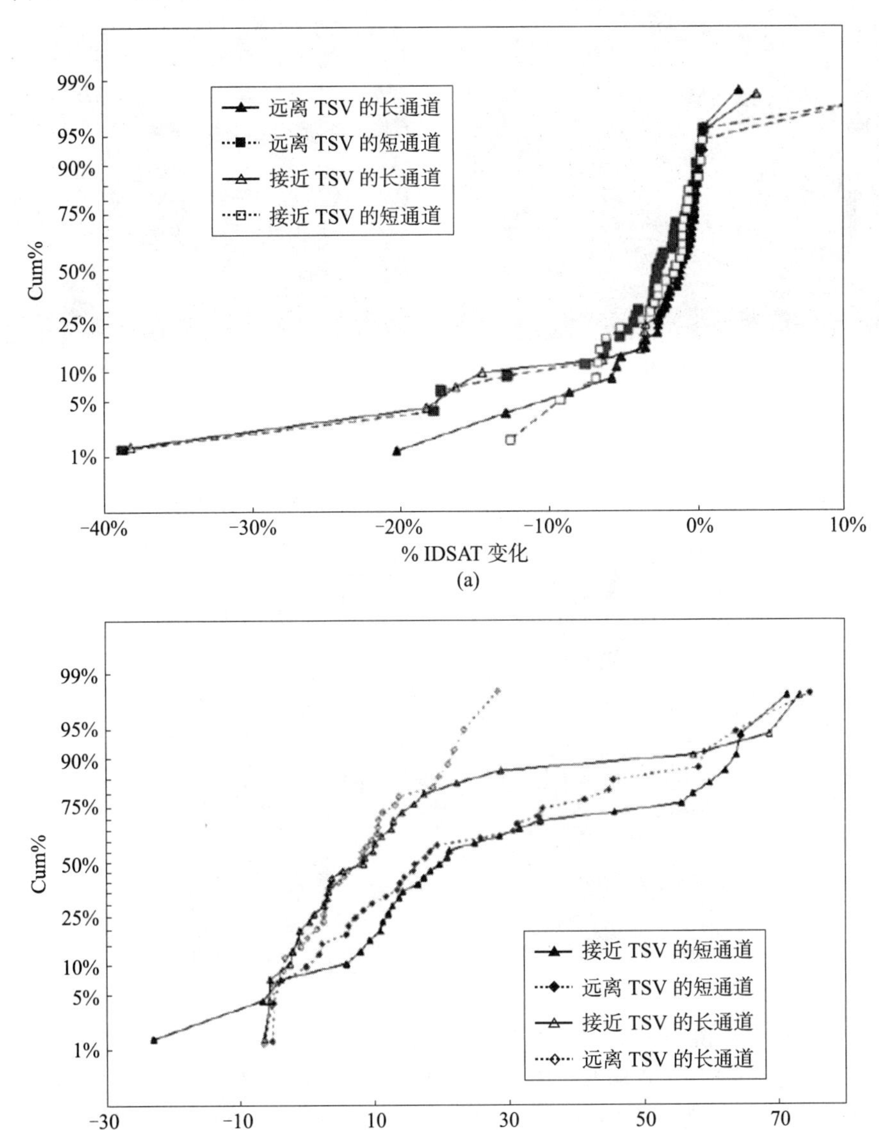

图 34－18　长通道和短通道 nMOS 管接近硅通孔时 I_{DSAT}（a）和 V_T（b）的变化图

硅通孔的多层堆叠是使用芯片叠层技术进行装配的，它结合了传统的铜焊点方式和铜锡铜热压互连方式。图 34－19（a）展示了一个典型的 7 层芯片堆叠顺序装配结构的截面图。图34－19（b）展示了一个包括底部填充的完整堆叠结构。在这个例子中，每个芯片都有大约 75 μm 厚。参考文献［23］中对芯片叠层工艺进行了更为详尽的描述。最后，图 34－20 展示了一个使用 3D 叠层技术将微处理器堆叠在静态随机存取存储器芯片上的原型，它使用了芯片叠层工艺，且目前在英特尔进行测试[24]。图像的中心是一个薄的静态随机存取存储器芯片，这个芯片的顶部堆叠了多核处理器芯片，且其底部与管壳相连。在这个案例中，两个主芯片是面对面堆叠的，且使用了典型的 C4 型互连工艺，包括环氧底部填充及焊料。

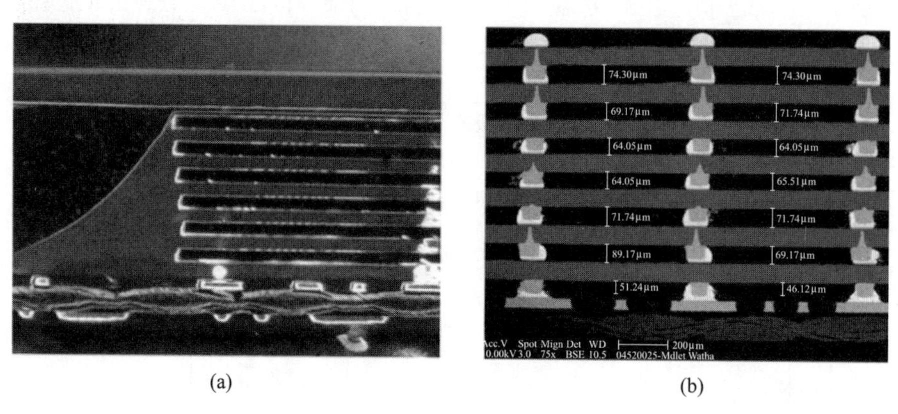

(a)　　(b)

图 34－19　一个 7 层芯片堆叠的截面图[10,23]

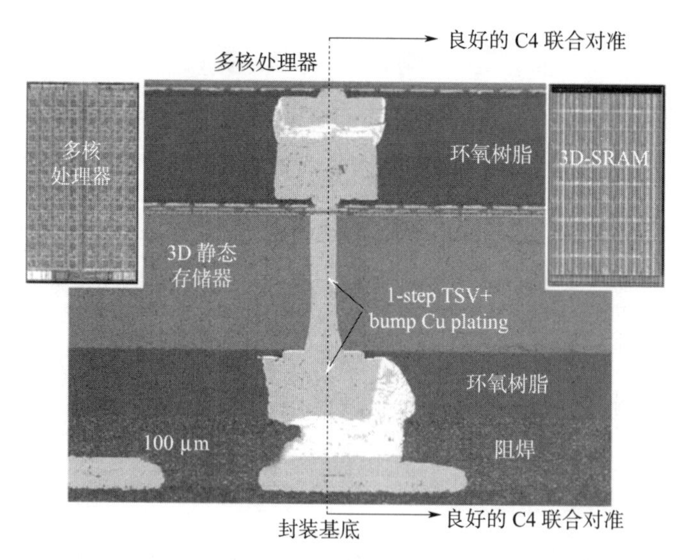

图 34－20　多核处理器在静态存储器上堆叠的原型。

原型使用了英特尔的 80 核处理器芯片面对面地叠层在一个静态存储器芯片上，

其中静态存储芯片使用硅通孔与封装基底相连。这里的 3D 堆叠把芯片上的核与分割开的存储器连接起来

（来源：英特尔）

34.4　结论

3D 是一种新工艺技术，它甚至仅仅经过一些简单的设计修改，就可以给微处理器带来实质性的功率和性能方面的提高。本章展示了一些 3D 微处理器应用的详细案例，但是对于微架构、制造能力以及 HVM 可生产性方面，还需要进行更深入的研究。正如前面几章中描述的，有很多 3D 工艺可供选择，但是这个案例中的与英特尔的处理器技术集成的两个工艺技术已经被确定了。微处理器上集成 3D 叠层的直接应用，是针对“逻辑电路＋存储器”的应用[24]。将来，希望可以改善对准精度，以提高层间硅通孔的密度。随着通孔密度的增加，微架构将得到更大的改善。

参考文献

[1] Nelson, D. W., Webb, C., McCauley, D. et al. (September 2004) A 3D interconnect methodology applied to iA32 - class architectures for performance improvement through RC mitigation. Proceedings of the VMIC, pp. 78 - 83.

[2] Annavaram, M., Black, B., Brekelbaum, N. et al. (December 2006) Die stacking (3D) microarchitecture. Proceedings of the 39th Annual International Symposium on Microarchitecture.

[3] Reed, P., Yeung, G. and Black, B. (2005) Design aspects of a microprocessor data cache using 3D die interconnect technology. Proceedings of the ICICDT, 15 - 18.

[4] Black, B., Brekelbaum, N., DeVale, J. et al. (February 2007) 3D design challenges, Proceedings of the International Solid State Circuits Conference. (in press).

[5] List, S., Bamal, M., Stucchi, M. and Maex, K. (2006) A global view of interconnects. Microelectronics Engineering, 83 (11 - 12), pp. 2200 - 2207.

[6] Rahman, A. and Reif, R. (Dec. 2000) System - level performance evaluation of three - dimensional integrated circuits. IEEE Transactions on very Large Scale Integration. Special Issue System - Level Interconnect Prediction, 8, 671 - 678.

[7] Das, S., Chandrakasan, A. P. and Reif, R. (2004) Calibration of Rent. s Rule models for three - dimensional integrated circuits. IEEE Transactions on Very Large Scale Integration Systems, 12, 359 - 366.

[8] Puttaswamy, K. and Loh, G. H. (March 2006) Implementing register files for high performance microprocessors in a die stacked (3D) technology. IEEE Annual Symposium on Emerging VLSI Technologies and Architectures, 2006, Vol 00.

[9] Puttaswamy, K. and Loh, G. H. (2006) Dynamic instruction schedulers in a 3 - dimensional integration technology. Proceedings of the 16th ACM Great Lakes Symposium on VLSI, pp. 153 - 158.

[10] Morrow, P., Black, B., Kobrinsky, M. J. et al. (2007) Design and fabrication of 3D microprocessors. MRS Proceedings, Volume 970, Enabling Technologies for 3D Integration (eds C. Bower, P. Garrou, P. Ramm and K. Takahashi), Materials Research Society, pp. 91 - 103.

[11] Morrow, P. R., Kobrinsky, M. J., Ramanathan, S. et al. (2004) Wafer - level 3D interconnects via Cu bonding. Proceedings of the Advanced Metallization Conference, pp. 125 - 130.

[12] Kwon, Y., Yu, J., McMahon, J. J. et al. (2004) Evaluation of thin dielectric - glue wafer bonding for three - dimensional integrated circuit applications. Materials Research Society Symposium Proceedings, 812, F6. 16. 1.

[13] Gutmann, R. J., Lu, J. - Q., Pozder, S. et al. (October 2003) A wafer - level 3 - D IC technology platform. Proceedings Advanced Metallization Conference, pp. 19 - 26.

[14] Topol, A. W., Furman, B. K., Guarini, K. W. et al. (2004) Enabling technologies for wafer - level bonding of 3D MEMS and integrated circuit structures. Proceedings 54th Electronic

Components and Technology Conference, vol. 1. pp. 931 - 938.

[15] Tan, C. S. and Reif, R. (2005) Silicon multilayer stacking based on copper wafer bonding. Electrochemical and Solid - State Letters, 8, G147 - G149.

[16] Tanida, K., Umemoto, M., Tomita, Y. and Tago, M. (2003) Ultra - high - density 3D chip stacking technology. Proceedings 53rd Electronic Components and Technology Conference, pp. 1084 - 1089.

[17] Hara, K., Kurashima, Y., Hashimoto, N. et al. (Aug. 2005) Optimization for chip stack in 3 - D packaging. IEEE Transactions on Advanced Packaging, 28 (3), 367 - 376.

[18] Andry, P. S., Tsang, C., Sprogis, E. et al. (May 2006) A CMOS - compatible process for fabricating electrical through - vias in silicon. 2006 Proceedings 56th Electronic Components & Technology Conference.

[19] Pei, Z. J., Billingsley, S. R. and Miura, S. (Jul. 1999) Grinding induced subsurface cracks in silicon wafers. International Journal of Machine Tools & Manufacture, 39 (7), 1103 - 1116.

[20] Sandireddy, S. and Jiang, T. (April 2005) Advanced wafer thinning technologies to enable multichip packages. WMED, 24 - 27.

[21] Morrow, P. R., Park, C. - M., Ramanathan, S. et al. (2006) Three - dimensional wafer stacking via Cu - Cu bonding integrated with 65nm strained - Si/low - k CMOS technology. Electron Device Letters, 2 (5), 335 - 337.

[22] Kulkarni, S., Prack, E., Arana, L. and Bai, Y. (March 2006) Evaluation of adhesive wafer bonding and processes for 3D die stacking using TSV technologies. International Conference on Device Packaging, Scottsdale, AZ, USA.

[23] Newman, M. et al. (May 2006) Fabrication and electrical characterization of 3D vertical interconnects. 2006 Proceedings 56th Electronic Components & Technology Conference.

[24] http: //cache- www. intel. com/cd/00/00/33/04/330426 _ 330426. pdf (accessed july 2007).

第 35 章　3D 存储器

Mark Tuttle

35.1　引言

在过去的 25 年里，工程师们总是致力于制造最小、最便宜的集成电路（IC）存储器。对于一个给定的工艺节点，晶圆加工成本相对固定，因此，在每个晶圆上获得尽可能多的 IC，才能保证最低的成本。为实现年复一年的成本最小化，最主要的途径就是以每年 30% 的幅度减小单元芯片面积，并相应地按比例减小器件尺寸，如图 35-1 所示。许多年以来，DRAM（DRAM）是最小特征技术的驱动者，然而到了 2005 年左右，这种代表最小特征技术的器件集中到了 NAND（NAND）闪存产品系列。这种转变是由于 NAND 存储器单元面积更小，使得单元密度更高，布局更为简单。由于一个存储器芯片可能有数十亿个存储单元，因此很有必要优化最小特征尺寸和每个存储单元的布局。为保持存储器市场的竞争性，必须不断地提高工程化技术水平和创新技术水平，这很容易地想到在第 3 维上采用 3D 集成来构建存储器结构，这样存储器密度会大大增加，正是这一点使 3D 集成技术的前景引人注目。

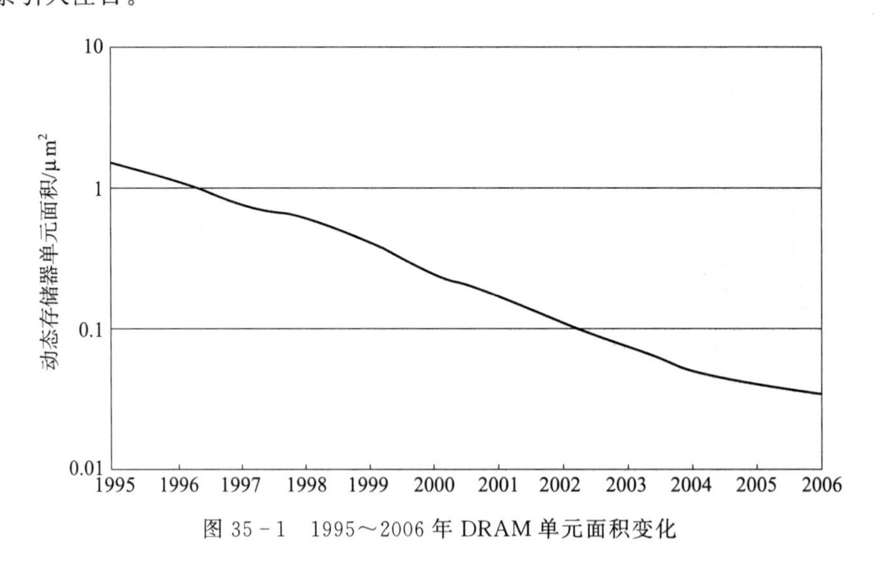

图 35-1　1995～2006 年 DRAM 单元面积变化

3D 存储器集成可以简单地认为是多个元器件的物理叠加，然后将各个元器件的引出口进行电气互连；也可以复杂地认为是由不同层单晶片上的存储器单元构成的系统，其电连接都是单元级电气互连。在这两个极端之间，也有其他的途径来实现 3D 集成，但每种方法都有其各自的优点和缺点。

35.2　应用

一个存储器集成电路最终的裸芯片大小与几个因素有关，包括电路结构和版图设计的创新性、工艺可达到的最小特征尺寸以及所采用的封装技术。存储器价格压力紧张，这不断驱使工程师们开发新技术来使得单片上的芯片单元数量最大化，从而最终为用户提供一个小的封装器件。然而，用户对于存储器，除了价格低廉，在更小尺寸、更高性能和更高可靠性方面有很多不同的需求。从 DRAM 的发展前景来看，高性参成为 3D 结构发展的驱动力。随着 DRAM 传输数据速率达到 1 Gbit/s 以上，采用常规传统叠层结构的引线键合，其产生的电学寄生效应的影响就显得不容忽视了，这样 3D 结构就变得更加重要。对于 NAND 存储器，3D 集成的市场压力主要来自于数据传输性能而不是尺寸，因为其数据传输性能比相应的 DRAM 要低一个数量级。在最新的手机移动产品中，要把八个（甚至更多）NANDIC 集成模块封装在其中，最重要的就是封装体的高度、长度和宽度都要达到最小化。

为同时获得最终存储器封装的高性能和小尺寸，可采用两种级别的技术：互连或者堆叠。第一种是利用内部互连层实现互连，器件结构层（可能包括晶体管）制作在初始 IC 衬底上。为充分利用这种技术的优势，并形成阵列互连，其通孔要求非常小，做到与器件的最小特征尺寸相当。有时可能会用到尺寸大的通孔，但必须尽量少用，以防止最终芯片尺寸变得过大。叠层的目的就是根据每一层独有的特点优化其布局结构。例如，在一个衬底上制作一个 DRAM 存取晶体管，在另一个衬底上制作电容，通过通孔将它们进行电气互连，然后将两个衬底键合在一起。再比如，将行和列译码器制作在一层上，其周围电路制作在另一层上，这样最终器件所需的总引出面积就会缩减。单个的哪一层都不具备完整的 IC 功能，但合在一起就形成一个完整的 IC 功能块。这个概念在融合多种技术上具有不同寻常的吸引力，例如，将硅基的控制芯片和制作在其他非硅基衬底（例如，Ⅱ - Ⅵ族化合物或其他外延材料）上的传感器组合在一起，其通孔大小可能和所要求的存储器单元一样小，但有时为了方便与多层电路进行互连，通孔也有可能大一些。

第二种方式，更确切地说，是利用芯片间互连，其只能用在比引线键合或叠层封装所允许的更小范围。利用相对较大的晶圆穿通互连（TWI），也称为硅通孔（TSV），通孔直径为 40 μm，就很方便地将垂直方向的焊盘连接起来，这样互连长度非常小，最终的封装厚度也很小。连接线短可以改善与通孔相关的寄生电参数，如寄生电阻、电容和电感。另外，采用减薄的硅片衬底，最终的封装高度将会明显减小，同时，会使 TWI 结构更短。

尽管单个的 DRAMIC 通常排列成×4，×8 和×16 的形式，但在很多应用中，通过在印刷电路板（PCB）上把多个 IC 连接一起（称为存储器模块），使最终的系统存储器密度增大，这样可用存储器总容量上升（如图 35 - 2 所示）。工作站中使用的一个典型 DRAM 模块通常有 18 或 36 个 IC 模块，按×4 排列，从而获得 72 bit 字符（64 bit 数据位加上纠错位）。其互连可通过将 18 个独立封装的 IC 模块安装在 PCB 上来实现。然而，对于 36 个芯片的高密度存储器则会增加模块的尺寸，并要求采用叠层存储器结构。

图 35-2 Micron 模块

IC 叠层有很多种方式，包括有封装叠层（POP）和封装前 IC 芯片堆叠的多芯片封装（MCP）叠层。一定面积或体积的存储器密度增大对于移动产品和其他空间受到限制的产品的应用具有明显优势。多芯片封装叠加结构可以分解成：1）那些用引线键合电气互连的或者有外部表面互连的芯片组（如图 35-3 和图 35-4 所示）；2）TWI 方式（如图 35-5 所示）

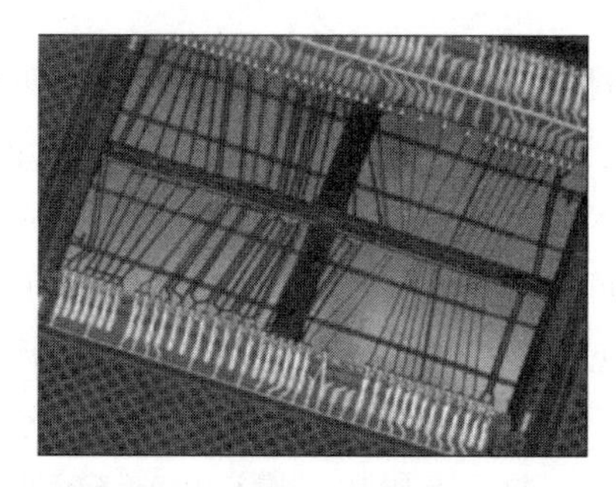

图 35-3 用 RDL 连接到边缘的 COB 两芯片堆叠

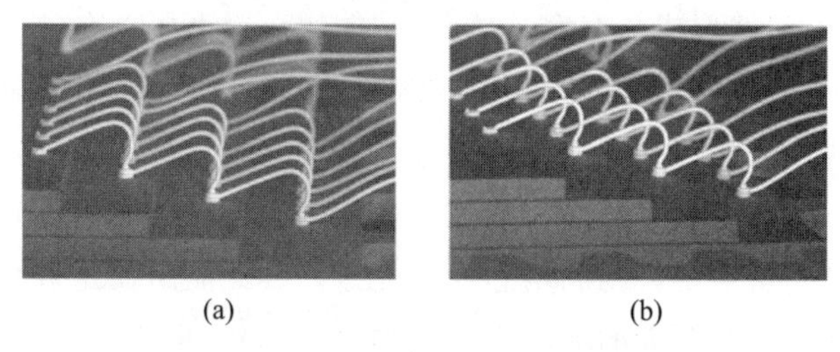

(a) (b)

图 35-4 Micron 的 NAND QDP

既然存储器不是孤立的元器件，那就要求有与其他集成电路交互的接口和输出，这样，自然而然地要在单片上实现多种电功能。尽管已成功地实现较低的集成度，但要把一个大的微处理器和一个大容量的存储器集成在一起还是很困难的，这是因为制造快速逻辑晶体管与低漏电存储器存取晶体管的最佳工艺有很大的不同。因此，将它们制作在同一个 2D 硅片上没有太大的功能或经济意义。系统级封装（SiP）是多种技术在一个封装体中的融合，这个封装体中可能包含非 IC 组件，如电阻器、电容器及石英晶体，甚至是光学系统中的透镜。

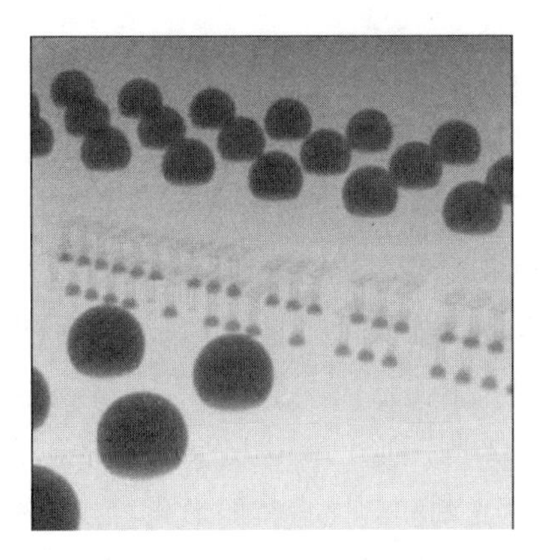

图 35-5　TWI 堆叠后的 X 射线图

为让信号在两块芯片的叠层结构中传输到正确的芯片中，同时为了避免由于芯片并排连接到焊盘而产生的寄生问题的增加，有必要在常规焊盘的地方采用更多的垂直互连。这个问题可以通过形成更小的通孔来解决，以便让更多的通孔穿过一个焊盘。也有可能利用“多余的”焊盘进行探测或排除故障，但通常在有些存储器结构中这种备用焊盘没有被互连线引出。

图 35-6 显示的是两个芯片的叠层结构的电气互连，这个结构用两块 1 Gbit 芯片封装在一起形成 2 Gbit 器件。在此结构上对每一个 IC 都有独一无二的互连，为时钟使能信号(CKE)、终端信号（ODT）及芯片选择信号（CS)，其余的终端可以并排连接到每个 IC 上。尽管在缩小互连时需要更为复杂的互连结构来满足每个 IC 独一无二的互连，但这个方法同样可以用于更大的叠层结构中。

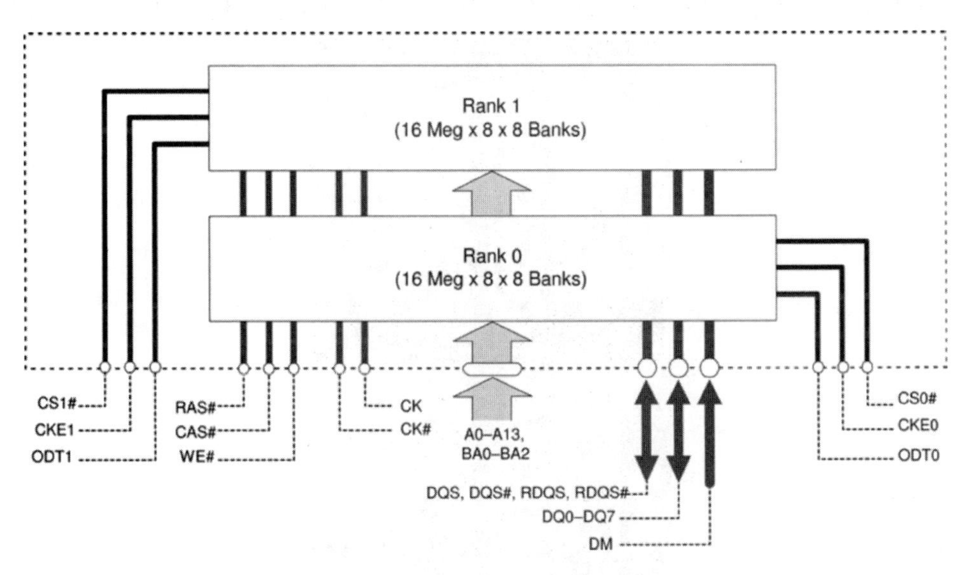

图 35-6　两个芯片堆叠的 Micron DRAM 的电学连接图

35.3　再布线层（RDL）

RDL是一个通过设计来实现将焊盘移动到芯片上表面任何位置的互连系统，它使引线键合或直接地芯片黏附不受初始焊盘位置和节距的限制。在前道制程和电测试完成之后，硅片上涂一层光敏感聚合物，如聚酰亚胺（PI），苯丙环丁烯（BCB）及聚苯丙嗯唑（PBO）等，从而在RDL的焊盘下面形成一个缓冲层。光刻这一有机物层形成初始探测焊盘窗口，然后淀积一层金属并光刻图形化，这层金属通常包含覆有全厚度Al金属化层的薄阻挡层和黏附层，Al层通过光刻和刻蚀将其图形化，或者覆盖一层Cu电镀层，即光刻图形化后电镀Cu得到全厚度Cu层。再在这一层金属层上涂一层光感聚合物加以保护，经光刻后，露出RDL上的焊盘。这个过程需要三层掩模版，除非第一层聚合物层与前端钝化层在前道制程中合并为同一张版。RDL工艺可以利用常规的Al金属化或Cu金属化工艺技术来实现，但如果是Cu金属化工艺，不管在底层还是RDL中，必须采用阻挡层来防止Cu迁移。RDL上的焊盘可以采用电镀Ni/Cu来实现凸点金属化（UBM），使其成为一个焊接点、电镀凸点或一个非常硬的焊盘，以方便引线键合。图35-3和图35-7显示的是一个DRAM再分布层的的微观结构图。如果需要的话，可通过RDL上的焊盘再次进行电性测试以检验产品合格率和性能。

RDL焊盘可明显增加节距，这可以使芯片黏结时有更多选择，如模块上倒装芯片（FCOM）或者封装中倒装芯片（FCIP），另外，可再次布局焊盘位置，以优化电信号、电源和地分布。由于RDL焊盘下面有一层缓冲层，可以使得在有源电路上面直接进行引线键合工艺。而在常规的氧化硅/氮化硅钝化层上通常都要避免直接进行引线键合工艺，以

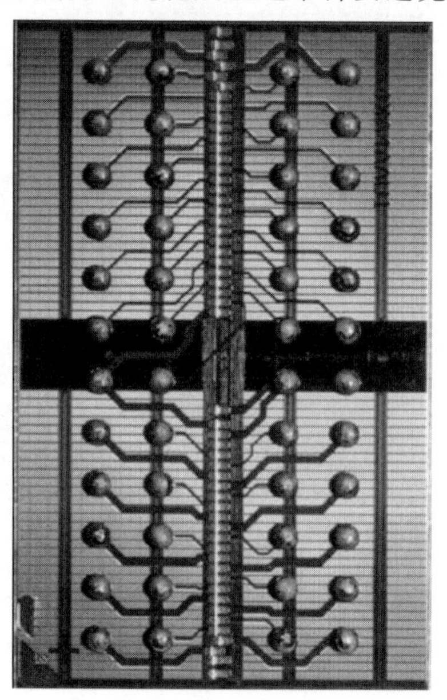

图35-7　带焊球的DRAM RDL结构（Micron）

防止介质层被撞裂或击碎。

RDL 的另一个优点是可以用于 3D 叠层。TWI 不能经过 RDL 的焊盘，除非焊盘下面没有导电层或者有源器件。然而，RDL 结构可以用于叠层结构中的底层芯片上，从而使最终的模块实现宽松的节距或特殊的焊球引出。尽管 RDL 会带来电学寄生影响，但其可以用在叠层结构中的中间互连芯片层里，然而通常要求正面和背面 RDL 工艺来实现。

传统的正面 RDL 工艺也可以用于晶圆背面，与 TWI 结构形成互连。背面 RDL 是否与正面 RDL 一起使用，取决于它在叠层结构中是如何使用的。背面 RDL 结构有少许不同，因为它对 RDL 下面的有源器件不会有潜在的危险。然而，根据绝缘体和金属体的基本特性，绝缘体有利于防止发生短路或可靠性问题。导体可采用与正面 RDL 同样的材料和方法来制作，尽管要采用前端对准方法或者 TWI 结构。这个工艺可以利用光刻工具来完成，曝光时可参考硅片正面的对准标记，或者参考背面可见的 TWI 结构。但是，主要的问题是背面 RDL 是在减薄到最终厚度的硅片上进行的，用常规工艺来处理小于300 μm 厚的硅片是非常困难的。一般地，为防止减薄后的硅片在所有工艺传输过程中发生破碎，需要将减薄后的待加工硅片临时地黏贴到一个支撑硅片或者载体上，用来充当载体的通常是玻璃片或者硅衬底片，尽管要考虑到以下问题：如因热膨胀系数（CTE）不同导致的失配，热导率和对准时需要穿过衬底看到对准标记等问题。

35.4 晶圆穿孔互连（TWI）

在硅片前道制程过程中和过程后许多地方都可以用到 TWI 结构。很明显，需要制作的 TWI 结构与现有的材料必须兼容。但是，工艺中应用 TWI 结构越早，工艺兼容就变得越困难。在高温扩散过程中，制作 TWI 结构有很多复杂性的问题需要考虑，首先，这种 TWI 结构在高温过程中保持稳定，不能给晶圆带来任何玷污或者不利影响；其次，就是与后续的工艺要兼容；最后，最终的 TWI 结构要有必要的电性能。考虑这些因素，可用的 TWI 结构材料特别是导体材料的选择就受到了极大的限制。一旦晶圆完成合金和钝化工艺，材料的选择就受限于最低工艺温度，以防止电参数变化或者硅片机械损伤，如弯曲或者破裂。这就意味着工艺温度必须低于合金和钝化层淀积温度（一般在 400 ℃之内），需要仔细考虑的还有材料热膨胀系统不同造成的失配和产生的应力。

用于内部芯片连接技术的 TWI 结构最终将有四个基本特点：

1）晶圆一面到另一面的导电部分。

2）导体与硅衬底之间的介质绝缘部分。

3）导体一端与 IC 互连或无互连穿孔的制作方法。

4）导体与另一个 IC 或衬底互连的制作方法。

有很多方法可以使 TWI 结构满足以上特点。在焊盘之间的互连中，通孔可从晶圆正面开始制作（通过焊盘，然后通过背面研磨和抛光，实现 TWI 结构），也可以硅片背面开始制作（先把晶圆正面固定在一个临时支撑载体上，然后晶圆背面研磨和抛光，最后完成穿过焊盘位置的通孔制作)。不管是哪一种，都有各自的工艺问题要解决，但是最终结果都同样重要。

从硅片正面开始制作通孔形成 TWI 结构，就意味着加工时硅片一般未减薄，对于标准光刻系统，对准工艺可以直接进行，因为器件结构和对准标记都在同一平面内。利用高能脉冲激光束可以烧蚀一个通孔，这样就无需光刻。但是，热影响区可能需要化学刻蚀掉，这样就扩大了通孔，这就使精确控制通孔渗透深度变得非常困难。同时，也很难控制孔直径、孔侧壁光滑度及产生的残渣处理。对于小尺寸晶圆上的单芯片的少量 TWI 结构，采用激光烧蚀通孔技术是很合理的。然而，由于通孔是一次制作的，对于那些 TWI 结构数量多的单芯片或者芯片数量多的晶圆，这种激光烧蚀通孔相对来说比较慢。可替代的就是常规的光刻/刻蚀工艺技术，它可以用来产生穿过焊点、层间介质（ILD）及进入硅衬底的可复制的干净通孔。这种利用光刻/刻蚀通孔形成工艺与单芯片上的 TWI 结构数量或者晶圆上的芯片数量没有关系，而且每个通孔的深度可以控制得非常一致。尽管硅衬底的干法刻蚀工艺相对比较快（大于 15 μm/min，速度取决于孔宽度与深度），但是通孔的深度仍要尽可能的短，以缩短整体时间。通孔的锥形也可以进行重复性控制，以便于后面的涂覆和填充工艺。对于大多数 TWI 结构，其通孔中淀积的介质层要足够厚，且介电常数要低，以减少与硅衬底之间的电信号串扰。导体部分可有不同的制作方法，如电镀、物理气相淀积（PVD）、化学气相淀积（CVD）、熔化金属以及组合应用这些技术。由于导体中的电流大部分沿导体周边流过，特别是在高频下，因此在大尺寸的 TWI 结构中，其通孔没有必要全部充满导体，导体中心可以填充其他金属，甚至是绝缘体如聚合物，只保留要求的导电性能。图 35－8 显示的是铜包围焊料心的 TWI 结构在 100 MHz 下的电流仿真。很明显，高频下电流的趋肤效应会把低电阻率固体填充物的优势最小化。尽管大尺寸的 TWI 中心也可以是不填充的，但是这会因遗留的空洞而引起结构或者可靠性问题。

实现这种结构的一个基本点就是如何实现 TWI 导体与所需焊盘之间的互连，以及如何在 TWI 穿过无互连 IC 的情况下避免 TWI 的互连。与焊盘的互连是通过在焊盘上的钝化层开一个窗口完成的，这样在与叠层结构中的其他元器件互连时，TWI 导体与焊盘之间形成互连。如果不去除焊盘上的钝化层，那么 TWI 侧面的介质层会阻止 TWI 导体与焊盘接触，但不会阻止其与叠层结构中的衬底或其他 IC 的互连。

从背面制作 TWI 就意味着，通孔工艺加工是在硅片减薄后并将其正面黏附在载体片上（为了容易在工艺设备中运输）之后进行的。由于要求从硅片正面对准，所以需要一个将对准标记输出到背面（减薄后）的曝光系统或者一个可以实现每步参考正面的光刻工具。如果用于叠层中的 TWI 与一些焊盘互连，而另一部分焊盘没有互连，则 TWI 的通孔最终必须穿过焊盘，并用上面列举的正面制作通孔的方法来实现互连。然而，如果所有的焊盘都连接到 TWI，那么通孔可以停留在焊盘下面的某个位置，而不用穿透焊盘。介质层、导体及填充都可以采用正面制作 TWI 的工艺实现。背面 TWI 互连也是必需的，可以用背面再分布层工艺来实现，或者简单地采用光刻/刻蚀技术在淀积的介质层上开一个 TWI 导体窗口来实现。先进行硅刻蚀工艺直到硅背面，再使 TWI 导体露出，在其终端进

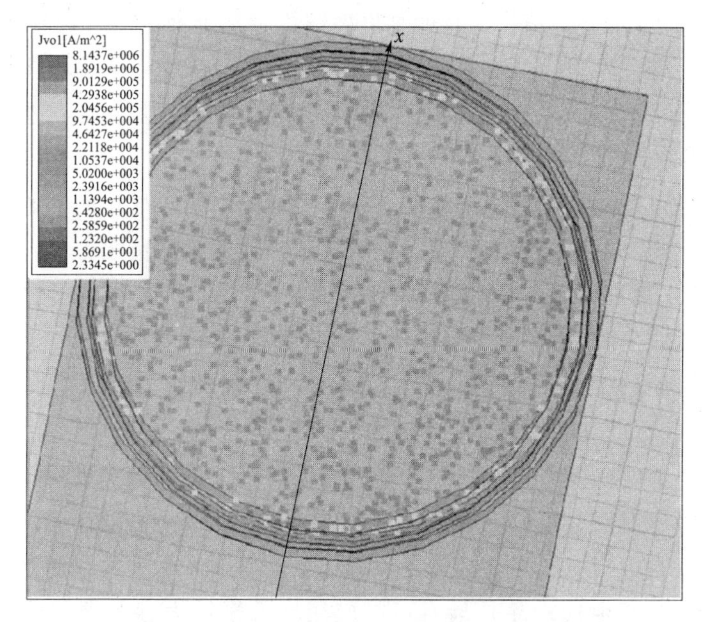

图 35 - 8　焊料填充 TWI 的传导特性仿真

行凸点金属化（UBM）处理，从而形成电镀凸点或焊球，来实现 TWI 与硅衬底或 IC 的互连。图 35 - 9 显示的是一个焊盘形成后的 TWI 结构截面图，其中通孔中心填充有机物，而背面的焊球连接到 TWI。

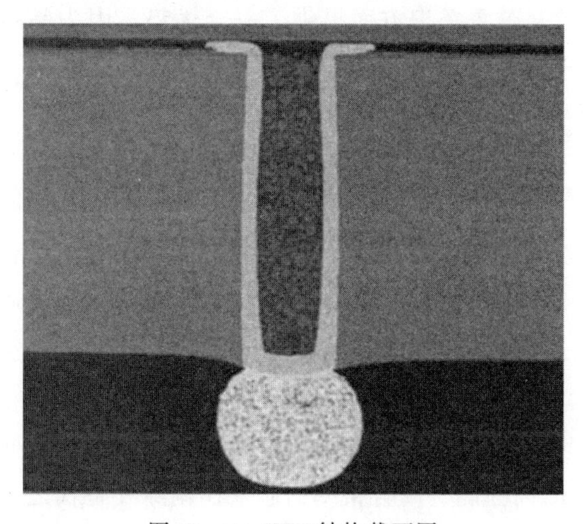

图 35 - 9　TWI 结构截面图

35.5　堆叠

堆叠结构中芯片的数量取决于应用情况。然而，通常会受到最大可允许封装尺寸的物理限制、基于寄生效应的电学限制、可选择的电气互连空间限制以及所用每个 IC 的互连空间限制。对于 TWI 堆叠，值得注意的是堆叠结构中最上面的芯片通常不需要 TWI，除非它必须与背面互连，堆叠中所有其他芯片都将会需要 TWI 结构。堆叠中重点考虑的问题就是晶圆表面非常平整，并且（或者）其中芯片处于轻松不拥塞的状态。明显弯曲的大芯片堆叠可能特别困难。

互连必须保证可靠的接触，互连之间必须有可靠的绝缘。导体间的绝缘隔离用填充来实现，也可以用非流动性的填充来实现，这取决于具体的工艺情况。

用 TWI 结构实现堆叠有三种基本方法：

1）晶圆到晶圆（WTW）；

2）芯片到晶圆（DTW）；

3）芯片到芯片（DTD）。

WTW 堆叠一个内在吸引人的方面就是工艺是在整个晶圆级别进行，因此可以一次处理很多芯片，而且所有互连可以一次完成。不幸的是，对于高密度存储器，这个特点存在一些主要缺陷。这是因为对于最新高密度及大部分最复杂而最大的存储器，其合格率是最低的，而且因为这些新生代产品是最有可能应用堆叠来增大存储器的最大封装密度，所以，其合格率不可能高于两个芯片堆叠时的情况，与堆叠的层数明显地成指数下降。另外，存储器需要降低性能，以便让堆叠的所有芯片在性能上匹配。对于存储器而言，随着缺陷芯片数量的明显增加，不同性能芯片的自由堆叠带来的好处超过了 WTW 方式堆叠的优势。

DTW 堆叠在底层芯片位置登记方面提供了一个优势，因为晶圆是完整的，在再布局阵列时不需要额外的工具和工艺来对底部芯片进行布局，而且晶圆还可以用作支撑片。这对划片也有好处，因为 X、Y 方向的芯片到芯片的间距没有明显的不同，因此底部芯片布局的变化同结构重建一样。如果分割前封装的话，那么底层芯片的对准精度就变成了更加一致的侧面封装厚度。尽管采用映射图，可以使好芯片之间实现匹配，但是每个芯片的性能匹配就困难得多了，因为片内和片间芯片性能会有些不同。DTW 工艺技术呈下降趋势的主要原因是有缺陷的芯片需要剔除并替代其他有缺陷的芯片或顶部的虚拟芯片，另外，后续工艺必须足够灵活以能够轻易地分割出空缺堆叠的一些地方。这个问题对于两个以上的堆叠结构更加严重。

DTD 堆叠可通过将底层芯片安装在再分布阵列或者基板/引线框架上来实现。大多数情况用于堆叠的挑选出的高性能、高合格率的芯片在剔除和替代之前都要进行减薄。尽管没有完整的晶圆用作基板所带来的优点，但是采用基板/引线框架技术还是与常规的组装工具如封装、调整及成型等工艺系统更加兼容。

堆叠后的芯片的方向，不论是正面到正面（F2F）还是正面到背面（F2B），对 IC 设计、布局及组装都有一定的启发。在同一焊盘按 F2B 布局的两个 IC 进行堆叠时，焊盘会自动地沿垂直方向并排，而且会更加陡直。然而，如果还想减小堆叠中两个 IC 之间的总距离，这就要用 F2F 的堆叠方式来实现了。对于 F2F 键合，焊盘必须按旋转轴成轴对称性（如 DRAM 单行焊点沿 IC 长轴中心呈对称性），或者一、两个 IC 需要一个 RDL 来实现焊盘的重新分布，以便它们在垂直方向上成一并排互连。这样对于每一个芯片都有一个扇出、扇入结构，这可能会增加无法接受的电寄生影响。

在电路板上堆叠芯片（COB）是一个实现 3D 互连的方法，它可以利用传统的组装结构。尽管在一些应用中，其尺寸和性能会成为问题，但是这种方法制作成本低，有现成的基础结构。具有 2 个或 4 个 IC 的 DRAM COB 堆叠的制作，通常将底层芯片安置在基板上，然后引线键合到基板上。采用低弧度引线键合技术来完成引线键合，在底层芯片上部安置一个隔离区来形成键合到 IC 焊盘所必要的空间，然后将下一个堆叠芯片安置在其上面，这样直到所有的芯片完成堆叠和引线键合。在初始的焊盘布局中，通过 RDL（如图 35－3 所示）通常将焊盘安置在芯片的侧面。对于 NAND，其焊盘比 DRAM 少，焊盘通常设计在 IC 的一端，如此在堆叠时，所有暴露在外的焊盘在堆叠结构的一端就形成了一个焊盘面，这样就不需要空间隔离区或者 RDL，从而降低了堆叠的高度和成本。引线键合可以像瀑布一样从每个 IC 与下面的 IC 进行连线，也可以将所有 IC 的连线全部直接键合到基板上实现互连（如图 35－5 所示）。NAND 通常也直接堆叠成垂直结构。

堆叠的另一种方式是封装堆叠（POP），这是最直接的方式，因为它将常规封装体引出端进行互连。然而，由于这种方式堆叠体积大，增加电学寄生效应，使得它在高密度、高性能的应用中失去吸引力。

堆叠的不同方式有不同的电特性。检查封装体的电性能最常用的方法就是利用眼图——电压对时间的关系图，测量信号抖动（jitter）。抖动是开关转换过程的信号变化量，它提供一个转换窗口大小的测量方法，从而给出了一个电信号开关转换延迟的量度。抖动越多，眼图关闭的及信号延迟减小得就越多。随着数据传输速率的增加，抖动成为了一个主要问题。将两个 2 Gbit DDR3DRAM 堆叠分别在 COB 结构和 TWI 结构中的模拟眼图进行比较，在整个模拟范围里（0.8～1.6 $Gbitss^{-1}$），时间窗口更宽，抖动更少，在数据传输速率为 1.6 $Gbitss^{-1}$时，抖动和时间窗口信号延迟都有约 36％的改善（如图 35－10 所示）。

35.6 其他问题

DRAM 特有的一个问题就是堆叠中的晶圆或集成电路要减薄后再用于堆叠，从而获得最小的封装高度。DRAM 单元结构是一个电容存贮单元加上一个读取晶体管，电容器和读取晶体管都有一定的漏电，它通过周期刷新存贮在电容器上的数据来进行补偿。在大多数应用中，刷新的周期规定为 64 ms。然而，如果刷新前漏电已经超过了阈值，那这个 bit 位上的数据就会丢失，必须纠错修复它。数据保留时间分布在一个芯片的数十亿个 bit 位，控制所需最小刷新时间的 bit 位保留时间最弱（冗余纠错启动后）。另外，可变保留时间（VRT）的 bit 位数量很少，在一个统计过程中一个 bit 位的保留时间是好的时钟周期，下一位就是坏的时钟周期，根据统计学原理，接下来又是好的。可变保留时间的 bit 位数和固定保留时间的 bit 位数在减薄后的硅片中可能受到不利的影响。芯片制造工艺、芯片

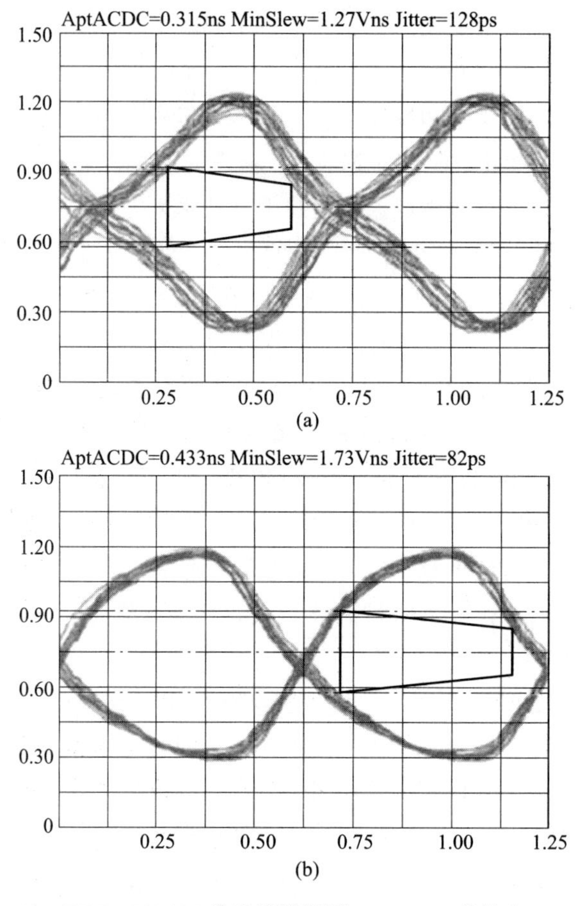

图 35－10　2 Gbit DDR3 DRAM 堆叠模拟眼图（a）COB 结构和　（b）TWI 结构

设计、减薄方法以及晶圆的最终厚度都有可能影响可变保留时间和短刷新时间 bit 位。晶圆越薄，问题就越严重，特别是对于小于 100 μm 厚的晶圆堆叠结构更是一个大的问题，因为要想使得寄生参数影响和封装整体高度最小，将标准 300 mm 晶圆从原始厚度的 775 μm，减薄到100 μm以下是非常必要的。

晶圆级封装（WLP）可以描述为前道制程的延伸工艺，通过电测试后，进入组装。完整的延伸工艺可包括晶圆级封装、老化和测试，还有装配前的分割。这种技术使早期后道制程中单个芯片的处理过程达到了最简化，并可以潜在地增加生产量及降低成本。既然这是晶圆级的加工，也就是晶圆上的所有芯片都是一次加工，因此，单个芯片尺寸越小，其成本就越低。美光科技（Micro Technology）公司已经发展了锇™（Osmium™）技术，这是一种 WLP，包括 RDL、TWI 和 WLE。3D 堆叠进行的是一个复杂的晶圆级封装，但是还发展了很多新方法来实现。

35.7　3D 存储器的未来

更小、更便宜、更快及更稳定是未来 3D 存储器的发展趋势，这将继续推动 IC 存储器的生产，3D 方法改善这些特点中的任何一个都会显著地影响这块市场。近期，我们有望看到利用大尺寸焊盘实现互连的存储器堆叠产品的商业化，下面没有器件的大焊盘可以提供一个大的可利用面积。目前焊盘尺寸主要是满足晶圆级生产的测试要求，来快速得到生产区中产品的合格率和性能反馈情况。随着测试和互连技术的改进，芯片间将会采用直径更小的互连。这些较小的互连可以让 TWI 的位置安置在焊盘区的周边，因此更适合于内部芯片互连。

可以想象将前端晶体管生产工艺与后端互连工艺分开进行，但要同时进行，然后将它们连接在一起，从而缩短整个生产周期。这要求极其精细的对准工艺，以控制晶圆间的结合达到器件级对准。

随着光学、感应、电容性和射频互连技术的发展，那些留出译码、发射、接收和解码信号必要空间的互连可能使得 3D 结构中没有必要采用 TWI 结构。

致谢

我要感谢杰夫·简森（Jeff Janzen），马克·希亚特（Mark Hiatt）和查德·科布利（Chad Cobbley），感谢他们的无私帮助和建议。

第 36 章　先进传感器阵列的 3D 读出集成电路

Christopher Bower

36.1　引言

本章主要针对先进传感器阵列中的 3D IC 的优点及应用进行了介绍。利用器件芯片周边的硅通孔，可有几种方法实现 3D CMOS 传感器商品化，这些方法在第 15 章和第 26 章中都有介绍。在这里，主要介绍每个像素点至少有一个 TSV 的应用情况，特别是图像探测器，它是利用多路硅 CMOS 读出 IC（ROIC）。图 36－1（a）和（b）显示的是目前用于

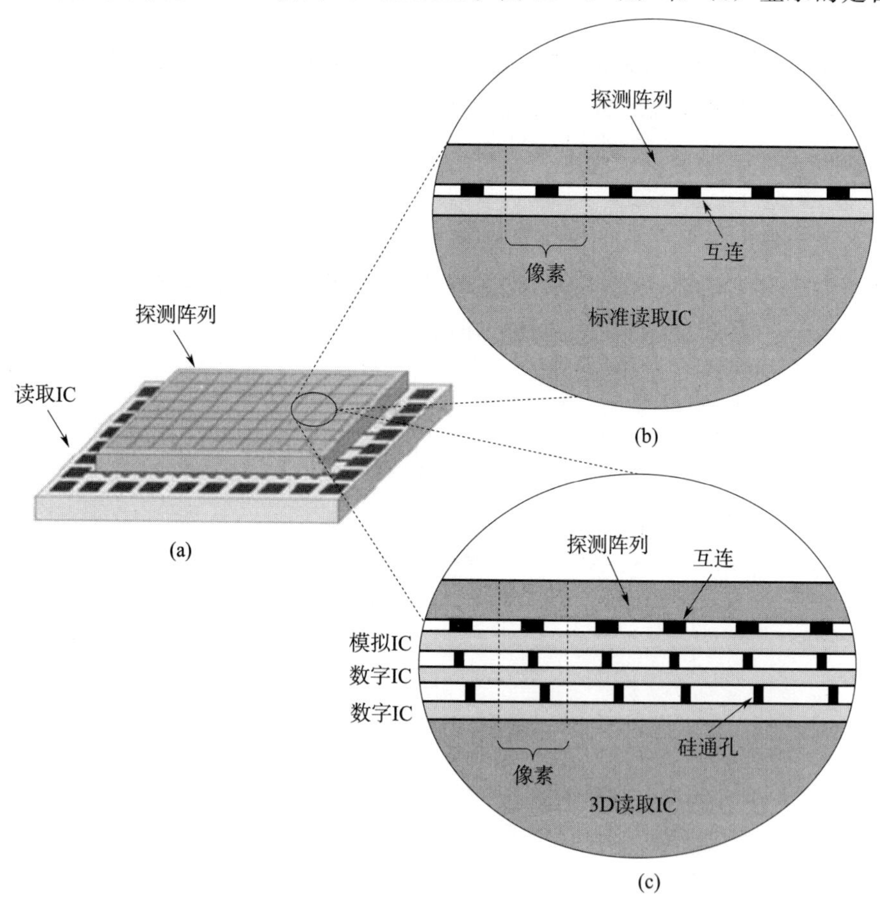

图 36－1　（a）探测阵列与读取 IC 组装示意图；
（b）标准的两层（探测阵列与读取 IC）组装截面图，无硅通孔；
（c）3D 传感器的叠装截面图，其中有四层电子器件层，
探测层＋3D 读取 IC＋2 层数字器件层＋1 层模拟器件层

许多最先进的传感器阵列结构，该器件由与下面的 ROIC 层混合（例如，内部互连）的探测层组成。探测层的制作材料有很多种[1]，但用于红外成像的主要是 HgCdTe 和 InSb，正是这方面的应用需求推动着该技术的发展。红外图像可以认为是红外焦平面阵列，或者简单地认为焦平面阵列（FPA），在很多文章中都有这方面的研究[1,2]。一般地，大多数探测芯片与 ROIC 的互连是采用铟或铟合金凸点之间键合来实现[3]。然而，目前在 3D 堆叠中发展起来的一些用不同类材料实现晶圆与芯片键合的技术在未来的应用中将与铟键合技术形成竞争状态。

IC 设计规则不断地减少使得 ROIC 设计者在单元像素引脚中增加更多的电路，但是像素点越小，所获得的功能在一定程度上会减小。在目前的 2D ROIC 中，单元电路通常限制为一个预放大器和一个存储电容器，读出电路在很多应用中被视为一个技术堡垒，包括第三代夜视传感器[6]和自适应性微系统[7]。目前受到读出术限制的其他方面的应用是激光雷达传感器（LADAR），该传感器需要像素级时间戳电路[8]，该电路受二维单元的限制，很难得到应用。

3D IC 集成可以消除 2D 单元的限制，利用 3D 的概念，可以让设计者在减小像素点的同时，增加更多的电路到 IC 中，这就是为什么像素级结构被称为 3D 集成的“可摘的果实”。图 36 - 1（c）显示是有 3 个不同 IC 层的 3D ROIC 结构剖面图。在这种情况下，假定像素尺寸一致，设计者会获得三倍的电路，注意，其中一些多余的设计空间将会被垂直互连用完，另外，每个 IC 层（阶层）都可以用最优化的工艺制造。如图 36 - 1（c）所示，在这个例子中，最底下两层是用数字 IC 工艺制造，而第三层是用模拟电路工艺制造。

36.2　3D ROIC 的应用现状

36.2.1　国防高级研究计划局垂直互连传感器阵列（VISA）发展计划

国防高级研究计划局是建立 3D 集成领域最主要的源头之一。很明显，军事对于先进传感器，特别是先进图像系统有着长期的支持和热衷的兴趣。VISA 发展计划[8-10]主要集中于发展 3D ROIC，使得焦平面阵列具有高动态范围（大于 20 bit），高读取速率（大于 10 kHz）及小像素阵列（小于 25 μm×25 μm）。目前，有很多公司和研究机构参与了 VISA 研究，包括 DRS 红外科技（DRS Infrared Technologies），美国三角国际研究中心（RTI International），雷声（Raythen），Ziptronix，洛克韦尔科学公司（Rockwell Sientific）和林肯实验室（Lincoln Labs）。至今，有很多 VISA 研究状况仍是个谜。下面几节介绍了 DRS 红外科技/美国三角国际研究中心研究团队公开的一些信息，雷声/Ziptronix 团队最近发表了关于应力释放方面文章，强调了一些 VISA 研究结果[11]。

雷恩（Horn）等[8]已经描述了 VISA 发展计划中的 3D ROIC 几个方面的应用。在这里，我们简单地总结一下这些 VISA 的应用。

36.2.1.1　主动成像

主动成像指的是激光雷达（LADAR）成像系统，它可使下一代摄像设备能够识别更远的目标，图 36－2 说明了激光雷达的工作原理。一个对眼安全的短波红外（SWIR）激光器向目标物发射脉冲，然后反射回来的激光被短波红外焦平面阵列所捕获，光点的“时序”由焦平面阵列中的高速数字时控电路决定。采用 3D 集成，有望把必需的高速数字时控电路加入到单元的有限空间中，VISA 发展计划可以把主动成像与被动长波红外焦平面阵列组合在一起，形成一个传感器阵列。

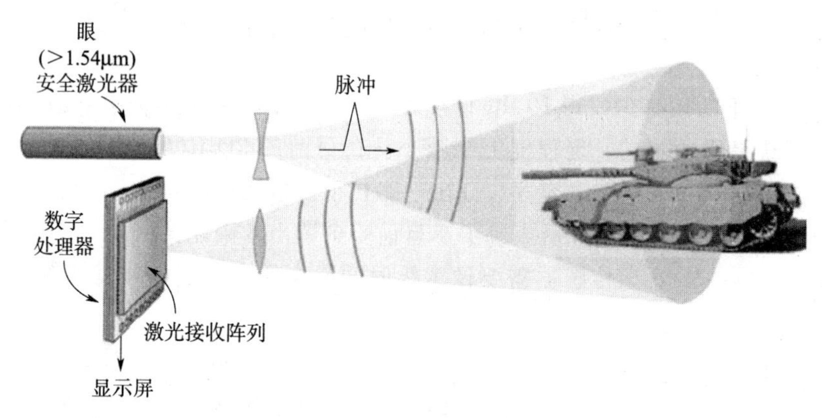

图 36－2　激光雷达成像系统工作说明图[8]

36.2.1.2　提高灵敏度

模拟与数字电路 3D 集成可以使用很大范围的动态电路[8]，这些电路概念大大地改善了单元的动态范围和电容的充电量。充电量的增加可使得长波红外（LWIR）焦平面阵列的灵敏度提高 10 倍。

36.2.1.3　芯片照相机

VISA 技术最终可使很多板级功能移动到芯片上（芯片中的一层），可以设想这将大量地减少电路板数量，这正是最先进照相机所要求的。霍恩（Horn ）等[8]分析了基于一个 640×480 VOx 微辐射阵列的特殊照相机的优点，发现电路板可从 3 块减少到 1 块，从而断定总电源功耗从 3.1 W 减少到 0.78 W。巴尔塞克（Balcerak）等[12]讨论了如何通过 VISA 技术降低和最小化电源功耗帮助其他未涉及到的传感器网络。

36.2.1.4　阻止激光干扰

VISA 3D ROIC 的数据读取速率可望达到 10 kHz，VISA 焦平面阵列有望通过操作激光脉冲消除激光脉冲干扰现象。

36.2.2　DRS/RTI 红外焦平面阵列

通过 3D ROIC，DRS 红外科技和美国三角国际研究中心一起发展了高性能红外焦平面阵列技术[13-16]。物镜焦平面阵列由 3 层组成：一个数字 IC 层（层 1），一个模拟 IC 层（层 2）和一个 HgCdTe 光二极管阵列（层 3）。ROIC 单元电路图如图 36－3 所示，为获得高动态范围，电路中将一个模拟电荷消除电路（层 2）和一个数字计数电路（层 1）

合并在一起[8]，采用 3D 设计，可以将这些电路集成在一个 30 μm 厚的单元中。采用传统 2D 设计方法，同样结构的电路估计至少需要 50 μm 厚的单元[13]。3D 集成的另一个优势是能够获得很大的电源节省。在这样的结构中，三层电源功耗都有可能减少，因为层 1 数字电路（0.18 μm 设计规则）的工作电压设计得比模拟电路低（0.25 μm 设计规则）。

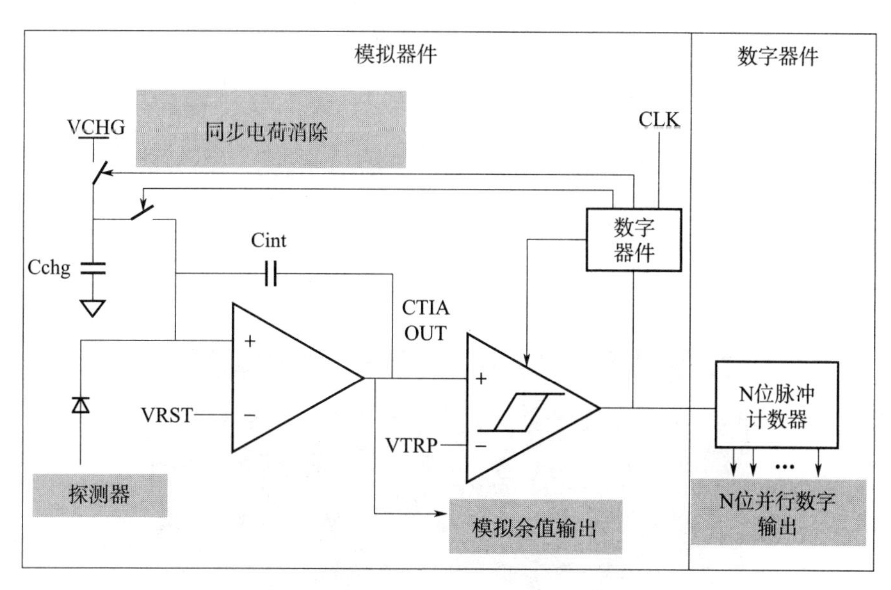

图 36 - 3　读出 IC（ROIC）单元原理图

3D ROIC 的第 2 层包含模拟器件和硅通孔；3D 堆叠的第 1 层是数字器件层[13]

图 36 - 4 显示了该 3D ROIC 的制造工艺流程[14]。在这里，硅通孔形成之前，层 2 晶圆被减薄，并键合到 3D 堆叠结构上，因此这个工艺也称为“后通孔”工艺。模拟层晶圆是采用 0.25 μm 工艺制造的，数字层晶圆是采用 0.18 μm 工艺制造的。这样，模拟层就可以设计出 TSV 的隔离区，其大小取决于通过实验研究得到的硅通孔与晶体管（n 和 p 沟道场效应管）安全距离[14]，硅通孔与晶体管的距离小到 1.5 μm 时，晶体管 IV 特性还没有出现下降。首先，在数字 IC 层（层 1）之上增加金属再分布层，对准标记深刻在模拟 IC 层（层 2）上，这样可使得晶圆分割和对准键合得以实现。模拟层倒装键合在临时支撑晶圆上，再通过背面研磨和化学机械抛光将硅片减薄到 30 μm，之后的划片和键合对准标记可以从模拟硅片的背面看。接下来，模拟层硅片与支撑片一起被划片成芯片，然后采用带有光学分光棱镜的高精度“倒装”芯片键合机把模拟 IC 芯片对准及键合到数字 IC 晶圆上，有机黏附剂是用来粘芯片，据报道，层间后键合对准精度优于 2 μm。支撑的芯片随后释放掉，在数字晶圆上，留下 30 μm 厚的面朝下的模拟 IC。通过光刻，形成垂直互连结构。利用二氧化硅和深硅刻蚀形成高深宽比的通孔，通孔一直延伸到先前制作在数字层（层 1）上的金属再分布层，然后淀积一层均匀一致的绝缘层，并选择性地去除通孔底层的绝缘层，再利用 Cu 金属化工艺填充绝缘后的通孔，最后表面的 Cu 层通孔光刻来容纳探测层（层 3）。图 36 - 5 显示了模拟芯片层与数字晶圆层 Cu 淀积后的垂直通孔互连的电子

束扫描截面，图中表明了 TSV 是如何通过上面的 SiO_2 层和模拟 IC 体硅。在这种情况下，TSV 的隔离区包括硅层和模拟 IC 层中金属布线区。

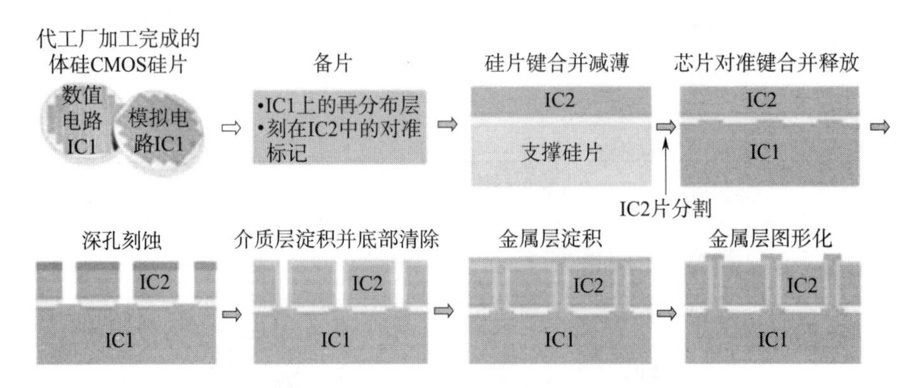

图 36－4　3D ROIC 的制造工艺流程[14]

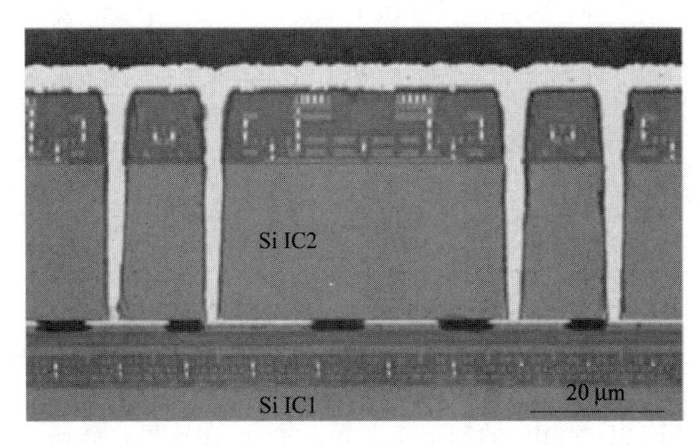

图 36－5　3D ROIC 的集成工艺制造的两层堆叠结构的截面电子扫描图[14]（© 2006 IEEE）

理论上，各种各样的探测层材料可与两层 3D ROIC 进行混装。在该例子中，采用 DRS 红外科技开发的高密度垂直集成光电二极管（HDVIP）工艺可以实现 HgCdTe 光二极管阵列与 3D ROIC 进行混装[17]。有趣的是，高密度垂直集成光电二级管基本上构成了 HgCdTe 3D 集成工艺，并已经应用于两种色彩探测器中的多层 HgCdTe 的制造[18]。图 36－6显示了该高密度垂直集成光电二级管结构图，图 36－7 显示的是制作完成的三层焦平面阵列两个方向的侧面图。

正如本书中提到的，全集成 3D 焦平面阵列的测试结果还没有揭开。早期的时候，有过关于焦平面阵列的报道，其中的模拟 IC 由可替代的无源硅层代替[14]，该结构的截面微观图如图 36－8（a）所示。在这种情况下，读出 IC（层 1）可以让工程师们检测像素点的实用性，并断定 TSV 是否给探测信号带来附加噪声。含 TSV 的 3D 焦平面阵列的噪声特性本质上与标准的焦平面阵列噪声特性一样。图 36－8（b）显示的是用 256×256 3D 焦平面阵列拍摄的一个热像（MWIR）。整个器件封装起来并放置在一个实验杜瓦瓶中，在 77 K 下工作。从图像中可以看到，没有任何 3D 集成工艺中带来的缺陷和人为污点。为研究 TSV 的坚固性，器件从 77 K 到室温来回转换 1 000 次，热循环后没有观察到探测器性能或者说像素点实用性的改变。为研究 TSV 的实用性，用普通的 Cu 电极替代 HgCdTe 层[14]，多层读出 IC（层 1）可以方便地测试 256×256 阵列中的每个 TSV（65 536）。最好的 TSV 实用性达 99.98%，这和阵列 65 536 个之外的 14 个无功能 TSV 的实用性相当。研究组还研制了 4 -线欧姆测试架来测试 TSV 的电阻特性，测得这些“最后形成的通孔”——Cu TSV（直径为4 μm)的平均电阻为 140 mΩ，TSV 与金属压点之间具体的接触电阻估计有 $1\times10^{-8}\,\Omega cm^2$。

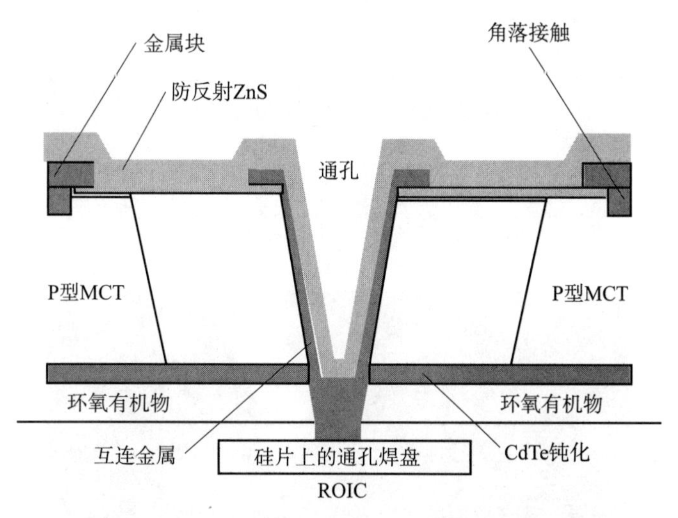

图 36 - 6　高密度垂直集成光二级管结构原理图[18]

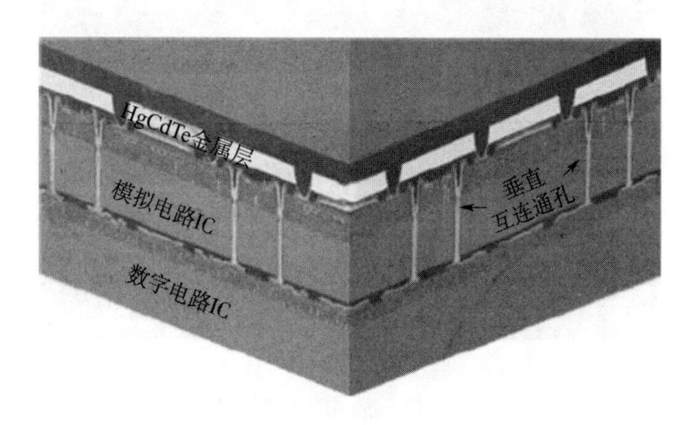

图 36 - 7　加工完成的三层红外焦平面阵列的双向截面图[13]

36.2.3　麻省理工学院林肯实验室（MIT Lincoln Laboratory）的 3D 成像器

麻省理工学院林肯实验室研发了一种很有名的 3D 集成工艺，其是基于 FDSOI - CMOS 晶圆的氧化直接键合工艺。麻省理工学院林肯实验室的 3D 集成工艺和成像器说明在第 20 章中有详细的描述，在这里，我们只是简单地介绍两种已设计和制造出的成像器。

3D 集成可以制造出一个 100% 占空因子的百万像素 CMOS 可见光图像传感器[19]，图 36 - 9（a）显示了这种 3D 集成工艺制作的成像器的截面，这个成像器由 1 024×1 024

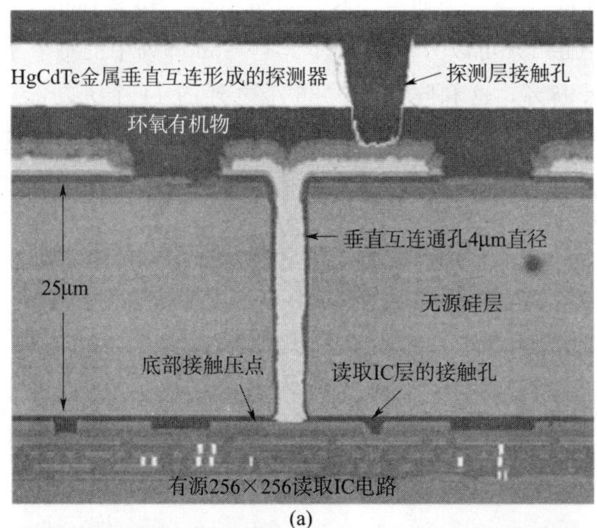

(a)

(b)

图 36-8　(a) 含有无源硅层（第 2 层）的 3D 焦平面阵列测试结构的扫描电镜截面图；(b) 3D 焦平面阵列拍摄到的热成像[14]

个 8 μm 大的像素点组成。光电二极管层制作在高阻（大于 3 000 Ω · cm）体硅中，采用 0.35 μm的 FDSOI-CMOS 工艺制作 SOI-CMOS 层。3D 集成可使探测层（p+n 光二极管）获得 100%占空因子。每个传感器阵列包含一百万多个垂直互连，并且可测的像素点实用性都大于 99.9%，图 36-9（b）就是用该成像器拍摄到的一个成像实例，这在图 20-10（第 20 章）中也可以看到。

麻省理工学院林肯实验室还研发了一种激光雷达（LADAR）芯片[20]，这种芯片将盖德模式雪崩电光二极管阵列（APD）与其下面的高速时控电路通过 FDSOI-CMOS 工艺

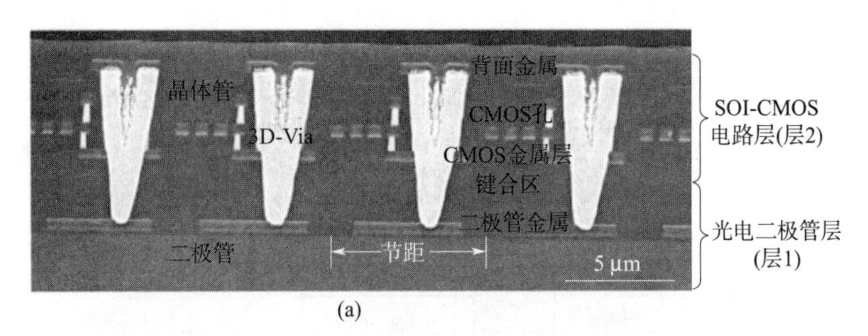

(a)

(b)

图 36 - 9　(a) 麻省理工学院林肯实验室 3D CMOS 工艺制作的成像器截面 SEM 照片；(b) 用摄像器拍到的照片[19]（© 2005 IEEE）

制作在一起，整个芯片由 30 μm 像素点的 64×64 阵列组成。图 36 - 10 显示的是该芯片单元三层结构的一个方框图，图 20 - 9 同时显示了该 3D 激光雷达芯片的 CAD 绘制图和 SEM 微观截面图。雪崩二极管阵列（层 1）在体硅中制作，层 2 是采用 3.3 V、0.35 μm 的 FDSOI - CMOS 工艺制作，层 3 是采用 1.5 V、0.18 μm 的 FDSOI - CMOS 工艺制作。每个单元（像点）含有 6 个层间垂直互连（一个是雪崩二极管阵列与层 2 之间的互连，其余 5 个是层 2 和层 3 之间的互连）。

36.2.4　东北大学（Tohoku University）的神经形态可视芯片

东北大学的研究组已经设计和制造出一个 3D 成像器，其构造启发于人脑神经的结构和功能[21,22]。图 36 - 11（a）显示的是人脑神经的简单截面图，图 36 - 11（b）显示的是制造出的 3D IC 原理图。该 3D 集成工艺采用埋层多晶硅 TSV。在 TSV 形成之后，晶圆被减薄，并制作 In - Au 微凸点，用于与 IC 层互连。

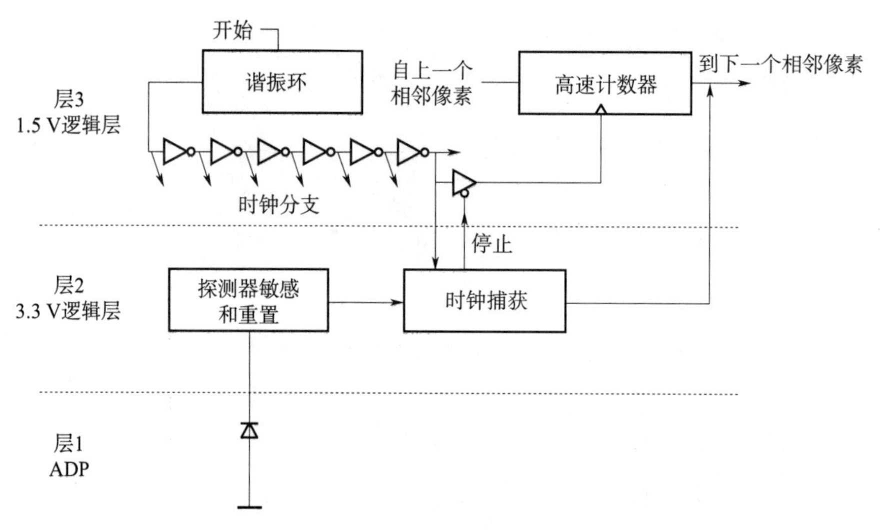

图 36－10　3D LADAR 单元方框图[20]

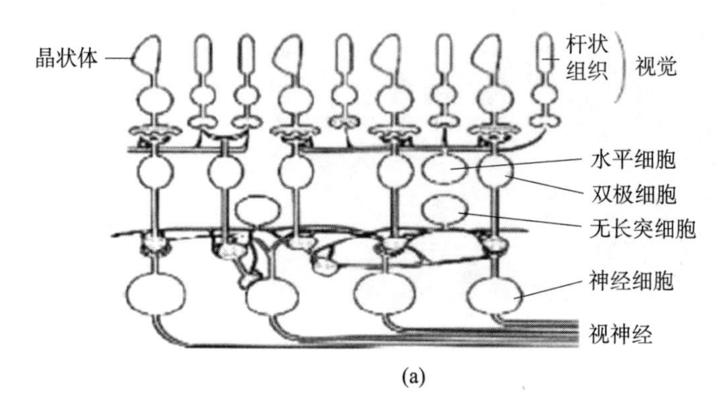

(a)

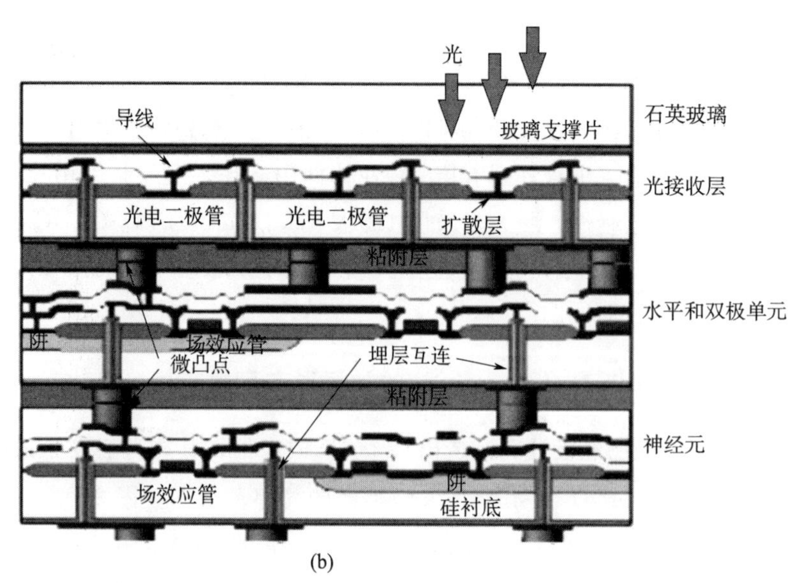

(b)

图 36－11　(a) 人的视网膜截面简图；(b) 3D IC 技术制造的模仿人的视网膜结构图[22] (© 2001 IEEE)

36.2.5　高能物理中的 3D ROIC

高能物理界也开始进行了用于高级探测阵列的 3D ROIC 领域的研究活动[23,24]，费米实验室研究组已经设计出了一个 3D ASIC，它可能在国际直线对撞机（ICC）中有所应用[24]。该 3D ASIC 芯片的一个 64×64 位演示版目前已经提供给麻省理工学院林肯实验室多项目运行组（第 29 章）。图 36 - 12（a）是说明该电路分割成三层结构的原理图，层 1 由数字逻辑层（含 65 个晶体管）组成，层 2 由定时标记电路（含 72 个晶体管）组成，层 3 由模拟电路和存储电容器（含 38 个晶体管）组成。探测层在 3D 集成工艺完成后混装到层 3 上，每个像素点含有 175 个晶体管，像素点的引脚只有 20 μm×20 μm 大，图 36 - 12（b）就是 3 层像素点的布局图。

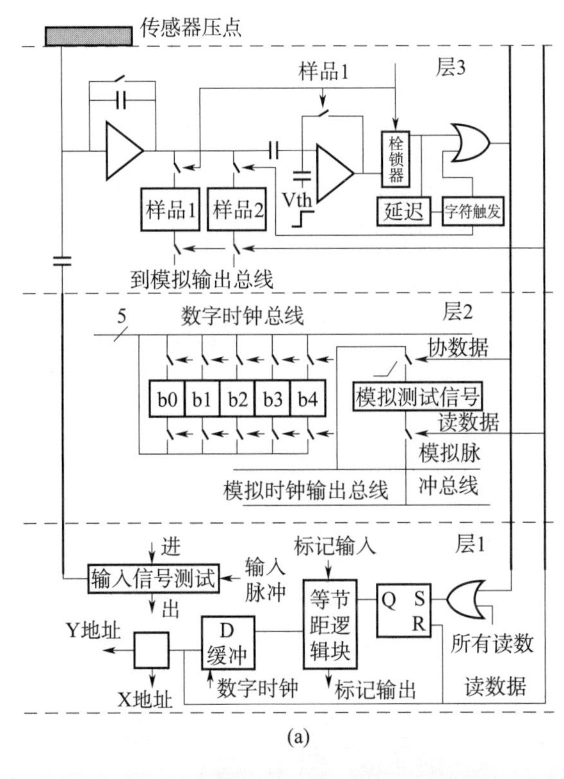

(a)

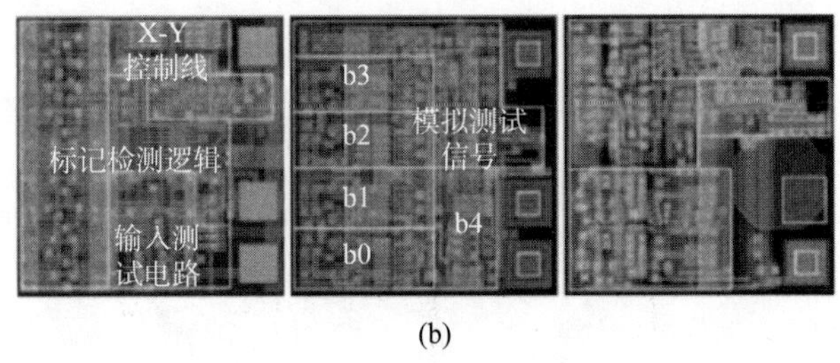

(b)

图 36 - 12　（a）三层费米实验室芯片工作原理图，层间采用金属柱实现互连；（b）三个独立层结构布局图[24]

36.3 结论

3D集成的研究和发展实现了采用高密度垂直互连垂直堆叠结构的IC，像素级器件包括图像传感器和执行器阵列都有望得益于3D集成的优势。实际上，像素级单元电子元器件将不再受像素级2D引脚的限制，这可以使设计者们在缩小像素级引脚的同时，在每个像素点中增加更复杂的电子元器件。

参考文献

[1] Rogalski,A. (2003) Infrared detectors: status and trends. Progress in Quantum Electronics, 27, 59-210.

[2] Scribner, D. A., Kruer, M. R. and Killiany, J. M. (1991) Infrared focal plane arrays. Proceedings of the IEEE, 79, 66-85.

[3] John,J., Zimmerman, L., De Moor, P. and Van Hoof, C. (2004) High-density hybrid interconnect methodologies. Nuclear Instruments and Methods in Physics Rearch A, 531, 202-208.

[4] Tong, Q.-Y. (2006) Room temperature metal direct bonding. Applied Phisics Letters, 89, 182101.

[5] Warner,K. et al. (May 2006) Lay transfer of FDSOI CMOS to 150mm InP substrates for mixed-material integration. International Conference on Indium Phosphide and Related Materials, Princeton, NJ, pp. 226-228.

[6] Norton,P. (2006) Third-generation sensors for night vision. Opto-Electronics Review, 14 (1), 1-10.

[7] Zolper,J. C. and Bieercuk, M. J. (2006) The path to adaptive microsystems, intelligent integrated microsystems. Proceedings SPIE, (eds R. A Athale and J. C. Zolper), 6232, pp. 1-14.

[8] Horn,S. Norton, P., Carson, K, Eden , R. and Clement, R. (2004) Vertically. -integrated sensor arrays-VISA, Infrared technology and applications XXX. In: Proceedings SPIE (eds B. F. andresen and G. F.. Fulop), SPIE, 5406, pp. 332-340.

[9] http: //www. darpa. mil/MTO/Programs/visa. (Oct. 2007) .

[10] Balcerak,R. and Horn, S. (2005) Progress in the development of vertically integrated sensor arrays, infrared technology and applications XXXI. in: Proceedings SPIE, (eds B. F. Andresen and G. F. Fulop), SPIE, 5783, PP. 384391.

[11] http: //www. ziptronix. com/news/apr05 _ 2007. html. (Oct. 2007) .

[12] Balcerak,R., Thurston, J. and Breediove, J. (2005) Vertically integrated sensor array technology for unattended sensor networks, unattended ground sensor technologies and applications VII. in: Proceedings SPIE (ed. E. M. Carapezza), SPIE, 5769, PP. 1-6.

[13] Temple,D., Bower, C. A., Malta, D., Robinson, J. E. et al. (2006) 3-D integration technology for high performance detector arrays, MRS Proceedings Volume 970, enabling technologies for 3-D integration. in: Proceedings MRS, (eds C. Bower, P. Garrou P. Ramm and K. Takahashi), Material Research Society V 970, pp. 115-121.

[14] Bower,C., Malta, D., Temple, D., Robinson, J. E. et al. (May 2006) High density vertical interconnects for 3-D integration of silicon integrated circuits. 2006 Proceedings 56th Electronic Components & Technology Conference, pp. 399-403.

[15] Temple,D., Bower, C. a., Malta, D. et al. (2006) High density 3 - D integration technology for massively parallel signal processing in advanced infrared focal plane array sensors. Proceedings of IEDM, San Francisco, CA.

[16] Robinson,J., Coffman, P., Skokan, M. et al. (2006) Vertically integrated sensor arrays (VISA) for enhanced performance HgCdTe FPAs. Proceedings of military Sensing Symposia, Orlando, FL.

[17] Kinch,M. A. (2001) HDVIPTM FPA technology at DRS. Proceedings of SPIE, 4369, 566 - 579.

[18] Dreiske,P. D. (2005) Development of two - color focal - plane arrays based on HDVIPTM. Proceedings of SPIE, 5783, 325.

[19] Suntharalingam,V., Berger, R., Burns, J. A. et al. (2005) Megapixel CMOS image sensor fabricated in three - dimensional integrated circuit technology. Digest Tech. Papers IEEE International Solid - State Circuits Conference, pp. 356 - 357.

[20] Aull,B., Burns, J., Chen, C. et al. (2006) Laser radar imager based on three - dimensional integration of Geiger - mode avalance photodioders with two SOI timing - circuit layers. Digest Tech. Papers IEEE International Solid - State Circuits Conference, pp. 304 - 305.

[21] Kurino,H., Lee, K. W., Nakamura, T. et al. (1999) Intelligent image sensor chip with dimensional structure. Proceedings IEDM, 879 - 882, Washington, DC.

[22] Koyanagi,M., Nakagawa, Y., Lee, K. - W. et al. (2001) Neuromorphic vision chip fabricated using three - dimensional integration technology. Proceedings ISSCC, pp. 270 - 271, San Francisco, CA.

[23] Yarema,R. (2006) Development of 3D Integrated Circuits for HEP, 12th LHC Electronics Workshop, Valencia, Spain, http: //epp. fnal. gov/. (Otc. 2007) .

[24] Yarema,R. Development of 3D Integrated Circuits for HEP, FERMILAB - PUB - 06 - 343 - E.

第37章　功率器件

Marc de Samber，Eric van Grunsven，David Heyes

37.1　概述

使用微型元件对于手机、掌上电脑（PDA）等便携式设备是有利的。微型元件的重要推动力是增加功能的需要、量产及区域使用。微型化不仅能够减少印刷电路板上元件的表面积，还对器件的性能有着积极的作用。例如，器件间内部互连的通路越短，会带来更高的使用频率和更短的热路径。最终的微型化要满足芯片尺寸封装（CSP）的要求。对于单个IC，可以通过简单的二级互连使晶圆级后端与原始芯片PAD兼容得以实现。这使得可以将元件直接装配在印刷电路板上。例如，IC可以通过增加焊球构成球状矩阵排列（BGA）结构。这种基本方法对于垂直的分立器件是不适用的。垂直的分立器件在晶圆的正面和背面都有互连通道，因此需要器件顶部和底部的互连。对于塑料封装（SO型）这也是可实现的，可以通过使用导电芯片外加一些如焊料、金锗或导电胶材料，将芯片装配在引线框架上。引线是用来连接芯片顶部与引线框架上键合指的。这就为将一个具有电性能的管壳（这个管壳具有平面互连结构）装配到电路印刷板上做好了准备。对于倒扣焊的CSP，几乎所有的输入/输出端口都需要被布置在最终CSP产品的一边。如果要在晶圆级产品上完成，那么使用贯穿晶圆通孔（TWV）进行贯穿晶圆互连（TWI），是连接背面的一种方法。TWV又称为硅通孔（TSV）。尽管TWI需要使用相当复杂的技术，但晶圆级的工艺令大量的封装同时制作，因此限制了附加封装的成本。当设计人员针对低成本的半导体分立器件使用晶圆级CSP时，限制额外成本是十分重要的。

37.2　半导体分立器件的晶圆级封装

虽然在进行垂直分立器件的晶圆级封装时，特殊边界条件并不是唯一的，但TWI的需求是极具挑战性的。提供单一电功能的分立器件是典型的微小芯片，如二极管、晶体管或一些小的集成功能模块（如带阻晶体管和双极晶体管）。这意味着芯片面积可以很轻松地降到1 mm^2以下。持续的成本需求促使分立芯片越来越小型化。这又对于TWV形成方法的选择和可形成通孔的面积都有直接的影响。二极管和三极管的制造可以使用相当简单的工艺以及使用数量有限的平版印刷工序，制造每个晶圆上具有大量芯片的低成本晶圆。封装的方法需要选择成本低廉且高效率的，这样才能使芯片自由封装的成本极低。由于涉及到封装的表面积，分立器件的封装并没有导致印刷电路板装配的改进。这意味着分立式CSP的输入/输出端口必须与其他CSP产品（如微型BGA）匹配。这就限制了小芯片输入/输出端口间距的减小。

因此，使用附加晶圆级后道制程以达到晶圆级 CSP 必须与边界条件（如：低成本、高成品率及标准装配工艺）保持一致。

37.3 功率 MOSFET 器件的封装

功率 MOSFET 器件的封装趋势是小型化。追求小型化封装尺寸的原因不仅仅与占用电路板面积有关，还与追求最大化的芯片封装占有率以及提高平均占有面积中的最大化交换容量的目标有关。图 37-1 展示了这种小型化封装，最终希望能够使封装达到 100%的填充。

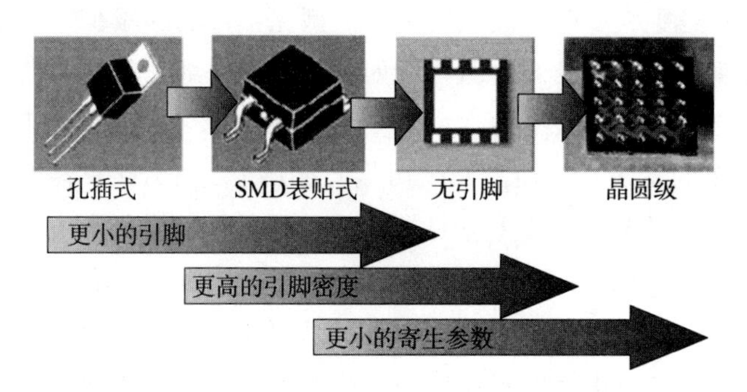

图 37-1 功率 MOS FET 器件封装路线图

表 37-1 给出了不同封装类型的填充因子（主芯片与管壳面积对比）。表中给出了不同封装中的最大芯片尺寸、印刷电路板及硅板的比例，且最终目标是最大的硅板比例。由于 CSP 能够实现硅板比例的最大化，所以封装的 100%功能模块填充是可以实现的。

表 37-1 各种典型功率封装的硅板比例

	最大芯片尺寸/mm^2	PCB 尺寸/mm^2	Si-PCB 比例/%
SOT404	25	150	17
SOT428	13	66	20
SO8	9	30	30
LF-Pak	12	30	40
WSP			100

封装垂直 MOSFET 器件有一些特殊的需求，这些器件都是高功率器件，需要严格的电连接和热连接。电连接应该具有低内阻，以降低内部功率损耗。所产生的温度可以高效地从芯片传走，从封装基板传到印刷电路板或附加的热沉区。对于标准的塑料封装，这些需求可以通过以下方法解决：第一，使用适宜的芯片到框架键合；第二，使用多丝键合或粗丝键合；第三，使用裸芯片焊盘或附加热连接。图 37-2 展示了具有垂直功率 MOSFET 器件的标准塑料封装的基本要素。

图 37-2 是一个已经安装好芯片的金属引线框架，上面有 MOSFET 芯片和不同的键

合引线，细线在左边靠近栅极的键合焊盘，三根粗线连接着 MOSFET 源极。

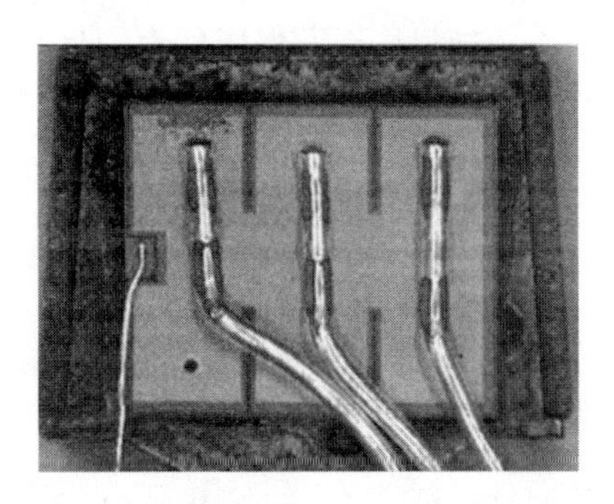

图 37 - 2　塑料封装 MOS 器件（去封帽）

在介绍 CSP 封装时，就像晶圆级制造一样，上面提到的有关封装方法的规范至少应该被保护。

作为通常意义上提及的所有半导体分立器件，功率 MOSFET 芯片已经被小型化了。下一代 MOSFET 工艺将使晶体管的功能在更小的芯片尺寸上实现，这对封装提出了更艰难的挑战。为了实现晶圆级封装，将会有各种不同的结果。当连接必须保证电气性能时，通孔结构的有效面积必须要减小。芯片尺寸越小，热路径就越短。此外，内部互连的电路印刷板需要与芯片匹配，同时仍然需要将输入/输出端口的边界条件完全填充。这意味着在晶体管的 CSP 中，至少需要包含 3 个输入输出端口，且由于与印刷电路板互连时的损耗，所以输入/输出端口需要足够的横截面。

现在人们说的晶圆级 CSP 工艺中的 MOSFET，都是垂直通道 MOSFET。图37 - 3展示了这样一个 MOSFET 芯片的典型内部结构。

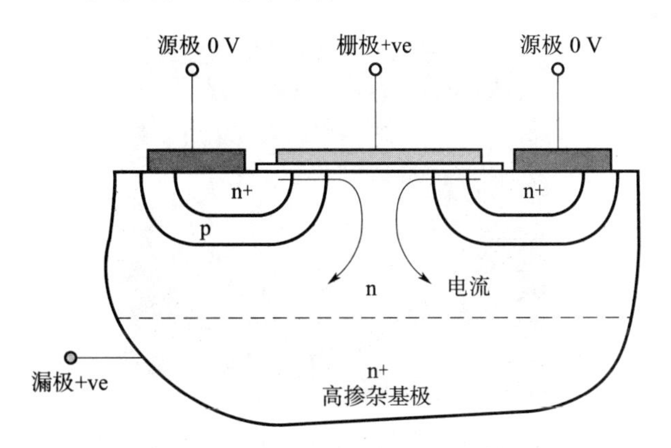

图 37 - 3　垂直 MOS FET 横截面结构

如图 37 - 2 所示，在前端的器件都有针对晶体管源极和栅极的键合点。这种器件的典型性在于，它是针对晶体管主功能的最佳设计。这意味着有尽可能多的区域用于有源区。对整流性能来说，栅极结构是最适宜的，在封装中为连接栅极保留的区域是最小的。MOSFET 晶体管的第三个电连接是漏极接点，它几乎总是用于无图案晶圆背面连接（基于高导电体硅和薄膜金属堆叠）。这种金属堆叠产生的电阻与体硅材料中的杂质有关。当倒装焊封装类型被正视时，芯片正面的一些通道中会形成漏极接点。正如前面所述，芯片最大部分的面积用来形成有源区。主芯片正面保留的有源区域是为了连接漏极接点，这限制了晶体管的性能，除非为了这个原因将芯片扩大。这就与增加单芯片面积的 MOSFET 性能的意愿起了冲突。因此，TWI 不应占用有源区域。考虑到内部互连，所有互连所需要的输入/输出端口必须与芯片的正面匹配，无论在硅中的布局如何。

37.4 垂直 MOSFET 的 CSP

有许多种方法可以使垂直 MOSFET 封装的尺寸最小化。如果不包括较大市场占有率的最小尺寸塑料封装，那么还有两种类型可供选用，即 near-CSP 和 real-CSP，下面将会进行讨论。

第一种类型就是所谓的 near-CSP 产品，这种封装比裸芯片封装大。通常，这些封装类型都是无引线的，也就是说在封装外面没有用来扩展连接的突出部位。因此，这些 near-CSP 产品可以被认为是高度小型化的。

在市场上，还有其他的两种重要的 MOSFET near-CSP 封装值得考虑，并且可以与 real-CSP 器件进行对比。

第一个无引线 near-CSP 封装的功率器件案例是仙童半导体公司（Fairchild）的 MOSFET 球形矩阵排列封装[1]。这种封装基本上是通过将芯片装配在金属区而形成的，通过这种方法连接 MOSFET 的漏极。通过在芯片上直接放置焊料球以连接栅极和源极，通过在金属框架顶部放置焊料球以连接漏极接点，这样封装的输入/输出端口就形成了。图 37-4 展示了这种类型的封装。

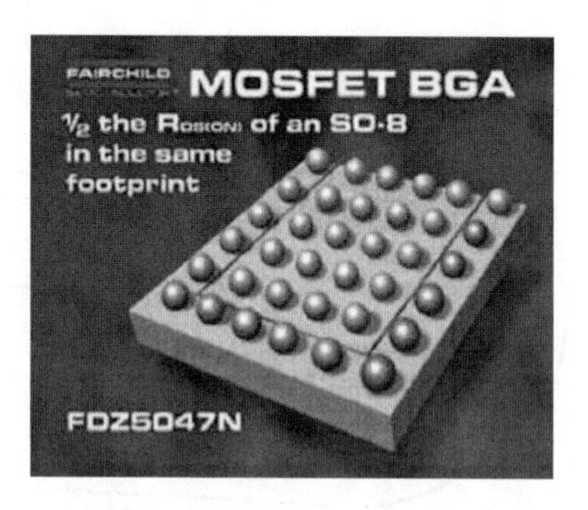

图 37-4　仙童半导体公司的 MOSFET 球形矩阵排列

另一个 near-CSP 封装是来自美国国际整流器公司（Internatinal Rectifier）的直接场效应晶体管 MOSFET 封装[2]。这种封装类型可以与 MOSFET 球形矩阵排列封装相媲美，但是它的金属区域是由金属罐型零件替代了金属块。栅极和源极电的输入/输出端是使用栅格阵列（LGA）连接原始芯片上的键合焊盘所形成的，而对于漏极接点，是在金属罐上使用回形连接形成的。图 37-5 展示了这样一个产品的示意图。

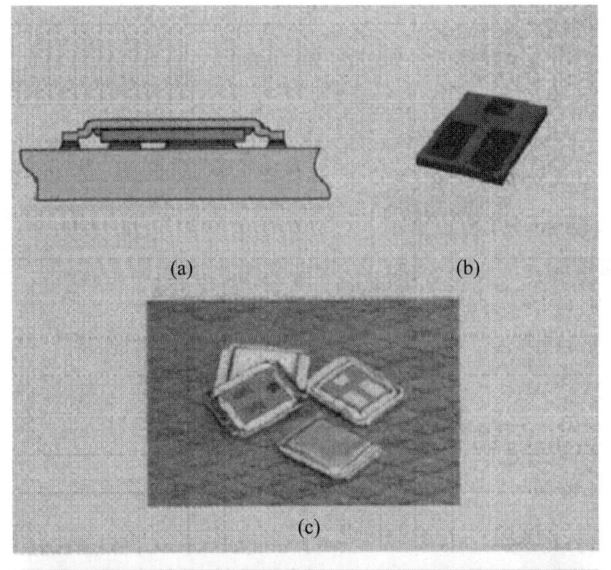

图 37-5　美国国际整流器公司的直接场效应晶体管封装

上面讨论的两种 near-CSP 封装并不是 real-CSP（从 CSP 的定义上讲），当然也不是晶圆级制造工艺。晶圆级制造或其他类型的多层并形工艺（例如矩阵引线框架），必要的是解决不断增加的后道工艺成本。

我们所说的 real-CSP 封装就是典型的晶圆级制造。在这种 CSP 封装中，垂直 MOSFET 的漏极接点被连接在晶圆的另一边，同时芯片仍然是整个晶圆的一部分。这是通过 TWI 来实现的。TWI 原则上是通过晶圆工艺上任意一点形成的，但是前道连接与后道连接相比，需要其他的 TWI 工艺。在前道 TWI 的实施过程中，后道工艺的热漂移应与 TWI 工艺相兼容。

一个简单的互连方法是穿过上表层到漏极体硅形成一个扩散接头。这是一个前道工艺方法，如美国国际整流器公司的应用。图 37-6 展示了这样一个红外 FC 产品[2]。

漏极连接的方法是基于形成一个穿过外延层到达体硅底层（体硅底层位于漏极）的深度扩散接头。这个方法需要使用 MOSFET 的部分有源区来形成这个接头区域。另外，由

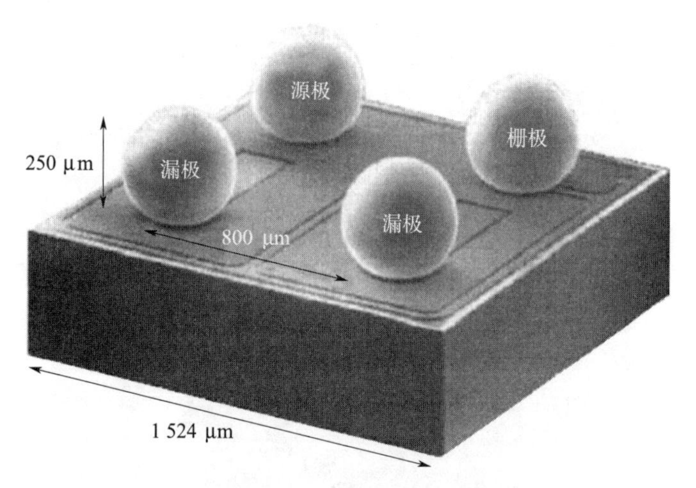

图 37-6　扩散接头连接的红外 FC 型 MOSFER

于杂质在硅中的有限溶解度，限制了这种扩散方式前后连接的传导性。这个例子中的电阻率最终将由这些接头所占用的主芯片面积来决定。

理论上最佳的电气连接可以由贯穿晶圆金属的连接来实现。因此，对于贯穿晶圆的漏极连接，使用金属接头是最好的。

飞利浦公司正在研究基于 real-metal 连接的后道 TWI。选择的这个技术是非特定 IC 设计的后道工艺[3]，它可以与特定的 3DTWI 系统级封装概念进行对比。TWI 工艺需要在 IC 晶圆工艺完全确定之后再进行。原则上，它甚至允许对晶圆级晶体管进行预测试（只要是相关的，后道晶圆级封装无法拒绝进一步工艺造成的失效芯片）。

我们的方法是基于划片道内的 TWI 结构的制造，这样的方法会生成一个独立的 TWI。图37-7展示了这种方法的布局图。

图 37-7 左边的图片展示了一组 4 个 MOSFET 芯片，源极和栅极区域已经被标出。图 37-7 右边的图片中显示了附加的工艺层。金属通路被标成紫色，焊料球凸点下金属层（UMB）是灰色的圆圈。TWI 通孔被标成黑色且位于划片道之内。很显然，这是因为金属接头还要占据有效区域。由于所使用的厚铜金属的固有低阻抗属性，使得通孔面积变得非常有限。为了最大程度上克服硅面积的损耗，开发了一种更精确的在划片道内宽松区域定位通孔的办法。这样做之后，一个通孔被两个相邻的芯片所共用。在晶圆最后被分割成 CSP 产品时这个物理孔就会消失，仅仅留下两个半圆孔（各有一个自上而下的金属带）。

在下一部分，关于特定选择的技术细节和决定性因素将会做进一步的说明。

这里我们对比了仅有的两种晶圆级 real-CSP 技术，这两种分别是带有扩散接头的或者是带有金属接头的。我们已经证明了对于特定的环境，一个上下均为金属连接的接头要比扩散接头具有更好的传导性能。图 37-8 对比了扩散接头类型和 TWI 类型 CSP 的 RDSon 作为通孔功能时与裸芯片面积大小的关系。

从图 37-8 可以看到关于飞利浦/NXP 芯片的 RDSon 基于 TWI 类型和基于扩散接头类型的两种测试结果（红方块）。仿真曲线表明对于一定的芯片面积和 MOSFET 类

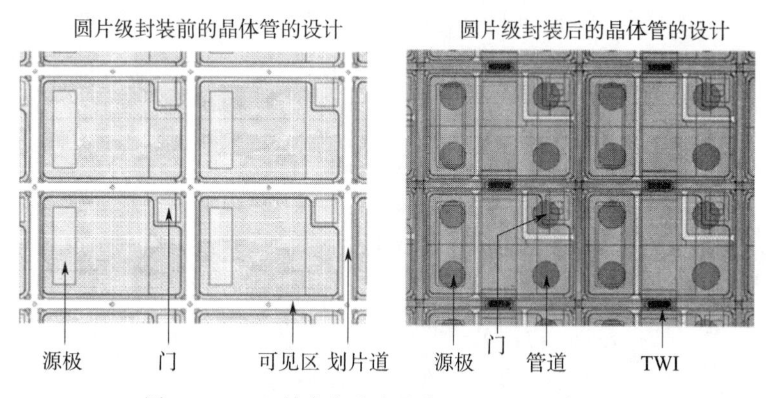

图 37－7　飞利浦公司硅通孔 MOSFETs 布局图

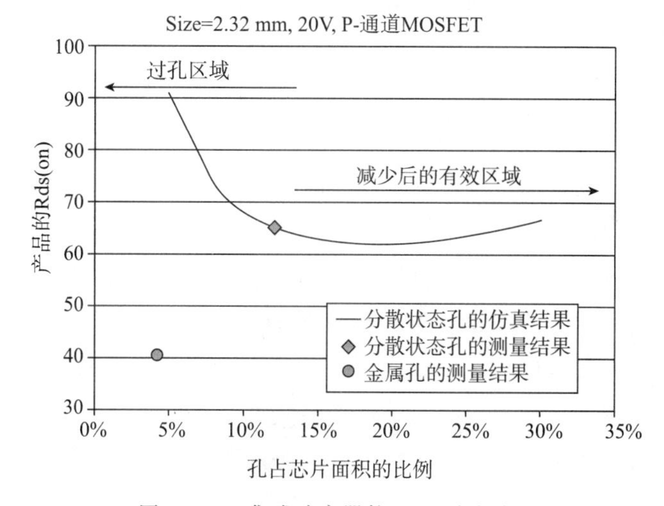

图 37－8　集成功率器件 CSP 测试对比

型，扩散接头永远不会比金属 TWI 需要的 RDS（on）数目少。这是由于扩散接头类型器件中的阻抗和占用面积相互制约。对于金属 TWI 类型的划片道区域在理论上对器件的尺寸没有影响。

显然，在 TWI 放置在划片道的实现方法上存在物理极限。首先，物理尺寸，也就是通孔的宽度必须适合划片道。所以，为了实现较少的 RDSon，只能使用最小的宽度与延长片相结合的方法。通过通孔共享使通孔宽度对这部分的阻抗没有影响。只有金属轨道的宽度，由通孔的长度、金属厚度、晶圆厚度及 TWI 的阻抗一起决定，如图37－9所示。

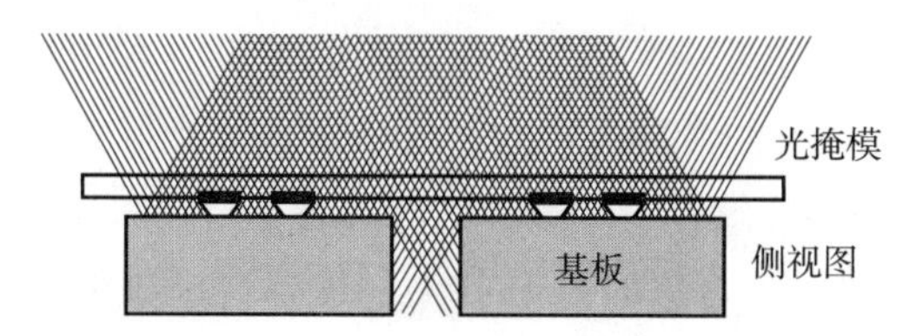

图 37－9　测试装置中的金属 TWI

从图 37－9 和图 37－7 的布局图中，我们可以看到一个通孔是被两个芯片共用的。图 37－9 中的通孔宽度为 200 μm，很明显，只有在通孔的长边上才有金属，在短边上是没有的。关于这种 TWI 工艺将在下一部分进一步阐述，以及通孔宽度方面的考虑和极限也会被讨论。

37.5　垂直 MOSFET 的金属 TWI 工艺

晶圆级封装工艺是在标准垂直 D－MOS 晶圆完成了后道工艺后开始的[4]。在这个阶段，晶圆具有铝键合焊盘和硅氮化合物。如先前介绍的一样，当封装器件的形式为塑料封装时，背面的线路是焊接到引线框架上的，源极和栅极是通过引线键合与引线框架连接的，如图 37－2 所示。之前也提到过的事实是晶圆级封装的器件需要器件边缘的所有连接都是有址可寻的，这对于设计有很大的影响。首先，器件需要足够大以便于定位焊球；其次，需要通过晶圆的互连来实现从背面到正面的二次布线；最后，在最初的源极区域的顶部形成新的线路互连。

作为第一个工艺步骤，为了在活动的源极区域顶端实现二次布线，必须增加一个附加的 BCB 钝化层。这个 BCB 层在二次布线线路连接与源极区域之间建立了额外的电性隔离，以及在器件与焊球之间建立了更多的机械去耦。接下来，形成一个穿过晶圆的孔。在这个工艺有很多种成孔的方式，比如深反应离子刻蚀（DRIE）、激光穿孔、激光烧蚀及粉尘爆破等，每一种技术都有各自的优点和缺点[5]。尽管激光成孔工艺在应用中只能形成单孔，且数量较少，但其成本相对于深反应离子刻蚀要低廉得多。使用深反应离子刻蚀，晶圆上所有的孔同时生成，然而刻蚀工艺是非常慢的，而且需要昂贵的掩模步骤。

因此，CSP 制造过程中选用激光工艺作为成孔的主要方法，三倍（YAG）激光器用于激光烧蚀以形成硅通孔。为了防止烧蚀过程中硅的重新沉积，要使用一个聚乙烯醇（PVA）保护层。用清水冲洗这个保护层后，器件上除了通孔的边缘外没有残渣形成。那些残渣，被称作毛边，是通孔边缘硅融化凝固后的结果。可以通过优化激光工艺将这种影响降到最小。与“无应力”的深反应离子刻蚀方法对比，激光成孔对晶圆的“弱化”具有潜在的风险，其将通过执行弯折实验[5]得以检验。另一个潜在的风险就是器件有效部分“缺陷”的形成，被称作受影响区域。这种影响始于制造通孔的边缘，可以被看作到通孔边缘的距离。使用一个敏感的 NPN 双型晶体管去测试芯片，这个受影响区域在 20 μm 以下。

如先前讨论的那样，我们希望通孔尽可能少的或者不去占用硅元素区域。对于一个被拉长的通孔，它的最小尺寸，也就是通孔的宽度是由好几个因素决定的。首先，激光烧蚀工艺所确定的尺寸存在物理极限，对于 150 μm 厚度的晶圆，通孔的宽度最低可以做到 20 μm。然而，这种尺寸的通孔可以在几何形状上有很大的延伸。另外，标准工艺是不可能实现的，因为对于那么小的通孔，没有直接的后道技术实现厚金属层的涂镀。另一个有关通孔宽度的极限与对准有关，在通孔的位置有一些延伸，其由激光系统与 $x-y$ 轴确定。

这不仅影响后续的平板印刷工序的对准，比如印刷 TWI 金属图形，而且后续允许通过垂直切割工艺将晶圆分割成各个单独的部分。也就是说，所有的通孔都应该在分割工艺的规格范围之内，确保每个通孔可以通过划片道的分割工艺。

事实证明，100 μm 宽度的通孔对于现行的工艺和 150 μm 厚度的晶圆是非常合适的，虽然适用于这种 100 μm 宽度几何通孔的技术开发与最初节省硅元素区域的愿望相冲突。通常的 MOSFET 晶圆划片道是 50 μm，所以在形成 100 μm 的通孔时需要在划片区域的顶部预留额外的空间，这样芯片的布局就改变了。所以，50 μm 宽度的通孔也在考虑的范围之内，这种几何形状在隔离区与有效器件之间带有 50 μm 的划片道与一些可清洁区域。结果，100 μm 和 50 μm 的通孔同时被用于研究及标准工艺评估。

下一个工艺步骤是在晶圆的一边到另一边形成一条通路，这需要通过考虑器件的功能规格和构造，来选择最好的材料和工艺[6]。对于这种规格的 MOSFET 器件，不是用来适用于通孔时的独立层，而是用于镀铜涂层，以实现从顶到底的内部互连。通孔孤立并不是必需的，因为划片道区域在潜在线路上贯穿晶圆。

晶圆正面和背面的 TWI 与二次布线层由一层铜构成，为了降低重新布版对功率器件总 RDSon 的影响，这层铜涂层必须有 12 μm 厚。通孔有着这么一层厚度的铜意味着在后续的单个 CSP 器件中，这层铜会被切割掉。这种铜污染在划片工艺中是不可接受的。一种避免此类污染的方法是在通孔内部布铜从而清理划片道。因此，重新布铜加工需要在孔的前边、后边以及内部同时进行。这就需要一种特殊的 3D 制图技术，这种技术由抑制成像共形应用、前后面爆光和孔内部角度曝光组成。换句话说，这里使用了一种 3D 光刻工艺[3]，其主要包含以下几个工艺步骤：

1）前面和底部应用一种钛铜镀层基底；

2）通过电镀加深镀铜厚度；

3）抑制成像共形应用（抑制成像电沉积负性色调）；

4）在晶圆正面水平照射，在背面垂直照射，喷射显影；

5）厚铜刻蚀；

6）抑制成像移除。

镀层基底使用直流磁铁溅射机溅射而出，在两个分开的操作中，100 nm 的钛和 500 nm 的铜被溅射在晶圆的正面和背面。尽管通孔内部是十分垂直的侧壁（有很少的金属沉积物），但是两边溅射会在侧壁上产生足够的金属以允许进行镀铜。镀铜是用来将金属厚度增加到 12 μm 的。这是使用硫酸铜［乐思化学（Enthone）的 LP1］在镀层灌的两边进行的化学镀。为了优化镀层的保形性成像，需要一个专用的环形夹具，用来在高度不稳定的状态下机械固定又薄又脆的晶圆。通过平版印刷和刻蚀对铜钛层进行布局。通过使用电镀淀积光刻胶生成一个保形性感光层。在与铜刻蚀结合时，负性色调抑制成像的使用，允许采用倾斜曝光的平版印刷工艺。图 37－10 展示了倾斜曝光的原理[7]。

在曝光的过程中，由于遮挡作用只能形成一个方向的斜坡，这就是通孔只能放在一个坐标轴（x 或 y）上的原因。这个方法是铜布线工艺的主流方法。

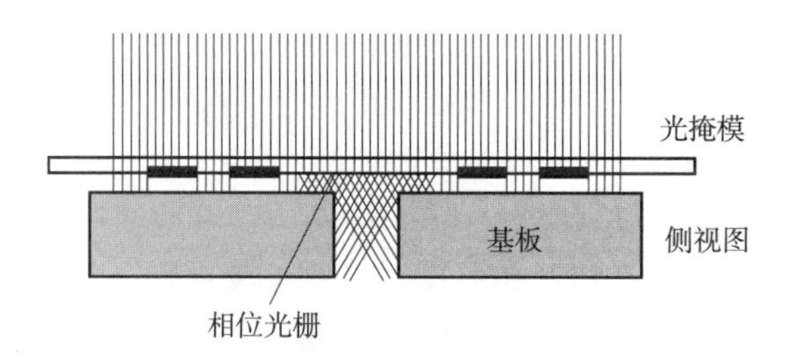

图 37－10　倾斜曝光方法的原理示意图

一个常用的斜曝光方法是光掩模上衍射元件的使用[9,10]，只是过程更加复杂。将衍射元件裁减成曝光波长，在光刻 1 阶衍射时 0 阶衍射会被减少，在图 37－10 中进行了展示。

使用这种光学衍射原理进行布线有几个好处。首先，侧面布线的精确度更高。另外，可以使用标准的曝光器具，并且允许改变掩模上的局部倾斜角度。特别是它的后续优势在通孔四周进行布线时可以体现出来。这允许多个引脚穿过单个圆形通孔。图 37－11 展示了这种测试结构[9]。

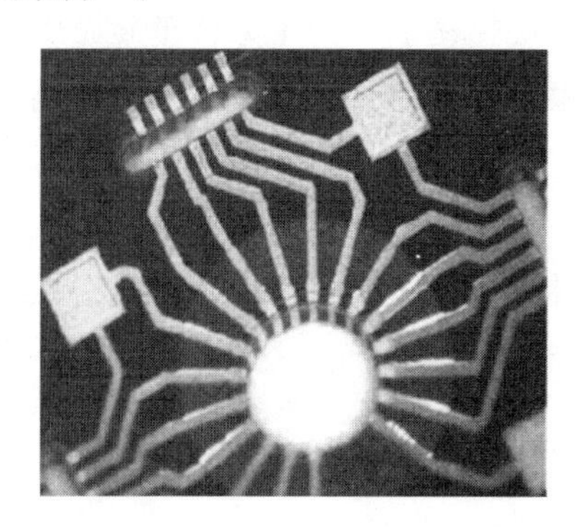

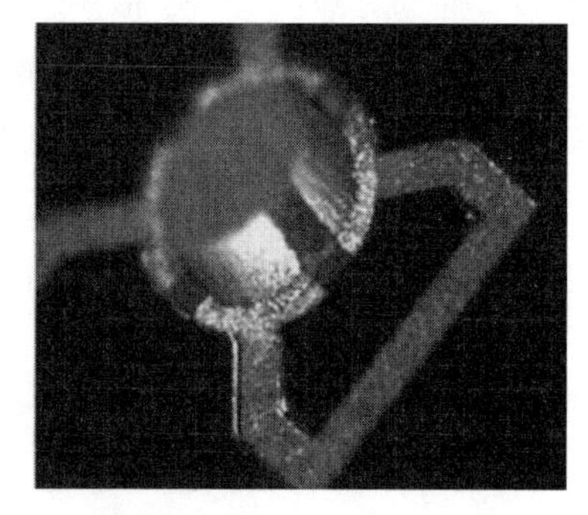

图 37－11　衍射光学曝光方法原理示意图

这种工艺的主要缺点是光掩模的成本很高。但是，这种方法将允许单个通孔被 4 个（而不是 2 个）TWI CSP 器件共用，大大改善了硅区域的使用效率。

正如上文说的，“简单”的斜曝光方法将会用在制造 TWI CSP 功率器件上。

解决完曝光之后，下一步是进行光刻胶显影，刻蚀铜版以及清洗光刻胶。这导致在晶圆前端、后端以及通孔内部进行厚的铜层重新分布，如图 37－12 所示。

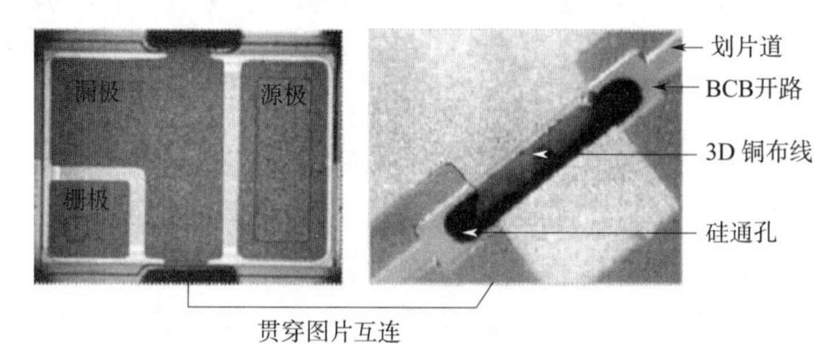

图 37－12　衍射光学方法曝光的各个角度的 TWI

如图 37－13 所示，在图的左手边是基于铜结构基础上的 100 μm 宽通孔的器件类型。为了能看清通孔镀层以及通孔内的金属，图 37－12 右手边展示了一个 200 μm 通孔图形。

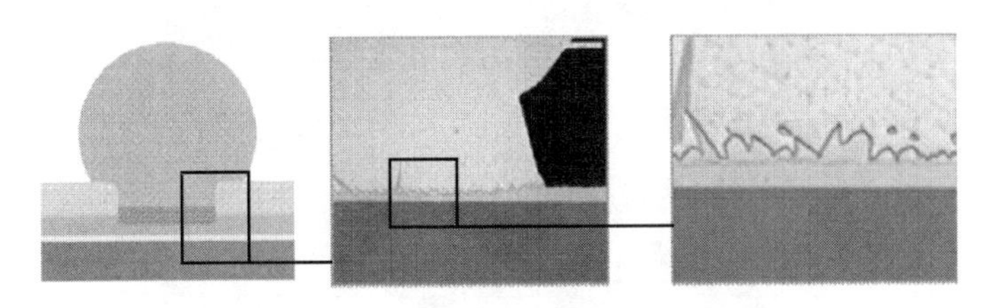

图 37－13　铜刻蚀后的结构状态图

镀铜层的厚度有一个额外的好处，它允许在没有扩散阻挡的情况下，在重新布版的铜层上直接放置焊料球。显然，部分铜将溶解在焊料中，但是，仅从程度上讲，在这种特殊温度下可以达到最大化的溶解度。通过计算和实验可以证明，经过 5 次回流工艺之后，大约 6 μm 的铜层将会溶解在焊料球中。这意味着在器件的层间将残留大约 6 μm 厚的铜层[6]，如图 37－13 所示。

在这种情况下，完成度铜层就不需要扩散阻挡了。

为了固定焊料球并防止焊料溢出铜版，需要一个阻焊层。有多种工艺可以用来放置阻焊层，但是 TWV 的存在以及晶圆的脆弱性限制了这些选择。对两种工艺进行了评估：阻焊层和 BCB 的浸渍涂层，两种工艺都有各自的优点和缺点。使用阻焊层迭片时，晶圆上存在的压力呈点状且不规则，会造成晶圆破碎。另一方面，由于浸渍涂层工艺和烘干工艺，BCB 的浸渍涂层需要特殊工具。阻焊层工艺和浸渍工艺对自动化工艺提出了一些问题。

MOSFETCSP 与印刷电路板的层间互连采用球状矩阵排列（BGA）互连。对于第一代功率 CSP，使用了相对简单的间距为 0.8 mm 的球状矩阵排列[6]。但是，对于更小的芯片（最新一代芯片小于1 mm^2），需要 0.5 mm 间距的球状矩阵排列，甚至需要 0.4 mm 间距的球状矩阵排列[7]。对于晶圆凸点制备，有多种已确认的技术，每一种都有它的优点和缺点。两种已知的最好的放置焊球的方法是钎料电镀和锡膏印刷。但是，对于功率 MOSFETCSP，使凸点具有较大的截面以保持低电阻是很重要的。如之前提到的，晶体管的 RDSon 是其主要的电性能指标。我们的技术合作者 DEK 和 TUB/FHG Berlin 改进了这种技术的印刷模板，以应用预成形的锡银铜钎料[8]。印刷预成形钎料球允许沉积大量的锡料以优化前面提过的互连截面（在凸点间距的物理尺寸限制内）。我们面临的挑战不仅仅是需要到达 JEDEC 标准尺寸的锡球高成品率，还需要能够处理易碎的 6 英寸晶圆（它仅有 145 μm 厚，且具有很脆弱的 TWI 通孔）。图 37－14 的照片展示了这样一个例子。

图 37－14 展示了模拟真实晶圆级工艺条件下的测试模板。钎料凸点印刷面临的主要挑战性因素是 TWI 通孔和减薄晶圆。145 μm 厚的晶圆可能会在印刷工艺过程中弯曲或者在熔球过程中受损。另一方面，由于硅通孔的存在，会使夹具上的真空失效，导致打乱印制动作。

由 DEK 公司完成的测试（属于 Blue Whale EU 项目）证明了一个高度可重复的高为

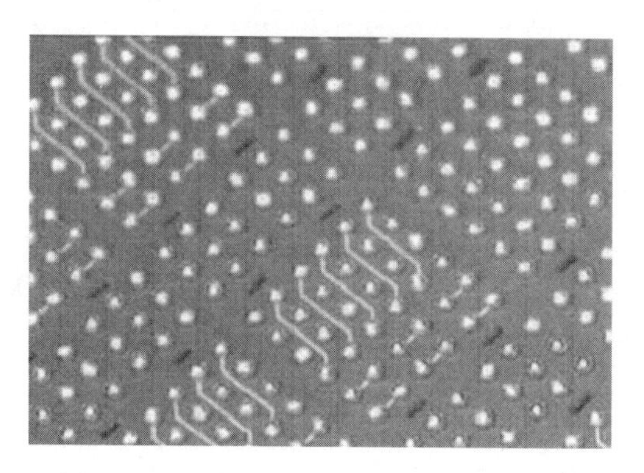

图 37－14　多次回流工艺中铜消耗展示图

260 μm 的凸点能够获得 0.5 mm 间距的球形矩阵排列图形[8]。这种工艺的凸点合格率确定在 99.8%以上。

最后的一个步骤是分片，对于 100 μm 宽的通孔，是通过切割划片道来实现的。正如我们讨论的，100 μm 通孔的金属互连的布线是这种方式：切片时可以不切割金属层，并且可以进行标准划片。另外，沿划片道的通孔的宽度及位置应在划片工艺的公差范围之内(与划片刀宽度及划片精度有关，划片刀宽度一般为 20 μm)。

正如我们已经注意到的，对于 50 μm 通孔类型的 CSP，在通孔内部金属线不可能太长，这就使得应用标准划片技术变得很困难。这些器件的分片需要使用激光切片。图 37－15 展示了这样一种分片方式。

图 37－15 上面的两张图片是晶圆照片，下面的两张是分片后的器件（从顶部看和底部看)。

激光切割工艺的公差和小激光点的使用使得分片产生的损伤很小。显然，对于 50 μm 通孔来说，需要更小的公差，更优化的激光通孔工艺以及激光切割工艺。

图 37－15　带有预成型焊球的测试晶圆

图 37－16 展示了 CSP 功率器件通孔的横截面以及其他的一些形貌。

在图 37－16（a），可以看到包封器件并且贯穿通孔的铜，同时还可以看到钎料锡球贴在厚铜层上。

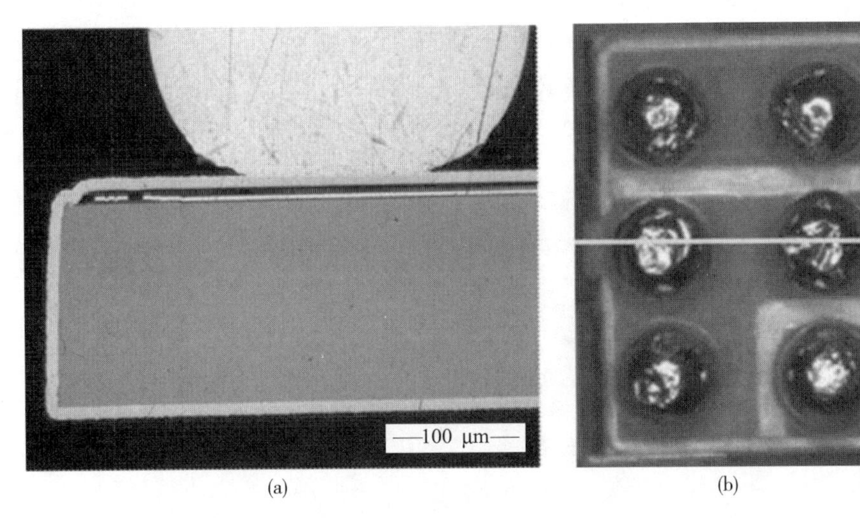

图 37－16　50 μm 通孔类型的 CSP 功率器件激光分割图

从图 37－17 中可以看到一个拥有器件的层。图片中展示了一个完整的功率 MOSFETCSP，横截面处为图 37－17（b）中黄线的位置。

我们可以清楚地看到镀铜金属化图形和钎料锡球连接在源极区域图［37－17（a）］和栅极区域图［37－17（b）］。另外，还可以看到背面镀铜图形，包括刻蚀的痕迹。

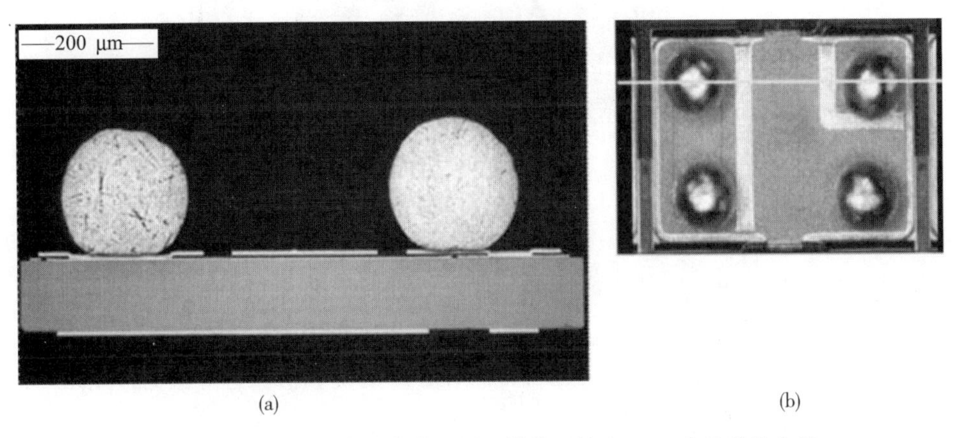

图 37－17　CSP 功率器件截面图，横截面处为（b）中黄线的位置

37.6　TWI MOSFET CSP 的未来预期

CSP 功率产品的电性能和热性能已经被评估，下一个课题是进行装配试验和可靠性

测试[11,12]。

如之前提到的，MOSFET 封装的导通电阻是最重要的，因此这个规则是对电性能的主要监控。下一个重要因素是对于裸芯片封装存在漏电流的潜在危险（例如，从栅极到源极的漏电流），这个参数也同样需要检查。

为了进行电性能评估，使用标准装配技术（基于锡料印刷，贴装和回流焊）将器件贴装在印刷电路板上。由于器件考核需要自动测试条件，所以需要使用聚酰亚胺类型印刷电路板。图 37－18 展示了一个装配好的 CSP 产品。

图 37－18　完整器件的截面图

从图 37－19 的侧视图中我们看到的是锡料球与印刷电路板连接的位置。

图 37－19　金属 TWI CSP 测试版装配图

图 37－19 中的器件是 100 μm 宽 TWI 的类型。在这个图片中可以清楚地看到切割过的通孔以及通孔中的铜版。图片正面展示了较大的钎料横截面（为了得到较低的 RDSon）以及较高的夹层（为了热-机械可靠性），这就是使用预成形锡料球的结果。

表 37－2 给出了一些金属 TWI CSP 器件 RDSon 的实验值。这些数据被用来与现有的小型塑封器件的产品需求进行对比。

表 37－2 中列出的几种晶体管是一些正在被研究的类型。类型 1 具有 100 μm 宽的通孔和 4 个焊球，间距为 0.8/0.5 mm（在 x 和 y 方向）。类型 2 具有相同的球形矩阵排列布局以及间距，不过是基于 50 μm 的通孔。类型 3 和 4 都具有 100 μm 的通孔，不过脱离球形矩阵排列布线（类型 3 有 4 个焊球，间距为 0.5 mm，类型 4 有 6 个焊球，间距为 0.4/0.5 mm）。

表 37－2　不同晶体管类型的 CSP 功率器件的 RDSon 经验值

	Vgs＝2.5 V，ID＝1.5 A 时的 Rsdon（mΩ）值		
晶体管类型	平均值	最小值	最大值
1	38.0	36.0	43.0
2	39.1	36.0	43.0
3	38.6	36.0	43.0
4	39.0	36.0	43.0

表 37－2 中的数据展示了对于不同类型的 CSP 功率，选择不同类型的 TWI 所导致的 RDSon 值，包括 50 μm 通孔类型的类型 2，如图 37－20 所示。

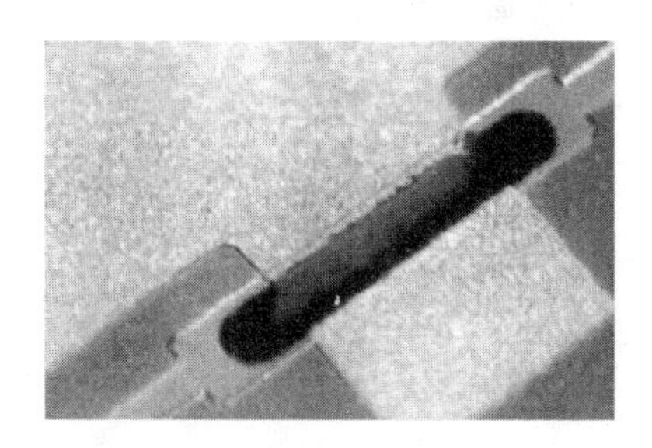

图 37－20　不同芯片尺寸扩散金属连接的 RDSON 比较

在通常的小型化器件（尤其是 CSP）的细节中可能存在的问题是热性能。为了检验这种特殊类型的热性能，我们将 MOSFETCSP 与传统封装进行了对比（使用相同芯片的情况下）[6]。测量从连接点到周边的热阻，CSP 的结构是 24 个锡球，间距为 0.8 mm，它的 Rth_{j-a} 为 7 KW^{-1}。一个拥有内部散热结构的 SOT404 封装器件的 Rth_{j-a} 为 0.5 KW^{-1}，但是一个常用的没有内部散热结构的器件，如 SO8 封装器件的 Rth_{j-a} 为 25 KW^{-1}。因此，CSP 封装产品的热阻介于这两个常用的封装产品之间。但是，热模型已经展现出来了，即在实际应用中净热交换比在印刷电路板中被更大地限制了，以及 CSP 满足热需求。

电性能和热性能评估是明确的决定性因素，对于理想的功率转换器件基于金属和划片道完全填充（这样可以避免牺牲硅片区域）的 TWI 应用方法是完全可以实现的。

将标准的塑封器件转换成裸 CSP 器件对于其他重要的电气指标，如栅极到源极的漏电流和衰减电压等都没有不好的影响。这就证明了 TWI 概念、材料及工艺选择的合理性。

37.7　展望

尽管在研究的过程中，晶圆制作的数量受到了很大的限制，但是我们仍然可以得出我们的工艺是可行的结论。器件的成品率损失得到了控制且是可检测的，并且最初由于晶圆损伤造成的高风险（减薄膜工艺中晶圆的损坏）也可以通过晶圆减薄后的后处理工艺得到解决。下一步针对产业化需要的零件的更高的可靠性进行提高。我们研究的元件得到了良好的可靠性结果（温度循环、温度冲击、高加速应力试验及压力试验），但是我们的测试器件数量太少，不足以得出最终的结论。

显然，产业化的潜能不仅仅依靠科技的因素，还有一些其他的决定性因素。例如，决定在哪里进行工艺，在后道晶圆厂家或在装配厂家进行是不同的。对于晶圆厂家，一些工艺的工序并不标准，因此设备是不可利用的（如激光设备），并且在这样的厂家会有材料污染的危险（如镀铜材料）。另外，对于产能来说，CSP 工艺会造成设备使用的不平衡（取决于制造量），这对于器件最终的总体成本有着极大的负面作用。

除此之外，市场对于接受这类器件还存在着犹豫。这是因为一般无引线封装很难检测其装配质量。对于小功率器件，还可能给用户一个错觉，即小器件不能承受更高的电流和功率。这些市场约束当然不仅仅与我们所讨论的金属 TWI 概念有关，还与所有的（或几乎所有的）CSP 分立器件以及功率器件有关。

参考文献

[1] www. fairchildsemi. com (2008).

[2] www. irf. com (2008).

[3] Nellissen, A. et al. US patent 6240621B1.

[4] Bloos, H. et al. US patent 6420755B1.

[5] Polyakov, A. et al. (2004) Comparison of Via - fabrication techniques for through - wafer electrical interconnect applications. Electronic Components and Technology Conference.

[6] Van Grunsven, E. et al. (2003) Wafer level chip size packaging technology for power devices using low ohmic through hole vias. 14th European Microelectronics and Packaging Conference and exhibition, Friedrichshafen, Germany, June 23 - 25 2003.

[7] De Samber, M. et al. (2004) Through wafer vias for power transistors. 3rd European Microelectronics and Packaging Symposium, Prague, Czech Republic, June 16 - 18 2004.

[8] Various authors from the EU Blue Whale consortium, special session at the 3rd European Microelectronics and Packaging Symposium, (2004) Prague, Czech Republic, June 16 - 18 2004.

[9] Nellissen, T. et al. (2003) A novel photolithographic method for realizing 3 - D interconnection patterns on electronic modules. 14th European Microelectronics and Packaging Conference and Exhibition, Friedrichshafen, Germany, June 23 - 25 2003.

[10] Nellissen, T. et al. (2004) Development of an advanced three - dimensional MCM - D substrate level patterning technique. 3rd European Microelectronics and Packaging Symposium, Prague, Czech Republic, June 16 - 18 2004.

[11] De Samber, M. et al. (2004) Through wafer interconnection technologies for advanced electronic devices. EPTC Conference, Singapore.

[12] De Samber, M. et al. (2005) Fabrication and evaluation of miniaturized CSP power transistors, PROC EMPC, Brugge, June 12 - 15 2005.

第38章　无线传感器系统——电子立方体计划

Adrian M. Ionescu，Eric Beyne，Tierry Hilt，Thomas Herndl，Pierre Nicole，
Mihai Sanduleanu，Anton Sauer，Herbert Shea，Maaike Taklo，Co Van Veen，
Josef Weber，Werner Weber，Jürgen M. Wolf，Peter Ramm

38.1　概述

本章介绍了3D集成技术在无线传感器系统的应用，研究重点集中在电子立方体（e-CUBES）提出的研究方法上，也就是一个探索和研究互相联通的无线微小传感系统的欧洲集成计划。e-CUBES致力于在无线传感网络领域进行多种多样的应用，其重点在于：1）航空和空间应用中的分布式智能监控；2）用于健康与健身的无线传感器网络；3）分布式智能自动控制。3D集成被当作e-CUBES中的关键使能技术。一般，e-CUBES的目标是发展微系统技术，以实现高度微型化的成本效率、对于环境智能真正的自主系统。在本章的最后讨论了e-CUBES可能的技术路线。

对于环境智能的自主系统领域，其先驱工作是由美国加州大学伯克利分校的一个小组开展的智能尘埃项目[1,2]。智能尘埃项目的目标是为大量分布式传感网络建立一个自给自足的、毫米级的传感和连接平台（如图38-1所示）。他们的器件被设计成一粒沙子的大小，包含传感器、计算能力、双向无线通信以及电源供给，同时非常廉价以致可以配置数百个。这个项目的科学目标和工程目标是使用最新的技术（而不是未来的技术）。相比而言，e-CUBES项目计划主张发挥最先进的3D集成技术[3-6]的优势，以实现微型通信的目标。

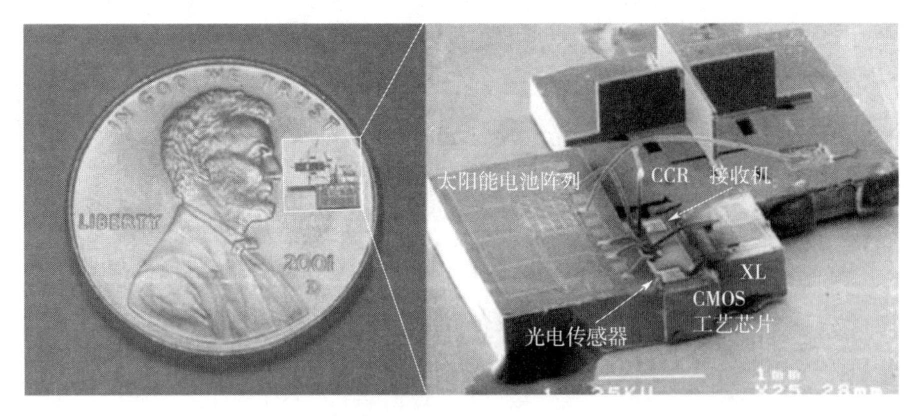

图38-1　智能尘埃多芯片节点取代起主要作用的4 mm^{3}的太阳能电池，
温度、光和加速度传感器，8 bit模拟数字转换器（ADC）和双向光通信（IEEE许可）

人类环境的智能感应是高度微型化传感网络节点应用的重要前景之一，它需要建立一个可以访问全球其他网络的无线传感网络。这些自动传感系统可以用在后勤保障、交通控制及家族等方面，同时还可以用作人体功能监测器及起搏器等。这种多功能传感系统将会在一些新的领域做出贡献，如环境智能、安保（如身份认证和情境评估）、食品质量控制、健康监测以及生产监督等。

针对一个可以进行无线网络通信的微型传感网络节点，德国的弗朗霍夫研究所提出了非常小的“电子颗粒”概念（e-Grain），如图 38-2（a）所示。它们可以进行自主编程并且具有一定程度的模块化。同时，它们是通用的，且通过特殊传感器的集成还可以是部分专用的。弗朗霍夫研究所还在继续研究在不同的集成度上实现这些无线传感网络节点。研究的一个关注点是使用倒装焊和引线键合技术的板级集成，如印刷电路板中的嵌入式器件。

另一个例子，欧洲的比利时微电子研究中心致力于 3D 系统级封装（3D-SiP）。他们的方法是对单层进行并行加工和测试，最后作为“已知好的器件”进行堆叠。他们的目标可能是先达到 3D-SiP，接着达到 3D 片上系统（3D-SOC）。为了实现 3D-SiP，如图 38-2（b）所示，在第三维中使用较低的连接密度，因此每一层都应该有一个明确的回路模块。这些模块有可能是单个的 SiP，为了保证最终装配的高成品率，可以对它们进行预测试（“已知好的 SiP”）。

在欧洲范围内，这种集合了不同产业、研究机构以及不同国家的学术团体的概念，称为 e-CUBES（e-CUBES）；本章我们将系统的讲述这个概念（在 38.2 节中进行描述）。

(a)

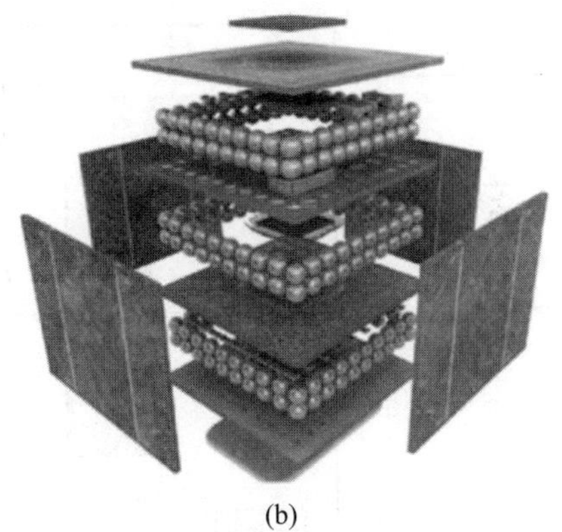

(b)

图 38-2　（a）弗朗霍夫的温度和光度量的无线传感节点的例子，
其是通过堆叠电路板和折叠柔性基板的板上芯片（COB）实现的。其传感节点工艺参数为：
操作频率，2.4 GHz；操作范围，1 m；重复比率，1 s^{-1}；电源，2 个 1.5 V 电池；
运行时间，大于 500 h；尺寸，10 mm×10 mm×10 mm（包括电源）；
（b）比利时微电子研究中心的 1 cm^3 EEG/ECG 系统级封装示意图

从设计、硬件、技术和软件来看，这种概念提出了新的挑战，并且在前期阶段需要单体集成技术的协同作用。实现这种程度的微型化以及高复杂度的传感系统，需要依靠特殊集成技术的发展。器件、组件的多样化集成起源于不同的技术，如感知、电信号及数据处理、无线通信、功率转换及存储是实现这种传感网络节点的关键。必须解决媒介通路、感知信号的处理及存储、数据通信及电源管理等问题。与 SOC 相比，其市场周期短、成本低且风险低的情况下具有高度的灵活性，异类系统集成概念就显得尤为重要。

为了实现理想的尺寸（一个毫米级的小立方体），需要通过集成或外部无线供电进行持续操作，并且允许网络中多节点相互通信，这就给现在的技术带来了特别的挑战。

38.2　电子立方体概念

e-CUBES 是一个多学科的综合项目，需要各个合作者间强的复杂协调与合作。由于在 e-CUBES 中，对 3D 集成技术、3D 系统架构、通信接口、通信协议以及应用驱动等都提出了更高的挑战，所以对于 3D 功能、设计和可靠性，实现进行基于学术界和产业界的综合分析是必须的。

对 e-CUBES（如图 38-3 和图 38-4 所示）的一般概念进行了清楚的阐述，将需要的功能子模块通过 3D 集成到一个单功能对象中就是电子立方体（e-CUBES）。e-CUBES 在一个有限的体积中有一些关键的性能：感知，模拟 IC 接口，微控制器，存储器，无线接口和电源管理（可能还包括能量损耗）。显然，这种结构在不同的应用会有所不同，并且在不同的应用中，并不是所有的层都是有用的。感知和通信对于几乎所有类型的示范及应用都是十分重要的。在概念阶段，评估和实现这种高度小型化多功能系统的成本效益是非常重要的，并最终指出了 3D 集成技术的应用。

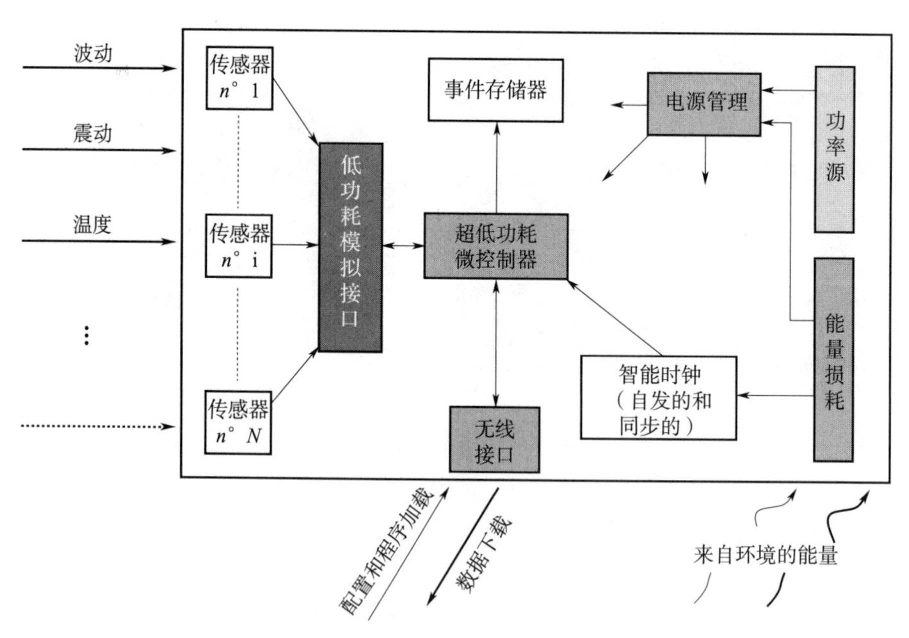

图 38-3　包含功能子模块的 e-CUBES 的一般结构

e-CUBES 的另一个关键特性是支持无线传感网络实施的能力（如图 38-5 所示），这是目前欧洲认为对于环境智能具有重要战略意义的领域。通信接口和特殊通信协议应该与硬件技术同时被提高，以决定整个系统能够参照应用规范进行操作。

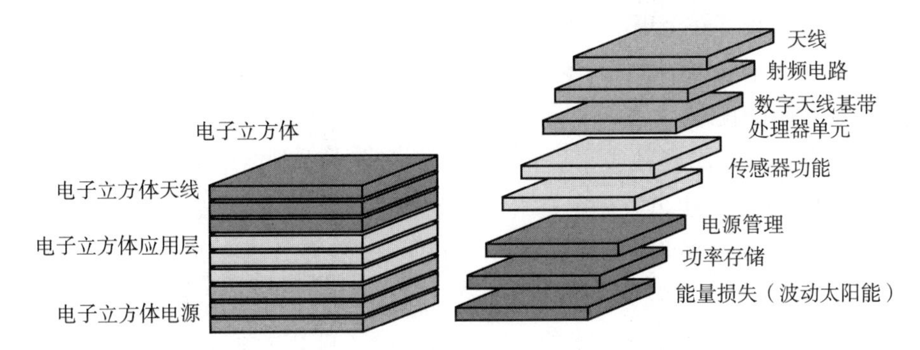

图 38-4　图 38-3 中 e-CUBEs 内部集成了所有功能层的 3D 目标（e-CUBE）的结构图

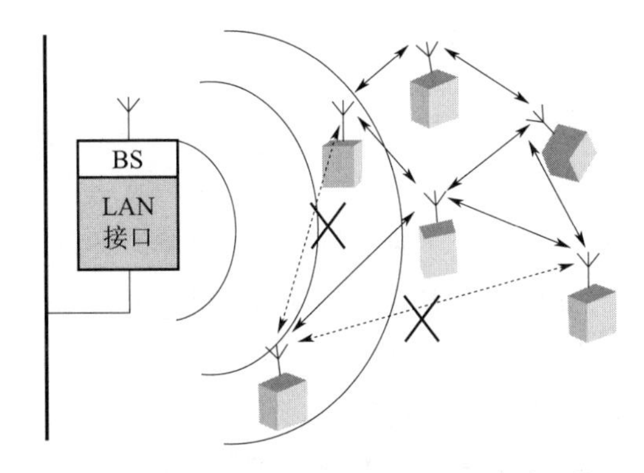

图 38-5　基于 e-CUBEs 的无线传感网络

与美国的大公司相比，e-CUBES 策略与愿景更适合欧洲 IC 产业，而美国公司对面向系统和应用的方案更感兴趣，以增加功能密度为目标。

38.3　使 3D 集成技术成为可能的方法

对于未来的应用，无线传感系统将会高度微型化。由于以下几个好处，必须应用 3D 集成技术：最终系统尺寸的减小，功耗的减小（为了增加使用寿命），可靠性的提高以及为了满足市场需求的低成本制造。

3D 技术对于特殊应用的好处举例如下：

1）最终的微型化——（最终系统体积减小），为了植入（健康设备），为了轮胎硫化（汽车方面），为了减小重量（航天方面）。

2）功耗减小（高达 30%）——为了增加使用寿命（减小垂直贯穿芯片连接的引线长度）。

3）可靠性的明显提高——如在航空和汽车领域要求减小大约 50%的互连。

4）灵活的、可升级的模块组——如与横向系统集成相比，航空和汽车领域的需求。

5）成品率的提高——通过子模块嵌入（SoC）的方法；避免单片电路技术的混合。

6）通过硅通孔降低热量的产生——对于航空、航天以及汽车环境的极端温度十分重要。

7）安全性（由于负担得起的冗余）。

8）在有限的视线下获得更高频率下的全方位通信。

9）为了迎合大量的市场需求而降低系统的成本——通过使用已知好芯片进行晶圆级3D集成（芯片对晶圆技术）。

通常，并不是一种3D集成技术就可以完成大量各种3D集成系统的制造。甚至一个产品为了达到高性价比的生产，需要使用几种不同的技术。无线传感器系统是展现这种混合需求的最好的例子。由微电子机械系统（MEMS）、特定用途集成电路（ASIC）、存储器、天线及电源模块组成，为了达到高性价比的制造，可以通过特定优化的3D技术的应用，集成不同的子模块。考虑到技术的可行性，在e-CUBES项目中，可以选择两种相关的3D集成概念：

1）晶圆级芯片堆叠（使用或不使用硅通孔）。

2）子模块的3D组装。

第一种3D技术在“晶圆级3D系统集成”（第16章）中进行了描述。e-CUBES中的ICV-SLID（ICV-SLID）技术[3]展现了集成电路3D集成的主流概念，如通过芯片到晶圆堆叠的高集成密度（$10^4 \sim 10^6 cm^{-2}$）的控制器和存储器。此外，无线传感器系统的生产需要传感器集成和子模块（如发射和功率模块）3D组装技术的优化。因此，e-CUBES项目的主要目标是对于传感器、电源模块和天线的特殊集成技术的研发。

在无线传感器系统中集成MEMS传感器需要特别注意器件的特殊特征。MEMS传感器拥有可移动部分，器件功能的实现通常要依靠机械位置的良好控制。有一些MEMS器件的体积较大，需要较大的空间，以及许多MEMS器件不能承受较大的封装压力，以及许多MEMS传感器（如压力传感器）需要有一个与外界环境交互的窗口。这些需求给出了一定的局限性，在无线传感器网络节点中，要在什么地方以及怎样去集成一个MEMS传感器。

尽管存在局限性，但也有MEMS和其他的器件堆叠成功的案例，如图38-6所示，将ASIC堆叠在一个三轴加速度计上。然而，例子中的所有互连都是通过引线键合实现的。为了达到无线传感器网络节点的最小化，并获得上面列表中3D应用的所有好处，所有引线都应该通过器件堆叠来实现。应该使用硅通孔代替引线键合，使器件间实现电气和机械互连。基于电容性传感原理（而不是压敏电阻传感原理）的传感器，去除较长的键合引线对传感器是十分有利的，这是因为可以降低寄生效应。

找到适合MEMS传感器的硅通孔技术和互连技术是面临的主要挑战。通常会将晶圆减薄到大约50 μm以使硅通孔的形成变得更容易，但是对于MEMS，晶圆减薄并不总是合适的方法。许多MEMS传感器要求机械稳定性及强度，或者需要一定的体积及质量。虽然可以对MEMS器件进行减薄，但是典型的MEMS晶圆减薄仍然只能达到200～400 μm。贯穿这种厚度晶圆的最小通孔，其直径约为10～20 μm。PlanOptik公司（www.quar2glas heinrich.delhtml/planoptic.html）通过深反应离子刻蚀（DRIE）以及使用浮法玻璃填充通孔的方法生产这种厚度的带硅通孔的晶圆。通孔填充之后，进行晶圆研磨及抛光，留下一个包含“硅引脚”（“硅引脚”是通过玻璃沟槽进行绝缘的）的晶圆。Silex公

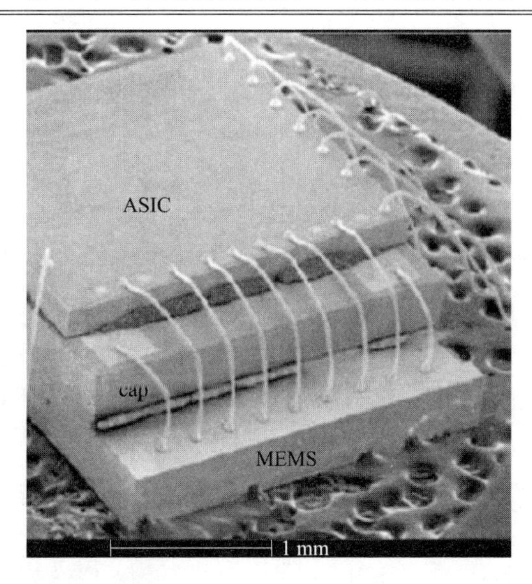

图 38－6　将 ASIC 堆叠在 MEMS 传感器上面的例子，其中所有的互连都是通过引线键合实现。
［来源：Kionix 公司的三轴加速度计（www. chipworks. com）］

司（www. silex.com.au）针对这种经过深反应离子刻蚀的晶圆提出了另一个替代方案，用绝缘体填充沟槽，最后将晶圆的背面进行抛光，使沟槽暴露出来。针对一个 300 μm 厚的硅晶圆［这个晶圆上通孔的深宽比（AR）为 15，侧壁被多晶硅覆盖[6]］，挪威工业研究院（SINTEF）提出了一个解决方案，通过保持通孔中空（中间不填充），这种昂贵的、费时的 10～20 μm的通孔完全填充工艺就可以避免。中空的通孔可以消除由于基板硅和通孔填充材料（例如 Cu）热膨胀系数失配而带来的可靠性隐患。但是，一些 MEMS 传感器对于热-机械的敏感性会产生压力，带来特殊应用的可靠性问题。对于前面提过的三种硅通孔技术，其典型的通孔间距为 100 μm 左右，通孔的电阻在几欧姆范围内。

在 3D 集成系统中，对于 MEMS 传感器和其他器件的电气和机械互连，如果不使用引线键合，那么倒装焊会是最中肯的技术。倒装焊是一种成熟的工艺，并且有许多针对倒装焊的服务商，但是我们必须考虑到 MEMS 的特殊特征。MEMS 晶圆通常比 ASIC 晶圆小且产量低。因此，通常情况下，芯片到晶圆键合是比晶圆到晶圆键合更经济且更灵活的方案。需要键合的芯片常常是硅材料，因此，总体压力问题可以被忽略（由于互连材料与硅的热匹配不当，相关的局部压力问题可能依然存在）。因此，与将硅器件倒装焊在陶瓷或塑料基板上需要较大的凸点尺寸相比，在这里，希望有较小的凸点以及间隙高度。为了能够更好地进行 3D 堆叠的后处理工艺，键合应该能经受 200～300 ℃的温度而不会发生明显变化。最后，由于环境的要求，必须使用无铅材料。满足前面提到的要求（芯片到晶圆键合，低间隙尺寸，耐高温特性及无铅）并适用于 MEMS 传感器的技术的典型例子是：金凸点键合，无铅电镀锡料微凸点（如锡银和金锡微凸点）和使用铜锡化合物键合的 SLID[3]。图 38－7 展示了一个 MEMS 压力传感器和一个 ASIC 的 3D 集成的例子。

这里提到的一些能与典型 MEMS 传感器兼容的技术已经在 e－CUBES 项目中进行了研究使用，下面会进行详细描述。

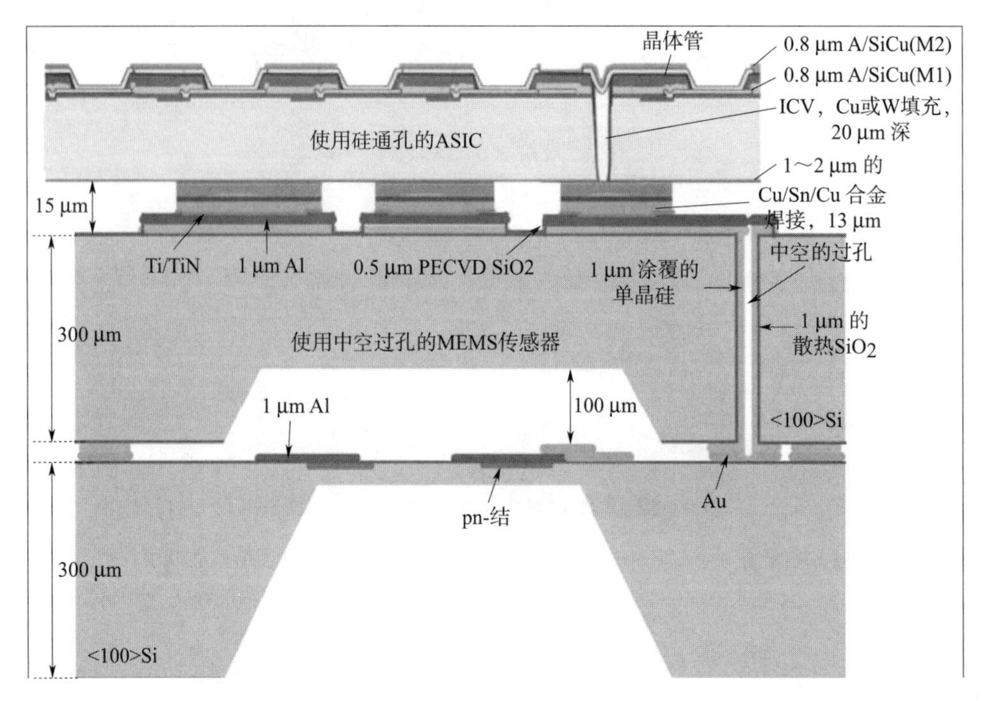

图 38-7　3DMEMS/特殊用途集成电路堆叠，包括压力传感器和通信信号调节的特殊用途集成电路。这里是通过使用深通孔技术[6]及 ICV-SLID 技术[3]来实现 3D 集成的

38.4　e-CUBES GHz 无线电

e-CUBES 无线电是一个通信模块，是无线传感器网络节点的接口，它必须面对 3D 集成中功耗、通信距离、标准及多功能性的挑战。参考文献［5］中指出了第一个成功实现完全集成的低功率 RF 无线电的例子，它是通过将一个射频前端 CSP 和一个数字基带 CSP 进行 3D-SIP 堆叠实现的（如图 38-8 所示）。

图 38-8　低功率无线电的 RF 前端 CSP 和数字基带 CSP 的 $7\times7\times2.5\ mm^3$ 的 3D-SIP 堆叠[5]

在 e-CUBES 中，实现的方案是：1）针对汽车演示器的 2.45 GHz 集成无线电；2）针对健康、健身和航空的演示器的 17 GHz 超低功率方案。这两种方案都是使用体声波（BAW）共振器进行设计的，但是 MEMS 共振器也是可以替代的方案。

38.4.1　针对汽车应用的 2.4 GHz 无线电

汽车应用的 2.4 GHz 无线电的主要原则是减小整个无线电收发器的尺寸，形成一个十分紧凑的 3D 集成无线电系统，并且减小无线网络节点的功耗。

将无线电收发器芯片植入一个由体声波共振器（BAR）、MEMS 压力传感器堆叠以及信号调制 ASIC 组成的系统中。这个由一套复杂的互连技术（芯片间通孔、再分布层及转接板）装配而成的子系统，构成了胎压检测系统（TPMS）的主要部分。

e-CUBES 无线电以及将其植入无线网络节点在图 38-9 中作了阐述。无线电的核心是振荡器，这个振荡器利用了体声波共振器。这种方法用锁相环（PLL）替代了晶振，并且确保了更高的集成度，同时由于其上电启动时间很短（在几百纳秒范围内），所以其还具有最小的无线电开启时间。另外，由于发射机缺少了锁相环及 RF 混频器，因此降低了复杂性。这种发射机能够直接调制，并提供超低的功率操作。在接收器中，一个高选择性的体声波共振器被用作 RF 输入滤波器，用来进行频道选择，同时一个镜像抑制结构引入了高度的灵敏度。天线是通过 RF 接口和匹配网络连接在无线电上的，它可以被集成到 ASIC 收发器的 RF 前端部分。

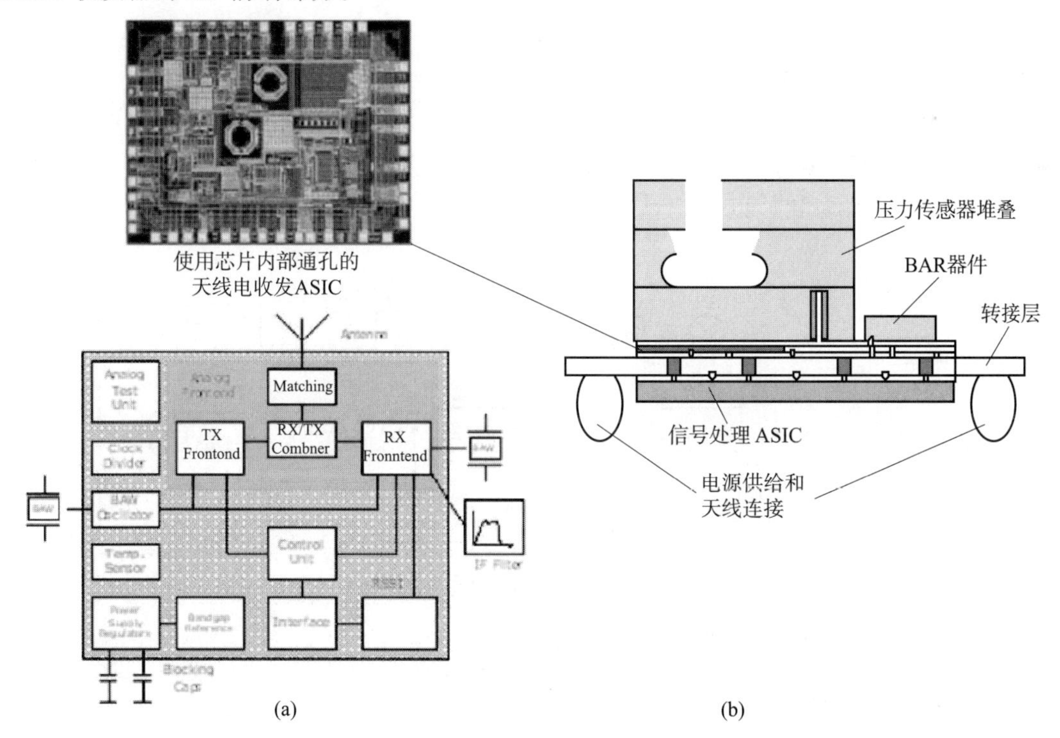

图 38-9　（a）汽车应用的 e-CUBES 无线电模块示图；
（b）车载无线电系统及使用芯片间通孔的 3D 技术的应用

38.4.2 用于无线人体网络的17 GHz超低功率e-CUBES无线电

为了将无线传感器网络（WSN）应用到人体区域网络中，需要确定e-CUBES的两个需求：第一，关于为无线个人区域网络系统（WPAN）提供每秒上千兆数据链的能力；第二，针对不同传感器应用的超低功率无线连接的方案。为了减少单位bit的能量消耗，以延长传感器节点的寿命，e-CUBES提出了17 GHz免授权频段（在欧洲）以及无需标准锁相环的超低功率无线电结构。考虑到可用的200 MHz带宽，较少的电压干扰，较小的天线尺寸以及较好的室内传播特性，我们选择了17 GHz免授权频段。这些特性可以实现相对较高的数据率通信（10 Mb/s），因此将WSN的每字节能量降低到了低于2 nJ/bit。

设计了17 GHz无线电系统，无线电收发器就不再需要锁相环了，这就缩短了开启时间。本地振荡器可能起源于体声波器件或空穴型共振器。这样，可以得到一个低相位的基准噪声。然而，在一个非对称的主从式网络中，必须考虑到频率的准确性，并在系统层次进行处理。在不久的将来，10 GHz以下的体声波共振器将得到应用。因此，一个频率误差为±3%的8.6 GHz的体声波共振器将因为这种应用的出现而成为现实。这种无线电收发器结构如图38-10所示，并且在参考文献[7，8]中由飞利浦研究中心作了详细的分析。这是一个使用了控制器件和超低功率节点的非对称式系统中的从属部分，这种接收器是基于直接降频结构设计的。LO信号由一个具有体声波器件的压控振动器（VCO）所产生，这个体声波器件的频率大约为8.6 GHz或1/2射频载波频率。分谐波混频器是用来产生I/Q基带信号的。在接收链中使用了OOK和OFSK解调器，淘汰了A/D转换器以简化接收器。由于提供了超低功率的操作，OOK发射器也是十分有利的。在这种结构中，所有的调制功能都在模拟领域中得到了应用，因此，不使用A/D转换器可以降低功耗。通过使用一个均方根检波器可以实现OOK解调制，它是通过将I/Q信号振幅的均方根值与电压最大值进行对比，以决定基带信号为“1”或者“0”。一个频率检波器被用作OFSK解调。

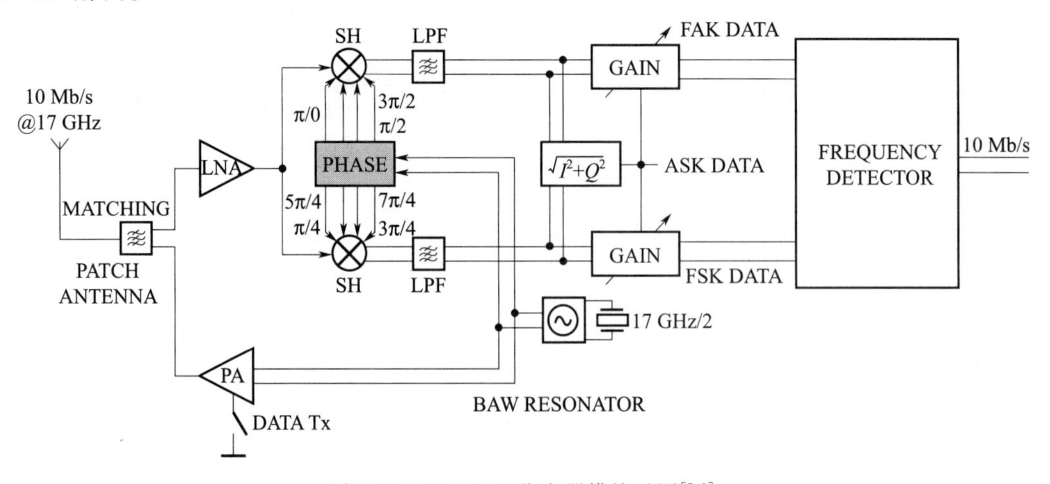

图38-10 T_X/R_X收发器模块示图[7,8]

发射器与接收器共用一个振荡器，并且通过数据开关提供 OOK 调制。由于在数据发送的过程中，发射器转换开/关，其与 FSK 发射器相比可以减少发射功耗。另外，由于 OOK 信号只包含“1”和“0”，所以 PA 的线性就不是很重要了。不同 Tx/Rx 调制幅度的绝对频率的准确性问题可以通过使用一个主从（非对称）系统来解决。首先从系统发射一个 fRF1 频率的 OOK 信号。控制器件位于同一个空间内并且锁在这个发射器上。然后在 fRF1 频率重新发射一个带有所需数据的 FSK 信号。由于主系统具有足够的动力，所以它可以在所有的时间和频率范围内持续不断的搜索和监听从系统发射的信号。对于基于软件的 GPS 接收器也适用这种规则。

38.4.3　e-CUBES 中射频 MEMS 的作用

一些新兴技术的 3D 集成如射频 MEMS（RF MEMS）是 e-CUBES 的另一个关键挑战；射频 MEMS 技术在保持或者改善其高频特性的同时，能够节省大量功率。在前面的内容中，已经对低功耗无锁相环无线电结构设计中体声波共振器的关键作用进行了阐述。体声波方案是最适合几个 GHz 频率的，但是针对数十到几百 MHz 的多频设计，微电子机械共振器提供了更灵活的方案，因为它是基于控制光刻尺寸而不是层厚。与高质量因素以及低动态电阻有关的挑战，需要针对振荡器设计的微电子机械共振器的纳米级技术，它们的温度漂移和 3D 集成正在被许多团队进行研究。未来将要面临的挑战是体声波和微电子机械共振器 3D 集成的可靠性。

过去 3D 集成 RF MEMS 的简单例子是 IC 上的高 Q 值无源器件：电感器[9]［如图 38-11（a）所示］和电容器［如图 38-11（b）所示］。在 e-CUBES 中，正在研究基于天线波束控制[10]的 MEMS 开关的相位转换[10]（如图 38-12 所示）。为了完成分布式

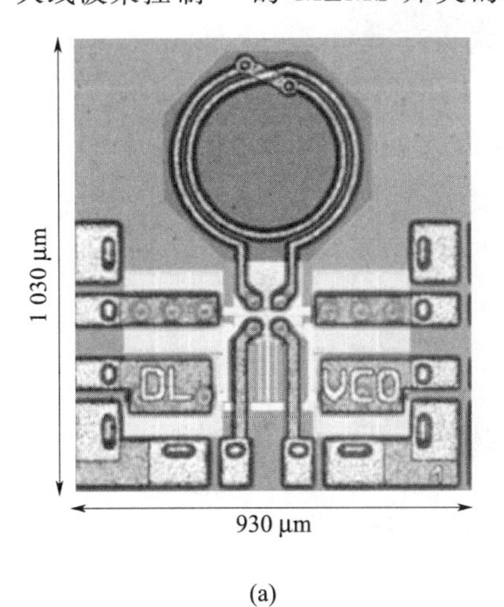

(a)

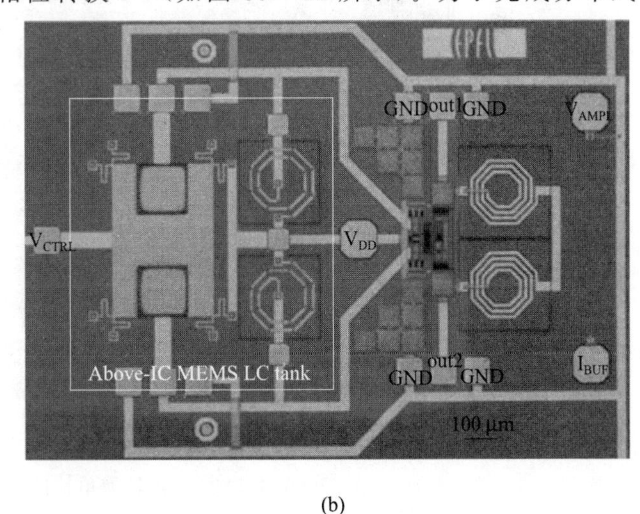

(b)

图 38-11　使用 3D 集成电容的 RF MEMS 器件的案例：(a) 比利时微电子研究中心的 IC 上的高 Q 值电感；(b) 瑞士洛桑联邦理工学院的 2.4 GHz CMOS 压控振动器中的 IC 上的双空气间隙 MEMS 电容器及悬挂式电感器（LC 槽）

MEMS传输线（DTMLs）的相位转换，需要在周期性加载CPW中应用RF MEMS开关。采用的方法是使用周期电压控制的可变电容，来调节分布电容值、相频率和传输线路变化的传播延迟。在可忽略的DC电源消耗的情况下，这个方法背后的合理性在于：RF MEMS电言器克服了二级管在高频下的局限性，提供在RF级提供更高的线性度、更小的插入损耗，更高的隔普度。RF MEMS开关的成功之处在于能够使用合适的封装以及解决一些可靠性的问题。

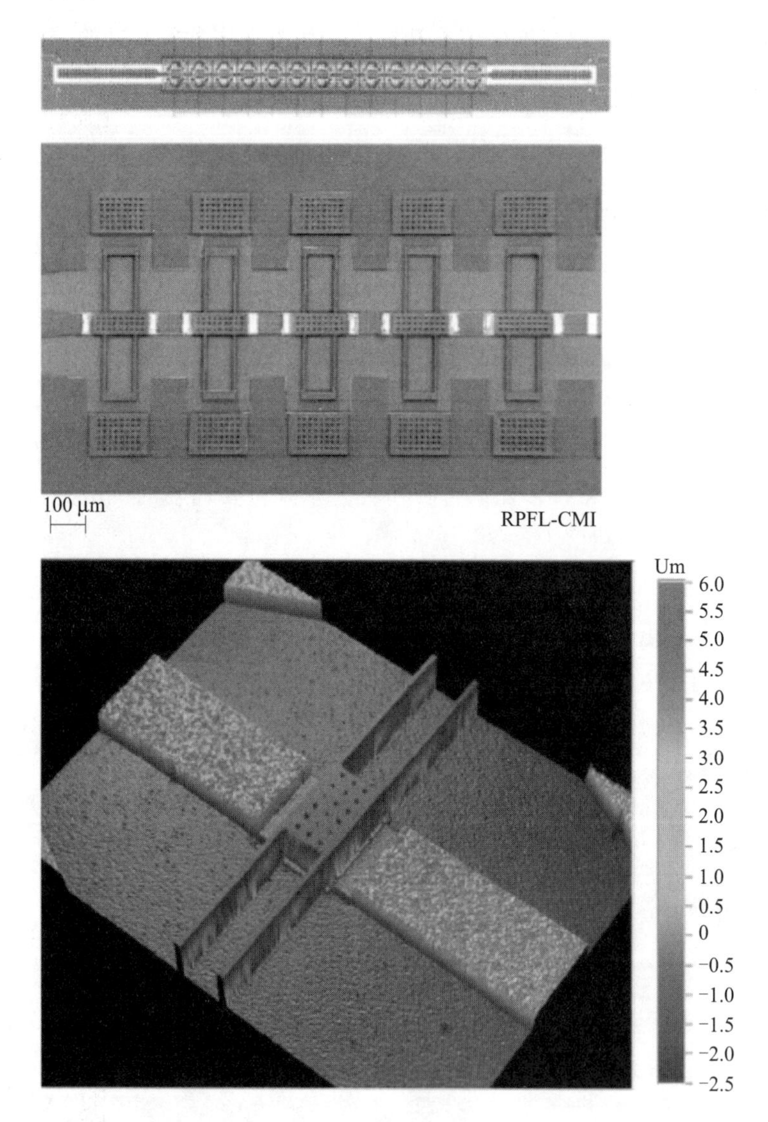

图38-12　（a）基于使于低温工艺（聚合物作牺牲层）的MEM开关的10～20 GHz的DTML相位转换单元设计及相应的SEM照片；（b）传输线单元核心使用的电容开关的2D剖面图，展示了去除牺牲层后极好的平整度

38.5　e-CUBES 的应用和发展路线

e-CUBES 的关键目标之一是详细阐述中长期技术和应用发展路线，为研究和产业方向规划指导方针。e-CUBES 发展路线有 3 个级别：

1）小型化（从 cm^3 到 mm^3 以下，如图 38-13 所示）及复杂度（未来的 3D SoC，从两个到十几个功能层互连）的限制。

2）需要 3D 技术来确定应用规范（如一定体积内的功率、RF 通信、传感等）及可能的行动标准。从这方面来看，应尽可能早地预测出技术瓶颈，以便在中、长期内找到解决方案。

3）有远见的演示器及其对人类生活还有欧洲市场和商业模式的影响。值得注意的是，与 3D SoC 设计和生产有关的可靠性问题十分重要，这些可靠性研究分布在不同级别，从新材料、器件到 3D 系统级。

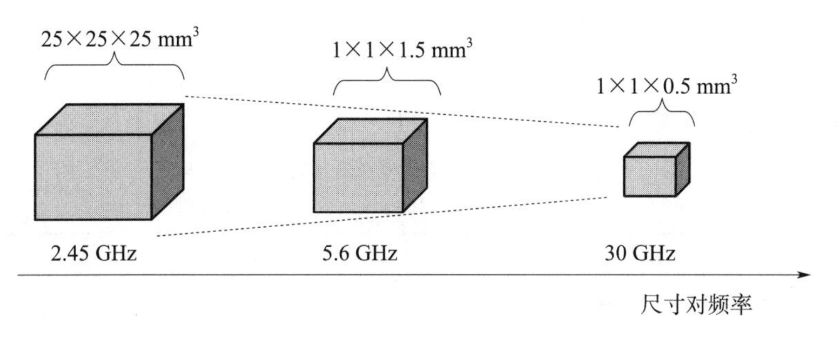

图 38-13　e-CUBES 尺寸及频率对照表

另一方面，3D 集成在性能上有了较大的提高，并拥有较广的应用范围（如图 38-14 所示），这使得传统的 2D 方法无法与之抗衡。后面的内容对 e-CUBES 在航空、航天、汽车以及健康与健身等领域的应用，从挑战和需求两方面进行了简单的讨论。表 38-1 从应用参数方面（这些参数包括无线通信方面的范围、传感器动作及媒介），简要地描述了 e-CUBES 项目的四个主要应用领域。

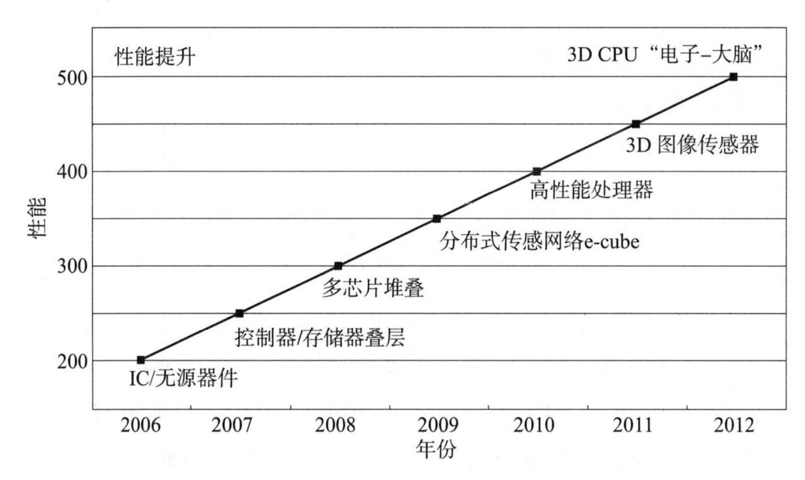

图 38-14　在不同的领域中，3D 集成技术导致的性能随时间变化的关系图
（由德国 FhG-IZM 提供）

表 38－1　e－CUBES 演示器及其主要应用参数

演示器 运行参数	航空方面	航天方面	健康方面	汽车方面
范围（＝传感器间的距离）	0.5～5 m	1 km 到十几 km	十几 cm 到 30 m	十几 cm 到几 m
传感器的动作（在网络中）	固定	固定或可移动	可移动	固定或可移动
无线通信媒介	金属＋合成物＋自由空间	自由空间	人体组织	金属＋合成物＋自由空间
体积/cm^3	～1	1～10	＜几 mm^3	～1
寿命	20 年最小	从几小时到十几年	从几分钟到 10 年	10～20 年
通信频率范围/GHz	＞20	＜2.4	100 kHz 到 40 GHz	＞10
数据传输类型	脉冲式＋连续式	脉冲式＋连续式	连续式	连续式
每传感器的数据传输比率/KBs^{-1}	脉冲式：15 s 64 MB；连续式：几 kB/s	脉冲式：1 秒 16 MB；连续式：十几 kB/s	几 kB/s	十几 kB/s
温度范围/℃	－55～＋125	－200～＋250	＋15～＋40	－30～＋200
外界可利用的主要能量	振动能	太阳能	机械能	振动热能
是否必须自组网络	是（适合连接到一个主机）	是（增加通信链接功效）	是（使穿过人体的无线电波最小化）	是（适合连接到一个主机）

38.5.1　航空、航天领域的应用

在分布式智能监控器的 e－CUBES，特别是在航空工业中，作为机载设备的一部分，其发展路线应是：首先应该适应航空领域的发展趋势，然后应该符合通用航空标准，在这一领域中，可靠性和安全性是十分关键的因素。单独（专门）的航天发展路线并没有进行介绍，可以进行简单的设想：许多航空工业的需求，是间接地为航天应用所需的 3D 技术进行铺路。然而，e－CUBES 的合作者意识到，在不同距离的 e－CUBES 之间和极端的环境条件下，一些航天应用将需要无线传感器网络的运用。

38.5.1.1　e－CUBES 的航空应用

航空领域特别是乘客和货物运输方面的主流发展趋势如下。

1）安全：通过使用新技术来尽早发现安全隐患，以保证飞行安全的提升，这是一个持续的需求。“黑匣子”并不能完成这样的目标，它只能作为意外事故发生之后的调查方式。今天所使用的大部分平面传感器都是致力于飞行自动控制的，其中一些是用来维修管理的。但是，在今天，航空运输量及平台以每年 4%～10%的速度增长（取决于国家和飞行的种类：短途到长途）的情况下，维持和增加安全性的主要方案是 ATM。

2）飞行运行成本的降低：各个公司间的竞争导致飞机票价格的降低。当今，燃料是最大的成本（现在，占大约 50%的飞行成本——具体占的比例根据不同的国家或机场而有所不同），这导致通常会通过寻找新的飞行路线以节省燃料（例如从亚洲到美国可以穿过北极或利用像 A380 这样的飞机来完成远距离的飞行）。如今，燃料成本的增加已经成为航

空领域的最大问题，也许正是因为它使得航空突然进入了低迷期。在产生成本的不同因素中，维护成本占大约 30%，空中飞行操作的新方法以及维持经营成本紧随其后。要降低维护操作的人工成本，就需要减少定期维护操作的次数。而这些维护操作是可以被性能优越且灵敏的自动化监控平台所替代的。

3）安保：借鉴往年的经验［不仅仅是因为世贸双子塔（Twin Towers）的恐怖事件］，一架民间的飞机可能被强大的武装恐怖分子劫持，而民航及军事当局对此束手无策。因此，就需要为地面联系人员，提供飞行上的环境信息。

4）新型制造技术：这涉及到飞机结构的工艺，目的是减轻飞机的结构重量（包括发动机），增加破裂极限以及危险情况的生存性。

5）更加安静的发动机：在交通量不断增加（根据当地地理的不同，每年增加 4%～8%和城市附近可用的限制区）的情况下，需要增加兼容性。机舱噪声的降低已经被视为舒适度的增加。

6）朝着电子飞机方向发展：这意味着针对动力操作的电子功能将取代越来越多的机械的、气力的、水力的功能。本文提到的技术对使用电子接口是有利的（通过无线传感器和致动器直接提供），如正在研究的 e－CUBES 项目。

通常，WSN 可以为上述需求带来附加价值，特别是，e－CUBES 对下面的问题有利：

1）早期检测：由于每个传感器都进行了精密的局部处理，并且在这种结构中含有大量的传感器，所以从安全飞行的角度，需要进行机械和电子失效分析。

2）降低维护成本：归功于其具有持续性，分布式以及对整个平台（而不仅仅是中心区域的几个点）的分散监控。

3）对安保问题的贡献：通过在关键区域分布无线镜头，以在紧急情况下在地面或飞行中对人员进行监控。安装无线传感器，是降低恐怖分子从事破坏活动的一个关键因素。

4）重量的明显降低：源于电缆，从 e－CUBES 项目一开始就非常清楚，由于 e－CUBES 技术，将带来巨大的影响，甚至可以与光缆相比。此外，与电缆相比，是在制造过程的早期在平台上安装无线传感器网络，并且由于其高性能，可以消除由于浪费时间（安装电缆，对电缆进行重分配以及对电缆完整性的检查时间）而带来的成本。

5）机舱噪声的降低：使用基于配置声音传感器以及避震器的新技术，被视为增加乘客舒适度的一个关键点。

最后，如果为了使飞机基础结构在安全可靠和简化方面有较大的突破，从而使得未来飞机的“电气化”得以确定，那么就为 e－CUBES 成为飞行控制单元和电子动力调节器之间的通用接口提供了前提。

图 38－15 描述了 e－CUBES 航空应用演示器在研究阶段、发展阶段以及产业化阶段，各技术模块的发展路线。

38.5.1.2　e－CUBES 的航天应用

可以考虑将卫星建在一个立方体中，这个立方体（推进、导航、通信等）大约为 mm^3 到 cm^3 级，并且将会通过 3D 标准技术（Bus Metal）进行装配。图 38－16 是一个具

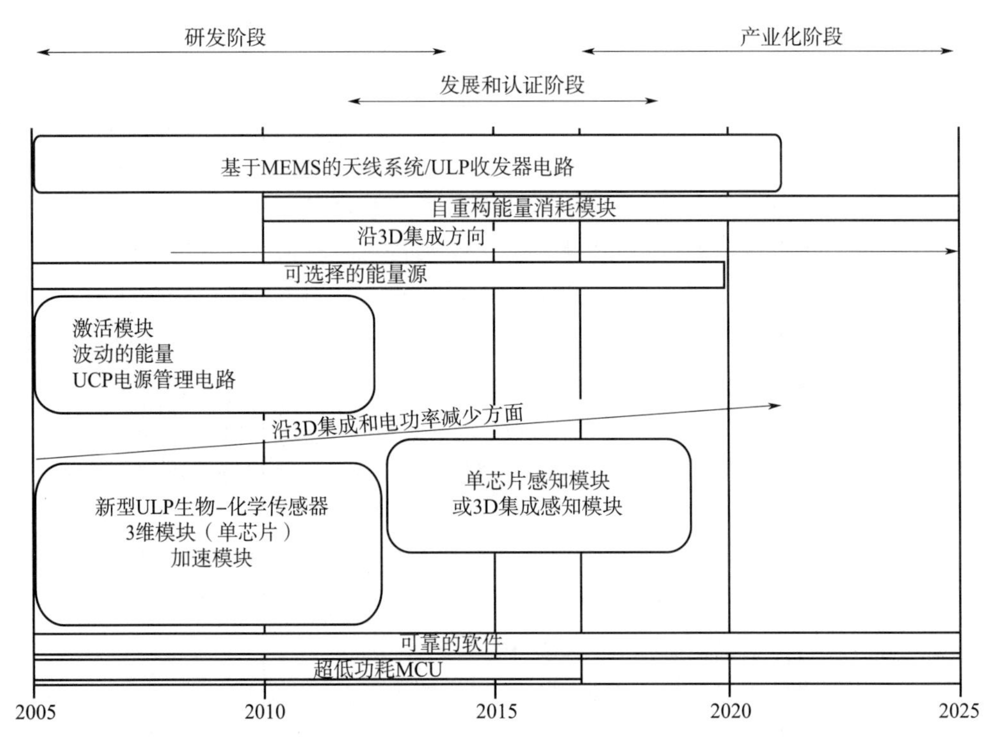

图 38－15　航空 e－CUBES 演示器在研究、发展及产业化阶段的发展蓝图

有多传感器、通信、计算和存储功能的综合航天演示器的立体图。后面，对基于 e－CUBES 的无线传感网络在航天领域的一些应用进行了分析。根据探查任务的不同，由 e－CUBES 组成的传感节点将会面临不同的要求[12]。传感节点可以被安装在行星或小行星上，或在它们之间移动。节点调配技术对于节点网络有着很大的影响。这种节点在概念上与航空需求的相同点是：MEMS 传感器（模拟或数字），A/D 转换器（如果是模拟传感器），微控制器（针对信号环境、通信协议和电源管理），数字信号处理器（DSP）层，存储器，RF 收发器，天线和电源。

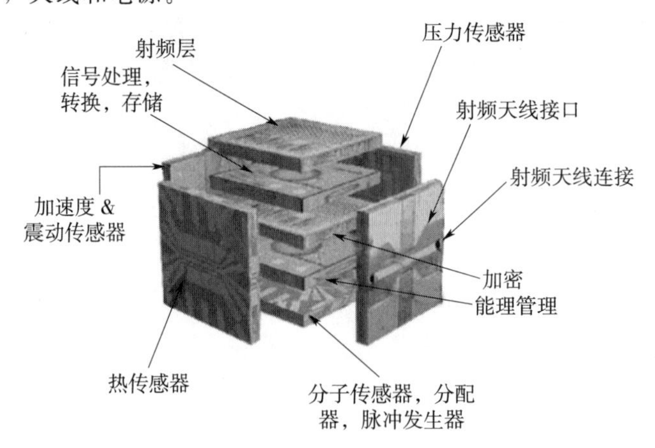

图 38－16　航天应用（传感器节点或人造卫星）中的 e－CUBES 概念（带有多个功能层）

在进行探测任务时，节点下降穿过行星的大气层，如图 38－17（a）所示，与此同时，进行远距离发射的继电器也以相同的速度下降到这些节点之间。这种任务的持续时间会很短（最多几个小时），并且采样的速度很快（每秒获取一个数据）。当传感器节点在行星或卫星着陆之后，如图 38－17（b）所示，继电器将节点收集的数据传送到一个轨道器或地球上。这种任务也可能会持续几年，并且采样速度会很慢（每小时获取一个数据）。对于像小行星这样的低质量太阳系物体，可选择的另一个方法是将节点固定在陆地上（例如，要进行地震测量时），如图 38－17（c）所示。更先进的方案是关于长周期移动节点的。例如，当收到来自地球的关于探测表面的指令后，在行星或卫星地面的智能移动节点（微型机器人）可以收集数据。从这方面看，可以使用不同的节点设计。例如，节点可以由一个中心沉重的部件组成，其内球面包含一个电子封装，也可以用外壳上的一个电子活性聚合物驱动器来替代。驱动器动作得慢，将会引起翻滚动作（通过不断改变重心），同时驱动器动作得快将会导致节点跳起越过障碍物，如图 38－17（d）所示。更复杂的方案是，在一个低质量的小行星上，节点会在表面回弹，如图 38－17（e）所示。低引力和稀缺气体将会使节点回弹的高度很高（几千米），并且对速度的影响很小。加速度传感器可以提供表面的数据，这些数据十分有用，例如可以探查一个良好的着陆点。

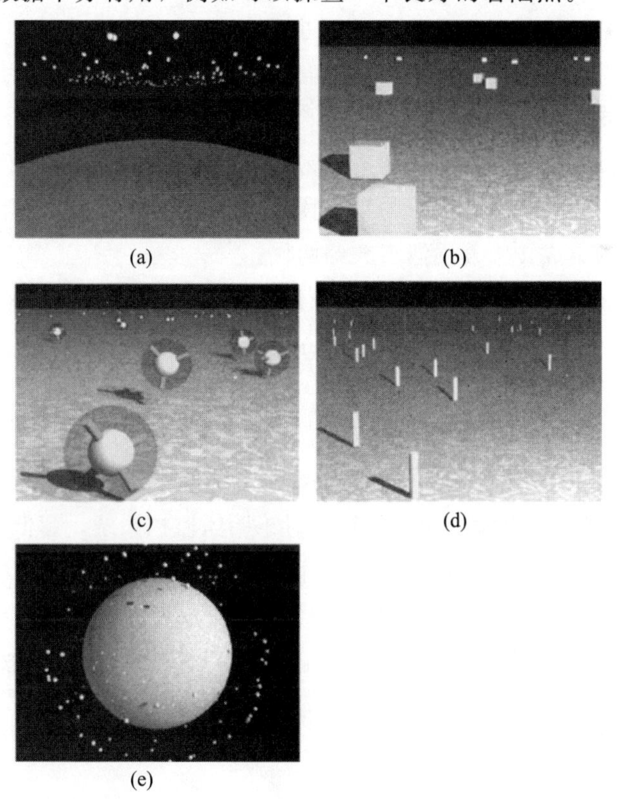

图 38－17　基于 e－CUBES（针对空间探测）的无线传感网络的各个应用步骤：
（a）在传感器节点下降穿过行星大气层的过程中，进行大气层测量；
（b）传感器节点在行星或卫星的陆地上着陆；（c）节点锚定在小行星的陆地上；
（d）节点在行星或卫星上移动；（e）节点在小行星表面回弹（低质量的星球）

空间探测 WSN 所需要的三要素，与商用 WSN 不同：1）通信距离提高为 10 km；2）定位功能（不需要依靠 GPS 技术或 RSS）；3）动力学的迅速自组织。当今，商用 WSN 产品可以应用在大部分地球上的探测任务，但是对于在空间中收集可靠的科学数据还不够成熟。为了改善 WSN 以进行空间探测，e-CUBES 项目正在进行努力：增加通信范围及器具定位功能。这种研究与对辐射、环境限制及封装和防护标准的理解相结合。节点的封装必须是牢固和密封的，这样才能安全的从地球发射出去，并能在行星、小行星或卫星上进行可靠的操作。作为一个机械支撑的封装工艺，可以同时为电源和信号提供电子通路。由于陶瓷外壳的坚固性（因此可以直接在腔体内设置一个小块状的天线），所以对于 cm^3 封装，陶瓷外壳是一个好的选择。e-CUBES 的目的是，直接使用芯片到芯片堆叠和键合，将所有的节点单元集成在几 mm^3 中。这可能需要辐射防护（很可能是几 mm 的铝结构），并且需要在节点的尺寸和质量上下很大的功夫。

38.5.2 汽车演示器

e-CUBES 在汽车应用中有它们自己的机遇和限制，通常，汽车电子需要的技术与其他电子应用不同，技术过程与革新周期也不一样。虽然存储器、处理器和通信器的面积与半导体技术的发展紧密相关，但是汽车领域也需要使用专用技术（如电源或 MEMS）并且具有非常严格的质量要求（高低温、加速度及抗电磁干扰等）。另一方面，汽车电子的集成度往往远低于其他方面的应用，因此这个领域的需要往往比较少。但是，事实相反，汽车应用遵循参数设置，而不是简单的集成密度。事实上，其他的参数在应用中是非常需要的，并且也是专用的。当然，由于与集成技术的发展路线（摩尔定律）不相关联，汽车电子比其他应用中的集成技术发展滞后大约两代。

由于汽车应用技术方法的多样性和特殊性，后道集成方法（3D 集成就是其中之一）也是多样的。显然，每一个应用领域的技术方案都是不同的。这些技术并没有统一的标准和限制，但是对于低成本的需求都很高。

在不同的汽车应用中，正在研究传感器网络的使用情况，尤其胎压监控系统（TPMS）中安装的自动传感节点。一个胎压监控系统的重量应该不超 5 g、体积应该小于 0.5 cm^3，并且包含封装、电源模块和天线。对于胎压监控系统，超低功率 ASIC（与现有解决方案相比功耗降低，安全系数为 10）的电池和能量采集器的使用寿命不超过一年。另外，胎压监控系统应该十分坚固，能够经受较大的加速度（1 000～3 000 g）。图 38-18 对 e-CUBES 汽车系统演示器进行了展示，它使用了不同的 3D 集成技术，并且希望能够以较低的成本满足这些有挑战性的需求。

38.5.3 健康演示器

当今，人们已经日益重视自己的健康及身体状况：他们希望能控制自己的身体状况并保持健康。由于人们有能力并有意愿，所以帮助他们改善身体状态的方法具有较高的附加值。改善人们身体状态的方法一般由 3 种技术因素组成：

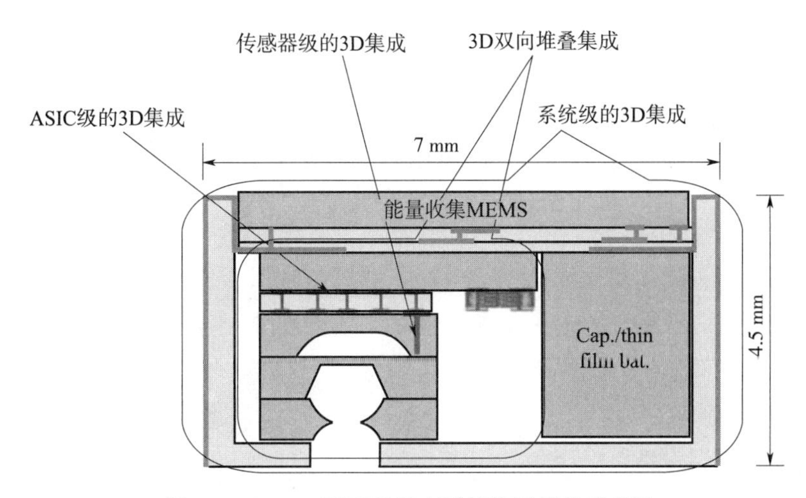

图 38－18　e－CUBES 汽车系统演示器的示意图

1）不引人注意的传感器——小的、无线的、肉眼不可见的及轻的——用来测量与身体相关的参数；

2）解释这些测量的算法，这种基于现行状态的算法可以给用户提供反馈和指导，以达到设计目的；

3）将数据传送到身体网络以进行进一步分析的无线连接。

在 e－CUBES 概念中，对身体机能（体温、呼吸、心跳及其他）进行不引人注意的测量变得十分可能。如果 e－CUBES 足够小的话，就可以在指定的时间内将药物放入身体的指定位置。例如，基于这种技术，可以测量胰岛素含量，还可以刺激荷尔蒙的释放。使用无线传感器（e－CUBES）对于神经紊乱的诊断［如帕金森（Parkinson）或阿尔茨海默（Alzheimer）疾病］具有极大的帮助。

在健康与健身领域中（智能人类救助系统、诊断学），健康监控系统已经存在了。由于它们体积较大，并且是有线的，它们自由行动的范围十分有限。一个无线的、轻的及易于放置的“医用 e－CUBES”，将会采用一种以前从没有想到的方法来反馈健康状况（监控血糖含量以及释放人体必需的胰岛素）。

未来，关于健康与健身方面的 e－CUBES 的发展是可预见的：更多的传感功能、更低的功耗、可无线充电的、具备或不具备体声波共振器的 17 GHz 无线电以及小于 cm^3 级的封装。此外，它们的软件都是可以进行无线升级的。

38.6　小结

本章对无线传感系统中 3D 集成技术应用的现状和挑战进行了讨论。同时，讲述了 e－CUBES 集成项目中，最新技术工艺在航空航天、汽车以及健康与健身领域多个应用的可行性，并指出为了取得未来市场成功，成本将成为一个驱动工艺技术选择的关键辅助标准。

致谢

作者感谢欧洲协会主办的 e - CUBES 集成工程的资金支持，支持项目号 IST - 026461。

参 考 文 献

[1] Warneke, B., Last, M., Liebowitz, B. and Pister, K. S. J. (Jan. 2001) Smart Dust: communicating with a cubic - millimeter computer. Computer, 34(1), 44 - 51.

[2] Cook, B. W., Lanzisera, S. and Pister, K. S. J. (June 2006) SoC issues for RF smart dust. Proceedings of the IEEE, 94(6), 1177 - 1196.

[3] Ramm, P., Klumpp, A., Merkel, R. et al. (2004) Vertical system integration by using inter - chip vias and solid - liquid - interdiffusion bonding. Japanese Journal of Applied Physics, 43(7A), 829 - 830.

[4] Ramm, P., Bonfert, D., Gieser, H. et al. (June 2001) InterChip via technology for vertical system integration. Proceedings of the IEEE International Interconnect Technology Conference, pp. 160 -162.

[5] Beyne, E. (2004) 3D Interconnection and Packaging: Impending Reality or Still a Dream? Proceedings of the IEEE International Solid - State Circuits Conference, ISSCC 2004, 15 - 19 February 2004; San Francisco, CA, USA, IEEE, pp. 138 - 145.

[6] Lietaer, N., Storas, P., Breivik, L. and Moe, S. (2006) Journal of Micromechanics and Microengineering, 16(6), S29 - S34.

[7] Sanduleanu, M. A. T. (2006) 17 GHz Ultra Low Power Radio - The 1 nJ/bit paradigm, Low power radio Workshop, ESSCIRC 2006, Montreux, September.

[8] Sanduleanu, M. A. T. et al. (2007) 17 GHz RF front - ends for low - power wireless sensor networks. Proceedings of BCTM, Boston, October.

[9] Sun, X., Dupuis, O., Linten, D. et al. (Nov. 2006) High - Q above - IC inductors using thin - film wafer - level packaging technology demonstrated on 90 - nm RF - CMOS 5 - GHz VCO and 24 - GHz LNA. IEEE Transactions on Advanced Packaging, 29(4), 810 - 817.

[10] Fernandez - Bolanos, M. Badia et al. (2007) RF MEMS capacitive switch on semi - suspended CPW using low - loss HRS. Proceeding of MNE, Copenhagen, pp. 171 - 174.

[11] Dubois, P., Botteron, C., Mitev, V. et al. (2008) Ad - hoc wireless sensor networks for exploration of solar - system bodies. Acta Astronautica, (in press).

[12] Weber, W. Three - dimensional integration of silicon chips for automotive applications (eds C. A. Bower, P. Garou, K. Takahashi and P. Ramm), MRS Proceedings, Enabling Technologies for 3 - D Integration, Volume 970, Material Research Society, ISBN: 978 - 1 - 55899 - 927 - 5.

总　结

Phil Garrou，Christopher Bower，Peter Ramm

随着2007年的临近，3D集成技术已经成为半导体行业内的热点话题。关于3D集成技术的文章几乎在所有知名的行业期刊中都能看到。“3D”已经成为可以与“纳米”竞争的新的大热科技术语。但关于3D集成的热门研究的合理性仍值得商榷，并非所有关于热点的研究最后都能转化为商业成功。但是，正如在本书中一些章节作者所指出的那样，跨入3D集成时代对于半导体行业来说是很自然的过程。

众所周知，摩尔定律在32～22nm工艺节点将难以继续延续，ITRS路线图中指出3D集成是实现更高集成度的关键技术。在我们发现新的可以取代CMOS工艺的技术之前，3D集成技术可以在无需大改材料和技术路线的情况下，实现提高性能（更短的互联延迟），提升成品率（采用优化工艺制造关键层级），增加外引脚数并增加产品功能的目的（非硅基功能）。可以说：“向立体空间发展是最合理的技术路线”。

本书对很多研究所和公司的3D集成工艺进行了详细论述。一些大学和研究所在改进单元体生产、设计及流程方面取得了很大进展。图1展示了全球开展3D集成技术研究的组织机构。

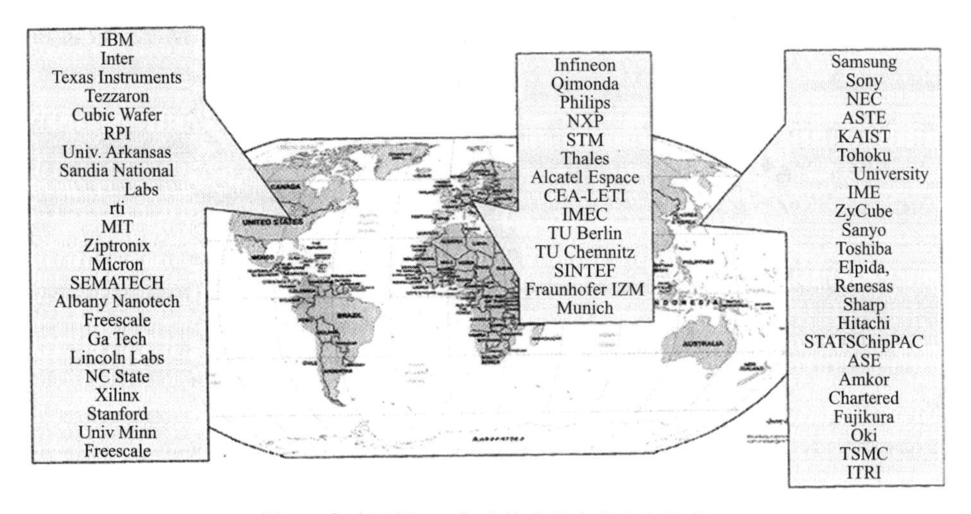

图1　全球开展3D集成技术研究的组织机构

本书中提到的大部分工艺流程在技术层面上是可行的（实验室条件下），但并非所有的工艺流程都具备产业化价值，所以本书提及的很多工艺流程都未实现商业化，但仍可以让读者来选择对其有价值的方法。目前的发展情况显示，基于晶圆级制造的工艺流程，对提升成品率和提高性能具有优势。对于采用晶圆堆叠方法实现3D集成的应用，晶圆成品率和芯片区域将会带来麻烦。因此，采用已知良好芯片（KGD）进行芯片到晶圆的堆叠实现对于不同芯片尺寸和低成品率的3D集成是有利的。各方面都最佳的工艺流程目前还未出现。

实现3D集成工艺可靠性及控制成本需要注意以下问题：

- 键合（温度、压力、对准精度及失效率等）；
- 减薄及划片（一致性、压力及芯片强度等）；
- 超薄圆片及芯片的拿持（生产及集成过程等）；
- 垂直互连集成（尺寸，无用区域、电阻系数及可靠性等）；

此外，还需面临如下挑战：

- 电性能问题，例如串扰及寄生效应；
- 针对3D工艺的专用软硬件需求（仿真、模拟，设计、工艺及测试等）；
- 散热问题（例如，堆叠芯片大幅增加的功率密度）；
- 可靠性。

总而言之，未来十年3D集成技术将成为实现集成密度提高、性能提升、功能丰富的技术平台。尽管仍有一些难点和挑战需要攻克，但目前并没有出现停步的迹象。我们可以想象，3D集成工艺与设计技术的飞速发展，将带来全新的3D结构（类似人类大脑）和全新的产品，例如小型化的传感器（类似人的感官器官）。对于3D集成技术的研究者来说，未来充满着无限惊喜与挑战。

术　语

3D - ADOpt placement tool	3D - ADOpt 放置工具
3D chip stacking	3D 芯片堆叠
—ASET project	ASET 工艺
—fabrication process	制造过程
3D circuits	3D 集成电路
—CAD	CAD 软件
—electrical performance	电性能
—testing	测试
—wafer - scale integration technology	晶圆级集成技术
3D CMOS fabrication	3D CMOS 工艺
3D contacts, electrical performance	3D 接触电性能
3D design	3D 集成设计
—modeling	模型
—power grid	电网格
—practice	实例
—thermal analysis	热分析
—thermally - driven placement and routing	热扩散位置与路径
3D DRAM, process requirements	3D DRAM 工艺要求
3D fabrication process	3D 加工工艺
3D floorplanning	3D 布局规划
3D hyper - integration	3D 超级集成
3D imagers, MIT/Lincoln Lab	3D 图像, MIT/林肯实验室
3D integration	3D 集成
—and 3D packaging	3D 封装
—application developments	应用与发展
—bond strength requirements	互连强度需求
—bonding technologies	互连技术
—CEA - LETI	法国原子能委员会-电子信息技术实验室
—conformal O3/TEOS films	保形 O3/TEOS 膜

—cost	成本
—decision criteria	决策标准
—design, see design for 3D integration	设计
—design methods	设计方法
—drivers	驱动
—electrical performance	电性能
—enabling technologies	Enabling 技术
—form factor	结构因子
—IMEC	比利时微电子研究中心
—introduction	介绍
—memory latency	内存延迟
—noise	噪声
—power consumption	功率消耗
—process technology	工艺技术
—RPI	伦斯勒理工学院
—signal speed	信号速度
—system, see 3D system integration	系统集成
—terminology	术语
—Tezzaron Semiconductor Corp.	Tzzaron 半导体公司
—W2W	晶圆到晶圆(Wafer to Wafer)
—yield	成品率
—Ziptronix, Inc.	Ziptronix 公司
—ZyCube	ZyCube 公司
3D interconnect	3D 互连
—comparison	比较
—integration schemes	集成方案
—key requirements	关键需求
3D - LADAR chip	3D 雷达芯片
—3D design	3D 设计
3D layout practice	3D 布局实例
3D - LSI	3D 大尺寸集成电路
—chip size package (CSP)	芯片级封装
—future technology	未来技术

—process flow	工艺流程
—see also stacking	见堆叠
3D super chip	3D 超级芯片
3D system integration	3D 系统集成
—drivers	驱动
—reliability	可靠性
—wafer - level	晶圆级
3D technology scaling	3D 技术回顾
3D via, see vias	3D 通孔
3D - WLP	3D 晶圆级封装
—process flow	工艺流程

a

ablation, laser, see laser ablation	激光烧蚀
AC performance, multi - layered TSVs	AC 性能,多层 TSV
acid copper sulfate	硫酸铜
activation, surfaces	活泼,表面
active imaging	自动成像
A/D converter	模/数转换器
adaptive analog circuits, low - voltage	低压自适应模拟电路
additives, plating	电镀添加剂
address - event representation (AER)	地址事件显示
adhesion energy, critical, see critical adhesion energy	临界粘接能
adhesion layer	粘接层
adhesive bonding	粘接强度
—integrity	完善
—polymer, see polymer adhesive bonding technology	有机物
—RPI	伦斯勒理工学院
—VSI	垂直系统集成
adhesive redistribution layers	粘接再分布层
adhesives, low/high modulus	粘接,低/高模量
ADOpt, see 3D - ADOpt placement tool	3D - ADOpt 放置工具
ADP, see atmospheric downstream plasma	大气下游等离子体
advanced air heat sinks	先进空气热沉

advanced man - machine interface	先进人造界面
advanced packaging	先进封装
advanced parameter ramping	先进参数斜率
advanced sensor arrays	先进传感器阵列
AFM, see atomic force microscopy	原子力显微镜
air heat sinks, advanced	热沉
airborne demonstrator	机载演示器
aligned wafer bonding	晶圆对准互连
alignment	对准
—direct oxide bonds	氧化物直接互连
—error	错误
—evaluation	评估
—FaStack process	FaStack 技术
—layers	层
—markers	市场
—potential errors	潜在错误
—self - aligned process	自对准工艺
—strata	层
—wafer - to - wafer	晶圆到晶圆
alloys, eutectic	共晶化合物
aluminum - terminated via	覆铝通孔
ambient intelligent systems	环境智能系统
amorphous layers	非晶层
analog circuits, low - voltage adaptive	低压模拟集成电路
analog/digital converter	模拟/数字转换器
anisotropic via profiles	各向异性 TSV 加工
annealing	退化
—ASET project	ASET 工艺
—room temperature	室温
annulus, metal	环形，金属
ANSYS	ANSYS 软件
any - angle TWI	任意角度
APD, see avalanche photodiode applications	雪崩二极管应用

—automotive	机械自动化
—multi - standard	多标准
ARDE,see aspect ratio dependent etching	深宽比相关刻蚀
ARIE,see aspect ratio independent etching arrays	非深宽比相关刻蚀
—advanced sensor	先进传感器
—ball grid,see ball grid array	球栅阵列
—BIST	内建自测试
—detector	探测器
—field programmable gate, see field programmable gate array	程序门成品率
—focal plane,see focal plane array	聚焦平面
—pore	孔
—trench	刻蚀
—wet - etched pore	湿法刻蚀孔
Arrhenius,law	Arrhenius 定律
ASET project	超尖端电子技术开发机构
ashing	灰化
ASIC(application - specific integrated circuit)	专用集成电路
—3D	三维
aspect ratio, high see high aspect ratio aspect ratio dependent etching (ARDE)	与刻蚀相关的深宽比
—triple - pulse process	三段脉冲工艺
aspect ratio independent etching (ARIE)	与刻蚀无关的深宽比
Association of Super - Advanced Electronics Technologies, see ASET project	超尖端电子技术开发机构
atmospheric downstream plasma (ADP)	常压气流等离子
atomic force microscopy (AFM)	原子力显微镜
attachment, handle wafers	承载晶圆的粘接
Au,see gold	金
automated thermal via insertion	自动插入散热孔
automotive applications	自动化应用
avalanche photodiode (APD) imager	雪崩光电二极管(APD)影像器

b

behavior, see performance	性能
bending, four - point	四点弯曲
—four - point	四点
benzocyclobutene (BCB)	苯并环丁烯
—3D - SIC	SIC 类型 3D 集成
—3D system integration	3D 系统集成
—adhesive bonding	粘接键合
—plasma - polymerized	等离子聚合化
—polymer bonding	聚合物粘接
—redistribution layers	再分布层
—TWI MOSFETs	金属氧化物半导体场效应晶体管贯穿圆片互连
—"via last" 3D platform	后通孔 3D 平台
—wafer bonding	晶圆键合
BEOL, see back - end - of - line	后道制程
B2F, see back - to - face	背对面
BGA, see ball grid array	球栅阵列
binary metal system	二元金属体
BIST, see built - in self - test	内键自测试
blank chips	空白芯片
blanket film properties	地毯膜
blind - via filling processes	盲孔填充工艺
board level design	板级设计
body area network, wireless	无线人体网络
bond strength	键合强度
bond voids	键合空洞
bondability	可焊性
—influence of CuO	氧化铜的影响
bonding	键合
—adhesive, see adhesive bonding	粘接,见粘接键合
—aligned wafers	已对准晶圆
—before thinning	减薄之前
—chip - to - wafer	芯片到晶圆

—conclusions	总结
—copper, see Cu - Cu bonding	铜,见铜-铜键合
—dielectric	电介质
—direct, see direct bonding	直接键合
—enabling technologies	使能技术
—eutectic	共晶
—F2F	面对面(face to face)
—in situ process	原位键合工艺
—indium (alloy) bump	铟(合金)凸点
—intermetallic compounds	金属间化合物
—low - temperature	低温
—mechanism	机理
—metal	金属
—metal, see also Cu - Cu bonding	金属,见铜铜键合
—oxide - oxide	氧化层-氧化层
—permanent	永久性
—polymer	聚合物
—procedures	规程
—processing sequences	工艺流程
—silicon fusion	硅熔融
—SiO/SiO	氧化硅/氧化硅
—solder	焊料
—spontaneous	自发
—surface activated	表面活性
—temperature	温度
—temporary	临时的
—thermo - compression	热压键合
—wire	键合丝
—yield	产能
—see also wafer bonding	见晶圆键合
bonding interface resistance	键合层间电阻
bonding interface structure	互连界面结构
bonding materials	键合材料

—epoxy	环氧材料
—intermetallic compounds	金属间化合物
—metallic	金属
—polymer adhesive	聚合物粘接剂
bonding orientation, back - to - face	背对面键合
bonding pressure, local	局部键合压力
bonding strength	键合强度
—characterization	特征参数
—see also critical adhesion energy bonding technologies	粘接键合技术的关键参数
—3D integration	3D 集成
—comparison	对比
—polymer adhesive	聚合物粘接
—wafer stacking	晶圆堆叠
bonding time	键合时间
bondline formation dynamics	键合丝动态特性
bondpoints	键合点
—area	面积
bonds, composition and sintering	烧结结构
Bosch process	Bosch 工艺
—modification	改良的
boundary zone, plastically deformed	边界区域,塑性形变
bow, wafers	晶圆翘曲
bow orientation	翘曲方向
BOX, see buried oxide	嵌入使氧化物
breakdown voltage	击穿电压
breaking - strength	断裂强度
breaking technologies	裂片技术
bridge	桥
“bridge - type” interconnects	桥式互连
brittle fracture cracks	脆性断裂
bubbling, O_2	起泡 ,氧气
built - in self - test (BIST)	机内自测
bump bonding	凸点键合

cell - level circuit 逻辑级电路

cell phones 移动电话

central processing unit, see CPU 主要数据单位,见 CPU

channels, hierarchical nested 多级巢穴通道

charge coupled device (CCD) 电荷耦合器件

Chartered, memory activity Chartered 半导体公司 内存活动

chemical mechanical polish (CMP) 化学机械抛光

—3D circuits 3D 集成电路

—3D - SIC SIC 类型的 3D 集成

—bonding 键合

—copper bonding 铜键合

—DBI 直接键合互连

—direct bonding 直接键合

—FaStack process FaStack 工艺

—oxide - oxide bonding 氧化层-氧化层键合

—"via last"3D platform 后通孔 3D 平台

chemical resistance 化学稳定性

chemical specification, direct oxide bonds 直接氧化键合化学处理

chemical vapor deposition (CVD) 化学气相沉积

—copper 铜

—dielectric 介质

—plasma enhanced 等离子体增强

—precursors 先驱

—SiO_2 insulator 氧化硅绝缘

—sub - atmospheric 压大气压的

—tungsten 钨

chemical wet cleaning 化学湿清洗

chemistry 化学

—etching 刻蚀

—plasmas 等离子

—plating 电镀

chip embedding, ultrathin 芯片内置,超薄

"chip in polymer" approach 聚合物内置芯片,方法

chip - on - board (COB) 板上芯片

chip - on - chip (CoC) technology,commercial activity 片上芯片技术,商业的活性

chip size 芯片尺寸

—identical 一样的

chip size package (CSP) 芯片尺寸封装

—3D - LSI 3D大规模集成电路

—digital base band 数字基带

—TWI MOSFETs 晶圆互连场效应管

chip stack modules,thermal 芯片堆叠模式,热的

—performance 性能

chip stacking 芯片堆叠

—3D,see 3D chip stacking 3D,见3D芯片堆叠

—face - to - back 面对背

—face - to - face 面到面

—ultrathin,see ultrathin chip stacking 超薄,见超薄芯片堆叠

—see also stacking 见堆叠

chip strength 芯片强度

chip thickness 芯片厚度

chip - to - chip (C2C) 芯片到芯片

—capacitive interconnections 电容式互连

—integration schemes 集成方案

chip - to - wafer (C2W) 芯片到晶圆

—bonding 键合

—integration schemes 集成方案

—two - step integration 两步集成

—VSI concepts 垂直系统集成概念

chipping 破片

chips 芯片

—3D multiproject 3D多项目

—3D stacking technology 3D堆叠技术

—assembly at University of Arkansas 阿肯色大学组装

—blank 裸的,空白的

—damaged sides 损伤面

—imaging	成像
—neuromorphic vision	神经形态视觉
—polymer process flow	聚合物加工流程
—processed	处理的
—separation	分割
—strength	强度
—surface hardness	表面硬度
—TCI	薄芯片集成
—topography	表面
—two - issue processor	双核处理器
—see also ASIC,IC,processors	见 ASIC,IC,处理器
Cholesky factorization	因数分解
circuit transfer	电路传送
circuits	电路
—3D,see 3D circuits	3D,见 3D 电路
—cell - level	逻辑级
—daisy chain	菊花链
—design methods	设计方法
—equivalent	等量的
—integrated,see IC	集成,见 IC
—low frequency parameters	低频参数
—low - voltage adaptive analog	低压自适应模拟
—multiproject	多项目
—simulation	模拟
cleaning,chemical wet	清洗,化学湿法
clearance grooves	间隙槽
clock gating	门控时钟
CMOS (complementary metal oxide semiconductor)	互补金属氧化物半导体
—3D	三维
—3D stacking	3D 堆叠
—image sensors	图像传感器
—imaging chips	成像芯片
—integration schemes	集成方案

—processing	工艺
—VSI	垂直系统集成
CNT, see carbon nanotubes	碳纳米管
coarse grinding	粗磨
coating	镀层
—spin, see spin coating	旋转,旋转涂层
—sputtered carbon	溅射碳
COB	板上芯片
CoC, see chip - on - chip	片上芯片
coefficient of thermal expansion (CTE)	热膨胀系数
—3D memories	3D 存储器
—NCP preform process	非导电胶预成型工艺
Coffin - Manson relationCoffin - Manson	公式
cold plates	冷板
commercial activity	商业活动
commercial precursors, CVD	商业先驱,化学气相沉积
communication bandwidth	通信带宽
compact modeling	压缩模式
complementary metal oxide semiconductor, see CMOS	互补金属氧化物半导体,见 CMOS
complete TSV metallization	完全硅通孔金属化
complex stack structures, simulation	复杂堆叠结构,模拟
component level simulation	组件级别仿真
compounds, intermetallic	化合物,金属间的
—intermetallic	金属间的
compression bonding, thermo -	压力键合,热的
computer - aided design (CAD)	计算机辅助设计
—3D circuits	3D 电路
computer - aided model generation	计算机辅助模型生成
conduction	传导
—heat	热量
—simulation in TWI	晶圆互连模拟
conductive paste printing	导电浆料印刷
conformal O_3/TEOS films	保形性 O_3/TEOS 膜

conformal seed layer 保形性种子层

connections 连接

—dynamic weight 动态动量

—inter - chip 内置芯片

—see also interconnects, vias 见互连通孔

consumption, power 功率消耗

contact area ratio 接触率比例

contacts 接触

—3D 三维

—backside 背面

—diffused plug drain 扩散接头

—metallic 金属的

—self - adjusting backside 自适应背面

content addressable memory 寻址内存

continuous processing 连续工艺

convection 对流

convective interlayer heat removal 对流内层排热

convective liquid, forced, see forced convective liquid 对流液体,压力的,见压力对流液体

converter 变流器

—A/D 模拟/数字

—D/A 数字/模拟

coolant flow 冷却液

cooling 冷却

copper 铜

—bonding conclusions 键合总结

—bonding medium 键合媒介

—chemical vapor deposition (CVD) 化学气相沉积

—“Cu - Nail” technology 铜钉科技

—CVD precursor 气相沉积先驱

—damascene inter - wafer interconnect 镶嵌内层晶圆互连

—metallization 金属化

—MOCVD 金属有机气相沉积

—nanorods 纳米管

—resistance (electrical)	电阻
—seed layer	种子层
copper bump bonding (CBB)	铜凸点键合
copper - coated wafers	镀铜晶圆
copper - copper bonding, see Cu - Cu bonding	铜-铜键合,见铜-铜键合
copper deposition, CVD	铜沉积,化学蒸汽沉积
copper electrodeposition, via filling	铜电沉积,通孔填充
copper films, step coverage	铜膜,阶梯覆盖
copper full fill	铜填涂
copper ions, drift rate	铜离子,漂移率
copper lining	铜线
copper oxide (CuO), influence on bondability	氧化铜,对键合强度的影响
copper pillar bumps	铜柱凸点
copper plating	电镀铜
—equipment	设备
—process requirements	工艺要求
copper redistribution layer	铜再分布层
copper seed	铜种子层
copper - solder joints	铜-焊料焊点
copper spacer, lateral heat removal	铜垫片,侧排热
copper sulfate, plating chemistry	硫酸铜,电镀化学
copper supervias	铜通孔
copper thermo - compression bonding	铜热压键合
—process flow	工艺流程
copper - tin diffusion	铜-锡扩散
copper - tin eutectic bonding	铜-锡共晶焊
copper wires	铜线
copper/BCB redistribution layers	铜/聚并环丁烯再分布层
Core 2 processor	双核处理器
—repartitioning	再分配
cost	花费
—3D integration	3D集成
—DBI	直接键合互连

coupled electrical - thermal simulation 耦合电热模拟
coupling, electromagnetic 耦合电磁
cover glass 玻璃封片
coverage 覆盖
—copper plating 镀铜
—step 步骤
CPU (central processing unit) 中央处理器
—power consumption 消耗功率
—speed improvement 速度提升
—stacked with DRAM 动态随机存取存储器堆叠
—see also microprocessors 见微处理器
cracks 裂纹
creeping - up 攀爬
critical adhesion energy 粘接性能
—see also bonding strength 见键合强度
cross resistance 交叉电阻
cross talk 串扰
—reduction 降低,衰减
crowding, current 电流聚集
cryogenic etching 低温刻蚀
—plasma 等离子
CSP, see chip size package 见芯片级封装
CTE, see coefficient of thermal expansion CTE, 见热膨胀系数
Cu - Cu bonding 铜-铜键合
—3D microprocessor systems 3D 微处理器系统
—direct 直接的
—see also metal bonding 见金属键合
"Cu - Nail" technology 铜钉技术
Cu - Sn diffusion, see copper - tin diffusion 参见铜-锡扩散
CUBIC (CUmulatively Bonded IC) 累积键合电路
CupraSelect® 三甲基乙烯树脂硅烷六氟化乙酰丙酮化铜
cure cycle 烘烤过程
current crowding 电流聚集

DC performance,multi - layered TSVs	多层通孔的直流特性
D2D,see die - to - die	参见芯片-芯片
debonding	分离
—ASET project	超尖端电子技术开发机构分离工程
—lift off	向上分离
—modeling	分离模型
—temporary	临时分离
decision criteria,3D integration	3D 集成准则
DECR,see distributed electron cyclotron resonance	参见分布式电子回旋共振
dedicated data formats	复杂数据格式
deep hollow vias	深通孔技术
deep reactive ion etching(DRIE)	深反应离子刻蚀
—basic principles	深反应离子刻蚀基本原理
—equipment	深反应离子刻蚀设备
—high aspect ratio features	深反应离子刻蚀高深宽比特征
—masks	深反应离子刻蚀掩膜
—processing	深反应离子刻蚀工艺
—through - wafer interconnects	深反应离子刻蚀贯穿圆片互连
—TSV(University of Arkansas)	深反应离子刻蚀硅通孔(阿肯色州州立大学)
—TWI MOSFETs	深反应离子刻蚀贯穿圆片互连金属氧化物半导体场效应晶体管
defect tolerant 3D stacks	3D 叠层的容错控制
defects	缺陷
deformation,elastic	弹性形变
deformed boundary zone,plastically	塑性形变边界区域
delamination	分层
—model	模型
delay	延时,延迟
—interconnect	内部延时
—ring oscillator	环形谐振器延迟
—signal	信号延迟
delivery systems,liquid precursors	液体先驱物传输系统
densification,CNT bundles	CNT 管束致密化

device wafers	器件圆片
devices	器件
—discrete semiconductor	半导体分立器件
—power	器件功耗
—strain - enhanced	应变增强器件
dicing	划片
die stacking	芯片堆叠
—metal bonding	金属键合芯片堆叠
—process flow	芯片堆叠工艺流程
—versus wafer stacking	芯片堆叠与圆片堆叠
die - to - die(D2D) stacking	芯片与芯片堆叠
die - to - wafer (D2W)	芯片与圆片
—opto - electronics	光电子芯片与圆片
—stacking	芯片与圆片堆叠
dielectric bonding	绝缘键合
dielectric CVD	化学气象沉积介质
dielectric film properties	介质膜性质
dielectric interfaces, notching	介质层开槽
dielectric redistribution layer, metal -	金属介质再分布层
dielectrics	介质
dies	芯片
—cost of stacked	芯片堆叠成本
—daisy chain	芯片菊花链
—handling	芯片传递
—thin silicon	薄型硅芯片
—yield - die size relationship	芯片尺寸与成品率关系
differential equations	微分方程
—ordinary	常微分方程
—partial	偏微分方程
diffractive optics method	衍射光学方法
diffused plug drain contact	扩散接头连接
diffused vias, simulation	扩散通孔模拟
diffusion barrier	扩散阻挡层

digital baseband CSP	数字基带 CSP
digital simulation	数字模拟
digital/analog converter	数字/模拟转换器
diode characteristics	二极管特性
Direct Bond Interconnect (DBI)	直接键合互连
direct bonding	直接键合
—Cu - Cu	铜-铜直接键合
—low - temperature	低温直接键合
—oxide wafer	低温圆片氧化直接键合
—Ziptronix,Inc.Ziptronix	公司直接键合
direct wafer bonded ICs	直接圆片键合集成电路
DirectFET package	DirectFET 封装
discrete semiconductor devices	半导体分立器件
dislocation lines	错位线
dissipation,power	功耗矢量
—power	功耗矢量
distributed electron cyclotron resonance(DECR)	分布式电子回旋加速振荡(DECR)
distributed return architecture	分布回流结构
donor wafer	施主晶圆
doped polysilicon	掺杂多晶硅
doped substrate,highly	重掺杂衬底
double gate MOS transistor	双栅 MOS 晶体管
downstream plasma,atmospheric	常压气流等离子
drain contact,diffused plug	扩散接头连接
drain - source - on resistance (RDSon)	导通电阻
DRAM (dynamic random access memory)	动态随机存储器
—cell area change	动态存储器单元面积变化
—commercial activity	DRAM 商业应用
—high density	高密度 DRAM
—speed improvement	DRAM 增长速度
—stacked with CPU	CPU 与 DRAM 叠层
DRIE,see deep reactive ion etching drift,transistor performance	参见晶体管特性,深反应离子刻蚀

drift rate,copper ions	铜离子漂移速率
drilling,laser	激光钻孔
—laser	激光钻孔
drive current	驱动电流
drivers	驱动
—3D integration	3D 集成的驱动力
—miniaturization	小型化驱动力
DRS Infrared Technologies	DRS 红外技术
dry - etch smoothening	干法刻蚀平坦化
dry - laser dicing	激光切割划片
DSPF	详细标准寄生格式
dual - core microprocessor,power map	双核处理器功耗分布图
Dust,Smart	智能尘埃
D2W,see die - to - wafer dynamic connection weight	参见芯片-晶圆动态加权值

e

e - Cubes project	电子模块项目
—applications	电子模块项目应用
—automotive applications	电子模块项目汽车应用
—GHz radios	电子模块项目 G 赫兹无线电
"e - Grain" concept	电子颗粒概念
ECD,see electrochemical deposition	参见电化学沉积
ECR,see electron cyclotron resonance plasma edges	参见电子回旋共振等离子体边缘
efficient modeling	有效模型
efficient stacking	有效堆叠
elastic deformation,wafers	晶圆弹性形变
elastic - plastic data	弹性-塑性数据
electrical data,DBI	DBI 电子数据
electrical performance	电性能
—3D circuits	3D 电路的电性能
—3D contacts	3D 互连的电性能
—3D integrated devices	3D 集成器件的电性能
—multi - layered TSVs	多层 TSV 的电性能
—simulation and modeling	建模和仿真的电性能

—DRIE	深反应离子刻蚀
equivalent circuit	等效电流
equivalent network,basic	等效基本网络
equivalent plastic strain range	等效弹性应力范围
equivalent R/C networks	等效 RC 网络
error	错误
—alignment	排列
etch - back,substrate	衬底背面刻蚀
etch chemistry,3D vias	化学刻蚀,3D 通孔
etch marker	刻蚀标记
etching	刻蚀
—aspect ratio (in)dependent	(非)独立深宽比
—cryogenic	低温
—deep reactive ion,see deep reactiveion etching	深反应离子,参见深离子反应刻蚀
—dry - etch smoothening	干法平整刻蚀
—HAR vias	高深款比通孔
—photo - electrochemical bath	光电化学电泳
—plasma,see plasma etching	等离子体,参见等离子体刻蚀
—room temperature	室温
—vias,see via etching	通孔,参见通孔刻蚀
—wet,see wet etching	湿法,参见湿法刻蚀
ETP,see expanding thermal plasma	ETP,参见热等离子体扩张
eutectic alloys,melting point	共晶合金，熔点
eutectic bonding	共晶焊接
—copper - tin	铜锡焊
evaluation,wafer stability	评估,晶圆稳定性
expanding thermal plasma (ETP)	热等离子体扩张
—etching	刻蚀
extreme miniaturization	极小型化
extrusion	压制
eye diagram simulation	眼图仿真

f

fabrication	制造

—3D microprocessor systems	3D微处理器系统
—3D ROICs	3D读出电路
—ASET vertical interconnection	超尖端电子技术开发垂直互连技术
—thin wafers	薄晶圆
—TSVs	硅通孔
fabrication process,3D	3D制造过程
face - to - back chip stacking	F2B芯片堆叠技术
face - to - face (F2F)	F2F芯片堆叠
—bonding	连接技术
—stacking	堆叠
—strata stacked circuits	圆片堆叠电路
factorization,Cholesky	乔里斯基因数分解
FaStack process Tezzaron	公司3D堆叠技术
—alignment	排列
—planarity	共面性
fault tolerant 3D stacks	3D堆叠容差
FDSOI,see fully depleted SOI	全耗尽绝缘体上硅
feasibility,.via last. 3D platform	可行性,3D平台后通孔技术
feature dimension	特征尺寸
feature size,minimum	最小特征尺寸
feature - size loading	特征尺寸负载
feature wetting	润湿特性
features,macroscopic	宏观特征
feed speed,coarse grinding	进给速度,粗磨
feed through interposer,smart(SMAFTI)	智能导通线接板技术
FEM,see finite elements method	有限元分析方法
FEOL,see front - end - of - line	前端工艺
F2F,see face - to - face	F2F
field programmable gate array (FPGA)	现场可编程门阵列
—FaStack	公司3D堆叠技术
fill,copper	铜填充技术
fill performance	填充性能
fill time	填充时间

filling	填充
—copper electrodeposition	电镀铜
—TSVs	硅通孔
—vias	通孔
—void - free process	无空洞流程
—ZyCSP process	ZyCSP 加工流程
Films	薄片
—blanket	包层
—conformal	共形
—copper	铜
—deposition on thinned silicon substrates	薄片上沉积衬底
—dielectric	电介质
fine grinding	细磨
finite difference method (FDM)	有限差方法
—3D circuits	3D 电路
finite elements method (FEM)	有限元方法
—3D circuits	3D 电路
—simulations	仿真
—thermal packaging	热学封装
finite volume method (FVM)	有限体积数法
first level data cache	第一级数据缓存
fitness demonstrator	适当演示
Flash memory	闪存
Flexibility	弹性
—measurement	测量
—thin wafers	薄晶圆
flexible polymer layers	柔性聚合物层
flip chip die stacking	倒装芯片堆叠技术
flipflop, buffered D	D 缓冲触发器
floorplanning, 3D	3D 布局规划
fluid dam	流体坝
flux ratio, ion - to - radical	通量比,离子到离子基
focal plane array (FPA)	焦平面阵列

—infrared	红外
force balancing	力平衡
forced convective liquid	强对流液体
form factor	形状因素
format requirements,3D bonds	格式要求,3D互连
formation	形成
—backside vias	底端通孔
—TSVs	硅通孔
—ZyCSP TSVs	ZyCSP 硅通孔
foundries,multiple	铸造厂
foundry - generated TSVs	车间生产的硅通孔
four - point bending	四探针曲度
Fourier.s law	傅立叶法则
FPGA,see field programmable gate array	FPGA,参见现场可编程门阵列
fracture cracks,brittle	易裂,裂痕
fracture strength,silicon	断裂强度
Fraunhofer/IZM,non - TSV 3D stacking technologies	夫琅和费研究所,非硅通孔 3D 堆叠技术
frequency,self - oscillation	自振频率
front - end - of - line (FEOL)	前端工艺
—applications	应用
—FaStack Tezzaron	公司 3D 堆叠技术
—TSVs	硅通孔
frontside metallization	硅面金属化
Fujitsu,non - TSV 3D stacking technologies	富士通非硅通孔 3D 堆叠技术
fully coupled electrical - thermal simulation	完全耦合电热仿真
fully depleted SOI (FDSOI) technology	全耗尽绝缘体上硅技术
functional blocks,rearranging/partitioning	有效模块,再整理/再分配技术
functional sub - blocks	有效子部件
fusion bonding,silicon	熔融键合,硅片
FVM,see finite volume method	有限体积数法

g

gallium arsenide (GaAs)	砷化镓
gaps,layered	分层裂隙

—layered	分层的
gate array, field programmable, see field programmable gate array	门阵列,现场可编程,参见现场可编程门阵列
gate leakage	栅端漏电流
gating, clock	闸控,时钟
Gaussian distribution	高斯分布
generic network models	通用网络模型
generic RLC network	通用 RLC 网络
geometrical model	几何模型
GHz radios, e - Cubes projectG	赫兹频率,电子数据集项目
GigaCopper	铜线接入
glass, cover	玻璃,覆盖
glass wafers, optical inspection	玻璃状晶圆,光学检测
global bus length, minimized	全球总线长度,最小化
global routing algorithm	全球寻址算法
gold stud bumps	金凸点
“good - enough - die”	满意的芯片
grid design, power	网格设计,功率
grinding	球磨
—coarse and fine	粗磨和细磨
—edge	边角
—tool structure	工具结构
—vice versa parameter influences	相反参数影响
—wheels	飞轮
grooves, clearance	细槽,空隙
ground - only wafers	地线晶圆

h

handle wafers	晶圆处理
handling	处理技术
—thin wafers	晶圆减薄
—wafers and dies	晶圆和芯片
HAR, see high aspect ratio	HAR,参见高深宽比
hardness, chip surfaces	芯片表面硬度

HAST, see highly accelerated stress testing	HAST,参见强加速应力测试
HDL (hardware description language) model	HDL(硬件描述语言)模型
HDP, see high density plasma	HDP,参见高密度等离子体
health applications	健康应用
heat conduction, thermal vias (TV)	导热通孔
heat flux explosion	热量连续激增效应
heat removal	热消除
—convective	对流性
—interlayer	中间层
—lateral	侧面
—thermal vias	热通孔
—traditional backside	普通背面
—vertically integrated packages	垂直集成风筝
heat sinks, air	热沉,空气
heat transfer, fundamentals	热转移原理
heating, stack structure	热效应,堆叠结构
heterogeneous 3D-SoC structure	3D片上系统结构
heterogeneous integration	多样集成技术
hierarchical nested channels	多级嵌套通道
high aspect ratio (HAR)	高深宽比
—DRIE features	深反应离子刻蚀特征
—wet etching	湿法刻蚀
high aspect ratio (HAR) TSVs	高深款比硅通孔
—CVD of W and Cu	化学气相沉积钨、铜
—mass transfer	大量转移
high aspect ratio (HAR) vias	高深宽比通孔
high density C4 probe card	高密度可控塌陷芯片连接探测方法
high density DRAM	高密度动态随机存取存储器
high density inter-chip connections	高密度芯片间互连
high density plasma (HDP) reactors	高密度等离子体发生器
high density vertically integrated photodiode (HDVIP)	高密度垂直集成光二极管
high energy physics, 3D ROICs	高能量物理器件,3D读写集成电路
high frequencies, electrical circuit performance	高密度,电路电学性能

high modulus adhesives	高粘度黏合物
high performance grinding wheels	高性能轮磨技术
high power caused delamination	高功率致分层
high resistivity silicon wafers	高阻硅晶圆
highly accelerated stress testing (HAST)	强加速应力测试
highly doped substrate	高掺杂衬底
hollow vias,deep	浅通孔,深
human retina	人类视网膜
hydrogen - induced wafer splitting	氢致晶圆皲裂
hyperintegration,monolithic 3D	超大集成,整体集成

i

IAF neuron	IAF 神经元
IBM,microprocessor activity	IBM,微处理器行为
IC - foundry infrastructure	集成电路铸造厂基础设施
IC (integrated circuit)	IC(集成电路)
—3D packaging	3D 封装
—aligned wafer/IC bonding	晶圆/集成电路阵列互连
—ASIC,see ASIC	专用集成电路,参见 ASIC
—CUBIC 4	CUBIC 计划
—direct wafer bonded	晶圆直接键合
—junction temperature limit	结温极限
—read - out,see 3D ROIC	读写电路,参见 3D ROIC
ICP,see inductively coupled plasma ICV (inter - chip - via)	芯片间通孔
—tungsten - filled	钨填充技术
ICV - SLID	芯片间通孔-固液相互扩散钎焊
—e - Cubes project	电子数据集项目
—modeling	模塑技术
identical chip size	标准芯片尺寸
imaging	图像
IMEC,3D integration technologies	微电子研究中心,3D 集成技术
IMEC process	微电子研究中心的处理技术
in situ bonding process	原位键合过程

—two - step	两步集成技术
integration processes	集成过程
—commercial activity	商用技术
integration schemes	集成版图
—3D interconnect	3D 互连技术
integrity, adhesive bonding	完整性，黏合剂互连
Intel	因特尔
—Core 2 processor	双核处理器
—microprocessor activity	微处理器行为
—Pentium	奔腾
intelligent sensing	智能感应
intelligent systems, ambient	智能系统环境
inter - chip connections, high density	高密度芯片间连接
inter - chip via, see ICV	芯片间通孔 参考 ICV
inter - strata via pitch	通孔节距
inter - tier via reduction	减少内层过孔
inter - wafer interconnect, copper damascene	铜镶嵌晶圆间互连
interconnect - driven case studies	互连驱动的案例研究
interconnects	互联线
—"bridge - type"	梁式
—buried	掩埋
—capacitive	电容
—carbon nanotubes	碳纳米管
—comparison of technologies	技术的比较
—delay	延迟
—density	密度
—direct bonding, see Direct Bond Interconnect	直接键合，参考直接键合互连
—electrical resistance	电阻
—failures	失效
—integration schemes	集成工艺
—inter - wafer	晶圆(片)间
—20 μm pitch	20 微米节距
—multi - level on chip	芯片内部连接工艺

—"plug - type"	孔式
—power reduction	降低功耗
—scaling	缩放
—through wafer	硅片通孔互连
—University of Arkansas process	阿肯色大学工艺
—vertical, see TSV	垂直的,参考通过硅片通道(Through Silicon Vias)
interdiffusion, solid liquid, see solid liquid interdiffusion	互扩散、固体液体,见固体液体扩散
interface	界面
—advanced man - machine	先进的人机
—bonding	键合
—cooling	冷却
—dielectric	电介质,绝缘体
—resistance	电阻、阻抗
interface materials, thermal	热界面材料
interfacial defects, inspection	界面缺陷检查
interfacial voids	界面空洞
interferometric endpoint detection	干涉型端点检测
interlayer heat removal , convective	夹层对流散热
interlayer thermal management	层间的热量管理
intermetallic compounds	金属间化合物
—bonding	键合
—formation	形成
—melting point	熔点
—uncompensated shrinkage	补偿收缩
interposer, feed through	导通线接板技术
Interuniversity Microelectronics Centre, see IMEC	微电子研究中心
I/O pins	I/O 引脚
ion - limited regime	离子受限模式
ion - to - radical flux ratio	离子自由基流量比
ionized metal plasma(IMP)	游离的金属等离子体
Irvine Sensors, non - TSV 3D stacking technologies	欧文传感器,非硅通孔 3D 叠层技术
isolation	隔离

—sidewall	侧壁
—testing	测试

J

jamming, laser	激光干扰
joints	接头
junction temperature limit	结温
"keep - out" zone	保留区

K

Kelvin structure	开尔文结构
key requirements, 3D interconnect technologies	3D 互连技术的关键要求
kinetic barriers, low - temperature wafer bonding	晶片低温键合的动力学障碍
"known good die"(KGD)	合格芯片
—KGD problem	合格芯片问题
—pre - tested	预测试
—testing	测试
Knudsen transport	克努特森输运
KOH, see potassium hydroxide	氢氧化钾

L

LADAR	激光雷达
—3D chip	3D 芯
—3D chip design	3D 芯片设计
—ROICs(Readout Integrated Circuits)	读出集成电路
laminar flow	层流流动
lamination	分层
Langmuir probe	朗缪尔探针
large scale integration, see LSI	大规模集成电路
laser ablation	激光烧蚀
—reliability	可靠性
—silicon substrate	硅衬底
laser dicing	激光切割
laser drilling	激光钻孔
—organics	有机物

—stacked	堆放
—thin	薄的
—two - layer stack	双层堆叠
layout	布局
—daisy chain	菊花链
—multiproject 3D	三维技术多项目
leakage	泄漏
leakage current	漏电流
—gate - to - source	栅源
length	长度
—global bus	全局总线
—total wire	线长
Leti,non - TSV 3D stacking technologies	Leti 公司非 TSV 的三维堆叠技术
level integration,wafer	晶圆级集成
life testing	寿命试验
lift off,debonding	剥离
limiting aspects	限制方面
—intermetallic compounds bonding	金属间化合物键合
—miniaturization	小型化
—parylene	对二甲苯
—thermal	热
Lincoln Laboratory	林肯实验室
—3D imagers	三维成像
—3D SOI process	三维 SOI 工
—multiproject circuit design and layout	多项目的电路设计和布局
Lining	内衬
liquid interdiffusion,solid -,see solid liquidinterdifussion.	固-液扩散
loading effects	荷载效应
local bonding pressure	局部键合压力
local clock gating	局部时钟门
logic - on - memory	逻辑存储器
logic + logic stacking	逻辑+逻辑堆叠
logic + memory stacking	逻辑+内存堆叠

—alignment accuracy	对准精度
—flexibility	韧性
—in situ	原位
—power map	功率图
—thermal resistance	热阻
—waveforms	波形
mechanical dicing	机械切割
mechanical polish,chemical,see chemical mechanical polish	化学机械抛光
mechanical specification,direct oxide bonds	直接氧化结合机械处理
mechanical stress,release	机械应力释放
medical applications	医学应用
melting point,metals	金属熔点
membrane,quasi - zero stress	准零应力膜
memory	内存
—3D integration	3D 集成
—3D stacked	3D 堆叠
—bandwidth	带宽
—BIST	内建自测(Built - in Self Test)
—commercial activity	商业应用
—content addressable	内容寻址
—dynamic random access,see DRAM	动态随机存取存储器
—Flash	闪存
—latency	延迟
—logic - on -	逻辑网络
—logic + memory stacking	逻辑+内存堆叠
—NAND Flash,see NAND Flash memory	NAND 存储器
—non - volatile	非易失性的
—SRAM	静态随机存取存储器
—volatile	易失性的
MEMS,see microelectromechanical systems	微机电系统
metal annulus	金属环
metal bonding	冶金键合
—die stacking	裸片堆叠

—face - to - face (F2F) stacking	面对面堆叠
—see also Cu - Cu bonding	参见铜-铜结合
metal organic chemical vapor deposition (MOCVD)	金属有机化学气相外延沉积
—ASET project	超尖端电子技术开发机
—copper	铜
metal oxide semiconductor, complementary, see CMOS	互补金属氧化物半导体
metal oxide semiconductor field effect transistor, see MOSFET	金属氧化物半导体场效应晶体
metal plasma, ionized	电离金属等离子体
metal redistribution layer	金属再分布层
metal surface activated bonding	金属表面活性结合
metal TWI process	金属 TWI 工艺
metal/dielectric redistribution layer	金属/电介质再分布层
metallic contact	金属连接
metallization	金属化
—complete	完成
—CVD of W and Cu	钨和铜的化学气相沉积
—frontside	正面
—thermal treatment	热处理
—under bump	凸点下
metals	金属
—bonding medium	键合介质
—damascene - patterned	镶嵌-图形化
—low melting	低熔点
—soldering	钎焊
—TSV fillings	硅通孔填充
methane sulfonic acid	甲烷磺酸
methylsilsesquioxane (MSSQ)	甲基硅倍半氧烷
metrology, thermal packaging	热封装计量
"micro bumps"	微凸点
micro cracks	微裂纹
micro joint	微接头
micro pores	微孔隙
micro thin gaps, layered	层间微小缝隙

—layered 分层

microchannel cold plate, staggered fin 装有散热片的微通道冷板

microelectromechanical systems (MEMS) 微机电系统

—adhesive bonding 粘接

—e - Cubes project e-多维数据集项目

—lining 内衬

—thermal stress 热应力

microgap cooling 微隙冷却

Micron, memory activityMicron 存储应用

microprocessors 微处理器

—3D, see 3D microprocessor systems 3D微处理器系统

—commercial activity 商业应用

—partitioning 分区

—power map 功率图

—see also CPU, processors 见中央处理器

microscopy, plasma diagnostics 显微镜、等离子体诊断

microsystems technology (MST) 微系统技术

miniaturization 小型化

—drivers 驱动程序

—extreme 极端

—limits 限制

—system - level 系统级

minimized global bus length 最小化总线长度

minimum feature size 最小特征尺寸

minimum pixel size 最小的像素尺寸

misalignment evaluation 未对准评估

MIT 麻省理工学院

mixed - signal simulation 混合信号仿真

20 - mm - pitch interconnection 20毫米节距互连

mobile phones 手机

MOCVD, see metal organic chemical vapor deposition 金属有机化合物化学气相沉淀

model generation, computer - aided

Modeling 建模

multi - chip module (MCM)	多芯片模块(MCM)
multi - chip node	多芯片点
multi - functional layers	多功能层
multi - layer stacking	多层堆叠
multi - layer TSVs, electrical performance	多层通孔的电性能
multi - level on - chip interconnects	多层片互连
multi - standard applications	多标准应用
multi - strata stacking	多层层叠的互连
multiple foundries	多层产品
multiprocessors	多处理系统
multiproject chip	多项目芯片
multiproject circuit design and layout	多项目电路设计与布局

n

NAND Flash memory	NAND Flash 储存器
—commercial activity	商业应用
nano - indentation	纳米压痕
nanorods, copper	铜纳米管
NCP, see non - conductive particle paste	NCP,详见非导电胶
near - CSP products	near - CSP 产品
NEC, memory activity	NEC 存储应用
neo - wafers	新的硅片概念
"Neostack"	"Neostack"技术
nested channels, hierarchical	多级巢穴通道
networks	网络
—basic equivalent	场计算得到的基本网络
—equivalent R/C	等效的 R/C 网络
—generic RLC	神经 RLC
—modeling	建模
—two - port	两端口网络
—wireless body area	无线人体网络
neuromorphic vision chip	神经形态可视芯片
neurons	神经元
New Chip Size Package, see ZyCSP	新款芯片尺寸封装,详见 ZyCSP

Osmium technology	“Osmium”技术
overburden	过载
oxide - oxide bonding	氧化层到氧化层的键合
oxide wafer bonding, direct	圆片氧化直接键合
oxygen bubbling	氧气起泡
ozone (O_3), conformal O3/TEOS films	臭氧,臭氧- TEOS 膜

p

packaging	封装
—3D IC	3D IC 封装
—advanced	先进封装
—CSP, see chip size package (CSP)	CSP,详见 芯片尺寸封装(CSP)
—PowerMOSFET	功率 MOS 器件封装(PowerMOSFET)
—SiP, see system - in - package	SiP 封装,详见 系统级封装
—thermal	热风封装
—ultrahigh density	超高密度封装
—wafer - level, see wafer - level packaging	水位,详见 水位包装
para - xylylene	对二甲苯
parallel separation	并行裂片
parameter ramping, advanced	先进的参数的刻蚀
parameterizable basic models	参数化的基本模型
partial differential equations (PDE)	有限差分等偏微分代数方法(PDE)
—thermal packaging	热封装
particle paste, non - conductive, see nonconductive particle paste	填充胶不导电,详见 非导电胶
particle stacking, control	堆叠中颗粒控制
partition level	等级水平
partitioning, microprocessors	分割微处理器
parylene	聚对二甲苯
—deposition process	沉积工艺
—limiting aspects	限制方面
—TSVs	TSVs
passivation, sidewall	侧壁钝化
passivation layer	钝化层

passive device integration 无源器件的集成

paste,non - conductive particle,see nonconductiveparticle paste 不导电填充胶,详见 非导电胶

paste printing,conductive 导电浆料印刷

patterned electroplating 电镀工艺

patterning,DRIE masks 图形化和 DRIE 掩模制备

PDE,see partial differential equations PDE,详见 有限差分等偏微分代数方法

performance 性能

—electrical,see electrical performance 电学,详见 电学性能

—temperature influence 温度影响

—thermal,see thermal performance 热量,详见 热性能

—transistors 晶体管

permanent bonding,thin wafers 薄晶圆的永久性键合

photo - electrochemical etch bath 光电刻蚀槽

photodiodes 光电二极管

—avalanche 雪崩光电二极管

—high - density vertically integrated 高密度垂直集成光二极管

photoresist,Bosch process 光刻胶,Bosch 工艺

photosensitive polymer layer 感光聚合物层

physical design flow 物理设计流程

physical vapor deposition (PVD) 物理气相沉积(PVD)

pillar bumps,copper Cu 柱凸点

pins,I/O IO 引脚

pipeline changes,logictlogic stacking “逻辑电路+逻辑电路”连接通道的改变

pitch 间距

—20 - mm - interconnection 20mm 节距互连

pixel size,minimum 最小像素

placement 放置过程

—direct oxide bonds 直接氧化键合

—initial 初始放置过程

—thermally - driven 热驱动

—unrestricted 过孔

planarity,FaStack FaStack 平坦化

plasma enhanced CVD (PECVD) 等离子体增强化学气相沉积(PECVD)

—bonding	键合
—metallization	镀金属
—oxide - oxide bonding	氧化层-氧化层键合
—TSV (University of Arkansas)	TSV 工艺(Arkansas 大学)
plasma etching	等离子刻蚀
—cryogenic	低温等离子体刻蚀
—expanding thermal	膨胀热等离子体刻蚀
—room temperature	室温等离子体刻蚀
plasma - polymerized BCB	等离子聚合化 BCB
plasma reactors	等离子反应器
plasmas	等离子体
—atmospheric downstream	常压气流等离子体
—capacitively coupled	容性耦合等离子体
—chemistry	等离子体化学
—diagnostics	等离子体诊断
—dicing	划片
—electron cyclotron resonance, see electron cyclotron resonance plasma	电子回旋加速共振,详见 电子回旋振荡(ECR)等离子体
—expanding thermal	膨胀热等离子体
—inductively coupled, see inductively coupled plasma	成对诱导,详见 诱导共轭等离子体
—ionized metal	离子化金属
—LowTemp activation	低温等离子激活
—O_2 plasma triple - pulse process	氧等离子体三段脉冲工艺
plastic data, elastic	弹塑性材料经验常数
plastic packaged MOSFET	塑料封装 MOS 器件
plastic strain range, equivalent	等效塑性应变幅度
plastically deformed boundary zone	塑性形变边界区
plating	镀层
—additives	添加剂
—apparatus	电镀
—chemistry	镀化学物
—copper, see copper plating	铜,详见 镀铜
—electro -, see electroplating	电,详见 电镀

—electrolytic	电解
plug drain contact,diffused	扩散接头连接
"plug - type" interconnects	楔形互连
Poisson.s equation	泊松等式
polarization,electrolytes	极化效应,电解质
polish,chemical mechanical,see chemical mechanical polish	化学机械磨光,详见 化学机械抛光
polymer adhesive bonding	聚合物粘接
polymer bonding	聚合物粘接键合
polymer process flow	聚合物工艺流程
polymer resin	聚合物基树脂
polymeric insulation	绝缘聚合物
polymers	聚合物
—BCB,see Benzocyclobutene	BCB,详见 环丁烯树脂
—flexible layers	挠性层堆叠结构
—MSSQ	MSSQ
—para - xylylene	对二甲苯
—parylene	聚对二甲苯
—photosensitive layers	感光层
polysilicon,doped	多晶硅掺杂
pore arrays	孔阵列
pores,micro -	毛细孔
post - BEOL TSVs	后 BEOL TSV 技术
post - bond alignment accuracy	后键合对准精度
post - placement bond strength increase	后放置粘接强度增加
potassium hydroxide (KOH)	氢氧化钾
potential alignment errors	潜在对准误差
power,match line	功率匹配线
power consumption	功率消耗
—3D integrated devices	3D叠层器件
—CPU	中心处理器
—estimation	估算
—reduction	抑制
—ultra - low	超低压

power devices	功率器件
power dissipation	功率损耗
—electronic components	电子组件
power grid design,3D	三维电网设计
power loss,stack modeling	功率损耗,堆栈建模
power map	功率图谱
power reduction,interconnect	功率降低,互连
power supply,3D packages	3D 封装电源供应器
Power MOSFET	功率场效应晶体管
PR,see pulse reverse current	图形识别,观察脉冲反向电流
practical solutions,via etching	可行解决方案,通孔腐蚀
pre - bond alignment	预键合对准
pre - process via technology,process flow	预处理通孔技术,工艺流程
pre - tested KGD	预测试已知良好芯片
pre - thinned wafers	预减薄圆片
precursor delivery systems,liquid	前体交付系统,液体
precursors,CVD	先驱,化学汽相沉积
preform process,NCP	预成型工艺
preformed solder balls	预成形焊球
prelogic	前逻辑
preparation	预备
—DRIE masks	深反应例子刻蚀掩膜
—wafers	晶圆,圆片
preprocessing,wafers	晶圆预处理
pressure	压力
—equalization	平衡
—local bonding	局部键合
—monitoring system	检测系统
printed board	印制板
printing,conductive paste	印刷,导电胶
probe card,C4	C4 探针卡
process cost,DBI	工艺成本,不同累积指数
process flow	工艺流程

—3D stacking	3 维叠层技术
—3D - WLPTSVs	3 维晶圆级封装硅通孔
—CVD of W and Cu	W 和 Cu 的化学气相沉积技术
—DBI	不同累积指数
—die stacking	芯片堆叠技术
—intermetallic compounds bonding	金属间化合物粘接
—low - temperature direct oxide wafer bonding	低温氧化晶圆直接键合技术
—polymer	聚合物
—pre - process via technology	通孔预处理技术
—Sanyo 2	日本三洋电气公司
—SuperVias	超级通孔
—thermo - compression bonding	热压键合技术
—thinning technology	减薄技术
—TSV (University ofArkansas)	硅通孔技术
—two - strata wafer stacking	双层晶圆堆叠技术
processrequirements	工艺需求
—3D DRAM	三维动态随机存储器
—copperplating	电镀铜工艺
—polymer adhesive bonding	聚合物粘接技术
process technology,3Dintegration	三维集成工艺技术
processed chips	加工芯片
processing	加工
—3D integration processingsequences	三维集成工序
—backside	背面
—CMOS	互补型金属氧化物半导体
—continuous	连续
—deep reactiveion etching (DRIE)	深反应离子刻蚀技术
—thin wafers	圆片减薄
Processors	处理器
—baseband	基带
—IntelCore 2	英特尔酷睿 2 处理器
—Intel Pentium 4	英特尔奔腾 4 处理器
—Many Core Processor	多核心处理器

—micro -, see microprocessors	微处理器
—multi -, see multiprocessor	多处理器
—two - issue chips	二代芯片
profile, thermal	热分布图
profile control	曲线控制
protection, edges	边缘保护效应
protrusion areas	突出区域
proximity effect	邻近效应
pulse reverse (PR) current	脉冲反向电流
PVD, see physical vapor deposition	物理气相沉积

q

results, FaStack process	评定结果,堆叠过程
quality control, dicing	切割质量控制
quality test, via chain	通孔链质量测试
quasi - zero stress membrane	拟零压力薄膜

r

radiation shielding	辐射屏蔽技术
radical - limited regime	激进限制制度
radio	无线电
radio frequency (RF) MEMS	射频微电子机械系统
ramping, advanced parameter	高阶参数上升
randomaccess memory	随机存取存储器
—dynamic, see DRAM	动态随机存储器
—static 21	静态随机存储器
random pattern resistance	随机模式电阻
RC delay	阻容迟滞
R/C networks, equivalent	R/C 等价网络
RDL, see redistribution layer	再分布层
RDSon (drain - source - on resistance), seedrainsource - on resistance	电阻漏源
re - built wafer.	重建晶圆
re - deposition area	再沉积区

reactive ion etching, deep, see deep reactive ion etching	深反应离子刻蚀
reactors, high - density plasma	反应器,高密度等离子体
read - out ICs (ROIC), 3D, see 3D ROIC	三维读出集成电路
rearranging, functional blocks	功能模块重排
receiver substrate	接收衬底
recycled currents	循环电流
redistribution layer (RDL)	再分配层
—adhesive	粘合剂
—copper	铜
—copper/BCB	铜/硼碳氮
—dielectric	绝缘体/电介质
—D2W stacking	D2W 堆叠
—metal	金属
reduction	降低
—cross talk	串音
—inter - tier vias	内层通孔
—order	序列
—power	功率
—register switching activity	寄存转换器
—scallop	扇贝状
—state space	状态空间
—undercut	底切
release, handle wafers	手持晶圆
reliability	可靠性
—ASET vertical interconnection	有效安全通道垂直互连
—3Ddevices	三维器件
—3D systemintegration	三维系统集成
—DBI	不同累积指数
—laser ablation	激光切割技术
—temperature - driven	温度驱动
Rensselaer Polytechnic Institute (RPI)	伦斯勒理工学院
integrationprocesses	集成工艺
repartitioning, Intel Core 2 processor	再分配,英特尔酷睿 2 处理器

representation	代理
—address - event	地址事件
—XML	可扩展标记语言
rerouting layer	重路由层
resin，polymer	松香聚合物
resist，solder	焊接阻抗
resistance (chemical)	化学阻抗
resistance (electrical)	电阻
—copper	铜
—cross	交叉
—drain - source - on，see drain - source - on	源消耗
resistance	组行
—interconnects	互连
—interface	界面
—modelvalidation	模型验证
—randompattern	随机图形
—simulation	仿真模拟
—via - chain	通孔链
—via - metal	通孔合金
resistance (thermal)	热阻
—simulation	模拟
retention time，variable	迟滞时间，变量
retina，human	人为视网屏蔽
retracting residual mask shadowing	追溯残余面具阴影
RF MEMS	射频微电子机械系统
ringoscillator	环形振荡器
—3D	三维
—delay	迟滞
—three - tier	三层
room temperature annealing	低温退火
room temperatureetching	低温刻蚀
roughness	粗糙度
—sidewall	侧壁

—surface 表面

—thin wafers 减薄晶圆

routing 工艺路线

—global algorithm 全局算法

—thermally - driven 热驱动

RTI International 美国三角国际研究中心

S

S - parameter S参数

SACVD, seesub - atmospheric CVD 低气压化学汽相沉积

sample and plating apparatus, copper electrode position 样品和电镀设备，铜电镀

Samsung, memory activity 三星内存

Sanyo process flow 三洋工艺流程

saturation current 饱和电流

scaling 缩放比

—3Dcircuits 三维环路

—3D technology 三维技术

—alignment error 对准误差

—interconnects 互连

—microprocessors 微处理器

—thermalmanagement 热管理

—TSVs 硅通孔

Scallop 扇贝状

scavengers, energy 能量清除器

scratches, side wall 侧壁划痕

scribing technologies 刻录技术

SDB, seesilicon direct bonding 硅片直接键合

seed layer 种子层

self - adjusting backside contacts 自调整背面连接技术

self - aligned process 自对准工序

self - forced delamination 自强迫分层

self - oscillation frequency 自振动频率

SEM, see scanning electron microscopy 电子扫描显微镜

Semiconductors	半导体
—complementary metal oxide, see CMOS	补充金属氧化物
—discrete devices	分立器件
—see also silicon	硅元素
sensitivity, imaging systems	敏感成像系统
sensors	传感器
—3D - LSI	3D 大规模集成电路
—advanced arrays	高级阵列
—image	影像
—intelligent	智能的
—lining	内衬
—wireless systems	无线电系统
Separation	分离
—chips	芯片
—laser	激光
—method comparison	方法对比
—parallel	平行的
sequences, 3D integration processing	系列、3D 集成工艺
shadowing, mask	遮蔽、掩饰
shallow trench isolation (STI)	浅沟隔离
shear testing	剪切实验
—bonded wafers	结合晶圆
shielding, radiation	屏蔽、辐射
shrinkage, uncompensated	降低、补偿
SIC, see stacked IC	集成电路堆叠
Sidewall	边缘墙
—isolation	孤立
—passivation	钝化层
—roughness minimization	最小粗糙度
—scratches	擦伤
—taper control	减弱控制
signal speed	信号速度
silicon - gallium arsenide (Si - GaAs)	硅基-砷化镓

—finite volume method (FVM)	有限体积法
—mixed - signal	混合信号
—modeling and	建模
—one - time	一次
—thermal performance	热性能
—thermo - mechanical	热机械
—TWI conduction	贯穿圆片互联传导
singulation, thin wafers	稀有的、薄的圆片
sintering, bonds	监禁
SiO/SiO bonding, surface direct	氧化硅表面直接压焊
SiP, see system - in - package	系统级封装
skin effect	趋肤效应
SLID, see solid liquid interdiffusio	固液相互扩散
slide lift off	滑落升起关闭
slope control	斜率控制
small shot preform (SSP)	微量注塑
Smart Dust	智能尘埃
smart feed through interposer (SMAFTI)	智能导通线接板技术
SmartView alignment	智能图像校准
smoothening	平坦化
soak mode	浸泡模式
SoC, see system on chip	系统级芯片
software - defined radio	软件自定义
SOI, see silicon - on - insulator	绝缘硅基
solder balls	焊球
—preformed	预成型
solder bonding	焊料压焊
solder connection	焊料连接
solder joints	焊料接头
—copper	铜
solder resist, lamination	焊料层压
soldering	焊料
—metal	金属

stacked cache	缓存堆叠
stacked dies,cost	芯片堆叠
stacked IC (SIC),3D	3D集成电路堆叠
stacked interface checking	堆叠界面确认
stacked layers	层堆叠
stacked wafer concepts,historical	晶圆堆叠概念、历史性的
evolution	演变
stacking	堆叠
—3D,see 3D stacking technologies,3D chip stacking	3D堆叠技术、3D芯片堆叠
—3D memories	3D存储器
—chips,see also chip stacking	芯片堆叠
—die,see die stacking	芯片堆叠
—die to wafer	芯片到晶圆
—efficient	效率
—F2F	面对面
—logic+logic	逻辑电路+逻辑电路
—logic+memory	逻辑电路+存储器
—multi-layer	多层
—multi-strata	多层
—particle	颗粒
—process flow	工艺流程
—two-layer	两层
—ultrathin chips	极薄的芯片
—wafer-level process	圆片级工艺
—wafer versus die	圆片比芯片
—wafers,see wafer stacking	圆片堆叠
stacks,thinned	薄的堆叠
staggered fin microchannel cold plate	带散热片的微通道制冷板
Standard Parasitics Exchange Format,see SPEF	标准寄生变换格式
state space reduction	空间状态减少
static random access memor	静态随机存储器
statistics,wafer stability	晶圆稳定性
steady-state problem	稳定状态问题

step coverage 逐级覆盖

—copper films 铜片薄膜

step cut 逐级切入

stepper runout 阶段偏心率

STI, see shallow trench isolation 浅沟隔离

stiffness matrix 坚硬矩阵模型

strain - enhanced silicon devices 张力增强型硅器件

strain range, equivalent plastic 张力范围、等效的塑料制品

strata 层

strata alignment 层校准

strata stacked F2F circuits 电路面对面层叠

strength 强度

—bond strength requirements 压焊强度需求

—bonding, see bonding strength 压焊强度

—breaking 破坏

—chip 芯片

—fracture 破裂

—post - placement increase 快速增长

—thinned chips 芯片

Stress 压力

—mechanical 机械的

—quasi - zero 准零点

—tensile 拉长的

—thermo - mechanical 热机械性能

—von Mises 冯·米塞斯

Striations 条纹

stud bumps 散布的凸点

—gold, see gold stud bumps 金凸点

stud formation, copper 铜结构

sub - atmospheric CVD (SACVD) 亚常压 CVD

—conformal O3/TEOS films 共形 O3/TEOS 薄膜

sub - blocks, functional 功能子模块

subdivided vias 细密的过孔

submission procedures	提交规程
substrates	基片
—base	基础、底部
—etch - back	背面蚀刻
—highly doped	高度掺杂
—receiver	接收器
—silicon	硅
—SOI，see silicon - on - insulator	硅片绝缘体
—thinned silicon	薄硅片
sub - threshold slope	亚阈值斜率
sulfate，copper	硫酸盐，铜
sulfonic acid	磺酸
super chip，3D	超级芯片，三维
superconformal deposition	超共形沉积
SuperContact TSVs	超接触硅通孔
SuperVia TSVs	超级孔的硅通孔
supervias，copper	超级孔，铜
supply chain，DBI	供给链，DBI
support wafer，TSVs	支撑晶圆，硅通孔
surface activated bonding，metals	金属表面活化键合
surface direct SiO/SiO bonding	硅硅直接键合
surfaces	表面
—activation and termination	活化和终止
—analysis	分析
—energies	能量
—roughness	粗糙度
—topography	形貌
—treatment	处理
suspended inductors	延迟感应器
switching activity reduction	开关活动减少
synaptic current	突触电流
system architecture	系统架构
system design，3D	系统设计，三维

system - in - package (SiP)　系统级封装(SiP)
—3D circuits　三维电路
—DRIE　深反应离子刻蚀
—e - Cubes project　电子管工程
—laser ablation　激光切除
—testability　可测性
—testing　测试
system integration　系统集成
—3D,see 3D system integration　三维系统集成
—University of Arkansas　Arkansas 大学
—vertical,see vertical system integration　垂直,垂直系统集成
system - level miniaturization,3D - SiP　系统级微型化
system - level model generation　系统级模型生成
system - on - chip (SoC)　片上系统(SoC)
—e - Cubes project　电子管工程
—heterogeneous 3D structure　异质 3D 架构
—IMEC　微电子研究中心
—testability　可测性
system - on - package (SoP)　系统级封装
systems,ambient intelligent　系统，环境智能

t

taper control　锥度控制
tapes　锥度
TCI,see thin chip integration　薄芯片集成
TDEAT (tetrakis(diethylamino)titanium)　四二乙醇氨钛
TDMAT (tetrakis(dimethylamino)titanium)　四二甲酯氨钛
TDV (through die vias)　芯片通孔
Technologies　技术
—3D chip stack　三维芯片堆叠
—3D integration processes　三维集成工艺
—3D interconnect　三维互连
—3D interconnect (comparison)　三维互连(对比)
—3D stacking　三维堆叠

—bonding, see bonding technologies	键合技术
—chip - on - chip	芯片堆叠
—.Cu - Nail.	铜带
—enabling 3D integration	三维集成能力
—FDSOI	全耗尽型绝缘衬底上硅工艺
—non - volatile memory	非易失性存储
—polymer adhesive bonding	聚合物粘接键合
—pre - process	前工艺
—VISA	垂直互连传感器阵列
—wafer - scale 3D circuit integration	晶圆级三维电路集成
technology scaling, 3D	技术比例
TEM, see transmission electron microscopy	透射电子显微镜
Temperature	温度
—bonding	键合
—influence on performance	对性能的影响
—junction limits	连接限制
—maximal operating	全面操作
temperature cycle test	温度循环测试
temperature - driven reliability	温度循环可靠性
temperature mismatch, wafers	温度失配，晶圆
temporary bonding	临时键合
temporary bonding/debonding	临时键合
tensile stress	拉力
TEOS (tetra - ethyl - ortho - silicate)	正硅酸乙酯
—conformal O3/TEOS films	共形正硅酸乙酯薄
termination, surfaces	终止，表面
terminology	术语
—3D integration	三维集成
—wafer thinning	晶圆减薄
ternary content addressable memory	三重内容寻址存储器
tessellation, Voronoi	镶嵌式，Voronoi
test devices, FaStack	测试设备，快速堆叠
testability	可测性

tests	测试
—3D circuits	三维电路
—BIST	内建自测
—bonded wafer shear	键合晶圆去除
—chip metallization	芯片金属化
—electrical	电学的
—HAST	加速寿命试验
—isolation	绝缘
—KGD	已知合格芯片
—life time	寿命
—shear	剪切
—stacked interfaces	堆叠界面
—temperature cycle	温度循环
—via chain quality	通孔链路质量
tetrakis(diethylamino)titanium,see TDEAT	四二乙醇氨钛
tetrakis(dimethylamino)titanium,see TDMAT	四二甲酯氨钛
tetramethylammonium hydroxide	四甲基氢氧化铵(TMAH)
Tezzaron Semiconductor Corp.Tezzaron	半导体公司
theoretical model,see modeling	理论模型
thermal analysis	热分析
thermal budget	热管理
thermal components	热组件
thermal coupling	热耦合
thermal expansion,coefficient of,see coefficient of thermal expansion	热膨胀系数
thermal interface materials	热界面材料
thermal limits	热限制
thermal management	热管理
thermal map	热分布
thermal packaging	热封装
thermal performance	热性能
—chip stack modules	芯片堆叠模块
—simulation and modeling	仿真和建模

thermal plasma,expanding	热等离子体扩展
thermal plasma etching	热等离子体刻蚀
thermal profile	热分布轮廓
thermal resistance,measurement	热阻,测量
thermal stress,influence on MEMS	热应力,对 MEMS 的影响
thermal treatment,metallization	热处理,金属化
thermal vias (TV)	热孔
thermally - driven placement and routing	散热路径
thermo - compression bonding	热压键合
—MIT	麻省理工学院
thermo - mechanical simulation,TSVs	热机械仿真,硅通孔,
thermo - mechanical stress	热机械应力
thick wafers	厚晶圆
thickness,chips	厚度,芯片
thickness uniformity,TSVs	厚度一致性,硅通
thin chip integration (TCI)	薄芯片集成
—wafer level	晶圆级
thin gaps,layered	窄带,分层
—layered	分层
thin layers,nano - indentation	薄层,纳米级识别
thin silicon dies	薄芯片
thin wafers	薄晶圆
—breaking - strength	裂断强度
—fabrication	制造
—flexibility	灵活性
—ground - only	只有承载芯片
—handling	处理
—macroscopic features	宏观特征
—permanent bonding	永久键合
—stability	稳定性
thinned chips,strength	减薄的芯片,强度
thinned silicon substrates	减薄的硅衬底
thinned SOI layer	减薄的绝缘层上硅

thinned stack characterization	堆叠芯片减薄
thinning	减薄
—after bonding	键合后
—backside	后道工艺
—control	控制
—process flow	工艺流程
—wafers	晶圆
Three - D … ,see 3D …	三维
three - points bending methods	三点弯曲法
three - tier ring oscillator	三层环形震荡器
threshold voltage	阈值电压
—transistors	晶体管
through die vias (TDV)	芯片通孔
through silicon/semiconductor via,see TSV	硅通孔
through - wafer CNT vias	晶圆通孔
through wafer interconnect,see TWI	穿过晶圆互连
throughput	产量
tiers,optimum number of	最佳效果数
time,bonding	时间,键合
time - multiplexed process,depassivation	多时段工艺,去除钝化层
tin,copper - tin eutectic bonding	锡,铜-锡共熔键合
tire pressure monitoring systems (TPMS)	检测系统的疲劳度
titanium - based wafer bonding	钛基晶圆键合
titanium nitride (TiN)	氮化钛
TMAH,see tetramethylammonium hydroxide	四甲基氢氧化铵
Tohoku University,neuromorphic vision chip Tohoku	大学,神经元芯片
tool - independent XML representation	独立工具的 XML 代表
topography	形貌
—changing	改变
—chips or wafers	芯片或晶圆
—coating	涂覆
—diagnosis	诊断
—evenness	均匀性

—surface	表面
Toshiba system block module	东芝系统模块
total wire length	总线长
TPMS,see tire pressure monitoring systems	胎压检测系统
Transconductance	跨导器
Transfer	转移
—circuit	电路
—mass	团
transferred FDSOI transistor and device properties	全耗尽型绝缘衬底上硅工艺晶体管和器件转移特性
transistors	晶体管
—double gate MOS	双栅 MOS 管
—gate delay	门延时
—modeling	塑模,成型
—performance drift	漂移特性
—speed	速度
—threshold voltage shift	阈值电压移位
—transferred properties	迁移特性
—WLP design	圆片级设计
—see also MOSFET	参见 金属氧化物半导体场效应晶体管(MOSFET)
transmission IR alignment	红外对齐传输特性
transport,Knudsen	努森扩散
—Knudsen	努森
trench array,loading effects	沟道阵列,载荷效应
trench depth	沟道深度
—in situ measurement	现场测定
trench isolation,shallow	浅沟道隔离技术
triple - pulse process	三段脉冲工艺
—O_2 plasma	氧等离子体
triple YAG laser	三段 YAG(钇铝石榴石)激光器
TSV (through silicon via)	硅通孔(through silicon via)
—3D integration drivers	3D 集成驱动
—3D microprocessor systems	3D 微处理器系统

—3D ROICs　　3D读写集成电路

—3D - WLP　　3D圆片级封装

—ASET project　　超尖端电子技术开发项目

—back - end - of - line　　后端工艺

—backside processing　　后续加工

—binary metal system　　双金属系统

—complete metallization　　全金属化

—copper fill　　铜填充工艺

—cost　　费用

—depth variance　　深度差异

—doped polysilicon filled　　掺杂多晶硅填充工艺

—electrical testing　　电学测试

—etch chemistry　　化学刻蚀

—fabrication　　制造过程

—filling　　填充技术

—formation　　形成

—front - end - of - line　　前端工艺

—HAR,see high aspect ratio (HAR) TSVs　　高深宽比,参见高深宽比硅通孔

—imaging chips　　成像芯片

—integration schemes　　集成图像设备

—laser ablation　　激光消除技术

—lining　　排列

—metal - filled　　金属填充

—microprocessors　　微处理器

—organic insulators　　有机绝缘层

—parylene in　　聚对二甲苯

—production yield　　生产收益

—scaling　　缩放比例

—SiO_2　　二氧化硅

—SLID bonding　　固液互扩散键合

—SuperContact　　超接触

—SuperVia　　Tezzaron的BEOL TSV

—support wafers　　支撑圆片

—terminology	术语
—Tezzaron Semiconductor Corp.	德事隆半导体公司
—thermo - mechanical simulation	热机械联合仿真
—thickness uniformity	厚度均匀性
—tungsten fill	钨填充工艺
—University of Arkansas process flow	阿肯色大学回流工艺
—unrestricted placement	不受限放置
—"via first",see "via first/las"	先通孔,参见"先通孔/后通孔"
—ZyCSP	ZyCSP
—see also TWI,(vertical) interconnection,vias	参见硅片穿通互连,(垂直方向)互联,通孔
Tungsten	钨
—chemical vapor deposition (CVD)	化学气相沉积(CVD)
—complete metallization	全金属化
—CVD precursor	CVD初期形式
—metallization	金属化层
—TSV fill	硅通孔填充
tungsten - filled ISVs	钨填充硅通孔技术
tungsten hexafluoride (WF6)	六氟化钨(WF6)
turbulent flow	湍流
TWI (through wafer interconnect)	硅片穿通互连(TWI)
—any - angle	任何角度
—metal	金属
—see also TSV	参见硅通孔
two - issue processor chip	双程处理器芯片
two - layer stack,thick wafers	双层堆叠,厚晶圆
—thick wafers	厚晶圆
two - port network	双端口网络
two - step integration,C2W	两步集成技术,C2W
two - strata wafer stacking,process flow	两种晶圆堆叠,回流技术
TWV (through wafer via),see TSV	硅片通孔,参见硅通孔

u

UBM,see under bump metallization	焊点下金属(UBM),参见焊点下金属化过程

—electrical performance	电学性能
—fabrication	制造过程
—reliability	可靠性
vertical MOSFETs	垂直金属氧化物半导体场效应晶体管
vertical system integration (VSI)	垂直系统集成(VSI)
—adhesive bonding	附着键合
—ICV	芯片间通孔
—ICV - SLID	芯片间通孔-固液相互扩散钎焊
vertically integrated packages,thermal management	垂直集成封装,热管理
vertically integrated photodiode,highdensity	垂直集成光二极管,高密度
very high speed integrated circuit HDL (VHDL)	超高速集成电路硬件描述语言(VHDL)
via - chain quality test	通孔链质量测试
via - chain resistance	通孔链阻抗
via - chain structure	通孔链结构
via etching	通孔刻蚀
—HAR	高深宽比
—loading effects	载荷效应
—practical solutions	实用解决办法
“via first” TSVs	“先通孔”,硅通孔
“via first/last”	先通孔,后通孔
“via last” 3D platform	后通孔技术,3D平台
—feasibility	可行性
via - metal resistance	通孔-金属间阻抗
vias	通孔
—aluminum - terminated	铝连接
—anisotropic profiles	各向异性剖面图
—backside formation	背面形成过程
—bridge	桥接
—carbon nanotube	碳纳米管
—deep hollow	深孔
—diffused	扩散
—etch and fill process	刻蚀和填充过程
—filling,see filling	填充技术,参见填充技术

—inspection	检测
—inter - chip, see ICV	芯片间通孔,参见芯片间通孔
—inter - strata	多种圆片间通孔
—inter - tier reduction	层间通孔
—leakage	漏电流
—preprocess technology	预加工技术
—processing options	加工选择
—profile	资料
—solder joint	焊点
—subdivided	二次切割
—super -	超极
—thermal	热学特性
—through silicon, see TSV	硅片穿通,参见硅通孔
—V - shaped	V 型孔
—see also (vertical) interconnection	同时参阅(垂直方向)互联技术
VISA technology	传感器阵列垂直方向互联技术
viscosity, NCP	粘性,非导电电子团
vision chip, neuromorphic	神经形态视觉传感器
Vision cube	视觉数据集
VLSI (very large scale integration)	超大规模集成电路(VLSI)
Voids	空洞
—bond	键合空洞
—formation	形成产生
—interfacial	晶体界面空洞
—void - free filling	无空洞填充技术
volatile memory technology	非永久性存储器技术
voltage	电压
—breakdown	截断电压
—threshold	阈值电压
von Mises stress	冯·米赛斯力
Voronoi tessellation	插入式算法
VRT bits	变量保留时间字节数
VSI, see vertical system integration	VSI,参见垂直方向系统集成

W

W, see tungsten	参见钨
wafer bonding	晶圆间键合
—aligned	直线排布
—damascene - patterned metal	镶嵌金属版图
—low - temperature	低温
—polymer adhesive	附着聚合物
—titanium - based	钛基键合
—see also bonding	同时参阅键合技术
wafer bow	晶圆曲度
wafer - level 3D system integration	晶圆级 3D 系统集成
wafer - level integration	晶圆级集成
wafer - level packaging (WLP)	晶圆级封装(WLP)
—3D	三维
—3D memories	3D 存储器
—discrete semiconductor devices	分离半导体器件
—transistor design	晶体管设计
wafer - level stack package (WSP)	晶圆级堆栈封装 (WSP)
wafer - level thin chip integration (TCI)	晶圆级超薄芯片集成(TCI)
wafer - scale 3D circuit integration technology	晶圆级 3D 电路集成技术
wafer - scale nonuniformity	晶圆级不均匀性
wafer size	晶圆尺寸
wafer slip	晶圆对和失准
"wafer sort"	晶圆处理
wafer stacking	晶圆堆叠
—bonding technologies	键合技术
—copper bonding	铜线键合
—process flow	工艺流水线
—versus die stacking	对比芯片堆叠
wafer - to - wafer (W2W)	晶圆间堆叠(W2W)
—alignment, see alignment	直线排布技术,参见直线排布
—integration schemes	集成方案
—stacking	堆叠

wall scratches 内壁损伤

waveform 波形

wedge lift off 楔形焊点剥落

Weibull distribution 威布尔分布

Weibull plot 威布尔节点

wet cleaning,chemical 化学湿法清洗

wet etching 湿法刻蚀

—HAR pore arrays 高深宽比孔阵

wet laser dicing 湿法激光切割

wetting,copper plating 湿法镀铜

wheels,grinding 旋转碾磨

wire - bonding 引线键合

wireless body area network 无线体域网

wireless sensor systems 无线传感器系统

wires 引线

—copper 铜线

—total length 总长

"wiring crisis" 引线技术关键

WLP,see wafer - level packaging 圆片级封装,参见圆片级封装

WSP,see wafer - level stack package 圆片级堆叠封装,参见圆片级堆叠封装

W2W,see wafer - to - wafer 圆片到圆片堆叠,参见圆片到圆片堆叠

x

XML representation,tool - independent 可扩展指标语言示例,独立工具

—tool - independent 独立工具

xylylene,para - 亚二甲苯基,二甲苯

y

YAG laser 钇铝石榴石激光器

—triple 三段钇铝石榴石激光器

yield 效益

—bonding 键合

—3D integration 3D 集成

—die 芯片